AF665796

ATZ/MTZ-Fachbuch

In der Reihe ATZ/MTZ-Fachbuch vermitteln Fachleute, Forscher und Entwickler aus Hochschule und Industrie Grundlagen, Theorien und Anwendungen der Fahrzeug- und Verkehrstechnik. Die komplexe Technik, die moderner Mobilität zugrunde liegt, bedarf eines immer größer werdenden Fundus an Informationen, um die Funktion und Arbeitsweise von Komponenten sowie Systemen zu verstehen. Fahrzeuge aller Verkehrsträger sind ebenso Teil der Reihe, wie Fragen zu Energieversorgung und Infrastruktur.

Das ATZ/MTZ-Fachbuch wendet sich an Ingenieure aller Mobilitätsfelder, an Studierende, Dozenten und Professoren. Die Reihe wendet sich auch an Praktiker aus der Fahrzeug- und Zulieferindustrie, an Gutachter und Sachverständige, aber auch an interessierte Laien, die anhand fundierter Informationen einen tiefen Einblick in die Fachgebiete der Mobilität bekommen wollen.

Horst E. Friedrich • Gerd Müller
Hrsg.

Werkstoffe und Bauweisen in der Fahrzeugtechnik

Hrsg.
Horst E. Friedrich
Bureaux.HEF
Tapfheim, Deutschland

Gerd Müller
Institut für Land- und Seeverkehr
Technische Universität Berlin
Berlin, Deutschland

ISSN 2628-104X ISSN 2628-1058 (electronic)
ATZ/MTZ-Fachbuch
ISBN 978-3-662-65268-8 ISBN 978-3-662-65269-5 (eBook)
https://doi.org/10.1007/978-3-662-65269-5

Die Deutsche Nationalbibliothek verzeichnet diese Publikation in der Deutschen Nationalbibliografie; detaillierte bibliografische Daten sind im Internet über https://portal.dnb.de abrufbar.

Planung/Lektorat: Eric Blaschke
Springer Vieweg ist ein Imprint der eingetragenen Gesellschaft Springer-Verlag GmbH, DE und ist ein Teil von Springer Nature.
Die Anschrift der Gesellschaft ist: Heidelberger Platz 3, 14197 Berlin, Germany

Vorwort

Werkstoffe und Bauweisen sind Schlüsseltechnologien im Automobilbau. Denn nichts, das an einem Fahrzeug dargestellt ist, wäre nicht auch mit den Werkstofftechniken realisiert worden.

Das Buchkonzept folgt der Logik, wonach fahrzeugtechnische Innovationen vorrangig durch eine integrale Betrachtung der drei Bereiche Werkstoffe (deren Eigenschaften), Bauweisen (der Art der Konstruktion) und Verfahren (der Herstellung, Verarbeitung und Montage) entstehen können. Folglich kommen Werkstoffen und Bauweisen eine querschnittliche Systemrolle in der Produktentstehung von Fahrzeugen zu.

Das Unterfangen nun, wichtige Bereiche dieses Systems in einem Buch zu behandeln, mag gewagt erscheinen. So wird im vorliegenden Werk der Versuch unternommen, die relevanten technischen Strategien in mehreren Kapiteln ganzheitlich zu vermitteln – von der Entstehung moderner Bauweisen über die Anforderungen an Werkstoffe in Karosserie, Fahrwerk und Antrieb über die Königsdisziplin Leichtbau bis hin zur inzwischen obligatorischen ökologischen Bewertung entsprechender Lösungen.

Das Buch beruht in weiten Abschnitten auf den Vorlesungen des Herausgebers an der Universität Stuttgart und der Technischen Universität Berlin sowie in ausgewählten, aktualisierten Teilen auf seinem ATZ/MTZ-Fachbuch „Leichtbau in der Fahrzeugtechnik". Gezeigt werden automobil-werkstoffliche Entwicklungsschritte der letzten Jahrzehnte sowie – mit vielen Beiträgen aus der Industrie – zusätzlich deren Neuerungen zur Elektromobilität. Die ergänzende Darstellung spezieller Forschungsthemen aus dem Institut für Fahrzeugkonzepte, Stuttgart, soll neuere Forschungsarbeit beispielhaft repräsentieren.

Dem starken Anwendungsaspekt wird durch ausgewählte, zukunftsfähige Werkstofflösungen in diesem Buch Rechnung getragen. Deswegen werden in einem Kapitel aktuell auch veränderte Paradigmen zur Transformation in der Automobilindustrie und der Rolle von automatisierten, modularen oder elektrifizierten Fahrzeugkonzepten adressiert. Ein abschließendes Kapitel versucht, die Evolution von Werkstoff- und Bauweisen-Systemen in die Zukunft zu skizzieren.

Dieses Buch richtet sich an Ingenieure, Techniker sowie Lehrende, Forschende und Studierende im Bereich Fahrzeugtechnik. Es wendet sich an alle technisch Interessierten, denen eine bessere Karosserie, ein effizienteres Fahrwerk, umweltgerechtere Antriebe usw., letztlich das zukunftsfähige Auto, die bessere Lösung darstellt. Dies gemäß dem Sir Henry Royce zugeschriebenen Satz: „Strebe in allem, was du tust, nach Perfektion. Nimm das Beste, das es gibt und mache es noch besser. Falls es nicht existiert, schaffe es."

Die Komplexität, die inzwischen die hohe Leistungsfähigkeit der technischen Systeme in unseren Fahrzeugen ausmacht, ist bestimmt einer der Gründe dafür, dass ein Einzelner schwerlich in der Lage sein dürfte, alle Aspekte und Zusammenhänge der angesprochenen Themen ganzheitlich zu behandeln. Mein besonderer Dank gilt daher allen Autoren und Autorinnen dieses Buches für ihre konstruktive und koordinierte Mitarbeit. Das Team der Beitragenden besteht neben dem Herausgeber aus Persönlichkeiten der Forschung und der Automobilindustrie sowie ihren Mitarbeitern. Auch danke ich Dr. Gerd Müller von der TU Berlin, der neben inhaltlichen auch viele grafische Überarbeitungen in der Hand hatte. Erwähnenswert scheint mir insgesamt, dass der Dialog zwischen Wissenschaft/Hochschulen und Anwendung/Industrie hier intensiv und mit vielen gegenseitigen und wertvollen Anregungen weitergeführt werden konnte.

Dem Springer-Verlag und seinem Lektorat sei für den Support und die weitsichtige Mitarbeit gedankt. Nicht zuletzt ist der BASF SE, Ludwigshafen, für die fachliche und materielle Unterstützung bei der Entstehung dieses Buches sehr zu danken, welches ohne diese Mithilfe so nicht hätte realisiert werden können.

Berlin
2024

Prof. Dr.-Ing. Horst E. Friedrich

Inhaltsverzeichnis

Autorenverzeichnis

Dr. Jürgen Becker Geisenheim, Deutschland

Dr. Elmar Beeh DLR Institut für Fahrzeugkonzepte, Stuttgart, Deutschland

Dr. Dan Dragulin HANOMAG Härtecenter GmbH, Hannover, Deutschland

Prof. Dr. Klaus Drechsler TU München, Garching bei München, Deutschland

Simone Ehrenberger DLR-Institut für Fahrzeugkonzepte, Stuttgart, Deutschland

Dr. Jochen Engelmann BASF, Ludwigshafen, Deutschland

Thomas Feldhege MAHLE, Stuttgart, Deutschland

Dr. Daniel Freidank BASF Polyurethanes GmbH, Lemförde, Deutschland

Prof. Dr. Horst E. Friedrich Bureaux.HEF, Tapfheim, Deutschland

Benjamin Frieske DLR-Institut für Fahrzeugkonzepte, Stuttgart, Deutschland

Dr. Andreas Geyer MAHLE, Stuttgart, Deutschland

Dr. Axel Gottschalk BASF, Ludwigshafen, Deutschland

PD Dr. Volker Grienitz Neue Mobilität Paderborn e.V., Paderborn, Deutschland

Dr. Bernd Grünenwald MAHLE, Stuttgart, Deutschland

Lars Heber DLR Institut für Fahrzeugkonzepte, Stuttgart, Deutschland

David Heyner DLR Institut für Fahrzeugkonzepte, Stuttgart, Deutschland

Dr. Andreas Höfer Valeo Siemens eAutomotive, Erlangen, Deutschland

Dr. Patrick Keil BASF, Münster, Deutschland

Prof. Dr. David Klaumünzer HAW Hamburg, Hamburg, Deutschland

Dr. Martin Kober DLR Institut für Fahrzeugkonzepte, Stuttgart, Deutschland

Dr. Gerhard Kopp DLR Institut für Fahrzeugkonzepte, Stuttgart, Deutschland

Werner Kraft DLR Institut für Fahrzeugkonzepte, Stuttgart, Deutschland

Dr. Gerd Müller Institut für Land- und Seeverkehr, Technische Universität Berlin, Berlin, Deutschland

Dr. Marco Münster DLR Institut für Fahrzeugkonzepte, Stuttgart, Deutschland

Dr. Manuel Otto SSAB Europe, Düsseldorf, Deutschland

Dr. Frank Rinderknecht DLR Institut für Fahrzeugkonzepte, Stuttgart, Deutschland

Dr. Helmut Rudigier Oerlikon Management AG, Pfäffikon, Schweiz

Prof. Dr. Peter Saling BASF, Ludwigshafen, Deutschland

Dr. Oliver Schauerte Volkswagen AG, Wolfsburg, Deutschland

Hans-Jürgen Schneider ZF, Werneck, Deutschland

Sylvia Stieler IMU Institut, Stuttgart, Deutschland

Ashley Stone MAXImolding! Technology GmbH, Siegsdorf, Deutschland

Dr. Sebastian Strauß Fraunhofer Institut für Gießerei, Composite und Verarbeitungstechnik IGCV, Augsburg, Deutschland

Prof. Dr. Matthias Türpe MAHLE, Stuttgart, Deutschland

Dr. Josef Wünsch BASF S.E., Ludwigshafen, Deutschland

1 Werkstoffe als Treiber von Innovationen

Horst E. Friedrich und Gerd Müller

1.1 Zum Umfeld des Themas

Mit zunehmender Verkehrsdichte und durch gesellschaftliche und ökologische Veränderungen wurden die Anforderungen an Fahrzeuge aller Art in den letzten Jahren immer komplexer und anspruchsvoller. In unserer Zeit ist die ökologische Verträglichkeit dabei auf einen der vorderen Plätze in der Bedeutungsskala gerückt. Neben Endlichkeit und Schutz der Ressourcen sorgen die notwendigen Reaktionen auf den Klimawandel für eine vor Jahren noch nicht für möglich gehaltene Transformation in der Automobilindustrie: Es sind die Verringerung von Emissionen in Herstellung und Betrieb, vor allem Zero-CO_2-Strategien, automatisierte Fahrzeuge mit effizienten und alternativen Antrieben und der Umbau des Energiesystems, welche die Mobilität jetzt zukunftsfähig machen müssen. Wohl jedem ist inzwischen klar geworden, dass fossile Energieträger keine Zukunft haben, wenn der CO_2-Ausstoß zu sinken hat. Der vom Mensch verursachte Klimawandel ist vermutlich das gefährlichste Experiment, das unser Planet je erlebt hat.

Dabei ist und bleibt Mobilität offensichtlich seit jeher ein globales Grundbedürfnis.

Es besteht – zumindest bisher – ein deutlicher Zusammenhang zwischen dem Wohlstand und der Transportleistung in einem Land. In Abb. 1.1 sind diese Zusammenhänge für verschiedene Regionen dargestellt, vgl. dazu auch die Kfz-Dichte als Anzahl von Fahrzeugen pro 1000 Einwohner (Tab. 1.1).

H. E. Friedrich (✉)
Bureaux.HEF, Tapfheim, Deutschland

G. Müller
Institut für Land- und Seeverkehr, Technische Universität Berlin, Berlin, Deutschland
E-Mail: gerd.mueller@tu-berlin.de

H. E. Friedrich, G. Muller (Hrsg.), *Werkstoffe und Bauweisen in der Fahrzeugtechnik*, ATZ/MTZ-Fachbuch, https://doi.org/10.1007/978-3-662-65269-5_1

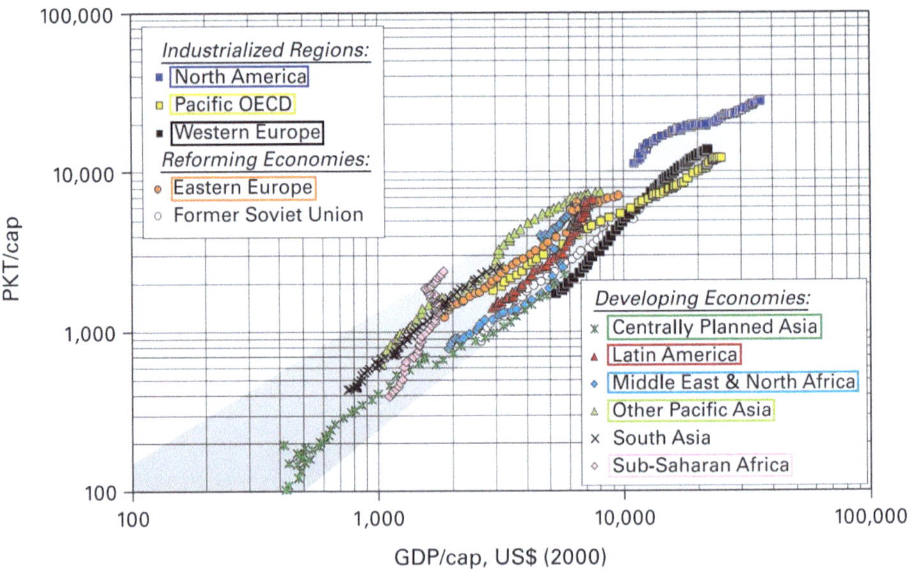

Abb. 1.1 Qualitativer Zusammenhang zwischen Wohlstand und der Transportleistung: Personenkilometer pro Kopf (engl. „passenger kilometers traveled (PKT) per capita") über das pro Kopf BIP in Kaufkraftparität (engl. „gross domestic product (GDP) per capita") in ausgewählten Regionen zwischen 1950 und 2005, nach [1] (Bruttoinlandsprodukt)

Tab. 1.1 Kfz-Dichte ausgewählter Regionen

Region	Anzahl Kfz pro 1000 Einwohner
USA	**ca. 800**
Europa	**500–600**
China	**ca. 250**

Demzufolge kann festgehalten werden:

1. Je höher der Wohlstand ist, desto höher ist auch die Transportleistung. Besonders auffällig sind die hohe Transportleistung in Nordamerika und die (noch) relativ geringe in China.
2. Der Wohlstand und die Transportleistung sind in den meisten Regionen stetig gestiegen. Bedeutsam ist die starke Zunahme in Asien, insbesondere in China.

Wir gehen davon aus, dass infolge der Zunahme von elektronischer Kommunikation der lineare Zusammenhang von Transportleistung und Kaufkraftparität aufgelöst wird. Die aktuellen technischen Möglichkeiten und zunehmend seit 2020 die Veränderungen zur Präsenzreduzierung infolge der Corona-Pandemie (COVID19) beschleunigten diese Entwicklung.

In Abb. 1.1 war die bisher weltweite Kongruenz in der Zunahme von Reiseleistung (km pro Kopf) und Einkommen gezeigt, dabei ist das Auto gerade für Transportleistungen in die Fläche das Verkehrsmittel der Wahl, wie in Abb. 1.2 skizziert ist. Hier zeigt sich die Robustheit des Individualverkehrs mit dem PKW sowohl für sehr unterschiedliche Reiseleistungen (km) als auch Raumstrukturen.

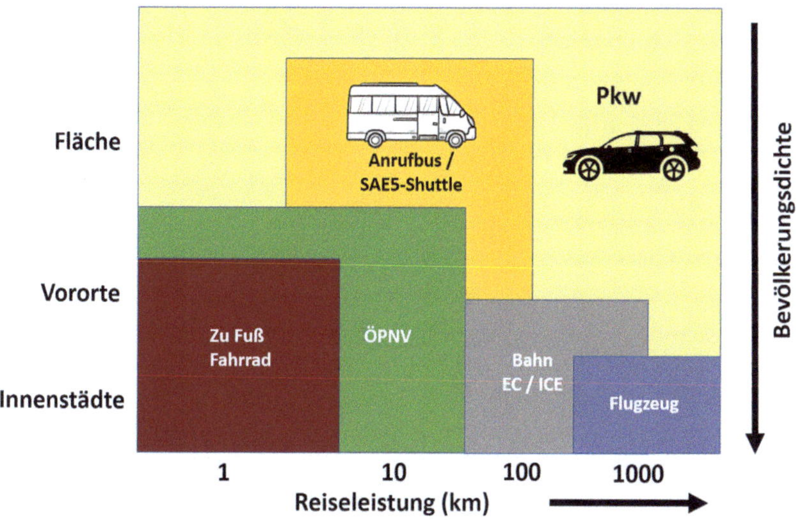

Abb. 1.2 Verkehrsmittel nach Reiseleistung und Raumstruktur, schematisch

Es ist davon auszugehen, dass der in Abb. 1.2 skizzierte Bereich des klassischen Anrufbusses durch die künftige Integration selbstfahrender SAE5[1]-Shuttles ins Verkehrssystem sowohl bezüglich der Reiseleistung als auch der Fläche erweitert wird. Dies kann modulare People Mover oder Shuttles, Taxis oder Limousinen betreffen, mögliche Bauweisenimplikationen werden in Kap. 9 angesprochen.

1.2 Schlüsseltechnologie Werkstoffe und Bauweisen im Automobil[2]

Mobilität gilt als ein Grundbedürfnis der Menschheit. Das betrifft den Beginn der Menschwerdung in Afrika und der kulturellen Entwicklung in allen Erdteilen und setzt sich kontinuierlich fort.

Weltweit stehen wir jetzt vor Herausforderungen, deren erfolgreiche Bewältigung die Voraussetzung für das zukünftige Wohlergehen der Menschen sein wird. Durch die wachsende Weltbevölkerung und den im Mittel steigenden Wohlstand entsteht ein deutlicher Bedarf an mehr Mobilitätsleistung und neuen Mobilitätsmustern. Die absehbare Endlichkeit der fossilen Energien, die derzeit noch einen Großteil unserer Verkehrsleistungen ermöglichen, zwingt zu neuen Lösungen bei den Fahrzeugkonzepten, ihren Antrieben und Energieträgern. Mehr noch besteht darüber hinaus heute Konsens, dass die Freisetzung der

[1] Höchste Automatisierungsstufe nach Klassifikation der Society of Automobile Engineers.

[2] **Teile der Kapitel 1.2 bis 1.4 adaptiert nach *Leichtbau als Treiber von Innovationen* von H. E. Friedrich und S. Krishnamoorthy in: Leichtbau in der Fahrzeugtechnik, 2017; mit freundlicher Genehmigung von © Springer Fachmedien Wiesbaden GmbH 2017. All Rights Reserved.**

sogenannten Treibhausgase – insbesondere das bei Verbrennungsprozessen entstehende CO_2 – zu den beobachteten Klimaveränderungen in der Erdatmosphäre beiträgt.

Die Zukunft der Fahrzeugkonzepte wird also vorrangig von erneuerbaren Energien und verbesserten Energieträgern und Energieeffizienzen geprägt sein!

Schon seit jeher in der Entwicklungsgeschichte spielen Werkstofftechniken eine entscheidende Rolle. Wir können davon ausgehen, dass ingeniös begabte Menschen früh beeindruckende Konstruktionen und Bauweisen umgesetzt haben, freilich mit den Werkstoffen, wie sie damals verfügbar und verarbeitbar waren. Beispiele dafür sind klug hergestellte Bronzen[3] im Wachsausschmelzverfahren oder Mumiensärge,[4] gefügt aus Pergamentblättern.

Nach Ashby [2] waren über lange Zeiträume neben den Naturmaterialien, wie Holz oder Pflanzenfasern, die keramischen Materialien dominant (qualitative Darstellung in Abb. 1.3). Danach nahmen die metallischen Werkstoffe in ihrer Bedeutung zu: nach den namensgebenden Perioden von Bronze und Eisen zunehmend industrialisiert hergestellter Stahl im 19. Jh. Bis zur Mitte des vorigen Jahrhunderts setzten sich zusätzlich die Leichtmetalle und die Superlegierungen durch, insbesondere war dies von den Errungenschaften in Luftfahrt und Automobilbau prädisponiert. Seit etwa dem Jahr 1980 kann eine relative Zunahme vieler unterschiedlicher Werkstoffgruppen beobachtet werden, was weitgehend auf Kosten des Metallanteils geschah. Die bis heute platzgreifende Vielfalt mit hochwertigen, industriellen Kunststoffen, Verbundwerkstoffen, keramischen und metallischen Werkstoffen adressiert die werkstofflichen Schlüsseltechnologien für gegenwärtige und künftige Bauweisen.

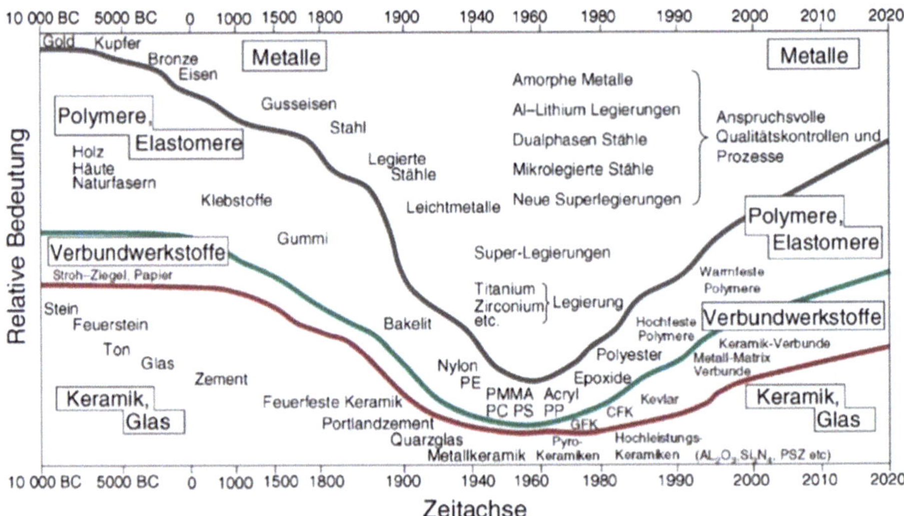

Abb. 1.3 Relativer Anteil verschiedener Werkstoffe im Verlauf der Geschichte, aus [3]

[3] Vgl. Sonnenwagen von Trundholm, Dänemark, ca. 1400 v. Chr. (Integralbauweise).

[4] Vgl. geklebte Mumiensärge, Ägypten, ca. 1000 v. Chr. (Verbundbauweise).

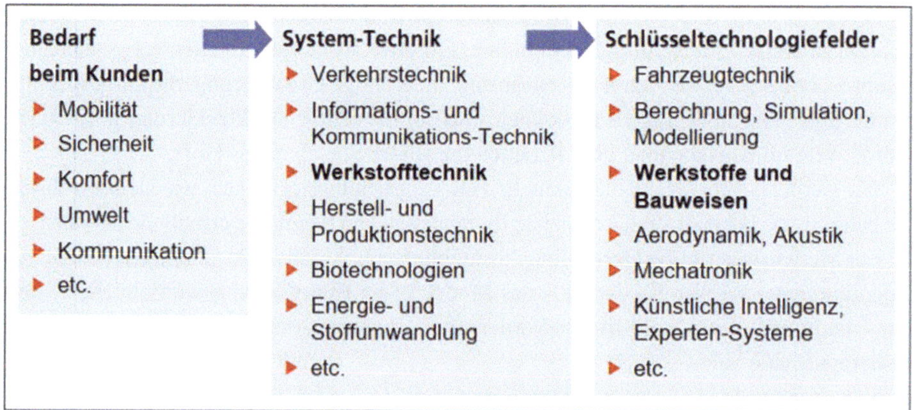

Abb. 1.4 Schlüsseltechnologien

Übergeordnet betrachtet beantworten Schlüsseltechnologien die Aufgaben aus den gesellschaftlichen Grundbedürfnissen, dazu gehören auch Mobilität, Sicherheit oder Umwelterhaltung. Hier helfen die Systemtechniken, das können die Verkehrstechnik, die Energie- und Stoffumwandlung oder eben die Werkstofftechnik sein. In der hierarchisch nachfolgenden Ebene der Schlüsseltechnologiefelder sind für unser Thema die Werkstoffe und Bauweisen platziert (Abb. 1.4) Diese verstehen wir als eine obligatorische Kernkompetenz für die Erfüllung der zahlreichen, teilweise gegensätzlich vernetzten Anforderungen im Fahrzeugbau [4–6]. Eine herausragende Bedeutung kommt dabei dem Leichtbau zu, den wir explizit in Kap. 4 behandeln.

1.3 Was bisher geschah …

Mit den ersten Automobilen des 19. Jahrhunderts kamen die Werkstoffe zum Einsatz, die dem damaligen Stand der Technik entsprachen. Somit hatten diese Gefährte mit einer aus heutiger Sicht relativ bescheidenen Werkstoffvielfalt zu reüssieren. Die vorhandenen Materialien aus dem Kutschenbau für das Fahrwerk und den Aufbau sowie die Eisen- und Buntmetalle aus dem stationären Motorenbau für das Antriebsaggregat waren, so ist in [5] zu lesen, der Ausgangspunkt für die danach und wesentlich durch das Automobil getriebenen Werkstoffentwicklungen.

Mit Beginn des 20. Jahrhunderts wurde begonnen, die Fahrzeugrahmen durch Holz- und Eisenrahmen und dann später durch gepresste Teile zu bauen. Dadurch konnte die Tragfähigkeit bei niedrigerem Gewicht verbessert werden.

Als Material für die Karosserien kam zunächst und in erster Linie Holz zum Einsatz, ein Werkstoff, der auch heute wieder für gezielte Einsatzfelder im Fahrzeugbau untersucht wird. Des Weiteren fanden sich damals vereinzelt bereits Aluminiumbleche oder Kombinationen von Holz und Metall. Einteilige Motorhauben beispielsweise konnten häufig schon aus Aluminiumblech gebaut werden.

Holzbauweisen blieben indes, wie zunächst auch im Flugzeugbau im ersten Drittel des 20. Jahrhunderts, eine Schlüsseltechnologie. Für die Karosserieaufbauten verwendete man entsprechend der verwendeten Holzsorte eine mehrlagige Grundierung, die aufgespachtelt wurde und dann über Tage austrocknen musste, bevor die Decklackierung aufgebracht wurde. Wie im Kutschenbau üblich, hatten die Räder Speichen aus Holz.

Wir werden später sehen, dass aktuelle Holzverarbeitungstechniken, wie sie auch aus der Möbelindustrie bekannt sind, Potenziale für neuartige Holzverbunde erschließen können.

Ein Meilenstein für die Herstellung kostengünstiger Automobile, aber auch für die Verwendung neuer Werkstoffe, ist 1907 das Model T von Henry Ford geworden. Hier wurde ein vanadiumlegierter Stahl für die Vorderachse eingesetzt, der eine höhere Festigkeit als bisherige Stähle aufwies.

Der zunehmende Einsatz von Aluminium in der Zeit zwischen den Kriegen diente dem Ziel, das Gewicht der Fahrzeuge niedrig zu halten. Dies war ein Primat aus dem Bau von Rennwagen und – heute würde man sagen – Premiumsportwagen und realisierte sich in vielen wichtigen Bauteilen, wie z. B. Kurbelgehäuse, Getriebegehäuse und Blechen in der Karosserie. Vereinzelt kam auch Magnesium zur Anwendung, man kannte es aus dem Flugzeug-/Luftschiffbau und versuchte es selbst in Karosserieanwendungen wie beim Bugatti Atlantique (vergl. Abschn. 1.4).

Die Ganzstahlkarosserie wurde durch die Firmen Dodge und Pontiac 1913/15 erstmals in die Serienproduktion eingeführt. Damit gelangen deutlich höhere Biege- und Torsionssteifigkeiten als bei der zuvor angewendeten Mischbauweise mit Holz und Blech. Mit der Stahlkarosserie konnte nun auch die teure Handarbeit reduziert und der Weg zur kostengünstigen Großserienfertigung gebahnt werden. Wie in [5] beschrieben galt: „Voraussetzung dafür war die Entwicklung leistungsstärkerer Pressen für Karosseriebleche, um eine Serienfertigung von entsprechenden Blechteilen in größerer Stückzahl zu ermöglichen. Ford zum Beispiel baute sein T-Modell mit Holzgerippe-Karosserie bis zur Produktionsumstellung im Jahre 1927. Ebenfalls in jenem Jahr präsentierte Krupp ein speziell für Karosserieteile geeignetes Tiefzieh-Feinblech. Weiterhin dominierte die Bauweise eines fahrfähigen Leiterrahmens, auf den anschließend die Karosserie montiert wurde. 1922 präsentierte Lancia das Modell Lambda, welches einen kastenförmig hochgezogenen Rahmen besaß und damit als prinzipiell erstes Fahrzeug mit einer teilweise selbsttragenden Karosserie angesehen werden kann".

Nach dem Krieg, zuletzt in den 1960er-Jahren reüssierten flächendeckend die selbsttragenden Stahlschalenbauweisen.

In den 90er-Jahren des vorigen Jahrhunderts gelang bei Audi die Serieneinführung mit einer Bauweise vollständig in Aluminium, die als Aluminium-Spaceframe bekannt wurde. Weitere Anwendungen mit Aluminium- und später auch Magnesiumlegierungen folgten im Volkswagen-Konzern und bei anderen Herstellern.

Was den Antriebsstrang betrifft, so ersetzte Aluminium als Werkstoff zunächst für Kolben das Gusseisen in den meisten Verbrennungsmotoren. Später kamen Gehäuseanwendungen dazu, legendär ist der Magnesiumeinsatz im VW Käfer.

Noch vor dem Krieg nahmen auch die Anwendungen mit Kunststoffen zu. Zur Verbesserung des Akustik-/Schwingungskomforts durch Gummilager für den Motor oder generell zur Abdichtung der Karosserie kamen Elastomere zum Einsatz.

Im Mittel verfügte ein Automobil 1955 über ca. 5 kg an Kunststoffen, die meisten Teile erfüllten dekorative Aufgaben [5]. Heute liegt der durchschnittliche Anteil an Kunststoffen bei insgesamt ca. 20 %. Eine weitere Zunahme sehen wir derzeit durch die Elektrifizierung und die Notwendigkeit der Hochvolt-Bauteile im Antriebsstrang.

Hochleistungsfaserverbundkunststoffe, dies adressiert vor allem solche mit Carbonfaser (CF), sind im Rennsport gebräuchlich, aber bis heute noch nicht in größerer Stückzahl in Großserienfahrzeugen verbaut. Sie könnten in Zukunft einen wertvollen Beitrag zum Leichtbau leisten, jedoch wären dafür vor allem serientaugliche und kostenattraktive Herstellverfahren die Voraussetzung.

In Tab. 1.2 wurde versucht, beispielhaft wesentliche Werkstoffinnovationen im Automobilbau seit 1900 aufzulisten.

Tab. 1.2 Werkstoffinnovationen im Fahrzeugbau seit 1900 (Beispiele)

Jahr	Hersteller	Innovation
1900	Maybach/Daimler	Motor aus Al und Mg, Kühler aus Messing
1907	Ford Modell T	Vorderachse aus Stahl mit Vanadium legiert
1913	Dodge	Erstmals Ganzstahlkarosserie
1922	Lancia Lambda	Teilweise selbsttragende Karosserie
1936	Volkswagen Käfer	Mg-Gussteile für Getriebe- und Kurbelgehäuse
1950	Lloyd 300	Hartholz-Fachwerk-Gerippe mit Sperrholzverkleidung
1954	GM Corvette	Stahlkarosserie mit faserverstärkten Polymeraußenteilen
1957	Lotus E	Karosserie aus faserverstärkten Polymeren
1962	Porsche	Titan für Pleuel in einem Formel-1-Motor
1971	Porsche 917	Verwendung von Mg für Gitterrohrrahmen
1980	GM Corvette	Glasfaserverstärkte Blattfedern
1981	McLaren/Lotus	Tragende Struktur aus kohlefaserverstärkten Polymeren
1981	DeLorean MC	Stahlzentralrahmen, faserverstärkte Polymerstruktur mit geschraubten Edelstahlblechen
1994	Audi A8 D2	Voll-Aluminium-Bauweise (ASF)
1996	Volkswagen	Serieneinsatz von Getrieben in Mg-Gehäusen
1999	Audi A2	Al-Spaceframe 2. Generation (Profil, Guss- und Fügetechnik)
1999	VW 3-Ltr.-Lupo	Multimaterialdesign/Leichtbau
2002	VW 1-Ltr.-Auto	Mg-Spaceframe, CFK-Karosserie, Al, Mg, Ti in Fahrwerk und Antriebsstrang
2003	Porsche Carrera GT	C/C-SiC-Bremse, CFK-Karosserie, Edelstahlmodule
2003	BMW 5er	Vorderwagen aus Al
2004	Mercedes SLR	CFK-intensive Mischbauweise
2006	Audi TT	Al- und Stahl-Hybridbauweise (Spaceframe- u. Schalenbau)
2013	BMW i3	CFK-Karosserie + Al-Chassis (Bimodul)
2016	Mercedes E-Klasse	Moderne Mischbauweise in Großserie
2017	Audi A8 D5	Al-intensive Hybridbauweise mit Warmformstählen (Seite, B-Säule), CFK (Heck) und Mg
2020	Mercedes S-Klasse	Al-intensive Mischbauweise Schalenbauweise

1.3.1 Begann Mobilität in der Bronzezeit?

Schon in frühen Zeiten und dann sogar nach dem Tode scheint der Mensch Wert auf gewisse Formen von Mobilität gelegt zu haben. Als ein anschauliches Beispiel dafür kann der Sonnenwagen von Trundholm dienen, eine Grabbeilage aus der europäischen Bronzezeit, die wir als abstrahierte Vergegenständlichung einer mythischen Sonnenfahrt interpretieren. Die heute im Nationalmuseum von Kopenhagen zu besichtigende, etwa 60 cm messende Skulptur ist aber auch anschaulich im Sinne von zeitgenössischen Werkstoffen und Bauweisen (Abb. 1.5).

Schon das Design, also die Konstruktion, wirkt äußerst filigran und leicht. Man betrachte nur die Ausführung der Räder und Speichen, für die insgesamt sechs Räder des Fahrzeuges ist auch deren Drehbarkeit auf den Achsen nachgewiesen. Interessant ist die integrale Ausführung: Radreifen und Speichen sind ganzteilig aus Bronze gegossen, gewissermaßen als Anwendung eines modernen Konstruktionsprinzips. Ermöglicht wurde dies durch ein Wachsausschmelzverfahren, um 1400 v. Chr. das bevorzugte Feingussverfahren der mittleren Bronzezeit.

Wir schließen, dass die frühen „Ingenieure" vor ca. 3400 Jahren sehr wohl schon eine ganzheitliche Vorstellung von konzeptbestimmenden Bauweisen besaßen. Angewandt hatten sie offensichtlich eine geradezu dialektische Beziehung zwischen

1. Werkstoffen (deren Eigenschaften und Verarbeitbarkeit – Bronze war bei geeigneten Temperaturen leicht zu erschmelzen und mit dünnen Wandstärken gut zu vergießen),
2. den Fertigungstechniken (das Gussverfahren ermöglichte eine bildsame und integrierende Ausführung der Objekte) sowie schließlich
3. einem – in diesem Falle auch noch sehr ästhetischen – Konstruktionskonzept (Bauweise).

Abb. 1.5 Sonnenwagen von Trundholm, aus [4]

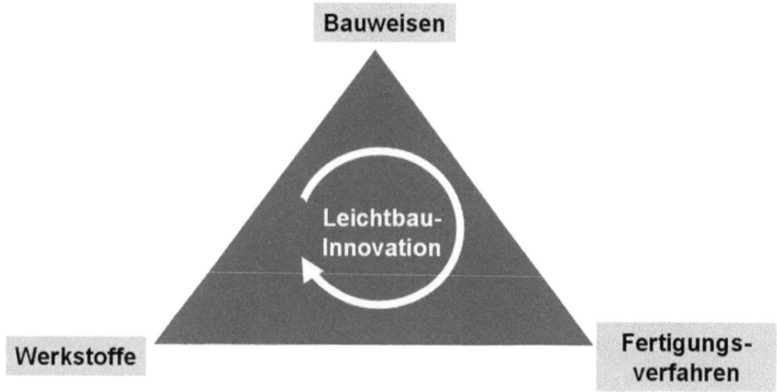

Abb. 1.6 Integrale Betrachtung für Leichtbauinnovationen

Dieser „Trialog" der ganzheitlichen Betrachtung von Werkstoffen, Fertigungstechniken und Konstruktionen ist heute und immer mehr der eigentliche Treiber für Innovationen mit Werkstoffen. Statt Konstruktion verwenden wir hier den Begriff der Bauweise: Ursprünglich von der Luftfahrt und dem Flugzeugbau geprägt, beschreibt er ingenieurwissenschaftlich zutreffend vor allem auch die kreative Ausführung vieler Leichtbaulösungen (Abb. 1.6).

Die Leichtbaustrategien in der Transporttechnik wandelten sich in den vergangenen ca. 120 Jahren zunehmend vom reinen Stoff- (oder Substitutions-)Leichtbau über den Form- und Fertigungsleichtbau zum konzeptionellen oder systemischen Leichtbau. Der Konzeptleichtbau, der viele oder im Extremfall alle anwendbaren Leichtbaustrategien integriert, ist heute die vorherrschende Lehrmeinung zum Fahrzeugleichtbau [4, 7–9]. Zunächst soll jedoch ein historischer Abriss versucht werden: Triumphe durch Leichtbau.

1.3.2 Triumphe durch Leichtbau: im Rausch der Geschwindigkeit

Ein ganz wichtiger, früher Motivator für den Automobilbau war der Sieg durch Schnelligkeit. Halsbrecherische Autorennen und Flugvorführungen gehörten damals, positiv besetzt und bejubelt, zu den Vorboten einer neuen technischen Epoche: Um die Wende zum 20. Jahrhundert trieben Autorennen die Entrepreneure und Ingenieure der Zeit zu immer neuen Höchstleistungen und zur Leichtbauweise, denn niedriges Gewicht machte schnell!

Camille Jenatzy, ein belgischer Pionier des Motorsports, durchbrach im Frühjahr 1899 mit 105,8 km/h erstmals eine „Schallmauer": 100 km pro Stunde [10] für Straßenfahrzeuge. Sein Gefährt auf Rädern, übrigens mit einem Elektroantrieb innerhalb weniger Wochen konstruiert und fast mit der Form eines Torpedos, nannte er „La Jamais Contente" (die nie Zufriedene), (Abb. 1.7), wohl ein weiser und zeitloser Wahlspruch für Leichtbaupioniere überhaupt.

Zur Gewichtsreduzierung wurde eine leichte Legierung des Aluminiums verwendet, die man Partinium nannte (nach ihrem Erfinder G.H. Partin, hergestellt in den Usines des

Abb. 1.7 Camille Jenatzy im Rekord-Elektroauto „La Jamais Contente“ mit Gattin bei der Siegesparade, aus [4]

Partinium in Paris [11]). Die Angaben für die genaue chemische Zusammensetzung der kupferhaltigen Aluminiumlegierung variieren, Varianten mit Wolfram und Magnesium wurden für Fahrräder und Automobilteile genannt.

Fahrzeugtechnisch war die vorletzte Jahrhundertwende auch deswegen so interessant, weil mehrere Energieträger – Strom, Benzin und vereinzelt auch Dampf – für die Automobile vorkamen (eine bemerkenswerte Ähnlichkeit zu unserer Zeit, in der seit gut 100 Jahren erstmals wieder mehrere Energieträger zeitlich und technisch parallel in den Fahrzeugkonzepten zu sehen sind). Damals konnte man Rennen eben auch elektrisch gewinnen! So zum Beispiel beim Exelberg-Rennen 1902 mit Ferdinand Porsche am Steuer seines „Mixte“-Wagens; dieses Hybrid-Fahrzeugkonzept entwickelte er drei Jahre später in eine leistungsstärkere Version mit einem 70 PS Benzinmotor weiter, jener lieferte mit dem Generator Strom für vier Elektromotoren in den Rädern, mithin auch eine für unsere Zeit potenzialträchtige Integrationslösung.

1.3.3 Bauweisen und Leichtmetalle werden Konzeptmerkmale

Ferdinand Porsche interessiert hier mehr in seiner Eigenschaft als Leichtbaupionier. Lange vor dem Volkswagen, Porsche war noch bei Austro-Daimler als Direktor tätig, beschäftigte

Abb. 1.8 Alexander Graf Kolowrat-Krakowsky (links) mit dem „Sascha"-Wagen, rechts daneben (mit Mütze) der Konstrukteur F. Porsche, aus [4]

er sich mit dem Konzept des kleinen, leichten Wagens. Den Anlass mag Anfang der 1920er-Jahre ein Filmmagnat gegeben haben: Sascha Graf Kolowrat, Lebemann und Herrenfahrer mit der Intuition für Geschwindigkeit. Es entstanden Prototypen mit 50 PS und Spitzengeschwindigkeiten von 140 km/h. Das zu Ehren des Grafen „Sascha" genannte Fahrzeug (Abb. 1.8) wog nur 598 kg, wesentlichen Beitrag zu diesem Erfolg hatte die leichte Aluminiumkarosserie [10]. Porsche hatte zielführend zwei Techniktrends aus dem Flugzeug adaptiert: kleinvolumige Motoren mit gesteigerter Kompression und die Anwendung konsequenter Leichtbauprinzipien.

Die Rennhistorie der „Sascha"-Wagen begann 1922 mit dem Straßenrennen der Targa-Florio in Sizilien. Viele europaweite Rennen folgten. Ideen für eine Straßenversion, gar in größeren Stückzahlen zu bauen, kamen indes nicht voran. Es überwiegen zu dieser Zeit im deutschsprachigen Raum noch die Automobile der Oberklasse – bis zur Geburtsstunde des Volkswagens in den 1930er-Jahren. Und wieder ist es Porsche, der auch in dieser Klasse Werkstoffe konsequent einsetzte: mit dem inzwischen legendären Motor (gemeint sind Kurbel- und Getriebegehäuse aus Magnesiumlegierung!), bei dem luftgekühlten Boxermotor im „Käfer" war dies der konzeptbestimmende Beitrag zur Verringerung der Hecklastigkeit.

1.3.4 Konsequente Weiterentwicklungen bis in die 1930er-Jahre

Auch bei Daimler führt der Weg von ersten Rennsiegen zu Triumphen mit Leichtbau. Der bekannte Namensgeber Emil Jellinek, ein erfolgreicher Geschäftsmann aus Sachsen, meldete mit dem Decknamen „Mercedes", dem Kosenamen seiner ersten Tochter, einen 23 PS „Phönix" aus Cannstatt zur Tourenfahrt in Nizza an. Anfang des 20. Jahrhunderts bestand Jellinek auf weitere Leistungssteigerung der Daimler-Fahrzeuge, vor allem, um im Wettbewerb mit französischen Fahrzeugen zu obsiegen und nachfolgende Verkaufsergebnisse zu erzielen. Wie die Bergrennen gezeigt hatten, waren kurze, hohe und schwere Wagen bei großem Tempo nicht wie gewünscht beherrschbar und der geniale Daimler-Konstrukteur Wilhelm Maybach setzte die technische Auffassung um, länger, niedriger und leichter zu bauen [12]. Mehrere „Mercedes"-Wagen wurden erworben und überzeugten in großen Rennen, Rekorden und Wettfahrten.

Viele europäische Automobile jener Zeit verwendeten Holz als Werkstoff für die Karosserie. Aluminiumblech wurde in Ausnahmefällen eingesetzt, so z. B. 1907 von Rolls Royce. Etwas später (1912) folgte von NSU der Typ 8/24 mit einer vollständig aus Aluminium geformten Karosserie (Abb. 1.9). Ford in Amerika hatte auf Einheitstypen und Stückzahlen gesetzt, lange vor dem Volkswagen, der wie damals wenig bekannt geworden war, auf amerikanischen bzw. fordistischen Produktionsmethoden aufbaute. Die Karosserie für das Model „T" formte man ab 1908 schnell und kostengünstig aus Stahlblech. Eine werkstoffliche Besonderheit waren vanadiumlegierte Stähle, die eine deutlich höhere Festigkeit als herkömmliche Stähle aufwiesen, mithin ein wertvoller Leichtbaubeitrag. Den Pressstahlrahmen und das Blattfeder-Starrachs-Fahrgestell produzierte man bis 1927. Bereits zehn Jahre vorher war der Preis für ein „T"-Modell von zu Anfang 850 US$ auf nunmehr 360 US$ gefallen.

Viele Ingenieure und Unternehmer aus Europa reisten vor dem 2. Weltkrieg in die USA. Sie informierten sich über Fahrzeugmodelle, Bauweisen und Fertigungsmethoden

Abb. 1.9 Aluminium im NSU-Typ 8/24, aus [4]

und profitierten von diesem Technologietransfer. Zwar konnte man die Produktion optimieren, jedoch nicht die erheblich niedrigere Kaufkraft deutscher Kunden (vergl. [13]).

Ab 1935 stellte in Deutschland dann die Firma Opel mit dem „Olympia“ einen Serienwagen in selbsttragender Ganzstahlkarosserie vor. Die zweitürige bzw. viersitzige Einheit aus Stahlblech machte einen Aufbaurahmen überflüssig und diente zugleich für die Aufnahme von Fahrwerk und Triebwerksträgern. Opel setzte die Bauweise mit dem etwas später produzierten „Kadett“ und dem „Kapitän“ fort.

Zu etwa gleicher Zeit kommt ebenfalls in Serienfertigung das Modell „Citroën Traction Avant“ mit einer selbsttragenden Karosserie auf den Markt (Abb. 1.10). Lancia hatte mit dem „Lambda“ zwar schon zuvor revolutionär eine selbsttragende Bauweise in einem offenen Monocoque-Typ dargestellt, doch dann leider nicht weiterverfolgt.

Eine historische Betrachtung über Automobilerfolge und Werkstoffpioniere wäre unvollständig ohne die Erwähnung von Ettore und Jean Bugatti, die gut zwanzig Jahre lang bis zum 2. Weltkrieg die Symbiose von Technik und Design in den automobilen Zenit hoben. Einer der exklusivsten und natürlich auch teuersten Wagen war der Type „57 SC Atlantic“. Dieser Wagen basiert auf einem Prototyp namens Bugatti Electron „Aerolithe“. In dessen Leichtbaukonstruktion wurde „Electron“ verwendet, eine Magnesiumlegierung der IG Farben. Obwohl attraktiv niedrig in ihrer spezifischen Dichte (Magnesiumlegierungen liegen bei nur ca. 1,8 kg pro dm^3 gegenüber den bereits leichten Aluminiumlegierungen mit ca. 2,7 kg pro dm^3) waren diese Legierungen sehr schwer schweißbar. Daher wurde vermutlich eine Vernietung an Fahrgastzelle (Dach) und Kotflügeln als Verbindungstechnik gewählt, was dem Auto bis zu 50 mm hohe und sehr auffällige Nietflansche bedingte (Abb. 1.11). Nachdem der Electron „Aerolithe“- Prototyp auf dem Paris Autosalon im Herbst 1935 debütierte – eine automobile Sensation, die insgesamt nur in drei Exemplaren gebaut wurde – wählte man danach das leichter zu handhabende Aluminium, behielt aber den auffälligen optischen Effekt bei. Das nicht unwichtig zu erwähnende Fahrzeuggewicht betrug 953 kg.

Abb. 1.10 Citroën Traction Avant, Serienfertigung in selbsttragender Bauweise, aus [4]

Abb. 1.11 Bugatti „Aerolithe“, aus [4]

Abb. 1.12 (**a**) Manfred von Brauchitsch auf Mercedes-Benz W25 750-kg-Wagen in 1934, (**b**) Auto-Union-Typ „C“ mit einer „Mittelmotor-Bauweise“, beide aus [4]

1.3.5 Geschwindigkeitsrekorde vor dem Untergang

Bevor der 2. Weltkrieg seinen unheilverkündenden düsteren Vorhang auch über die Bühne der Automobilerfolge senkte, darf noch einmal an große Triumphe erinnert werden: die Silberpfeile von Mercedes und von Auto Union. 1934 hatte Manfred von Brauchitsch auf dem Nürburgring den ersten Sieg für Mercedes eingefahren (Abb. 1.12a). Ob wahr oder erfunden, so ist die berühmte Geschichte über die Mutation der Rennwagen zu Silberpfeilen für den Leichtbau doch sehr anschaulich: Angeblich habe der „W25“ (das Auto hatte einen 354 PS starken, 8-Zylinder-Motor und 3,4 l Hubraum) mit 751 kg für das Reglement ein Kilo zu viel gewogen (laut dem Grand Prix Reglement von 1934 durften die Fahrzeuge trocken und ohne Räder und Reifen nicht mehr als 750 kg wiegen). Kurzum habe man im Team von Rennleiter Alfred Neubauer über Nacht den Lack abgeschliffen und die zulässige Gewichtsgrenze soweit eingehalten. Silber wurde damit die Farbe der Sieger!

Die P-Rennwagen der Auto Union – das Kürzel repräsentiert den Namen des Konstrukteurs Ferdinand Porsche – bestimmten den Verlauf der internationalen Rennen bis 1939:

Die spannenden Duelle von Bernd Rosemeyer mit dem Mercedes-Fahrer Rudolf Caracciola zählten im Genre der 1930er-Jahre zu den Höhepunkten des Rennsports. Hans Stuck, Ernst v. Delius und Tazio Nuvolari waren bei vielen Grand-Prix-Rennen Sieger mit dem ersten Mittelmotor-Rennwagen aus Zwickau.

Mercedes hatte in Württemberg mit der Fahrzeugkonstruktion von Hans Nibel ein vollkommen anderes Konzept für die 750-kg-Rennformel entwickelt als Auto Union in Sachsen. Das Unternehmen war 1932 durch den Zusammenschluss von Audi, DKW Horch und Wanderer entstanden. Bei Auto Union hatte man den Motor vor der Hinterachse angeordnet (Abb. 1.12b). Beiden gemeinsam war jedoch ein konsequent realisierter Leichtbau mit aushärtbaren Aluminiumlegierungen (Sie werden uns im Kap. 3 dieses Buches bei Potenzialen relevanter Werkstoffe wieder begegnen). Die gesamte Al-Karosserie des Auto-Union-Typs „C" (520 PS bei 6 l Hubraum leistet der 16-Zylinder in seiner dritten Ausbaustufe) wog nur 45 kg. Die Rennaktivitäten beider Firmen wurden übrigens vom Reichsverkehrsministerium mit Zuwendungen von mehreren 100.000 Reichsmark bezuschusst. 1937 errang die Auto Union mit dem Silberpfeil Typ „C" auf der Autobahn bei Frankfurt mehrere Welt- und Klassenrekorde. Rosemeyer bezwang erstmals die 400 km/h Marke auf einer Autostraße. Am 28. Januar 1938 erreichte Caracciola mit einem Mercedes „W125" auf dem Abschnitt Frankfurt nach Darmstadt die Geschwindigkeit von 432 km/h. Kurz darauf verunglückte Rosemeyer tödlich, nachdem er von einer Windböe erfasst wurde. Die NS-Machthaber bemächtigten sich seines Ruhmes für eine pompöse Propaganda.

1.3.6 Wirtschaftswunder

In den Nachkriegsjahren wurden weltweit zunächst unterschiedliche Strömungen in der Automobiltechnik verfolgt. Nordamerika setzte die Erfolge der Massenproduktion von PKW fort, man konzentrierte sich weiter auf die Erfordernisse einer kostengünstigen und rationalisierten Großserienproduktion. Aufgrund der niedrigen Kraftstoffpreise und des fast unbegrenzt erscheinenden Verkehrsraums erreichten die amerikanischen Fahrzeugkonzepte bemerkenswerte Dimensionen und Komfortstufen, entbehrten aber weitgehend innovativer Merkmale zu Diversifizierung in kleinere Modelle oder gar zu höherer Energieeffizienz.

Ganz anders in Japan und Europa, wo die wirtschaftlichen Lasten des Weltkrieges vorher vorhanden gewesene Expertisen und Trends jetzt geradezu katalysierten. Überall entstanden dort Klein- bzw. Kompaktwagen, die auf preiswerte Anschaffung und kostengünstigen Betrieb der sich von niedrigem Niveau aus auf schnell regenerierende Märkte zielte. Typische Vertreter waren z. B. der Citroën 2CV in Frankreich oder der Fiat 500/600 in Italien, in der BRD gab es den Lloyd 300 mit 10 PS leistendem Zweitaktmotor – die Karosserie aus Holz war mit Kunstleder bezogen – und die DDR startete 1957 in Zwickau den Trabant [12]. Letzterer verwendete Baumwolle, eigentlich Baumwollreste und Produktionsabfälle, mit Phenolharz gebunden als Karosserieblechersatz.

Kleinheit und einfache, robuste Fahrzeugarchitekturen bedeuten konzeptbedingt auch Leichtigkeit. Die Fahrzeuge der „1000-cm^3-Hubraumklasse" wogen eben damals auch nur 600 bis 800 kg.

Hierzu muss allerdings angeführt werden, dass die Sicherheitsanforderungen bis in die 1960er-Jahre noch deutlich geringer ausfielen als dies heute gilt. Erst nach und nach begannen in den USA durch Verbraucherbewegungen und dann in Europa, Japan und weiteren Ländern entsprechende Rahmenverordnungen und Testprozeduren zur Automobilsicherheit zu greifen.

Der einsetzende Siegeszug der frontangetriebenen Klein- und Mittelklasseautos begünstigte zudem die Gewichtsbilanz. Die kompakte Bauweise und der Wegfall von Bauteilen im Antrieb ermöglichte Gewichtsvorteile bis zu 5 % gegenüber der Standardbauweise.

1.3.7 Die Silberpfeile kommen zurück

Bereits 1952 baute Mercedes wieder Rennwagen. Der 300 SL (W 194), errang überraschende Siege, z. B. bei der „Carrera Panamericana“ oder dem „24-Stunden-Rennen“ von Le Mans. Die extrem verwindungssteife Karosserie stammt von Rudolf Uhlenhaut, damals Leiter des Versuchs. „Ein Rahmen soll keine Federkräfte aufnehmen“ dekretierte Uhlenhaut, dafür seien schließlich die Federn da [14]. So entstand ein dreidimensionales Rohrgerüst aus dünnen Stahlrohren, welches nur ca. 50 kg wog. Von zwei Querträgern abgesehen, wurde keines der hochfesten Rohre auf Biegung beansprucht, es sind ausschließlich Zug- und Druckkräfte, die im Fachwerkvolumen wirken. Das ganze Auto wog nur 1310 kg.

Konzeptbedingt erhielt der SL hohe Seitenschweller, um genügend Steifigkeit zu ermöglichen, andererseits wäre er zu weich ausgefallen. Die filigrane Rohrrahmenstruktur bedingte somit den Einstieg von oben mit den Klappen, den späteren Klassikermerkmalen des 300-SL-Flügeltürers.

Für das Formel-1-Reglement für 1954/55 entwickelte Mercedes den „W 196“. Anstelle von freistehenden Rädern erhielt der „W 196“ eine Vollverkleidung wie sie bei den AVUS-Rekordfahrten vor dem Krieg üblich war. Die Bleche der Karosserie bestanden aus Magnesium und Aluminium und wurden anfangs von Hand über Holzblöcke geformt, später in Metallformen fabriziert. Der „W 196“ brachte in der Stromlinienausführung ca. 800 kg auf die Waage (Abb. 1.13), als Monoposto ca. 650 kg.

Für die Sportwagen-Weltmeisterschaft leitete Mercedes die Variante eines offenen Zweisitzers ab, den 300 SLR. Sein Gitterrohrrahmen entsprach im Wesentlichen dem Formel-1-Wagen und der 300 SLR brachte im Jahre 1955 mit 8-Zylinder-Otto-Reihenmotor und einer Leistung von 288 kW (310 PS) ein Trockengewicht von bemerkenswerten 860 kg auf die Waage. Zylinderblöcke und Zylinderköpfe waren integral aus AlSi11-Legierung (Silumin) gegossen.

Für die Karosserie verwendete man Magnesium. Der Gitterrohrrahmen, das filigrane Fachwerk aus Rohren mit teilweise nur 1 mm Wandstärke (Abb. 1.14), wog lediglich 60 kg. Der erste Triumph für den 300 SLR war die Mille Miglia, die Stirling Moss 1955 gewann. Im gleichen Jahr siegte auf dem Nürburgring Juan Manuel Fangio vor Moss.

Die Treiberrolle Werkstoffleichtbau führte gewissermaßen in direkter Linie vom 300 SLR zum Mercedes-SLR-McLaren, einem Supersportwagen, der von 2004 bis 2009 in

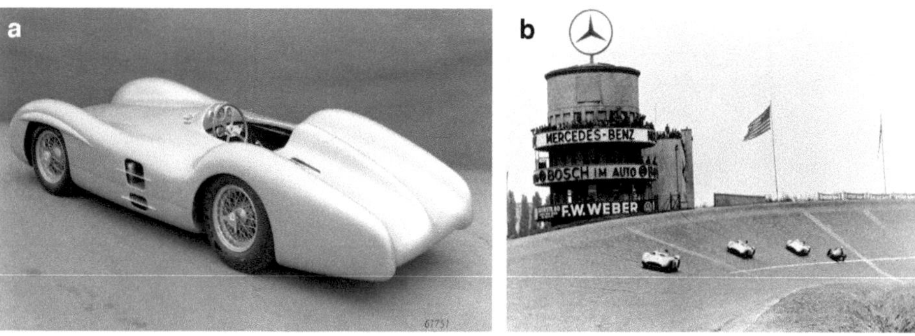

Abb. 1.13 (**a**) Mercedes-Benz Formel-1-Rennwagen W 196 R mit Stromlinienkarosserie, 1954 (links); (**b**) Fahren und Siegen: 1954 lagen beim AVUS-Rennen drei 300 SL vorn, hier in der berüchtigten Steilkurve, Fangio fährt zudem die schnellste Rennrunde (rechts), beide aus [4]

Abb. 1.14 Fahrgestell des Mercedes Typ 300 SLR (W 196 S), aus [4]

England produziert wurde. Der aufgeladene V8-Motor lieferte dabei 460 kW (626 PS) aus 5,4 l Hubraum für ein Fahrzeug mit dem Leergewicht von 1768 kg. Die Karosserie besteht aus kohlefaserverstärktem Kunststoff (CFK) in Anlehnung an Formel-1-Architekturen. Der Vorderwagen bzw. Motorträger wird auch aus Gründen der Temperaturbelastung aus Aluminium hergestellt. Interessant ist auch die Ausführung der Frontcrashbox mit wiederum aus CFK-hergestellten, teilweise geflochtenen Kunststoffverbundbauteilen (vergl. Kap. 4 dieses Buches zu technischen Randbedingungen im Leichtbau). Die Vorteile von CFK bei Crashstrukturen sind schließlich die hohe gewichtsspezifische Energieabsorption, der damit verbundene deutliche Gewichtsvorteil gegenüber einem metallischen Bauteil und das sehr gleichmäßige Energieaufnahme- bzw. Versagensverhalten im Unfall (Abb. 1.15).

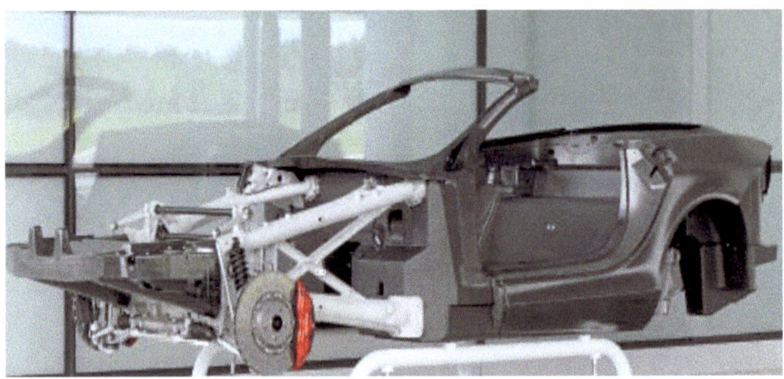

Abb. 1.15 Mercedes-McLaren-Struktur, aus [4]

1.3.8 Erfolge für die Serie

Wer bei Triumph nur an den Rennsport denkt, greift erheblich zu kurz: immer schon wurden Leichtbauansätze unter schwierigsten Rennbedingungen zwar dort bewiesen, dann aber schrittweise in die Volumenproduktion transferiert. Vor allem seit Ende des 20. Jahrhunderts gehörten konsequente Massereduzierungen zu den wichtigsten Stellhebeln der Automobilingenieure, um Serienautos sparsamer und kraftstoffeffizienter, damit auch hinsichtlich der Emissionen und insbesondere der CO_2 -Emissionen günstiger zu gestalten.

Mercedes hat, beginnend in den 70er-Jahren des vorigen Jahrhunderts, in der damaligen SL-Serie teilweise Aluminiumbleche eingesetzt. Bei der Marke Audi ist Leichtbau mit Aluminium ein strategischer Beitrag zur technischen Markenidentität geworden. Bereits auf der Hannover Messe 1985 stand ein Audi 100 mit einer Aluminiumkarosserie, allerdings in Schalenbauweise, wie sie auch heute noch für Stahlkarosserien in Großserienfertigungen dominiert. Die Entwicklungsarbeiten mündeten 1993 jedoch in die produktionsreife Spaceframe-Bauweise mit Aluminium, bei Audi ASF genannt (Audi-Spaceframe). Das Konzept einer selbsttragenden Aluminiumkarosserie verlangt ein Gerüst aus Aluminium-Strangpressprofilen und – druckgussteilen in den Knoten. Aluminiumbleche bilden z. B. Boden und Außenhaut und sind, was in diesem Zusammenhang konzeptbestimmend ist, auch kraftschlüssig bzw. lasttragend integriert. Der Audi A8 wurde somit wohl zum ersten Serienauto, das mit dem Werkstoff Aluminium ein individuelles Konstruktionsprinzip verwirklichte. Der Hersteller gab gegenüber einer reinen Stahlbauweise ca. 40 % Gewichtsreduzierung an. Für die erste Generation des A8 wog der Aufbau 245 kg. Mit einem ASF-Konzept und entsprechend 115 kg gelang auch für den A2 (1,2 TDI) das Erreichen des Verbrauchsziels 3 l/100 km [15].

Heute und im A8 der fünften Generation sind große komplexe Gussbauteile verwendet, sie kommen vor allem dort vor, wo große Gestaltungsfreiheit gefordert ist, in Einzelfällen nach bionischen Prinzipien topologieoptimiert. Es finden sich aber inzwischen auch höchstfeste Warmformstähle aufgrund deren großer Festigkeit und Steifigkeit in der Fahrzeugseite, z. B. bei der B-Säule, gewichtsoptimiert gegenüber Al gebaut werden kann. Die

Evolution der A8-Bauweisen führte also über die Jahre werkstofflich zu einer Mischbauweise mit Stahl in relevanten Einsatzfeldern, aber auch Mg und CFK.

Bei den Aluminiumqualitäten werden die drei Halbzeugarten Guss, Profile und Bleche eingesetzt. Insgesamt ist hier – bei einer aluminiumintensiven Bauweise – der technisch und wirtschaftlich begründete Trend zur Mischbauweise belegt. Ein Mischbau mit Stahl, der das Konzept des Aluminium-Spaceframe mit Elementen der Stahl-Schalenbauweise kombiniert, waren 2006 von Audi TT Coupé und Roadster. Die Karosserien dieser Sportwagen wogen 206 bzw. 251 kg, weisen überwiegend Aluminium auf und haben im Heckbereich voll verzinkte Stahlkomponenten im Boden, bei den Türen und der Heckklappe, was im Sinne einer optimalen Achslastverteilung und Fahrdynamik sinnvoll ist, vgl. [15].

Ein bemerkenswerter Triumph, die Demonstration des Machbaren, gelang Volkswagen mit dem „1-Liter-Auto" (Abb. 1.16). Ferdinand Piëch, der das Auto im April 2002 von Wolfsburg nach Hamburg steuerte, sagte später in seiner Biografie: „290 kg Gesamtgewicht für ein crashgeprüftes Fahrzeug bedeuten ein spektakuläres Ergebnis des Leichtbaus. Für mich schloss sich somit ein Kreis, der mit meiner bevorzugten Spezialdisziplin im Studium begonnen und zur ersten praktischen Anwendung bei Porsche geführt hatte, dem Bergspyder von 1966" [16]. Das zweisitzige Konzeptfahrzeug nahm viele Werkstoff- und Leichtbaulösungen späterer Serienanwendungen exemplarisch vorweg. Neben der lasttragenden Anwendung von Magnesiumlegierungen war dies vor allem die Verwendung von CFK in der Außenstruktur. Insgesamt bestanden gewichtsmäßig 19 % des Fahrzeugs aus Leichtmetallen – die Spaceframe-Fahrzeugstruktur (ohne Klappen) war mit Magnesium und CFK 76 kg leicht und wog damit nochmal 13 kg weniger als eine vergleichbare Ausführung mit Aluminium – und 45 % des Fahrzeugs aus Verbundwerkstoffen [17].

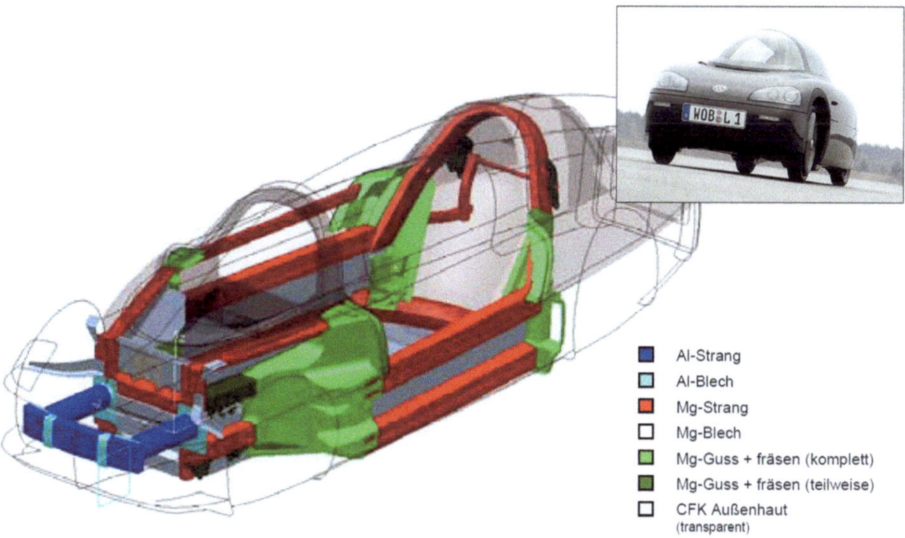

Abb. 1.16 Magnesium-Spaceframe für Volkswagen 1-Liter-Auto, aus [4]

„Leichte Werkstoffe kamen bei den Aggregaten, Aufhängungen und in der Ausstattung vor. Die gesamte Vorderachskonstruktion inkl. Federdämpfereinheit wog gerade einmal 8 kg – mit Querlenkern aus Mg bzw. Al, Radnaben aus Ti und Keramikkugeln in den Radlagern" [16]. Der Herausgeber erinnert sich, wie in seinem damaligen Forschungsfeld und der Projektleitung von Dr. Thomas Gänsicke meisterhaft um jedes Gramm Gewicht gekämpft wurde, freilich ohne das Gesamtkonzept aus den Augen zu verlieren. Und das alles in einem extrem ehrgeizigen und nicht verhandelbaren Terminplan!

Im Jahr 2011 stellte Volkswagen im Emirat Katar ein neues und deutlich seriengerechteres 1-Liter-Auto vor: Der „XL1" war somit der Prototyp der dritten Generation und man saß jetzt nicht mehr hintereinander, sondern nebeneinander. Der moderne Plug-In-Hybrid erlaubte, seine Lithium-Ionen-Akkus auch dort elektrisch zu laden, wo noch fossile Kraftstoffe vorhanden wären. Das Gewicht des „XL1" ist 795 kg, die Karosserie wiegt 230 kg. Nur noch 23 Gewichts-% des Fahrzeuges sind aus Stahl, 21 % aus Carbon und etwa ebenso viel aus Leichtmetallen.

Die Bauweise mit CFK sollte auch eine Rolle für die elektrischen Fahrzeuge mit ihren schweren Batterien spielen. BMW versprach auf der IAA 2011 mit zwei Studien – „i3-Konzept" als reines Elektroauto (Abb. 1.17) und „i8-Konzept" als Plug-In-Hybrid – den Einstieg in die elektrische Serienzukunft. Beide Autos besitzen keine selbsttragende Karosserie, sondern vielmehr ein Konzept aus zwei Modulen: Eines für Fahrwerk, Antrieb und Energiespeicher (sog. Drive-Modul), das andere stellt die Fahrgastzelle dar, die aus CFK besteht (sog. Life-Modul). Wir nennen dies Bimodulbauweise, eine interessante Lösung, die wohl auch dem technisch Machbaren einer Fertigungs- bzw. Montagelogistik geschuldet ist. Die beiden Kandidaten für ein CFK-Zeitalter wurden mit 1250 kg bzw. 1480 kg ausgewiesen. Größere Gewichtsreduzierungspotenziale bestehen bei Monocoque-Konzepten in CFK oder auch CFK-intensiven Multimaterialbauweisen; hierzu sind Forschungsanstrengungen für Eigenschaftsprofile, Crashsimulationen und Materialentwicklungen platziert [18].

Mercedes-Benz präsentierte auf der IAA 2011 mit dem Forschungsauto F125 (Abb. 1.18a) ein innovatives Fahrzeugkonzept zum emissionsfreien Betrieb mit Wasserstoff im Luxussegment. Die Karosserie ist in Multimaterialdesign aus faserverstärkten

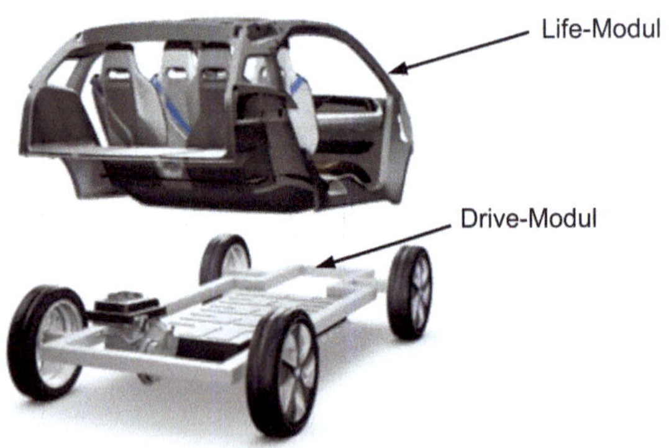

Abb. 1.17 BMW i3, aus [4]

Abb. 1.18 (**a**) Daimler Forschungsauto F125 (links), aus [4] und (**b**) Technologieträger Vision EQXX (rechts), Copyright© Daimler AG

Kunststoffen mit einem hohen Anteil an Kohlenstofffaser, Leichtmetallen und hochfesten Stählen sowie Hybridmaterialien ausgeführt. Bei der Leichtbauarchitektur konnte das DLR mitarbeiten: „Gemeinsam mit dem Institut für Fahrzeugkonzepte in Stuttgart ist es den Leichtbau-Experten von Mercedes-Benz gelungen, das Rohbaugewicht beim F 125! auf rund 250 kg zu reduzieren" so die Mitteilung von Daimler [19].

Wie schon berichtet, steht man beim Einsatz von CFK immer noch vor großen Herausforderungen hinsichtlich der Material- und Fertigungskosten; schließlich sind Hochleistungsverbunde anisotrope, also richtungsabhängige Werkstoffe. Das setzt u. a. voraus, dass die technischen Eigenschaften von Faser, Garn oder textilem Preform zu beschreiben und simulieren sind, ebenso wie die thermo- oder duroplastische Matrix und der gesamte Verbund. Anschließend müssen serientaugliche automatisierte Fertigungsabläufe für Bauteile etabliert werden und große integrale Komponenten, Qualitätssicherungs- und Inspektionskonzepte sowie geeignete Recyclinglösungen erarbeitet werden.

Technische Erfolge mit Carbonbauweisen haben der Rennsport und der Flugzeugbau bereits hinreichend bewiesen. Der Transfer aus dem Premiumbereich in die Großserie wäre indes ein wesentlicher Paradigmenwechsel für den Automobilbau, wirtschaftliche Hürden sind hierfür aber hoch.

Ebenfalls von Mercedes stammt die Vorstellung des Technologieträgers Vision EQXX, mit dem 2022 ein Elektroauto für Reichweiten von mehr als 1000 km vorgestellt wurde (Abb. 1.18b). Das 5 m lange Fahrzeug weist ein Leergewicht von nur 1755 kg auf, mit einer Batterie von 495 kg. Zum hohen Effizienzanspruch trägt auch der cw-Wert von 0,17 bei, deutlich besser als bei zeitgenössischen Serienautos.

Zum Werkstoff- und Leichtbaukonzept ist ein bionischer Konstruktionsansatz verwendet, der auch recycelte Materialien in strukturellen Komponenten integriert. Nachhaltige Werkstoffe betreffen hier z. B. Kabelkanäle aus Kunststoffersatzmaterialien und tierfreie Lederalternativen.

1.4 Materialanteile im Automobilbau

1.4.1 Karosserie

Nach wie vor ist Stahl der vorherrschende Karosseriewerkstoff. Aluminiumintensive Konzepte für Karosserien fanden sich lange auf Automobile der Oberklasse beschränkt, sie werden jedoch seit den 90er-Jahren des vorigen Jahrhunderts auch vermehrt in anderen Fahrzeugklassen verwendet (u. a. Entwicklung des Kleinstfahrzeuges Lupo bei Volkswagen). Viele Hersteller machen inzwischen von den verfügbaren Al-Legierungen Gebrauch.

Kunststoffe spielen eine wichtige Rolle im Interieur. Aber auch im Exterieurbereich finden sie sich, hauptsächlich im nichttragenden Bereich. Der Einsatz von Faserverbundwerkstoffen (FVW) für strukturtragende oder crashrelevante Bereiche der Karosserie ist bisher neben den Rennsportfahrzeugen auf kleinere Sondereditionen oder Premiumfahrzeuge beschränkt. FVW können, wie vorstehend erwähnt, erst bei entsprechenden Kosten- und Herstellungsverbesserungen für einen Einsatz in der Großserie interessant werden.

Die Entwicklung der Bauweisen in der Fahrzeugstruktur zielt neben Entwicklungspfaden von Leichtmetall-Spaceframe und Hochleistungs-Verbundwerkstoffsystemen (CFK) vor allem auf das Multimaterialdesign, vergl. Abb. 1.19. Solche Mischbauweisen beruhen neben Stahl samt den höchstfesten und superhöchstfesten St-Legierungen auf einem zunehmenden Anteil von Al-Legierungen, neuerdings auch in großen, integralen Druckgussteilen für Hybridkarosseriestrukturen.

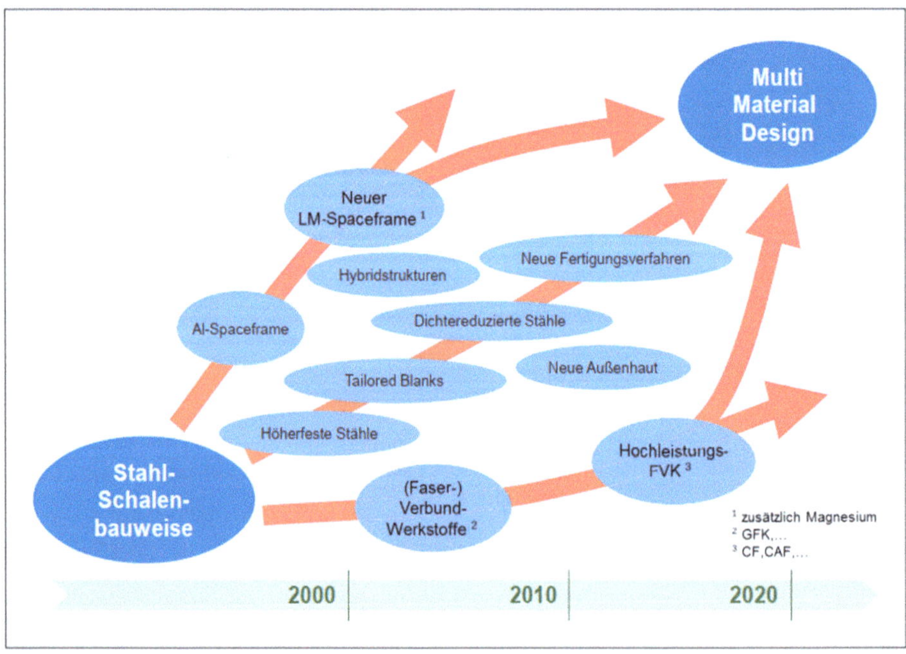

Abb. 1.19 Evolution der Karosseriebauweise

Zum Vergleich der generellen Bauweisen s. Kap. 2 und hinsichtlich der Karosserie s. Kap. 5 in diesem Buch.

1.4.2 Fahrwerk

Ebenfalls für das Fahrwerk stellen Leichtmetalle einen inzwischen relevanten Werkstoffanteil dar, dies ist vorrangig Aluminium mit Guss- oder Knetlegierungen. Der Anteil der Stahlwerkstoffe geht dementsprechend auch im Fahrwerk kontinuierlich zurück.

Die Weiterentwicklung von Achsbauweisen (Abb. 1.20) trägt dem Rechnung: Magnesium wird in den typischen Fahrwerksbereichen aufgrund der niedrigen mechanischen und Korrosionskennwerte nicht eingesetzt. Magnesiumräder sind zwar technisch machbar, bleiben jedoch auf Kleinserienanwendungen im Sportwagenbereich beschränkt. Titan, z. B. für Federn, ist auf Sondereditionen beschränkt, ebenfalls für GFK[5]-Federn sind Faserverbundwerkstoffe zu finden.

Die Evolution der Fahrwerkbauweisen hat zu immer stärker anforderungsgerecht orientierten Konstruktionen geführt. Wurden in der Vergangenheit überwiegend Monomaterialkonzepte verwendet, ging der Leichtbautrend immer mehr in Richtung des Multimaterialdesigns. Ein Beispiel dafür ist die moderne Federbeinachse von Porsche mit mehreren

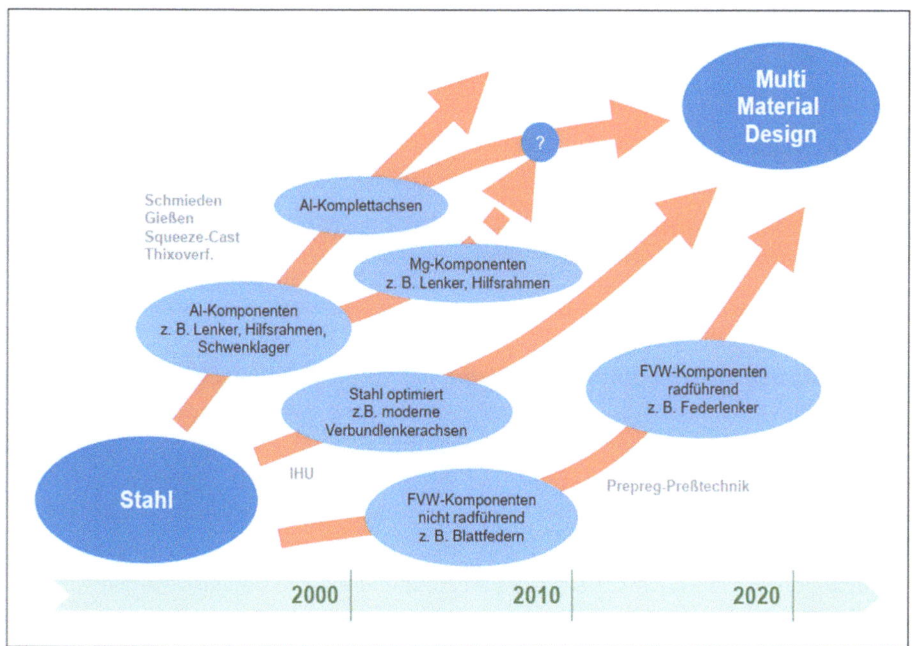

Abb. 1.20 Evolution der Bauweisen im Fahrwerk

[5] Glasfaserverstärker Kunststoff.

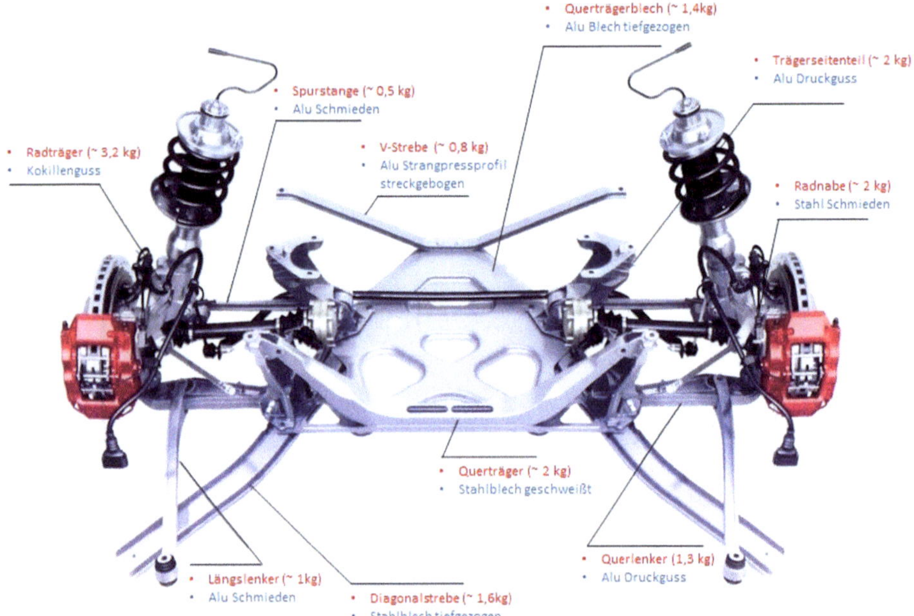

Abb. 1.21 Hauptbauteile einer Porsche-Mehrlenkerachse, aus [4]

Lenkern [4], zum Einsatz kommen in dieser Konstruktion Schmiede- und Gussteile, tiefgezogene Bleche und Strangpressprofile. (Abb. 1.21).

Neuere Ansätze in Zusammenhang mit der Elektromobilität finden sich in Kap. 6.

1.4.3 Antrieb

Die Bauweise des Multimaterialdesigns ist für den Antriebstrang schon seit Langem gebräuchlich, hier wird anforderungsbedingt eine Vielzahl von Werkstoffen zum Einsatz gebracht.

Die bisherige Fokussierung auf den Verbrennungsmotor folgte drei Schwerpunkten: Werkstoffentwicklungen für thermomechanisch hoch beanspruchte Komponenten, Werkstoffkonzepte und Oberflächenbeschichtungen zur Minderung von Reibung und Verschleiß und letztlich Werkstoff- und Bauteilkonzepte zur weiteren Gewichtsreduzierung bei Beibehaltung der hohen statischen und dynamischen Festigkeiten (Abb. 1.22).

Kurbelgehäuse aus hochsiliziumhaltigem Aluminium oder Grauguss werden wie auch Kurbelwellen aus geschmiedeten Stahlwerkstoffen in großer Anzahl verwendet. Keramikmaterialien in Katalysatoren sind Stand der Technik, ebenso Keramik-Preforms für verschleißarme Zylinderlaufflächen als Einlegeteile in Aluminiumkurbelgehäusen.

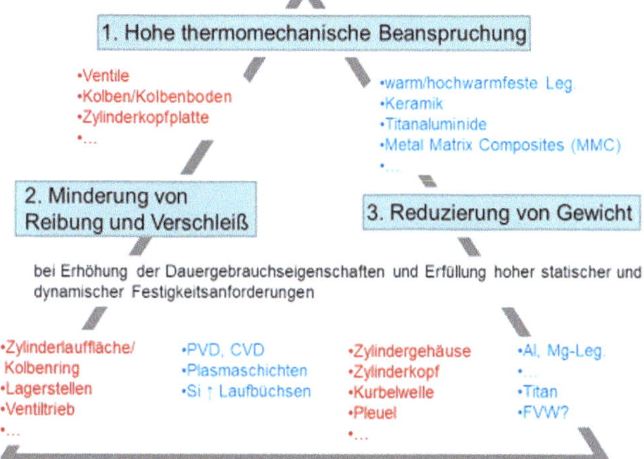

Abb. 1.22 Werkstoffliche Entwicklungsrichtungen im konventionellen Antrieb, aus [4]

Für viele Bauteile des Antriebstranges stehen im Wettbewerb zu den faserverstärkten Kunststoffen, beispielsweise bei Ansaugrohren aus glasfaserverstärktem Kunststoff, die Aluminium- und die weiterentwickelten Magnesiumlegierungen. Letztere werden auch als Gehäusewerkstoff für Getriebe eingesetzt.

Die Transformation zur Elektromobilität erweitert das Werkstoffspektrum wesentlich. Dies betrifft den Elektromotor selbst und auch die Energiewandler und -speicher, wie Brennstoffzelle und Batterie. In Batterien werden Lithium und Kobalt eingesetzt, E-Motoren verwenden Kupfer und Seltene Erden, Brennstoffzellen das Platin. Wir berichten dazu in Kap. 7 und 9.

Mahle z. B. hat in 2021 den Prototyp eines magnetfreien Motors mit induktiver und kontaktloser Leistungsübertragung präsentiert, der Verzicht auf Neodym als Metall der Seltenen Erden verspricht auch geopolitische Vorteile in den Rohstofflieferketten.

1.4.4 Neuere Entwicklungen Gesamtfahrzeug

Seit einigen Jahrzehnten kann eine signifikante Veränderung der Gewichtsanteile für die im Fahrzeug verwendeten Werkstoffe festgestellt werden.

Mit dem Kleinstwagenmodell Lupo wurde ab 1999 im VW-Konzern eine 3-Liter-Version eingeführt. Erstmals in dieser Klasse konnten dabei hochfeste Karosseriewerkstoffe mit den Leichtbauwerkstoffen Aluminium und Magnesium kombiniert werden. Auch neuartige Fertigungsverfahren wie Falzen und Kleben sind beispielsweise zur Vermeidung von Bauteilkorrosion in dieser Kleinserie eingeführt worden.

Abb. 1.23 Volkswagen 1-Liter-Auto, Demonstration in 2002, Copyright© Volkswagen AG

Im Forschungsprojekt des 1-Liter-Autos (Abb. 1.23) konnte wie berichtet im Jahr 2002 ein Niedrigstverbrauchfahrzeugkonzept mit bis dahin neuen Werkstoffen und Bauweisen realisiert werden. Sie verlangten neue Fertigungsverfahren und -methoden, so etwa für die Verarbeitung kohlefaserverstärkter Werkstoffe für die Außenhaut oder die verzerrungsfrei herzustellende Polycarbonatkuppel. Ein konzeptbestimmendes Element der Bauweise war insbesondere die leichte magnesiumintensive Spaceframe-Struktur zu. Diese Demonstration der Machbarkeit, wie der Hersteller es nannte, zeigte Möglichkeiten und Grenzen alternativer werkstofftechnischer Lösungen.

Der Vergleich der Materialanteile eines damaligen Serien-Golfs, eines Serien-Passats, des 3-Liter-Lupo und des VW-1-Liter-Autos zeigt richtungsweisend, dass mit der Forderung nach höheren Gewichtsreduzierungen der Werkstoffanteil an Leichtmetallen und Hochleistungskunststoffen steigen muss (Abb. 1.24). Diese Veränderung der Werkstoffanteile wird allerdings aus Kostengründen nicht in gleichem Maß stattfinden wie bei Konzeptstudien und Demonstrationsfahrzeugen.

Aktuelle Großserienfahrzeuge wiesen 2019 bei Stahl zu Aluminium noch Verhältnisanteile von 10:1 auf, für das Jahr 2025 wird etwa 6:1 erwartet [20]. Der Trend zur Elektrifizierung erhöht weiter die Attraktivität der Leichtbauwerkstoffe. Wir behandeln bewährte und neue, alternative Werkstoffe ausführlich in Kap. 3.

Das Verlangen nach energieeffizienten Fahrzeugen, die auch die kontinuierlich gestiegenen Sicherheits- und Komfortansprüche obligatorisch erfüllen, wird den Trend zu modernen Leichtbaukonzepten befeuern. Zunehmende Motivation für Leichtbau bei Elektrofahrzeugen resultiert nun aus den zusätzlichen Batteriegewichten von mehreren hundert kg.

Die neuen Antriebskonzepte bedingen in der Werkstoffforschung einen Paradigmenwechsel. Von Volkswagen wurde dafür 2018 beim Symposium WerkstoffPlusAuto die Platzierung der Strukturwerkstoffe mit den aktuell relevanten Funktionswerkstoffen er-

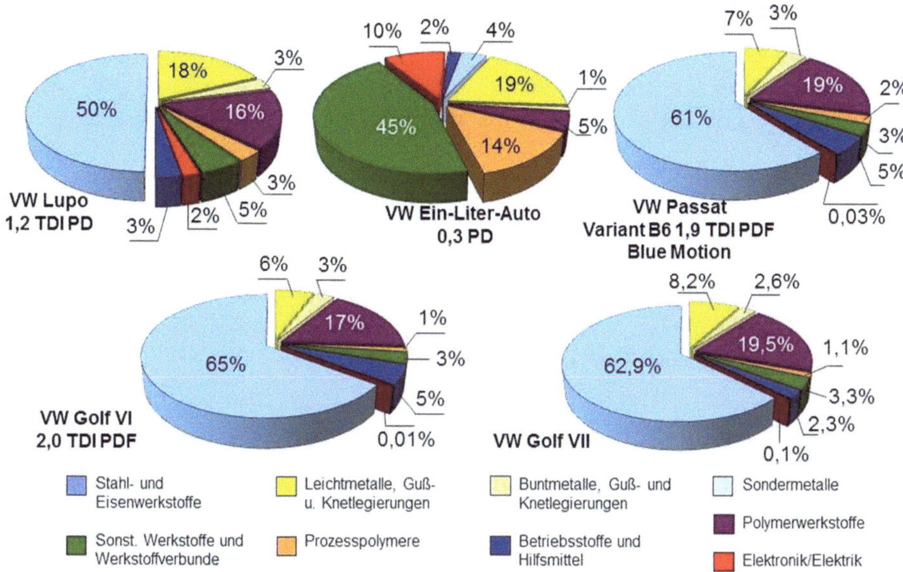

Abb. 1.24 Fahrzeugkonzepte-Materialvergleich, nach [3]

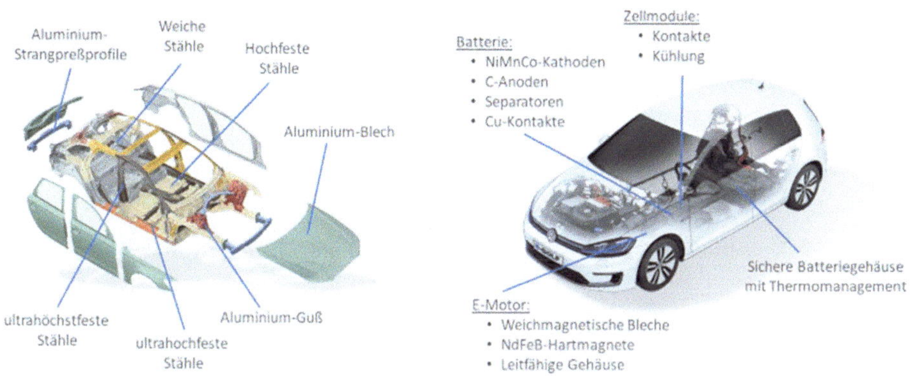

Abb. 1.25 Struktur- und Funktionswerkstoffe in der Werkstoffforschung, Copyright© Volkswagen AG

gänzt [21]. Letztere sind dann Werkstoffe für den E-Motor und die Batterie mit den Zellmodulen und Batteriegehäusen (Abb. 1.25).

Das Resultat der Materialwahl bleibt das Ergebnis einer bestmöglichen Erfüllung aller relevanten technischen Anforderungen wie dem Belastungsprofil, den Herstellungsbedingungen oder den Gesichtspunkten zu Umwelt und Gesetzgebung.

1.5 Anforderungen an Fahrzeuge

Alle Fahrzeuge sind seit jeher verschiedenen Belastungen und Umwelteinwirkungen ausgesetzt. Daraus ergeben sich an die Bauweise und die eingesetzten Werkstoffe verschiedene und anspruchsvolle Anforderungen, die häufig miteinander konkurrierend sind (Abb. 1.26).

Die sichere Erfüllung der mechanischen und chemischen Beanspruchungen muss bei allen Bauteilen und verwendeten Werkstoffen gewährleistet sein. Ein Beispiel dafür sind aus Kunststoffen, mit Klebung gefügte, Fahrzeugkomponenten, die für alle Klimazonen der Welt geeignet zu sein haben. Die Fahrzeuge müssen Anforderungsstandards in trockenen und feuchten Heißländern ebenso wie in extrem kalten Erdregionen entsprechen (Abb. 1.29). Daher werden im Allgemeinen Temperaturen in der Spanne von mindestens – 40 °C bis + 150 °C geprüft. Derartige Temperaturen finden sich im Innenraum bei ungünstigen Bedingungen, beispielsweise auf Armaturentafeln. Solche Randbedingungen können auch bereits in gemäßigten Klimazonen eintreten.

Sicherheit und Zuverlässigkeit sind im Automobil obligatorisch, Leistung und niedriger Energieverbrauch genießen seit Langem hohe Priorität beim Autokauf. Komfort, Geräumigkeit und vielfältige Nutzungsmöglichkeiten, künftig verstärkt durch neue, teil- oder vollautonome Fahrzeugkonzepte sowie vor allem die Preiswürdigkeit sind weitere wich-

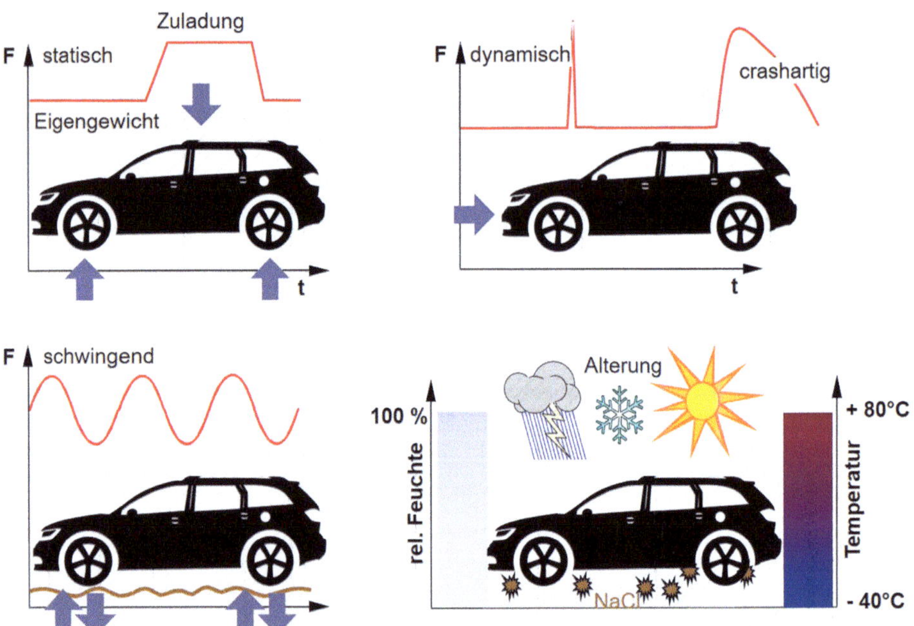

Abb. 1.26 Anforderungen an einen PKW, schematisch

tige Kriterien. Zukunftsfähigkeit in Form von ökologischer und wirtschaftlicher Effizienz sind bei den Zielfeldern für Werkstofftechnologien zentral platziert (Abb. 1.27).

Daraus lassen sich für das Gesamtfahrzeugkonzept und seine großen Domänen Antrieb, Karosserie und Fahrwerk die generellen Anforderungen und Technikstrategien ableiten. Wir haben versucht, dafür einige der wichtigen werkstofflichen Größen zuzuordnen (Abb. 1.28): Die Stoffkenngrößen physikalischer und mechanisch-technologischer Natur nehmen wir im Zusammenhang mit Leichtbau in Abschn. 4.2 genauer auf.

Die Anforderungen durch den Gesetzgeber spiegeln sich in nationalen und europäischen Vorschriften. Wichtige Rechtsquellen sind die Straßenverkehrs-Zulassungs-Ordnung (StVZO) und die EU -Richtlinien für aktive Fahrzeugsicherheit (Unfallvorbeugung), passive Fahrzeugsicherheit (Unfallfolgeminderung), Emissionsverhalten usw. International relevant sind die Vorschriftenwerke der FMVSS (Fed. Mot. Vehicle Safety Standards) aus den USA oder anderer Länder (Japan, Korea …), die ebenfalls konzeptbestimmende Hinweise für Werkstoffe und Bauweisen liefern (Abb. 1.29).

Eine Herausforderung ist die Erfüllung der europäischen Altautoverordnung und der Verbote von Schwermetallanteilen bei den eingesetzten Werkstoffen. Danach waren die Hersteller der in Europa zugelassenen Fahrzeuge verpflichtet, diese kostenlos für die Verwertung zurückzunehmen. Seit 2007 betrifft diese Regelung alle Bestandsfahrzeuge in den EU-Mitgliedsstaaten.

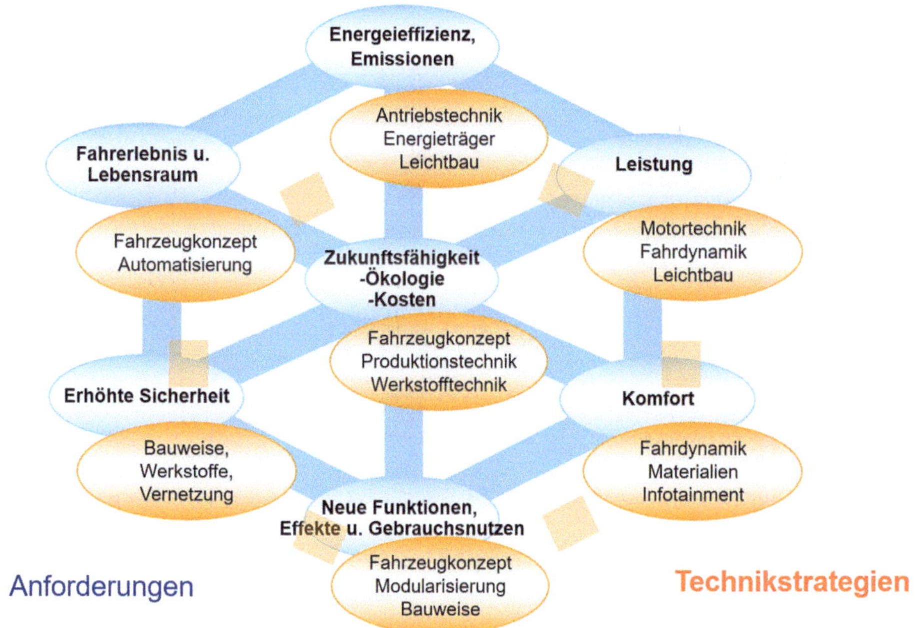

Abb. 1.27 Zielfelder und Technikstrategien im Fahrzeugbau

Abb. 1.28 Generelle Anforderungen an das Fahrzeug und seine Domänen, mit wichtigen physikalischen und *mechanischen* Stoffgrößen

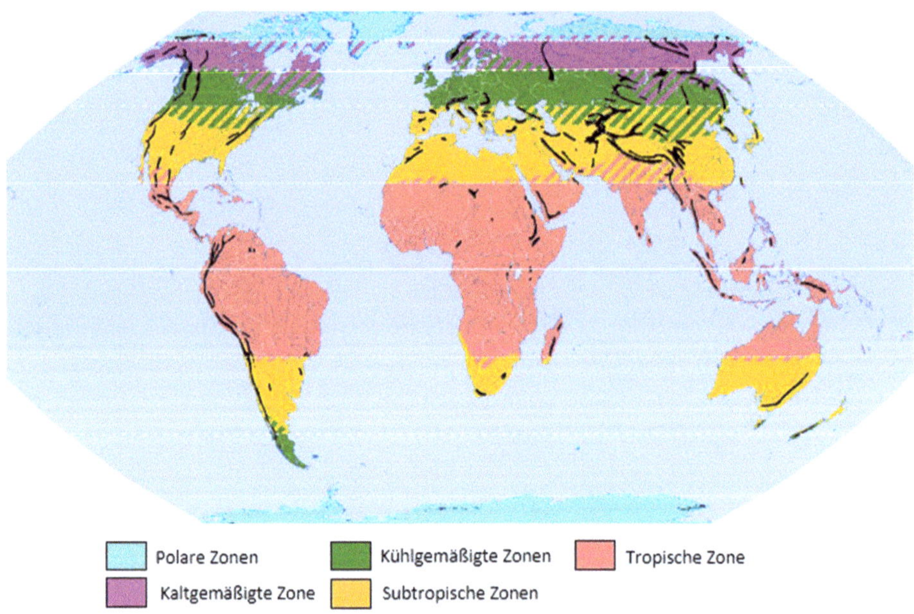

Abb. 1.29 Klimazonen solar und thermisch, by „Fährtenleser", CC 4.0, wikipedia.org

Die Anforderungen an Fahrzeuge aus Gründen der Recyclingfähigkeit werden auch in den kommenden Jahren noch zunehmen. Abb. 1.30 zeigt den bisherigen Fahrplan zur Umsetzung der EU-Richtlinie 2000/53/EG zum Altfahrzeugrecycling und Schwermetallverbot.

Die EU-Direktive zur Verwertung von Altfahrzeugen (Altfahrzeugverordnung) besagte, dass bis 2006 für den Bereich Recycling ohne thermische Verwertung eine

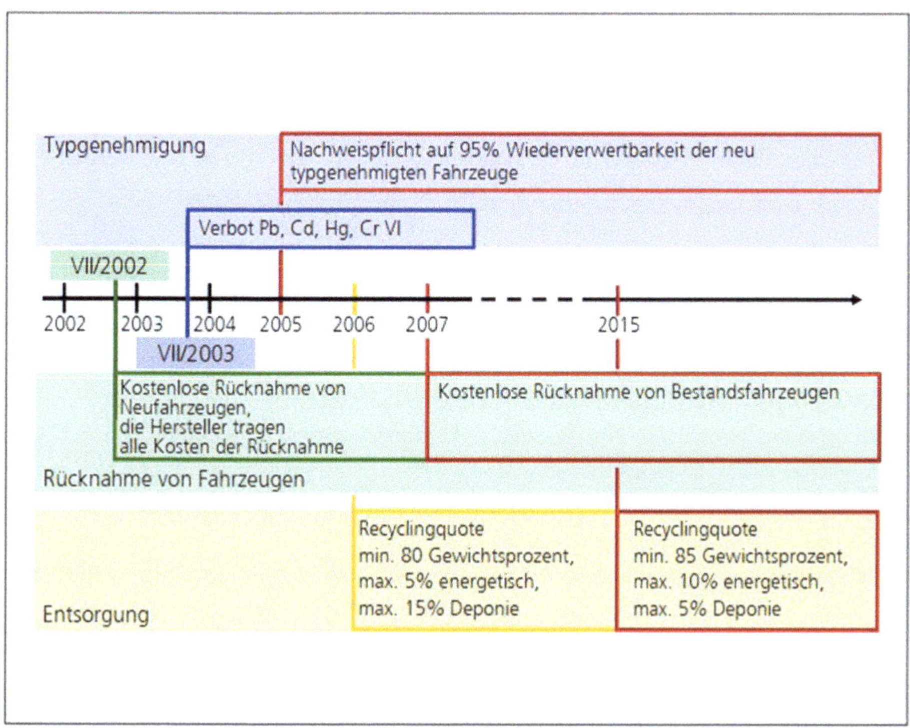

Abb. 1.30 Schritte zur Umsetzung der EU-Richtlinie 2000/53/EG

Rezyklierungsquote von 80 % und für den Bereich Recycling mit thermischer Verwertung eine*[6] Rezyklierungsquote von 85 % umzusetzen war. Analoge Zielsetzungen für das Jahr 2015 waren dann 85 % bzw. 95 %.

Es ist erkennbar, dass diese Regelung die Werkstoffauswahl zugunsten leicht verwertbarer Werkstoffe deutlich beeinflusst. Sie wirkt bezüglich innovativer Leichtbaukonzepte tendenziell wenig fördernd. Der erhöhte Kraftstoffverbrauch aufgrund des höheren Gesamtfahrzeuggewichtes einer Stahlvariante könnte über die Betriebsdauer des Fahrzeuges dem umweltschonenden Recyclingansatz entgegenwirken. Zur Lösung dieses Zielkonflikts sind für die Zukunft mehr denn je demontagefreundliche und leicht zu recycelnde Werkstoff- und Bauteilkonzepte gefordert.

Parallel hierzu gilt seit Juli 2003 die EU-Richtlinie zum Verbot von Schwermetallen bei Fahrzeugen. Aufgrund fehlender Ersatzwerkstoffe oder unzureichender Messverfahren werden zwar eine Reihe von Ausnahmegenehmigungen bei vorgeschriebener Kennzeichnungspflicht erteilt, aber es sind Hersteller, Lieferanten und Werkstoffexperten gefordert, an Konzepten zum Nachweis der Einhaltung der Regulative zu arbeiten.

[6] Genaue Definition der Begriffe siehe in [22].

Insbesondere die Schwermetalle Chrom VI und Blei waren bei bestimmten Bauteilen und Fertigungsverfahren zu eliminieren, um den Grenzwert von max. 0,1 Gew.-% zu erreichen. Gerade bei einer Vielzahl von Korrosionsschutzbeschichtungen mussten Ersatzverfahren und Werkstoffe entwickelt und zertifiziert werden.

Eine wesentliche Anforderung an Fahrzeugwerkstoffe sind deren Kreislauffähigkeit und der CO_2-Footprint. In diesem Zusammenhang sind die bekannten Leichtbauwerkstoffe wie Aluminium und Magnesium sowie die neuen Materialien wie kohlefaserverstärker Kunststoff in der Herstellung energie- und CO_2- intensiver als Stahl zu bezeichnen.

Werkstoffe oder werkstoffangepasste Konstruktionen sind indes neben anderen Faktoren wichtige Möglichkeiten, die Treibhausgasemissionen über den gesamten Lebenszyklus eines Fahrzeugs zu beeinflussen. Wenn die CO_2-Emissionen aus der Produktionsphase von Werkstoffen und Bauweisen durch Kraftstoffeinsparungen aufgrund niedrigen Fahrzeuggewichts über die Nutzungsdauer kompensiert bzw. gesenkt werden, wird ein ökologischer Break Even erreicht und es kann von intelligentem Leichtbau gesprochen werden [23]. Dabei ist wichtig zu beachten, dass die Treibhausgasemissionen der Herstellung pro kg Rohmaterial in der Regel mit zunehmendem Leichtbaupotenzial des Werkstoffes ansteigen. Die jeweils hergestellten Bauteile in den alternativen Leichtbaumaterialien sind dann aber zwischen 35 und 65 % geringer im Gewicht als ein Stahlbauteil gleicher Funktionsinhalte. Deswegen reduzieren sich hiermit die Treibhausgasemissionen deutlich gegenüber dem reinen Rohmaterialvergleich (Abb. 1.31).

Für die immer wichtiger werdende Ökobilanz bzw. das Life Cycle Assessment (LCA) ist die Gegenüberstellung unterschiedlicher Herstellverfahren in Bezug auf ihr Treibhausgaspotenzial auch für den Break Even Point in der Nutzungsphase relevant. So gelingt zum Beispiel für ältere, silicothermische Magnesiumherstellungen erst nach ca. 250.000 km Laufleistung ein der Referenz gleichwertiges Ergebnis. Bei einem fortschrittlichen und einer auf Biomasse basierten Energieträgern ausgelegtem brasilianischen Verfahren zur Magnesiumherstellung (Fa. RIMA) erfolgt bereits bei 127.000 km Laufleistung

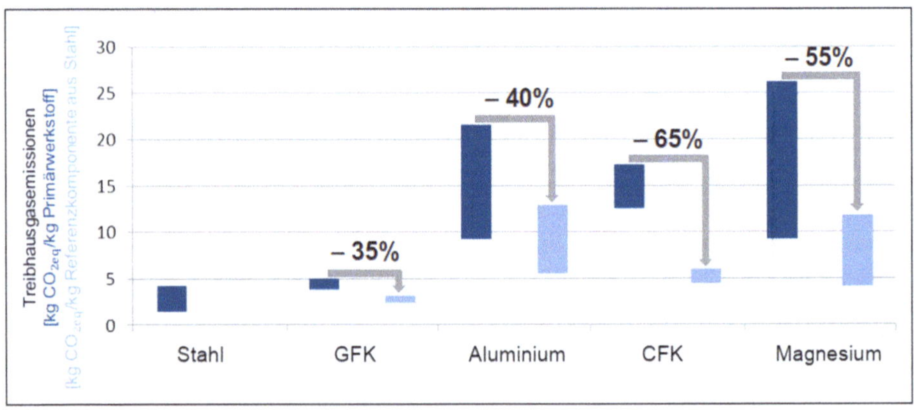

Abb. 1.31 Vergleich der Treibhausgasemissionen verschiedener auf 1 kg bezogener Primärwerkstoffe und deren Referenzkomponente aus Stahl, aus [4]

eine Verbesserung der Treibhausgasemissionen gegenüber Aluminium. Für den optimalen Magnesiumprozess liegt dieser Wert sogar bei 31.000 km. Je nach Verwendung in der End-of-Life-Phase können durch sogenannte Credits (Gutschriften für die Verwendung bzw. Ersparnis der Stoffe in anderen Prozessen) die Ergebnisse nochmal verbessert werden. Die in Abb. 1.32 beispielhaft gegenüber dem Referenzwerkstoff gezeigte Situation für verschieden hergestellte Magnesiumvarianten sind für einen Differenzverbrauch (Fuel Reduction Value) von 0,35 l pro 100 km 100 kg ermittelt (vergl. [4] und Abschn. 4.1).

Es ist wesentlich festzustellen, dass sich durch die Transformation hin zu elektrischen Fahrzeugen die Emissionen aus der Nutzungsphase hin zur Herstellung der Energieträger, also Strom oder Wasserstoff (Vorkette) einerseits und der Herstellung von Materialien, Bauweisen und Fahrzeugen andererseits verlagern. Dazu mehr im Kap. 8.

Eine obligatorische Anforderung an Fahrzeuge aller Art ist die Sicherheit. Für die werkstofftechnische Optimierung ist dabei der Bereich der unfallfolgenminimierenden Ansätze (Passive Sicherheit) herausragend. Das Zusammenspiel einer guten Konstruktion (Bauweise) mit den mechanischen Größen der Werkstoffe zeigt sich hier am entschiedensten. Festigkeiten und Elastizitätsmodul, Dehnung und insgesamt das Bruchbild im Versagensverhalten sind für ein definiertes Energiewandlungsvermögen im Crashfall maßgebend.

Wir behandeln diesen Sachverhalt querschnittlich im Kap. 3 für die Potenziale relevanter Werkstoffe, im Kap. 4 zu Leichtbau, und im Kap. 5 für die spezifizierten quasistatischen und dynamischen Lastfälle anhand der Karosserie.

Neben der kontinuierlichen Weiterentwicklung von Sicherheits- und Verbraucherschutztests sind dabei auch neue Bauweisenkonzepte attraktiv. Ein Fahrzeugdemonstrator des DLR z. B. besteht für ein brennstoffzellenbetriebenes Leichtbaufahrzeug, angelehnt an die L7e-Klasse, aber mit hoher Sicherheit ausgestattet, aus einer ovalförmigen

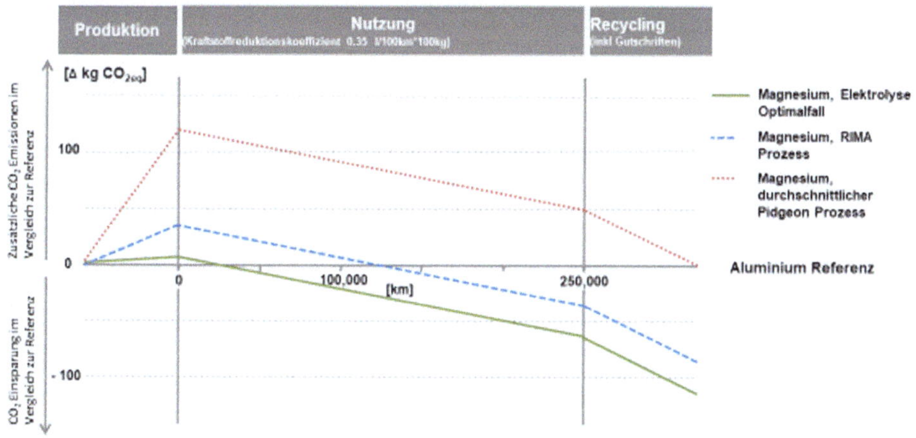

Abb. 1.32 Differenz der CO_{2eq}-Emissionen über den gesamten Lebensweg zwischen einem Getriebegehäuse aus Magnesium und einer Referenz aus Aluminium

Abb. 1.33 Forschungsdemonstrator SLRV (Safe Light Regional Vehicle) des DLR, Copyright© DLR e.V.

Ringstruktur und Vorbauten aus Al/PU-Sandwichplatten [24]. Das Forschungsfahrzeug (Abb. 1.33) konnte 2020 auf einem Testfeld der Öffentlichkeit vorgestellt werden.

Die Forderung nach gleichwertiger passiver Sicherheit für ein Leichtfahrzeug mit neuer Bauweise und Werkstoffen in der Struktur weist deren Verformungsverhalten herausragende Bedeutung zu: Ein Crashversuch der nur 90 kg schweren Struktur (Abb. 1.34) konnte auf der Testanlage des Instituts das angestrebte Verhalten belegen (vergl. a. Kap. 2).

Die Zunahme elektrifizierter und künftig auch (voll-)autonom betriebener Fahrzeuge motiviert weitere Anpassungen und Neuentwicklungen der Bauweisen. Für ein modulares Fahrzeugkonzept für Passagier- und Cargo-Verkehr wird dies in Kap. 9 zu Werkstoffsystemen in der automobilen Transformation dargestellt. Das autonome, fahrerlose und elektrische Fahrzeugkonzept U-Shift (Abb. 1.35) ermöglicht z. B. infolge der Trennung von Fahrmodul und Transportkapsel eine neue Art von Modularität und damit auch eine neue Intermodalität mit neuen Produkten und Geschäftsmodellen. Das Fahrmodul soll dabei in Kombination mit verschiedenen Kapseltypen sowohl zum Transport von Personen aus auch von Gütern eingesetzt werden. Anwendungsbeispiele können dann autonome, elektromobile Nachtanlieferungen, autonome Intra-Logistik oder barrierefreier Personentransport sein [25]. Während das Antriebsmodul robust und standardisierbar nach den Bedingungen der kosteneffizienten Volumenfertigung realisiert werden soll, wären die Kapseln bedarfsgerecht, leicht und kostengünstig herzustellen.

Abb. 1.34 Ringstruktur mit Al-PU-Vorbauten zum Forschungsdemonstrator SLRV, Copyright© DLR e.V.

Abb. 1.35 Modulares Passagier-Shuttle- und Güter-Fahrzeugkonzept des DLR, Copyright© DLR e.V.

Literatur

1. Schafer, Andreas; John B. Heywood; Henry D. Jacoby; Ian A. W.: Transportation in a Climate-Constrained World (2009). MIT Press, S.36
2. Ashby, Michael F.: Materials Selection in Mechanical Design. 3. Aufl., Amsterdam: Elsevier Butterworth-Heinemann, (2005)
3. Friedrich, H.E. et.al., Werkstoffe und Bauweisen ermöglichen neue Fahrzeugkonzepte, in: Schindler, V., Sievers, I. (Hrsg.): Forschung für das Auto von morgen, Springer-Verlag Berlin Heidelberg (2008)
4. Friedrich, H.E. (Hrsg.): Leichtbau in der Fahrzeugtechnik. 2. Auflage, Springer Fachmedien Wiesbaden, 2016
5. Braess, H.-H.; Seiffert, Ulrich: Vieweg Handbuch Kraftfahrzeugtechnik. 6. Aufl Wiesbaden: Vieweg, (2013)
6. Seiffert, U.: Die Bedeutung des Leichtbaus im Fahrzeugbau. Clausthal: Industrie- Kolloquium (2002)
7. Wiedemann, J.: Leichtbau. Bd. 2: Konstruktion, 2. Aufl., Berlin: Springer, (1996)

8. Friedrich, H.E. und Gänsicke, T., Werkstoffe, Leichtbauweisen und Bauweisentrends im Wettbewerb, VDI/VW-Gemeinschaftstagung: Fahrzeugkonzepte für das 2. Jahrhundert Automobiltechnik, 21.–23.11.2001
9. Behr, T. et. al., Nachhaltiger Einsatz von Werkstoffen für die Karosserie, 11. Fachtagung WerkstoffPlusAuto, Stuttgart (2021)
10. Osteroth, R.: Ferdinand Porsche, Der Pionier und seine Welt, Verlag Rowohlt, 2004
11. Bourgarit, D., Plateau, J.: Quand l'aluminium valait de l'or: peut-on reconnaître un aluminium „chimique" d'un aluminium „électrolytique"?; Archéo Sciences 29, 2005
12. Roediger, W.: Hundert Jahre Automobil, Urania Verlag, 1988
13. Sievers, I.: Das Fachgebiet Kraftfahrzeuge der TU Berlin im Wandel der Zeit; in Forschung für das Auto von Morgen, Springer Verlag, 2008
14. Wirth, T.: Mercedes Supersportwagen von 1901 bis heute, HEEL-Verlag, Königswinter, 2010
15. Timm, H.: Leichtbau als Kernkompetenz; Automobil-Industrie, Vogel Verlag, 2010
16. Piech, F.: Auto. Biografie, Hoffmann und Campe Verlag, Hamburg 2002
17. Friedrich, H.E., Schumann, S.: Automotive Applications in Europe; in Magnesium Technology, Springer Verlag, 2006
18. Friedrich, H.E.: Alternative Fahrzeug- und Leichtbaukonzepte, CCeV Automotive Forum, Ingolstadt, 2011
19. Email-Mitteilung von Daimler AG; Betreff „WG: DLR Kurzinfo zu F125", Gesendet am 28.09.2011
20. Fourman, J., Draft, M.: Aluminium – a sustainable material for the automotive future, 12. Fachtagung WerkstoffPlusAuto, Stuttgart (2022)
21. Schauerte, O.: Moderne neue Mobilitäts- und Fahrzeugkonzepte und ihr Einfluss auf Werkstoffe und Bauweisen, 8. Fachtagung WerkstoffPlusAuto, Stuttgart (2018)
22. Amtsblatt der Europäischen Gemeinschaften. Richtlinie 2000/53/EG des europäischen Parlaments und des Rates. (2000)
23. Friedrich, H.E., Beeh, E. und Ehrenberger, S.: Next Generation Car's requirements and potentials for Magnesium lightweight concepts with integrated functions, The 11th International Conf. on Magnesium Alloys and their Applications, 24.–27.07.2018, UK, Old Windsor (2018)
24. Kriescher, Michael et. al.: Development of the Safe Light Regional Vehicle (SLRV) vehicle concept within the DLR Next Generation Car (NGC) project, 32nd Electric Vehicle Symposium (EVS32) Lyon, France, May 19–22, 2019
25. Münster et.al.: U-Shift vehicle concept: modular on the road, in: 21. Stuttgarter Symposium Automobil- und Motorentechnik, Stuttgart (2021)111

2 Allgemeine Bauweisen

Horst E. Friedrich und Gerd Müller

Allgemeine Bauweisen für den Fahrzeugbau hinsichtlich ihrer Anordnung von Konstruktionselementen in Bauteilen oder Teilsystemen sollen hier vorgestellt und verglichen werden. Dabei werden Bauweisen als Herangehensweisen verstanden, die eine zweckbestimmte Konstruktionsaufgabe lösen. Wichtige Bauweisen sind die Differenzial- und Integralbauweise sowie Verbund- und Hybridbauweisen. Den konstruktions- und werkstofforientierten klassischen Bauweisen, wie sie in vielen Standardwerken [1, 2, 3] beschrieben sind, sei die Modulbauweise vorangestellt, die vorwiegend Fertigungs- und logistischen Motiven in den automobilen Werksstrukturen geschuldet ist.

2.1 Modulbauweise

Eine wichtige Rolle in der Fahrzeugherstellung nimmt seit einigen Jahrzehnten die Modulbauweise ein.

Ein Modul ist in diesem Zusammenhang als ein Subsystem einer übergeordneten Systemarchitektur zu verstehen, dessen technische Beziehungen intern sehr viel stärker ausgeprägt sind als es die Beziehungen zu anderen Subsystemen sind. Auf der Gesamtfahrzeugebene erreicht man dann eine Integration und vorteilhafte Verkettung dieser Funktionen zur Modulbauweise. Bei vielen Fahrzeugen werden etwa die Frontenden in dieser Modulbauweise realisiert. Bei einem VW Polo nimmt beispielsweise ein Montageträger

H. E. Friedrich (✉)
Bureaux.HEF, Tapfheim, Deutschland

G. Müller
Institut für Land- und Seeverkehr, Technische Universität Berlin, Berlin, Deutschland
E-Mail: gerd.mueller@tu-berlin.de

H. E. Friedrich, G. Muller (Hrsg.), *Werkstoffe und Bauweisen in der Fahrzeugtechnik*, ATZ/MTZ-Fachbuch, https://doi.org/10.1007/978-3-662-65269-5_2

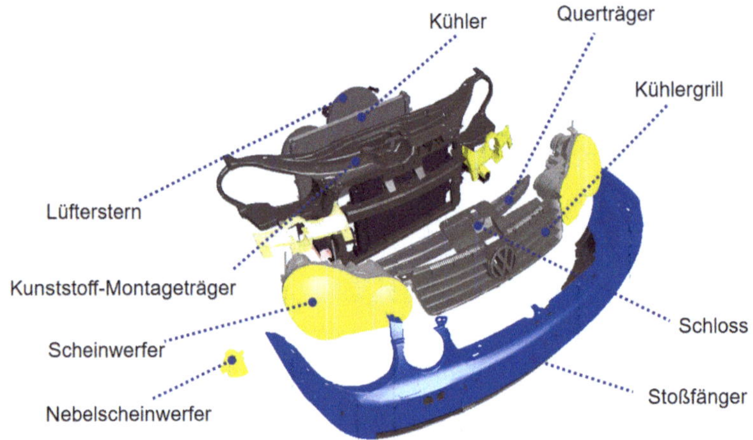

Abb. 2.1 Frontend eines VW-Polo in Modulbauweise, aus [4]

(Abb. 2.1) die in einen Querträger integrierten Scheinwerfer auf sowie weitere Komponenten wie Lüfter, Kühler und den Stoßfänger [4].

Die Einbindung des Moduls in das Gesamtfahrzeug erfordert eindeutige Schnittstellen. Das betrifft die mechanische strukturelle Integration sowie alle notwendigen, v. a. elektrischen Informations- oder Medienführungen mit den umgebenden Teilsystemen.

Um Entwicklungs- und Produktionskosten zu senken, sind Kommunalität und Gleichteilestrategie bewährte Methoden, um auch durch die Modulbauweise übergeordnete Plattformstrategien zu unterstützen.

Die Modulbildung kann nach unterschiedlichen Kriterien vorgenommen werden:

1. Funktionsmodulce bilden mit einzelnen Bauteilen oder Elementen die technische Wirkung eines Teilsystems ab. Typische Ausführungen sind das Heizungs-/Klimamodul, das Cockpitmodul oder das Feder-/Dämpfermodul.
2. Prozessmodule zielen entweder auf den Entwicklungs- oder den Fertigungs-/Montageprozess ab. Das schon erwähnte Frontend-Modul ist ein Beispiel dafür. Eine interessante Bimodulbauweise hat BMW mit dem i3 gezeigt (Abb. 2.2). Hier werden das Al-intensive Fahrmodul mit dem CfK-Aufbaumodul in der Montage zusammengeführt, was auch unter werkstofflichen Aspekten vorteilhafte Differenzierungen erlaubt. Insgesamt deutlich aufwändiger als der Zusammenbau ist die jeweilige Vormontage in den Modulen. Sie wird unter den Gesichtspunkten der Kosten- und logistischen Optimierung in anderen Teilen des Automobilwerkes oder bei Zulieferern ausgeführt.
3. Strukturmodule sind damit verwandt, wie das vorangegangene Beispiel zeigt, und berücksichtigen v. a. stark die geometrisch-mechanischen Gegebenheiten an den Modulgrenzen. Beispiele dafür sind der Vorderwagen oder das Fahrzeugheck.

Insgesamt sind verschiedene Ausprägungen zur Gruppierung von Modulen möglich (Tab. 2.1).

Abb. 2.2 Struktur- und prozessbedingte Bimodulbauweise mit Al/CfK im BMW i3 (2013), Copyright© BMW AG

Tab. 2.1 Ausprägungen von Modulen

Beziehung	Ausprägung	Beispiel
Funktionsbezogen	Funktionsmodul	Klimamodul
		Batteriemodul
Prozessbezogen	Montagemodul	Frontend
	Entwicklungsmodul	Antriebsstrang
	Fertigungsmodul	Wasserkastensystem
Strukturbezogen	Strukturmodul	Vorderwagen

Mit Einführung der batterieelektrischen Fahrzeuge (BEV) hat das Batteriemodul große Bedeutung erreicht. Die großvolumige Antriebsbatterie ist zumeist unterhalb des Fahrzeugbodens platziert und die Batteriemodule sowie -zellen sind vor Beschädigung entsprechend zu schützen. Batteriekästen sind meist aus Stahl oder Aluminium realisiert, eine hohe Festigkeit in Quer- und Längsrichtung ist notwendig.

2.2 Differenzialbauweise

Eine hoch entwickelte Konstruktionsweise ist die Differenzialbauweise, die über viele Jahrzehnte zunächst für den Flugzeugbau angewendet und optimiert wurde. Sie beruht auf einer Funktionsdiversifikation, bei maximaler Ausnutzung wird für jede Funktion ein eigenes Bauelement verwendet. Die einzelnen Bauteile oder auch vielfach Halbzeuge

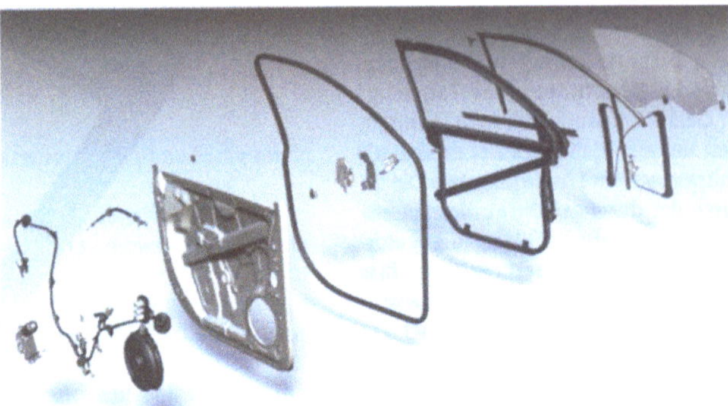

Abb. 2.3 Seitentür eines Porsche Cayenne (pulverbeschichtetes Montageträgerblech und steifer Aluminiumrahmen), aus [4]

werden dabei aneinander verbunden. Konzeptbestimmend sind hier die Wahl auch unterschiedlicher Werkstoffe sowie der entsprechende Aufwand der Fügetechnik. Die eingesetzten Verfahren sind dann Schweißen, Nieten oder kombiniertes Fügen mit Kleben.

Komplexe Bauteile und ganze Subsysteme von Fahrzeugen können derart dargestellt werden, ein gängiges automobiles Beispiel ist der Türzusammenbau (Abb. 2.3).

Der Vorteil, bei der Differenzialbauweise mit unterschiedlichen Werkstoffen bauen zu können, erlaubt es auch, Optimierungen bezüglich Gewicht und Materialkosten zu berücksichtigen. Reparaturen sind ebenfalls einfach durchzuführen, zumal lediglich das defekte Element ausgetauscht werden muss. In vielen Bereichen der Fahrzeugtechnik spielt die Betriebssicherheit eine dominante Rolle. Kommt es zu Schädigungen, z. B. infolge fortschreitender Risse, bleiben diese durch die rissstoppende Wirkung an den Fügungen beherrschbar (Fail-Safe-Grundsatz[1]). Ebenfalls stellt sich eine Materialtrennung im Recyclingprozess oder bei Reparaturen vorteilhaft dar.

Demgegenüber sind die große Zahl von Fügestellen und die Durchführung der Fügungen in der Montage als Nachteil zu bewerten, da sie fehleranfällig und v. a. kostenträchtig ausfallen können. Hinsichtlich des Leichtbaus fallen Überlappungen oder Flansche als nachteiliges Verbindungsgewicht auf.

Vorteile der Differenzialbauweise sind zusammengefasst:

- die Verwendung verschiedener Werkstoffe mit jeweils geeigneten Eigenschaften ist möglich,
- einfache Trennbarkeit für Recycling oder Wiederverwendung ist gewährleistet,

[1] Im Gegensatz zum Safe-Life-Grundsatz, bei dem über die gesamte Betriebsdauer ein Versagen bei allen möglichen Belastungen ausgeschlossen ist, wird bei Fail-Safe ein Versagen gestattet, man spricht dann trotz Fehlern (z. B. Rissen) von einem beherrschten Versagen. Zu Fail-Safe zu rechnen ist auch die Redundanz, bei der das Versagen eines Bauelementes durch ein Ersatzelement kompensiert wird.

- für den Reparaturfall sind Zugänglichkeit oder Austauschmöglichkeit vereinfacht,
- gute Fail-Safe-Eigenschaften liegen konzeptbedingt vor.

Dem gegenüber stehen die Nachteile:
- zahlreiche Fügestellen sind fertigungs- bzw. montagetechnisch zu beherrschen,
- die Fertigung ist durch die hohe Anzahl von Teilen und damit verbunden Vorrichtungen aufwändig,
- das Bauteilgewicht ist im Vergleich zu anderen Bauweisen höher,
- eine hohe Kerbwirkung kann eintreten,
- an den Kontaktstellen kann potenzielle Korrosionsgefahr vorliegen.

2.3 Integralbauweise

Die Integralbauweise hat zum Ziel, ein Bauteil möglichst leicht aus lediglich einem Stück herzustellen. Zusätzlich wird versucht, viele technische Funktionen zu integrieren. Solche können Befestigungen, Aussteifungen, Lagerungen und Gelenke sein, aber auch Leitungen oder Behältnisse etc. Auch diese Bauweise hatte ihren Ursprung im Flugzeugbau, um dort das Minimalgewicht von Strukturkomponenten zu erreichen, z. B. mit großen, durch mehrachsiges Zerspanen hergestellten Spant-Bauteilen in Al- oder Ti-Werkstoffen. Gewichtseinsparende Löcher oder Materialausnehmungen werden dabei in der Formgebung umgesetzt.

Der Fahrzeugbau verwendet diese Bauweise v. a. seit ca. 50 Jahren verstärkt, meistens mit um- und urformenden Verfahren. Die im Automobilbau großserientauglich angewendete Schalenbauweise (vergl. Abschn. 5.5) ist ebenfalls der Integralbauweise zuzurechnen, da die Tragfunktion und die Beplankung (Außenhaut) konstruktiv und lasttragend vereint sind.

Mit Gussteilen in Leichtmetall Aluminium gelingt neben der Integration von Teilen auch die zusätzlich mögliche Integration von Funktionen, z. B. solche der Sicherheit, Medienführung oder Klimatisierung. Damit kann nicht nur Funktionsgleichheit, sondern darüber hinaus auch eine höhere Leistungsfähigkeit von Teilsystemen erreicht werden.

Die Vorteile sind:
- minimales Bauteilgewicht wird erreicht,
- geringerer Fügeaufwand liegt vor,
- Möglichkeit der Funktionserhöhung besteht.

Als Nachteile sind zu nennen:
- nur gleichartiger Material-Einsatz ist möglich, vielfach erhöhte Material- und Vorrichtungskosten,
- teilweise aufwändige Fertigung,
- schlechteres Reparatur- und Schädigungsverhalten (Rissausbreitung) ist zu beachten.

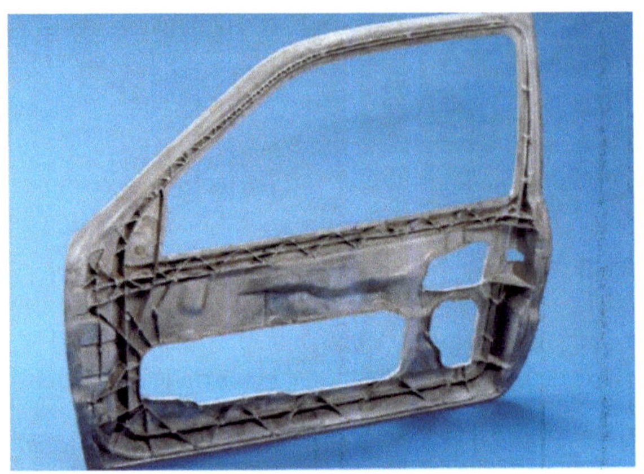

Abb. 2.4 Forschungsdemonstrator VW Polo – Türinnenteil in Magnesium, aus [4]

Exemplarisch für die Integralbauweise ist ein Türinnenteil in Mg-Druckguss (Abb. 2.4), das als Forschungsdemonstrator realisiert wurde [5]. Dieses Bauteil integriert die Funktionen von vormals sieben Bauteilen aus der Referenzbauweise und reduziert das Gewicht um ca. 50 % gegenüber der Differenzialkonstruktion in Stahl. Das Bauteil kann auch als Beispiel für die vorteilhafte Dimensionierung infolge lokaler Beanspruchung dienen, belastungsgerechte Gestaltung lässt sich dafür mit dem gut gießbaren Magnesium durch geeignete, dünnwandige Gießrippen realisieren.

Der große Vorteil der Integralbauweise ist es, das erreichbare Leichtbaupotenzial nahezu ideal realisieren zu können, ein Fügeaufwand wird im gezeigten Beispiel vermieden oder zumindest stark eingeschränkt. Andererseits ist die Herstellung solcher Integralbauteile teuer und werkstofflich betrachtet ohne Möglichkeit der Materialdifferenzierung. Die Absicht, systembildende Einzelteile zu minimieren bzw. zusammenzufassen, hilft zwar beim Erreichen reduzierter Gewichte, in Kauf zu nehmen ist jedoch durch den notwendigerweise gleichartigen Einsatz von Material ein problematisches Schädigungsbild durch Fehlerfortschritt.

Im Serieneinsatz finden sich schon seit Langem integrale Druckgussbauteile auf Basis von Al-Si-Legierungen, dies sowohl im Antriebsstrang, im Fahrwerk als auch in der Karosseriestruktur. Dabei haben Größe und Komplexität wie auch die mechanischen Belastungen kontinuierlich zugenommen, Beispiele sind Getriebegehäuse, Lenker, Federbeindome oder Längsträger/B-Säulen.

Von Tesla stammt der Lösungsansatz, zukünftig immer größere Karosseriebauteile in einem Stück herzustellen (sog. Mega-Castings). Die Vision ist dabei, letztlich die gesamte Karosserie eines Pkw aus einem Teil im Druckgießverfahren zu fertigen. Die Minderung der Einzelteile soll dabei den Montageaufwand beträchtlich verringern. Allerdings sind extrem große Druckgießmaschinen vonnöten, die ganze Prozesskette ist schließlich dafür neu zu etablieren, was die Planung auf vorrangig neue Produktionsstätten (Greenfield) leitet.

Verfahrensbedingt bestehen große Herausforderungen bei derart komplexen und großräumigen Gussteilen, wie z. B. dem kompletten Hinterwagen eines PKW, in der Beherrschung von Verzug und Eigenspannungen. Eine unvermeidliche Begleiterscheinung

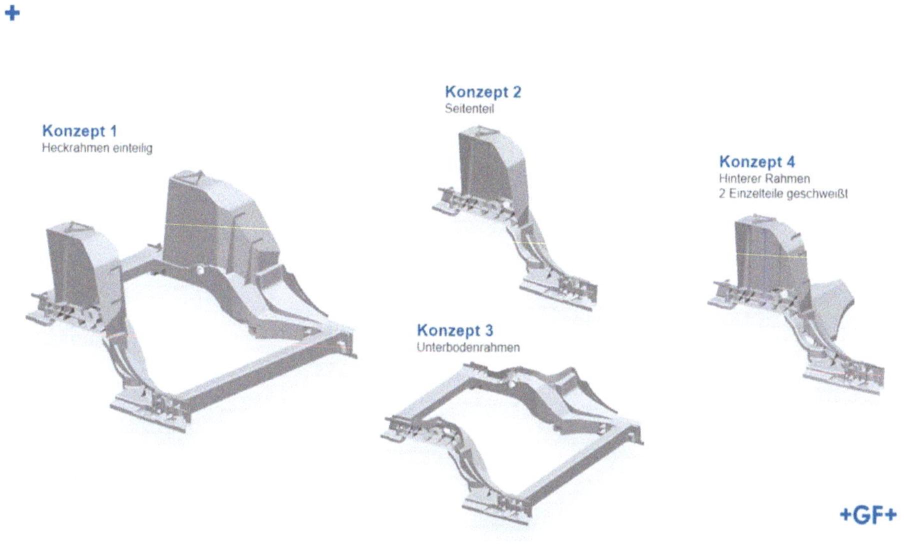

Konzept 1
Heckrahmen einteilig
Konzept 2
Seitenteil
Konzept 3
Unterbodenrahmen
Konzept 4
Hinterer Rahmen
2 Einzelteile geschweißt
+GF+

Abb. 2.5 Konzeptvergleich zu Integralguss, Copyright© GF Casting Solutions AG

im Gießverfahren sind bekanntlich Gasporen, die nach Größe und Lage reproduzierbar zu beherrschen sind. Die Minimierung von derartigen Fehlstellen, gerade in crashrelevanten Strukturbereichen, sind mit hohen Festigkeiten bei großen Dehnungen die herausfordernden Optimierungsziele.

Vergleicht man ein großes Gussbauteil mit einer Kombination von mehreren Gussteilen oder einer Blech-Schalenbauweise, wird ersteres aufgrund von Fertigungsbedingungen nicht verlässlich das Leichtbauoptimum bzw. den geringeren CO_2-Rucksack aufweisen. Von mehreren OEMs[2] und professionellen Gießereiunternehmen [6] werden derzeit Konzepte verglichen, die ein Optimum von Bauteilintegration und -Gewicht mit den jeweiligen Werks- und Kostenstrukturen austesten (Abb. 2.5).

Der Wechsel von einer Stahldifferenzialbauweise zu einer Al-Integralbauweise kann exemplarisch an einem typischen Querträger gezeigt sein. Zwar entfallen bei dem nun verwendeten Al-Strangpressprofil sowohl die Herstellung als auch die Fügung der einzelnen Schalenbauteile, dennoch erhöhen sich die Bauteilkosten um ca. 60 % [7], vorteilhaft ist demgegenüber aber der wichtige Gewichtsvorteil von ca. 40 % (Abb. 2.6).

Ein Beispiel für die Integration von nicht nur einzelnen Teilen, sondern auch zusätzlichen Funktionen zeigt ein Projekt für ein US-amerikanisches Fahrzeug: Hier soll das Gussverfahren genutzt werden, um einen Lufttank für die Fahrwerksfunktionen mit einzugießen (12,5 l Volumen). Damit entsteht kein zusätzliches Gewicht und die Masse mit integriertem Tank beträgt in diesem Beispiel 26,7 kg (ohne Tank 25,7 kg), (Abb. 2.7).

Eine Synthese aus werkstofflicher Substitution und Fertigungsleichtbau stellt der Übergang von Stahl (Bauteilmasse 28 kg) zu Aluminium (18,5 kg) für das Beispiel eines

[2] Originial Equipment Manufacturer (Erstausrüster).

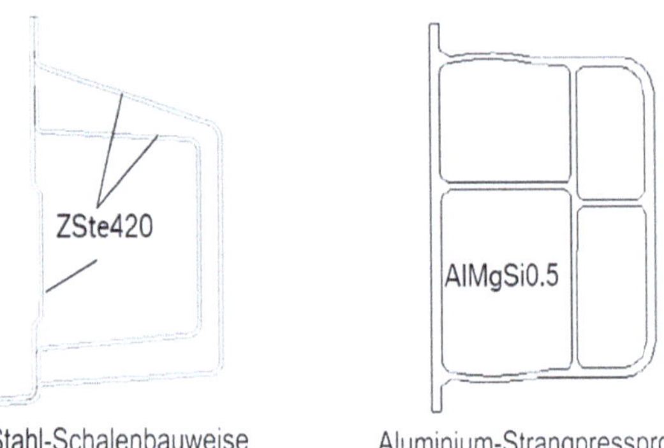

Abb. 2.6 Vergleich von Stahlschalenbauweise (differenzial) und Al-Strangpressprofil (integral), aus [4]

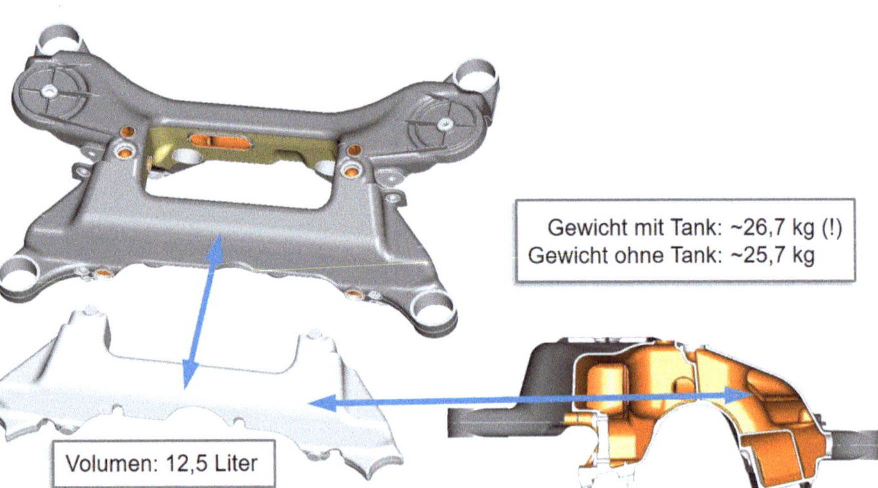

Abb. 2.7 Integration zusätzlicher Funktionen im Gussverfahren: Beispiel eines eingegossenen Lufttanks, aus [1]

Motor-/Fahrzeugträgers dar. Die zusätzliche Funktionsintegration der Energiewandlung gelingt durch vier eingegossene Strangpressprofile aus duktiler Al-Legierung. Die geometrisch komplexen Bereiche sind als Gussteile vorgeschlagen, was dem Prinzip des lokalen Werkstoffengineerings folgt (Abb. 2.8).

Generell finden sich im Interieur vielfach ganze Fußbodenbeläge oder Bodengruppen als integrale Bauteile.

Mit der Referenz eines Kompaktfahrzeuges wurde im EU-Projekt TECABS gezeigt [8], wie gegenüber vormals 28 Teilen ein großes, zusammengefasstes, strukturelles Bodenmodul aus CFK mit 9,7 kg Gewicht einen 50-prozentigen Vorteil erbringen kann. Eingesetzt wurde das RTM-Verfahren,[3] auch Kernmaterialien für Verstrebungen und Inserts konnten integriert werden (Abb. 2.9).

[3] RTM=Resin Transfer Moulding.

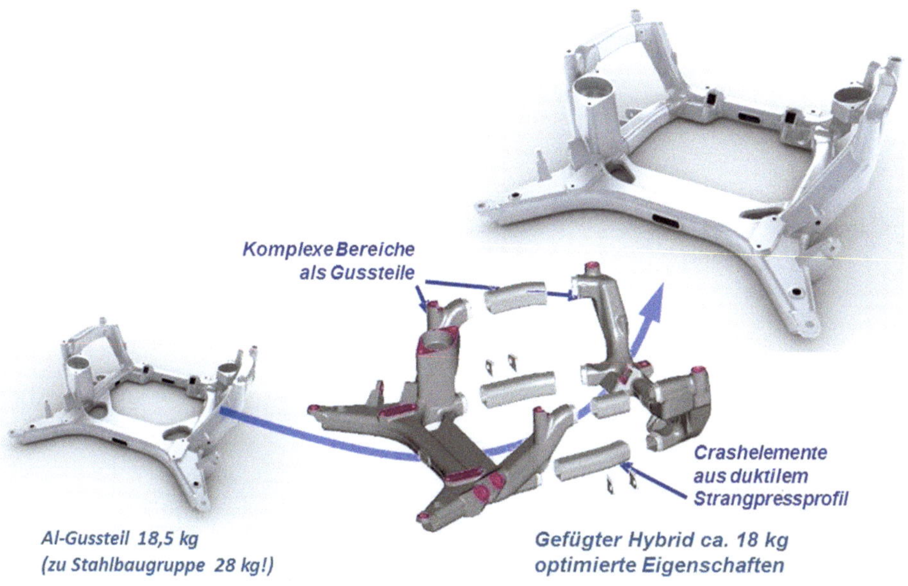

Abb. 2.8 Beispiel für lokale Eigenschaftsoptimierung, aus [1]

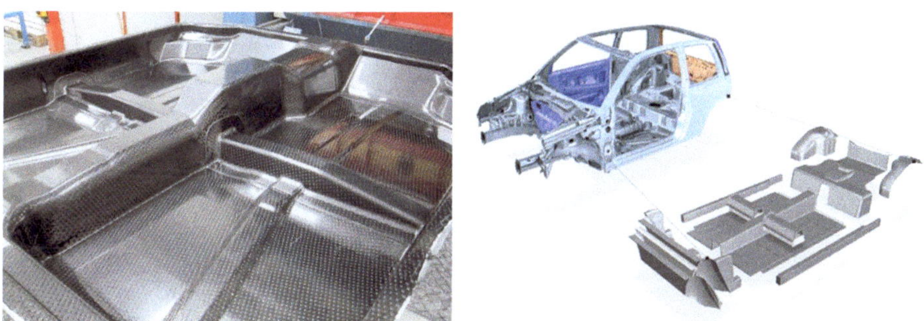

Abb. 2.9 Fahrzeugboden für Forschungsdemonstrator Lupo mit 8 Bauteilen (5 Kerne) im RTM-Verfahren, Copyright © Volkswagen AG

Die integrale Verbundbauweise erlaubt, durch die Variation des CF-Lagenaufbaus, auch die verschiedenen Bereiche des Bodenmoduls in der Wandstärke differenziert zu gestalten. So finden sich lastgerecht abgestuft im finalen Bodenbauteil hinten Wandstärken von 1,9 bis 2,3 mm, im vorderen und mittleren Boden 3,3 mm und ganz vorn am Übergang zur Trennwand 4,2 bis 4,5 mm.

Eine höhere Entwicklungsstufe konnte mit dem Projekt LeiFu (Leichtbau mit Funktionsintegration) des ARENA2036 Forschungscampus Stuttgart [9] vorgestellt werden. Das Forschungsergebnis nutzt eine Mercedes S-Klasse als Referenz für einen großen Fahrzeugboden, konzipiert ebenfalls auf Basis des RTM-Verfahrens zur Integration mehrerer Bauteile in Faserverbundbauweise (Abb. 2.10). Die Package-Daten orientierten sich

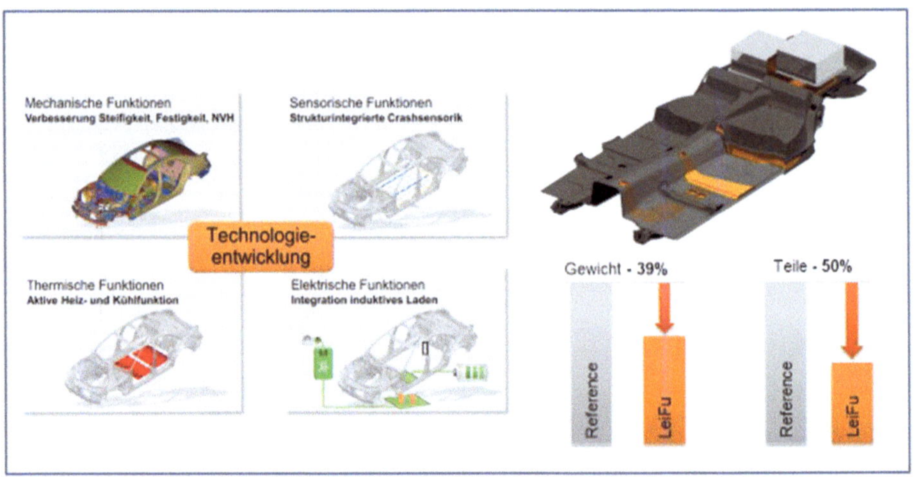

Abb. 2.10 Zielsetzung für die Integration von Teilen und Einzeltechnologien in ein Fahrzeugbodenmodul im ARENA2036-Projekt LeiFu, nach [1]

an der Plug-In-Hybrid-Ausführung (V222) und berücksichtigen damit sowohl Komponenten eines konventionellen Antriebsstranges (Kraftstofftank, -leitungen usw.) wie auch HV-Komponenten (z. B. Energiespeicher, -leitungen).

Die Vorgehensweise mit dem Faserverbundwerkstoff bietet hervorragende Möglichkeiten zur Integration eines großen Spektrums von Funktionen. Dies gelingt über die Fasern, die textilen Halbzeuge und den Matrixwerkstoff.

Adressiert sind die Integration von mechanischen Funktionen und damit die weitere Verbesserung von Steifigkeit und Festigkeit als auch des Geräuschverhaltens (NVH).[4] Sensorfasern führen zur strukturinternen Crashdetektion und auch zur technischen Zustands-/Schadenserkennung (Structural Health Monitoring), Heizdrähte zu thermischen Funktionen, zum aktiven Heizen und Kühlen. Funktionsoptimierte Bauteilgeometrien dienen der Realisierung von Lüftungskanälen oder Flüssigkeitsbehältnissen. Letztlich sind funktionale Subsysteme für elektrische Funktionen zu integrieren, wie z. B. Kabelsätze, Masseleitungen, Elektrospeicher oder die Integration des berührungslosen induktiven Ladens.

Die finale Struktur wog 70,5 kg bei nur 28 Teilen gegenüber der Referenzstruktur mit 74 Teilen und 113 kg Gesamtgewicht [9]. Insgesamt zeigt das Projektergebnis eine erfolgreiche Synthese von systemischer Integralbauweise und Verbundbauweise (s. Abschn. 2.4).

2.4 Verbundbauweisen

Verbundbauweisen realisieren Bauteilstrukturen aus der Kombination von mindesten zwei Werkstoffen. Faserverbundwerkstoffe (FVW) sind weitverbreitet als dafür hochintegrative Bauform. Sind die Verbunde mikroskopisch inhomogen, als Durchdringungsverbund

[4] Noise, Vibration, Harshness (Geräusch, Vibration, Rauhheit). In Quelle [10] muss es heißen: (2024) statt (2023)

(Beispiele für Bremsscheiben sind Si-Infiltration in C/C oder als Teilchenverbund eine Al_2O_3-Teilchenverstärkung in Al), sind sie makroskopisch homogen. Das trifft auch für alle leistungsstarken Faserverbunde zu, mit Glas-, Kohle- und Aramidfasern in unterschiedlichen metallischen oder keramischen Matrixsystemen.

Ist der Verbund hingegen makroskopisch inhomogen, liegt ein Schichtverbund bzw. eine Sandwichstruktur vor. Die Grundprinzipien der Verbundbauweise führen vielfach zu Sandwich-Lösungen mit vorzugsweise Faserverbund/Metallkonstruktionen. Mit einem Verbund aus verschiedenen Kernmaterialien, werden primär die Bauteilmasse verringert und gleichzeitig andere Eigenschaften (wie z. B. die Wärmedämmung oder die akustische Isolation) verbessert. Die Materialien im Verbund können beispielsweise Waben oder Schaum aus Aluminium sein. Der Schaum liegt bei letzterem zwischen den Deckblechen oder wird mit Treibmittel in einem Werkzeug integral aufgeschäumt. Der Leichtbau-Mechanismus des Verbundes beruht darauf, unter Biege- oder Torsionsbelastung die äußeren Randbereiche mit ihrer höheren Tragfähigkeit bzw. Steifigkeit anzusprechen (Abb. 2.11a).

Vorteilhaft sind vielfach Kombinationen von Al und FVK oder Al mit PU-Schaum (Prinzip s. Abb. 2.11b), eine besondere Variante zu Schichtverbunden sind sog. Noppenbleche (Abb. 2.12). Weitere Werkstoffverbunde mit St findet man in Serienfahrzeugen bei Rahmenaufbauten für Nutzfahrzeuge oder flächigen Karosseriebereichen.

Grundsätzlich bestehen Sandwichverbunde, wie sie heute im Fahrzeugbau eingesetzt sind, zumeist aus drei Schichten: einer spezifisch leichten Mittelschicht, dem sog. Kern und den beiden Deckschichten. Letztere können metallisch sein (St- oder Al-Blech) oder aus Kunststoff bestehen (z. B. Faserlaminat). Die Mittelschicht stützt die dünnen Blechhäute und stabilisiert diese gegen Beulen und Knittern.

Die Vorteile derartiger Verbunde sind:

- geringes Bauteilgewicht wird umgesetzt,
- hohe mögliche Steifigkeit ist erreichbar,
- als Zusatzfunktion wird gute akustische und thermische Dämmung möglich.

Typische Nachteile sind:

- die Krafteinleitung ist konzeptbedingt schwierig,
- vergleichsweise hoher Fertigungsaufwand und hohe Materialkosten,
- es sind keine oder nur geringe Umformungen machbar,
- die Reparaturfähigkeit ist eingeschränkt,
- tendenziell schlechte Fail-Safe-Eigenschaften

Den aufgeführten Vorteilen stehen jedoch auch einige Nachteile entgegen: es sind dies die konstruktiv schwierige Krafteinleitung im Waben- oder Faserverbund-Sandwich, schließlich besteht vielfach eine Bauteilumgebung mit Metallen, was die Anbindung erschwert. Auch die aufwändigere Schadensdetektion, eine eingeschränkte Reparaturfähigkeit und insgesamt die tendenziell höheren Materialkosten sind als Nachteile bekannt.

a

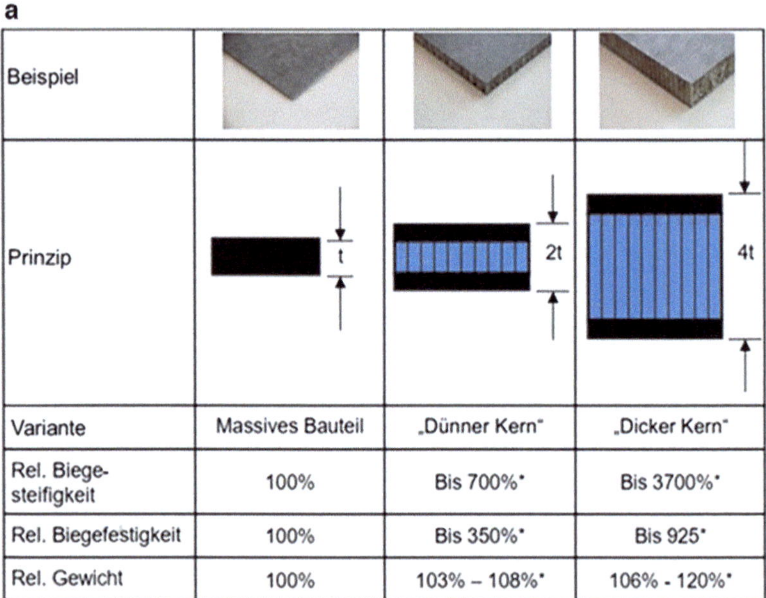

Beispiel			
Prinzip	t	2t	4t
Variante	Massives Bauteil	„Dünner Kern"	„Dicker Kern"
Rel. Biege-steifigkeit	100%	Bis 700%*	Bis 3700%*
Rel. Biegefestigkeit	100%	Bis 350%*	Bis 925*
Rel. Gewicht	100%	103% – 108%*	106% - 120%*

* Abhängig von Kern- und Deckschichtauswahl

b

Abb. 2.11 (**a**) Biegesteifigkeit, -festigkeit und Gewicht eines massiven Bauteils im Vergleich zu Sandwichbauteilen unterschiedlicher Dicke, nach [13] und (**b**) Prinzip Schicht-Verbundbauweise, aus [1]

Die Anwendung einer großräumigen Sandwichbauweise in Aluminium/PU für eine neuartige, leichte Fahrzeugstruktur ist in Abschn. 5.7 für ein Forschungsfahrzeug gezeigt (Front-Crash in Abb. 2.13). Der Projektzielsetzung zufolge wurde dabei auf ausreichende und reproduzierbare Verformung bzw. Energiewandlung Wert gelegt [10].

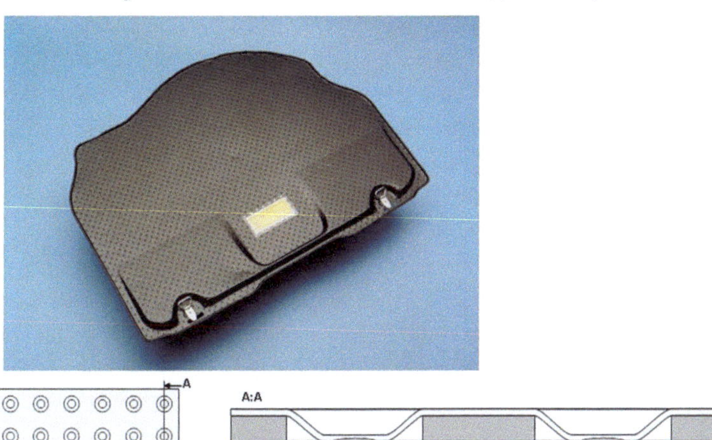

Abb. 2.12 Verbundbauweise Noppenblech, zwei Platinen werden stellenweise punktgeschweißt, bereichsweise Abstandshalter, Copyright © Volkswagen AG

Abb. 2.13 Vorderwagenbauweise in Aluminium-/PU-Sandwich nach Crash-Versuch, Copyright © DLR e.V.

2.5 Hybridbauweise und Multimaterialansatz

Die Hybridbauweise kann systemisch auch als Multimaterialdesign (Mischbauweise) bezeichnet werden. Man kombiniert dabei unterschiedliche Werkstoffe auf Bauteilebene miteinander oder auch in verschiedenen Bauteilen auf Systemebene. Es können im System konstruktionsbedingt sowohl Elemente der Schalen- als auch der Spaceframe-Bauweise oder anderer Bauweisen vorkommen. Für die Karosserie behandeln wir diese Mischbauweise in Abschn. 5.5.

Übergeordnetes Ziel ist es, vorteilhafte mechanische und physikalische Eigenschaften der jeweiligen Werkstoffe auszunutzen. Konzeptbedingt werden in dieser Bauweise die verschiedenen Werkstoffe in einem Bauteil oder auch Modul kombiniert und optimal aufeinander abgestimmt.

Exemplarisch für eine VW-Polo-Leichtbautüre wurde in einem Forschungsdemonstrator ein Innenteil aus Mg-Guss mit einer Außenhaut aus CFK als einfache Hybridbauweise gezeigt [4], auf Bauteilebene auch mit Elementen der Integralbauweise (Abb. 2.14). Das Ergebnis war eine Gewichtsreduzierung der Forschungstür von über 50 % gegenüber einer herkömmlichen Referenztüre in Stahl. Problematisch sind allerdings die höheren Material- und Herstellkosten und die eingeschränkte Richtbarkeit in der Montage (infolge der größeren Steifigkeit des hybriden Verbundes).

Die wesentlichen Vorteile der Bauweise sind:

- eine optimale Ausnutzung der verschiedenen Werkstoffeigenschaften ist möglich,
- die Eigenschaften der Werkstoffe können sich in den Bauteilen bzw. im System vorteilhaft ergänzen,
- ein hohes bis sehr hohes Leichtbaupotenzial wird erreichbar.

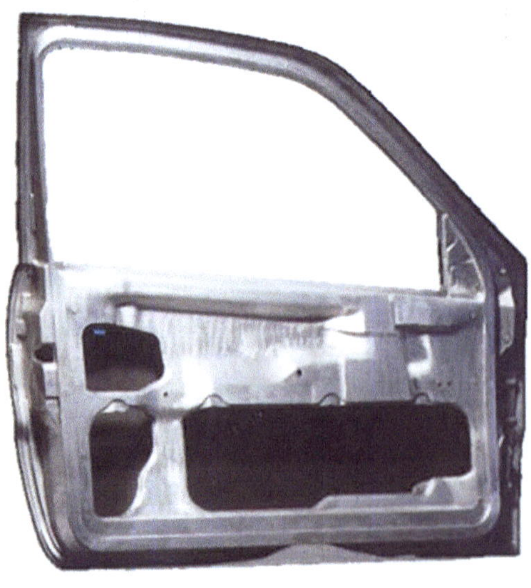

Abb. 2.14 VW-Polo-Leichtbautür (Forschungsdemonstrator), aus [4]

Nachteile demgegenüber sind:

- der Aufwand bei Fertigung, insbesondere Fügetechnik, und Montage ist höher,
- die Schadensbeurteilung wird tendenziell erschwert,
- eine Beurteilung des Bauteilverhaltens, vorzugsweise mit Simulation, ist eingeschränkt,
- an den Kontaktstellen im System ist mit Korrosionsgefahr zu rechnen.

Die Evolution der Fahrzeugbauweisen hat dazu geführt, dass heute verschiedene Bauprinzipien miteinander kombiniert werden, sodass vielfach keine reine oder von den verwendeten Werkstoffen betrachtet keine monolithische (im Sinne von „aus einem Guss") bestehende Situation mehr vorliegt [11]. Dies betrifft im Pkw-Bereich alle Fahrzeugklassen mit allen Produktionsvolumina, wie ein vergleichender Blick auf die Mercedes C-Klasse (2014), den Audi A8 (2017) und ein modulares Fahrzeugkonzept des DLR (2017) zeigt (Abb. 2.15):

- Das erste Beispiel weist, wiewohl als stahlintensive Schalendifferenzialbauweise realisiert, auf die Hybridbauweise des Muli-Material-Designs hin: Elemente aus Aluminiumguss und Aluminiumblech nehmen deutlichen Raum ein.
- Multimaterialdesign gilt auch für das zweite Beispiel des Spaceframes aus Aluminiumguss, -blech- und -profilen, welches in dezidierten Bereichen neben ultrahochfesten Stählen auch Anteile von Magnesium und CFK benutzt.
- Das letzte Beispiel des Forschungsdemonstrators nutzt alle vorstehend genannten Bauprinzipien, auch um eine modulare Fahrzeugstruktur für unterschiedliche Fahrzeugkonzepte zu bieten, was über bisherige gängige Plattformansätze weit hinausgeht.

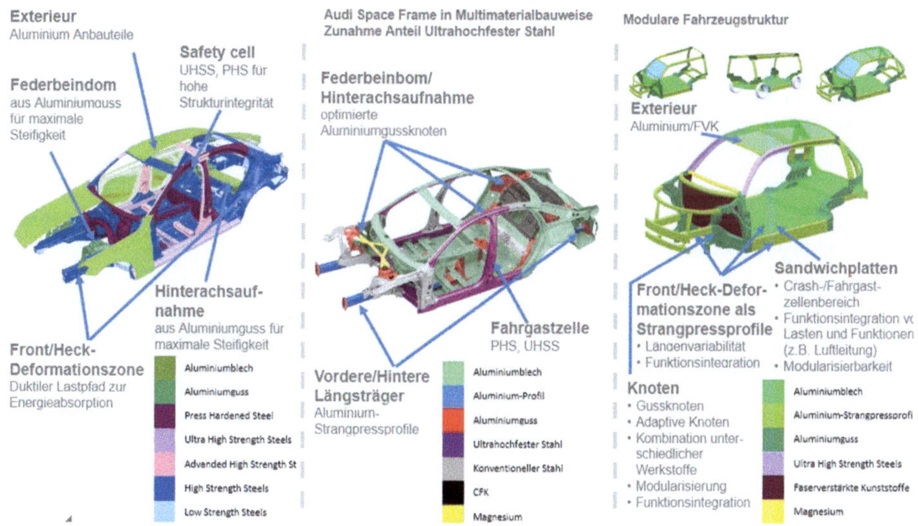

Abb. 2.15 Gegenüberstellung von Fahrzeugbauweisen mit werkstoffspezifischen Ausprägungen, Mercedes C-Klasse (links), Audi A8 (mittig) und DLR Next-Generation-Car-Forschungsprojekt (rechts), Copyright ©Daimler AG, ©Audi AG, ©DLR e.V.

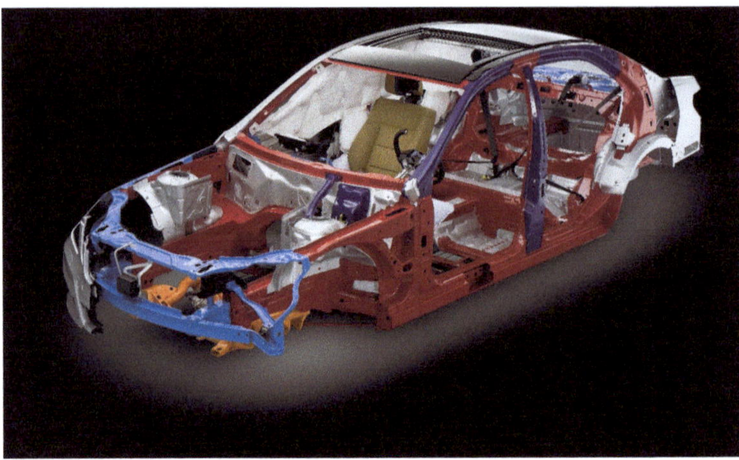

Abb. 2.16 Werkstoffkonzept der Mercedes-Benz E-Klasse, Copyright© Mercedes AG

Auch wenn die vorgenannten allgemeinen Bauweisen nicht automobilspezifisch sind – sie sind in vielen Ausprägungen von Transportsystemen und auch in anderen Technikbereichen zu finden – fassen wir mit einem zeitgenössischen Beispiel (Abb. 2.16) zusammen: der Mercedes E-Klasse als stahlintensive Schalenbauweise im Multimaterialdesign mit höchstfesten und ultrahöchstfesten (formhärtenden) Stahlgüten sowie Aluminium- und Kunststoffen [12].

Literatur

1. Friedrich, H.E. (Hrsg.): Leichtbau in der Fahrzeugtechnik, 2. Aufl., Springer Fachmedien Wiesbaden, (2017)
2. Klein, B., Gänsicke, T: Leichtbaukonstruktion, 11. Aufl., Springer-Vieweg Wiesbaden (2019)
3. Henning, F. und Moeller, E. (Hrsg.), Handbuch Leichtbau, Hanser Verlag, München, Wien (2011)
4. Friedrich, H.E. et.al., Werkstoffe und Bauweisen ermöglichen neue Fahrzeugkonzepte, in: Schindler, V., Sievers, I. (Hrsg.): Forschung für das Auto von morgen, Springer-Verlag Berlin Heidelberg (2008)
5. Friedrich, H.E., Schumann, S.: Research for an ‚new Age of Magnesium‘ in the Automotive Industry, Materials Processing Technology 117 (2001)
6. Gensty, F.: Von Megatrends zu innovativen Guss-Systemlösungen, 13. Fachtagung WerkstoffPlusAuto, Stuttgart (2023)
7. Bruhnke, U.: Karosserietechnik, Vorlesung, Universität Stuttgart (2007)
8. Goede, M., Ferkel, H., Stieg, J., Dröder, K.: Mischbauweisen Karosseriekonzepte – Innovationen durch bezahlbaren Leichtbau, 14. Aachener Kolloquium Fahrzeug- und Motorentechnik, 2005
9. Hoßfeld, M., Ackermann, C. (Hrsg.), Leichtbau durch Funktionsintegration, Springer-Verlag, 2020

10. Kriescher, M., Entwicklung einer Fahrgastzelle in Metall-Hybridauweise und Untersuchung ihrer Eigenschaften im Hinblick auf passive Sicherheit und Gewicht, Dissertationsschrift Universität Stuttgart (2023)
11. Friedrich, H.E., Zur Zukunft der Mobilität: Randbedingungen, Fahrzeugkonzepte, Fakten und Technologien, in: Nachhaltigkeit und Mobilität in der gebauten Umwelt, Rottweil (2017)
12. Behr, Th. et. al., Nachhaltiger Einsatz von Werkstoffen für die Karosserie, 11. Fachtagung WerkstoffPlusAuto, Stuttgart (2021)
13. Gerhard Kopp, G.: Auslegung und Dimensionierung von großflächigen polyurethanbasierten Sandwichbauteilen unter Berücksichtigung von konzeptionellen und fertigungstechnischen Einflüssen, Dissertationsschrift, Universität Stuttgart (2015)

3 Relevante Werkstoffe und Werkstofftechniken im Fahrzeugbau

Manuel Otto, Horst E. Friedrich, Dan Dragulin, David Klaumünzer, Ashley Stone, Oliver Schauerte, Josef R. Wünsch, Klaus Drechsler, Sebastian Strauß, Jürgen Becker, Helmut Rudigier und Patrick Keil

3.1 Stahllegierungen

Manuel Otto und Horst E. Friedrich

3.1.1 Einleitung

Stahl, eine Legierung aus Eisen und Kohlenstoff, ist mit seinen vielseitigen Einsatzmöglichkeiten ein bedeutender Konstruktionswerkstoff und wird dies auch

- bei aktuell steigendem Lebensstandard,
- einer Zunahme der Urbanisierung sowie
- einer Zunahme des Transportwesens und allgemeinen Industrieproduktion

für die nahe Zukunft für eine industrielle Gesellschaft bleiben.

M. Otto (✉)
SSAB Europe, Düsseldorf, Deutschland
E-Mail: manuel.otto@ssab.com

H. E. Friedrich
Bureaux.HEF, Tapfheim, Deutschland

D. Dragulin
HANOMAG Härtecenter GmbH, Hannover, Deutschland
E-Mail: dan.dragulin@haertecenter.de

D. Klaumünzer
HAW Hamburg, Hamburg, Deutschland
E-Mail: david.klaumuenzer@haw-hamburg.de

H. E. Friedrich, G. Muller (Hrsg.), *Werkstoffe und Bauweisen in der Fahrzeugtechnik*, ATZ/MTZ-Fachbuch, https://doi.org/10.1007/978-3-662-65269-5_3

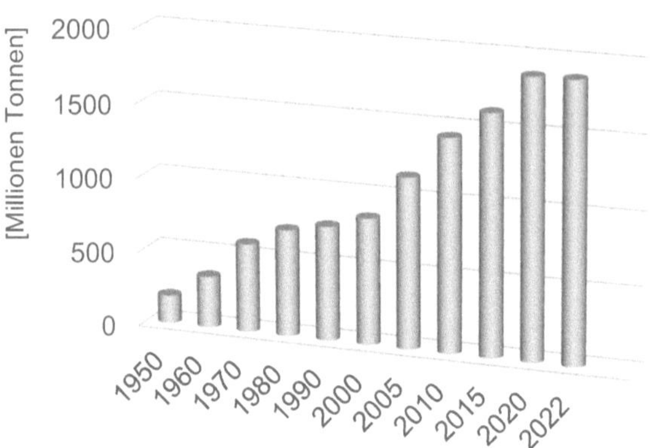

Abb. 3.1 Welt-Stahlproduktion in Mio. t . (Nach [1])

Bei einer für das Jahr 2022 gegebenen Weltstahlproduktion von ca. 1,9 Mrd. t (siehe Abb. 3.1) jährlich soll bis zum Jahr 2050 nach derzeitigen Schätzungen eine weitere Milliarde Tonnen zur Jahresproduktion hinzukommen.

Bis zu diesem Zeitraum wird die Stahlindustrie einen gewaltigen Umbau erfahren und mit einer CO_2-reduzierten bzw. CO_2-freien Stahlproduktion vom Erz zum Stahlblech wesentlich zur Erreichung der Klimaziele beitragen müssen.

A. Stone
MAXImolding! Technology GmbH, Siegsdorf, Deutschland
E-Mail: info@maxi-molding.com

O. Schauerte
Volkswagen AG, Wolfsburg, Deutschland
E-Mail: Oliver.schauerte@volkswagen.de

J. R. Wünsch
BASF S.E., Ludwigshafen, Deutschland
E-Mail: josef.r.wuensch@basf.com

K. Drechsler
TU München, Garching bei München, Deutschland
E-Mail: klaus.drechsler@tum.de

S. Strauß
Fraunhofer Institut für Gießerei, Composite und Verarbeitungstechnik IGCV, Augsburg, Deutschland
E-Mail: sebastian.strauss@igcv.fraunhofer.de

J. Becker
Geisenheim, Deutschland
E-Mail: juergen.becker@kerrha.eu

H. Rudigier
Oerlikon Management AG, Pfäffikon, Schweiz
E-Mail: Helmut.Rudigier@oerlikon.com

P. Keil
BASF, Münster, Deutschland
E-Mail: patrick.keil@basf.com

Mit diesen noch in die Serie umzusetzenden neuen Produktionsmethoden, der hohen Qualität des Stahlrecyclings und seiner Vielseitigkeit bei den einstellbaren mechanisch-technologischen Eigenschaften werden insbesondere hoch- und höchstfeste Stahlgüten einen erheblichen Beitrag zur nachhaltigen und zukunftsfähigen Gesellschaft leisten können.

Gemäß DIN EN 10020 werden als Stahl solche Werkstoffe bezeichnet, deren Massenanteil an Eisen größer ist, als der jedes anderen Elementes. Im Allgemeinen weisen Stahlwerkstoffe einen Gehalt von weniger als 2 % Kohlenstoff auf und können mit unterschiedlichen weiteren Elementen legiert sein (einige Chromstähle können einen Kohlenstoffgehalt von mehr als 2 % aufweisen).

In der Literatur befinden sich eine Vielzahl von möglichen Klassifizierungsmöglichkeiten (Einsatzmöglichkeit, Festigkeit, Art des Herstellverfahren …).

Im Folgenden soll ein Überblick über die in der Automobilindustrie am weitesten verbreiteten Stahlgüten gegeben werden, welche für den automobilen Leichtbau relevant sind (1st GEN, Abb. 3.2). Ebenso wird ein Ausblick über die in der Entwicklung befindlichen neuen Stahlgüten für warmgewalzte und kaltgewalzte Flachprodukte (2nd & 3rd GEN, Abb. 3.2) gegeben sowie kurz auf die physikalischen Eigenschaften sowie den Stahlherstellprozess eingegangen.

Hochfeste IF-Stähle (IF: Interstitial Free), Bake-Hardening-Stähle, phosphorlegierte sowie konventionelle TRIP-Stähle (TRIP: TRansformation Induced Plasticity) sollen an dieser Stelle ergänzend erwähnt, jedoch nicht weiter diskutiert werden.

3.1.2 Eigenschaften

Für den automobilen Leichtbau gibt es nur wenige Konstruktionswerkstoffe so vielseitig und vor allem so preiswert wie Stahl.

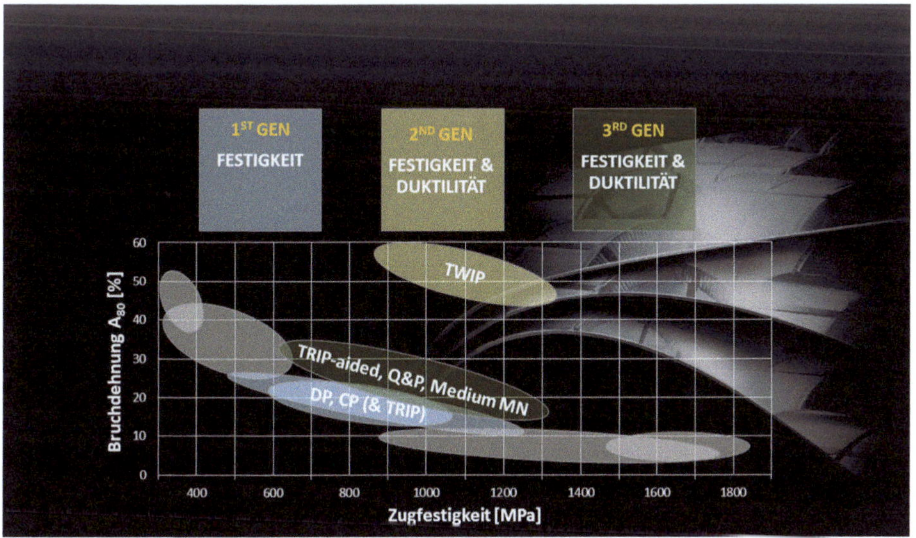

Abb. 3.2 Bruchdehnungs-Festigkeits-Schaubild

Neueste Stahlentwicklungen für den Automobilbau besitzen Zugfestigkeiten von 2000 MPa, wobei Stahl als Langprodukt auch Festigkeiten von 4000 MPa erreichen kann [2]. Am anderen Ende des Leistungsspektrums existieren Stahlgüten mit 70 % Bruchdehnung und ermöglichen komplexeste Geometrien.

Stahl ist in einem weiten Temperaturspektrum von 900 °C bis – 50 °C oder in der Tieftemperaturtechnik auch bis – 272 °C einsetzbar.

Seine Dauerfestigkeit sowie hohe Betriebsfestigkeiten sind ebenso ein charakteristisches Merkmal des Konstruktionswerkstoffs Stahls wie seine nahezu 100 %ige wirtschaftliche Recycelbarkeit.

Eine Übersicht über die Einordnung des Stahls als Konstruktionswerkstoff mit typischen Eigenschaften zeigt Abb. 3.3.

Reines Eisen schmilzt bei 1535 °C. Die Zugabe von Legierungselementen verringert den Schmelzpunkt und der Schmelzpunkt in Abhängigkeit vom Kohlenstoffgehalt kann für Stahl im Eisen-Kohlenstoff-Diagramm entnommen werden.

Eisen ist das 26. Element im Periodensystem und ist den Übergangsmetallen zugeordnet. Seine Atommasse beträgt 55,845 u (C: 12,011 u) und seine Elektronegativität, die Fähigkeit eines Atoms in einer chemischen Bindung Elektronen an sich zu ziehen, beträgt 1,83.

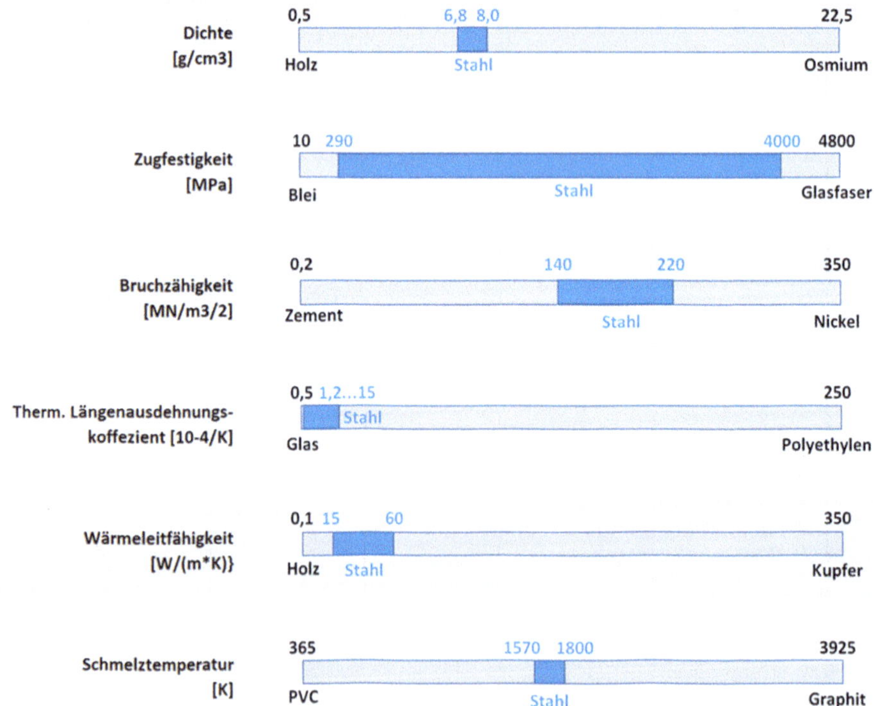

Abb. 3.3 Übersicht: Stahl als Konstruktionswerkstoff

3.1.2.1 Metallphysikalischer Aufbau

Wie bei allen Metallen sind die Atome des Eisens im festen Zustand regelmäßig angeordnet.

Was Eisen besonders macht, ist seine Polymorphie, also die Fähigkeit je nach Zustandsbedingungen, wie z. B. Temperatur (und Druck), in verschiedenen Gitterstrukturen zu existieren, auch wenn die chemische Zusammensetzung gleich bleibt. Bei einer Abkühlung von Eisen aus der Schmelze erstarrt Eisen zuerst in einem kubisch-raumzentrierten Kristall (Abb. 3.4), wandelt sich dann in ein kubisch-flächenzentriertes Kristall um und liegt unterhalb 911 °C wieder als kubisch-raumzentriertes Kristall vor.

Diese Polymorphie des Eisens beeinflusst seine Löslichkeit, Leitfähigkeit und spezifische Länge und ist die Basis einer Vielzahl von Eigenschaftsoptimierungen beim Stahl.

Diese beiden wichtigsten Modifikationen des Eisens werden auch als Ferrit und Austenit bezeichnet. Austenit, auch als γ-Eisen bezeichnet, ist bei reinem Eisen zwischen 1392 °C und 911 °C stabil und besitzt ein kubisch-flächenzentriertes (kfz) Kristallgitter. Die Gitterkonstante bzw. der Atomabstand beim Austenit beträgt bei 911 °C ca. 360 pm.

Beim Abkühlen unter 911 °C wandelt der Austenit in Ferrit um, der ein kubisch-raumzentriertes (krz) Kristallgitter aufweist. Die Gitterkonstante bzw. der Atomabstand beim Ferrit, auch als α-Eisen bezeichnet, beträgt bei Raumtemperatur ca. 290 pm und ist somit geringer als beim Austenit.

Einen bildlichen Vergleich über die Atomabstände im ungestörten kubisch-raumzentrierten und kubisch-flächenzentrierten Kristallgitter zeigt Abb. 3.5.

Die Temperatur, bei der sich Austenit in Ferrit umwandelt, hängt vom Kohlenstoffgehalt der entsprechenden Legierung ab und kann aus dem Eisen-Kohlenstoff-Diagramm abgelesen werden. Der linke Bereich in Abb. 3.6 bis 2 % Kohlenstoff zeigt diese Übersicht für Stahl, der rechte Bereich ab 2 % Kohlenstoff zeigt diese Übersicht für das Gusseisen.

Tab. 3.1 listet die Atomdurchmesser der wichtigsten Legierungs- und Begleitelemente für Stahl inklusive der maximalen Löslichkeit auf. Die maximale Löslichkeit der Legierungselemente ist eine Voraussetzung für eine homogene Legierungsbildung.

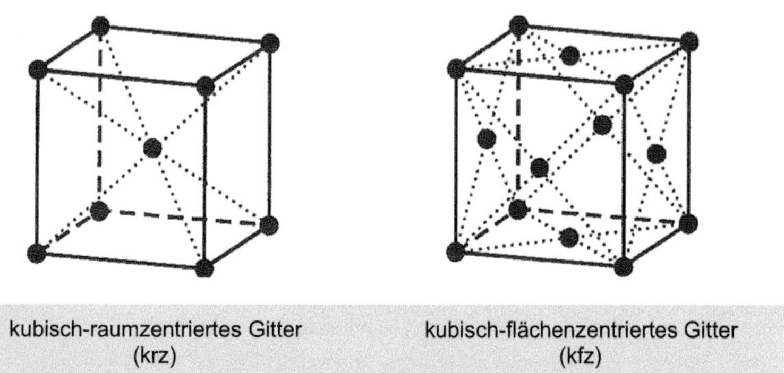

Abb. 3.4 Polymorphie des Eisens, mögliche Gitterstrukturen

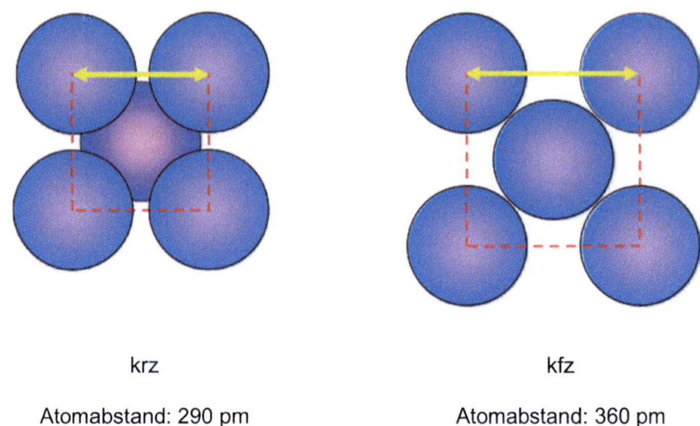

Abb. 3.5 Ungestörter Gitteraufbau des Eisens. (Nach [3])

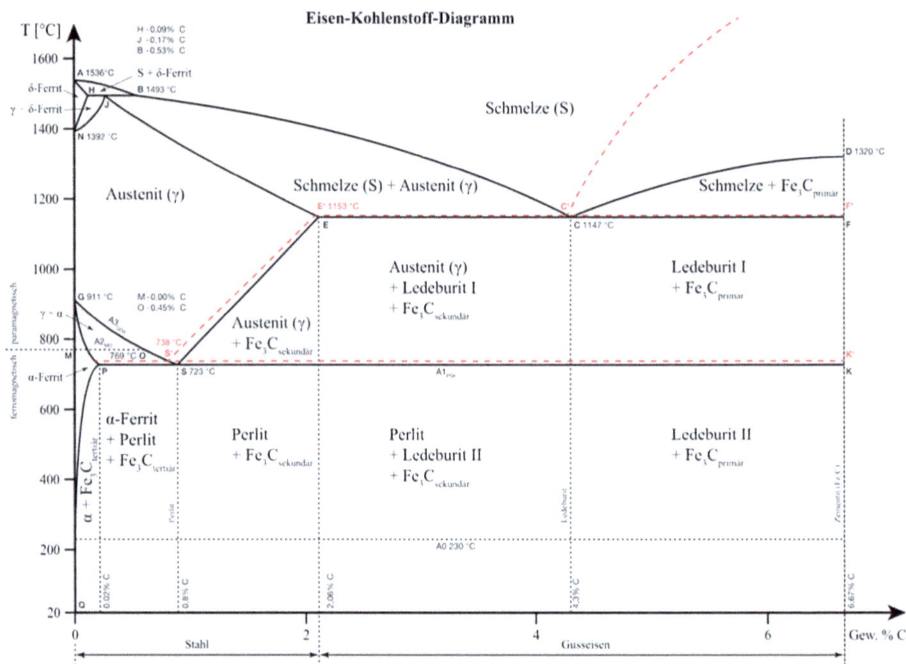

Abb. 3.6 Eisen-Kohlenstoff-Diagramm. (Nach [3])

Die Legierungs- oder Begleitelemente lagern sich bei genügender Löslichkeit im Eisengitter entsprechend ihrer Größe so ein, dass sie (wie z. B. Manganatome) entweder Eisenatome von ihren Gitterplätzen verdrängen und ersetzen oder sich (wie z. B. Kohlenstoffatome) zwischen die Eisenatome platzieren und somit Gitterlücken belegen.

Tab. 3.1 Atomdurchmesser und Löslichkeit der wichtigsten Legierungs- und Begleitelemente im Stahl. (Nach [4])

Element	Atomdurchmesser [pm]	Max. Löslichkeit im Ferrit [Massen-%]	Max. Löslichkeit im Austenit [Massen-%]
C	145	0,03	2,1
P	186	2,25	0,25
S	108	0,02	0,05
Mn	274	3,5	100
Al	286	29	0,6
Si	234	11	1,7
Ti	294	8	0,7
Nb	294	1,2	1,6
Mo	280	31	1,7
V	270	100	1,3
H	74	0,0003	0,0009

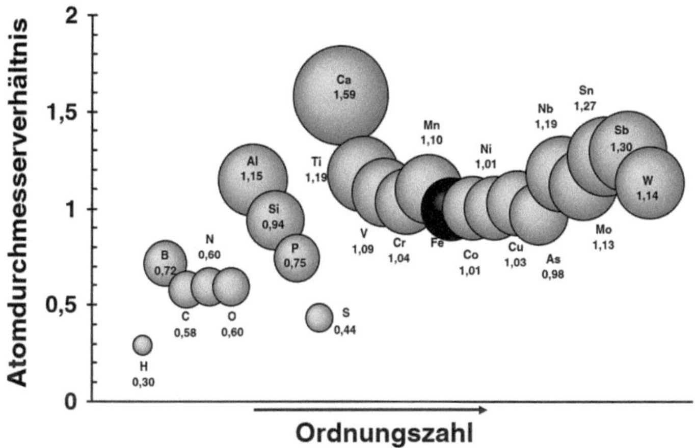

Abb. 3.7 Atomdurchmesser-Verhältnis für verschiedene Legierungs- und Begleitelemente des Eisens. (Nach [4])

Diese Verdrängungs- oder Ersetzungsvorgänge führen im Eisengitter zu Verzerrungen, d. h. Veränderungen der Gitterkonstanten. Die Tab. 3.1 verdeutlicht auch eindrucksvoll, dass sich Wasserstoffatome aufgrund ihrer geringen Größe nahezu verzerrungsfrei im Atomgitter des Stahls einlagern können.

Eine weitere Übersicht über die Größenverhältnisse der Atomdurchmesser der verschiedenen Legierungs- und Begleitelemente zeigt Abb. 3.7.

3.1.2.2 Festigkeitssteigernde Maßnahmen

Für die Festigkeitssteigerung beim Thema Stahl steht eine Vielzahl von Methoden zur Verfügung. Angefangen mit der Bildung eines Mischkristalls, bei dem ein Fremdatom entweder substitutionell (Austausch eines Eisenatoms durch bspw. Si oder Mn) oder interstitiell (Zwischen den Eisenatomen) im Eisengitter eingelagert wird.

Beispielhaft sind die Möglichkeiten des Austausches von Atomen und die interstitielle Einlagerung im Abb. 3.8 dargestellt.

Die Festigkeit von Stahl kann gesteigert werden, wenn Versetzungen an ihrer Bildung oder Bewegung gehindert werden, bspw. durch eine feinkörnige Mikrostruktur mit vielen Korngrenzen als Hindernisse oder durch fein verteilte Ausscheidungen. Auch die gezielte Einstellung von zwei- oder mehrphasigen Mikrostrukturen erhöht die Festigkeit des Stahls, wie sie bei den weiter unten aufgeführten modernen Dual- (DP) und Komplexphasenstählen (CP) zum Einsatz kommt.

Bei diesen modernen DP- und CP-Stählen wird, basierend auf der weichen Gefügekomponente Ferrit, die Festigkeit durch eine Ausscheidung von Mikrolegierungselementen mit Kohlenstoff und Stickstoff oder durch weitere, härtere Gefügebestandteile, wie Martensit oder Bainit angehoben.

Durch eine geeignete Abkühlstrategie, bspw. nach dem Warmwalzen (Abb. 3.9) oder nach einer kontinuierlichen Glühbehandlung im Anschluss an einen Kaltwalzprozess, kann die entsprechende Mikrostruktur des CP- oder DP-Gefüges eingestellt werden.

Wird, wie in Abb. 3.9 für den Pfad 1 verdeutlicht, kommend aus dem Austenitgebiet in den Bildungsbereich des Ferrits gekühlt und beispielsweise das Warmband bei hohen Temperaturen gewickelt, entsteht ein ferritisches Gefüge. Die Festigkeit kann in diesem Fall durch Mikrolegierungselemente erhöht werden.

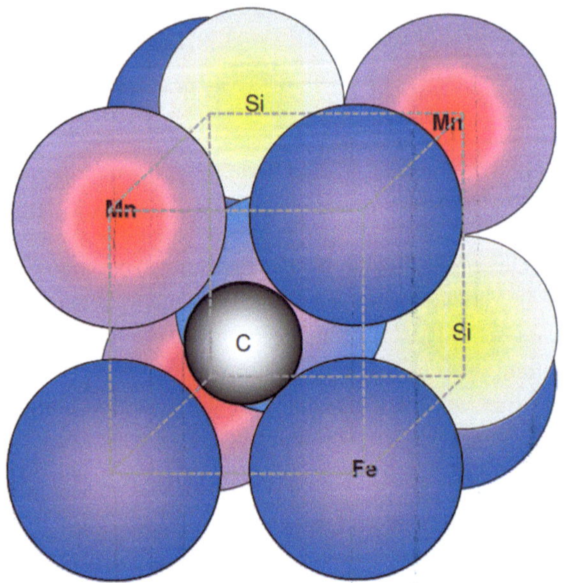

Abb. 3.8 Durch Mangan, Silizium und Kohlenstoff beeinflusstes krz-Kristallgitter. (Nach [4])

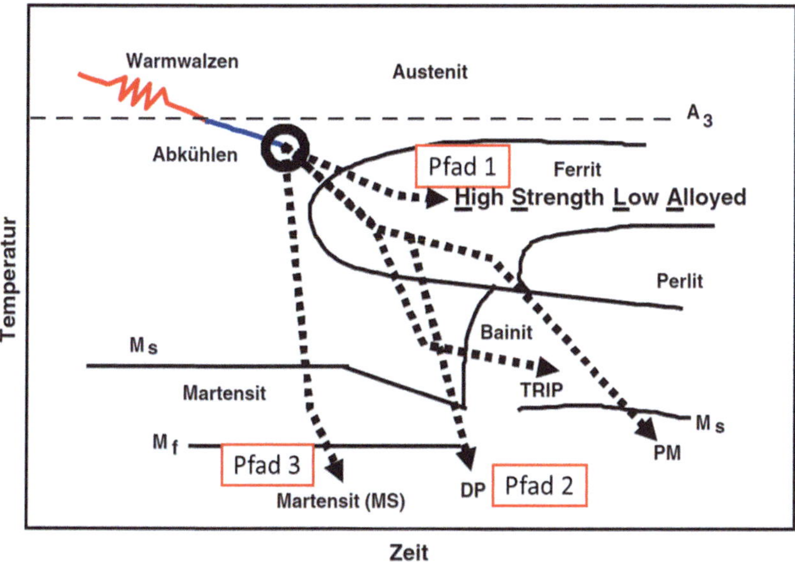

Abb. 3.9 Möglichkeiten der Einstellung der Mikrostruktur bei modernen höchstfesten Stählen: ZTU-Diagramm (schematisch). (Nach [4])

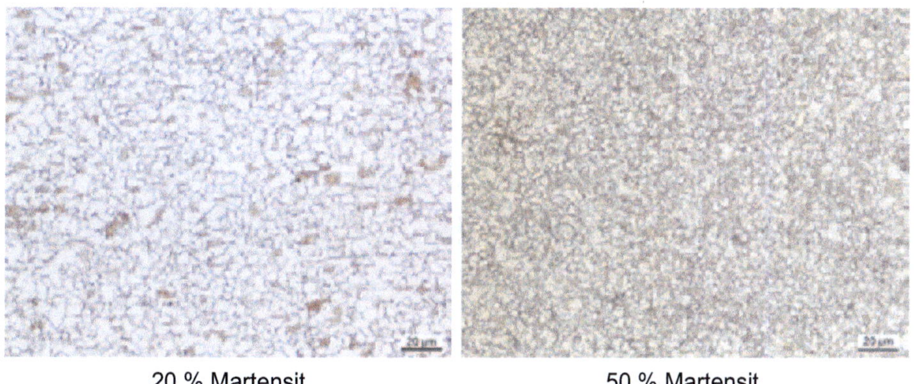

Abb. 3.10 Mikrostruktur von DP-Stählen mit unterschiedlichen Anteilen an Martensit. (Nach [4])

Komplexere Gefüge erfordern hingegen mehrstufige Abkühlstrategien am Warmband oder Kaltband. Für Dualphasenstähle wird zunächst in den Bildungsbereich des Ferrits gekühlt, bis eine Keimbildung des Ferrits einsetzt und so lange langsam weitergekühlt, bis die gewünschte Menge Ferrit gebildet wurde.

Die Martensitbildung, welche für DP-Stähle vorzugsweise inselförmig im Ferrit eingelagert ist, wird durch ein Abschrecken unter die Martensit-Finish-Temperatur (Mf) erreicht; siehe Pfad 2. Der Anteil an inselförmig eingelagertem Martensit, siehe Abb. 3.10, bestimmt dann die Festigkeit des Stahls.

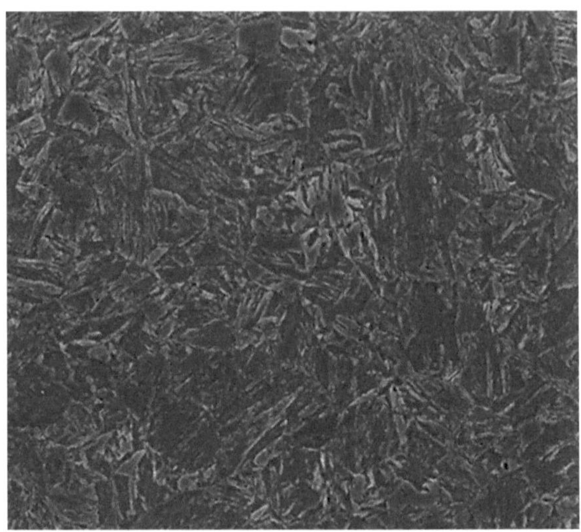

Abb. 3.11 Mikrostruktur eines martensitischen Stahls. (Nach [5])

Soll ein vollständig martensitisches Gefüge eingestellt werden, wird die Kühlung aus dem Austenit so schnell durchgeführt, dass kein Ferrit oder Bainit gebildet wird, siehe Pfad 3.

Eine typische Mikrostruktur für einen vollmartensitischen Stahl zeigt Abb. 3.11

Die einzelnen Phasengebiete im ZTU-Diagramm können durch die Legierungsbestandteile vergrößert und verkleinert sowie in Ihrer Lage, bspw. zu größeren Zeiten, verschoben werden, sodass u. U. auch bei geringen Abkühlraten keine weichen Phasen in der Mikrostruktur des Stahls gebildet werden; Stichwort: lufthärtende Stähle.

3.1.3 Der Prozess vom Erz zum Stahl

Die zwei aktuell am weitesten verbreiteten Verfahren zur Abdeckung des Weltstahlbedarfs sind die Hochofen-Konverter-Route (vom Erz zum Stahl) sowie die Route über den Elektrolichtbogenofen. In Deutschland ist dieses Verhältnis ca. 70 % Hochofen-Konverter-Route zu 30 % E-Ofen-Route.

Einen Überblick über die verschiedenen Verfahrensrouten bei der Stahlherstellung zeigt Abb. 3.12:

Während bei der E-Ofen-Route (Nr. 2) Schrott bzw. Eisenschwamm mithilfe eines Elektrolichtbogens aufgeschmolzen wird, sind die Verfahrensschritte bis zum Rohstahl über die Hochofen-Konverter-Route (Nr. 1) etwas umfangreicher. Die Stahlherstellung über Direktreduktion mit Erdgas (Nr. 3) ist im großtechnischen Maßstab serientauglich. Die Route über eine Direktreduktion mit Wasserstoff als Reduktionsmittel (Nr. 4) befindet sich im großtechnischen Aufbau.

Ausführliche Informationen zur klassischen Route vom Erz zum Stahl können unter vdeh.de recherchiert werden.

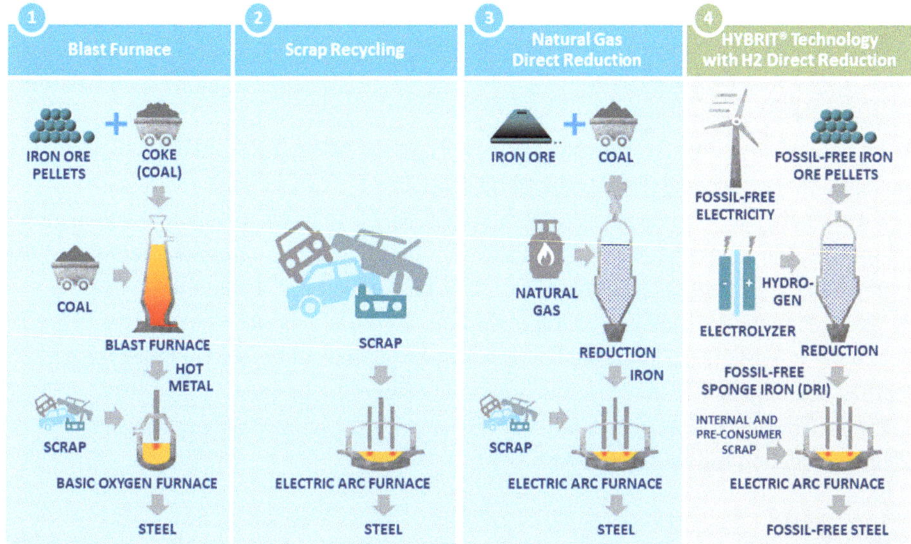

Abb. 3.12 Verfahrensrouten bei der Stahlherstellung, Teil 1. (Nach [6])

Sobald der Rohstahl im Konverter bzw. Elektrolichtbogenofen fertig prozessiert wurde, findet eine erste Legierungsbehandlung beim Umfüllen in die Stahlwerkspfannen statt. Für den Fall, dass die chemische Zusammensetzung besonders feinfühlig eingestellt werden muss (bspw. niedrigste Kohlenstoffgehalte, niedrigste Wasserstoffgehalte …) kann der Stahl in der Sekundärmetallurgie nachbehandelt werden. Die Aufgabe der Sekundärmetallurgie besteht darin, den Stahl mit der richtigen Chemie, der richtigen Temperatur und zum richtigen Zeitpunkt an die Stranggießanlage zu übergeben.

In der Stranggießanlage kann der flüssige Stahl in einer wassergekühlten, oszillierenden Kokille zu einem kontinuierlichen Strang erstarren. Dieser Strang wird am Ausgang der Stranggießanlage zu Brammen geteilt. Die Brammen haben, je nach Kundenbestellung, eine rechteckige Abmessung bspw. von ca. 250 mm × 1700 mm und ein Gewicht von ca. 30 t.

Zu diesem Zeitpunkt des Herstellprozesses ist die chemische Zusammensetzung des späteren Stahlblechs festgelegt. Die finalen mechanisch-technologischen Eigenschaften des Stahlblechs werden bei der Weiterverarbeitung dieser Brammen im Warmwalz- bzw. Kaltwalzwerk eingestellt.

Im Warmwalzwerk werden diese Brammen zu Stahl-Coils ausgewalzt. Die Hauptprozessschritte beim Warmwalzen sind wie folgt:

- Wiedererwärmen der Brammen
- Entzundern der Brammen
- Stauchen der Brammenbreiten (wenn notwendig)
- Reversierendes Walzen des Vorbandes von 250 mm auf ca. 40 mm
- Entzundern des Vorbandes

- Warmwalzen des Vorbandes auf Warmbandenddicke
- Gezielte Abkühlung des Warmbandes im Kühlgang
- Aufhaspeln des Warmbandes

Anschließend kühlt das Warmband mehrere Tage ab, bevor der beim Warmwalzen entstandene Zunder in der Beizanlage entfernt wird.

Dieses gebeizte Warmband mit Blechdicken bis 2,0 mm, bei weichen Güten auch bis 1,5 mm, ist ein mögliches Produkt für die Automobilindustrie und findet beispielsweise Anwendung bei Fahrwerksbauteilen oder Pkw-Felgen und Radschüsseln.

Wenn dünnere Blechdicken benötigt werden, wird das gebeizte Warmband auf Blechdicken bis 0,5 mm in Kaltwalzstraßen gewalzt, anschließend geglüht und gegebenenfalls oberflächenveredelt (elektrolytisch verzinkt, feuerverzinkt, dressiert …).

Einen Überblick über die möglichen Prozessschritte vom Stahlwerk bis zum oberflächenveredelten Kaltband zeigt Abb. 3.13.

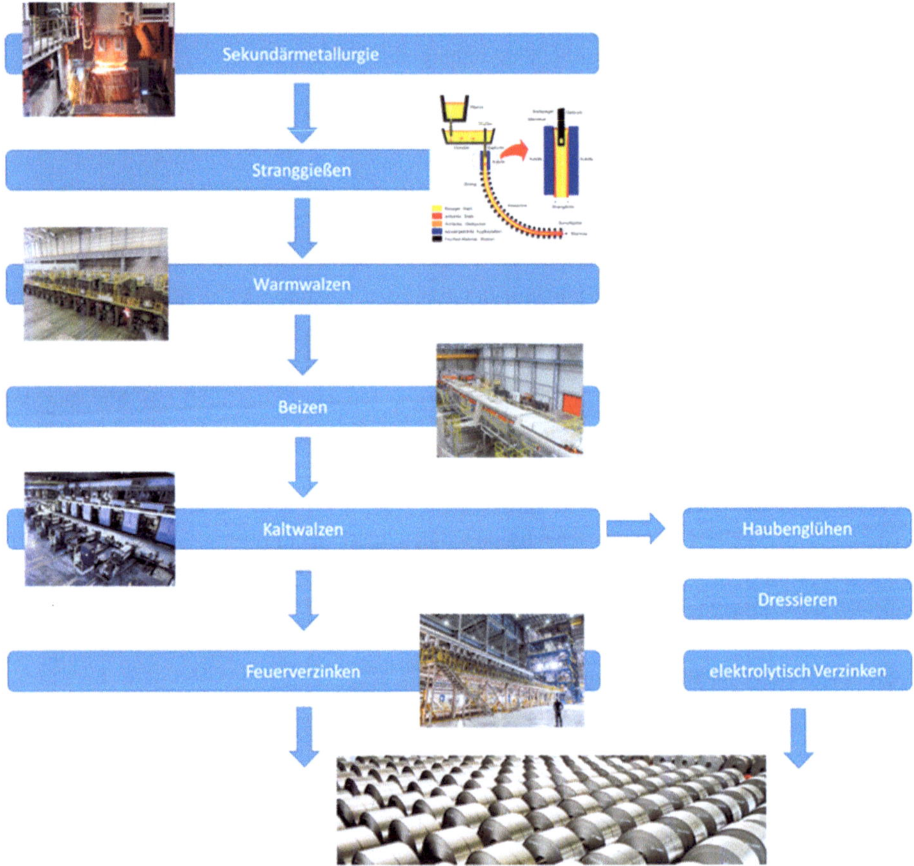

Abb. 3.13 Verfahrensrouten bei der Stahlherstellung, Teil 2. (Nach [7])

3.1.4 Blechwerkstoffe im automobilen Großserieneinsatz

3.1.4.1 Tiefziehstähle

Mikrostruktur

Tiefziehstähle zeichnen sich durch eine niedrige Streckgrenze und eine hohe Bruchdehnung aus. Diese Stahlgruppe wird aluminiumberuhigt als (nicht-IF oder) IF-Güte hergestellt und ist durch einen extrem niedrigen Gehalt an Kohlenstoff und Stickstoff charakterisiert. Weiche IF-Stähle weisen im Vergleich zu klassischen Tiefziehstählen eine nochmals verbesserte Umformbarkeit auf und werden durch die Zugabe von Titan und/oder Niob stabilisiert.

Mechanisch-technologische Eigenschaften

Für warmgewalzte weiche Tiefziehstähle variiert die Mindeststreckgrenze $R_{p0.2}$ zwischen 180 MPa und 240 MPa und die Mindestzugfestigkeit R_m zwischen 270 MPa und 310 MPa. Die minimale Bruchdehnung A_{80} liegt bei > = 22 % und > = 30 %.

Die mechanischen Kennwerte von kaltgewalzten weichen Tiefziehstählen variieren bezüglich der Mindeststreckgrenze $R_{p0.2}$ zwischen 110 MPa und 140 MPa und die Mindestzugfestigkeit R_m zwischen 250 MPa und 270 MPa. Die minimale Bruchdehnung A_{80} liegt für die preiswerteren Güten bei 28 % und bei Premiumgüten bei 43 %. Premiumgüten haben außerdem garantierte Mindestwerte für die senkrechte Anisotropie sowie für den Verfestigungsexponenten.

Anwendungspotenziale

Tiefziehstähle gibt es als Warmband und Kaltband in beschichteter und unbeschichteter Ausführung. Der Haupteinsatzbereich der Tiefziehstähle, siehe Abb. 3.14, sind beschichtete Kaltbänder, welche als Karosserieaußenteile und -innenteile Verwendung finden, bspw. als Kotflügel, Seitenwand, Türaußenblech, Türinnenblech, Radhäuser, u.v.m.

Für den automobilen Leichtbau spielen die Tiefziehstähle eine untergeordnete Rolle.

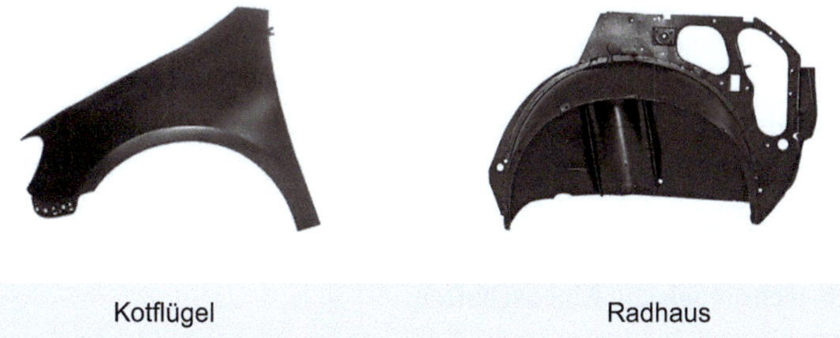

Abb. 3.14 Anwendungsbeispiele für Tiefziehstähle

3.1.4.2 Niedrig- und mikrolegierte Stähle

Mikrostruktur

Niedrig- und mikrolegierte Stähle erzielen ihre Festigkeiten durch die Legierung mit Niob, Titan und Vanadium. Diese Legierungselemente können entweder einzeln oder in Kombination zugesetzt werden.

Mechanisch-technologische Eigenschaften

Für warmgewalzte mikrolegierte Stähle variiert die Mindeststreckgrenze $R_{p0.2}$ zwischen 210 MPa und 700 MPa und die Mindestzugfestigkeit R_m zwischen 310 MPa und 750 MPa. Die minimale Bruchdehnung A_{80} liegt bei > = 10 % und > = 29 %.

Die mechanischen Kennwerte der in der Automobilindustrie am häufigsten eingesetzten kaltgewalzten mikrolegierten Stähle variieren bezüglich der Mindeststreckgrenze $R_{p0.2}$ zwischen 210 MPa und 460 MPa und bei der Mindestzugfestigkeit R_m zwischen 310 MPa und 520 MPa. Die minimale Bruchdehnung A_{80} liegt bei > = 15 % und > = 29 %.

Einzelne Stahlentwicklungen können auch Mindeststreckgrenzen von 800 MPa aufweisen.

Anwendungspotenziale

Die Haupteinsatzgebiete von mikrolegierten Stählen in der Automobilindustrie befinden sich als feuerverzinkte Ausführungen in der Karosserie vorzugsweise als Strukturteile wie Längs- und Querträger. Unbeschichtete Ausführungen werden bspw. in Sitzstrukturen als Sitzschienen eingesetzt.

Die mikrolegierten Stahlgüten mit ihrem sehr guten Umformvermögen und ihrer sehr guten Schweißbarkeit haben viele Jahre den automobilen Leichtbau geprägt. Bei einem breiteren Einsatz der Dualphasen- und Komplexphasenstähle werden mikrolegierte Stähle zukünftig an Bedeutung verlieren, wenn es den automobilen Leichtbau betrifft.

3.1.4.3 Dualphasenstähle

Mikrostruktur

Dualphasenstählen (DP-Stähle) sind charakterisiert durch eine ferritische Grundmatrix mit eingelagerter martensitischer Zweitphase. Bei Festigkeiten über 800 MPa kann auch Bainit im Gefüge enthalten sein.

In den vergangenen Jahren wurden Dualphasenstähle entwickelt, welche eine verbesserte Umformbarkeit in Form von erhöhten Bruchdehnungen aufweisen. Bei diesen, auch als DH-Stählen bezeichneten Güten, ist auch Restaustenit in der Mikrostruktur vorhanden.

Mechanisch-technologische Eigenschaften

Dualphasenstähle sind durch eine starke Kaltverfestigung gekennzeichnet und weisen ein niedriges Streckgrenzenverhältnis (Verhältnis Streckgrenze zu Zugfestigkeit) auf. Sie sind damit besonders für Umformungen im Streckziehbereich geeignet.

Für kaltgewalzte Dualphasenstähle variiert die Mindeststreckgrenze $R_{p0.2}$ zwischen 290 MPa und 900 MPa und die Mindestzugfestigkeit R_m zwischen 490 MPa und 1180 MPa. Die minimale Bruchdehnung A_{80} liegt bei > = 7 % und > = 24 %.

Bei den kaltgewalzten Dualphasenstählen mit verbesserter Umformbarkeit ist die minimale Bruchdehnung A_{80} um 4 bis 6 Prozentpunkte erhöht.

Als Warmband ist in der Automobilindustrie aktuell nur der HR330Y580T-DP, mit einer Mindestbruchdehnung A_{80} von 19 %, in größeren Mengen präsent.

Anwendungspotenziale

Kaltgewalzte Dualphasenstähle in unbeschichteter und beschichteter Ausführung sind mit Zugfestigkeiten bis 1000 MPa fester Bestandteil des automobilen Leichtbaus. Anwendung finden diese Stahlgüten in verzinkter Ausführung als Verstärkungsbauteil bspw. für C-Säulen, als Sitzquerträger und als Längsträger. In den unbeschichteten Varianten sind Dualphasenstähle bspw. als Sitzseitenteil (Abb. 3.15) oder als Lehnenseitenteil seit vielen Jahren im automobilen Einsatz.

Auch die neu entwickelten Dualphasenstähle mit verbesserter Umformbarkeit finden bereits weiten Einsatz im Fahrzeugbau. Hier liegt die Festigkeitsgrenze aktuell noch bei 800 MPa. DH-Stähle mit einer Zugfestigkeit größer als 1000 MPa und ihren hohen Anteilen an Restaustenit benötigen bei der Fügetechnik, insbesondere beim Thema Flüssigmetallversprödung, erhöhte Aufmerksamkeit.

3.1.4.4 Komplexphasenstähle

Mikrostruktur

Komplexphasenstähle (CP-Stähle) besitzen eine überwiegend ferritisch-bainitisches Mikrostruktur. Diese CP-Stähle können auch Anteile von (angelassenem) Martensit oder Restaustenit sowie geringfügig auch Perlit enthalten.

Die Mikrostruktur von CP-Stählen mit verbesserter Umformbarkeit besteht aus Ferrit, Martensit, Bainit und Restaustenit.

Abb. 3.15 Anwendungsbeispiel Dualphasenstähle. ([8])

Sitzseitenteil

Mechanisch-technologische Eigenschaften
CP-Stähle besitzen im Vergleich zu Dualphasenstählen höhere Streckgrenzen, ein höheres Verhältnis von Streckgrenze zu Zugfestigkeit und eine geringere Kaltverfestigung. Ein hohes lokales Umformvermögen in Kombination mit einem hohen Lochaufweitvermögen zeichnet die Komplexphasenstähle aus.

Für kaltgewalzte Komplexphasenstähle variiert die Mindeststreckgrenze $R_{p0.2}$ zwischen 570 MPa und 900 MPa und die Mindest-Zugfestigkeit R_m zwischen 780 MPa und 1180 MPa. Die minimale Bruchdehnung A_{80} liegt bei > = 5 % und > = 10 %.

Bei den kaltgewalzten Komplexphasenstählen mit verbesserter Umformbarkeit (CH-Stählen) ist die minimale Bruchdehnung A_{80} um 2 bis 4 Prozentpunkte erhöht.

Für warmgewalzte Komplexphasenstähle variiert die Mindeststreckgrenze $R_{p0.2}$ zwischen 660 MPa und 700 MPa und die Mindestzugfestigkeit R_m zwischen 760 MPa und 950 MPa. Die minimale Bruchdehnung A_{80} liegt bei > = 9 % und > = 10 %.

Anwendungspotenziale
Das Haupteinsatzgebiet für Komplexphasenstähle für den automobilen Leichtbau ist das Fahrwerk. Im Fahrwerk werden CP-Stähle als unbeschichtetes Warmband eingesetzt. Angefangen mit dem Längslenker lösten die CP-Stähle in den 2000er-Jahren die mikrolegierten Warmbandgüten ab und sind heute als vordere und hintere Querlenker im automobilen Fahrwerk weit verbreitet (Abb. 3.16).

Feuerverzinkte CH-Stähle, designt für den Einsatz in der Karosserie, sind aktuell noch nicht im großflächigen automobilen Einsatz. Aktuell zeigen einige CH-Konzepte eine verringerte Empfindlichkeit beim Thema Flüssigmetallversprödung auf, im Vergleich zu DH-Stählen mit gleicher Festigkeit.

Unbeschichtete CH-Stähle werden bspw. Einsatz im Sitz finden, als Sitzseitenteil oder Lehnenseitenteil.

Interessant wird es, wie und ob sich die neu entwickelten Warmbänder mit einer Mindestzugfestigkeit von 950 MPa im Vergleich zu den CP-Stählen mit einer Mindestzugfestigkeit von 760 MPa weiter durchsetzen können.

Abb. 3.16 Anwendungsbeispiele Komplexphasenstähle. (Nach [4])

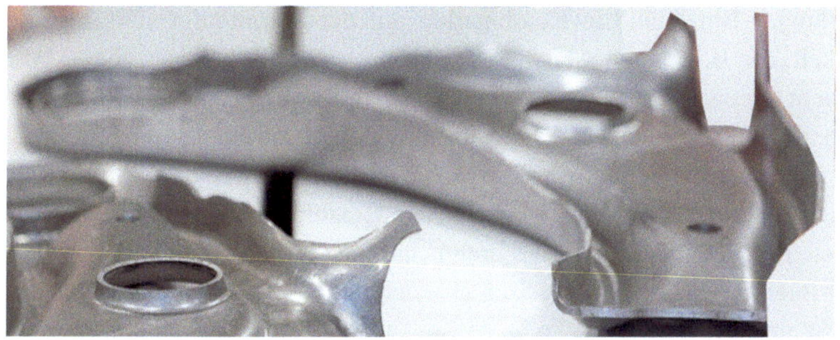

Abb. 3.17 Vorderer Querlenker aus HR950CP. (Nach [9])

Aktuell befinden sich diese neu entwickelten Warmbänder mit einer Mindestzugfestigkeit von 950 MPa bereits in der automobilen Großserie, bspw. als vordere Querlenker, siehe Abb. 3.17.

3.1.4.5 Mangan-Bor-Stähle

Mikrostruktur

Im Anlieferungszustand weisen Mangan-Bor-Stähle eine ferritisch-perlitische Mikrostruktur auf, teilweise auch mit geringen Gefügeanteilen an Bainit und Martensit. Nach dem Warmumformen (Austenitisierung mit anschließendem Abschrecken im Umformwerkzeug) haben entsprechend hergestellte Bauteile eine martensitische Mikrostruktur.

Mechanisch-technologische Eigenschaften

Für kaltgewalzte Mangan-Bor-Stähle variiert die Mindeststreckgrenze $R_{p0.2}$ im Anlieferungszustand zwischen 300 MPa und 650 MPa und die Mindestzugfestigkeit R_m zwischen 440 MPa und 750 MPa. Die minimale Bruchdehnung A_{80} liegt bei > = 10 % und > = 12 %.

Im warmumgeformten Zustand weisen Mangan-Bor-Stähle eine Mindeststreckgrenze $R_{p0.2}$ zwischen 960 MPa und 1100 MPa auf und die Mindestzugfestigkeit R_m beträgt zwischen 1300 MPa und 1750 MPa. Die minimale Bruchdehnung A_{80} liegt bei > = 4 %.

3.1.5 Anwendungspotenziale

Warmumgeformte Mangan-Bor-Stähle, insbesondere in der beschichteten AlSi-Variante sind aktuell ein fester Bestandteil des automobilen Leichtbaus und werden nach dem starken Mengenanstieg in den vergangenen Jahren auch in der nahen Zukunft eine wesentliche Rolle im Automobilbau einnehmen.

Aktuell sind auch unbeschichtete Mangan-Bor-Stähle mit einer Mindestzugfestigkeit von 1750 MPa bereits im automobilen Großserieneinsatz. Für diese Stahlklasse fehlt derzeit noch ein geeignetes großserientaugliches Beschichtungssystem, als Zunderschutz und als kathodischer Korrosionsschutz.

Die Mangan-Bor-Stähle in Kombination mit der Warmumformung bieten auch die Möglichkeit, die Bauteileigenschaften gezielt nach dem Bauteillastenheft abzustimmen, bspw. indem nur partiell die hohen Abkühlgeschwindigkeiten angewendet werden (Pfad 3, Abb. 3.9), um ein höchstfestes, martensitisches Gefüge am Bauteil einzustellen.

Anwendung finden die Mangan-Bor-Stähle an vielen Stellen der Karosseriestruktur, an denen es auf höchste Bauteilfestigkeit für den Crashfall ankommt, bspw. Schwellerverstärkungen, A-Säulen, B-Säulen, Dachrahmen, Sitzquerträger, Tunnel, Längsträger u.v.m. Selbst Al-intensive Fahrzeugbauweisen, wie der aktuelle Audi A8 verwenden diese Stähle in der B-Säule.

Aktuell können in einer modernen Fahrzeugkarosserie bis zu 100 kg aus warmumgeformten Mangan-Bor-Stählen bestehen.

3.1.5.1 Martensitische Stähle

Mikrostruktur

Kaltumformbare, martensitische Stähle besitzen ein weitgehend martensitisches Gefüge. Die Mikrostruktur kann auch geringe Anteile von Ferrit und/oder Bainit enthalten. Aufgrund dieser Mikrostruktur besitzen martensitische Stähle eine sehr hohe Festigkeit. Das Umformvermögen, und somit bspw. die Eignung zum Tiefziehen, ist jedoch eingeschränkt. Diese Stahlgüten eignen sich vorwiegend für biegende Umformverfahren wie bspw. Rollprofilieren.

Mechanisch-technologische Eigenschaften

Für kaltgewalzte martensitische Stähle variiert die Mindeststreckgrenze $R_{p0.2}$ zwischen 860 MPa und 1350 MPa und die Mindestzugfestigkeit R_m zwischen 1100 MPa und 1700 MPa. Die minimale Bruchdehnung A_{80} liegt bei > = 3 %.

Für warmgewalzte Komplexphasenstähle variiert die Mindeststreckgrenze $R_{p0.2}$ bei 900 MPa und die Mindestzugfestigkeit R_m bei 1180 MPa. Die minimale Bruchdehnung A_{80} liegt bei > = 5 %. Warmbänder mit Mindestzugfestigkeiten von 1500 MPa sind in der Werkstoffentwicklung.

Die größte Herausforderung beim Einsatz von martensitischen Güten mit Zugfestigkeiten von 1500 MPa und mehr ist die Bewertung der wasserstoffinduzierten Spannungsrisskorrosion. Durchgeführte Versprödungstest nach VDA 238-201 und VDA 238-202 deuten auf eine hohe Versprödungsneigung hin. Im Einzelfall ist hier eine bauteilbezogene Freigabe in Betracht zu ziehen. Aktuell werden diese Stähle vorzugsweise im Trockenbereich angewendet.

Besonderes Augenmerk ist auf das Thema Rückfederung zu legen. Hier können aber angepasste Fertigungstechnologien helfen, die Maßabweichungen zu minimieren (Abb. 3.18).

Anwendungspotenziale

Martensitische Stähle sind als unbeschichtete und beschichtete Warm- und Kaltbänder am Markt verfügbar. Die beschichteten Ausführungen für den Einsatz in der Karosserie sind dabei elektrolytisch verzinkt und in vielen Fällen Kaltband mit Blechdicken bis 2,1 mm.

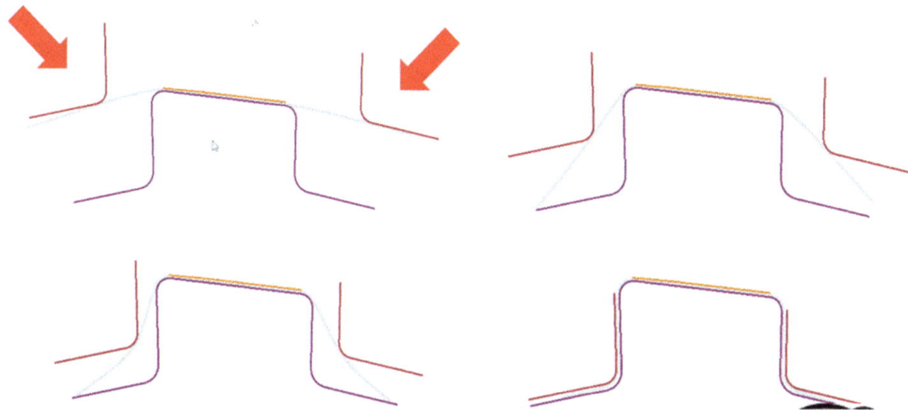

Abb. 3.18 Rollprofilierte Dachverstärkung aus CR1350Y1700T-MS-UC. (Nach [10])

Abb. 3.19 Rollprofilierter Stoßfängerquerträger aus CR1220Y1500T-MS-UC. (Nach [5])

Martensitische Güten sind in der Automobilindustrie noch nicht so weit verbreitet wie bspw. Dualphasenstähle oder die warmumformbaren Mangan-Bor-Stähle. Angewendet werden sie in der Karosserie als Verstärkungsbauteile oder bspw. als Stoßfängerquerträger.

Eine Beispielgeometrie für einen rollprofilierten und 3D-gebogenen Stoßfängerquerträger zeigt Abb. 3.19. Eine ähnliche Bauteilgeometrie kommt auch als Sitzquerträger in einem E-Fahrzeug zum Einsatz, dort auch mit einer Mindestzugfestigkeit von 1700 MPa.

Ein Anwendungsbeispiel für eine Dachverstärkung zeigt Abb. 3.20. Auch dieses Bauteil ist rollprofiliert und 3D-gebogen und befindet sich im automobilen Großserieneinsatz.

Ein weiteres Beispiel für die ausreichende Umformbarkeit der martensitischen Stähle zeigt Abb. 3.21 Dargestellt sind Türaufprallträger aus elektrolytisch verzinkten martensitischen Stählen, einmal nach der Umformung und einmal nach einem 3-Punkt-Biegeversuch.

Großes Potenzial besitzen martensitische Stähle für den Schutz der Batterie. Mögliche Einsatzgebiete für eine solche Anwendung wären Schwellerverstärkungen und Querträger, wie bspw. in Abb. 3.22 gezeigt.

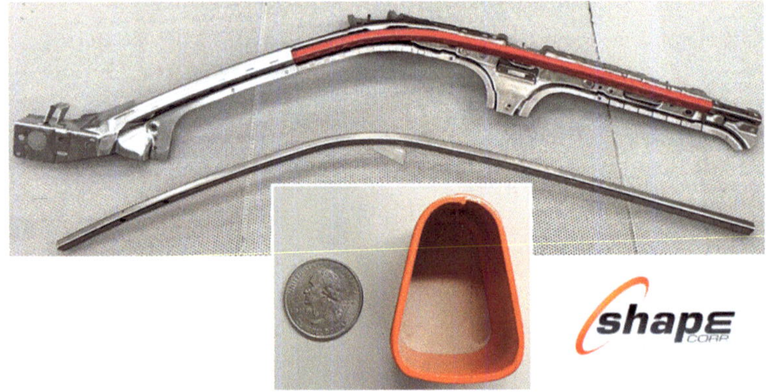

Abb. 3.20 Rollprofilierte Dachverstärkung aus CR1350Y1700T-MS-UC. (Nach [5])

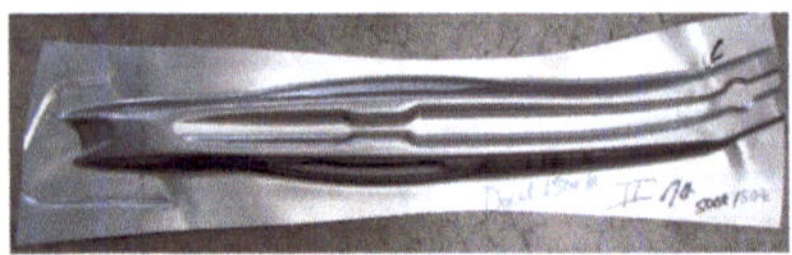
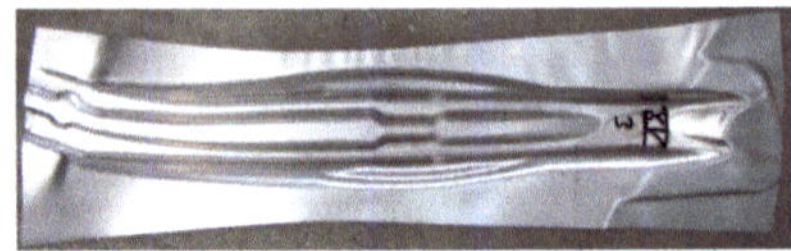

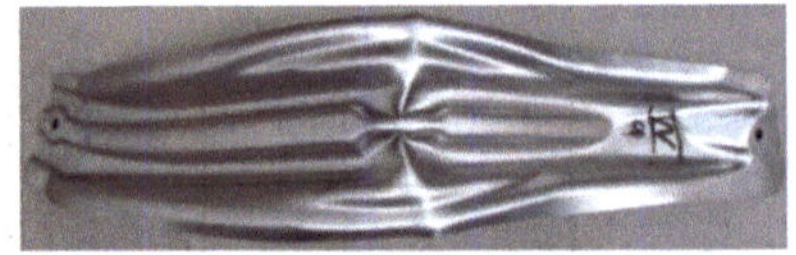

CR1220Y1500T-MS-UC CR1350Y1700T-MS-EG

Abb. 3.21 Türaufprallträger, tiefgezogen und 3-Punkt-Biegeversuch. (Nach [5])

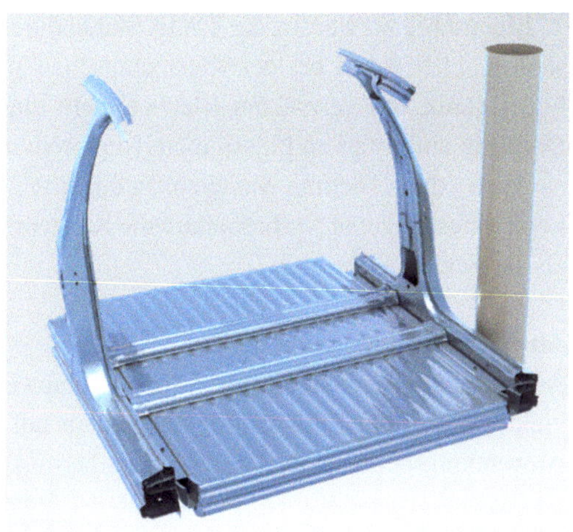

Abb. 3.22 Batterieschutzkonzept. (Nach [5])

3.1.6 Blechwerkstoffe in der Entwicklung

3.1.6.1 TWIP-Stähle

Einleitung

TWIP-Stähle (TWIP: *TW*inning *I*nduced *P*lasticity) sind hochlegierte Stähle mit einer austenitischen Mikrostruktur. Im Allgemeinen haben diese Stähle Mangangehalte von > = 12 % und signifikante Legierungsgehalte von Al > = 2 %, teilweise auch mit Gehalten von Si > = 2 % [11]. Auch die Kohlenstoffgehalte mit 0,6–0,8 % sind relativ hoch.

Je nach Stabilität der Mikrostruktur wandelt sich der Austenit während der Umformung in Martensit um. Anzustreben ist eine hohe Austenitstabilität, da eine Umwandlung die Gefahr einer wasserstoffinduzierten Rissbildung beinhaltet.

TWIP-Stähle sind der 2. Generation von AHSS (AHSS: Advanced High Strenght Steel) zuzuordnen und waren bereits im automobilen Großserieneinsatz. Aktuell gibt es keine bekannten großen Entwicklungsaktivitäten, um TWIP-Stähle in kommende Fahrzeugprojekte einzusetzen. Dies liegt unter anderem an der nicht vorhandenen Verfügbarkeit von Serienmaterial sowie an den hohen Kosten eines TWIP-Stahles und den Herausforderungen bei der Weiterverarbeitung.

Mechanisch-technologische Eigenschaften

Für kaltgewalzte TWIP-Stähle variiert die Mindeststreckgrenze $R_{p0.2}$ zwischen 500 MPa und 1100 MPa und die Mindestzugfestigkeit R_m zwischen 950 MPa und 1350 MPa. Die minimale Bruchdehnung A_{80} liegt zwischen > = 17 % und > = 50 %.

TWIP-Stähle weisen eine außerordentliche Umformbarkeit, insbesondere Streck- und Tiefziehfähigkeit sowie einen hohen Verfestigungsexponenten auf. Sie sind quasiisotrop und durch ihre höchstfesten, hochduktilen und dichtereduzierten Eigenschaften prädestiniert für den Einsatz bei crashrelevanten Bauteilen.

Eingeschränkt werden die TWIP-Stähle durch die Herausforderungen bei der Stahlherstellung [12] sowie bei der fügetechnischen Weiterverarbeitung [13]. Insbesondere die Fügetechnik von verzinkten Blechen stellt eine große Herausforderung dar, da TWIP-Stähle zu einer starken Flüssigmetallversprödung neigen.

Auch das Thema wasserstoffinduzierte Spannungsrisskorrosion ist für einige Legierungskonzepte (insbesondere die Konzepte ohne Aluminium als Legierungselement) als kritisch einzustufen.

Anwendungspotenziale

Aufgrund der Herausforderungen beim Thema Flüssigmetallversprödung fokussieren sich viele TWIP-Stahl-Entwicklungsaktivitäten auf unbeschichtete Einsatzgebiete bzw. auf Anwendungsbereiche, bei denen keine thermische Fügetechnik notwendig war.

Nachgewiesenes Einsatzpotenzial gibt es im gesamten Sitzumfeld als Sitzseitenteile (Abb. 3.23), Lehnenseitenteile, Kopfblech, Fußblech. In der Karosserie sind Einsatzgebiete als Türaufprallträger [15] und als Verstärkungsbauteile bewertet.

Im Automobil war ein TWIP-Stahl mit einer Mindestzugfestigkeit von 950 MPa als Stoßfängerquerträger bereits in der Großserie im Einsatz.

3.1.6.2 Mittelmanganstähle

Einleitung

Mittelmanganstähle sind hochlegierte Stähle mit einer austenitisch-martensitischen oder ferritisch-martensitischen Mikrostruktur. Im Allgemeinen haben diese Stähle Mangangehalte von > = 5 %, teilweise auch mit Siliziumgehalten von > = 1 %.

Einen allgemein festgelegten engen Legierungskorridor für die Mittelmanganstähle gibt es noch nicht.

Mittelmanganstähle sind der 3. Generation von AHSS zuzuordnen und sind noch nicht im automobilen Serieneinsatz. Viele Mittelmangankonzepte besitzen aktuell nur den VDA-Status Labormuster (VDA: Verband der Automobilindustrie).

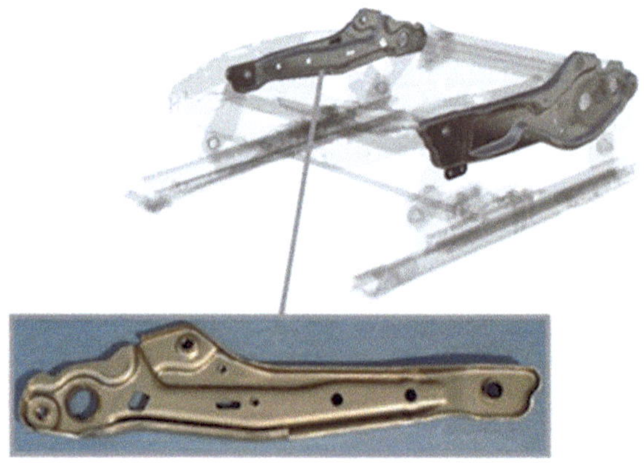

Abb. 3.23 Einsatzpotenzial TWIP-Stahl als Sitzseitenteil [14]

Aufgrund der im Vergleich zu den Hochmanganstählen geringeren Legierungsgehalte besitzen Mittelmanganstähle Vorteile beim Preis und bei der großtechnischen Prozessierbarkeit.

Mechanisch-technologische Eigenschaften
Aufgrund der noch nicht genormten Werkstoffklasse gibt es auch noch keine festgelegten Kennwerte für den Zugversuch.

Für kaltgewalzte Mittelmanganstähle sind folgende Werte zu erwarten. Die Mindeststreckgrenze $R_{p0.2}$ kann zwischen 800 MPa und 1200 MPa und die Mindestzugfestigkeit R_m bei > = 1200 MPa. Die minimale Bruchdehnung A_{80} liegt dann bei > = 18–20 %.

Anwendungspotenziale
Siliziumarme Mittelmanganvarianten werden beim Thema Flüssigmetallversprödung Vorteile zeigen. Inwieweit das Thema wasserstoffinduzierte Spannungsrisskorrosion den Erfolg der Mittelmanganstähle negativ beeinflussen könnte, ist noch Gegenstand der Forschung.

Anwendungsgebiete als kaltumformbare Güten haben diese Stähle überall dort, wo auch moderne höchstfeste DP/CP/DH/CH-Stähle angewendet werden. Aufgrund ihrer verbesserten Eigenschaftskombination in Bezug auf Festigkeit und Bruchdehnung können Mittelmanganstähle einen Beitrag zum automobilen Leichtbau leisten.

3.1.6.3 Q&P Stähle

Einleitung
Im Vergleich zu den TWIP-Stählen und den Mittelmanganstählen sind Q&P-Stahlkonzepte (Qench and Partitioning) relativ schlanke Legierungen mit den Hauptlegierungsträgern Si, Mn, Cr. Wie auch bei den Mittelmanganstählen hat sich noch kein enges Legierungskonzept etabliert.

Anzustreben ist ein möglichst geringer Anteil an Legierungselementen, wie in [16] vorgeschlagen.

Q&P-Stähle sind der 3. Generation von AHSS zuzuordnen und sind noch nicht im automobilen Serieneinsatz. Viele Mittelmangankonzepte besitzen aktuell nur den VDA-Status Labormuster [17, 18].

Bei einem Q&P-Prozess wird der Stahl zuerst unter die Martensitstarttemperatur abgekühlt, sodass sich Martensit bilden kann. In dieser Phase besteht die Mikrostruktur aus Martensit und Restaustenit. Anschließend wird der Stahl wiedererwärmt und für eine Zeit unterhalb der Martensitstarttemperatur auf Temperatur gehalten, um eine Kohlenstoffanreicherung im kfz-Gitter zu ermöglichen und den Restaustenit zu stabilisieren.

Dieser Q&P-Prozess kann beim Stahlhersteller durchgeführt werden oder in einem modifizierten Warmumformprozess beim Bauteilhersteller.

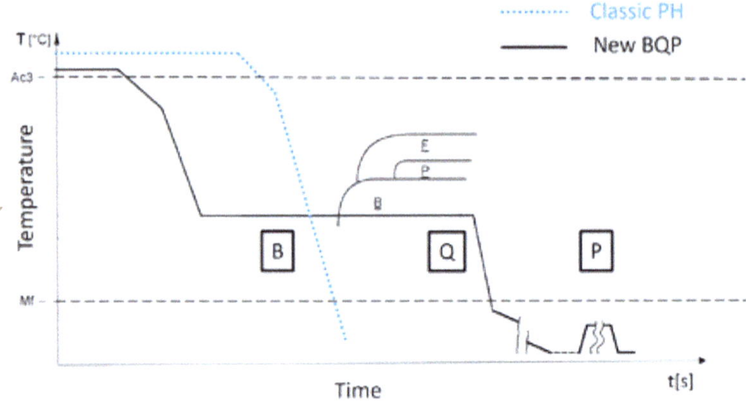

Abb. 3.24 Typischer Zeit-Temperatur-Verlauf beim BQ&P-Prozess. (Nach [19])

Eine Erweiterung dieses Q&P-Prozess kann durch eine zusätzliche „Bainitisierungsphase" erreicht werden, indem während der ersten Abkühlung eine Haltphase bei ca. 400 °C in den Prozess eingeführt wird [19]. Einen typischen Zeit-Temperatur-Verlauf für so einen BQ&P-Prozess im Vergleich zu einem klassischen Presshärtvorgang (PH) zeigt Abb. 3.24.

Mechanisch-technologische Eigenschaften

Ein optimierter Q&P-Prozess ermöglich die Kombination von hoher Festigkeit, auf dem Niveau von warmumgeformten Stählen, mit einer erhöhten Restduktilität. Dabei können für kaltgewalzte Q&P-Stähle Streckgrenzen $R_{p0.2}$ zwischen 1600 MPa und 1900 MPa und die Mindestzugfestigkeiten R_m zwischen 2000 MPa und 2200 MPa erreicht werden. Die Bruchdehnung A_{80} kann dabei immer noch > = 10 % liegen.

Ein kaltumformbarer Q&P-Stahl, welcher einen Q&P-Prozess beim Stahlhersteller durchlaufen hat, wird eher Mindestzugfestigkeiten R_m zwischen 1000 MPa und 1400 MPa aufweisen und dann bei der Bruchdehnung A_{80} im Vergleich zu den DH-Stählen noch einmal um 2 bis 4 Prozentpunkt höher liegen können.

Anwendungspotenziale

Einsatzpotenziale ergeben sich auf dem gesamten Feld der warmumgeformten Mangan-Bor-Stähle. Q&P-Stähle können hier noch einmal ein weiteres Leichtbaupotenzial heben. Inwieweit Fragestellungen zum thermischen Fügen, insbesondere zum Thema Flüssigmetallversprödung, und zu dem Thema wasserstoffinduzierte Spannungsrisskorrosion den Erfolg der Q&P-Stähle negativ beeinflussen können, ist noch Gegenstand der Forschung.

3.2 Aluminiumlegierungen

Dan Dragulin, Horst E. Friedrich und Gerd Müller

In der Gruppe der Leichtmetalle sind die Aluminiumlegierungen mengenmäßig wohl die weltweit wichtigste Werkstoffgruppe. Neben der Verpackungs- und Elektroindustrie findet sich Aluminium mit seinen zahlreichen Legierungen als Konstruktionswerkstoff vor allem im Maschinenwesen sowie im Flugzeug- und Fahrzeugbau.

Der Automobilsektor ist einer der bedeutendsten Absatzmärkte der Aluminiumindustrie. In Deutschland konnte bereits 1899 auf der Internationalen Motorwagenausstellung in Berlin von der Fa. Dürkopp ein Sportwagen mit einer Aluminiumkarosserie gezeigt werden. Heute liegt der Al-Anteil zeitgenössischer Pkw europäischer Hersteller bei 100–150 kg, nach eigener Einschätzung kann dieser Anteil in den nächsten Jahren auf ca. 200 kg anwachsen, bei Oberklassefahrzeugen und Elektrofahrzeugen mit großen Batterien auch darüber.

Aluminium ist das dritthäufigste Element in der Erdkruste, es findet sich chemisch gebunden als Oxid oder Mischoxid. Die Herstellung von Aluminium beruht auf Aluminiumoxid (Al_2O_3), das mit dem Bayer-Verfahren aus Bauxit gewonnen wird. In Elektrolysezellen wird nach mehreren Zwischenschritten an der Kathode flüssiges Aluminium abgeschieden. Die benötigten Verfahren wurden im 19. Jh. entwickelt: Mithilfe der Schmelzflusselektrolyse (Hall-Heroult-Prozess), die 1886 von C.M. Hall und P. Heroult unabhängig voneinander zum Patent angemeldet wurde, kann bei hohen Temperaturen (ca. 1000 °C) Reinstaluminium mit hohen Reinheitsgraden prozessiert werden.

3.2.1 Aluminiumeigenschaften im Überblick

Aluminium besitzt eine kubisch-flächenzentrierte (kfz) Struktur der Elementarzelle und eine Schmelztemperatur von $T_S = 660$ °C. Die geringe Dichte der Al-Legierungen von 2,6 bis 2,8 g/cm^3 macht sie wegen vorteilhafter Massereduzierungen bei mobilen Konstruktionen im Transportbereich unverzichtbar. Dazu tragen auch gute Festigkeiten bei, die je nach Legierung und Wärmebehandlung in einem großen Bandbereich und bis ca. 530 MPa verfügbar sind. Die gute Wärmeleitfähigkeit (80–230 W/(mK)) führt zu vorteilhafter Verwendung bei Fahrzeugkomponenten in Verbrennungsmotoren und im Thermomanagement, vergl. Tab. 3.2 [20].

Eine grundsätzliche Einteilung der Al-Legierungen mündet in Guss- und Knetlegierungen, bei beiden sind aushärtbare und nichtaushärtbare Legierungen technisch maßgebend.

Tab. 3.2 Aluminiumeigenschaften im Überblick, nach [20]

Symbol	Al
Farbe	Silber
Entdeckung	1825 in Dänemark
Häufigkeit	
% Universum	0,005 %
% Sonne	0,006 %
% Meteoriten	0,9 %
% Erdkruste	8,1 %
% Ozeane	5×10^{-7} %
% Menschen	0,00009 %
Ordnungszahl	13
Atomare Masse	26,9815385 u
Dichte	2,7 g/cm^3
Dichte (flüssig)	2,375 g/cm^3
Molvolumen	0,00001 m^3/mol
Schmelztemperatur	660,32 °C
Siedetemperatur	2519 °C
Elektronenkonfiguration	$[Ne]3s^23p^1$
Atomradius	118 pm
Kovalenter Radius	121 pm
Kristallstruktur	Kubisch-flächenzentriert
Gitterwinkel	$\pi/2$, $\pi/2$, $\pi/2$
Gitterkonstante	404,95, 404,95, 404,95 pm
Schmelzwärme	10,7 kJ/mol
Verdampfungswärme	293 kJ/mol
Spezifische Wärme	904 J/(kg K)
Wärmeleitfähigkeit	235 W/(m K)
Wärmeausdehnung	0,0000231 K^{-1}
Brinellhärte	245 MPa
Kompressionsmodul	76 GPa
Schermodul	26 GPa
Young-Modul	70 GPa
Poisson-Zahl	0,35
Schallgeschwindigkeit	5100 m/s
Elektrische Leitfähigkeit	3,8 × 107 S/m
Elektrischer Widerstand	$2,6 \times 10^{-8}$ m Ω
Supraleitende Temperatur	1,175 K
Massenmagnetische Suszeptibilität	$7,8 \times 10^{-9}$ m^3/Kg
Molare magnetische Suszeptibilität	$2,1 \times 10^{-10}$ m^3/mol
Volumenmagnetische Suszeptibilität	0,0000211
Valenz	3
Elektronennegativität	1,61

(Fortsetzung)

Tab. 3.2 (Fortsetzung)

Symbol	Al
Elektronenaffinität	42,5 kJ/mol
Halbwertszeit	Stabil
Lebenszeit	Stabil

3.2.1.1 Fraktografische Aspekte

Die Praxis und die Fachliteratur (z. B. [21]) zeigen, dass die meisten handelsüblichen Aluminiumlegierungen ein kubisch-flächenzentriertes Kristallgitter aufweisen. Gewaltbrüche sind in der Regel transkristalline Brüche. Die Abb. 3.25 zeigt am Beispiel der Druckgusslegierung AlSi9Cu3(Fe) ein Detail eines im Labor verursachten Gewaltbruches. Der Charakter des in der Abb. 3.25 dargestellten Bruches ist eher spröde. Die Praxis zeigt viele Beispiele von Gussbauteilen (insbesondere aus der o. g. Legierung), die Sprödigkeit beim Bruch aufweisen. Die Sprödigkeit kann durch Störungen des Kristallgitters (z. B. Einschlüsse, Volumendefizite), durch eine niedrige Temperatur (Aluminium und seine handelsüblichen Legierungen weisen diese Art der Versprödung eher nicht auf) und durch eine Dehnratensensitivität (Aluminium und seine Legierungen zeigen, im Vergleich zum Stahl, eine höhere Dehnrateensitivität) verursacht werden.

Die *Warmrisse* sind interkristalline Materialtrennungen und können nach [21] in Erstarrungsrisse (die Kristalle wachsen in eine zur Wärmeabfuhr entgegengesetzte Richtung) und Aufschmelzrisse (ein lokales Aufschmelzen kann auch durch eine lokale Kristallisierung verursacht werden) unterteilt werden. Die Warmrisse zeigen als typisches Merkmal eine frei erstarrte Oberfläche (Dendriten) und eventuell Oxidationserscheinungen. Wenn solche Oxidationserscheinungen auftreten, sind die Warmrisse einfacher von den Lunkern zu unterscheiden. In [22] wird das Phänomen der Warmrissbildung erklärt durch

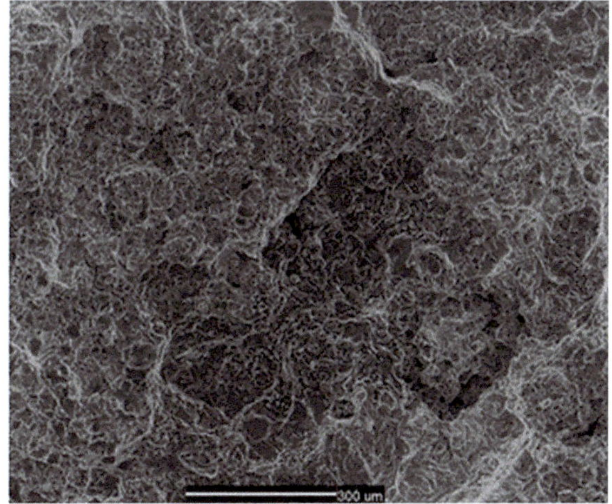

Abb. 3.25 AlSi9Cu3(Fe) Gewaltbruch mit freierstarrten Bereichen – REM-SEM (Rasterelektronenmikrokop-Scanning Electron Microscope)

die Variation des Ausdehnungskoeffizienten mit der Temperatur. Die Warmrissbildung weist die höchste Auftrittswahrscheinlichkeit im Bereich $T_{Solidus} - T_1$ auf. T_1 ist die Temperatur der unmittelbaren Umgebung des Erstarrungspunktes, worin die Anomalie des Ausdehnungskoeffizienten zu erkennen ist. Bei T_1 entsteht die flüssige Phase durch örtliche thermische Fluktuationen. Je kleiner der Abstand zwischen der Soliduslinie und der maximalen Temperatur, bei der die Verbindung zwischen den primären Kristallen noch vorhanden ist, desto niedriger die Neigung zur Warmrissbildung einer Legierung. Dies führt zu einer Reduzierung der absoluten Schrumpfung der Legierung. Die bevorzugten Zonen für die Warmrissbildung sind die, die eine Bildung von dünnen örtlichen eutektischen Filmen (mit einer niedrigen Schmelztemperatur) ermöglichen. [22]

3.2.1.2 Chemische Aspekte

Neben seinem amphoteren Charakter ist die temperaturabhängige Affinität des Aluminiums für Sauerstoff eine sehr wichtige Eigenschaft.

- Die chemische Affinität des Al für O_2 (aus [23]):
  - $< 930°K$: $4/3Al_{Fest} + O_2 = 2/3\ Al_2O_{3Fest}$; $\Delta Z = -256600 + 43{,}3\ T$
  - $930–2323°K$: $4/3Al_{Flüssig} + O_2 = 2/3\ Al_2O_{3Fest}$; $\Delta Z = -257300 + 44{,}3\ T$
  - $2323–2329°K$: $4/3Al_{Flüssig} + O_2 = 2/3\ Al_2O_{3Flüssig}$; $\Delta Z = -240110 + 36{,}8\ T$
  - $> 2329°K$: $4/3Al_{Gas} + O_2 = 2/3\ Al_2O_{3Flüssig}$; $\Delta Z = -321600 + 71{,}8\ T$

Al_2O_3 weist drei allotropische Formen auf: Al_2O_3–α, Al_2O_3–β, Al_2O_3–γ, hat eine Entropie von 12,5 cal/grd bei einer Temperatur von 298 K und eine Bildungsenthalpie bei 298 K von – 262200 cal/mol (nach [23]).

3.2.2 Klassifizierung

3.2.2.1 Primär- und Sekundärlegierungen

Das wichtigste Klassifizierungskriterium ist der Herstellungsprozess. Nach diesem Kriterium entstehen zwei Hauptvarianten von Aluminium: Primär bzw. Sekundärlegierungen.

Die United States International Commission [24] liefert eine genaue Definition:

Primary aluminum: aluminum made by smelting alumina into unwrought aluminum.
Secondary aluminum: aluminum recovered from old and new scrap that is collected and remelted to form unwrought aluminum.

Die industrielle Herstellung von Primäraluminium ist die Elektrolyse, ein Prozess, der nach [25]

wie folgt zusammengefasst werden kann:

- Kryolith Dissoziation
  - $Na_3[AlF_6] \leftrightarrow Na[AlF_4] + 2NaF$ (3.1)

- $NaF \leftrightarrow Na^{+} + F^{-}$ (3.2)

• Alumina (Aluminiumoxyd) – Kryolith
  - $Na_3\left[AlF_6\right] + Al_2O_3 \leftrightarrow 3Na\left[AlOF_2\right]$ (3.3)

• Die eigentliche Elektrolyse
  - Anode
  - $6F^{-} - 6e^{-} + 3Na\left[AlOF_2\right] \rightarrow \frac{3}{2}O_2 + 3Na\left[AlF_4\right]$ (3.4)
  - Kathode
  - $6Na^{+} + 6e^{-} + 2Na\left[AlF_4\right] \rightarrow 2Al + 8NaF$ (3.5)

3.2.2.2 Knet- und Gusslegierungen

Die Aluminiumlegierungen werden in Knet- und Gusslegierungen unterteilt.

Knetlegierungen sind nach [26] Legierungen, die sich zur Bearbeitung durch Umformen eignen, also z. B. zum Schmieden, Walzen, Rundkneten oder Biegen. Demgegenüber gibt es die Gusslegierungen, die sich vor allem für verschiedene Gießverfahren eignen.

Nach dem internationalen Alloy-Designation-System (AA) werden Knetlegierungen (wrought) und Gusslegierungen (casting) unterschieden und bezeichnet, des Weiteren naturharte Legierungen (non heat-treatable) und Legierungen, bei denen eine Festigkeitssteigerung durch Wärmebehandlung möglich ist (heat-treatable).

Tab. 3.3 zeigt das Bezeichnungsschema für Aluminiumknetlegierungen, Tab. 3.4 für Al-Gusslegierungen, wobei hier vor allem auf die unterschiedlichen Legierungselemente und die Fähigkeit zur Wärmebehandlung mit der Bezifferung zu achten ist. Die erste Ziffer der Seriennummer der Legierung bestimmt das Hauptlegierungselement, die zusätzlichen Ziffern stehen für weitere Legierungselemente.

Tab. 3.3 Bezeichnungen für Al-Knetlegierungen

Serie	Legierungselemente	Merkmale
1XXX	Pures Al, [99 % min.]	Kaltverfestigungsfähig (strain-hardening)
2XXX	Al-Cu, [4,5 % Cu + Mn, Si, Mg]	Teilweise wärmebehandlungsfähig (age-hardening)
3XXX	Al-Mn, [1 % Mn + Mg]	Kaltverfestigungsfähig
4XXX	Al-Si, [12 % Si + Mg, Ni, Cu]	Kaltverfestigungsfähig
5XXX	Al-Mg, [5 % Mg + Cr, Mn]	Kaltverfestigungsfähig
6XXX	Al-Mg, [bis 1 % Mg-Si]	Wärmebehandlungsfähig
7XXX	Al-Zn, [bis 8 % Zn + Mg, Cu, Cr,…:]	Wärmebehandlungsfähig
8XXX	Al-andere LGE [Li, Sn, Zr oder B]	Wärmebehandlungsfähig

Tab. 3.4 Bezeichnungen für Al-Gusslegierungen

Serie	Legierungselemente	Merkmale
1XX	Reines Al	Nicht wärmebehandlungsfähig
2XX	Al-Cu	Wärmebehandlungsfähig
3XX	Al-Si-Cu, Al-Mg-Si	Teilweise wärmebehandlungsfähig
4XX	Al-Si	Nicht wärmebehandlungsfähig
5XX	Al-Mg	Nicht wärmebehandlungsfähig
7XX	Al-Mg-Zn	Wärmebehandlungsfähig
8XX	Al-Sn, Al-Li	Wärmebehandlungsfähig

Zusätzlich können auch Anlieferungszustand und die angewandte Wärmebehandlung mit Buchstaben abgekürzt werden:

F: wie geliefert
O: geglüht
W: lösungsgeglüht
H: kaltverformt
Das verwendete Wärmebehandlungsverfahren wird mit dem Kürzel T gekennzeichnet, welches hinter die jeweilige Legierungsbezeichnung gesetzt wird. Nachfolgend sind die Abkürzungen für die wichtigsten Verfahren aufgelistet.
T3: Lösungsglühen, Kaltverfestigung und Auslagerung bei Raumtemperatur
T4: Lösungsglühen und Auslagerung bei Raumtemperatur
T6: Lösungsglühen und Warmauslagerung (artificially aged, entspricht T4 mit Warmauslagerung)
T7: Lösungsglühen und Stabilisieren durch Übersättigung (overaged)
T8: Lösungsglühen, Kaltverfestigung und Warmauslagerung (entspricht T3 und Warm-Auslagerung)

Eine ähnliche Logik gilt zur Benennung für die Gusslegierungen.

Im Bereich der Automobilindustrie finden viele Aluminiumlegierungen ihre Anwendungen. Knetlegierungen der Serie 2000, 3000, 4000, 5000, 6000 und 7000 sind in verschiedenen Anwendungen von body-in-white bis zum Schweißdraht präsent; also eine weite Bandbreite, die sowohl aushärtbare als auch nichtaushärtbare Legierungen umfasst. Die meist verbreiteten Gusslegierungen gehören der Al-Si-Mg-Cu-Familie an; die bekanntesten davon sind AlSi9Cu3(Fe) (insbesondere im Bereich Powertrain), AlSi10MnMg (insbesondere im Bereich body-in-white) und AlSi7Mgx (insbesondere im Bereich Chassis und Räder) – all diese Legierungen sind aushärtbare Legierungen. Seit 20 Jahren wird der Einsatz einer modifizierten AlSi10MnMg Legierung (Hauptmerkmal: Mg→0 %) als nichtaushärtbare Legierung bemerkt (Tendenz: steigend).

Einige wichtige Al-Legierungen, wie sie für Interieur und Karosseriebleche verwendet werden, sind auszugsweise in Tab. 3.5, mit mechanischen Kennwerten beispielhaft auch für Spaceframe-Bauweisen in Tab. 3.6 wiedergegeben.

Tab. 3.5 Al-Legierungen für Interieur und Karosseriebleche

Legierungsklasse	5XXX	6XXX
Typ. Leg.	5052, 5251, 5454, 5754, 5182	6016, 6009, 6111, 6022, 6181
Hauptlegierungselemte	Mg	Mg + Si
Typ. Fabrikationsprozess	Walzen	Warm- und Kaltwalzen,
	Weichglühen	Lösungsglühen, Abschrecken
Typ. Anwendung	Interieur	Außenbeplankung u. Interieur
Typ. Lieferzustand	Weich	T4
Aushärtbar	Naturhart	z. B. T4, T5 u. T6

Tab. 3.6 Typische Al-Werkstoffe für eine Spaceframe-Bauweise

		Zugfestigkeit	Streckgrenze	Bruchdehnung
Halbzeug	Legierung/Zustand	R_m [MPa]	$R_{p0;2}$ [MPa]	A [%]
Profil	AA6060/T6 (Al MgSi)	215–265	200–245	11
Guss	GD-AlSi10Mg	180	120–155	15
	GD-AlMg3Mn	180	120–155	15
	AlSi7Mg Sandguss	200	160	7
Blech	AA6016/T4 (Al Si1,2Mg0,4)	235	130	24
	AA6016/T6	240	200	12
	AA6181A/T4	240	140	23
	AA6181A/T6 (Al SiMg0,8)	280	210	10

3.2.2.3 Aushärtbare und nichtaushärtbare Legierungen

Die Unterscheidung der Aluminiumlegierungen in naturharte (oder nichtaushärtbare) und aushärtbare (wärmebehandlungsfähige) Legierungen spielt eine entscheidende Rolle bei der späteren Anwendung und basiert auf den Verfestigungsmechanismen, die zur Gestaltung der mechanischen Eigenschaften beitragen. Die aushärtbaren Legierungen können durch ein Ausscheidungshärten verfestigt werden; die nichtaushärtbaren Legierungen werden z. B. durch eine plastische Verformung oder Mischkristallverfestigung gesteigert. Das in der Abb. 3.26 dargestellte Diagramm veranschaulicht das Prinzip des Ausscheidungshärtens.

Ziel der Aushärtung ist die Festigkeitssteigerung, was durch die Legierungszusammensetzung und die Wärmebehandlungsparameter ermöglicht wird. Für eine Festigkeitssteigerung nach dem Mechanismus der Ausscheidungshärtung müssen bei umwandlungsfreien Metallen nach [27] folgende Voraussetzungen beachtet werden:

- Es muss eine Legierung vorhanden sein, also wenigstens zwei Komponenten haben vorzuliegen.
- Mindestens eine Komponente muss in der anderen eine beschränkte Löslichkeit aufweisen, eine Mischungslücke muss somit vorhanden sein.
- Die vorgenannte beschränkte Löslichkeit muss temperaturabhängig sein, wobei mit sinkender Temperatur die Löslichkeit abnehmen muss.

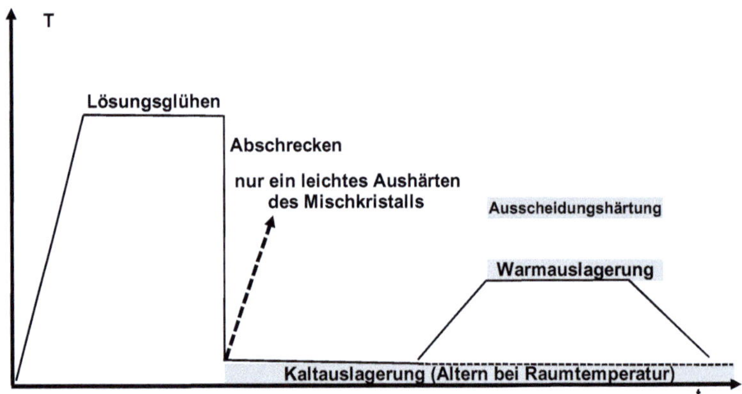

Abb. 3.26 Zeit-(t)-Temperatur-(T)-Diagramm – Ausscheidungshärten

Notwendig ist, um eine nutzbare Festigkeitssteigerung erzielen zu können, dass sich eine im Ungleichgewichtszustand in Lösung befindliche Komponente nach einer definierten Ausscheidungskinetik entmischt. Aus dem unterkühlten Mischkristall scheidet sich dann die zwangsgelöste zweite Komponente aus, dies findet über Zwischenzustände statt und es erfolgt mithin temperaturabhängig eine mehr oder weniger starke Annäherung an den Gleichgewichtszustand. Die derart nicht im Gleichgewicht befindlichen Zwischenzustände führen zu Verzerrungen des Gitters, was die gewünschten Festigkeitssteigerungen erbringt.

Die Temperaturführung während der Wärmebehandlung umfasst

1. das Lösungsglühen (Homogenisieren),
2. das Abschrecken und
3. die Auslagerung im Zweiphasengebiet.

Die Temperaturen für die einzelnen Schritte richten sich nach der Konzentration der ausscheidungsfähigen Komponenten und dem angestrebten Ausscheidungszustand. Je höher die Konzentration ist, desto höher muss entsprechend der ansteigenden Grenzlinie der Löslichkeit die Temperatur sein, um alle Atome der Legierungskomponenten im Mischkristall in Lösung zu überführen [27]. So ist bei einer Konzentration c_2 eine höhere Temperatur erforderlich, um einen homogenen Mischkristall zu erreichen, als dies bei der Konzentration c_1 (Abb. 3.27) der Fall wäre.

Um eine vorteilhaft geringe Löseglühdauer zu erreichen, ist die Temperatur zum Lösungsglühen etwas unterhalb der eutektischen Temperatur festzulegen. Überschreitet die Konzentration die maximale Löslichkeit, wie dies bei c_3 der Fall ist, lässt sich naturgemäß im festen Zustand keine Homogenisierung mehr erreichen. Es stellt sich dann nur noch eine teilweise Aushärtung beim Abschrecken aus dem heterogenen Zustand ein.

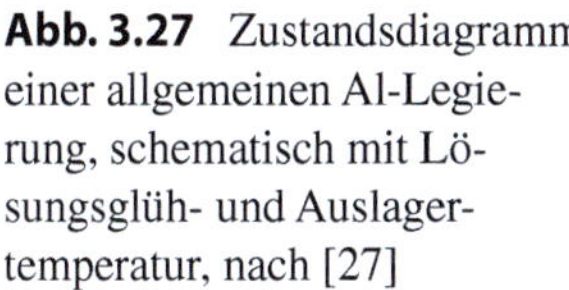

Abb. 3.27 Zustandsdiagramm einer allgemeinen Al-Legierung, schematisch mit Lösungsglüh- und Auslagertemperatur, nach [27]

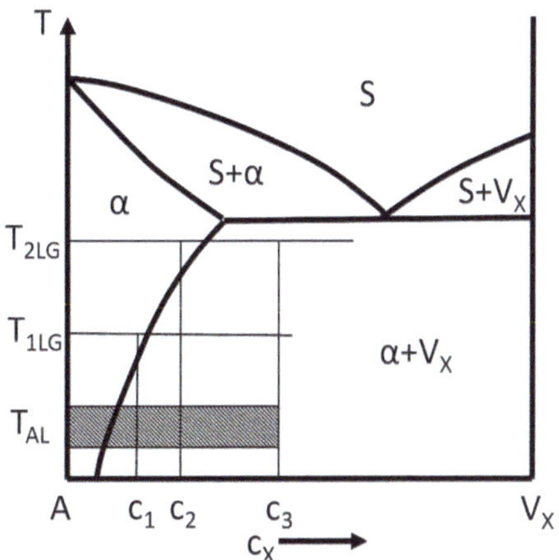

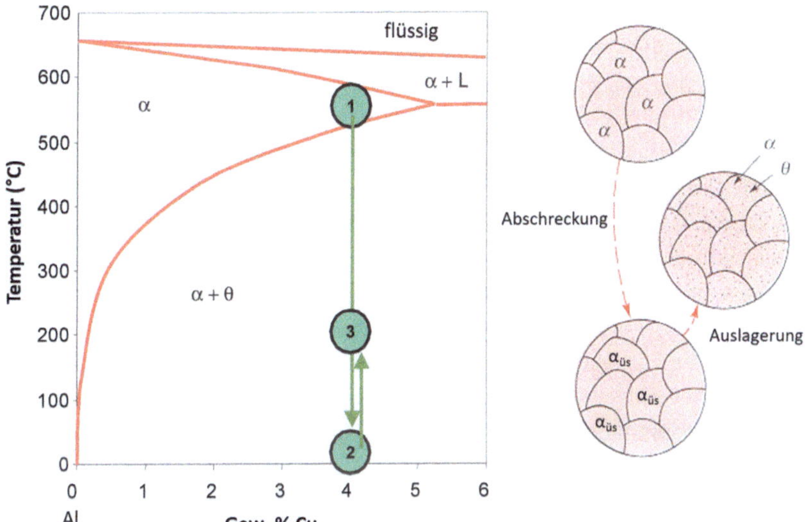

Abb. 3.28 Beispielhafter Temperaturverlauf beim Lösungsglühen und beim anschließenden Auslagern einer AlCu-Legierung, nach [28]

Je höher die Übersättigung des Mischkristalls ist, desto grösser wird die treibende Kraft sein, die eine folgende Entmischung bewirkt. Um nach dem Homogenisieren (Lösungsglühen) einen möglichst hohen Übersättigungsgrad zu erhalten, eine Entmischung während des Abkühlens also zu unterdrücken, ist eine schnelle Abkühlung von der Homogenisierungstemperatur auf Raumtemperatur einzustellen. Zumeist wird ein Abschrecken von der Homogenisierungstemperatur in Wasser vorgenommen. Durch die Auslagertemperatur werden danach wesentlich Form und Ablauf der Entmischung bestimmt.

Beispielhaft ist in Abb. 3.28 ein Ausschnitt aus einem Al-Cu-Zustandsdiagramm dargestellt und die einzelnen Schritte im Verfahren sind mit Nummern 1 bis 3 versehen, dazu passend ist der Gefügezustand daneben skizziert dargestellt. Der Verfahrensgang ist dabei, vergl. [27, 28]:

1. Halten bei 550 °C, bis alles Cu in Lösung gegangen ist und sich schließlich ein homogener Mischkristall gebildet hat, also Ausscheidungen und Segregationen aufgelöst sind,
2. Abschrecken auf Raumtemperatur, sodass die Lösung an Cu übersättigt ist, die Atome haben dann nicht genügend Zeit, die Ausscheidungsphase zu bilden, es liegt ein übersättigter Mischkristall vor ($\alpha_{üs}$),
3. Auslagern/Wärmebehandlung bei 180–200 °C, wobei die Cu-Atome kurze Wege diffundieren und Keime für die Ausscheidungen bilden. Man erhält dabei eine fein disperse Verteilung, die allerdings vorwiegend an den Korngrenzen angesiedelt sein kann.

Entmischung und Phasenbildung bei der Aushärtung
Entsprechend dem Abstand der Auslagertemperatur von der Gleichgewichtstemperatur stellen sich verschiedene Formen der Entmischung ein. Diese Ausscheidungen finden sich als metastabile oder stabile Phasen.

Die Ausscheidungen durch Auslagerung innerhalb der Werkstoffmatrix können in bestimmten Phasen existieren, die zeitlich nacheinander auftreten [27, 28]. Im Ablauf entstehen kohärente Ausscheidungen (Guinier-Preston-Zonen), metastabile und letztlich stabile, inkohärente Ausscheidungen (Abb. 3.29).

Charakteristisch kann die erreichbare Festigkeit über der Aushärtungszeit aufgetragen werden (Abb. 3.30). Man kann gut erkennen, dass Zyklen mit längeren Auslagerungszeiten zu größeren Festigkeiten führen, und höhere Auslagerungstemperaturen einen früheren, aber auf geringerem Niveau liegenden Festigkeitsanstieg bewirken [28]. Unabhängig davon sinkt die Festigkeit in jedem Zyklus nach Überschreiten des Maximalwertes (Überalterung).

Die Abb. 3.31 und 3.32 (numerische Daten aus der Fachliteratur [29–31] wurden vom Verfasser in mathematischen Funktionen umgewandelt und grafisch dargestellt) zeigen am Beispiel von zwei Legierungen, die eine breite industrielle Anwendung in der Automobilindustrie finden, die Abhängigkeit der mechanischen Eigenschaften von der Art der Verfestigung. Im Falle der Druckgusslegierung AlSi9Cu3(Fe) handelt es sich um eine Ver-

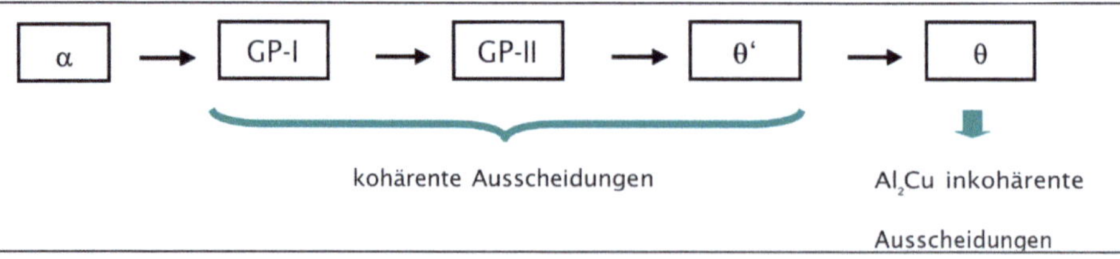

Abb. 3.29 Prinzipieller Verlauf zu Ausscheidungsphasen in Al-Legierungen, nach [27] Legierungen

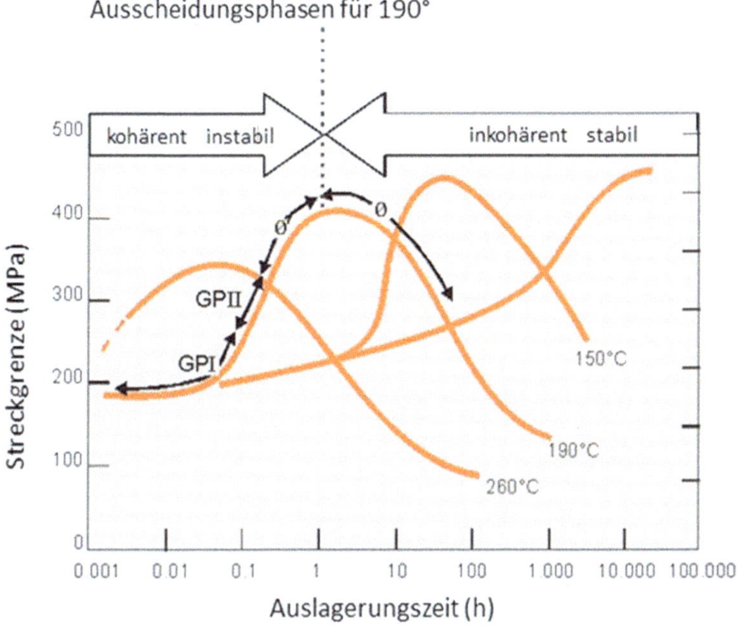

Abb. 3.30 Festigkeitsverläufe von Al-Legierungen bei unterschiedlichen Auslagerungstemperaturen, nach [28]

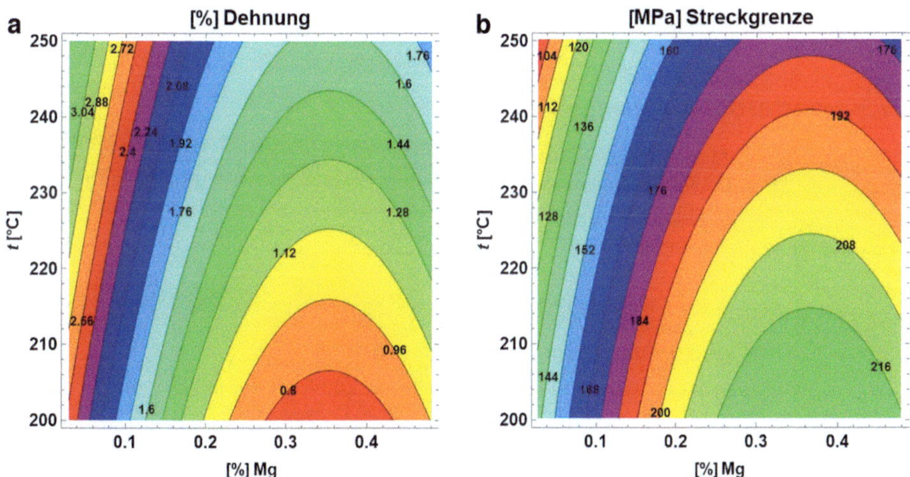

Abb. 3.31 (**a**, **b**) Abhängigkeit der mechanischen Eigenschaften von der Wärmebehandlungstemperatur und vom Mg-Gehalt im Falle der Legierung AlSi9Cu3(Fe), in Anlehnung an [29]

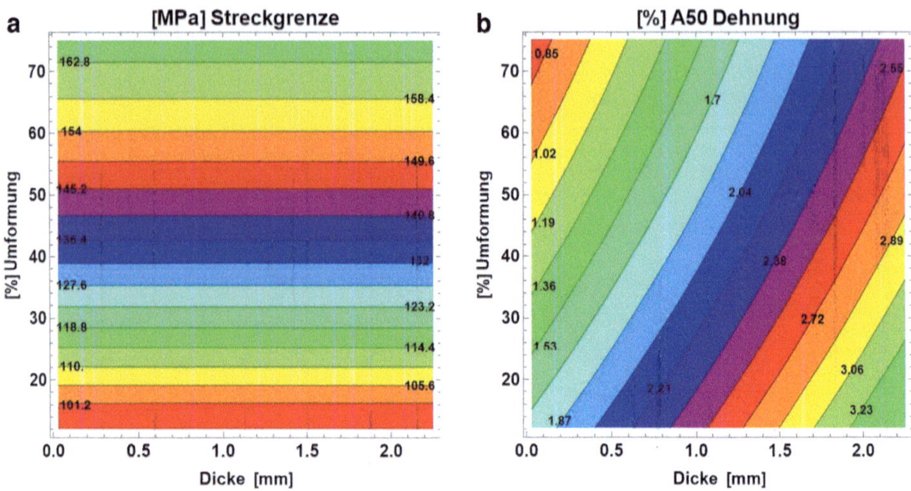

Abb. 3.32 (**a**, **b**) Abhängigkeit der mechanischen Eigenschaften von der Umformung und der Materialdicke im Falle der Legierung 5005. (In Anlehnung an [30] und [31])

festigung durch Wärmebehandlung (aushärtbare Legierung) und im Falle der Knetlegierung 5005 handelt es sich um eine Verfestigung durch plastische Verformung (nichtaushärtbare Legierung). Die Diagramme wurden mithilfe von Daten aus der Fachliteratur erstellt, entsprechen der praktischen Erfahrung des Verfassers und können als Richtlinien für eine praktische Anwendung betrachtet werden.

3.2.3 Verfestigungsmechanismen

Für die Gestaltung der mechanischen Eigenschaften einer Aluminiumlegierung ist das Kennen der Verfestigungsmechanismen von großer Bedeutung. Die wichtigsten hierfür herangezogenen Möglichkeiten und Mechanismen werden nun im Folgenden zusammengefasst dargestellt (siehe auch [29, 32]).

3.2.3.1 Verfestigung durch plastische Verformung

Diese Verfestigungsart ist typisch für die Aluminiumknetlegierungen und für Produkte, die durch Prozesse wie Walzen, Extrusion, Schmieden hergestellt werden. Die Hauptverfestigungsmechanismen sind Verhinderungsmechanismen der Versetzungsbewegungen (Lomer-Cottrell-Barriere, Verfestigung durch Bildung von Stufen und Abweichungen in den sich bewegenden Versetzungen).

Die Abb. 3.33 spiegelt Daten aus der Fachliteratur wider [33] (und wurde vom Verfasser in grafischer Form dargestellt) über die Spannung der Deformationszwillinge von drei Metallen, die ein kubisch-flächenzentriertes Gitter ausweisen. Das Bild veranschaulicht die sehr große Bedeutung des Aluminiums für die Industrie.

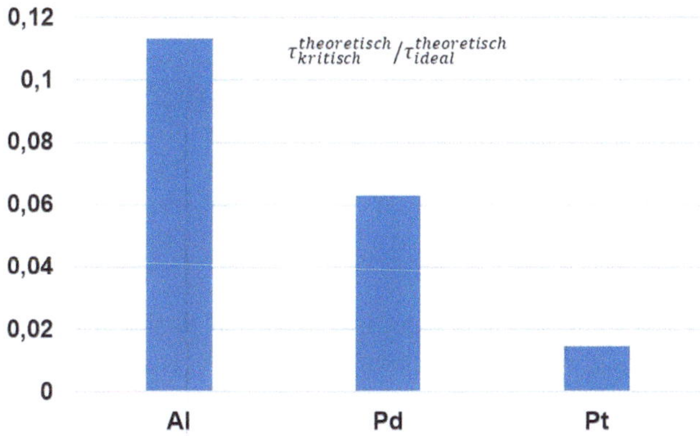

Abb. 3.33 Verhältnis zwischen der theoretisch-kritischen und ideal-kritischen Spannung der Deformationszwillinge für Al, Pd und Pt

3.2.3.2 Verfestigung durch Kornfeinung

Die Hall-Petch-Beziehung ist die Grundlage für die Beschreibung der Festigkeitssteigerung durch Kornfeinung.

$$\sigma = \sigma_0 + \frac{k_y}{\sqrt{D}} \tag{3.6}$$

Wobei: σ = Festigkeit; σ_0 = kritische Spannung; k_y = Hall-Petch-Konstante; D = mittlerer Korndurchmesser

Die Kornfeinungselemente werden in zwei Kategorien unterteilt:

- Elemente mit einer hohen Schmelztemperatur wie
  - Ti, Ta, Zr, B, Cr
- Elemente mit einer niedrigen Schmelztemperatur wie
  - Li, Na, K, Rb

Die Kornfeinungselemente müssen die folgenden Prämissen erfüllen:

- Das Kornfeinungselement muss mit mindestens einem Legierungselement eine intermetallische Verbindung bilden. Die Natur der so entstandenen intermetallischen Verbindung hat einen entscheidenden Einfluss auf die Eigenschaften der Legierung.
- Falls die oben genannte intermetallische Verbindung zwischen dem Kornfeinungselement und dem Hauptlegierungselement entstanden ist, erhöht sich die Wahrscheinlichkeit, dass die keimbildenden Partikel eine feinere Verteilung in der Schmelze aufweisen. Dies führt zu der Zunahme der Isotropie und der Eigenschaften im Gussteil.
- Die keimbildenden Partikel müssen durch die Schmelze komplett benetzt werden (lyophile Kolloide in der Kolloiden-Theorie).
- Die keimbildenden Partikel müssen einen Isomorphismus oder mindestens einen Pseudoisomorphismus mit dem Kristallgitter der Legierung aufweisen.

Tab. 3.7 Gitterstruktur der intermetallischen Phasen, die sich zwischen den Elementen Ta, Ti, Zr, B und Cr und Al bilden, nach [32]

Al:	Kubisch-flächenzentriertes Gitter – a = 4049 A°
TaAl3:	Tetragonales Gitter – a = 5,42 A°, c = 8,53 A°
TiAl3:	Tetragonales Gitter – a = 5,42 A°, c = 8,59 A°
ZrAl3:	Tetragonales Gitter – a = 4 A°, c = 17,3 A°
BAl3:	Hexagonales Gitter – a = 3 A°, c = 3,24 A°
CrAl7:	Orthorhombisches Gitter – a = 19,99 A°, b = 34,41 A°, c = 12,77 A°

Die Behauptung, dass die Existenz einer peritektischen Reaktion zwischen dem modifizierenden Element und dem Hauptlegierungselement die conditio sine qua non für den Kornfeinungseffekt ist, muss widerlegt werden. Systeme wie Al-Ta, Al-Ti, Al-Zr, die eine solche peritektische Reaktion aufweisen, zeigen einen Kornfeinungseffekt. Das Cr ist ein Element, das mit Al auch eine peritektische Reaktion bildet, zeigt aber keinen modifizierenden Effekt; Cr weist durch seine intermetallischen Phasen einen Verfestigungseffekt auf. Das Al-B System zeigt keine peritektische Reaktion; das Bor hat aber eine kornfeinende Wirkung. (siehe auch [32])

Die kristallografischen Voraussetzungen (siehe auch Tab. 3.7), die erfüllt werden müssen um einen Kornfeinungseffekt erreichen zu können, werden von Elementen wie Ta, Ti, Zr und B erbracht, von Cr aber nicht. Dies ist der Grund warum Cr keinen Kornfeinungseffekt aufweist. Die Kornfeinungseffizienz steigt von Ta zu B, von links nach rechts:

Ta – Ti – Zr – B

Bor wird zusammen mit Titan eingesetzt. Die vorwiegende Ti-B Phase ist TiB_2 und nicht $TiAl_3$ oder AlB_2. TiB_2 bildet keine Keimzentren für Al, nimmt aber an der peritektischen Reaktion, die zur Entstehung von $TiAl_3$ führt, teil. Die so entstandene Phase $TiAl_3$ weist eine feine Verteilung auf. Die TiB_2-Partikel sind mit einem $TiAl_3$-Film umhüllt. Die feine Verteilung der $TiAl_3$-Phase führt zu einem stärkeren Kornfeinungseffekt, insbesondere für ein Gewichtverhältnis Ti/B = 5/1.

Die Löslichkeit des Ti und B zwischen 700 und 1300 °C, im Falle des Al-Ti-B-Systems, ist (unter der Prämisse, dass die Löslichkeit durch die Bildungsreaktion der TiB_2-Phase determiniert wird [33]):

$$\log \mathrm{K} = 5{,}25 - \left[\left(1{,}62 \times 104\right) / \mathrm{T}\right] \tag{3.7}$$

wobei:

K = das Löslichkeitsprodukt (Ti) × $(B)^2$ und T = Temperatur [K]

Zirkonium und insbesondere Chrom weisen einen starken Kornfeinungseffekt auf in der Anwesenheit von anderen Mikrolegierungselemente, mit denen intermetallische Verbindungen gebildet werden können: $CrBe_2$, $TaCr_2$, TaCoCr, Ta_2Cr_3Cu, TaCrNi, $TiCr_2$, $NbCr_2$, $ZrCr_2$, $ZrCo_2$, $ZrFe_2$, $ZrMo_2$, ZrV_2, ZrW_2, $ZrZn_2$, ZrMnNi (all diese Beispiele gehören zu den sogenannten geometrischen intermetallischen Verbindungen, Subklasse Laves-Phasen). Die Sigma-Phasen (wie z. B. CrMn, CrFe, Cr_8Ni_5W), die auch geometrische intermetallische Verbindungen sind, sollen im Falle von warmfesten Legierungen möglichst vermieden werden (unter bestimmten Bedingungen führt die Ausscheidung dieser Phasen zu Sprödigkeitserscheinungen).

Strontium ist ein häufig (insbesondere für die Gusslegierungen) eingesetztes Element, das eine Na-ähnliche Wirkung hat. Im Vergleich zum Natrium hat Strontium eine bleibende Wirkung, die allerdings nicht so ausgeprägt ist für Druckgussanwendungen wie im Falle von Sand- oder Kokillengießverfahren. Dies ist auf die sehr schnelle Abkühlgeschwindigkeit beim Druckguss (insbesondere für dünnwandige Teile) zurückzuführen. Der Sr-Gehalt liegt in der Regel zwischen 200 und 400 ppm. Die praktische Erfahrung zeigt, dass im Falle einer sehr schnellen Abkühlung ein Druckgussbauteil ohne Strontium die gleichen mechanischen Eigenschaften erreichen könnte wie im Falle einer Sr-Veredelung. Eine negative Eigenschaft dieses Elementes ist seine hohe Affinität für Wasserstoff.

3.2.3.3 Mischkristallverfestigung

In den Mischkristallen agieren drei Verfestigungsmechanismen:

1) Der Cottrell-Mechanismus basiert auf der Blockierung der Versetzungen durch die um die Versetzungen geseigerten Fremdatomen, die zu der Abnahme der Kristallenergie führen. Der Cottrell-Verfestigungseffekt ist auf den zusätzlichen Aufwand zurückzuführen, der notwendig ist, um die Versetzung aus der geseigerten Atomatmosphäre zu befördern.
2) Der Fischer-Mechanismus agiert in Substitutionsmischkristallen und entsteht durch die Existenz von Kurzdistanzordnungsbereichen.
3) Der Suzuki-Mechanismus entsteht durch die Seigerung von Fremdatomen auf der Ebene der Stapelfehler zwischen den Teilversetzungen einer Hauptversetzung.

Ein interessanter Fall von Mischkristallverfestigung ist der durch Zink hervorgerufene Verfestigungseffekt. Das Zink ist ein Element, das die Gießeigenschaften, die Korrosionsbeständigkeit und die Warmfestigkeit negativ beeinflusst. Die positiven Effekte, die das Zink in Aluminiumlegierungen aufweist, sind: Erhöhung der Festigkeit bei Raumtemperatur (insbesondere in der Anwesenheit von anderen Legierungselementen wie Cr, Mg, Cu, Ag) und die Verbesserung der mechanischen Bearbeitbarkeit. Die Tab. 3.8 zeigt intermetallische Phasen (IMP) und Mischkristallverfestigungseffekte in handelsüblichen Aluminiumlegierungen; diese Daten helfen nicht nur bei der Gestaltung und Optimierung von Aluminiumlegierungen, sondern auch bei der Untersuchung von Phasen, die die stöchiometrische Struktur nicht respektieren.

Tab. 3.8 Intermetallische Phasen und Mischkristallverfestigungseffekte in Al-Legierungen, aus [29]

Element	IMP			
	Mg < 2 %	Mg > 2 %	Si > 0,05 %	Cu > 0,2 %
Mg	in Mkr	Mg_5Al_8	Mg_2Si	$CuMg_4Al_6$
	Fe < 0,3 %	Fe > 0,3 %; Mg < 2 %	*Fe > 0,3 %; Mg < 2 %;Mn oder Cr > 0,1 %*	
Si	Mg_2Si	Fe_2SiAl_8	*$(FeMn)_3Si_2Al_{15}$ oder $(CrFe)_4Si_4Al_{13}$*	
	Si < 0,3 %; Mg > 2 %	Si > 0,3 %; Mg < 2 %	Si > 0,3 %; Mg < 2 %; Mn > 0,1 %	Si < 0,3 %; Mg > 2 %; Mn > Fe
	$FeAl_3$	Fe_2SiAl_8	$(FeMn)_3Si_2Al_{15}$	$FeMnAl_6$
	Si > 0,3 %; Mg < 2 %; Cr > 0,1 %	Si < 0,3 %; Mg > 2 %; Cr > 0,1 %	Si < 2 %; Fe > 0,3 %; Cu > 1 %	
Fe	$(CrFe)_4Si_4Al_{13}$	$CrFeAl_8$	Cu_2FeAl_7	
	Si < Mg	Si > 2Mg		
Cr	$FeCrAl_7$	$(CrFe)_4Si_4Al_{13}$		
	Si < Mg	Si > 2 Mg		
Mn	$FeMnAl_6$	$(CrFe)_4Si_4Al_{13}$		
	Fe < Cu	Fe > Cu; Mg > 2 %		
Cu	$CuMg_4Al_6$	Cu_2FeAl_7		
	Zn < 2 %	Zn > 2 %		
Zn	in Mkr	$Mg_3Zn_3Al_2$		

3.2.3.4 Verfestigung durch intermetallische Phasen (IMP)

Die Verfestigung durch intermetallische Phasen ist der wichtigste Verfestigungsmechanismus, der in den Aluminiumlegierungen auftritt. Im Folgenden wird der Verfestigungsmechanismus durch intermetallische Phasen zusammengefasst erläutert.

Im Falle der Verfestigung durch intermetallische Phasen agieren drei Verfestigungsmechanismen:

1) Verfestigung durch innere Spannungen – *der Mott-Nabarro-Mechanismus*

Der Mott-Nabarro-Mechanismus agiert in den früheren Stadien der Alterung, wenn in der Matrix die GP-(Guinier-Preston)-Zonen auftreten. Die GP-Zonen rufen in der Matrix elastische Verformungen hervor.

Die Morphologie der GP-Zonen und die Ausscheidungen, die unter Gleichgewichtbedingungen in verschiedenen Al-Legierungssystemen entstehen können, sind in der Tab. 3.9 erläutert.

Die kritische Scherspannung ist [32]:

$$\Delta\tau \approx \boldsymbol{r}^{\frac{1}{2}} \times \boldsymbol{f}^{\frac{5}{6}} \tag{3.8}$$

Tab. 3.9 Die Reihenfolge der Ausscheidungsentstehung in Al-Legierungen, aus [32]

Basismetall	Legierung	Ausscheidungen	Gleichgewichtausscheidungen
Al	Al-Ag	GP (kugelförmig) → γ′(plattförmig) →	$\gamma(Ag_2Al)$
	Al-Cu	GP (kreisförmig) → Θ″(kreisförmig) → Θ′	$\Theta(Al_2Cu)$
	Al-Mg-Cu	GP (kugelförmig oder nadelförmig) → S′→	$S(Al_2CuMg)$
	Al-Mg-Si	GP (nadelförmig) → β′→	$\beta(Mg_2Si)$
	Al-Mg-Zn	GP (kugelförmig) → M′(plattförmig) →	$M(MgZn_2)$

Wobei: r = mittlere Ausscheidungsdimension; f = Volumenanteil der Ausscheidungen

2) *Die chemische Verfestigung* wird durch die Modifizierung der Anzahl der interatomischen Solvent-Solute-Verbindungen verursacht. Dies geschieht, wenn die Ausscheidungen durch die Matrixversetzungen durchquert werden.

Die kritische Scherspannung [32]:

$$\Delta\tau \approx r^{\frac{1}{2}} \times f^{\left(\frac{1}{3}\div\frac{1}{2}\right)} \tag{3.9}$$

Wobei: r = mittlere Ausscheidungsdimension; f = Volumenanteil der Ausscheidungen

3) *Die Dispersionsverfestigung:* die Ausscheidungen verformen sich nicht gleichzeitig mit der Matrix, sondern werden von den Versetzungen, die sich durch die Matrix fortbewegen, umgangen.

Die kritische Scherspannung ist [32]:

$$\tau \approx r^{-1} \times f^{\frac{1}{2}} \tag{3.10}$$

Wobei: r = mittlere Ausscheidungsdimension; f = Volumenanteil der Ausscheidungen

Um einen Verfestigungseffekt erreichen zu können, müssen die intermetallischen Phasen kohärent oder semikohärent mit der Matrix sein.

Intermetallische Phasen in Aluminiumlegierungen

Die Intermetallischen Phasen (IMP) spielen eine wichtige Rolle in der Gestaltung von Aluminiumdruckgusslegierungen. Sie formieren sich bei einer streng definierten chemischen Zusammensetzung, bestehen aus mindestens zwei Elementen und werden durch eine chemische Formel wie A_nB_m, $A_nB_mC_p$ usw. dargestellt. In der Tab. 3.10 sind die Hauptklassen der intermetallischen Phasen nach [32] dargestellt.

Tab. 3.10 Klassifizierung der intermetallischen Phasen, aus [32]

Elektrochemische IMP	IMP mit NaCl-Struktur IMP mit CaF_2-Struktur • isomorph mit CaF_2 • antiisomorph mit CaF_2 IMP mit ZnS-Struktur IMP mit NiAs-Struktur
Geometrische IMP	Laves-Phasen • mit $MgCu_2$-Struktur • mit $MgZn_2$-Struktur • mit $MgNi_2$-Struktur Sigma-Phasen
Elektronische IMP	e/a = 3/2 e/a = 21/13 e/a = 7/4 e/a = Elektronenkonzentration

Die Elektronenkonzentration repräsentiert das Verhältnis der Anzahl der Valenzelektronen zu der Atomanzahl der Legierung (e/a).

Elektrochemische intermetallische Phasen

Die elektrochemischen intermetallischen Phasen sind Verbindungen, die eine normale Valenz zeigen, eine ionische oder eine kovalente interatomische Bindung aufwiesen und sehr stabil sind.

Die intermetallischen Phasen mit NaCl-Struktur (wie z. B. MgSe, PbTe) sind nicht typisch für die Aluminiumlegierungen.

Intermetallische Phasen, die eine mit CaF_2 isomorphe Struktur aufweisen wie: $PtAl_2$, $CoSi_2$ kommen sehr selten im Falle von Aluminiumlegierungen vor.

Intermetallische Phasen, die eine mit CaF_2-antiisomorphe Struktur aufweisen wie: **Mg_2Si**, Mg_2Sn, Mg_2Pb, K_2S, Cu_2S kommen sehr oft in den Aluminiumlegierungen vor (*insbesondere* ***Mg_2Si***).

Intermetallische Phasen mit ZnS-Struktur wie: AlP, AlAs, AlN, BeS, ZnS, ZnTe kommen sehr selten im Falle von Aluminiumlegierungen vor.

Intermetallische Phasen mit NiAs-Struktur wie: $CoTe_2$, $NiTe_2$, FeSb, Ni_2Ge kommen sehr selten im Falle von Aluminiumlegierungen vor.

Mg_2Si

Die intermetallische Phase Mg_2Si hat einen starken Einfluss auf die Eigenschaften einer Al-Mg-Si-Legierung. Mg_2Si ist eine elektrochemische IMP, die eine Antifluoritstruktur aufweist. Das Atomgitter von Mg_2Si ist in [22] exemplarisch dargestellt

Die Mg_2Si-Phase ist eine Zintl-Phase, deren Ionencharakter zwischen 8 und 9 % variiert. Die Zintl-Phasen sind heterodesmische Kristalle und entsprechen nicht den Hume-Rothery-Gesetzen in Bezug auf die Elektronenkonzentration. Zintl ist die onymische Ableitung nach einem Professor der TU Darmstadt: Eduard Zintl (1898–†1941).

Die Zusammensetzung in Gew.-% der Mg_2Si-Phase ist: 63,41 Mg/36,59 Si; dies führt zu einem optimalen Verhältnis Mg/Si von 1,73. Eine grobe Überschreitung dieses Verhältnisses kann, insbesondere für Mg > 7 %, zum Auftreten der Al_3Mg_2- oder Al_8Mg_5- β-Phase (eine spröde Phase, die auch einen negativen Einfluss auf die Korrosionsbeständigkeit hat) führen. Die Lunkerbildung und die Seigerungsneigung werden durch den Mg-Überfluss verstärkt.

Geometrische intermetallische Phasen
Der geometrische Faktor, der zur Bildung geometrischer, intermetallischer Phasen führt, repräsentiert den Unterschied zwischen den Atomgrößen der Komponenten.

Laves-Phasen mit $MgCu_2$-Struktur wie: $CaAl_2$, $CeAl_2$, $CeCo_2$, $CeMg_2$, $CeFe_2$, $CeNi_2$, $GdAl_2$, $GdNi_2$, $GdMg_2$, $GdMn_2$, $GdFe_2$, $GdCo_2$, $LaAl_2$, $LaNi_2$, $LaMg_2$, $MgCu_2$, $Mg_3Cu_4Be_2$, MgNiZn, $NdAl_2$, $TaCr_2$, $TiBe_2$, $TiCo_2$, $TiCr_2$, YAl_2, $ZrCr_2$, $ZrCo_2$, $ZrFe_2$, $ZrZn_2$, $ZrMo_2$ werden insbesondere für Al-Speziallegierungen angewendet.

Laves-Phasen mit $MgZn_2$ Struktur wie: $MgZn_2$, MgCuAl, Mg_2Cu_3Si, $ZrAl_2$ kommen sehr oft im Falle von Aluminiumlegierungen vor.

Laves-Phasen mit $MgNi_2$-Struktur wie: $MgNi_2$, Mg_2CuZn_3 kommen oft im Falle von Aluminiumlegierungen vor.

Sigma-Phasen wie: Nb_2Al, Ta_2Al, Cr_8Ni_5W, CrFe, CrCo, VCo kommen sehr selten im Falle von Aluminiumlegierungen vor (sind in einigen Vorlegierungen vorhanden).

Elektronische intermetallische Phasen
Die Elektronenkonzentration repräsentiert das Verhältnis der Anzahl der Valenzelektronen zu der Atomanzahl der Legierung.

Elektronische Phasen wie: CuZn, $CuZn_3$, Cu_3Al, Cu_5Si, Cu_5Zn_8, CoAl, Fe_5Zn_{21}, Co_5Zn_{21}, Ni_5Zn_{21}, NiAl (kongruenter Schmelzpunkt), Ni_2Al_3/Ni_3Al (inkongruenter Schmelzpunkt) kommen oft im Falle von Aluminiumlegierungen vor.

Die intermetallischen Phasen spielen eine determinierende Rolle bei der Wärmebehandlung von Aluminiumlegierungen (also im Falle von aushärtbaren Legierungen). Die Tab. 3.11 zeigt den Einfluss der intermetallischen Phasen im Falle der Hauptaluminiumlegierungssysteme.

3.2.4 Die Hauptlegierungselemente der Aluminiumlegierungen

3.2.4.1 Silizium

Das Silizium hat einen starken positiven Einfluss auf die Gießbarkeit (dies ist der Grund, warum die meisten Gusslegierungen auf Basis des Al-Si-Systems aufgebaut sind), erhöht

Tab. 3.11 Der Einfluss der Wärmebehandlung auf das Verfestigungspotenzial der intermetallischen Phasen im Al-Si-Mg-Mn-Cu-Fe-System, aus [29]

System	IMP	IMP-Einfluss auf die Alterung nach Lösungsglühen	
		Alterung bei Raumtemperatur	Warmauslagerung
Al-Si	Si	Kein Einfluss	Extrem niedrig
Al-Si-Mg	Si	Extrem niedrig	Kein Einfluss
	Mg_2Si	Niedrig	Sehr stark
Al-Si-Mg-Mn-Fe	Si	Kein Einfluss	Kein Einfluss
	Mg_2Si	Schwach	Sehr stark
	AlSiMnFe	Kein Einfluss	Kein Einfluss
Al-Si-Mg-Mn-Cu-Fe	Si	Kein Einfluss	Kein Einfluss
	Al_2Cu	Stark	Sehr stark
	Al_2CuMg	Stark, aber nicht wie Al_2Cu	Sehr stark
	AlSiMnFe	Kein Einfluss	Kein Einfluss

die Festigkeit und verbessert die Korrosionsbeständigkeit. Eine weitere wichtige technologische Eigenschaft des Siliziums ist die Reduzierung der Warmrissneigung. Mit der Zunahme des Si-Gehaltes nimmt die Warmrissneigung ab (für untereutektische und eutektische Legierungen). Diese Eigenschaft gilt allerdings für Si > 3 %. Dies ist der Grund, weshalb das Gießen von Legierungen mit Si = < 3 % aufwendige prozesstechnologische Maßnahmen benötigt. Die industrielle Erfahrung zeigt, dass das Anwendungsgebiet der Druckgusslegierungen, die weniger als 3 % Si aufweisen, aufgrund hoher Produktionskosten zunehmend schrumpft. Die hohen Produktionskosten werden insbesondere durch hohe Ausschussquoten (Lunker und Warmrisse) verursacht.

3.2.4.2 Magnesium

Eine durchaus positive Eigenschaft von Magnesium ist die Festigkeitserhöhung (insbesondere, wenn andere Legierungselemente wie Si und Cu auch vorhanden sind). Das Magnesium beeinflusst negativ die Korrosionsbeständigkeit (insbesondere in organischer Säure), die Gießbarkeit (erhöht die Viskosität) und den Widerstand gegen Warmrissbildung.

Eine durchaus negative Eigenschaft des Mg, die große technologische Probleme verursachen kann, ist seine ausgeprägte Seigerungsneigung. Seit mehr als 60 Jahren werden die Seigerungsphänomene wissenschaftlich untersucht (siehe [22]). Im Falle von Nichteisenlegierungen (insbesondere Aluminium-, Magnesium- und Kupferlegierungen) handelt es sich um die umgekehrte Hauptseigerung, ein Phänomen, das durch den Druckgussprozess (insbesondere für dünnwandige Bauteile) verstärkt zum Erscheinen kommt. Die Fachliteratur [34] (siehe Abb. 3.34 und 3.35) untersucht die Abhängigkeit der Seigerungseffekte von der Angussgeschwindigkeit „VA" (also von der Formfüllzeit). Die Abbildungen zeigen, dass die Angussgeschwindigkeit praktisch keinen Einfluss auf die Seigerungseffekte von Mg und Si hat. Weitere Versuche und Untersuchungen haben eindeutig gezeigt, dass die Maschinenparameter (mechanische Faktoren wie die Kolbengeschwindigkeit und die Schließkraft) ebenfalls keinen nennenswerten Einfluss auf die Seigerung haben.

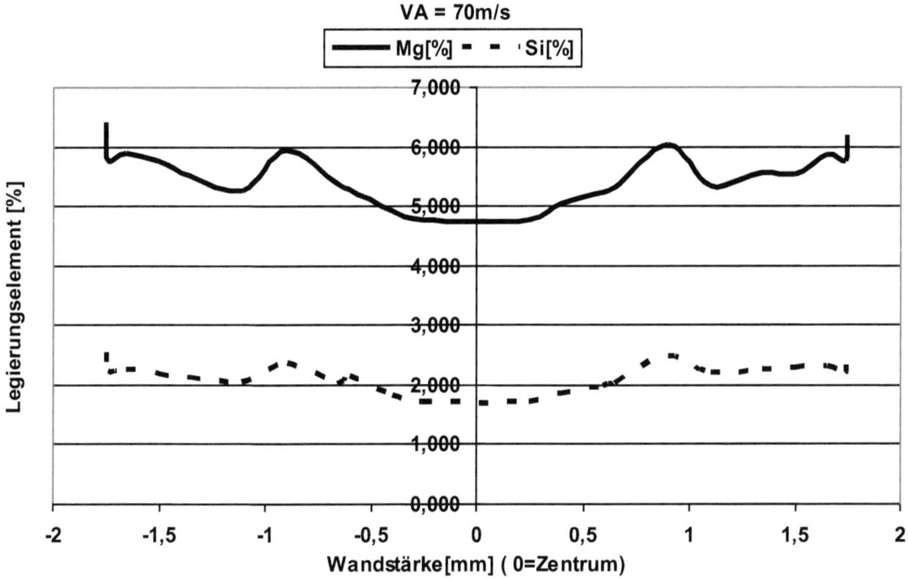

Abb. 3.34 Steigerungsbild Mg und Si – VA = 70 m/s Mg-Gehalt im Warmhalteofen = 5,2 %, Si-Gehalt im Warmhalteofen = 1,9 %

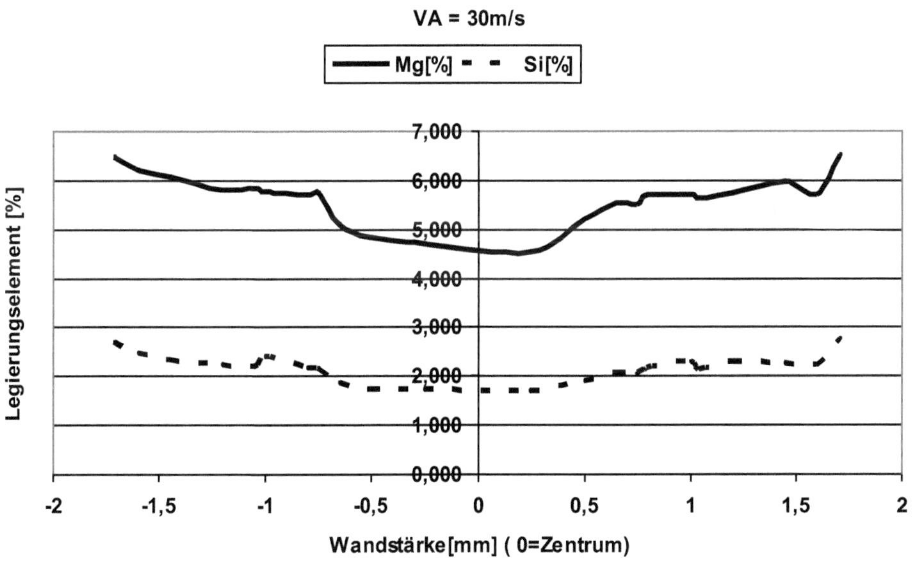

Abb. 3.35 Steigerungsbild Mg und Si – VA = 30 m/s Mg-Gehalt im Warmhalteofen = 5,2 %, Si-Gehalt im Warmhalteofen = 1,9 %

3.2.4.3 Kupfer

Wie das Magnesium erhöht das Kupfer die Festigkeit, insbesondere nach der Durchführung einer Wärmebehandlung. Die Seigerungsneigung dieses Elementes ist sehr stark und wurde wissenschaftlich untersucht und nachgewiesen (siehe z. B. [22]). Das Kupfer weist einen negativen Einfluss auf die Gießbarkeit, auf die Warmrissneigung und auf die Korrosionsbeständigkeit auf.

Mangan

Die wichtigste Rolle des Mangans in den Aluminiumruckgusslegierungen (in der Regel: Mn = 0,4–0,7 %) ist die Reduzierung der Klebeneigung. In dieser Rolle substituiert Mangan das Eisen und vermeidet die negativen Effekte des Eisens. Die Zunahme der Festigkeit ist im Falle der Aluminiumdruckgusslegierungen nicht nennenswert. Mangan zeigt auch eine starke Seigerungsneigung. Die $MnAl_6$ intermetallische Phase (mit 25,3 % Mn) verschlechtert die Gießbarkeit durch eine starke Erhöhung der Viskosität.

Eisen

Das Eisen wird in wenigen Aluminiumlegierungen mit Absicht zulegiert, sondern wird als Verunreinigung betrachtet.

Das Eisen hat einen negativen Einfluss auf die Korrosionsbeständigkeit.

Das Eisen trägt, im Falle von Druckgusslegierungen, zur Reduzierung der Klebeneigung bei.

Die nadelförmigen eisenhaltigen intermetallischen Phasen verschlechtern die mechanischen Eigenschaften und führen zu Problemen während der mechanischen Bearbeitung. Die Abb. 3.36 zeigt nadelförmige eisenhaltige intermetallische Phasen im Falle der AlSi9Cu3(Fe) Druckgussgusslegierung.

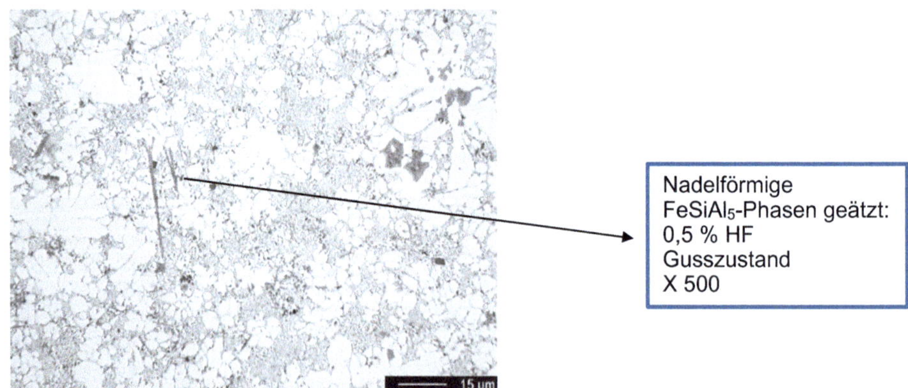

Abb. 3.36 $FeSiAl_5$-Phasen in AlSi9Cu3(Fe)-Druckgussgusslegierung

3.2.5 Sonderanwendungen in der Automobilindustrie – Aluminium-Wasserstoff

Die Umweltproblematik bringt zunehmend stark das Aluminiumhydrid AlH_3 in Betracht als Ersatz für Lithium in den Batterien.

Die Hybridisierung von AlH_3: drei sp2-Orbitale binden sich mit dem Wasserstoff 1s-Orbital durch eine sp2-s-Orbitalüberlappung. In diesem Zusammenhang muss erwähnt werden, dass AlH_3 in der Form $(AlH_3)_n$ als Polymer betrachtet wird.

Mit der Ausnahme von AlH_3 ist der Wasserstoff ein unerwünschtes Element bei der Herstellung von Aluminiumbauteilen. Der Wasserstoff ist die Hauptursache der Porenbildung. Die Wasserstoffaffinität einer Aluminiumlegierung hängt sowohl qualitativ als auch quantitativ von den Legierungselementen ab.

Die Hauptlegierungselemente (Si, Mg, Cu) zeigen unterschiedliche Auswirkungen auf die Wasserstofflöslichkeit in den Al-Legierungen. Die Porosität und Mikroporosität sind ein Phänomen, dessen Bekämpfung eine ständige Herausforderung darstellt.

Die Wasserstofflöslichkeit nimmt mit dem Mg-Gehalt zu. Der gleiche Effekt wird auch von Mn, Ni, Fe, Cr oder Ti hervorgerufen.

Im Falle von Silizium und Kupfer ist dieser Effekt mit Abstand schwächer als bei Magnesium.

Die Abhängigkeit der Wasserstofflöslichkeit vom Si- bzw. Cu-Gehalt kann durch die folgenden Gleichungen (aus [29]) charakterisiert werden:

$$Al + \log S = -\frac{2550}{T} + 2{,}62 \tag{3.11}$$

$$Al + 2\,\%Cu \log S = -\frac{2550}{T} + 2{,}9 \tag{3.12}$$

$$Al + 4\,\%Cu \log S = -\frac{3050}{T} + 2{,}94 \tag{3.13}$$

$$Al + 8\,\%Cu \log S = -\frac{3150}{T} + 2{,}92 \tag{3.14}$$

$$Al + 16\,\%Cu \log S = -\frac{3150}{T} + 2{,}83 \tag{3.15}$$

$$Al + 32\,\%Cu \log S = -\frac{2950}{T} + 2{,}57 \tag{3.16}$$

$$Al + 2\,\%Si \log S = -\frac{2800}{T} + 2{,}79 \tag{3.17}$$

$$Al + 4\,\%Si \log S = -\frac{2950}{T} + 2{,}91 \tag{3.18}$$

$$Al + 8\,\%Si \log S = -\frac{3050}{T} + 2{,}95 \tag{3.19}$$

$$Al + 16\,\%Si \log S = -\frac{3150}{T} + 3 \tag{3.20}$$

wobei: S = Wasserstofflöslichkeit in Aluminium [cm^3/100 g] und T = die Temperatur [K]

Der Verfasser ist davon überzeugt, dass die Legierung Aluminium-Wasserstoff in einer nicht so fernen Zukunft eine industrielle Anwendung in der Automobilindustrie finden kann.

3.2.6 Anwendung, Schlussfolgerung und Ausblick

Die Bedeutung des Aluminiums und seiner Legierungen für die Industrie und insbesondere für die Automobilindustrie ist groß und wird durch die aktuellen Anforderungen der Umweltpolitik noch größer. Aluminium ist ein Metall, das sehr einfach recyclebar ist, leicht ist und dadurch ein perfektes Profil als Material der Gegenwart und Zukunft zeigt.

Zahlreiche Anwendungen im Interieur und Exterieur, vor allem auch im hochbelasteten Strukturbereich von modernen Fahrzeugen zeigen die große Leistungsfähigkeit von Aluminium in Guss-, Profil- und Blechbauteilen (Abb. 3.37 und 3.38). Mit dem Aluminium-Spaceframe konnte die Audi AG diese Bauweise großserientauglich im Automobilbau platzieren. Bei vielen Herstellern wird in der generellen Schalenbauweise ein zunehmender

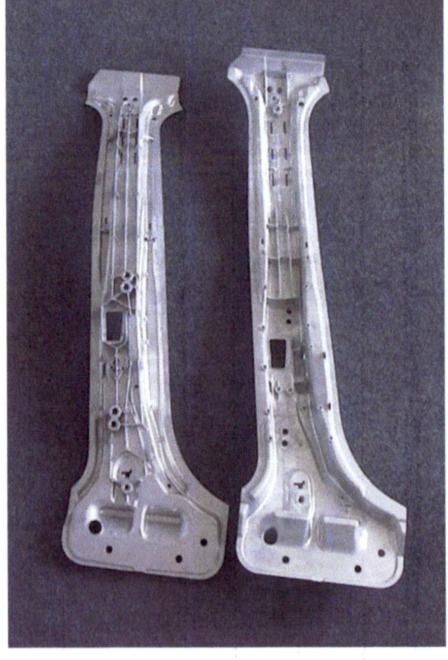

Abb. 3.37 B-Säule in Al-Druckguss, Copyright© Audi AG

Aluminiumanteil festgestellt, nicht zuletzt infolge der allgemeinen Gewichtsziele und auch der Notwendigkeit, Batteriegewichte in Elektrofahrzeugen zu kompensieren. Tesla hat 2021 beim Model Y große Al-Druckgussteile gezeigt, die für den hinteren Boden ursprüngliche 70 Einzelbauteile integral zusammenfassen.

Die hybridelektrischen und elektrischen Fahrzeuge haben dem Aluminiumdruckguss mit Batteriegehäusen eine weitere neue Teilekategorie beschert (Abb. 3.39, links). Auch hier sind gießgerechte Konstruktionen zwingend, Wandstärken von 2–5 mm führen zu optimierten Rippenstrukturen. Damit einher gehen der Einsatz von selbstaushärtenden Legierungen wie AlSi7MnMg oder AlMg4Fe2, bei denen die mechanischen Eigenschaften im Gusszustand erreicht werden sowie auf der Anlagenseite immer größere Maschinen für immer größere Teile [35] (Abb. 3.39, rechts).

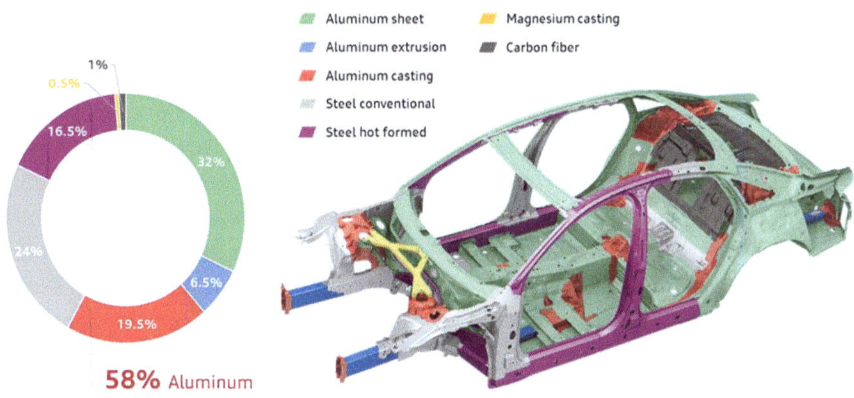

Abb. 3.38 Spaceframe mit Al-Guss (rot), -Profilen (blau) und -Blechbauteilen (grün), Copyright© Audi AG

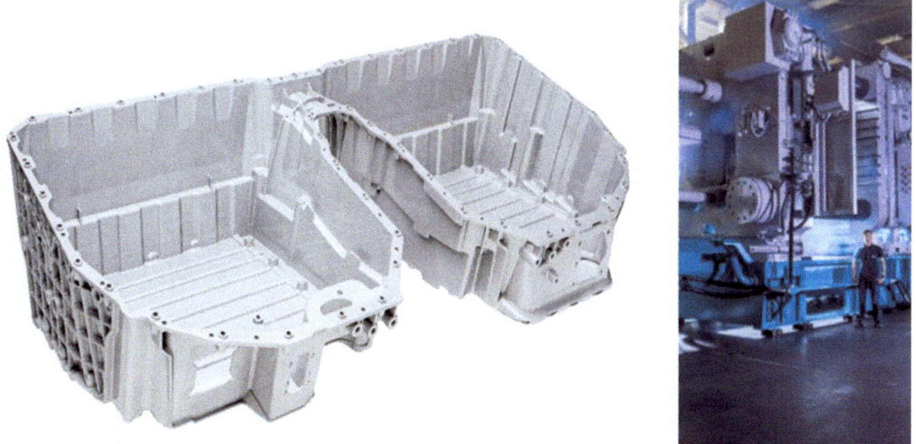

Abb. 3.39 Batteriegehäuse (links) und große Druckgussanlage (rechts), Copyright© Bühler AG

3.3 Magnesium

Horst E. Friedrich, David Klaumünzer und Ashley Stone

3.3.1 Magnesiumlegierungen – Herstellung und Überblick

Die Verfasser sind der Ansicht, dass die Potenziale des „schlummernden" Magnesiums für den Fahrzeugbau noch längst nicht alle gehoben sind. Der Grund liegt sicher auch in der geringen Datenlage und Bekanntheit bei Konstrukteuren und Verarbeitern, wohl auch in der viel engeren Auswahl an geeigneten Legierungen im Vergleich zu Aluminium oder gar der Vielfalt bei den Stahlgüten.

Über Legierungsentwicklungen sowie kosten- und ökologisch-attraktive Bauteilanwendungen mit Magnesium wird daher nachfolgend berichtet. Bewährte und prospektive Gusstechnologien für die Option einer intelligenten Fabrik werden genannt.

Magnesium ist das achthäufigste Element in der Erdkruste und kommt in verschiedenen Erzen sowie gelöst als Salz in Meerwasser vor. Für die Herstellung von Magnesium werden hauptsächlich zwei Verfahren unterschieden, die thermische Reduktion und die Elektrolyse.

Ersteres erfolgt mit Dolomit oder Magnesit unter Zusatz von Ferrosilikat in erhitzten Retorten, ein Prozess, der v. a. in China eingesetzt wird, seit einigen Jahren der Weltmarktführer für die Produktion.[1] Das Magnesium verdampft dabei in einer exothermen Reaktion und scheidet durch Kondensation ab. Dieser auch als Pidgeon-Verfahren bekannte silicothermische Prozess geht auf eine Erfindung von Dr. Lloyd Montgomery Pidgeon zurück und wurde in den 40er-Jahren des vorigen Jahrhunderts weltweit die dominante Herstellungsvariante (Abb. 3.40). Es handelt sich dabei um einen nichtkontinuierlichen

Abb. 3.40 Magnesiumkristalle aus einem silicothermischen Prozess (Bolzano-Verfahren)

[1] Der chinesische Anteil an der Weltproduktion von Magnesium hat sich von 40 % im Jahr 2000 auf inzwischen ca. 82 % (2021) erhöht. Das ist umso bemerkenswerter, als die globale Produktion an Primärmagnesium im gleichen Zeitraum von 412 kt auf 1164 kt gestiegen ist [36].

Batch-Prozess, damit verwandt sind der Magnetherm- und der Bolzano-Prozess. Ein modifizierter Bolzano-Prozess wird von der Firma RIMA in Brasilien verwendet, er reüssiert bei der emittierten CO_2-Menge aufgrund der vorteilhaften Energieträgerbereitstellung mit eigenem, schnell nachwachsendem Biomaterial.

Das zweite hier zu nennende Verfahren, die Schmelzflusselektrolyse, verwendet wasserfreies Magnesiumsalz ($MgCl_2$), das in unterschiedlichen Prozessen gewonnen wird. Bedeutung erlangt haben z. B. der Norsk-Hydro-Prozess oder der Dow-Chemical-Prozess. Dead Sea Magnesium in Israel gewinnt Magnesium als Koppelprodukt bei der Kaliumchloridherstellung durch die Aufbereitung von Karnallit ($KCl \cdot MgCl_2 \cdot 6H_2O$) aus dem Wasser des Toten Meeres. Bei Erscheinen dieses Buches noch neu ist die Anlage von Magontec and Quinghai Salt Lake in Golmud, China, die neben modernen Prozessführungen v. a. Solar- und Hydroenergie einsetzt und daher in der CO_2-Bilanz führend ist, auch im Vergleich zu den weltweiten Durchschnittswerten der Aluminiumproduktion [37]. Geplant ist dort die Erhöhung der Produktionskapazitäten auf bis zu 450.000 t p.a.

Eine umfangreiche Gegenüberstellung der Verfahren zur Primärproduktion von Magnesium ist in [38] behandelt.

Mit einer Dichte von 1,74 kg/dm³ ist Magnesium der leichteste im Einsatz befindliche metallische Strukturwerkstoff. Entsprechend begehrt waren die Magnesiumlegierungen schon vor über 100 Jahren im Luftschiff- und Flugzeugbau. Eine frühe Produktion in Deutschland fand in Bitterfeld statt, die Chemische Fabrik Griesheim Elektron stellte um 1900 ca. 10 t Magnesium her, die Verwendung stieg bis zum und vor allem im 2. Weltkrieg kontinuierlich an. Die unter dem technischen Namen Elektron bekannte Magnesiumlegierung mit ca. 10 % Aluminium wurde als Guss- und Knetlegierung bekannt und führte wohl auch dazu, dass Magnesium in der angelsächsischen Welt damals auch als „The German Metal“ bezeichnet wurde.

Für das hier interessierende Thema des Fahrzeugbaus war die Verwendung von Magnesium als Werkstoff für Kurbel- und Getriebegehäuse im legendären Volkswagen Käfer ein wichtiger Höhepunkt. Mit 22 kg pro Fahrzeug wurde Volkswagen nach dem Krieg der weltweit größte Verbraucher von Magnesium, dabei sind als Spitzenwert im Jahr 1971 in mehreren Volkswagen-Gießereien 42.000 t verarbeitet worden. Viel weniger großserienorientiert, dafür aber ästhetisch und sportlich pronunziert sind die Beispiele des Bugatti 57C Aerolithe oder der Gitterrohrrahmen-Mercedes 300 SL.

Nach einer „Renaissance“ des Magnesiums im Fahrzeugbau in den Jahren um das Jahr 2000 haben sich heute Anwendungen für verschiedene Interieur- und Antriebsbauteile unter Leichtbaugesichtspunkten einen festen Platz im Fahrzeug gesichert. Dies sind dann meist Druckgussteile, vereinzelt auch Bleche oder Profile.

Neben der geringen Dichte sind die hohen spezifischen Festigkeiten und Steifigkeiten der Magnesiumlegierungen ausschlaggebend für diese Alternative zu Aluminium oder Polymeren. Es helfen weiter die hervorragenden Verarbeitungseigenschaften, die gute Bearbeitbarkeit und Gießbarkeit von komplexen, dünnwandigen Geometrien. Das negative elektrochemische Potenzial im Kontakt mit anderen Metallen und damit die Korrosionsanfälligkeit sind freilich Herausforderungen für Magnesium.

3.3.2 Eigenschaften von Magnesiumlegierungen

Zu den Eigenschaften von Magnesium und seinen Legierungen ist schon relativ früh einschlägiges Wissen erarbeitet worden, sehr ausführlich gelang dies von Beck in Deutschland [39] in den dreißiger Jahren des vorigen Jahrhunderts, später von Emley [40] oder dann Friedrich und Mordike [38]. Umfassende Informationen zu Kennzeichnung und mechanischen Eigenschaften der Legierungen finden sich in der Fachliteratur, sehr weitreichendes metallphysikalisches und viel technologisches Wissen wurde in den letzten Jahren von Kainer und seinem Team in Geesthacht erarbeitet und publiziert [41–43].

Magnesium kristallisiert in einer hexagonal-dichtesten Kugelpackung (hdp), daraus folgt die wichtige fertigungstechnische Konsequenz, dass es generell weniger gut für eine Kaltverformung geeignet ist. Dieses ist nach [43] begründet durch die Tatsache, dass bis zu einer Temperatur von 225 °C nur Basisgleiten und pyramidale Zwillingsbildung möglich sind, was dann in oft ungünstigem, sprödem Verhalten resultiert.

Bei höheren Temperaturen bilden sich dagegen neue Gleitebenen aus, sodass die Verformbarkeit spontan zunimmt. In der Fahrzeugfertigung findet dies für die Umformung von Magnesiumblechen seinen Niederschlag in Warmformprozessen mit beheizten Werkzeugen.

Bevor wir uns den Legierungssystemen, ihrer Kennzeichnung und den mechanischen Eigenschaften zuwenden, sollen kurz ausgewählte Magnesiumstoffdaten [43] betrachtet werden (Tab. 3.12).

Durch die in den letzten Jahrzehnten entwickelten hochreinen Legierungen (high purity = HP-Legierungen) konnte die Beständigkeit gegenüber Korrosion sehr verbessert und die gute Ver- und Bearbeitbarkeit gesichert werden. Viele Magnesiumlegierungen lassen sich

Tab. 3.12 Magnesiumstoffdaten

Dichte	1,74 kg/dm^3
Wärmeausdehnungskoeffizient,	
Lin., bei Raumtemperatur	$25 \cdot 10^{-6}$ 1/K
Zugfestigkeit R_m	80–180 N/mm^2, bis 250 N/mm^2(gepresst)
Bruchdehnung A_{10}	1–12 %
Schmelztemperatur	651 °C
Wärmekapazität	1,05 kJ/kg K
Schmelzwärme	195 kJ/kg
Wärmeleitfähigkeit bei Raumtemperatur	156 W/(mK)
E-Modul	E_{Mg} = 45.000 MPa
Gleit-Modul	G_{Mg} = 17.700 MPa

sehr gut gießen, Teile lassen sich mit geringen Zerspanungskräften leicht bearbeiten oder auch unter Schutzgas schweißen.

Die geringe Dichte von 1,74 kg/dm³ ist schon vorteilhaft erwähnt worden. Demgegenüber fallen die statischen und dynamischen Eigenschaften gegenüber dem oft als Referenz genannten Aluminium zunächst ab. Dies gilt vor allem für das aus Steifigkeitsgründen wichtige E-Modul von 45.000 MPa. Entsprechend sind konstruktive Anpassungen notwendig und auch vorteilsbringend möglich, was in Kap. 4 und 5 dieses Buches behandelt wird. Die resultierende Gewichtsersparnis sorgt dann für ein attraktives Leichtbaupotenzial, das in vielen Transportanwendungen große Bedeutung erlangt hat, und die resultierenden spezifischen Festigkeitseigenschaften erreichen oder übertreffen dann sogar die der Referenzwerkstoffe.

Der thermische Ausdehnungskoeffizient der Magnesiumlegierungen liegt im Bereich der Aluminiumlegierungen und etwas höher, ist aber deutlich höher im Vergleich zu Stahl. Bei Mischbauweisen vor allem im Karosseriebereich sind dann entsprechende geometrische oder fügetechnologische Maßnahmen notwendig.

Vorteilhaft ist für Magnesium auch die Dämpfungskapazität, was im akustischen Verhalten nützlich sein kann.

Allerdings müssen auch weniger günstige Aspekte bei der Verwendung von Magnesiumlegierungen genannt sein. Dies betrifft vor allem die galvanische Korrosion, die bereits genannte geringe Kaltverformbarkeit und die oftmals – allerdings zu Unrecht – genannte Brennbarkeit, wie sie in der Regel nur bei pulverförmigen Bestandteilen oder Spänen aus unsachgemäßer Bearbeitung auftreten können.

3.3.3 Kennzeichnung der Magnesiumlegierungen

Auch für die Klassifizierung von Magnesiumlegierungen ist weltweit die ASTM-Norm[2] weitgehend eingeführt: Die Legierungen werden dabei durch einen Kurzbuchstaben gekennzeichnet, der das Hauptlegierungselement indiziert, es folgen dann die Gehalte wichtiger Legierungselemente in Gew.-%. Die Legierungskurzbuchstaben entsprechend der ASTM-Normung sind in Tab. 3.13 aufgeführt.

Als Beispiel soll die vielfach in der Anwendungstechnik verwendete Legierung AZ 91 D genannt sein: Entsprechend der Kennzeichnung ist dies eine Magnesiumlegierung mit nominell 9 Gew.-% Aluminium (A) und 1 Gew.-% Zink (Z), der Buchstabe D indiziert die vierte Entwicklungsstufe. Die Vorgabe der ASTM-Norm verlangt für gegossenes AZ 91 D die chemische Zusammensetzung Al 8,3–9,7; Zn 0,35 bis 1; Si max. 0,10, Mn min. 0,15; Cu max. 0,3; Fe max. 0,005; Ni max. 0,002; andere max. 0,02, jeweils in Gew.-%. Es fällt dabei der sehr stark eingeschränkt vorgegebene Gehalt der Elemente Fe, Cu und Ni auf, der infolge der deutlich nachteiligen Auswirkung dieser Elemente hinsichtlich der Korrosionsbeständigkeit so gewählt wurde [43, 44]. Eine demgemäße DIN-Bezeichnung für die Legierung ist MgAl9Zn1.

[2] American Society for Testing and Materials.

Tab. 3.13 Legierungsbezeichnung nach ASTM-Norm

Kurzbezeichnung	Legierungselement
A	Aluminium
B	Wismut
C	Kupfer
D	Cadmium
E	Seltene Erden
F	Eisen
H	Thorium
K	Zirkonium
L	Lithium
M	Mangan
J	Strontium
P	Blei
Q	Silber
R	Chrom
S	Silizium
T	Zinn
W	Yttrium
Y	Antimon
Z	Zink

3.3.4 Legierungselemente

Eine wesentliche Motivation für die Entwicklung weiterer oder neuer Magnesiumlegierungen liegt in der angestrebten Steigerung der mechanischen Eigenschaften. Dies adressiert vor allen Dingen den Einsatz im Antriebsstrang und damit die Eigenschaften bei höheren Temperaturen von ca. 150 °C.

Nach [43] beruhen die Eigenschaften auf einer Mischkristallverfestigung und/oder einer Ausscheidungsverfestigung. Dabei ist die Wirksamkeit der technisch wichtigen Ausscheidungshärtung vorrangig durch die abnehmende Löslichkeit bei sinkender Temperatur, dem Magnesiumgehalt an den sich bildenden intermetallischen Phasen und deren Stabilität bei der jeweiligen Einsatztemperatur festgelegt.

Mit vielen Legierungselementen bildet Magnesium diverse intermetallische Phasen, deren Stabilität von der Elektronegativität des Legierungselementes abhängt.

Sehr früh hat sich das Legieren des Magnesiums mit Aluminium als bevorzugt herausgestellt. Vorteilhaft ist dann die starke Zunahme der Zugfestigkeit und der Härte infolge der Mischkristallbildung, im Wesentlichen bedingt mit der intermetallischen Phase $Mg_{17}Al_{12}$. Auch das Legieren mit den Elementen Zink und Mangan erreicht ähnliche Verbesserungen. Silber ist vorteilhaft für die Erhöhung der Warmfestigkeit. Hohe Siliziumgehalte indes können die Gießbarkeit verschlechtern und versprödend wirken. Zirkon bildet aufgrund seiner hohen Sauerstoffaffinität Oxide, die als Kristallisationskeime wirken, welche über eine Feinkornhärtung in einer vorteilhaften Festigkeitszunahme münden. Interessant ist auch die Verwendung von Seltenen-Erden-Metallen, zum Beispiel Yttrium,

Neodymium oder Cer, sie ermöglichen ebenfalls durch Ausscheidungshärtung eine deutliche Festigkeitszunahme.

Um die Korrosionsbeständigkeit von Magnesium nicht zu verschlechtern werden Kupfer, Nickel und Eisen tunlichst nicht zulegiert beziehungsweise nicht verwendet

Nachfolgend sollen entsprechend [43] die wichtigsten Legierungselemente für Magnesium im Einzelnen aufgeführt werden:

Al: Aluminium verbessert als wesentliches Merkmal deutlich die Gießbarkeit des Magnesiums infolge besserer Formfüllbarkeit und Fließfähigkeit, es reduziert Viskosität und Oberflächenspannung und erlaubt somit dem geschmolzenen Magnesium, in dünne Bauteilsektionen einfacher zu fließen und sie zu füllen. Daher werden die Legierungen weitgehend im druckgegossenen Zustand verwendet, hier ist die Legierung AZ 91 der hauptsächliche Vertreter. Eventuell nachteilig ist eine erhöhte Bildung von Mikroporen.

Aluminium wurde aufgrund seiner festigkeitssteigernden Effekte schon vor 100 Jahren angewendet, die Legierungen waren damals unter dem Namen Elektron bekannt. Die Zusätze von Aluminium erhöhen Zugfestigkeit und Härte. Die gebildete Phase $Mg_{17}Al_{12}$ ist jedoch bei Temperaturen von mehr als ca. 120 °C, wie sie im Antriebsstrang der Fahrzeuge vorkommen, nicht stabil, sodass für den Einsatz im Motor- oder Getriebebereich Einschränkungen bestehen.

Ag: Silber steigert die Warmfestigkeit und die Kriechbeständigkeit, vor allem in Verbindung mit Metallen der Seltenen Erden. Nachteilig ist eine höhere Korrosionsneigung.

Ca: Calcium wurde zuerst untersucht, um die Kriechfestigkeit bei 175 °C für die Volkswagen-Motore zu verbessern, es bewirkt einen deutlichen Kornfeinungseffekt und erhöht die Kriechbeständigkeit. Die in Abschn. 3.3.8 erwähnten MRI-Legierungen[3] benutzen diesen Wirkzusammenhang. Nachteilig bei der Calciumzugabe kann eine Tendenz zum Kleben in der Form oder zur Ausbildung von Heißrissen in der Gießerei führen.

Li: Lithium führt zu einer Mischkristallverfestigung bei Raumtemperatur, das leichteste metallische Element überhaupt reduziert effektiv die Dichte und erhöht die Duktilität. Es werden jedoch die Korrosionsbeständigkeit und die Festigkeiten stark herabgesetzt, Alterungsprozesse rapide beschleunigt.

Mn: Mangan ist ein wichtiges Legierungselement, das auch ab 1,5 Gew.-% die Zugfestigkeit steigert. Es verbessert die Korrosionsbeständigkeit, führt zu Kornfeinung und verbessert die Schweißeignung.

RE: Seltene Erden wurden schon früh von DOW Chemicals verwendet, um die Hochtemperatur-Kriechfestigkeiten von AE42 zu verbessern. Sie sind als Legierungselemente zunehmend bedeutsam geworden, denn sie bewirken mit Magnesium eutektische Zustandsdiagramme mit einer begrenzten Löslichkeit. Durch eine entsprechende Ausscheidungshärtung folgen stabile Phasen, welche die Warmfestigkeit und die Kriechbeständigkeit deutlich erhöhen. Auch kann die Korrosionsbeständigkeit verbessert werden. Im technischen Maßstab eingesetzt, gerade bei neueren Legierungsentwicklungen, werden zum Beispiel die Elemente Yttrium, Neodymium oder Cer. Nachteilig können eventuell höhere Kosten sein.

[3] MRI steht für Magnesium Research Institute, eine Forschungseinrichtung in Israel.

Si: Silizium verschlechtert die Gießbarkeit tendenziell, die Zugabe erhöht die Liquidustemperatur und macht höhere Gießtemperaturen notwendig, es bilden sich stabile Silizide, die andererseits die Kriechbeständigkeit deutlich verbessern. Der Ansatz wurde bereits bei der Legierungsentwicklung für die Kurbel- und Getriebegehäuse des legendären Volkswagen Käfers verfolgt. Das System Mg-Al-Si-Mn führte zu den Legierungen AS21 und AS41.

Th: Thorium ist ein wirksames Legierungselement zur Verbesserung der Warmfestigkeit und Kriechbeständigkeit.

Zn: Zink als wichtiges Legierungselement erhöht die Gießbarkeit bis ca. 3 % und bewirkt eine Zunahme der Festigkeit, allerdings nimmt die Tendenz zur Bildung von Mikroporen und die Tendenz zur Heißrissbildung zu.

Zr: Zirkonium erhöht die Zugfestigkeit, vorteilhaft gelingt dies ohne Absinken der Dehnung. Aufgrund der großen Sauerstoffaffinität von Zirkonium bilden sich zahlreiche Keime, die über Kristallisation eine sehr wirksame Kornfeinung bewirken. Zu beachten ist, dass aluminium- oder siliziumhaltigen Schmelzen Zirkon nicht zugegeben werden kann.

Über die Wirkungsweise der relevanten Legierungselemente ist einschlägig berichtet [38, 41, 45]. Desgleichen finden sich mechanische Eigenschaften für verfügbare Guss- und Knetlegierungen sowie für neuere Legierungssysteme in richtungsweisenden Veröffentlichungen, z. B. [42–44]. Eine umfassende und neuere Betrachtung zum Einfluss der Legierungselemente hinsichtlich der Gießbarkeit findet sich von Weiler in [46]. Dort wird berichtet, dass Al, Seltene Erden und Zn eine vergleichsweise große Spannweite von Zulegierbarkeit erlauben, hingegen für Mn oder Ca dies nur in einem eingeschränkten Bereich gilt.

3.3.5 Gusslegierungen

Die Tab. 3.14 und 3.15 geben einen Überblick über zur Verfügung stehende Druckgusslegierungssysteme und deren Eigenschaften [38, 43]. Die Werte sind ermittelt an Probestäben, gegossen mit einer 400 t Kaltkammer-Druckgussmaschine.

Tab. 3.14 Überblick über Mg-Legierungssysteme für den Druckguss

AZ-Legierungen	Gute Eigenschaften bei Raumtemperatur
	Geringe Warmfestigkeit und Kriechbeständigkeit
	Begrenztes Verformungsvermögen
	Sehr gute Gießbarkeit
AM-Legierungen	Durch verringerten Al-Gehalt und Weglassen von Zink stark gesteigerte Duktilität
	Gießbarkeit und Raumtemperatureigenschaften eingeschränkt
AS-Legierungen	Bessere Warmfestigkeit und Kriechbeständigkeit infolge von Mg2Si-Ausscheidungen
	Eingeschränkte Gießbarkeit
AE-Legierungen	Deutlich erhöhte Warmfestigkeit und Kriechbeständigkeit durch Ausscheidungen mit SE
	Im Druckguss verarbeitbar, Gießbarkeit reduziert

Tab. 3.15 Typische mechanische Eigenschaften von Magnesiumdruckgusslegierungen [38]

Eigenschaft	Einheit	AZ 91	AM 60	AM 50	AM 20	AS 41	AS 21	AE 42
Zugfestigkeit R_m	MPa	250	240	230	210	240	220	230
Streckgrenze $R_p0;2$	MPa	160	130	125	90	140	120	145
Druckfestigkeit	MPa	148	k. A.	113	74	k. A.	106	103
Bruchdehnung	%	7	13	15	20	15	13	11
Elastizitätsmodul	GPa	45	45	45	45	45	45	45
Schubmodul	GPa	17	k. A.	k. A.	k. A.	k. A.	k. A.	k. A.
Brinellhärte	HBS 1/5	70	65	60	45	60	55	60
Kerbzähigkeit	J	9	18	18	18	16	12	12

Der größte Anteil der Magnesiumgusslegierungen für den Automobilbau wird derzeit im Druckguss verarbeitet. Dominant ist in diesem Zusammenhang die Legierung AZ91, denn infolge ihrer hervorragenden Gießbarkeit erlaubt sie es, filigrane und komplexe Bauteilgeometrien vorteilhaft mit dünnwandigen Rippen oder Stegen herzustellen. So sind auch bei großen Bauteilen heute Wandstärken von 1,5 mm, teilweise auch darunter, im Druckguss- und besonders bei den Thixoverfahren beherrschbar.

Im Allgemeinen enthalten die verfügbaren AZ-Legierungen etwa 3 bis 9 Gew.-% Aluminium. Wie in [43, 47] beschrieben, resultieren damit gute mechanische Eigenschaften bei Raumtemperatur und gute Korrosionsbeständigkeit. Werden duktilere Legierungen gewünscht, ist der Aluminiumgehalt zu senken und das Zulegieren von Zink zu vermeiden.

Magnesiumlegierungen auf Basis Aluminium-Mangan weisen circa 0,2–0,4 Gew.-% Mangan auf. Deren verbessertes Duktilitätsverhalten bedingt allerdings, im Gegenzug niedrigere Raumtemperatur-Festigkeitswerte in Kauf zu nehmen. Im Vergleich zum weit verbreiteten System Magnesium-Aluminium-Zink ist bei den AM-Legierungen vor allem ihr vorteilhaftes Verformungsvermögen die Motivation dafür, sie tendenziell auch in crashbelasteten Fahrzeugbereichen einzusetzen. Für die Verarbeitung im Druckgussprozess ist anzumerken, dass aufgrund der niedrigeren Aluminiumwerte etwas schlechtere Gießbarkeit berücksichtigt werden muss.

Ein Defizit verfügbarer Magnesiumdruckgusslegierungen ist die geringe Warmfestigkeit. Bei den mit Aluminium und Zink legierten Systemen bildet sich eine interdendritische Phase an den Korngrenzen aus, diese Phase $Mg_{17}Al_{12}$ ist nicht temperaturstabil und führt bei Bauteileinsatztemperaturen von mehr als 110–120 °C zu einem deutlichen Rückgang der Festigkeitswerte. Eine Alternative bieten die Legierungen vom Typ AS, zum Beispiel AS 21 oder AS 41, deren Kriechbeständigkeit und Warmfestigkeit im Gegensatz zur AZ-Reihe gesteigert ausfällt. Dies ist unter anderem auf die Bildung einer intermetallischen Phase vom Typ im Mg_2Si zurückzuführen, die eine ausreichend hohe Temperaturstabilität aufweist.

In letzter Zeit haben zumindest im Druckgussprozess für Bauteile bei höheren Einsatztemperaturen zunehmend auch Legierungen mit Seltenen Erden Bedeutung erreicht. Für mehr als 200 °C sind Legierungen mit Silber und Seltenen Erden vorteilhaft zu nennen, hier sind die Systeme der QE-Legierungen oder die leistungsstarke WE-Familie zu erwähnen, letztere ermöglicht den Bauteileinsatz bis ca. 300 °C. Es sind aber Nachteile bei der Gießbarkeit feststellbar, sodass die Verwendung meist im Sandguss erfolgt.

Um das Angebot an solchen Druckgusslegierungen zu erweitern, die eine verbesserte Warmfestigkeit und Kriechbeständigkeit aufweisen, aber hinsichtlich Gießbarkeit und Kosten ein Optimum darstellen, wurden weltweit neue beziehungsweise erweiterte Legierungssysteme untersucht. Über eine Legierungsentwicklung, u. a. mit Calciumzusätzen, wird beispielhaft in Abschn. 3.3.8 berichtet.

3.3.6 Knetlegierungen

Die Zusammensetzung und Eigenschaften wichtiger Magnesiumknetlegierungen sind mit den Tab. 3.16 und 3.17 gezeigt. Wichtig sind wieder die Legierungssysteme vom Typ Mg-Al, herausgehoben seien z. B. AZ 31, AZ 61 und AZ 80. Für den Einsatz bei höheren Temperaturen sind WE43 und WE54 empfohlen. Solche Legierungen werden durch Walzen, Strangpressen und Schmieden weiterbearbeitet, wobei das geeignete Temperaturfenster im Prozess wichtig ist.

An neuen Legierungsentwicklungen wird geforscht: Zielsetzung ist es, auch Halbzeugformen wie Bleche oder komplexe Mehrkammer-Strangpressprofile zu ermöglichen. Die hierfür maßgebenden technischen Kriterien sind erhöhte Duktilität, bessere Umformbarkeit mit höheren Pressgeschwindigkeiten, gute Oberflächenqualität und ausreichende Korrosionsbeständigkeit.

3.3.7 Warmfestigkeit und Kriechverhalten

Der Einsatz im automobilen Antriebsstrang erfordert die Eignung von Werkstoffen auch für erhöhte Einsatztemperaturen. Dies zielt hier vorrangig auf das Zylinderkurbel-

Tab. 3.16 Zusammensetzung einiger Magnesiumknetlegierungen

Legierung	Al	Ca	Zn	Mn	Cu	Zr	Y	Nd	Th
AZ 21X1	1,6–2,5	0,1–0,25	0,8–1,6	max. 0,15	0,05				
AZ 31	3,0		1,0	0,3					
AZ 31B	2,5–3,5	max. 0,04	0,7–1,3	0,2–1,0	0,05				
AZ 61A	5,8–7,2		0,4–1,5	0,15–0,5	0,05				
AZ 80	8,5		0,5	0,12					
ZK 40			3,5–4,5			min. 0,45			
ZK 60A			4,8–6,2			min. 0,45			
ZM 21			2,0	1,0					
ZW 3			3,0			0,6			
WE 43						0,5	4,0	4,0	
WE 54						0,5	5,25	3,5	

Tab. 3.17 Mechanische Eigenschaften ausgewählter Magnesiumknetlegierungen, Anwendungsbeispiele

Leg.	Zusammensetzung	Rp0;2 [MPa]	R_m [MPa]	A5 [%]	Anwendung und Eigenschaften
M 2	Mg-2Mn	160	215	4	Legierung für Hochleistungsextrusionen mit mittleren Festigkeiten, schweißbar und korrosionsbeständig.
AZ 31	Mg-3Al-1Zn	160	240	10	Extrusions- und Schmiedelegierungen mit mittleren bis hohen Festigkeiten, korrosionsbeständig bei höheren Temperaturen
AZ 61	Mg-6Al-1Zn	190	270	9	
AZ 80	Mg-8Al-0,5Zn	215	300	8	
ZK 30	Mg-3Zn-0,6Zr	215	300	9	Extrusions- und Schmiedelegierungen mittlerer bis hoher Festigkeiten, gut verformbar.
ZK 60	Mg-6Zn-0,6Zr	235	315	8	
WE 43	Mg-4Y-3SE-0,5Zr	160	260	6	Extrusions- und Schmiedelegierungen mit guten Festigkeiten bei hohen Temperaturen
WE 54	Mg-5,25Y-3,5SE-0,5Zr	180	280	6	

gehäuse im Verbrennungsmotor und die Motor- und Getriebegehäuse bei konventionellen oder hybridelektrischen Antrieben. Eine priorisierte Herausforderung für die Magnesiumlegierungen ist in diesem Zusammenhang, die Kriechbeständigkeiten deutlich zu verbessern. Wegen der gestiegenen Bedeutung dieses Entwicklungsansatzes während der letzten Jahre und um in die nachfolgend beschriebenen Entwicklungsergebnisse einzuleiten, soll vorab auf die Grundlagen des Kriechens in metallischen Werkstoffen kurz eingegangen werden. Eine gelungene Darstellung der Wechselwirkung von Legierungsansätzen mit den metallphysikalischen bzw. Gefügeausprägungen findet sich dazu in [47].

Als Kriechen wird allgemein eine zeitabhängige, plastische Verformung eines Werkstoffes bezeichnet, die unter konstanter mechanischer Beanspruchung und verstärkt bei erhöhter Temperatur erfolgt. Abb. 3.41 (oben) stellt die idealisierten Kriechkurven eines Werkstoffes unter Wirkung von Spannung und Temperatur T nach [43, 48] dar (mit: $\sigma_3 > \sigma_2 > \sigma_1$; $T_3 > T_2 > T_1$).

Trägt man die infolge Belastung resultierenden Dehnungsgeschwindigkeiten für unterschiedliche Temperaturen über der Zeit auf, ist abzuleiten, dass bei höheren Temperaturen – für Magnesium sind dies ca. > 100 °C – drei typische Bereiche durchlaufen werden:

1. **Primäres Kriechen**: Bei diesem auch Übergangskriechen genannten Bereich nimmt nach Belastung die Kriechgeschwindigkeit zunächst ab ($\ddot{\varepsilon} < 0$), da sich der Werkstoff verfestigt.

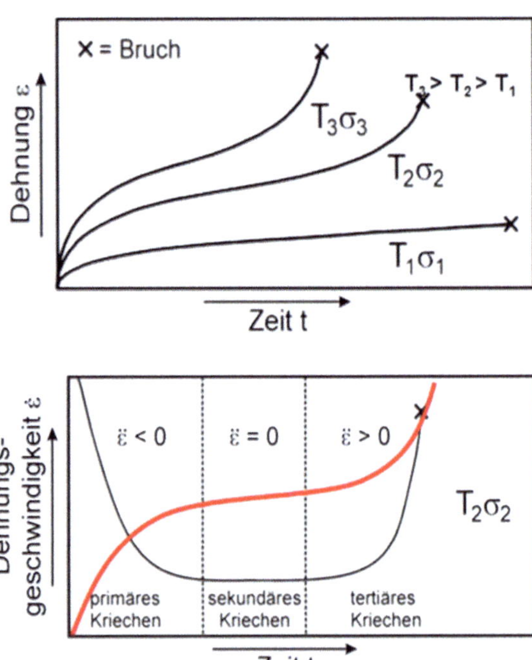

Abb. 3.41 Typische Kriechkurven, schematisch (oben) und Dehnung (rot) sowie Dehngeschwindigkeit (schwarz) einer typischen Magnesiumlegierung, nach [43, 48]

2. **Sekundäres Kriechen**: Der Bereich wird auch stationäres Kriechen genannt, da sich mit konstanter Dehnungsgeschwindigkeit ($\ddot{\varepsilon} = 0$; $\dot{\varepsilon} = \dot{\varepsilon}_s$) ein Gleichgewicht von Entfestigung und Verfestigung im Werkstoff einstellt.
3. **Tertiäres Kriechen**: Der Bereich des beschleunigten Kriechens beginnt mit zunehmender Dehnungsgeschwindigkeit ($\ddot{\varepsilon} > 0$), der Bereich endet mit dem Versagen des Werkstoffs durch finale Entfestigung und Kriechbruch.

Für das Kriechen sind nach [48] mehrere Mechanismen bedeutsam, die sich bei Metallen in der Realität allerdings überlagern:

Diffusionskriechen: die dafür bekannten metallphysikalischen Vorgänge sind das Coble-Kriechen, eine Korngrenzendiffusion von Leerstellen und das Nabarro-Herring-Kriechen, die Volumendiffusion von Leerstellen.

Beim **Versetzungskriechen** sind durch das Material laufende Versetzungen die Träger einer plastischen Verformung. Während die Versetzungen üblicherweise von Ausscheidungen, Korngrenzen oder anderen Versetzungen als Hindernis aufgehalten werden, ermöglichen ihnen höhere Temperaturen, derartige Hindernisse zu umgehen. Es findet unter Umständen ein thermisch aktiviertes Versetzungsklettern statt, das seinerseits mit Diffusionsprozessen verknüpft ist.

Das **Korngrenzengleiten** kann man sich als Erweichen der Korngrenzen bei höheren Temperaturen vorstellen. Dies kann durch die niedrige thermische Beständigkeit von Korngrenzenphasen oder korngrenzennahe Gitterstörungen bedingt sein. Beim Korngrenzengleiten findet ein Abgleiten der Körner aneinander statt, ohne dass diese sich selbst ausgeprägt verformen. In diesen Gleitvorgängen liegt im Wesentlichen die niedrige Kriechbeständigkeit von Aluminium legiertem Magnesium im Druckguss bei hohen Temperaturen begründet.

In Abb. 3.41 (unten) sind die genannten Bereiche in Anlehnung nach [43] in Bezug auf die Dehnung und in Bezug auf die Dehngeschwindigkeit über der Zeit aufgetragen.

Die sekundäre Kriechgeschwindigkeit in metallischen Werkstoffen lässt sich allgemein mit der nachfolgenden empirischen Beziehung beschreiben, wobei die verschiedenen Variablen je nach vorherrschendem Kriechmechanismus verschiedene Werte annehmen. Die Kriechgeschwindigkeit folgt in der Temperatur- und Spannungsabhängigkeit einem Arrhenius-Ansatz ähnlich den Diffusions- und Oxidationsvorgängen:

$$\dot{\varepsilon}_s \sim exp\left[-\frac{Q_C}{R \cdot T}\right] \tag{3.21}$$

Dem Ansatz folgt eine weitere Beziehung, nämlich zur Spannungsabhängigkeit der Kriechgeschwindigkeit (Norton's law):

$$\dot{\varepsilon}_s \sim \sigma^n \tag{3.22}$$

Schließlich lässt sich die Wirkung einzelner stoffrelevanter Größen, die sich durch Legierungselemente zum Teil beeinflussen lassen, durch folgende Formel kombiniert darstellen:

$$\dot{\varepsilon}_s = A \cdot \sigma^n \cdot exp\left[-\frac{Q_C}{R \cdot T}\right] \tag{3.23}$$

Dabei sind:

$\dot{\varepsilon}_s$: sekundäre Kriechgeschwindigkeit (Ableitung der Dehnung nach der Zeit)
Q_c: Aktivierungsenergie des Kriechens
R: Universelle Gaskonstante
T: Temperatur
σ: Spannung
n: Spannungsexponent des Kriechens
A: Konstante

Während der Elastizitätsmodul durch ein Zulegieren weiterer Legierungselemente kaum zu beeinflussen ist, können andere Größen u. U. stark beeinflusst werden. Zudem können Legierungselemente, z. B. in Form gelöster Mischkristallatome oder Ausscheidungen, mit den wandernden Versetzungen in Wechselwirkung treten, womit andere Effekte wirksam genutzt werden können, um das Versetzungskriechen zu behindern.

Eine erfolgreiche Strategie zur Steigerung der Kriechbeständigkeit besteht in der Bildung von Ausscheidungen in den Körnern oder auf den Korngrenzen: Damit werden die Bewegungen der Versetzungen erschwert und Korngrenzengleiten minimiert. Für eine möglichst wirksame Ausbildung der Ausscheidungen nennt [47, 48] einige Voraussetzungen:

Ausscheidungen sollen dicht und gleichmäßig verteilt sein. Damit können sie nicht leicht umgangen werden.

Ausscheidungen sollen groß und stabil sein. Dadurch können sie nicht einfach von Versetzungen geschnitten werden. Liegt die vorgenannte dichte, feindisperse Verteilung vor, können die Ausscheidungen nur durch ein Klettern oder Quergleiten von Versetzungen umgangen werden.

Ausscheidungen müssen im gewünschten erhöhten Temperaturregime stabil sein. Die Bildungsenthalpien und die Schmelzpunkte der intermetallischen Phasen geben Hinweise für das Gefügedesign.

Ausscheidungen sollten vorzugsweise kohärent sein. Eine geringe Diffusionsfähigkeit ihrer Bestandteile in der metallischen Matrix erschwert eine Überalterung der Ausscheidungen zu längeren Zeiten und höheren Temperaturen. Die Ausscheidungspartikel können entsprechend ihrer Keimbildungszeit unterschiedliche Größen und in den Grenzflächen erhebliche Energiedifferenzen zum energetisch günstigeren Zustand aufweisen. Das Bestreben, diese Energie abzubauen, führt zu einer Grenzflächenverminderung und damit Größenzunahme der Partikel. Bei höheren Temperaturen wird ein Wachstumsvorgang über die Zeit t gesteuert, entsprechend dem Zusammenhang:

$$d \sim t^{\frac{1}{3}} \tag{3.24}$$

Dieses auch als Ostwald-Reifung bekannte Wachstum verändert die mechanischen Eigenschaften: Streckgrenze, Festigkeit und Härte nehmen bei der Überalterung ab.

Für die Entwicklung der neuen kriechbeständigen Magnesiumlegierungen wurden diese theoretischen Ansätze zugrunde gelegt, wobei weitere Gesichtspunkte, wie Verarbeitbarkeit im Druckguss oder Kosten unter entsprechender Gewichtung einzubeziehen waren.

3.3.8 Zielrichtung zur Legierungsentwicklung[4]

Die Streckgrenze ist vielfach das Auslegungskriterium für die Konstruktion im Fahrzeugbau. Daher muss eine neue Legierung eine Streckgrenze wie AZ 91 auch dann aufweisen,

[4] Die Abschn. 3.3.6, 3.3.7 und 3.3.8 beruhen auf der Zusammenarbeit des Herausgebers mit und den Beiträgen von Dr. S. Schumann und Dr. F. v. Buch in der Volkswagen-Forschung sowie Dr. E. Aghion von Dead Sea Magnesium, Israel, dieses auch als Grundlage für die Vorlesung „*Fahrzeugkonzepte Werkstoffe und Bauweisen*" an der Technischen Universität Berlin, was an dieser Stelle dankbar erwähnt sein soll. Die Angaben zur weiteren Legierungsentwicklung und der Legierung DSM-1 stammen dankenswerterweise von Dr. N. Moskovich, ICL Magnesium, Israel [49].

wenn bestehende Werkzeugformen genutzt werden sollen. Dies bedingt einen ausreichenden Gehalt an festigkeitssteigernden Elementen wie z. B. Al und/oder Zn.

Ähnliches gilt für die Gießbarkeit, auch hier muss eine ähnlich gute Formfüllung wie für AZ 91 erreicht werden, was mit einem hohen Gehalt an Al (und Zn) realisiert werden kann. Die Kriechbeständigkeit muss durch Legierungselemente erzielt werden, die einerseits Ausscheidungen auf den Korngrenzen und im Korninnern bilden, andererseits einen Teil des Aluminiums abbinden, da sonst unter Bildung von $Mg_{17}Al_{12}$ ein Korngrenzengleiten resultieren würde. Sehr effektive Elemente sind hierfür Seltene Erden (SE), Ca, Si und Sr. Die zusätzlichen Elemente sollen nicht nur hinsichtlich der Kriechbeständigkeit, sondern auch der Streckgrenze bei erhöhter Temperatur effektiv sein. Zudem dürfen sie keinen stark negativen Einfluss auf die Korrosion, die Dauerfestigkeit oder die Duktilität nehmen.

Ein gutes Beispiel für eine systematische Entwicklungsarbeit sind die Legierungen vom Magnesium Research Institute (MRI),[5] die einen Einsatzbereich von 150 °C bis 200 °C haben und die hier stellvertretend gezeigt werden. Die wesentlichen Zielvorgaben für das Eigenschaftsprofil der neuen Legierungen waren [38, 44, 50]:

- Raumtemperatureigenschaften mindestens so gut wie bei AZ91,
- Warmfestigkeit > 120 °C besser als AZ91,
- Kriechrate besser als AE42,
- Gießbarkeit vergleichbar AZ91,
- Korrosionsbeständigkeit ähnlich zu AZ91,
- Kosten vergleichbar AZ91.

Die Legierungsstrategie für ausgewählte fünf MRI-Legierungen beruhte auf dem System Mg Al (Zn) mit zusätzlich verschiedenen Elementen wie Ca, Mn, Si. Da eine wichtige Zielvorgabe in vergleichbaren Kosten zu AZ91 bestand, konnten die zur Zeit der Entwicklung sehr kostenintensiven SE nicht Berücksichtigung finden. Die zielorientierte Materialoptimierung wird besonders beim Kriechverhalten deutlich.

Dies wird anhand von zwei Versuchsreihen mit unterschiedlichen Belastungen gezeigt. Bei der ersten Reihe mit einer Belastung von 85 MPa bei 135 °C (dieses Belastungskollektiv stand beispielhaft für eine Getriebebelastung) zeigen die entwickelten Legierungen eine sekundäre Kriechgeschwindigkeit, die um bis zu einer Zehnerpotenz kleiner als die entsprechenden Werte der konventionellen Legierungen AZ91 und AE42 ist (Abb. 3.42 oben).

Bei einer Erhöhung der Temperatur auf 200 °C und einer gleichzeitigen Senkung der wirkenden Spannung auf 55 MPa in einer zweiten Versuchsreihe zeigt sich, dass alle neu entwickelten Legierungen der konventionellen AZ 91 weiterhin überlegen sind (siehe Kriechkurve in Abb. 3.42 unten). Die Legierung AE 42 ist jedoch teilweise leistungs-

[5] MRI, in Beer Sheva, Israel, Projektkooperation mit Dead Sea Magnesium (DSM) und Volkswagen AG.

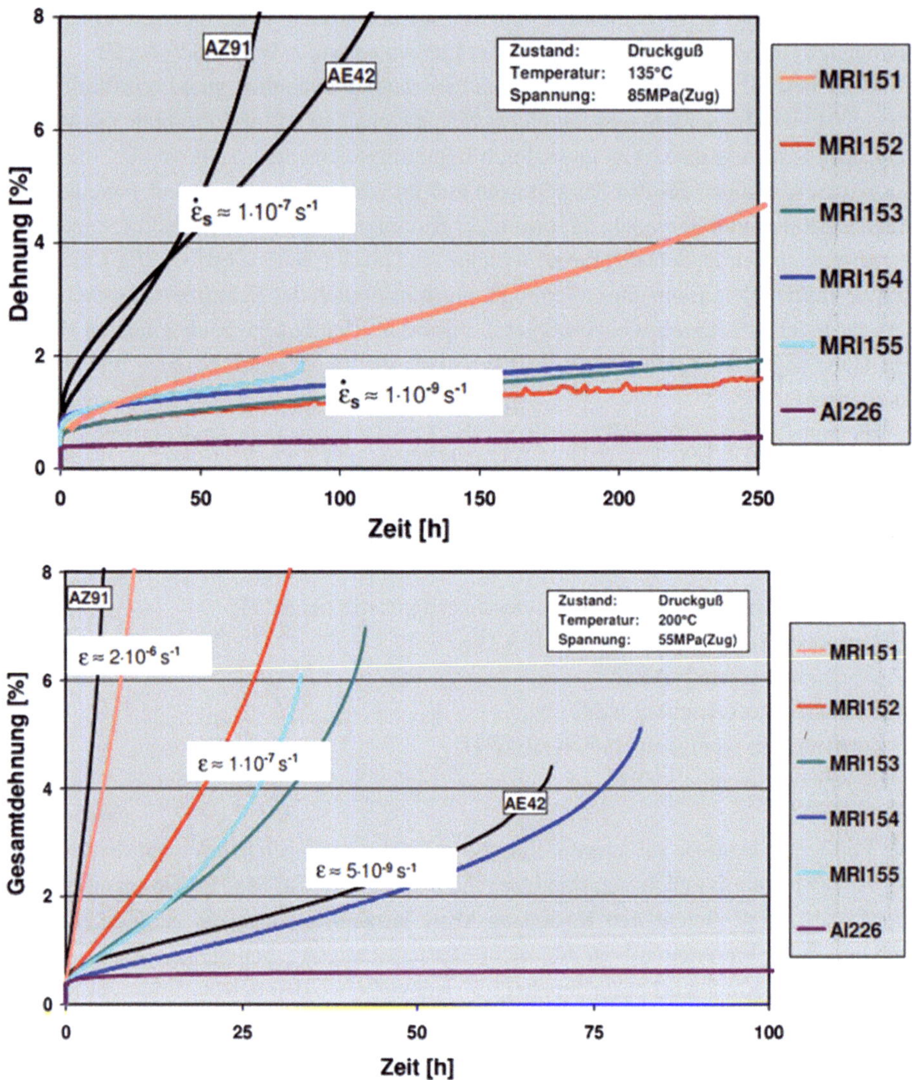

Abb. 3.42 Kriechkurvenvergleich zwischen MRI- und herkömmlichen Mg-Legierungen bei 85 MPa und 135 °C (oben) und bei 55 MPa und 200 °C (unten) im Vergleich zur Al-Leg. Al226 (AlSi9Cu3), nach [50]

fähiger, da sich hier Al-SE-Ausscheidungen bilden, die auch bei diesen höheren Temperaturen thermisch stabil sind. Die hohe Kriechbeständigkeit einer Aluminiumlegierung, wie AlSi9Cu3 (Al226) kann mit den neuen Mg-Legierungen MRI 151 bis 153 allerdings nicht erreicht werden.

Zusätzlich zur konventionellen Mg-Legierung AZ91 und der hochtemperaturfähigen WE43 ist in Abb. 3.43 auch für die neuer entwickelte MRI 230D das Streckgrenzenverhalten

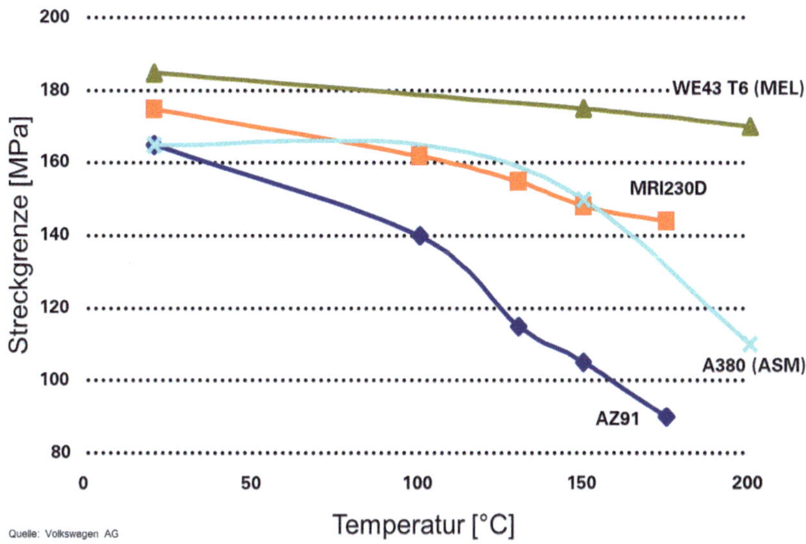

Abb. 3.43 Streckgrenze in Abhängigkeit von der Temperatur der neuentwickelten kriechbeständigen Magnesiumlegierung MRI230D im Vergleich zu anderen Legierungen, nach [44, 51]

über der Temperatur gezeigt. Wie erkenntlich, ist dieses vergleichbar der für Motorteile häufig verwendeten Al-Legierung AlSi8Cu3 (A380).

Das Entwicklungsziel von neuen kriechbeständigen Magnesiumlegierungen ist dabei die Nutzung der positiven Eigenschaften bei gleichzeitiger Minimierung bzw. Eliminierung der Ausscheidungsphasen durch das Abbinden von Aluminium während der Abkühlung. Dazu wird im Folgenden genauer auf deren Mikrostrukturen eingegangen.

Es ergibt sich in allen Fällen die typische Mikrostruktur druckgegossener Legierungen. Veränderungen resultieren allenfalls aus dem unterschiedlichen Gehalt weiterer Phasen (bedingt durch den Legierungsgehalt). Unterschiedliche Korngrößen zeigen sich als Folge eines unterschiedlichen Erstarrungsverhaltens. Abb. 3.44 zeigt auszugsweise die Mikrostruktur einiger MRI-Legierungen im Vergleich mit den konventionellen Legierungen AZ 91 und AE 42.

Aus den Mikrostrukturen kann abgeleitet werden, dass die hohe Kriechbeständigkeit der zinkreichen Legierung MRI 151 bei 135 °C in erster Linie auf die Form der Ausbildung der Korngrenzen zurückgeführt werden kann, da diese zu einer starken Verklammerung der Körner führt und somit ein Korngrenzengleiten sehr effektiv vermindert wird. Die auf den Korngrenzen enthaltene Phase zeigt jedoch aufgrund des niedrigen Schmelzpunktes eine nur geringe thermische Stabilität, wodurch die Kriechbeständigkeit mit der Temperaturerhöhung auf 200 °C stark absinkt.

Ein ähnlicher Sachverhalt liegt in den Legierungen MRI 153 und MRI 154 vor. In diesen Legierungen sind die Ausscheidungen jedoch thermisch stabiler, sodass auch bei 200 °C eine bessere Kriechbeständigkeit resultiert. Hier zeigt dann die Legierung MRI 154 mit einem kleineren Aluminiumgehalt Vorteile.

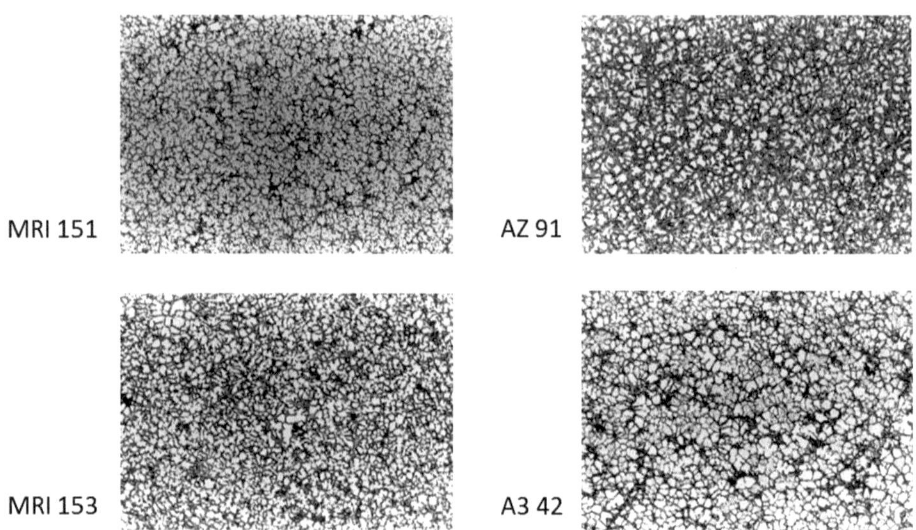

Abb. 3.44 Mikrostrukturen neuentwickelter Mg-Legierungen MRI 151 und 153 (links) sowie herkömmlicher Legierungen AZ 91 und AE 42 (rechts)

Es lässt sich somit festhalten, dass die zinkreichen Legierungen eine massive Korngrenzphase bilden, die eine sägezahnförmige Gestalt hat und überwiegend aus dem tertiären Mg-Al-Zn-Eutektikum besteht (Abb. 3.45 und 3.46). Die modifizierten AZ-Legierungen zeigen weniger massive Korngrenzen und weniger sägezahnförmige Gestalt. Diese Korngrenzen bestehen aus einer Vielzahl von unterschiedlichen intermetallischen Phasen und sind tendenziell feiner verteilt, was eine gute Voraussetzung für ein gutes Kriechverhalten darstellt [51].

Die Bildreihen machen deutlich, wie wertvoll die Analyse bzw. Steuerung der Ausscheidungsmorphologie in Matrix und Korngrenzen auf die finalen Eigenschaften neuer Legierungen sind. Ein Vergleich (Tab. 3.18) der mechanischen und physikalischen Eigenschaften von zwei neuen MRI-Legierungen zeigt deren Vorteile bei den Festigkeiten im erhöhten Temperaturregime (für 153M aus dem System Mg-Al-Ca-Sr, entwickelt für 150 °C und für 230D, entwickelt für 190 °C) und der Dauerfestigkeit gegenüber konventionell verfügbaren Magnesiumlegierungen und im Vergleich zur Al-Gusslegierung A380 [44].

Die Fortsetzung der MRI-Legierungsentwicklung gipfelte in der DSM-1, einer kriechbeständigen Druckgusslegierung im Legierungssystem Mg-Al-Mn-SE. Neben einer guten Kombination von Festigkeit und Dehnung zeichnet sich die Legierung durch geringe Empfindlichkeit gegenüber Heißrissen aus [49].

Die Mikrostruktur eines typischen Ingots zeigt die Mg-Al-Matrix mit intermetallischem nadelförmigen $Al_{11}SE_3$. Die Mikrostruktur im Druckguss besteht aus dem Mg-Al-Mischkristall und einem fortgesetzten Netzwerk aus eutektischen $Al_{11}SE_3$-Ausscheidungen. Sobald die eutektische intermetallische Verbindung gebildet ist, sind niedrigere Konzentra-

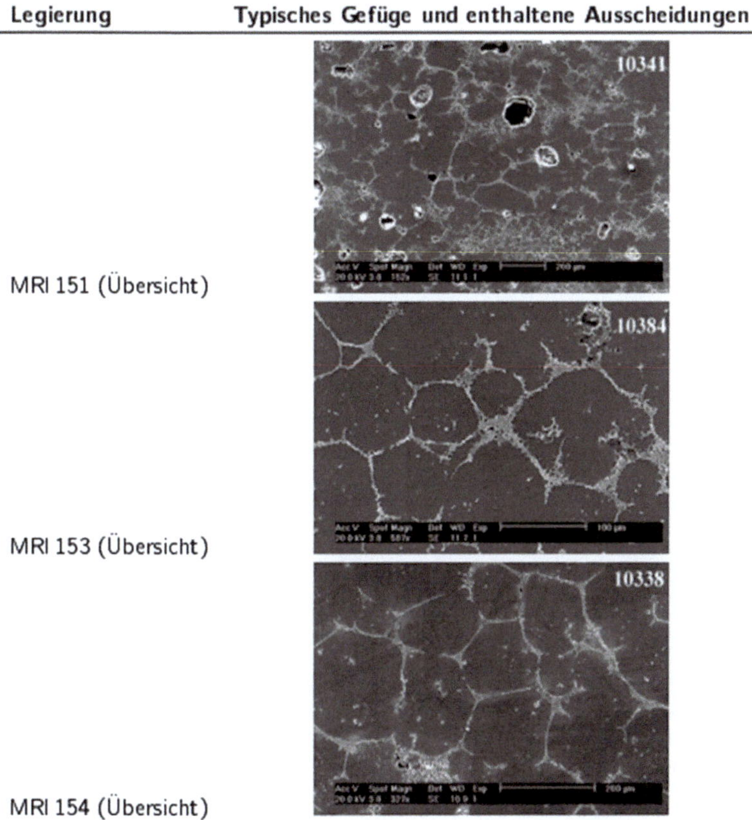

Abb. 3.45 Korngrenzenstruktur von drei MRI-Legierungen Legierung: Typisches Gefüge und enthaltene Ausscheidungen

Abb. 3.46 Korngrenzenstruktur von drei MRI-Legierungen: Ausscheidungen an den Korngrenzen, z. B. Al_2Ca und Al_4CeMg_4

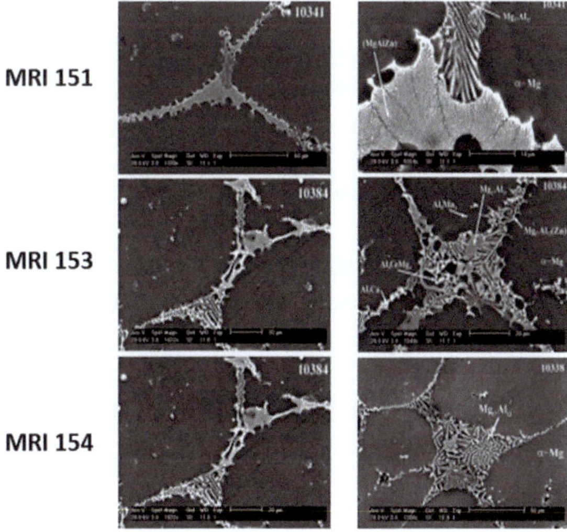

Tab. 3.18 Mechanische und physikalische Eigenschaften einiger Mg-Legierungen im Vergleich zur Al-Legierung A380

Eigenschaften	MRI 153M	MRI 230D	AZ 91	AE 42	AS 21	DSM-1 F	DSM-1 T5	A380
Streckgrenze [MPa]								
- bei 20 °C	170	180	160	145	120	150	165	165
- bei 150 °C	135	150	105	100	85	122	135	150
- bei 200 °C	–	–	70	–	–	108	115	110
Zugfestigkeit [MPa]								
- bei 20 °C	250	235	250	230	220	250	265	330
- bei 150 °C	–	–	160	–	–	250	265	330
- bei 200 °C	–	–	120	–	–	130	140	165
Kerbzähigkeit [J]	8	6	9	12	12	–	–	–
Dauerfestigkeit [MPa][1]	120	110	100	90	90	135	140	140
Kriechfestigkeit [MPa] bei 0,2 %, 100h								
-bei 150 °C	–	–	15	–	–	95	105	95
-bei 175 °C	–	–	8	–	–	85	95	80
Korrosionsrate [mg/cm^2 pro Tag][2]	0,09	0,1	0,11	0,12	0,34	–	–	–
Bruchdehnung [%]	6	5	7	11	13	14	14	3
Dichte [g/cm^3] bei 20 °C	–	–	–		–	1,81	1,81	2,71
Wärme-Ausdehnungskoeffizient [10^{-6} 1/K] -bei 20–100 °C	–	–	26	–	–	25,4	25,4	21,8

[1]Umlaufbiegung 5 × 10^8 Zyklen
[2]200 h Salzsprühtest (ASTM Standard B.117)
F wie gegossen, T5 warmausgelagert

tionen an Elementen erforderlich, um die Bildung der für die Kriechfestigkeit schädlichen intermetallischen Verbindung Mg_{17} Al_{12} zu unterdrücken (Abb. 3.47).

Die mechanischen Eigenschaften zeigen die überlegenen Festigkeiten nach Tests im Temperaturbereich von 20 bis 200 °C (Tab. 3.18), erwartungsgemäß fallen die Festigkeiten bei steigenden Testtemperaturen, bleiben aber selbst bei 200 °C noch gut im Vergleich selbst zur Al-Legierung A380 (Abb. 3.48).

3.3.9 Fallbeispiele zu Anwendung, Forschung und Entwicklung

3.3.9.1 Magnesium im Antriebsstrang

Die wichtigsten Einsatzfelder von Mg-Legierungen sind im Antriebsstrang und Innenbereich von Fahrzeugen zu finden, dabei handelt es sich vorwiegend um Druckgussteile, bei kleineren Stückzahlen auch Sandguss. Die Herstellung der High-Purity-Legierungen (z. B. AZ91-hp) erlaubte in den 1990er-Jahren verstärkt wieder den Einsatz bei Getriebe-

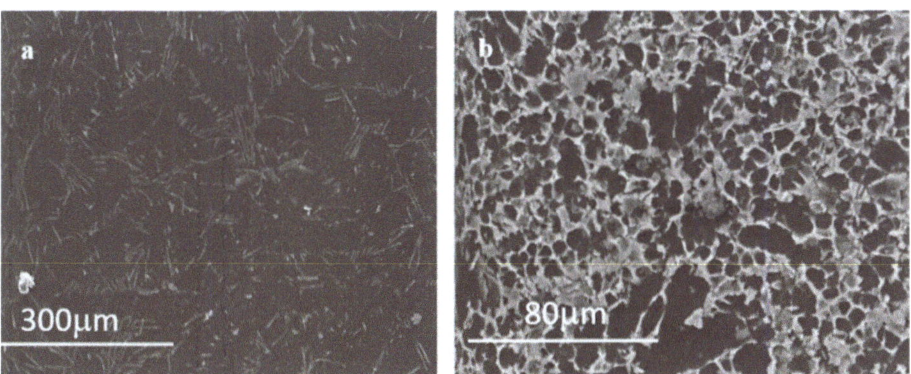

Abb. 3.47 Mikrostruktur von Legierung DSM-1, links Ingot- und rechts Druckgussgefüge, Copyright © ICL

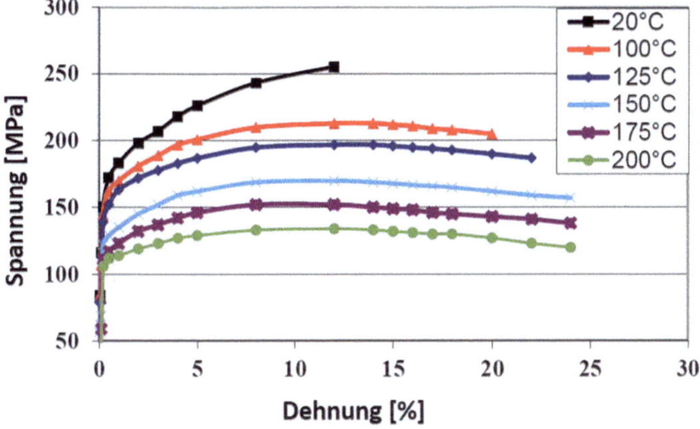

Abb. 3.48 Spannungs-Dehnungs-Verlauf der Mg-Legierung. DSM-1 im Temperaturbereich von 20 bis 200 °C, nach [49]

gehäusen. Für Automatik- bzw. Hochleistungsgetriebe und Zylinderkurbelgehäuse mit Temperaturen > 120 °C wurde die vorgenannte Entwicklung kriechbeständigerer Legierungen begonnen und zum Einsatz gebracht. Gewichtsreduzierungen von 20 bis 25 % gegenüber den schon leichten Al-Bauteilen sind in Mg-Bauteilen (Abb. 3.49) so erreichbar. [38, 41]

Mit hybriden Bauweisen für das Zylinderkurbelgehäuse werden die Vorteile von Magnesiumlegierungen (geringe Dichte) und Aluminiumlegierungen (mittlere Dichte, besseres Temperatur-/Kriechverhalten) geeignet kombiniert. Ein druckgegossenes Al-Bauteil, welches Zylinderlauffläche, Kühlwasserführung, Integration von Lager und Verschraubung etc. umfasst, wird dafür in einem zweiten Druckgussvorgang mit Magnesium umschlossen.

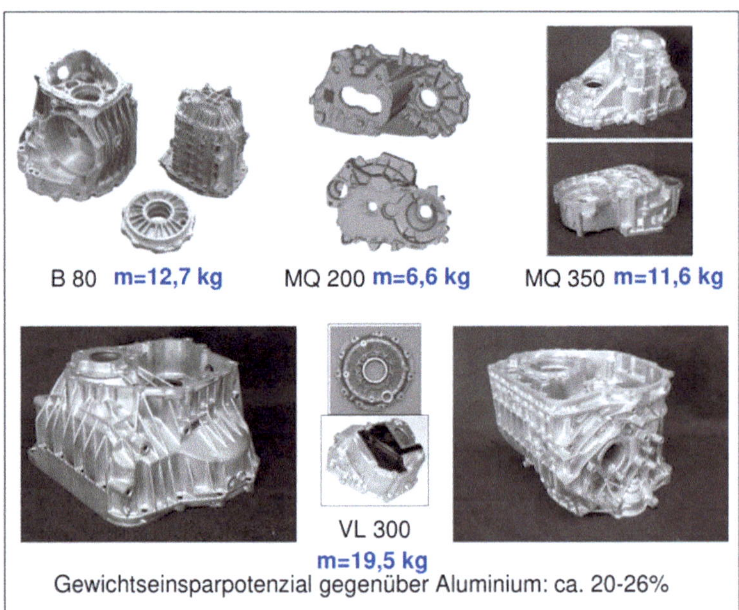

Abb. 3.49 Getriebegehäuse mit Magnesiumlegierungen, aus [38]

Derartige Al/Mg-Verbundkurbelgehäuse wurden von BMW für einen Reihensechszylindermotor in Serie eingeführt [52]: Der Motor N52 war mit 161 kg seinerzeit der leichteste 6-Zylinder 3-Liter Motor dieser Leistungsklasse. Erzielt wurde das geringe Gewicht mit der Verbundkonstruktion aus einem AlSi17-Insert und einem Magnesiumumguss mit einer neu entwickelten, kriechfesten Legierung vom Typ Mg-6Al-2Sr [53]. Das wassergekühlte Kurbelgehäuse war ca. 24 % leichter als ein vergleichbares Aluminium-Bauteil.

Ein Konzept von Audi [54] erprobte für ein 4-Zylinder-Verbundkurbelgehäuse unter anderem die für verbesserte Kriecheigenschaften entwickelten vorgenannten MRI-Legierungen (Abb. 3.50). Die Mg-Bedplate kann ebenfalls im Mg-Druckguss hergestellt werden und die gute Gießbarkeit erlaubt das Design mit dünnen Rippen und Versteifungen, welche den geringen werkstofflichen E-Modul kompensieren.

3.3.9.2 Magnesium im Gesamtfahrzeug

Druckgussteile finden derzeit und für prognostizierte Anwendungsfelder im Fahrzeug den größten Anteil (vergl. USAMP). Weitere Beispiele sind Lenkradskelett, Sitzgestelle oder Instrumententafelträger (IP).

Bleche aus Magnesiumlegierungen erfordern aufgrund der eingeschränkten Umformeigenschaften besondere Maßnahmen bei der Bauteilherstellung. Mit Warmumformung bei 200 bis 225 °C können auch anspruchsvolle Geometrien tiefgezogen werden, beispielsweise eine Demonstratorfrontklappe, hergestellt in einem beheizten Werkzeug. Im Vergleich zu einer Aluminiumausführung werden 15 bis 20 Gew- % als Leichtbaupotenzial

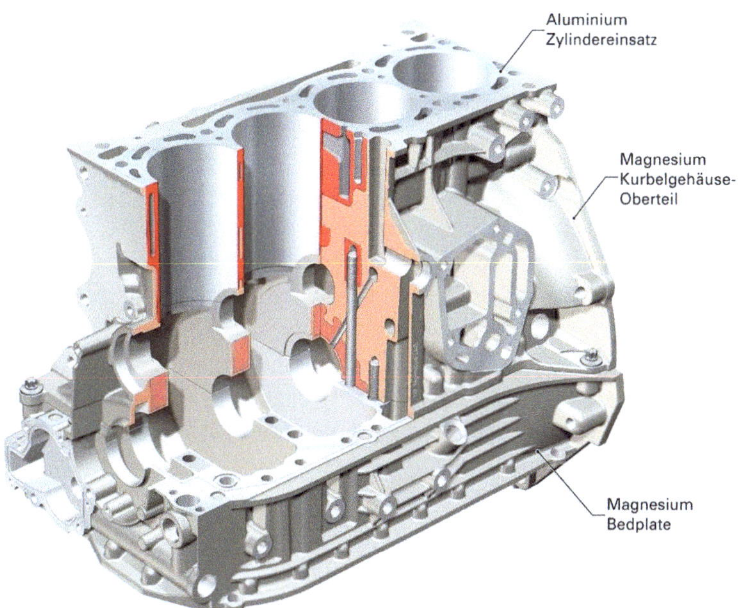

Abb. 3.50 Al-Mg-Verbundkurbelgehäuse nach AUDI Konzept, aus [38]

Abb. 3.51 Demonstrator: VW Lupo Fronthaube, aus [38]

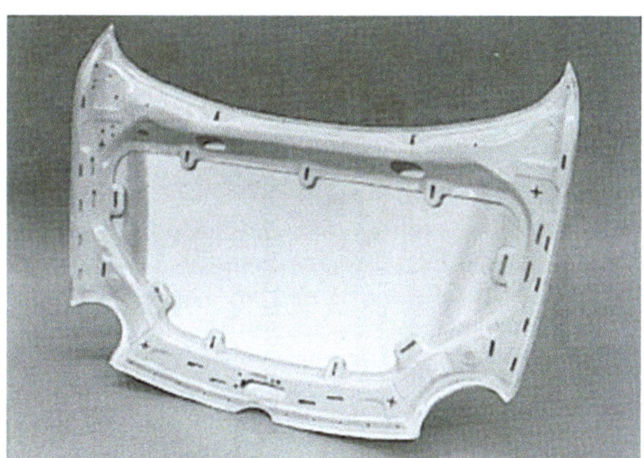

gewonnen [38]. Das Bauteil konnte in einem Fahrzeugcrash (EU NCAP Offset) getestet werden und bewies (trotz der geringeren Verformbarkeit des Magnesiums) ein akzeptables, rissfreies Versagensverhalten (Abb. 3.51). Über ein Gesamtkonzept für Mg-Bleche – Legierungsentwicklung, Bauteilherstellung und Fügetechnik/Montage – wird am Beispiel der Passat B6 Heckklappe in Abschn. 3.3.9.3 von Klaumünzer [55] berichtet.

Schmiedeteile und Strangpressprofile werden in Magnesiumlegierungen nur vereinzelt realisiert, z. B. für Radfelgen oder in Spaceframe-Konstruktionen (1-Liter-Auto, Abb. 3.62). Der Grund liegt vor allem in den hohen Kosten. An neuen Legierungen für stranggepresste Profile, die sich bei höheren Geschwindigkeiten extrudieren lassen als AZ31 und eine höhere Bruchdehnung aufweisen, wird gearbeitet.

Magnesium hat seine Potenziale für den Fahrzeugbau wohl noch nicht ausgeschöpft: Dies ist mit dem geringen international verfügbaren Datensatz zu Mg-Eigenschaften zu begründen, ebenfalls der ungenügenden Bekanntheit bei den Entwicklern und Konstrukteuren, freilich auch an der sehr eingeschränkten Anzahl von Legierungen, verglichen mit der der Aluminium-(oder Stahl-)Community. Kurz vor der Jahrtausendwende erlebte Magnesium im Fahrzeugbau eine kleine Renaissance, es konnten beispielsweise bei einer virtuellen Addition aller in VW/Audi-Fahrzeugen im Jahr 2000 eingesetzte Mg-Bauteile ca. 25 kg ermittelt werden. Von Friedrich und Schumann [56] wurden daher optimistisch 60–80 kg mittelfristig und 90–120 kg längerfristig in Magnesium für möglich gehalten, freilich nur bei Aktivierung aller Anstrengungen in Forschung und Zusammenarbeit entlang der kompletten Prozesskette.

Eine zusammenfassende Darstellung des United State Council for Automotive Research aus der gleichen Zeit weist ebenfalls eine mögliche, bemerkenswert hohe Gewichtsreduzierung durch Magnesiumbauteile in einem virtuellen Fahrzeug auf. Das Gewicht aller Teile, die in [57] strukturiert sind für die Domänen Fahrwerk (Räder, Rahmenquerträger, Motorträger etc.), Antriebsstrang (z. B. Motorblock, Ansaugkrümmer, Getriebe, Kupplungsgehäuse und Ölwanne), Karosseriestruktur (Türen, innen, Armaturentafel-Frontstruktur, Scheibenrahmen, Heckklappe, innen) und Interieur (Sitzrahmen, -stützen, Armaturentafel-Querträger), würde demnach gegenüber der Ausführung in konventionellen Materialtechnologien (St oder Al) um ca. 146 kg in Summe gesenkt werden können (Abb. 3.52).

Gegenwart und Zukunft der Verwendung von Magnesium in Fahrzeugbauteilen sind zum einen geprägt von komplexeren, größeren und dünnwandigen Gussteilen, oftmals nutzen sie vorteilhaft die Möglichkeiten zur Teile- und Funktionsintegration. Kostenattraktivität und Zukunftsfähigkeit in Form von Nachhaltigkeit sind dabei inzwischen stets lösungsbestimmend.

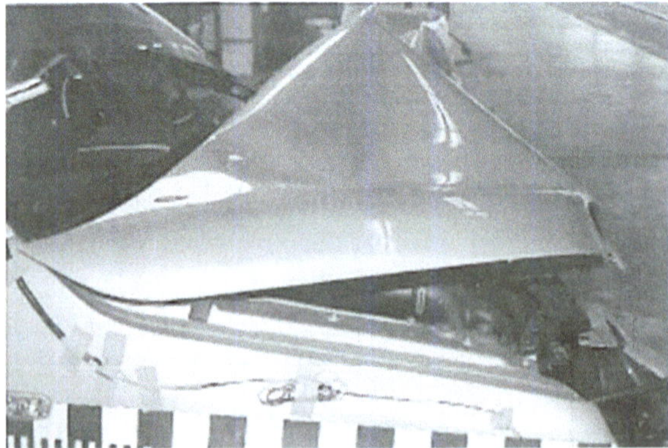

Abb. 3.52 Mg-Fronthaube nach offset crash, ODB-64 km/h (VW-3l-Lupo), aus [38]

Zum anderen korrespondieren damit zahlreiche F+E-Anstrengungen, die auch neue Bauweisen mit Gussteilen und Profilen, teilweise gefüllt mit polymeren Schäumen sowie mit Blechen einbeziehen und die Eigenschaften neuerer Legierungsentwicklungen nutzen. Ein Beispiel dafür sind die Forschungsarbeiten des DLR, bei denen Werkstoff- und Verfahrensergebnisse aus Laborebene möglichst weiterführend bis hin zu Fahrzeugdemonstratoren und dem Nachweis der Machbarkeit präsentiert werden. Deren Verbundprojekte Next Generation Car (NGC) [58] bieten dafür den mittel- und langfristigen Forschungsrahmen.[6] Werkstofflich relevante Ergebnisse sind nachfolgend erwähnt.

Das SLRV (Safe Light Regional Car des DLR, vergl. a. Abschn. 5.7) ist ein 2019 vorgestelltes Forschungsfahrzeug aus dem NGC-Projekt, bei dem die Fahrzeugstruktur in einer sandwichintensiven Bauweise realisiert wurde. Eine Verbesserung der Crash-Energiewandlung konnte durch schaumgefüllte Hohlprofile erreicht wurde. Um auch bei diesem Leichtfahrzeug, angelehnt an die L7e-Klasse, einen hohen Sicherheitsstandard im Falle einer Seitenkollision (pole impact) zu gewährleisten, wurde eine schaumgefüllte Ringstruktur konzeptionell zugrunde gelegt, um die Passagiere zu schützen.

Neben einer polyurethangefüllten ringförmigen Stahlstruktur mit DC04 wurden in diesem Verbundprojekt auch alternativ Mg-Profile untersucht. Magnesium AZ31B ist wie bekannt ein wenig duktiles Material, das sich bei größeren Deformationen, z. B. in einem Biegetest, unzureichend verhält. Des Weiteren besitzt es eine ausgeprägte Zug-/Druck-Asymmetrie in den Materialeigenschaften, was zu weiteren Herausforderungen im Design der Komponenten führt. Mit dem Konzept der Schaumfüllung von Mg-Profilen kann das Biegeverhalten indes deutlich verbessert werden. Die spezifische Energieabsorption konnte so von ca. 500 J/Kg auf 714 J/Kg gesteigert werden [59]. Die Abb. 3.53 zeigt den Vergleich von schaumgefüllten St-Profilen mit zwei unterschiedlich hergestellten schaumgefüllten Mg-Profilen im Biegetest. Die spezifische Energieabsorption (SEA) und das Bauteilgewicht sind für AZ31-Blech geschweißt, AZ31 stranggepresst und Stahl DC04 zu sehen, alle Varianten jeweils PU-gefüllt.

Die SEA von Stahl DC04 vergrößert sich aufgrund der Füllung mehr als dreifach, während für Mg-Extrusionsprofile eine Verdoppelung mit Füllung (BETAFOAM200) stattfindet. Die Mg-Blechprofile erreichen eine mindestens um 100 J/Kg größere SEA als die von Stahl. Mit dieser Option brechen die Mg-Komponenten nicht im quasistatischen bzw. dynamischen Test [60–62]. Die Untersuchungen des Verformungsverhaltens zeigen bei den Mg-Profilen eine deutliche plastische Verformung auf der Druckseite (Abb. 3.54). Hier wird die ausgeprägte Asymmetrie der Druck- und Zugeigenschaften des Magnesiums genutzt, sodass die plastische Verformung auf die schwächere Druckseite fokussiert, vor-

[6] Next Generation Car (NGC): Im Großprojekt NGC entwickeln insgesamt ca. 20 DLR-Institute gemeinsam Technologien für Straßenfahrzeuge der Zukunft. Neben dem SLRV gibt es zwei weitere Fahrzeugkonzepte, die ebenfalls dem Metatrend der Urbanisierung Rechnung tragen: Das Urban Modular Vehicle (UMV) als modular aufgebautes Stadtauto für private wie kommerzielle Anwender sowie das für weite Strecken zwischen Ballungsräumen entworfene Inter Urban Vehicle (IUV), [58].

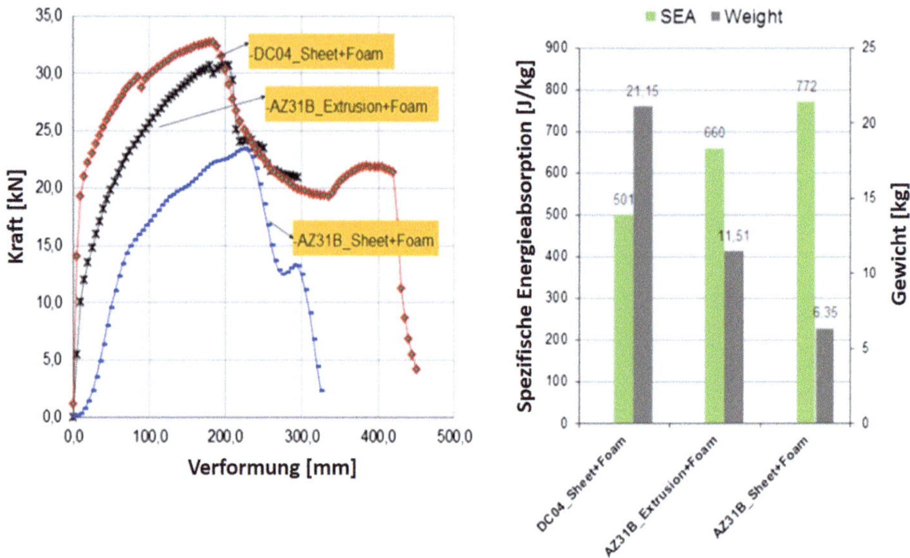

Abb. 3.53 Vergleich von schaumgefüllten Profilen aus Stahl DC04 und Magnesium AZ31B, Copyright© DLR e.V.

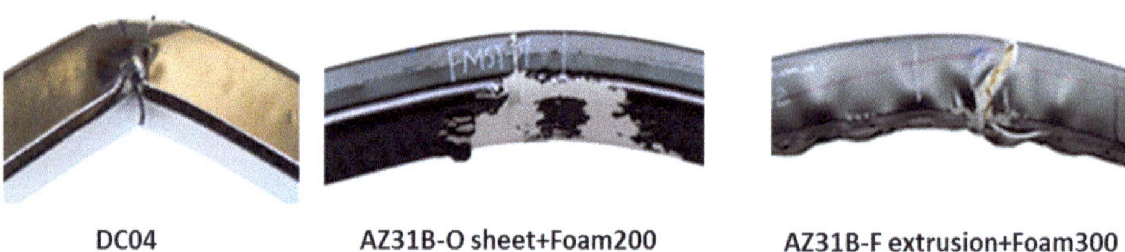

Abb. 3.54 Verformungsverhalten unterschiedlich hergestellter, gefüllter Profile nach Biegetest, Copyright@ DLR e.V.

teilhaft unterstützt durch die optimierte Schaumfüllung in dieser Anwendung. Die Verformung kann dergestalt über einen größeren Bereich verteilt werden.

Zug-/Druck-Asymmetrie und Kaltverfestigung können nach Untersuchungen von Zhou et al. [63] für Mg-Blech und Mg-Strangpressprofile vorteilhaft genutzt werden, um den Werkstoff in crashbelasteten Biegelastfällen einzusetzen.

Zahlreiche Mg-Anwendungen der letzten Jahre zeigen einen Trend zu größeren oder komplexeren Bauteilen [64]. Zusätzlich zur Integration von Teilen ist auch hier die Integration verschiedener Funktionen erfolgversprechend, z. B. Funktionen der Klimatisierung, Variation von Airbag-Einrichtungen oder Cockpit-Schirmen. Dies ist entscheidend für Bauweisenkonzepte wie etwa dem Mg-Instrumentenquerträger (crossbeam) des Jaguar I-Pace (2018) aus Magnesium AM 60 mit einer Bauteillänge von 1491 mm. Herausragende Entscheidungsmerkmale sind die Herstellung der geringen Wandstärken bei einem so großen Bauteil und natürlich die erreichte Kostenattraktivität (Abb. 3.55, oben).

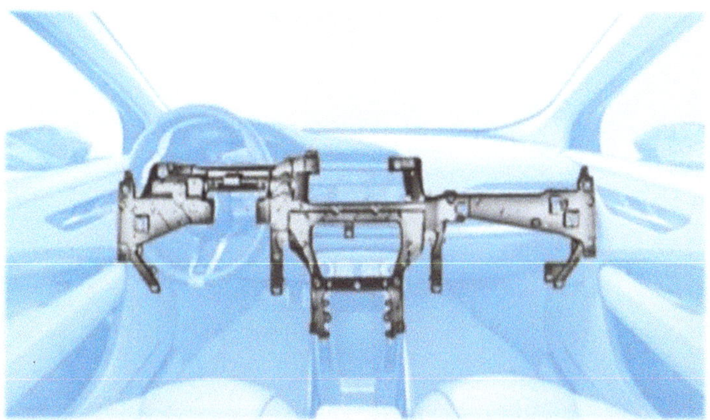

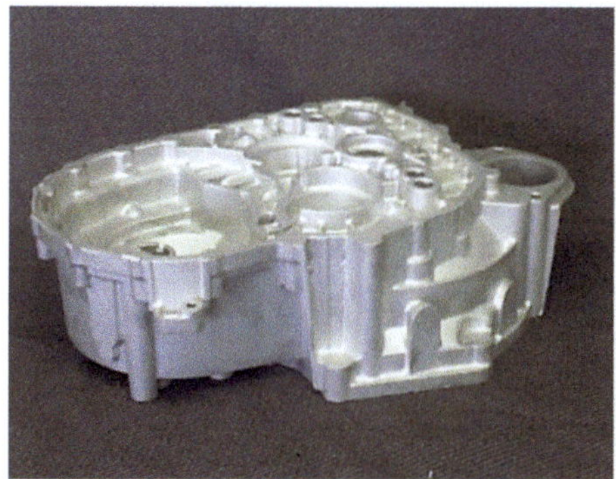

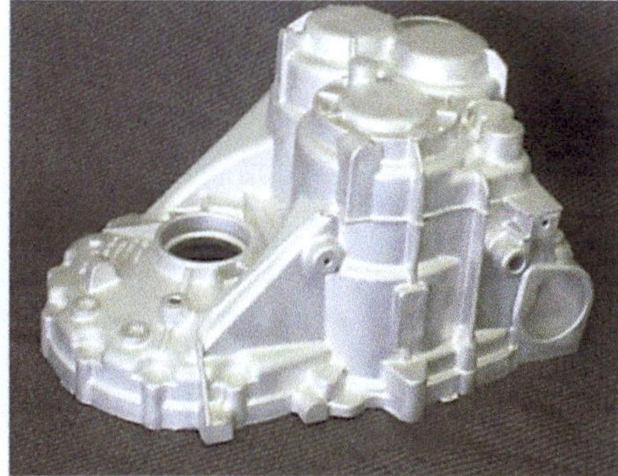

Abb. 3.55 Magnesium in Serie: Crossbeam Jaguar I-Pace, oben, Copyright© Georg Fischer AG und MQ350-Getriebegehäuse von Volkswagen, unten, aus [45]

Ähnliches gilt für ein entsprechendes Druckgussteil für die S-Klasse von Mercedes (BR 222), bei dem die komplexe dünnwandige Verrippung des nur 3,97 kg schweren Bauteils in Abb. 3.56 gut erkennbar ist. Das Montagegewicht mit zwei gegossenen Al-Klammern sowie Schrauben beträgt 4,27 kg.

Ein gutes Beispiel für Kostenattraktivität ist auch ein Getriebegehäuse aus AZ91D für Volkswagen, das 25 % leichter als die Al-Referenz und kostenmäßig äquivalent ausfällt (Abb. 3.55 unten).

Eine strukturelle Anwendung ist die Domstrebe im Audi A8 (2017). Das Magnesiumdruckgussteil sitzt im Motorraum und ist an der Stirnwand und mit den beiden Federbeindomen verschraubt. Das Bauteil hilft bei einem Frontalcrash, die auftretenden Kräfte auf die Lastebenen der Vorderwagenstruktur zu leiten sowie die große Torsionssteifigkeit der Karosserie zu ermöglichen. Auch bei diesem Bauteil (vgl. Bauweise in Abschn. 5.5) ist ein Gewichtsvorteil von 28 % gegenüber dem Aluminiumvorgänger ausgewiesen. Eine ähnliche Anwendung findet sich 2020 im Ford Mustang Shelby mit der kriechbeständigeren, aber noch gut gießbaren Magnesiumlegierung AE44.

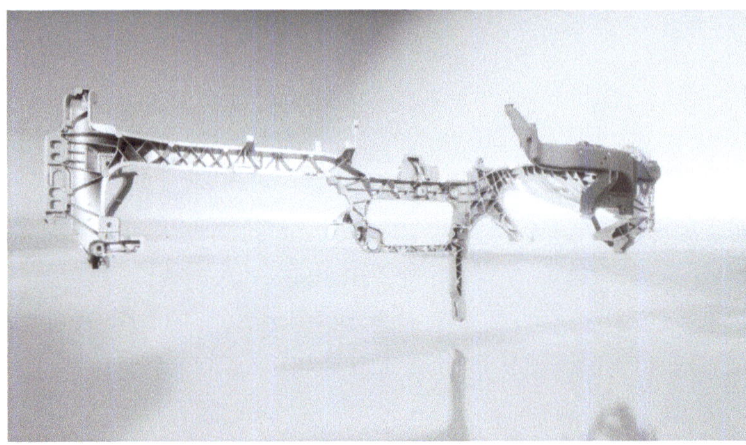

Abb. 3.56 Große Integralgussteile in Magnesium: Cross-Car-Beam Mercedes S-Klasse in MgAl5Mn, Copyright© Georg Fischer AG

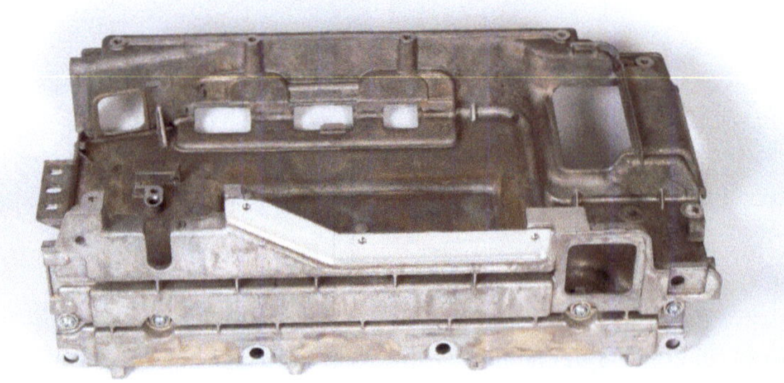

Abb. 3.57 Magnesium Ladegehäuse für Subaru PHEV, Copyright© Meridian Lightweight Technologies, Strathroy, Canada

Ein Gewinner des 2021 IMA (International Magnesium Association) Awards of Excellence ist das Ladergehäuse für den Subaru Crosstrek Plug-In-Hybrid und damit weltweit die erste Magnesiumanwendung in einem Elektrofahrzeug (Abb. 3.57). Das dünnwandige und komplex versteifte Gehäuse wird von Meridian in Shanghai in AZ91D produziert und besteht aus 2 Teilen, die zusammen ca. 2,4 kg wiegen und gegenüber Aluminium einen 25 %igen Gewichtsvorteil ausmachen [81].

Für die extrem dünnwandigen Navigationsgehäuserahmen bietet sich das gut gießbare Magnesium ebenfalls für aktuelle Serienanwendungen an [65]. Neben Warmkammerdruckguss sind allerdings neuerdings auch Thixo-Verfahren (Thixomolding) im Einsatz (Abb. 3.58), vgl. auch Abschn. 3.3.10.

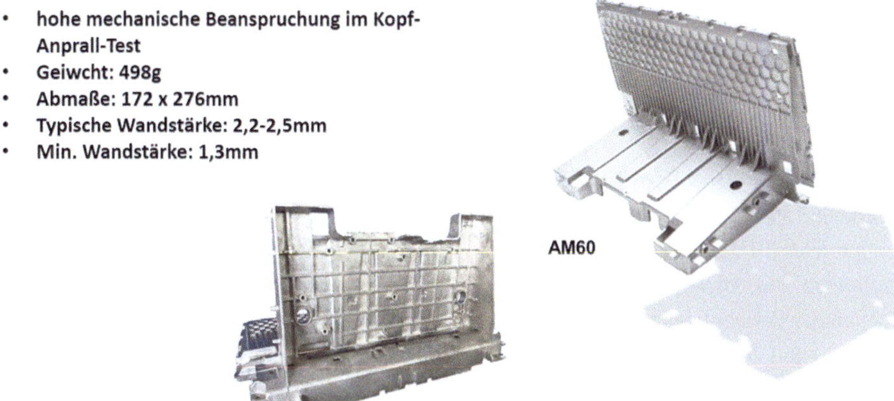

Abb. 3.58 Magnesium Gehäuserahmen (Bondingframes) für Navigationssysteme der VW ID Plattform, im Thixomolding-Verfahren hergestellt, Copyright@ DLR e.V.

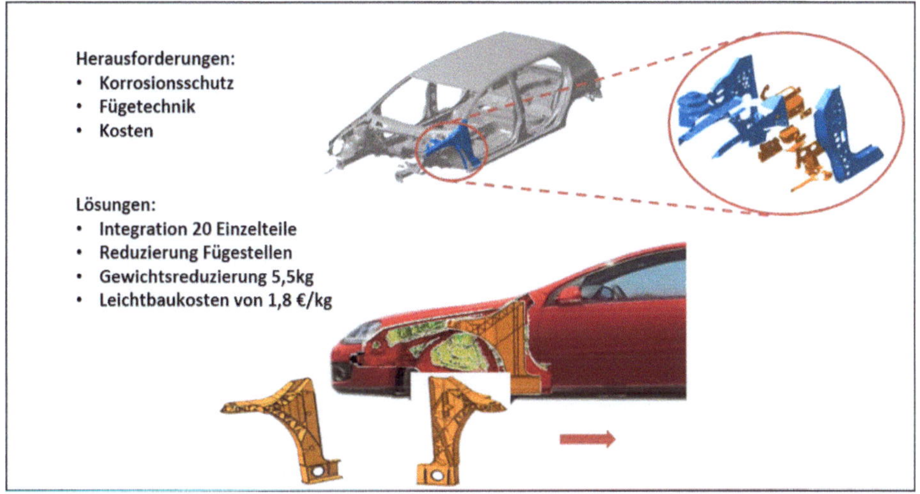

Abb. 3.59 Mg-Federbeinkonzept des DLR, Copyright© DLR e.V.

Um leichte und kostenattraktive Strukturbauteile auch in Magnesium zu ermöglichen, demonstrierte das DLR ein Forschungsbeispiel mit einer hochintegrierten Lösung für eine A-Säule: 20 vormalige Einzelteile wurden in einem großen Mg-Gussteil zusammengebracht, was den Vorteil einer mehr als 50 %igen Gewichtsreduzierung erschloss (Abb. 3.59).

Derartige Lösungen führten auch zu attraktiven Leichtbaukosten, wie sie beispielhaft im EU-Projekt Super Light Car vom Projektführer Volkswagen ermittelt wurden. In diesem Projekt arbeiteten 37 Partner aus Forschung, Fahrzeug- und Zulieferindustrie aus 9 europäischen Ländern für leichte Karosserien im Automobil der Zukunft zusammen. Mit einer Gewichtseinsparung von 35 % gegenüber der Referenz (Golf V) bzw. 180 kg übertraf die demonstrierte Mischbauweise (MMD) die Zielsetzung, beim Federbeindom aus Magnesium wurden ca. 60 % Gewicht reduziert und mehrere St-Bauteile und auch Funktionen in einem einzigen Gussbauteil vereint [66].

3.3.9.3 Bleche und Profile in Fahrzeugentwicklung und Vorserie

Bleche und Profile aus Magnesium werden in speziellen Anwendungen eingesetzt. Ein Verbundprojekt (FUMAS, gefördert vom Ministerium für Wirtschaft und Energie) versuchte erfolgreich, das Anwendungsfeld auf Fahrzeugsitzstrukturen zu erweitern. Die Forschungsarbeiten der Partner begannen mit Doppelkammerprofilen in Werkstoff ME21 (2 % Mn, 1 % Cer + La) und den Herstelltechnologien Reibschweißen und Kleben (Abb. 3.60).

Abb. 3.61 zeigt die im Projekt FUMAS final entwickelte Magnesium-Stahl-Leichtbaurückenlehne im Zusammenbau und die Vorbereitungen zur Validierung im Crashversuch auf der Schlittenanlage des DLR-Instituts für Fahrzeugkonzepte [67]. In diesen Versuchen konnte die Funktion und Leistungsfähigkeit der Bauweise und die Qualität der ent-

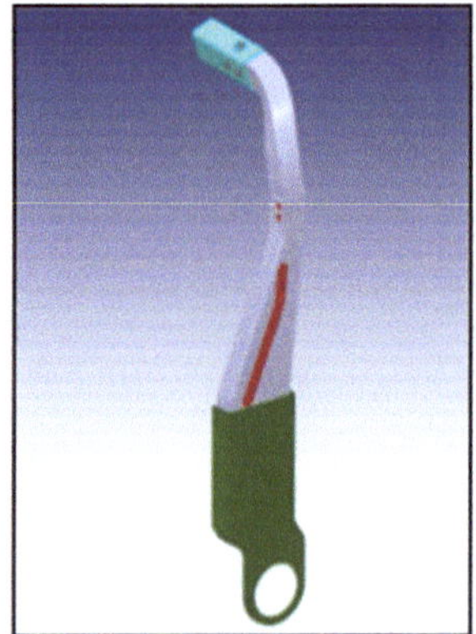

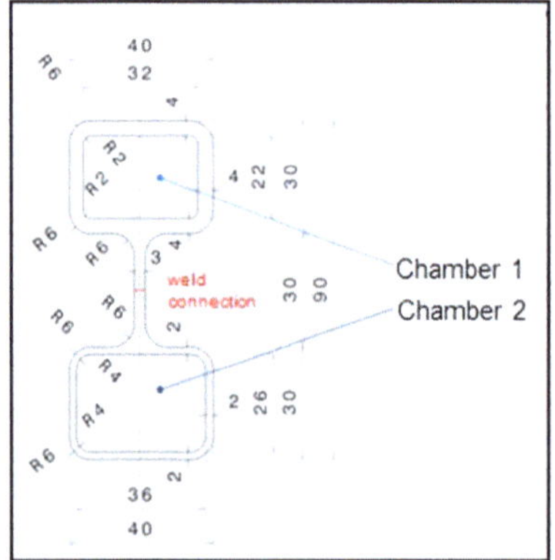

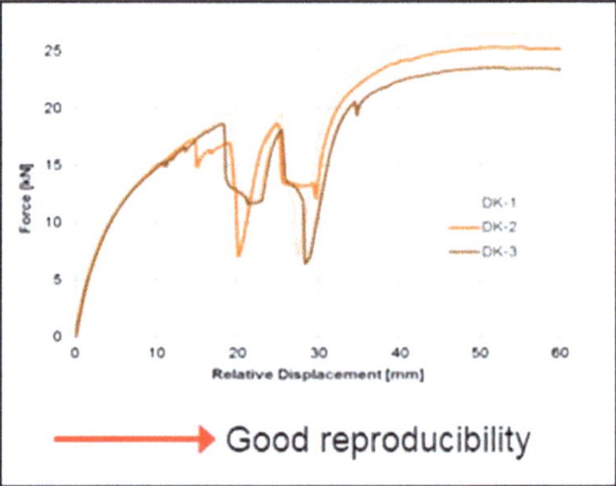

Abb. 3.60 Entwicklungsprojekt mit Mg-Mehrkammerprofilen für Sitzstrukturen, Copyright@ DLR e.V.

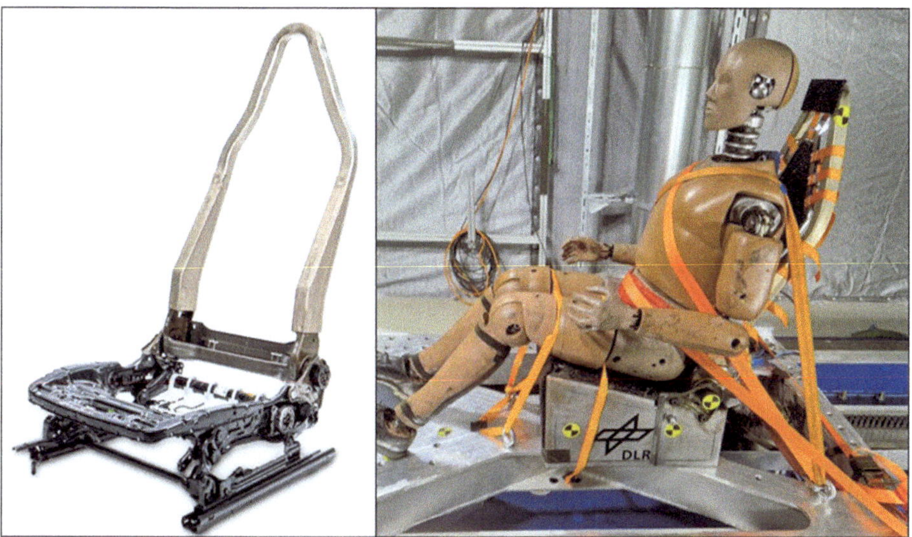

Abb. 3.61 Sitzstruktur mit Mg-Stahl-Rückenlehne (links) und Vorbereitung für den Crashtest (rechts), Copyright© DLR e.V.

wickelten Simulationsmodelle nachgewiesen werden. Die ca. 30 % leichtere Rückenlehne wird dabei aus nur 3 Magnesiumbauteilen gefertigt. Zentrales Element ist ein komplex gebogenes Strangpressbauteil, welches durch zwei spiegelgleiche, mittels Rührreibschweißen verbundene, Bleche verstärkt wird.

Ein technologischer Schrittmacher war die Spaceframe-Konstruktion des ersten 1-Liter-Autos von Volkswagen im Jahre 2002 [38, 68]. Die Bauweise des Forschungsfahrzeuges verwendete Magnesium AZ91 in großen Gussteilen und Blechen und ebenfalls AZ31 in Strangpressprofilen (Abb. 3.62). Dies trug wesentlich zur Erreichung des Zielgewichts von nur 76 kg bei der Tragstruktur bei, die Gussteile hatten einen Gewichtsanteil von 20 %, die Profile von 27 %. Mithin gelangen eine ehrgeizige Demonstration von Leichtbau mit Magnesium und zahlreiche Impulse für heutige Serienanwendungen.

Neue Entwicklungen für Magnesiumbleche für automobile Anwendungen

Getrieben durch die Notwendigkeit mithilfe des Leichtbaus Energiebedarf bzw. Fahrzeugemissionen zu senken, flammte um das Jahr 2010 das Interesse an Magnesiumblechen nach einer intensiven Phase der Forschung Ende der 1990er-Jahre wieder auf. Insbesondere staatlich geförderte Aktivitäten in Südkorea um die Firma POSCO trieben die Herstellung von Blechen im industriellen Maßstab weit voran. Neue Blechlegierungen mit verbesserten Eigenschaften wurden entwickelt und industriell skaliert. Erste Anwendungen schafften es in einen Serieneinsatz [69] und komplexere Bauteile wurden prototypisch erprobt. Im Folgenden sollen insbesondere die Fortschritte beim Thema Legierungsentwicklung und prototypischer Erprobung von automobilen Bauteilen beschrieben werden, die im Rahmen eines Kooperationsprojektes zwischen POSCO und Volkswagen zu dieser Zeit entstanden sind.

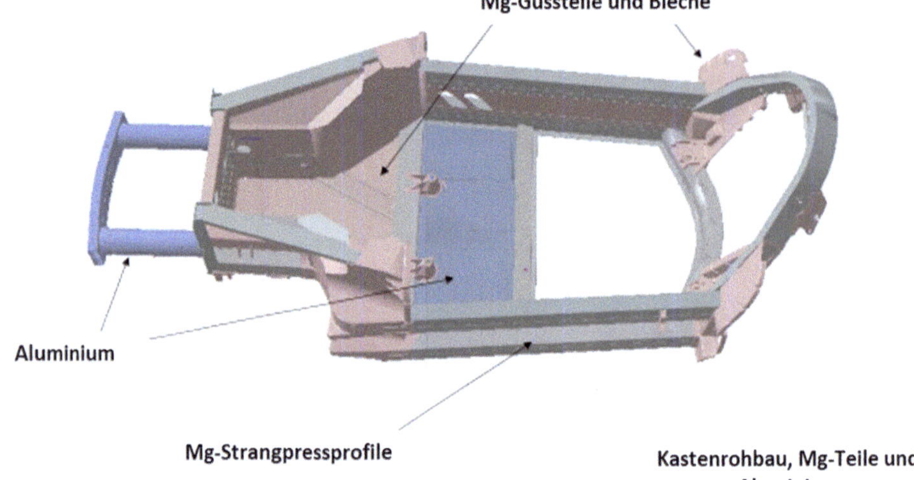

Abb. 3.62 Demonstration der Machbarkeit: magnesiumintensives 1-Liter-Auto von Volkswagen in Spaceframe-Bauweise, Copyright © Volkswagen AG

Magnesium-Bleche: Umformbarkeits-Dilemma und Legierungsentwicklung mittels Texturdesign

Aufgrund der guten spezifischen mechanischen Eigenschaften versprechen Magnesiumbleche Gewichtreduzierungen in der Karosserie typischerweise zwischen 15 und 25 % im Vergleich zu Aluminium, je nach Bauteillage und exakten Lastfällen bzw. Anforderungen. Als eine der wesentlichen Hürden für die großtechnische Umsetzung in der automobilen Fertigung verbleibt die schlechte Umformbarkeit von Magnesium, die sowohl die Herstellung des Bleches mittels konventionellem Brammenwalzen sowie die Umformung von Blechen zu Bauteilen verteuert und verkompliziert durch die Notwendigkeit hoher Prozesstemperaturen oberhalb von 250 °C. Um die Herstellkosten von Blechen zu senken, wurde das Gießwalzverfahren industriell mit Blechbreiten bis zu 2000 mm etabliert, z. B. bei der Firma POSCO ab 2007 (heute PPM, Korea). Auch wurde jüngst intensiv Legierungsentwicklung betrieben mit dem Ziel, die Umformbarkeit von Magnesiumblechen zu verbessern [70]. Neben der limitierten Anzahl von Gleitsystemen im hexagonalen Gitter ist die kristallografische Textur für die geringe Umformbarkeit von Magnesiumblechen bei Raumtemperatur ausschlaggebend. So orientieren sich während des Walzprozesses die Körner mit ihren basalen Ebenen parallel zur Blechebene, eine sogenannte starke basale Textur ist die Folge wie in Abb. 3.63 schematisch dargestellt. Da bei tiefen Temperaturen Verformung ausschließlich über basale Ebenen aufgenommen werden kann, sind erreichbare Bruchdehnungen aus uniaxialen Zugversuchen generell durch recht gute Werte gekennzeichnet. Verformung in Blechdicke, wie sie zur Umformung von Bauteilen komplexer Geometrien benötigt wird, wird jedoch nur sehr begrenzt aufgenommen. Insbesondere die Streckziehbarkeit für gängige Legierungen wie AZ31 ist im Gegensatz zu vorherrschenden anderen Karosseriewerkstoffen (vgl. Stahl und

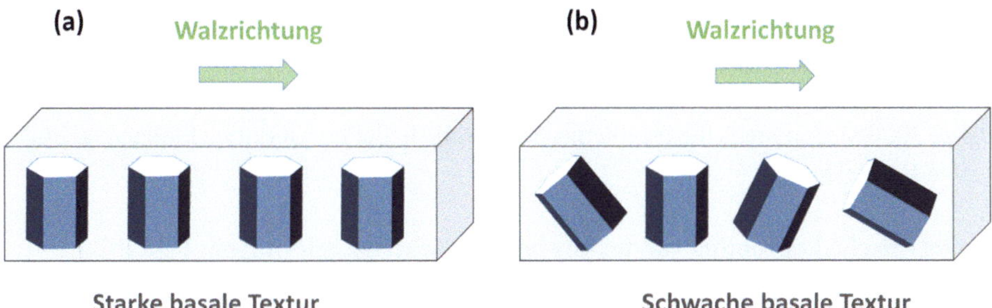

Abb. 3.63 Schematische Darstellung der Ausrichtung der hexagonalen Einheitszelle (basale Ebene in weiß) in Magnesium Blechen mit (**a**) starker und (**b**) schwacher basaler Textur, Copyright @ Volkswagen AG

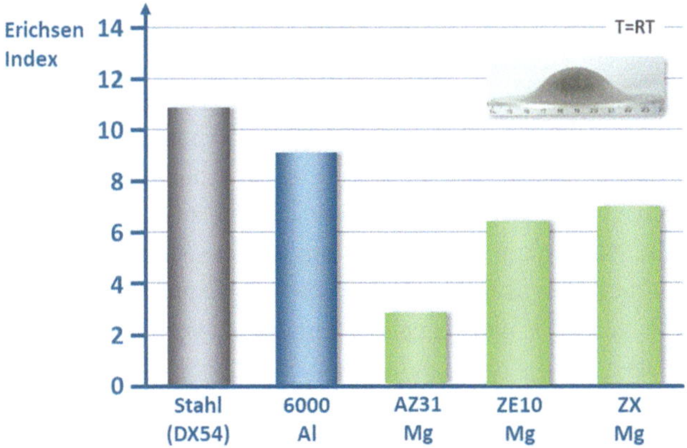

Abb. 3.64 Streckziehbarkeit (Erichsen-Index) der unterschiedlichen Karosseriewerkstoffe Stahl und Aluminium im Vergleich zu den Magnesiumlegierungen AZ31, ZE10 und ZX, jeweils bei Raumtemperatur, Copyright© Volkswagen AG

Aluminium) stark vermindert. Um die Umformbarkeit von Magnesiumblechen zu verbessern, wird zumeist daher darauf abgezielt, durch Legierungsdesign eine solche starke basale Textur abzuschwächen. Neben der gängigen Legierung ZE10, die eine solche schwache basale Textur aufweist, ist ein ähnlicher Effekt durch die Beimengung von Zink und Kalzium zu Magnesium bekannt [70]. Unterschiedliche Ansätze texturabgeschwächter Legierungen mit Zn und Ca sind industriell mittels des Gießwalzverfahrens verfolgt worden, z. B. AZX („E-Form" der Fa. POSCO) oder ZX (gemeinschaftlich durch POSCO und Volkswagen). Die Abschwächung der Textur erhöht die Streckziehbarkeit deutlich, wie in Abb. 3.64 für die Magnesiumlegierungen AZ31, ZE10 und ZX im Vergleich zu Stahl und Aluminium dargestellt. Als Maß für die Streckziehbarkeit wurde der Erichsen-Index verwendet. Es konnte früh gezeigt werden, dass industriell hergestellte, texturabgeschwächte Bleche zudem das Umformen realer Bauteilgeometrien bei ca. 160 °C erlauben, d. h. etwa 60 °C unterhalb der nötigen Temperatur für die gängige, aber stark basal texturierte AZ31.

Dies reduziert die Kosten und Komplexität eines Umformprozesses im Presswerk der Automobilfertigung. In dem gemeinschaftlichen Projekt zwischen POSCO und Volkswagen erlaubte die Skalierung von texturabgeschwächten Legierungen auf Blechbreiten bis zu 2000 mm erstmals die prototypische Erprobung der neuen Entwicklungen in großen realen Bauteilen.

Prototypische Erprobung von texturabgeschwächten Legierungen: Passat B6 Heckklappe aus Magnesiumblech

Da sich aufgrund des werkstoffspezifischen Beschichtungsprozesses von Magnesium Bauteile im Karosseriemischbau nur schwerlich realisieren lassen, sind Montageteile für einen Serieneinsatz prädestiniert. Hierzu zählen unter vielen die Anbauteile, wie z. B. Klappen oder Türen. Aus diesem Grund wurde seitens der Volkswagen AG entschieden, die Passat-B6-Heckklappe des Stufenheckmodells aus den neuen texturabgeschwächten Mg-Blechen prototypisch aufzubauen. Das Ziel hierbei war es, die prozesstechnischen Vorteile einer umformoptimierten Legierung wie oben beschrieben herauszuarbeiten. Zunächst wurde das Serienbauteil aus Stahl hinsichtlich Konstruktion und Herstellprozess materialgerecht neu ausgelegt. Ersteres erfolgte unter Berücksichtigung der gängigen Lastfälle mittels FEM-Berechnung. Abb. 3.65 zeigt die errechneten Gewichte der äquivalenten Konstruktionen aus den drei unterschiedlichen Werkstoffen Stahl, Aluminium und Magnesium (jeweils singuläre Materialwahl). Trotz signifikantem Aufdicken, z. B. in der Außenhaut auf 1,2 mm, wird gegenüber Stahl eine Gewichtsersparnis von 52 % und gegenüber Aluminium von 24 % erreicht. Insbesondere die Außenteile tragen hierbei überdurchschnittlich zur Gewichtsersparnis bei. Neben der

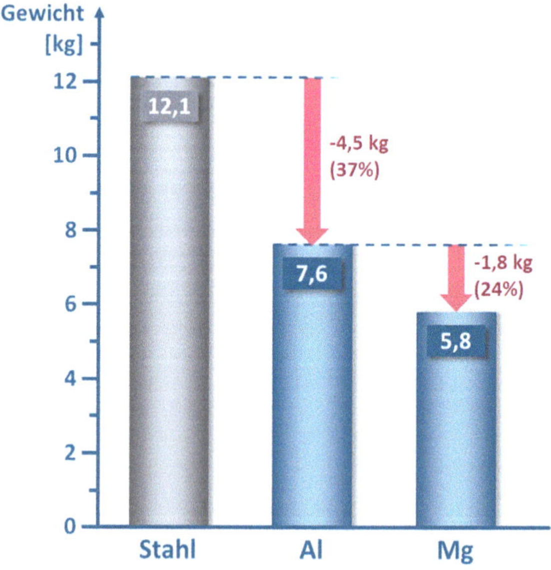

Abb. 3.65 Bauteilgewichte äquivalenter Konstruktionen einer Heckklappe für Stahl, Aluminium und Magnesium für den Volkswagen Passat B6, Copyright© Volkswagen AG

Konstruktion galt es, den Herstellprozess werkstoffgerecht umzustellen. So wurde die Umformung der Einzelteile sowie das Falzen erwärmt durchgeführt und die Fügetechnik von Clinchen auf Reibpunktschweißen umgestellt. Um einen ausreichenden Korrosionsschutz zu gewährleisten, wurde eine konventionelle Konversionsbehandlung vorgesehen mit nachfolgender organischer Beschichtung mittels KTL-Schicht[7] und Pulverlack. Die umgestaltete Prozesskette ist in Abb. 3.66 zusammengefasst. Wesentliche Vorteile der Legierungswahl konnten beim Umformen der Teile und insbesondere beim Falzen nachgewiesen werden. Bei beiden Schritten konnte die Prozesstemperatur auf ca. 160 °C gesenkt werden. Dies leistet einen wichtigen Beitrag, die Komplexität in der Fertigung von Magnesiumblechbauteilen zu reduzieren. Insbesondere beim Falzen konnte eine einfache gekoppelte Wärmequelle durch ein beheiztes Falzbett und einer roboterseitigen Heißluftquelle realisiert werden. Die Reduzierung der Prozesstemperatur erlaubte den einfachen Einsatz von gängigen Schmiermitteln sowie Serienklebstoffen in der Herstellung des Heckdeckels. Abb. 3.67 zeigt das gefügte und komplett beschichtete Bauteil, das anschließend unterschiedlichen Tests unterzogen wurde. Diese beinhalteten ein Abprüfen der statischen Lastfälle sowie eine dynamische Ermüdungsprüfung unter Temperatureinfluss. Es konnte nachgewiesen werden, dass die Konstruktion alle Lastfälle ohne Probleme bestehen konnte. Insbesondere lokale Ermüdungsrisse konnten aufgrund der hohen Blechstärken und der damit deutlich verringerten Gefahr von lokalen Spannungs-

Schritt	Serienbauteil Stahl	Mg Prototyp
1 Umformung	25 °C	160 °C
2 Fügen	Clinchen & Punktschweißen Falzen bei Raumtemperatur	Reibpunktschweißen Erwärmtes Falzen
3 Beschichten	Zn-Schicht + KTL	KTL + Pulver

Abb. 3.66 Vergleich der Prozesskette für den Stahlheckdeckel und das äquivalente Bauteil aus hochumformbaren Magnesiumblechlegierungen

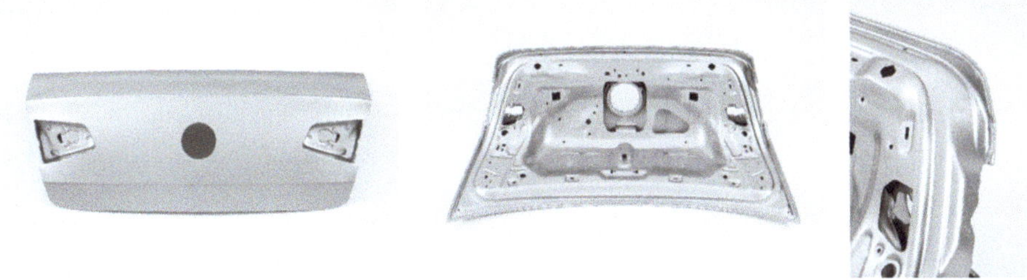

Abb. 3.67 Magnesiumheckdeckel Passat B6 von Volkswagen nach dem Zusammenbau und der Lackierung, Hauptabmessungen ca. 1300 mm × 600 mm × 450 mm, Bauteilgewicht 5,8 kg, Copyright© Volkswagen AG

[7] Kathodische Tauchlackierung.

konzentrationen vermieden werden. Ein zusätzlicher Korrosionstest jedoch erwies sich nicht als erfolgreich, obwohl das gewählte Beschichtungssystem ursprünglich auf identischem Substrat als ausreichend widerstandsfähig im Salzsprühnebeltest freigetestet werden konnte. Nachforschungen ergaben, dass bei der Skalierung des Blechmaterials auf große Breiten für die prototypische Erprobung im Realbauteil ungewöhnlich hohe Eisenkontaminationen in das Material eingebracht wurden. Dieser Umstand ist durch eine Wahl einer ausschließlich auf Magnesium oder Aluminium beschränkten Prozessumgebung leicht zu umgehen.

Zur weiteren Vereinfachung der Prozesskette konnte neben der konsequenten Vermeidung von Verunreinigungen das Etablieren einer Coil-Passivierung analog Aluminium identifiziert werden. So ist eine Vorbehandlung der Einzelteile notwendig, um eine ausreichende Klebstoffhaftung zu gewährleisten. Zudem sind die Verlaufseigenschaften von Pulverbeschichtungen zu optimieren, um eine gute Oberflächenanmutung zu erzeugen.

Insgesamt konnte gezeigt werden, dass große und hinsichtlich der Außenhautqualität anspruchsvolle Blechbauteile in Magnesium technisch erfolgreich darstellbar sind, allerdings sind noch dezidierte Kostenreduktionen entlang der gesamten Prozesskette für Magnesiumblechbauteile notwendig, um insbesondere gegenüber Aluminium wirtschaftliche Leichtbaukosten zu erreichen.

Dank

Der Herausgeber bedankt sich für Mitarbeit und Durchsicht des vorgängigen Abschnitts bei Dr. Sönke Schumann, vormals Werkstoffforschung der Volkswagen AG, Wolfsburg sowie für Information und Bildmaterial bei Dr. Nir Moskovich, ICL Magnesium, Israel.

3.3.10 Vergleich von Gießverfahren und Evolution von Druckguss zu Thixomolding® und zur intelligenten Fabrik einer neuen MAXImolding®-Maschine[8]

3.3.10.1 Metallschmelze – vollständig flüssig und überhitzt oder nur teilflüssig

Beim Aufschmelzen von Leichtmetallen unterscheidet man grundsätzlich drei Verfahren:

1. Barren werden in einem Schmelzofen verarbeitet und anschließend als flüssige Schmelze in die Gießkammer gefüllt: hier dominieren Kaltkammer (KK) für Aluminium und Magnesium und Warmkammer(WK)-Druckgießmaschinen (Magnesium);

Druckguss ist ein industrielles Gussverfahren für die Großserien- oder Massenproduktion von Konstruktionsteilen. Hierfür kommen in der Regel metallische Werkstoffe mit niedri-

[8] Der Abschn. 3.3.10 entstammt der Arbeit von Ashley Stone, P. Eng. und den Unterlagen der MAXImolding! Technology GmbH.

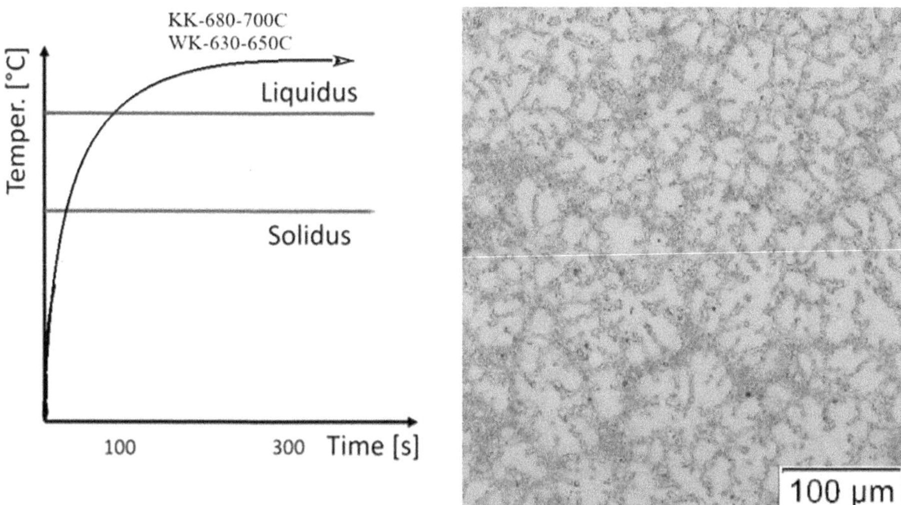

Abb. 3.68 Die flüssige Schmelze wird bei Kalt- und Warmkammer-Maschinen oberhalb Liquidus (links) überhitzt und längere Zeit im Ofen gehalten. Durch Vorerstarrung in der kalten Gießkammer (KK) oder in der Düse und im Schwanenhals (WK) wird die Bildung von dendritischen Strukturen in der Schmelze und von internen Defekten in den Teilen begünstigt, nach [71–73], Copyright© MAXImolding!Technology GmbH, und Gussgefüge (rechts), Copyright© Neue Materialien Fürth GmbH

gem Schmelzpunkt zum Einsatz. Unter den Gießprozessen für Fahrzeugteile aus Magnesiumlegierungen dominieren derzeit Druckgießprozesse (Abb. 3.68).

2. Barren werden in einem Schmelzofen in vollständig flüssiger Schmelze verarbeitet. Diese Schmelze wird dann direkt neben der Kaltkammer-Hochdruckmaschine in einer Vorrichtung durch Rühren und Abkühlung in die teilflüssige Schmelze umgewandelt, danach in die Gießkammer transportiert und anschließend in die Form gedrückt (Rheocasting). Beim Rheomolding wird die vollständig flüssige Schmelze in einem Zusatzextruder (vertikal) durch die Scherung und Abkühlung in die teilflüssige Schmelze umgewandelt und dann in die Gießkammer einer Kaltkammer-Hochdruckmaschine (horizontal) in die Form gedrückt;
3. Verarbeitung und langsame Erhitzung des Materials (Späne, Chips) zu einer teilflüssigen (teilfesten), breiigen Schmelze direkt in der Maschine und ohne externen Schmelzofen und zusätzliche Vorrichtungen: hier ist Thixomolding® dominierend; MAXImolding®, eine im Folgenden beschriebene Weiterentwicklung mit einer neuen Maschine, sollte in Zukunft eine Rolle spielen.

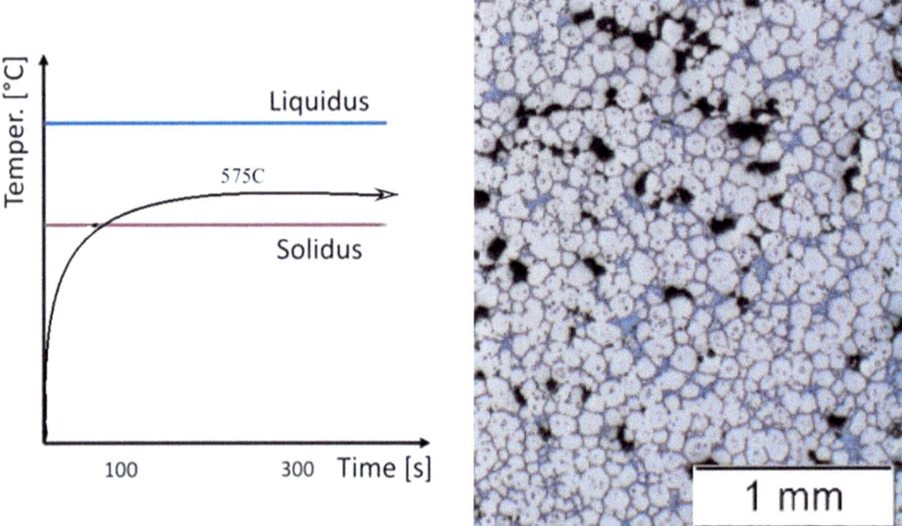

Abb. 3.69 MAXImolding® arbeitet im teilflüssigem Temperaturbereich, der für die AZ91 Legierung zwischen 540 und 575 °C liegt (links). Copyright©MAXImolding!Technology GmbH. Die Mikrostruktur der Legierung weist kugelförmige, nicht dendritische Merkmale mit 50 % Festanteile bei 575 °C auf, nach [71–73]. Gussgefüge (rechts). Dadurch wird die Bildung von Defekten vermieden, Copyright©Neue Materialien Fürth GmbH

Das Hauptmerkmal der teilflüssigen Schmelzeverarbeitung ist die reduzierte Temperatur im Vergleich zum Gießen von überhitzten Schmelzen (Abb. 3.69). Die Vorteile von teilflüssigen Schmelzen sind demgegenüber wie folgt:

(i) geringerer Energieverbrauch;
(ii) erhöhte Lebensdauer des Werkzeugs;
(iii) kein Umgang mit flüssigem Metall;
(iv) weniger Erstarrungsschrumpfung;
(v) endformnahe Teile mit engen Toleranzen;
(vi) weniger anfällig für Gaseinschlüsse;
(vii) bessere Ausbeute des Rohmaterials aufgrund geringerer Oxidation (weniger Abbrand), Verdampfung und weniger andere Verluste im Zusammenhang mit Überhitzung der Schmelze.

Die Schmelze, die im teilflüssigen Zustand umgeformt wird, weist wesentliche Unterschiede im Vergleich zu überhitzten Schmelzen auf, die beim konventionellen Gießen verwendet werden. Typische Merkmale sind:

(i) geringerer Wärmeinhalt als in Flüssigkeit;
(ii) reduzierter Flüssigkeitsgehalt durch die Anwesenheit von Feststoff;

(iii) höhere und besser kontrollierbare Viskosität als in Flüssigkeit;
(iv) niedrigere Fließspannung als im Feststoff.

3.3.10.2 Kalt- und Warmkammerdruckguss

Der Kaltkammerdruckguss wird häufig für Bauteile mit großen Gussgewichten angewendet. Für die Fertigung von Getriebe- oder Kurbelgehäusen werden meist Maschinen zwischen 2000 t und 4000 t Schließkraft eingesetzt. Das Magnesium wird in großen Tiegeln (> 500 kg Magnesium) stark überhitzt (> 680 °C) und unter großem Energieeinsatz bereitgestellt. Beim Einfüllen der Schmelze in die kalte Gießkammer entstehen dendritische Strukturen, die zu Gießfehlern führen können. Die hohe Turbulenz beim Einspritzen kann zu Gaseinschlüssen führen. Der Temperaturverlust zwischen Schmelze im Tiegelofen und Metall in der Gießkammer ist von vielen Faktoren abhängig und liegt erfahrungsgemäß bei mehr als 80 °C.

Beim Warmkammerdruckguss steht die Gießkammer direkt im Tiegel und wird dadurch temperiert. Vorerstarrungen entstehen in deutlich geringerem Ausmaß im Bereich der Düse und des Schwanenhalses. Die Schmelze muss dadurch weniger stark überhitzt werden (> 630 °C) und es ist möglich, Bauteile mit geringeren Wandstärken zu fertigen. Durch die Temperatur, der die Gießkammer dauerhaft ausgesetzt wird, ist allerdings der maximal mögliche Gießdruck beschränkt und liegt nur bei höchstens 350 bar, was die Bauteilgröße stark limitiert.

Im Druckguss müssen das Angusssystem und die Überläufe an die jeweilige Bauteilgeometrie angepasst werden. Das führt zu einem relativ hohen Materialverbrauch. Beispielsweise liegt im Kaltkammerdruckguss der Anteil des Bauteils am Schussgewicht bei kompakten, dickwandigen Bauteilen oft im Bereich von 40–60 %. Bei flächigen, dünnwandigen Bauteilen werden teilweise auch nur 30 % erreicht. Abb. 3.70 zeigt einen Vergleich der Gussverfahren in Bezug auf Schussgewicht und Energieverbrauch zum Aufheizen des Schussgewichts auf Prozesstemperatur, Abb. 3.71 ein Sportmotorrad in Mg-Legierung AZ91D.

Beide Prozesse, Kalt- und Warmkammer, haben durch die erforderliche Überhitzung der Schmelze hohe Energieverluste und benötigen umweltschädliche Reaktivgase (hauptsächlich R134a, 1300-faches Treibhauspotenzial von CO_2 oder SO_2, toxisch, korrosiv) zur Vermeidung von Oxidation der Schmelzbadoberfläche. Die Untersuchung „Die Energieeffizienz in Gießereien?“ von Prof. Dr. Sebastian Müller [82] vom Lehrstuhl für Gießereitechnik, Friedrich-Alexander-Universität Erlangen-Nürnberg, zeigt, dass die deutschen Leichtmetallgießereien (190 Betriebe) im Jahre 2019 tatsächlich 16,63 GJ/t an Energie (realer Energieeinsatz) anstatt physikalisch-notwendiger Energie von 1,0254 GJ/t (thermodynamisches Optimum Schmelzen) verbraucht haben. Das macht eine Energieausbeute von nur 6,2 % bzw. 17-fachen Verlust der Energie aus. Die MAXImolding® Technologie kann diese Energieverluste auffangen und damit viel Energie einsparen.

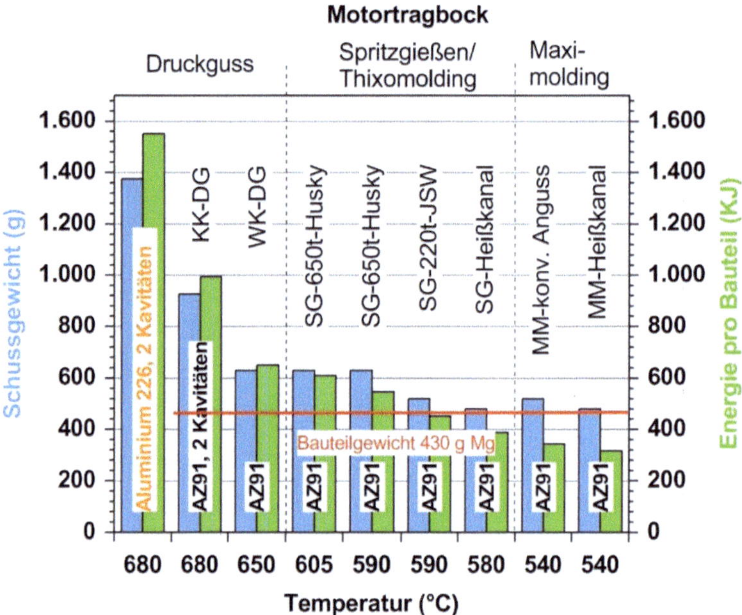

Abb. 3.70 Darstellung des Energieeinsatzes und des Schussgewichts für einen 430g-Motortragblock in Abhängigkeit des Verfahrens, nach [73] und ergänzt um Maximolding, Copyright© Neue Materialien Fürth GmbH

Abb. 3.71 Rad aus AZ91D Mg-Legierung für Sportmotorräder, Durchmesser 40 cm, Einspritzgewicht 1,8 kg, 1-Punkt Einspritzung, Copyright © Durrani Racing Components

3.3.10.3 Thixomolding®

Eine weitere Fertigungstechnologie für Magnesiumgussteile stellt das Thixomolding® dar [75]. Beim Magnesiumspritzgießen kann die Schmelze im teilflüssigen Bereich mit Feststoffanteilen bis max. 40 Vol.% verarbeitet werden. Die Feststoffteile werden in der Schnecke homogen in der Restschmelze dispergiert. Die thixotropen Eigenschaften (z. B. Gel wird beim Rühren verflüssigt, beim Ruhen verdickt) von Metalllegierungen im

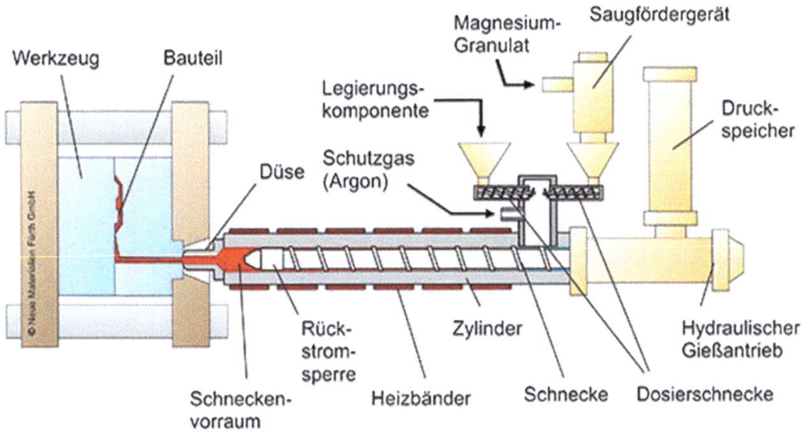

Abb. 3.72 Schematischer Aufbau einer Thixomolding®-Maschine, nach [73]

teilflüssigen (teilfesten) Zustand sowie halbflüssiges (semi-solid) Gießen bzw. Spritzgießen wurden von Prof. Flemings (US Patent Nr. 3,902,544) und seinen Mitarbeitern in den 1970er-Jahren am MIT in den USA beschrieben. Die Maschinentechnik ist dabei vergleichbar mit dem Spritzgießen für Kunststoffe. Die weiteren wichtigen historischen Entwicklungen folgten von Bradley (US Patent Nr. 5,040,589), Cornell Research (WO 95/34,393) und Stone (US Patent Nr. 10,046,386).

Das Verfahren (Abb. 3.72) zeichnet sich durch eine sehr gute Kontrolle der Schmelztemperatur, ein geringes Schmelzvolumen, kurze Verweilzeiten und intensive Scherung der Schmelze aus. Die Verarbeitung der Schmelze ist im teilflüssigen Bereich möglich. Bei Neue Materialien Fürth GmbH konnten Vorteile gegenüber den klassischen Druckgießverfahren nachgewiesen werden, wie z. B. bessere mechanische Eigenschaften der Gussteile [76, 77] und geringere Porosität [75, 78]. Die niedrige Temperatur begünstigt den Einsatz von Heißkanalsystemen. Derzeit werden beim Thixomolding® einfache Hot-Sprue-Systeme eingesetzt, die eine Reduzierung der Angussgewichte erlauben. Bisher ist allerdings der maximal mögliche Festphasenanteil auf etwa 30–40 % limitiert (Abb. 3.73, nach [79]). Die Schussgewichte sind beschränkt (maximal ca. 3–4 kg), sodass große dickwandige Bauteile bisher nicht hergestellt werden konnten. Ein einfaches Hochskalieren (upscaling) scheint derzeit nicht möglich zu sein.

Aktuell gibt es nur wenige Hersteller von Thixomolding®-Spritzgießmaschinen und die Maschinen sind sehr komplex und erfordern einen intensiven und sehr teuren Service, da viele raffinierte und bewegliche Teile in direkten Kontakt mit geschmolzenem Magnesium kommen.

Alle Verfahren zur Herstellung von teilflüssiger Schmelze lassen sich in zwei grundlegend verschiedene Wege einteilen: die Thixo-Route und die Rheo-Route.

Die Thixo-Route startet vom Barren (Gussblock) aus Magnesium oder Aluminium. Daraus werden durch mechanische Zerspannung die Späne produziert. Diese Späne werden dann einer Thixomolding®- oder einer MAXImolding®-Maschine zugeführt. Die

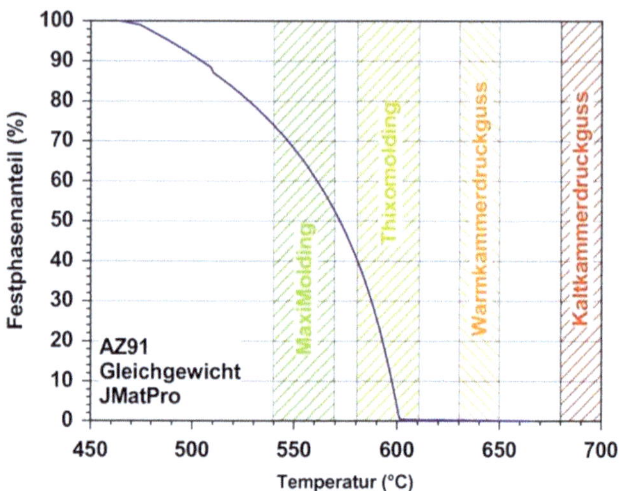

Abb. 3.73 Verarbeitungstemperatur des MAXImolding®-Verfahrens im Vergleich zu gängigen Serienprozessen für die Legierung AZ91, Copyright © Neue Materialien Fürth GmbH

Schmelzeaufbereitung (globulitische Mikrostruktur) bei einer Thixomolding®-Maschine wird durch mechanische Faktoren (Scherung und Mischen) und bei einer MAXImolding®-Maschine durch thermische Faktoren (Temperatur und Verweildauer) bestimmt.

Die Rheo-Route startet auch vom Barren (Gussblock) aus Magnesium oder Aluminium. Daraus wird dann die vollständig flüssige, überhitzte Schmelze in einem Ofen produziert. Bei klassischem Druckgießen (Kaltkammer) wird diese Schmelze für jedes Teil aus dem Halteofen entnommen und durch eine Gießöffnung in die Gießkammer (Schusskammer) transportiert und danach in die Form gedrückt. Bei Rheo-Gießverfahren (Semisolid Rheocasting, MIT, USA) wird die flüssige, überhitzte Schmelze aus einem Ofen entnommen und in eine separate Zusatzvorrichtung zur weiteren Verarbeitung gebracht. Durch Rühren und Abkühlen für 5–20 s wird eine teilflüssige breiige Schmelze erzeugt. Hier dominiert ein Slurry-on-demand-Konzept, bei dem eine einzelne teilflüssige Schmelzedosis für jeden Schuss separat zubereitet wird. Die zubereitete Dosis wird dann durch eine Gießöffnung in die Gießkammer (Schusskammer) transportiert und danach in die Form gedrückt. Der große Vorteil besteht darin, dass die teilflüssige Schmelze direkt an der Gießmaschine aus der Flüssigkeit hergestellt wird und dafür herkömmliches Barrenmaterial verwendet wird. Der Nachteil besteht darin, dass zur Standard-Kaltkammer-Druckgussmaschine auch die zusätzlichen Geräte zu beschaffen sind, womit auch weitere Kosten entstehen.

Rheomolding ist eine neue Idee, bei der das Rheocasting in einer spritzgussähnlichen Vorrichtung (Schnecke vertikal, Druckkolben horizontal) kombiniert wird, um die Herstellung von teilflüssiger Schmelze durch Scherung und Abkühlung zu ermöglichen. Nach dem Dosieren der teilflüssigen Schmelze wird diese sofort mit einem Druckkolben in das Werkzeug eingespritzt. Die Leichtmetallteile erreichen damit eine geringere Porosität.

3.3.10.4 MAXImolding® – Prozess und Maschine

Der MAXImolding® Prozess ist das Resultat von 10-jähriger Forschung in Kanada in der Zeit zwischen 1997 und 2007 um Dr. Frank Czerwinski und seinem Team. Das Ziel war, den Gießprozess anlagentechnisch zu vereinfachen, kostenattraktiver zu gestalten und letztlich auch ökologische Randbedingungen besser zu berücksichtigen. Dr. Frank Czerwinski schrieb, dass die Herstellung von globulitischen Strukturen in der Schmelze ohne Scherung, wie sie im Extruder einer Thixomolding®-Maschine auftritt, sondern nur unter präziser Beheizung bzw. präziser Temperaturregelung erfolgt. Diese Arbeit ist in seinem Buch „Magnesium Injection Molding" publiziert [72].

Beim Thixomolding® ist der Zylinder das teuerste Maschinenteil, da dieser aus Speziallegierung besteht, die für den Betrieb bei hoher Temperatur und hohem Druck geeignet sein muss. Die Schnecke mit der vorn installierten Rückstromsperre ist bekanntermaßen anfällig für Leckagen und inkonsistenten Betrieb. Die maximalen Zykluszahlen sind für Zylinder, Schnecke und Rückstromsperre unterschiedlich. Es kommt dabei auch immer auf die Gussteile an, die hergestellt werden. Die Wartung dieser Einheiten, die nach nur 500.000 Zyklen erforderlich ist, bedingt die Verwendung spezieller Entfernungswerkzeuge sowie einen Reinigungsprozess. Dieser Prozess ist zwar ein Fortschritt bei der Produktion hochwertiger Teile, aber definitiv komplex und aufwändig in der Instandhaltung.

Nachteile des Extruders bei einer Thixomolding®-Maschine sind folgende:

1. Übernommen vom Kunststoffspritzguss und somit nicht robust genug für den Metallspritzguss bei hohen Betriebstemperaturen
2. Benötigt „exotische" Materialien, um Magnesium standzuhalten (Büchsen aus Stellite 12 oder Spezial Stahl Nr. 1.2888)
3. Die Zylinderwanddicke kann nicht beliebig vergrößert werden, weil Heizungsaußenwärme nicht ins Innere durchdringt
4. Weist komplexe Heiz- und Förderstrecke von über 2,0 m auf
5. Benutzt eine Schnecke, die nicht aktiv selbst geheizt wird, um Material entlang des Schmelzpfades vor zu transportieren
6. Wartung erfordert die Entfernung der Schnecke für Säurereinigung (zwei zusätzliche Anlagen zur Unterhaltung der Hauptmaschine notwendig)
7. Das Ersetzen der Schnecke ist sehr teuer, Kosten von mehr als $100.000,- sind möglich
8. Wartungsintensiv, aber weniger Wartung als beim Druckguss
9. Betrieb erfordert viel Training und Erfahrung

Dieses Verfahren kann noch verbessert werden durch das Konzept MAXImolding®, welches da ansetzt, wo Thixomolding® noch optimiert werden kann, ein möglicher Grund wieso sich Thixomolding® trotz vieler Prozessvorteile noch nicht gegen Warm- und Kaltkammerguss durchsetzen konnte.

Um dies zu ändern, ist die Frage zu beantworten, wie man von Grund auf eine neue, einfache und robuste Hybridmaschine bauen kann, die nahezu defektfreie, hochintegrierte Teile mit wenig Energie und Material, sehr schnell und ohne umweltschädliche Gasemissionen produziert. Die erste augenscheinliche Verbesserung ist die vertikale Orientierung der Hybridmaschine, weil diese die besten Eigenschaften von Kalt- und Warmkammern sowie Thixomolding®- Maschinen vereint. Die Gravitation macht das Fließen der Späne und teilflüssiger Schmelze von oben nach unten und ohne Richtungsänderung einfacher. Durch die Konzipierung eines Hauptreaktors mit großer thermischer Masse und hochpräziser Temperaturregelung in Form eines Revolverzylinders, kann auf die komplexen und wartungsintensiven Teile wie Zylinder und Schnecke bei einer Thixomolding®-Maschine verzichtet werden. Bei genauerer Betrachtung sind die Veränderungen noch weitreichender.

Zunächst soll auf das Ausgangsmaterial und dessen Vorbereitung eingegangen werden, für das MAXImolding® – Formverfahren gibt es zwei Optionen für das Ausgangsmaterial: Metallspäne, die durch mechanische Bearbeitung von Standardbarren erzeugt werden, auch Chips genannt, oder die metallurgisch gewonnenen Chips mit bevorzugter, globulitischer Struktur. Diese werden zur Reinigung einem Vorbereitungsprozessor zugeführt und dort mit einer präzisen Temperaturregelung unter Argon bis 200 °C aufgeheizt. Eine Oxidation wird durch die Flutung mit Argon vermieden. Die vom Vorbereitungsprozessor kommenden und vorgewärmten Mg-Späne werden jetzt im thermischen Reaktor, in Form eines Revolvers, weiter in den teilflüssigen Bereich erhitzt. Dies geschieht durch mehrere, über die Zylinderaußenwand angebrachte Heizzonen.

Die teilflüssige Schmelze kann dann in einer Kammer gesammelt werden. Danach wird diese zähflüssige Masse über zwei positiv-geöffnete Ventile exakt unter einen mittig angeordneten Einspritzkolben dosiert, der die teilflüssige Schmelze, nach Schließen der beiden Ventile, mit großem Druck (1000 bar) und großer Geschwindigkeit (bis zu 11 m/s Kolbengeschwindigkeit) direkt und immer als „unberührte" Schmelze in die Form einspritzt. So entstehen keine Metallreste. Die rückgeführte Wärme aus der Form wird zum Vorheizen des Ausgangsmaterials (Späne, Chips) benutzt, um somit noch mehr Energie einzusparen.

Der gesamte MAXImolding®-Prozess benötigt einen geheizten vertikalen Weg von weniger als 1,3 m und verkleinert die Kaltkammer-Gießereilinie um 5 Schritte wovon nur das Schmelzen 35 % und Warmhalten 23 % (zusammen 58 %) der Input-Energie verbrauchen [82]. Die klassische Gießereitemperaturtreppe vom Aufschmelzen (730 °C), über den Transport (700 °C) und das Warmhalten und Dosieren (690 °C), bis hin zum Schmelzetransport in die Schusskammer (670 °C) – für Al-Legierungen in einer Kaltkammermaschine (womit viel unnötige Energie verbraucht wird) – ist nicht mehr vorhanden. Die teilflüssige Schmelze wird kontinuierlich und „on-demand – auf Nachfrage" direkt in der MAXImolding® Maschine produziert und es wird nur so viel Energie wie nötig und ganz ohne Verluste verbraucht (s. Abb. 3.74). Es wird nur eine kleine Menge des Edelgases Argon im Vorprozessor oder direkt im Reaktor benutzt. Es werden keine gefährlichen Gase im Prozess genutzt oder durch den Prozess ausgestoßen. Die Gase, die durch das Sprühen vom Werkzeug entstehen, werden innerhalb der Gießerei gefiltert und wieder benutzt. Die ganze Produktion kann Strom, gewonnen aus Sonne und Wind, unter umweltfreundlichen Bedingungen nutzen. In einem MAXImolding®-Prozess werden keine Gie-

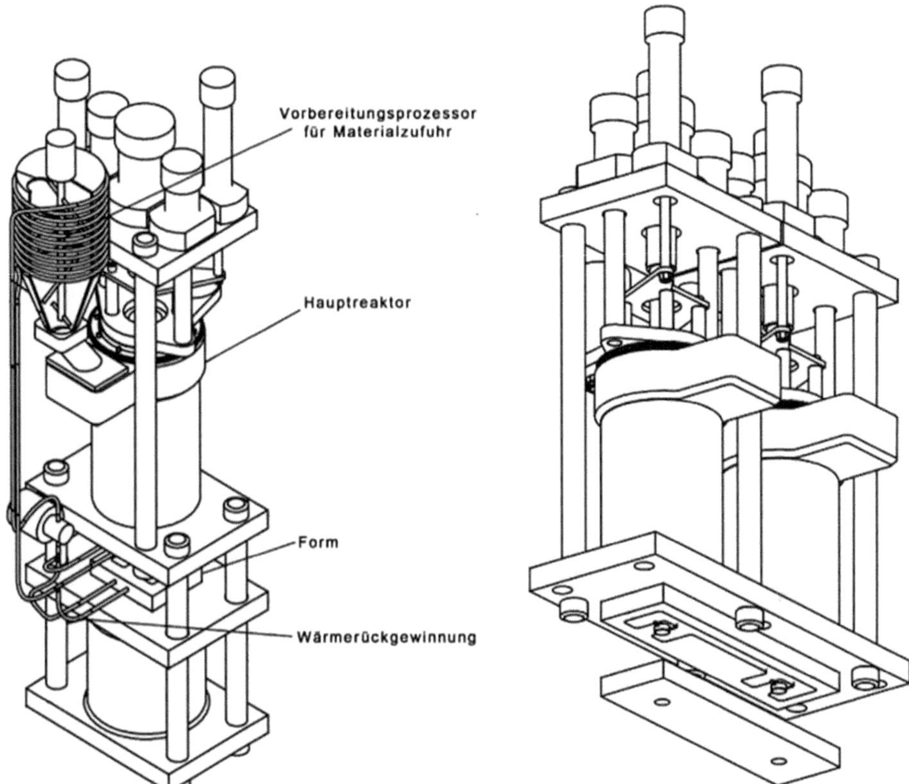

Abb. 3.74 MAXImolding® mit Spänen-Vorbereitungsprozessor, Hauptreaktor und Form mit Wärmerückgewinnung (links, patentiert); Multiinjektors für MEGApress™ (rechts, patentiert), Copyright © MAXImolding! Technology GmbH

ßereigase ausgestoßen. Auf diese Weise kann ein Beitrag zum europäischen „Green-Deal-Project" und zur Reduzierung der Erderwärmung geleistet werden.

Dieser Prozess heißt „S2S™: Solid-to-Solid"-Formen, weil mit festen Spänen begonnen und danach eine teilflüssige Schmelze hergestellt wird. Am Ende kommen die festen endformnahen Teile aus der Form eines geschlossenen Prozesses. Es wird nur sehr wenig Argon verwendet, um die Oxidation der Chips zu verhindern. Der Revolverzylinder bietet viel Oberfläche in den Materialtransportbohrungen, um die Späne schnell aufheizen zu können. Durch präzise Temperaturregelung der Außenoberfläche wird gleichzeitig das Innere des Zylinders mit dem Einspritzkolben in der Mitte geheizt.

Die Maschine erfordert weder eine Schnecke und nicht deren Drehung. Es ist auch nicht erforderlich, die Späne zu scheren, um eine teilflüssige Schmelze zu erzeugen, die kugelförmige, feste Partikel enthält. Die Erzeugung einer thixotropen Schmelze kann im thermischen Massenreaktor unter dem alleinigen Einfluss von Wärme erfolgen. Die Eliminierung der Schnecke zum Scheren ist eine wesentliche Vereinfachung des Prozesses.

Die Wartung gestaltet sich einfach. Es sind keine erstarrten Materialreste möglich und die teilflüssige Schmelze ist vollständig innerhalb der Maschine enthalten. Ein wesentlicher Vorteil gegenüber den klassischen Druckgussverfahren wird dadurch erzielt, dass kein separater Ofen zur Erzeugung der Schmelze mehr erforderlich ist. Alles wird in derselben Maschine innerhalb eines schnellen Einspritzzyklus von 14 bis 60 s erledigt. Die Formkühlung wird durch ein Wassernebelsystem (80 % Luft, 20 % Wasser) bewerkstelligt, das mit sehr hohen Abkühlraten direkt unter der Formoberfläche gemäß der Teileform zirkuliert. Die Wasserlufterzeugung in geschlossenen Kühlkanälen absorbiert eine große Wärmemenge aus dem erstarrenden Teil und wird wiederum zum Vorwärmen der ankommenden Magnesiumspäne verwendet. Dies führt zu weiteren erheblichen Prozesseinsparungen. Der heutige Stand der Technik ist, dass die gesamte entzogene Wärme an die Umwelt abgegeben wird.

Mit der vorgesehenen Entwicklung dieser Maschine eröffnen sich neue Möglichkeiten zur Herstellung von Leichtbauteilen ohne Gasemissionen in der Produktion, aus Magnesiumlegierungen und später auch aus Aluminiumlegierungen. Dadurch werden die Klimaziele unterstützt und die Benutzer der Maschine können mit CO_2-Zertifikaten handeln. Andere Maschinen können großflächige, dünnwandige Teile mit weniger als 1 mm Stärke aus Standard- oder Speziallegierungen bisher so nicht produzieren (vergl. Merkmaleteil, Abb. 3.75). Dies wird durch die Verwendung von mehreren vertikal orientierten Injektoren möglich, welche über einer Unterkolbenpresse positioniert werden. Die Größe des Gussteils wird nicht mehr durch die Maschinengröße, sondern durch den Grad der Modularisierung begrenzt.

Große und kostenintensive Pressen für Kalt- und Halbwarmumformung sowie aufwändige Automatisierung zum Schweißen könnten in weiterer Folge vermieden werden. Eventuell wird es auch möglich werden, gegossene Teile wie zum Beispiel Chassisober-

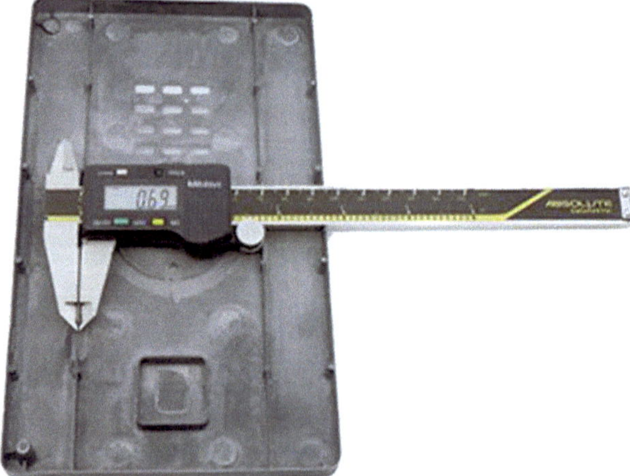

Abb. 3.75 Merkmaleteil, 200 mm × 120 mm × 10 mm, AZ91D Mg-Legierung, Einspritzgewicht: 60 g, Copyright © MAXImolding! Technology GmbH

teile, Türen und Hauben mit Kunststoff zu versehen und so Lackierung zu sparen. Die Technologien und die Prozesse des Kunststoffspritzgießens könnten mit Bedacht auf Metallspritzgießen übertragen werden, um die Automobilproduktion nachhaltig zu verbessern.

Der Bau und die Inbetriebnahme von einer Gießzelle für vollautomatischen Betrieb für Magnesiumteile sollen bis Anfang 2025 abgeschlossen werden. Die Gießzelle besteht aus einer MAXImolding®-Maschine, einem linearen Roboter mit Spezialgreifer zum Sprühen vom Werkzeug und Entnehmen von Teilen sowie einem Band mit Ventilatoren zum Ablegen und Abkühlen von Teilen. Danach erfolgt der Aufbau der Gießzelle für die Aluminiumlegierungen.

Für neue oder gebrauchte Kaltkammer-Druckgussmaschinen sollen zwei Retrofitmodule bis Mitte 2026 erstellt werden. Das erste Add-on-Modul ist für die Vorbereitung der Späne aus Magnesium oder Aluminium. Das zweite Add-on-Modul soll für die Herstellung und die präzise Dosierung von der teilflüssigen Schmelze für die Al-Legierungen sein.

Die genannten Module werden den Übergang in das emissionsfreie 21. Jahrhundert beschleunigen, um Energie- und Materialverbrauch zu verringern und defektfreie Teile zu produzieren.

3.3.10.5 Der nächste Schritt: Die intelligente Fabrik

MAXImolding®-Spritzgießmaschinen bieten eine ganzheitliche Lösung zum Gießen von Leichtmetallteilen. Die intelligente Fabrik ist das Herzstück der Industrie 4.0. Der Begriff der intelligenten Fabrik bezieht sich im Wesentlichen auf cyber-physische, adaptive Produktionssysteme, die durch Software vernetzt und mit den verschiedenen wertschöpfenden Netzwerken verbunden sind. Die Betreiber profitieren vor allem von der raschen Verbreitung und Nutzung der Daten. Um den sichersten und vorhersehbarsten Informationsaustausch zwischen den beteiligten Geräten und Diensten zu gewährleisten, sind Netzwerk- und Echtzeitfähigkeit sowie Skalierbarkeit entscheidende Erfolgsfaktoren. Das Ziel ist es, eine autonome Produktion zu schaffen, in welcher Menschen, Maschinen, Anlagen und Produkte unabhängig voneinander kommunizieren, Abb. 3.76 zeigt den möglichen Ansatz einer intelligenten Produktionskette für gegossene Autoräder. Das gleiche Konzept ist übertragbar auf jede Stückgutproduktion: die Herstellung sowie die Bearbeitung von Teilen aus Kunststoff oder Metall.

Der gesamte Produktionsprozess für ein Autorad könnte in etwa so aussehen: Der Operator wählt das zu gießende Teil aus einer 3D-Datenbank aus und versorgt die Spritzgießmaschine mit Strom. Dabei wird eine Checkliste in Bezug auf Materialversorgung und Sicherheitsüberprüfung verfolgt und danach die Maschine gestartet. Die Maschine schlägt die Startprozessparameter vor und stellt diese, falls vom Operator bestätigt, ein. Es beginnt das Gießen des ersten Rades. Nach Fertigstellung wird das Rad sofort am Röntgeninspektionssystem mit automatischer Bildauswertung (Automatic Defect Recognition – ADR) inspiziert. Dabei wird die Qualität des Rades bestimmt und eine digitale Kennung erzeugt, mit der das Bauteil identifiziert werden kann. Falls sich das produzierte Teil als gut herausstellt, werden die zugehörigen Prozessparameter in einer Datenbank gespeichert

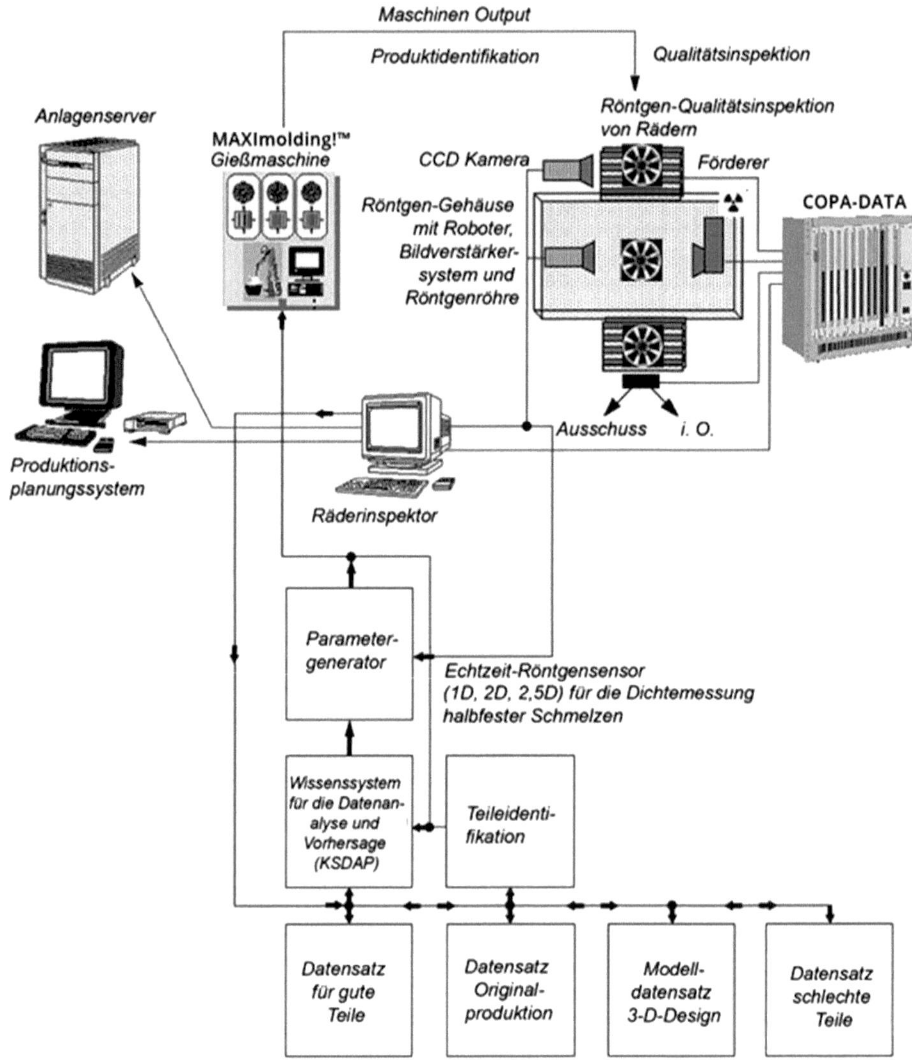

Abb. 3.76 MAXImolding® -Spritzgießmaschine und das In-Line-Röntgenprüfsystem arbeiten zur voll automatischen Prozessoptimierung zusammen in einer digitalen Gießerei des 21. Jahrhunderts (patentiert), Copyright© MAXImolding! Technology GmbH

und als „gut“ markiert. Parameter defekter Produkte werden auch gespeichert, um daraus iterative Anpassungen an den Prozessparametern vornehmen zu können. Beispielsweise könnte die Inspektion zeigen, dass das Rad nicht vollständig geformt wurde, was auf nicht genügend Ausgangsmaterial hinweist und üblicherweise als Kurzschuss bezeichnet wird. Das System erkennt, dass eine längere Einspritzdauer nötig ist, und weist den Parametergenerator iterativ an, das Schließen der Düse zu verzögern. Der nächste Maschinenzyklus wird ausgeführt, serialisiert und an das Inspektionssystem weitergeleitet.

Durch den fortwährenden Kreislauf mit Daten aus einem Inspektionssystem und der beschleunigten Konvergenz von guten und schlechten Datensätzen, kann wiederum das gegossene Rad im Vergleich zum digitalen 3D-Modell zunehmend verbessert werden. Die Produktion mit integriertem Röntgenrückkopplungsregelkreis und Algorithmus für maschinelles Lernen (Machine Learning) ermöglicht die vollautomatische Herstellung von Rädern mit hoher Integrität und minimalen Ausschussmengen.

3.3.10.6 Fazit: auf dem Weg zu intelligenter Fabrik und Cloud

Viele der heutigen Produkte werden immer schneller entwickelt oder verändert, dazu muss die Produktion mithalten können. Durch eine unternehmensübergreifende Vernetzung von Produktionen könnte es möglich werden, flexibel auf sich verändernde Marktbedingungen oder Auftragssituationen zu reagieren. Die Fabrik der Zukunft bestünde dann aus eigenständigen Gießmodulen, die zusammen in einem Produktionsnetz arbeiten und auf einer einheitlichen Fabriksoftware basieren. Mehrere Basismodule formen eine Zelle und die Zelle firmiert als ein Modul, welches das jeweilige Gussteil produziert. Das Endformgussteil wird dann durch mehrere Einspritzeinheiten (Injektoren) gegossen oder aus mehreren Gussteilen mittels verschiedener Fügeverfahren zusammengesetzt. Die Erfassung von Prozessdaten für dieselben oder ähnliche Teile im gesamten Verbund erfolgt über eine Cloud und die Teilnehmer können sie verwenden, um ihre Magnesiumformprozesse zu verbessern.

Die Zukunft liegt im Bereich der Produktionsfehlervermeidung. Für weiteren Fortschritt dient dafür ein neues Konzept: Spritzgießmaschinen und Röntgenprüfmaschinen sowie proprietäre lineare Robotik und Bildverarbeitungssysteme, die in den teilflüssigen Formprozess integriert sind, gewährleisten die schnelle Produktion guter Teile und sorgen für eine stabile vollautomatische Prozesssteuerung mit geschlossenem Regelkreis. Die intelligente Fabrik führt zu einem modernen digitalen Businessmodell.

3.4 Titanwerkstoffe

Oliver Schauerte

Einführung

Mit einer Dichte von 4,5 g/cm^3 gilt Titan als das schwerste der Leichtmetalle. Aus konstruktiver Sicht ist es neben Eisen, Aluminium und Magnesium das einzige Metall, das als Strukturwerkstoff für den Fahrzeugbau geeignet ist. Besondere Eigenschaften von Titanwerkstoffen sind neben der relativ geringen Dichte hohe Festigkeiten bis hin zum Niveau hochfester Schmiedestähle, ein relativ geringer E-Modul von etwa 110 GPa, eine hohe Schmelztemperatur von 1670 °C sowie eine herausragende Korrosionsbeständigkeit. Des Weiteren ist Titan ungiftig und absolut biokompatibel. Allerdings ist das mögliche Einsatzspektrum aufgrund der hohen Materialkosten und der speziellen Eigenschaftskombinationen relativ eingeschränkt, sein Einsatz empfiehlt sich deshalb aus technischer

Sicht besonders, wenn eine Kombination aus niedrigem E-Modul mit hoher Festigkeit gefragt ist (wie bei Federelementen), eine hohe spezifische Festigkeit auch bei erhöhten Temperaturen benötigt wird sowie bei Bauteilen, die starker korrosiver Beanspruchung ausgesetzt sind.

Reines Titan weist bei Raumtemperatur eine hexagonal dichte Kugelpackung mit einem unteridealen c/a-Verhältnis von 1,587 (ideal: 1,633) auf. Dies hat ein vergleichsweise schlechtes plastisches Verformungsvermögen des α-Titans zur Folge, da die Verformung über Prismen- und Basalgleitung erfolgt, in Summe aber nur vier unabhängige Gleitsysteme zur Verfügung stehen, da alle anderen (auch die Gleitsysteme in den Pyramidalebenen) Resultierende der genannten Gleitsysteme sind (Abb. 3.77).

Im Ergebnis führt dies insbesondere bei der Umformung von α-Titan zu Vorzugsrichtungen und zu richtungsabhängigen E-Moduln und mechanischen Eigenschaften. So beträgt der E-Modul bei α-Titan-Einkristallen senkrecht zur Basalebene 145 GPa, parallel hierzu aber nur 100 GPa. Legierungselemente vermindern diesen Effekt, weil insbesondere interstitiell gelöste Elemente (C, N, O) die Verzerrung der hexagonalen Gitterzelle in Richtung ideales c/a-Verhältnis vermindern.

Hinsichtlich der physikalischen Eigenschaften von Titan sind sein niedriger thermischer Wärmeausdehnungskoeffizient und die relativ geringe elektrische und thermische Leitfähigkeit zu nennen (weshalb sich Titanschmuck stets eher „warm" anfühlt). In Tab. 3.19 sind die wichtigsten physikalischen Kenngrößen von Titan aufgeführt. Von besonderer wirtschaftlicher Bedeutung ist die sehr ausgeprägte Korrosionsbeständigkeit von Titan. Diese basiert paradoxerweise auf dem Umstand, dass Titan ein extrem unedles Metall ist. Eine blanke Titanoberfläche reagiert schlagartig mit dem Sauerstoff der Umgebung, wobei sich eine sehr dünne aber fest haftende, dichte Titanoxidschicht bildet, die jeden weiteren korrosiven Angriff auf das Grundmaterial blockiert. Aus diesem Grund ist der größte Absatzmarkt für Titan der chemische Anlagenbau (Behälter, Kessel, Offshore-Wärmetauscher ...).

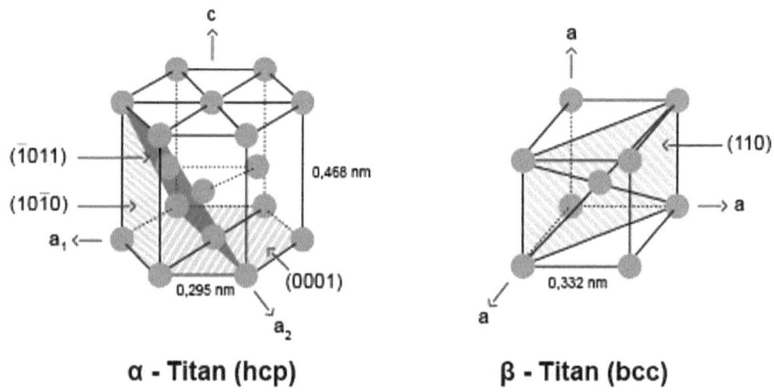

Abb. 3.77 Atomkonfigurationen und Gleitsysteme von α- und β-Titan

Tab. 3.19 Physikalische Eigenschaften von Titan im Vergleich

	Titan	Eisen	Aust. Edelstahl**	Aluminium
Dichte	4,5 g/cm^3	7,8 g/cm^3	7,9 g/cm^3	2,7 g/cm^3
Schmelzpunkt	1668 °C	1534 °C	1668 °C	660 °C
Umwandlungstemperatur	882 °C (hex -> krz)	911 °C (krz -> kfz)	–	–
Magnetismus	Paramagnetisch	Ferromagnetisch	Paramagnetisch	Paramagnetisch
Wärmeleitfähigkeit	22 W/(m · K)	80 W/(m · K)	15 W/(m · K)	235 W/(m · K)
El. Leitfähigkeit	$2{,}5 \cdot 10^6$ A/(V · m)	$11{,}7 \cdot 10^6$ A/(V · m)	$1{,}4 \cdot 10^6$ A/(V · m)	$37{,}7 \cdot 10^6$ A/(V · m)
El. Widerstand	$5{,}7 \cdot 10^{-7}\ \Omega \cdot m$	$1{,}0–1{,}5 \cdot 10^{-7}\ \Omega \cdot m$	$7{,}3 \cdot 10^{-7}\ \Omega \cdot m$	$26{,}4 \cdot 10^{-7}\ \Omega \cdot m$
Lin. Wärmeausdehnungskoeffizient	$8{,}36 \cdot 10^{-6}$/K	$11{,}8 \cdot 10^{-6}$/K	$16 \cdot 10^{-6}$/K	24·10-6/K
Spez. Wärmekapazität	523 J/(kg · K)	449 J/(kg · K)	500 J/(kg · K)	897 J/(kg · K)
E-Modul	~ 115 Gpa*	210 Gpa	190 Gpa	70 Gpa
Schubmodul	44 Gpa	83 Gpa	75 Gpa	25 Gpa

*mittlerer E-Modul. E-Modul ist in der hexagonalen Einheitszelle richtungsabhängig mit 145 GPa senkrecht zur Basalebene und 100 GPa parallel zur Basalebene
**Am Beispiel 1.4301 (X5 CrNi 18 10)

Die relativ hohen Kosten für Titan resultieren aus dem aufwendigen Herstellungsprozess. Titanerze selbst sind weder selten noch teuer. Tatsächlich werden rund 95 % der Titanerze weltweit auch nicht für die Gewinnung von metallischem Titan sondern für die Gewinnung von Titandioxid abgebaut (reines TiO_2 ist strahlend weiß und daher u. a. der Grundstoff für weiße Farbe). Für metallisches Titan werden vor allem die Erze Rutil und Ilmenit verwendet, die sich durch einen besonders hohen Anteil an Titanoxid auszeichnen. Auf die Titanproduktion soll an dieser Stelle nicht weiter eingegangen werden, benannt sei nur kurz der zweistufige Herstellungsprozess. Im ersten Schritt wird Titanoxid im sogenannten Kroll-Verfahren zu Titantetrachlorid umgesetzt und anschließend mithilfe von Mg zum reinen metallischen Titan reduziert. Hierbei bildet sich der wegen seines Aussehens so genannte „Titanschwamm". Die Produzenten von Titanschwamm sind fast alle wirtschaftlich unabhängig von den eigentlichen Titanherstellern, der Titanschwamm wird am Weltmarkt frei gehandelt und unterliegt erheblichen Preisschwankungen. Beim Titanhersteller wird der Titanschwamm dann zu Elektroden verpresst, die in Elektronenstrahl-Lichtbogenöfen oder in Elektronenstrahl-Kaltwandtiegelöfen umgeschmolzen werden, ggf. unter Zugabe von Legierungselementen. Je nach späterer Anwendung wird dieser Prozess bis zu dreimal durchgeführt (Reintitan für Industrieanwendungen für gewöhnlich einmal, Legierungen und Luftfahrtanwendungen zweimal und Anwendungen als „Rotorgrade" für Turbinen dreimal). Die umgeschmolzenen Ingots werden dann zu Brammen abgeschmiedet und anschließend zu Blechen, Platten oder Rundmaterial weiterverarbeitet.

Titanwerkstoffe unterscheidet man grundsätzlich in die drei Kategorien α –, ($\alpha + \beta$)- sowie β- (oder auch Near-β-)Legierungen, sowie als Sonderform die γ-Titanlegierungen (siehe Abschn. 3.4.4). Dies resultiert aus dem Titan-Zustandsdiagramm (Abb. 3.78).

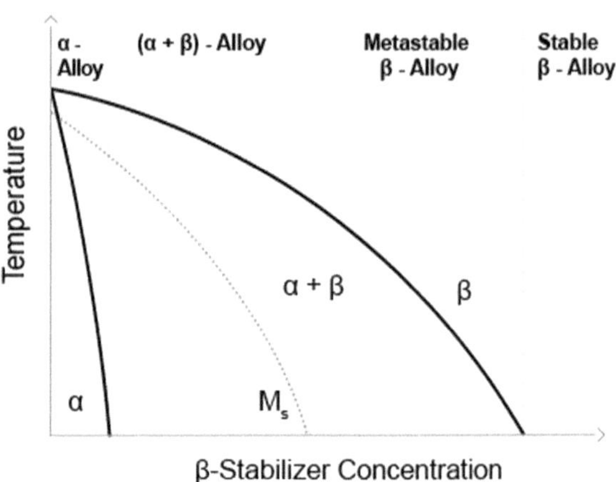

Abb. 3.78 Zustandsdiagramm Titan mit β-Stabilisatoren (M_s = Martensit-Starttemperatur)

So wie viele andere Elemente auch, weist Titan neben der hexagonalen eine weitere Gittermodifikation auf. Bei 882 °C kommt es zu einer allotropen Umwandlung der atomaren Gitterstruktur zum kubisch-raumzentrierten β-Titan. Auf diesem Effekt basieren alle wesentlichen Legierungsentwicklungen. Grundsätzlich unterscheidet man daher nach α-stabilisierenden, die β-Transustemperatur anhebenden Elementen wie Al, O, N, C und β-stabilisierenden, die β-Transustemperatur absenkenden Elementen wie Mo, V, Nb, Ta, Fe, Mn, Cr, Ni und viele weitere. Keinen Einfluss auf die Transustemperatur haben Sn und Zr, sehr wohl beeinflussen sie aber die Festigkeit einer Titanlegierung.

Titan wird von den Titanherstellern in Form von Stangen, Barren, Platten und Blechen bereitgestellt. Reintitanblech lässt sich grundsätzlich gut biegen und ziehen, Textureffekte müssen aber bei komplexen Ziehgeometrien berücksichtigt werden. Sie sind bei einer einheitlichen Blechausrichtung im Ziehprozess normalerweise nicht von Bedeutung, können aber bei Rissbildung ursächlich sein.

Titan lässt sich grundsätzlich gut unter Schutzgas schweißen, jedoch muss das Schutzgas sehr gut abschirmen und das auch von der Rückseite der Schweißnaht, da es sonst wegen der Sauerstoffaffinität von Titan zu erheblicher Versprödung kommt.

Die spanende Bearbeitung von Titan und Titanlegierungen ist grundsätzlich problemlos möglich, allerdings mit im Vergleich zu Stahl deutlich reduziertem Vorschub, da sich das Titan aufgrund seiner geringen Wärmeleitfähigkeit sonst vor der Schneidkante zu stark erhitzt und es zu Oxidationsbildung oder lokaler Gefügeumwandlung kommt. Des Weiteren neigt Titan auch stark zum Fressen (was auch beim Tief- und Streckziehen ein Problem sein kann). Wie bereits beschrieben, ist Titan stets von einer dünnen und schützenden Oxidschicht geschützt. Bricht diese bei der Verarbeitung auf, reagiert das Titan sofort mit dem Schneid- oder Ziehwerkzeug. Daher ist bei jeder mechanischen Be- und Verarbeitung stets auf eine sehr gute Schmierung zu achten [82, 83].

Im Folgenden sollen die einzelnen Legierungssysteme, ihre Besonderheiten sowie ihre Einsatzmöglichkeiten im Fahrzeugbau vorgestellt werden. Abb. 3.79 zeigt hierzu einige Beispiele für Anwendungen im Fahrzeugbau.

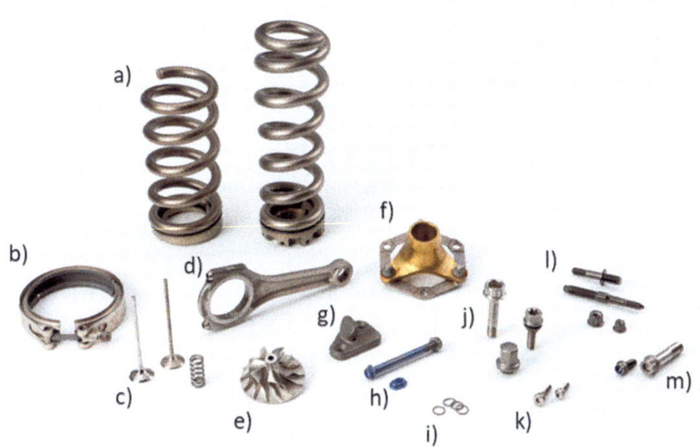

Abb. 3.79 Beispiele für Automobilanwendungen von Titan: (**a**) Achsfedern Bugatti Veyron (Timetal LCB), (**b**) Federbandschelle (Prototyp, Ti-Grade 2), (**c**) Einlass- (γ-TiAl) und Auslassventil (Ti-64), Prototypen VW VR6, (**d**) Pleuel Bugatti Veyron (Pankl, Ti-64), (**e**) Turboverdichter, Prototyp, Ti-64, (**f**) Antriebswellenaufnahme (Cartridge Ltd.,Ti-64, teils nitriert), (**g**) Crashelement Monocoque Bugatti Veyron (Ti-64), (**h**) Querlenkerverschraubung und Distanzstück Bugatti Veyron (Ti-64, anodisiert), (**i**) Dichtringe Bremssattel, VW Golf 5 (Ti Grade 1s), (**j**) Radschrauben und Radmutter (Poggipolini, Ti-64), (**k**) Felgenschrauben Ronal und BBS (Ti-64), (**l**) Monocoqueschrauben Bugatti Veyron (Poggipolini, Ti-64, CrN-beschichtet), (**m**) Fahrwerkschrauben Bugatti (Ti-64) (Bild: Volkswagen AG)

3.4.1 α-Titanlegierungen

Etwa 50 % des weltweit produzierten Titans sind den α-Titanlegierungen zuzurechnen, wobei es sich normalerweise im Wesentlichen um Reintitan in verschiedenen Reinheitsstufen handelt, die unterschiedliche Gehalte insbesondere von interstitiell gelöstem Sauerstoff enthalten, weshalb man auch von den Reintitansorten spricht. (Der Begriff „Legierung“ mag in diesem Zusammenhang etwas irreführend wirken, es lässt sich aber gut mit einfachen Baustählen vergleichen, die ja auch nichts anderes als Legierungen aus Fe und sehr geringen Mengen C sind.) Des Weiteren enthalten diese Werkstoffe verfahrensbedingt stets kleine Mengen C (< 0,08 %) und Fe (< 0,5 %), deren Gehalt die Festigkeiten und Umformeigenschaften mit bestimmen. Einfach gesagt, je höher der Anteil an O sowie C und Fe, umso höher die Festigkeit und umso geringer die Umformbarkeit insbesondere bei Raumtemperatur. Dementsprechend werden die Reintitansorten in sogenannte Grades eingeteilt, von Grade 1 (und einem besonders reinen und besonders gut kaltformbaren Grade 1+ oder auch Grade 1s mit „s“ für „soft“) bis Grade 4. Bleche aus α-Titan kommen hierbei aufgrund ihrer herausragenden Korrosionsbeständigkeit vorwiegend im chemischen Anlagenbau z. B. für Rohre, Behälter und (Seewasser-)Wärmetauscher zum Einsatz, aber auch im Bereich der Architektur als Fassadenverkleidung. Da α-Legierungen nicht aushärtbar sind, lassen sie sich unter Schutzgas auch gut schweißen. Ist der Anteil an α-stabilisierenden Elementen höher, spricht man auch von Near-α-Legierungen, die aber wegen ihrer Hochtemperaturfestigkeit und ihres Kriechwiderstands vor allem in der Luftfahrt (Turbinen) angewendet werden (Tab. 3.20).

Im Automobilbereich sind Reintitansorten insbesondere für Abgasanlagen interessant, da sie bauraumneutral eine Gewichtsreduzierung von rund 40 % ermöglichen. Titanbleche der Sorten Grade 1 und Grade 2 haben im Vergleich zu Edelstahlblech 1.4301 (X5 Cr Ni 18 10) vergleichbare mechanische Eigenschaften, allerdings sinkt mit steigenden Temperaturen die Streckgrenze bei Titan schneller als bei Edelstählen ab. Während bei Raumtemperatur die Streckgrenze von Grade 1 mit ~250 MPa (R_m ~ 300 MPa) auf dem Niveau von 1.4301 (~270 MPa) liegt, ist sie bei Grade 2 mit etwa 380 MPa sogar deutlich höher (R_m ~400 MPa). Bei Betriebstemperaturen um die 600 °C liegen die Festigkeiten dann aber gleichauf, da bei Reintitan die temperaturbedingte Festigkeitsabnahme höher als bei

Tab. 3.20 Mechanische Eigenschaften typischer Titanlegierungen

Legierungstyp	Legierungsbezeichnung	Zusammensetzung	Streckgrenze $Rp_{0,2}$ [MPa]	Zugfestigkeit R_m [MPa]	Bruchdehnung [%]
α-Legierungen	Grade 1	Rein-Ti (0,2Fe, 0,18O)	170–310	> 240	> 24
	Grade 2	Rein-Ti (0,3Fe, 0,25O)	275–430	> 345	> 20
	Grade 6	Ti-5Al-2,5Sn	820	860	15
Near-α-Legierungen	Ti-6242-S	Ti-6Al-2Sn-4Zr-2Mo-0,1Si	990	1010	13
	TMETAL 834	Ti-5,8Al-4Sn-3,5Zr-0,5Mo-0,7Nb-0,35Si	910	1030	6–12
α+β-Legierungen	Ti-64 (Grade 5)	Ti-6Al-4V	800–1100	900–1200	13–16
	Ti-62222-S	Ti-6Al-2Sn-2Zr-2Mo-2Cr-0,25Si	1000–1200	1100–1300	8–15
	Ti-17	Ti-5Al-2Sn-2Zr-4Mo-4Cr	1050	1100–1250	18–15
	Ti-6246	Ti-6Al-2Sn4Zr-6Mo	1000–1100	1100–1200	13–16
Metastabile β-Legierungen	TIMETAL LCB	Ti-4,5Fe-6,8Mo-1,5Al	1050–1400	1100–1450	10–18
	Beta-C	Ti-3Al-8V-6Cr-4Mo-4Zr	800–1200	900–1300	6–16
	Beta-CEZ	Ti-5Al-2Sn-2Cr-4Mo-4Zr-1Fe	1050–1220	1100–1300	4–8
γ-TiAl-Legierungen	γ-TiAl TNM	Ti-43,5Al-4Nb-1Mo-0,1B	720	720	1–3
	Gamma-MET	Ti-46,5Al-4(Cr,Ni,Ta,B)	450–540	490–590	0,5–1,5

austenitischem Stahl ist. Zudem ist bei Betriebstemperaturen ab 700 °C mit einem beschleunigten Altern des Titans zu rechnen. Dieser Alterungsprozess resultiert aus einer fortschreitenden Heißgasoxidation in Kombination mit einer Kornvergröberung. Die Heißgasoxidation beruht dabei auf der fortschreitenden Bildung des sog. α-case, einer Schicht aus an seiner weißen Farbe zu erkennenden, spröden TiO_2, das schließlich aufgrund seiner Volumenzunahme abblättert und so das Fortschreiten der α-case-Bildung ermöglicht. Aus diesem Grund kommt der Einsatz von Titan nur für den hinteren Bereich der Abgasanlage in Frage, also ab Ausgang Katalysator. Für Dieselaggregate kann aufgrund der niedrigeren Gastemperaturen (max. 650 °C) Titan grundsätzlich verwendet werden, bei Benzinern muss genau bekannt sein, in welchem Umfang im Laufe des Fahrzeuglebens Betriebszustände nahe Volllast zu erwarten sind. Obwohl bei benzingetriebenen Autos und Motorrädern auch Abgastemperaturen deutlich jenseits der 750 °C auftreten, sind aus der Praxis keine Lebensdauerprobleme aufgrund von Oxidationsprozessen bei Abgasanlagen bekannt. Wahrscheinlich ist dies auf zwei Umstände zurückzuführen. Zum einen werden Titanabgasanlagen aufgrund der Kosten vor allem in eher hochpreisigen Modellen eingesetzt, die meist auch hoch motorisiert sind, sodass hohe Leistungen (und damit hohe Abgastemperaturen) nur für kurze Zeitspannen abgerufen werden können. Zum anderen ist im Abgas von Benzinern nur sehr wenig freier Sauerstoff enthalten, sodass der Oxidationsprozess verlangsamt ist.

In der Herstellung unterscheidet man grundsätzlich zwischen gewickelten und tiefgezogenen Schalldämpfern. Beide lassen sich analog zu Schalldämpfern aus Edelstahl fertigen, inklusive der Fügeprozesse wie Falzen, Bördeln, Punktschweißen und Schweißen unter Schutzgas. Rohre können aus Grade 2 bezogen und analog Edelstahlrohren auf den üblichen Anlagen umgeformt werden.

Titan verhält sich beim reinen Tiefziehen ähnlich wie Edelstahl. Beim Streckziehen kommt es aufgrund der Anisotropie zu einer Lokalisierung der Gleitsysteme und so zu einer verminderten Umformbarkeit. Hinzu kommt eine ausgeprägte Neigung zum Fressen. Daher ist insbesondere auf eine ausreichende Schmierung zu achten. Bei komplexeren Geometrien hat sich hier insbesondere der Einsatz von Ziehfolie bewährt [84, 85].

Bis heute haben sich Abgasanlagen aus Titan am Markt nicht durchsetzen können und sind eine Nischenanwendung insbesondere im Rennsport- und bei Supersportwagen geblieben. Im Nachrüstbereich jedoch gibt es einen recht stabilen Absatz bei Motorrädern und bei hochmotorisierten Oberklassefahrzeugen (Abb. 3.80). Und obwohl sie neben der Gewichtseinsparung bei den meisten Anwendungen auch einen Lebensdauervorteil bie-

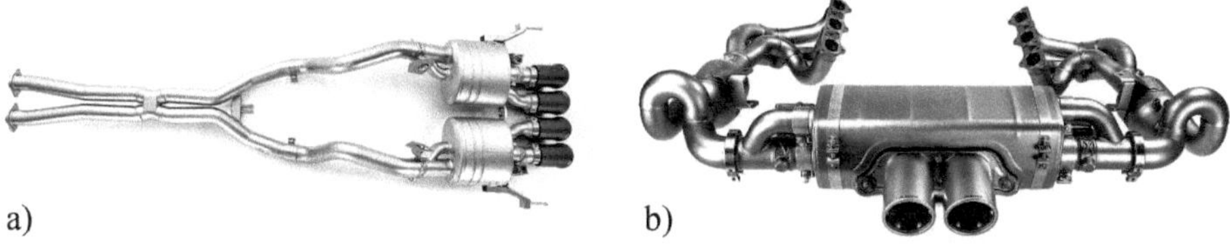

Abb. 3.80 Titanabgasanlagen (**a**) Corvette C7 (**b**) Porsche 911 GT3 RS (Bilder: Akrapovic)

ten, sind die Mehrkosten oft nur durch das besondere Image von Titan zu rechtfertigen. Ein weiterer Nachteil ist, dass die meisten mit Verbrennungsmotor betriebenen Fahrzeuge Gewichtsprobleme meist eher im Vorderwagen oder im oberen Fahrzeugbereich haben, Abgasanlagen den Gewichtsvorteil aber normalerweise hinten im unteren Bereich bieten.

Für die Zukunft ist zu erwarten, dass die Rolle von Titanabgasanlagen langfristig aufgrund des absehbaren Auslaufens des Verbrennungsmotors kontinuierlich abnehmen wird, der Absatz wird sich daher zunehmend auf den Motorsport konzentrieren.

Brennstoffzelle

Eine weitere mögliche Anwendung für Reintitan im Fahrzeugbau sind Brennstoffzellen. Da hier die Stromerzeugung auf der Diffusion von Wasserstoffionen beruht, werden die Bauteile des Brennstoffzellenstacks, die mit den Wasserstoffionen in Kontakt stehen, in hohem Maße korrosiv beansprucht. Dies gilt insbesondere auch für die sog. Bipolarplatten, die innerhalb einer Zelle die Anode und die Kathode elektrisch leitend verbinden und gleichzeitig die Reaktionsgase in die Reaktionszone leiten, wofür die Bipolarplatten beidseitig mit Strömungsprofilen versehen sind, die entweder eingefräst, -geätzt oder -geprägt werden. Zudem tragen die Bipolarplatten zur Systemkühlung bei, weshalb sie gute thermische und elektrische Eigenschaften haben sollten. Kein wirtschaftlich einsetzbarer Werkstoff kann dieses Eigenschaftsprofil vollständig bereitstellen, die geeignetsten Werkstoffe sind daher reiner Kohlenstoff, Edelstahl (1.4404 oder 1.4435) sowie Reintitan, die auch alle eingesetzt werden. Titan wird bevorzugt wegen seiner geringeren Dichte, seiner herausragenden Korrosionsbeständigkeit und seiner sehr guten Kaltumformbarkeit ausgewählt, wobei üblicherweise Titan Grade 1 oder Grade 2 zum Einsatz kommen. Diese Titansorten ermöglichen die wirtschaftliche und rissfreie Serienfertigung durch einen Prägeprozess, wobei aufgrund der hohen Streckgrenze des Reintitans die Bipolarplatten mit bis zu minimal 0,6 mm sehr dünn gefertigt werden können. Auch komplex geformte Bipolarplatten wie dem von Toyota verwendeten „3D fine mesh flow field" lassen sich auf diese Weise prägen [86]. Dennoch scheint sich aktuell am Markt aus wirtschaftlichen Gründen eher die Bipolarplatte aus Edelstahl durchzusetzen. Ein Beispiel für den erfolgreichen Serieneinsatz von Titan ist der Toyota Mirai.

3.4.2 α+β-Titanlegierungen

α+β-Titanlegierungen bieten eine einzigartige Kombination aus hoher Festigkeit und geringer Dichte bei gleichzeitig exzellenter Korrosionsbeständigkeit. Üblicherweise werden Bauteile aus diesen Legierungen geschmiedet oder aus Schmiederohlingen gefertigt, seltener gegossen. Der größte Teil der produzierten α+β-Legierungen kommt in der Luft- und Raumfahrt zum Einsatz, z. B. für Turbinenscheiben und -schaufeln, Befestigungselemente, Fahrwerkbauteile, Triebwerksaufhängungen usw. Weitere Anwendungen sind hoch beanspruchte Bauteile im chemischen Anlagenbau und im Offshore-Bereich, aber auch in der Medizintechnik, bei Sportartikeln und in der Wehrtechnik finden sich viele Einsatzgebiete.

Metallkundlich zeichnen sich α+β-Titanlegierungen vor allem durch ein lamellares Gefüge aus, das aus der hexagonalen α-Phase und der kubisch-raumzentrierten β-Phase aufgebaut ist. Grundsätzlich kann das Gefüge hierbei zwei Formen annehmen: Erfolgt eine Warmumformung im α+β-Bereich im Zweiphasengebiet unterhalb des β-Transus, wird sich dem Phasendiagramm entsprechend (Abb. 3.77) ein Teil des Gefüges als hexagonale α-Phase ausscheiden (das sog. Primär-α, „α_p"), während das übrige Volumen durch Diffusion mit β-stabilisierenden Elementen angereichert wird. Beim Abkühlen wandelt sich dieser Gefügeanteil lamellar um, wobei sich dann die mit β-Stabilisatoren angereicherte Lamellen mit an β-Stabilisatoren verarmten α-Bereichen (Sekundär-α, „α_{sek}") abwechseln, ähnlich der Perlitbildung beim Stahl. Das so insgesamt entstehende Gefüge wird als bimodales oder Duplexgefüge bezeichnet (Abb. 3.81b). Der besondere Vorteil dieser Umformung im Zweiphasengebiet ist die Ausbildung eines feinkörnigen Gefüges, das eine hohe Festigkeit in Kombination mit einer guten Duktilität, einer guten Schwingfestigkeit, einem hohen Kriechwiderstand und einer relativ geringen Kerbempfindlichkeit kombiniert. Daher versucht man normalerweise, mit Schmiedetemperaturen unterhalb des β-Transus zu arbeiten. Nachteilig ist, dass man aufgrund der niedrigen Temperatur höhere Umformkräfte benötigt und mit langsameren Umformgeschwindigkeiten arbeiten muss, was im Falle einer (bei Titan wohl eher theoretischen) Massenproduktion von Nachteil ist.

Der andere Gefügezustand von α+β-Legierungen ist das sogenannte rein lamellare Gefüge (Abb. 3.81a). Es bildet sich bei einer Umformung oberhalb des β-Transus, wobei es zunächst aufgrund des dann einphasigen Zustandes zu einem ausgeprägten Kornwachstum kommt. Beim Abkühlen entmischt sich dann der β-Mischkristall ebenso wie oben beschrieben in mit β-stabilisierenden Elementen angereicherte und in mit α-stabilisierenden Elementen angereicherte Bereiche, die sich lamellar nebeneinander anordnen. Aufgrund der Grobkörnigkeit kommen rein lamellare Schmiedebauteile aus α+β-Legierungen praktisch nicht zum Einsatz, sie können aber bei nicht kerbbehafteten oder nicht schwingend beanspruchten Bauteilen aufgrund der bei hohen Temperaturen geringeren notwendigen Umformkräfte eine Option für eine effizientere Fertigung sein.

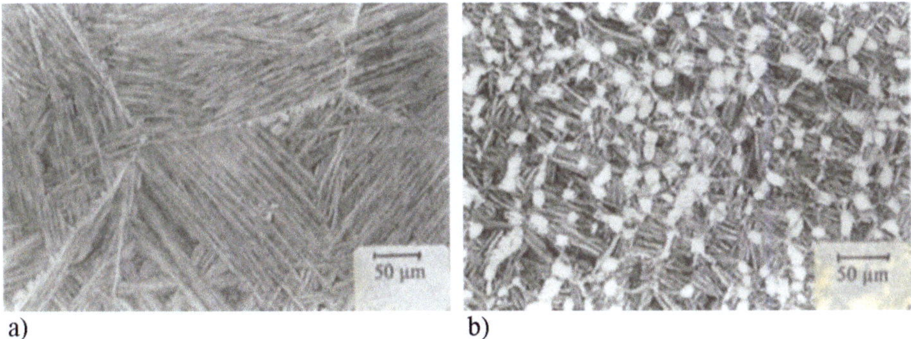

Abb. 3.81 Beispiele für einen (**a**) vollständig lamellaren und (**b**) bimodalen bzw. duplex Gefügezustand. Man beachte die erheblichen Unterschiede in der Korngröße

Titanguss ist ebenfalls lamellar und daher bzgl. Festigkeit, Schwingfestigkeit und Duktilität Schmiedebauteilen mit Duplexmikrostruktur stets unterlegen. Da aufgrund der Sauerstoffaffinität von Titan zudem unter Schutzgas gegossen werden muss und Titan aufgrund der hohen Gießtemperaturen auch zu starker Schwindung und somit Lunkerbildung neigt, sind Bauteile aus Titanguss ein absolutes Nischengeschäft weniger entsprechend qualifizierter Anbieter. Anwendungen finden sich vor allem in der (militärischen und zivilen) Luftfahrt, wo bei der Herstellung von komplexen Bauteilen durch eine endkonturnahe Fertigung materialsparend und unter Vermeidung anspruchsvoller Fügeprozesse produziert werden kann. Im Fahrzeugbau ist der Einsatz von Titanguss nur im Bereich die Gamma-TiAl-Legierungen (siehe Abschn. 3.4.4) bekannt, und hier auch nur für Motorventile und Abgasturbolader.

Das „Arbeitspferd" der α+β-Titanlegierungen ist die Legierung Ti-Al6V4, auch kurz „Sechs-Vier" oder „Grade 5" genannt. Diese bereits in den 1950er-Jahren entwickelte Legierung macht rund 90 % des gesamten Produktionsvolumens von legiertem Titan aus und ist aufgrund ihrer Eigenschaftskombination und ihrer sehr guten Verfügbarkeit stets die erste Wahl, wenn nicht spezielle Anwendungsprofile andere Legierungen erfordern. Falls eine gute Umformbarkeit in Verbindung mit einer guten Duktilität gefordert ist, kann auch die Ti-3,5Al-2V eingesetzt werden, sind höhere Festigkeiten gefordert, bieten sich auch die Ti-62222S oder die Ti-6246 an (siehe Tab. 3.20).

Im Automobilbereich werden α+β-Legierungen vor allem im verbrennungsmotorischen Bereich eingesetzt. Die bekannteste und verbreitetste Anwendung sind sicherlich Titanpleuel (Abb. 3.82), die allerdings auch eine besonders herausfordernde Anwendung sind. Zunächst muss durch den Schmiede- und Abkühlprozess ein einheitliches Duplexgefüge sichergestellt werden. Die spanende Bearbeitung kann analog der von Stahlbauteilen erfolgen, allerdings mit deutlich geringeren Schnittgeschwindigkeiten. Das Cracken des großen Pleuelauges ist aufgrund der Duktilität von Titan nicht möglich, es muss also geschnitten werden. Ein besonderes Augenmerk ist auf das Schneiden der Gewinde der

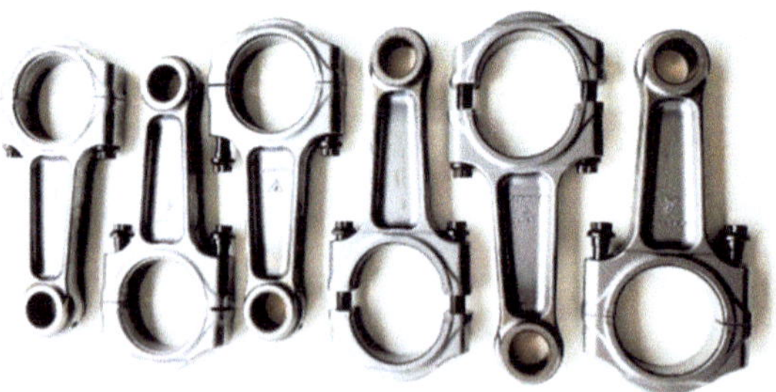

Abb. 3.82 Pleuel aus Ti-Al6V4 der Fa. Pankl für den Porsche 997 GT3 (Bild: Albert Motorsport)

Pleuelverschraubung zu legen. Aufgrund der Kerbempfindlichkeit von hochfesten α+β-Legierungen ist auf ein sauberes Verrunden des Gewindegrundes zu achten, auf den Einsatz von Pleuelschrauben aus Titan wird häufig verzichtet. Schließlich ist noch zu berücksichtigen, dass Titan generell bei tribologischer Beanspruchung zum Fressen neigt. Abhängig davon, ob das Pleuel nun oben oder unten geführt wird, muss deshalb der entsprechende Bereich noch beschichtet werden, wobei sich z. B. im PVD-Verfahren[9] aufgebrachte CrN-Schichten oder auch DLC-Schichten bewährt haben [85, 87].

Weitere Anwendungsmöglichkeiten sind Turboladerrotoren (Heißgasseite) für Dieselmotoren, Einlassventile oder Schrauben (insbesondere Felgenschrauben in zweiteiligen Felgen). Bei Supersportwagen erweitern sich dann aufgrund der Kostensituation die Anwendungspotenziale. So wurden im Bugatti Veyron neben den Pleueln etliche Bauteile aus Ti-Al6V4 gefertigt, wie z. B. Schrauben und Inserts des Monocoques, um Kontaktkorrosion an den lasttragenden Bauteilen zu vermeiden. Weitere Bauteile waren Querlenkeraufnahmen, aber auch die Bremsscheibentöpfe (Aluminium kam aufgrund der Wärmeentwicklung der SiC-Bremsscheiben nicht in Frage).

Im Rennsport schließlich (Auto und Motorrad) gilt als Faustregel, dass alle Bauteile, die man normalerweise aus Stahl fertigt, durch Titanlegierungen ersetzt werden (weshalb viele Amateurrennserien „Titanverbote“ erlassen, um die Kosten für die Rennteams im Rahmen zu halten).

3.4.3 Near-β-Titanlegierungen

Beträgt der Anteil der β-Phase bei Raumtemperatur mehr als 50 %, spricht man üblicherweise von β-Titanlegierungen, obwohl es sich in Wirklichkeit weiterhin um zweiphasige α+β-Titanlegierungen handelt. Korrekterweise werden sie deshalb als Metastabile β- oder auch Near-β-Legierungen bezeichnet, was sich auch aus ihrer Lage im Zustandsschaubild ergibt. Reine β-Titanlegierungen gibt es kommerziell nicht.

Kommerziell relevante Near-β-Legierungen sind z. B. die Ti-6246, die Beta-CEZ oder die Low-Cost-Beta (Tab. 3.20). Beta-Titanlegierungen kommen zum Einsatz, wenn absolut höchste Festigkeiten bei eher niedrigen Duktilitäten gefordert sind, typische Anwendungen sind vor allem im Flugzeugbau im Bereich der Fahrgestelle oder in den Rotorköpfen von Hubschraubern, aber auch höchstfeste Schmiedebauteile in der Offshore-Industrie. Da Beta-Titanlegierungen nur ein geringes Produktionsvolumen haben und sie zudem auch aufgrund des hohen Gehalts an Legierungselementen aufwendig zu produzieren sind, ist das Handelsvolumen vergleichsweise sehr klein, die Kosten derartiger Werkstoffe sind entsprechend höher als bei herkömmlichen Titanlegierungen. Anwendungspotenziale im Automobilbereich bieten sich vor allem bei Achs- und Ventilfedern.

[9] PVD ist Physical Vapour Deposition, DLC ist Diamond Like Carbon (auch: Diamantähnlicher Kohlenstoff).

Federn

Die Masse einer Achsfeder resultiert aus dem Produkt aus Dichte und Schubmodul dividiert durch die Schubdauerfestigkeit im Quadrat. Der Schubmodul liegt hierbei für Beta-Titanlegierungen bei etwa 41 GPa, die Masse bei 4,5 g/cm^3. Hieraus resultiert, dass für ein effektives Leichtbaupotenzial von etwa 40 % im Vergleich zu modernen Achsfedern aus Stahl eine Schubdauerfestigkeit von deutlich über 1000 MPa erzielt werden muss. Hochfeste α+β-Legierungen erreichen aber trotz Kugelstrahlens nur Dauerfestigkeiten um die 800–900 MPa, ein Leichtbaupotenzial könnte so also kaum realisiert werden. Die einzigen Titanlegierungen, die daher für Achsfedern geeignet sind, sind Near-Beta-Legierungen wie die z. B. die Beta 21s oder die LCB (Low Cost Beta - eine in der Community übliche Bezeichnng für eine kostengünstige Ti-Legierung), zumal diese auch im ausgelagerten Zustand nur eine mäßige Härte aufweisen, sodass eine abschließende Kugelstrahlbehandlung zur Erzeugung einer verfestigten Randschicht mit Druckeigenspannungen zur weiteren Erhöhung der Dauerfestigkeit möglich ist. Der niedrige Schubmodul erlaubt es zudem, die Federn trotz eines etwas dickeren Drahtmaterials (moderne Federstähle haben eine höhere Schwingfestigkeit als Titan) mit einer 10–15 % geringeren Blockhöhe auszulegen, was wiederum Bauraum einspart. Außerdem kann aufgrund des exzellenten Korrosionswiderstands im Gegensatz zu Stahlfedern auf eine aufwändige Pulverbeschichtung verzichtet werden.

Gefertigt werden können Titanfedern sowohl durch einen Kalt- als auch einen Warmwickelprozess. Für eine potenzielle (wenn auch unwahrscheinliche) Massenfertigung bietet sich das Kaltwickeln an, jedoch müssen dann die Richtrollen in der Zuführung sehr präzise kalibriert werden, da der Titandraht sich aufgrund seines hohen elastischen Verformungsvermögens dem plastischen Richtprozess gut entziehen kann. Die Umsetzbarkeit dieser Fertigungsroute wurde 1999 beim ersten (Klein-)Serieneinsatz des Volkswagen Lupo FSI nachgewiesen. Bei dem eingesetzten LCB-Drahtmaterial besteht das Gefüge zu einem kleinen Teil aus feindisperser Alpha-Phase, während rund 90 % des Gefüges aus übersättigtem Beta-Mischkristall gebildet wird. Nach dem Wickeln werden die Federn unterhalb des β-Transus ausgelagert und somit ausscheidungsgehärtet und anschließend auf Standardanlagen kugelgestrahlt, die Pulverbeschichtung entfällt [88, 89].

Für kleine Produktionsvolumina wie z. B. für den Bugatti Veyron (ab 2005) wurden die Achsfedern aus abgelängtem Stangenmaterial warm gewickelt, was geometrisch präzisere Wickelergebnisse ermöglicht (Abb. 3.79a). Das Wickeln erfolgt allerdings bei Temperaturen weit unterhalb des Beta-Transus, sodass auch hier noch eine Ausscheidungshärtung plus Kugelstrahlen angeschlossen werden kann.

3.4.4 γ-Titanlegierungen

Eine Sonderform der Titanlegierungen sind die sogenannten Gamma-Titanlegierungen, die im Wesentlichen aus Titanaluminiden gebildet werden. Diese existieren einphasig und zweiphasig, wobei sich technisch letztere wegen der etwas besseren Duktilität durchgesetzt haben. Technische γ-TiAl-Legierungen weisen einen Al-Gehalt um die 45–48 at%

auf. Die Mikrostruktur ist lamellar aus intermetallischen Phasen aufgebaut und besteht aus der tetragonal-flächenzentrierten γ-TiAl- und der α_2-Ti_3Al-Phase (hexagonaler Typ) mit einer DO19-Struktur, deren Volumenanteil üblicherweise bei 5–20 % liegt. Durch die Zugabe von Legierungselementen wie Si, B oder C können γ-Titanaluminide ausscheidungsgehärtet werden, andere Elemente (Cr, Mn, V) können in gewissen Grenzen die Duktilität verbessern. Legierungen dieser Gruppe weisen bei einer Dichte von nur etwa 3,8–4,3 g/cm^3 und einem E-Modul von um die 175 GPa hohe Zugfestigkeiten von 600 bis über 1000 MPa auf, verfügen aber nur über beschränkte Bruchdehnungen von 1–3 %. Des Weiteren zeichnen sie sich über eine exzellente Oxidationsbeständigkeit aus. Eine herausstechende Besonderheit der γ-Titanaluminide ist, dass Streckgrenze und Zugfestigkeit von Raumtemperatur bis etwa 700 °C nahezu konstant bleiben, was sie im Fahrzeugbau vor allem für verbrennungsmotorische Anwendungen interessant macht. Allerdings sind sie insbesondere wegen der extremen Unterschiede im Schmelzpunkt zwischen Aluminium und Titan und der gleichzeitigen Notwendigkeit der Durchführung des Schmelzprozesses unter Vakuum schwierig zu erzeugen und die Chargengröße der Ingots liegt normalerweise nur bei wenigen hundert Kilogramm. Infolgedessen sind die Erzeugungskosten trotz des eigentlich kostensenkenden hohen Anteils von Aluminium erheblich. Daher versucht man im Automobilbereich, das eingesetzte Material effizient zu nutzen und Bauteile wie Auslassventile oder Turboladerrotoren gießtechnisch herzustellen, wobei die Schmelze im Prozess zum Teil direkt aus den Vormaterialien erzeugt wird.

Auslassventile aus Titanaluminiden sind etwa 40 % leichter als Stahlventile und haben je nach Auslegung auch einen Gewichtsvorteil gegenüber hohlen, innengekühlten Nickelventilen. Aufgrund der ausgeprägten Schwindungsneigung von γ-TiAl müssen derartige Ventile im Druckguss oder im Schleuderguss gefertigt werden. Das Einschleifen der Ventile kann dann analog zu Stahlventilen erfolgen. γ-TiAl-Ventile sind im Rahmen mehrerer Förderprojekte in Deutschland von verschiedenen Automobilherstellern bis zur Serienreife entwickelt worden, zu einem echten Serieneinsatz ist es dann aber außerhalb von Versuchsserien und Rennsport Stand heute nicht gekommen. Neben der hohen Kosten waren weitere Gründe wohl die hohen Investitionen in einen völlig neuen Fertigungsprozess wie den Schleuderguss, aber auch Fragen der Qualitätssicherung und der Materiallieferketten waren ausschlaggebend [90, 91].

Eine weitere attraktive Anwendung für γ-TiAl sind die Turboladerrotoren auf der Heißgasseite. Während für die Verdichterseite neben Stahl auch die herkömmliche α+β-Legierung Ti-Al6V4 (oder sogar Aluminium) eingesetzt werden kann, liegen die Gaseintrittstemperaturen auf der Heißgasseite bei Benzinmotoren mit bis zu 1050 °C deutlich zu hoch. Mit seiner Hochtemperaturbeständigkeit in Verbindung mit der hohen Festigkeit und der geringen Dichte ist γ-TiAl hier daher besonders attraktiv und ermöglicht Gewichtsreduzierungen um die 50 %. Neben dem besseren Ansprechverhalten sind so höhere Drehzahlen des Laufzeugs und somit bessere Kompressionswerte zu erreichen. Die Herstellung solcher Turbolader ist allerdings nicht trivial, das Verfahren der Wahl ist ein Vakuumdruckguss, der bei hohen Temperaturen um die 1650 °C durchgeführt werden muss. Die weitere Bearbeitung erfolgt durch Schleifen. Wegen des hohen Aufwandes und der hohen Materialkosten beschränkt sich der Einsatz von Titanaluminiden in diesem Fall ebenfalls auf Nischenanwendungen im Bereich der Sport- und Supersportwagen, der erste Serieneinsatz erfolgte im Mitsubishi Lancer im Jahre 1999. Es gab weitere Einsätze in Sportwagen, jedoch hat sich diese Anwendung für γ-TiAl bis heute nicht etablieren können.

3.4.5 Ausblick Titanwerkstoffe im Fahrzeugbau

Wie in diesem Kapitel ausgeführt, gibt es eine Reihe von Gründen für den Einsatz von Titan im Fahrzeugbau, die sich aus den verfügbaren Legierungsklassen ergeben, wobei die Gründe stets aus den technischen Vorzügen dieses Werkstoffs resultieren, nie aus wirtschaftlichen Vorteilen. In den vergangenen Jahrzehnten wurden sowohl seitens der Fahrzeughersteller als auch seitens der titanproduzierenden Unternehmen vielfältige Ansätze verfolgt, unabhängig von den Erfordernissen der Luft- und Raumfahrt Produktionswege und Legierungen zu etablieren, die zu deutlich günstigeren Perspektiven für den Einsatz von Titan im Serienfahrzeugbau führen. Jedoch hat es bis heute keinen Durchbruch gegeben, der zu einem nennenswerten Einsatz außerhalb der Luxusklasse geführt hätten.

Dennoch haben sich bestimmte Anwendungen etabliert, zu nennen sind insbesondere Pleuel aus Ti-Al6V4 sowie aus Reintitanblech gefertigte Abgasanlagen, die häufig auch im Tuningbereich oder von den Autoherstellern als Option angeboten werden. Weitere Anwendungen wie Schrauben, Halterungen, Achsfedern etc. sind selbst in diesen Bereichen die absoluten Ausnahmen.

Da der Einsatz aller Titansorten inklusive der γ-TiAl-Legierungen sich vorzugsweise für verbrennungsmotorische Anwendungen empfiehlt, ist für die Zukunft infolge der E-Mobilität kein zunehmender Bedarf an Titan im Serienfahrzeugbau zu erwarten. Da es keine spezifischen Gründe wie Leichtbau oder einen notwendigen Korrosionsschutz für den Einsatz von Titan in batterieelektrischen Fahrzeugen gibt und bei Brennstoffzellenfahrzeugen sich auch eher die Bipolarplatten aus Edelstahl durchsetzen, ist tendenziell ein Rückgang des Titanbedarfs zu erwarten. Dennoch bleibt Titan ein faszinierender Werkstoff, mit dem man im Automobilbau auch in Zukunft technischen Herausforderungen begegnen wird.

3.5 Polymerwerkstoffe im Fahrzeug

Josef R. Wünsch

Der Einsatz von Polymeren in Automobilen hat in den letzten 100 Jahren stark zugenommen. Besonders deutliche Zuwächse wurden in den letzten drei Jahrzehnten erzielt. Abb. 3.83 zeigt den dramatischen Anstieg des Polymergehalts in einem typischen Personenkraftwagen in den letzten Jahren [92–95]. Diese Materialien bieten erhöhten Komfort, bessere Ästhetik, Verbesserung bei Sicherheit und Umweltvorteile durch Gewichtsreduktion gegenüber herkömmlichen Materialien. In diesem Kapitel wird erläutert,

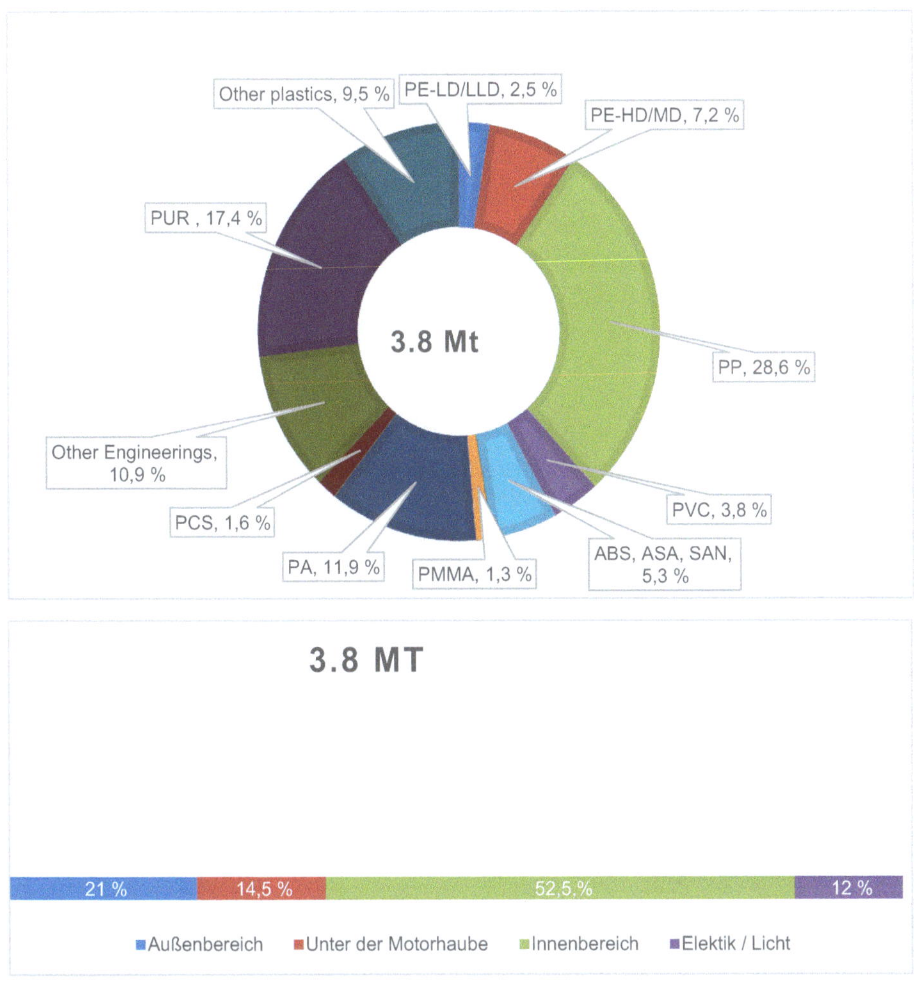

Abb. 3.83 Verwendung von Kunststoffen im Automobilsektor, Europa, 2021. (Quelle: Consultic Marketing & Industrieberatung GmbH)

welche Materialien in den entsprechenden Anwendungen zum Einsatz kommen, und die entsprechenden Vorteile beschrieben, die sie in den betreffenden Anwendungen bieten. Auch der Einsatz von recycelten und biobasierten Polymeren in Automobilanwendungen hat in den letzten Jahren zugenommen [96, 97]. Es gibt viele Anwendungen, bei welchen recycelte Materialien besonders gut funktionieren [98, 99]. Zudem erfordern die jüngsten Entwicklungen im Antriebsstrang (E-Mobilität; Brennstoffzelle) sowie hochautomatisiertes Fahren eine massive Anpassung der Materialeigenschaften, für welche polymere Werkstoffe eine ideale Matrix bieten [100].

Kunststoffe und daraus abgeleitete Materialcompounds wurden im Wesentlichen im 20. Jahrhundert entwickelt und sind damit gegenüber Metallen, insbesondere Metalllegierungen und Keramiken relative junge Werkstoffe. Für den Anwender, d. h. den Kunststoffingenieur bzw. -techniker, sind die Kombinationen aus Korrosionsbeständigkeit und geringer Dichte verbunden mit kostengünstiger Herstellung von Bauteilen bei großer Gestaltungsfreiheit die herausragenden Merkmale [101].

Aktuelle wirtschaftliche und ökologische Anforderungen machen die Entwicklung kraftstoffeffizienterer Fahrzeuge zu einer Top-Priorität in der Automobilindustrie. Obwohl die Minimierung der Masse der jeweiligen Bauteile der Hauptgrund für die Wahl von Hochleistungskunststoffmaterialien darstellt, ist für deren weiteres Wachstum durch neue Anwendungen in Automobilen in Bezug auf Komfort, Sicherheit und der Möglichkeit der Teileintegration ausschlaggebend. Der Einsatz von Hochleistungskunststoffen ermöglicht mehr Gestaltungsfreiheit, und in vielen Fällen können nur diese Materialien eine sichere geometrische oder wirtschaftliche Lösung für die Konstruktion von Teilen bieten. Einige andere Vorteile des vermehrten Einsatzes von Kunststoffmaterialien in Fahrzeugen sind:

- Minimale Korrosion, dadurch längere Fahrzeuglebensdauer
- Erhebliche Designfreiheit, die fortschrittliche Kreativität und Innovation ermöglicht
- Flexibilität bei der Integration von Komponenten
- Sicherheit, Komfort und Wirtschaftlichkeit
- Gewichtsersparnis und Recyclingfähigkeit

Bauteile im Automobil, die in der Regel unsichtbar, verdeckt oder lackiert sind, bieten das beste Potenzial für die Verwendung von recycelten Kunststoffen. Wiederverwertete Materialien können oft eine mehr oder weniger gleichwertige Leistung wie Neuware zu niedrigeren Kosten bieten und den Verbrauch begrenzter natürlicher Ressourcen reduzieren. Spezifizierung und Beschaffung von Recyclingmaterialien in großvolumigen Automobilanwendungen tragen ebenfalls zur zukünftigen Schaffung eines stabilen Markts für derartige Materialien bei. Dies hilft bei der Entwicklung und dem Wachstum einer kommerziell tragfähigen Infrastruktur für das Recycling von Polymeren.

Der Einsatz von Polymeren bei der Konstruktion beeinflusst die Recyclingfähigkeit des Fahrzeugs am Ende seiner Nutzungsdauer. Die aktuelle Infrastruktur für das Fahrzeugrecycling ist besonders erfolgreich. Über 82 Gew-% der im Fahrzeug verbauten Materialien, die das Ende ihrer Lebensdauer erreichen, werden der Recyclinginfrastruktur zugeführt [102].

Ein weiterer Hauptaspekt bei der Auswahl von Hochleistungsmaterialien im Verhältnis zu anderen im Automobil verwendeten Materialien ist das Design von Automobilen, ihre Funktionalität und wirtschaftlichere Herstellung sowie reduzierter Kraftstoffverbrauch. Es wird geschätzt, dass jede 10 %ige Reduzierung des Fahrzeuggewichts zu einer Reduzierung des Kraftstoffverbrauchs um ca. 5–7 % führt [102].

Durch die Veränderung des Antriebsstrangs hin zu elektrischem Antrieb ob durch Batteriebetrieb oder durch Brennstoffzellentechnologie ändern sich die Anforderungen an die Polymerwerkstoff massiv. Um die Sicherheitsauflagen zu erfüllen, müssen die Materialien mit Brandverzögerern flammgeschützt werden sowie die elektromagnetische Strahlung in Fahrgastzelle reduziert werden. Zudem rücken die elektrischen Eigenschaften wie

Kriechstromfestigkeit und Widerstandskraft in den Vordergrund sowie die Frequenzunterdrückung (NVH[10]) durch entsprechende Rahmenlager. Für die Digitalisierung des Fahrzeugbetriebs (teil- bzw. vollautonomes Fahren) müssen die Wechselwirkungen der eingesetzten Werkstoffe mit den Wellen der betreffenden Sensoranwendungen hinsichtlich Absorption, Transmission und Reflektion angepasst additiviert und ausgerüstet werden. In den Abschn. 3.8, 5.3 und 7.5 wird hier im Detail Bezug genommen.

Polymerklassen und ihre jeweiligen Einsatzgebiete

Die Vielzahl der Polymere lassen sich nach den verschiedensten Kriterien klassifizieren. Besonders gebräuchlich sind die Einteilung nach ihrer Temperaturbeständigkeit sowie die Unterscheidung zwischen teilkristallinen und amorphen Werkstoffen. Abb. 3.84 veranschaulicht die Einordnung einiger verbreiteter Kunststoffe in der sogenannten Polymerpyramide.

Bei amorphen Kunststoffen liegen die Polymerketten ungeordnet verknäult vor, während es bei teilkristallinen Materialien wie der Name andeutet neben amorphen Bereichen auch Domänen hoher kristalliner Ordnung gibt. Diese Unterschiede der Anordnung der Molekülketten hat auch großen Einfluss auf makroskopische Eigenschaften: Amorphe Werkstoffe sind von Natur aus transparent und zeichnen sich durch eine hohe Eigenschaftskonstanz in einem weiten Temperaturbereich aus. Teilkristalline Materialien sind opak bis undurchsichtig und weisen meist eine höhere Chemikalienbeständigkeit auf.

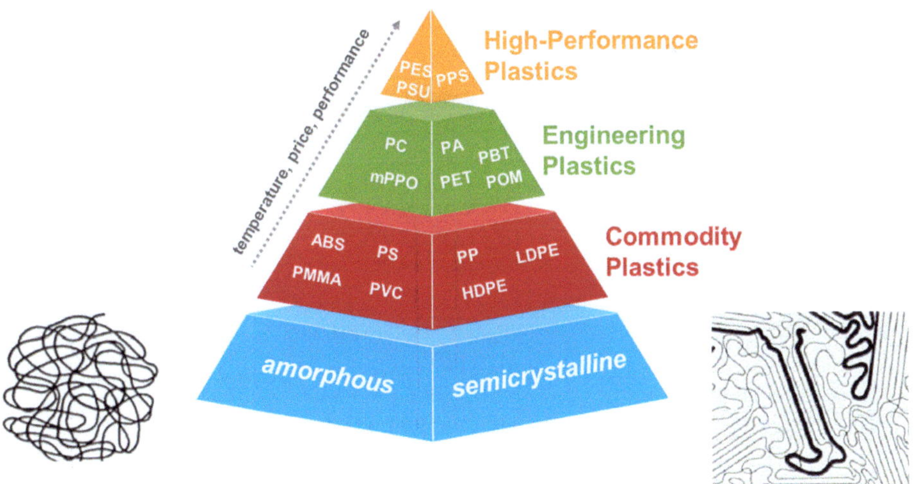

Abb. 3.84 Polymerpyramide zur Einteilung polymerer Werkstoffe. (Quelle: BASF intern)

[10] Noise Vibration Harshness.

Während Standardkunststoffe hinsichtlich ihrer Dauergebrauchstemperatur auf 100 bis maximal 120 °C beschränkt sind, erlauben Technische Kunststoffe (Engineering Plastics) einen Einsatz bis zu 150–180 °C, darüber hinaus kommen nur noch spezielle Hochleistungswerkstoffe zum Einsatz.

Generell lassen sich die Grundeigenschaften der verschiedenen Polymere durch Zugabe von Additiven in einem recht weiten Bereich modifizieren und damit für den jeweiligen Anwendungszweck maßschneidern. Dies reicht beispielsweise von Stabilisatoren zur Verbesserung der Wärme- oder UV-/Lichtbeständigkeit über Verstärkungsmittel wie Glasfasern zur Erhöhung von Steifigkeit und Festigkeit bis zu Flammhämmern, um eine geringere Entzündbarkeit der Kunststoffe zu erreichen.

Die betreffende Werkstoffklasse und ihr jeweiliges Einsatzgebiet in einem durchschnittlichen Personenkraftwagen ist in Tab. 3.21 aufgelistet.

Polycarbonat (PC)

Polycarbonat ist ein leistungsstarkes, zähes, amorphes und transparentes, thermoplastisches Polymer mit organischen, funktionellen Bausteinen, die durch Carbonatgruppen (–O–(C=O)–O–) miteinander verbunden sind. PC wird aufgrund seiner einzigartigen Eigenschaften weitläufig als technischer Kunststoff bezeichnet. Das Stärken/Schwächen-Eigenschaftsprofil von PC ist in Tab. 3.22 dargestellt.

Polycarbonate werden hauptsächlich in unverstärkten Formulierungen in der Automobilindustrie eingesetzt. Amorphes Polycarbonatpolymer bietet eine seltene Kombina-

Tab. 3.21 Verwendung von Kunststoffklassen im Automobil [102]

Kunststoff in einem typischen Auto		
Bestandteil	Hauptkunststoffarten	Durchschnittsgewicht im Auto (kg)
Stoßstange	PP-Compounds, PC/PBT	10
Sitzplätze	PUR, PP, PVC, ABS, PA	13
Armaturenbrett	PP, ABS, SMA, PPE, PC	7
Kraftstoffsysteme	HDPE, POM, PA, PP, PBT	6
Karosserie (inkl. Verkleidungen)	PP, PPE, UP[a]	6
Komponenten unter der Motorhaube	PA, PP, PBT	9
Innenverkleidung	PP, ABS, PET, POM, PC/ABS, PP	20
Elektrische Komponenten	PP, PE, PBT, PA, PVC	7
Außenverkleidung	ABS, PA, PBT, POM, ASA, PP	4
Beleuchtung	PC, PBT, ABS, PMMA,	5
Polsterung	PVC, PUR, PP, PE	8
Flüssigkeitsbehälter	PP, PE, PA	1
Gesamt		105

[a]UP: Ungesättigte Polyesterharze

Tab. 3.22 Stärken/Schwächen-Profil von Polycarbonat

Stärken von Polycarbonat	Einschränkungen von Polycarbonat
• Hochtransparent. Bietet Lichtdurchlässigkeit so gut wie Glas • Hohe Zähigkeit auch bis – 20 °C • Hohe mechanische Beständigkeit bis 140 °C • Intrinsisch flammhemmend? Hohe Flammwidrigkeit • Bietet gute elektrische Isolationseigenschaften, die nicht durch Wasser oder Temperatur beeinflusst werden • Besitzt eine gute Abriebfestigkeit • Hält wiederholten Dampfsterilisationen stand	• Leicht angreifbar durch Kohlenwasserstoffe und Basen • Nach längerer Einwirkung von Wasser über 60 °C beginnen sich ihre mechanischen Eigenschaften zu verschlechtern • Vor der Verarbeitung ist eine ordnungsgemäße Trocknung erforderlich • Geringe Ermüdungsausdauer • Vergilbungstendenz nach UV-Exposition

Abb. 3.85 Frontscheinwerfer mit diversen Bauteilen aus transparentem bzw. dimensionsstabilem PC mit hervorragenden Oberflächeneigenschaften. (Quelle: BASF)

tion aus Steifigkeit, Härte und Zähigkeit. Es zeigt ausgezeichnete Witterungs-, Kriech-, Schlag-, optische, elektrische, thermische Eigenschaften und UV-Beständigkeit, mit Transparenzgrade fast so gut wie Polymethylmethacrylat (Acryl, PMMA).

Im Bereich der Frontscheinwerfer (Abb. 3.85) findet PC aufgrund dieses Eigenschaftsprofils vielfältige Verwendung, beispielsweise als Scheibenmaterial aber auch nebenanderen Werkstoffen wie PBT (siehe unten) für die Reflektoren und das innen liegende Gehäuse.

Diese Aspekte werden immer wichtiger, da Stil, Ästhetik und Komfort im Automobildesign an erster Stelle stehen. PC-Compounds haben sich gegenüber herkömmlichen Verglasungsmaterialien als deutlicher Vorteil erwiesen. So wurden beispielsweise farbige Verglasungen, komplexe dreidimensionale Formen, innovatives Fensterdesign wie scharfkantige Ecken, Fensterspalten mit PC-Compounds im Vergleich zu Verbund- und ESG-Glas ermöglicht. Es wurden viele Designvarianten eingeführt, bei denen Rückspiegel, Kameras und Beleuchtungsmodule in die Fensterbaugruppe integriert werden, anstatt sie an Türverkleidungen zu befestigen. Möglich wurde dies durch die hohe Teileintegration und die außergewöhnliche Designfreiheit, die PC-Compounds bieten. Dadurch sind sie im Markt wettbewerbsfähiger im Vergleich zu anderen Verglasungsmaterialien [103].

Die überlegenen Wärmeisolierungseigenschaften von PC bieten erhebliche Vorteile, die dazu beitragen, die Kabinenumgebung zu optimieren und dadurch die gesamte Energiebelastung der Klimaanlage zu reduzieren. Ein weiterer interessanter Bereich ist Infrarot(IR)-Beständigkeit und Kratzfestigkeit. PC-Compounds bieten eine schlechte Beständigkeit gegenüber IR(UV)-Strahlung und müssen durch Additivformulierung angepasst und verbessert werden, um (UV)-Strahlungen zu blockieren bzw. zu absorbieren. Covestro hat für den Bugatti Grand Sport Targa Top farbiges PC-Glasurharz mit IR-absorbierenden Additiven eingeführt. Darüber hinaus haben Sabics Lexan-Kunststoffe mit IR-Formulierung nachweislich die Belastung von Heizung, Lüftung und Klimaanlage (HLK) auf 7,1 % im Winter und 6,3 % im Sommer reduziert, was wiederum eine beträchtliche Reduzierung der CO_2-Emissionen ermöglicht [104].

Das Eigenschaftsprofil von PC ermöglicht auch den Einsatz in vielen Anwendungen der Elektromobilität. Für das Temperaturmanagement der Batteriezelle bietet Covestro Bayblend an, ein Blend aus flammgeschütztem Polycarbonat und Acrylnitril-Butadien-Styrol (ABS). Als Zellhalter verwendet, ermöglicht es eine schnelle UV-Härtung der Zelladhäsion, um einen konsistenten Zellabstand zu erreichen, der eine gleichmäßige Kühlung ermöglicht. Das flammgeschützte PC Makrolon® TC110 FR ist ein wärmeleitendes, elektrisch beständiges, flammhemmendes Material, das sich ideal für Kühlsysteme eignet, die als Kühlkörper, Zellhalter und Rahmen dienen [105].

Weitere Anwendungen: Stoßfänger, Scheinwerfergläser, Sicherheitsschirme, Flugzeugpaneele, Brillengläser, Helme und Panzerglasersatz

Polymethylmethacrylat (PMMA)[11]

PMMA ist ein transparenter Thermoplast und wird oft als leichte oder bruchsichere Alternative zu Glas verwendet, insbesondere wegen der guten UV- und Witterungsbeständigkeit. Es zeigt eine hohe optische Qualität bzw. Oberflächengüte und ist in einer großen Farbpalette verfügbar. Als Basismaterial ist es billiger als PC, splittert aber leichter in der nichtmodifizierten Form als PC. Polymethylmethacrylat – PMMA – wird aufgrund seiner vielen vorteilhaften Eigenschaften in verschiedenen Anwendungen eingesetzt. Die vielleicht bekannteste dieser Eigenschaften ist die Lichtdurchlässigkeit. Typische PMMA-Qualitäten lassen 92 % des Lichts durch und haben damit eine höhere Transmission als bestimmte Glassorten bzw. andere amorphe Kunststoffe.

PMMA wird aufgrund seiner UV-Stabilität und Lichtechtheit auch im Automobil für viele Außenanwendungen eingesetzt, bei denen es über viele Jahre seine ursprüngliche Farbe und Oberflächenbeschaffenheit behalten muss. Herauszuheben sind hier Fensterscheiben-Anwendungen als Glasersatz bei Caravan oder Windschutz bei Zweirädern. Darüber hinaus besitzt PMMA eine ausgezeichnete Kratzfestigkeit und lässt sich hochglänzend verarbeiten. Diese Eigenschaften, kombiniert mit der Dimensionsstabilität von PMMA, ermöglichen den Einsatz bei Anwendungen, in welchen es auf eine dauerhaft schöne Optik ankommt, wie zum Beispiel im Innenraum von Fahrzeugen wie in LED-Lichtleisten für Ambientebeleuchtung. Für spezifische Leistungsmerkmale kann

[11] *Trivialname Acryl – Plexiglas.

PMMA durch Einarbeitung verschiedener Additive weiter modifiziert werden. Beispiele für so einstellbare Eigenschaften sind Schlagzähigkeit, Chemikalienbeständigkeit, Lichtstreuung, UV-Lichtfilterung oder optische Effekte [106–109].

Die Hauptanwendungen im Transportsegment sind Fensterscheiben oder Windschutz (Caravan, Motorrad etc.) hinterspritzte Designelemente für kratzfeste Innenausstattung.

Weitere Anwendungen: Fenster, Displays, Bildschirme, Fotovoltaik, Linsen.

Polybutylenterephthalat (PBT)

Polybutylenterephthalat hat aufgrund seines breiten Anwendungsspektrums in den Bereichen Automobil, Elektrik und Elektronik sowie Medizin und vielem mehr kommerzielles Interesse gewonnen. Die PBT-Produktpalette umfasst eine Vielzahl von Typen, die sich hervorragend für den Spritzguss eignen. Diese schließen glasfaserverstärkte bzw. mineraladditivierte, schlagzähmodifizierte, hydrolysestabilisierte und flammgeschützte Einstellungen ein.

Im Vergleich zu unverstärktem PBT-Polymer weist glasfaserverstärktes PBT eine zwei- bis dreifache Erhöhung der Zug-, Biege- und Druckfestigkeiten bzw. -module auf. Die ungefüllten PBT-Typen haben ein breites Spektrum an Schmelzeviskositäten. Dies trägt dazu bei, Verarbeitungsspielräume bei Spritzguss- und Extrusionsanwendungen zu schaffen (vom Schmelzblasen von PBT-Fasern bis hin zur Herstellung von Stäben und Brammen, faseroptischen Hüllrohren oder Bremskabel-Linern). Flammhemmendes PBT und geschmierte PBT-Versionen sind ebenfalls in unverstärkten und verstärkten Ausführungen erhältlich.

Die breite Anwendung von PBT zeigt sich auch in den zahlreichen behördlichen Zulassungen verschiedener Güteklassen. Dazu gehören VDE- oder UL-Zulassungen für den Elektro- und Elektronikmarkt, zunehmend relevant auch im Bereich der E-Mobilität.

PBT ist für den Konstrukteur ein hervorragendes Material, da es eine gute chemische Medienbeständigkeit (Beständigkeit gegen eine Vielzahl von Chemikalien wie verdünnte Säuren, Alkohole, aromatische Kohlenwasserstoffe, Ketone usw., Lösungsmittel, Öle und Fette), exzellente elektrische Eigenschaften bei guten Fließeigenschaften und geringer Wasseraufnahme aufweist. Damit einhergehend zeigt PBT eine gute Dimensionsstabilität und Wärmeformbeständigkeit auch in Langzeitversuchsreihen, die PBT damit für Anwendungen im Motorraum prädestiniert. Der geringe dielektrische Verlust von PBT minimiert die Energieabsorption bei Hochfrequenz-Elektronikanwendungen und ist damit in der flammgeschützten Ausrüstung ein Material der Wahl für Anwendungen im elektronischen Antriebsstrang sowie Bauteilen für die Batteriebox [110, 111].

Nachteilig für PBT die relativ schlechte Hydrolysebeständigkeit im Heißwassertest, wobei die in den letzten Jahren entwickelten Stabilisierungstechnologien den Anwendungsbereich im Automobil deutlich erweitert haben. PBT ist anfällig für Verzug aufgrund der schnellen Kristallisation und hat eine relativ niedrige HDT[12] bei 60 °C. In der

[12] HDT: Heat Deflection Temperature.

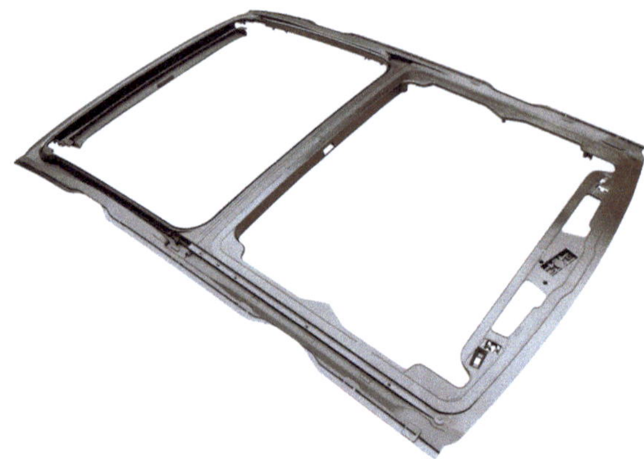

Abb. 3.86 Schiebedachrahmen aus verzugsoptimiertem, hoch dimensionsstabilem PBT. (Quelle: BASF)

unverstärkten Version ist PBT kerbschlagempfindlich. Deshalb wird PBT oft in PBT-Legierungen mit PC, PET bzw. anderen Thermoplasten verarbeitet, um die Defizite zu kompensieren. Polyesterlegierungen basieren zwar auf den grundlegenden Vorteilen von PBT, sind jedoch „zweckgerichtet", um anspruchsvolle Leistungsspezifikationen zu erfüllen [112].

Weitere Anwendungen: Steckverbinder, Gehäuse für Steuereinheiten, Sensoren und Aktuatoren, Nebelscheinwerfergehäuse und Blenden, Schiebedachvorderteile, Schließanlagengehäuse, Türgriffe, Stoßfänger, Vergaserkomponenten. Eines der größten Bauteile, die in PBT realisiert sind, ist der in Abb. 3.86 gezeigte Panoramaschiebedachrahmen.

Polyethylenterephthalat (PET)

Polyethylenterephthalat hat ein ähnliches Eigenschaftsprofil wie PBT, d. h. gute thermische Stabilität, gute elektrische Eigenschaften, sehr geringe Wasseraufnahme und hervorragende Oberflächeneigenschaften, jedoch eine deutlich verlangsamte Kristallisation und ist damit weniger gut für die Spritzgussverabeitung geeignet. Es wird hauptsächlich zur Herstellung von synthetischen Fasern eingesetzt und als Reinkunststoff zu Flaschen verarbeitet. Auf Kleidungsetiketten ist es unter dem Namen „Polyester" zu erkennen.

Die Faserverarbeitung von PET zu Textilen, die in Automobilen eingesetzt werden, finden sich in der Herstellung von Autoteppichen, Sitzbezügen, Seiten-, Dach-, Boden- und Türverkleidungen, Sicherheitsgurten, Reifen, Airbags, Luftfiltern, Kraftstofffiltern, Isoliermaterialien usw. wieder. Während für diese Anwendungen auch andere Fasermaterialien wie PP oder PA6 teilweise infrage kommen, ist Polyester (Polyethylenterephthalat [PET]) die vorherrschende Faser bei der Herstellung von Automobiltextilien. Dabei sind alle Faserverarbeitungstechniken mit PET-Faser möglich, wie z. B. gewirkten, gewebten und nichtgewebten Textilstrukturen und ebenso als Bestandteil von Verbundstrukturen [113].

Weitere Anwendungen: Wischerarm und dessen Getriebegehäuse, Scheinwerferhalterung, Motorabdeckung, Steckergehäuse

Polyamid (PA6; PA66 und andere)[13]

Polyamide sind aufgrund ihrer ausgewogenen Eigenschaften eine wichtige Klasse von technischen Hochleistungsthermoplasten. Polyamide enthalten sich wiederholende Amidbindungen, d. h. –CO-NH–, die durch Kondensation eines Amins mit einer Säure aus einem Monomer (Caprolactam – PA6), bzw. Copolymere mit unterschiedlichen Monomeren (Hexamethylendiamin und Adipinsäure – PA66) entstehen. Polyamide weisen eine hohe Temperatur- und elektrische Beständigkeit auf. Dank ihrer kristallinen Struktur zeigen sie zudem eine hervorragende chemische Beständigkeit und finden daher häufig in temperaturbelasteten Bauteilen mit Medienkontakt Verwendung (Abb. 3.87). Sie haben sehr gute mechanische Eigenschaften und verfügen über gute Barriere-Eigenschaften. Außerdem ist diese Materialklasse leicht intrinsisch flammgeschützt. Aus Polyamiden wurden die ersten synthetischen Fasern kommerzialisiert (Nylon) [114, 115].

Wenn PA-Einstellungen mit Glasfasern (kurz oder lang) verstärkt sind, kann ihre Steifigkeit mit Metallen konkurrieren, weshalb Polyamide oft bei Metallersatzprojekten in Betracht gezogen werden. Alle Polyamide neigen aufgrund der chemischen Gruppe der Amide dazu, Feuchtigkeit aufzunehmen. Feuchtigkeit wirkt auf Polyamiden als Weichmacher und reduziert so den Zugmodul, erhöht dabei die Schlagzähigkeit und Flexibilität. Auch die Feuchtigkeitsaufnahme hat einen großen Einfluss auf die Maßabweichungen und muss folglich bei der Konstruktion von Teilen berücksichtigt werden.

Polyamide werden häufig in Märkten wie Automobil und generell im Transportwesen, Elektrik und Elektronik, Konsumgütern und vielen anderen Segmenten eingesetzt.

Haupteigenschaften von PA6 und PA 66 [116, 117]

PA6 & PA66 sind weltweit die mit Abstand am häufigsten verwendeten Polyamideinstellungen. Sowohl Polyamid 6 (PA6) als auch Polyamid 66 (PA66) finden aufgrund ihres hervorragenden Leistungs-Kosten-Verhältnisses in vielen verschiedenen Märkten Anwendungen. Ihre wichtigsten Eigenschaften sind:

Abb. 3.87 Ladeluft- und Ölansaugmodul aus glasfaserverstärktem PA mit bauraumoptimierter Teilegeometrie. (Quelle: BASF)

[13] Trivial: Nylon 6/6, Nylon 6, Ultramid.

- Richtiges Trocknen vor der Verarbeitung ist erforderlich
- Sehr guter Fließeigenschaften für praxisnahe Verarbeitung
- Hohe Festigkeit und Steifigkeit bei hohen Temperaturen
- Gute Schlagzähigkeit, auch bei niedrigen Temperaturen
- Gute Abrieb- und Verschleißfestigkeit
- Ausgezeichnete Kraftstoff- und Ölbeständigkeit
- Gute Ermüdungsbeständigkeit
- PA 6 hat eine hervorragende Oberflächenoptik und breiteres Verarbeitungsfenster als PA66
- Gute elektrische Isoliereigenschaften
- Hohe Wasseraufnahme und Wassergleichgewichtsgehalt schränken die Nutzung ein
- Geringe Dimensionsstabilität
- Wird von starken Mineralsäuren angegriffen und absorbiert polare Lösungsmittel

Im Vergleich zu PA6 hat PA66

- Etwas weniger Feuchtigkeitsaufnahmefähigkeit
- Höheres Modul
- Bessere Verschleißfestigkeit
- Besseres Temperaturprofil (ca. 40 °C höher)
- Höhere Kristallinität und damit höhere Chemikalienbeständigkeit

Anwendungen von PA6 & PA66

PA66 wird eingesetzt, wenn PA6 seine Grenztemperatur erreicht oder die Hydrolysebeständigkeit von PA6 nicht mehr ausreichend ist. Auch hier ist die Oberflächengüte hervorzuheben und die gute Schweißnahtfestigkeit festzustellen, was zu einer verbesserten Berstdruckbeständigkeit führt. Polyamid 6 und Polyamid 66 erfüllen die Anforderungen zahlreicher Anwendungen in den unterschiedlichsten Märkten:

- PA6, PA66 ersetzen Metalle in Automobilanwendungen:
  Aufgrund ihrer guten Verarbeitbarkeit werden PA6 und PA66 häufig als Alternative zu Metall in Automobilteilen unter der Motorhaube verwendet, wo Designflexibilität sowie Temperatur- und Chemikalienbeständigkeit entscheidend sind. Sie tragen letztendlich zu Gewichtseinsparungen bei, was Möglichkeiten zur Reduzierung der CO_2-Emissionen bietet. Die mechanischen Eigenschaften von PA66 (Steifigkeit, Kriechfestigkeit usw.) tragen zur Verbesserung der Sicherheit und des Komforts in Autos bei, sodass unter Zuhilfenahme moderner Bauteilauslegungs- und -simulationsmethoden selbst mechanisch hochbelastete Strukturbauteile in Kunststoff realisiert werden können (Abb. 3.88).
- Elektro- und Elektronikanwendungen:
  Flammgeschütztes PA zeigt ein gutes Eigenschaftsprofil in den Elektro- und Elektronikanwendungen. Insbesondere sind die Polyamide 6 und 66 gute Kandidaten, bei denen

Abb. 3.88 Einsatz von glasfaserverstärktem PA66 bei einem Getriebequerträger als Ersatz für Aluminiumdruckguss. (Quelle: BASF)

spezifische Tests (GWIT, UL94) bestanden werden müssen. PA6 und PA66 können leicht flammgeschützt werden, wobei halogenierte und nichthalogenierte FR-Lösungen im Handel erhältlich sind. Aufgrund der einfachen Verarbeitbarkeit sind Polyamide auch für technische Anforderungen geeignet, in welchen die Miniaturisierung von Bauteilen kombiniert mit dem Bedarf an hoher Temperaturbeständigkeit bei dünnen Designs eingehalten werden muss.

Weitere Anwendungen: Herstellung von Teilen, die sich unter der Motorhaube befinden, hauptsächlich unter Verwendung der Typen von glasfaserverstärktes Polyamid (PA), energieabsorbierende Bauteile in der Karosserie (siehe Abschn. 5.3), Zahnräder, Buchsen, Nocken, Lager, wetterfeste Beschichtungen.

Während PA6 und PA66 die maßgeblich verwendeten Polyamidderivate im Automobil sind, muss dennoch erwähnt werden, dass andere Polyamidabkömmlinge für diverse Anwendungen im Automobil unabkömmlich sind:

Polyamid 11 und 12 (PA11, PA12): Aufgrund seiner hohen Flexibilität und Zugfestigkeit werden PA11 und PA12 zur Herstellung von Anhängerbremsschläuchen, Kraftstoffleitungen usw. für den Automobil-/Transportmarkt verwendet.

Polyamid 46 (PA46) ist ein Hochtemperaturpolyamid, welches im Automobil verwendet wird, um verschiedene Automobil-/Transportteile wie Kettenspanner, Motorabdeckungen, Ölfilterteile, Signallampensockel, Anlaufscheiben, Schaltgabeln, Tachozahnräder, Kraftstoffverteiler usw. herzustellen.

Polyphthalamid PPA-Qualitäten (teilaromatisches PA) bieten im Vergleich zu PA46 in vielen Anwendungen kostengünstige Lösungen, wie z. B.:

- Viele Arten von Automobilkomponenten, einschließlich Sensoren und Magnetspulen, Halogenlampenfassungen und Nebelscheinwerferbaugruppen, Motorendkappen und -gehäuse, Kraftstoffsystemkomponenten (Flansche, Kraftstoffverteiler, Kraftstoffleitungsanschlüsse), Antiblockiersystem-Komponenten, Kühl- und Heizsystemkomponenten (Thermostatgehäuse, Ölfiltergehäuse, Turbolader-Luftkühler).
- Polyphthalamid wird auch in einer Reihe von Hochtemperaturanwendungen in der Automobilelektronik eingesetzt, wie z. B. Lampenfassungen, Elektroniksteckverbinder, Hochtemperaturschalter und Sensoren.

Acrylnitril-Butadien-Styrol (ABS) [118]
ABS steht für Acrylnitril-Butadien-Styrol. ABS ist ein schlagfester, technischer Thermoplast bei amorpher Polymermorphologie. ABS besteht aus drei Monomeren: Acrylnitril, Butadien und Styrol:

- Acrylnitril (AN):
  AN ist ein synthetisches Monomer, das aus Propylen und Ammoniak hergestellt wird. Diese Komponente trägt zur chemischen Beständigkeit und Hitzebeständigkeit von ABS bei.
- Butadien:
  Es wird als Nebenprodukt der Ethylenproduktion aus Steamcrackern hergestellt. Diese Komponente verleiht ABS-Polymer Zähigkeit und Schlagzähigkeit insbesondere bei niederen Temperaturen.
- Styrol:
  Es wird durch Dehydrierung von Ethylbenzol hergestellt. Es verleiht ABS-Kunststoff Steifigkeit und Verarbeitbarkeit v. a. für glänzende Oberfläche.

In dieser Kombination erfüllt ABS häufig die Eigenschaftsanforderungen zu einem vernünftigen Preis-Leistungs-Verhältnis.

ABS ist ein steifes, chemisch resistentes Material, wird aber leicht von polaren Lösungsmitteln angegriffen. Es bietet bessere Schlageigenschaften und eine etwas höhere Wärmeformbeständigkeit als HIPS.[14] ABS weist hervorragende mechanische Eigenschaften auf, d. h., es ist hart und parallel auch zäh, was mit eine guten Schlagzähigkeit einhergeht. Acrylnitril-Butadien-Styrol bietet eine hohe Oberflächengüte. Abgesehen von diesen Eigenschaften weist ABS gute elektrische Isoliereigenschaften auf.

Acrylnitril-Butadien-Styrol hat ein breites Verarbeitungsfenster und kann auf den meisten Standardmaschinen verarbeitet werden. Es kann spritzgegossen, blasgeformt oder extrudiert werden. Da es eine niedrige Schmelztemperatur hat, eignet sich ABS daher besonders für die Verarbeitung im 3D-Druck auf einer FDM-Maschine.

Haupteigenschaften von ABS
ABS ist aufgrund seiner verschiedenen physikalischen und mechanischen Eigenschaften ein ideales Material für verschiedene strukturelle Anwendungen. ABS ist gekennzeichnet durch hohe Steifigkeit, gute Schlagzähigkeit (auch bei niedrigen Temperaturen), gute Isoliereigenschaften, Schweißbarkeit, gute Abrieb- und Dehnungsbeständigkeit sowie hohe Dimensionsstabilität (Mechanisch stark und über die Zeit stabil), hohe Oberflächenhelligkeit und hervorragende Oberflächenoptik.

ABS lässt sich sowohl durch Zugabe von Additiven als auch durch Variation des Verhältnisses der drei Monomere Acrylnitril, Butadien und Styrol leicht modifizieren. Hitze-

[14] HIPS: High Impact Polystyrene.

stabilisatoren, Hydrolysestabilisatoren, Gleitmittel, UV-Stabilisatoren etc. werden in unverstärkten und verstärkten Typen zur Erhöhung der spezifischen Materialeigenschaften eingesetzt.

Flammhemmende Qualitäten können entweder durch Zugabe von feuerhemmenden Additiven oder durch Mischen mit PVC erhalten werden. Um die Steifigkeit, Schlagzähigkeit und Dimensionsstabilität zu erhöhen, kann ABS mit Fasern, Füllstoffen, Mineralien usw. verstärkt werden. Dies kann zu Transparenz- und Streckgrenzverlusten führen.

Einschränkungen von ABS

- Schlechte Witterungsbeständigkeit (Langzeit-Test)
- Gewöhnliche Qualitäten brennen leicht und bleiben brennend
- Verminderte Kratzfestigkeit
- Schlechte Lösungsmittelbeständigkeit, insbesondere gegenüber Aromaten, Ketonen und Ester; ABS Bauteile können bei einigen Fetten Spannungsrisse ausbilden
- Niedrige Spannungsfestigkeit
- Niedrige Dauergebrauchstemperatur

Weitere Anwendungen: Automobilkarosserieteile, Armaturenbretter, Radkappen Herstellung von Gehäusen, Abdeckungen und Verkleidungen [119].

Acrylnitril-Styrol-Acrylat (ASA)

Acrylnitril-Styrol-Acrylat (ASA) ist ein zäher und steifer Thermoplast, der als witterungsbeständige Alternative zu Acrylnitril-Butadien-Styrol entwickelt wurde. ASA hat eine gute thermische Stabilität, ist beständig gegen Witterung (UV), Alterung und Chemikalien (außer konzentrierte Säuren, Ester, Ketone). Insbesondere Wärmeformbeständigkeit, Flammwidrigkeit sowie die mechanischen Eigenschaften können durch Blends mit Polycarbonat (ASA/PC) weiter verbessert werden. All diese Eigenschaften machen ASA [120] ideal für Automobilaußenanwendungen, u. a. Rückspiegelgehäuse, Einfassungen von Nebel- oder Rückleuchten, Kühler- oder Stossfängergitter, Dachschienen- und Spoiler sowie Seitensäulenverkleidungen Die geringe Vergilbungsanfälligkeit, sowie die Hochglanzeigenschaften prädestiniert ASA für anspruchsvolle Sichtteile wie z. B. Lichtschalterarmaturen im PKW oder Gehäuse für elektronische Module (PBT/ASA Blends) [121].

Weitere Anwendungen: Gehäuse, Profile, Innenteile und Außenanwendungen.

Polyvinylchlorid (PVC) [122]

Polyvinylchlorid (PVC oder Vinyl) ist ein hochfestes thermoplastisches Material, das häufig in Anwendungen wie Rohren, medizinischen Geräten, Draht- und Kabelisolierungen verwendet wird; die Liste ist nahezu endlos. Es ist weltweit das am dritthäufigsten produzierte synthetische Kunststoffpolymer.

Tab. 3.23 Leistungsprofil von starrem und flexiblem PVC

Stärken von PVC	Einschränkungen von PVC
Starres	PVC
• Niedrige Kosten & hohe Steifigkeit • Intrinsisches Flammschutzmittel • FDA-konform & auch für transparente Anwendungen geeignet • Bessere chemische Beständigkeit als Weich-PVC • Gute elektrische Isolierung und Dampfsperreigenschaften • Gute Dimensionsstabilität bei Raumtemperatur	• Schwieriges Verarbeitungsprofil (Schmelzprozess) • Begrenzte Lösungsmittel-Spannungsriss-Beständigkeit • Versprödet bei 5 °C (wenn nicht mit Schlagzähmodifikatoren und/oder Verarbeitungshilfsmitteln modifiziert) • Niedrige Dauergebrauchstemperatur von 50 °C
Flexibles	PVC
• Kostengünstig, flexibel & hohe Schlagzähigkeit • Gute Beständigkeit gegen UV, Säuren, Laugen, Öle und viele korrosive anorganische Chemikalien • Gute elektrische Isolationseigenschaften • Nicht brennbar & vielseitiges Leistungsprofil • Leichter zu verarbeiten als Hart-PVC	• Eigenschaften können sich mit der Zeit aufgrund von Weichmachermigration ändern • Einige PVC-Formulierungen werden durch chlorierte und aromatische Kohlenwasserstoffe, Ester, einige aromatische Ether und Amine sowie Nitroverbindungen gequollen oder angegriffen • Neigt dazu, sich bei hohen Temperaturen zu zersetzen • Nicht für Lebensmittelkontakt mit einigen Weichmachern geeignet • Geringere chemische Beständigkeit als Hart-PVC

Polyvinylchlorid ist in zwei großen Kategorien weit verbreitet: flexibel und starr (flexible & rigid). Es gibt jedoch noch mehr Typen wie z. B. CPVC, PVC-O und PVC-M.

Die Haupteigenschaften von flexiblem und starrem PVC sind in Tab. 3.23 zusammengefasst:

Weitere Anwendungen: Unterbodenbeschichtungen, Dichtstoffe und Bodenmodule; Fahrgastraumteile wie z. B. Armaturenbrett und Türverkleidungen, Sitze und Armlehnen; Ummantelung von Elektrokabeln, Kabelbäume, Tüllen, Rohren, Türen, wasserdichte Abschlüsse; Fensterdichtungsprofile/Kantenschutz und chemische Tanks [102].

Polyoxymethylen (POM) [123, 124]

POM (Polyoxymethylen), auch bekannt als Acetal, Polyacetal und Polyformaldehyd, wird als technischer Kunststoff vermarktet. Es ist ein teilkristalliner, technischer Thermoplast, der in verschiedenen Polymerisaten von POM erhältlich ist (Homopolymer und Copolymer). POM wird für Präzisionsteile verwendet, die eine hohe Steifigkeit, geringe Reibung und hervorragende Dimensionsstabilität erfordern (Abb. 3.89). Diese Eigenschaften sind bei niedrigen Temperaturen in der Regel stabil. POM ist außerdem sehr chemikalien- und kraftstoffbeständig.

Abb. 3.89 POM eignet sich aufgrund der hervorragenden Reibeeigenschaften besonders Zahnräder im Scheibenwischerantrieb. (Quelle: BASF)

Das ausgewogene Eigenschaftsprofil von Polyoxymethyeneinstellungen weist neben dem interessanten mechanischem bis physikalischem Eigenschaftsprofil. Zu den wichtigsten Vorteilen von POM Harzen gehören:

- Hervorragende mechanische Eigenschaften über einen Temperaturbereich von −40 °C bis 140 °C
- Hohe Zugfestigkeit, Steifigkeit und Zähigkeit (kurzzeitig)
- Geringe Kriechneigung und Ermüdung (langfristig)
- Gute Spannungsrissbeständigkeit
- Hohe Kristallinität und ausgezeichnete Dimensionsstabilität
- Ausgezeichnete Verschleißfestigkeit bei niederem Reibungskoeffizienten
- Gute Beständigkeit gegen organische Lösungsmittel und Chemikalien (außer Phenole) bei Raumtemperatur
- Hochglanzoberflächen
- Geringe Feuchtigkeitsaufnahme

Bei der Materialwahl für bestimmte Bauteile muss auf folgende Einschränkungen hinsichtlich POM hingewiesen werden:

- Schlechte Beständigkeit gegen starke Säuren, Basen und Oxidationsmittel
- Verbrennt leicht durch hohen Sauerstoffgehalt (keine kommerziellen flammwidrige Typen)
- Geeignetes Stabilisatorsystem notwendig, da mangelnde thermische Stabilität
- Eingeschränkter Verarbeitungstemperaturbereich
- Hohe Formschwindung
- Schlechte Beständigkeit gegen UV-Strahlung. Längere Exposition führt zu Farbveränderung, Versprödung und Festigkeitsverlust
- Niedrige Oberflächenenergie und daher ohne Oberflächenbehandlung schwer zu kleben

POM gehört daher zu den bevorzugten Konstruktionswerkstoffen, z. B. für Präzisionsteile der Feinwerktechnik. Wichtigste Einsatzgebiete sind die Automobilindustrie und die Elektrotechnik, gefolgt vom allgemeinen Geräte- und Maschinenbau sowie Anwendungen im Konsumgüterbereich.

Weitere Anwendungen: Innen- und Außenverkleidungen, Kraftstoffsysteme, kleine Getriebe, Fensterführungen, Lautsprechergitter, Reißverschlüsse, Feuerzeuge, Aerosolventile, Befestigungselemente und Möbelkomponenten.

Polyurethan (PUR)

Polyurethane sind eine große Familie von Polymerformulierungen mit einem breiten Eigenschaftsspektrum. Basis der Formulierung sind die sogenannten A- und B- Komponenten, in welchen organische Isocyanate (B-Komponente) mit Verbindungen, die Hydroxylgruppen (Polyole; A-Komponente) enthalten in der finalen Bauteilform zur Reaktion gebracht werden. Diole und Diisocyanate führen zu linearen Polyurethanen, vernetzte Polyurethane können durch Umsetzung von Triisocyanat-Diisocyanat-Gemischen mit Triol-Diol-Gemischen hergestellt werden. Polyurethane können daher duroplastisch sein, elastisch oder thermoplastisch, steif und hart oder flexibel und weich, fest oder als Schaum große Eigenschaftsvarianzen aufweisen. Die Dichte von ungeschäumtem Polyurethan variiert zwischen rund 1000 und 1250 kg/m³. Typische Dichten sind rund 5 bis 40 kg/m³ für weichen Blockschaum oder 30 bis 90 kg/m³ für harten Blockschaum. Polyurethan hat eine ausgezeichnete Abriebfestigkeit, aber hohe Hysterese. Polyurethanhartschaumstoffe haben sich aufgrund ihrer guten Kombinierbarkeit mit anderen Baumaterialien weit verbreitet. PUR wird als Isoliermaterial eingesetzt mit dem Kerneigenschaftsprofil: geringe Wärmeübertragung bei guter Wirtschaftlichkeit.

Die Verwendung als Isolierung und für weitere temperatursensible Anwendungen ist die obere Temperaturgrenze von etwa 120 °C limitierend. Polyurethane bauen bei direktem Sonnenlicht ab und sind labil gegenüber den meisten organischen Lösungsmitteln. Chemisch gesehen sind zwei Arten von Polyurethan üblich: auf Polyesterbasis und auf Polyetherbasis, mit diesem polymeren Rückgrat werden Strukturen erzeugt, die tatsächlich den wesentlichen Teil des sogenannten Polyurethanharzanwendungsportfolios umfassen.

Bedingt durch die enorme Vielfalt an Einsatzstoffkombinationsmöglichkeiten zwischen diversen Isocyanaten und Polyolen kann nahezu jedes Eigenschaftsprofil erreicht werden. Es sei hier auf die weiterführende Literatur verwiesen [125–129].

Weitere Anwendungen: Weichschaumsitze, Instrumententafel, Schaumisolierplatten, Elastomerräder und -Reifen, Fahrzeugfederung, Anschlagdämpfer, Getriebetunnel und Durchführungen, Polster, Elektrovergussmassen, Hartplastikteile.

Polystyrol (PS) [130, 131]

Polystyrol ist ein amorphes, glasartiges Polymer, das im Allgemeinen sehr steif und dabei relativ kostengünstig ist. Ungefülltes Polystyrol hat ein funkelndes Aussehen und wird oft als Kristall-PS oder Allzweckpolystyrol (GPPS) bezeichnet. Schlagzähmodifizierte Polystyroltypen (HIPS) werden durch Zugabe von Kautschuk oder Butadiencopolymer während der Polymerisation hergestellt, was die Zähigkeit des Polymers erhöht, aber sie auch opak werden lässt. Polystyrole besitzen gute Fließeigenschaften bei Temperaturen, die aber deutlich unter der Abbautemperatur (sog. Ceiling-Temperatur) sind. PS Typen können leicht extrudiert, spritzgegossen oder formgepresst werden. Beträchtliche Mengen aus Polystyrol werden in Form von wärmeexpandierbaren Perlen hergestellt, sogenanntes EPS[15] bzw. Styropor®, die ein geeignetes Treibmittel enthalten, was zu bekannten geschäumten Polystyrolartikeln führt. Polystyrol ist von Natur aus klar und weist ausgezeichnete chemische Eigenschaften auf bei gutem elektrischem Widerstand. Spezielle hochglänzende und hochschlagzähe Typen sind weit verbreitet.

Nachdem PS nicht UV-beständig ist und sehr schnell versprödet, ist es für Außen-Anwendungen nicht geeignet.

In der Elektrotechnik wird Polystyrol wegen der guten Isolationseigenschaft verwendet. Es wird zur Herstellung von Schaltern, Spulenkörpern und Gehäusen (High Impact Polystyrene, HIPS) für Elektrogeräte verwendet [132, 133].

Weitere Anwendungen: Gerätegehäuse, Taster, Autobeschläge, Displaysockel.

Polypropylen (PP) [134]

Dieses Polyolefin wird leicht durch Polymerisieren von Propylen mit geeigneten Katalysatoren gebildet, im Allgemeinen Aluminiumalkyl und Titantetrachlorid bzw. Ti-Metallocenkomplexe. Die Eigenschaften von Polypropylen variieren je nach Molekulargewicht, Herstellungsverfahren und ob es sich um ein Homopolymer oder ein Copolymere handelt.

PP gehört zur Polymerfamilie der Polyolefine und ist heute eines der drei am häufigsten verwendeten Polymere. Polypropylen findet sowohl als Kunststoffformmasse als auch als Faser Anwendung in:

- Automobilindustrie
- Industrielle Anwendungen
- Konsumgüter
- Möbelmarkt

Im Allgemeinen weist Polypropylen Vorteile in Bezug auf verbesserte Festigkeit und Steifigkeit bzw. eine höhere Temperaturbeständigkeit im Vergleich zu Polyethylen auf. Das größte Anwendungssegment für PP ist das Schmelzspinnen für Faseranwendungen (technische bzw. funktionale Textilanwendung). Polypropylen ist mit einer Dichte von 0,905 g/cm² zudem einer der leichtesten Kunststoffe auf dem Markt. Es ist extrem beständig gegen unterschiedliche Chemikalien und nahezu wasserundurchlässig. Schwarz eingefärbt hat PP eine verbesserte UV-Beständigkeit und wird zunehmend in der Bauindustrie eingesetzt.

[15] Expandiertes PS.

Homopolymere und Copolymere sind die beiden wichtigsten Arten von Polypropylen, die im Markt erhältlich sind.

Das Polypropylenhomopolymer ist die am weitesten verbreitete PP-Klasse (sog. Allzweckqualität). Es enthält nur Propylenmonomer in einer halbkristallinen festen Form. Zu den Hauptanwendungen gehören Verpackungen, Textilien, Gesundheitswesen, Rohre, Automobil- und Elektroanwendungen.

Die Familie der Polypropylencopolymere wird weiter unterteilt in statistische Copolymere und Blockcopolymere, die jeweils durch Polymerisieren von Propen und Ethen hergestellt werden:

Polypropylen-Random-Copolymer (statistisch) enthält normalerweise bis zu 6 Massen-% Etheneinheiten, die zufällig in die Polypropylenketten eingebaut sind. Diese Polymerklassen sind flexibel und optisch klar, wodurch sie für Anwendungen geeignet sind, die Transparenz erfordern, und für Produkte, die eine ausgezeichnete Optik erfordern.

Beim Polypropylen-Block-Copolymer ist der Ethengehalt höher (zwischen 5 und 15 %). Das Copolymer hat Comonomereinheiten, die in regelmäßigen Mustern (oder Blöcken) angeordnet sind. Die regelmäßigen Segmente erzeugen Eigenschaftsdomänen und machen daher den Thermoplast zäher als das statistische Copolymer. Diese Polymere eignen sich für Anwendungen, die eine hohe Festigkeit erfordern, wie z. B. industrielle Anwendungen

Tab. 3.24 stellt die Eigenschaften von Homo- und Copolymeren gegenüber:

Um die richtige Auswahl aus den diversen PP-Polymertypen für den Einsatz in der Endanwendung zu treffen, sind einige der wichtigsten Eigenschaften und Vorteile von Polypropylen hier beschreibend zusammengefasst:

Schmelzpunkt von Polypropylentypen:

Homopolymer: 160–165 °C

Copolymer: 135–159 °C

Dichte von Polypropylen: PP ist eines der leichtesten Polymere unter allen handelsüblichen Kunststoffen. Diese Funktion macht es zu einer geeigneten Option für leichte/gewichtssparende Anwendungen.

Homopolymer: 0,904–0,908 g/cm^3

Copolymer: 0,895–0,920 g/cm^3

Schlagzähes Copolymer: 0,898–0,900 g/cm^3

Tab. 3.24 Materialeigenschaften von Polypropylenpolymerklassen

PP-Homopolymer	PP-Copolymer
• Hohes Verhältnis von Festigkeit zu Gewicht; steifer als Copolymer • Gute chemische Beständigkeit und Schweißbarkeit • Gute Verarbeitbarkeit • Gute Steifigkeit • Geeignet für Lebensmittelkontakt • Geeignet für korrosionsbeständige Konstruktionen	• Etwas weicher, aber bessere Schlagzähigkeit; zäher und haltbarer als Homopolymer • Bessere Spannungsrissbeständigkeit und Tieftemperaturzähigkeit • Sehr gute Verarbeitbarkeit (Spritzguss und Extrusion) • Hohe Schlagfestigkeit • Meist nicht geeignet für Lebensmittelkontakt

- PP weist eine ausgezeichnete Beständigkeit gegen verdünnte und konzentrierte Säuren, Alkohole und Basen auf. Weiter eine gute Beständigkeit gegen Aldehyde, Ester, aliphatische Kohlenwasserstoffe, Ketone. Allerdings hat PP eine begrenzte Beständigkeit gegen aromatische und halogenierte Kohlenwasserstoffe und Oxidationsmittel.
- Entflammbarkeit: Polypropylen ist ein hochentzündliches Material.
- PP behält seine mechanischen und elektrischen Eigenschaften bei erhöhten Temperaturen, unter feuchten Bedingungen und wenn es in Wasser getaucht wird. Es ist ein wasserabweisender Kunststoff.
- PP hat eine gute Beständigkeit gegen Spannungsrisse.
- Es weist eine gute Beständigkeit bei Dampfsterilisation auf.

Nachteile von Polypropylen:

- Schlechte Beständigkeit gegen UV, Stöße und Kratzer
- Versprödet unter – 20 °C
- Niedrige, obere Dauergebrauchstemperatur, 90–120 °C
- Wird von stark oxidierenden Säuren angegriffen, quillt schnell in chlorierten Lösungsmitteln und Aromaten
- Die Wärmealterungsstabilität wird durch den Kontakt mit Metallen beeinträchtigt
- Dimensionsänderungen nach dem Formen aufgrund von Kristallinitätseffekten – dies kann mit Nukleierungsmitteln gelöst werden
- Schlechte Lackhaftung
- Es ist empfindlich gegen mikrobielle Angriffe wie Bakterien und Schimmelpilze

Mit einer absoluten Menge von durchschnittlich 60–100 kg pro Kfz ist es der bedeutendste Kunststoff im Automobil [135]. Die wichtigsten Anwendungen sind Autostoßstangen, Chemikalientanks, Kabelisolierung und Batteriekästen sowie Designelemente im Interior.

Weitere Anwendungen: Flaschen, Benzinkanister, Innen- und Outdoor-Teppiche, Teppichfasern.

Polyethylen (PE) [97, 136]

Polyethylen ist ein leichter, haltbarer Thermoplast mit einstellbarer kristalliner Struktur. Es ist einer der am häufigsten produzierten Kunststoffe der Welt (jährlich werden weltweit ca. 115 Mio. t produziert (2020)). Polyethylen wird in verschiedenen Marktsegmenten (Verpackung, Automobil, Elektro usw.) in Anwendungen für Folien, Rohre, Kunststoffteile, Laminate usw. verwendet.

PE gehört zur Familie der Polyolefine und wird nach Dichte und Verzweigung klassifiziert. Die gängigsten Arten von Polyethylen sind:

Verzweigte Versionen

- Polyethylen niedriger Dichte (LDPE)
- Lineares Polyethylen niedriger Dichte (LLDPE)

Lineare Versionen

- Polyethylen hoher Dichte (HDPE)
- Ultrahochmolekulares Polyethylen (UHMWPE)

- Vernetztes Polyethylen (PEX oder XLPE)

Eigenschaften von Polyethylen hoher Dichte

- HDPE Schmelzpunkt: 120–140 °C
- Dichte von HDPE: 0,93 bis 0,97 g/cm3

Chemische Beständigkeit von Polyethylen hoher Dichte:

- Ausgezeichnete Beständigkeit gegen die meisten Lösungsmittel
- Sehr gute Beständigkeit gegen Alkohole, verdünnte Säuren und Laugen
- Mäßige Beständigkeit gegen Öle und Fette
- Schlechte Beständigkeit gegen Kohlenwasserstoffe (aliphatisch, aromatisch, halogeniert)
- Dauertemperatur: – 50 °C bis + 60 °C; Relativ steifes Material mit nützlichen Tief-Temperatureigenschaften
- Höhere Zugfestigkeit im Vergleich zu anderen Polyethylen-Modifikationen
- Kostengünstiges Polymer mit guter Verarbeitbarkeit
- Gute Kältebeständigkeit
- Ausgezeichnete elektrische Isoliereigenschaften
- Sehr geringe Wasseraufnahme

Nachteile von HDPE:

- Anfällig für Spannungsrisse
- Geringere Steifigkeit als Polypropylen
- Hohe Formschwindung
- Schlechte UV- und geringe Hitzebeständigkeit
- Hochfrequenzschweißen und -fügen unmöglich

Die Witterungsbeständigkeit von HDPE kann jedoch durch die Zugabe von Ruß oder UV-absorbierenden Additiven verbessert werden. Ruß hilft auch, das Material zu verstärken.

Eigenschaften von Polyethylen niedriger Dichte:

- LDPE Schmelzpunkt: 105–115 °C
- Dichte von LDPE: 0,910–0,940 g/cm3

Chemische Beständigkeit von LDPE:

- Gute Beständigkeit gegen Alkohole, verdünnte Laugen und Säuren
- Begrenzt beständig gegen aliphatische und aromatische Kohlenwasserstoffe, Mineralöle, Oxidationsmittel und halogenierte Kohlenwasserstoffe
- Temperaturbeständigkeit bis 80 °C dauerhaft und 95 °C für kürzere Zeiten
- Kostengünstiges Polymer mit guter Verarbeitbarkeit
- Hohe Schlagzähigkeit bei niedriger Temperatur, gute Witterungsbeständigkeit
- Ausgezeichnete elektrische Isoliereigenschaften
- Sehr geringe Wasseraufnahme
- FDA-konform
- Transparent in dünnen Filmen

Nachteile von LDPE

- Anfällig für Spannungsrisse
- Geringe Festigkeit, Steifigkeit und maximale Betriebstemperatur. Dies schränkt seine Verwendung in Anwendungen ein, die extreme Temperaturen erfordern
- Hohe Gasdurchlässigkeit, insbesondere Kohlendioxid
- Schlechte UV-Beständigkeit
- Hochentzündlich
- Hochfrequenzschweißen und -fügen unmöglich

Im Automobil werden überwiegend blasgeformte Behälter aus HDPE eingesetzt, da diese leicht, wie aber auch kraftstoffbeständig sind. Ein typisches Anwendungsbeispiel ist der Kraftstofftank.

Weitere Anwendungen: Autokarosserien (glasfaserverstärkt), elektrische Isolierung.

3.6 Faserverstärkte Kunststoffe der Fahrzeugstruktur

Klaus Drechsler und Sebastian Strauß

3.6.1 Einleitung

Faserverstärkte Kunststoffe (FVK), insbesondere mit belastungsgerechter Carbonfaserverstärkung bieten von allen Werkstoffsystemen das höchste Leichtbaupotenzial verbunden mit vielfältigen zusätzlichen Funktionalitäten. 25 % Gewichtseinsparung gegenüber Aluminium und 60 % gegenüber Stahl wurden in vielen Anwendungsbeispielen nachgewiesen. FVK bestehen aus Verstärkungsfasern (hautsächlich Glas oder Carbon), die möglichst belastungsgerecht in eine Matrix eingebettet werden. Hierbei kommen duromere oder thermoplastische Systeme zu Einsatz. Die Eigenschaften und die Orientierung der Fasern sind insbesondere für die mechanischen Eigenschaften, die Matrix für die Temperatur- und Medienbeständigkeit zuständig. Der Werkstoff entsteht während der Bauteilfertigung. Die sehr komplexen Zusammenhänge und das Zusammenwirken zwischen Faser, Matrix und Prozesstechnik bestimmt letztendlich über die Leistungsfähigkeit der Struktur. Die Eigenschaften unterscheiden sich grundsätzlich von denen metallischer Werkstoffe. So können die Eigenschaften in Abhängigkeit von der Faserorientierung richtungsabhängig eingestellt werden (Anisotropie), außerdem weisen sie keine plastische Verformung und nur eine geringe Bruchdehnung auf.

Im Flugzeugbau und bei Nischenfahrzeugen kommen Verbundwerkstoffe seit vielen Jahren zum Einsatz. Bei Anwendungsbereichen mit kleinen Stückzahlen ist der Einsatz von vergleichsweise kostengünstigen Werkzeugen von großem Vorteil. Airbus setzt beispielsweise seit den 1970er-Jahren auf Carbonfaserverstärkte Kunststoffe (CFK) für Strukturbauteile. Erste Erfahrungen mit CFK-Großstrukturen sammelte man mit dem Seitenleitwerk des A310. Über die Jahre und Flugzeugmuster hinweg wurde der Faserverbundanteil in der Flugzeugstruktur sukzessive gesteigert. Bei aktuellen Modellen wie dem A350 mit CFK-Rumpf und -flügel liegt dieser bei über 50 %. Während derzeit im Flugzeugbau überwiegend Verbundwerkstoffe mit duromerer Matrix eingesetzt werden, zeichnet sich in insbesondere für neue Flugzeugmuster mit hohen Fertigungsraten (ca. 100/ Monat) der Trend hin zu Hochleistungsthermoplastmatrizes ab.

Der Einsatz von FVK im Fahrzeugbau und Rennsport hat ebenfalls eine sehr lange Tradition. Einer der Vorreiter war Lotus. Durch den konsequenten Einsatz von glasfaserverstärktem Kunststoff (GFK) in den 1960er-Jahren konnten die Fahrzeuge sowohl im Straßen- als auch im Rennsporteinsatz durch das überragende Handling große Erfolge auch gegenüber viel höher motorisierten Konkurrenten erzielen. Diese Tradition wird heute von Ferrari, Lamborghini, Porsche und McLaren weitergeführt, jedoch durch den konsequenten Einsatz von Carbonfasern. Die Hauptmotivation für den Einsatz von FVK besteht jedoch neben dem Gewichtseinsparpotenzial in den guten Fatigue-Eigenschaften, der geometrischen Gestaltungsfreiheit im Zusammenspiel mit einem hohen Integrationsgrad sowie der Korrosionsbeständigkeit. Eine Nutzung dieses Potenzials z. B. im Großserienautomobilbau scheitert bislang vor allem an den hohen Werkstoff- und Fertigungskosten. Letztgenannte resultieren vor allem aus den langen Zykluszeiten der Prozesse. Ein wichtiges Ziel besteht daher darin, die bisher durch große manuelle Arbeitsanteile geprägte Fertigung zu automatisieren. Eine weitere wichtige Voraussetzung ist, dass die gesamte Entwicklungs- und Prozesskette auf die besonderen Belange der Faserverbundwerkstoffe ausgerichtet ist. Dies beginnt beim optimalen Strukturkonzept und endet bei der Qualitätssicherung. Hier hat die BMW AG bei der Produktion des i3 ab 2013 eine Vorreiterrolle eingenommen und die Verarbeitung von CFK in der automobilen Großserie erstmals demonstriert.

Es sind verschiedene Einstiegsszenarien bzw. Strukturoptimierungen denkbar: Hybridisierung von Metall und CFK auf Strukturebene, Hybridisierung auf Bauteilebene sowie Komplett-CFK-Karosserien. Die letztgenannte Variante bietet das höchste Leichtbaupotenzial stellt aber auch das höchste Risiko dar. Die Hybridvarianten ermöglichen die lokal optimale Nutzung von Metallen und Kunststoffen und eine vergleichsweise risikolose Einführung. Andererseits müssen hierfür Konzepte für die Hybridfügungen entwickelt werden. Ziel muss sein, faserverbundgerechte Bauweisen und Konstruktionen zu entwickeln. Mit einer Nachahmung der Metallbauweise („Black-Metal-Design") kann man das Eigenschaftspotenzial der Verbundwerkstoffe nicht ausnutzen und keine kostengünstige Fertigung realisieren.

Im Flugzeugbau wurden in den letzten Jahren große Schritte in Richtung einer höheren Automatisierung unternommen. Ursächlich hierfür sind steigende Fertigungsraten, steigender Kostendruck sowie Zunahme der Bauteildimensionen, die mittels manueller Prozesse nicht mehr zu realisieren wären. Beispiele sind Tapelegeroboter, die eine vielfach höhere Legeleistung gegenüber dem manuellen Legen aufweisen und gleichzeitig eine größere Reichweite und Präzision bieten, was bei den aktuellen Großbauteilen für Rumpf- und Flügelstrukturen von entscheidender Bedeutung ist.

Ein weiterer wichtiger Schritt ist die Einführung der Textiltechnik in Verbindung mit Harzinjektionsverfahren. Diese Technologie bietet neben einem hohen Automatisierungspotenzial auch die Möglichkeit die Verstärkungsfasern belastungsgerecht und endkonturnah in sogenannten Preforms anzuordnen. Mit Multiaxialgelegen für flächige Strukturen, Geflechten für Profile und Gesticken für lokale Verstärkungen steht ein „Baukasten" zur Gestaltung komplexer Bauteile zur Verfügung. Einseitennähtechniken ermöglichen eine Verbindung der einzelnen Textilstrukturen zur Verbesserung des Handlings oder zur Realisierung einer dreidimensionalen Faserverstärkung. Diese führt zu einer hohen Schadenstoleranz sowie einer hohen strukturellen Integrität bei Schlagbeanspruchung. Bei allen Fertigungsverfahren kommt dem Einsatz von Low-Cost-Carbonfasern mit hohem Titer (50 k und höher) große Bedeutung zu, da diese kostengünstiger sind und eine höhere Produktivität mit sich bringen. Um dennoch gute mechanische Eigenschaften zu erzielen, muss auf eine möglichst ondulationsfreie, gespreizte Ablage der Rovings im Textilprozess geachtet werden. Sehr interessante Entwicklungen laufen derzeit auch in den Bereichen Werkstofftechnologie (z. B. Snap-Cure-Harze), Imprägnier- und Aushärtetechnik (z. B. durch integrierte Mikrowellenprozessierung oder Ultraschalleinsatz bei der Harzaufbereitung, Injektion und Aushärtung), Thermoplastinjektion und kontinuierliche Pultrusion komplexer Profile.

Große Bedeutung kommt auch den Forschungs- und Entwicklungsarbeiten zum In-Service-Verhalten (z. B. Schadenserkennung und Verhalten bei Missbrauchslasten) und dem Recycling zu. Im Fokus stehen hierbei die Verarbeitung der diskontinuierlichen recycelten Fasern im Trocken- und Nassvliesprozess sowie die Verbesserung der Eigenschaften durch die Erhöhung der Qualität, des Faservolumengehalts und der Orientierung der Fasern. Eine besondere Herausforderung ist es, vom klassischen orthotropen Design zu einem recyclingkonformen Design umzudenken und Bauteile zu finden, welche zum Leistungsspektrum der Rezyklatwerkstoffe passen.

Durch eine konsequente Umsetzung der Forschungs- und Entwicklungsergebnisse in die industrielle Fertigung ist der Einsatz von Hochleistungsfaserverbundwerkstoffen im Großserienfahrzeugbau bereits in ersten Fahrzeugen demonstriert worden. Dies ist insbesondere vor dem Hintergrund weiter steigender Systemgewichte durch Hybrid- und Elektroantriebe von großer Bedeutung. Gerade die Elektrofahrzeuge bieten ein sehr interessantes Einstiegsszenario für CFK, da sie durch das neuartige Packaging völlig neue, faserverbundgerechte Strukturkonzepte ermöglichen.

3.6.2 Werkstoffeigenschaften

Generell bezeichnet man die Kombination eines Fasermaterials, welches in einem Matrixwerkstoff eingebettet worden ist, als Faserverbundwerkstoff (FVW). Die Fasern bestimmen maßgeblich die mechanischen Eigenschaften des Verbundes (Composite) wie Festigkeit und Steifigkeit. Die High-Performance-Eigenschaften sind ausschließlich mit dem Einsatz von Endlosfasern (Faserlänge entspricht Bauteilgröße) in Form von Geweben oder Gelegen erzielbar. Der Matrixwerkstoff überträgt Kräfte und leitet sie weiter. Zusätzlich stützt die Matrix die Fasern gegen Ausknicken und schützt sie vor äußeren Angriffen.

Im Allgemeinen werden Glas-, Carbon- und Aramidfasern für strukturelle Anwendungen im Automobilbau eingesetzt. Aber auch Naturfasern weisen im Verbundwerkstoffbereich im Automotivebereich eine Marktsteigerung von rund 20 % jährlich auf. Derzeit werden bis zu 6 kg Naturfasern im Innenbereich eingesetzt. Hauptsächliche Vertreter sind Flachs, Hanf und Jute.

Verbundwerkstoffe mit Carbonfaserverstärkung weisen das beste Eigenschaftsprofil auf. Mit Zug-E-Moduli von 50 bis 100 MPa und Zugfestigkeiten über 500 MPa ähneln quasiisotrop aufgebaute CFK-Laminate den Aluminiumlegierungen und sparen dabei bis zu 30 % Gewicht ein. Mit einer unidirektionalen Faserstärkung, d. h. alle Faser werden in Lastrichtung gelegt, können Steifigkeiten oder Festigkeiten von Stahl erreicht werden bei signifikant geringerer Dichte von 1,5 g/cm³ gegenüber von 7,8 g/cm³. Der Einsatz von FVK ermöglicht auch die Umsetzung von Bauteilen komplexer Geometrie für höchste Beanspruchungen. Grundsätzlich ist es möglich, Anforderungsprofile hinsichtlich Betriebsfestigkeit, Akustik und Crashverhalten mit gezielten Lagenaufbauten zu erfüllen.

Abb. 3.90 zeigt einen gewichtsspezifischen Eigenschaftsvergleich verschiedener FVW im Vergleich zu Stahl oder Aluminium. Dabei wird anschaulich dargestellt, dass mit Verwendung von Carbonfasern das höchste Eigenschaftsprofil in Bezug auf Festigkeit und Steifigkeit bei geringem Gewichtsniveau erzielt werden kann. Glasfaserverstärkte Verbundwerkstoffe zeigen im Vergleich zu den betrachteten Metallen eine höhere Festigkeit bei vergleichbarem Steifigkeitsniveau.

Glasfasern sind die am häufigsten verwendeten Verstärkungsfasern in Kunststoffverbunden in der Automobilindustrie. Sie weisen vergleichsweise gute mechanische, chemische und dielektrische Eigenschaften auf und sind zudem sehr kosteneffektiv und verursachen ein geringes Treibhauspotenzial. Die E-Glasfaser ist die am häufigsten ein-

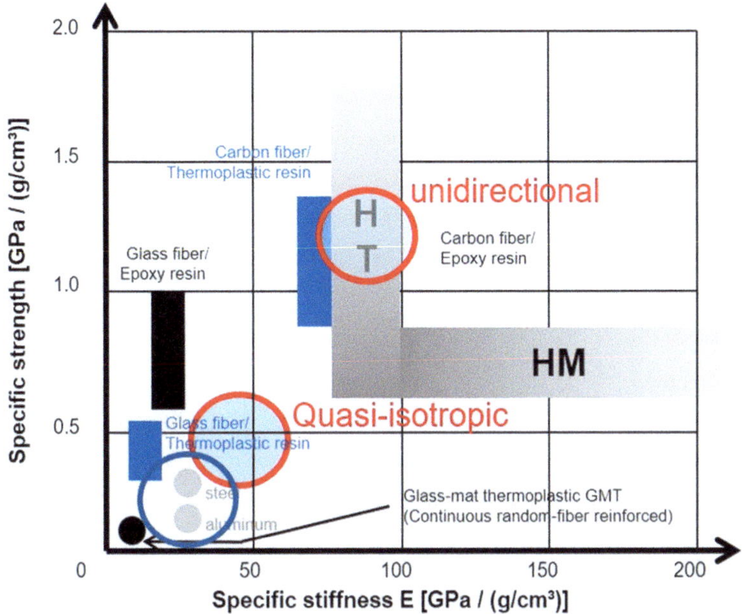

Abb. 3.90 gewichtsspezifischer Eigenschaftsvergleich verschiedener Faserverbundwerkstoffe im Vergleich zu Metallen [137]

gesetzte und gleichzeitig preisgünstigste Glasfasertype und weist im Vergleich zu den R- bzw. S-Glasfasern etwas geringere Steifigkeits- und Festigkeitswerte auf. Die meisten textilen Halbzeuge (Gewebe, Gelege und Matten) sind zudem nur in E-Glasfasern verfügbar.

Der Markt für **Carbonfasern** ist vergleichsweise klein, aber durch neue Anwendungen und verbesserte Produktionsverfahren jener Markt mit der höchsten Wachstumsrate in der Automobilbranche. 2010 wurden weltweit etwa 1,4 Mrd. t Stahl, 40 Mio. t Aluminium aber nur 35.000 t Carbonfasern verbraucht. Die Herstellung von Carbonfasern ist vergleichsweise energieintensiv. Daher nutzen bereits einige Hersteller überwiegend regenerative Energie für den Produktionsprozess wie bspw. Strom aus Wasserkraft. Ein weiterer Schritt Richtung Nachhaltigkeit ist das Ausgangsmaterial für die Carbonfaserproduktion aus nachhaltigen Quellen zu beziehen. Diese sogenannten „Grünen Carbonfasern" befinden sich gegenwärtig im Fokus der Forschung und können ggf. sogar ein großes Potenzial im Bereich Carbon Capturing aufweisen [138].

Carbonfasern bestehen im Wesentlichen aus reinen gerichteten Kohlenstoffatomen. Die Vorspannung während des Herstellprozesses und die Temperaturen bei der Carbonisierung und der anschließenden Grafitisierung haben einen entscheidenden Einfluss auf die Reinheit und den Ausrichtungsgrad der grafitischen Schichten in Faserrichtung und unterscheiden somit einzelne C-Fasertypen, die ein breites Steifigkeits- und Festigkeitsspektrum abdecken. Die am weitesten verbreitete Carbonfaser ist die hochfeste HT-Faser

(High Tenacity), da sie im Vergleich zu den bei höheren Temperaturen geglühten Hochmodulfasern relativ günstig zu beziehen ist. Auf alle Fälle werden etliche Faserelemente für jede C-Fasertype zu sogenannten Faserbündeln oder Rovings zusammengefasst. Für die industrielle oder automobile Anwendung werden derzeit Fasern mit mehr als 24.000 Einzelfilamenten (24 k) eingesetzt. Die Großserie wird mit Carbonfasern mit einer Titerzahl größer 50 k umgesetzt werden.

Zur Verbesserung der Benetzung und Haftung der Fasern mit der Matrix stehen geeignete Oberflächenbehandlungsverfahren zur Verfügung. Insbesondere die Benetzbarkeit und Haftung mit Epoxidharzen stellt sich bei Verwendung von Carbonfaser als günstig dar, was sich auch in einer hohen dynamischen Festigkeit von carbonfaserverstärkten Epoxidharzen widerspiegelt. Um die Haftung zwischen Fasern und Matrix zu verbessern, werden Haftvermittler eingesetzt, die als Schlichte bezeichnet werden. Die Wahl einer geeigneten Faserschlichte ist für die Anwendung bedeutsam, da die Schlichte entscheidend für die optimale Durchtränkung und Benetzung der Fasern ist. Die Faser-Matrix-Haftung ist im Wesentlichen auch verantwortlich für das hervorragende Crashverhalten bzw. Energieaufnahmevermögen von Faserverbundwerkstoffen. Durch die Ausbildung vieler Grenzflächen im Verbund erzeugt im Belastungsfall auch entsprechend viele Versagensorte – oder Versagensflächen. Durch die große Anzahl innerhalb eines Laminates ist es möglich auf kleinstem Raum sehr viel Energie umzusetzen. Der Vergleich des spezifischen Energieabsorptionsvermögens zeigt, dass Stahl- und Aluminiumbauteile zwischen 15 und 25 kJ/kg aufnehmen können, währenddessen Faserverbundwerkstoffe 70 bis 100 kJ/kg schaffen, vgl. Abb. 3.91.

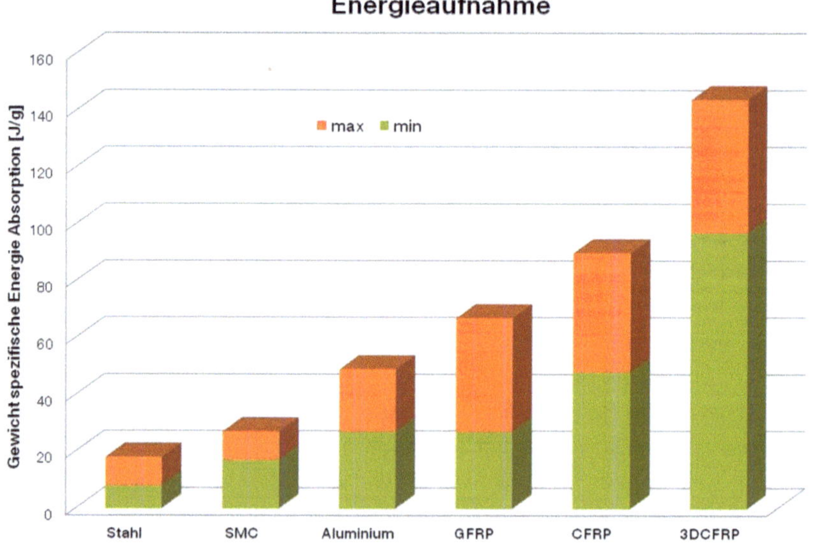

Abb. 3.91 Energieaufnahmevermögen Vergleich Metall – Faserverbundwerkstoffe

Derzeit eingesetzte Faserverbundwerkstoffbauteile werden sowohl in der Luftfahrt als auch in der automobilen Serienfertigung im überwiegenden Maß mit duromeren Matrixwerkstoffen wie Epoxidharzen im sogenannten Harzinjektionsverfahren (RTM) oder im Nasspressverfahren hergestellt. Die derzeit auf dem Markt erhältlichen Harzsysteme erfüllen aber noch nicht die Anforderungen hinsichtlich Zykluszeit, Energieverbrauch, unbegrenzter Lagerfähigkeit und vor allem Recyclingfähigkeit. Die heutzutage möglichen geringen Stückzahlen stehen zusätzlich immer noch hohen Investitionskosten bei den Produktionsbetrieben gegenüber. Zusätzlich ist die Herausforderung einer nachhaltigen Wiederverwertung duromerer Matrixmaterialien noch unbefriedigend betrachtet.

Der alternative Einsatz von thermoplastischen FVK-Werkstoffen ermöglicht daher im Vergleich eine Verringerung der Durchlaufzeiten in der Prozesskette, was die automatisierbare Herstellung der Bauteile sowie effizientere Fügetechniken miteinschließt. Thermoplastische FVK sind aufgrund geringer Zykluszeiten prädestiniert für den Einsatz in Großserienanwendungen und ihre chemische Struktur ermöglicht sowohl neue Verbindungstechniken als auch optimale Recyclingverfahren.

Die Entwicklung angepasster Werkstoffsysteme sowie rationeller und robuster Fertigungsverfahren mit entsprechend verkürzten Zyklen können einen Einsatz in der Großserie erschließen. Im Gegensatz zu duromeren Harzsystemen wird die Zykluszeit bei der Verwendung thermoplastischer Kunststoffe nicht durch die Aushärtezeiten, sondern durch die Abkühlrate bestimmt und ist somit deutlich geringer.

Aktuell sind verfügbare Halbzeuge mit thermoplastischer Matrix in Kombination mit einer Endlosfaserverstärkung hauptsächlich für Luftfahrtanwendungen entwickelt und zugelassen. Diese Hochleistungswerkstoffe sind von ihren Ausgangsmaterialien insbesondere der Matrix (PEEK, PPS, PEI …) für den automobilen Markt preislich unattraktiv. Nichtsdestotrotz werden derzeit einige automobile Komponenten mit thermoplastischer Endlosfaserverstärkung hergestellt. Dabei kommen olefine Matrixsysteme, wie PA 6 und PA 6.6 zur Anwendung. Der größte Vorteil der thermoplastischen Systeme besteht in der hohen Schlagzähigkeit, verbunden mit einer hohen Schadenstoleranz im Verbundwerkstoff, der Schweißbarkeit und den Recyclingmöglichkeiten durch Zermahlen und Wiederverwendung im Spritzgießverfahren.

3.6.3 Fertigungsverfahren für faserverstärkte Kunststoffe

Aufgrund der Einfachheit im Prozess und der bisher relativ geringen Stückzahlen werden viele Bauteile mit duroplastischer Matrix hergestellt. Vor allem in der Prototypenfertigung sowie Kleinserien, das heißt einer Stückzahl geringer als 1000 Stück pro Jahr, wird vorrangig mit dem Handlaminierverfahren oder mit Prepregs gearbeitet. Abb. 3.92 gibt einen guten Überblick über das Spannungsfeld zwischen Designfreiheit und Automatisierungsgrad relevanter Composite-Verarbeitungprozesse.

Beim Handlaminierprozess sind die Anlange-, Werkzeug- und Materialkosten gering, allerdings sind die Lohnkosten hoch. Halbzeuge, die verwendet werden sind typischer

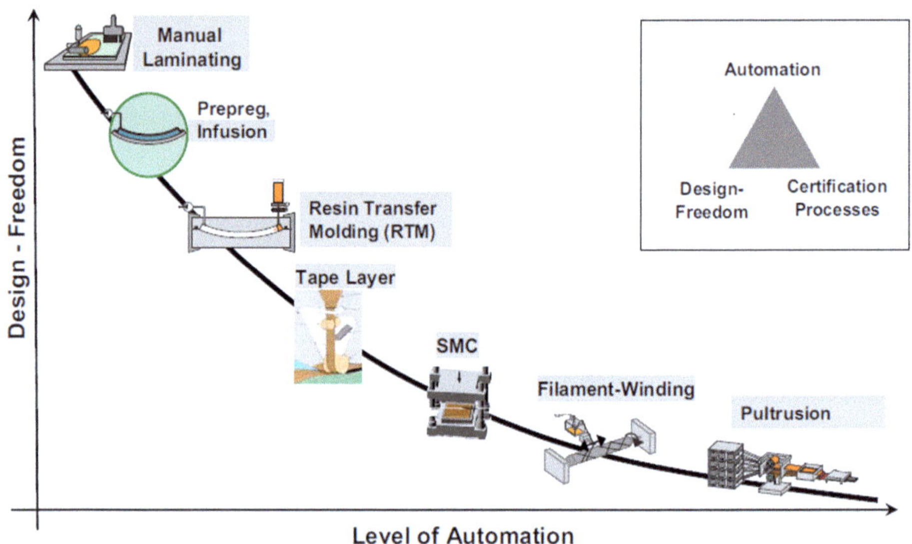

Abb. 3.92 Bauteilkomplexität und Automatisierungsgrad [139]

Weise Gewebe aber auch Gelege. Im Allgemeinen geht man beim Handlaminieren von Taktzeiten zwischen 3 bis 24 h aus. Arbeitshygiene und -schutz sind hierbei nicht zu vernachlässigen.

Prepregs – mit meist duroplastischer Matrix vorimprägnierte Tapes oder Faserhalbzeuge – bedürfen hoher Anlagen-, Werkzeug- und Materialkosten. Die meist verwendeten Halbzeuge sind UD-Tapes, vorimprägnierte Gewebe und zum Teil auch Gelege. Die Taktzeiten verkürzen sich im Vergleich zum Handlaminieren auf ca. 5 h pro Bauteil. Ein massiver Kostenfaktor bei der Verwendung von duroplastischen Prepregs ist die Konsolidierung des Harzsystems in einem Autoklav: eine Anlage, die unter Druck und Temperatur die Matrix aushärtet. Der Autoklavzyklus ist energie- und zeitaufwendig und benötigt je nach Matrixsystem und Bauteilkomplexität mehrere Stunden.

Besondere Bedeutung kommt den automatisierten Ablegeverfahren zu, die sich in der Luftfahrt aufgrund höherer Stückzahlen und größerer Bauteile mehr und mehr durchsetzen. Abb. 3.93 zeigt die bei verschiedenen Verfahren in Abhängigkeit von der Bauteilgeometrie realisierbaren Ablegeraten. Neueste Entwicklungen im Bereich Automated Fiber Placement (AFP) und Automated Tape Laying (ATL) erlauben mittlerweile höhere Ablegeraten (in roter Farbe dargestellt). ATL erreicht bei High Grade und einfachen Bauteilen Ablegeraten von 4 Tapes à 150 mm bis 65 kg/h, mit 300 mm breiten Tapes bis zu 35 kg/h. Neue Entwicklungen bei AFP (cut/add on the fly …) erlauben ebenfalls sehr effizientes Ablegen von „Low-Complexity"-Bauteilen mit sehr hoher Produktivität (ca. 25 kg/h bei 16 Tows à 0,5 Inch, High Grade).

Automated-Fiberplacement-Prozesse können in Abhängigkeit ihrer Produktivität und Bauteilkomplexität geclustert werden. Als Beispielprozesse für 2D-Gelege mit hoher

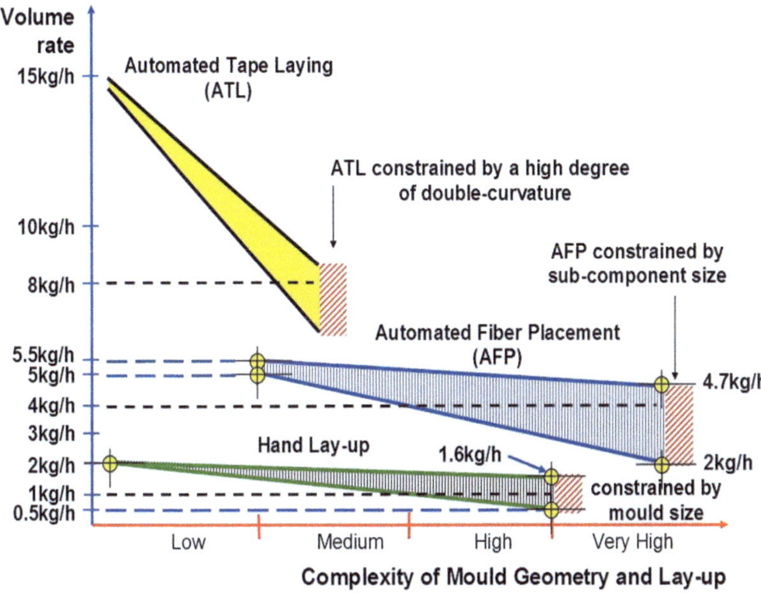

Abb. 3.93 Ablegeraten verschiedener automatisierter Legeprozesse [140, 141]

Abb. 3.94 Robotergestütztes Automated Fiber Placement (AFP) mittels Coriolis C1 am Fraunhofer IGCV (l.) und Detail des robotergeführten Legekopfes an einer 90°-Ablagegeometrie (r.) [142], Copyright © Fraunhofer IGCV, T. Fischer

Produktivität können der Fiberforge-Prozess (ATL) der Fa. Dieffenbacher sowie das Continuous Fiber Tailoring des Fraunhofer IGCV genannt werden; für 2,5-D-Geometrien eignet sich bspw. eine Brötje Composites STAXX. Als Beispiel für komplexe Geometrien kann der AFP-Prozess mittels Coriolisanlage genannt werden, vgl. Abb. 3.94. Werden bei den Prozessen statt duromerer Prepregs thermoplastische Halbzeuge verwendet, können die Bauteile im Anschluss durch Pressprozesse umgeformt sowie mittels Spritzgießen oder Schweißen funktionalisiert werden.

Abb. 3.95 Robotergestütztes Fiber Patch Placement (FPP) mittels SAMBA-Anlage der Fa. Cevotec [143], Copyright © Cevotec GmbH

Als Beispielprozess für hochautomatisierte Herstellung von geometrisch komplexen FVK-Bauteilen kann der Fiber-Patch-Placement-Prozess (FPP) vorgestellt werden, vgl. Abb. 3.95. Durch die Verwendung definierter Prepreg- oder Trockenfaser-Patches und die 3D-Führung des Ablagewerkzeuges ist die materialeffiziente Fertigung komplexer FVK-Bauteile möglich. Durch eine vollständig digitalisierte und automatisierte Prozesskette von der Bauteilauslegung mittels FEM-Software über die Verwendung von Multimaterial-Lay-ups bis hin zur robotergestützen Patch-Ablage ermöglich die Technologie auch die Herstellung hochleistungsfähiger Bauteile mit gekrümmten Lastpfaden [143]. Auch unter dem Aspekt der Nachhaltigkeit ist der Prozess interessant: Die FPP-Technologie ermöglicht die Verwendung von Verschnittmaterial aus anderen Prozessrouten.

Alternative Verfahren mit einem hohen Potenzial für große Stückzahlen bzw. Kostenreduzierungen auf der Material- und Prozessseite sind Infusions- und Injektionsverfahren. Sie erfordern an den jeweiligen Prozess angepasste Faserhalbzeuge. Die größte Verwendung finden wie auch beim Handlaminier- und Prepregverfahren Gewebe und Gelege. Allerdings gestaltet sich die Konstruktion und Architektur der Textilien zum Teil anders. Für Infusions- und Injektionsverfahren müssen die Halbzeuge eine hohe Permeabilität aufweisen, gut drapierbar sein für die Realisierung komplexer Bauteilgeometrien und gleichzeitig eine gute Handhabbarkeit aufweisen für manuelles oder automatisiertes Handling zur Erstellung der Preform. Die Kostenstruktur bei der Herstellung eines Bauteils aus flächigen Textilien mittels Injektionstechnologie zeigt Abb. 3.96.

Der Ablauf bei der Herstellung eines FVW-Bauteiles im sogenannten Resin-Transfer-Molding-Verfahren (RTM) ist dabei bis auf geringe Variationsmöglichkeiten standardisiert. In einem ersten Schritt wird das Aushärtewerkzeug mit einer Trennschicht versehen.

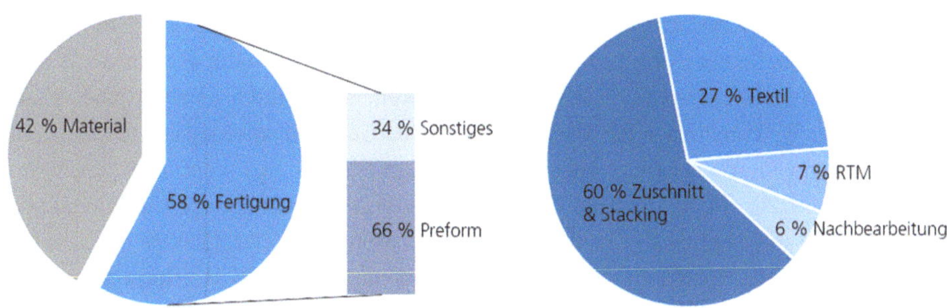

Abb. 3.96 Kostentreiber einer Bauteilherstellung aus flächigen Textilien und Injektionstechnologie [141]

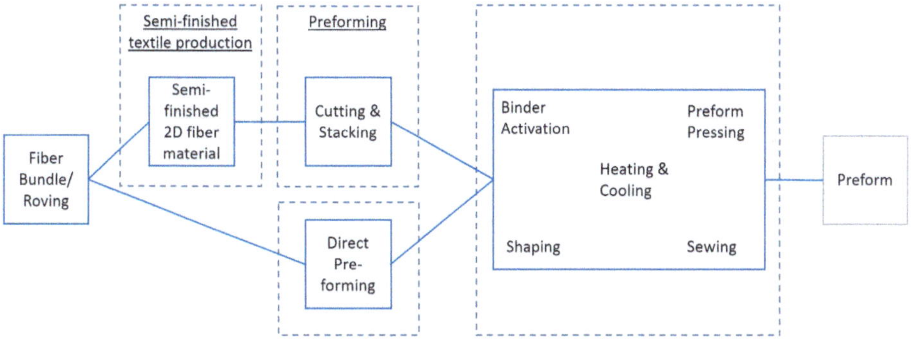

Abb. 3.97 Textile Techniken für das sequenzielle Preforming [137]

Diese meist flüssig aufgebrachte Schicht verhindert zu große Adhäsionskräfte des Harzes zur Werkzeugform und ermöglicht ein einfacheres Herauslösen des fertigen Bauteils. Die vorbereitete Preform wird in das eingetrennte Werkzeug eingelegt und die Form geschlossen. Damit die Preform mit Harz getränkt werden kann, ist eine Druckdifferenz notwendig. Daher wird die Kavität im Werkzeug evakuiert und unter dem Injektionsdruck die Harzmenge in den evakuierten Werkzeugbereich injiziert. Die eingebrachte Harzmenge ist dabei größer als die sich später im Bauteil befindliche. Der Überschuss ist für die Zuleitung zum Bauteil und für eine Spülphase notwendig. Durch eine Spülphase wird der trockenen Preform zum einen mehr Benetzungszeit belassen und zum anderen werden Fehlstellen wie Lufteinschlüsse oder Verunreinigungen in die Überlaufkavität geschwemmt. Nach der Aushärtungszeit ist die Matrix vernetzt und das faserverstärkte Bauteil kann entnommen werden.

Neben den bisher genannten flächigen Textilien gibt es die Möglichkeit aus der Faser direkt eine Preform zu erstellen, z. B. mittels des Flechtverfahrens oder der Sticktechnik (Tailored Fiber Placement – TFP). Somit kann die Preformherstellung in grundsätzlich zwei Routen gliedert werden, dem sequenziellen Preforming und dem direkten Preforming vgl. Abb. 3.97. Beim sequenziellen Verfahren entsteht die Preform über einen Zwischenschritt der Textilherstellung. Beim direkten Preformverfahren erfolgt dies ohne den zusätzlichen Zwischenschritt direkt von der Faser ausgehend.

Sequenzielle Preforms: Einsatz von flächigen Halbzeugen
Zu den sequenziellen Preformingverfahren im Automobilbereich zählt der Einsatz von flächigen Textilien, hauptsächlich Gelegen oder Geweben, die durch verschiedenen Fügetechniken, z. B. Vernähen oder Verkleben, einzelne Subpreforms und letztendlich eine komplexen Preform entstehen lassen. Als flächiges Textil aus kontinuierlichen Verstärkungsfasern für die automobile Großserie werden bevorzugt Gelege (multiaxial oder UD) aufgrund ihrer hohen mechanischen Eigenschaften eingesetzt. Gewebe werden verwendet, wenn eine Sichtoptik gefragt ist. Multiaxiale Gelege (Non-crimped fabrics – NCF) werden auf speziellen Nähwirkmaschinen, auch Schusseintragsmachinen genannt, mit mono- bis multiaxialen Verstärkungsfadenlagen hergestellt. Die vollkommen gestreckten Verstärkungsfäden werden lagenweise vorgelegt (siehe Abb. 3.98, grüner Bereich der Anlage) und dann in der Wirkeinheit (Abb. 3.98, pinker Bereich der Anlage) mit spitzen Nadeln durchstochen und mittels eines Bindefadens (Wirkfadens) verwirkt und somit miteinander verbunden. Die Verstärkungslagen können unterschiedliche Richtungen in unterschiedlicher Reihenfolge aufweisen, von 20° bis 80°, 0° und 90°.

Um einen dimensionsstabilen und meist quasiisotropen Aufbau im Bauteil zu erhalten, werden meist Gelege mit +45°, −45°, 0° und 90° gewählt. Durch die isotrope Kraftlinienverteilung entsteht ein gleichmäßiges Dehnungsverhalten. Aufgrund der gestreckt vorliegenden Verstärkungsfäden wird die Zugfestigkeit in allen Beanspruchungsrichtungen optimal ausgenutzt, zusätzlich wird dadurch das Gesamtbauteilgewicht verringert bei hohen Faservolumengehalten. Die Verstärkung durch die Vernähung mit Binderfadensystemen in z-Richtung reduziert die Delaminationsneigung.

Da mit steigendem Titer der Bezugspreis sinkt, kann es zielführend sein, anstelle von Standardrovings (6 k–24 k) sogenannte „heavy tows" zu spreizen, um mit Rovings von 12–50 k Stärke dennoch geringe Flächengewichte kostengünstig produzieren zu können. Zur Verarbeitung der gespreizten Rovings finden spezielle Schusseintragssysteme Verwendung, vgl. Abb. 3.99. Die Spreizung der Rovings, hauptsächlich von Carbonfaserrovings, kann online, also direkt an der Nähwirkmaschine, geschehen oder offline, wobei ein gespreiztes Tape der Nähwirkanlage zugeführt wird. Derzeit können pro Lage mit 12-k-Kohlenstofffaserrovings Flächengewichte von etwa 50–75 g/m² erreicht werden, mit

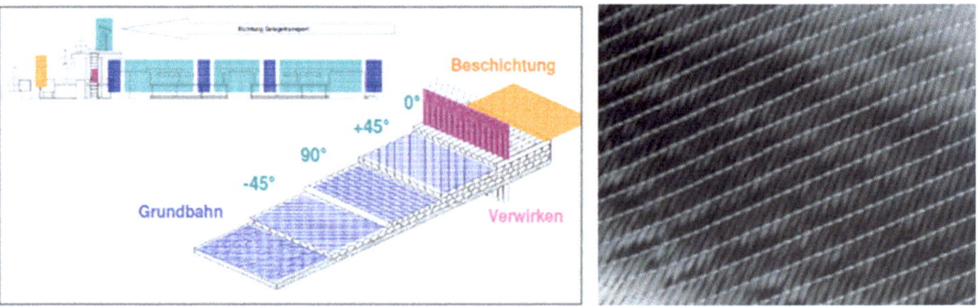

Abb. 3.98 Nähwirkanlage und multiaxialer Aufbau eines Geleges [144]

Abb. 3.99 Schusseintrag einer Nähwirkmaschine (l.) und spezielles Klemmsystem für gespreizte Rovings (r.) [145]

24 k etwa 90–120 g/m² und mit 50-k-Rovings liegt das Flächengewicht pro Lage bereits bei 150–200 g/m². Der Trend geht immer stärker in Richtung geringer Flächengewichte pro Lage bei der Verwendung von Heavy-tow-Rovings.

Eine Textilart, die ebenso großen Einsatz in der Automobilindustrie findet, ist Gewebe. Gewebe werden meist aus Gründen der Sichtoptik und als Schutz vor Impactschäden verwendet. Typisch für Gewebe ist ihre Bindungsart, eine Überkreuzung der Kett- und Schussfäden über- und untereinander. Es gibt drei Grundbindungen: Leinwandbindung, Köperbindung und Atlasbindung. Beim Einsatz als Sichtoptiklage werden vorzugsweise Köpergewebe verwendet. Diese weisen den sogenannten Köpergrat auf, eine diagonale Linie, die durch die Bindung gebildet wird, vgl. Abb. 3.100.

Aufgrund der Verkreuzung der Rovings neigen diese Textilien viel weniger zur Delamination, im Vergleich zu multiaxialen Gelegen, und weisen daher eine höhere Schadenstoleranz bei Stoß oder Aufprall auf. Daher werden Gewebelagen bevorzugt als oberste Lage eines textilen Aufbaus gewählt, vgl. Abb. 3.101. Ein Nachteil von Geweben ist allerdings die Harzansammlung an den Fadenkreuzungspunkten. Durch den Schwund des Harzes kann es an diesen Stellen zu Einmuldungen kommen, einer sogenannten Orangenhaut. Um dieses zu vermeiden, können Oberflächenvliese, z. B. aus Glasfaser, eingesetzt werden, andernfalls bedarf es großer Nacharbeit des Bauteils.

Nach Generierung der Zuschnitte müssen diese flächigen Halbzeuge aus einer 2D-Geometrie auf eine 3D-Kontur eines komplexen Bauteiles drapiert werden. Stark, zum Teil doppelt gekrümmte Geometrien, enge Radien und Kofferecken stellen hierbei eine große Herausforderung dar. Die Drapierbarkeit kann im Textil lokal mittels des Nähfadens (unterschiedliche Nähfadenspannung in Breiten- und Längenrichtung) einstellen werden,

Abb. 3.100 Köpergewebe mit Sichtoptikköpergrat [146]

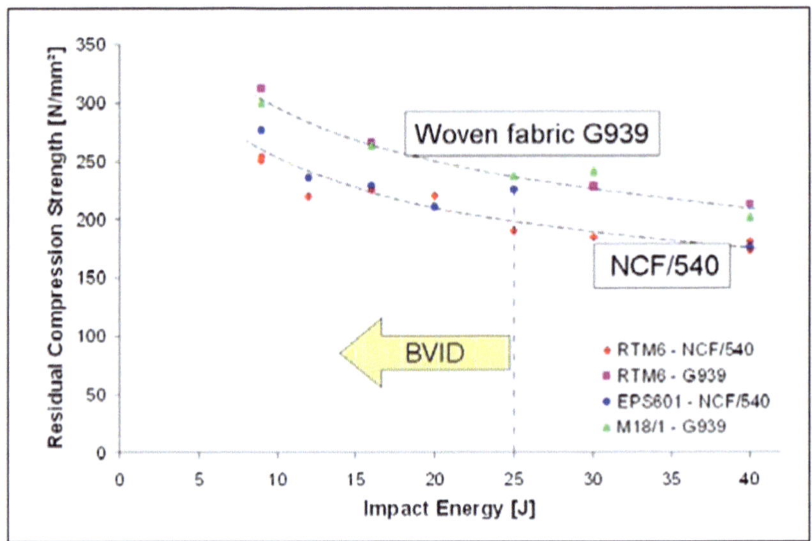

Abb. 3.101 Restdruckfestigkeit eines Carbonfaserverbundlaminates nach Schlagbeanspruchung (BVID: barely visible impact damage) [147]

wodurch allerdings auch das Handlingverhalten stark beeinflusst wird. Durch das Setzen von Einschnitten, wobei jedoch die mechanischen Eigenschaften negativ beeinflusst werden, können komplexe Bauteile ausgeformt werden. Große, komplexe Bauteile werden zudem aus mehreren Subpreforms zusammengesetzt, um die Komplexität der Drapierung aus dem Bauteil herauszunehmen. Das Fügen der Subpreforms geschieht meist über eine Schäftung oder Überlappung, die im Werkzeug vorgesehen werden müssen.

Um die oben beschriebenen Subpreforms und die Preforms selbst stabil und handhabbar zu machen werden – meist thermoplastische – Binder eingesetzt. Diese Binder stellen den Zusammenhalt der einzelnen Lagen sicher und gewährleisten die Formstabilität der vorkompaktierten Preform. Je mehr Binder auf der Oberfläche des Textils bzw. in den Zwischenlagen des Textils vorhanden ist, umso größer ist die Stabilität und umso geringer ist das Rückstellverhalten (spring back) der Preform. Ziel ist eine möglichst net-shape, d. h. der Bauteilgeometrie ähnelnde, Preform zu erhalten, sodass der Kompaktierungsdruck und die Setzwege im Injektionswerkzeug gering sind.

Es gibt verschiedene Arten von Bindern, die gebräuchlichsten sind Pulver- sowie Vlies- und Sprühbinder. Die Binderaktivierung erfolgt durch Hitzeeintrag, im Ofen, durch Induktionsschweißen, Ultraschallschweißen oder Mikrowelleneintrag. Durch die Konstruktion des Textils kann die Permeabilität stark beeinflusst und gesteuert werden. So ist es z. B. möglich bei multiaxialen Gelegen durchgängige Fließkanäle zwischen den Rovings durch eine spezielle Vernähung zu generieren. Gewebe weisen grundsätzlich eine hohe Permeabilität auf. Werden allerdings die Flächengewichte zu hoch bzw. die textilen Lagen zu dick müssen Fließhilfen, z. B. Abstandsgewirke aus thermoplastischen Fasern, eingelegt werden.

Direkte Preforms: Einsatz von Near-net-shape-Textilen

Ein besonders interessantes Verfahren, das die automatisierte Herstellung von komplexen Faservorformlingen mit belastungsgerechter Faserorientierung bei geringem Verschnitt ermöglicht, ist das Flechten. Von besonderem Interesse ist hierbei das roboterunterstützte Umflechten, vgl. Abb. 3.102. Zur Realisierung von Hohlbauteilen mittels der Umflecht-

Abb. 3.102 Tunnelflechter mit radialer Klöppelanordnung [148], Copyright ©IFB Stuttgart

technologie bedarf es eines Kerns, der auf verschiedene Weisen durch den Flechtmittelpunkt geführt wird z. B. Mittels eines Rollensystems, eines Förderbandes oder eines Roboters. Diese Kerne lassen sich in zwei verschiedene Gruppen unterteilten: Kerne, die im Bauteil verbleiben z. B. strukturelle Kerne oder nichtstrukturelle Kerne sowie entfernbare Kerne.

Ein Vorteil der Flechttechnologie ist die große Geometrieflexibilität. Mittels Vorschubgeschwindigkeit in Korrelation der Klöppelumlaufgeschwindigkeit kann der Faserwinkel sehr genau eingestellt werden. Bei komplexen Bauteilen, d. h. wenn sich der Umfang des Kerns ändert, kann entweder der Winkel konstant bleiben oder das Flächengewicht, wobei sich der Flechtwinkel ändert (Abb. 3.103). Zusätzlich können mittels der Umflechttechnologie Inserts direkt in die Preform integriert werden, um Anbindungspunkte z. B. an metallische Strukturen ohne nachträgliches Bohren zu ermöglichen. Eine große Herausforderung besteht darin Flechtbauteile in hohen Stückzahlen zu fertigen. Momentan ist die noch geringe Produktivität zurückzuführen auf den vorgeschalteten Umspulprozess des Carbonrovings, manuelle Bestückung der Flechtanlage und geringe Aufnahmemenge der Klöppel. Derzeit laufen eine Reihe vielversprechender Forschungsprojekte, die eine Großserienfähigkeit in den nächsten Jahren wahrscheinlich machen.

Ein weiteres interessantes Beispiel für das direkte Preforming ist das Sticken bzw. Textile Fiber Placement (TFP). Bei diesem Prozess werden die Verstärkungsfasern belastungsgerecht auf ein Basistextil aufgenäht. So können voll automatisiert und ohne Verschnitt lokale Verstärkungen, z. B. in Krafteinleitungsbereichen, hergestellt werden. Abb. 3.104 zeigt ein Beispiel für eine gestickte Struktur.

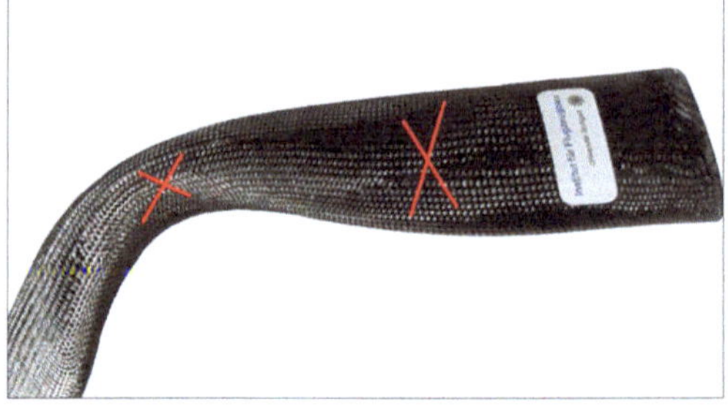

Abb. 3.103 Einstellung des Faserwinkels beim Umflechten [148], Copyright ©IFB Stuttgart

Abb. 3.104 Beispiel für eine gestickte Struktur (Brake Booster) [148], Copyright ©IFB Stuttgart

Mit den verschiedenen Basistextilien wie Gewebe, Multiaxialgelege, Geflechte und Gesticke steht so eine Art Baukasten verschiedener textiler Preformtechnologien zur Verfügung, aus dem selbst komplexeste Strukturen aufgebaut werden können. Zur Verbindung der einzelnen Preforms bietet sich das Nähen an, das entweder nur zur Konfektionierung, das heißt zur Verbesserung des Handlings genutzt werden kann oder auch zur Verbesserung der strukturellen Integrität eines Bauteils, wenn als Nähfaden Glas, Aramid oder Carbon verwendet wird.

Kontinuierliche Verfahren

Die Produktions- und Nachbearbeitungskosten bei der Herstellung von FVK-Bauteilen sind relevante Kostentreiber für den Einsatz dieser. Für zukünftige Produktions- und Fahrzeugkonzepte wird daher ein vertieftes Augenmerk auf die Herstellungskosten gelegt werden. Für komplexere, flächige Bauteile geht der Trend von RTM- hin zu Nasspressanwendungen. Für profilförmige Bauteile rücken kontinuierliche Prozesse wie das Wickeln oder Pultrudieren in den Fokus. Der Wickelprozess erfährt gegenwärtig großes Interesse zur Herstellung von Wasserstofftanks im Rahmen der Wasserstoffmobilität. In diesem Themenfeld laufen zahlreiche vielversprechende Forschungsprojekte; erste innovative Anwendungen befinden sich bereits im Serieneinsatz. Das Pultrusionsverfahren eignet sich zur hocheffizienten Herstellung von FVK-Profilen beliebiger Länge. Abb. 3.105 zeigt das Funktionsprinzip des kontinuierlichen FVK-Strangziehprozesses: (1) Bereitstellung der Rovings und konfektionierten Textilen im Preformingbereich mit profilnaher Positionierung der textilen Verstärkungsstrukturen über Faserführungsplatten. (2) Imprägnierung der Fasern/Textilien im offenen Tränkbad mit mehreren Umlenkungen zur Verbesserung der Imprägnierqualität. Je nach gewähltem Matrixsystem – v. a. bei solchen mit kurzen Topfzeiten – kann die Imprägnierung auch in einer geschlossenen Injektions- und Imprägnierungskammer erfolgen. (3) Entstehung des Composites und des Bauteils im beheizten Pultrusionswerkzeug durch thermisch aktivierte Vernetzungsreaktionen der Duromersysteme sowie kontinuierlich arbeitende Abzugs- und Konfektionierungseinheit (4). Überwiegend kommt das Verfahren zur Herstellung linearer Profile zum Einsatz; in Spezialanwendungen sind auch gekrümmte Profile möglich [150].

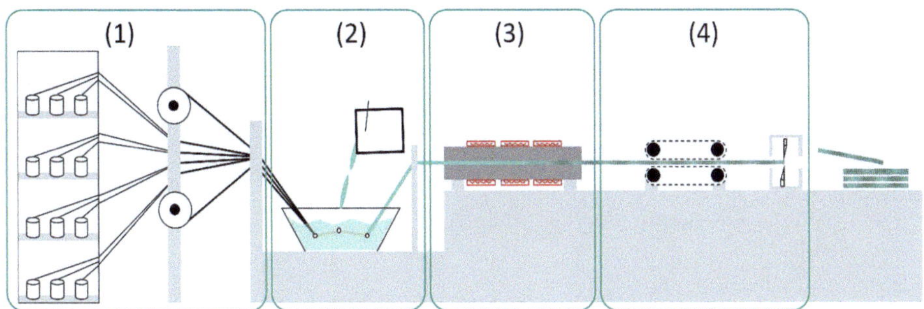

Abb. 3.105 Schematisches Pultrusionsverfahren [149]

Der Pultrusionsprozess zeichnet sich durch zahlreiche Vorteile wie hohe Produktivität und Wertschöpfung durch den Einsatz günstiger Ausgansmaterialien und geringer Energiekosten, günstige Anlagentechnik und Prozessführung sowie die Erreichung hoher Faservolumengehalte und Oberflächengüten ebenso wie die Einsatzmöglichkeiten von Thermoplasten und Duroplasten aus. Pultrusionsprofile charakterisieren sich in der Regel durch einen hohen UD-Faseranteil und weisen dadurch stark isotrope Bauteileigenschaften auf. Ist dies nicht gewünscht, kann durch den Einsatz von multiaxialen Textilien der UD-Faseranteil reduziert und eine geringere Eigenschaftsisotropie des Bauteils erreicht werden. Als Nachteil des Pultrusionsprozess kann die geringe Designfreiheit bei der Bauteilgestaltung und die – je nach Bauteilkomplexität – begrenzte Produktionsgeschwindigkeit genannt werden. In der Gesamtbetrachtung überwiegen die zahlreichen Vorteile deutlich und rücken den Prozess zunehmen in den Aufmerksamkeitsfokus der OEMs.

Das Leichtbaupotenzial von FVK-Profilen im Vergleich zu metallischen Bauteilen kann beispielhaft an dem Bauteil in Abb. 3.106 dargelegt werden. Das funktionsintegrierte Bauteil, das sowohl als Sitzträger als auch als Kraftableitungs- und Crashelement zum Schutz der darunterliegenden Batterie dient, konnte im Vergleich zur Stahlvariante (18 kg) um rund 65 % leichter gebaut werden [151] und wird im Genesis G80e von Hyundai verbaut. Durch den hybriden Glas- und Carbonfaseraufbau des Bauteils wurden die relevanten Materialeigenschaften zielgerichtet eingesetzt. Das multiaxiale Glasgelege in der Bauteiloberfläche dient zur Vermeidung elektrochemischer Korrosion mit der metallischen Fahrzeugkarosserie; die unidirektionalen Carbonfasern im Bauteilinneren stellen die mechanische Performance im Fall eines Seitencrashes bereit.

Im Chevrolet Corvette wurde im Jahr 2020 erstmals ein gekrümmtes Pultrusionsbauteil in einem Serienfahrzeug eingesetzt. Im Hinblick auf eine ausgewogene Gewichtsverteilung im Fahrzeug wurde zur Gewichtsreduzierung der hintere Stoßfänger – der in der Vorgängerversion noch als Aluminiumextrusionsbauteil ausgeführt war – durch ein CFK-Pultrudat ersetzt. Besondere Anforderungen sind hierbei die Temperaturbeständigkeit des Bauteils bei der kathodischen Rostschutzlackierung (238 °C) sowie die mechanischen Anforderungen eines Unfalls bei geringer Fahrgeschwindigkeit [152]. Das CFK-Profil weißt einen komplexen Lagenaufbau aus bi- und triaxialen Carbon-NCF mit GF-Vliesen auf und verwendet als Matrix ein Polyurethan-Acrylat-Hybridharz.

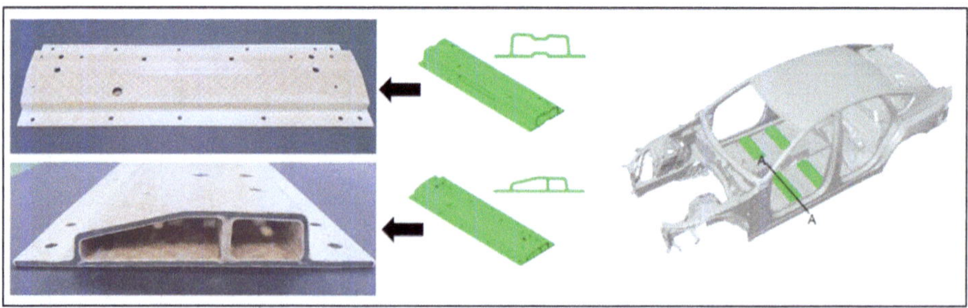

Abb. 3.106 Hybrider Karosseriebau durch den Einsatz funktionsintegrierter CFK-GFK-Pultrusionsprofile [151]

Neben den beispielhaft vorgestellten duroplastischen FVK-Pultrudaten sind auch einige wenige thermoplastische Profile im PKW-Bereich bekannt. Der im Rahmen der Projekte „MAI Skelett“ und „MAI CC4 rapidskelett“ entwickelte Dachspriegel weißt ein konstruktiv optimiertes Konzept in Skelettbauweise auf [153, 154]. Die Skelettbauweise kombiniert die hochvolumigen Prozesse Spritzguss und Pultrusion. Die thermoplastischen Pultrusionsprofile werden in Bauteilgeometrie verformt und über den Spritzguss mit kurzfaserverstärktem Thermoplast werden die Streben miteinander gefügt. Über die Verrippung des Bauteils wird Steifigkeit geniert. Beim Lastfall Crash versagen zuerst die Spritzgussstrukturen. Die strukturelle Integrität des Bauteils bleibt über die Streben erhalten. Diese Entwicklung kommt erstmals im BMW iX im Windlauf und für den Rahmen des Heckfensters zum Einsatz und verdeutlicht die Leichtbaupotenziale durch Einsatzes von CFK im Rahmen von Hybridbauweisen auch bei großvolumigen Modellen [155].

Thermoplaste

Ein großes Zukunftspotenzial bieten thermoplastverstärkte Verbundwerkstoffe und ihre Prozessketten. Kombinationen von automatisierten Placementtechnologien (z. B. Fiberforge oder Advanced Fiber Placement – AFPT), die thermoplastische UD-Tapes belastungsgerecht ablegen, vorkonsolidierten Platten (quasiisotrope oder angepasste Organo-Sheets) und Spritzgusstechnologien in einer Fertigungszelle versprechen sehr kurze Taktzeiten, hohen Integrationsgrad und hohes Leichtbaupotenzial, insbesondere bei schlagbeanspruchten Bauteilen. Hier kommt die hohe Schlagzähigkeit von Thermoplasten zu tragen. Weitere Eigenschaften wie Recyclingfähigkeit lassen thermoplastische Verbundwerkstoffe zusätzlich in den Fokus rücken.

3.6.4 Konstruktion und Bauweisen

Konventionelle Fahrzeuge bestehen in der Regel aus einigen hundert umgeformten und miteinander verschweißten Stahlblechen. Hierbei kommen je nach Anforderung verschiedenen Stahlsorten zum Einsatz. Bei der Aluminiumbauweise hat sich dagegen die Spaceframe-Bauweise durchgesetzt: Es kommen Profile, Knoten und Bleche aus unterschiedlichen Legierungen zum Einsatz. Bei der Metallmischbauweise werden Bleche und Profile aus Stahl- und Aluminiumlegierungen miteinander kombiniert.

Es wird deutlich, dass für jeden Werkstoff das richtige Strukturkonzept gefunden werden muss. Dies gilt umso mehr für FVW. Eine einfache Übertragung der metallischen Bauweisen, auch Black-Metal-Design genannt, wird weder eine kostengünstige Fertigung ermöglichen, noch das Leichtbaupotenzial der Composites ausschöpfen. Insbesondere der Anisotropie der Eigenschaften und der Möglichkeit, sehr komplexe und hochintegrierte Strukturen in einem Schritt zu fertigen, muss Rechnung getragen werden. Hierin liegt aber, neben den guten intrinsischen gewichtsspezifischen Eigenschaften, ein hohes Potenzial für einen Gestaltleichtbau. Durch den hohen Integrationsgrad ist es außerdem möglich, Gewicht und Kosten durch eine Reduzierung von Fügungen einzusparen. Abb. 3.107

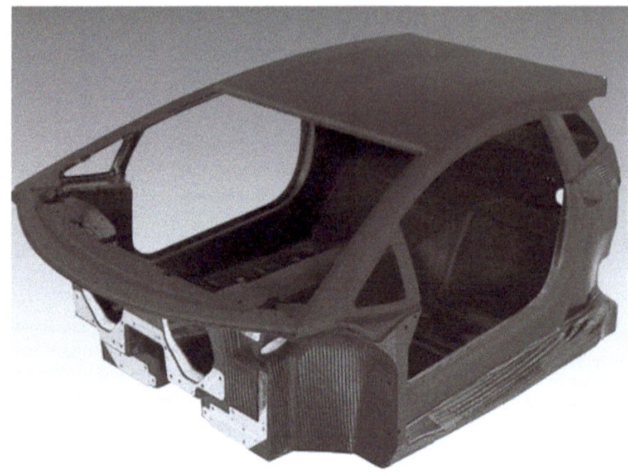

Abb. 3.107 Beispiele für hochintegrierte Strukturen (Lamborghini Aventador) [156]

Abb. 3.108 integrale Seitenwand aus Multiaxialgelegen [157], Copyright © BMW AG

zeigt einige Beispiele solcher hochintegrierten Strukturen, die insbesondere für sogenannte Monocoque-Bauweisen genutzt werden. Im Gegensatz zur Differenzialbauweise bei den Metallen bietet sich also bei den Verbundwerkstoffen eine Integralbauweise an.

Diese kann sowohl schalen- als auch profilintensiv sein. Abb. 3.108 zeigt beispielsweise eine komplette PKW-Seitenwand auf Basis von Multiaxialgelegen, die in einem Schuss im RTM-Verfahren hergestellt wurde. In Abb. 3.109 (l.) ist ein Dachrahmen dargestellt, der in einem Stück geflochten und dann ebenfalls im RTM-Verfahren infiltriert wurde. Die Flechttechnik bietet sich ebenfalls an, um automatisiert Knotenelemente zur Verbindung von Spaceframe-Elementen herzustellen. Abb. 3.109 (r.) zeigt ein Beispiel eines geflochtenen Spaceframe-Knotens.

Die Flechttechnik bietet außerdem sehr interessante Möglichkeiten zur Integration von metallischen Krafteinleitungselementen. In Abb. 3.110 ist dies am Beispiel eines Fahrradrahmens dargestellt.

Hybridbauweisen durch die Kombination von metallischen Werkstoffen und Composites verbinden die Vorteile unterschiedlicher Werkstoffklassen und stellen einen sehr zu-

Abb. 3.109 geflochtener Dachrahmen [141](l.) und geflochtener Spaceframe-Knoten [158](r.)

Abb. 3.110 Geflochtene Struktur mit integrierter Krafteinleitung [144]

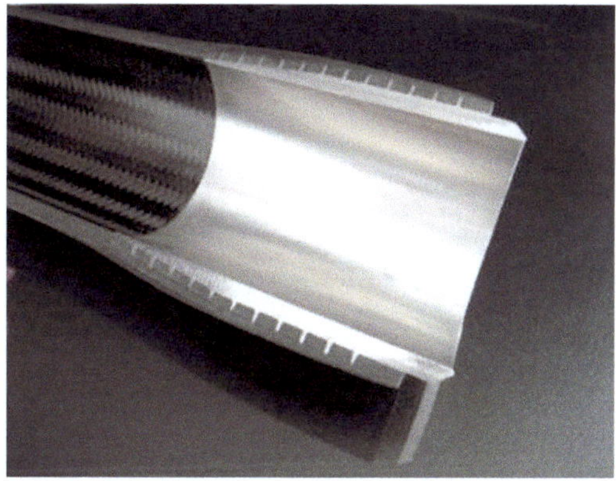

kunftsträchtigen Ansatz dar. Sei es als Einführungsszenario zur Reduzierung des Entwicklungsrisikos oder zur Nutzung der optimalen Eigenschaften des jeweiligen Werkstoffs an der richtigen Stelle. Multimaterialdesign kann auf verschiedenen Ebenen erfolgen. Auf Werkstoff- und Komponentenebene kann die Kombination der duktilen Metalle mit einem Verbundwerkstoff zu interessanten Eigenschaften führen, die ein Werkstoff alleine nicht erreichen würde. Ein Beispiel aus dem Flugzeugbau ist der Werkstoff, aus dem die Rumpfoberschale des A380 besteht: GLARE (engl. Glass Laminate Aluminium Reinforced Epoxy). Durch die Kombination von Aluminiumblechen und GFK-Laminaten entsteht ein Hybridwerkstoff, der die Eigenschaften des metallischen mit denen des Verbundwerkstoffs ideal kombiniert. Auf diese Weise entsteht eine Struktur, die überragende Fatigue-Eigenschaften, gutes Brandverhalten und einen besonders hohen Widerstand gegen Schlagbeanspruchungen aufweist. Ein typisches Beispiel aus dem Automobilbau ist eine Stahl-B-Säule, die lokal mit CFK verstärkt ist. Dies führt bei nur geringer Gewichtszunahme zu einer signifikanten Erhöhung der Energieabsorption beim Pfahlaufprall. So kann ohne die Grundkonstruktion und das Fertigungsverfahren der Stahlbauweise bei einer geringen Erhöhung der Kosten und mit vertretbarem Entwicklungsrisiko die Sicherheit einer Karosserie deutlich erhöht werden.

Eine andere Art der Hybridisierung ist die Kombination von Metallen und Verbundwerkstoffen auf Strukturebene. In jedem Bereich der Karosserie soll der Werkstoff eingesetzt werden, der in Bezug auf die Fertigungsrandbedingen, die mechanischen sowie funktionalen Eigenschaften optimal ist. Auf dieser Basis sind insbesondere Trägerstrukturen und Schubfelder interessant.

Bei allen Metall-Faserverbund-Mischbauweisen kommt der Verbindungstechnik eine besondere Bedeutung zu. Unterschiedliche Wärmeausdehnungskoeffizienten sind ebenso zu berücksichtigen wie Kontaktkorrosion und die unterschiedlichen Versagensmechanismen von Metallen und Verbundwerkstoffen. Besonders geeignet ist das Kleben, eventuell in Kombination mit mechanischen Fügeelementen. Abhängig von der Dicke des Klebespalts können Epoxidharz oder Polyurethan als Klebwerkstoff verwendet werden. Im Bereich mechanischer Verbindungsmittel sollte ein quasiisotroper Lagenaufbau gewählt werden. Hierbei sind die 0°-Lagen für die Festigkeit des Restquerschnitts erforderlich und die ±45°– wie 90°-Lagen beugen dem Ausscheren des Bolzens und einem Spaltbruch vor, wobei diese Versagensmodi zusätzlich durch die Einhaltung des Randabstandes von mindestens 3-mal dem Nietdurchmesser verhindert werden.

Die Auswahl einer Bauweise und der zugehörigen Konstruktions- und Gestaltungsrichtlinien muss im Zusammenspiel mit den Randbedingungen für eine robuste Fertigung durch „Design to Process“ und Instandhaltung durch schadenstolerantes Design erfolgen vgl. Abb. 3.111.

Wichtig ist, dass schon bei der grundlegenden Konstruktion die Besonderheiten der Faserverbundtechnologie berücksichtigt werden. Im Folgenden werden beispielhaft einige Gestaltungsregeln und Konstruktionsrichtlinien zusammengefasst:

- Der Laminatsaufbau soll symmetrisch um die Mittelebene gewählt werden, um Kopplungen zwischen Beanspruchungen in der Ebene und Verformungen aus der Ebene zu vermeiden – z. B. führt bei Nichteinhaltung eine Zugbelastung zu einer Durchbiegung oder/und Verdrillung des Laminats.

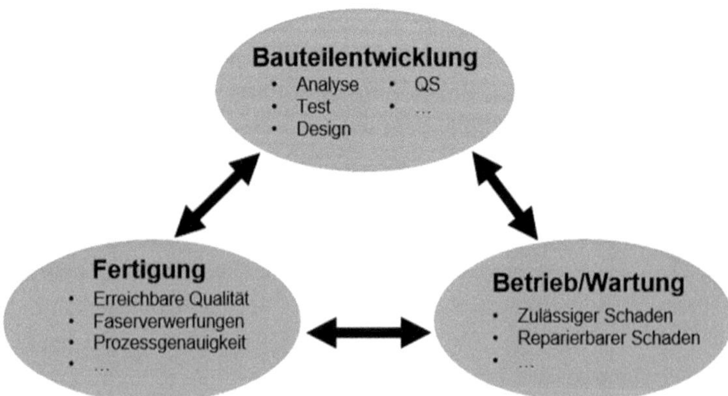

Abb. 3.111 Interaktion von Anforderungen aus Fertigung, Instandhaltung und Bauteilentwicklung [159]

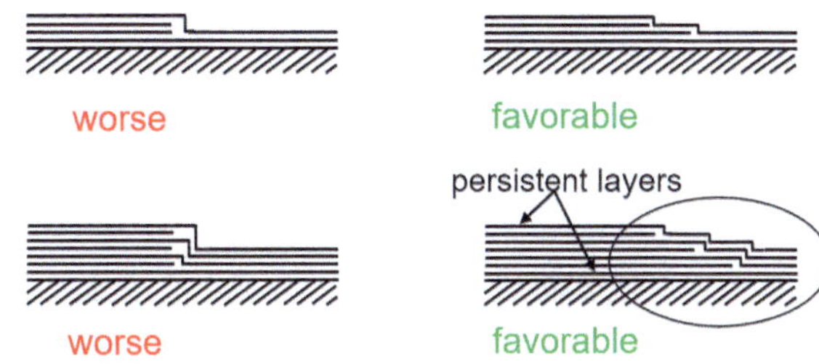

Abb. 3.112 Auslaufen von Lagen und Designempfehlungen [160]

- Nach Möglichkeit soll das Laminat auch symmetrisch um die Längsebenen aufgebaut werden – z. B. ausgeglichener Winkelverbund wie ±45°, um Kopplungen und damit ein anisotropes Verhalten des Laminats zusammen mit der Symmetrie um die Mittelebene auf ein Minimum zu beschränken.
- Lokale Dickenänderungen im Laminat sollten nicht abrupt, sondern stufenweise variiert werden, um unnötige Spannungskonzentrationen in Dickenrichtung zu vermeiden. Das Stufungsverhältnis von 1/50 bis 1/30 wird empfohlen (Abb. 3.112).
- Eine Gruppierung gleich orientierter Lagen ist zu vermeiden. Nach zwei gleich gerichteten Lagen sollte die Faserorientierung variiert werden. Laminate mit z. B. hohem 0°-Anteil können durch Einbringung von ±45°- und 90°-Lagen unterbrochen werden. Ein variierender Lagenaufbau stoppt das Risswachstum im Fall eines Zwischenfaserbruchs im Laminat und erhöht zugleich die Schadenstoleranz des Bauteils.
- Bei stark biegebeanspruchten Bauteilen sollten 0°-Lagen am äußeren Bereich des Laminats aufgebracht werden. Neben den Biegespannungen reduzieren sich dadurch die interlaminaren Schubspannungen.
- Schlagbeanspruchte Bauteile sollen mit Außenlagen, die ±45° zu der Hauptbelastungsrichtung orientiert sind, versehen werden.
- Benachbarte Lagen im Laminat sollten nach Möglichkeit zueinander einen kleineren Lagenwinkel als 60° aufweisen bzw. sollte neben kraftflussoptimierten Fasern bzw. Lagen ein geringer Anteil an Fasern ebenso in andere Richtungen eingebracht werden.

3.6.5 Berechnung und Simulation

Die Anforderungen an Strukturbauteile im Automobilsektor sind in den meisten Fällen dominiert durch die Ansprüche an Fahrdynamik und Insassensicherheit. Daraus ergeben sich Steifigkeitsanforderungen und Anforderungen an die Materialeigenschaften nach Versagen in der ersten Schicht (First-Ply-Failure). Für die FVW-Strukturberechnung bedeutet dies, dass das Materialverhalten des Verbundwerkstoffes inklusive Degradationsverhalten bis zum katastrophalen Versagen (Last-Ply-Failure) modelliert werden muss. Dies unterscheidet die automobile Strukturberechnung stark von anderen Industrien: In der Luftfahrtbranche sind statische Festigkeitsanforderungen dominant, während in der Windenergie Lebensdaueranforderungen im Vordergrund stehen. FVW haben einen hierarchischen Aufbau auf mehreren Längenskalen, vgl. Abb. 3.113. Diese Einteilung findet sich in der Multiskalen-

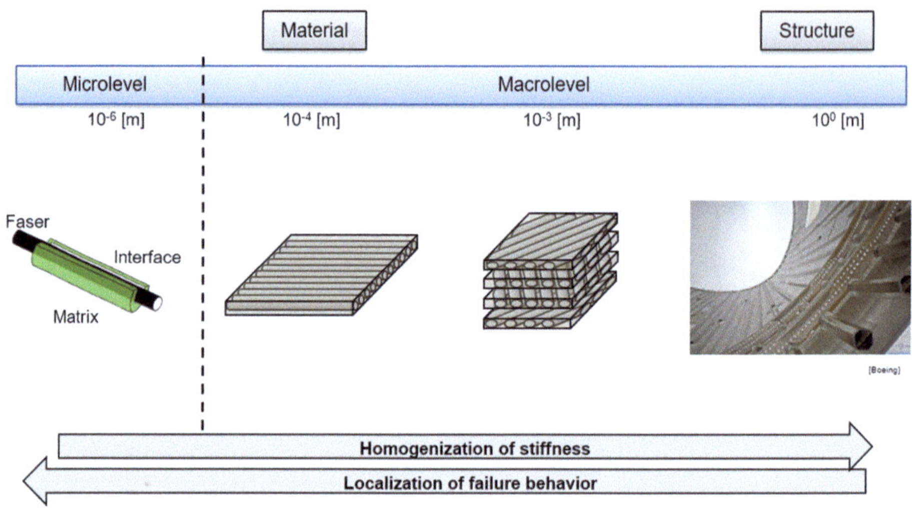

Abb. 3.113 Längenskalen von Faserverbundwerkstoffen [159]

modellierung wieder, die zur Berechnung von FVW verwendet wird: Auf der Mikroskala werden Fasern und Matrix, auf der Mesoskala die Garnarchitektur (z. B. Gewebe) und auf der Makroskala schließlich ganze Laminate und Bauteile betrachtet. Mikro- und Mesomechanik dienen zur Vorhersage von makroskopischen Materialeigenschaften und kommen hauptsächlich in der Forschung zum Einsatz. In der industriellen Anwendung werden die makroskopischen Materialeigenschaften meistens durch genormte Materialversuche ermittelt.

FVW sind in vielen Anwendungsfällen schichtweise aufgebaut: Ein Laminat besteht aus mehreren Einzelschichten (ES), wobei die einzelnen Lagen des Laminats in verschiedenen Richtungen orientiert sein können. Das Konstitutivverhalten der Einzelschicht kann unter der Annahme eines ebenen Spannungszustandes mit der Steifigkeitsmatrix für orthotrope Werkstoffe (Q-Matrix) abgebildet werden. Die Vernachlässigung von Spannungen in Dickenrichtung basiert darauf, dass sowohl Laminate als auch Einzelschichten in den meisten Fällen dünn gegenüber den Bauteilabmaßen sind (typische Dicken: UD-Tape 0,125 mm, Gewebe 0,3 mm). Die Q-Matrix beschränkt sich dabei nicht auf unidirektionale Lagen, sondern kann auch auf andere orthotrope Einzelschichten wie z. B. Gewebe oder Geflechte angewendet werden. Dabei ist jedoch die Welligkeit zusätzlich in der Modellbildung zu berücksichtigen.

Das Verformungsverhalten von Laminaten aus mehreren Einzelschichten kann mit der klassischen Laminattheorie (*Classical Lamiante Theory – CLT*) berechnet werden, vgl. Abb. 3.114. Die Q-Matrizen der Einzelschichten werden dabei gewichtet aufsummiert und zu der ABD-Matrix zusammengesetzt. Diese beschreibt den Zusammenhang der am Laminat angreifenden Linienkräfte und Linienmomente zu den globalen Dehnungen und Krümmungen der Laminatmittelebene. Die Einzelmatrizen geben dabei Informationen über Scheibensteifigkeit (A-Matrix), Kopplungssteifigkeit (B-Matrix) und Biegesteifigkeit (D-Matrix) des Laminates. Eine besondere Relevanz hat dabei die B-Matrix, welche die

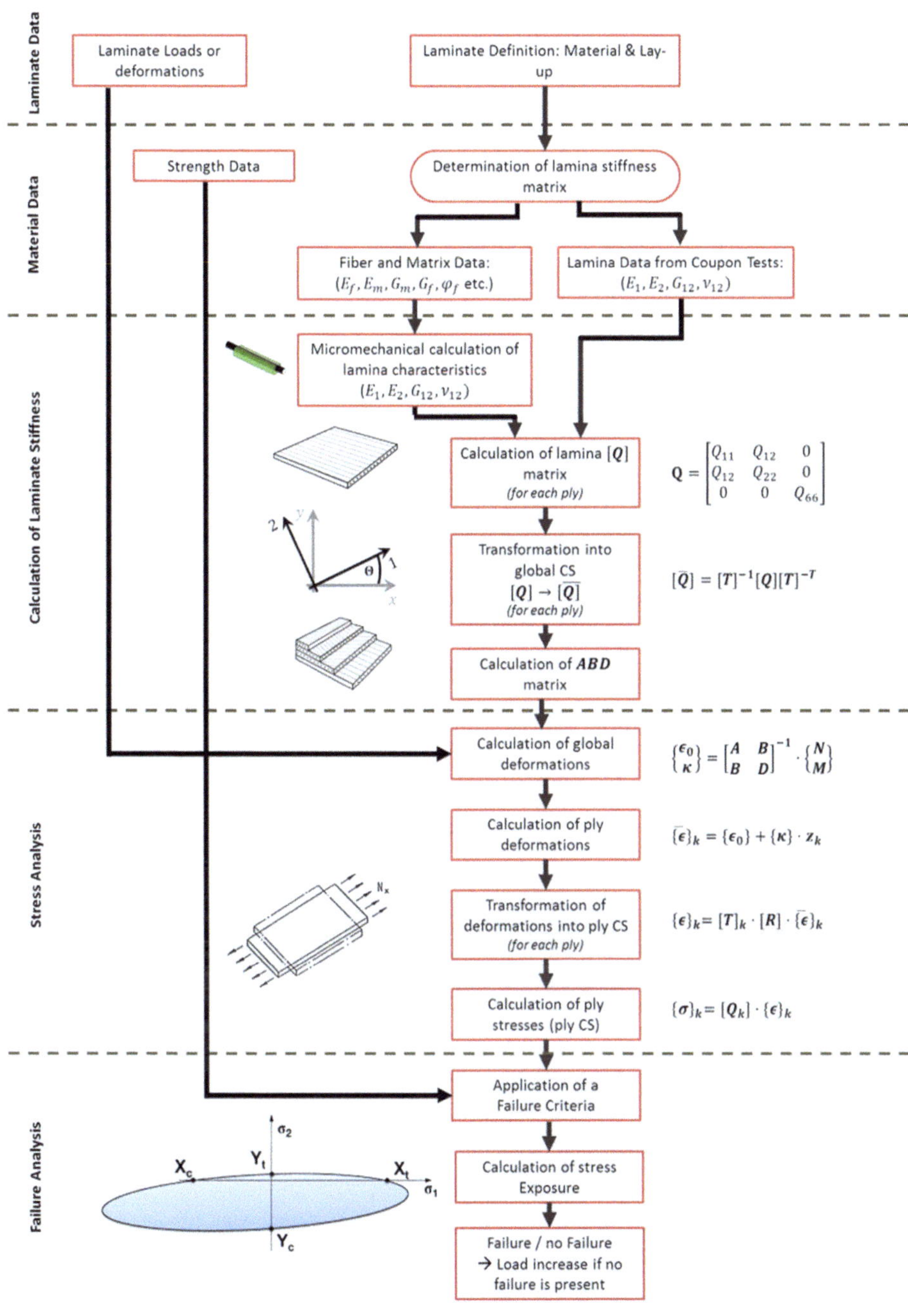

Abb. 3.114 Flussdiagramm einer Steifigkeits- und Festigkeitsberechnung basierend auf der klassischen Laminattheorie [137]

Kopplung zwischen Normalbeanspruchungen und Biegesteifigkeit steuert: Ist die B-Matrix eines Laminates ungleich null, so erfährt dieses unter Normalbeanspruchung sowohl Normal- als auch Biegeverformung. Diese meist unerwünschte Kopplung kann in der Praxis durch einen zur Mittelebene symmetrischen Laminataufbau vermieden werden (Abb. 3.115).

Der Lagenaufbau des Laminates kann den Belastungen des speziellen Anwendungsfalls angepasst werden. Gängige Lagenaufbauten sind Kreuzverbunde (nur 0°- und 90°-Lagen), Winkelverbunde (nur ±θ°, z. B. ±45°-Lagen) und Mischformen aus beiden vorhergenannten Typen. Spezielle Laminate können auch quasiisotrope Eigenschaften zumindest bei Beanspruchung in der Ebene hervorrufen. Ein quasiisotroper Lagenaufbau ist allerdings nur in wenigen Fällen erstrebenswert (z. B. im Bereich von mechanischen Verbindungsmitteln), da die Anisotropie des FVW nicht genutzt und damit Leichtbaupotenzial verschenkt wird. Nähere Informationen zur CLT sind in [161, 162] zu finden. Während die klassische Laminattheorie zur Steifigkeits- und Verformungsberechnung für Laminate mit beliebigen orthotropen Einzelschichten (UD, Gewebe, Geflechte, etc.) verwendet werden kann, sind die Kriterien zur Versagensberechnung meist für unidirektionale Verbundwerkstoffe formuliert und lassen sich nur bedingt und mithilfe erweiterter Modellannahmen auf textile Verbundwerkstoffe anwenden. Die Anwendbarkeit dieser Versagenskriterien ist umso eingeschränkter je textiler der Verbundwerkstoff ist.

Anders als für isotrope Werkstoffe, bei denen z. B. im Von-Mises-Fließkriterium Spannungen in allen Richtungen gleichwertig behandelt werden, führt die inhomogene Struktur des FVWs dazu, dass in verschiedenen Richtungen unterschiedliche Versagensmodi (z. B. Faserbruch, Zwischenfaserbruch, siehe [162]) auftreten. Viele gängige Kriterien sagen daher das Versagen auf Einzelschichtebene voraus: Aus den globalen Dehnungen

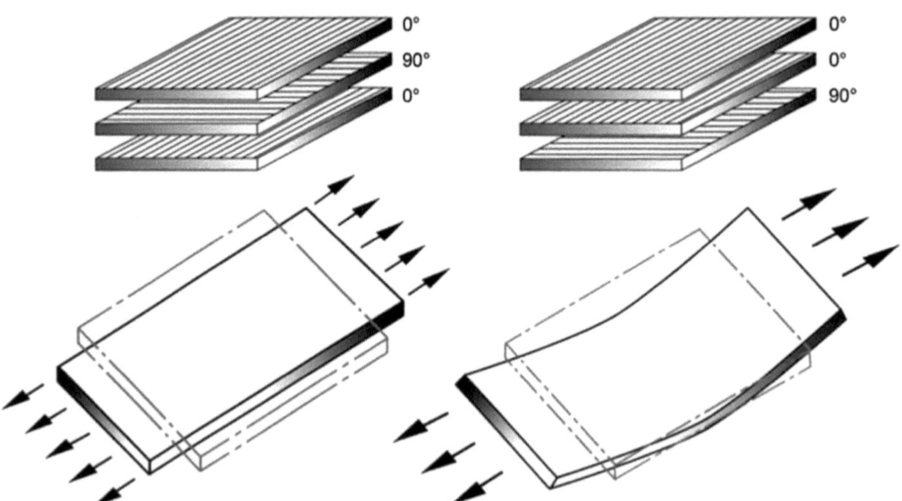

Abb. 3.115 Verformung eines mittelsymmetrischen (l.) und unsymmetrischen (r.) Laminates unter Normalbeanspruchung [163]

des Laminates werden die Spannungen und Dehnungen in jeder Laminatschicht berechnet und zur Versagensvorhersage der jeweiligen Schicht verwendet.

Versagenskriterien für FVW können in drei Gruppen unterteilt werden: Unabhängige, vollinteraktive und teilweise interaktive Kriterien. Unabhängige Kriterien, wie z. B. das Kriterium der maximalen Spannung, betrachten keine Interaktion der anliegenden Spannungen und überschätzen meist die Tragfähigkeit bei mehrachsigen Spannungszuständen. Vollinteraktive Kriterien, wie z. B. das Tsai-Wu-Kriterium, basieren auf einer Interaktionsgleichung, in welche alle Spannungen eingesetzt werden. Diese reinen Interpolationsformeln basieren meist auf isotropen Versagenskriterien und können daher in manchen Bereichen zu fragwürdigen Ergebnissen führen. Teilweise interaktive Kriterien, wie z. B. das Puck-Kriterium, sind meist physikalisch basiert und sagen neben der Versagensspannung den Versagensmodus voraus. Damit ist eine sehr detaillierte Versagensvorhersage möglich. Zurzeit sind unabhängige und vollinteraktive Kriterien, vor allem wegen der Erfahrung mit diesen Kriterien, der Standard in der industriellen Anwendung. Die teilweise interaktiven Versagenskriterien rücken allerdings immer weiter in den Fokus.

Crash

Für den Crashlastfall bietet CFK ein hohes spezifisches Energieabsorptionsvermögen. Dies ist ein ausschlaggebendes Argument, warum CFK vor allem im Automobilbereich sowohl in Crashstrukturen im eigentlichen Sinn als auch in Strukturbauteilen eingesetzt wird. Bei Crashstrukturen im eigentlichen Sinn ist die Charakteristik des Kraft-Weg-Verlaufes günstig für eine optimale Ausnutzung der eingesetzten Masse. Während hier Metallstrukturen durch Beulen und plastischer Verformung ein schwingendes Verhalten aufweisen, können CFK Strukturen annähernd konstante Kraft-Weg-Verläufe hervorrufen (Abb. 3.116). Dadurch kann die Beschleunigung auf Fahrzeuginsassen optimal eingestellt werden.

Zum Crashverhalten von CFK tragen die Mechanismen Faserbruch, Zwischenfaserbruch und Delamination bei. Für die Berechnung von CFK-Crashstrukturen sind zunächst energetische Ansätze im Rahmen einer Vorauslegung hilfreich. Das Energieabsorptionsvermögen der Crashstruktur wird meist durch Experimente charakterisiert. FE-Be-

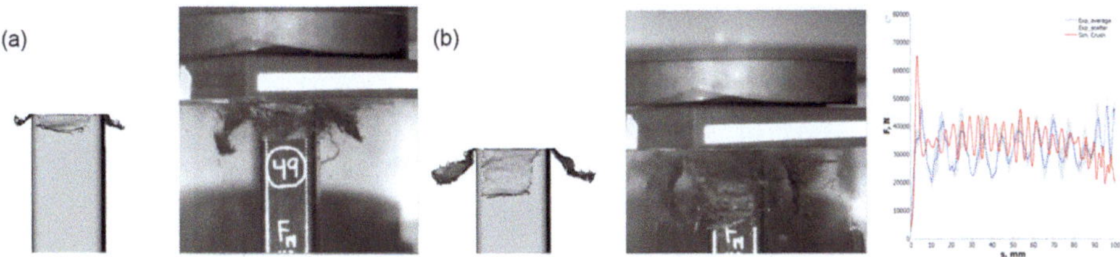

Abb. 3.116 Crushingverhalten eines Rechteckrohres aus IM7/8552 bei (**a**) 24 mm und (**b**) 49 mm Verschiebung im Vergleich zu einer zweischaligen Simulation [164]; zugehöriges Kraft-Weg-Diagramm der Simulation und der Experimente mit Streubalken [165]

rechnungen können beispielsweise einen Stacked-Shell-Ansatz oder spezielle Materialmodelle als Modellierungsvarianten verfolgen. Um der Energieabsorption des Materials gerecht zu werden, spielt die Materialdegradation nach einem First-Ply-Failure eine wesentliche Rolle. Denn vom First-Ply-Failure bis zum Last-Ply-Failure wird ein Großteil der eingebrachten kinetischen Energie beim Crash absorbiert. Die verwendeten Degradationsmodelle können durch Materialschädigung und Plastizität definiert werden.

Prozesssimulation

Das Ziel ist eine faser- und fertigungsgerechte Entwicklung von Bauteilen aus Hochleistungsverbundwerkstoffen. Der Werkstoff mit all seinen Eigenschaften entsteht im Fertigungsprozess und Werkstoffkenngrößen wie Faservolumenanteil, Materialdicke, Porosität, Aushärtegrad, Eigenspannungen werden durch die Fertigungstechnologie stark beeinflusst. Um eine möglichst robuste und gewichtseffiziente Auslegung von Faserverbundbauteilen zu gewährleisten, sind die Informationen über den Fertigungsprozess der jeweiligen Bauteile unabdingbar. Die Prozesssimulation ermöglicht neben der Generierung von Zuschnitten, der Vorhersage eines Infiltrationsschemas oder eines Bauteilverzuges die Unterstützung der Prozessentwicklung und eine bessere Integration der Fertigungsrandbedingungen in die Strukturanalyse.

Voraussetzung ist alle relevanten Prozess- und Materialeigenschaften möglichst präzise abzubilden und im besten Fall alle Prozessschritte (Preforming, Infiltration, Aushärtung etc.) miteinander zu verknüpfen (Abb. 3.117). So kann beispielsweise basierend auf einer Drapiersimulation eines Multiaxialgeleges eine Verteilung der Permeabilität ermittelt werden und eine Infiltrationssimulation zur Bewertung und Entwicklung der Füllstrategie durchgeführt werden. Ebenso sind die steifigkeits- und festigkeitsbestimmenden Faserwinkel einer umgeformten Preform ein essenzieller Eingabewert für die Struktursimulation. Ein weiterer Vorteil der Prozesssimulation ist diese zur Prozessentwicklung und -optimierung zu nutzen und z. B. Sensitivitätsanalysen durchzuführen.

Drapiersimulation

Die Drapiersimulation bzw. Umformsimulation betrachtet die Formgebung des flachen Halbzeuges in eine dreidimensionale, endkonturnahe Form – dies beinhaltet sowohl trockene als auch vorimprägnierte Halbzeuge (Prepregs, Organobleche, etc.). Durch die in-

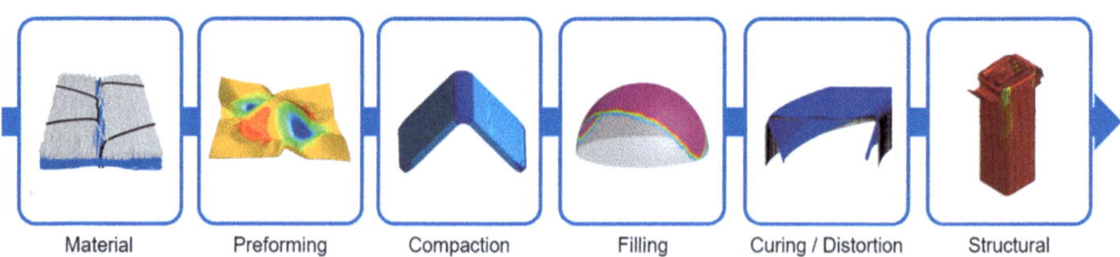

Abb. 3.117 Beispielhafte Abfolge einer Prozesssimulation [163]

nere, textile Struktur der Halbzeuge sind diese schubweich, wodurch das faltenfreie Formen bis zu einem gewissen Grad über doppelt gekrümmte Oberflächen ermöglicht wird. Entsprechend erschwert das komplexe anisotrope Verformungsverhalten der Textilien eine Voraussage über das Drapierergebnis. Prozessparameter wie Faserausrichtung, Dickenverteilung, Zuschnittgeometrie müssen entweder durch Simulation oder Versuche bestimmt werden.

Die kinematische Drapiersimulation basiert zumeist auf dem Pin-Joint-Modell von Mack und Taylor [163]. Die Faserausrichtung der drapierten Preform und die Form des Zuschnitts des flachen Halbzeuges können mit dieser Methode für eine einfache Bauteilgeometrie bestimmt werden. Durch den rein geometrisch basierten Ansatz werden weder Material- noch Prozesseigenschaften mit betrachtet. So unterscheiden sich beispielsweise die Simulationsergebnisse von Geweben und UD-Lagen nicht voneinander.

Eine genauere Betrachtung kann mittels der FE-basierten Drapiersimulation erfolgen. Hierzu wird ein Materialmodell verwendet, welches das anisotrope Verhalten der Textilien entsprechend abbildet. In der Forschung finden sich unterschiedliche Ansätze zur Modellierung des Drapierprozesses über verschiedene Skalenebenen. Hierbei hat sich der makroskopische Ansatz (Modellierung auf Lagenebene), bedingt durch den Berechnungsaufwand für Simulationen auf Bauteilebene, durchgesetzt und findet auch im industriellen Umfeld zunehmend Anwendung. Der FE-Ansatz ermöglicht, neben den Faserausrichtungen und den Zuschnittgeometrien, auch die Voraussage von möglichen Drapierdefekten (Falten, Risse, Lücken etc.) sowie den wirkenden Prozesskräften.

Infiltrationssimulation

Die Simulation von Harzinfiltrationsprozessen, häufig mit LCM-Prozessen (Liquid Composite Molding) dient in erster Linie der Berechnung von Prozessparametern. Hierzu zählen unter anderen der Harzfrontverlauf sowie die Harzfließgeschwindigkeit während der Infiltration, der Druckzustand in der Kavität und der Spannungszustand im Werkzeug. Kenntnisse über diese Parameter ermöglichen in einem frühen Stadium der Bauteilentwicklung Aussagen über den Herstellprozess. Damit können Werkzeuge dimensioniert und in einem iterativen Prozess Herstellbarkeit und Bauteilperformance aufeinander abgestimmt werden. Durch die virtuelle Abbildung des Herstellprozesses können Kosten für Werkzeugadaptionen und Prototypenfertigung eingespart werden.

Softwaretools zur Simulation der Harzinfiltration basieren meist auf dem Gesetz von Darcy, einer wesentlich vereinfachten Form der Navier-Stokes-Gleichungen [161]. Ein Simulationsmodell umfasst mindestens die vernetzte Kavität, in der bekannte Prozessgrößen wie Injektionsdruck und Werkzeugtemperatur über Randbedingungen berücksichtigt werden. Je nach Anforderung kann zusätzlich zur Kavität das formgebende Werkzeug diskretisiert werden, um thermische und mechanische Vorgänge abbilden zu können. Die Solver in gängigen LCM-Simulationstools lösen die Darcy-Gleichung mithilfe der Finiten-Elemente-Methode (FEM). Häufig kann die Aushärtung des reaktiven Harzes (Änderung der Harzviskosität während des Formfüllvorgangs) in der Simulation berücksichtigt werden.

Ähnlich einer Struktursimulation, in der Materialkennwerte wie E-Modul und Festigkeiten bekannt sein müssen, setzt eine LCM-Simulation die Kenntnis von Materialkenndaten voraus. Die Permeabilität des Faserhalbzeugs – die Durchlässigkeit gegenüber einem Injektionsharz – und die Viskosität des Injektionsharzes müssen bekannt sein. Während für die Bestimmung der Harzviskosität Normen hinsichtlich Verfahren und Equipment (Rheometer) zur Verfügung stehen, gibt es bis dato zur Bestimmung der Permeabilität kein etabliertes Verfahren. Aktuelle Trends in der Forschung gehen dahin das Faserhalbzeug zu modellieren und die Permeabilität auch mittels Simulation zu bestimmen.

Aushärtesimulation und Bestimmung fertigungsbedingter Deformationen
Wirtschaftlichkeitsüberlegungen im Hinblick auf Stückzahlen sowie der maximalen Ausnutzung der Eigenschaften von Faserverbundstrukturen verlangen immer mehr nach hochintegrierten Strukturen. Die damit einhergehende Steigerung der geometrischen Komplexität in Verbindung mit konstant hohen Toleranzanforderungen stellen Toolkonstrukteur und Prozessingenieur vor die Herausforderung Werkzeuggeometrie und Herstellprozess für ein der Sollgeometrie gegenüber verformungsneutrales Bauteil zu entwerfen. Insbesondere bei großen Bauteilen wie Rumpfsegmenten der Boeing 787 oder des Airbus A350 ist der Entwurf „First Right“ vor dem Hintergrund begrenzter Nachbearbeitbarkeit aufgrund kleiner Belastungsreserven einerseits sowie den hohen Werkzeugkosten andererseits mehr wirtschaftliche Notwendigkeit denn erklärtes Ziel.

Prozessinduzierte Verformungen wie „Spring-In“ werden in der industriellen Praxis derzeit in der Regel durch einen zeit- und kostenintensiven, iterativen Anpassungsprozess der Werkzeuggeometrie aufgefangen. Methoden zur a priori Einschätzung der Deformationen sind verfügbar – von analytisch/empirischen über phänomenologisch FE-basierten bis hin zu detaillierten Simulationen des Kompaktierungs- und Aushärtungsprozesses. Dabei greifen die unterschiedlichen Methoden ineinander: eine analytische Abschätzung des Spring-In unter Verwendung allgemein zugänglicher Materialparameter kann als „Daumenregel“ für die Konzeptionierung des Werkzeugs bei einfachen Profilen (z. B. C-Träger) herangezogen werden. Die Konsolidierung der während der Aushärtung auftretenden, die Dehnungen bestimmenden Phänomene auf einen erweiterten Wärmeausdehnungskoeffizienten vermag den Mittelwert der Verformungen unter konstanten Prozessbedingungen auch für komplexere Geometrien bei Closed-Mold-Fertigungsverfahren in guter Näherung abzubilden. Das Potenzial detaillierter Methoden wird von Firmen in der Automobil, Luft- und Raumfahrtindustrie in zunehmendem Maße erkannt: die Abstraktion aller relevanten Mechanismen wie variabler Wärmeeintrag im RTM-Werkzeug oder Autoklaven, Harzreaktion und Phasenübergänge, Laminatkompaktierung und Harzfluss, Harzschrumpfung und Entwicklung der Steifigkeitsparameter des Harzes sowie deren Integration in Multi-Physics-Simulationsplattformen lässt nicht nur genauere Aussagen über die Ist-Geometrie nach der virtuellen Fertigung eines FVK-Bauteils unter realitätsnahen Prozessrandbedingungen zu.

Zusätzlich kann mittels virtueller Experimente das Setup aus Werkzeug, Bauteilkomponenten wie Laminat, Kernmaterial, Fließhilfen und Baggingmaterial unter Variation der relevanten Prozessparameter sowie der verwendeten Materialien im Hinblick auf Zielgrößen wie Faservolumengehalt, Exothermie und mechanische Eigenschaften nach der Aushärtung das Prozessfenster robust designt werden.

Der breite Einsatz der unterschiedlichen Methoden im industriellen Umfeld wird derzeit behindert durch die mangelnde Kenntnis des Anwendungsbereichs einfacher Ansätze sowie der hohen Komplexität der Wirkzusammenhänge und der entsprechenden Abbildung in Multi-Physics-Simulationsplattformen mit dem einhergehenden initialen Materialcharakterisierungsaufwand auf der anderen Seite.

3.6.6 Anwendungsbeispiele

Anleihen aus dem Flugzeugbau

In der Luftfahrt werden seit vielen Jahrzehnten FVW eingesetzt. Abb. 3.118. stellt den steigenden Anteil von FVK über die unterschiedlichen Flugzeuggenerationen und Einsatzbereiche eindrucksvoll dar. Vorreiter im zivilen Flugzeugbau war Airbus mit dem Seitenleitwerk des A310. Inzwischen bestehen moderne Verkehrsflugzeuge wie die Boeing 787 und der Airbus A350 überwiegend aus Verbundwerkstoffen. Mit CFK-Flügel und CFK-Rumpf erreichen sie einen Faserverbundanteil von über 50 %, bezogen auf die Strukturmasse.

Eine große Herausforderung besteht in der Entwicklung der nächsten Kurzstrecken Flugzeuggenerationen, z. B. dem Nachfolger des Airbus A320, die in viel größeren Stück-

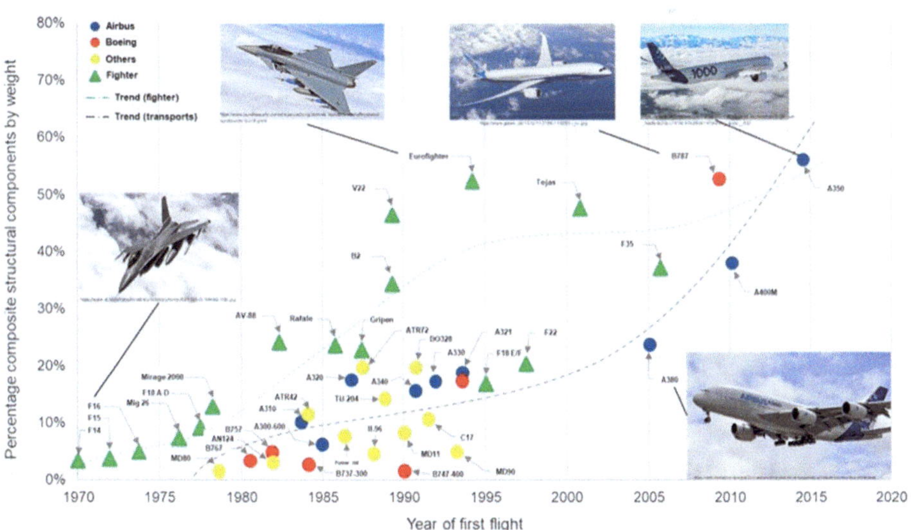

Abb. 3.118 Entwicklung des Faserverbundanteils im Verkehrsflugzeugbau [160]

zahlen als beispielsweise der A350 gefertigt werden. Viele Strukturbauteile – z. B. die Rumpfspante – erreichen Stückzahlen, die sich in Richtung der Automobilindustrie orientieren. Einzuschränken ist hier allerdings, dass die Zahl der Gleichteile in der Luftfahrt ein deutlich geringeres Maß aufweist als dies im Fahrzeugbau der Fall ist. Der steigende Einsatz von FVK-Bauteilen erfordert völlig neue faserverbundgerechte Bauweisen und automatisierte Fertigungsverfahren. Hierbei werden sich viele Synergien zum Automobilbau ergeben. Der Fokus ist bei beiden Branchen sehr unterschiedlich gesetzt. Im Flugzeugbau ist die dominierende Zielgröße das Bauteilgewicht; im Automobilbau stehen robuste Fertigungsprozesse mit sehr kurzen Taktzeiten im Fokus.

Automobilrennsport
Seit 1981 gibt es CFK Monocoques im automobilen Rennsport. Heute sind in sehr vielen Klassen Monocoques als Sicherheitszelle für den Fahrer vorgeschrieben. Unter Monocoque wird eine durchgehende, tragende Struktur zwischen Vorder- und Hinterachse verstanden. Richtige „Monocoques" (= „Einzelne Schalen") werden selten gebaut. Meistens werden zwei Schalen, links und rechts, oder oben und unten, ausgehärtet und anschließend verklebt. Diese zweischalige Bauweise ist fertigungstechnisch bedingt. Jede Schale kann in einem einteiligen Werkzeug hergestellt werden. Gefertigt werden die Monocoques im Pregpreg-Autoklav-Verfahren. Die Fertigung des Sandwichaufbaus erfordert mehrere Autoklavzyklen und dauert mit der Belegung mehrere Tage.

Neben den mechanischen Funktionen dient das Monocoque auch als Sicherheitszelle für den Fahrer. Bei einem Unfall darf diese Sicherheitszelle nicht beschädigt werden. Vorne und seitlich sind außen am Monocoque Crashelemente angebracht. Diese Crashelemente sind ebenfalls aus CFK gefertigt und nehmen die gesamte Crashenergie auf. In Abb. 3.119 sind die Kräfte zu sehen, die eine Formel-1-Monocoque ertragen muss. Ohne den Einsatz von Kohlenstofffasern wäre dies nicht möglich.

Automobilbau
FVW haben im Automobilbau eine lange Tradition. So wurde die Lotus Elise schon in den 1960er-Jahren aus GFK gefertigt. Sie erreichte durch Leichtbau trotz moderater Motorisierung überragende Fahrleistungen. Diese Tradition wurde beispielsweise mit dem McLaren Mercedes und dem Porsche Carrera GT fortgesetzt. Beide setzen auf CFK, wobei sich Bauweise und Fertigungstechnik stark an die Formel 1 bzw. den Flugzeugbau anlehnten und nur wenig Potenzial für eine Großserienfertigung aufweisen. Bei diesen Nischenfahrzeugen kam CFK nicht nur aufgrund des Leichtbaupotenzials, sondern auch wegen den geringen Werkzeugkosten und den geometrischen Gestaltungsmöglichkeiten zum Einsatz. Das Potenzial für eine Fertigung mit Zykluszeiten von unter fünf Minuten hat insbesondere das Preform-RTM-Verfahren. Damit sind auch große Serien mit 600 Fahrzeugen pro Tag und mehr darstellbar. BMW brachte ab 2013 mit dem i3 das erste Großserienfahrzeug mit einer kompletten Faserverbundkarosserie, das mit dieser Technologie gefertigt wurde, auf den Markt. Auch im Bereich der Supersportwagen gibt es einige

Abb. 3.119 Auslegungskräfte für die auf ein Formel 1 Monocoque [168]

interessante Entwicklungen, die das hohe Potenzial neuer Bauweisen und Fertigungstechniken aufzeigen. Im Folgenden sind einige exemplarisch beschrieben.

McLaren MP4 12c Der in den Jahren 2011 bis 2014 gebaute McLaren MP4 12c ist mit einer Stückzahl von 4000 pro Jahr ein gutes Beispiel für ein High-End-Kleinserienfahrzeug mit CFK-Monocoque. Das entspricht einer Fertigungskapazität von rund 13 Fahrzeugen am Tag in einer 6 Tage Woche. Das zentrale Element des Fahrzeugs ist die „MonoCell". Dabei handelt es sich um eine Monocoque-Wanne, die in einem Stück im RTM-Verfahren gefertigt wird, vgl. Abb. 3.120. Ein fertigungstechnisches Highlight bei der MonoCell sind geschlossene Hohlräume. Um diese zu generieren werden entfernbare Kerne eingesetzt. Diese Kerne müssen die Erstellung der Preform ermöglichen, den Drücken bei der Harzinjektion standhalten und sich nach dem Aushärten Rückstandslos entfernen lassen. Um dieses Monocoque in einem Stück zu fertigen wird ein sehr komplexes mehrteiliges Werkzeug benötigt.

BMW Der BMW i3 war das erste Fahrzeug mit einer CFK Karosserie, welches in großer Stückzahl gebaut wurde. Bis Mitte 2022 wurden in knapp acht Jahren rund 250.000 Fahrzeuge mit neuartiger Architektur produziert und damit die Großserienfähigkeit der Technologie und des Werkstoffes erfolgreich demonstriert. Die Bauweise des Life Mo-

Abb. 3.120 McLaren Automotive: 54 MP4-1 und MP4-12c [167]

duls (Fahrgastzelle) des BMW i3 ist an die gängige Blech Schalenbauweise angelehnt. Dabei werden die zu fügenden Bauteile im Verhältnis zur Metallkarosserie deutlich reduziert. Es werden einzelne Schalen gefertigt, die dann zur Karosserie gefügt werden. Alle Schalen werden aus flächigen Halbzeugen zu trockenen Preformen geformt. Die Preformen werden dann mittels RTM oder Nasspressen mit Harz getränkt. Nach dem Aushärten des Harzes werden die Bauteile beschnitten und verklebt. Hohlstrukturen werden durch das Verkleben von zwei oder mehr Schalen erstellt. Ein großer Vorteil dieser Bauweise sind die einfachen Werkzeuge. Jedes Bauteil kann mit einem zweiteiligen Werkzeug hergestellt werden. Zusätzlich können die Erfahrungen aus der Blechschalenbauweise genutzt werden, da die Bauweisen sich nur marginal unterscheiden. Die Bauteilgeometrie ist ein wesentliches Argument bei der Prozesswahl für Strukturbauteile. Solange es möglich ist wird Nasspressen bevorzugt. Das kombinierte Drapieren und Tränken führt zu reduzierten Prozessdrücken bei kürzerem Tränkungsweg und dadurch zu kürzeren Taktzeiten. Für komplexere Geometrien kommt RTM zum Einsatz. Über das trockene Preformen können Hohlprofile oder auch komplette Seitenrahmen generiert werden. Abb. 3.121 gibt einen Überblick über die einzelnen Teile des CFK-Life-Moduls und ihre Fertigungstechnologie.

Der BMW i3 war ein Einstieg in die automobile CFK-Großserie. Mit 30.000 Stück pro Jahr wurde die Fähigkeit eindrucksvoll bewiesen. Für automobile Verhältnisse ist diese Stückzahl eher im unteren Stückzahlbereich anzusehen. Weitere Fahrzeugtypen mit höherer Stückzahl setzen auf Hybridbauweise. Das aktuelle Beispiel BMW iX zeigt die

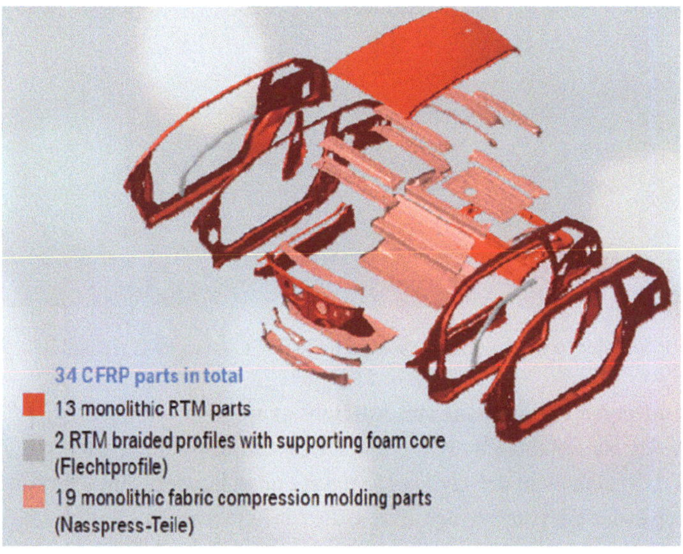

Abb. 3.121 CFK-Struktur des „Life Moduls" als Passagierkabine des BMW i3 [168]

Abb. 3.122 Querblattfeder im Volvo-Baukasten SPA für V60/S60/XC60 und V90/S90/XC90 [169]; Copyright © Henkel AG

Möglichkeiten für diese Bauweisen auf. Neben der Skelettbauweis für Windlauf und dem Rahmen für das Heckfenster ist der Seitenrahmen weiterhin im RTM-Prozess umgesetzt.

Seit einigen Jahren stellt in der Faserverbundwelt die Blattfeder vermutlich eines der hochvolumigsten Bauteile dar. Vorreiter sind hier Volvo (vgl. Abb. 3.122) und Daimler, welche die Umsetzung in die Großserie eingeführt haben [169]. Die Bauweise in FVK bietet neben Leichtbau bzw. Lebensdauerverbesserung eine Reduzierung des notwendigen Bauraums. Die FVK Blattfeder in der Querbauweise koppelt die beiden Fahrwerksseiten, wodurch der sonst übliche Stabilisator kleiner dimensioniert werden kann.

Zur Herstellung der Blattfedern gibt es unterschiedliche Technologien. Die Firma SGL baut große Teile ihrer Blattfedern im RTM-Verfahren, vgl. Abb. 3.123. Um die Stückzahlanforderung im Millionenbereich zur realisieren, ist eine Vollautomatisierung der Prozesskette inklusive Mehrfachkavitäten und einer NearNetshape-Fertigung notwendig [171]. Die Blattfeder ist kein neues FVK-Bauteil im Automotivbereich. Bereits seit 1984 ist im Chevrolet Corvette eine Querblattfeder aus Glasfaserverbund verbaut [171].

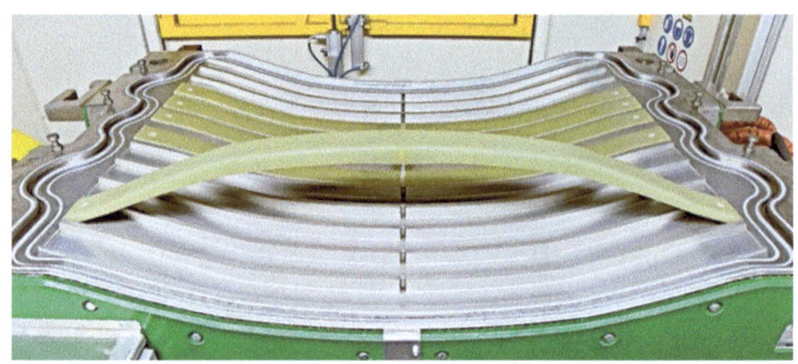

Abb. 3.123 Blattfeder in GFK im RTM-Werkzeug [170], Copyright © Henkel AG

CFK-Anwendungen bei alternativen Antriebsstrategien
Während in der Raumfahrt ein Kilogramm Gewichtseinsparung mehrere Zehntausend Euro kosten darf, sind es in der zivilen Luftfahrt einige hundert Euro. Im Automotivesektor sind es sogar nur ein paar wenige Euros, die für Leichtbau zusätzlich ausgegeben werden können. Bei konventionellen Fahrzeugen war lange Zeit ein Wert von 4 € Mehrkosten pro eingespartem Kilogramm die Grenze. Durch den stark gestiegenen Benzinpreis und die CO_2-Strafsteuern liegt dieser Wert heute bei deutlich über 5 €. Bei Elektrofahrzeugen werden Werte von über 12 € genannt, da durch den Leichtbau mit CFK ein Teil des Batteriegewichts von bis zu 400 kg kompensiert und die Reichweite vergrößert werden kann. Große Bedeutung kommt hierbei auch den funktionalen Eigenschaften von FVW zu, z. B. zur Optimierung des Thermalmanagements durch die guten Isolationseigenschaften. Bedenkt man andererseits, dass ein Kilogramm Carbonfasern für automobile Anwendungen rund 15 €/kg gegenüber wenigen Euro bei Stahl kosten, wird die große Herausforderung für einen weiteren industriellen Durchbruch deutlich. Vor allem, wenn man in Betracht zieht, dass die Hauptkostentreiber nicht im Bereich der Werkstoffe, sondern bei den Prozesskosten liegen. Aktuelle Forschungsprojekte zielen darauf ab, die Kosten entlang der gesamten Kette zu senken. Faserverbundgerechte Bauweisen, die bei Elektrofahrzeugen ohne die Packaging-Restriktionen von Verbrennungsfahrzeugen möglich sind, automatisierte Prozesse „vom Roving zum Bauteil“ und energieeffiziente Carbonfaserherstellung sind nur einige Beispiele. Insbesondere die Verwendung thermoplastischer Matrixsysteme verspricht große Fortschritte ebenso wie in den Bereichen „Reparatur“ und „Recycling“. Somit ist davon auszugehen, dass sich CFK neben Stahl, Aluminium und Magnesium zu einem großserientauglichen Werkstoff für einen intelligenten Mischbau etablieren wird.

Eine Chance für die industrielle Umsetzung in der automobilen Großserie von FVK bietet die Elektromobilität mit ihren Derivaten. Tesla nutzt einen faserverbundumwickelten Rotor in seinem Elektromotor [172]. Dabei kommen Carbonfasern und PEEK als Matrixmaterial zum Einsatz. Hintergrund ist die Erhöhung der Drehzahl zur Steigerung der Effizienz des Motors. Die gegebenen Temperaturanforderungen sowie die Robustheit des Fertigungsverfahrens rechtfertigen den Einsatz des teuren Hochleistungskunststoffes

PEEK. Tesla ist bekannt als Vorreiter bei der E-Mobilität und es wird erwartet, dass weitere Hersteller sich mit ähnlichen Konzepten für die Großserie beschäftigen.

Die Elektromobilität beschränkt sich nicht nur auf den Motor. Die Batterie als Energiesystem muss passend in das Fahrzeug integriert werden. Die notwendigen Batteriekästen werden aktuell in unterschiedlichsten Bauweisen vorgestellt. Die Position des Batteriekastens befindet sich oft im unteren Fahrzeugbereich. Dadurch bleibt der Schwerpunkt niedrig wodurch u. a. die Fahreigenschaften positiv beeinflusst werden. Darüber definieren sich auch die wesentlichen Anforderungen: Brandverhalten inklusive thermische Isolation gegenüber der Fahrgastzelle, Dichtigkeit gegen Feuchtigkeit, EMV, Bauraumflexibilität, Schlagbelastung und Crash, um einige zu nennen. Die ersten vier leiten sich von der Batterie ab. Dabei wurde das Brandverhalten bei den ersten Generationen an E-Fahrzeugen unterschätzt, wodurch diese Eigenschaft mehr ins Zentrum gerückt ist. Die Isolationseigenschaft des Batteriekastens im Brandfall ist notwendig, um die Materialien in der Fahrgastzelle vor thermischen Versagen bzw. Entzündung zu schützen. Die Dichtigkeit des Kastens ergibt sich aus der Sensibilität der Batterietechnik. Abb. 3.124 zeigt ein Batteriegehäuse aus CFK, das bis zu 40 % leichter ist als eine metallische Ausführung [173].

Aktuell kommen Bauweisen sowohl aus Metall (Aluminium und Stahl) sowie aus FVK zum Einsatz. Metalle haben die Herausforderung, dass sie im Brandfall schmelzen. Die Wärmeleitfähigkeit der Metalle ist im Vergleich zu FVK höher, weshalb extra Isolationsschichten aufgebracht werden müssen. Bei der Umformtechnik von Metallen sind technische Grenzen gesetzt. Dies kann zu geringerer Bauraumausnutzung im Fahrzeug führen. Aus der Kombination der Anforderungen an ein Batteriegehäuse resultiert, dass FVK hier verstärkt in den Fokus rücken. Es zeigt, dass der klassische Leichtbau nicht mehr das Hauptargument für die Nutzung von FVK ist, sondern in Kombination mit der Option Funktionsintegration ein Systemvorteil generiert wird.

Wasserstoff als Energieträger wird in verschiedenen Formen diskutiert. Für das Transportwesen ist die Option des Energieträgers Wasserstoff noch nicht final geklärt. Unterschieden wird dabei der Zustand des Wasserstoffs bei der Speicherung. Die Kryogentechnik kommt aus der Raumfahrt und bietet die höchsten Speicherdichten; dem steht als Alternative die gasförmige Speicherung unter hohem Druck gegenüber. Der gasförmige und der flüssige Zustand wurden bereits in zahlreichen Projekten untersucht. Über Standzeiten erwärmt sich gekühlter Wasserstoff und muss abgeblasen werden. Daher wird die Kryogentechnik in der Luftfahrt bzw. im Schwerlastverkehr als zielführender eingestuft.

Abb. 3.124 Batteriegehäuse für Elektroautos [173], Copyright © SGL Carbon SE

Im automobilen Bereich setzt sich aktuell die gasförmige Speicherung bei 700 bar und Umgebungstemperatur durch.

Der klassische zylindrische Drucktank wird für verschiedenste Anwendungen im Wickelverfahren hergestellt. Aktuelle Tanks bauen auf diesen Erfahrungen auf. Die Carbonfaser als Material ist in der Anwendung für Wasserstoff unstrittig. Herausforderung bei den angestrebten Betriebsdrücken sind die notwendigen Wandstärken. Über die Innendruckbelastung ergibt sich eine Dehnungsverteilung von innen nach außen: Es wird eine hohe Bruchdehnung bei hoher Festigkeit benötigt. Das Wickelverfahren ist für seine Materialeffizienz bekannt. Betrachtet man die notwendigen Zeiten zur Herstellung eines Tanks entsprechen diese nicht den Vorgaben für eine automobile Großserie. Einer der Schwerpunkte bei der Forschung und Entwicklung liegt im Bereich „Hight Speed Winding" unter Verwendung von Towpreg. Weiterhin laufen Untersuchungen ab, welchen Randbedingungen sich Prozesskettenkombinationen aus z. B. Wickeln, Flechten, Fiber Patch Placement etc. Vorteile in Bezug auf mechanische Leistung, Stückzahlfähigkeit und Kosten bringen können.

Klassischer Weise entwickeln die großen OEMs Fahrzeugplattformen. Diese werden auf unterschiedliche Fahrzeugtypen angewendet. Der Wasserstofftank ist in seiner klassischen, zylindrischen Form eine Geometrie, welche sich in aktuellen Plattformen schwer integrieren lässt. Oft führt eine solche Integration zu einer Reduzierung des Nutzraumes. Aufgrund des Entwicklungsstandes und politischer Rahmenbedingungen setzen sich gegenwärtig batterieelektrische Fahrzeuge durch. Darüber leitet sich die Anforderung ab, den H2-Tank in den Bauraum der Batterie integrieren zu können. Eines der umsetzungsnächsten Konzepte ist das Kombinieren von zylindrischen Gastanks [174]. Beim Füllen eines flachen Bauraums mit zylindrischen Tanks leidet die Speichereffizienz, ebenso wird die Oberfläche des Tanksystems vergrößert. Dies führt zu einer erhöhten H2-Permeation. Daraus leitet sich die Überlegung hin zu eckigen Tanks ab. Verglichen mit der zylindrischen Bauform hat diese Ausführung mehr Gewicht. Es wird sich zeigen, ob die erhöhte Speichereffizienz das Mehrgewicht ausgleichen kann. Aktuell befinden sich mehrere Konzepte in der Einwicklung. Das in Abb. 3.125 dargestellte Konzept verwendet Tufting als Prozesstechnik, um die Zugstreben im trockenen Zustand einzubringen [175].

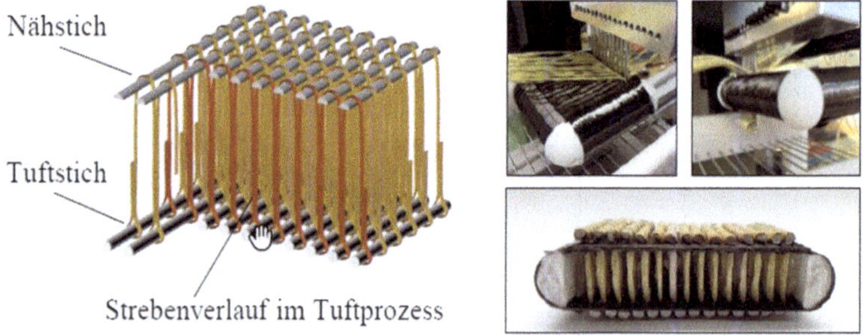

Abb. 3.125 Zugverstrebter Wasserstofftank mittel Aramidfasern [175]

Abb. 3.126 Fertigungsdemonstrator eines zugverstrebten Tanks auf Basis der Skelettbauweise [176]

Es zeigt sich, dass Fertigungsprozesse solcher Tanks aufwendiger werden. Die Großserienfähigkeit ist eine zentrale Randbedingung, welche bei der Entwicklung neuartiger Bauweisen berücksichtigt werden muss. Es bietet sich auch die beschriebene Skelettbauweise an, wobei ein Grundgerüst aus thermoplastischen Zugstreben über Spritzguss verbunden wird. Dieses Grundgerüst kann über klassische Wickeltechnik weiterverarbeitet werden, vgl. Abb. 3.126. Dabei stehen die Zugstreben aus dem Laminat hinaus. Die thermoplastische Matrix der Zugstreben ermöglicht eine Verformung. Das bedeutet die Zugstreben können einfach umgebogen oder aufgepilzt werden. Eine anschließende Weiterverarbeitung ist in Wickeltechnik oder auch anderen Prozessen denkbar [176].

Einsatz von CFK im Bereich Nutzfahrzeuge

Als Transporter werden üblicherweise Nutzfahrzeuge bis 3,5 t zulässigen Gesamtgewichts bezeichnet. Diese Fahrzeugklasse ist mit etwa 75 % aller Zulassungen die mit Abstand Bedeutendste, da sie mit dem „normalen" PKW Führerschein (Klasse B) gefahren werden dürfen und es einen entsprechend großen Kreis an Nutzern gibt. Bei der Wahl des Fahrzeugs sind neben den Personalkosten die Total Cost of Ownership ausschlaggebend. Diese sind u. a. getrieben durch den Verbrauch pro Kilogramm zugestellter Ware. Im städtischen Einsatz, in dem Transporter überwiegend genutzt werden, ist der Energieverbrauch aufgrund wiederholter Brems- und Beschleunigungsvorgänge maßgeblich von der Fahrzeugmasse abhängig. Diese trägt über Massenträgheit und Rollwiderstände zu erhöhten Verbräuchen bei. Gleichzeitig sinkt mit steigender Masse die Nutzlast des Fahrzeugs, wodurch der Pro-Kilogramm-Verbrauch steigt und Routen nicht optimal geplant werden können, da vermehrt Lager angefahren werden müssen oder mehr Fahrzeuge und Fahrer für die gleiche Menge zuzustellender Ware benötigt werden. Hieraus leitet sich die Motivation für Leichtbau in Nutzfahrzeugen, speziell bei Transportern, ab, nämlich je Fahrzeug möglichst viel Ware effizient zuzustellen. Als weitere Anwendung der Transporter seien Wohnmobile erwähnt. Bei dieser nichtgewerblichen Anwendung steht nicht die Transporteffizienz im Vordergrund, sondern der über Leichtbau generierte Mehrwert in Form von Aufbaugröße, Zuladung oder Ausstattung.

Unabhängig von der Anwendung und der Aufbauform werden bereits unterschiedliche Leichtbaumaterialien in Transportern verwendet, insbesondere wurden nichtstrukturelle Stahl- durch Aluminiumprofile ersetzt und Sperrholz- durch Sandwichplatten aus GFK/ Schaum/GFK oder PE/Wabe. Im Bereich der Transporterstrukturbauteile wird CFK aktuell genutzt, um Heckrahmen leichter zu machen. Der Heckrahmen stellt die Verbindung von Fahrerhaus („Triebkopf") zur Achse dar und trägt den Aufbau – ob Koffer, Wohnmobile, Pritsche, o.a. Je nach Fahrzeuggröße und -art können durch den Einsatz von CFK etwa 80–150 kg je Fahrzeug gegenüber einer Stahlbauweise eingespart werden. Bei einer üblichen Nutzlast von 1000 kg entspricht dies einer Steigerung von 8–15 %.

Die Firma Carbon Truck and Trailer (CTT) hat gemeinsam mit VW Nutzfahrzeuge auf Basis des T6 einen Heckrahmen entwickelt, der ca. 120 kg leichter als die Serienlösung aus Stahl ist. Der Heckrahmen besteht aus zwei Bauteilen, die zum Triebkopf verjüngt und zur Achse breiter sind, um die unterschiedlichen Spurbreiten abzubilden. Die Fertigung erfolgt in Vakuuminfusion bzw. RTM. Wandstärken variieren zwischen 3–5 mm. Als Fügemittel werden Gewindeinserts, Gewindeplatten inkl. Querversteifung und Strukturverklebungen eingesetzt. Die Bodenplatte des Koffers ist mit den CFK-Trägern strukturell verklebt, vgl. Abb. 3.127. Die Verklebung ist im Torsionsfall im Anbindungsbereich hoch belastet, da dort ein Steifigkeitssprung zwischen Vorderwagen und Aufbau besteht.

Der Work L der Fa. B-On (ehemals StreetScooter) ist ein vollelektrischer Transporter, der gemeinsam mit Deutsche Post/DHL für die Brief- und Paketzustellung entwickelt wurde. Trotz eines zulässigen Gesamtgewichtes (zGG) von nur 2,8 t und Batteriepack von 40 kWh konnte mittels CFK eine Nutzlast von über 1000 kg erreicht werden. Dabei wurden sowohl die Stahllängs- und Querträger des Heckrahmens als auch der Hilfsrahmen ersetzt. Zum Einsatz kamen stattdessen ca. 300 mm hohe CFK-Längsträger, die den Koffer über die 16″ Räder heben und so einen ebenen Ladeboden und ergonomische Arbeitshöhe ermöglichen, vgl. Abb. 3.128. Die Drehstabfederachse wird mit einem Adapter verschraubt, der mittels Injektionsverfahren mit den CFK Trägern strukturell verklebt wird.

Der Sprinter von Mercedes-Benz ist Namensgeber einer ganzen Fahrzeugklasse. Als 3,5 t-Triebkopf mit Aufbaulängen bis ca. 5 m kann mittels CFK ca. 150 kg gegenüber herkömmlichen Stahlchassis eingespart werden. Auch der Heckrahmen des Car-

Abb. 3.127 Torsionsprüfung „Carbon T6" (l.) und Klebefläche zwischen Carbon-Heckrahmen und Kofferbodenplatte (r.) [177], Copyright © Carbon Truck & Trailer GmbH

Abb. 3.128 Carbon Work L (ehem. StreetScooter) (l.) mit pultrudiertem CFK-Träger und Achsadapter (r.) [177], Copyright © Carbon Truck & Trailer GmbH

bonTT-Sprinters kommt ohne Querträger aus, was eine optimale Nutzung des Unterbodenraums für Batterien, Tanks oder Staufächer ermöglicht. Die CFK-Träger wurden mittels Pultrusionsverfahren durch die Verarbeitung multiaxialer Gelege bei hoher Produktionsgeschwindigkeit entwickelt. Die multiaxiale Faserausrichtung ist notwendig, um die hohen Anforderungen an Torsion, Biegung und Dauerfestigkeit zu erfüllen. Die hohen Prozessgeschwindigkeiten bzw. die effiziente Bauteilherstellung ist notwendig, um sowohl die automobilen Stückzahlen als auch Kosten und Qualitätsanforderungen zu erfüllen. Die definierten Faserorientierungen ermöglicht außerdem eine Optimierung der CFK-Bauteile für den Crashfall. Besonders bei der seitlichen Intrusion im Pfahlcrashfall und bei batterieelektrischen Fahrzeugen muss aufgrund des hohen Eigengewichts und der Breite der Batterien viel Energie auf einer kurzen Distanz abgebaut werden. Dies gelingt besonders effizient und gleichmäßig über das Crushing-Verhalten des FVK. Dazu muss ein Großteil der Fasern in Intrusionsrichtung ausgerichtet sein und am Ausbrechen bzw. Wegknicken gehindert werden. Multiaxiale Gelege und schlagzähe Harzsysteme wie beispielsweise Polyurethane sind dazu gut geeignet. CFK-Heckrahmen haben sich vielfach im Komponententest, Klimakammern, dynamischen Fahrerprobungen, Schlechtwegetests und im Kundeneinsatz bewährt. Aus der Reduktion des Fahrzeugeigengewichts resultieren einerseits wirtschaftliche Vorteile für den Gewerbetreibenden, aber auch ökologische Vorteile des verringerten Kraftstoffverbrauchs sowie des CO_2-Ausstoßes.

3.6.7 Recyclingstrategien und -konzepte

Die Frage „Ist Recycling von CFK möglich?" wird in letzter Zeit immer häufiger gestellt, sei es im privaten Bereich, wo kritisch hinterfragt wird, ob das neue Carbonfahrrad denn wirklich nachhaltig ist, sei es in den Medien, wo immer wieder die Entsorgung von Windenergieanlagen hervorgehoben wird oder sei es in der Politik, wo die Einhaltung von gesetzlichen Verwertungsquoten diskutiert wird. Obwohl die wissenschaftliche Auseinandersetzung mit der Recyclingthematik im Vergleich zu anderen Fragestellungen rund um die FVW-Herstellung relativ jung ist, lässt sich bereits jetzt aus technischer Sicht diese

Frage ziemlich gut beantworten: Wenn man bereit ist, gewisse Abstriche in der Leistungsfähigkeit des Sekundärwerkstoffes in Kauf zu nehmen, lassen sich die Fasern gut wiederverwenden und die Recyclingfähigkeit dieser Werkstoffkomponente ist gegeben. Dennoch bleibt das Recycling innerhalb der Faserverbundwelt eine Insellösung für einen überschaubaren Markt. Denn die Frage „Ist Recycling von CFK wirtschaftlich rentabel und skalierbar?“ ist eine sehr viel komplexere. Dies ist verbunden mit der Überlegung, wie viel Prozent Leistungseinbuße akzeptabel sind und wie viel Prozent Kosteneinsparung beim Einkauf der Fasern als Rohstoff für die Produktion erzielt werden können. Nur wenn diese in einer vergleichbaren Größenordnung liegen (bspw. 70 % der Performance für 60 % der Kosten im Vergleich zu einer Neufaser-CFK-Struktur), besteht ein grundsätzlich attraktives Produkt. Weiterhin ist hier dann noch kritisch zu hinterfragen, ob nicht in diesem Performance-Segment schon andere klassische und etablierte Konstruktionswerkstoffe wie Aluminium existieren. Im Bereich Recycling von CFK geht es im Wesentlichen um den einen zentralen Term „Performance/Euro“. Während der Nenner dieses Quotienten den Ökonomen, der Marktwirtschaft und den zugehörigen Skalierungseffekten überlassen werden kann, ist die Performance immer noch Gegenstand der aktuellen Entwicklungsarbeiten vieler Universitäten, Forschungseinrichtungen und Unternehmen. Wie sich diese Performance als makroskopischer Werkstoffkennwert eines Bauteils der zweiten oder späteren Generation allerdings zusammensetzt, hängt von vielfältigen Einflüssen entlang einer mehrstufigen Prozesskette ab. Die einzelnen Stufen sind in ihrer Chronologie in Abb. 3.129 dargestellt und werden nachfolgend diskutiert.

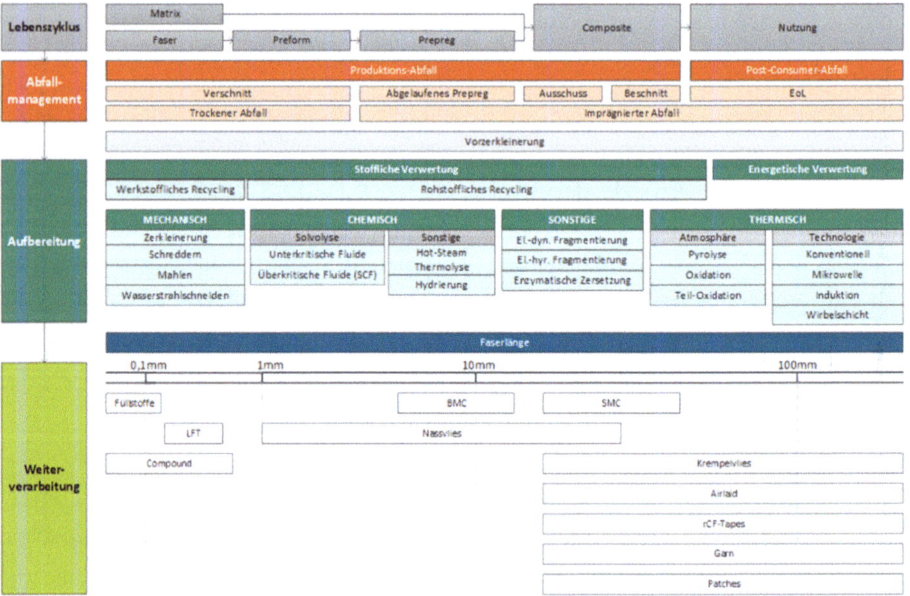

Abb. 3.129 Prozessschaubild der möglichen Recyclingrouten und unterschiedliche Prozesse nach [178]

Lebenszyklus & Abfallmanagement

Insbesondere aus wirtschaftlicher Sicht ist es von besonderer Bedeutung, an welchem Punkt in einem Produktlebenszyklus die Betrachtung ansetzt wird. Handelt es sich um Produktionsabfälle (trockene Verschnittfasern), Prepreg-Verschnitt oder während der Lagerung abgelaufenes Prepreg, Bohr- und Frässtaub, Besäumabschnitte oder ganze Ausschussbauteile? Oder handelt es sich um ausgediente Produkte am Ende ihrer Einsatzfähigkeit, sogenannten End-of-Life- (EoL) oder Post-Consumer-Abfall? Bei Produktionsabfällen liegt zwar nicht mehr direkt verwendbares, aber dennoch bekanntes Material vor. Die eingesetzten Fasern sind definiert und auch die Matrix ist in ihrer Zusammensetzung eindeutig. Gerade bei großen Produzenten von CFK-Strukturen mit entsprechenden Mengen an Produktionsabfällen kann die Betrachtung einer Inhouse-Lösung zumindest für Teile der Recyclingwertschöpfungskette ein relevantes Thema sein. Diese Prozesse lassen sich in ihrer Art und Weise, aber auch in ihrer Dimensionierung sehr genau auf den eigenen Materialstrom zuschneiden und optimieren. Hingegen bei EoL-Abfällen handelt es sich um ein nicht näher definiertes Material bzw. einen Materialmix für den die Prozesse universaler ausgerichtet sein müssen. Die gesamte Thematik Materialerkennung, Sortierung und Logistik wird um ein Vielfaches komplexer, gewinnt aber auch gleichzeitig wesentlich an Bedeutung. Mehr und mehr Hersteller bringen „recyclingfähige" Polymere auf den Markt und werben damit. Ohne entsprechende Entsorgungslogistik oder Materialdetektion sind solche Materialien allerdings nicht besser zu recyceln als konventionelle Varianten. Thermoplasten wird gerne eine verbesserte Recyclingfähigkeit zugeschrieben, was allerdings nur impliziert, dass diese Materialien leichter geschreddert und wieder verspritzt werden können. Dies bedeutet ein starkes Downcycling der langen Fasern und setzt eine entsprechend sortenreine Vorsortierung voraus.

Vorzerkleinerung

Das Thema Vorzerkleinerung mag zunächst einfach erscheinen: Die anfallenden CFK-Abfälle sind so zu zerkleinern, dass sie für den Transport sowie für die Nachfolgeprozesse in einer geeigneten Darreichungsform vorliegen. Für großvolumige Bauteile (z. B. Flugzeugteile oder Rotorblätter) geschieht dies meist unmittelbar nach der Stilllegung. Mittels Diamantsägen oder Wasserstrahlvorrichtungen sowie entsprechenden Einhausungen werden die Bauteile vorzerkleinert, sodass sie günstig zu transportieren sind. Die Feinzerkleinerung erfolgt in der Regel durch unterschiedliche Ausführungen von Shreddern, die sich in Anordnung, Form und Geometrie der Wellen und Schneidvorrichtungen unterscheiden können. Wie eingangs dargestellt, muss beim Recycling von CFK ein gewisses Maß an Performanceeinbußen in Kauf nehmen. Damit handelt es sich nicht um Recycling sondern um sogenanntes Downcycling. Auch wenn viele weitere Faktoren zu diesen Ausmaßen des Downcycling beitragen, ist die Einkürzung der Faserlängen ein zentrales Thema und eine nicht-reversible und in zukünftigen, weiteren Recycling-Loops immer weiter ausgeprägte Abminderung der Fasereigenschaften. Somit ist auch bei der Vorbehandlung ein Verfahren danach auszuwählen, wie gut es in der Lage ist, möglichst viele Fasern innerhalb des gewünschten – möglichst langen – Faserlängenspektrums zu generieren und dabei gleichzeitig die Entstehung kurzer Faseranteil oder von Faserstäuben weitestgehend zu vermeiden.

Aufbereitung

Bei der Abfallaufbereitung steht zentral ein Thema im Vordergrund: die Trennung der Fasern und der Matrix. Dieser Bereich ist der in der Vergangenheit am meisten wissenschaftlich untersuchte Teilaspekt der gesamten Recyclingroute und auch derjenige, der bereits am weitesten in seiner Kommerzialisierung fortgeschritten ist. Unter allen verschiedenen Verfahren, die sich in unterschiedlichen Stadien der Entwicklung befinden, ist vorrangig die Pyrolyse herauszugreifen. Hierbei werden die CFK-Abfälle einer Hochtemperaturbehandlung von ca. 550–800 °C ausgesetzt, wobei kein Sauerstoff anwesend ist. So finden die Fasern und die Matrix keinen chemischen Reaktionspartner und es kommt im Gegensatz zu einer Verbrennung bei der Pyrolyse nicht zur Bildung von CO oder CO_2, sondern lediglich zu einem thermischen Zerfall der weniger stabilen Molekülverbindungen. Es entstehen Pyrolysegase, -öle und -kokse, je nach Zusammensetzung der Matrix und Temperaturführung des Prozesses. Gasförmige Fraktionen können genutzt werden, um den Prozess zu befeuern, sodass keine externen Heizmittel nötig sind. Die Öle können kondensiert und abgeschieden werden und von der chemischen Industrie genutzt werden. Der Koks bleibt auf der Faser zurück und muss anschließend mechanisch oder thermisch über eine Oxidation entfernt werden. Bei dieser kann es zu einer Schädigung der Fasern kommen, da der Sauerstoff mit beiden kohlenstoffhaltigen Fraktionen reagieren kann. Neben der Pyrolyse gibt es in der Forschung sowie bei der Industrie erste Kommerzialisierungen von Solvolyseverfahren, welche mit Wasser oder Alkoholen arbeiten. Hierbei wird oftmals im superkritischen Bereich der entsprechenden Lösemittel gearbeitet, was die Löslichkeit deutlich verbessert. Auch die Hot-Steam-Thermolyse mit heißem Wasserdampf findet erste Anwendungen.

Weiterverarbeitung

Die Weiterverarbeitung der recycelten Fasern kann entsprechen ihrer vorliegenden Faserlänge in unterschiedliche Verfahren unterteilt werden (siehe Abb. 3.129). Die kürzesten Fraktionen wie beispielsweise gemahlene Faser und Verschnittreste unter 1 mm, können dem Spritzgussprozess oder als Füllstoff in BMC- und SMC-Prozessen zugeführt werden. Längere Fasern werden mit speziellen Dosiervorrichtungen compoundiert oder zu LFT verarbeitet. Fasern > 1 mm können zu einem sogenannten Nassvlies geformt werden, was der klassischen Papierherstellung sehr ähnlich ist. Diese Produkte haben Grammaturen im Bereich von 10–250 g/m² und zeichnen sich durch eine sehr hohe Flächengleichmäßigkeit aus. Längere Fasern können zu einem Trockenvlies verarbeitet werden, was seine Ursprünge in der Baumwollherstellung hat. Diese Vliesstoffe haben Grammaturen bis zu 600 g/m² und haben meist etwas höhere Schwankungen hinsichtlich des Flächengewichtes sowie auch des Faservolumengehalts. Das Krempeln der Fasern zu einem Trockenvlies hat bereits eine hohe technologische Reife und entsprechende Produkte können kommerziell erworben werden. Es ist für beide Vliesstoffarten möglich, diese in Verbindung mit einer Thermoplastfaser oder als 100 % rCF-Produkt herzustellen. Eine besondere Bedeutung in der Forschung haben sogenannten Garne und Tapes. Bei diesen Produkten handelt es sich um hoch gerichtete Textilen, welche geflochten, gewoben oder auch mit AFP-Technologien abgelegt werden können. Sie haben meist einen höheren Faservolumengehalt und höhere Eigenschaften entlang der Faserorientierung. Alle textilen Produkte müssen schlussendlich wieder zu Bauteilen verarbeitet werden. Hierbei kann wieder auf klassische Routen wie die Organoblechherstellung, WCM, RTM oder das Prepregen zurückgegriffen werden. Die Parameter und Prozessgrenzen dieser Routen sind nicht 1:1 von Neufaserprodukten auf rCF-Vliesstoffe übertragbar; Die Herstellparameter und Möglichkeiten müssen neu eruiert und erforscht werden [179].

Entsorgung

Neben dem Thema Recycling findet sich derzeit in verschiedenen Fachveröffentlichungen auch die Frage nach der Entsorgungsmöglichkeit von CFK. Teilweise kann der Eindruck entstehen, dass es sich um zwei Fraktionen der wissenschaftlichen Community handelt, die darum streiten, welche der beiden Lösungen die bessere sei: Entsorgung oder Recycling. Dieser Eindruck ist allerdings – aus Sicht der Autoren – falsch und deshalb soll hier auch kurz auf die Entsorgungsfrage eingegangen werden. Bei der Herstellung von technischen Fasern, egal ob Glas- oder Kohlenstofffasern, fallen immer auch umweltschädliche Nebenprodukte an und bei der Produktion entstehen ebenso weitere Umweltauswirkungen bspw. durch verbrauchte Ressourcen und Energie. Keine Produktion – auch keine zukünftige – kann völlig spurenlos ablaufen. Dementsprechend ist es nur konsequent, jegliche hergestellten Produkte so lange wie möglich einzusetzen und so oft wie möglich wiederzuverwenden. Dadurch verteilen sich die bei der Produktion entstandenen Umweltwirkungen auf eine lange Nutzungsphase. Innerhalb derer kann bspw. die durch den CFK-Einsatz erzielte Gewichtsreduktion einen Beitrag zur Spritverbrauchsreduktion leisten und auf mehrere Lebenszyklen, von denen idealerweise jeder einzelne wieder positiv in die Gesamtbilanz einzahlen, profitieren. Doch ganz egal wie lange und wie oft eine Faser weiter- und wiederverwendet werden kann, bleibt das Recycling nur das Hinauszögern des Unvermeidlichen: irgendwann muss jeder Faser in irgendeiner Form entsorgt werden. Sei es durch kontrollierte technische Prozesse oder durch Zersetzung in der Natur. Somit wird aber sehr deutlich, dass es nicht „Recycling oder Entsorgung" heißen kann, sondern dass vielmehr keine Alternative bestehen darf zu „erst Recyceln, dann kontrolliert entsorgen"!

3.7 Oberflächen und Schichten

Jürgen Becker, Patrick Keil, Helmut Rudigier und Josef R. Wünsch

Komponenten, Aggregate oder auch komplette Fahrzeuge bestehen aus Konstruktionsmaterialien wie Metallen und Metalllegierungen, Kunststoffen unterschiedlichster Art oder auch Glas bzw. Keramik. Die Wechselwirkung mit der Umwelt erfolgt zunächst einmal über die Oberfläche. Das kann das Aussehen sein, aber auch eine bestimmte Oberflächenbeschaffenheit wie z. B. Härte oder elektrische Leitfähigkeit.

Um die gewünschten Eigenschaften zu erzeugen, werden vielfach Überzüge aus anderen Materialien oder Beschichtungen aufgebracht. Das kann eine Lackierung sein, die neben dem Aussehen auch noch die Korrosionsbeständigkeit und weiter Eigenschaften beeinflusst. Das kann aber auch eine dünne extrem harte Schicht sein, die die Reibeigenschaften unter bestimmten Lastbedingungen günstig beeinflusst. Je nach Anwendung und eingesetzter Technologie, reicht die Schichtdicke dieser Überzüge oder Beschichtungen von einigen Zehntel Mikrometern bis hin zu einem Millimeter.

Im Folgenden werden die Autoserienlackierung sowie unterschiedliche Hartstoffschichten und ihre Anwendungen betrachtet. Als Ausblick auf mögliche zukünftige Entwicklungen werden dünne Schichten mit Sensorfunktion kurz vorgestellt.

3.7.1 Autoserienlackierung

Über die letzten Jahrzehnte haben sich verschiedene Verfahren und Prozesse für die Serienlackierung von Automobilkarossen etabliert und fortlaufend verbessert [180]. Moderne Autoserienlacksysteme sind vielschichtige komplexe Lacksysteme, um neben der gewünschten Farbgebung weitere wichtige Eigenschaften wie den Glanz der Oberfläche, Korrosionsschutz der Karosserie, Schutz vor unterschiedlichen Witterungsbedingungen und mechanischen Einflüssen langfristig zu gewährleisten und so zum Werterhalt des Fahrzeugs beizutragen.

Heutzutage besteht die Serienlackierung aus mehreren Schichten, die nacheinander aufgetragen werden und bei denen verschiedenen Technologien sowie Applikationsmethoden zum Einsatz kommen. Dieser Mehrschichtaufbau ist in Summe nur ca. 100 µm dick und die verschiedenen Funktionen sind – wie in Abb. 3.130 dargestellt – auf mehrere Schichten verteilt. Die Vorbehandlung (Konversionsbeschichtung) des Substrates und kathodischen Elektrotauchlackierung gewährleisten einen herausragenden Korrosionsschutz, indem der Transport von gelösten Ionen und Wassermolekülen zum Substrat inhibiert und eine hohe Haftung zum Substrat geschaffen wird. Durch den Füller, Basislack und Klarlack hingegeen wird Appearance, Farbeindruck, Glanz und Glätte erzeugt und außerdem wird so der Lackaufbau vor Bewitterung, Chemikalien und mechanischer Belastung geschützt (Abb. 3.130).

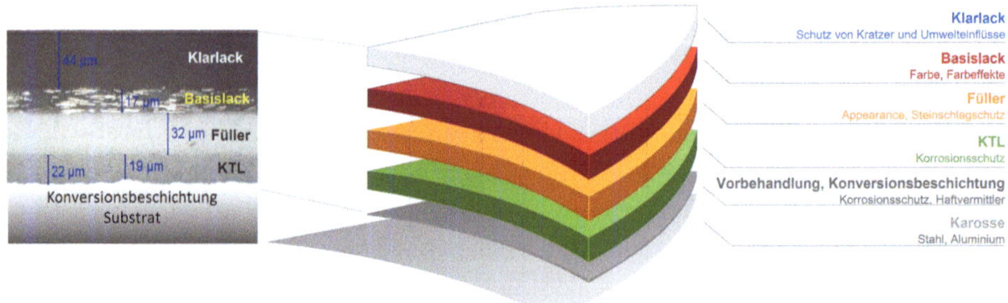

Abb. 3.130 Aufbau einer automobilen Serienlackierung. (Quelle: BASF)

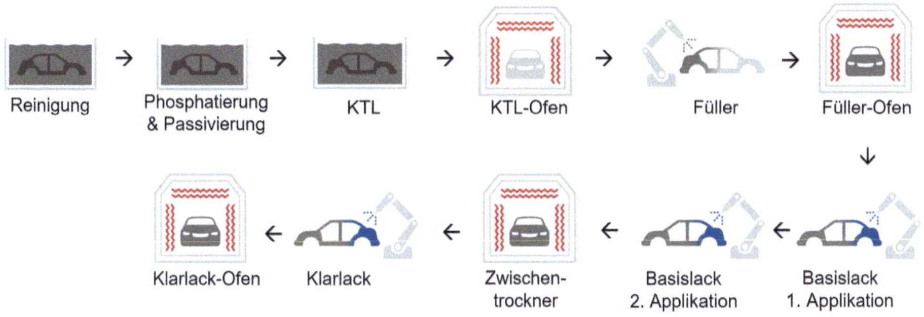

Abb. 3.131 Prozessschritte einer klassischen Automobilserienlackierung

Für die Applikation des Lackaufbaus durchläuft die Karosserie eines Neufahrzeugs verschiedene Prozessschritte in der Lackierstraße, wie in Abb. 3.131 dargestellt.

3.7.1.1 Die Vorbehandlung

Bei der klassischen Serienlackierung wird die Karosse in einer Serie von Tauch- und Sprühverfahren nacheinander alkalische gereinigt und eine Konversionsschicht aufgebracht. Eine gute Reinigung und chemische Konversion der Metalloberfläche sind für den Korrosionsschutz und die Adhäsion der nachfolgenden Lackschichten auf dem Multimetallsubstrat von fundamentaler Bedeutung. Durch die alkalische Reinigung[16] werden organische und anorganische Kontaminationen von der Substratoberfläche entfernt, die native oder künstliche Oxidschicht des Metalls gebeizt und dessen Oberfläche physikochemisch für die nachfolgende Konversionsbehandlung konditioniert.

Wässrige (alkalische) Reiniger enthalten vier verschiedene Stoffgruppen:

1. Alkalien: KOH oder NaOH sind für die Verseifung von Fetten und Ölen und das alkalische Beizen der Metalloberfläche notwendig.
2. Builder: Komplexbildner wie Phosphate, Borate oder Silikate werden zum Dispergieren fester Schmutzpartikel nach ihrem Ablösen von der Oberfläche benötigt.
3. Tenside: Tenside ermöglichen eine schnelle Benetzung der Metalloberfläche sowie das Emulgieren von Verschmutzungen.
4. Additive: Entschäumer, Korrosionsinhibitoren und/oder Haftvermittler.

Die Weiterentwicklung von alkalischen Reinigern sind durch aktuelle wirtschaftliche und ökologische Anforderungen geprägt, wie z. B. die Reduktion der Prozesstemperatur des Reinigungsbades, die Kompatibilität zu neuen metallischen Werkstoffen in Multimetallsubstratsystemen (z. B. metallische Überzüge aus Zn-Al-Mg Legierungen [181]) oder der

[16] Je nach spezifischen Anlagendesign liegen die Prozesstemperaturen zwischen 50 °C und 60 °C und die Zeit für den gesamten Reinigungsprozess bei 3–10 min.

Austausch von umweltunverträglichen Bestandteilen. (z. B. borat- und phosphatfreie Technologien).[17] Nach dem Reinigungsschritt wird die Karosse mit Wasser gespült.

Der nächste Schritt ist die chemische Konversion der Metalloberfläche. Die Trikationen oder Zinkphosphatierung [182–185] ist nach wie vor Stand der Technik in der chemischen Konversion von Automobilkarosserien. Zuerst wird die Oberfläche in einem separaten Bad aktiviert. Im Aktivierungsschritt werden aus wässrigen Lösungen Titansalze als Nukleationskeime für die Phosphatierung auf die Oberfläche abgeschieden. Alternativ werden auch Submonolagen von Zinkphosphatkristallen für die Aktivierung der Oberfläche verwendet.

Beim Phosphatieren wird eine Lösung aus Phosphorsäure, Zink, Nickel, Mangan und Additiven für eine Abscheidung von feinkristallinen Schichten verwendet. Durch die chemische und elektrochemische Reaktion des gereinigten metallischen Grundwerkstoffes mit der Phosphatlösung, bilden die Phosphat-, Zink- und Manganionen zusammen mit Ionen aus der Oberfläche des metallischen Substrates eine kompakte Phosphatschicht aus, die aus wenigen µm großen Kristallen besteht (siehe Abb. 3.132). Die kleinen ineinandergreifenden Kristalle sind charakteristisch für eine qualitativ hochwertige Konversionsschicht. Die korrosionsschützende Wirkung dieser Phosphatschicht beruht darauf, dass diese edler ist als der metallische Grundwerkstoff und dass sie eine Barriere gegenüber Wasser und korrosiven Ionen bildet. Durch den Zusatz von Mangan wird die chemische Stabilität der Konversionsschicht während eines Korrosionsvorgangs erhöht, während der Zusatz von Nickel die Lackhaftung der nachfolgenden kathodischen Tauchlackierung erheblich verbessert [186]. Heutige Konversionstechnologien sind kompatibel mit Mischbauweise aus verschiedenen Substraten wie Stahl, verzinkter Stahl, Aluminium- und Magnesiumlegierungen. Bei Werkstoffen aus Aluminium und Aluminiumlegierungen ist es notwendig Fluoridionen zuzusetzen, damit die Passivschicht der Metalloberfläche

Abb. 3.132 Rasterelektronenmikroskopaufnahmen einer Trikationen-Phosphatierung auf verzinkten Stahl (links), Dünnfilmvorbehandlung auf Stahl (rechts). (Quelle: Chemetall)

[17] Phosphate im Abwasser können zu einer Eutrophierung von Gewässern führen und Borate sind laut der ECHA als reprotoxisch klassifiziert.

(in der Regel Aluminiumoxid) besser in Lösung gehen kann. Je nach Abscheidebedingungen[18] weist die Konversionsschicht spezifische Massen von 0,5–4 g/m^2 auf [182].

Durch die dem Konversionsschritt nachgeschalteten Spülzonen werden Rückstände der Phosphatierlösung möglichst vollständig weggespült. Dieses ist für die nachfolgende kathodische Tauchlackierung notwendig, da Phosphatrückstände die Vernetzung dieser beeinflussen können.

Als Alternative zur Zinkphosphatierung, findet die sogenannte Dünnfilm- bzw. Dünnschichttechnologien [187] auch in der automobilen Serienlackierung immer mehr Anwendung. Dieses ist auf mehrere Faktoren zurückzuführen. So nimmt der Einsatz von Aluminiumlegierungen im Karosseriebau durch den Leichtbau immer mehr zu. Dieses führt jedoch zu deutlich mehr Kryolithschlamm im Phosphatierbad und damit zu einem erhöhten Aufwand für Prozesssteuerung, Badpflege, Anlagenreinigung und Entsorgung des Schlamms, welches letztendlich höhere Prozesskosten zur Folge hat. Ein weiter Faktor beruht in der Umweltgesetzgebung und Nachhaltigkeit, welche je nach Region und Standort die Vermeidung Nickel, Nitraten oder Phosphaten erfordert.

Die Dünnfilmtechnologien bestehen im Allgemeinen aus sauren, wässrigen und anorganischen Lösungen basierend auf Fluorometallaten der Übergangsmetalle. Dabei kommt vorwiegend Hexafluorozirkonsäure H_2ZrF_6 und/oder Hexafluorotitansäure H_2TiF_6 zum Einsatz, welche im sauren Bereich stabil sind und im Verlauf des Beschichtungsprozess destabilisiert werden, sodass eine wenige 10 nm dünne Übergangsmetalloxidschicht abgeschieden wird [187–191]. Der Korrosionsschutz wird dieser Metalloxidschicht zugeschrieben, welche sowohl als Barriere als auch haftvermittelnden Schicht fungiert. Weitere Bestandteile sind häufig anorganische und organische Additive. So wird durch das Zufügen von Cu das Überpotenzial der Filmabscheidung herabgesetzt [192, 193]. Durch die Additivierung von Silanen kann die Haftung zur nachfolgenden Lackschicht verbessert werden [194], weil organisch modifizierte Silane bzw. Siloxane ausgeprägte organophile Eigenschaften haben.

Dünnfilmtechnologie-Konversionsschichten besitzen Schichtdicken von wenigen 10 nm bis zu 100 nm, dieses entspricht einer Metallauflage von 1 bis 30 mg/m^2. Die Vorteile einer Dünnfilmtechnologie gegenüber einer Trikationenphosphatierung ergeben sich aus Einsparungen in den Prozesskosten, weil diese Vorbehandlung insgesamt weniger Zonen benötigt (weniger Spülbecken und Wegfall der Aktivierung) und sowohl der Verbrauch an Energie als auch an Wasser um bis zu 40 % reduziert werden kann.

3.7.1.2 Kathodische Tauchlackierung

Die der Vorbehandlung nachfolgende kathodische Tauchlackierung (KTL) hat sich als die Methode zum gleichmäßigen Applizieren einer nahezu defektfreien Korrosionsschutz-

[18] Die Abscheidebedingungen einer Phosphatierung hängen vom spezifischen Anlagendesign und den eingesetzten Technologien ab. Die pH-Werte des Phosphatierbades liegen üblicherweise zwischen 2,0 und 3,6, die Prozesstemperaturen zwischen 30 °C und 70 °C und die Tauchzeiten im Konversionsbad bei 3 bis 5 min.

beschichtung auf metallischen Substraten in der industriellen Massenfertigung etabliert. Dabei bildet die KTL zusammen mit der Vorbehandlung einen festen Verbund, welcher durch eine hohe Barrierewirkung sowie Adhäsion zum Substrat definiert ist [195]. Beide Eigenschaften sind Grundvoraussetzungen für einen hohen Korrosionsschutz. Durch das elektrochemische Lackierverfahren kann die Beschichtung gleichmäßig in alle Bereiche komplexer Objekte bis hin in Hohlräume aufgetragen werden und so eine geschlossenen Korrosionsschutzschicht auf der ganzen Karosserie erzeugen. Das Elektrotauchlackverfahren zeichnet sich durch seinen hohen Materialnutzungsgrad von > 98 % (mit Ultrafiltrationstechnik) und seiner Prozesssicherheit aus [180] und liefert somit einen hohen ökologischen und ökonomischen Standard, da es sich auch um wasserbasierte Lacktechnologie handelt.

Die KTL besteht aus einer wässrigen Komposition aus Bindemitteln (Harz), Additiven, Pigmenten und Extendern [180]. Die wichtigsten Bestandteile einer KTL-Dispersion sind modifizierte aromatische Epoxidharze, um optimalen Korrosionsschutz zu gewährleisten, säureneutralisierte Epoxy-Amin-Addukte, mit Alkoholen verkappte Isocyanate als Vernetzer. Die Bad-Zusammensetzung besteht aus circa 15–20 % Festkörper, der aus modifizierten organischen Harzen, Extendern und Pigmenten besteht.

Die KTL wird durch Gleichstrom abgeschieden. Dabei wird die Karosse in die Dispersion getaucht und durch ein langes Becken geführt. Die Karosse fungiert hier als Kathode wobei die Anoden (Gegenelektroden) neben und unterhalb des zu beschichteten Bauteils angeordnet sind. Durch eine kontinuierliche Umwälzung des Bades werden der stätige Materialnachschub und die Homogenität des Tauchlacks sichergestellt. Der Abscheideprozess findet je nach Prozessführung zwischen 200 V und 280 V statt, mit einer Beschichtungsdauer von ca. 2–4 min. Durch das Anlegen eines Gleichstroms gelangen die positiv geladenen Dispersionsteilchen des kathodischen Tauchlacks an die entgegengesetzt geladene Kathode und koagulieren dort in der diffusionskontrollierten Grenzschicht auf dem Substrat. Dieser Vorgang kann in vier Einzelschritte gegliedert werden (siehe Abb. 3.133):

1. Elektrolyse: Wasser wird elektrolytisch zersetzt, welches zu einer Alkalisierung in der diffusionskontrollierten Grenzschicht der Kathode mit pH-Werten > 10 führt

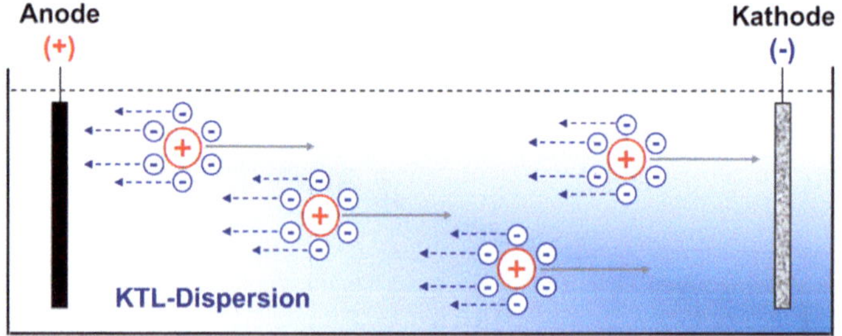

Abb. 3.133 Abscheideprinzip einer kathodischen Tauchlackierung. (Quelle: BASF)

2. Elektrophorese: Migration der Dispersionspartikel zur Kathode hin.
3. Koagulation: Die Dispersionspartikel werden von den in der diffusionskontrollierten Grenzschicht vorhandenen Hydroxylionen entladen, und scheiden sich auf dem Objekt ab.
4. Elektroosmose: Durch Elektroosmose wird das Wasser aus dem Film verdrängt und dieser dadurch verfestigt.

Nach der Abscheidung der KTL schließen sich ein Spülvorgang und das Einbrennen des Lackes in einem Durchlaufofen an. Je nach verwendeter Vernetzungstechnologie erfolgt das Einbrennen bei mindestens 160–190 °C Objekttemperatur für 15 min. Eingebrannte KTL-Schichten besitzen auf der Außenhaut eine Schichtdicke von 15–20 µm.

Die Abscheidung der KTL wird sowohl von der Zusammensetzung und Prozessparameter des Bades, dem angelegten elektrischen Feld als auch der Natur des metallischen Substrates bestimmt. Die Optimierung des Applikationsverhaltens bei gleichbleibender Schichtdicke, Verlauf und Appearance in einem Multisubstrataufbau, wie eine Automobilkarosse, stellt eine Herausforderung dar, welche durch moderne KTL-Technologien erfüllt werden kann. Neben dem Korrosionsschutz muss die KTL weiter Anforderung an Umgriff in Hohlräume, Kantenabdeckung und Flexibilität erfüllen. Weitere Entwicklungsschritte sind durch verschiedene Trends gegeben. Für die E-Mobilität bieten moderne KTL-Technologien breitere Einbrennfenster, damit die KTL auch für die Batteriekästen notwendigen verstärkten Metallstrukturen hinreichend vernetzt wird. Der Leitgedanke der Nachhaltigkeit erfordert schnellere Einbrennprozesse und eine Erniedrigung der Vernetzungstemperatur sowie eine weitere Reduktion der Emission organischer Bestandteile.

3.7.1.3 Füller

Nach der KTL folgt der Auftrag des Füllers mittels elektrostatischen Hochrotationsglocken im Spritzverfahren. Im Unterschied zur KTL, welche auf der ganzen Karosse abgeschieden wird, wird der Füller nur auf der Außenseite und in besonders exponierten Innenbereich wie im Einstiegsbereich der Karosse, dem Motor- oder Kofferraum appliziert.

Der Füller hat mehrere Aufgaben und Anforderungen zu erfüllen: Den Schutz vor Steinschlag, Korrosion und den Schutz der KTL vor UV-Strahlung. Der Füller gleicht Strukturen und die Textur des Untergrundes aus, welches für eine glatte Oberfläche und Brillanz der Lackierung erforderlich ist. Als Zwischenschicht zwischen KTL und Basislack (oder Decklack) muss der Füller einen effektiven Verbund zwischen diesen Schichten ausbilden, und ist somit von großer Bedeutung in Bezug auf die Benetzung und Haftung. Die Formulierung von Füllerrezepturen ist aufgrund dieser Multifunktionalität eine Herausforderung. Je nach Gegebenheit werden 1K- oder 2K-, wasser- oder lösemittelbasierte Technologien im Dünnschicht- oder Dickschichtaufbau verwendet. Heutzutage haben sich polyurethanmodifizierte Polyester in Kombination mit Epoxidharzen als Bindemittel für Füller etabliert, welche mit Vernetzern auf Melamin- oder verkappter Isocyanatbasis komplettiert werden [180]. Füller sind überwiegend Beschichtungsstoffe bei denen eine hohe Pigmentierung (Festkörper > 50 %) verwendet wird. Für die meisten Formulierungen liegen die Einbrennbedingungen bei Temperaturen von 140 °C bis 160 °C über einen Zeitraum von 15 min.

Die Schichtdicke eines Füllers beträgt je nach Technologie zwischen 20 µm und 45 µm. Dünnschichtige Füller mit einer Schichtdicke von ca. 20 µm werden eingesetzt, um Material und Kosten einzusparen. Um bei solch geringen Schichtdicken die mechanisch-technologischen Eigenschaften wie Steinschlagschutz zu erfüllen, werden für diese Technologien Bindemittel mit ausgeprägten Elastomereigenschaften verwendet.

Für den Schutz vor Steinschlägen spielt der Füller eine entscheidende Rolle. So wird bei einem Steinschlag die auf die Lackaufbau übertragende Energie vom Füller absorbiert und dissipiert, sodass die Delamination des Lacks oder Rissbildung verhindert wird [196].

3.7.1.4 Basislack

Als farbgebende Schicht hat der Basislack einen entscheidenden Einfluss auf das Erscheinungsbild eines Automobils. Die primären Anforderungen an einen Basislack sind die Farbe, Finish und die Effektgebung (z. B. Metallic-Effekte). Nach dem Auftragen und Einbrennen des Füllers werden die Basislack und Klarlack Schichten im Nass-in-nass-Verfahren mittels Lackierroboter in der Spritzapplikation aufgetragen. Nass-in-nass bedeutet, dass der Basislack nur kurz in einer Zwischentrocknungszone abgelüftet wird, bevor der Klarlack direkt auf den noch nicht eingebrannten Basislack aufgetragen wird.

Um den Nass-in-nass-Prozess zu ermöglichen, bestehen Basislacke aus schnell physikalisch trocknenden Bindemitteln. Diese werden mit Harzen kombiniert, die zur Vernetzung beitragen und plastifizierend Eigenschaften besitzen. Heutzutage werden vorwiegend wasserbasierte Technologien verwendet, welche aus Acrylat- und Polyurethandispersionenen bestehen. Zur Plastifizierung werden gesättigte Polyester oder Acrylatbindemittel in Kombination mit Melaminharzen verwendet.

Neben Farbpigmenten (z. B. Titandioxid (weiß), Ruß (schwarz) oder Cobaltaluminat (blau)) sind Effektpigmente und Rheologiemittel, zum Fixieren der Effektpigmente, elementare Bestandteile von Basislackrezepturen. Der Basislack ist die teuerste Schicht in der automobilen Serienlackierung. Basislacke bieten ein breites Farbspektrum und vielfältige Farbeffekte. Der Eindruck eines Automobils wird immer stark durch die Farbe und Farbeffekte bestimmt. Die brillanten Farben resultieren aus einer komplexen Lackformulierung mit vielen Hochleistungs- und Effektpigmenten. Die wichtigsten Effektstoffe sind plättchenförmigen Aluminiumpigmente, welche aus oberflächenmodifiziertem hochreinem Aluminium bestehen. Diese Aluminiumflakes haben laterale Dimensionen von 3 bis 25 µm und Dicke von 100 nm bis 2 µm. Die vom Betrachtungswinkel abhängige Effektgebung von Basislacken lässt sich in drei Kategorien unterteilen: (1) Metalleffektbeschichtungen mit einem Helligkeitsflop; (2) Perleffektbeschichtungen mit einem leicht changierenden Farbflop; und (3) Farbflopbeschichtungen mit einem starken Farbwechsel bei unterschiedlichen Betrachtungswinkeln zur lackierten Oberfläche. Diese Effekte werden durch zwei physikalische Mechanismen erzeugt. Dadurch dass sich die Effektpigmente parallel zur Oberfläche orientieren, entsteht ein vom Betrachtungswinkel abhängiger Helligkeitseindruck. Senkrecht zur Oberfläche ist aufgrund der hohen Lichtreflektion der Pigmentflächen die Helligkeit hoch. Unter streifenden Einfall sind die Lichtreflexion und somit auch die Helligkeit geringer. Für Basislacke mit einem Farbflop werden Interferenzeffektpigmente benötigt. Diese bestehen aus Plättchen mit ultradünnen Schichten aus verschiedenen Metalloxiden, welche durch einen unterschiedlichen Brechungsindex gekennzeichnet sind und zu Interferenzeffekten in Abhängigkeit der Wellenlänge sowie Winkel des einfallenden Lichtes führen. Neben Farb- und Effektpigmenten finden in modernen Basislacken auch transparente organische Hochleistungspigmente Anwendung. Alle eingesetzten Pigmente müssen UV- und thermisch stabil sein, um eine gleichbleibende Farbgebung während der gesamten Lebensdauer eines Fahrzeuges sicher zu stellen. Je nach Effektgebung, Technologie und aufgrund des geringen Festkörpers von Effektlacken, werden Basislacke in bis zu drei Schichten mittels elektrostatischen Hochrotationsglocken aufgetragen. Vollständig eingebrannt, besitzen Basislacke dann eine Schichtdicke von 10 µm bis 30 µm.

Vor der Applikation des Klarlacks durchläuft die Karosse für wenige Minuten eine kurze Zwischentrocknungsphase („Flash-off") bei Lufttemperaturen von 60 °C bis 80 °C.

Neue Mobilitätskonzepte wie autonomes Fahren stellen die Entwicklung von moderner Basislacktechnologien vor neuen Herausforderungen, da diese gleichzeitig auch auf die Wirkungsmechanismen der eingesetzten Sensortechnologien (LiDAR, RADAR) abgestimmt sein müssen.

3.7.1.5 Klarlack

Die Applikation des Klarlacks schließt die Serienlackierung ab. Dieser verleiht dem Automobil sein glänzendes Aussehen. Der Glanz wird durch die Transparenz, den Brechungsindex und die Oberflächenstruktur des Klarlacks bestimmt. Der Klarlack schützt aber auch den Lackaufbau vor Umwelteinflüssen (UV-Strahlung, saurer Regen), Chemikalien, Lösemitteln und vor mechanischen Belastungen.

Heutzutage werden 1K-, 2K- sowie lösemittelhaltige und wasserbasierte Technologien in der Serienfertigung verwendet. Als Bindemittel werden Polyurethan- oder Acrylatharze bzw. Dispersionen verwendet, welche mit Hydroxyl-, Carbamat- oder Epoxidgruppen funktionalisiert sind. Diese werden mit Melaminharzen (1K-Lacksystem) oder Polyisocyanataddukten (2K-Lacksystem) vernetzt. Um die Kratzfestigkeit von hochwertigen Klarlacken zu erhöhen, werden zusätzlich Silane als Covernetzer verwendet. Zusammen mit den getrockneten Basislack werden Klarlacke üblicherweise bei Temperaturen von bis zu 130–150 °C eingebrannt und Schichtdicken zwischen 40 µm und 50 µm eingestellt.

Um die Anforderungen an eine Lebensdauer von mehr als 10 Jahren zu erfüllen, muss der Lackaufbau gegen den Einfluss von UV-Licht geschützt werden. Daher werden in allen hochwertigen Klarlacken eine Kombination aus UV-Absorbern und Radikalfängern als Additive eingesetzt. Dadurch wird auch die Basislackschicht vor UV-Licht geschützt, wodurch die Langlebigkeit des Basislacks erhöht wird [197]. Neben der UV-Beständigkeit soll der Klarlack vor mechanischen Belastungen, wie Steinschlag oder Kratzer, schützen. Herausragend kratzfeste Klarlacke können durch hybride Technologien realisiert werden, die harte anorganische und weiche organische Domänen miteinander kombinieren [198].

3.7.1.6 Integrierte Prozesse

Die automobile Serienlackierung ist einer der energieintensivsten Prozessschritte in der Automobilfertigung. Um den Platzbedarf und die Betriebskosten der Serienfahrzeuglackierung zu reduzieren, wurden verkürzte, integrierte Prozessen eingeführt, bei denen der Füller und somit auch ein energieintensiver Einbrennschritt entfällt. Der gesamte Lackaufbau besteht dementsprechend aus der KTL, zwei wasserbasierte Basislackschichten und einem Klarlack: Die erste Basislackschicht kombiniert den gewünschten Farbton und Farbeffekt mit der Funktion eines Füllers. Die zweite Basislackschicht trägt mehr zur Farbeffektbildung bei. Durch integrierte Prozesse können sowohl der Energiebedarf als auch die CO_2-Emissionen um jeweils bis zu 20 % gesenkt werden [199].

3.7.2 Beschichtungen

Es gibt eine Vielzahl von Eigenschaften, die die Oberfläche eines Konstruktionselements beschreiben. Das Volumen eines Konstruktionselements wird durch andere Eigenschaften beschrieben. Beispielsweise ist die Festigkeit eine typische Volumeneigenschaft, eine typische Oberflächeneigenschaft ist die Rauheit.

Volumeneigenschaften sind meist Materialeigenschaften, während Oberflächeneigenschaften durch den Herstellprozess der Oberfläche beeinflusst werden. Oberflächeneigenschaften verändern sich auch relativ schnell durch Wechselwirkung mit der Umgebung. Das kann Oberflächenkorrosion, Einglättung im Einlauf oder auch Materialübertrag von einem Gegenkörper sein.

Im Folgenden sollen Möglichkeiten der Änderung bzw. Beeinflussung von Oberflächeneigenschaften durch Beschichtungen betrachtet werden. Aus der Vielzahl von verfügbaren Beschichtungen und Anwendungen kann nur ein kleiner Teil betrachtet werden. Insbesondere werden tribologische Systeme betrachtet. Hier sind Beschichtungslösungen bereits gut etabliert. Nicht betrachtet werden galvanisch aufgebrachte Beschichtungen, die z. B. als Hartchrom zum Verschleißschutz und insbesondere zum Korrosionsschutz eingesetzt werden.

In mechanischen Systemen stehen die Komponenten häufig unter Last in einem dynamisch veränderlichen Kontakt. Ein sehr einfaches Beispiel wäre eine mit variierender Geschwindigkeit rotierende Welle in einem Gleitlager; siehe Abb. 3.134.

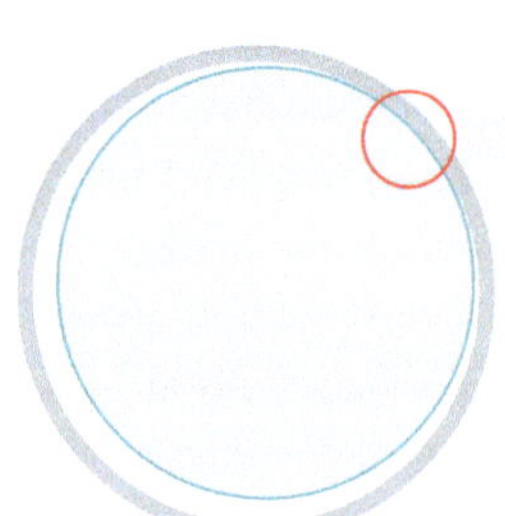

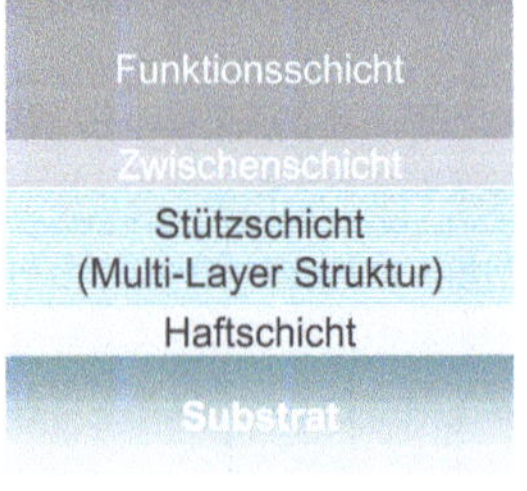

Abb. 3.134 Beispiel eines mehrlagigen Schichtaufbaus (schematisch), Copyright © Oerlikon Surface Solutions AG

Für einen sicheren Betrieb ist eine geeignete Dimensionierung erforderlich. Weiterhin sind der Belastung entsprechende Materialien für Körper und Gegenkörper sowie gegebenenfalls ein Zwischenmedium zu wählen. Das Zwischenmedium ist meist ein Schmierstoff. Vielfach wird die Funktion des Systems von Oberflächeneffekten begrenzt. Beispielsweise kann es zu Materialanhaftung bis hin zum Kaltverschweißen kommen oder auch zu einem Oberflächenverschleiß mit Materialabtrag. Hier sind vor allem die Rauheit, die Materialpaarung und der Schmierzustand zu betrachten [200, 201].

Durch eine Beschichtung können die Oberflächeneigenschaften verändert werden. In den meisten Fällen werden durch eine Beschichtung die Oberflächenhärte und die Adhäsionsneigung beeinflusst. Dadurch ergibt sich dann die gewünschte Erhöhung der Verschleißbeständigkeit oder auch die Reduzierung der Reibung. Andere Eigenschaften können ebenfalls beeinflusst werden. Verbreitet sind Beschichtungen aus Keramiken oder Kohlenstoff. Keramiken sind meist Nitride, Oxide oder auch Karbide.

3.7.2.1 Arten von Beschichtungen

Etwa seit Beginn der 1980er-Jahre werden dünne Beschichtungen aus Keramiken oder Kohlenstoff industriell verwendet. Zur Herstellung wurden und werden PVD- bzw. PECVD-Verfahren eingesetzt. PVD steht für Physical Vapor Deposition, PECVD für Plasma Enhanced Chemical Vapor Deposition.

Die Keramiken sind Metallnitride oder auch Metalloxide. Keramiken und Metallkarbide sind in der Regel nano- oder mikrokristallin. Kohlenstoffschichten sind amorph. Die Schichten haben eine höhere Härte als das Grundmaterial und werden daher auch vielfach als Hartstoffschichten bezeichnet. Zu den ersten industriell verfügbaren Hartstoffschichten gehört das goldfarbene Titannitrid mit einer Härte H_{it} [202] von 30 GPa oder ca. 3000 HV [203].

Dickere Schichten, die mit Thermal Spray aufgebracht werden, können aus einer Vielzahl weiterer Beschichtungsmaterialien bestehen wie z. B. Metallen oder Gemischen aus unterschiedlichen Materialien.

Je nach Herstellverfahren und Schichtmaterial liegen die Schichtdicken im Bereich von wenigen Mikrometern für PVD- und PECVD-Schichten und einigen hundert Mikrometern für Thermal-Spray-Schichten. Bisweilen werden auch die noch dickeren Schichten, die mit Auftragsschweißen aufgebracht werden, dazu gezählt. Damit lassen sich auch Millimeterschichten realisieren. Als Schichten mit einer Schichtdicke von null oder fast null könnte man das Ergebnis von Diffusionsverfahren wie z. B. Nitrieren betrachten. Eine schematische Darstellung bietet Abb. 3.135 [204–210].

Galvanisch aufgebrachte Schichten werden hier nicht betrachtet. Die Schichtdicken sind typischerweise einige zehn Mikrometer. Die Schichtmaterialien sind in der Regel Metalle. Ein bekanntes Beispiel wäre Hartchrom.

Auch wenn Beschichtungen in vielen Fällen Vorteile bieten und die Leistungsfähigkeit von mechanischen Systemen beachtlich steigern können, können Beschichtungen nicht alle Probleme gleichzeitig lösen.

Abb. 3.135 Arten von Beschichtungen (schematisch), Copyright © Oerlikon Surface Solutions AG

Beispielsweise bieten dünne Beschichtungen keinen vollkommenen Schutz vor Korrosion. Die mit üblichen Beschichtungsverfahren zu noch vertretbaren Kosten aufgebrachten Beschichtungen weisen in der Regel kleine und kleinste Defekte auf, durch die ein korrosives Medium an den Grundkörper gelangen kann. Das führt zu einer Schädigung „unter der Beschichtung".

Auch wenn Beschichtungen einen sehr geringen Reibwert im trockenen Gegenkörperkontakt aufweisen, können Sie eine Schmierung, beispielsweise mit Öl, in den meisten Fällen nicht ersetzen. Ein wesentlicher Aspekt hierbei ist, dass Beschichtungen keine Wärme aus dem Reibkontakt abführen können. Zum Aufrechterhalten einer Notlaufeigenschaft für kurzeitigen Trockenlauf sind sie jedoch hervorragend geeignet.

Beschichtungen werden vielfach wegen ihrer Verschleißschutzeigenschaften gewählt. Bei rauem Einsatz mit rauem Körper und/oder Gegenkörper bringt die hohe Härte der Beschichtung nur einen geringen Vorteil. Die Schutzwirkung wirkt am besten, wenn der Verschleiß durch Adhäsion und damit verbundenem Materialübertrag erzeugt wird. Schutz vor abrasiven Medien wie z. B. Partikeln in einem Trägermedium funktioniert am besten, wenn die Abmessung abrasiver Medien in der gleichen Größenordnung wie die Schichtdicke liegt. Ist der abrasive Körper wesentlich größer, wird die Hartstoffschicht einfach „durchgedrückt".

Letztlich gibt es auch verfahrensbedingte Grenzen für den Einsatz von Beschichtungen. Dazu gehört beispielsweise die Prozesstemperatur im Beschichtungsprozess. Auch lassen sich „ungünstige Geometrien" wie tiefe Bohrungen, Nuten oder verdeckte Oberflächen nicht oder nur bedingt beschichten.

Abb. 3.136 zeigt in einem schematischen Überblick typische Schichtdicken bzw. Schichtdickenbereiche und Beschichtungstemperaturen für unterschiedliche Beschichtungsverfahren. Die grau hinterlegten Verfahren „Ion Implant" und „Electroplating" werden hier nicht betrachtet. Die Abkürzungen stehen für Chemical Vapor Deposition

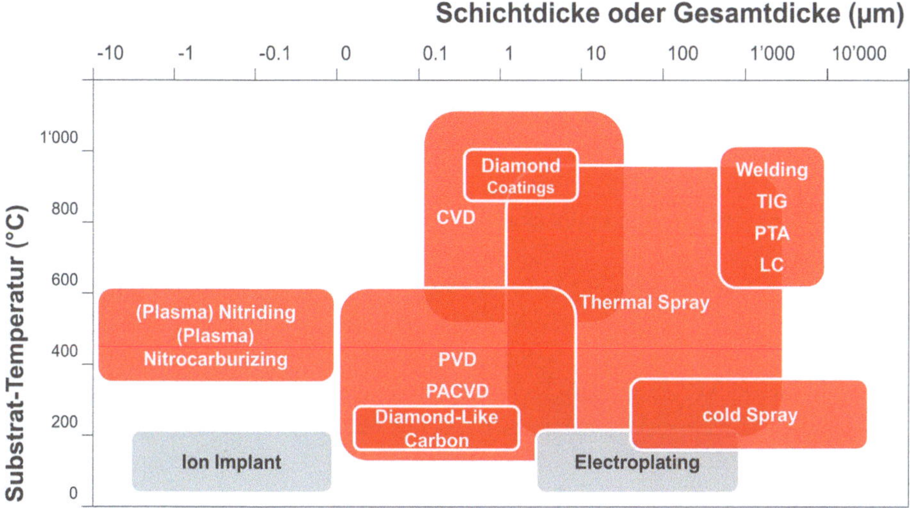

Abb. 3.136 Typische Schichtdicken und Beschichtungstemperaturen unterschiedlicher Beschichtungsverfahren, Copyright © Oerlikon Surface Solutions AG

(CVD), Physical Vapor Deposition (PVD), Plasma Assisted CVD (PACVD) (synonym für Plasma Enhanced CVD (PECVD)), Tungsten Inert Gas (TIG), Plasma Transferred Arc (PTA) und Laser Cladding (LC).

3.7.2.2 Keramische Hartstoffschichten

Metallnitride und Metalloxide oder in geringerem Umfang auch Metallkarbide bilden die Gruppe der keramischen Hartstoffschichten. Keramische Hartstoffschichten weisen eine hohe Härte und eine hohe Temperaturbeständigkeit auf. Sie eignen sich hervorragend als Hartstoffschichten auf Werkzeugen. AlCrN-basierte Schichten oder TiAlN- bzw. AlTiN-basierte Schichten sind besonders verbreitet [204, 211, 212].

Keramische Hartstoffschichten sind in der Regel mikro- oder nanokristallin. Das führt zu einem schlechten Einlaufverhalten und auch zu einem höheren Gegenkörperschleiß. Diese Beschichtungen sind daher weniger geeignet, wenn Sie in einem dauerhaften Kontakt zu einem Gegenkörper stehen. Ohne Gegenkörperkontakt lässt sich die hohe Temperaturbeständigkeit und Stabilität gegen Abrasionsverschleiß nutzen. Anwendungen finden sich beispielsweise im Abgastrakt von Fahrzeugen mit Verbrennungsmotor.

CrN gehört ebenfalls zu den keramischen Hartstoffschichten, zeigt aber einen moderaten bis niedrigen Gegenkörperverschleiß. In geschmiertem Zustand ist der Reibwert niedrig. Anwendungen sind beispielsweise Beschichtungen für Kolbenringe.

Mit Thermal Spray hergestellte keramische Hartstoffschichten haben eine Dicke von einigen hundert Mikrometern. Sie finden beispielsweise als Thermal Barrier Coatings (TBC) Anwendung. Anwendungen sind u. a. Zylinderlaufbahnbeschichtung in Leichtmetallmotorblöcken oder auch Thermal Swing Coatings für den Brennraum [213, 214].

3.7.2.3 Kohlenstoffschichten

Kohlenstoff verfügt über einzigartige Materialeigenschaften. Kohlenstoff kann als relativ weicher Grafit oder als härtester Diamant vorkommen. Kohlenstoff hat eine sehr geringe Adhäsion zu Metallen, insbesondere zu Eisenwerkstoffen. Hohe Härte und geringe Adhäsionsneigung führen dazu, dass (harte) Kohlenstoffschichten sehr verschleißbeständig sind und auch eine geringe Reibung im Trockenlauf aufweisen. Kohlenstoffschichten sind überwiegend amorph. Daraus ergibt sich das gute Einlaufverhalten und damit auch ein geringer Gegenkörperverschleiß [215, 216].

Auch wenn viele Kohlenstoffschichten im Vergleich zu Diamant eher weich und in der Regel dunkel bis schwarz sind, ist die Bezeichnung Diamond Like Carbon oder kurz DLC für amorphe Kohlenstoffschichten gebräuchlich.

DLC ist eine recht weit gefasste Sammelbezeichnung für amorphen Kohlenstoff. Stark vereinfacht ist DLC eine Mischung aus Bereichen mit diamantartiger sp3-Bindung und grafitartiger sp2-Bindung des Kohlenstoffs; siehe Abb. 3.137. Weiterhin wird unterschieden, ob das DLC wasserstofffrei oder wasserstoffhaltig ist. DLC kann metallische oder nichtmetallische Elemente enthalten. Die Nomenklatur ist in VDI 2840 [217] oder ISO 20523 [218] beschrieben; siehe hierzu Tab. 3.25.

Eine der herausragenden Eigenschaften von Kohlenstoff ist die sehr geringe Adhäsionsneigung zu Metallen. Das führt allerdings auch dazu, dass Kohlenstoffschichten nur bedingt auf metallischen Oberflächen haften. In der Beschichtungstechnik wird die notwendige Haftung durch eine Haftschicht erreicht. Als Haftschichten werden Karbidbildner wie Chrom oder Titan, aber auch andere Metalle und Halbmetalle wie Wolfram, Zirkon oder Silizium verwendet. Chrom beispielsweise haftet sehr gut auf den meisten Metallen und insbesondere auf Eisenwerkstoffen. Während des Beschichtungsprozesses kann durch kontinuierlich zunehmende Zugabe von Kohlenstoff ein Gradient von Metall zu Karbid erzeugt werden. Eine Kohlenstoffschicht haftet sehr gut auf einem Karbid. Damit ist der Übergang vom Metall über das Metallkarbid zum Kohlenstoff erreicht. Die Zugabe von Kohlenstoff erfolgt in der Regel durch ein kohlenstoffhaltiges Pre-Cursor-Gas wie Methan oder Ethin (Acetylen).

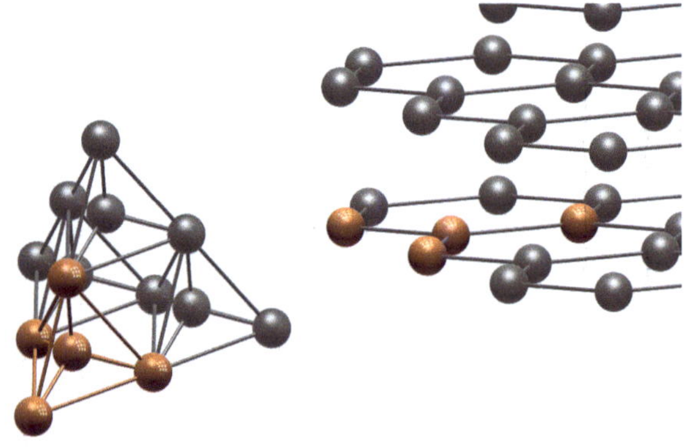

Abb. 3.137 Grafit- (rechts oben) und Diamantstruktur (links unten) (schematisch), Copyright © Oerlikon Surface Solutions AG

Tab. 3.25 Nomenklatur für kohlenstoffbasierte Beschichtungen in Anlehnung an ISO 20523 [198] [226]

	Amorphe Kohlenstoffschichten (diamond-like carbon films/DLC)						
Dotierung weitere Elemente	Wasserstofffrei			Wasserstoffhaltig			
			Modifiziert			Modifiziert	
			mit Metall			mit Metall	mit Nichtmetall
Vorherrschender C-C Bindungstyp	sp^2	sp^3	sp^2	sp^2	sp^3	sp^2	sp^2
Bezeichnung	Wasserstofffreier amorpher Kohlenstofffilm	Tetragonaler wasserstofffreier amorpher Kohlenstofffilm	Metallhaltiger wasserstofffreier amorpher Kohlenstofffilm	Wasserstoffhaltiger amorpher Kohlenstofffilm	Tetragonaler wasserstoffhaltiger amorpher Kohlenstofffilm	Metallhaltiger wasserstoffhaltiger amorpher Kohlenstofffilm	Modifizierter wasserstoffhaltiger amorpher Kohlenstofffilm
Kurzname	a-C	ta-C	a-C:Me (Me = W, Ti …)	a-C:H	ta-C:H	a-C:H:Me (Me = W, Ti …)	a-C:H:X (X = Si, O, N, F, B …)

Kohlenstoffschichten sind weitgehend inert, d. h., sie gehen kaum chemische Reaktionen ein. Eine für die Fahrzeugtechnik bedeutsame Ausnahme ist die Reaktion mit dem Additiv MoDTC (Molybdän-Dithio-Carbamate) [219]. Kohlenstoffschichten können aber auch durch einen chemischen Angriff auf die Haftschicht zerstört werden. Hierbei sind vor allem korrosive Medien zu nennen, die durch Öffnungen in der Kohlenstoffschicht bis zur Haftschicht oder gar zum Substrat vordringen können.

Die vielleicht bedeutsamste Beschränkung der Einsatzmöglichkeit von Kohlenstoffschichten ist die maximale Einsatztemperatur. Die Diamantstruktur in einer DLC Schicht wandelt sich bei hinreichend hohen Temperaturen in die energetisch günstigere Grafitstruktur um. Der Vorgang wird häufig als Grafitisierung bezeichnet. Eine grafitisierte Schicht verliert deutlich an Härte und damit an Widerstandsfähigkeit gegen Verschleiß. Die Schicht wird sehr schnell abgerieben. Die maximale Einsatztemperatur liegt je nach Schichttyp und Herstellverfahren zwischen 300 und 450 °C [220].

In der automobilen Anwendung am meisten verbreitet sind wasserstoffhaltige metallfreie Kohlenstoffschichten oder wasserstoffhaltige Kohlenstoffschichten mit Metallen – hier in der Regel Wolfram [221]. a-C:H-W Schichten werden überwiegend mit reaktivem Sputtern hergestellt, a-C:H mit PECVD. Typische Eigenschaften sind in Tab. 3.26 zusammengefasst.

3.7.2.4 Spritzschichten

Der Werkstoff für das Ausgangsmaterial kann aus einem einzelnen metallischen Element bestehen. In der Regel handelt es sich jedoch um eine Legierung, einen Verbundwerkstoff, eine Keramik oder ein Gemisch, aus denen sich eine Oberfläche mit physikalischen Eigenschaften ergibt, die nur durch thermisches Spritzen erreicht werden können. Es besteht eine große Vielzahl an Kombinationsmöglichkeiten von Grundwerkstoffen mit Schichtwerkstoffen.

Die nachstehende Aufzählung gibt einen groben Überblick über eingesetzte Werkstoffe. Es ist anzumerken, dass teilweise die Materialien, teilweise die Haupteigenschaften oder sogar die Anwendungen genannt sind [208].

- Metalle, Legierungen, Verbundwerkstoffe, Gemische
- MCrAlYs
- selbstfließend, selbstverschweißend
- Karbide

Tab. 3.26 Typische Eigenschaften von a-C:H und a-C:H:W [222]

	a-C:H	a-C:H:W
Härte (GPa)	18–25	10–15
Farbe	Schwarz	Anthrazit
Reibung (trocken gegen Stahl)	0.1	0.1–0.2
Maximale Anwendungstemperatur (°C)	300	300

- Oxidkeramikwerkstoffe
- Metallkeramik
- Verbundstoffe und Gemische aus Metallen, Keramiken, Kunststoffen und weiteren Zusatzstoffen
- Hilfsstoffe

Rohstoffknappheit und damit verbundene Verteuerung zwingen die Industrie dazu, wertvolle Werkstoffe gezielt zur Erzeugung hochwertiger Oberflächen einzusetzen, die die benötigten Eigenschaften gegenüber dem einfachen Grundwerkstoff haben.

Durch die Flexibilität des Thermischen Spritzens bestehen vielfältige Möglichkeiten für die Reparatur hochwertiger verschlissener Teile. Die geringen Reparaturkosten und die relativ kurzen Ausfallzeiten sind gravierende Vorteile gegenüber anderen Instandsetzungsverfahren.

3.7.2.5 Schichtarchitektur

Aktuelle Beschichtungslösungen sind mehr als eine dünne Schicht, die auf ein Substrat aufgebracht wurde. Es werden vielfach komplexe Schichtsysteme verwendet, um den gewünschten Effekt zu erzielen.

Die Notwendigkeit, eine komplexe Schichtarchitektur zu wählen, ergibt sich aus der meist nur geringen Kompatibilität der Schicht- und der Substrateigenschaften. Beispielsweise sind dünne Hartstoffschichten in der Regel wesentlich härter als das Substratmaterial. Schichten haben häufig hohe innere Spannungen und ein zum Substrat deutlich unterschiedliches E-Modul. Unter Belastung kann das zu Spannungsfeldern im Schichtsystem führen, das zur Schädigung der Schicht und/oder des Substrats führen kann. Insbesondere bei Scherbelastung versagen manche Schichtsysteme bei vergleichsweise niedrigen Belastungen.

Der hier beschriebene Effekt wird häufig anschaulich als Eierschaleneffekt beschrieben. Eine harte Eierschale bricht leicht, weil der „Unterbau" zu weich und nachgiebig ist.

Zusätzliche Schichten in einem Schichtsystem können die Funktionsschicht schützen. Die zusätzlich eingebrachten Schichten haben eine meist geringere Härte und unterschiedliches E-Modul. Der Begriff Stützschicht ist weit verbreitet. Ein Beispiel für eine a-C:H-Schicht mit Stützschicht auf Chromnitridbasis zeigt Abb. 3.138.

Ein Schichtsystem ist häufig als Gradient oder als Multilayer aufgebaut. Weitere Ausprägungen sind denkbar. Die schematische Darstellung in Abb. 3.139 orientiert sich an DIN 4855 [223]. Es werden Einzelschichten, Gradientenschichten und Multilayer unterschieden.

Eine Einzelschicht besteht nur aus einem Material mit homogenen Eigenschaften. Bei der Gradientenschicht ändert sich wenigstens eine Schichteigenschaft kontinuierlich von einem Wert zu einem anderen. Das kann das Material oder die chemische Verbindung, aber auch eine Eigenschaft wie z. B. die Härte sein. Mehrfachgradienten sind möglich. Bei Multilayern werden abwechselnd unterschiedliche Einzelschichten aufgebracht. Bei zwei Einzelschichten A und B muss in der Folge $(A\ B)^n A$ $n \geq 1$ sein. Einzelschichten können einphasig

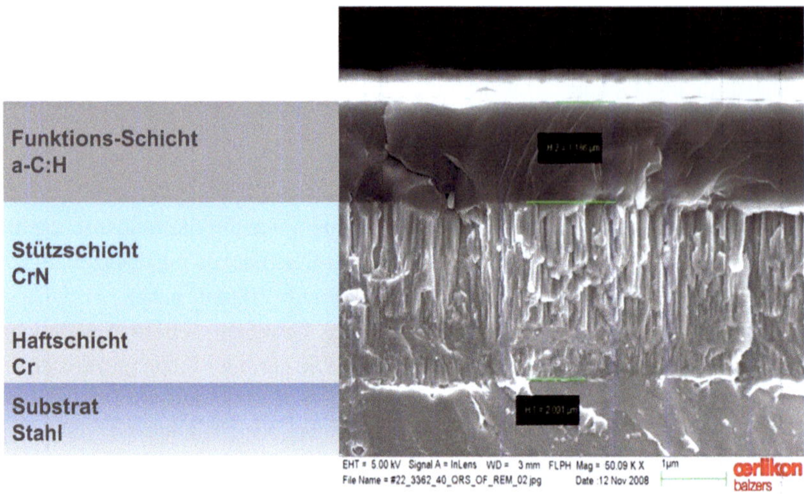

Abb. 3.138 Schichtaufbau einer industriell eingesetzten Kohlenstoffschicht mit Stützschicht (Oerlikon Balzers Balinit® DLC Star), Copyright © Oerlikon Surface Solutions AG

Abb. 3.139 Elemente eines Schichtsystems (schematisch) in Anlehnung an DIN 4855 [223], Copyright © Oerlikon Surface Solutions AG

homogen sein oder auch mehrphasig. Im zweiten Fall kann beispielsweise in eine homogene Grundmatrix des einen Materials Cluster eines zweiten Materials eingelagert sein.

3.7.2.6 Herstellverfahren

Dünne Schichten mit Schichtdicken typischerweise im Bereich von 0,5 bis 10 Mikrometern werden meist mit PVD- oder CVD/PECVD-Verfahren unter Vakuum hergestellt

[204–206, 210]. Eine schematische Darstellung gibt Abb. 3.140; Abb. 3.141 und 3.142 zeigen industrielle Beschichtungsanlagen.

PVD steht für Physical Vapour Depositon oder physikalische Gasphasenabscheidung. Beim PVD-Verfahren liegt das Schichtmaterial bereits als Feststoff vor. Es wird mit physikalischen Methoden in die Gasphase überführt und schlägt sich dann auf einem Bauteil oder allgemeiner einem Substrat nieder. Im einfachsten Fall wird das Material erhitzt bis es bei hinreichend hoher Temperatur verdampft. Das Aufheizen kann z. B. mit einem Elektronenstrahl durchgeführt werden. Man spricht dann von Elektronenstrahlverdampfen. Verbreitete Verfahren sind

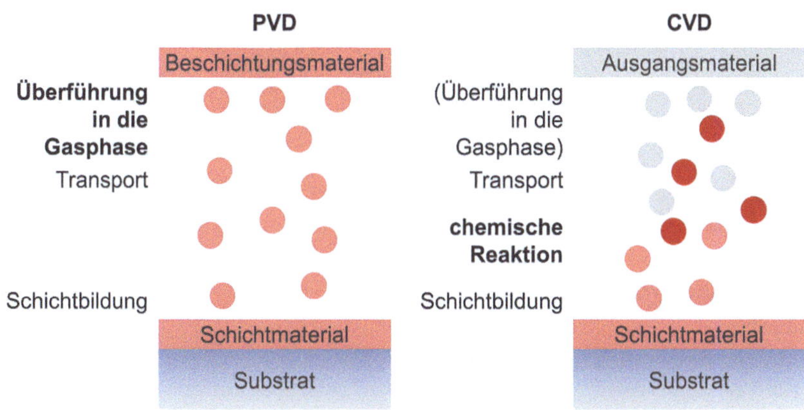

Abb. 3.140 PVD und CVD (schematisch), Copyright © Oerlikon Surface Solutions AG

Abb. 3.141 Moderne Beschichtungsanlagen (hier eine PVD/PECVD-Anlage bei Oerlikon Balzers) können für viele verschiedene Schichten eingesetzt werden; Copyright © Oerlikon Surface Solutions AG

Abb. 3.142 Moderne Beschichtungsanlagen (hier eine PVD-Anlage von Oerlikon Balzers) können für viele verschiedene Schichten eingesetzt werden; Copyright © Oerlikon Surface Solutions AG

- Elektronenstrahlverdampfen
- Sputtern
- Lichtbogenverdampfen (Arc-Verdampfen)

Beim Elektronenstrahlverdampfen wird ein Elektronenstrahl mit einigen tausend Volt Beschleunigungsspannung und Stromstärken im Amperebereich auf das Beschichtungsmaterial gerichtet. Das Beschichtungsmaterial wird erhitzt, schmilzt und verdampft. Vorteile des Verfahrens sind die hohe erreichbare Beschichtungsrate und die hohe Reinheit des Materials, da der gesamte Beschichtungsprozess im Hochvakuum stattfindet. Nachteilig ist, dass nicht alle Materialien eine Schmelze bilden, ohne sich zu zersetzen. Der schwerwiegendste Nachteil ist, dass die Energie der verdampften Teilchen im Bereich von nur einigen Zehnteln Elektronenvolt liegt. Die aufwachsende Schicht ist meist von geringer Dichte und zeigt eine deutliche innere Struktur.

Beim Sputtern wird eine Spannung angelegt zwischen einer als Kathode geschaltetem Platte aus Beschichtungsmaterial, dem Target, und einer Anode, üblicherweise der Wand der Prozesskammer. Die Ionen aus der entstehenden Gasentladung prallen auf die Kathode und lösen Atome oder Moleküle des Beschichtungsmaterials aus; siehe hierzu Abb. 3.143. Sputtern benötigt ein Arbeitsgas für das Plasma der Gasentladung. Auch beim Sputtern können nur Materialien verwendet werden, die chemisch hinreichend stabil sind. Die meisten der aus der Kathode herausgelösten Teilchen sind neutral; nur ein geringer Anteil ist ionisiert. Zusätzlich gibt es aber auch noch Ionen des Arbeitsgases. Durch Anlegen einer Spannung an die zu beschichtenden Bauteile lassen sich die Ionen beschleunigen. Die höhere mittlere Energie der auftreffenden Teilchen erlaubt eine dichtere Schicht.

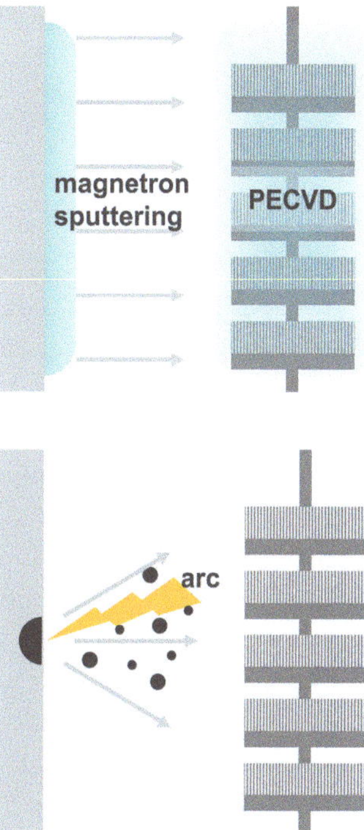

Abb. 3.143 PVD (Magnetron Sputtering) und PECVD (schematisch), Copyright © Oerlikon Surface Solutions AG

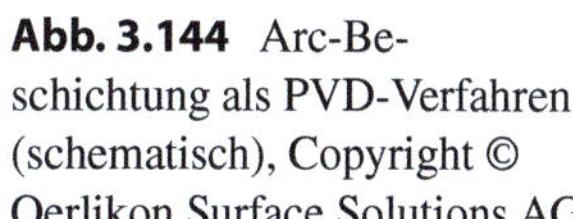

Abb. 3.144 Arc-Beschichtung als PVD-Verfahren (schematisch), Copyright © Oerlikon Surface Solutions AG

Das kathodische Lichtbogenverdampfen oder vielfach auch nur Arc-Verdampfen genannte Verfahren hat ähnlich wie beim Sputtern eine Kathode aus dem Beschichtungsmaterial. Es wird mit einer hinreichend hohen Spannung ein Lichtbogen gezündet, der sich über die Kathode bewegt und dabei lokal Beschichtungsmaterial aufschmilzt. Das verdampfende Beschichtungsmaterial wird im Lichtbogen ionisiert und lässt sich mit einer an die zu beschichtenden Bauteile angelegten Spannung beschleunigen; siehe hierzu auch Abb. 3.144. Die hohe Energie der auftreffenden Teilchen erlaubt die Bildung von sehr dichten Schichten. Der große Nachteil ist die Bildung von Makropartikeln oder Droplets, die im Bereich des Schmelzsees am Lichtbogenfußpunkt auf der Kathodenoberfläche entstehen. Diese Partikel in der Größenordnung von einigen zehn Nanometern bis zu einigen Mikrometern werden in die aufwachsende Schicht eingebaut und erzeugen eine erhebliche Oberflächenrauheit.

Von den hier kurz skizzierten Beschichtungsverfahren gibt es viele Varianten. Bei allen Verfahren besteht die Möglichkeit, ein Reaktivgas zu verwenden, um chemische Verbindungen zu erzeugen. Hierbei ist vor allem die Verwendung von Stickstoff oder Sauerstoff zu nennen, die aus metallischem Beschichtungsmaterial Nitride oder Oxide entstehen lassen.

CVD steht für Chemical Vapour Deposition oder chemische Gasphasenabscheidung. Bei einem CVD-Verfahren beginnt der Prozess mit einem oder mehreren gasförmigen Ausgangsmaterialien, die vom gewünschten Schichtmaterial verschieden sind. Erst im Beschichtungsprozess bildet sich an der Oberfläche des Bauteils das gewünschte Schichtmaterial. CVD-Verfahren benötigen meist eine relativ hohe Temperatur von mehreren

Hundert Grad, um die chemische Reaktion(en) zu initiieren. Die Temperatur kann deutlich abgesenkt werden, wenn die chemische Reaktion über einen Plasmaprozess initiiert wird. Man spricht dann von einem PECVD oder PACVD Verfahren, wobei PE für Plasma Enhanced und PA für Plasma Assisted steht; siehe hierzu auch Abb. 3.143.

PVD- und PECVD-Verfahren können auch kombiniert eingesetzt werden. Metallische Haftschichten werden in der Regel mit PVD-Verfahren wie z. B. Sputtern aufgebracht. Eine darauf folgende a-C:H-Schicht wird mit PECVD hergestellt.

Dicke Schichten werden in den meisten Fällen mit thermischem Spritzen aufgebracht. Die Grundidee des thermischen Spritzens besteht darin, dass ein Ausgangsmaterial bis zum Schmelzen erhitzt wird und dann von einem Gasstrahl auf das zu beschichtende Werkstück geschleudert wird [224].

Abb. 3.145 zeigt schematisch die Beschichtung mit thermischem Spritzen. Die wesentlichen Elemente sind die Zuführung von Trägergas, Energie und einem Spritzwerkstoff, dem Beschichtungsmaterial. Der Spritzstrahl wird auf das vorbereitete Werkstück gerichtet, das sich relativ zum „Brenner" bewegt. Auf der Oberfläche bildet sich eine Schicht.

Als Ausgangsmaterial sind Metalle, Legierungen, Karbide, Keramiken oder auch Gemische hiervon denkbar. Über die Prozessführung, insbesondere die Eigenschaften des Gasstrahls, lassen sich die Schichteigenschaften steuern. Unterschiedliche Verfahren sind selten alternativ zu sehen; in der Regel ergänzen sie sich, um die gewünschte Schicht herstellen zu können. Bei allen thermischen Spritzverfahren muss die thermische und die kinetische Energie betrachtet werden. Die thermische Energie wird für das vollständige oder teilweise Aufschmelzen benötigt. Die kinetische Energie steckt in der Geschwindigkeit der aufgeschmolzenen Partikel. Die kinetische Energie beeinflusst maßgeblich die Dichte der Schicht und die Haftfestigkeit.

Unter dem Begriff „Thermisches Spritzen" sind unterschiedliche Spritzverfahren zusammengefasst. Sie werden entsprechend DIN EN ISO 14917 [225] unterteilt nach der Art des Spritzzusatzwerkstoffes, der Fertigung oder des Energieträgers. Die nachstehende Tab. 3.27 zeigt die wichtigsten Parameter der am häufigsten eingesetzten Varianten des thermischen Spritzens.

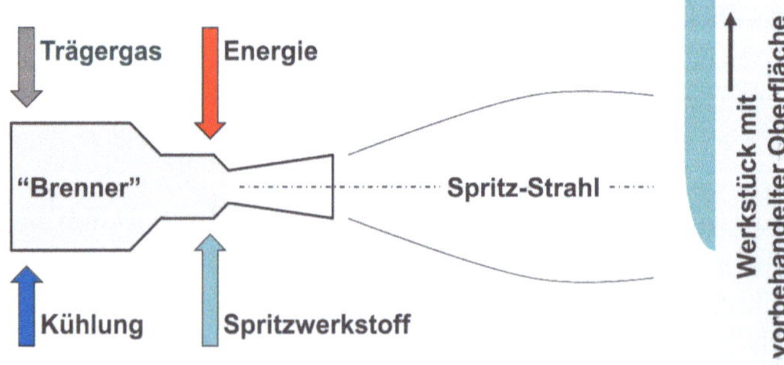

Abb. 3.145 schematische Darstellung „Thermisches Spritzen", Copyright © Oerlikon Surface Solutions AG

Tab. 3.27 vergleichende Übersicht über Thermal-Spray-Verfahren. (In Anlehnung an [226])

Atmosphärisches Plasmaspritzverfahren (APS)		
Ein schnell strömendes Prozessgas wird in einem Lichtbogen teilweise ionisiert und bildet damit ein Plasma. Ein pulverförmiges Ausgangsmaterial wird in den Plasmastrahl eingebracht, schmilzt dort und wird auf die Werkstückoberfläche geschleudert.	• Sehr flexibel und gut steuerbar • Genügend Energie, um jedes schmelzbare Material zu schmelzen • Großserientauglich	• Wärmequelle: Lichtbogen • Ausgangsmaterial: Pulver oder Draht (Keramiken, Metalle, Legierungen, Gemische und andere) • Plasmatemperatur: ca. 16.000 °C • Partikelgeschwindigkeit: bis zu 450 m/s • Auftragsrate: 1–15 kg/h
Hochgeschwindigkeits-Flammspritzen (HVOF)		
Ein Brennstoff und Sauerstoff bilden ein brennbares Gemisch, das in einer Brennkammer verbrennt. In den aus der Brennkammer austretenden Abgasstrom wird das Ausgangsmaterial mit einem Trägergas wie z. B. Stickstoff zugemischt. Das Material schmilzt und wird auf die Werkstoffoberfläche geschleudert.	• Sehr gleichmäßige, harte und dichte Beschichtungen • Sehr gute Haftung	• Wärmequelle: Verbrennung • Ausgangsmaterial: Pulver oder Draht (Metall, Legierungen, Karbid-Metall-Verbundwerkstoffe) • Flammentemperatur: ca. 2800 °C • Partikelgeschwindigkeit: 400 bis 800 m/s • Auftragsrate: 1–15 kg/h
Lichtbogenspritzen		
Druckluft als schnell strömendes Prozessgas wird in einem Lichtbogen teilweise ionisiert und bildet damit ein Plasma. Das Ausgangsmaterial bildet als Drahtspitze die Elektroden der Lichtbogenentladung. Das Material der kontinuierlich abschmelzenden Drahtspitzen wird auf die Werkstoffoberfläche geschleudert.	• Kostengünstig • Sehr hohe Auftragsraten	• Wärmequelle: Lichtbogen • Ausgangsmaterial: solide oder heterogene Metalldrähte • Lichtbogentemperatur: ca. 4000 °C • Partikelgeschwindigkeit: ca. 40–150 m/s • Auftragsrate: 1–40 kg/h
Drahtflammspritzen		
Das Ausgangsmaterial wird in Drahtform kontinuierlich einer Brenngas-Sauerstoff-Flamme zugeführt. Brenngase sind meist Propylen, Propan oder Azetylen; Druckluft dient als Hilfsgas. Die in der Flamme abschmelzenden Partikel werden auf die Werkstückoberfläche geschleudert.	• Niedrige Investitionskosten für die Ausrüstung • Hohe Auftragsraten bei geringem Brenngasverbrauch	• Wärmequelle: Verbrennung • Ausgangsmaterial: Draht (Metall) • Flammentemperatur: ca. 3100 °C • Partikelgeschwindigkeit: bis zu 200 m/s • Auftragsrate: 1–40 kg/h

(Fortsetzung)

Tab. 3.27 (Fortsetzung)

Pulverflammspritzen		
Das Ausgangsmaterial wird in Pulverform kontinuierlich einer Brenngas-Sauerstoff-Flamme zugeführt. Brenngase sind meist Propylen, Propan oder Azetylen; Druckluft dient als Hilfsgas. Die in der Flamme abschmelzenden Partikel werden auf die Werkstückoberfläche geschleudert.	• Niedrige Investitionskosten für die Ausrüstung • Größere Flexibilität bei der Wahl der Ausgangsmaterialien im Vergleich zum Drahtflammspritzen	• Wärmequelle: Verbrennung • Material: Pulver (Metalle, Legierungen, Metallgemische oder Keramiken) • Flammentemperatur: max. 3100 °C • Partikelgeschwindigkeit: bis zu 50 m/s • Auftragsrate: 2–9 kg/h
Spritzen in kontrollierter Atmosphäre		
Verfahrensablauf ist ähnlich wie beim atmosphärischen Plasmaspritzverfahren, aber in einer abgeschlossenen Kammer mit definiertem Hintergrundgas oder Vakuum.	• Sehr reine und vor allem sauerstofffreie Beschichtungen • Auch für hochschmelzende Metalle geeignet • Großserientauglich	• Wärmequelle: Lichtbogen • Ausgangsmaterial: Pulver (Metalle, Keramiken) • Lichtbogentemperatur: ca. 16.000 °C • Partikelgeschwindigkeit: 200–400 m/s • Auftragsrate: 2–6 kg/h

3.7.2.7 Tribologie

Tribologie ist die Wissenschaft und Technik von aufeinander einwirkenden Oberflächen in Relativbewegung. Sie umfasst das Gesamtgebiet von Reibung und Verschleiß, einschließlich Schmierung, und schließt entsprechende Grenzflächenwechselwirkungen sowohl zwischen Festkörpern als auch zwischen Festkörpern und Flüssigkeiten oder Gasen ein. Diese Definition folgt der Erläuterung der Gesellschaft für Tribologie e. V. [227].

Der Einfachheit halber soll zunächst ein tribologisches System ohne Schmierung betrachtet werden. Die wesentlichen Effekte, die zu Reibung und Verschleiß führen, lassen sich vereinfacht auf jeweils vier Haupteffekte zurückführen; siehe hierzu Abb. 3.146 und 3.147.

Sowohl bei Reibung als auch bei Verschleiß spielt Adhäsion eine besondere Rolle. Die zentrale Aufgabe einer Beschichtung besteht demnach auch darin, die Adhäsion zu verringern. Kohlenstoff als Beschichtungsmaterial erfüllt diese Anforderung in besonderer Weise. Kohlenstoff haftet auf allen Metallen und insbesondere auf Eisenmaterialien sehr schlecht. Daraus ergibt sich beispielsweise die Verwendung von Grafit als Festschmierstoff.

Kohlenstoffschichten hoher Härte als Diamond-Like Carbon (DLC) reduzieren weiterhin auch noch die Abrasion und können damit den Verschleiß weiter reduzieren.

Die übrigen Effekte sind eher makroskopisch und damit nur durch die Materialeigenschaften von Körper und Gegenkörper bestimmt. Bei manchen Effekten kommt es auf die Größenordnung an. Beispielsweise wirkt eine Hartstoffschicht sehr gut gegen Abrasionsverschleiß, wenn die abrasiven Partikel in derselben Größenordnung wie die Schichtdicke liegen. Ein Beispiel wäre ein Partikel in der Größenordnung von ein paar Mikrometern im Vergleich zu einem millimetergroßen Partikel, der die Hartstoffschicht einfach durchdrückt.

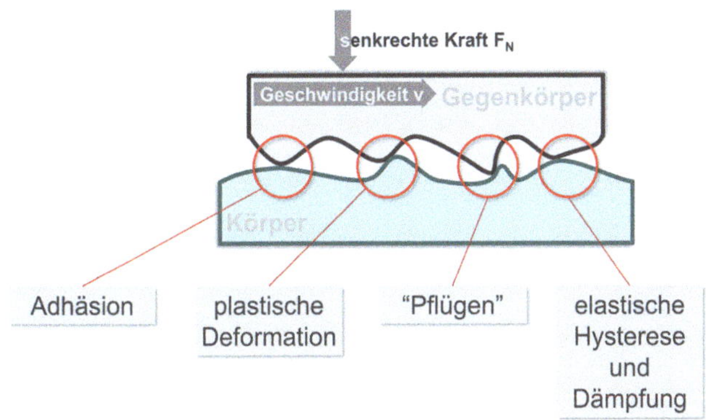

Abb. 3.146 Wichtige Effekte bei der Reibung (schematisch), Copyright © Oerlikon Surface Solutions AG

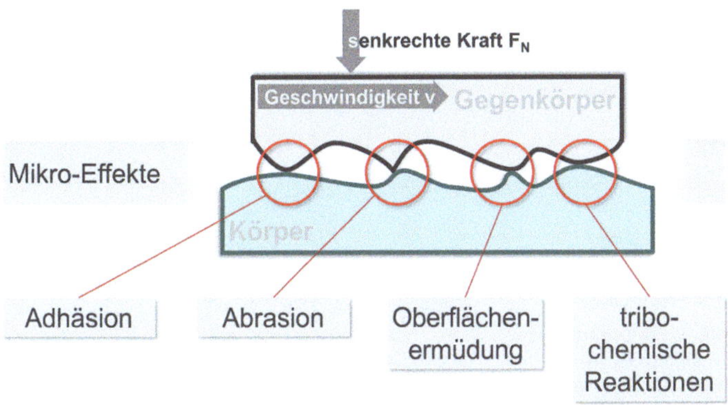

Abb. 3.147 Wichtige Effekte beim Verschleiß (schematisch), Copyright © Oerlikon Surface Solutions AG

Hohe Härte einer Beschichtung vermag den Verschleiß zu reduzieren. Hohe Härte kann aber auch zu einer Schädigung des Gegenkörpers führen. Üblicherweise zeigen technische Oberflächen eine gewisse Rauheit. Bei relativ weichen Materialien können sich Körper und Gegenkörper im Rahmen des Einlaufs gegenseitig einglätten. Ist nun eine Oberfläche mit einer harten Verschleißschutzschicht geschützt, wird sich deren Rauheit erhalten. Ist die Rauheit groß genug, wird der Gegenkörper geschädigt.

Kohlenstoffschichten zeigen hier eine bemerkenswerte Fähigkeit zum Einlauf. Ursache hierfür ist, dass Kohlenstoffschichten unter hohem Druck und hoher lokaler Temperatur im Reibkontakt grafitisieren. Die grafitisierten Spitzen im Rauheitsprofil sind so weich, das sie einglätten. Damit sinken die maximale Flächenbelastung und damit auch die Temperatur. Es findet keine weitere Grafitisierung mehr statt. Ein erwünschter Nebeneffekt ist, das der abgeriebene Grafit sich als Transferschicht auf dem Gegenkörper ablagert und dort eine Feststoffschmierschicht bildet. Siehe hierzu die schematischen Darstellungen in Abb. 3.148, 3.149 und 3.150

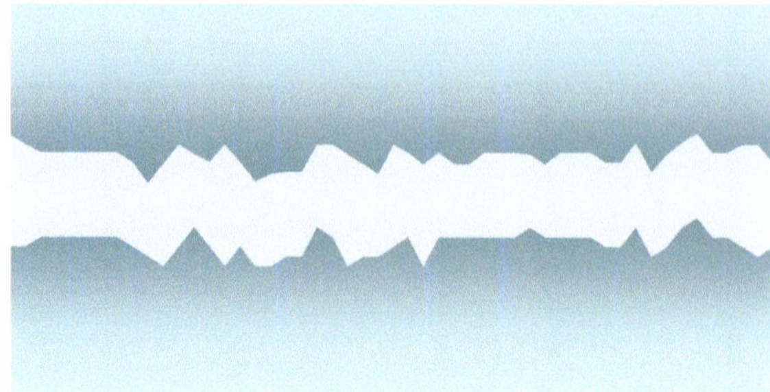

Abb. 3.148 Unbeschichteter Körper und unbeschichteter Gegenkörper im Erstkontakt (schematisch), Copyright © Oerlikon Surface Solutions AG

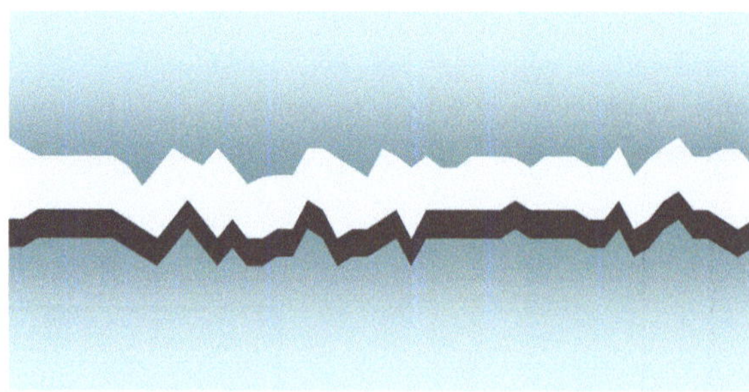

Abb. 3.149 Beschichteter Körper und unbeschichteter Gegenkörper im Erstkontakt (schematisch); die Beschichtung bildet die Oberflächenstruktur nach, Copyright © Oerlikon Surface Solutions AG

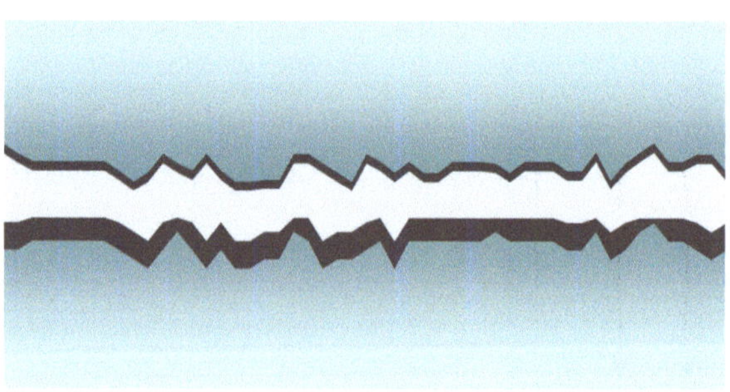

Abb. 3.150 Beschichteter Körper und unbeschichteter Gegenkörper nach dem Einlauf; die Rauspitzen des Körpers sind eingeglättet und auf dem Gegenkörper gibt es eine Transferschicht, Copyright © Oerlikon Surface Solutions AG

In geschmierten Systemen ist die Schmierfilmdicke zu berücksichtigen. Die Stribeck-Kurve [200, 228] beschreibt den Reibwert in Abhängigkeit von der Relativgeschwindigkeit von Körper und Gegenkörper: Dabei geht insbesondere die Schmierfilmdicke ein. Bei geringen Geschwindigkeiten sind Körper und Gegenkörper weitgehend in Kontakt; die Schmierfilmdicke ist geringer als die Rauhöhe. Mit zunehmender Geschwindigkeit wächst die Schmierfilmdicke an, bis sie schließlich größer ist als die Rauhöhe. Körper und Gegenkörper sind vollständig getrennt und nur die interne Reibung im Schmiermittel bestimmt den Reibungskoeffizienten.

In der üblichen (schematisierten) Darstellung der Stribeck-Kurve wie in Abb. 3.151 sind die Bereiche Grenzreibung (boundary lubrication), Mischreibung (mixed lubrication) und Vollschmierung (full lubrication) dargestellt. Eine Beschichtung ist in erster Näherung nur in den Bereichen Grenz- und Mischreibung wirksam, wenn Körper und Gegenkörper in Kontakt sind. Im Bereich der Vollschmierung wird die Reibung in erster Nähe-

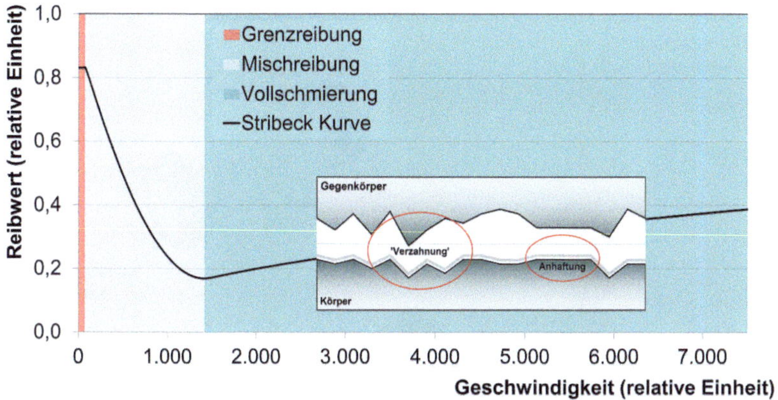

Abb. 3.151 Stribeck-Kurve (schematisch), Copyright © Oerlikon Surface Solutions AG

rung nur durch die Eigenschaften des Schmiermittels bestimmt. Nur der Vollständigkeit halber sei angemerkt, dass es auch hier einen Effekt durch Beschichtungen gibt.

Die Stribeck-Kurve zeigt den Reibungskoeffizienten. Von größerer Bedeutung ist in den meisten Fällen der Reibungsverlust. Der Reibungsverlust ist Reibkraft mal Geschwindigkeit oder Normalkraft mal Reibungskoeffizient mal Geschwindigkeit. Der hohe Reibungskoeffizient im Bereich der Mischreibung ist vielfach mit geringer Geschwindigkeit verbunden. Der Reibverlust ist daher auch relativ gering. Unter Vollschmierung ist die Situation umgekehrt. Eine optimale Strategie zur Verringerung von Reibverlusten hat das zu berücksichtigen.

3.7.3 Oberflächenlösungen für Fahrzeuge mit Verbrennungsantrieb

Abb. 3.152 gibt einen groben und bei weitem nicht vollständigen Überblick über Bereiche in denen Beschichtungen zum Einsatz kommen.

Beschichtung von Kolbenbolzen in „right-sized engines“

Der Kolbenbolzen verbindet in einem Verbrennungsmotor den Pleuel mit dem Kolben. Pleuel und Kurbelwelle setzen die Auf- und Ab-Bewegung des Kolbens in eine Drehbewegung der Kurbelwelle um; siehe Abb. 3.153 und 3.154. Damit wird der Kolbenbolzen mit dem gesamten Verbrennungsdruck beaufschlagt. Das Lager lässt sich nur bedingt kühlen. Die Schmierung ist relativ schwierig, und insbesondere bei hocheffizienten Motoren mit Schmiermittelmanagement und geplanter Mangelschmierung kann das Lager zeitweise trocken laufen.

Die Beschichtung des Kolbenbolzens mit einer kohlenstoffbasierten Beschichtung verhindert Fressen durch die Notlaufeigenschaften der Beschichtung. Die hohe Härte der Be-

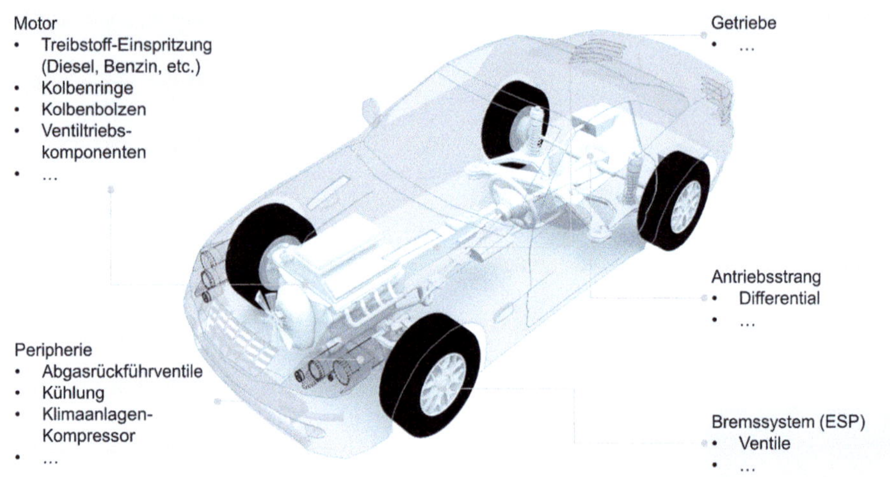

Abb. 3.152 Beschichtungen in Fahrzeugen. (In Anlehnung an [229]), Copyright © Oerlikon Surface Solutions AG

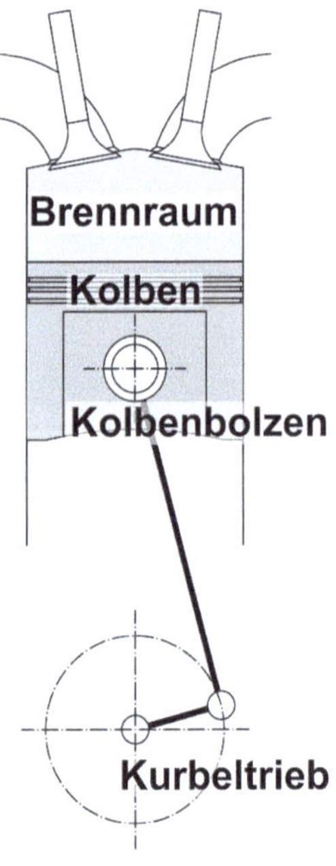

Abb. 3.153 Kolbentrieb (schematisch), Copyright © Oerlikon Surface Solutions AG

schichtung erlaubt es außerdem, auf die üblicherweise verwendete Buntmetallbuchse im Kolben zu verzichten. Das bietet zusätzliche Freiheiten in der Auslegung des Lagers.

Eine direkte Reibungsreduktion ist kaum anzunehmen, da die Relativgeschwindigkeit von Kolbenbolzen und Lager im Kolben bzw. Pleuel klein ist. Die Reibleistung ist dem-

Abb. 3.154 Kolbenbolzen im Kolben (Illustration), Copyright © Oerlikon Surface Solutions AG

nach auch gering. Es gibt allerdings sekundäre Effekte wie Losbrechmoment oder das Nicken des Kolbens, die verringert werden. Dadurch lässt sich neben der Verschleißreduktion im Einzelfall auch eine Verlustreduzierung ausweisen.

Beschichtung von Komponenten der Kraftstoffdirekteinspritzung

Flüssige Kraftstoffe wie Benzin oder Diesel verbrennen nur langsam und unvollständig. Idealerweise müssten die Kraftstoffe für die Verwendung in einem Verbrennungsmotor zuerst verdampft werden. Der gasförmige Brennstoff kann sich sehr gut mit dem ebenfalls gasförmigen Oxidationsmittel Luft vermischen und brennt schnell, relativ rückstandsfrei und effektiv.

Ein vollständiges Verdampfen ist im technischen Ablauf in einem Verbrennungsmotor kaum möglich. Ein feines Zerstäuben führt zu sehr kleinen Tröpfchen des Treibstoffs mit großer Oberfläche, die zumindest in guter Näherung als gasförmig betrachtet werden können. Bei der Kraftstoffdirekteinspritzung wird Benzin oder Diesel mit hohem Druck direkt in die Brennkammer eingespritzt. Neben dem Zerstäubungseffekt gibt es eine Reihe von zusätzlichen Möglichkeiten, die Verbrennung optimal zu gestalten. Als Beispiel sei die Aufteilung der Gesamtmenge an Treibstoff in Teilmengen genannt [230].

„Direct Injection Diesel" oder Direkteinspritzung bei Dieselmotoren

Für den Einsatz von Dieselmotoren in Personenkraftwagen ist die Common-Rail-Technik mit Einspritzdrücken von mehr als 2000 bis 2500 bar weit verbreitet [231]. Zu den wesentlichen Elementen eines Common-Rail-Systems gehört

- eine Bereitstellungsleitung mit Treibstoff unter hohem Druck, der common-rail;
- eine Hochdruckpumpe, die die common-rail mit dem Treibstoff unter hohem Druck versorgt;
- pro Zylinder ein Einlassventil, das den Treibstoff aus der common-rail in der vorgesehenen Menge in den Brennraum einlässt; das Einlassventil kann die Gesamtmenge in Teilmengen aufteilen.

Die Aufteilung der Gesamtmenge erlaubt es, eine Vor-(oder Pilot-)Einspritzung einzusetzen. Die Voreinspritzmenge verbrennt sehr schnell und heizt das Gasvolumen im Brennraum auf. Dadurch wird u. a. der raue Lauf des Dieselmotors weitgehend vermieden.

Mit der Aufteilung der Haupteinspritzung kann eine Reduzierung des Spitzendrucks erreicht werden. Das senkt das Geräusch und die mechanische Belastung des Motors. Eine Nacheinspritzung erhöht die Verbrennungsendtemperatur und erhöht damit die Abgastemperatur. Das erlaubt es, den Dieselpartikelfilter zu regenerieren.

Vor allem die Komponenten in der Hochdruckpumpe und im Einlassventil laufen bei hoher Pressung und werden nur mit Diesel geschmiert. Ohne eine Beschichtung kommt es vielfach zu Verschleiß und damit zu einer deutlich reduzierten Lebensdauer der Komponenten. DLC-Beschichtungen gelten mittlerweile als Standard, um den Verschleiß zu reduzieren. Die Komponenten in den Einlassventilen erfahren zusätzlich zu hoher Pressung und Mangelschmierung auch noch eine thermische Belastung, da die Einspritzdüsen in den Brennraum hineinragen.

„Gazoline Direct Injection" oder Direkteinspritzung bei Benzinmotoren
Bei Benzinmotoren für Personenkraftwagen treten ähnliche Probleme und vergleichbare Lösungen auf [232]. Der Einspritzdruck ist allerdings mit ca. 300 bar, bei neueren Entwicklungen auch deutlich höher, weit geringer als der Einspritzdruck im Dieselbereich. Dem steht entgegen, dass Benzin im Vergleich zu Diesel noch deutlich schlechtere Schmiereigenschaften aufweist.

Thermal Swing Coatings für den Brennraum
Thermische Verluste begrenzen den Wirkungsgrad eines Verbrennungsmotors. Ein Beispiel ist der Wärmefluss aus dem heißen Gas im Brennraum nach der Zündung zu den relativ kühlen Wänden des Brennraums. Dafür entscheidend ist die Wärmeleitfähigkeit [233] des Materials des Brennraums. Weiterhin ist die Wärmekapazität [234] von Bedeutung.

Genau genommen müsste auch der Wärmeübergangskoeffizient [235] berücksichtigt werden; im Interesse einer vereinfachten Darstellung soll der Wärmeübergangskoeffizient als konstant und damit für die weitere Betrachtung vernachlässigbar betrachtet werden.

Während des Ansaugtakts ist eine heiße Wand der Brennkammer von Nachteil, weil damit vor der Kompression bereits eine Temperaturerhöhung der angesaugten bzw. eingeblasenen Luft stattfindet. Idealerweise sollte die Wand also der Temperatur des Gases in der Brennkammer folgen. Das lässt sich durch eine Beschichtung realisieren, die thermisch isolierend wirkt, ohne Wärme zu speichern. Diese Anforderungen bedeuten geringe Wärmeleitfähigkeit bei gleichzeitig geringer Wärmekapazität [213, 236–238].

Eine Wärmedämmschicht, englisch Thermal Barrier Coating (TBC), als Thermal Spray Coating hat eine Wärmeleitfähigkeit von λ kleiner als 1 W/(m K) [239]. Die Wärmekapazität sollte unter 10 J/(kg K) liegen. Werte kleiner als 100 J/(kg K) werden beschrieben [237]. Als Material wird u. a. yttriumstabilisiertes Zirconium(IV)-oxid (YSZ) verwendet [240]. Die Wärmeleitfähigkeit λ für Stahl 42CrMo4 beträgt 42 W/(m K) [233], die Wärmekapazität liegt bei 470 J/(kg K) [234, 241].

Beschichtung von Turboladerkomponenten

Turbolader wie in Abb. 3.155 skizziert haben eine Antriebseite, die Turbine, und die Verdichterseite. Die Turbine wird durch die heißen Abgase angetrieben; der Bereich ist in der Abbildung rot markiert. Die Turbine ihrerseits treibt das Verdichterrad an, das kalte Außenluft verdichtet und in die Brennkammer treibt; der Bereich ist in der Abbildung blau markiert [243, 244].

Die Temperaturen auf der Abgasseite überschreiten bei mit Benzin betriebenen Verbrennungsmotoren 1000 °C. Es werden hochtemperaturfeste Materialien benötigt. Weiterhin müssen die Materialien stabil sein gegen Abrasion durch Partikel im Abgasstrom und gegen Heißgaskorrosion. Idealerweise sollte auch eine Reduktion der Reibung möglich sein.

Beschichtungen können diese Anforderungen ganz oder teilweise erfüllen. Darüber hinaus können teure und/oder aufwändig zu bearbeitende Materialien durch günstigere Materialien mit einer Beschichtung ersetzt werden.

Stabil gegen Abrasion und/oder Heißgaskorrosion ist beispielsweise mit Arc-Verdampfung hergestelltes Aluminiumchromoxid (AlCrO). Ebenfalls geeignet ist Aluminumchromnitrid (AlCrN). AlCrN wird bei Überschreiten der maximalen Anwendungstemperatur von 1000 °C lediglich aufoxidiert und hat dann als AlCrO ähnliche Eigen-

Abb. 3.155 Turbolader (schematisch) [242]

schaften. Die Beschichtung wird beispielsweise auf Flügel in einem VTG-Turbolader eingesetzt. Die Wastegate-Flap wird vielfach aus Inconel hergestellt. Alternativ lässt sich ein 1.4841 Stahl mit einer AlCrN-Beschichtung verwenden.

Sowohl auf der Zuluft- und der Abgasseite werden in zunehmendem Maß Einlaufschichten mittels atmosphärischem Plasmaspritzen oder Flammspritzen aufgebracht. Diese Beschichtungen sind ausreichend weich und werden bei Kontakt mit dem Turboladerrad abgerieben, ohne sich abzulösen. Die entstehende Vertiefung bildet eine Labyrinthdichtung, die verhindert, dass Luft oder Abgas am Turboladerrad vorbeiströmt. Die Verbrauchseinsparungen liegen im Bereich von 1–3 %.

Zylinderlaufbahnbeschichtung

In einem Graugusszylinderblock laufen die (Aluminium-)Kolben bzw. Kolbenringe stabil gegen eine Laufbahn aus Grauguss. Ein Leichtmetallzylinderblock, beispielsweise aus einer Aluminiumlegierung, ist als Laufbahn zu weich. Es gibt die Möglichkeit, das ursprüngliche tribologische System durch den Einsatz von Graugussbuchsen in dem Leichtmetallmotorblock wieder herzustellen. Alternativ kann die Laufbahn mit einer Beschichtung von einigen Zehntel Millimetern Dicke versehen werden. In neueren Anwendungen wird diese Laufbahnbeschichtung mit Thermal Spray aufgebracht.

Als Beschichtungsmaterial wird meist ein eisenbasierter Werkstoff verwendet. Die Wahl des Materials, die durch das Beschichtungsverfahren eingestellte Morphologie und die Nachbearbeitung nach dem Beschichtungsprozess erlauben eine Feinabstimmung des tribologischen Systems. Beispielsweise lässt sich eine Reibungsreduktion durch eine leichte Porosität der Beschichtung erreichen; in den Poren entsteht ein Schmierstoffreservoir. Der Verschleiß ebenso wie der Wärmeübergang lässt sich durch die Materialwahl beeinflussen.

Im nachfolgenden Beispiel wird die Laufbahnbeschichtung mit SUMEbore, einer Beschichtungslösung von Oerlikon Metco [245, 246], skizziert; siehe auch Abb. 3.156.

- Vorbereitung und Oberflächenaktivierung
  Der Bohrungsdurchmesser wird entsprechend der im Endzustand angestrebten Schichtdicken vergrößert. Es ist eine Rauheit von $R_a < 4$ µm für die anschließende Oberflächenaktivierung vorzusehen. Die zu beschichtende Oberfläche muss aktiviert, das heißt aufgeraut werden, um für die mechanische Verhakung der Schicht eine Oberflächenstruktur zu erzeugen. Das Korundstrahlen ist das am häufigsten eingesetzte Verfahren.
- Beschichtung und Materialien
  Bei der SUMEBore-APS-Beschichtung kommt bei Motorblöcken ein rotierender Plasmabrenner zum Einsatz. Es handelt sich um pulverbasierte APS-Brenner. Der Hauptvorteil der Verwendung von Pulver anstelle von Draht ist die nahezu unbegrenzte Materialvielfalt. Die Zusammensetzungen reichen von niedrig legiertem Kohlenstoff-

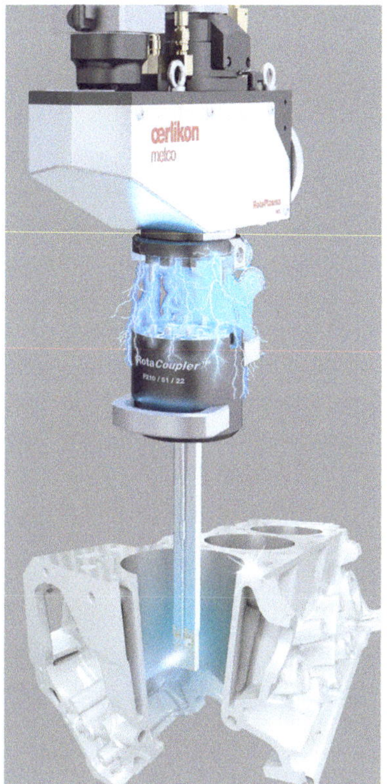

Abb. 3.156 Zylinderlaufbahnbeschichtung [246], Copyright © Oerlikon Surface Solutions AG

stahl über Metall- Matrix-Verbundwerkstoffe (MMCs) bis hin zu reinen Keramiken. Auch ist die Zugabe von Festschmierstoffen leicht möglich wie MoS_2, WS_2 oder ZnO.

- Endbearbeitung
  Die Endbearbeitung der Plasmaschicht erfolgt durch Honen mit Diamantleisten. Beim Honen muss sichergestellt werden, dass die angeschnittenen Poren der Plasmaschicht nicht zugeschmiert werden, da diese für das Ölrückhaltevolumen verantwortlich sind.

3.7.4 Neue Ansätze für die E-Mobilität

Elektrofahrzeuge zeigen deutliche Unterschiede zu konventionellen, mit Verbrennungsmotor angetriebenen Fahrzeugen. Die neuen Herausforderungen lassen sich aus Sicht eines Beschichters grob gliedern in

- neue Anforderungen an bestehende Aggregate
- neue Systeme mit bekannten Eigenschaften
- spezifische Neuentwicklungen

3.7.4.1 Neue Anforderungen an bestehende Aggregate und neue Systeme mit bekannten Eigenschaften

- Elektromotoren haben ein erhebliches Drehmoment bei niedrigen Drehzahlen. Im Differenzial führt dies zu Verschleiß bzw. zum Fressen. Eine verschleißreduzierende Beschichtung ist eine mögliche und relativ kostengünstige Lösung.
- Elektromotoren lassen sich kleiner, leichter und kostengünstiger bauen, wenn sie mit hohen Drehzahlen laufen; es gibt aktuell Systeme mit bis zu 50.000 rpm. Dies führt zu einer Geräuschentwicklung im Reduktionsgetriebe in einem als sehr unangenehm empfunden Frequenzbereich. Eine Beschichtung zur Vermeidung des stick-slip-effects ist eine Lösung.
- Die Traktionsbatterie des Fahrzeugs sollte beim Laden und beim Entladen in einem gewissen Temperaturfenster arbeiten. Das erfordert eine Heizung der Batterie, z. B. bei niedrigen Außentemperaturen, oder eine Kühlung im Hochlastbetrieb. Es ist zweckmäßig die verschiedenen Quellen und Senken für thermische Energie in einem Fahrzeug in einem „integrated thermal management" zusammenzufassen. In der dafür notwendigen Wärmepumpe sind Beschichtungen hilfreich, die auf das verwendete Kühlmittel abgestimmt sind.

3.7.4.2 Spezifische Neuentwicklungen

Aktuell werden batterieelektrisch betriebene Fahrzeuge, englisch BEVs (Battery Electric Vehicle); mit Lithiumionenbatterien ausgerüstet. Lithiumionenbatterien wurden in den 1970er-Jahren erstmals betrachtet und in den Folgejahren stetig weiterentwickelt. Von besonderer Bedeutung für die Elektromobilität ist die relativ hohe spezifische Energiedichte und die Möglichkeit der Schnellladung [247, 248].

In einer Lithium-Ionen-Batterie wie in Abb. 3.157 skizziert bewegen sich Lithiumionen im Entladungszyklus von einer negativen Elektrode, beispielsweise aus Kohlenstoff/Grafit, durch einen Elektrolyten zu einer positiven Elektrode, beispielsweise aus einem Metalloxid. Die Elektronen fließen entsprechend von der negativen Elektrode durch einen Verbraucher zur positiven Elektrode. Im Ladungszyklus bewegen sich die Lithiumionen entsprechend in umgekehrter Richtung.

Zur weiteren Erhöhung der spezifischen Energiedichte, aber auch zur Einsparung von wertvollen Rohstoffen, können beide Elektroden mit PVD Beschichtungsverfahren aufgebracht werden. Unmittelbare Vorteile sind die geringere Dicke der aktiven Schichten, die höhere Reinheit des Materials und nicht zuletzt die Möglichkeit, auch den Flüssigelektrolyten durch einen Feststoffelektrolyten zu ersetzen. Im Bereich der sogenannten Thin Film Lithium Batteries (TFLBs), wie sie in elektronischen Geräten eingesetzt werden, ist dieser Aufbau bereits etabliert [249].

Eine Herausforderung für All Solid State Thin Film Lithium Batteries ist die Notwendigkeit, große Flächen mit PVD-Verfahren zu beschichten. Abgeleitet von Anlagen zur aktuellen Batterie-Herstellung [250] ist ein Ausstoß von wenigstens einem Quadratmeter pro Sekunde anzunehmen [251–253].

Für mobile Anwendungen werden PEM-Brennstoffzellen diskutiert. Abb. 3.158 zeigt den schematischen Aufbau. PEM steht für das zentrale Element der Brennstoffzelle, den

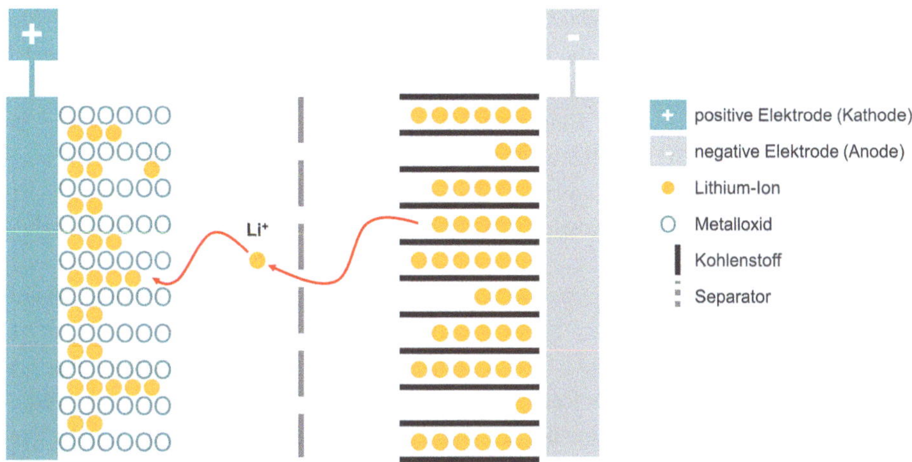

Abb. 3.157 Schematische Darstellung einer Lithiumionenbatterie, hier im Entladungszyklus, Copyright © Oerlikon Surface Solutions AG

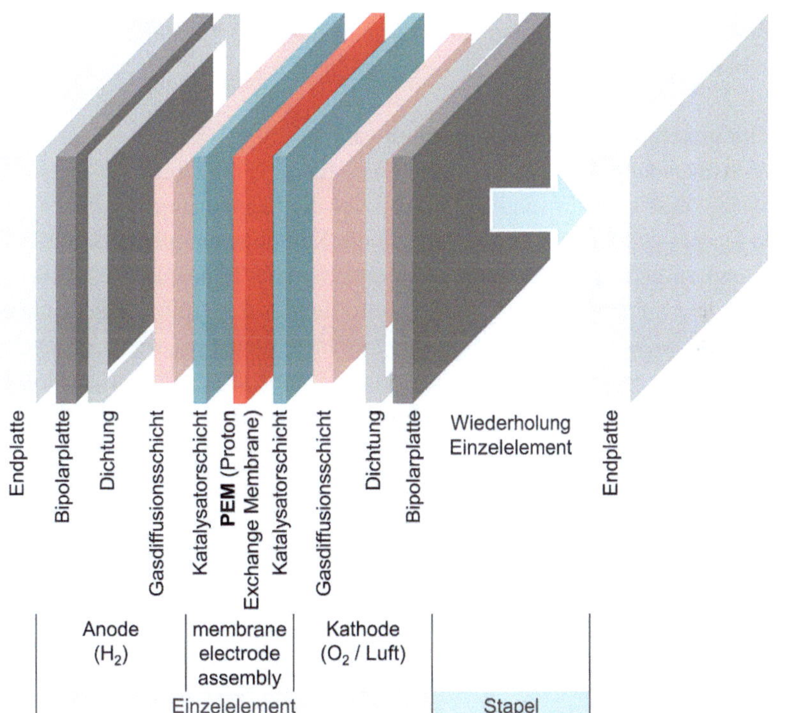

Abb. 3.158 PEM-Brennstoffzelle (schematisch), Copyright © Oerlikon Surface Solutions AG

Polymerelektrolyt. In der Brennstoffzelle reagiert Wasserstoff mit Sauerstoff aus der Luft zu Wasser. Dabei bewegen sich die Protonen durch den Polymerelektrolyt. Für die mechanische Stabilität, für die homogene Zuführung der Reaktionsgase und für die elektrische Kontaktierung des Kerns einer Einzelbrennstoffzelle gibt es die Bipolarplatten. Die Bipolarplatten in einem Brennstoffzellen-Stack tragen in erheblichem Umfang zum Gewicht bei. Für aktuelle Systeme werden Bipolarplatten aus rostfreiem Edelstahl verwendet. Ein Problem ist die ungenügende Korrosionsbeständigkeit und/oder die zu geringe Leitfähigkeit [254–257].

Metalle sind teilweise selbstpassivierend und bilden in Anwesenheit von Sauerstoff eine Oberflächenschicht aus dem Metalloxid. Die Korrosionsbeständigkeit ist damit gegeben, der Übergangswiderstand ist jedoch sehr hoch. Eine technisch relativ einfache Lösung wäre die Beschichtung von Edelstahlplatten mit einem Edelmetall wie Gold. Gold ist korrosionsstabil und hat einen niedrigen und stabilen Übergangswiderstand. Aus Kostengründen scheidet diese Möglichkeit jedoch für die meisten Anwendungen aus. Eine Alternative ist die Beschichtung mit Gruppe-IV-Elementen wie z. B. Titan und Kohlenstoff. Hierbei sorgt das selbstpassivierte Titan für den Korrosionsschutz und der Kohlenstoff für den niedrigen Übergangswiderstand [258–263].

Ähnlich wie bei Batterieelementen müssen auch bei Bipolarplatten vergleichbar große Mengen beschichtet werden.

Dünnschichttechnik macht Komponenten smart

In vielen Anwendungen soll der Zustand eines Bauteils oder eines Systems überwacht werden, ohne dass eine aufwändige Sensorik um die Komponente herumgebaut werden soll. Ein kleiner und leichter Sensor wird in die Komponente integriert, um Daten über den Zustand zu erfassen. Das kann beispielsweise die Temperatur, eine mechanische Spannung, der Druck oder auch Vibration sein; siehe Abb. 3.159. Die gewonnene Information über den Zustand kann an eine übergeordnete Steuerung weiter gegeben werden oder auch direkt „vor Ort" verarbeitet werden. Damit lässt sich ein gewünschter Betriebspunkt einstellen, eine drohende Überlast verhindert oder auch ein Wartungsproblem erkennen.

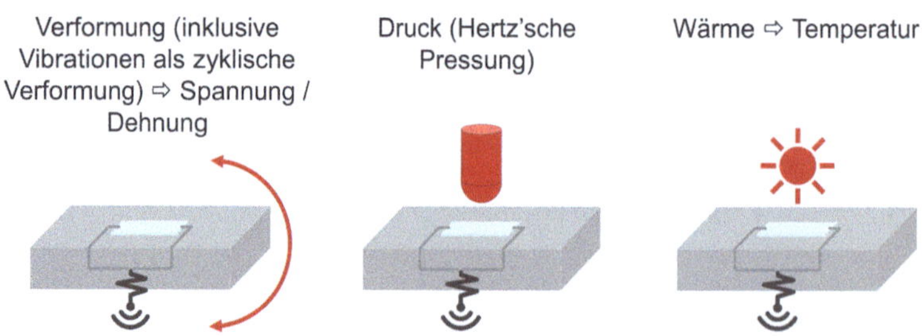

Abb. 3.159 Verschiedene Typen von Dünnschichtsensoren, Copyright © Oerlikon Surface Solutions AG

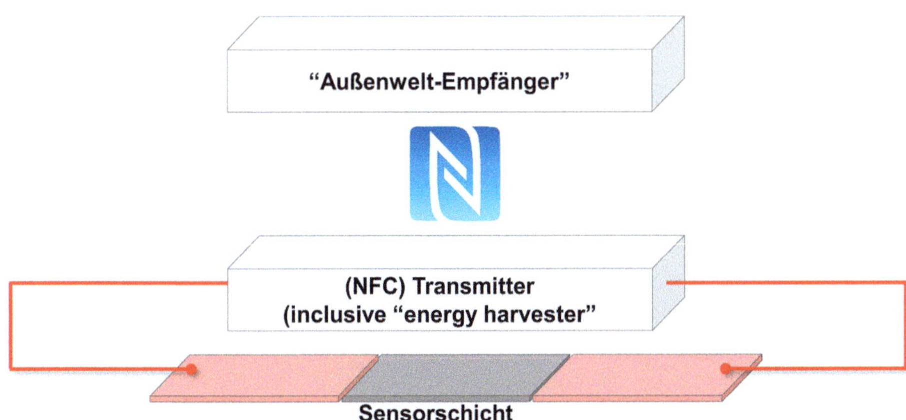

Abb. 3.160 Dünnschichtsensor mit NFC-Drahtlosverbindung, Copyright © Oerlikon Surface Solutions AG

Eine spezielle Gruppe von dünnen Schichten ist geeignet, Temperatur, Druck oder Dehnung zu messen. Diese weniger als ein Mikrometer dünnen Sensorschichten oder englisch „sensing elements" lassen sich als integrierter Sensor oder englisch „embeddded sensor" in Komponenten integrieren.

Vielfach ist eine mit einem sensing element ausgestattete Komponente nicht in einfacher Weise über eine Verdrahtung zu erreichen. Drahtlose Verfahren sind wünschenswert. Besonders interessant sind Verfahren, die ohne lokale Energieversorgung, z. B. über einen energy harvester auskommen. Beispielsweise kann über NFC ein Controller über eine Distanz von ein paar Zentimetern abgefragt werden. NFC steht für Near Field Communication, auf Deutsch Nahfeldkommunikation. Es ist ein Standard zur Radiofrequenz-Datenübertragung auf kurze Distanz. Die bei der Abfrage übertragene Energie genügt, um die für den Messvorgang notwendige Leistung aufzubringen. Abb. 3.160 zeigt schematisch den Aufbau

Eine mögliche Realisierung ist eine piezoresistive dotierte Kohlenstoffschicht von etwa 0,3 µm Dicke und einer Fläche von $2 \times 4\ mm^2$.

3.8 Kunststoffentwicklungen für die E-Mobilität

Josef R. Wünsch

3.8.1 Einleitung

Die Entwicklung der Elektromobilität schreitet rasch voran. Bis zum Jahr 2028 werden in Europa ca. zwei Drittel aller produzierten Fahrzeuge mit elektrischen Antriebskomponenten ausgestattet sein [264].

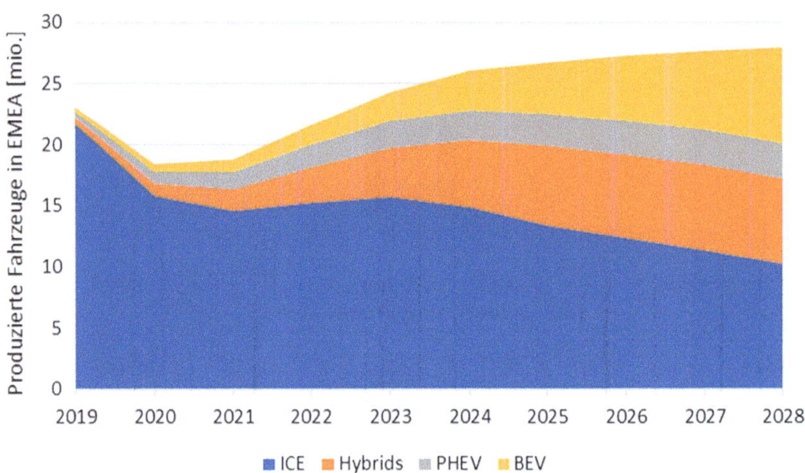

Abb. 3.161 Darstellung der in Europa (EMEA) gebauten Fahrzeuge nach Antriebsart 2019–2028, nach [264]

Dazu zählen neben den vollelektrischen Fahrzeugen (BEV), auch die Abstufungen der Hybridfahrzeuge (PHEV, FHEV und MHEV). Während der Anteil an Hybridfahrzeugen ab 2024 in etwa konstant bleiben wird, wird vor allem der Anteil an vollelektrischen Autos deutlich zunehmen (Abb. 3.161).

Diese immense Veränderung des Fahrzeugbaus ergibt eine Vielzahl von konstruktiven und werkstofflichen Anpassungen. In diesem Kapitel soll der Fokus nicht auf die metallischen Werkstoffe, sondern auf polymere Materialien gelegt werden. Kunststoffe haben in der Vergangenheit schon mehrfach bewiesen, dass sie metallische Werkstoffe ersetzen und gleichzeitig einen Mehrwert für Anwender und Nutzer schaffen können. Dies wurde in der Vergangenheit bereits beispielsweise bei Ansaugrohren oder Frontend-Modulen hinlänglich demonstriert [265, 266].

Im elektrifizierten Antriebsstrang sind bereits heute einige Anwendungen ohne Kunststoff kaum im Großserienmaßstab denkbar. Man denke nur an Konnektoren und Kabelummantelungen.

Doch obwohl Kunststoffe mit ihren intrinsisch vorhandenen Isolationseigenschaften eine nahe liegende Option für elektrische Anwendungen sind, ergibt sich derzeit und in den nächsten Jahren ein weitreichender Entwicklungsbedarf, bei dem die enge Zusammenarbeit zwischen Materialhersteller, Bauteillieferant und OEM unabdingbar ist. Auf einige spezifische Aspekte der Kunststoffanwendungen in der Elektromobilität wird im Folgenden näher eingegangen.

3.8.2 Anforderungen aus der Elektromobilität an Kunststoffe

Der elektrische Antriebsstrang stellt eine Fülle von neuen Herausforderungen an den Entwickler, die in Anforderungen an Kunststoffe übersetzt werden können. Tab. 3.28 listet ex-

Tab. 3.28 Elektromobile Anforderungen an Kunststoffe

Anforderung	Beispielbauteil	Materialeigenschaft
Flammschutz	Batterienahe Teile	Flammprüfungen nach UL94
Elektromagnetische Schirmung	Hochvoltgehäuse	Abschirmgüte nach CISPR 25
Elektrische Isolation	Busbarhalter	Durchschlagfestigkeit, Kriechstromfestigkeit, elektrischer Widerstand
Wärmeleitung	Batterieklebstoffe	Thermische Leitfähigkeit
Elektrolytbeständigkeit	Zellgehäusedichtung	Quellverhalten, Alterungsverhalten
Kühlmedienbeständigkeit	Kühlrohre	Quellverhalten, Alterungsverhalten
Mechanische Belastung (Crash)	Batteriegehäuse	E-Modul, Zugfestigkeit
Mechanische Belastung (Stoß)	Ladestecker	Schlagzähigkeit

emplarisch einige der wichtigsten Anforderungen auf, welche zur Spezifikation von Materialien führen können [267].

Die Materialhersteller begegnen diesen neuen Anforderungen mit der Entwicklung neuartiger auf die Elektromobilität zugeschnittenen Materialien – im häufigsten Fall durch den Einsatz entsprechender Additive oder der Verblendung mit anderen Kunststoffen.

3.8.3 Kunststoffeigenschaften und deren Bedeutung für ihre Anwendung im elektromobilen Umfeld

3.8.3.1 Flammschutz

Die häufigste Anforderung, die in Zusammenhang mit dem elektrischen Antriebsstrang von Kunststoffen gefordert wird, ist der Wunsch nach einem flammgeschützten Material. Hintergrund dieser Forderung ist ein gesteigertes Maß an Sicherheitsbedürfnis besonders im Umfeld der hochenergetischen Batteriespeicher, dem durch die Wahl eines flammgeschützten Kunststoffs nachgekommen wird [267]. Häufig werden solche Kunststoffe in Batteriezellnähe gefordert und meistens wird dazu die vor allem in der Elektrotechnik verbreitete *U*nderwriter *L*aboratories UL94 V-0-Einstufung gewünscht.

Die UL94V-Prüfung ist ein Maß für Fähigkeit zu Selbstverlöschung eines entzündeten Kunststoffprobekörpers und ist schematisch in Abb. 3.162 skizziert. Daneben listet Tab. 3.29 die wichtigsten Prüf- und Klassifizierungsparameter auf [268].

Wie aus Tab. 3.29 ersichtlich wird, dürfen auch Materialien der Klasse V-0, stellvertretend für die höchste Brandschutzklasse, für eine kurze Zeit brennen, müssen aber innerhalb von 10 s nach Beendigung der Beflammung von selbst verlöschen.

Zudem ist festzuhalten, dass die UL94-Einstufungen immer auf eine definierte Dicke des Probekörpers (typischerweise zwischen 0,4 und 3 mm) in Entsprechung zur tatsächliche minimalen Wandstärke des Bauteils bezogen werden. Ein Material kann je nach

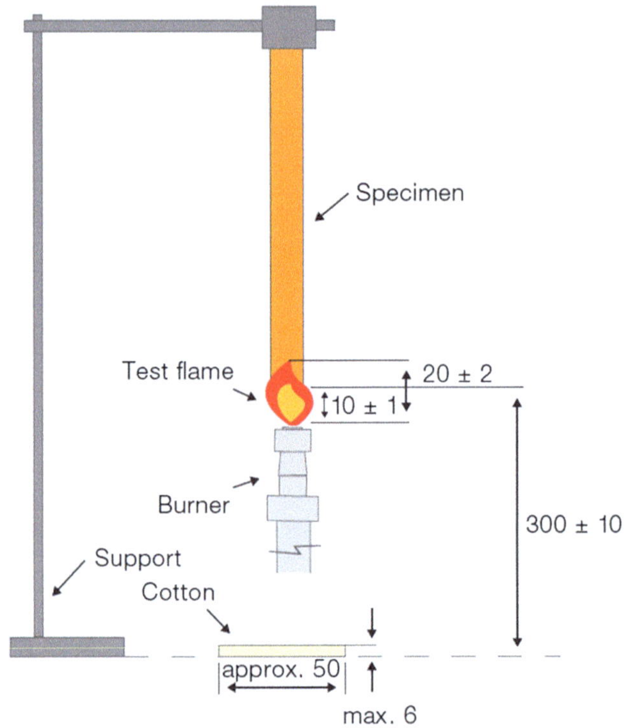

Abb. 3.162 Prüfaufbau nach UL94 für den Brandtest an vertikalen Probekörpern (UL94 V), nach [268]

Tab. 3.29 Klassifizierung von Prüfergebnissen nach UL94V-Prüfung [268]

Klasse	V-0	V-1	V-2
Brennzeit [s]	≤ 10	≤ 30	≤ 30
Nachbrennzeit [s]	≤ 50	≤ 250	≤ 250
Brennendes Abtropfen	nein	nein	ja

Dicke eine unterschiedliche Klassifizierung erhalten: Je dünner das Teil, desto anspruchsvoller ist es in der Regel, eine V0-Einstufung zu gewährleisten. Es ist daher unerlässlich, bei einer Materialspezifikation die entsprechende minimale Wandstärke des Bauteils anzugeben.

Zur richtigen Einordnung der Aussagekraft der UL94V-Norm zur Spezifikation von Werkstoffen im elektrischen Antrieb ist es sinnvoll, den Hintergrund der Messung zu betrachten: die UL94V-Prüfung beschreibt die Entflammbarkeit in Verbindung mit den selbstverlöschenden Eigenschaften eines Materials, d. h. wie der Werkstoff auf eine kurzzeitige Zündquelle reagiert. Diese Prüfung wurde ins Leben gerufen, um die Gefahr von Bränden in statischen elektrischen Anwendungen, wie beispielsweise Haussicherungskästen, zu verringern. Die UL94V-Prüfung bezieht sich auf ein kurzfristiges thermisches

Ereignis, beispielsweise auf Zündquellen durch Lichtbögen oder Fehlfunktionen einzelner elektrischer Komponenten, wie das Versagen eines Kondensators. Entsprechend flammgeschützte Kunststoffe im Elektrofahrzeug können durch ihre Selbstverlöschung damit helfen, die Gefahr dieser potenziellen Zündquellen zu verringern, die ansonsten zu einem unkontrollierbaren Batteriebrand führen könnten.

Für den Fall eines bereits bestehenden Batteriebrands, eines sog. Thermal Runaways, bei dem über einen längeren Zeitraum Energie durch die chemische Zersetzung der Batteriezellkomponenten zugeführt wird, wurde die UL94V nicht ausgelegt. Es kann davon ausgegangen werden, dass Kunststoffe in solchen Szenarien dem ungleich höheren Energieeintrag nicht standhalten und trotz einer Einstufung V-0 unter Flammbildung zerstört werden.

Betrachtet man den Wunsch nach flammgeschützten Materialien im automobilen Umfeld ganzheitlich, so ist erkennbar, dass es hier keine harmonisierte – über alle OEMs hinweg – konsistente Herangehensweise gibt. Keine europäische gesetzliche Norm schreibt aktuell den Einsatz eines Flammschutzproduktes vor. Heutige Freigabeprozesse referieren auf Bauteil-, bzw. Komponententest, beschrieben beispielsweise in UN ECE 100 oder UN GTR20 [269, 270].

3.8.3.2 Elektrische Eigenschaften

Ein wesentlicher Vorteil von Kunststoffen gegenüber Metallen im Hinblick auf die Sicherheit von stromführenden Komponenten sind die elektrischen Isolationseigenschaften. Als wichtigste Kennwerte zur Beschreibung dieser Eigenschaften werden die Durchgangs- und Oberflächenwiderstände [271, 272], die Durchschlagfestigkeit [273] sowie der Comparative Tracking Index (CTI) [274], der als Maß für die Kriechstromfestigkeit gilt, herangezogen.

Bei den elektrischen Kennwerten ist in Analogie zu den mechanischen Eigenschaften zu beachten, dass diese sich mit Temperatur und Feuchtegehalt des Materials verändern können.

Während Materialien mit geringer Wasseraufnahme, wie z. B. Polybutenterephthalat (PBT), keine negative Beeinflussung durch unterschiedliche Konditionierungszustände aufweisen, zeigen hydrophilere Werkstoffe wie bspw. Polyamid 6 hingegen eine deutliche Abhängigkeit (Abb. 3.163).

Auch die Zugabe von elektrisch leitenden Substanzen wie z. B. eine Schwarzeinfärbung durch Ruß, aber auch andere elektrisch neutrale Additive können einen gewissen Einfluss auf die Isolationseigenschaften haben, sodass das Anforderungsprofil stets auf Einzelproduktebene abgeprüft werden sollte.

Im Hinblick auf die isolierenden Eigenschaften wurde in jüngster (Elektromobilitäts-) Vergangenheit auch immer wieder die Kriechstromfestigkeit diskutiert, die durch den sog. CTI-Wert beschrieben wird. Bei der CTI-Prüfung werden zwei Prüfspitzen auf ein Material aufgebracht, zwischen denen eine leitfähige Lösung getropft wird. Dies soll eine Verschmutzung zwischen den Elektroden simulieren. Als Materialparameter wird die maximale Spannung ermittelt, bei der es noch zu keinem signifikanten Kriechstrom kommt (Abb. 3.164).

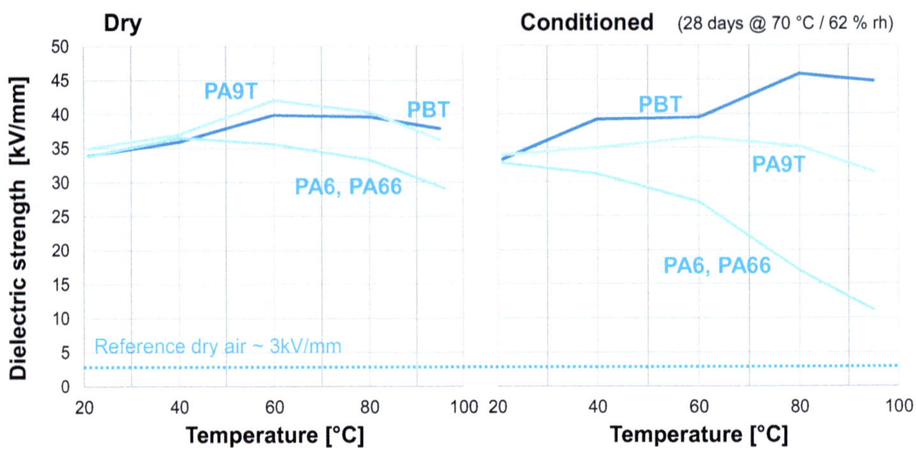

Abb. 3.163 Durchschlagfestigkeit von PBT, PA6, PA66 und PA9T (Hochtemperatur PA) über der Temperatur und bei verschiedenen Konditionierungszuständen, Copyright © BASF SE

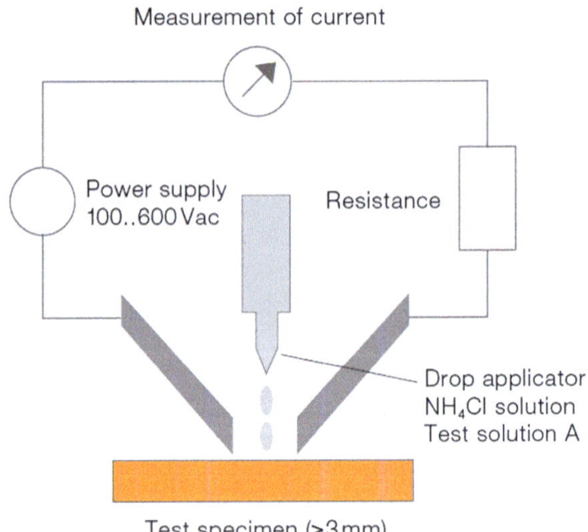

Abb. 3.164 Prüfaufbau zur Bestimmung des CTI, nach [273, 274]

Hinsichtlich der CTI-Prüfung ist festzuhalten, dass es in der Branche unterschiedliche Normen für die Klassifizierung von Materialien anhand dieser Prüfmethode gibt (siehe Tab. 3.31) [274, 275]. Beiden Methoden ist jedoch gemein, dass eine Klassifizierung über 600 V nicht vorgesehen ist, sodass diese Spannungsobergrenze das Ende der Messung bedeutet. Ein Grund hierfür ist die Möglichkeit des Auftretens von Fehlmessungen durch die Ionisation der Luft (Tab. 3.30).

In der Praxis ist aber auch eine Messung über 600 V meist nicht notwendig, da die IEC 60664-1, die zur Auslegung von Mindestabständen zwischen stromführenden Leitern

Tab. 3.30 CTI-Klassifikation nach UL und IEC [274, 275]

UL 746 A Performance Level Category (PLC)	Spannung [V]	IEC 60112 Isolationsklasse
0	600	I
1	400–599	II
2	250–399	IIIa
3	175–249	
4	100–174	IIIb
5	< 100	

heranzuziehen ist, nur CTI-Werte bis 600 V betrachtet, dabei aber dennoch auch Betriebsspannungen oberhalb von 600 V zur Auslegung des Mindestabstands abgedeckt.

Wie bereits erwähnt, simuliert der CTI eine mögliche Verschmutzung. Dies berücksichtigt auch die IEC 60664-1 in der Auslegung der anzuwendenden Mindestabstände. Liegt keine Verschmutzung vor, wie es für sensible Bauteile innerhalb von elektrischen Hochvoltkomponenten zu erwarten wäre, ist der CTI irrelevant, weil das Normenwerk zwischen den Materialklassen keinen Unterschied im Mindestabstand vorgibt.

Die Relevanz ist umso höher bei Bauteilen mit signifikant höherer Verschmutzung wie z. B. bei Steckerkomponenten, wie Ladestecker, oder sonstigen wenig gekapselten Bauteilen.

Nachdem für die E-Mobilität jedoch zunehmend Freigabeprüfungen für Kriechstromfestigkeiten bis zu 1000 V von den Zulieferern wie auch den OEMs gefordert werden, bietet sich anstelle des oben beschriebenen CTI die Prüfung nach IPT (Inclined Plane Tracking) gemäß UL2734 Ed.4 an (s. auch ASTM2303). Diese Prüfmethode wurde für Hochspannungsanwendungen von > 1 kV bereits seit den 1960er-Jahren entwickelt und bislang überwiegend für die Testung von Keramiken, in den letzten Jahren aber auch erfolgreich für Kunststoffe im Bereich der Fotovoltaik eingesetzt.

3.8.3.3 Orangeeinfärbung in RAL 2003

Um die Aufmerksamkeit und damit die Sicherheit hochvoltführender Leitungen und Stecker zu erhöhen, ist im Elektrofahrzeug die Verwendung einer orangefarbenen Kennzeichnung für solche Kabel, Stromschienen und Steckverbinder vorgeschrieben, die sich nicht in Gehäusen befinden. Obwohl im Normenwerk nicht näher vorgeschrieben [270], hat sich die Branche mehrheitlich auf pastellorange (RAL 2003) verständigt. Die Färbung eines Kunststoffs mit diesem Farbton kann je nach gewähltem Polymer eine Herausforderung sein, insbesondere im Hinblick auf die Farbtonstabilität nach Wärmealterung. Während einige gängige Werkstoffe wie z. B. PBT intrinsisch ein recht farbstabiles Verhalten zeigen, neigen andere dazu, während der Alterung deutlich die Farbe zu ändern. Dies ist z. B. bei PA66 mit einer deutlichen Braunfärbung des ungefärbten Basispolymers einhergehend (Abb. 3.165).

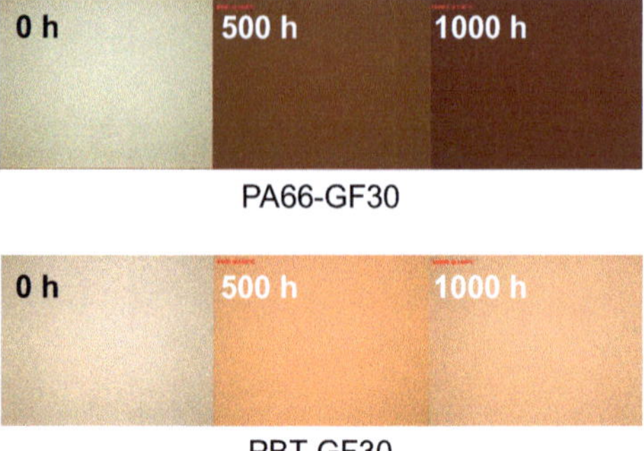

Abb. 3.165 Farbstabilität von ungefärbtem, nicht-stabilisiertem PA66 und PBT bei 140 °C, Copyright © BASF SE

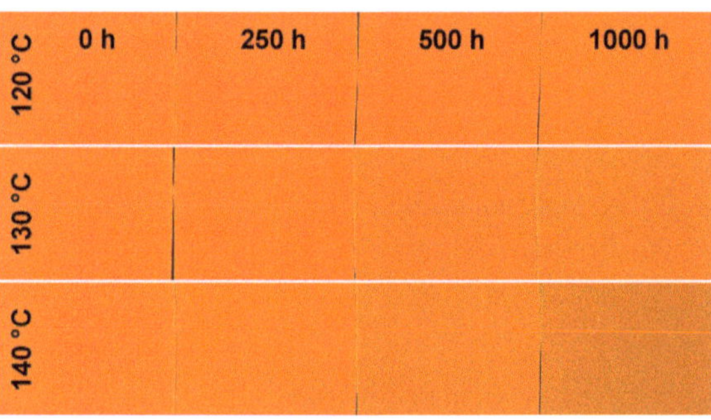

Abb. 3.166 Wärmelagerung eines PA66-GF30 mit optimierter Orangerezeptur, Copyright ©BASF SE

Eine entsprechende Stabilisierung des Polymers sowie eine Anpassung der Farbrezeptur muss bei der Werkstoffentwicklung berücksichtigt werden, um auch nach Alterung den gewünschten Farbton des Compounds zu behalten (Abb. 3.166).

Ein weiterer wichtiger Entwicklungstrend der letzten Jahre ist die Kennzeichnung der Bauteile mit einem Data Matrix Code, um möglichst viele qualitätsrelevante Informationen über Material, Herstellung etc. direkt verfügbar zu machen. Dabei hat sich das Laserbeschriften gegenüber klassischem Bedrucken oder dem Anbringen von Aufklebern als die Technik der Wahl durchgesetzt. Vorteile sind hier die hohe Haltbarkeit der Markierung und die schnelle Anpassung der Beschriftungsinhalte, jedoch stellt eine gute Lesbarkeit der Beschriftung eine weitere Herausforderung für die Materialentwicklung dar. Es werden daher speziell optimierte laserbeschriftbare Werkstoffe angeboten, bei denen idealerweise die anderen Materialeigenschaften wie Farbkonstanz oder elektrische Isolationseigenschaften nicht verschlechtert sind.

3.8.3.4 Korrosionseffekte

Kunststoffe als klassische elektrische Isolationsmaterialien kommen bei zunehmender Elektrifizierung des Automobils verstärkt in direkten Kontakt mit metallischen Leitern, sodass mögliche Korrosionseffekte, vor allem im elektrischen Gleichfeld eine wachsende Bedeutung erhalten.

Um störende Korrosion vor allem unter feuchtwarmen Umgebungsbedingungen weitgehend zu unterdrücken, müssen auch die Additive in der Kunststoffformmasse elektrochemisch neutral sein, was vor allem die Auswahl von Stabilisatoren und Farbmitteln deutlich einschränkt. Besonders relevant ist dies aufgrund der intrinsischen Wasseraufnahme bei der Werkstoffgruppe der Polyamide, sodass hier besonders ionenarme Formulierungen (z. B. EF (electronic friendly) oder EQ (electronic quality) -Typen) entwickelt wurden [276]. Diese hochreinen Formulierungen können ebenfalls für Bauteile in der Brennstoffzellentechnologie eine große Rolle spielen, da es bei ihrem Einsatz auch bei direktem Medienkontakt zu keinen ionischen Verunreinigungen kommt, die die nachgelagerten elektrochemischen Prozesse empfindlich stören würden.

Der Einfluss der Pigmentwahl auf sogenannte Kontaktkorrosion lässt sich anhand der oben erwähnten Orangeeinfärbung verdeutlichen. Dabei wird die Wechselwirkung des Kunststoffs auf klassische Kontaktmetalle wie Kupfer oder Silber untersucht. Unerwünschte Wechselwirkungen mit Metalloberflächen wie in Abb. 3.167 bei Rezeptur 2 dargestellt, können unter Umständen z. B. Übergangswiderstände beeinflussen. Solche Rezepturen sollten entsprechend vermieden werden, um eine hohe Bauteilqualität und -betriebssicherheit zu gewährleisten.

3.8.3.5 Thermische Leitfähigkeit

Die thermische Leitfähigkeit von Werkstoffen wird in der Elektromobilität insbesondere im Zusammenhang mit der Batteriekühlung diskutiert. Die thermische Herausforderung

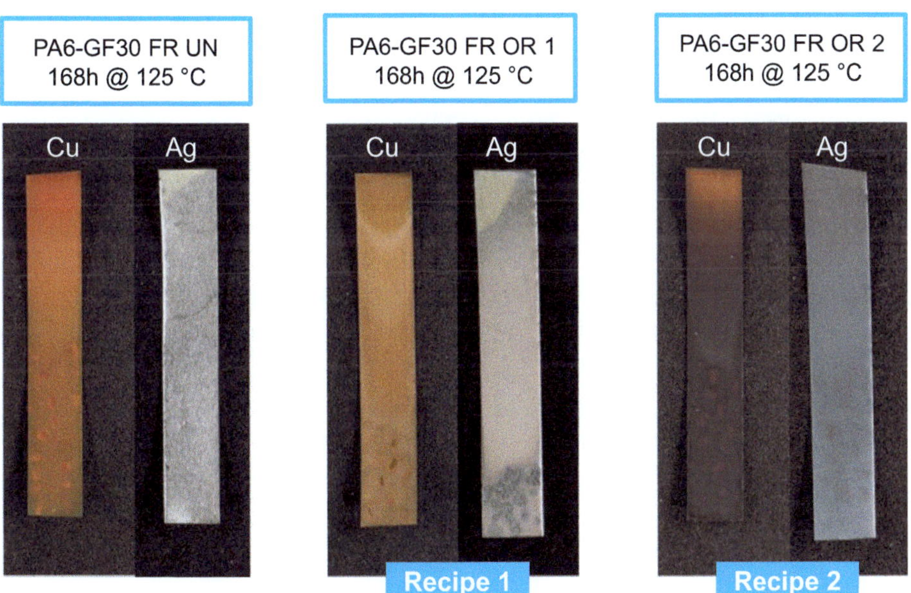

Abb. 3.167 Wechselwirkung unterschiedlicher Rezepturen mit metallischen Leitern (links: ungefärbte Referenz, Mitte: geeignete Orangerezeptur 1, rechts: kritische Orangerezeptur 2), Copyright ©BASF SE

rund um die Batterie liegt darin, die heutigen Lithiumionen-Batteriezellen in einem günstigen Temperaturbereich zu halten bzw. kritische Temperaturen, die zu einer Zellschädigung führen könnten, nicht zu über- bzw. unterschreiten. In der Regel werden die Batteriezellen deswegen über eine indirekte Kühlung aktiv gekühlt bzw. temperiert.

Um eine möglichst hohe Kühlwirkung zu erzielen, ist die Anbindung der Batteriezellen an die Kühlkomponenten von höchstem Interesse und stellt dabei eine besondere werkstoffliche Herausforderung dar. Luftspalte zwischen Zelle und Kühlsystem können die Wirksamkeit des Kühlsystems verringern und sind daher zu vermeiden. Hier dienen hochgefüllte, thermisch leitfähige Gapfillersysteme auf Silikon- oder Polyurethanbasis dazu, diese Luftspalte zu minimieren und mögliche Wärmestaus zu vermeiden (Abb. 3.168). Die Systeme werden in flüssiger bzw. pastöser Form aufgetragen, um einen bestmöglichen Übergang von Zelle zu Kühlsystem zu gewährleisten.

Neben den thermischen Eigenschaften müssen die Gapfiller auch eine Reihe weiterer Randbedingungen erfüllen, die sich aus dem Gesamtsystem bedingen. Die Haftung muss auf beiden Fügepartnern dem Einsatz entsprechend über der Lebensdauer gewährleistet sein. Zudem sind oftmals elektrische Isolationseigenschaften oder auch Brandschutzeigenschaften gefordert. Die Viskosität des Systems hat entscheidenden Einfluss auf die Applikation des Materials und den damit verbundenen Fertigungsprozess.

BASF hat in jüngster Vergangenheit ein thermisch leitfähiges System auf Elastan®-Basis entwickelt, welches je nach Kundenbedarf individuell eingestellt werden kann, um neben der thermischen Leitfähigkeit auch die übrigen Randbedingungen zu erfüllen. Die grundlegendsten Kennwerte des Systems sind in folgender Tabelle kurz umrissen (Tab. 3.31).

3.8.3.6 Schutz vor Umwelteinflüssen

Grundsätzlich werden polymerbasierte Harze als Verkapselung eingesetzt, um elektrische oder elektronische Komponenten (Traktions-Motoren, Batterien, Kondensatoren) vor harschen Umwelteinflüssen im Automobilsektor zu schützen. Am häufigsten werden Epoxidharze (z. B. Huntsman Araldite ®) für Verkapselung eingesetzt, da sie sich als Reaktivsystem schnell mit kurzen Aushärtezeiten auftragen lassen und bei Verwendung von Vakuumtechnologie alle Hohlräume lückenlos ausfüllen können. Neben der Möglichkeit, die Wärmeleitfähigkeit zu verbessern, sind die elektrische Isolation, Schutz gegen Umwelteinflüsse, mechanische Verstärkung bzw. Erhöhung der Lebensdauer, Widerstandsfähig-

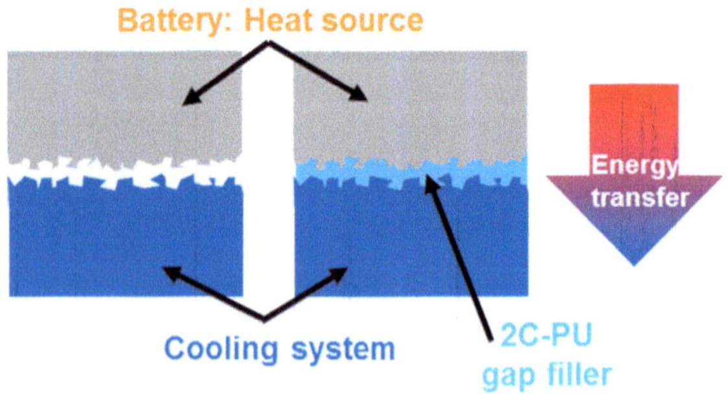

Abb. 3.168 Schematischer Einsatz eines Gapfillersystems (links: ohne Gapfiller mit Luftspalt; rechts: optimiert mit Gapfiller), Copyright © BASF SE

Tab. 3.31 Eigenschaftsprofil eines PU-Gapfillersystems

Eigenschaft	Wert	Bemerkung
Basismaterial	Elastan®	Polyurethan
Thermische Leitfähigkeit (through plane) [W/mK]	1–3	ASTM D 5470-12
Brandtest nach UL94V [Klasse (Wandstärke mm)]	V-0 (1,0)	
Durchschlagfestigkeit [kV/mm]	> 25	
Entfernbarkeit [N/mm²]	Einstellbar	Stirnzugversuch
Viskosität	Einstellbar	

Tab. 3.32 Eigenschaftsprofil eines Epoxyverkapselungssystems

Eigenschaft	Wert	Bemerkung
Basismaterial	Araldite® CW	Epoxy-Harz
Thermische Leitfähigkeit [W/mK]	0,2–3,0	ISO 8894-1
Glasübergangstemperatur [°C]	70–210	ISO 11357-2

keit durch Vibrationsreduktion weitere Vorteile der Verkapselung. Durch eine gezielte Auswahl an Füll- und Verstärkungsstoffen, lassen sich bestimmte Merkmale gezielt ausbilden. Dabei können die mechanischen Eigenschaften, das isotrope/anisotrope Verhalten sowie die elektrischen Isolationseigenschaften oder auch thermische Ausdehnungskoeffizienten in einem sehr weiten Rahmen eingestellt bzw. passend ausgewählt werden [277–279] (Tab. 3.32).

3.8.4 Zusammenfassung und Ausblick

Die Elektromobilität bietet für Kunststoffe ein vielfältiges Anwendungsspektrum, welches mit neuen Anforderungen einhergeht. Diese gehen weit über die traditionellen, etablierten Herausforderungen an Kunststoffe in bisherigen Automobilanwendungen hinaus.

In den aktuellen Serien finden sich häufig aufgrund fehlender Standardisierung und mangelnder Erfahrungswerte noch viel Potenzial zur Funktionsintegration und Optimierung von Baugruppen. Das aktuell hochdynamische Umfeld der Elektromobilität erschwert jedoch, verglichen mit etablierten Kunststofflösungen für Verbrenner, die sukzessive Verbesserung dieser Bauteile, da teilweise radikale Konzeptänderungen kurzfristig vollzogen werden.

Als Beispiel für die Vielfalt an Kunststofflösungen, die derzeit parallel mit unterschiedlichen Werkstofflösungen verfolgt werden, seien Bauteile in und um das Batteriepaket genannt (Abb. 3.169), Typische Thermoplastanwendungen sind beispielsweise Zellhalter oder Zellrahmen, Modulendplatten, Kühlrohre, Steuerungs- und Sicherungsgehäuse, Steckverbinder und nicht zuletzt das Batteriegehäuse selbst, im Besonderen die obere Abdeckung. Je nach Anforderung an Mechanik, Dauergebrauchs- und Spitzentemperaturen, Flammwidrigkeit und elektrischen Eigenschaften, können verschiedene Werkstoffe zum Einsatz kommen. Eine vergleichende Übersicht findet sich in Tab. 3.33.

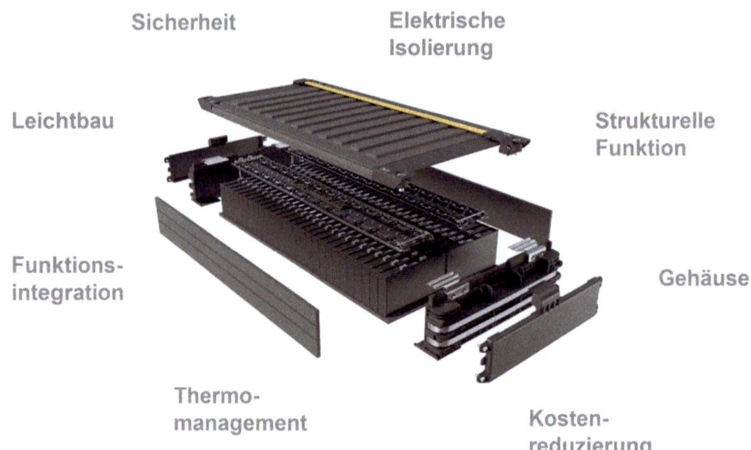

Abb. 3.169 Wesentliche Kunststoffteile des Batteriepakets und ihr Wertbeitrag, Copyright © BASF SE

Tab. 3.33 Eigenschaftsvergleich von Werkstoffen im Batterieumfeld

	PA	PBT	PC/ABS Blends	PP
Temperturbeständigkeit	+++	+++	++	+
Flammwidirigkeit	+++	+++	+++	+
Dimensionstabilität	+	++	+++	++
Dichte	++	+	++	+++

Um in Zukunft maßgeschneiderte Lösungen für die Konzepte der Elektromobilität bereit halten zu können, müssen Materialhersteller zusammen mit Verarbeitern und Automobilherstellern entlang der kompletten Wertschöpfungskette Hand in Hand arbeiten, um die Anforderungen an Produktsicherheit und letztendlich Bauteilsicherheit zu erfüllen. In diesem synergetischen Zusammenschluss werden die Herausforderungen der Elektromobilität auch in Zukunft zu nachhaltigen Systemlösungen führen.

Literatur

1. https://www.worldsteel.org/publications/infographics.html
2. https://www.dunlopcb.com/conveyor-belt/steelcord-belts/
3. Weißbach, W.: Werkstoffkunde Strukturen, Eigenschaften, Prüfung 17. Auflage, Seite 76ff
4. Friedrich, H. E. (Ed.), et al.: Leichtbau in der Fahrzeugtechnik. Springer, 2013
5. Otto, M.: Martensitic cold formable steels with 1700 MPa tensile strength. 6th International Conference on Steels in Cars and Trucks, June 20–22, Mailand, 2022
6. https://www.vdeh.de/stahltechnologie/werkstofftechnik-und-verarbeitung/

7. https://www.vdeh.de/stahltechnologie/stahlerzeugung/
8. https://www.ssab.com/de-de/marken-und-produkte/docol/stahl-fur-die-automobilindustrie/dual-phase-steel
9. https://www.ssab.com/de-de/marken-und-produkte/docol/automotive-steel-resources/automotive-insights/gestamp-and-ssab-collaborate
10. Alm, P.: Methode of cold forming a piece of sheet metal by bending or press moulding. Patent, WO 2012/128707 Al
11. Otto, M.; John, D.; Schmidt-Juergensen, R.; Springub, B.; Cornelissen, M.; Berkhout, B.; Patel, J.: HSD®-steels – optimized TWIP-steels. International Conference on High Manganese Steels, May 15–18, Seoul, 2011
12. Klöpfer, E.; Bach, F.-W.; Evertz, T.; Otto, M.; Redenius, A.: Ressourceneffizienz bei der Herstellung von dichtereduzierten Stählen mit dem Bandgießverfahren. CIT84 (2012) 10, S. 1740–1748
13. Frohwein, C.; Jüttner, S.; Otto, M.; Graul, M.; Noack, T.; Wiese, L.: Beurteilung des Versagensverhaltens von widerstandspunktgeschweißten Austenit-Ferrit-Verbindungen in Abhängigkeit des Aufmischungsgrades. Vortrag. DVS Kongress Große Schweißtechnische Tagung, 19.–20.09.2016, Leipzig – DVS Media GmbH Düsseldorf, 2016, ISBN: 978-3-945023-74-7
14. M. Otto, R. Roser, T. Brückner: High alloyed FeMnSiAl-steel – automotive lightweight potential for complex parts. SCT 2014 – 4th Internat. Conf. on Steel in Cars and Trucks, Braunschweig, 15.-19.06.2014, Tagungsband, S. 591–596
15. M. Schneider, M. Otto, M. Gramling: Engineering, simulation and part-design for new TWIP-steels in automotive car body crash systems. SCT 2014 – 4th Internat. Conf. on Steel in Cars and Trucks, Braunschweig, 15.-19.06.2014, Tagungsband, S. 678–688
16. Hatscher, A. et al.: A new steel roadmap for future car body applications. 5th International Conference on Steels in Cars and Trucks, June 18–22, Amsterdam-Schiphol, 2017.
17. Linke, B. et al.: Impact of Silicon on Microstructure and Mechanical Properties of 22MnB5 Hot Stamping Steel Treated by Quenching & Partitioning (Q&P). Metallurgical and Materials Transactions A, November 2017.
18. Speer, J. G. et al.: Carbon partitioning into austenite after martensite transformation. In: Acta Materialia 51 (2017) No. 9, pp. 2611–2622.
19. Hatscher, A. et al.: Design and processing of next generation press-hardening steels for car body applications. 6th International Conference on Steels in Cars and Trucks, June 20–22, Mailand, 2022.
20. https://periodictable.com/Elements/013/data.html, aufgerufen 27.05.2021
21. Verein Deutscher Eisenhüttenleute – Erscheinungsformen von Rissen und Brüchen metallischer Werkstoffe, Stahleisen Verlag, Düsseldorf, 2. Auflage, 1996–1997
22. A.A. Rijikov et al. – Bazele teoretice ale turnarii, Editura Tehnica, Bucuresti, 1957
23. S.T. Rostovtev – Teoria Proceselor Metalurgice, Editura Tehnica, Bucuresti, 1959
24. UNITED STATES INTERNATIONAL TRADE COMMISSION – Unwrought Aluminum, Under the direction of Robert Carr, Chief Natural Resources and Metals Division, Office of Industries, Publication ITS-06, March 2010
25. L. Stoica et al. – Chimie Generala si Analize Tehnice, EDP, Bucuresti, 1983
26. https://de.wikipedia.org/wiki/Knetlegierung, aufgerufen 27.05.2021
27. K.G. Schmitt-Thomas – Metallkunde für das Maschinenwesen, Bd. 2, Gleichgewichts- und Ungleichgewichtszustände, Springer-Verlag 1989
28. Askeland, D., Phule, Pradeep P. – The Science and Engineering of Materials, 5. Aufl. Toronto: Nelson Engineering, 2006
29. M. Ienciu, M et al. – Elaborarea si turnarea aliajelor neferoase speciale, EDP, Bucuresti, 1985

30. https://www.techno-science.net/glossaire-definition/Alliages-d-aluminium-pour-corroyage-page-2.html, aufgerufen 27.05.2021
31. W. Hesse – Aluminium-Werkstoff-Datenblätter, 6. Auflage, Beuth, Berlin, Wien, Zürich, 2011
32. S. Gadea, M. Petrescu – Metalurgie Fizica si Studiul Metalelor, EDP, Bucuresti, 1981
33. S. Kibey, J.B. Liu, D.D. Johnson, H. Sehitoglu – Predicting twinning stress in fcc metals: Linking twin-energy pathways to twin nucleation, Acta Materialia 55 (2007) 6843–6851
34. D. Dragulin et al. – Al-Mg-Si Druckgusslegierungen, Praktische und Theoretische Aspekte, Druckgusspraxis, 8/2006
35. Cinelli, M. – Karosserien kostengünstig produzieren dank großer Druckgießzellen, Fachtagung WerkstoffPlusAuto, Stuttgart, 16./17.02.2022
36. Clark, A.: Global Primary Magnesium Industry Update Q1 2022, www.intlmag.org aufgerufen 24.02.2022
37. Ehrenberger, S.: Carbon Footprint of Magnesium Production and its Use in Transport Applications – Update of the IMA Report "Life Cycle Assessment of Magnesium Components in Vehicle Construction (2013)", DLR Stuttgart (2020)
38. Friedrich, H.E., Mordike, B. (Eds.): Magnesium Technology. Metallurgy, Design Data, Applications; Berlin [u. a.]: SpringerVerlag (2006)
39. Beck, A.: Magnesium und seine Legierungen, 2. Aufl., 1939, Klassiker der Technik, Springer-Verlag (2001)
40. Emley, E.F.: Principles of Magnesium Technology, Pergamon Press, Oxford, NewYork (1966)
41. Dieringa, H., Kainer, K.U.: Technologische Eigenschaften und Potenzial von Magnesium-Legierunen, Gießerei-Rundschau 56 (7/8), 114–119 (2009)
42. Letzig, B.D., Kainer, K.H.: Proceedings of the Bejing International Materials Week (2006)
43. Kainer, K.U. (Hrsg.): Magnesium – Eigenschaften, Anwendungen, Potenziale, Wiley-Verlag, Weinheim (2000)
44. Aghion, E., Eliezer, D.: Magnesium Alloys: Science, Technology, Applications, Israeli Consortium for the Development of Magnesium Technologies, Haifa, Israel (2004)
45. Friedrich, H.E. (Hrsg.): Leichtbau in der Fahrzeugtechnik, ATZ/MTZ.Fachbuch, 2. Aufl., Springer-Vieweg-Verlag, Wiesbaden (2017)
46. Weiler, J.P.: Exploring the concept of castability in magnesium diecasting alloys, Journal of Magnesium and Alloys, https://doi.org/10.1016/j.jma2020.05.008, aufgerufen am 02.11.2022
47. Von Buch, F., Mordike, B.L: Hochtemperatureigenschaften von Magnesiumlegierungen, Vortragstext eines Fortbildungsseminars der Deutschen Gesellschaft für Materialkunde e.V. in Zusammenarbeit mit dem Institut für Werkstofforschung des GKSS Forschungszentrum Geesthacht GmbH (2000)
48. von Buch, F. Schumann, S. Friedrich, H. E. Aghion, E. Bronfin, B.: Neue Mg-Druckgusslegierung MRI 153 für Anwendungen im Antriebsstrang. 9. Magnesium- Abnehmerseminar, Aalen (2001)
49. High Ductility, Creep Resistant Mg Alloy DSM-1, Mitteilung von Dr. N. Moskovich, Product Development Mgr., ICL-IP R&D, Be'er Sheva, Israel, 02.05.2022
50. Friedrich, H. E.; Schumann, S.: Research for a 'new Age of Magnesium' in the Automotive Industry. In: Materials Processing Technology 117, S. 276–281 (2001)
51. Friedrich, H.; Schumann, S.: Strategies for overcoming technological barriers to the increased use of magnesium in cars, 25th Annual commodity meeting of the Institution of Mining and Metallurgy, Geological Society, London, 30 January 2002, published as a professional paper in Trans. Instn. Min. Metall. (Sect. C: Mineral Process. Extr. Metall.), 111, The Institute of Materials, Minerals and Mining 2002
52. Lichy, A., Hoffmann, T., Kinninger, P., Borgmann, K.: Der neue BMW Reihensechzylinder Ottomotor, Hrsg.: BMW AG München, Firmenpublikation (2004)

53. Baril, E., Labelle, P., Fishersworring-Bunk, A.: AJ(Mg-Al-Sr)–Alloy System used for New Engine Block, SAE Technical Paper 2004-010659 (2004)
54. Krebs, R., Böhme, J., Doerr, J.: Magnesium-Hybrid- Turbomotoren von Audi, in: MTZ 66, S. 278–287 (2005)
55. Klaumünzer, D.: Legierungsentwicklung und Anwendungen für Magnesiumbleche im Automobil, Fachtagung WerkstoffPlusAuto 2019, Stuttgart
56. Friedrich, H.E., Schumann, S., The second age of Magnesium – Research strategies to bring the automotive industry's vision to reality, Proc. of the Second Israeli International Conference on Magnesium Science & Technology, Magnesium Research Institute Ltd, Be'er-Sheva, Israel (2000)
57. USAMP- United States Council for Automotive Research: Magnesium Version (2002).
58. DLRmagazin Nr. 166, Deutsches Zentrum für Luft- und Raumfahrt e.V., Köln (2020)
59. Kriescher, M., Brückmann, S., Salameh, W., Otto, M., Roettger, J. and Oswald, Katja (2015): *Entwicklung einer leichten, funktionsintegrierten Karosserie in Metall-Sandwich-Bauweise.* Symposium Lightweight Solutions, Hannover, 03.-04.11.2015,
60. Wagner, D.A., Logan, S., Wang, K., Skszek, T., Salisbury, C.P.: Test Results and FEA Predictions from Magnesium AM30 Extruded Beams in Bending and Axial Compression, in: Magnesium Technology 2009, The Minerals, Metals and Materials Society, pp. 541–549. (2009)
61. Wagner, D.A., Logan, S., Wang, K., Skszek, T.: Test Results and FEA Predictions from Magnesium AZ31 Sheet Beams in Bending and Axial Compression, in: S.R. Agnew, N.R. Neelameggham, E.A. Nyberg, W.H. Sillekens (Eds.) Magnesium Technology 2010, TMS (The Minerals, Metals & Materials Society), 2010, pp. 547–552
62. Ghaffari Tari, D., Worswick, M.J., Ali, U., and Gharghouri, M.A.: Mechanical response of AZ31B magnesium alloy: Experimental characterization and material modeling considering proportional loading at room temperature, International Journal of Plasticity 55, pp. 247–267. (2014)
63. Zhou, P., Beeh, E., Kriescher, M., Friedrich, H.E. and Kopp, G.: Dynamic bending behaviour of magnesium alloy rectangular thin-walled beams filled with polyurethane foam. International Journal of Crashworthiness. Taylor and Francis (2016).
64. Friedrich, H.E., Strategy for Next Generation Car's function integrated and lightweight designs, 76th Annual IMA World Magnesium Conference, Budapest, Hungary (2019)
65. Friedrich, H.E.: Magnesium intensive lightweight design for next generation car's structure, 3rd International Conference on Materials Design and Applications, Porto (2020)
66. Goede, M. et al.: Super Light Car – lightweight construction thanks to a multi material design and function integration, European Transport Review 1, 5–10 (2009)
67. Beeh, E., Sikora, S.P. und Rohrer, M.: New technological developments for applying magnesium in crash related vehicle structures, IMA World magnesium Conference, Barcelona, 2022
68. Friedrich, H. E.: Technologien zu Niedrigstverbrauch und -emissionen im Automobil, Vortrag Dep. Maschienbau und Verf.technik der ETH Zürich, Schweiz, 28.06.2002
69. http://www.businesskorea.co.kr/news/articleView.html?idxno=6128, aufgerufen am 06.07.2022
70. Luo, A., R. Shi, J. Miao and T. Avey, "Review: Magnesium Sheet Alloy Development for Room Temperature Forming", JOM, Vol. 73, No. 5, 2021
71. Czerwinski, F.: „Processing features of thixomolding magnesium alloys," Die Casting Engineer, Nr. 48(6), pp. 52–58, 2004.
72. Czerwinski, F.: Magnesium Injection Molding, Springer, 2008
73. Lohmüller, A., Körner, C. und Singer, R.F., „Neue Gießtechnologien: Ressourceneffizient und wirtschaftlich.," In: Neugebauer, R: (Hrsg.): Ressourceneffiziente Technologien für den Powertrain; International Chemnitz Manufacturing Colloquium ICMC 2012, S. 67–81

74. Private Kommunikation mit Prof. Dr. Sebastian Müller, Lehrstuhl für Gießereitechnik, Friedrich-Alexander-Universität Erlangen-Nürnberg, 2022
75. Lohmüller, A.; Hilbinger, M.; Franke, M.: Entwicklungen für das Magnesiumspritzgießen; Gießerei-Praxis, Druckguss 12/2015, S. 608–613
76. Lohmüller, A.; Scharrer, M.; Hilbinger, M.; Jenning, R.; Hartmann, M.; Singer, R.F.: Thixospritzgießen von Magnesiumlegierungen. Gießereiforschung 57 (2005), S. 2–9.
77. Lohmüller, A.; Scharrer, M.; Jenning, R.; Rauber, C.; Loos, M.; Kömpel, N.; Hilbinger, M.; Hartmann, M.; Singer, R.F.: Advances in Magnesium Thixomolding®, Neue Entwicklungen beim Thixospritzgießen von Magnesium, 15th Magnesium Automotive and User Seminar, 2007
78. Lohmüller, A.; Scharrer, M.; Jenning, R.; Hilbinger, M.; Hartmann, M.; Singer, R.F.: Injection Molding of Magnesium Alloys. In: K. U. Kainer (Hrsg.): 6th International Conference on Magnesium Alloys and their Applications, Wolfsburg, 18.-20. November 2003, Wiley-VCH, S. 738–743.
79. Private Kommunikation mit Dr. Lohmüller, Neue Materialien Fürth GmbH, 2021
80. Stefan Scharf, Marc Kujath, Bastian Sander, Holger Seidel, Eric Riedel, Wolfgang König, Chris Michealis, (Magdeburg), Jochen Volkert, Jörg tom Felde (Nürnberg) und Norbert Stein, Hagen Stein (Bad Langensalza): Innovatives Technologie- und Anlagenkonzept für eine nachhaltige Prozessgestaltung in Gießereien, GIESSEREI-SPECIAL 01/2019
81. IMA Award of Excellence for Automotive Cast Product Design – AZ91D Magnesium Charger Housing for the Subaru Crosstrek PlugIn Hybrid Vehicle (PHEV), www.intlmag.org/page/showcase2021, aufgerufen 11.03.2022
82. M. Peters, C. Leyens (Hrsg.); "Titan und Titanlegierungen", Wiley-VCH (2002)
83. J. C. Williams, A. F. Belov (Hrsg.); "Titanium and Titanium Alloys", Springer-Verlag NY, (2013)
84. Y. Kosaka, K. Faller, S. Fox; „Newly developed alloy sheets for the exhaust systems of motorcycles and automobiles", J. Mat. Science Vol 56 (2004), S. 32–34
85. O. Schauerte; "Titanium in Automotive Production", Vol 5, 6 (2003), S. 411–418
86. N. Konno, S. Mizuno, H. Nakaji, Y. Ishikawa; "Development of Compact and High-Performance Fuel Cell Stack", SAE Int. J. Alt. Power. 4(1):2015, https://doi.org/10.4271/2015-01-1175
87. D. G. Bansal, O. L. Eryilmaz, P. J. Blau; "Surface engineering to improve durability and lubricity of Ti-6Al-4V", J. Wear, Vol 271, 9–10 (2011), S. 2006–2015
88. J. Kiese, J. Zhang, O. Schauerte, L. Wagner; „Shot Peening to Enhance Strength of TIMETAL LCB for Application as Syspension Springs" in L. Wagner (Edt.) "Shot Peening", Wiley-VCH (2003)
89. J. Kiese, W. Walz, and B. Skrotzki; "Influence of Heat Treatment and Shot Peening on Fatigue Behavior of Suspension Springs Made of TIMETAL LCB", Proc. of Conf. Ti2003, Science and Technology, (Edt. G. Lütjering, J. Albrecht), Wiley-VCH, S. 3043–3050
90. M. Dietrich: "Titan-Aluminid-Legierungen – Eine Werkstoffgruppe mit Zukunft", Abschlußbericht, Projektträger Jülich (PTJ) im Auftrag des BMBF
91. S. Knippscheer, G. Frommeyer, P. J. Baur et al.; "TiAl Automotive Valves – Fabrication and Properties", in P. Winkler (Edt.) "Materials for Transportation Technology" Vol 1, Wiley VCH (2000)
92. „The Future for Automakers & Chemical Companies," *AT Kerarney,* 2012.
93. „Automotive The world moves with plastics. Plastics provice comfort and cost effective design opportunities," *PlasticEurope,* 2013.
94. „Plastics and Polymer Composites in Light Vehicles," 2020.
95. „Global Automotive Plastics Market for Passenger Cars," *Automotive Material Trends,* 2021.
96. S. Ratiu und A. Zgaverdea, „The Potential of Using Bio Plastic Materials in Automotive Applications.," *Materials Plastice,* Bd. 56, Nr. 4, pp. 901–909, 2019.

97. Plastikatlas. Daten und Fakten über eine Welt voller Kunststoff, 2019.
98. „Der lange Weg zum Plastik-Recycling in der Automobilindustrie (2020)," Knaufautomotive, 2020. [Online]. Available: https://knaufautomotive.com/de/recycelte-kunststoffe-in-der-automobilindustrie/. [Zugriff am 18 10 2020].
99. F. Meng, J. McKechnie, T. Turner, K. Wong, J. Stephen und S. Pickering, „Environmental Aspects of Use of Recycled Carbon Fiber Composites in Automotive Applications," *Environ. Sci. Technol.*, p. 12727–12736, 11 10 2017.
100. „Today's eMobility innovations require high-performance material solutions," BASF, [Online]. Available: https://plastics-rubber.basf.com/global/en/performance_polymers/industries/pp_automotive/applications/eMobility.html. [Zugriff am 18 10 2021].
101. W. Weißbach, M. Dahms und C. Jaroschek, „Kunststoffe (Polymere)," in *Werkstoffe und ihre Anwendungen*, Springer, 2018, pp. 306–397.
102. A. Patil, A. Patel und R. Purohit, „An overview of Polymeric Materials for Automotive Applications.," *Materials Today: Proceedings 4,* pp. 3807–3815, 2017.
103. „A Complete Guide to Polycarbonate (PC)," Omnexus, [Online]. Available: https://omnexus.specialchem.com/selection-guide/polycarbonate-pc-plastic. [Zugriff am 18 10 2021].
104. „INCREASING COMPLEXITY OF AUTOMOTIVE LED LIGHTING DESIGNS CREATES DEMAND FOR NOVEL AND EASY TO MOLD THERMOPLASTICS," SABIC, 2021. [Online]. Available: https://www.sabic.com/en/news/26366-sabic-provides-new-lexan-resin-family-to-support-automotive-led-lighting. [Zugriff am 18 10 2021].
105. „Bayblend®: Überragende Zähigkeit trifft auf Flammschutz," Solutions.covestro, [Online]. Available: https://solutions.covestro.com/de/marken/bayblend. [Zugriff am 18 10 2021].
106. D. Hirsch, „PMMA sorgt für Eleganz beim Mini," Plastverarbeiter, 2017. [Online]. Available: https://www.plastverarbeiter.de/roh-und-zusatzstoffe/pmma-sorgt-fuer-eleganz-beim-mini.html. [Zugriff am 19 10 2021].
107. B. Fassbender, J. Ackermann, P. Colburn, P. Marks, P. Battenhausen und U. Löffler, „Reliabiliry of PMMA for CPV lens applications," [Online]. Available: http://proceedings.ises.org/paper/swc2011/swc2011-0020-Fassbender.pdf. [Zugriff am 19 10 2021].
108. M. Ehsan, B. Reid und S. Hung-Jue, „Effect of moisture exposure on scratch resistance of PMMA," *Tribology International,* Nr. 69, pp. 46–51, 2014.
109. „Plexiglas," [Online]. Available: https://www.plexiglas.de/de. [Zugriff am 19 10 2021].
110. E. Gubbels, T. Heitz, M. Yamamoto, V. Chilekar, S. Zarbakhsh, M. Gepрägs, H. Köpnick, M. Schmidt, W. Brügging, J. Rüter und W. Kaminsky, Polyesters. Ullmann's Encyclopedia of Industrial chemistry, 2018.
111. Ultradur PBT Product Brochure BASF, 2013: BASF.
112. „Complete Guide on Polybutylene Terephthalate (PBT)," Omnexus, [Online]. Available: https://omnexus.specialchem.com/selection-guide/polybutylene-terephthalate-pbt-plastic. [Zugriff am 19 10 2021].
113. „Polyethylene Terephthalate (PET): A Comprehensive Review," Omnexus, [Online]. Available: https://omnexus.specialchem.com/selection-guide/polyethylene-terephthalate-pet-plastic. [Zugriff am 18 11 2021].
114. P. Heikkila, M. Lehtimaki und A. Harlin, „Electrospinning of polyamides with different chain compositions for filtration application," *Polymer Engineering and Science,* Bd. 48(6), pp. 1168–1176, 2008.
115. I. Carrascal, J. A. Casado, J. Polanco und F. Gutierrez-Solana, „Absorption and diffusion of humidity in fiberglass-reinforced polyamide," *Polymer Composites 26(5),* pp. 580–586, 2005.
116. „Applications of Polyamide/Nylon Products," Omnexus, [Online]. Available: https://omnexus.specialchem.com/selection-guide/polyamide-pa-nylon/key-applications. [Zugriff am 19 10 2021].
117. Ultramid PA Product Brochure, BASF, 2013.

118. „ASA (Acrylonitrile Styrene Acrylate),“ Omnexus, [Online]. Available: https://omnexus.specialchem.com/product-categories/thermoplastics-asa-acrylonitrile-styrene-acrylate. [Zugriff am 19 10 2021].
119. „TERLURAN GP-22.,“ Ineos-styrolution., [Online]. Available: http://www.ineos-styrolution.com/Product/-_Terluran-GP-22_SKU300600120827_lang_de_DE.html. [Zugriff am 19 10 2021].
120. „INEOS Styrolution Automotive Brochure,“ 2019.
121. „LURAN S 797SE,“ ineos-styrolution., [Online]. Available: http://www.ineos-styrolution.com/Product/-_Luran-S-797SE_SKU400700190200_lang_de_DE.html. [Zugriff am 19 10 2021].
122. „Comprehensive Guide on Polyvinyl Chloride (PVC),“ Omnexus. [Online]. [Zugriff am 19 10 2021].
123. Produktbroschüre BASF.
124. „Polyacetal: Detailed Information on POM and Its Features,“ Omnexus, [Online]. Available: https://omnexus.specialchem.com/selection-guide/polyacetal-polyoxymethylene-pom-plastic. [Zugriff am 09 11 2021].
125. D. Randall und S. Lee, The polyurethanes, WILEY, 2002.
126. „Elastoflex® E (PUR) : Halbhartes Schaumsystem,“ BASF, [Online]. Available: https://plastics-rubber.basf.com/emea/de/performance_polymers/products/elastoflex_e.html. [Zugriff am 09 11 2021].
127. „Elastoflex® W (PUR) : Flexibles Schaumsystem,“ BASF, [Online]. Available: https://plastics-rubber.basf.com/emea/de/performance_polymers/products/elastoflex_w.html. [Zugriff am 09 11 2021].
128. R. Leppkes, Polyurethane – Werkstoff mit vielen Gesichtern, Bd. 5. Auflage, Moderne Industrie, 2003.
129. K. Hübner, „75 Jahre Polyurethane – „Sie sind wohl doch nicht der richtige Mann“,“ *Chemie in unserer Zeit,* Bd. 46, Nr. 2, pp. 120–122, 2012.
130. H. Gausepohl und R. Gellert, Polystyrol, Hanser, 1996.
131. J. R. Wünsch, Polystyrene, RAPRA, 2000.
132. BASF, „Internationalen Marke Styropor“. 19 07 1954.
133. „Marktstudie Expandierbares Polystyrol – EPS,“ Ceresana, [Online]. Available: https://www.ceresana.com/de/marktstudien/kunststoffe/expandierbares-polystyrol/. [Zugriff am 28 09 2021].
134. „The Definitive Guide to Polypropylene (PP),“ Omnexus, [Online]. Available: https://omnexus.specialchem.com/selection-guide/polypropylene-pp-plastic. [Zugriff am 09 11 2021].
135. „Polypropylen im Automobilbau,“ SKZ, [Online]. Available: https://www.skz.de/bildung/tagung/polypropylen-im-automobilbau. [Zugriff am 09 11 2021].
136. „Polyethylene (PE) – Complete Guide,“ Omnexus, [Online]. Available: https://omnexus.specialchem.com/selection-guide/polyethylene-plastic. [Zugriff am 09 11 2021].
137. Lehrstuhl für Carbon Composites, *Vorlesung „Analysis and Design of Composite Structures“*, München: TU München, 2022.
138. A. Hohmann, „Nachhaltige Verbundwerkstoffe für Hochleistungsanwendungen,“ in *Technologietag Leichtbau BW – Global Lightweight Summit*, Stuttgart, 2021.
139. Voith Composites GmbH & Co. KG.
140. Boeing.
141. Lehrstuhl für Carbon Composites, TU München.
142. Fraunhofer IGCV, *Fiber Placement Techologien am Fraunhofer IGCV,* Augsburg, 2022.
143. Cevotec GmbH, „Fiber Patch Placement – das Verfahren,“ [Online]. Available: https://www.cevotec.com/fpp-technologie/. [Zugriff am 22. 08. 2022].
144. KARL MAYER Textilmaschinenfabrik GmbH.
145. Liba Maschinenfabrik GmbH.
146. R&G Faserverbundwerkstoffe GmbH.

147. Eurocopter Deutschland GmbH.
148. Institut für Flugzeugbau (IFB), Universität Stuttgart.
149. S. Strauß, A. Senz und J. Ellinger, „Comparison of the Processing of Epoxy Resins in Pultrusion with Open Bath Impregnation and Closed-Injection Pultrusion," *Journal of Composite Science,* September 2019.
150. S. Strauß, Sensitivitätsanalyse zum Prozessdesign der Closed-Injection Pultrusion innovativer Harzsysteme, München: Dr. Hut Verlag, 2022.
151. „JEC Composites Connected," [Online]. Available: jeccomposites-connect.events/essential_grid/pultrusion-for-popularization-of-cfrp-body-parts/. [Zugriff am 06. 06. 2022].
152. „compositesworld.com," [Online]. Available: https://www.compositesworld.com/articles/curved-profiles-radius-pultrusion. [Zugriff am 06. 06. 2022].
153. NN, *Abschlussbericht MAI Skelett,* MAI Carbon, 2015.
154. J. Lescheticky, P. Bernst, P. Amann, M. Holzinger, O. Schwahofer, F. Erhart und R. Lebmeier, „Schlussbericht aller Partner über das Förderprojekt „MAI CC4 rapidskelet" (unveröffentlicht)," München, 2023.
155. H. Mason, „Compositesworld.com," 22. 12. 2021. [Online]. Available: https://www.compositesworld.com/articles/bmw-rolls-out-multi-material-carbon-cage-with-2022-ix-vehicle-line. [Zugriff am 30. 07. 2022].
156. Automobili Lamborghini S.p.A.
157. BMW AG.
158. Teufelberger GmbH.
159. Lehrstuhl für Carbon Composites, *Vorlesung „Auslegung und Bauweisen von Composite Strukturen",* TU München, 2012.
160. Lehrstuhl für Carbon Composites, *Vorlesung „Production Technologies for Composite Parts",* München: TU München, 2022.
161. R. Jones, Mechanics of Composite Materials, Taylor & Francis, 1999.
162. F. Trochu, R. Gauvin, D. Gao und J.-F. Boudreault, „RTMFLOT – an Integrated Software Environment for the Computer Simulation of the Resin Transfer Molding Process," *Journal of Reinforced Plastics and Composites 13(3),* pp. 262–270, 1994.
163. Lehrstuhl für Carbon Composites, *Vorlesung „Materialmodellierung und Prozesssimulation",* TU München, 2012.
164. Oak Ridge National Laboratory, „Crashworthiness of carbon fiber composites," 2021. [Online]. Available: https://energy.ornl.gov/CFCrush/rate_tests/rate_tests.cgi.
165. C. Pohl, M. Toenjes, C. Liebold, M. Ploeckl, H. Koerber, L. Avila Gray, D. Colin und K. Drechsler, „Numerical prediction of composite damage behavior: A modeling approach including the strain-rate-dependent material response," *Composite Structures,* 2022.
166. Allianz SE, [Online]. Available: http://www.sponsoring.allianz.com/en/.
167. McLaren Automotive Limited, 22. 11. 2012. [Online]. Available: http://media.mclarenautomotive.com/images/model/4/.
168. A. Wüllner, „Carbon fibers in automotive series production," in *Sampe Summit 2015*, 2015.
169. Henkel, „Henkel-Partnerschaft mit Benteler-SGL zahlt sich aus: Komposit-Blattfedern in weiteren Volvo-Modellen," 14. 03. 2017. [Online]. Available: https://www.henkel.de/presse-und-medien/presseinformationen-und-pressemappen/2017-03-14-henkel-partnerschaft-mit-benteler-sgl-zahlt-sich-aus-komposit-blattfedern-in-weiteren-volvo-modellen-748208. [Zugriff am 30. 07. 2022].
170. Henkel, „Henkel präsentiert auf der JEC World 2017 innovative Kompositanwendungen für die Automobilindustrie," 10. 03. 2017. [Online]. Available: https://www.henkel.de/presse-und-medien/presseinformationen-und-pressemappen/2017-03-10-henkel-praesentiert-auf-der-jec-wor

ld-2017-innovative-kompositanwendungen-fuer-die-automobilindustrie-747782. [Zugriff am 30. 07. 2022].

171. R. Ernst-Siebert und S. Grasser, „Großserienfertigunjg vom Faserverbund-Blattfedern," *Lightweight Design,* pp. 18–21, III/2018.
172. teslamag.de, „Motor-Technik: Maschine für neuen Plaid-Antrieb bei Tesla stammt aus Deutschland," 09. 08. 2021. [Online]. Available: https://teslamag.de/news/motor-technik-maschine-neuer-plaid-antrieb-tesla-deutschland-entwickelt-39871. [Zugriff am 30. 07. 2022].
173. SGL Carbon, „Batteriegehäuse für Elektroautos," [Online]. Available: https://www.sglcarbon.com/loesungen/anwendung/batteriegehaeuse/#. [Zugriff am 30. 07. 2022].
174. S. Schaal, „„FlatHyStor": Deutsches Konsortium entwickelt flachen H2-Tank," 07. 07. 2022. [Online]. Available: https://www.electrive.net/2022/02/07/flathystor-deutsches-konsortium-entwickelt-flachen-h2-tank/. [Zugriff am 28. 07. 2022].
175. M. Ruf, H. Stahl, K. Kunze, S. Zaremba und A. Horoschenkoff, „Neue Bauweisen von Wasserstoffdruckbehältern für die Integration in zukünftige Fahrzeugarchitekturen," in *Proceedings of the Munich Symposium on Lightweight Design 2020*, 2021.
176. E. Gleis, K. Kind, S. Zaremba und K. Drechsler, „Development of a manufacturing process for a cuboidal pressure vessel with tension struts," in *ECCM 20*, Lousanne, 2022.
177. Carbon Truck and Trailer GmbH, Buxtehude, 2022.
178. F. Manis, Thermische Behandlung und mechanische Bewertung von Carbonfasern im Recyclingprozess, München: Dr. Hut Verlag, 2021.
179. F. Manis, G. Stegschuster, H. Osburg, H. Paulus, S. Keller und P. Seiwald, „MAI CaRinA Abschlussbericht," Fraunhofer Publica, Augsburg, 2021.
180. Goldschmitt, A. und Streitberger, H.-J. BASF Handbuch der Lackiertechnik. s.l.: Vincentz Verlag.
181. Han, J., Thierry, D. und Ogle, K. 402, 2020, Surface & Coatings Technology, S. 126236ff.
182. Rausch, W. Die Phospahtierung von Metallen. s.l.: Eugen G. Leuze Verlag KG, 2005.
183. Narayanan, T. S. N. S. 2005, Rev. Adv. Mater. Sci., Bd. 9, S. 130pp.
184. Effects of heavy metal additions and crystal modification on the zinc phosphating of electrogalvanized steel sheet. Satoh, N. 1987, Surf. Coatings Techn., Bd. 30, S. 171 ff.
185. The alkaline stability of phosphate coatings I: ICP atomic emission spectroelectrochemistry. Ogle, K., et al. 2004, Corrosion Science, Bd. 46, S. 979 ff.
186. Ogle, K. und Keil, P. Corrosion Rate Measurements after Surface Treatment. Mesure de la Corrosion: De la Conceptualisation à la Méthodologie. s.l.: PU POLYTECHNIQU, 2016, S. 213–238.
187. Review – Conversion Coatings Based on Zirconium and/or. Milosev, I. und Frankel, G.S. 2018, Journal of The Electrochemical Society, Bd. 165, S. C127–C144.
188. Deck, P. D. und Reichgott, D. W. 1992, Met. Fin., Bd. 90, S. 29.
189. Deck, P. D., Moon, M. und Sujdak, R. J. 24, 1998, Prog. Org. Coat., S. 39.
190. Hosseini, R. Mohammad, et al. 258, 2014, Surf. Coat. Technol., S. 437.
191. Laha, P., Schram, T. und Terryn, H. 34, 2002, Surf. Interface Anal., S. 667.
192. Adhikari, S., et al. 56, 2011, Electrochimica Acta, S. 1912.
193. Taheri, P., et al. 356, 2015, Appl. Surf. Sci., S. 837.
194. Andreatta, F., et al. 77, 2014, Prog. Org. Coat., S. 2107.
195. Boyd, D.W. und Zwack, R.R. 27, 1996, Prog. Org. Coat., S. 25–32.
196. Hintze-Bruening, H., Troutier-Thuiliez, A.-L. und Leroux, F. 64, 2009, Prog. Org. Coat., S. 193–204.
197. On the combined use of UVA, HALS, photooxidation, and fracture energy measurements to anticipate the long-term weathering performance of clearcoat/basecoat automotive paint systems. Gerlock, J.L., Kucherov, A.V. und Nichos, M.E. 2001, J. Coat. Technol., Bd. 73, S. 45–54.

198. Highly scratch resistant coatings for automotive applications. Groenewolt, M. 2008, Progress in Organic Coatings, Bd. 61, S. 106–109.
199. Löw, N. und Hezel, F. 2021, European Coatings Journal, Bd. Februar.
200. Czichos, Horst und Habig, Karl-Heinz, [Hrsg.]. Tribologie-Handbuch: Tribometrie, Tribomaterialien, Tribotechnik. Wiesbaden: Springer Fachmedien Wiesbaden GmbH, 2020. ISBN 978-3-658-29483-0.
201. Popov, Valentin L. Kontaktmechanik und Reibung: Von der Nanotribologie bis zur Erdbebendynamik. 3. aktualisierte Auflage. Wiesbaden: s.n., 2016. ISBN 978-3662459744.
202. ISO. Metallische Werkstoffe – Instrumentierte Eindringprüfung zur Bestimmung der Härte und anderer Werkstoffparameter. DIN EN ISO 14577.
203. BALINIT A: Titannitrid von Anfang an – die weltweit erste Verschleißschutz PVD-Beschichtung. [Online] [Zitat vom: 29. 11 2021.] https://www.oerlikon.com/balzers/de/de/portfolio/balzers-oberflaechenloesungen/pvd-und-pacvd-basierte-beschichtungsloesungen/balinit/tin-basiert/balinit-verschleissschutz-durch-duennfilmbeschichtung-a/?tab=weitere_informationen_6.
204. Vetter, Jörg, et al. Plasmagestützte Beschichtungsverfahren: Grundlagen, Technologien, Anlagen und industrielle Anwendungen. Landsberg/Lech: Verlag Moderne Industrie, 2017. Die Bibliothek der Technik – Band 394. ISBN 978-3-86236-117-5.
205. Mattox, Donald M. Handbook of Physical Vapor Deposition (PVD) Processing. s.l.: Elsevier William Andrew, 2000. ISBN 9780815520375.
206. Dearnley, P. A. und Liskiewicz, T. Vapor Deposition Coating Technologies (CVD, PACVD, PVD, and Hybrid PVD-CVD) and Their Tribological Application. [Hrsg.] Q. J. Wang und YW. Chung. Boston: Springer, 2013. Bd. Encyclopedia of Tribology. https://doi.org/10.1007/978-0-387-92897-5_705.
207. Hashmi, Saleem, [Hrsg.]. Comprehensive Materials Processing. s.l.: Elsevier Science, 2014. ISBN 978-0-08-096533-8.
208. Fauchais, Pierre L., Heberlein, Joachim V. R. und Boulos, Maher I. Thermal Spray Fundamentals. Boston: Springer, 2014. 978-1-4939-7904-2.
209. Cavaliere, Pasquale, [Hrsg.]. Laser Cladding of Metals. Cham: Springer, 2021. 978-3-030-53197-3.
210. Martin, Peter M., [Hrsg.]. Handbook of Deposition Technologies for Films and Coatings. s.l.: Elsevier/William Andrew, 2010. ISBN 978-0-8155-2031-3.
211. Vetter, Joerg, et al. Quo Vadis: AlCr-Based Coatings in Industrial Applications. Coatings. Bd. 11, 3: 344.
212. Sousa, Vitor F. C., et al. Characteristics and Wear Mechanisms of TiAlN-Based Coatings for Machining Applications: A Comprehensive Review. Metals. Bd. 11, 2: 260.
213. Bouteiller, Bernard, et al. New Ceramic Thermal Barrier Coatings Development in a Spark-Ignition Engine – Experimental Investigation. New Ceramic Thermal Barrier Coatings Development in a Spark-Ignition Engine – Experimental Investigation. Yokohama: s.n., 2019. ffhal-02295138f.
214. Kosaka, Hidemasa, et al. Concept of "Temperature Swing Heat Insulation" in Combustion Chamber Walls, and Appropriate Thermo-Physical Properties for Heat Insulation Coat. SAE International Journal of Engines. 08. 04 2013, Bd. 6, 1, S. 142–149.
215. Donnet, Christophe und Erdemir, Ali, [Hrsg.]. Tribology of Diamond-like Carbon Films: Fundamentals and Applications. New York: Springer Science + Business Media, LLC, 2006. ISBN 978-0-387-30264-5.
216. Vetter, Jörg. 60 years of DLC coatings: Historical highlights and technical review of cathodic arc processes to synthesize various DLC types, and their evolution for industrial applications. Surface and Coating Technology. 25. October 2014, Bd. Volume 257, S. 213–240.

217. VDI. VDI 2840: 2012-06. Kohlenstoffschichten – Grundlagen, Schichttypen und Eigenschaften. 2012.
218. ISO. ISO 20523: 2017-09. Kohlenstoffschichten – Klassifizierung und Bezeichnungen. 2017.
219. Ueda, Mao, Kadiric, Amir und Spikes, Hugh. Wear of hydrogenated DLC in MoDTC-containing oils. Wear. 2021, Bde. 474–475.
220. Becker, J., et al. Thermal effects influencing stability and performance of coatings in automotive applications. Surface and Coatings Technology. 25. 12 2015, Bd. 284, S. 166–172.
221. Cha, Sung Chul und Erdemir, Ali, [Hrsg.]. Coating Technology for Vehicle Applications. Cham: Springer International Publishing AG, 2016. ISBN 978-3-319-14770-3.
222. Oerlikon Balzers. Innovative PVD-Beschichtungslösungen für hochbeständige Präzisionskomponenten. [Online] [Zitat vom: 30. 11 2021.] file:///C:/Users/juergen.becker/Downloads/HQ205DE_General_Engineering%20(2).pdf.
223. DIN. DIN 4855: 2015-09. Kohlenstoffschichten – DLC-Schichten – Beschreibung der Schichtarchitektur. 2015.
224. Was ist Thermisches Spritzen? Gemeinschaft Thermisches Spritzen e. V. [Online] [Zitat vom: 30. 11 2021.] https://www.gts-ev.de/.
225. DIN. DIN EN ISO 14917: 2017-08. Thermisches Spritzen – Begriffe, Einteilung (ISO 14917:2017); Deutsche Fassung EN ISO 14917:2017.
226. Oerlikon Metco. Thermische Spritzverfahren. Oerlikon Metco. [Online] [Zitat vom: 01. 12 2021.] https://www.oerlikon.com/metco/de/loesungen-und-technologien/technologie/verfahrensloesungen/thermische-spritzverfahren/.
227. Gesellschaft für Tribologie. Was ist Tribologie. GfT Gesellschaft für Tribologie e. V. [Online] [Zitat vom: 30. 11 2021.] https://www.gft-ev.de/de/home_de/.
228. Woydt, Mathias und Wäsche, Rolf. The history of the Stribeck curve and ball bearing steels: The role of Adolf Martens. Wear. 2010, Bd. 260, S. 1542–1546.
229. Oerlikon Balzers. Automobile Komponenten. Oerlikon Balzers. [Online] [Zitat vom: 01. 12 2021.] https://www.oerlikon.com/balzers/de/de/maerkte/automobile-components/.
230. Merker, Günter P. und Teichmann, Rüdiger, [Hrsg.]. Grundlagen Verbrennungsmotoren. Wiesbaden: Springer Vieweg, 2018. ATZ/MTZ-Fachbuch. ISBN 978-3-658-19211-2.
231. Tschöke, Helmut, Mollenhauer, Klaus und Maier, Rudolf, [Hrsg.]. Handbuch Dieselmotoren. Wiesbaden: Springer Fachmedien, 2018. ISBN 978-3-658-07696-2.
232. Basshuysen, Richard van, [Hrsg.]. Ottomotor mit Direkteinspritzung und Direkteinblasung. Wiesbaden: Springer Fachmedien, 2017. ISBN 978-3-658-12214-0.
233. Wärmeleitfähigkeit. www.chemie.de. [Online] [Zitat vom: 01. 12 2021.] https://www.chemie.de/lexikon/wärmeleitfähigkeit.html.
234. Wärmekapazität. www.chemie.de. [Online] [Zitat vom: 01. 12 2021.] https://www.chemie.de/lexikon/wärmekapazität.html.
235. Wärmeübergangskoeffizient. chemie.de. [Online] [Zitat vom: 01. 12 2021.] https://www.chemie.de/lexikon/wärmeübergangskoeffizient.html.
236. Taibani, Arif, et al. Analysis of Temperature Swing Thermal Insulation for Performance Improvement of Diesel Engines. SAE International Journal of Engines. 2019, Bd. 12, 2, S. 117–128.
237. Kosaka, Hidemasa, et al. Concept of Thermo-swing Heat Insulation on Combustion Chamber Walls and Required Thermo-physical Properties for Heat Insulation Coating. R&D Review of Toyota CRDL. 2017, Bd. 48, 4.
238. Schaedler, Tobias und Andruskiewicz, Peter. Temperature-Following Thermal Barrier Coatings for High-Efficiency Engines. Department of Energy (DOE) Vehicle Technologies Office. [Online] 2020. [Zitat vom: 01. 12 2021.] Presentation given by Department of Energy (DOE) at the 2020 DOE Vehi-cle Technologies Office Annual Merit Review about Advanced

Combustion Systems. https://www.energy.gov/eere/vehicles/downloads/temperature-following-thermal-barrier-coatings-high-efficiency-engines-0.
239. Wärmedämmschicht. de.wikipedia.org. [Online] [Zitat vom: 01. 12 2021.] https://de.wikipedia.org/wiki/Wärmedämmschicht.
240. Yan, Ziming, et al. The Effects of Thick Thermal Barrier Coatings. SAE International Journal of Advances and Current Practices in Mobility. 2020, Bd. 2, 4, S. 1786–1799.
241. Werkstoff 1.7225, 42CrMo4+QT Datenblatt. www.weltstahl.com. [Online] [Zitat vom: 01. 12 2021.] https://www.weltstahl.com/werkstoff-1-7225-42crmo4-qt-datenblatt-eigenschaften-haerten-vergueten/.
242. Turbocharger. Wikimedia Commons. [Online] [Zitat vom: 01. 12 2021.] https://commons.wikimedia.org/wiki/File:Turbocharger_transparent_background.png.
243. Pucher, Helmut und Zinner, Karl. Aufladung von Verbrennungsmotoren. 4. s.l.: Springer-Verlag Berlin Heidelberg, 2012. ISBN 978-3-642-28989-7.
244. Lüddecke, Bernhardt. Stationäres und instationäres Betriebsverhalten von Abgasturboladern. Wiesbaden: Springer Fachmedien Wiesbaden, 2016. ISBN 978-3-658-12780-0.
245. Ernst, Peter. SUMEBore – The Coating Solution to Protect Cylinder Liner Surfaces. SAE International Journal of Engine. 2012, Bd. 5, 4, S. 1802–1811.
246. Oerlikon Metco. SUMEBore Hochleistungsbeschichtungen für Zylinderlaufflächen. [Online] [Zitat vom: 01. 12 2021.] https://www.oerlikon.com/ecoma/files/BRO-0028.2_SUMEBore_DE.pdf.
247. Dorrmann, Lydia, et al. VDE Studie Kompendium: Li-Ionen-Batterien. www.dke.de. [Online] [Zitat vom: 01. 12 2021.] https://www.dke.de/resource/blob/933404/93b9f6730df1dfbc448eed515b7647b3/kompendium-li-ionen-batterien-data.pdf.
248. DKE. Lithium-Ionen-Akkus. www.dke.de. [Online] [Zitat vom: 01. 12 2021.] https://www.dke.de/de/arbeitsfelder/components-technologies/lithium-ionen-akkus.
249. Liang, XiaoPing, et al. Research progress of all solid-state thin film lithium Battery. IOP Conference Series: Earth and Environmental Science. 2019, Bd. 218, 012138.
250. Advanced Battery Electrode; Development and Manufacturing. www.durr.com. [Online] https://www.durr.com/fileadmin/durr.com/04_Company/01_Events/2019/duerr-advanced-battery-brochure.pdf.
251. Lobe, Sandra, et al. Physical Vapor Deposition in Solid-State Battery Development: From Materials to Devices. Advanced Science. 2021.
252. Masias, Alvaro, Marcicki, James und Paxton, William A. Opportunities and Challenges of Lithium Ion Batteries in Automotive Applications. ACS Energy Letters. 12. February 2021, Bd. 6, 2, S. 621–630.
253. Pasta, Mauro, et al. 2020 roadmap on solid-state batteries. Journal of Physics: Energy. 2020, Bd. 2, 3.
254. Fuel Cell Lab. Green Technology Laboratory. [Online] [Zitat vom: 01. 12 2021.] https://research.engineering.ucdavis.edu/greentech/fuel-cell/.
255. DOE Technical Targets for Polymer Electrolyte Membrane Fuel Cell Components. HYDROGEN AND FUEL CELL TECHNOLOGIES OFFICE – ENERGY.GOV. [Online] [Zitat vom: 01. 12 2021.] https://www.energy.gov/eere/fuelcells/doe-technical-targets-polymer-electrolyte-membrane-fuel-cell-components.
256. 2020 Hydrogen and Fuel Cell Technologies Office Webinar Archives. HYDROGEN AND FUEL CELL TECHNOLOGIES OFFICE – ENERGY.GOV. [Online] [Zitat vom: 01. 12 2021.] https://www.energy.gov/eere/fuelcells/2020-hydrogen-and-fuel-cell-technologies-office-webinar-archives.
257. James, Brian. 2018 Cost Projections of PEM Fuel Cell Systems for Automobiles and Medium-Duty Vehicles. www.energy.gov. [Online] 25. 04 2018. [Zitat vom: 01. 12 2021.] https://

www.energy.gov/sites/prod/files/2018/04/f51/fcto_webinarslides_2018_costs_pem_fc_autos_trucks_042518.pdf.
258. Odetola, Peter, et al. Electrodeposition of Functional Coatings on Bipolar Plates for Fuel Cell Applications – A Review. [Hrsg.] Adel M. A. Mohamed und Teresa D. Golden. Electrodeposition of Composite Materials. s.l.: IntechOpen.
259. Ijaodola, Oluwatosin, et al. Evaluating the Effect of Metal Bipolar Plate Coating on the Performance of Proton Exchange Membrane Fuel Cells. Energies. 2018, Bd. 11, 11.
260. Thompson, Simon T., et al. Direct hydrogen fuel cell electric vehicle cost analysis: System and high-volume manufacturing description, validation, and outlook. Journal of Power Sources. 30. 09 2018, Bd. 339, S. 304–313.
261. Xu, Zhutian, et al. Towards mass applications: A review on the challenges and developments in metallic bipolar plates for PEMFC. Progress in Natural Science: Materials International. 12 2020, Bd. 30, 6, S. 815–824.
262. Porstmann, S., Wannemacher, T. und Drossel, W.-G. A comprehensive comparison of state-of-the-art manufacturing methods for fuel cell bipolar plates including anticipated future industry trends. Journal of Manufacturing Processes. 2020, Bd. 60, S. 366–383.
263. Leng, Yu, et al. Stainless steel bipolar plates for proton exchange membrane fuel cells: Materials, flow channel design and forming processes. Journal of Power Sources. 01. 03 2020, Bd. 451.
264. Global Light Vehicle Powertrain Forecast – Quarter 3, 2021. *LMC Automotive.* [Online] 06. 12 2021. https://compass.lmc-auto.com.
265. BMW. Berstdruckfestes Polyamid für Ansaugrohre, Automobil Industrie, Vogel Communications Group. [Online] 16. 06 2021. https://www.automobil-industrie.vogel.de/berstdruckfestes-polyamid-fuer-ansaugrohre-a-80472.
266. BASF SE. Saugrohre aus Ultramid® bei Kosten und Umweltverträglichkeit mit klaren Vorteilen. *basf.com.* [Online] 15. 06 2021. https://www.basf.com/global/de/who-we-are/sustainability/we-drive-sustainable-solutions/quantifying-sustainability/eco-efficiency-analysis/examples/saugrohre.html.
267. R. Holschuh, T. Bayerl. Plastics in Automotive Engineering. *Mit gesamtheitlichen Lösungen die Zukunft der Elektromobilität gestalten.* s.l.: VDI-Tagung, 2021.
268. UL 94 Standard for Safety. *Tests for Flammability of Plastic Materials for Parts in Devices and Appliances.* Northbrook: Underwriter Laboratories Inc., 2018.
269. Regelung Nr. 100 der Wirtschaftskommission der Vereinten Nationen für Europa (UN/ECE). *Einheitliche Bedingungen für die Genehmigung der Fahrzeuge hinsichtlich der besonderen Anforderungen an den Elektroantrieb, Rechtsakte.* s.l.: UN/ECE, 2010.
270. Global Technical Regulation on the Electric Vehicle Safety (EVS). *Addendum 20: Global Technical Regulation No. 20.* Genf: United Nations, 2018.
271. DIN EN 62631-3-1 Dielektrische und resistive Eigenschaften fester Isolierstoffe. *Teil 3–1: Bestimmung resistiver Eigenschaften (Gleichspannungsverfahren) – Durchgangswiderstand und spezifischer Durchgangswiderstand- Basisverfahren (IEC 62631-3-1:2016);.* Berlin: DIN Deutsches Institut für Normung e.V. und VDE Verband der Elektrotechnik Elektronik Informationstechnik e.V., 2016.
272. DIN EN 62631-3-2 Dielektrische und resistive Eigenschaften fester Isolierstoffe. *– Teil 3–2: Bestimmung resistiver Eigenschaften (Gleichspannungsverfahren) – Oberflächenwiderstand und spezifischer Oberflächenwiderstand (IEC 62631-3-2:2015).* Berlin: DIN Deutsches Institut für Normung e.V. und VDE Verband der Elektrotechnik Elektronik Informationstechnik e.V., 2016.
273. DIN EN 60243-1 Elektrische Durchschlagfestigkeit von isolierenden Werkstoffen – Prüfverfahren. *Teil 1: Prüfungen bei technischen Frequenzen (IEC 60243-1:2013); Deutsche Fassung*

EN 60243-1:2013,. Berlin: DIN Deutsches Institut für Normung e.V. und VDE Verband der Elektrotechnik Elektronik Informationstechnik e.V., 2013.
274. ASTM D3638 – 12. *Standard Test Method for Comparative Tracking Index of Electrical Insulating Materials.* West Conshohocken: ASTM International, 2012.
275. IEC 60112 – Method for the determination of the proof and the comparative tracking indices of solid insulating materials Edition 5.0 2020-10. Genf: IEC International Electrotechnical Commission, 2020.
276. BASF. Engineering plastics and polyurethanes for automotive electrics. *Products, applications, typical values.* s.l.: BASF SE Broschüre, 2016. S. 44–45.
277. Huntsman Corp. Charged Virtual Conference – EV Engineering. https://chargedevs.com/sessions. [Online] 04. 04 2021.
278. Raschig Gmbh, Markus Walcher. Neue Lösungen für E-Mobilität, Thermisch leitfähige duroplastische Kunststoffe. *VDI-Berichte.* 2020, 2369.
279. Mohan, Pragyan. A Critical Review: The Modification, Properties and Applications of Epoxy Resins. *Polymer-Plastics Technology and Engineering.* 52, 2013, Bd. 2, S. 107–125.

Leichtbau

4

Horst E. Friedrich und Gerd Müller

4.1 Motivation für die „Königsdisziplin" Leichtbau

Obwohl weltweit nur etwa ein Viertel der von Menschen verursachten CO_2-Emissionen aus dem Verkehr insgesamt stammt, hat sich der gesellschaftliche und politische Einfluss ebenfalls auf diesen Sektor extrem verstärkt (Abb. 4.1). In Zusammenhang mit der CO_2-Wirkung auf Erderwärmung und Klimawandel sind entsprechende Zielvorgaben unverzichtbar und für Neufahrzeuge auch in Europa genannt.

Die Treibhausgasemissionen aus dem Verkehr in der EU und nach Verkehrsmitteln zeigen bis zum Jahr 2020 mit dem Rückgang des Verkehrsaufkommens durch den Beginn der COVID-Pandemie (es ist davon auszugehen, dass dieser Effekt ein vorübergehender ist), v. a. aber mit den Szenarien für die nächsten Jahre alles andere als den gewünschten Verlauf (Abb. 4.2). Generell gilt, dass gerade der straßengebundene Verkehr in keiner Weise die notwendigen Rückgänge an CO_2-Emissionen realisiert.

Für die Fahrzeugtechnik bedeutet dies auch und gerade den Imperativ, Energieverbrauch und die Emissionen zu vermindern, generell alle Prozesse von Herstellung, Nutzung und End-of-Life emissionsarm oder -frei zu gestalten. Die Fahrzeugphysik adressiert dabei ehrgeizige Leichtbaukonzepte durch reduzierte Fahrwiderstände sowohl bei konventionell angetriebenen als auch elektrischen Fahrzeugen.

H. E. Friedrich (✉)
Bureaux.HEF, Tapfheim, Deutschland

G. Müller
Institut für Land- und Seeverkehr, Technische Universität Berlin, Berlin, Deutschland
E-Mail: gerd.mueller@tu-berlin.de

H. E. Friedrich, G. Muller (Hrsg.), *Werkstoffe und Bauweisen in der Fahrzeugtechnik*, ATZ/MTZ-Fachbuch, https://doi.org/10.1007/978-3-662-65269-5_4

Motivation

- Umsteuerung bei Energie und Ressourcen
- Bevölkerungswachstum / Verstädterung hält an – verstärkte Nachfrage nach neuen Mobilitätsmustern
- Gesetzgebung spiegelt Wandel in der Gesellschaft

Bedeutung des Leichtbaus in der Fahrzeugtechnik:

- Reduktion der Fahrwiderstände durch verringerte Fahrzeugmasse
- Niedriger Verbrauch / CO_2-Emission
- Verbesserte Fahrdynamik
- Erfüllung Gesetzgebung / Standards

Abb. 4.1 Motivation für den Leichtbau

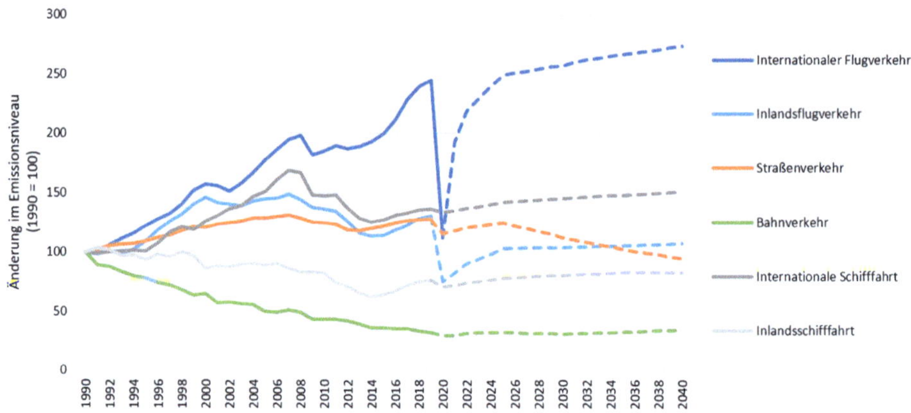

Abb. 4.2 Treibhausgasemissionen aus dem Verkehr in der EU, nach Verkehrsmittel und Szenario, Greenhouse gas emissions from transport in Europe (europa.eu), nach [2]

Bei Personenkraftwagen (Pkw) gilt:

2009 führte die Europäische Kommission mit der Verordnung Nr. 443/2009 eine durchschnittliche CO_2-Emissionsgrenze von 130 g/km bis 2015 und 95 g/km bis 2020 für neu zugelassene Kraftfahrzeuge der Kategorie M1 (Pkw) ein [1, 2]. Die letzte Aktualisierung der Verordnung im Jahre 2019 legt die Zielvorgabe für den durchschnittlichen CO_2-Ausstoß für 2030 auf umgerechnet 59 g/km fest [3].

Die spezifischen Grenzen für einzelne Hersteller werden auf Basis des Fahrzeuggewichts ihrer Flotte bestimmt. Darüber hinaus gibt es Superkredite und Ökoinnovationen, die bei der Bestimmung der herstellerspezifischen Ziele angerechnet werden können. Rein batterieelektrische Fahrzeuge werden beispielsweise bei der Berechnung mit Null-Emissionen angesetzt. Hersteller, die die spezifischen CO_2-Grenzwerte nicht einhalten, müssen bei einer Grenzwertüberschreitung 95 € pro Fahrzeug und Gramm CO_2 zahlen [1].

Für Nutzfahrzeuge (SNFZ) betrifft:

Im Gegensatz zu Pkw und leichten Nutzfahrzeugen, für die schon seit dem Jahr 2009 gesetzliche CO_2-Vorgaben gelten, wurden für SNFZ erst im Jahr 2019 Richtlinien zur CO_2-Reduktion beschlossen [3]. Die durchschnittlichen CO_2-Emissionen pro km ab 2025 sollen um mindestens 15 % im Vergleich zu einer Referenzflotte 2019/2020 niedriger sein. Ab dem Jahr 2030 soll die Verringerung mindestens 30 % betragen, wiederum verglichen mit 2019/2020.

Für die Bestimmung des besagten Referenzwertes wurde aufgrund der großen Anzahl an möglichen Varianten und Einsatzzwecken von Lastkraftfahrzeugen mit der Verordnung (EU) 2017/2400 [4] ein simulationsbasiertes Verfahren eingeführt, mit dem für jedes Fahrzeug individuell der zu erwartende Kraftstoff- und Energieverbrauch berechnet wird. Die Berechnungen werden mit dem für die Europäische Kommission entwickelten Simulationsmodell VECTO (Vehicle Energy Consumption Calculation Tool) durchgeführt.

Die Verbrauchseinsparung galt viele Jahre als eine wichtige Aufgabe für die Fahrzeugindustrie. Schon vor mehr als 20 Jahren allerdings konstatierte Seiffert [5]: „Allein durch weitere kontinuierliche Verbesserung im Antriebsstrang kann die notwendige Verbrauchsreduzierung nicht erreicht werden". Zusätzlich müsse man das Fahrzeuggewicht verringern. Die Zunahme der Gewichte wurde vor allem verursacht durch höhere gesetzliche Anforderungen an die Fahrzeugsicherheit, gestiegene Ansprüche der Käufer (Servolenkung, Klimaanlage, Elektrifizierung, Fahrzeugabmessungen etc.) sowie neue Fahrzeugkonzepte und Styling.

Die Masse und deren Verteilung im Fahrzeug sind wichtige Faktoren im Automobil, neben dem Energiebedarf auch hinsichtlich des Fahrverhaltens. Dies wirkt sich besonders auf die Agilität des Fahrzeugs aus, ebenso auf die Sicherheit und die Zuladung.

Durch den Einsatz neuer Leichtbaustrategien ließ sich der über viele Jahre andauernde Aufwärtstrend bei der Fahrzeugmasse zunächst verringern. Eine zusätzliche Herausforderung stellen allerdings die Batteriegewichte in der Transformation zur Elektromobilität dar. Zwischen 2016 und 2020 stieg das Fahrzeuggewicht der in der EU neu zugelassenen Fahrzeuge auf 1457 kg an, das entspricht einer Zunahme von 15 % gegenüber 2001. Hybridfahrzeuge, die den konventionellen mit einem elektrischen Antrieb kombinieren, kommen auf 1921 kg, bei Batteriefahrzeugen beträgt das Fahrzeuggewicht 1696 kg. Die Situation für einzelne Länder zeigt Abb. 4.3a und für verschiedene Fahrzeugsegmente Abb. 4.3b [6].

Neben den verschiedenen Fahrzyklen und dem realen Fahrverhalten des Kunden sind zunächst die Fahrwiderstände zu betrachten.

Eine kurze Betrachtung zur Fahrzeugphysik beleuchtet dafür Einfluss und Zusammenhänge mit der Fahrzeugmasse:

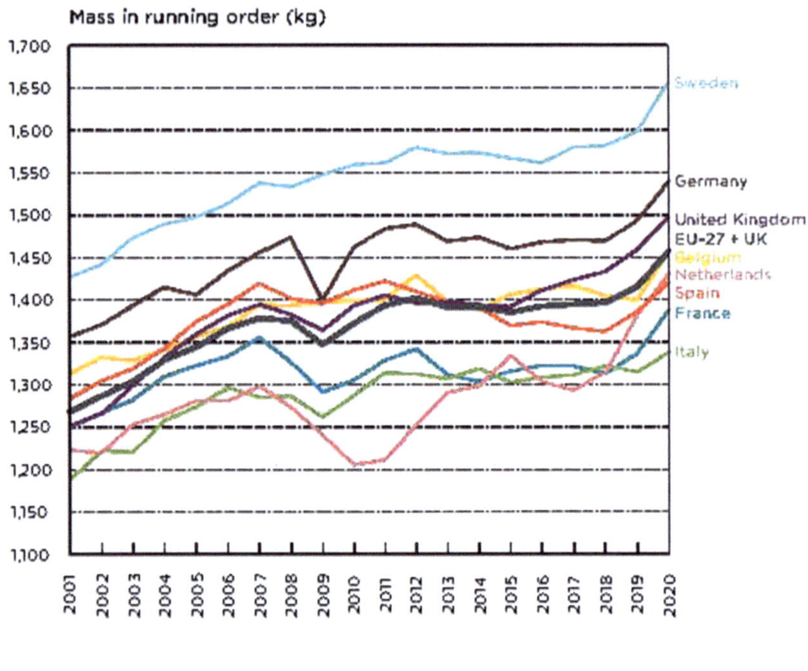

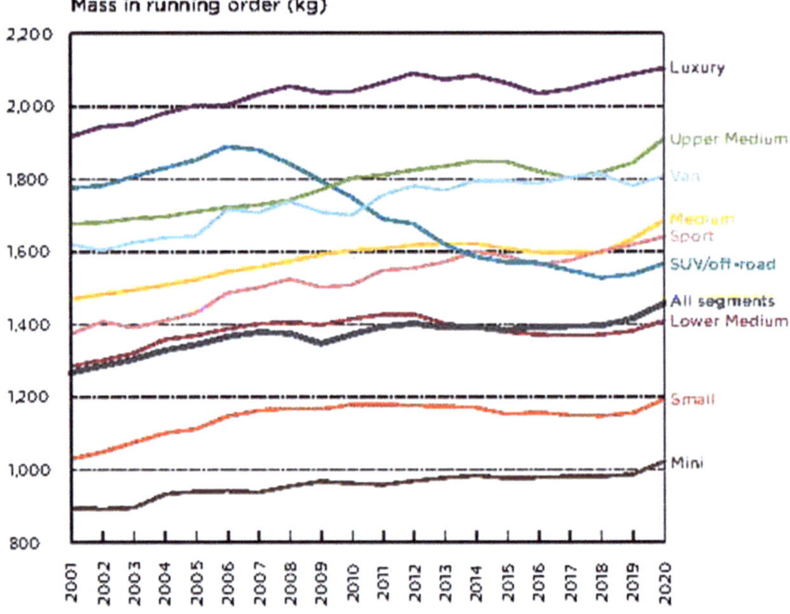

Abb. 4.3 (**a**) Entwicklung von Fahrzeuggewichten (Leergewicht + 75 kg Zuladung + Betriebsflüssigkeiten (mass in running order)) in EU-Ländern und UK bis 2020. (**b**) Entwicklung des Fahrzeuggewichts in EU und UK, nach Fahrzeugsegmenten, bis 2020, beides Copyright © ICCT

Der Leistungsbedarf eines Fahrzeugs resultiert aus den angreifenden Fahrwiderständen und der zu erzielenden Fahrgeschwindigkeit.

$$P(t) = F(t) \cdot v(t) \tag{4.1}$$

Ein Fahrzeug, das bewegt wird, um eine vorgegebene Geschwindigkeit zu erreichen oder diese beizubehalten oder zu erhöhen, muss unterschiedliche Widerstände überwinden [7]. Der erforderliche Energiebedarf ergibt sich aus der Integration des Leistungsbedarfs über der Zeit und die Fahrwiderstände setzen sich additiv aus Beschleunigungs-, Reifen-, Luft- und Steigungswiderstand zusammen:

$$F = F_A + F_R + F_L + F_{St} \tag{4.2}$$

im Einzelnen:

$$F_A = (1 + C_{rot}) \cdot m_{F_z,ges} \cdot \frac{dv_{F_z}}{dt} \quad \text{Beschleunigungswiderstand} \tag{4.3}$$

$$F_R = m_{F_z,ges} \cdot g \cdot f_R(v_{F_z}) \cdot \cos(\alpha) \quad \text{Radwiderstand} \tag{4.4}$$

$$F_L = \frac{\rho_L}{2} \cdot c_w \cdot A_{F_z,ges} \cdot v^2(t) \quad \text{Luftwiderstand} \tag{4.5}$$

$$F_{St} = m_{F_z,ges} \cdot g \cdot \sin(\alpha) \quad \text{Steigungswiderstand} \tag{4.6}$$

Damit wird deutlich, dass das Fahrzeuggewicht einen wesentlichen Einfluss hat. Die Fahrzeugmasse ist in drei von vier Widerstandstermen vorhanden, insgesamt ergibt sich für die Summe der Fahrwiderstände:

$$F_A = (1 + C_{rot}) \cdot m_{F_z,ges} \cdot \frac{dv_{F_z}}{dt} + m_{F_z,ges} \cdot g \cdot f_R(v_{F_z}) \cdot \cos(\alpha) + \frac{\rho_L}{2} \cdot c_w \cdot A_{F_z,ges} \cdot v^2(t) + m_{F_z,ges} \cdot g \cdot \sin(\alpha) \tag{4.7}$$

C_{rot}	Faktor zur Berücksichtigung rotatorisch beschleunigter Massen	
	$C_{rot} = 0{,}05$ für Fahrzeuge mit Verbrennungsmotor	
	$C_{rot} = 0{,}03$ für Fahrzeuge mit elektromotorischem Antrieb	
$m_{F_z,ges}$	Gesamtmasse des Fahrzeugs	[kg]
$\frac{dv_{F_z}}{dt}$	Beschleunigung des Fahrzeugs	[m/s²]
g	Erdbeschleunigung	[m/s²]
f_R	Rollwiderstandsbeiwert	
	$f_R = 0{,}012–0{,}027$ für herkömmliche Pkw-Reifen	
	$f_R = 0{,}008–0{,}01$ für optimierte Leichtlaufreifen	

(Fortsetzung)

	f_R = 0,007 – für Rennradreifen	
ρ_L	Dichte der Umgebungsluft	[kg/m³]
c_w	Luftwiderstandsbeiwert	
	c_w = 0,07 für idealisierten, aerodynamischen Fahrzeuggrundkörper	
	c_w = 0,18 für gleichen Grundkörper mit Rädern	
	c_w = 0,25 für Serienfahrzeug	
A_{F_z}	Anströmfläche des Fahrzeugs	[m²]
v_{F_z}	Geschwindigkeit des Fahrzeugs	[m/s]
v	Relativgeschwindigkeit zwischen Fahrzeug und Luft	[m/s]
α	Steigungswinkel	

Für die Fahrzeugkonzeption ist der Einfluss der jeweiligen Widerstände unter Berücksichtigung des Einsatzprofils wichtig. Die Rollwiderstandskraft und die Luftwiderstandkraft sind im Gegensatz zur Beschleunigungs- oder Steigungswiderstandskraft stets vorhanden. Durch Gleichsetzung von (4.4) und (4.5) ergibt sich eine sogenannte isoenergetische Geschwindigkeit v*.

$$v^* = \sqrt{\frac{2 \cdot f_R \cdot m_{F_z,ges} \cdot g}{c_w \cdot A_{F_z} \cdot \rho_L}} \tag{4.8}$$

Unterhalb dieser Geschwindigkeit v* ist die Rollwiderstandsleistung größer und oberhalb ist die Luftwiderstandsleistung höher. Bei einem Mittelklasse-Pkw liegt die isoenergetische Geschwindigkeit bei ca. 80 km/h [8] und beim gezielt auf Leichtbau fokussierten Forschungs-Volkswagen des ersten 1-Liter-Autos (2002) bei 52 km/h.

Die Fahrzeugmasse beeinflusst über die erwähnten Fahrwiderstände den Energieverbrauch des Fahrzeugs. Aus einem verringerten Gewicht folgen dann Einsparungen an Kraftstoff bei verbrennungsmotorisch angetriebenen Fahrzeugen oder leichtere Batterien bzw. höhere Reichweiten bei Elektromobilen. Für den Verbrenner ist abgeleitet worden, dass aufgrund von Kraftstoffeinsparungen Leichtbauzusatzkosten bis ca. 5 € pro kg Gewichtseinsparung noch wirtschaftlich sind.

Vorteilhaft ist eine geringere Fahrzeugmasse allerdings auch für ein merkbar agileres und gewünscht sicheres Fahrverhalten. Mit dem Vorgenannten begründet sich für letztlich alle Komponenten in einem Fahrzeug die Wichtigkeit einer Gewichtsoptimierung zur Verringerung der Fahrwiderstände.

Bei verschiedenen Fahrprofilen ist der Gewichtseinfluss auf den Verbrauch unterschiedlich. Dies wurde für Fahrzeuge mit Verbrennungsmotor in [9, 10] für folgende Fahrzustände dargestellt:

- Fahrt mit konstanter Geschwindigkeit
- Neuer Europäischer Fahrzyklus (NEFZ)
- NEFZ modifiziert für höhere Dynamik (NEFZ, dyn.)

- Extrem dynamische Fahrt auf der Autobahn (BAB, dyn.)
- NEFZ mit Fahrzeug angepasster Übersetzung (i angepasst NEFZ)
- NEFZ mit Fahrzeug angepassten Hubraums (v_h angepasst NEFZ)

Exemplarisch für einen Volkswagen Golf 1,4 l (90 kW) sind diese Zusammenhänge sorgfältig untersucht und verglichen worden. Für eine Gewichtsveränderung von 100 kg stellen sich demnach Mehr- oder Minderverbräuche für einen Ottomotor mit 0, 07 l/100 km für Konstantfahrt ein, sie reichen bis 0, 31 l/100 km bei der dynamischen Autobahnfahrt (Abb. 4.4). Großen Einfluss haben allerdings die Anpassungen der Aggregate mit Blick-

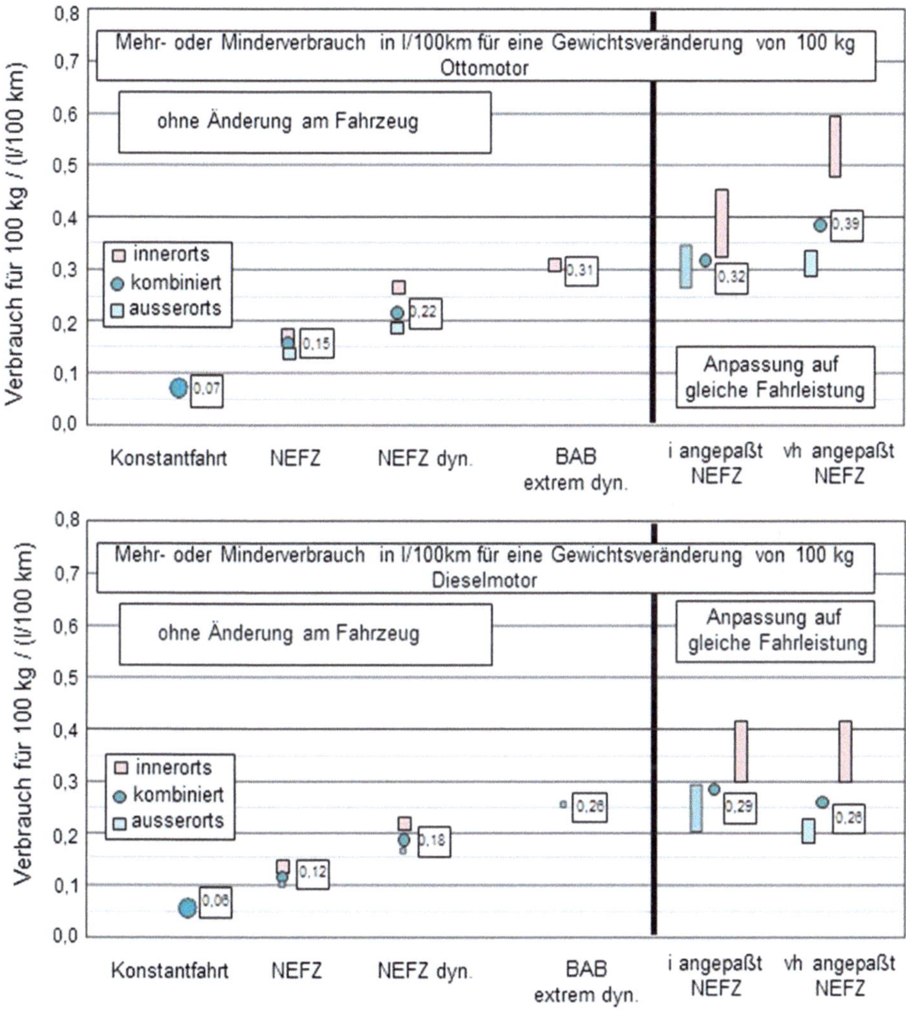

Abb. 4.4 Differenzverbrauchsfaktoren FRV für eine Gewichtsreduzierung von 100 kg für ein Fahrzeug mit Ottomotor (oben) und Dieselmotor (unten), aus [10]

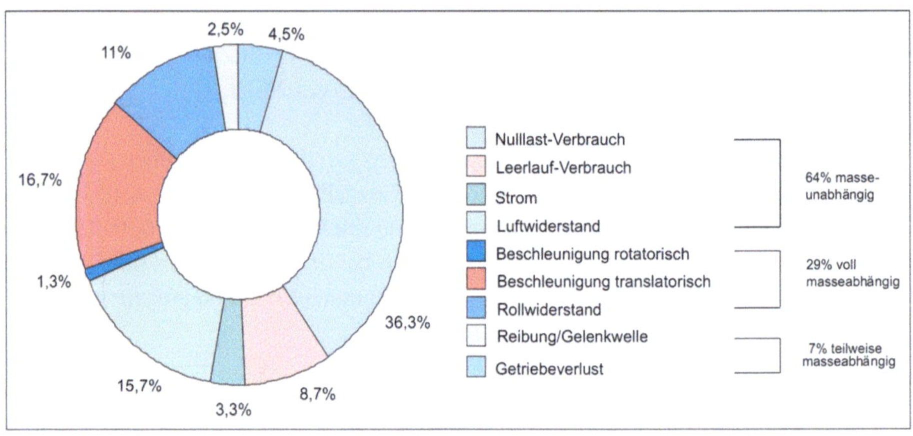

Abb. 4.5 Verbrauchsaufteilung Golf A6 1,4 TSI 90 kW, NEFZ, aus [10]

richtung auf das ganzheitliche Fahrzeugkonzept. Sie verwirklichen sekundäre Verbrauchseffekte, die zu weiteren Energie-(und CO_2-)Einsparungen führen. Zielführend sind dafür Maßnahmen wie Anpassung der Übersetzung oder des Hubraums für gleiche Fahrleistungen.

Ungefähr ein Drittel des Kraftstoffverbrauchs im Neuen Europäischen Fahrzyklus (NEFZ) ist ganz oder teilweise masseabhängig (Abb. 4.5).

Werden die Energieflüsse hierarchisch geordnet, ergibt sich nach [11] als Leitlinie für eine Energie- bzw. Verbrauchseinsparung:

- geringerer Energiebedarf bei der Erledigung der Fahraufgabe
- optimierte Wirkungsgrade in der Energiewandlung
- bedarfsgerechtes Energiemanagement
- genutzte Rekuperation

Der englisch Fuel Reduction Value (FRV) genannte Differenzverbrauchsfaktor ist die zentrale Kennzahl für den automobilen Leichtbau. Dieser Parameter bestimmt, wie stark der Verbrauch eines Pkws zurückgeht, wenn um 100 kg das Gewicht des Fahrzeuges reduziert wird. Für Fahrzeuge, gefahren im NEFZ mit Ottomotoren, beläuft sich dieser Wert auf ca. 0,15 und für Dieselfahrzeuge auf ca. 0, 12 l/(100 km · 100 kg). Mit angepasstem Antriebsstrang, z. B. durch reduzierten Hubraum oder verlängertem Getriebe steigt bei gleichen Fahrleistungen der Einspareffekt [11]. Die Werte erhöhen sich dann auf 0,32 bei angepasstem Getriebe bzw. auf 0, 39 l/(100 km · 100 kg) bei angepasstem Hubraum für den hier zugrunde liegenden Pkw. Vergleicht man dies mit einer Dieselmotorisierung, liegen die Werte bei nur 0,29 bzw. 0, 26 l/100 km (Abb. 4.4). Das unterstreicht für Verbrennungsmotoren deren Ruf als verbrauchseffizienteste Motorisierung.

Nach gleicher Logik können auch einzelne Bauteile verglichen werden. Wichtig ist, dass die Leichtbauvariante gleiche Funktion und Qualität wie ein Referenzbauteil aufweist. Bei gleichzeitig reduziertem Bauteilgewicht ergibt sich die gewichtsinduzierte Reduzierung von Energie, hier Kraftstoff, (4.9) zu:

$$\Delta C_{comp,i} = \left(m_{comp,i} - m_{comp,ref}\right) \cdot FRV_{100kg,NEFC} \cdot 0{,}01 \tag{4.9}$$

$\Delta C_{comp,\,i}$:	gewichtsinduzierte Kraftstoffeinsparung von Bauteilvariante i [l/100 km]
$m_{comp,\,i}$:	Gewicht der Bauteilvariante i [kg]
$m_{comp,\,ref}$:	Gewicht des Referenzbauteils [kg]
$FRV_{100kg,\,NEFC}$:	Differenzverbrauchsfaktor, Fuel Reduction Value [l/(100 km . 100 kg)]

Wenn das Karosseriegewicht durch eine Leichtbaumaßnahme um z. B. 35 kg verringert werden kann, errechnet sich für ein Fahrzeug mit Ottomotor bei Annahme gleichbleibender Fahrleistungen im NEFZ ein Minderverbrauch gemäß (4.10) zu:

$$\Delta C_{comp,i} = -35\,kg \cdot \frac{0{,}39l}{100\,km \cdot 100\,kg} \cdot 0{,}01 = -0{,}14l\,/\,100\,km \tag{4.10}$$

Ohne Aggregatanpassung hätte die Verbrauchseinsparung nur 0,05 l/100 km betragen.

Die Aggregatanpassung ist daher in allen Berechnungen und aus Sicht der Ökobilanz notwendig, da dadurch die funktionelle Gleichheit in Bezug auf die Fahrdynamik vor und nach der Leichtbaumaßnahme gewahrt wird. Der praxisrelevante Einspareffekt auf den absoluten Kraftstoffverbrauch des Fahrzeugs lässt sich durch Summation der Einzelmaßnahmen berechnen (4.11).

$$C_{veh,j} = C_{veh,ref} + \sum_{i=1}^{n} \Delta C_{comp,i} \tag{4.11}$$

$\boldsymbol{C_{veh,j}}$:	Kraftstoffverbrauch von Fahrzeugkonzept j [l/100 km]
$\boldsymbol{C_{veh,ref}}$:	Kraftstoffverbrauch von Referenzfahrzeug [l/100 km]
$\boldsymbol{\Delta C_{comp,i}}$:	gewichtsreduzierte Kraftstoffeinsparung von Bauteilvariante i [l/100 km]
n:	Anzahl aller im Fahrzeugkonzept j angewendeten Leichtbaumaßnahmen

Der Transformationsprozess zum Elektroantrieb hat anfänglich die Frage aufgebracht, inwiefern denn Leichtbau noch relevant sei. Tatsächlich gelingt durch die Möglichkeit der Rekuperation kinetischer Energie beim Bremsen eine vorteilhafte Bereitstellung von nunmehr zusätzlicher Energie. Um diese Fragestellung genauer zu beleuchten, wurden im Institut für Fahrzeugkonzepte des DLR in mehreren Arbeiten die Einflussfaktoren auf den Energiebedarf mithilfe von Simulationsrechnungen und Fahrversuchen untersucht. Letzteres erfolgte auf dem Rollenprüfstand des Instituts und mit realen Fahrprofilen auf der Straße.

Um die Einflüsse zu verdeutlichen, die den Energiebedarf aus der Fahraufgabe ergeben, wurden von Hülsebusch et al. [12] Parametervariationen an einem einfachen Fahrwiderstandsmodell durchgeführt. Dabei wurden Fahrzeugmasse und Luftwiderstand variiert, Rollwiderstandskoeffizient und Stirnfläche wurden konstant gehalten. Der Wirkungsgrad fasst alle wesentlichen Komponenten des Antriebsstrangs zusammen (Tab. 4.1).

Um ein weiteres Spektrum von Beschleunigungen und Durchschnittsgeschwindigkeiten abzudecken, wurden neben dem Neuen Europäischen Fahrzyklus (NEFZ) für die Berechnungen zusätzlich Artemis-Fahrzyklen herangezogen. Die Simulationsergebnisse zeigen den Energiebedarf in Abhängigkeit von Masse und c_w-Wert bei verschiedenen Fahrzyklen (Abb. 4.6). Zum Vergleich wurden zwei Elektrofahrzeuge definiert und eingezeichnet: Das Fahrzeug der Mittelklasse besitzt eine vergleichsweise hohe Masse (1600 kg) und einen geringen Luftwiderstandsbeiwert (0,26). Die Fahrzeugmasse (1000 kg) und der Luftwiderstandsbeiwert (0,32) des kleinen bzw. leichteren Kompaktklasse-Fahrzeuges verhalten sich im Vergleich zum Mittelklassefahrzeug umgekehrt.

Tab. 4.1 Definitionsbreite des Elektrofahrzeuges

Parameter	Einheit	Wert
Fahrzeugmasse	kg	400 bis 2000
Rollwiderstandskoeffizient	1	0,001
Luftwiderstandsbeiwert	1	0,1 bis 0,4
Stirnfläche	m^2	2,2
Wirkungsgrad Antriebsstrang	%	70

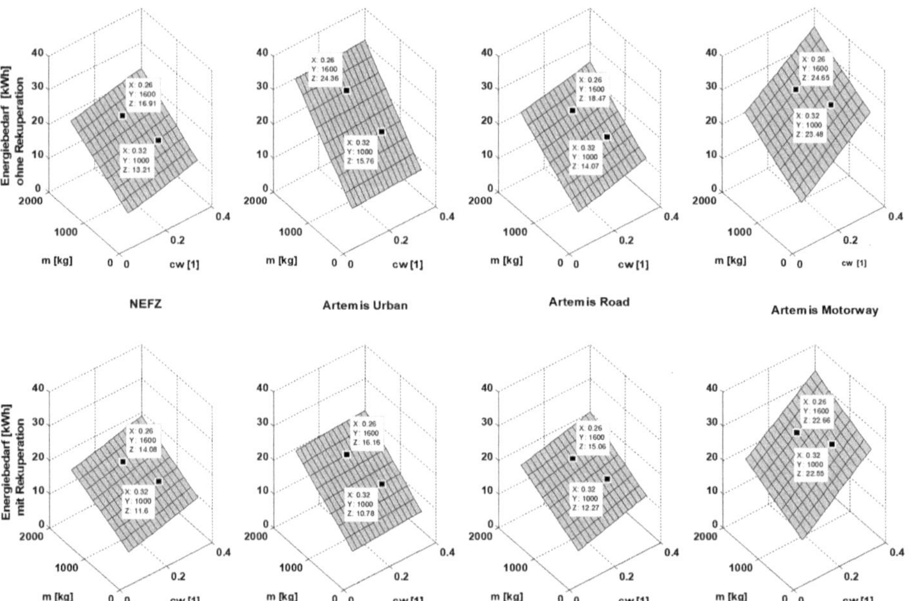

Abb. 4.6 Energiebedarf des Elektrofahrzeuges in Abhängigkeit von Masse und c_w-Wert bei verschiedenen Fahrzyklen, ohne Rekuperation (oben) und mit Rekuperation (unten), jeweils eingezeichnet sind Stützpunkte für Mittelklasse- und Kompaktklasse-Fahrzeug, Copyright © DLR e.V.

Grundsätzlich lässt sich erkennen, dass mit Rekuperation bei allen Fahrzyklen der Energiebedarf geringer bilanziert wird. Erwartungsgemäß führt im Stadtzyklus eine Rekuperation zu einer stärkeren Reduzierung des Energiebedarfs, da hier häufig beschleunigt und gebremst wird. Auch ist erkennbar, dass der Einfluss von Masse und Luftwiderstandsbeiwert deutlich vom Fahrzyklus abhängt. So ist z. B. der Einfluss des c_w-Wertes im Artemis-Motorway-Zyklus infolge der vergleichsweise höheren Geschwindigkeiten höher als im NFEZ oder im Artemis-Urban-Zyklus. Demgegenüber weist die Fahrzeugmasse im Artemis-Urban-Zyklus einen größeren Einfluss auf den Energiebedarf aus, eine Folge des hohen Anteils an Beschleunigungsphasen. Bei allen Fahrzyklen zeigt sich mit Rekuperation eine relative Abnahme des Masseeinflusses auf die Energiebilanz, da ein Teil der Beschleunigungsenergie während der Verzögerungsphasen zusätzlich bereitgestellt werden kann.

Im Artemis-Motorway-Zyklus mit den höheren Geschwindigkeiten führt beim Mittelklasse-Fahrzeug eine Verringerung der Fahrzeugmasse um 20 % nur zu einer Senkung des Energiebedarfes von ca. 9 % ohne Rekuperation und zu ca. 8 % mit Rekuperation. Eine Reduktion des c_w-Wertes von 20 % resultiert in einem 10 % niedrigeren Energiebedarf ohne und 12 % mit Rekuperation.

Bei niedrigen Geschwindigkeiten des Artemis-Urban-Zyklus überwiegt der Anteil von Beschleunigungs- und Rollwiderstand bei allen Fahrzeugklassen. Die Rekuperation führt wieder zu einer relativen Wirkungsverschiebung der Fahrwiderstandsanteile. Allerdings hat selbst mit Rekuperationsmöglichkeit die Massereduzierung von 20 % eine Reduktion des Energiebedarfes von 17 % bzw. 19 % zur Folge. Eine Verringerung des Luftwiderstandsbeiwertes von 20 % erbringt nur eine Absenkung des Energiebedarfes von ca. 1 % und 3 %.

In den Fahrzyklen NEFZ und Artemis-Road bei mittleren Geschwindigkeiten wirkt sich eine 20 % – Reduktion der Masse beim Kleinwagen auf einen um 10 % und beim Mittelklassefahrzeug um 14 % gesenkten Energiebedarf aus. Die Verringerung des c_w-Wertes um wieder 20 % resultiert in einem Energiebedarf, der ca. 6 % beim Mittelklassewagen und ca. 10 % niedriger beim Kleinwagen ist.

Diese Simulationsrechnungen zeigen, dass der Masseeinfluss auf die Energiebilanz bei Elektrofahrzeugen mit Rekuperationsmöglichkeit relativ abgemildert wird. Dennoch bleibt der Masseeinfluss gerade bei niedrigen und mittleren Fahrgeschwindigkeiten höher als der Einfluss des c_w-Wertes bzw. des Luftwiderstands. Eine Reduzierung der Fahrwiderstände und damit auch der Masse wird helfen, entweder die Reichweite zu erhöhen oder die Batterie zu verkleinern (vereinfacht zusammengefasst in Abb. 4.7). Weitere Vorteile sind damit für die Batterie, die Kosten sowie herstellbedingte ökologische Nachteile zu reduzieren. Ohnehin bleibt Leichtbau obligatorisch, um attraktive Fahrdynamik bzw. Fahrzeughandling sicherzustellen.

Um die Sensitivität des Energiebedarfes in Abhängigkeit zur Fahrzeugmasse zu zeigen, haben Özdemir et al. [13] Parallel-Hybrid- (PHEV) und Seriell-Hybrid-Elektrofahrzeuge (EREV) vergleichend betrachtet. Nachfolgend sind die Parameter für das Fahrzeugmodell zur Berechnung aufgeführt (Tab. 4.2):

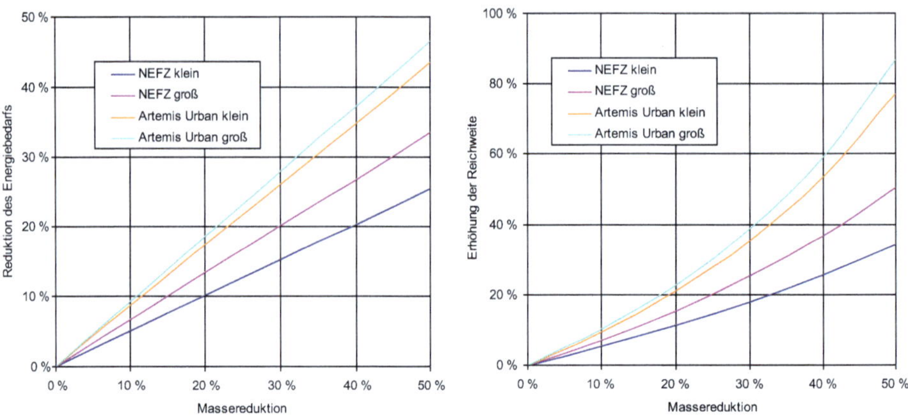

Abb. 4.7 Energiebedarf (links) und Reichweitenerhöhung (rechts) der Elektrofahrzeuge klein (1000 kg) und groß (1600 kg), jeweils in Abhängigkeit der Masse, Copyright © DLR e.V.

Tab. 4.2 Definition der Hybrid-Elektrofahrzeuge (PHEV und EREV)

Parameter	Einheit	Referenzfahrzeug	PHEV	EREV
Fahrzeugmasse	kg	1400	1510	1580
Leistung (Verbrennungsmotor)	kW	100	75	50
Leistung (E-Motor)	kW	50	100	
Traktionsbatterie	kWh	-	5	15
Reichweite (CD-Modus)	km	-	48	77
Rollwiderstandskoeffizient	1	0,001	0,001	0,001
Luftwiderstandsbeiwert	1	0,28	0,28	0,28
Stirnfläche	m^2	2,2	2,2	2,2
Energieverbrauch Nebenaggregate	W	700	900	1100

In der Simulation wurden die Fahrzeugmassen in Schritten von 100 kg variiert, alle anderen Parameter konstant gehalten. Ersichtlich ist eine lineare Abhängigkeit der Energiebedarfsänderung von der Veränderung des Fahrzeuggewichts (Abb. 4.8).

In einer umfangreichen Simulation konnte in [14] eine Methode entwickelt werden, um Energiemanagement und Antriebsstrangtechnologien hinsichtlich ihres Nutzens in Elektrofahrzeugen standardisiert zu bewerten. Dazu wurde eine Toolkette entwickelt, mit der automatisierte Simulationsläufe für eine Parametermatrix, bestehend aus verschiedenen Fahrzeugtypen und Nutzungsszenarien, durchgeführt werden können. Das Modell wurde in Dymola erstellt und das Automatisierungsskript in Matlab geschrieben.

Durch die Variation der Fahrzeugparameter konnte eine Sensitivitätsanalyse hinsichtlich des Einflusses auf den Energieverbrauch durchgeführt werden. Es wurden insgesamt 11 Fahrzeugklassen betrachtet und der Einfluss der verschiedenen spezifischen Parameter auf den Energiebedarf in unterschiedlichen Anwendungen und Fahrzyklen analysiert. Die Motivation war dabei, neben dem NEFZ- auch mehrere Bereiche des neueren WLTP[1] -Zyklus für typische zeitgenössische Fahrzeuge abzubilden.

[1] Worldwide Harmonized Light Vehicles Test Procedure.

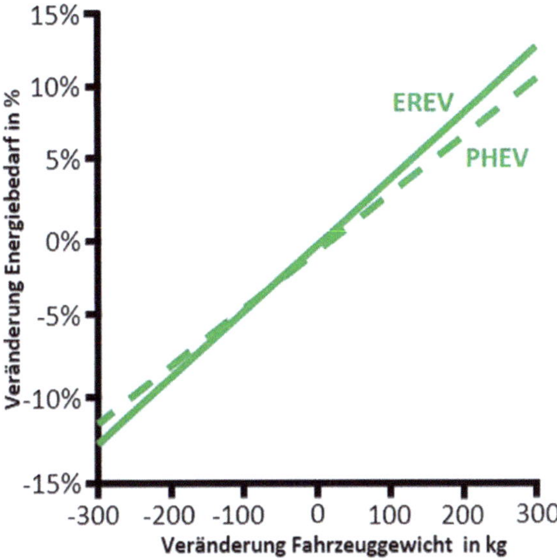

Abb. 4.8 Veränderung von Energiebedarf relativ zum Referenzfahrzeug für PHEV und EREV als Funktion der Fahrzeuggewichte, Copyright © DLR e.V.

Interessant ist dabei der Vergleich der Masse-, Stirnflächen- und c_w-Wert-induzierten Energieverringerungen. Auffällig ist, dass die Fahrzeugmasse beim NEFZ und WLTP-Total-Low in allen Klassen den größten Einfluss hat. Das lässt sich einfach begründen, da bei diesen Zyklen die Durchschnittsgeschwindigkeit gering und mithin der Luftwiderstand nur eine untergeordnete Rolle spielt. Außerdem ist hier die Anzahl an Beschleunigungsvorgängen vergleichsweise hoch, sodass auch die Masse größeren Einfluss hat.

Grundsätzlich lässt sich sagen, dass durch die Umstellung vom NEFZ auf den WLTP-Total-High der Einfluss der Masse auf den Verbrauch verändert ist. Infolge der höheren Durchschnittsgeschwindigkeiten wirkt sich die Aerodynamik stärker auf den Energiebedarf aus und ist für die Mehrheit der Fahrzeugklassen dann der entscheidende Faktor. Beim WLTP-Total-Low verhält es sich ähnlich, allerdings lässt sich mit Massereduzierung nicht so viel Energiebedarf des Fahrzeugs verringern.

Auch diese Modellierungen bestätigen den wichtigen, aber insgesamt auch begrenzten Wert des Leichtbaus: Von den 11 unterschiedlichen in dieser Arbeit untersuchten Fahrzeugen soll hier exemplarisch die Situation für die Kompaktklasse (repräsentativ dafür ist z. B. der Golf) wiedergegeben sein. Es ergeben sich 5 % Energieeinsparung bei 7 % weniger Gewicht im NEFZ, im WLTP-Total-High sind es nur 3 % (Abb. 4.9).

Eine genaue Betrachtung der gewichtsbedingten Energiebedarfe (Mass-Induced Fuel Consumption (MIF) und Differenzverbrauchsfaktoren (Fuel Reduction Values (FRV)) stammt von Kim und Wallington aus dem Hause Ford, Eingangsgrößen und Parameter zum verwendeten physikbasierten Modell sind dazu in [15] ausführlich beschrieben. Dabei ist vorteilhaft, dass der MIF-Wert lediglich auf den massebestimmten Termen der Fahrwiderstandgleichung beruht, die FRV-Werte auch die Technik des Antriebs bzw. seiner Verluste einbeziehen. Für den masseabhängigen Kraftstoffverbrauch bei Elektrofahrzeugen wird die regenerative Bremsenergie (als Anteil der kinetischen Energie und mit einem regenerativen Bremswirkungsgrad) ergänzt. Zur besseren Vergleichbarkeit erfolgte die Angabe der Energiebedarfe (Abb. 4.10) umgerechnet in Verbrauchsäquivalente L_e (Umrechnung: 8,9 kWh pro Liter Benzin).

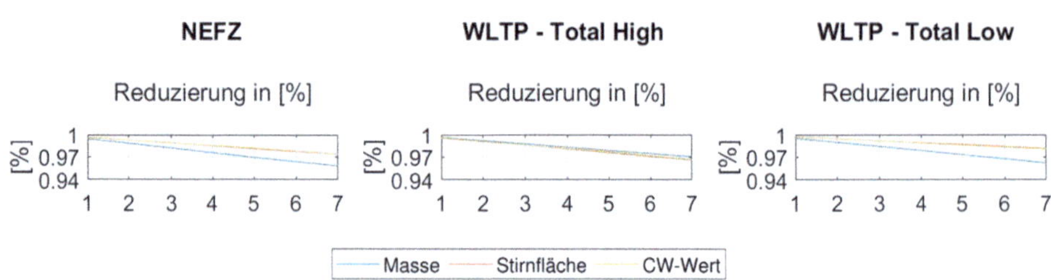

Abb. 4.9 Einfluss der Parameter Masse, Stirnfläche und c_w-Wert in unterschiedlichen Fahrzyklen am Beispiel Kompaktklasse, Copyright © DLR e.V.

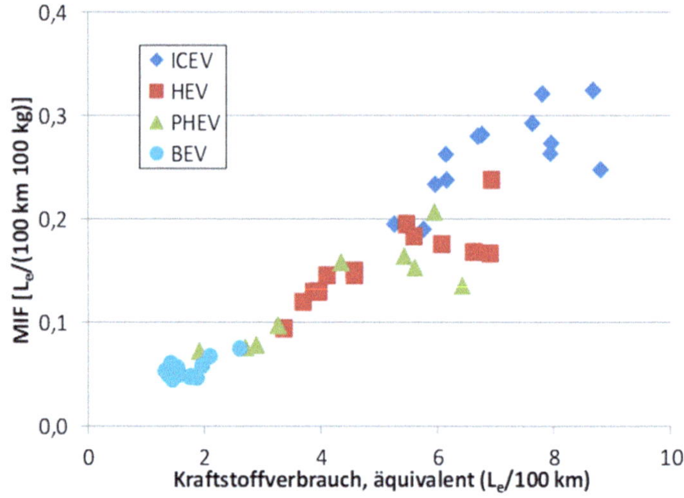

Abb. 4.10 Gewichtsbedingter Energiebedarf und Kraftstoffverbrauch von Pkws mit Verbrennungsmotor, hybridem und batterieelektrischem Antrieb, nach [15]

In der Arbeit wurden für aus dem Modelljahr 2015 stammende Pkw, für 13 Hybridfahrzeuge (HEV), 9 Plug-in-Hybridfahrzeuge (PHEV) und 15 batterieelektrische Fahrzeuge (BEV), die MIF- und FRV-Werte ermittelt.

Bei den Differenzverbrauchsfaktoren wurde die Möglichkeit einer gewichtsbedingten Leistungsanpassung unterschieden, ohne Resizing (FRV) und mit Resizing (FRV^+), letzteres berücksichtigt Leichtbaumaßnahmen im Antriebsstrang für gleiche Systemleistung (Abb. 4.11a, b).

Auch hier sind die gewichtsinduzierten Veränderungen für MIF und FRV bzw. FRV^+ tendenziell gering ausgewiesen. Sie liegen bei HEVs und PHEVs im Bereich von 0,07–0,24 und 0,07–0,15 bzw. 0,07–0,28 L_e/(100 km · 100 kg), die niedrigsten und gleichmäßig verteilten Werte weisen BEVs mit 0,04–0,07 L_e/(100 km · 100 kg) auf. Zum Vergleich sind die Bandbreiten der Differenzverbrauchsfaktoren für konventionelle Verbrenner (ICEV)[2] mit 0,15–0,26 ohne Resizing und 0,27–0,53 L/(100 km · 100 kg) mit Resizing angegeben. Es folgt, dass ein gegebener Leichtbaubeitrag (hier für 100 kg normiert) den höchsten Nutzen bei Fahrzeugen mit hohen Verbräuchen erzielt.

---

[2] Internal Combustion Engine Vehicle.

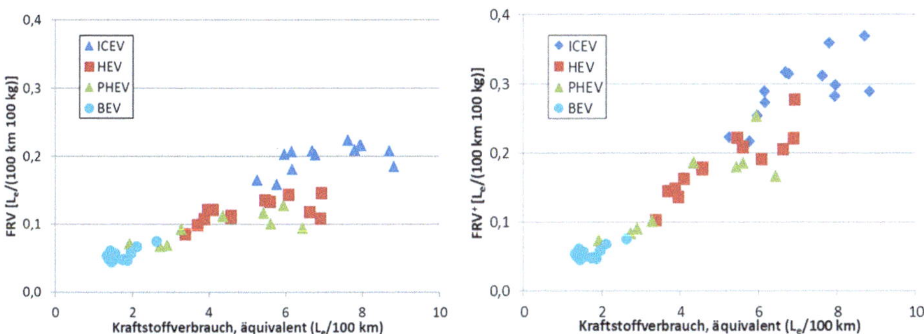

Abb. 4.11 (**a**) Differenzverbrauchsfaktor FRV ohne Resizing (links) und (**b**) FRV^x mit Resizing (rechts) für Pkw mit Verbrennungsmotor, hybridem und batterieelektrischem Antrieb, nach [15]

Der vorgenannte physikbasierte Ansatz ermöglicht, für verschiedene Fahrzeuge modellspezifische Bewertungen zu erstellen, die erforderlich sind, um eine optimale Strategie zur Maximierung von Lebenszyklusvorteilen des Leichtbaus für die Pkw-Flotte zu bestimmen. Dies wird nachfolgend am Beispiel der wichtigen Bauweise mit höchstfestem formgehärteten Stahl gezeigt.

Neben der Senkung des Energieverbrauchs für die Fahraufgabe (und bei verbrennungsmotorischen Antrieben der Emissionen) ist die gesamte ökologische Wirkung besonders zu beachten: man kann dabei für ein Fahrzeug die Herstellungs-, Nutzungs- und Verwertungsphase unterscheiden. Der sog. ökologische Break-even für ein Leichtbaukonzept ist schematisch darstellbar (Abb. 4.12): Leichtbaukonzept 1 erreicht diesen gut innerhalb der Nutzung (Laufleistung), bei Leichtbaukonzept 2 gelingt dies nicht. Offensichtlich sind hier größere Umwelteffekte, z. B. Emissionen der Herstellung, zu hoch, um unter ökologischen Aspekten wettbewerbsfähig zu sein. Wir behandeln diese Zusammenhänge ausführlich in Kap. 8.

Etwa 35 % des Gesamtgewichts entfallen bei einem konventionellen Pkw auf den Karosserierohbau. Für die Serienproduktion in großen Stückzahlen sind der Stahl- und der Aluminiumleichtbau seit einigen Jahren dominant, auch entsprechende Mischbauweisen haben sich durchgesetzt.

Unter Stahlleichtbau versteht man den Einsatz besonderer Stahlgüten und auch mit speziellen Formgebungsverfahren. Diese begünstigen die mechanischen Bauteileigenschaften wie Festigkeit oder Steifigkeit derart, dass insgesamt eine Teile- und Materialreduktion bei gleicher oder verbesserter Funktionalität erzielt wird. Wegen der großen Bedeutung von Stahl im Fahrzeugbau behandeln wir hier diesen Zusammenhang auf Gewichtsreduzierung und CO_{2e}[3]-Bilanz mit dem in [11] genannten Beispiel dieser Vorgehensweise, dem Formhärten hochfester Stähle.

Durch die dabei stattfindende Gefügeänderung lassen sich die mechanischen Eigenschaften derart verbessern, dass im Vergleich zu konventionell umgeformten Blechbauteilen beispielsweise für die betroffenen Bauteilumfänge eines Volkswagen Passat B6 rund 27 % Gewicht eingespart und die Teilanzahl reduziert werden konnte (Abb. 4.13).

[3] CO_{2e}-Äquivalente sind eine Maßeinheit zur Vereinheitlichung der Klimawirkung bei verschiedenen Treibhausgasen.

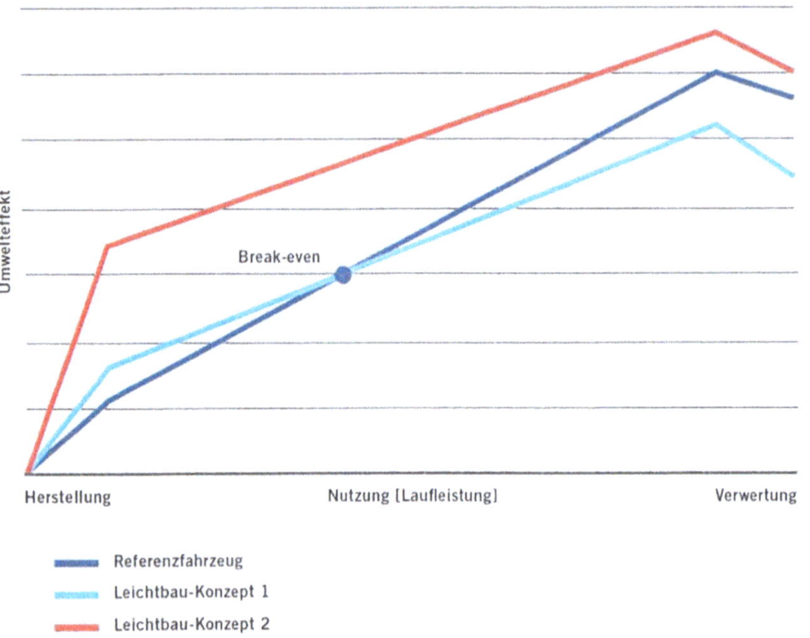

Abb. 4.12 Leichtbau und ökologischer Break-even, nach [11]

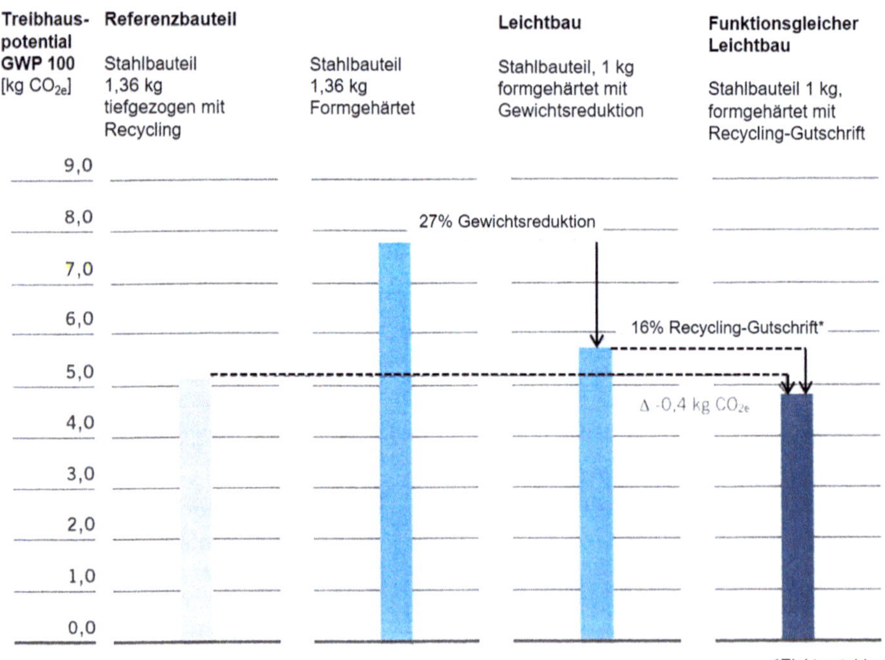

Abb. 4.13 Treibhausgasbilanz formgehärteter Teile am Beispiel des Passat B6 (Herstellungsphase), aus [10]

Konzeptbestimmend bei diesem Wechsel zu höchst- und ultrahochfesten Stählen ist die signifikante

Reduzierung der Wandstärken in vielen Bauteilpartien eines solchen Stahlstoffleichtbaus.

Durch diese Gewichtseinsparung und den damit reduzierten Bedarf an Stahl sowie die Verwertung der Verschnitte in der Elektrostahlroute sind die Treibhausgasemissionen formgehärteter Blechteile für dieses Fallbeispiel niedriger als für die konventionell tiefgezogenen Bleche. Durch den zusätzlichen Leichtbaueffekt in der Nutzungsphase ergeben sich weitere Einsparungen, sodass im vorgenannten Beispiel über den gesamten Lebenszyklus rund 6,1 kg CO_{2e} pro kg formgehärtetem Bauteil eingespart werden können. Für das Ergebnis ist maßgebend, welcher Differenzverbrauchsfaktor (FRV) dabei für den Kraftstoffverbrauch zugrunde gelegt wird. (Abb. 4.14).

Auch das Werkstoffkonzept für die Mercedes A-Klasse W177 weist gegenüber dem Vorgängermodell ebenfalls einen höheren Anteil an Warmformstählen auf, ein Beispiel ist die Tunnelverstärkung (Abb. 4.15), bei der noch ein zusätzliches Bauteil entfallen konnte [16].

Im Aluminiumleichtbau macht man sich die Dichtevorteile dieses Werkstoffes soweit wie möglich zunutze. Das Leichtbaupotenzial gegenüber Stahl beträgt je nach Anwendung und Stahlbauweise zwischen 10 und 40 %. Ein weiterer Einflussfaktor für die Treibhaus-

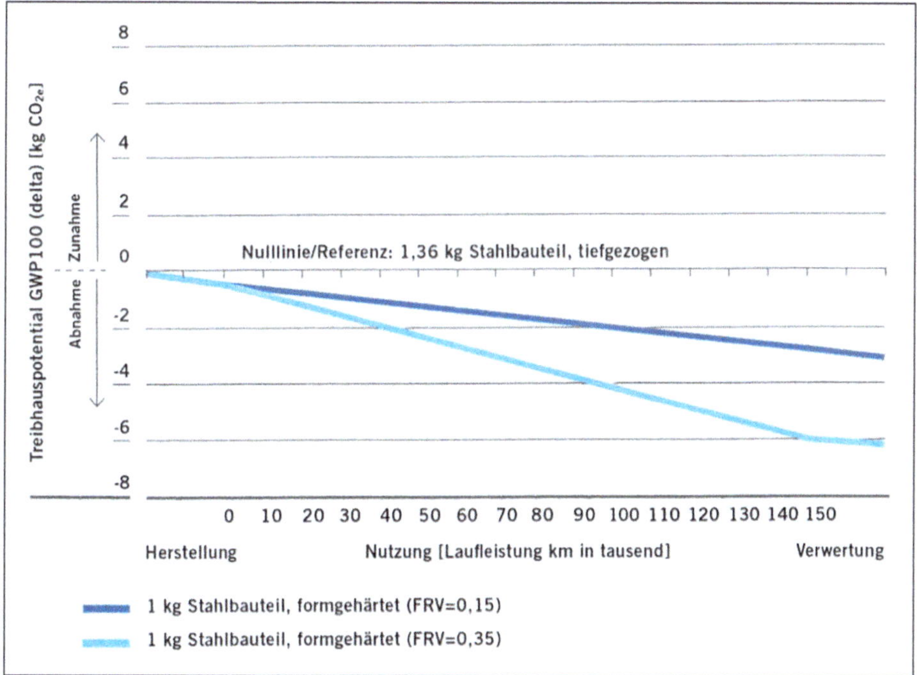

Abb. 4.14 Treibhausgasbilanz formgehärteter Teile über Lebenszyklus im Passat B6 bei unterschiedlichen Differenzverbrauchsfaktoren FRV, nach [11]

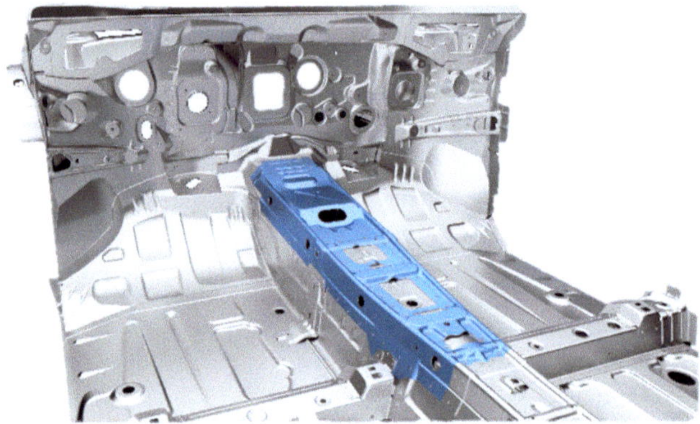

Abb. 4.15 Tunnelverstärkung in Warmformstahl, Mercedes A-Klasse W177, Copyright@ Mercedes AG

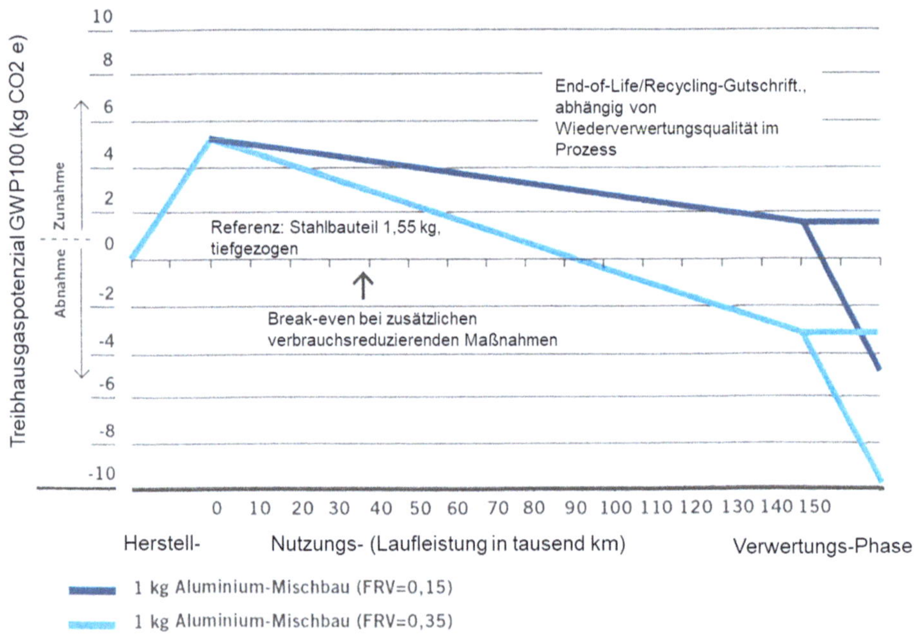

Abb. 4.16 Treibhausgasbilanz eines ausgewählten Aluminiummischbaukonzepts über Lebenszyklus gegenüber Referenz Stahl, nach [11]

gasbilanz ist die Verwertung am Lebensende des Fahrzeugs. Je nachdem, welcher Verwertungspfad beschritten wird, fällt die Gutschrift für das Sekundärmaterial mehr oder weniger hoch aus (Abb. 4.16).

Allein durch die Werkstoffe können künftige Leichtbaupotenziale indes nicht mehr wesentlich weiter und erfolgreich erschlossen werden. Vielmehr sind Konzepte gefragt, die Konstruktionsprinzipien und angepasste Fertigungstechnologien adressieren. Das

Multi-Material-Design vermag zu leichteren Fahrzeugen führen, dessen Lösungsansätze sind aber bezüglich Wirtschaftlichkeit, Prozesssicherheit und Nachhaltigkeit weiter zu ertüchtigen.

Wir gehen davon aus, dass das Multimaterialdesign die Entwicklungsschwerpunkte für Werkstofftechnik, Fertigungs- und Fügetechnologien in der Zukunft prädisponieren wird. Die digitale Durchgängigkeit aller Prozessschritte im Entwicklungsgang muss die zunehmende Variantenvielfalt im Leichtbau beherrschbar machen.

Wir tragen dem in Abschn. 4.4 mit dem Vergleich relevanter Leichtbaustrategien Rechnung.

4.2 Kenngrößen[4]

Auch im Automobilbau ist es primäres Ziel des Leichtbaus, alle relevanten Anforderungen an eine Fahrzeugkomponente bei minimalem Massebedarf zu erreichen. Massebedarfskennzahlen und Materialkennwerte können hierfür eine erste Orientierung für den konstruktiven Lösungsansatz bieten. Dazu ist in der Fachliteratur ausführlich berichtet [9, 10, 18, 20, 28].

Eine erste Stoßrichtung zur Massereduzierung eines Bauteils wird nach [17] vielfach die Änderung des Konstruktionsprinzips sein (etwa durch Gestaltänderung mit angepassten Trägheits- und Widerstandsmomenten). Dazu tritt der Einsatz eines alternativen Werkstoffes mit entsprechenden Eigenschaften (wie Dichte, Elastizitäts- und Schubmodul, 0,2 %-Dehngrenze und Festigkeit), auch durch die Kombination beider Maßnahmen kann das Bauteilgewicht verringert werden. Voraussetzungen hierfür sind jedoch verlässliche Kenntnisse über das definierte Anforderungsprofil einer Komponente, auch mit z. B. Betriebs- und Missbrauchslasten, mit Steifigkeits- und/oder Festigkeitsanforderungen sowie über den entsprechend zugestandenen Bauraum bzw. Platzbedarf. Vor allem ist umfassendes Wissen über die Eigenschaften der Werkstoffe und die Charakteristika der Werkstofftechniken unumgänglich (Abb. 4.17a und b).

Wenn gleiches Konstruktionsprinzip des zu substituierenden Bauteils und der Alternativlösung vorausgesetzt wird und ausschließlich mechanische Beanspruchungen berücksichtigt werden, wird eine analytische Vorabschätzung des Leichtbaupotenzials für den alternativen Werkstoffs ermöglicht. Dabei werden auch die Grenzen einer derartigen vergleichenden bzw. abschätzenden Betrachtungsweise deutlich.

Nicht ausreichend erfasst werden beispielsweise Faktoren wie:

- Verfahrens- und werkstoffspezifische Konstruktionsänderungen
- Veränderungen von Werkstoffeigenschaften durch Temperatur- und Medieneinfluss

[4] **Teile dieses Kapitels adaptiert nach *Die Leichtbaustrategien* von Ellenrieder, G. et al. in: Friedrich, H.E. (Hrsg.), Leichtbau in der Fahrzeugtechnik, 2017; mit freundlicher Genehmigung von © Springer Fachmedien Wiesbaden GmbH 2017. All Rights Reserved. Der Abschnitt beruht wesentlich auf einem Beitrag von T. Gänsicke, Ostfalia HAW.**

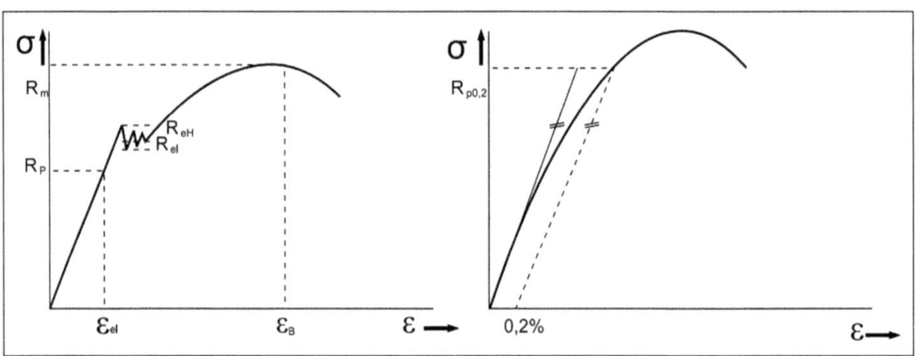

Abb. 4.17 (**a**) Typische Spannungs-Dehnungs-Diagramme für weichen Stahl (links) und (**b**) hochfeste Aluminiumlegierungen (rechts)

- Fertigungstechnisch bedingte Grenzen (z. B. Bauteilstärke)
- Lastkollektive
- Mehrachsige Belastungen
- Stoßartige Belastungen
- Veränderung des Eigenschwingverhaltens eines Systems durch Massereduzierung und ggf. erforderliche Maßnahmen zur Verbesserung der Akustik
- Zusatzmaßnahmen für Krafteinleitungen und ggf. Korrosionsschutz.

Wichtige primäre Eigenschaften bei der Werkstoffwahl von Leichtbaumaterialien sind:

Physikalische Größen	Mechanische Größen
Dichte $\rho = \frac{m}{V}\left[kg/dm^3\right]$	Festigkeiten R_m, R_{eH}, $R_{p0,2}$
Wärmeausdehnung, lin. $\alpha = \frac{\Delta L}{L_0 \cdot \Delta T}\left[1/K\right]$	Elastizitätsmodul E
Wärmeleitfähigkeit λ $[W/(m \cdot K)]$	Bruchzähigkeit K_{IC}
	Querkontraktion $\vartheta = \frac{\varepsilon_q}{\varepsilon_l}$

Weiter von Bedeutung können sein:

- Streckgrenzenverhältnis R_{eH}/R_m als Maß für die Sprödbruch-Empfindlichkeit
- Schubmodul G als Widerstandsmaß gegen Gleitung: $G = \frac{E}{2(1+\vartheta)}$
- Zeitabhängige Dimensionierungsgrößen zu:
  - Zeitdehngrenze (z. B. $\sigma_{1/100.000}$ bleibende Kriechdehnung nach 100.000 h Belastung)
  - Zeitbruchgrenze (z. B. $\sigma_{B/100.000}$)

Die Rohbaustrukturen und Anbauteile der Fahrzeuge haben u. a. komplexe Steifigkeits- und auch Festigkeitsanforderungen dynamischer und statischer Art zu erfüllen. Dies bedingt ein dediziertes Eigenschaftsprofil der Komponenten, etwa durch:

- ein definiertes Energieabsorptionsvermögen für den Crashfall,
- ein bestimmtes Versagensverhalten bzw. gewünschtes Bruchbild,
- im Betrieb eine ausreichende Schwingfestigkeit und definierte Eigenfrequenzen,
- geeignete Beulsteifigkeiten und -festigkeiten,
- geforderte Biege- und Verdrehsteifigkeiten.

Die Einzelkomponenten einer Gesamtstruktur erfahren vielfach Beanspruchungen, die sich von den äußeren Belastungen der übergeordneten Struktur unterscheiden. So erfahren beispielsweise Hohlquerschnitte und Blechfelder einer Rohbaustruktur, die global biege- oder torsionsbelastet ist, lokal eine Kombination aus Membran- und Biegebeanspruchung. In welchem Verhältnis diese auftreten, kann analytisch nicht bestimmt werden.

Die analytische Vorabschätzung des Leichtbaupotenzials ist somit auf die Betrachtung einer einachsigen Beanspruchung beschränkt. Es wird daher im Folgenden für den Fall einer äußeren Biegebelastung gezeigt, welche Massebedarfskennwerte zum Tragen kommen. Das Beispiel dient für Fahrzeugkomponenten, die vornehmlich durch Biegung beansprucht werden und somit einer Biege/Beulsteifigkeits-Anforderung genügen müssen.

Strukturen und Teile können nach verschiedenen Zielen ausgelegt werden, das können z. B. sein: Steifigkeit, Stabilität gegen Knicken, Festigkeit oder Arbeitsaufnahmevermögen. Strukturen, deren Beanspruchungsdichte gering ist, werden eher auf Steifigkeit hin ausgelegt, während bei Strukturen, deren Beanspruchungsdichte hoch ist, die Festigkeit das primäre Ziel der Optimierung ist. Als Beanspruchungsdichte wird nach [18] das Verhältnis von aufgebrachter Last zur geometrischen Vorgabe verstanden, im Leichtbau auch als Strukturkennwert bezeichnet.

Neben den eine Leichtbaulösung generell begünstigenden Eigenschaften wie niedrige Dichte oder gute Festigkeiten sind eine ganze Reihe weiterer Kriterien maßgebend (Abb. 4.18).

Werkstoffauswahl für den Leichtbau
- niedrige Dichte ρ
- ausreichende Festigkeitseigenschaften, z.B.
  - hohe Fließgrenze R_{eH}
  - hohe Bruchfestigkeit R_m
  - ausreichende Dehnung A
- hoher Elastizitätsmodul E
- gute fail-safe-Eigenschaften, z.B.
  - hohe Dauerfestigkeit
  - hohe Bruchzähhigkeitswerte K_{IC}, K_c
- geeigneter Wärmeausdehnungskoeffizient α
- beständigkeit der mech. Kennwerte im jeweiligen Temperaturbereich
- geeignetes Verhalten für Formgebung und Fügung
- ökologische Zukunftsfähigkeit, Life Cycle Assessment

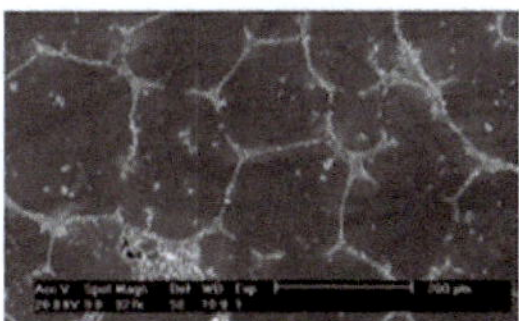

Abb. 4.18 Wichtige Kriterien für die Werkstoffauswahl für den Leichtbau

Die Eignung eines Werkstoffes für einen bestimmten Lastfall hinsichtlich der Zielerfüllung wird in dimensionslosen Kennzahlen ausgedrückt.

An Beispielen sollen nun exemplarisch relevante Massebedarfskennzahlen hergeleitet werden [10].

Für rechteckige Vollprofile gilt.

Masse $$m = \rho \cdot h \cdot b \cdot l \tag{4.12}$$

Trägheitsmoment $$I = \frac{b \cdot h^3}{12} \tag{4.13}$$

Durchbiegung $$f = \frac{F \cdot l^3}{3 \cdot E \cdot I} \tag{4.14}$$

Widerstandsmoment $$W = \frac{b \cdot h^2}{6} \tag{4.15}$$

Randspannung $$\sigma = \frac{M_b}{W} \tag{4.16}$$

Biegemoment $$M_b = F \cdot l = \sigma \cdot W \tag{4.17}$$

Massebedarfskennzahl für Biegesteifigkeit

Für die Konstruktion eines Biegebalkens mit gegebener Länge l und Breite b (Abb. 4.19, Tab. 4.3) soll ein Werkstoff ausgesucht werden. Bei gleichbleibender Steifigkeit soll die Masse minimiert werden. Die Höhe h ist dabei variabel. Die Anforderungen sind in Tab. 4.1 gelistet.

Ansatzpunkt für die Biegesteifigkeit ist die Durchbiegung f (4.14). Setzt man das Flächenträgheitsmoment I (4.13) ein, lässt sich nach Umformung die Bauteilhöhe h ermitteln:

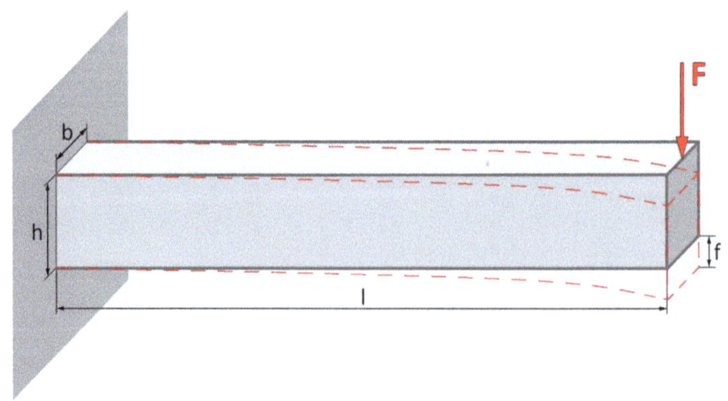

Abb. 4.19 Biegebalken

Tab. 4.3 Konstruktionsanforderungen für einen Biegebalken mit konstanter Steifigkeit

Funktion:	Biegebalken
Nebenbedingungen:	Länge l und Breite b sind konstant
	Gleichbleibende Steifigkeit bei gleicher Last F
Ziel:	Minimierung der Masse m
Freie Variablen:	Höhe h
	Werkstoff

Tab. 4.4 Konstruktionsanforderungen für einen Biegebalken mit konstanter Festigkeit

Funktion:	Biegebalken
Nebenbedingungen:	Länge l und Breite b sind konstant
	Gleichbleibende Festigkeit bei gleicher Last F
Ziel:	Minimierung der Masse m
Freie Variablen:	Höhe h Werkstoff

$$\boldsymbol{h = \sqrt[3]{\frac{4 \cdot F \cdot l^3}{E \cdot b \cdot f}}} \tag{4.18}$$

Eingesetzt in (4.12) kann die Gleichung nach der Masse umgestellt werden:

$$m = \sqrt[3]{\frac{4 \cdot F \cdot l^6 \cdot b^2}{f}} \cdot \frac{\rho}{\sqrt[3]{E}} \tag{4.19}$$

Wählt man einen anderen Werkstoff und fordert gleichbleibende Steifigkeit, bei gleichbleibender Länge, Breite und Last, ist der Multiplikator zu vernachlässigen und nur der Multiplikand, also das Verhältnis von ρ zu $\sqrt[3]{E}$, beschreibt das unterschiedliche Materialverhalten. Somit gilt für die Massebedarfskennzahl für Biegesteifigkeitsauslegung:

$$m \sim \frac{\rho}{\sqrt[3]{E}} \tag{4.20}$$

Massebedarfskennzahl für Biegefestigkeit

Fordert man gleichbleibende Festigkeit $\boldsymbol{\sigma}_\mathrm{f}$ eines Biegebalkens, so kann man bei gegebener Länge l, Breite b und Last F die Höhe h des Balkens anpassen und damit die Massenbedarfskennzahl für die Biegefestigkeitsauslegung bestimmen. Die Anforderungen sind in Tab. 4.4 gelistet.

Ansatzpunkt hierfür ist das Biegemoment M_B (4.17). Mit dem Widerstandsmoment W (4.15) lässt sich nach Umformung analog wie zuvor die Bauteilhöhe h ermitteln:

$$h = \sqrt[3]{\frac{6 \cdot F \cdot l}{\sigma_f \cdot b}} \tag{4.21}$$

Eingesetzt in (4.12) und auf die kritische Materialeigenschaft m extrahiert, ergibt sich:

$$m = \sqrt{6 \cdot F \cdot l^3 \cdot b} \cdot \frac{\rho}{\sqrt{\sigma_f}} \tag{4.22}$$

Aus der Forderung nach gleichbleibenden Randbedingungen (l, b, F = const.) folgt somit für die statische Biegefestigkeitsauslegung:

$$m \sim \frac{\rho}{\sqrt{\sigma_f}} \tag{4.23}$$

Dabei entspricht die Festigkeit σ_f für Metalle der Dehngrenze $R_{p0;2}$ und für Verbundwerkstoffe und Naturwerkstoffe der Zugfestigkeit R_m.

Massebedarfskennzahl für Längssteifigkeit Zug/Druck

Für die Auslegung der Dehnsteifigkeit eines Zugstabes mit gegebener Länge l und Breite b (Abb. 4.20, Tab. 4.5) soll ein Werkstoff ausgewählt werden, der die Masse minimieren soll. Die Höhe h ist dabei variabel. Die Anforderungen sind in Tab. 4.5 gelistet.

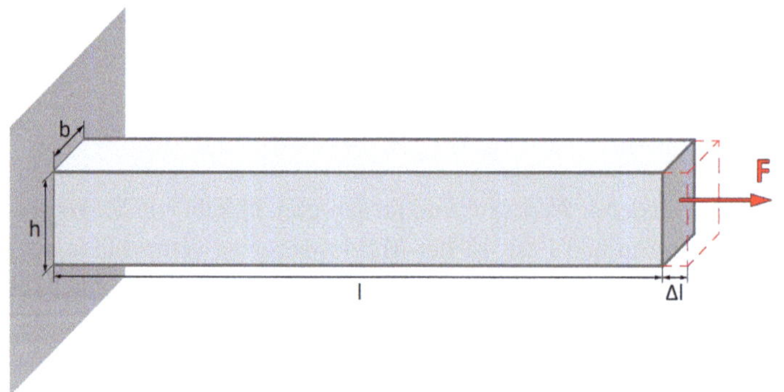

Abb. 4.20 Zugstab

Tab. 4.5 Konstruktionsanforderungen für einen Zugstab mit konstanter Steifigkeit

Funktion:	Zugstab
Nebenbedingungen:	Länge l und Breite b sind konstant
	Gleichbleibende Steifigkeit bei gleicher Last F
Ziel:	Minimierung der Masse m
Freie Variablen:	Höhe h
	Werkstoff

Die Dehnsteifigkeit hängt von dem Elastizitätsmodul E des Werkstoffes ab. Ansatzpunkt zur Ermittlung der Leichtbaukennzahl ist die „Dehnung“, die folgendermaßen berechnet wird:

$$\varepsilon = \frac{\Delta l}{l} = \frac{F}{E \cdot A} \tag{4.24}$$

Nach der Fläche A umgestellt, folgt:

$$A = b \cdot h = \frac{F \cdot l}{E \cdot \Delta l} \tag{4.25}$$

Analog wie aus den vorangegangenen Herleitungen wird die Gleichung mittels (4.12) nach der Masse umgestellt:

$$m = \frac{F \cdot l^2}{\Delta l} \cdot \frac{\rho}{E} \tag{4.26}$$

Und folglich gilt für die Massebedarfskennzahl für die Längssteifigkeitsauslegung:

$$m \sim \frac{\rho}{E} \tag{4.27}$$

Massebedarfskennzahl für Längsfestigkeit

Fordert man gleichbleibende Festigkeit σ_f eines Zugstabes, so kann man bei gegebener Länge l, Breite b und Last F die Höhe h des Balkens anpassen und damit die Massenbedarfskennzahl für die Längsfestigkeitsauslegung bestimmen. Die Anforderungen sind in Tab. 4.6 gelistet.

Ausgangspunkt hierfür ist die Zugspannung:

$$\sigma_f = \frac{F}{A} \tag{4.28}$$

Tab. 4.6 Konstruktionsanforderungen für einen Zugstab mit konstanter Festigkeit

Funktion:	Zugstab
Nebenbedingungen:	Länge l und Breite b sind konstant
	Gleichbleibende Festigkeit bei gleicher Last F
Ziel:	Minimierung der Masse m
Freie Variablen:	Höhe h
	Werkstoff

eingesetzt in (4.12) ergibt sich:

$$m = F \cdot l \cdot \frac{\rho}{\sigma_f} \tag{4.29}$$

Mit den Randbedingungen (F, l = const.) folgt schließlich für die Massebedarfskennzahl für die Längsfestigkeitsauslegung:

$$m =\sim \frac{\rho}{\sigma_f} \tag{4.30}$$

Hier entspricht ebenfalls die Festigkeit σ_f für Metalle der Dehngrenze $R_{p0;2}$ und für Verbundwerkstoffe und Naturwerkstoffe der Zugfestigkeit R_m.

Massebedarfskennzahl für Schubfestigkeit

Die Schubfestigkeit wird anhand des sogenannten Schubmoduls G oder auch Gleitmoduls beschrieben. Dies stellt ein Maß für die elastische Verformung innerhalb eines Bauteils (Abb. 4.21) infolge einer Schubspannung dar. Analog zum Elastizitätsmodul ist der Schubmodul eine Materialkonstante. Zur Herleitung der Kennzahl wird ein auf Schub belastetes Bauteil hergenommen. Die Anforderungen sind in Tab. 4.7 gelistet.

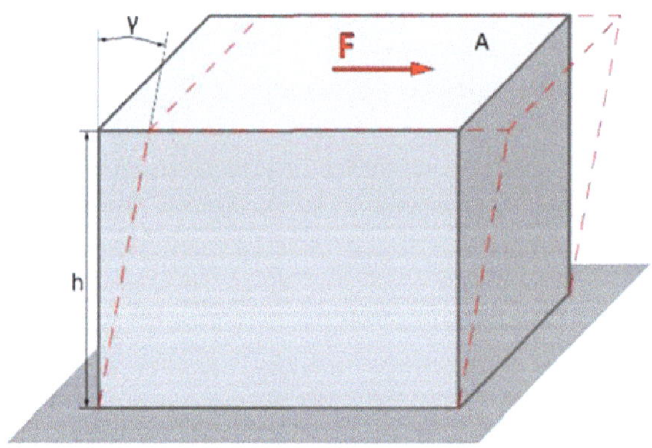

Abb. 4.21 Bauteil auf Schub belastet

Tab. 4.7 Konstruktionsanforderungen für ein auf Schub belastetes Bauteil mit konstanter Festigkeit

Funktion:	Auf Schub belastetes Bauteil
Nebenbedingungen:	Höhe h ist konstant
	Gleichbleibende Schubfestigkeit bei gleicher Last F
Ziel:	Minimierung der Masse m
Freie Variablen:	Fläche A
	Werkstoff

Die Schubspannung lässt sich folgendermaßen ermitteln, wobei A die Fläche ist, an der F wirksam angreift

$$\tau = \frac{F}{A} = G \cdot \tan \gamma \tag{4.31}$$

Nach Umformung gilt für die Fläche A:

$$A = \frac{F}{G \cdot tan\, \gamma} \tag{4.32}$$

Und nach Einsetzen in (4.12) ergibt sich:

$$m = \frac{F \cdot h}{tan\, \gamma} \cdot \frac{\rho}{G} \tag{4.33}$$

Aufgrund der vorangegangenen Bedingungen, dass der Vergleich nur bei gleichbleibenden Randbedingungen durchführbar ist, sind F, h und γ Konstanten. Somit gilt schließlich für die Massebedarfskennzahl für Schubfestigkeitsauslegung:

$$m \sim \frac{\rho}{G} \tag{4.34}$$

Massebedarfskennzahl für Knicksteifigkeit

Ausgehend von einer elastischen Knickung wird für die Untersuchung der Knicksteifigkeit der Ansatz nach Euler gewählt. Die Anforderungen sind in Tab. 4.8 gelistet.

Mithilfe der Formel für die Knicklast nach Euler lässt sich folgendermaßen die ausschlaggebende Materialeigenschaft herleiten:

$$F_K = \frac{\pi^2 \cdot E \cdot I}{l_k^2} \tag{4.35}$$

Mit dem Trägheitsmoment für quadratische Querschnitte (4.13) folgt:

$$F_K = \frac{\pi^2 \cdot E \cdot b^4}{12 \cdot l_k^2} \tag{4.36}$$

Tab. 4.8 Konstruktionsanforderungen für einen Druckstab mit konstanter Knicksteifigkeit

Funktion:	Druckstab
Nebenbedingungen:	Länge l ist konstant
	Quadratischer Querschnitt mit Breite b
	Gleichbleibende Knicksteifigkeit bei gleicher Last F
Ziel:	Minimierung der Masse m
Freie Variablen:	Breite b
	Werkstoff

Nach der Bauteilbreite b umgeformt und in (4.12) folgt:

$$m = \sqrt{\frac{12 \cdot F_K \cdot I^2 \cdot l_K^2}{\pi^2}} \cdot \frac{\rho}{\sqrt{E}} \tag{4.37}$$

Bei gleichbleibenden Konditionen folgt somit für die Massebedarfskennzahl für die Knicksteifigkeitsauslegung:

$$m \sim \frac{\rho}{\sqrt{E}} \tag{4.38}$$

Massebedarfskennzahl für elastisches Arbeitsaufnahmevermögen Eine für die Auslegung weitere wichtige Betrachtung ist das elastische Arbeitsaufnahmevermögen. Dieses wird prinzipiell durch den Elastizitätsmodul beschrieben. Bedingt wird dieses Verhalten durch die Elastizitätsgrenze R_e oder auch Dehngrenze $R_{p0;2}$. Die Dehngrenze beschreibt die Spannung bis zu der das Material ohne plastische Verformung beansprucht werden kann. Somit bildet die Dehngrenze die maximale Spannung im elastischen Verformungsbereich des Werkstoffes.

Das elastische Arbeitsaufnahmevermögen beschreibt die Fähigkeit, Formänderungsarbeit im elastischen Bereich zu verrichten. Die spezifische Formänderungsarbeit W_f kann mithilfe der Integration des Spannungs-Dehnungs-Diagramms bis zur Dehngrenze ermittelt werden (Abb. 4.22). Die Formänderungsarbeit wird folgendermaßen definiert:

$$W_f = V \cdot w_f = V \cdot \frac{1}{2} \cdot \varepsilon \cdot \sigma \tag{4.39}$$

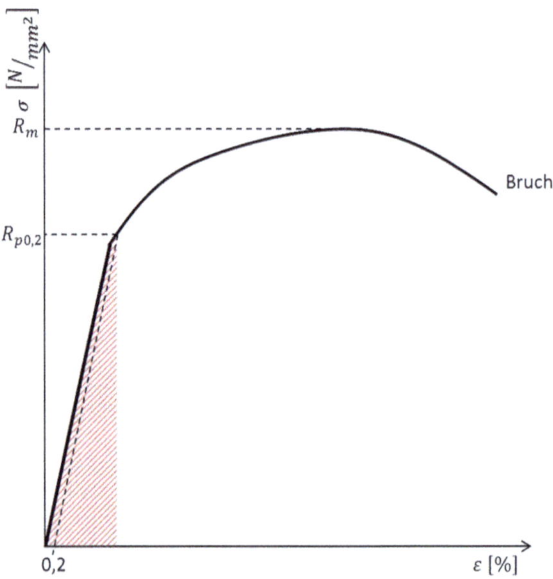

Abb. 4.22 Schematische Darstellung der spezifischen Formänderungsarbeit im Spannungs-Dehnungs-Diagramm, aus [10]

Hierbei gilt für die Spannung [σ] die Dehngrenze $R_{p0,2}$ mit $\boldsymbol{V} = \frac{\boldsymbol{m}}{\boldsymbol{\rho}}$ und mit der Dehnung $\boldsymbol{\varepsilon} = \frac{\boldsymbol{F}}{\boldsymbol{E} \cdot \boldsymbol{A}}$ folgt:

$$W_f = \frac{m}{\rho} \cdot \frac{1}{2} \cdot \frac{F}{E \cdot A} \cdot R_{p0,2} \tag{4.40}$$

Die Kraft F geteilt durch die Fläche A an der betrachteten Stelle bildet die Dehngrenze $R_{p0;2}$.

Daraus folgt:

$$W_f = \frac{m}{\rho} \cdot \frac{1}{2} \cdot \frac{R_{p0,2}^2}{E} \tag{4.41}$$

Nach der Masse *m* umgeformt ergibt sich:

$$m = 2 \cdot W_f \cdot \frac{\rho \cdot E}{R_{p0,2}^2} \tag{4.42}$$

Somit gilt bei konstanter Formänderungsarbeit für die Massebedarfskennzahl für das elastische Arbeitsaufnahmevermögen:

$$m \sim \frac{\rho \cdot E}{R_{p0,2}^2} \tag{4.43}$$

Die vorangegangenen Betrachtungen zeigen, dass in Abhängigkeit von den äußeren Randbedingungen bzgl. Gestalt und Bauraum unterschiedliche Massenbedarfskennwerte für Festigkeits- und Steifigkeitsanforderung von Bedeutung sind.

Wird ein rechteckförmiger Vollquerschnitt und eine festgelegte Bauteilbreite vorausgesetzt, so verbleibt als freier Dimensionierungsparameter die Bauteildicke. Je nach Anforderung Steifigkeit oder Festigkeit verhält sich die Masse dann proportional zum Verhältnis $\boldsymbol{\rho / \sqrt[3]{E}}$ bzw. $\boldsymbol{\rho / \sqrt{R_{p0,2}}}$.

Ist bei der gleichen Querschnittsform die Bauteildicke konstant, so kann lediglich die Breite linear variiert werden. Der Massenbedarf ist dann bzgl. Steifigkeitsanforderung proportional zum Verhältnis $\boldsymbol{\rho/E}$ oder im Falle einer Festigkeitsanforderung proportional zum Verhältnis $\boldsymbol{\rho/R}p_{0,2}$.

Für einen dünnwandigen Hohlquerschnitt ergeben sich gemäß den vorgenannten Ausführungen prinzipiell die gleichen Massenbedarfskennwerte.

In der Konstruktionspraxis dienen diese Kennzahlen dazu, eine Struktur hinsichtlich eines vorgegebenen Ziels zu optimieren und einen geeigneten Werkstoff zu wählen. Es gilt: Je niedriger der Massenbedarfskennwert, desto besser ist der Werkstoff für die Zielerreichung geeignet.

Beispielsweise soll ein Schweller (dünnwandiger Hohlquerschnitt) durch ein leichteres Material ersetzt werden ohne die Steifigkeit nachteilig zu beeinflussen. Ist die Blechdicke

	Fall I: b variabel h const. (Blech, Membranen)	Fall II: h variabel b const. (Balken,Träger)
Steifigkeit	m~ ρ/E	m ~ $\rho/\sqrt[3]{E}$
Festigkeit	m ~ $\rho/Rp_{0,2}$	m ~ $\rho/\sqrt{R_{p0,2}}$
Arbeitsaufnahme	m ~ $\rho \cdot E/(Rp_{0,2})^2$	m ~ $\rho \cdot E/(Rp_{0,2})^2$

Abb. 4.23 Massenbedarfskennzahlen

vorgegeben, so kann nur die Geometrie des Profils (z. B. die Schwellerhöhe) angepasst werden. Für den Vergleich unterschiedlicher Werkstoffe müssen also die Massebedarfskennzahlen $\rho/\sqrt[3]{E}$ ins Verhältnis gesetzt werden.

In Abb. 4.23 sind Massenbedarfskennzahlen für verschiedene variable Größen eines Rechteckprofils hinsichtlich verschiedener Optimierungsziele aufgelistet. Eine ausführliche Darstellung findet sich auch in [32, 125].

Die auf den Referenzwerkstoff Stahl S235JR normierten Massenbedarfskennzahlen zeigen das jeweilige Leichtbaupotenzial für ausgewählte Leichtbauwerkstoffe (Abb. 4.24). Für typische Karosseriebauteile in verschiedenen Leichtbauwerkstoffen sind deren Gewichte mit den Massebedarfskennzahlen in Abb. 4.25 vergleichend gezeigt.

Um Leichtbaumaßnahmen qualitativ zu bewerten, stehen der Leichtbaugrad und die Leichtbaugüte zur Verfügung. Die Leichtbaugüte ist das Verhältnis der Fahrzeugmasse (hier der Karosserie, vgl. Kap. 5) zum Produkt aus Torsionssteifigkeit c_T und Aufstandsfläche A. Der Leichtbaugrad gibt das Verhältnis zwischen einer erreichten Massendifferenz zu einer ursprünglichen Fahrzeugmasse an.

$$\text{Leichtbaugüte} \qquad L = \frac{m}{c_T \cdot A} \tag{4.44}$$

$$\text{Leichtbaugrad} \qquad L_g = \frac{\Delta m}{m} \tag{4.45}$$

Eine Leichtbaugüte L kann sinngemäß auch für die Auslegung einer Pkw-Türe festgelegt werden:

$$L_{Tür} = \frac{m_{Tür}}{c_{Bieg} \cdot A_{Projektion}} \tag{4.46}$$

Mit der Eigenfrequenz $\omega^2 = c/m$ folgt die Definition der Leichtbaugüte zu:

$$L = \frac{1}{\omega^2 \cdot A} \tag{4.47}$$

	Bezogene Werkstoffeigenschaften					Leichtbaukennzahlen (bezogen auf S235JR)						
	Dichte	E-Modul	G-Modul	Zug-festigkeit	Dehn-grenze	Biege-festigkeit*	Biege-steifigkeit	Stat. Festigkeit* Zug-Druck	Längs-steifigkeit Zug-Druck	Schub-festigkeit	Knick-steifigkeit	Elastisches Arbeits-aufnahme-vermögen
	ρ	E	G	R_m	$R_{p0.2}$	K_{BFt}	K_{BSt}	K_{LFt}	K_{LSt}	K_{SFt}	K_{KSt}	K_{EA}
	$\left[\frac{g}{cm^3}\right]$	$\left[\frac{N}{mm^2}\right]$	$\left[\frac{N}{mm^2}\right]$	$\left[\frac{N}{mm^2}\right]$	$\left[\frac{N}{mm^2}\right]$	$\left[\frac{\rho}{\sqrt{\sigma_f}}\right]$	$\left[\frac{\rho}{\sqrt[3]{E}}\right]$	$\left[\frac{\rho}{\sigma_f}\right]$	$\left[\frac{\rho}{E}\right]$	$\left[\frac{\rho}{G}\right]$	$\left[\frac{\rho}{\sqrt{E}}\right]$	$\left[\frac{\rho E}{R_{p0,2}^2}\right]$
Baustahl S235JR	7,85	210.000	81.000	360	235	1,000	1,000	1,000	1,000	1,000	1,000	1,000
Vergütungsstahl C35E	7,85	210.000	81.000	630	430	0,739	1,000	0,547	1,000	1,000	1,000	0,299
Vergütungsstahl 34CrNiMo6	7,85	210.000	81.000	1.200	1.000	0,485	1,000	0,235	1,000	1,000	1,000	0,055
Edelstahl X2CrMoTi18-2	7,7	210.000	81.000	500	300	0,868	0,981	0,768	0,981	0,981	0,981	0,602
Edelstahl X3CrNiMo13-4	7,7	210.000	81.000	780	620	0,604	0,981	0,372	0,981	0,981	0,981	0,141
Aluminium-Legierung AlMgSi1	2,7	70.000	27.200	400	190	0,383	0,496	0,425	1,032	1,024	0,596	0,175
Magnesium-Legierung MgAl8Zn	1,74	45.000	16.500	300	215	0,232	0,370	0,242	1,034	1,088	0,479	0,057
Titan-Legierung TiAl6V4/F89	4,42	114.000	40.000	895	830	0,300	0,690	0,159	1,037	1,140	0,764	0,025
GFK - Unidirektional	1,95	45.000	6.500	1.200	-	0,110	0,415	0,049	1,159	3,096	0,537	-
GFK - Quasiisotrop	1,95	25.000	9.800	100	-	0,381	0,505	0,584	2,087	2,053	0,720	-
CFK - Unidirektional	1,56	154.000	6.000	3.500	-	0,051	0,220	0,013	0,271	2,683	0,232	-
CFK - Quasiisotrop	1,56	56.000	21.500	360	-	0,161	0,309	0,130	0,745	0,749	0,385	-
Holz	0,38	12.000	750	100	-	0,074	0,126	0,114	0,847	5,228	0,203	-

* Die Festigkeit σ_f entspricht für Metalle der Dehngrenze $R_{p0,2}$ und für Verbundwerkstoffe und Naturstoffe der Zugfestigkeit R_m.

Abb. 4.24 Auf Stahl S235JR normierte Massenbedarfskennzahlen für ausgewählte Leichtbauwerkstoffe, Leichtbaukennzahl <1 bedeutet leichter, Leichtbaukennzahl >1 bedeutet schwerer

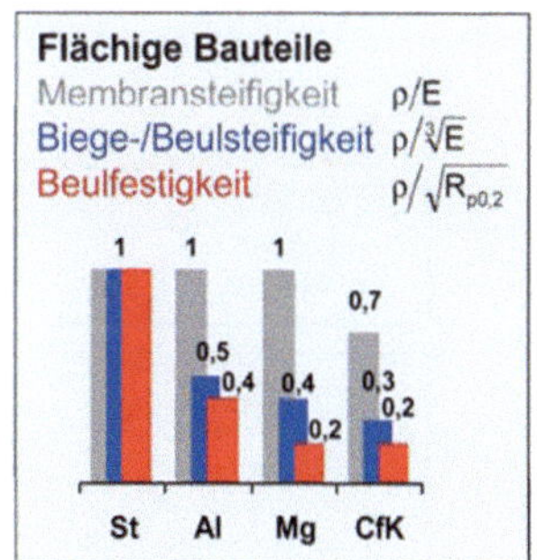

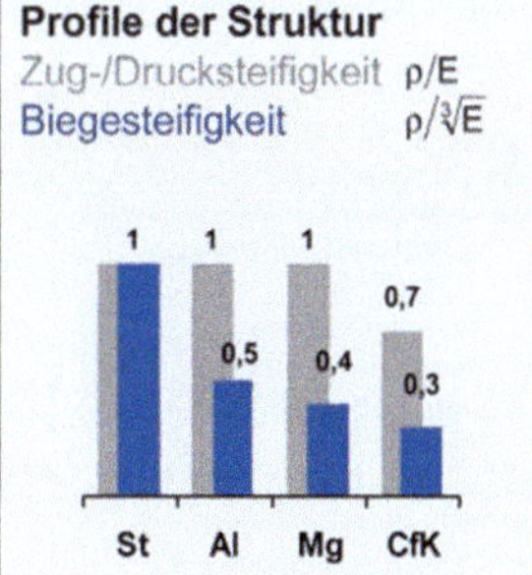

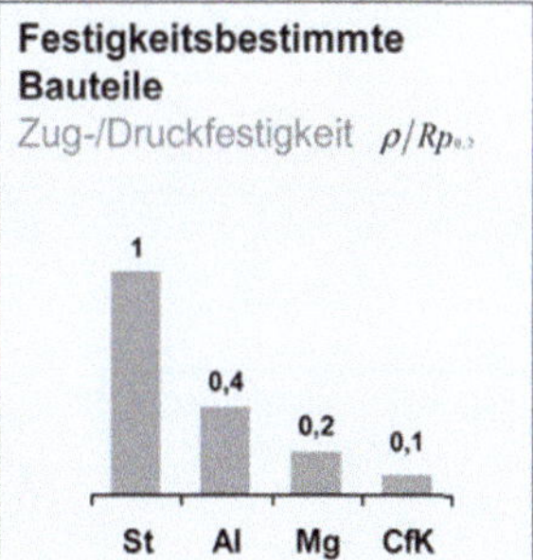

Abb. 4.25 Vergleich der Massenbedarfskennzahlen für verschiedene Werkstoffe und ausgewählte Karosseriebauteile, aus [17]

4.3 Allgemeine Auslegungsstrategien und Leichtbaustrategien

Für den Betriebsfestigkeitsnachweis sind unterschiedliche Beanspruchungsarten und Einflussfaktoren zu berücksichtigen. Die technischen Fähigkeiten einer Leichtbaustruktur werden zum einen durch statische und dynamische Kräfte beeinflusst, zum anderen bestimmen neben den Eigenschaften des Werkstoffs die Form des Bauteils und die darauf wirkenden Umwelteinflüsse das Ergebnis. Haldenwanger hat in [19] dafür Nachweisarten beschrieben (Abb. 4.26) und in Abhängigkeit vom Anwendungsfall in unterschiedliche Grundkonzepte für die Dimensionierung übersetzt.

- **1. Safe-life-quality (sicheres Erleben):** Die Betriebsfestigkeit eines Bauteils muss über den gesamten Lebenszyklus gesichert werden. Statische Lastfälle und das gesamte Ermüdungsspektrum sind sicher zu ertragen.
- **2. Fail-safe-quality (beherrschbares Versagen):** Es werden Schädigungen der Struktur einkalkuliert und man verringert mögliche Folgen durch eine hinreichende Resttragfähigkeit. Redundante Lastpfade sind eine Möglichkeit, dies konstruktiv zu erfüllen.

Ergänzend sei noch ein weiteres Konzept aufgeführt, das ursprünglich in der Luftfahrt entwickelt und verbessert wurde und als obligatorische Voraussetzung die Konstruktion einem exakten Inspektions- und Wartungskonzept unterwirft.

- **3. Damage-tolerance (ertragbarer Schaden):** Zusätzlich zur Auslegung nach dem Fail-safe-Prinzip wird angenommen, dass hier Schädigungen in der Struktur vorhanden sind, allerdings wird ihr Wachstum analysiert und zeitlich verfolgt. Ertüchtigungs- oder Reparaturmaßnahmen sind davon abzuleiten.

Für eine Leichtbaustruktur wird dabei neben den verschiedenen Festigkeitsnachweisen das Verhalten während der Nutzung klassifiziert.

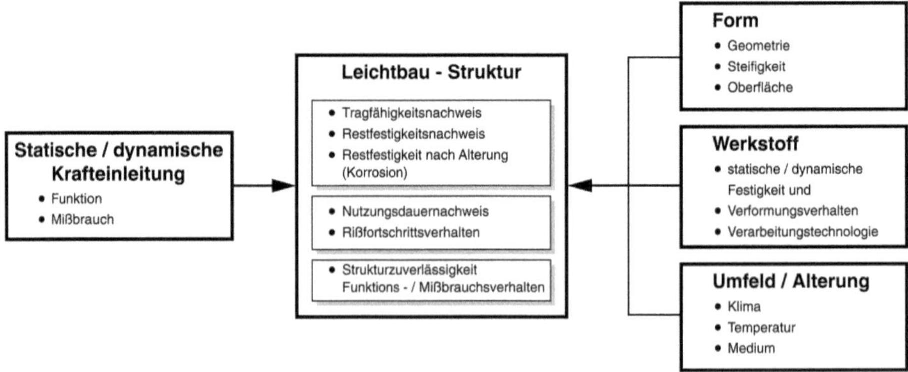

Abb. 4.26 Verschiedene Nachweisarten und Einflussfaktoren, nach [19]

Um die Bauteilmasse zu verringern, kann man verschiedene Vorgehensweisen verfolgen. Will man ein Optimum erreichen, werden mehrere Maßnahmen strategisch zu kombinieren sein. Thomas Gänsicke hat es in [10] und in [28] geleistet, die vielfach verwendeten Begriffe Leichtbaustrategien, Leichtbauprinzipien und Leichtbauweisen zu sortieren. Die Leichtbaustrategien zielen darauf, alle Potenziale zur Gewichtsreduzierung in Bauteilen oder Systemen zu nutzen, vielfach ergänzen sie sich gegenseitig. Entsprechende Strategien zum Leichtbau, wie:

- Stoffleichtbau
- Formleichtbau
- Konzeptleichtbau
- Bedingungsleichtbau

behandeln wir in Abschn. 4.4, 4.5, 4.6 und 4.7, zu allgemeinen Bauweisen s.a. Kap. 2 und zu Bauweisen der Karosserie Abschn. 5.5.

Festzuhalten ist, dass Leichtbauanstrengungen nicht an jeder Stelle im Fahrzeug gleich wertvoll sind. In [19, 20] ist für diesen Sachverhalt die Einteilung eines Fahrzeugs mit Frontantrieb in mehrere Leichtbauzonen beschrieben (Abb. 4.27). Die Lage des Schwerpunktes im Fahrzeug und die gewünschte Fahrdynamik sind zu berücksichtigen: Abhängig von Antriebsart, Lage des Antriebsaggregats und Positionierung der Leichtbaumaßnahme resultieren daraus akzeptierbare Mehrkosten für die Gewichtsreduzierung in der jeweiligen Zone.

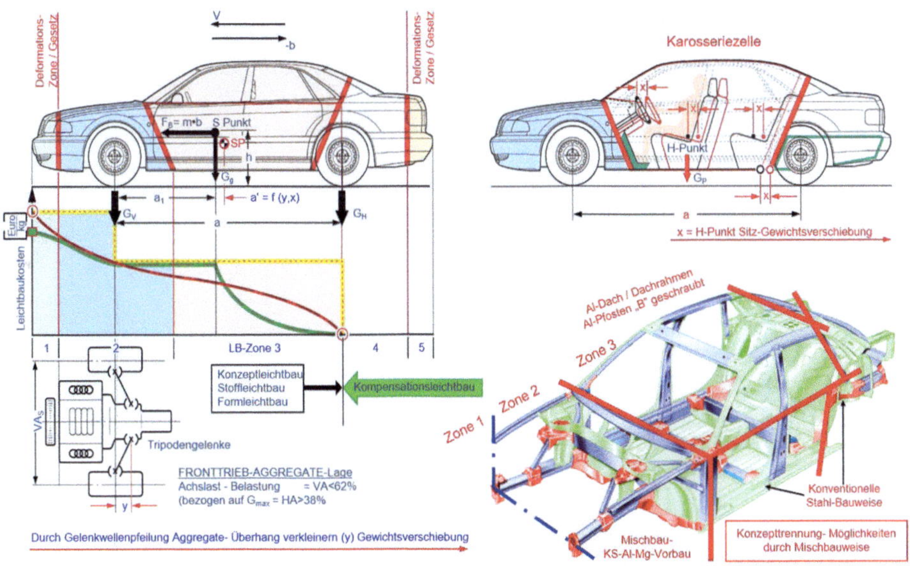

Abb. 4.27 Leichtbauzonen in einem frontgetriebenen Fahrzeug, aus [17]

4.4 Stoffleichtbau

Eine einfache und geradezu klassische Strategie, um das Gewicht einer Komponente zu reduzieren, ist die Substitution des Referenzwerkstoffes durch einen Werkstoff mit geringerer Dichte. Nun kann man Werkstoffe jedoch oftmals nicht einfach substituieren, vielmehr müssen die Herstellbedingungen für die Komponente geändert oder angepasst werden. Dieses kann die Verfahren der Formgebung oder der verwendeten Halbzeuge betreffen sowie die Fügetechniken. Vielfach weisen leichtere Werkstoffe einen geringeren E-Modul auf, somit resultieren eine größere Wandstärke im Bauteil oder ein größerer Packagebedarf. Man erkennt die Wechselbeziehung von Stoffleichtbau und Konzepten, die nicht selten einen merklichen technologischen Wandel bedeuten.

Naheliegende Lösungen die Dichte betreffend sind der Übergang von Stahlblech- zu Aluminium- oder CFK-Strukturen in der Karosserie. Neben den Umformverfahren, z. B. dem Tiefziehen von Stahl oder Aluminium, betreten bei den Leichtmetallen zusätzlich die Urformung durch Gießen oder bei den faserverstärkten Kunststoffen Laminier- und Aushärtungsprozesse die Bühne der Fertigungstechniken.

Eine ganz andere Möglichkeit, die ebenfalls zum Stoffleichtbau zählt, ist es, einen Werkstoff mit höherer Festigkeit zu wählen, um dadurch die Materialstärke des Bauteils und somit das Gewicht verringern zu können. Das Werkstoffkonzept der Mercedes A-Klasse W177 [16] zeigt auch vor allem Letzteres durch den Einsatz hochfester, höchstfester und formhärtender Stähle (Abb. 4.28). Hier findet man auch mit Stahl einen artgleichen Stoffleichtbau aufgrund besserer Stoffeigenschaften vor.

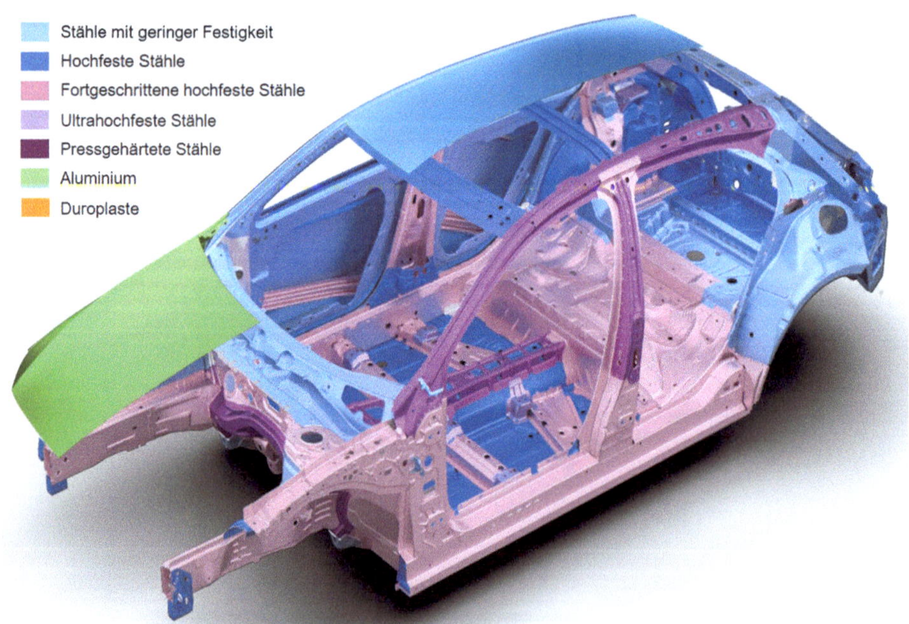

Abb. 4.28 Werkstoffkonzept und Stoffleichtbau am Beispiel Mercedes A-Klasse W177, Copyright© Mercedes AG

Ein weiteres Beispiel für den klassischen Stoffleichtbau ist eine Hinterachsfeder für eine Leichtbauedition eines Kompaktklassefahrzeuges, bei der Stahl mit Titan substituiert wurde [21]. Bei sonst gleichen Randbedingungen resultierte eine Gewichtseinsparung von ca. 40 % (Abb. 4.29).

Aus der Domäne Antrieb stammt ein Beispiel für den Stoffleichtbau von Ventilen mit Titanaluminiden (TiAl). Intermetallische Verbindungen wie TiAl sind zweiphasig, was die Sprödigkeit bei Raumtemperatur herabsetzt. Um ein ausgewogenes Verhältnis von Raum- und Hochtemperatureigenschaften zu erhalten, werden ca. 10 bis 25 % Niob zugegeben.

Das technisch relevante γ-Titanaluminid besitzt einen hohen E-Modul von 175 GPa, eine hervorragende Korrosions- und Oxidationsbeständigkeit und eine geringe Dichte von ca. 3,8 g/cm³. Damit können gegenüber Stahl ca. 50 % leichtere Auslassventile realisiert werden, ein wichtiger Vorteil für die bewegten Massen der thermomechanisch hoch beanspruchten Ventile und das sichere Einhalten der Flattergrenzen bei erhöhten Drehzahlen (s. Kontaktkraft-Verlauf in Abb. 4.30).

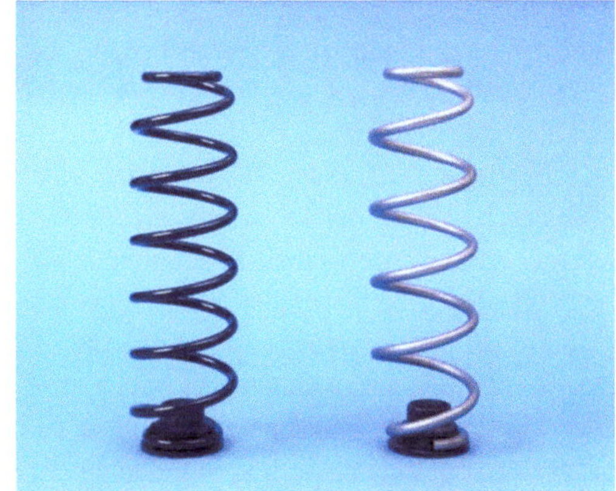

Abb. 4.29 Hinterachsfedern eines VW Lupo in Stahl (links, 1040 g) und Titan (rechts, 625 g), aus [17]

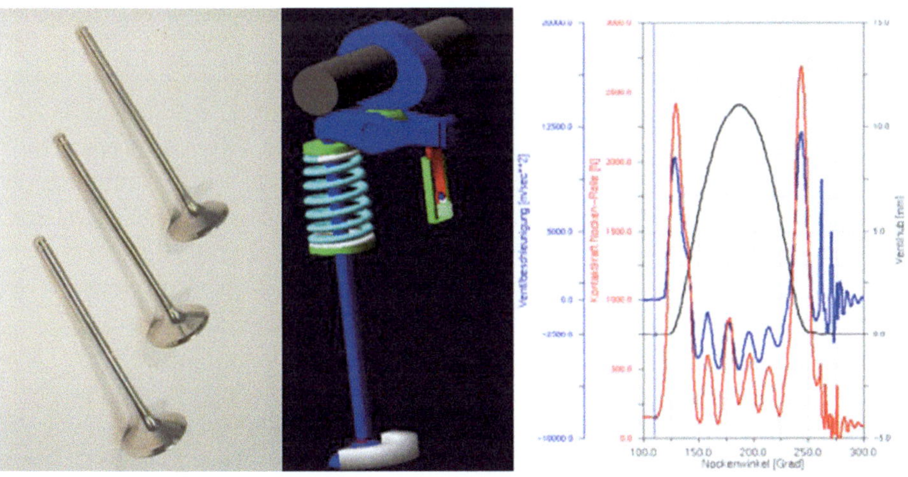

Abb. 4.30 Stoffleichtbau mit TiAl-Ventilen, rechts Kontaktkraftverlauf (rot) über Nockenwinkel, nach [22]

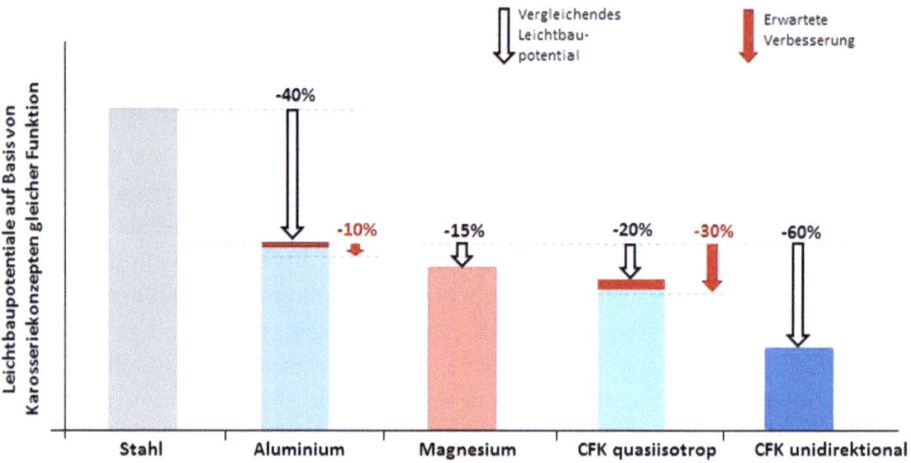

Abb. 4.31 Erwartete Gewichtspotenziale durch Werkstoffleichtbau, nach [23]

Ein wichtiger Grundsatz für seriösen Leichtbau ist, dass Leichtbaupotenziale von unterschiedlichen Werkstofflösungen stets und mindestens auf Basis von Funktionsgleichheit bewertet werden.

Eine Gegenüberstellung aus dem Hause Audi vergleicht dazu nachgewiesene Potenziale durch den Stoffleichtbau verschiedener Werkstoffe [22] zur schon guten Leichtbaureferenz Aluminium; weitere zu erwartende Verbesserungen sind angedeutet (Abb. 4.31).

Zu beachten ist dabei der große Unterschied quasiisotrop und unidirektional ausgeführter Kunststoffverbunde mit Kohlefasern (CFK). Zwar weisen die unidirektionalen Hochleistungslösungen demgemäß mit ca. 60 % Gewichtsreduzierung gegenüber Aluminium ein großes Leichtbaupotenzial auf, die Einsatzbereiche für dergestalt im Fahrzeug belasteter Strukturbauteile sind indes eingeschränkt.

4.5 Formleichtbau

Beim Formleichtbau wird die Bauteilgeometrie optimiert, um die Krafteinleitung und den Kraftfluss so zu verbessern, dass Material und damit Gewicht eingespart werden kann. Eine Optimierung der Materialverteilung kann dann zusätzlich zu konstruktiven Versteifungen, Bördelungen oder Sicken führen. Auch haben geschlossene Profile bekannterweise bei geringerem Gewicht eine höhere Steifigkeit als offene Profile. Bauteilbereiche mit hohen Belastungen sind zu verstärken und Materialausnehmungen oder Löcher in den Bereich der neutralen Faser bei Biegebalken zu legen.

Gestaltoptimierte Bauteile lassen sich vielfach durch Schmiede- oder Gusskonstruktionen realisieren, ein modernes Verfahren ist in diesem Zusammenhang auch die Innen-Hochdruck-Umformung (IHU). Der Formleichtbau ist eng verknüpft mit den Möglichkeiten der Herstell- und Fügeverfahren (Fertigungsleichtbau). Wichtige Beispiele dazu sind die dickendifferenzierenden Methoden Tailored Blanks oder Tailored Tubes.

Ein Beispiel für gelungene Formoptimierung in modernen Achsen sind geschmiedete Schwenklager für einen Audi A4 (Abb. 4.32), ähnliche Ausführungen sind auch in Druckguss realisiert. Ebenfalls in Druckguss und vorteilhaft gestaltet sind Großgusshalbschalen der A-Säule für den A8 (vergl. Abschn. 3.2). Letztere umschließen im unteren Bereich den Schweller und seitlich im oberen den durchgehenden Dachrahmen. Beide Bauteile sind in Aluminiumlegierungen umgesetzt und zeigen gut erkennbar die Formorientierung an Kraftflüssen und Belastung [20, 27]. Dies trifft auch für Längsträger als multifunktionale Vakuumdruckgussteile zu (Abb. 4.32b). Das Konzept ermöglicht eine crashoptimierte Gestaltung, funktionsoptimierte Wandstärken und eine reduzierte Teileanzahl.

Ein wichtiger Aspekt beim Formleichtbau ist die Verbesserung der Simulationsgenauigkeit, z. B. mit der FEM-Analyse.

Das Heckportal eines Volkswagen Tiguan ist ein weiteres Beispiel für den geometrischen Leichtbau in einer Stahlstruktur (Abb. 4.33), durch geschlossene umlaufende Profile und Einsatz von separaten Schotten wird eine homogene Steifigkeit erreicht [24].

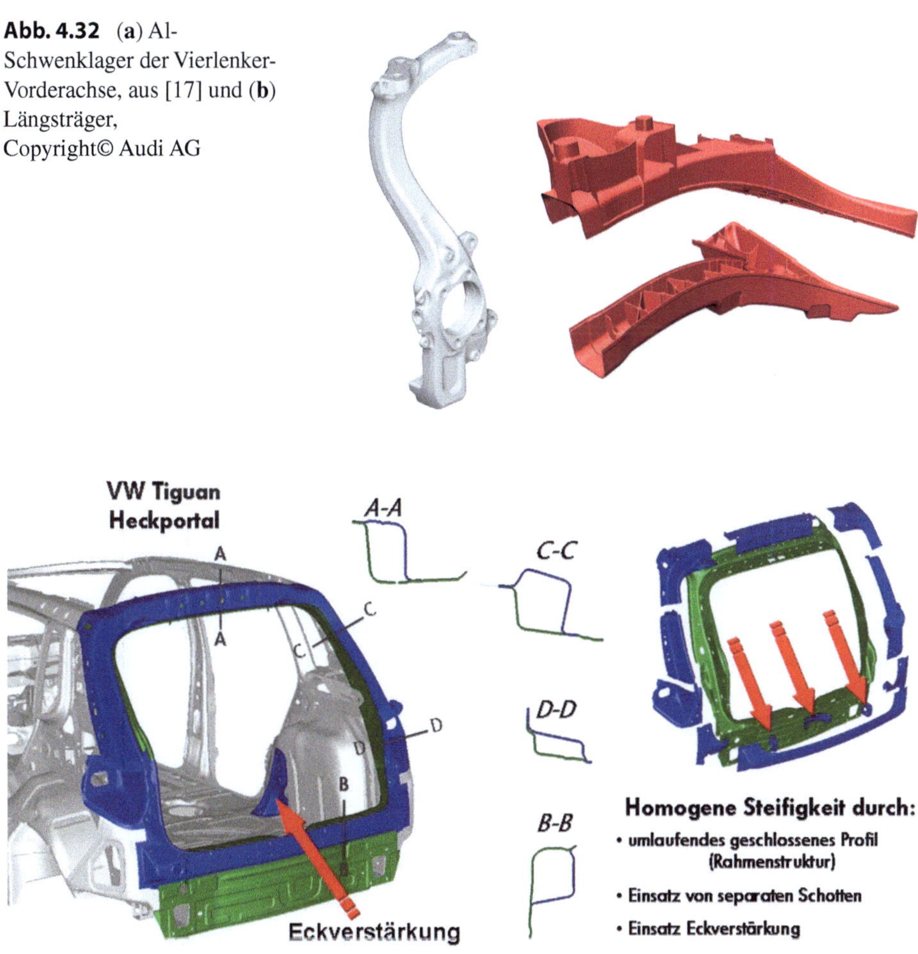

Abb. 4.32 (**a**) Al-Schwenklager der Vierlenker-Vorderachse, aus [17] und (**b**) Längsträger, Copyright© Audi AG

Abb. 4.33 Geometrischer Leichtbau Tiguan Heck, Copyright© Volkswagen AG

4.6 Konzeptleichtbau

Wesentlich umfassender ist der methodische Ansatz des Konzeptleichtbaus. Der Fokus wird dabei nicht nur auf die Optimierung eines einzelnen Bauteils gelegt, sondern auf die Optimierung des Gesamt- oder eines Subsystems. Vielfach spricht man deswegen auch von Systemleichtbau und integriert Potenziale aus der Fertigung (Fertigungsleichtbau). Der Konzeptleichtbau zielt auf die am besten geeignetste Bauweise aus dem Verhältnis von Funktionserfüllung und Gewicht [28], einschließend die Vorteile von Differenzial- und Integralbauweise (vergl. Kap. 2). Bezüglich der Karosserie sind dafür die Konzepte Gitterrohrrahmen und Schalenbauweise zu nennen.

Die Verwendung von mehreren geeigneten Komponenten mit einer höheren Teileintegration und die Optimierung ihres Zusammenspiels im Gesamtfahrzeug kann das Fahrzeuggewicht insgesamt deutlich reduzieren. Gusslösungen oder Verbundwerkstoffe begünstigen beispielsweise solche integrativen

Bauweisen (vgl. Abschn. 2.2 und 2.3) signifikant. Wir rechnen daher hier den Fertigungsleichtbau dazu.

Können zusätzliche Funktionen integriert werden – z. B. Sicherheit, Oberflächenschutz oder Medienführung – gelingen darüber hinaus wertvolle Gewichtsreduzierungen und eine attraktive Gesamtleistung des Konzeptes. Dies geht weit über die herstellungstechnische Zusammenführung von Bauteilen und ihren Funktionsflächen mit einer Integralbauweise hinaus. Bei der Funktionsintegration wird eine Vielzahl von Funktionen im Bauteil zusammengefasst, es entfallen dadurch separate Bauteile und zusätzliche Gewichte. In [25] sind als Teilziele eines Leichtbaukonzepts für einen Fahrzeugboden differenziert:

a) Anzahl der Bauteile durch Zusammenführung reduzieren (Teileintegration),
b) Funktionalität der Bauteile erweitern, ohne wesentliche Änderung von Bauteilanzahl oder -gewicht (Funktionsintegration).

Derartige Lösungen sind für Fahrzeug- und zahlreiche Teil-Systeme realisiert (Beispiele in Abb. 4.34 und 4.35).

Ein zentrales Subsystem im Vorderwagen ist der Wasserkasten. Beim Audi A8 fixiert ein Großgussbauteil die Teile der Klimaanlage, den Scheibenquerträger und den Pedalbock. Außerdem verbindet diese Konstruktion links und rechts die A-Säulen.

Um Gewichtseinsparungen ausschließlich durch Maßnahmen in der Fertigung zu adressieren, wird auch von Fertigungsleichtbau gesprochen. Auch hier sind Gewichtsreduzierungen gemeint, die durch Konzeptänderungen bei Herstellung, Produktion oder Montage erreicht werden. Beispielsweise können bei der Substitution des Punktschweißens durch Laserschweißen die Flansche auf ein Minimum reduziert werden und damit kann Gewicht eingespart werden. In den letzten Jahren hat das Warmumformen höchstfester Stahllegierungen für somit wandstärkenreduzierte Bauteile Gewichtsvorteile in vielen Fahrzeugklassen gebracht.

Der Leichtbau nutzt vorteilhaft die Potenziale des Leichtbauwerkstoffs FKV (faserverstärkter Kunststoff, vorzugsweise mit Kohlenstofffasern, vgl. Kap. 3). Um Kosten-

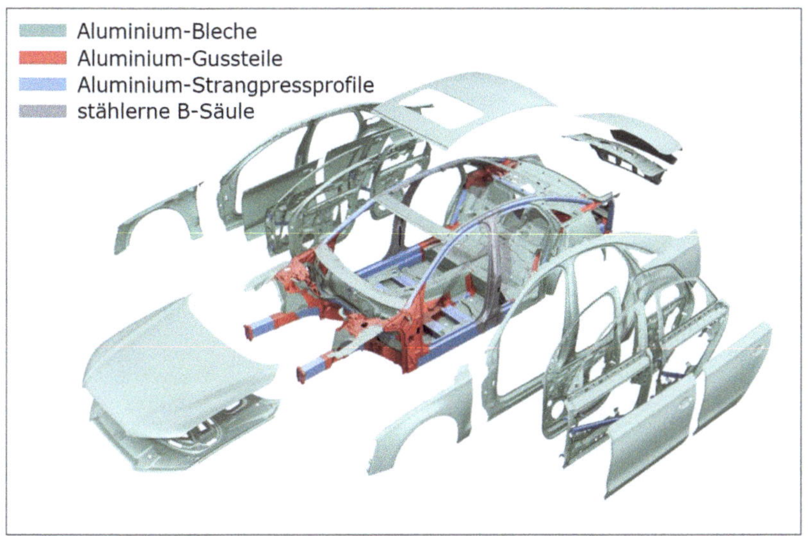

Abb. 4.34 Spaceframe-Konzept des Audi A8 (2010), Copyright© Audi AG

Abb. 4.35 Teilsystem „Wasserkasten“ des Audi A8, Copyright ©Audi AG

attraktivität auch für einen Großserieneinsatz zu ermöglichen, sind große Schritte bei den Bauweisen (Produkte) und in der Fertigung (Prozesse) gefordert (Abb. 4.36).

Man erkennt, dass der Fertigungsleichtbau – wie auch der Stoff- und der Formleichtbau – in enger Wechselwirkung zum Konzeptentwurf stehen. Wir sehen daher im Konzeptleichtbau, v. a. mit der Möglichkeit zur Funktionsintegration in den Herstellverfahren die hierarchisch übergeordnete und wirkmächtigste Strategie.

Dies trifft für alle Domänen des Fahrzeugbaus zu, neben der Karosserie und dem Fahrwerk auch für den Antriebsbereich. Für letzteren haben z. B. BMW und Audi an Zylinderkurbelgehäusen gearbeitet, die Stoffleichtbau mit einem geänderten Fertigungs- und Bauweisenkonzept verbinden [10, 26, 29]. Der BMW-Motor ging als 6-Zylinder N52 in Serie, beruhend auf einem AlSi17-Insert, das die wasserführenden Partien und die Zylinderlaufbahnen aufnimmt, und einem Umguss aus Mg-Legierung vom Typ Mg-6Al-2Sr. Mit

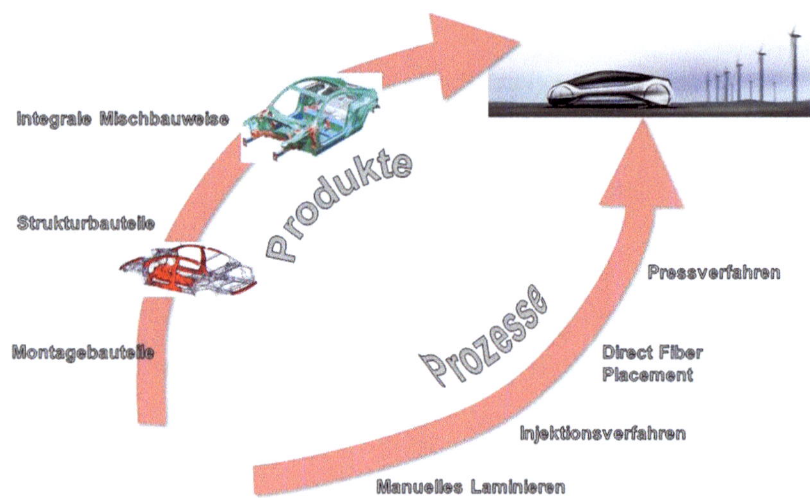

Abb. 4.36 Evolutionsschritte zum Großserieneinsatz von FVK, nach [23]

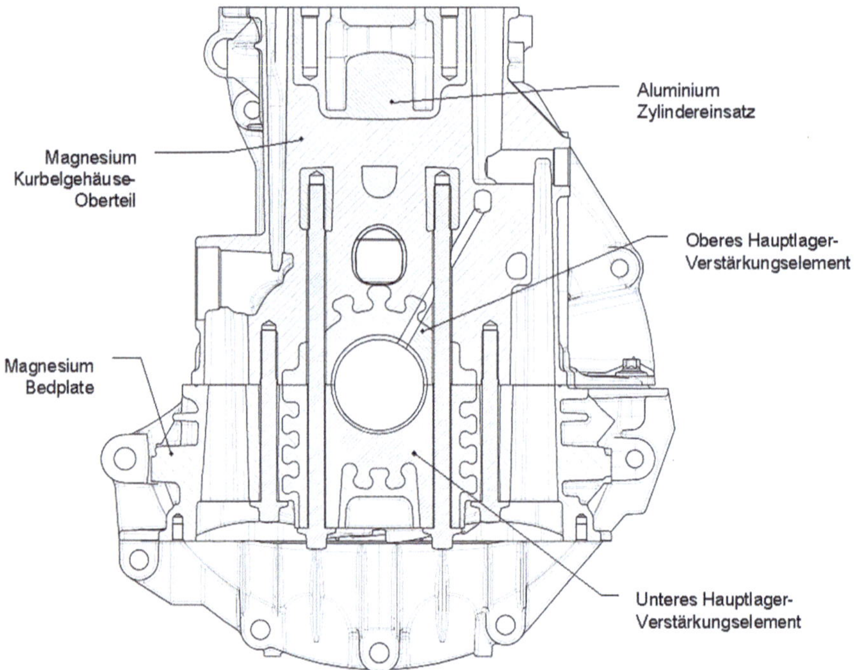

Abb. 4.37 Konezpt Al-/Mg-Motor von Audi, aus, [26]

161 kg konnte das Aggregat im Vorderwagen die gewünschte Fahrdynamik vorteilhaft sicherstellen. Audi erprobte für einen 4-Zylindermotor verschiedene Mg-Legierungen (AZ91, MRI153, MRI230D, vgl. Abschn. 3.3) ebenfalls für das Umgießen des höher belasteten Al-Zylinder-Inserts und der Bedplate (Abb. 4.37).

4.7 Bedingungsleichtbau und periphere Maßnahmen

Beim Bedingungsleichtbau oder auch Anforderungsleichtbau wird zunächst das Umfeld des Produktes betrachtet. Dabei werden äußere Einflussgrößen und Anforderungen aus Sicht der Kunden, des Marktes oder des Gesetzgebers dahingehend überprüft, dass Vereinfachungen zu einer Reduzierung des Fahrzeuggewichts führen. Gesetzliche Anforderungen, z. B. an die Sicherheit werden kritisch hinterfragt oder es werden einfachere Qualitätsbedingungen gestattet. Ein Beispiel angepasster Qualität für die Oberflächenanmutung von Beplankungen der Außenhaut ist die Verwendung von eingefärbten, einfachen thermoplastischen Kunststoffen.

Die einfachste Strategie, Gewicht zu reduzieren ist das Weglassen! Vielfach sind Bauteile auch aus Gründen der Kommunalität oder Lebensdauer überdimensioniert. Durch die konsequente Eliminierung von Forderungen, die direkt die Fahrzeugstruktur beeinflussen, kann ebenfalls Leichtbau betrieben werden. Die globalen Märkte stellen unterschiedliche Crashanforderungen und differenzierte Vorschriften, hier sind regionale und gewichtsspezifische Anpassungen möglich – freilich nicht auf Kosten der ethisch und gesetzgeberisch gebotenen Mindestanforderungen. Ein Fahrzeug für den südeuropäischen Markt mag risikolos mit einer kleineren und leichteren Batterie auskommen, als ein Fahrzeug für Skandinavien.

Der Konzeptleichtbau bietet in der Regel die größten Potenziale, er bedingt und ermöglicht mit seinen Interdependenzen auch die Aktionen des Stoff- und Formleichtbaus. Aus Vorgenanntem wird deutlich, dass der Bedingungsleichtbau als erster Strategieschritt in der Entwicklungskette zur Anwendung kommen sollte.

Schematisch ist die Wirkungskette, beginnend von den Vorgaben aus Mobilitäts- und Verkehrssystem skizziert (Abb. 4.38).

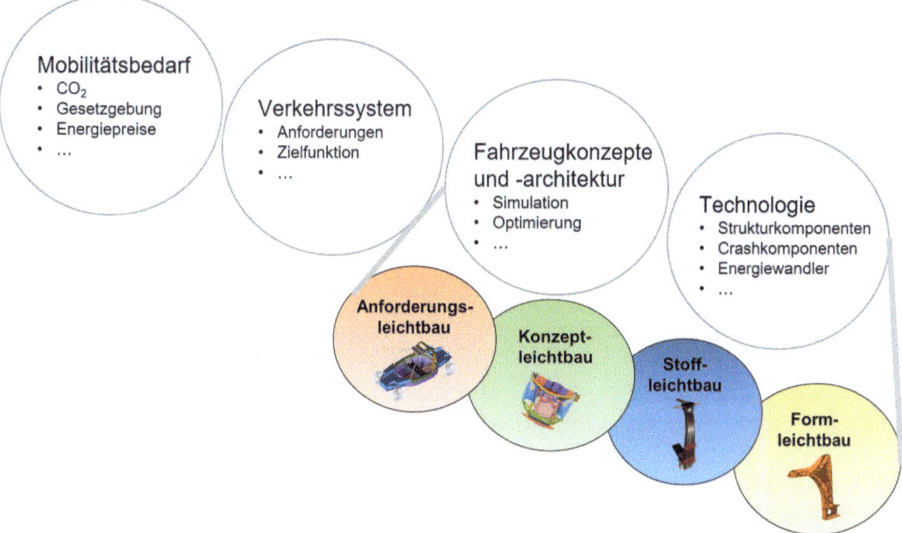

Abb. 4.38 Wirkungskette vom System Verkehr zum Leichtbauentwicklungsprozess mit seinen Strategien, Copyright@ DLR

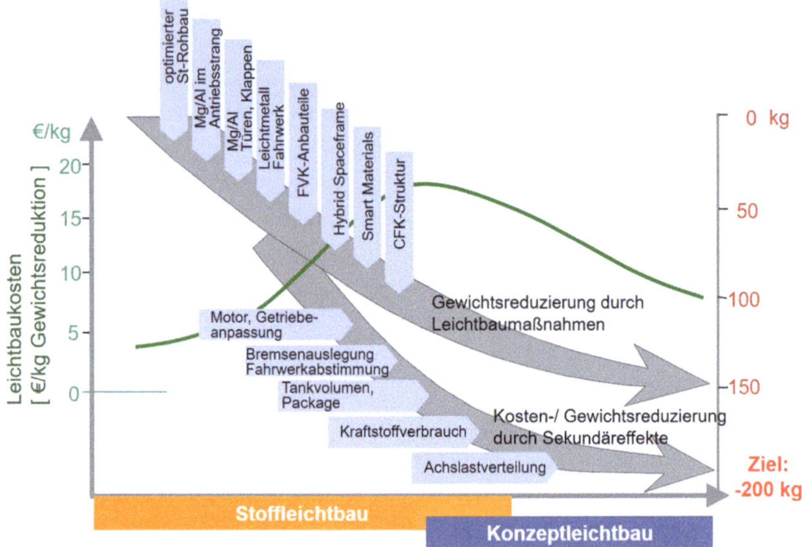

Abb. 4.39 Zusammenhang von Gewichtsreduzierung mit primären und sekundären Leichtbaumaßnahmen in einem Fahrzeug, Copyright© Volkswagen AG

Periphere Maßnahmen
Um die akzeptierbaren Mehrkosten zu ermitteln, die in der Regel durch Leichtbaumaßnahmen eintreten, ist ein Blick auf die Sekundäreffekte maßgebend. Ein primär erfolgreich reduziertes Strukturgewicht ermöglicht Anpassungen in anderen Bereichen des Fahrzeuges, z. B. in einem leichteren Fahrwerk mit kleineren Bremsen, leistungsangepasstem Antrieb, Getriebe oder Kraftstoffanlage. Diese Sekundärleichtbaueffekte sind vorwiegend durch Stoff- und Konzeptleichtbau gesteuert und in Abb. 4.39 qualitativ für die Leichtbaukosten (€/kg Gewichtsreduktion) gezeigt.

Bei optimaler Auslegung aller Komponenten kann von einem diesbezüglichen Sekundäreffekt mit 20 % ausgegangen werden. Reduziert man also das Strukturgewicht um 100 kg, kann das Gesamtfahrzeug nach geeigneter Systemanpassung um 120 kg leichter werden [10].

Literatur

1. Europäische Kommission. VERORDNUNG (EG) Nr. 443/2009 DES EUROPÄISCHEN PARLAMENTS UND DES RATES vom 23. April 2009 zur Festsetzung von Emissionsnormen für neue Personenkraftwagen im Rahmen des Gesamtkonzepts der Gemeinschaft zur Verringerung der CO_2-Emissionen von Personenkraftwagen und leichten Nutzfahrzeugen, 2009.
2. Der Rat der Europäischen Union. 2013. Informal agreement on car CO_2 emissions reduction, www.consilium.europa.eu/press, aufgerufen 20.11.2022

3. Europäische Union. 2019. VERORDNUNG (EU) 2019/631 DES EUROPÄISCHEN PARLAMENTS UND DES RATES vom 17. April 2019 zur Festsetzung von CO_2-Emissionsnormen für neue Personenkraftwagen und für neue leichte Nutzfahrzeuge und zur Aufhebung der Verordnungen (EG) Nr. 443/2009 und (EU) Nr. 510/2011
4. Verordnung (EU) 2017/2400: der Kommission vom 12. Dezember 2017 zur Durchführung der Verordnung (EG) Nr. 595/2009 des Europäischen Parlaments und des Rates hinsichtlich der Bestimmung der CO_2-Emissionen und des Kraftstoffverbrauchs von schweren Nutzfahrzeugen sowie zur Änderung der Richtlinie 2007/46/EG des Europäischen Parlaments und des Rates sowie der Verordnung (EU) Nr. 582/2011 der Kommission. Online verfügbar unter http://data.europa.eu/eli/reg/2017/2400/oj, zuletzt geprüft am 28.04.2021
5. Seiffert, U.: Die Bedeutung des Leichtbaus im Fahrzeugbau. Clausthal: Industrie-Kolloquium, (2002)
6. European Vehicle Market Statistics, Pocketbook 2021/22, The international Council on Clean Transportation Europe, Berlin (2022)
7. Gänsicke, Th, Goede, M., Sandiano, J., Die technische Motivation, S. 33–44 in: Friedrich, H.: Leichtbau in der Fahrzeugtechnik. Springer Fachmedien Wiesbaden, 2016
8. Gänsicke, T.: Entwicklung und Bau eines Leichtbaufahrzeuges. In: Verkehrstechnik u. Fahrzeugtechnik, VDI-Fortschritt-Berichte Reihe 12, VDI-Verl., Düsseldorf (1998)
9. Rohde-Branderburger, K.; Obernolte, J.: CO_2-Potenzial durch Leichtbau beim PKW. MP Materials Testing. Wolfsburg, (01–02/2009)
10. Friedrich, H (Hrsg.).: Leichtbau in der Fahrzeugtechnik, 2. Aufl., Springer Fachmedien Wiesbaden, 2017
11. Krinke S.; Koffler C.; Deinzer G.; Heil U.: Automobiler Leichtbau unter Einbezug des gesamten Lebenszyklus. ATZ (06/2010)
12. Friedrich, H., Hülsebusch, D., Elektrofahrzeuge und Leichtbau – Notwendigkeit und Lösungsansätze zur Reduktion der Fahrzeugmasse bei Elektrofahrzeugen, Zeitschrift für die gesamte Wertschöpfungskette Automobilwirtschaft (ZfAW), FAW-Verlag, Bamberg (2010), S. 46–52
13. Redelbach, M., Özdemir, D., Friedrich, H., Optimizing battery sizes of plug-in-hybrid and extended range electric vehicles for different user types, Energy Policy 73, Elsevier (2014) S. 158–168
14. Fleischer, M., Sigle, S., Erstellung einer Toolkette zur Evaluierung des Energieverbrauchs von Elektrofahrzeugen in verschiedenen Nutzungsszenarien, unveröffentlichter Forschungsbericht, Institut für Fahrzeugkonzepte, DLR Stuttgart (2021)
15. Kim, H.C., Wallington, T.J., Life Cycle Assessment of Vehicle Lightweighting: A Physics-Based Mode to Estimate Use-Phase Fuel Consumption of Electrified Vehicles, Environ. Sci. Technol. (2016) 50, S. 11226–11233
16. Thomas Behr et. al., Nachhaltiger Einsatz von Werkstoffen für die Karosserie, 11. WerkstoffPlusAuto, Stuttgart (2021)
17. Friedrich, H. et. al., Werkstoffe und Bauweisen ermöglichen neue Fahrzeugkonzepte, in: Schindler, V., Sievers, I. (Hrsg.), Forschung für das Auto von morgen, Springer, Berlin (2008)
18. Wiedemann, Johannes: Leichtbau. Bd. 2: Konstruktion. 2., neubearb. Au. Berlin: Springer, (1996)
19. Haldenwanger, H. G.: Zum Einsatz alternativer Werkstoffe und Verfahren im konzeptionellen Leichtbau von PKW-Karosserien, TU Dresden, Dissertationsschrift, (1997)
20. Braess, Hans-Hermann; Seiffert, Ulrich: Vieweg Handbuch Kraftfahrzeugtechnik. 7. Aufl. Wiesbaden: Vieweg, (2013)
21. Schauerte, Oliver; Metzner, Dirk; Krafzig, Rolf; Bennewitz, Karsten; Kleemann, Andreas: Fahrzeugfedern federleicht: Erster Serieneinsatz einer Achsschraubenfeder aus Titan. In: ATZ 103 (2001), S. 654–660
22. Friedrich, H., Gänsicke, T., Werkstoffe, Leichtbauweisen und Bauweisentrends im Wettbewerb, VDI/VW-Gemeinschaftstagung: Fahrzeugkonzepte für das 2. Jahrhundert Automobiltechnik, 21. – 23. Nov. 2001. Wolfsburg

23. Elend, L.-E.: Hybrider Leichtbau. CCeV Tagung, München, (2012)
24. Hillmann, J; de Boer, H; Lohmann, B: 13. Dresdner Leichtbausymposium. 18. – 19. Juni 2009
25. Vohrer, S., Kopp, G., Konzeptentwicklung für ein funktionsintegriertes Bodenmodul, in: Hoßfeld, M., Ackermann, C. (Hrsg.), Leichtbau durch Funktionsintegration, Springer Vieweg, Berlin (2020)
26. Friedrich, H. E.; Mordike, B.: Magnesium Technology. Berlin [u. a.]: Springer, (2006)
27. ATZ/MTZ Audi A4 B6, Sonderheft, Springer Vieweg/Springer Fachmedien Wiesbaden (2000)
28. Klein, B., Gänsicke, T.: Leichtbau-Konstruktion, 11. Aufl.; Springer-Vieweg Wiesbaden, (2019)
29. Krebs, R., Boehme, J., Doerr, J.: Magnesium-Hybrid-Turbomotor von Audi, MTZ Motortechnische Zeitung 66, 278–287 (2005)

5 Bauweisen der Karosserie

Gerd Müller, Horst E. Friedrich, Oliver Schauerte, Gerhard Kopp, Marco Münster, Josef Wünsch, Elmar Beeh und Martin Kober

5.1 Anforderungen an die Karosserie

Gerd Müller und Horst E. Friedrich

Aus den Einsatzbedingungen eines Fahrzeugs und den gegebenen technologischen Möglichkeiten resultieren auch die Anforderungen an die Bauweisen und die verwendeten Werkstoffe. Für die Karosserie als wichtige Domäne des Automobils kann dies im Wandel der Epochen beispielhaft gezeigt werden (Abb. 5.1), nach [10, 18]. Der Werkstoff Stahl war dabei über viele Jahrzehnte Rückgrat und Treiber neuer Karosseriebauweisen.

G. Müller (✉)
Institut für Land- und Seeverkehr, Technische Universität Berlin, Berlin, Deutschland
E-Mail: gerd.mueller@tu-berlin.de

H. E. Friedrich
Bureaux.HEF, Tapfheim, Deutschland

O. Schauerte
Volkswagen AG, Wolfsburg, Deutschland
E-Mail: Oliver.schauerte@volkswagen.de

G. Kopp · M. Münster · E. Beeh · M. Kober
DLR Institut für Fahrzeugkonzepte, Stuttgart, Deutschland
E-Mail: gerhard.kopp@dlr.de; marco.muenster@dlr.de; Elmar.beeh@dlr.de; Martin.Kober@dlr.de

J. Wünsch
BASF S.E., Ludwigshafen, Deutschland
E-Mail: josef.r.wuensch@basf.com

H. E. Friedrich, G. Muller (Hrsg.), *Werkstoffe und Bauweisen in der Fahrzeugtechnik*, ATZ/MTZ-Fachbuch, https://doi.org/10.1007/978-3-662-65269-5_5

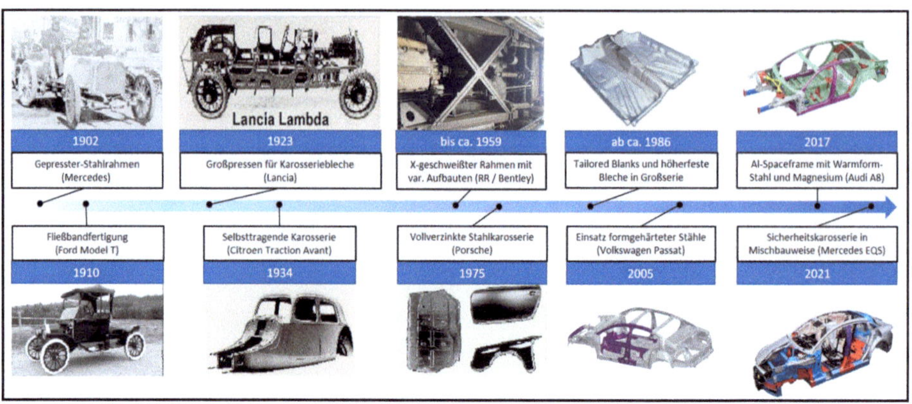

Abb. 5.1 Meilensteine zum Karosseriebau

Die Karosseriestruktur kann vorrangig nach ihrer Funktion differenziert werden in

- die Tragstruktur und
- die Aufbau-/Beplankungsteile

und bildet damit das tragende Element für alle notwendigen Komponenten und Systeme des Gesamtfahrzeugs.

Für Pkw hat sich bis heute die Bauweise mit selbsttragender Karosserie durchgesetzt. Dabei sind die Rahmenträger in der Bodengruppe integriert, die durch verzweigte Träger und schubsteife Bodenbleche ausgeführt ist. Die Bauweise bietet Vorteile bei Fahrzeuggewicht, Energieabsorption und Innenraumgestaltung (people package) und hat ihren Siegeszug nach Verbesserungen in der Tiefziehtechnik und den Blechqualitäten angetreten.

Die funktionalen Anforderungen an die Karosserie lassen sich in die Bereiche der Sicherheit, der strukturellen Steifigkeit und Festigkeit sowie der betrieblichen Belastungen und der Aufnahme und Anbindung der weiteren Fahrzeugkomponenten untergliedern. Im Detail muss die Gesamtkarosserie dabei stets folgenden, grundlegenden oder primären Anforderungen gerecht werden:

- Der Schutz der Insassen verlangt eine stabile Fahrgastzelle, die auch bei einem Unfall den Überlebensraum sichert: gestaltfester Innenraum bzw. bei Crash verformungsarmer Innenraum (people package).
- Der steifen Fahrgastzelle sind zu den freien Enden (vorn und hinten) Bereiche abnehmender Festigkeit zuzuordnen, um dort Energiewandlung durch plastische Verformung zu gewährleisten (sog. „Knautschzonen“).
- Eine periphere Energieumsetzung wie z. B. durch Dachträger, Längsholme, Seitenschweller ist zusätzlich zu ermöglichen.

- Eine ausreichende statische Torsionssteifigkeit korrespondiert mit einem besseren Ansprechverhalten und einer höheren Kursstabilität bei Fahrmanövern. Dies führt zur Erhöhung von Fahrkomfort und Sicherheit. Außerdem ist eine hohe Torsionssteifigkeit die Voraussetzung für gute Maßhaltigkeit und Passgenauigkeit der Karosserieanbauteile. Letzteres ist seit Ende der 90er-Jahre des vorigen Jahrhunderts ein nicht unwesentliches Qualitätsmerkmal guter Karosserien geworden.
- Obligatorisch müssen die Aufnahme aller Kräfte und Momente, d. h. die Betriebslasten, ertragen werden, zulässige Spannungen und Verformungen dürfen nicht überschritten werden.
- Die räumliche und technisch funktionsgerechte Aufnahme aller Aggregate wie z. B. Antriebsstrang, Achsmodule etc. muss gewährleistet sein (technical package).
- Ein über alle Funktionsgruppen angewendeter Leichtbau ist obligatorisch, um durch Massereduzierung einen Beitrag zur Verringerung der Fahrwiderstände zu leisten (Vgl. Abschn. 4.1).

Sekundäre Anforderungen an die Karosserie sind u. a.:

- Erreichen einer hohen Eigenfrequenz, u. a. hinsichtlich der Anregungsfrequenzen von Motor bzw. Antriebsstrang. Dies beeinflusst vorteilhaft den Innengeräuschpegel und zusätzliche Schalldämm-Maßnahmen.
- Minimierung kleiner Unfallschäden und Eingrenzung der Reparaturkosten.
- Hohe Korrosionsbeständigkeit muss sichergestellt sein.
- Geeignete Grundlage für Design und Anmutung schaffen.
- Gute Reparierbarkeit und Recycling-Fähigkeit ermöglichen.

Folgende Hauptfunktionen lassen sich den Hauptbauteilen einer Fahrgastzelle zuordnen [5]:

- Zur Torsionssteifigkeit: Dach, Boden, Stirnwand und Rückwand
- Zu Biegesteifigkeit, Torsionssteifigkeit und Erhalt des Überlebensraumes bei Überschlägen: Säulen und Dachsystem
- Zu Biegesteifigkeit, Torsionssteifigkeit und Aufnahme/Absorption von Frontaufprallkräften: Bodengruppe, Unterbau und Dachsystem

An herausragender Stelle steht die Fahrzeugsicherheit, auf die nachfolgend detailliert eingegangen werden soll. Wohl an keiner anderen Anforderung wie der Sicherheit kann das Wissen über die Eigenschaften der Werkstoffe und ihrer Wirkung in den Komponenten derartig sinnfällig gezeigt werden. Die Karosseriesicherheit ist ein unverzichtbares und über die Jahrzehnte in ihrer Bedeutung ständig gewachsenes Merkmal. Dabei haben gesetzliche Anforderungen wie z. B. die EU-Ratsrichtlinien oder die Safety Standards der USA oder anderer Länder, Testspezifikationen von Verbraucherschutz- und Fachorganisationen sowie schließlich die erfolgreichen Anstrengungen der Automobilindustrie

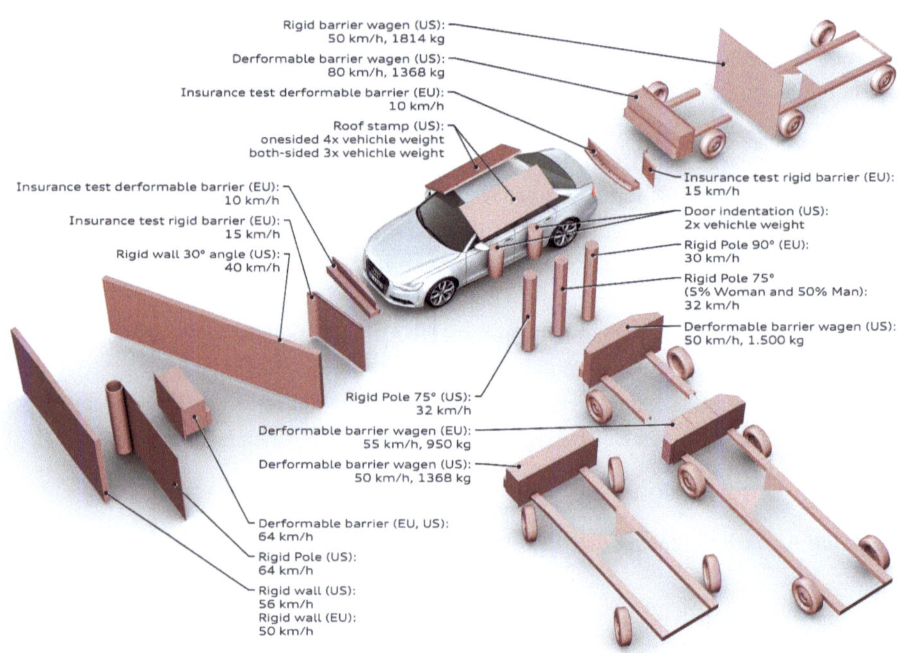

Abb. 5.2 Überblick relevanter Crashlastfälle und deren Versuchskonfiguration, Copyright © Audi AG

selbst immer wieder wichtige sicherheitstechnische Produktverbesserungen bewirkt. Hinsichtlich der Unfallfolgenmilderung (allg. passive Sicherheit) werden hier relevante Anforderungen, wie diese in Abb. 5.2 auszugsweise dargestellt sind, exemplarisch behandelt, da sie an erster Stelle werkstoff- und konzeptbestimmend sind.

Anders als bei der Betriebsfestigkeit, bei der zahlreiche Lastzyklen im vorwiegend elastischen Bereich zu betrachten sind, treten bei den typischen Crashlastfällen vorwiegend große plastische Verformungen auf. Damit sind die Anforderungen an die Bauweise gegeben, sowohl eine hohe Strukturintegrität sicherzustellen als auch eine große Energieabsorption zu ermöglichen. Idealerweise sollten die Längsträgerstrukturen auf möglichst konstantem Kraftniveau plastisch deformieren, um eine effiziente Wandlung der kinetischen Energie zu erreichen. In [1] ist von R. Schöneburg festgehalten, dass „zur Erhaltung der Strukturintegrität und um ein stabiles Nachtragverhalten zu gewährleisten, der Bauteilwerkstoff hinreichende Duktilität aufzuweisen hat. Angesichts der umfangreichen Lastfallkataloge der Passiven Sicherheit – ausgehend von Reparatur bis hin zu Hochgeschwindigkeits-Lastfällen – muss zudem sichergestellt sein, dass die geforderten Werkstoffeigenschaften unabhängig von der Belastungsart und der Belastungsgeschwindigkeit sind“. Diese Forderungen sind für den gesamten Temperatur und Feuchtigkeitsbereich relevant, in dem das Automobil mit seinen Komponenten eingesetzt werden soll (vgl. Kap. 1).

5.1.1 Quasistatische Sicherheitsanforderungen

Als beispielhaft für quasistatische Sicherheitsanforderungen an die Karosserie sollen hier die Dachfestigkeit und das Verhalten der Seitenstruktur genannt sein. Dabei müssen z. B. im Überschlagsunfall (roll over) oder bei seitlichen Kollisionen mit festen oder bewegten Gegenständen (man denke nur an schwere, größere Fahrzeuge) die Festigkeit, Steifigkeit und Energiewandlung der Karosseriebauteile sichergestellt sein. Mithin stellt dies eine technisch komplexe und ethisch ohne Alternative motivierte ingenieurwissenschaftliche Aufgabe für die Güte der Konstruktion und den Einsatz der Werkstoffe dar.

Dachfestigkeit: Zur Überprüfung der Dachfestigkeit entsprechend den Federal Motor Vehicle Safety Standards (FMVSS 216) wird eine Platte verwendet, die um 25° nach außen (bezogen auf die horizontale Fahrzeuglängsebene) und um 5° nach vorn geneigt ist (Abb. 5.3). Als Anforderung gilt, dass bei einer Belastung mit dem eineinhalbfachen des Leergewichts (maximal jedoch 2267 kg) die Eindrückung (senkrecht zur Plattenoberfläche) von 12,7 cm nicht überschritten werden darf.

Seitenstruktur: Bei diesem Versuch wird ein Zylinder senkrecht zur Fahrzeuglängsachse in die Tür gedrückt (FMVSS 214). Die Unterkante des Zylinders ist dabei 12,7 cm über dem untersten Punkt der Tür. Der Prüfkörper hat einen Durchmesser von 30,5 cm. Seine Höhe muss mindestens so bemessen sein, dass er die Unterkante des Fensterausschnitts um mindestens 1,27 cm überragt (Abb. 5.4).

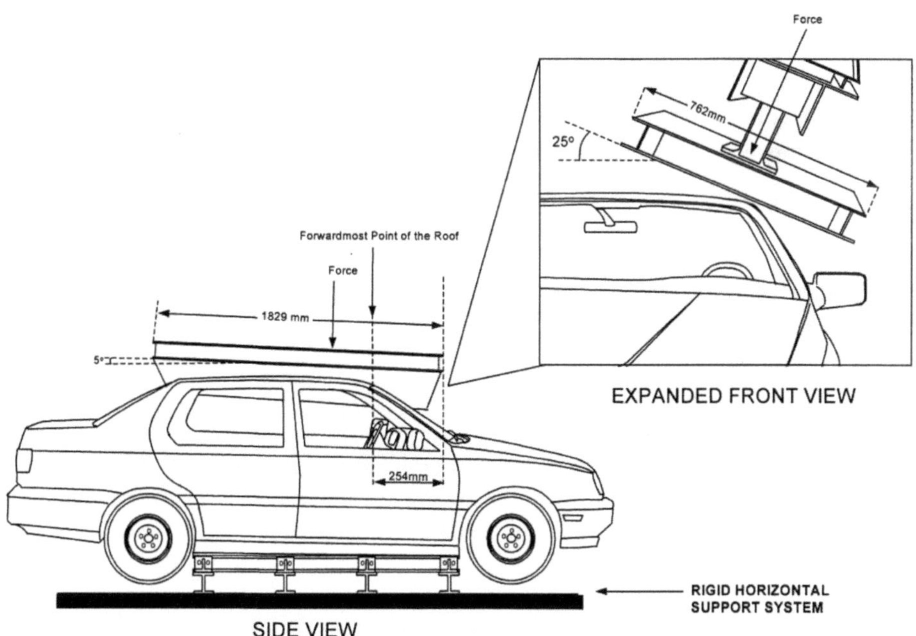

Abb. 5.3 Dacheindrücktest nach FMVSS 216, nach [21]

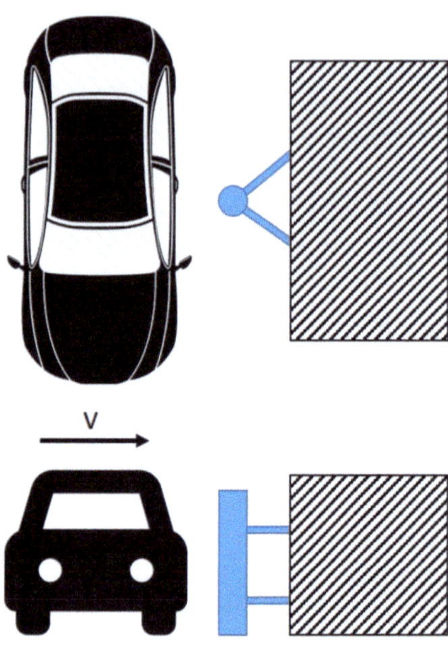

Abb. 5.4 Geometrische Bedingungen des Türeindrückversuchs nach FMVSS 214; eigene Darstellung

5.1.2 Dynamische Lastfälle und Sicherheitsanforderungen

Mit dem ‚New Car Assessment Program' (NCAP) wurden Crashstandards und Prüfverfahren definiert, die von den Automobilfirmen und Prüfinstituten, auch im Auftrag von Automobilclubs oder Verbraucherverbänden und Fachzeitschriften, durchgeführt werden. Es existiert eine Vielzahl von Verbraucherschutztests, die für alle großen Autoweltmärkte (z. B. Europa, Japan, China, Australien, USA) präzisiert sind.

Im Nachfolgenden seien einige wichtige Crashlastfälle kurz erwähnt:

- US-NCAP frontal
- Euro NCAP frontal (40 % ODB[1])
- 30 Grad – schräge Wand
- Euro NCAP seitlich
- Euro NCAP Pfahlaufprall
- IIHS Small-overlap-Test

US-NCAP frontal: Das Fahrzeug wird beim Frontalcrash auf eine Geschwindigkeit von 56 km/h beschleunigt und prallt auf eine starre Wand (Abb. 5.4, links; [12]). Das Fahrzeug hat 100 % Überdeckung mit der Barriere. Die Lastpfade verlaufen i. d. R. vom Stoßfänger bzw. Querträger über beide Crashboxen auf die Längsträger. Die Energieumwandlung er-

[1] Offset Deformable Barrier.

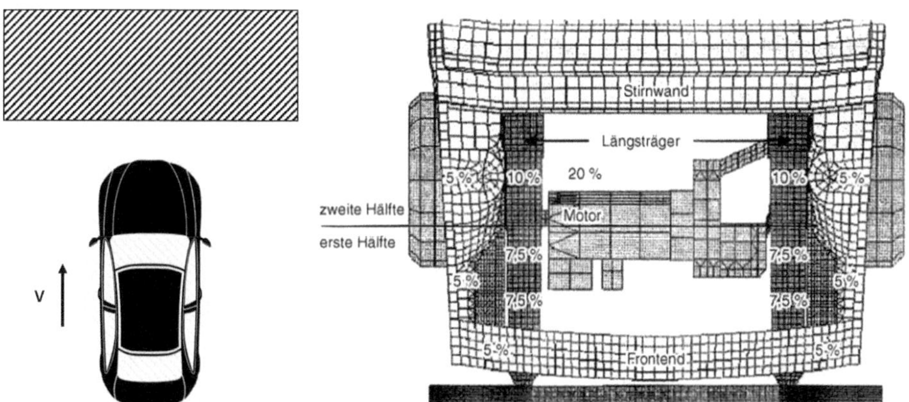

Abb. 5.5 links: Prinzipdarstellung des US-NCAP-Frontalcrashtest; rechts: Energieabsorptionsverteilung beim Frontalaufprall, aus [4]

folgt hauptsächlich über die Deformation der Crashboxen und des gesamten Vorderwagens (Abb. 5.5, rechts; [17]).

Crashboxen bestehen vielfach aus Stahlblechschalen aus DP800, die miteinander verschweißt sind oder aus Aluminium-Strangpressprofilen EN AW 5182 (AlMg4.5Mn0.4), welche mehrere Kammern und unterschiedliche Wandstärken aufweisen, die Crashbox aus Al vermag bei gleichem Gewicht ca. 50 % mehr Energie zu absorbieren [27]. Bezüglich des gewünschten Materialverhaltens handelt es sich dabei im Fahrzeug um den Bereich einer hohen Deformationsfähigkeit mit möglichst hohem Kraftniveau, um die kinetische Energie in Deformationsenergie zu wandeln und dabei die Strukturintegrität des Fahrzeuges zu behalten.

Euro NCAP frontal: Der ODB-Frontalaufprall erfolgt mit einer Geschwindigkeit von 64 km/h. Das Fahrzeug trifft in versetzter Spur auf ein „Ersatzmodell“ eines entgegenkommenden Fahrzeuges. Die Überdeckung der Barriere mit dem zu prüfenden Fahrzeug beträgt 40 % der größten Fahrzeugbreite (ohne Außenspiegel) auf der Fahrerseite (Abb. 5.6, links [8]). Die Barriere besteht aus einer verformbaren Wabenfront aus Aluminium, welche auf einem unbeweglichen Block montiert ist. Der Lastpfad verläuft hauptsächlich vom Stoßfänger über eine Crashbox und einen Längsträger. Die Beanspruchung auf die Struktur der betroffenen Fahrzeughälfte (Abb. 5.6, rechts; [14]) ist wesentlich höher als beim Frontalcrash mit 100 % Überdeckung.

Bei den batterieelektrischen Fahrzeugen (BEV) können die Längsträger tendenziell über einen längeren Deformationsweg Energie durch Faltenbildung wandeln, was eine Verkürzung der Vorderwagenlänge ermöglichen kann.

Die kinetische Anfangsenergie des Fahrzeuges wird während des Crashs umgewandelt in Deformationsenergie. Ein kleiner Anteil kinetischer Energie wird dabei in Form von Rotationsenergie umgesetzt.

30 Grad – schräge Wand: Dieser Test dient zur Überprüfung der amerikanischen Vorschrift FMVSS 208 zum Bau des Frontalrückhaltesystems, bestehend aus Sicherheitsgurt

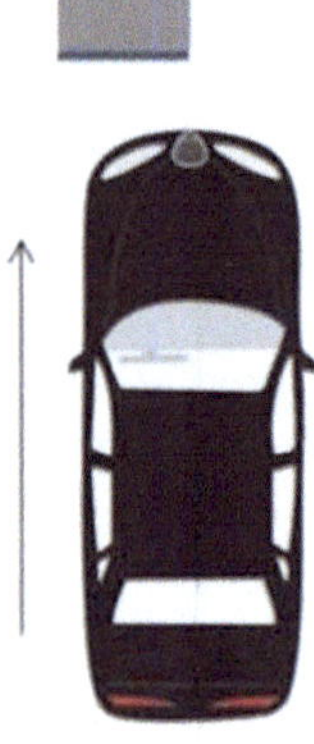

Abb. 5.6 links: Prinzipdarstellung des Euro-NCAP-Frontalcrashtest; rechts: Euro-NCAP-Frontalcrashtest am Beispiel einer Mercedes S-Klasse, Bild©Mercedes-Benz AG

und Airbag. Der Winkel von 30 Grad dient der mehrachsigen Betrachtung der Fahrzeugkinematik und der Berücksichtigung von Querbeschleunigungen. Das Fahrzeug wird auf eine Geschwindigkeit von 48 km/h beschleunigt und prallt in einem Winkel von 30 Grad zur Fahrzeuglängsachse auf die Wand. Diese ist starr und hat eine hundertprozentige Überdeckung mit der Fahrzeugfront. Je nach Struktur des Fahrzeuges können lokal hohe Intrusionen in den Fahrgastraum entstehen. Die Crashdauer ist höher als bei einem Frontalcrash mit einer 0°-Barriere und die Verzögerung des Fahrzeuges niedriger. Am Ende des Crashvorgangs ist kinetische Restenergie in y-Richtung des globalen Koordinatensystems festzustellen.

Euro NCAP seitlich: Bei diesem Seitencrash prallt eine bewegliche Barriere mit einer Geschwindigkeit von 50 km/h auf das stehende zu prüfende Fahrzeug. Entsprechend hoch ist die Belastung der Fahrzeugseitenwand, die im Crash hauptsächlich beanspruchte Zone ist am Beispiel der Sicherheitskarosserie des Mercedes EQS gezeigt (Abb. 5.7). Man erkennt die im Seitencrash beeinflussten (und in diesem Fall auch das Batteriepack schützenden) Partien. Die moderne Bauweise verwendet im Bodenbereich und für die B-Säule hochfeste Stähle und auch höchstfeste Warmformstähle (vgl. Abschn. 5.5).

Die Barriere für den Seitencrash entspricht, mit ihrem deformierbaren Frontteil aus Aluminiumwaben, einer Fahrzeugfront. Der deformierbare Teil hat eine Breite von 1500 mm und eine Tiefe von 500 mm (Abb. 5.8, links [8]).

Die Mitte der Barriere in y-Richtung ist auf Höhe des R-Punkts[2] eines männlichen Manikins des fünfundneunzigsten Perzentils positioniert. Das Gewicht der Barriere beträgt 950 kg. Die kinetische Energie, welche in diesem Crashfall abgebaut werden muss, beträgt 91,63 kJ und ist unabhängig vom Fahrzeuggewicht. Auch der Fahrgastraum muss bei

[2] Der R-Punkt (SRP = Seating Reference Point, dt.: Sitzindexpunkt) ist der gesetzlich bestimmte Punkt, von dem alle gesetzlichen Bestimmungen abgeleitet werden, Definition in DIN EN ISO 5353, Angabe von konkreten Maßen in DIN EN ISO 4311, [7].

Abb. 5.7 Sicherheitskarosserie des Mercedes EQS (2021), man erkennt im Seitencrash die beeinflussten (und auch das Batteriepack schützenden) Partien, Bild©Mercedes-Benz AG

Abb. 5.8 links: Prinzipdarstellung des Euro NCAP Seitencrashtest; rechts: Euro NCAP Seitencrashtest am Beispiel einer Mercedes-Benz EQS, Bild©Mercedes Benz AG

dieser Crashkonfiguration hauptsächlich durch den Schweller und die B-Säule geschützt (Abb. 5.8, rechts; [36]) werden.

Das Seitenwandsystem gehört zum Fahrzeugbereich hoher Festigkeit und Steifigkeit, welches im Crashfall möglichst undeformiert bleiben sollte.

Da beim Seitenaufprall nur relativ kleine Deformationszonen zur Verfügung stehen, konzentriert sich die Strukturgestaltung vor allem auf die B-Säule. Um hohe Intrusionen in den Fahrgastzellenbereich zu reduzieren, wurden B-Säulenkonstruktionen oft mehrschalig und mit kaltverformtem DP1200-Stahl, alternativ mit warmausgehärtetem Al ausgeführt. Bewährt haben sich in jüngster Zeit die ultrahochfesten Stahllegierungen (UHSS), ohne den Einsatz der presshärtenden Stahlgüten wie 22MnB5 wäre bei gleichem Deformationsweg nicht die höhere Energie zu wandeln bzw. das Bauteilgewicht wäre größer [1]. Auch die Schweller bestehen aus höchstfesten Stählen oder Mehrkammer-Strangpressprofilen aus Aluminium.

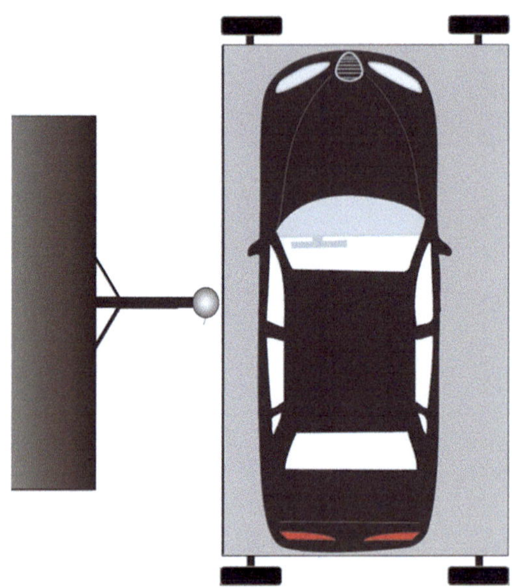

Abb. 5.9 Testkonfiguration beim Pfahlaufprall nach Euro NCAP, nach [9]

Euro NCAP Pfahlaufprall: Bei dieser Crashkonfiguration wird das Fahrzeug unter einem Winkel von 75° mit einer Geschwindigkeit von 75 km/h gegen einen Pfahl gestoßen. Dieser trifft etwas vor der B-Säule auf Höhe des Dummy-Kopfs auf (siehe Abb. 5.9). Diese Anordnung stellt aufgrund der linienförmigen Lasteintragung aus Karosseriesicht eine besonders hohe Herausforderung dar. Während aufgrund des unmittelbar hinter der Kontaktstelle sitzenden Dummys eine Intrusion nahezu vollständig vermieden werden muss, kann die vergleichsweise steife B-Säule als absorbierendes Element kaum genutzt werden. Entsprechend müssen Schweller und Dachholm ebenfalls entsprechend widerstandsfähig gestaltet werden. Daraus ergibt sich als Zielkonflikt im Gegenzug ein entsprechend harter Puls (hohe Karosserieverzögerung) bei einem Seitenaufprall mit einem Pkw o. ä.

Small-overlap-Test: Ziel des Small-overlap-Tests ist die Beurteilung des Verletzungsrisikos der Fahrzeuginsassen bei Aufprall mit sehr geringer Überdeckung auf ein anderes Fahrzeug oder ein feststehendes Hindernis. Dabei hat das Fahrzeug beim Aufprall eine Geschwindigkeit von 64,4 km/h, die Überdeckung beträgt lediglich 25 % der Fahrzeugbreite ohne Spiegel (siehe Abb. 5.10). Aufgrund dieser geringen Überdeckung umgeht der Aufprall die Hauptstrukturen im Vorderwagen (Längsträger und vordere Aufprallträger), weshalb dieser Test bezüglich des Lastfalls eine sehr hohe Anforderung darstellt.

Bei der Bewertung der Sicherheit nach dem IIHS (Insurance Institute for Highway Safety) wird die Intrusion in die Fahrgastzelle an exakt definierten Messstellen des Fahrzeuginnenraums mit entsprechenden Grenzwerten verglichen, welche durch das IIHS 2012 in den USA definiert wurden und maßgebend für die Bewertung der Fahrzeugstruktur sind. Das Maß der Intrusionen wird dabei in x-, y-, und z-Richtung des Fahrzeugs anhand der Koordinaten der Messpunkte vor und nach dem Aufprall ermittelt [15].

Abb. 5.10 links: Testkonfiguration des Small-overlap-Tests; rechts: Small-overlap-Test am Beispiel eines VW Arteon, aus [24]

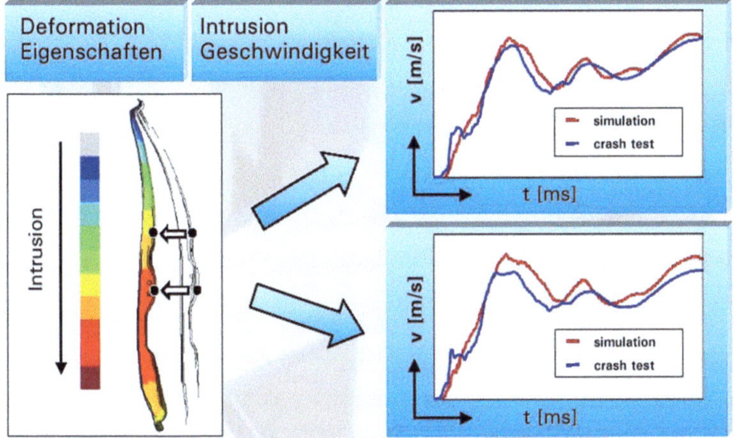

Abb. 5.11 Deformationsverhalten der B-Säule des VW Polo A4, Copyright © Volkswagen AG

Dynamische Lastfälle und Bauweisenrelevanz: Exemplarisch für die B-Säule des VW Polo A4 zeigt Abb. 5.11 den Vergleich der Simulation mit dem Crashtest. Das Ergebnis eines Seitenaufpralls ist vorwiegend die Deformation der B-Säule. Das hoch belastete Bauteil weist hier nur eine geringe Gesamtintrusion auf. Auch das harmonische Deformationsbild und der zeitliche Verlauf der Intrusionsgeschwindigkeiten sprechen für ein günstiges Verhalten. Im Vergleich zum Vorgänger wurde der Wert für die Intrusion um 45 % verbessert.

Die Übereinstimmung der Simulation mit der Realität im Falle des Seitenaufpralls nach den NCAP-Prüfbedingungen ist sehr gut (Abb. 5.12). Der gute Reifegrad bei der Auslegung heutiger Fahrzeugkarosserien ist nur mithilfe von Simulation und Berechnung möglich. Eine ausreichende Prognosefähigkeit zum Werkstoffverhalten ist obligatorisch im Entwicklungsprozess, man wird bei der Simulation z. B. die Abbildung von Rissentstehung oder kritisches Bauteilversagen berücksichtigen müssen [1].

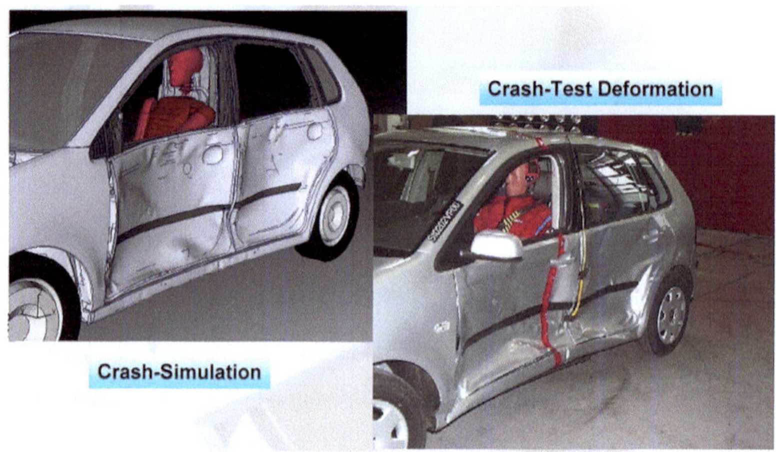

Abb. 5.12 Vergleich Simulation und Realität beim Seitenaufprall (VW Polo), Copyright © Volkswagen AG

5.1.3 Lastpfade

Im Fall einer Frontalkollision gegen ein festes Hindernis, das 90° zur Fahrzeuglängsrichtung positioniert ist, ergeben sich typische Verzögerungs-, Geschwindigkeits- und Deformations-Verläufe über der Zeit. Die Wirkketten und Mechanismen bei einem Frontcrash (US-NCAP) sind in Abb. 5.13 exemplarisch für einen BMW dargestellt [6]. Wie erkenntlich, wird die Fahrgastzelle durch die Summenkraft von drei differenzierten Lastpfaden und der somit resultierenden Beschleunigung verzögert.

$$a(t) = \Sigma \frac{F(t)}{m(t)} \tag{5.1}$$

Die Lastpfade sind hauptsächlich mit folgenden Komponenten beschrieben:

- Oberer Lastpfad: Federbeindom
- Mittlerer Lastpfad: obere Crashbox, Motorträger
- Unterer Lastpfad: untere Crashbox, Achsträger

Bei der Entwicklung von Sicherheitssystemen ist es durch aufeinander abgestimmte Lastpfade gelungen, die Belastungen eines Frontalaufpralls günstig zu verteilen. In Abb. 5.14 sind typische Lastpfade am Beispiel eines Mercedes dargestellt. Bei einem Fahrzeug von BMW werden exemplarisch fünf Vorbauelemente genannt [2]:

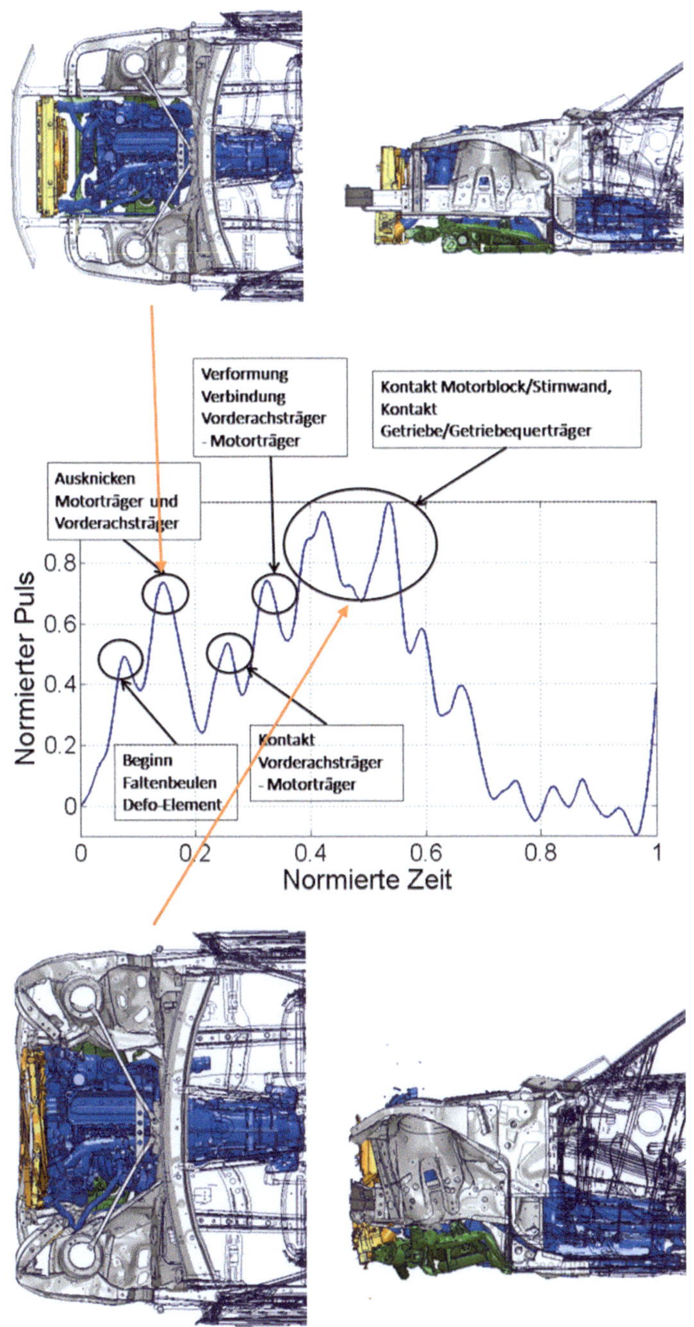

Abb. 5.13 Verlauf einer Frontalkollision, nach [6], Copyright © BMW AG

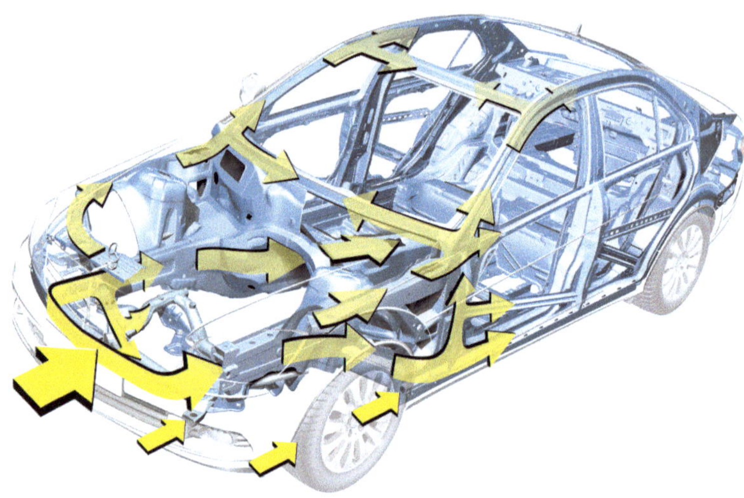

Abb. 5.14 Lastpfade bei einem Frontalaufprall, aus [1]

1. Motorträger, die sich weit in die Bodengruppe erstrecken, mit auf- und angesetzten Verzweigungen zum Tunnel und der A-Säule sowie zum seitlichen Schweller. Der Verformungswiderstand steigt kontinuierlich.

   Die „Längsträger" als wichtiges Bauteil im Vorbau sind auch Deformationselement im Frontalcrash. Die gewichtsspezifische Energieaufnahme ist dann vorteilhaft, wenn gerade, mit konischem Querschnitt verlaufende Trägerelemente sich in x-Richtung nach hinten verformen, im sog. „Faltenbeulen". Die Bauteilwerkstoffe, gebräuchlich sind hochfeste Stähle oder Al-Legierungen (z. B. EN AW 6014), müssen hierfür eine ausreichende Duktilität aufweisen. Damit kann der Längsträger seine wichtige Funktion als Hauptlastpfad erfüllen, ohne dass Rissbildung oder gar vollständiges Versagen eintritt [10].

   Mit dem Integralträger und dem vorderen Querträger bewirken die Längsträger den stabilen Querverbund, der auch bei einem Offset Crash die Einleitung von Deformationskräften in die zwei Längsträger und den Unterboden erlaubt.
2. Stoßfänger-Querträger, Kühler, Motor und Stirnwand. Bei schweren Frontalkollisionen wird der Motor nach hinten verschoben. Die Stirnwand nimmt dabei sehr großflächig Energie auf.
3. Stützträger, Radhaus- und Federstütze mit Verbindung zum Motorträger und Querverbindung zum Träger unter der Windschutzscheibe. Diese zweite Aufprallebene hat sich bezüglich Energieaufnahme und Verteilung der Kräfte in den Seitenrahmenverband und die Türen gut bewährt.
4. Vorderachse, weit nach vorne gezogen mit drei Verschraubungspunkten pro Seite und eingelagertem Schubblech. Auch die Vorderachse soll möglichst früh in den Crashablauf einbezogen werden. Sie nimmt selbst Crashenergie auf und leitet Kräfte in die steife Bodenanlage.

5. Stoßfänger-Querträger, Rad und eine tief liegende Rohbauverbindung zwischen Motorträger und seitlichem Schweller sowie Schwellerverlängerung. Dieser Lastpfad soll sich möglichst früh in den Deformationsablauf eingliedern und durch Energieabsorption im Stoßfänger-Querträger und in den nachgeschalteten Deformationskörpern den seitlichen Längsträger im Bereich der Fahrgastzelle entlasten. Auch hat dieser Lastpfad die Aufgabe, den Fußraum bei Offset-Unfällen mit geringer Überdeckung zu schützen.

Auch beim crashoptimierten Vorderwagen der ersten Generation des VW Tiguan I sind die Konstruktionsziele ein maximaler Energieumsatz vorn und ein einteiliges Einleiten der Längskräfte in den Fahrzeugboden gewesen. Unter werkstofftechnischen Gesichtspunkten ist dabei interessant, dass hier formgehärtete, profilierte Stoßfänger- und Fußraumquerträger zum Einsatz kamen, ebenfalls formgehärtete Tunnel und Schweller, energieabsorbierende U-Längsträger und Blecheinleger zur Steuerung der Deformation (Abb. 5.15), [11].

Für den Fall des Seitenaufpralls ist noch zu erwähnen, dass neben einer soliden Konstruktion der A- und B-Säulen und der Seitenverstärkung die Querabstützungen zwischen den Säulen stabil zu gestalten sind. Hierzu muss über die Sitzquerträger und andere Querverstärkungen, z. B. unter dem Armaturenbrett oder im Hinterwagenbereich, die notwendige Festigkeit erreicht werden [4].

Durch die ständige Weiterentwicklung der Tests und Testspezifikationen wird neben dem Gesichtspunkt der Kompatibilität v. a. Wert darauf gelegt, das reale Unfallgeschehen möglichst realitätsnah abzuprüfen. Es kommen inzwischen auch Röntgendiagnostik und Computertomografie zur Anwendung, wie von Fraunhofer-Gesellschaft u. a. berichtet wurde [22]. So ist es damit hinsichtlich des 2020 eingeführten Euro NCAP-Tests MPDB[3] möglich

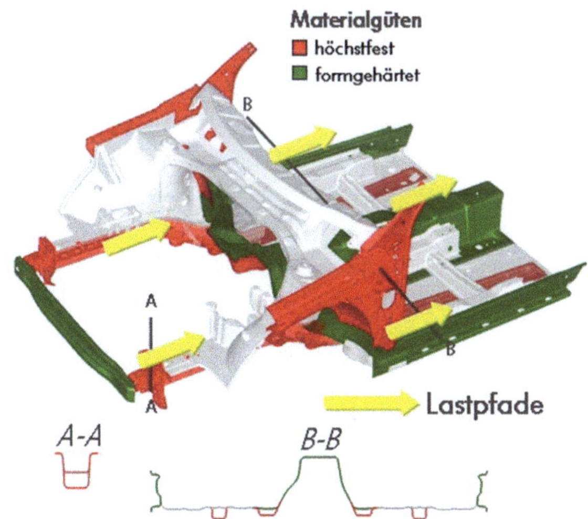

Abb. 5.15 Plattformstruktur Tiguan-Vorderwagen, Copyright © Volkswagen AG

[3] Mobile Progressive Deformable Barrier.

geworden, den zeitlichen Verlauf sowie die indirekten Deformationen der Struktur zu analysieren, die entstehen, wenn das gegnerische Fahrzeug in die Struktur eindringt.

Neben der Visualisierung der gecrashten Bereiche und der Abweichung von der Crashsimulation fließen die Ergebnisse wiederum in die Simulationen ein und liefern Erkenntnisse zur weitergehenden Erhöhung der Fahrzeugsicherheit.

5.1.4 Fundamentalprinzip und Kompatibilität

Neben der Betrachtung des eigenen Fahrzeuges im Unfallverhalten wird auch die Wechselwirkung mit anderen Verkehrsteilnehmern optimiert. Sofern mehrere Fahrzeuge interagieren, sind für die Auslegung der Fahrzeuge unter Kompatibilitätsaspekten folgende Kriterien für den Kollisionsablauf einzubeziehen:

- Massenverhältnis
- Geometrie der Fahrzeugstruktur
- Kraft-Weg-Kennung der Struktur der Fahrgastzelle
- Anordnung und Masse der Antriebsaggregate
- Rückhaltesysteme, Geometrie der Fahrgastzelle (Überlebensraum)
- Verhalten von Lenkung, Armaturenbrett, Aufpolsterung usw.

Mit der Erhöhung der Massendifferenz zwischen den kollidierenden Fahrzeugen vergrößert sich aufgrund der Impulserhaltung die Geschwindigkeitsänderung des leichteren Fahrzeugs. Eine Einschränkung des zulässigen Massenspektrums wäre nur durch eine Vorgabe möglich, die eine Gewichtsobergrenze und/oder -untergrenze festschreiben würde. Dies ist jedoch aus praktischen (man denke nur an den Lkw-Verkehr u. ä.) und Nachhaltigkeitsgründen (Fahrzeuggewicht beeinflusst entscheidend den Energieverbrauch) nicht sinnvoll bzw. nicht marktkonform durchsetzbar.

Weil ein Rückhaltesystem (passive Sicherheit: Insassen tolerieren höhere mittlere Verzögerungen der Fahrgastzelle) nur in einer intakten Fahrgastzelle wirken kann, ist es erste Priorität, bei Kollisionen den Überlebensraum der Insassen durch eine ausreichend stabile Fahrgastzelle zu erhalten. Bereits 1952 wurde von Béla Barényi die stoß- und beulenfeste Fahrgastzelle patentiert [3]. Barényi gilt als einer der Begründer der passiven Sicherheit im Automobilbau, er schuf bei Mercedes-Benz die sog. Sicherheitsfahrgastzelle mit dem Konzept der definierten Knautschzone in Kombination mit einer hochfesten Zelle des Fahrzeuges.

Seinem Patent zufolge soll die steife Mittelzelle von den Endzellen mit zu den freien Enden abnehmender Festigkeit umgeben sein, um den Insassen bei einer Kollision optimalen Schutz zu ermöglichen. Dies ist in der Patentschriftskizze (Auszug in Abb. 5.16) dargestellt. Es war ein Alleinstellungsmerkmal der Zeit mit der Baureihe W111, sog. Heckflosse, von Mercedes und belegt mit den damaligen Konstruktionen bereits anschaulich das Zusammenwirken von Werkstoffeigenschaften und Bauweisen. Dieses sogenannte

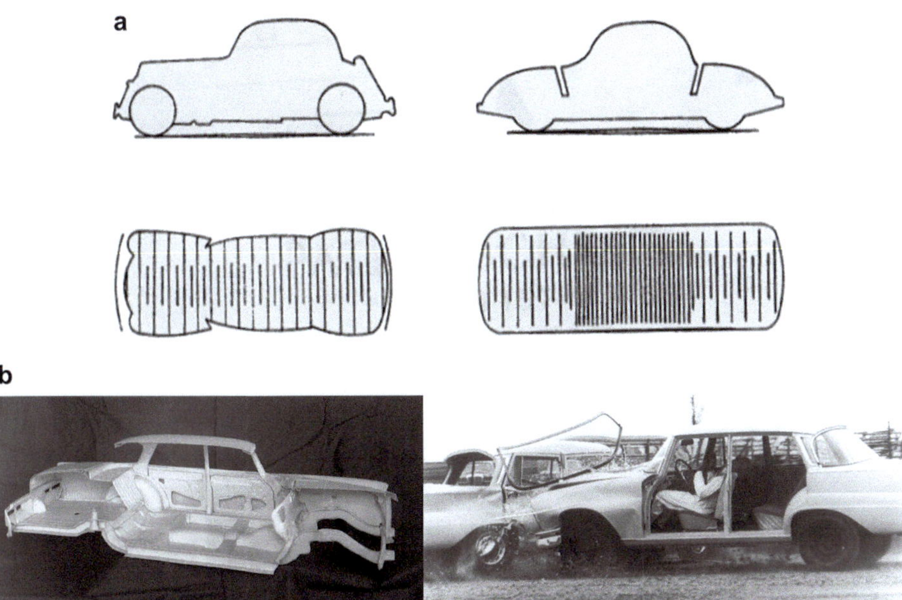

Abb. 5.16 (**a**) Prinzip: Stoß- und beulenfeste Fahrgastzelle von B. Barényi, Copyright ©Mercedes Benz AG. (**b**) Mercedes 220 (Baureihe W111, seit 1959) mit erstmals serienmäßiger Anwendung des Fundamentalprinzips der passiven Sicherheit, Bilder ©Mercedes Benz AG

Fundamentalprinzip der passiven Fahrzeugsicherheit findet bis dato bei nahezu allen Automobilherstellern grundsätzlich Anwendung.

In Berlin beschrieb 1973 Hermann Appel an der Technischen Universität das Prinzip der verteilten Energieabsorption. Hierbei war das Ziel des Partnerschutzes, die Deformationsarbeit so zu verteilen, dass der schwächere Partner keine höheren Verzögerungen und Deformationen erleidet als im Wandaufprall.

Das Bulkhead-Prinzip (Abb. 5.17 und 5.18) ist die Weiterentwicklung des Prinzips der verteilten Energieabsorption. Es wurde 1996 von Zobel [20] formuliert und beruht auf zwei Prinzipien:

1. Der Zellenwiderstand des leichten Fahrzeugs muss ausreichend höher sein als der Frontend-Widerstand des schweren Fahrzeugs (ΔF)
2. Der Frontend-Widerstand des schweren Fahrzeugs muss auf eine ertragbare Verzögerung im leichten Fahrzeug begrenzt sein.

5.1.5 Energetische Betrachtungen

Die Betrachtungen der folgenden zwei Kapitel zu Energieverteilung, Kräften und Beschleunigungen in der Fahrzeugkollision beruhen auf den Arbeiten zur Kompatibilität von R. Zobel bei der Volkswagen AG und der zuzuordnenden Dissertation von T. Schwarz an

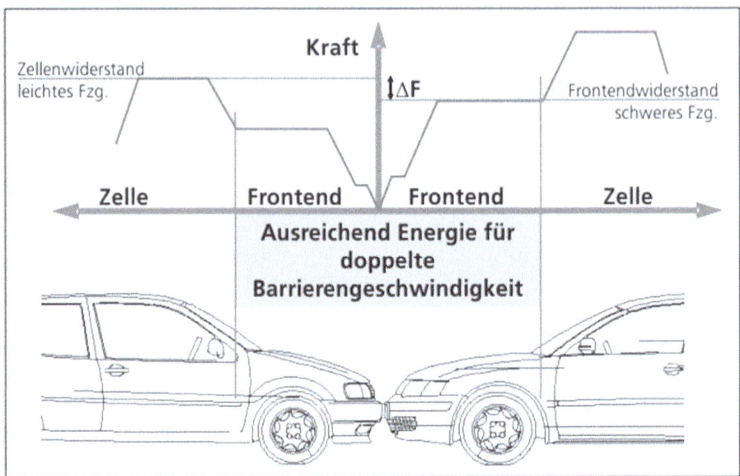

Abb. 5.17 Bulkhead-Prinzip, schematisch nach [16]

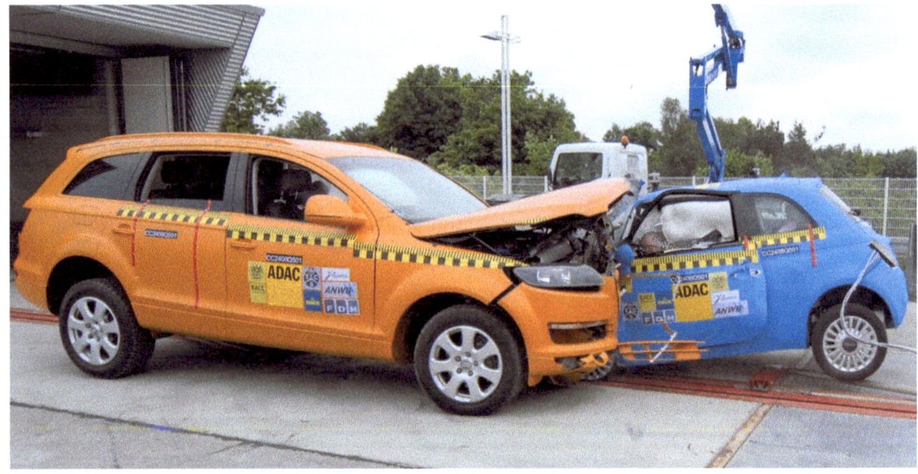

Abb. 5.18 Bulkhead-Prinzip: Kompatibilitätstest Audi Q7 gegen Fiat 500, aus [26]

der TU Braunschweig 2002 [16], die hier der wichtigsten Zusammenhänge wegen genauer wiedergegeben wird.

Schwarz schreibt: „Jedes Fahrzeug muss bei den Barrierencrashtests seine kinetische Energie zum Großteil in Deformationsenergie umwandeln. Unter der Vernachlässigung des Rebounds lässt sich diese Deformationsenergie D aus der Wandauslegungsgeschwindigkeit v_B (= Aufprallgeschwindigkeit auf ein undeformierbares Hindernis) ermitteln:

$$D = \frac{1}{2} m v_B^2 \tag{5.2}$$

Bei einer Fahrzeug-Fahrzeug-Kollision muss die Summe der kinetischen Energie beider Fahrzeuge E_{vorher} umgewandelt werden:

$$E_{vorher} = \frac{1}{2} m_1 v_1^2 + \frac{1}{2} m_2 v_2^2 \tag{5.3}$$

Unter Annahme eines unelastischen Stoßes ergibt sich die kinetische Energie nach dem Crash:

$$E_{nachher} = \frac{1}{2}(m_1 + m_2) \cdot u^2 \tag{5.4}$$

Aus der Impulserhaltung ergibt sich die Geschwindigkeit u für beide Fahrzeuge nach dem Stoß:

$$u = \frac{m_1 v_1 + m_2 v_2}{m_1 + m_2} \tag{5.5}$$

Damit ergibt sich die in beiden Fahrzeugen umzusetzende kinetische Energie ΔE infolge des Impulserhaltungssatzes aus der Differenz der kinetischen Energien vor und nach dem Stoß. Die Geschwindigkeiten v_1 und v_2 werden zur Anfangsrelativgeschwindigkeit v_r zusammengefasst:

$$\pm \Delta E = \mathrm{E}_{vorher} - \mathrm{E}_{nachher} \tag{5.6}$$

$$\frac{1}{2} m_1 v_1^2 + \frac{1}{2} m_2 v_2^2 - \frac{1}{2}(m_1 + m_2) \cdot u^2 \tag{5.7}$$

Durch Einsetzen der Geschwindigkeit u für beide Fahrzeuge nach dem Stoß erhält man:

$$\frac{1}{2} m_1 v_1^2 + \frac{1}{2} m_2 v_2^2 - \frac{1}{2}(m_1 + m_2) \cdot \left(\frac{m_1 v_1 + m_2 v_2}{m_1 + m_2} \right)^2 \tag{5.8}$$

Nach Umformen erhält man schließlich:

$$\frac{1}{2} \cdot \frac{m_1 \cdot m_2}{m_1 + m_2} \cdot (v_1 - v_2)^2 \tag{5.9}$$

$$\Delta E = \frac{1}{2} \cdot \frac{m_1 \cdot m_2}{m_1 + m_2} \cdot v_r^2 \tag{5.10}$$

Die umzusetzende kinetische Energie ΔE ist also nur von den Fahrzeugmassen und der Kollisionsgeschwindigkeit abhängig. Die maximal umsetzbare Deformationsenergie D_{max} im Fahrzeug- Fahrzeug-Crash, bei welcher keine größeren Verformungen als im Auslegungscrash auftreten, ergibt sich aus der Summe der einzelnen Deformationsenergien beider Fahrzeuge (siehe Gl. 5.1) und ist:

$$D_{\max} = \frac{1}{2} m_1 v_B^2 + \frac{1}{2} m_2 v_B^2 = \frac{1}{2} (m_1 + m_2) v_B^2 \tag{5.11}$$

Damit keine größeren Intrusionen als im Auslegungscrash auftreten, darf nicht mehr kinetische Energie umgesetzt werden als Deformationsenergie zur Verfügung steht, muss $\Delta E \leq D_{max}$ sein.

$$D_{\max} = \frac{1}{2} (m_1 + m_2) v_B^2 \geq \frac{1}{2} \cdot \frac{m_1 \cdot m_2}{m_1 + m_2} v_r^2 = \Delta E \tag{5.12}$$

Im Folgenden wird gezeigt, dies ist für $v_r \leq 2v_B$ gegeben. Da ein Quadrat immer positiv ist, gilt

$$(m_1 - m_2)^2 \geq 0 \tag{5.13}$$

$$m_1^2 - 2m_1 m_2 + m_2^2 \geq 0 \ldots\ldots\ldots\ldots\ldots\ldots \mid +4m_1 m_2 \tag{5.14}$$

$$m_1^2 + 2m_1 m_2 + m_2^2 \geq 4m_1 m_2 \tag{5.15}$$

$$(m_1 + m_2)^2 \geq 4m_1 m_2 \tag{5.16}$$

$$(m_1 + m_2) \geq \frac{m_1 \cdot m_2}{m_1 + m_2} \cdot 4 \ldots\ldots\ldots\ldots\ldots\ldots\ldots\ldots \mid \cdot v_B^2 \tag{5.17}$$

$$(m_1 + m_2) \cdot v_B^2 \geq \frac{m_1 \cdot m_2}{m_1 + m_2} \cdot (2v_B)^2 \ldots\ldots\ldots\ldots\ldots\ldots \mid \cdot \frac{1}{2} \tag{5.18}$$

$$\frac{1}{2} (m_1 + m_2) \cdot v_B^2 \geq \frac{1}{2} \cdot \frac{m_1 \cdot m_2}{m_1 + m_2} \cdot (2v_B)^2 \tag{5.19}$$

Der Vergleich mit (5.10) zeigt, dass dies für $v_r \leq 2_{vB}$ erfüllt ist“.

Das bedeutet, dass unabhängig vom Massenverhältnis der kollidierenden Fahrzeuge, diese bis zu einer Kollisionsgeschwindigkeit, die doppelt so groß wie ihre Wandauslegungsgeschwindigkeit ist, Energie in Deformation der Frontenden umsetzen können [20].

5.1.6 Kräfte und Beschleunigungen

„Je größer die Massendifferenz zwischen den kollidierenden Fahrzeugen ist, umso weniger wird von der theoretisch zur Verfügung stehenden Deformationsenergie der Frontenden für diese Fahrzeug-Fahrzeug-Kollision benötigt“, schreibt Schwarz [16]. Dem steht entgegen, dass bei größeren Massendifferenzen in der Regel aus Selbstschutzgründen auch die Verformungswiderstände unterschiedlicher sein werden. Schwerere Fahrzeuge müssen bei Wandaufprall eben auch eine höhere Energie umsetzen als leichtere:

$$D_G = \frac{1}{2} \cdot m_G \cdot v_B^2 \tag{5.20}$$

Diese Energie muss bei gleichem freien Deformationsweg s und bei gleicher Form der Kraft-Weg-Kennung wie bei einem leichteren Fahrzeug auf einem höheren Kraftniveau F abgebaut werden. Geht man vereinfachend von einer Rechteckkennung aus, ergibt sich daraus eine mittlere Kraft $\overline{F}$:

$$D = \int F(s)ds = \overline{F} \cdot s = \frac{1}{2} \cdot m \cdot v_B^2 \tag{5.21}$$

Da bei einer Fahrzeug-Fahrzeug-Kollision ein Kräftegleichgewicht zwischen kleinem und großem Fahrzeug herrschen muss, lässt sich aus dem Kraftniveau des großen Fahrzeugs F_G die mittlere Beschleunigung des kleinen Fahrzeugs $\overline{a}_K$ bestimmen.

$$\overline{F_G} = \overline{F_K} = m_K \cdot \overline{a}_K = \frac{\frac{1}{2} \cdot m_G v_B^2}{s_G} \quad \text{mit} \quad \overline{F} = \frac{\frac{1}{2} \cdot m \cdot v_B^2}{s} \tag{5.22}$$

$$\Rightarrow \overline{a}_K = \frac{1}{2 \cdot s_G} \cdot \frac{m_G}{m_K} \cdot v_B^2 \tag{5.23}$$

Diese Gleichung zeigt, dass die mittlere Verzögerung des kleinen Fahrzeugs bei gegebenem Deformationsweg des großen Fahrzeugs und gegebenem Massenverhältnis nur von der Wandauslegungsgeschwindigkeit abhängt. Eine Erhöhung der Wandaufpralltestgeschwindigkeit führt zwangsläufig zu höheren Deformationskräften in den Frontenden und damit zu höheren mittleren Verzögerungen der Fahrgastzellen bei Fahrzeug-Fahrzeug-Kollisionen, insbesondere bei leichten Fahrzeugen. Das wäre laut Zobel und Schwarz im Sinne der Kompatibilität kontraproduktiv, daher besteht eine weitere Möglichkeit in der Verlängerung des Deformationsweges des großen Fahrzeugs, was aber durch die Fahrzeuglänge begrenzt wird [16, 20].

5.1.7 Statische und betriebliche Anforderungen für die Gestaltung von Fahrzeugkonzepten

Neben den beschriebenen, sicherheitsrelevanten Anforderungen an die Karosserie, spielen insbesondere für die mechanischen Eigenschaften die statischen und betrieblichen Belastungen eine signifikante Rolle. Lastfälle wie beispielsweise Montagekräfte, Trans-

Abb. 5.19 Auslegungs- und Optimierungsziele in den verschiedenen Anwendungsbereichen einer Karosserie anhand des NGC Urban Modular Vehicle, Copyright © DLR e.V.

porttechnik in der Produktion aber auch Handlinganforderungen, Schlechtwegeanforderungen oder Korrosionseigenschaften müssen spezifisch berücksichtigt werden (vergl. auch [10]).

Wie beim Forschungsbeispiel des Next Generation Car (NGC) Urban Modular Vehicle des DLR dargestellt (Abb. 5.19), können hierbei unterschiedliche Strukturkomponenten, basierend auf ihren jeweiligen Eigenschaften, mitberücksichtigt und für die entsprechenden Steifigkeiten, Festigkeiten und Dauerfestigkeiten dimensioniert werden.

Die sicherheitsrelevanten Strukturen dieses Fahrzeugkonzeptes und ihre relevanten Lastpfade spielen auch hier zur Reduzierung der Intrusion in die Fahrgastzelle eine wesentliche Rolle. Dabei sind zusätzliche steifigkeitsdominante Komponenten einbezogen, wohingegen energieabsorbierende Strukturen zur Reduzierung der Beschleunigungen im Front-, Heck und Seitenbereich zu finden sind.

In Abschn. 5.2 wird auf Eigenschaften der Karosserie auch im statischen Kontext (unter anderem Steifigkeit und Eigenfrequenzen) eingegangen, wohingegen die energieabsorbierenden Strukturen in Abschn. 5.3 detailliert beschrieben sind.

5.2 Eigenschaften und Kennwerte der Karosserie

Gerhard Kopp, Marco Münster, Gerd Müller and Horst E. Friedrich

Aufgrund der unterschiedlichsten Anforderungen an die Karosserie (vgl. Abschn. 5.1) muss diese auch mit entsprechenden funktionalen Eigenschaften konzipiert werden. Der

Fokus in der nachfolgenden Beschreibung liegt hierbei auf den mechanischen Kennwerten der Karosserie, die signifikant durch die entsprechende Materialwahl und fertigungstechnische Umsetzung beeinflusst werden kann.

5.2.1 Steifigkeit

Die Steifigkeit c_T ist ein wichtiges Gütemerkmal der Karosserie. Eine hohe Torsionssteifigkeit trägt zu einem zu guten Fahrverhalten bei und beeinflusst zu anderen das Schwingungsverhalten der Karosserie. Sie vermindert zudem die Geräuschentwicklung. Man unterscheidet zwischen der Torsions- und der Biegesteifigkeit der Karosserie. Außerdem müssen die Koppelpunkte des Fahrwerks (Achsen, Federn, Dämpfer etc.) steif ausgelegt werden.

Die Torsionssteifigkeit wird ermittelt, indem die Rohkarosserie ohne Türen und Klappen an den Aufhängungspunkten der Hinterachsfederbeine fixiert und über die Aufhängungspunkte der Vorderachsfederbeine ein Prüfmoment (z. B. 3000 Nm) aufgebracht (Abb. 5.20 nach [28]) und der daraus resultierenden Verdrehwinkel messtechnisch erfasst wird.

Folgende Maßnahmen erhöhen unter anderem die Steifigkeit der Karosserie [29]:

- Optimierte Profilübergänge inkl. Strukturknoten
- Lastgerechte Profilquerschnitte
- Vermeidung von Gelenken und Profileinschnürungen
- Integrierte, multifunktionale Verstärkungen

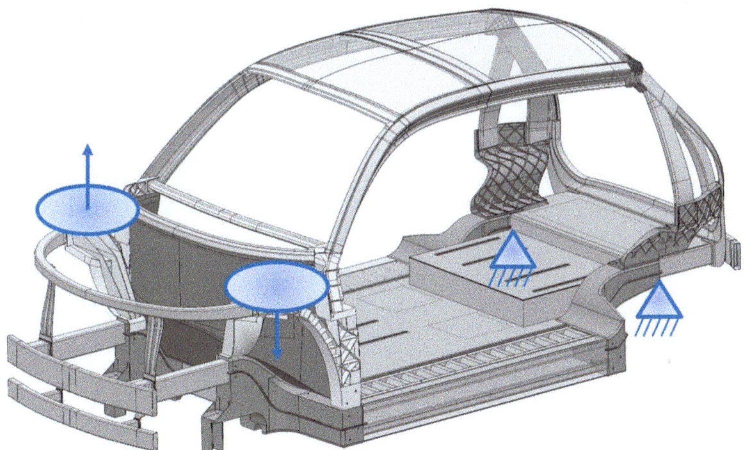

Abb. 5.20 Lastaufbringung bei der Messung der Torsionssteifigkeit am Beispiel des Next Generation Car Urban Modular Vehicle Konzepts (NGC UMV), Copyright © DLR e.V.

- Optimierte Anordnung von Schweißpunkten und Klebungen
- Einsatz höherfester Stähle und Tailored Blanks
- Zusätzliche Querträger

In Tab. 5.1 sind typische Werte nach dem Stand der Fahrzeugkarosserientwicklung für die Torsionssteifigkeit c_T aufgeführt.

Da hohe Torsionssteifigkeiten eine gute und direkte Lenkantwort ermöglichen, vor allem wenn das Fahrzeug bei Kurvenfahrten stark einseitig belastet ist, wurden die Steifigkeiten bei Volumenfahrzeugen in den letzten Jahren stetig gesteigert; Werte von ca. 30 kNm/° sind typisch. Sportwagen des S-Segments können mehr als 40 kNm/° erreichen, der Bugatti Veyron besticht mit 60 kNm/° [30].

5.2.2 Torsionseigenfrequenz

Das Schwingungsverhalten der Karosserie hat einen wesentlichen Einfluss auf den (subjektiven) Fahrkomfort und die akustischen Eigenschaften des Gesamtfahrzeugs. Daher werden heute Karosserien nicht nur nach statischen und fahrdynamischen, sondern auch nach schwingungsdynamischen Kriterien ausgelegt. Die besondere Herausforderung besteht nun darin, schon in der frühen Phase der Karosseriekonzeption die komplexen Schwingungsverhältnisse des Gesamtfahrzeugs zu berücksichtigen.

Die Torsionseigenfrequenz des Gesamtfahrzeugs sollte zwischen 24 Hz und 27 Hz liegen. Die Rohkarosserie sollte daher eine erste symmetrische Eigenfrequenz (Biegung) im Bereich von 38 Hz bis 40 Hz besitzen. Dabei gilt: Je steifer die Karosserie, desto höher die Eigenfrequenz und entsprechend leicht muss die Karosserie sein. Wesentlich ist eine ausgewogene Steifigkeit über die gesamte Karosserie, um auftretende Schwingungsamplituden gering zu halten, vergleiche [29].

Eine Besonderheit stellen offene bzw. Cabrio-Fahrzeuge dar. Um deren niedrige Eigenfrequenzen und entsprechenden Fahrkomfort zu bewältigen, werden besondere Ver-

Tab. 5.1 **Typische Werte für die Torsionssteifigkeit** [eigene Auswertung basierend auf Angaben verschiedener Literaturquellen der letzten 10 Jahre]

Fahrzeugklasse/-segment	Torsionssteifigkeit c_T Mittelwert in Nm/°	Torsionssteifigkeit c_T Mindestwert in Nm/°	Torsionssteifigkeit c_T Maximalwert in Nm/°
A und B	18.000	13.000	25.000
C und D	25.500	17.000	38.000
E und F	35.000	24.000	44.000
J	26.000	21.000	37.000

stärkungspakete wie z. B. Streben angewendet. Eine Alternative dazu sind Aktuatoren, die eine Kraft erzeugen, die dann dem Vibrationseintrag entgegenwirkt und ihn idealerweise aufhebt.

5.2.3 Absolute Karosseriegewichte

Basierend auf den entsprechenden Werkstoffen und Halbzeugen können unterschiedliche absolute Gewichtsziele für die Karosserie realisiert werden, wie diese in Abb. 5.21 nach [31] dargestellt sind.

Entsprechend der Werkstoff- und Bauweisenauswahl (siehe auch Abschn. 5.5) können leichtere Fahrzeugkarosserien entwickelt und umgesetzt werden. Dabei werden von Stahl- und Metallmischbauweisen über Leichtmetalle bis hin zu Faserverbundstrukturen, z. B. in einer Monocoque-Struktur, ein immer größeres Leichtbaupotenzial erschlossen. Wobei hierbei natürlich eine Korrelation zwischen Fahrzeugkarosseriegewicht und Fahrzeuggröße bzw. Fahrzeugleermasse besteht, sodass ein Vergleich der absoluten Karosseriegewichte immer mit den entsprechenden Fahrzeugdaten bzw. -kennwerten zielführend ist.

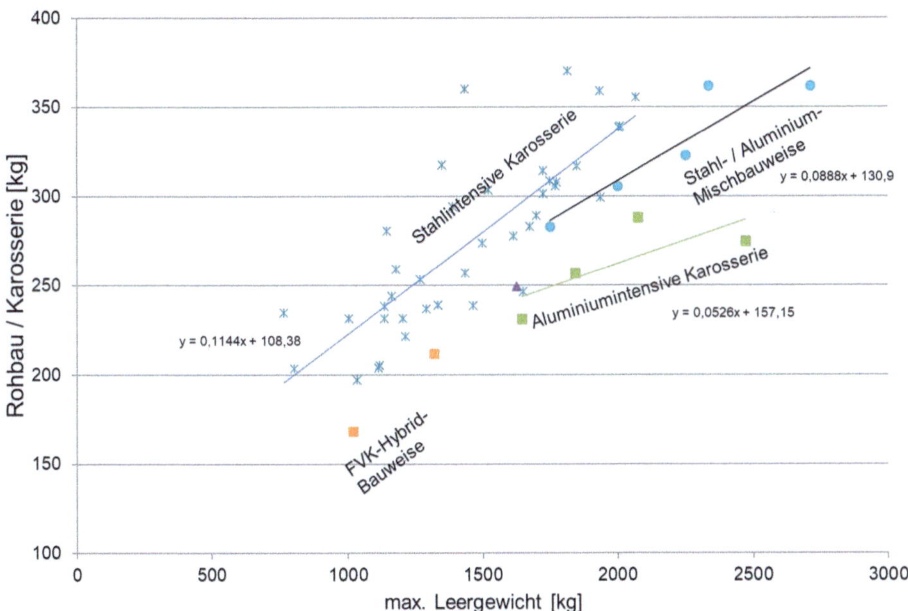

Abb. 5.21 Darstellung von aktuellen Karosseriegewichten in Abhängigkeit der Fahrzeugleermasse, Copyright © DLR e.V.

5.2.4 Leichtbaugüte

Die Torsionssteifigkeit und die absoluten Karosseriegewichte besitzen für sich alleine keine Aussagekraft über die Qualität der Karosserie hinsichtlich eines optimierten Leichtbaus. Dazu muss man die Masse der Rohkarosserie in das Verhältnis zur Torsionssteifigkeit und der Größe der Karosserie (Aufstandsfläche) setzen. Dieses Verhältnis nennt man Leichtbaugüte, die wie folgt definiert ist:

$$\text{Leichtbaugüte } L = \frac{m_{RK}}{c_T \cdot A} \left[\frac{kg}{Nm/°\cdot A} \cdot \mathbf{10^{-3}} \right] \tag{5.24}$$

m_{RK} = Gewicht der Rohkarosserie (ohne Türen und Klappen)
c_T = Torsionssteifigkeit über Dome (mit Scheiben)
A = Aufstandsfläche (Spur · Radstand)

Die Leichtbaugüte wird gelegentlich auch als Kehrwert der hier genannten Formel definiert. In diesem Fall zeigt ein hoher Zahlenwert auch eine hohe Güte an.

Da die Aufstandsfläche bei der Fahrzeugkonzeption meist nicht verändert werden kann, muss für eine optimale Leichtbaugüte eine möglichst leichte, torsionssteife Karosserie entwickelt werden. Je kleiner der Zahlenwert der Leichtbaugüte ist, desto effizienter wird in einer Karosseriestruktur Gewicht in Steifigkeit umgesetzt. Die Abb. 5.22 aus [32] zeigt die Entwicklung der Leichtbaugüte für mehrere Generationen des VW Golf.

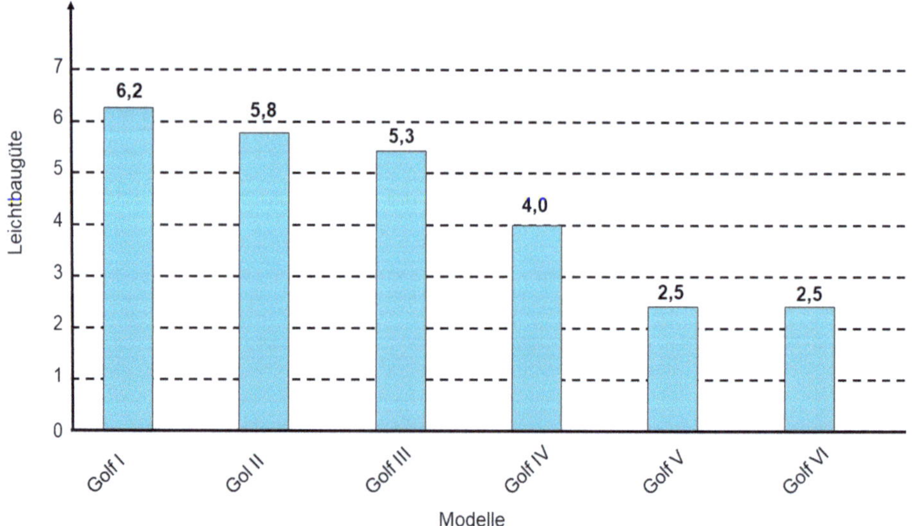

Abb. 5.22 Entwicklung der Leichtbaugüte des VW Golf, Copyright © Volkswagen AG

Der Golf VII hat mit 245 kg gegenüber dem Golf VI ein 37 kg niedrigeres Gewicht im Aufbau bzw. der Karosserie, mithin konnte auch die langjährige bisherige Gewichtsspirale mit Golf VII und VIII gebrochen werden. [33]

5.2.5 Betriebsfestigkeit

Neben den reinen statischen Belastungen und sicherheitsrelevanten Auslegungskriterien aus dem Bereich Crash müssen Karosseriestrukturen auch auf entsprechende betriebliche Lasten ausgelegt werden. Hierbei spielt die betriebsfeste Dimensionierung eine entscheidende Rolle, um dem Kunden auch unter „normalen Nutzungsbedingungen" ein hochwertiges und langlebiges Produkt zur Verfügung zu stellen. (vgl. auch [34])

Basierend auf zugrunde gelegten Lastkollektiven und den Werkstoffeigenschaften der Strukturkomponenten kann eine entsprechende Schadensakkumulation durchgeführt werden. Hierbei können z. B. Schlechtwegkollektive und weitere betriebliche Belastungen zu entsprechenden Schädigungsklassen und -häufigkeiten zusammengestellt werden. Basierend auf diesen Auslegungskriterien und entsprechende Schädigungsberechnungen bzw. Wöhlerkurven der Materialien und Fügetechniken können Aussagen getroffen werden, in Bezug auf die Langlebigkeit („Zeit- oder Dauerfestigkeit") der entsprechenden Komponente oder der Gesamtkarosserie. [34]

5.2.6 Korrelation von Bauweisen und zu produzierenden Stückzahlen

Neben den mechanischen Eigenschaften, der entsprechenden Leichtbaugüte und auch vermehrt entsprechenden Nachhaltigkeitsaspekte spielen bei der Entwicklung von Fahrzeugkarosserien auch entsprechende Kostenziele eine systemrelevante Zielgröße. Dabei muss berücksichtigt werden, dass Produktionskosten sehr stark von den Materialkosten, jedoch auch von den notwendigen Investitions- und Abschreibungskosten für die Fertigungsanlagen abhängig sind. Entsprechend müssen Zielkosten auf zugrunde gelegte jährliche Produktionsstückzahlen projiziert werden.

In Abb. 5.23 nach [31] wird der Zusammenhang zwischen Werkstoffauswahl, Bauweise und zu produzierenden Stückzahlen ersichtlich. Insbesondere bei kleineren Stückzahlen können Karosseriebauweisen mit zwar teureren Grundmaterialien wie Faserverbundstrukturen, aber geringeren Investitionskosten für die Fertigungsanlagen, zielführend sein. Hingegen werden bei hohen zu produzierenden Stückzahlen Lösungen angestrebt, die gekennzeichnet sind durch geringe Materialkosten und ggf. höhere Anlagenkosten mit entsprechend kurzen Zykluszeiten. Somit können die stückzahlbezogenen Kosten inkl. den notwendigen Material- und Abschreibungskosten für die unterschiedlichen Anforderungen optimiert werden.

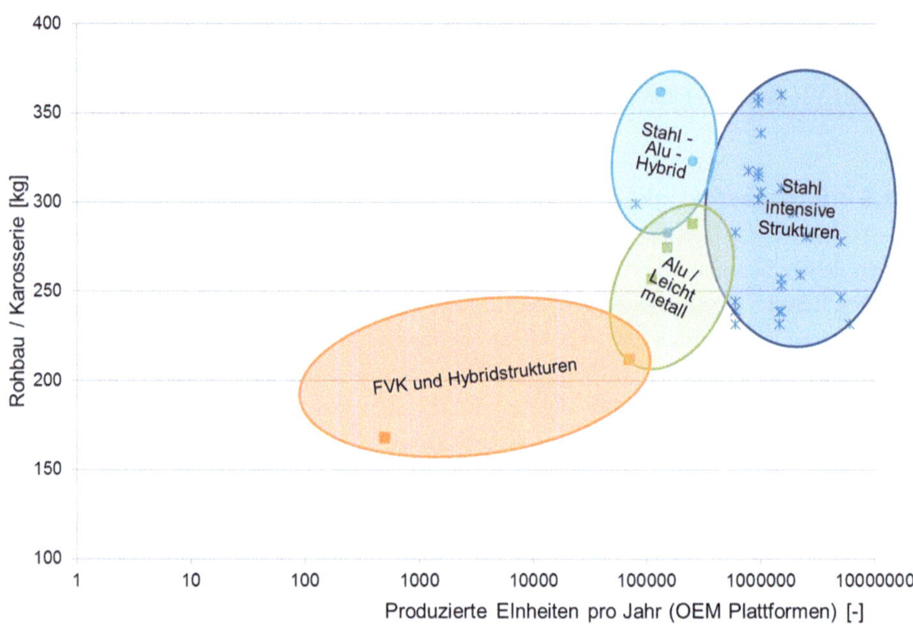

Abb. 5.23 Darstellung der unterschiedlichen Bauweisen und des Materialeinsatzes in Abhängigkeit der produzierten Plattformstückzahlen, Copyright © DLR e.V.

5.3 Energieabsorbierende Strukturen und Materialien

Gerhard Kopp, Marco Münster, Horst E. Friedrich und Josef Wünsch

Einleitung und Motivation

Nachdem die Straßenmobilität in der zweiten Hälfte des zwanzigsten Jahrhunderts nach und nach finanziell für eine größere Gruppe der Gesellschaft erschwinglicher wurde, stiegen damit auch einhergehend die Verkehrsunfälle signifikant. Basierend auf den ersten Untersuchungen und Entwicklungen wurden steife, hoch belastbare Fahrgastzellen und für die notwendige Verzögerung sogenannte Knautschzonen eingeführt. Das entsprechende Funktionsprinzip der passiven Sicherheit nach Béla Barényi stellte damit den ersten Schritt dar, eine Optimierung aus notwendiger Überlebenszone und Reduzierung der Beschleunigungen auf den Fahrgast während eines Unfalls zu realisieren. Hierbei wurden insbesondere vier Grundanforderungen der passiven Sicherheit berücksichtigt: Insassen im Fahrzeug halten, Fahrgastzelle erhalten, Beschleunigungen reduzieren durch größere Verzögerungswege, Insassen nicht lokal belasten. [35, 36]

Basierend auf diesen Arbeiten etablierte sich die systematische Auslegung und Dimensionierung von Fahrzeugen und deren Fahrzeugsicherheit mit entsprechenden Lastpfaden und dem Selbst- und Kontrahentenschutz. Diese sind fester Bestandteil der heutigen Auslegungen und führen dazu, dass immer neue Lösungen und Ansätze im Bereich der energieabsorbierenden Strukturen für den Fahrzeugbau relevant werden [35–37] und es zu einer signifikanten Verbesserung im Bereich der Verkehrssicherheit und der Reduktion der Unfallfolgen, basierend auf den entsprechenden gesetzlichen und Verbrauchertests, kommt. [38, 39]

Anforderungen an die energieabsorbierenden Fahrzeugstrukturen
Heutige Fahrzeugstrukturen und Komponenten sind in Bezug auf unterschiedlichste Anforderungen aus dem Bereich Sicherheit ausgelegt und dimensioniert. (siehe auch Abschn. 5.1) Dabei spielt nicht nur der Selbstschutz der Insassen, sondern auch der Schutz von weiteren Verkehrsteilnehmern wie Fußgängern oder Fahrradfahrern mit entsprechenden Szenarien eine signifikante Rolle [36, 39, 40], wie dies in Abb. 5.24 nach [37, 40–42] dargestellt ist.

Aufgrund dessen werden in unterschiedlichsten Bereichen der Fahrzeuge entsprechende energieabsorbierende Strukturen und Materialien benötigt und auf unterschiedlichste Belastungsrichtungen und Versagensarten ausgelegt. Im Vordergrund steht dabei immer die Optimierung zwischen Intrusion, Reduzierung der Beschleunigung und damit einhergehend notwendiger Energieabsorption. Eine derartige Konzeption und das dahinter-

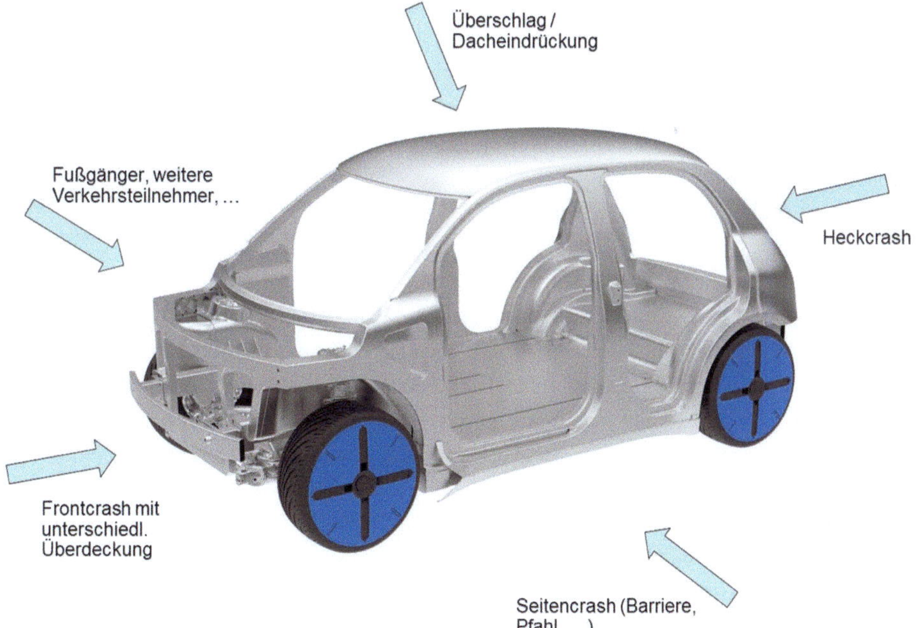

Abb. 5.24 Unterschiedliche Crashanforderungen an heutige Fahrzeuge, Fahrzeugbildquelle: NGC UMV, Copyright © DLR e.V.

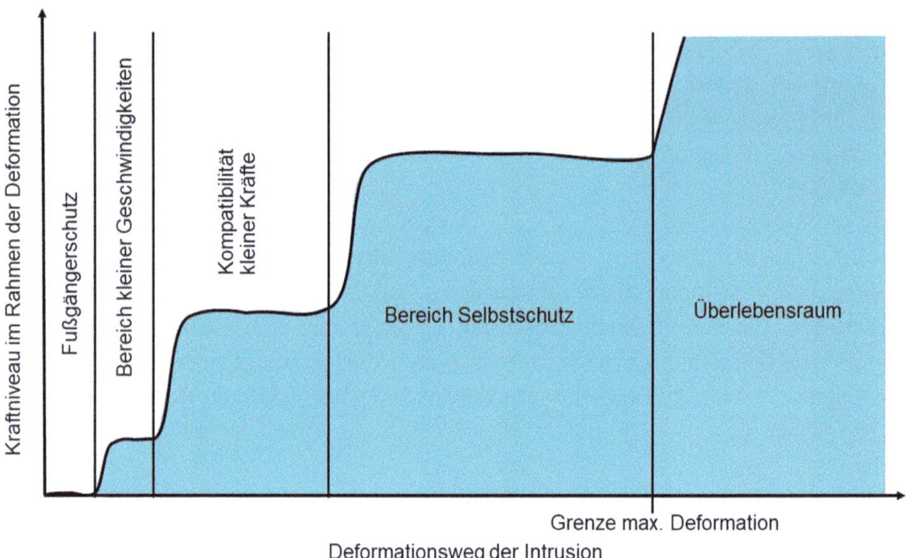

Abb. 5.25 Vorderwagenkonzeption mit unterschiedlichen Deformationskraftstufen, Copyright @ DLR e.V.

liegende Wirkprinzip für eine Vorderwagenstruktur ist beispielhaft in Abb. 5.25 nach [43, 44] dargestellt. Hierbei werden unterschiedliche Energieabsorber und -strukturen verwendet, um die entsprechende Deformationskraft und den Deformationsweg über den gesamten Vorderwagenbereich für die unterschiedlichsten Anforderungen zu optimieren. Somit kann sowohl die Energieabsorption als auch die Beschleunigung über die Deformationskraft und den Deformationsweg gesteuert werden. [42–44]

Ideale und reale Energieabsorber

Im Rahmen von typischen Unfällen und Crashszenarien spielen neben den statischen auch insbesondere die plastischen Verformungsprinzipien und -eigenschaften der Strukturen und Materialien eine wesentliche Rolle. Hierbei muss berücksichtigt werden, dass eine optimale Kombination aus Lastfall, Energieabsorptionsmechanismus und Materialauswahl zu einer optimierten Struktur führt. Entsprechend wird versucht, eine Konzeption so zu gestalten, dass diese einem idealen Energieabsorber, wie dieser in Abb. 5.26 nach [45] dargestellt und mit einer realen Struktur verglichen wird, weitestgehend nahekommt. [43, 45, 46]

Ideale Absorber weißen hierbei ein konstantes Kraftniveau entlang des gesamten Deformationswegs („optimale Energieausbeute und minimale Ungleichförmigkeit") auf und zeigen auch keinen Kraftpeak („Peaküberhöhung") zu Beginn der Belastung. Da reale Absorber diese Eigenschaften nicht vollständig erfüllen können, werden beispielhaft Trigger-

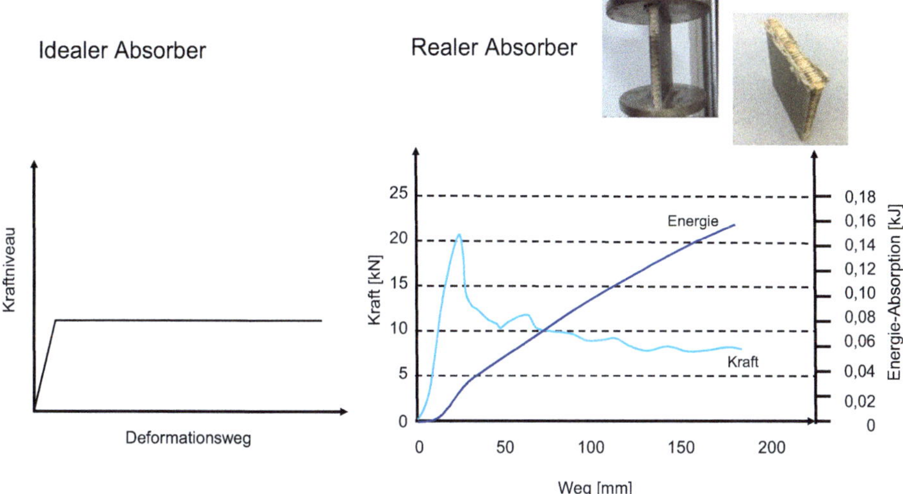

Abb. 5.26 Kraft-Weg-Diagramme von Energieabsorbern, Copyright © DLR e.V.

mechanismen eingesetzt, um z. B. den Kraftpeak am Anfang der Deformation des Absorbers zu optimieren. Alternativ können diese Kraftüberhöhungen z. B. proaktiv zur Steuerung von Sensoren oder Versagensverhalten unterschiedlicher Bauteile genutzt werden. [36, 43, 44]

Energieabsorptionsmechanismen und Materialeigenschaften

Bezüglich der notwendigen Eigenschaften lassen sich die Mechanismen und das Materialverhalten in zwei unterschiedliche Bereiche insbesondere bei der Anwendung von Karosseriebauteilen unterteilen: (Vergleiche auch [35])

1. Bereich mit hoher Festigkeit und Steifigkeit zur Realisierung der Strukturintegrität, wie z. B. bei einem Seitenaufprall im Bereich der Seitenwand notwendig
2. Bereich mit hoher Deformationsfähigkeit und damit auch einhergehender hoher, spezifischer Energieabsorption

Für den zweiten Einsatzzweck sind in Abb. 5.27 nach [43] unterschiedlichste Kombinationen aus Energieabsorptionsmechanismus und Materialauswahl dargestellt.

Entsprechend den auftretenden Lastfällen, den zu realisierenden Kraftniveaus, den Deformationswegen und der Kostensituation sind entsprechenden Varianten in heuten Fahrzeugen vorzufinden und z. B. in die Karosseriestruktur integriert.

Die Prinzipien reichen hierbei von „klassischen Varianten", wie z. B. dem Faltenbeulen von Stahl oder Aluminium, bis hin zum Crushing von Faserverbundmaterialien oder Ansätzen im Bereich des Zerspanens oder des plastischen Verformens durch Auf-

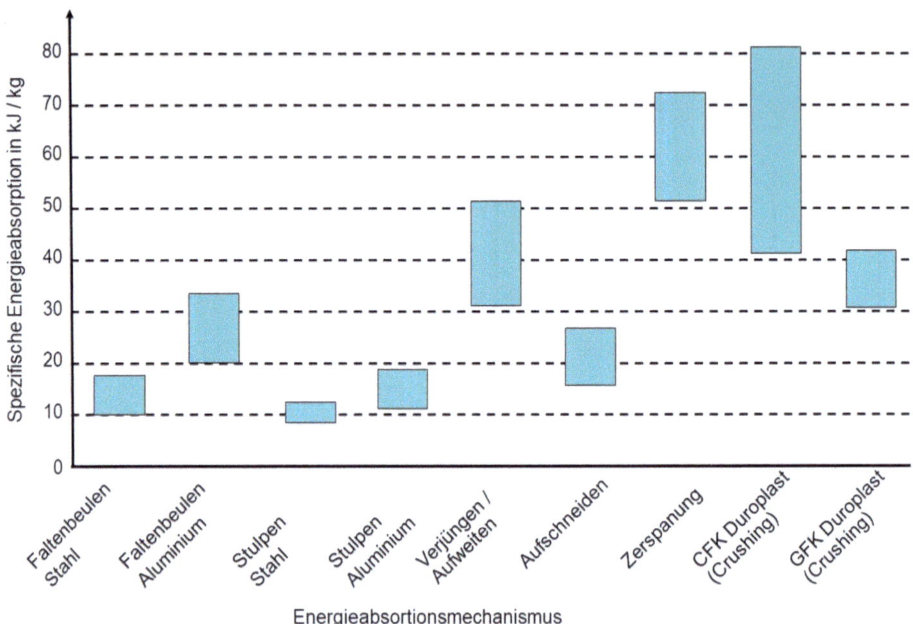

Abb. 5.27 Vergleich von unterschiedlichen Energieabsorptionsmechanismen und Werkstoffen, Copyright © DLR e.V.

weitung oder hybriden Kombinationen aus mehreren Absorptionsansätzen (z. B. Kombinationen mit Schäumen).

Sogenannte Crashrohre aus unterschiedlichen Werkstoffen weisen dabei auch unterschiedliches Energieabsorptionsvermögen auf. Bezieht man dieses z. B. auf die Masse des faltenden Elementes (Faltenbeulen-Versagensart), zeigt sich Aluminium dem Stahlrohr und auch dem konventionellen (hexagonalen) Magnesiumrohr deutlich überlegen. In Abb. 5.28 aus [47] ist zusätzlich eine Experimentallegierung (Advanced Mg) mit einer durch Lithium modifizierten Gitterstruktur aufgetragen. Metallphysikalisch interessant, hinsichtlich weiter verringerter Dichte und Verformungsverhalten attraktiv, konnten diese Legierungen trotzdem infolge unzureichender Festigkeits- und Korrosionseigenschaften das Laborstadium nicht verlassen. [47]

Ein neuerer Satz stellt in diesem Zusammenhang auch beispielsweise die Anwendung von faserverstärkten Kunststoffen dar. Besondere Möglichkeiten insbesondere im Bereich der Funktionsintegration, aber auch ein sehr robustes Versagensverhalten und kontrolliertes Absorptionsvermögen und die Einstellbarkeit von Energie- und Kraftniveau, zeichnen die in Abb. 5.29 aus [48] dargestellte Lösung aus. Im Vergleich zum Faltenbeulen wird hierbei auf einem lokalen Versagen mittels Crushing gesetzt, das systematisches Potenzial im Bereich der spezifischen Eigenschaften aufweist. [48]

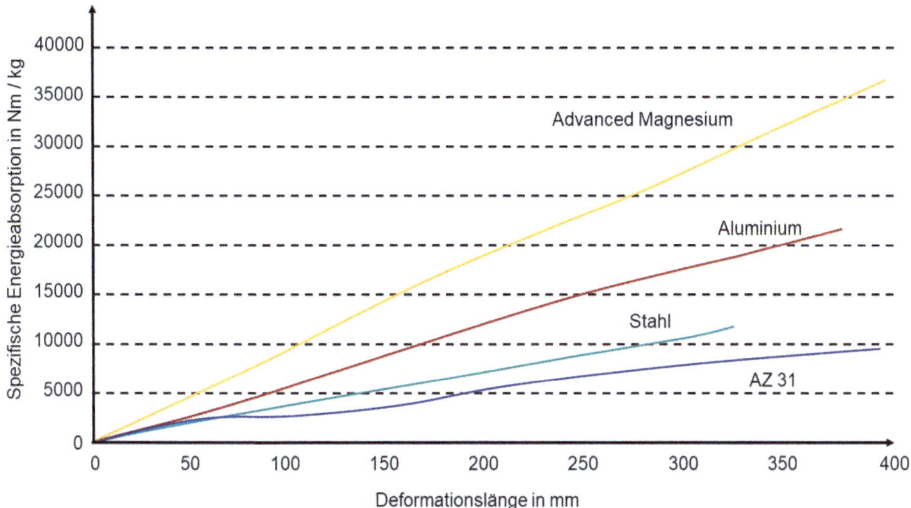

Abb. 5.28 Spezifische Energieabsorbierungswerte verschiedener Werkstoffe, Copyright © Volkswagen AG

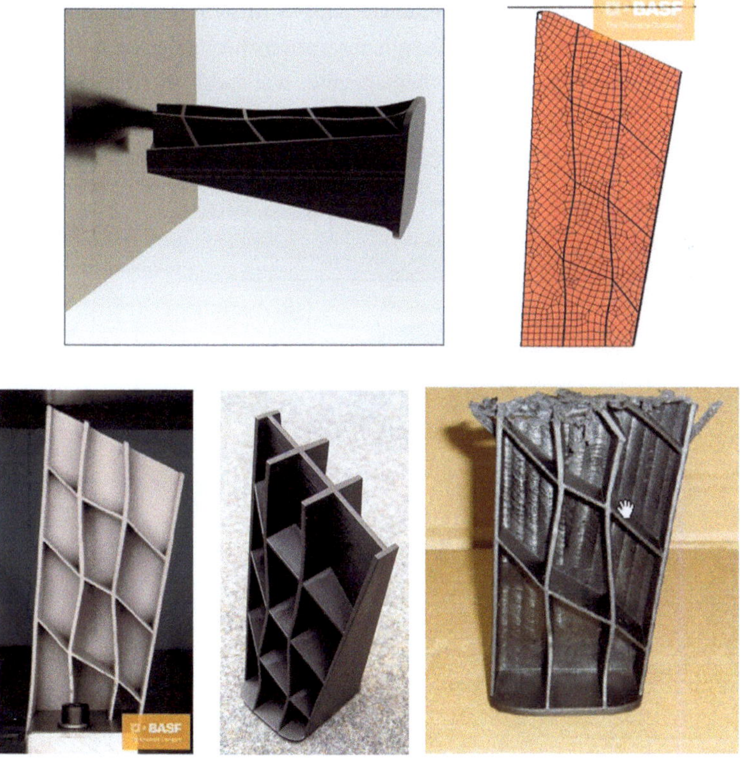

Abb. 5.29 Energieabsorbierende Struktur basierend auf Ultramid, Copyright © BASF

Besondere Herausforderungen bei der Konzeption, Konstruktion und Simulation von Energieabsorbern

Im Rahmen der Konzeption, Konstruktion und Dimensionierung sind heutige CAE-Methoden ein wesentlicher Bestandteil, um energieabsorbierende Strukturen auszulegen. Neben den spezifischen Fahrzeuganforderungen, wie gesetzliche Rahmenbedingungen, Gesamtkonzept und entsprechenden Massenverteilungen und Zielkosten, müssen insbesondere die entsprechenden Eigenschaften der gewählten Materialien berücksichtigt werden. Hierbei kann nicht nur auf rein statische Werte zurückgegriffen werden, sondern auch die Plastizität, die Schädigungsmechanismen und ggf. vorhandenen Anisotropien oder Fertigungseinflüsse müssen mitberücksichtigt werden, um eine verlässliche Aussage des Versagensverhaltens zu erzielen, wie dies in Abb. 5.30 aus [42] dargestellt ist.

Durch die Anwendung von hochintegrativen Simulationsverfahren werden die wesentlichsten Einflussgrößen abgebildet und bei der Auslegung der Crashstrukturen integriert. Dies ist beispielhaft in Abb. 5.31 aus [48] für ein faserverstärktes Kunststoffbauteil dargestellt.

Das entsprechende Vorgehen basiert dabei auf der Integration sowohl von entsprechenden Eigenschaften des Fertigungsprozesses als auch der Ermittlung von den entsprechenden mechanischen Eigenschaften. Hochgenaue, anisotrope und nichtlineare Materialeigenschaften und Simulationsmodelle können hiermit abgeleitet und für die strukturelle Simulation verwendet werden. Somit wird es möglich, auch in der FEM-Simulation hochkomplexe Bauteile, Energieabsorptionsmechanismen und Werkstoffe abzubilden, mit der entsprechenden Vorhersagegüte, wie diese in Abb. 5.32 aus [48] für einen Crashabsorber dargestellt ist.

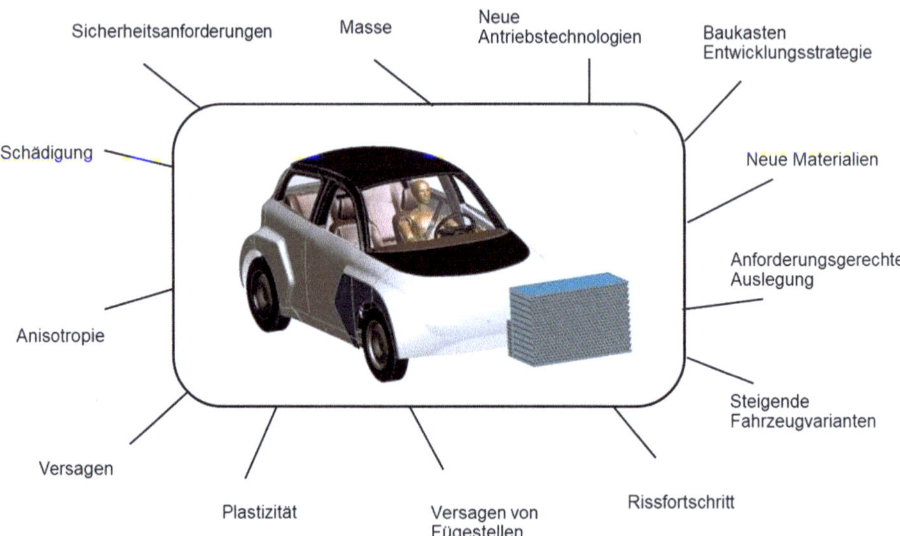

Abb. 5.30 Numerische Simulation von Crashlastfällen und deren Herausforderungen, Copyright © DLR e.V.

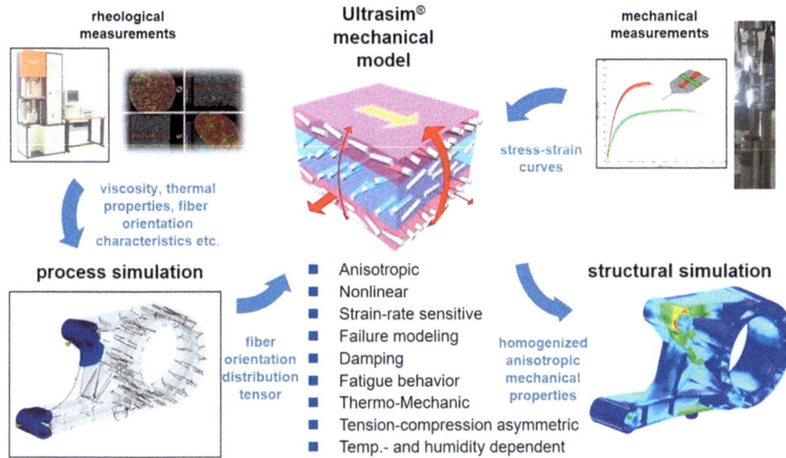

Abb. 5.31 Integratives Simulationsverfahren und entsprechende Prozessschritte für faserverstärkte Kunststoffe, Copyright © BASF

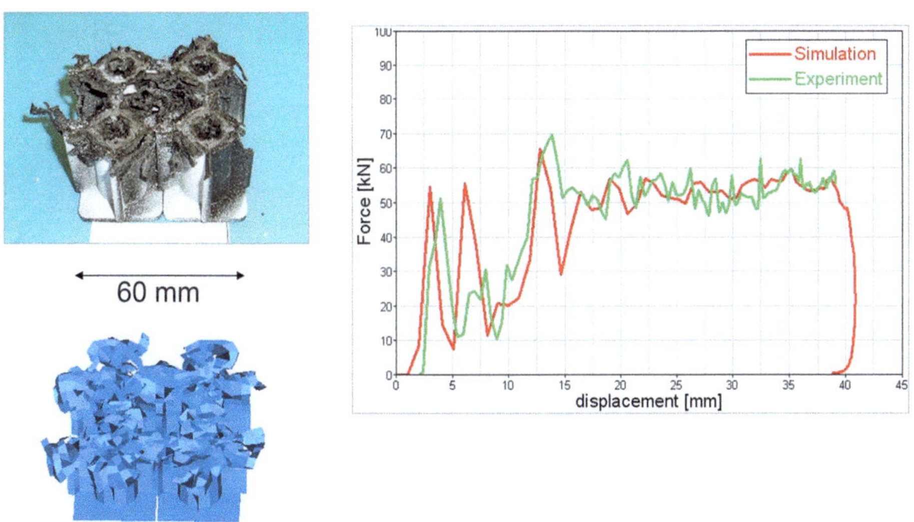

Abb. 5.32 Abgleich von Simulation und Experiment eines anisotropen, faserverstärkten Kunststofftestkörpers unter Drucklast, Copyright © BASF

Anwendungen in der Fahrzeugtechnik und Erprobung
Wie schon in Abb. 5.24 dargestellt und beschrieben, sind Crashstrukturen und Energieabsorber über die gesamte Fahrzeugstruktur und auch in den unterschiedlichen Anwendungsfällen (Pkw, LKW, Busse …) vertreten. (siehe auch [49, 50]) Neben den Komponenten im Bereich der Vorderwagenstruktur mit den unterschiedlichen Lastpfaden und Laststufen sind im Bereich des Seitenaufpralls besondere Herausforderungen aufgrund der geringen Deformationszone gegeben. Aufgrund dessen werden beispielsweise in Schwellern oder Türstrukturen besondere Aufprallträger und Crashstrukturen integriert. (siehe Abb. 5.33 aus [44])

Jedoch dürften derartige Energieabsorber nicht ohne die Interaktion dieser Komponenten mit den umliegenden Elementen und Strukturen und den entsprechenden Fügetechniken betrachtet und ausgelegt werden. Ein Beispiel einer generischen, schaumgefüllten Schwellerstruktur ist hierbei in Abb. 5.34 nach [44] dargestellt.

Die unterschiedlichen Versuchsergebnisse wurden als reiner 3-Punkt-Biegeversuch ohne Rückhaltekraft und als Biegeversuch mit unterschiedlichen Vorspannkräften, die beispielsweise durch die A- und C-Säule eingeleitet werden könnten, durchgeführt. Ersichtlich wird insbesondere, dass durch diese Interaktionen die Auslegung und Dimensionierung des hybriden Trägers signifikant beeinflusst wird und daraus unterschiedliche Versagensarten für den Energieabsorber resultieren. Des Weiteren kann die Schaumdichte zur Stabilisation des Profilquerschnitts unter Berücksichtigung der Vorspannkräfte reduziert werden, ohne dass negative, mechanische Einflüsse daraus resultieren und somit ein weiteres Leichtbaupotenzial erschlossen werden. [44]

Trends und zukünftige Entwicklungen
Energieabsorbierende Strukturen und Werkstoffe werden auch weiterhin in Bezug auf mechanische, ressourcentechnische, aber auch auf funktionale und Kostenpotenziale optimiert. Wesentliche Einflussparameter in der Zukunft werden unter anderem in Bezug auf drei Aspekte zu sehen sein:

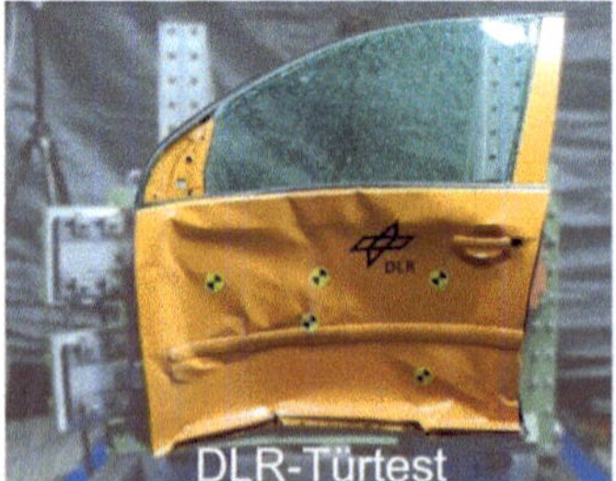

Abb. 5.33 Deformationsvergleich von Türstrukturen – Abgleich Simulation, Türtest und Euro NCAP Gesamtfahrzeug, Copyright © DLR e.V.

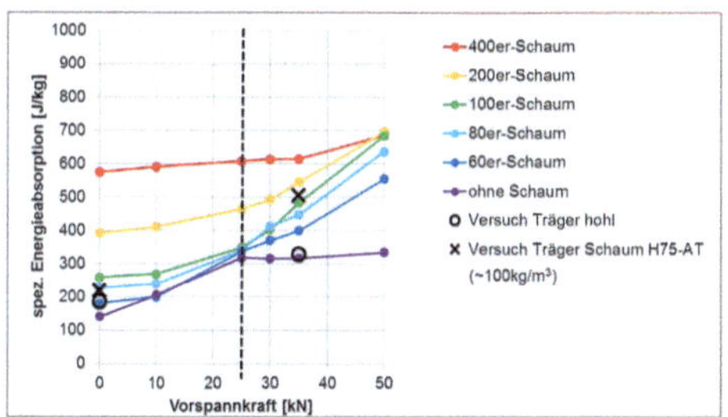

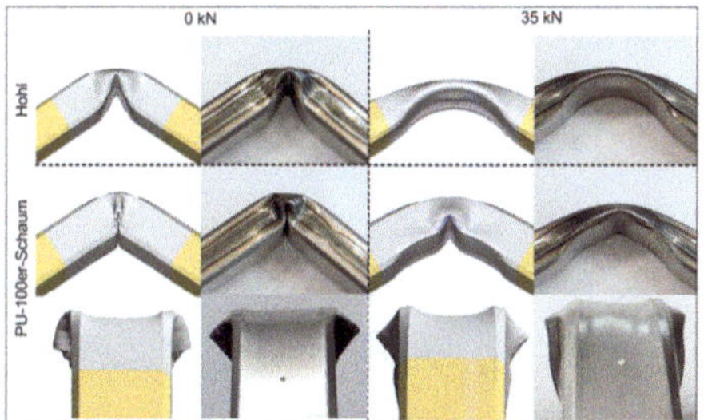

Abb. 5.34 Hybride Trägerstruktur als Schwellerkonzept, Versuchsaufbau, Versuchsergebnisse und Versagensverhalten, Copyright © DLR e.V.

Zum einen werden sich neue Ansätze und Sicherheitsfragestellungen auftun. Diese Entwicklungen gehen hin bis zum Leitbild des „Vision Zero", bei dem der Straßenverkehr ohne Getötete und Schwerverletzte realisiert werden soll. [51] Dies wird sicherlich auch nur mit entsprechenden Schutzsystemen und weiterentwickelten, passiven Sicherheitskomponenten realisiert werden können, da auch weiterhin unplanbare Verkehrssituation wie kurzfristige Wetterveränderungen oder spielende Kinder und weitere, schützenswerte Verkehrsteilnehmer im Verkehrsgeschehen vertreten sein werden.

Des Weiteren werden sich neue Fahrzeuge auch technologisch weiterentwickeln, sodass beispielsweise auch neue Schutzkonzepte für alternativ angetriebene Fahrzeuge oder auch hochautomatisierte Fahrzeuge (SAE Level 4 und 5) mitberücksichtigt werden müssen. (vgl. dazu Abb. 5.35 nach [41])

Hierbei seien insbesondere Lastpfade für Energiespeichersysteme von batterieelektrischen oder brennstoffzellenbasierten Fahrzeugen, aber auch von unterschiedlichen Fahrzeugaufbauten zur Derivatbildung, zu nennen. (vgl. auch [41 und 52])

Abschließend sei noch darauf hingewiesen, dass die reine passive Sicherheit eine Erweiterung zur integralen Sicherheit erfährt, die den Nutzen von Sensoren, Aktuatoren und aktiven Systemen mitberücksichtigen und somit zu einem „intelligenten Crashmanagement" ggf. mit auch aktiv regelbaren Strukturkomponenten führen könnte.

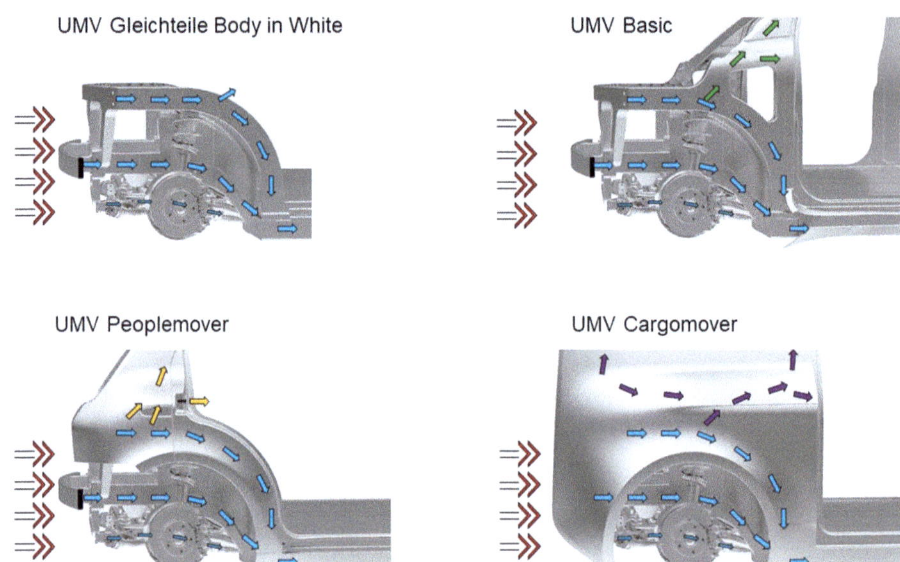

Abb. 5.35 Beispiel NGC UMV – Lastpfade für unterschiedliche Fahrzeugaufbauten – Basisvariante vs. Peoplemover mit SAE Levele 5 in aluminiumintensiver Bauweise, Copyright © DLR e.V.

5.4 Forschungsthema: Vorderwagenstruktur mit einfach adaptierbaren Crasheigenschaften

Elmar Beeh and Horst E. Friedrich

Vorderwagenstrukturen leisten einen wesentlichen Beitrag für die Sicherheit heutiger Fahrzeuge. Alternative Antriebsvarianten führen zu deutlichen Änderungen im Bereich der Bauraumbelegung und der Massenverteilung im Fahrzeug, sodass die Auslegung der Vorderwagencrashsysteme zunehmend komplexer wird.

Das DLR-Institut für Fahrzeugkonzepte hat eine adaptierbare Vorderwagenstruktur entwickelt, welche durch Nutzung neuartiger Schälrohrabsorber eine einfache Einstellung der Crashcharakteristik ermöglicht. Ohne die Änderung werkzeuggebundener Teile kann dadurch das Crashverhalten an unterschiedliche Antriebsvarianten, aber auch an unterschiedliche internationale Crashnormen, angepasst werden.

5.4.1 Motivation

Unfallstatistiken zeigen, dass mehr als 50 % aller Unfälle als Frontalaufprall kategorisiert werden (siehe z. B. [65]). Die zunehmende Anzahl von möglichen und notwendigen Antriebsderivaten stellt die Fahrzeughersteller deshalb vor neue Herausforderungen. Heutige Antriebsaggregate, in Form von unterschiedlich leistungsfähigen Verbrennungsmotoren, sind üblicherweise im Motorraum des Vorderwagens platziert. Alternative Antriebsvarianten können deutliche Änderungen der Bauraumbelegung und der Massenverteilung verursachen und zu Steigerungen der Fahrzeugmasse führen.

In der Karosserieauslegung müssen Änderungen im Bereich der strukturellen Unterstützungsfunktion und größere Änderungen in der Masseverteilung mithilfe von an den jeweiligen Antrieb angepassten, strukturellen Maßnahmen ausgeglichen werden. Bei heutigen Vorderwagenbauweisen, welche Tiefzieh- oder Strangpressbauteile nutzen, bestehen nichtlineare Wirkbeziehungen zwischen Werkstoff, Bauteilgestalt, Struktursteifigkeit und Energieabsorptionsvermögen. Soll ein Längsträger beispielsweise bei gleichbleibendem Bauraum mehr Energie absorbieren, so kann die Wandstärke vergrößert oder die Geometrie modifiziert werden. Dadurch verändern sich jedoch auch die Steifigkeiten und die Eigenfrequenzen der Struktur. Eine unabhängige Anpassung einer einzelnen Zielgröße, wie z. B. dem Energieabsorptionsvermögen, ist bei den bisher genutzten Technologien nicht möglich. Herausforderungen für die Automobilindustrie sind deshalb:

- Kostensteigerungen durch neue Werkzeuge, angepasste Montagelinien und Logistik für zusätzlich notwendige Strukturvarianten
- Zusätzlicher Entwicklungs- und Versuchsaufwand für jede Vorderwagenvariante
- Risiko von zusätzlichen Gewichtssteigerungen in der Fahrzeugkarosserie

Um diesen Herausforderungen zu begegnen, wurde ein Vorderwagenkonzept angestrebt, welches folgende Attribute erfüllt:

- Einstellung der für die Antriebsart erforderlichen Crashkennung ohne Eingriff in teure, werkzeuggebundene Bauteile
- Vorderwagenstruktur mit reduzierter Abhängigkeit von der Stützfunktion und der Bauraumbelegung der gewählten Antriebsart
- Möglichst niedriges Strukturgewicht

5.4.2 Analyse und Bewertung unterschiedlicher Crashabsorber

Ein wesentliches Strukturelement zur Beeinflussung der Crashcharakteristik in heutigen Vorderwägen ist der Hauptlängsträger und die davorliegende sogenannte Crashbox. Es wurden deshalb technologische Ansätze gesucht, um den im Crashfall von den Längsträgern

Tab. 5.2 Ergebnisse der KT-Analyse unterschiedlicher Crashabsorbertechnologien, Copyright © DLR

Kriterium	Gewichtung [A]	Faltenbeulen	Stülpen	Verjüngung/ Aufweitung	Schneiden	Schälen/ Zerspanen	Crushing von FVK
Einfache Einstellbarkeit der Crashkraft	10	20	40	60	60	90	20
Einstellbarkeit der Kraft ohne Änderung der Bauteilsteifigkeit	9	0	27	54	90	90	45
Crush-Force-Effciency	9	36	90	81	90	54	54
Spezifische Energieabsorption	8	40	32	64	64	80	80
Hubeffizienz	6	42	54	48	54	54	60
Beschränkungen der Bauteilgeometrie	4	40	16	16	32	24	40
Kosten	3	24	21	18	12	15	6
Summe		202	280	341	402	407	305

geleisteten Beitrag zur Gesamtenergieabsorption möglichst einfach an die gewählte Antriebsart anzupassen.

Hierzu wurden unterschiedliche Absorbertechnologien (siehe auch [3–6, 66]) analysiert und mithilfe der Methode zur Entscheidungsfindung nach Kepner-Tregoe (KT-Analyse) bewertet (Tab. 5.2). Eine ausführlich erläuterte Darstellung der Bewertungsmatrix findet sich in [7]. Zu beachten ist die Gewichtung der gewählten Bewertungskriterien, welche bei konventionellen, nicht einfach anpassbaren Vorderwägen deutlich anders ausfallen würde.

Aufgrund der angestrebten crashadaptiven Eigenschaften wurden die Bewertungskriterien „Einfache Einstellbarkeit der Crashkraft“ und „Einstellbarkeit der Crashkraft ohne Änderung der Bauteilsteifigkeit“ am höchsten gewichtet. Die dann folgenden Kriterien adressieren die Effizienz der gewählten Verfahren im Hinblick auf bestmögliche Ausnutzung des Materials für die Energieabsorption, die Designfreiheit und die Kosten einer Technologie. Die beiden letztgenannten Kriterien wurden betrachtet, jedoch niedrig gewichtet, um relevante Lösungswege nicht von vorneherein auszuschließen.

Für die Anwendung in einer einfach adaptierbaren Vorderwagenstruktur erzielte der Schälrohr-/Zerspanungsabsorber die beste Bewertung. In einem Detailvergleich wurde ermittelt, dass dieser Absorbertyp für die geplante Anwendung gegenüber dem ähnlich gut platzierten Schneidprinzip mehr Potenzial bietet, sodass diese Technologie für die folgenden Entwicklungen gewählt wurde.

5.4.3 Voruntersuchungen zu Schälrohrabsorbern

Am Markt gibt es bislang keine geeigneten Schälrohrabsorber, auf welche für die Vorderwagenentwicklung zurückgegriffen werden konnte. Neben einer Recherche zu Zerspanungsprozessen wurden zu Beginn der Entwicklung geeignete Grundlagenversuche konzipiert und durchgeführt, um die anwendungsrelevanten technologischen Zusammenhänge zu verstehen. Begonnen wurde mit einfachen Versuchsgeometrien und niedriger Prüfgeschwindigkeit. Im Verlauf der Entwicklung wurde die Geschwindigkeit bis auf 64 km/h Prüfgeschwindigkeit gesteigert. Es konnte nachgewiesen werden, dass mithilfe des Zerspanungsprinzips Änderungen von gewünschten Längsträgerkräften mit sehr kleinen geometrischen Änderungen möglich sind und die Einstellgenauigkeit der Kräfte sehr hoch ist (siehe Abb. 5.37). Im gezeigten Beispiel wurden Aluminiumrohre mit einem Durchmesser von 51 mm bei einer niedrigen Geschwindigkeit von 6 cm/sec geprüft. Die Grundlagenversuche bescheinigen dem Zerspanungsprinzip sehr gute Werte für die gewichtsspezifische Energieabsorption, welche bei Aluminiumrohren über 50 kJ/kg liegen können (Abb. 5.36).

Um Schälrohrabsorber in einer automobilen Längsträgerstruktur einsetzen zu können, müssen neben guter Energieabsorption auch weitere Anforderungen berücksichtigt werden. Daher wurde ein für die geplante Anwendung angepasster Absorber entworfen, gebaut und getestet. Wichtig für die automobile Anwendung war die Eigenschaft, neben der Energieabsorption bei Druckbelastung im Crash auch Zugbelastungen für den Abschleppfall übertragen zu können. Des Weiteren wurde es als funktional vorteilhaft angesehen, wenn ein

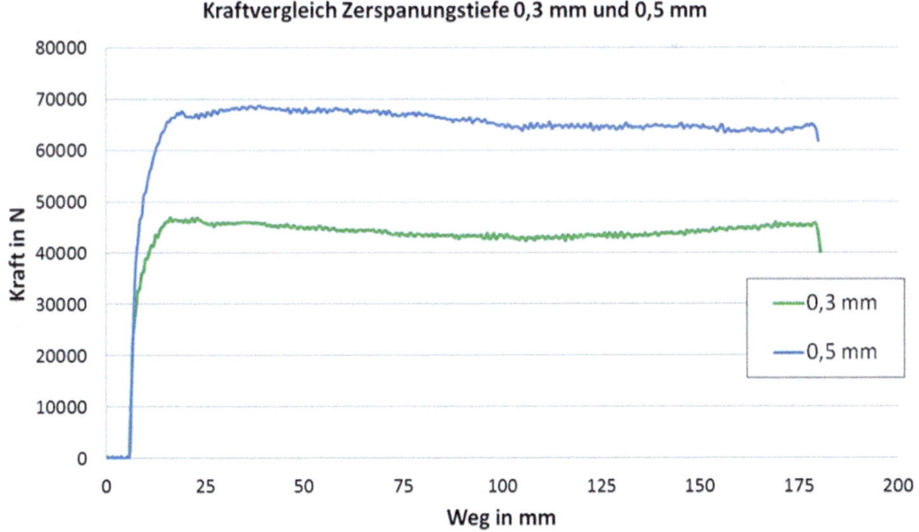

Abb. 5.36 Zerspanungskräfte bei unterschiedlichen Schnitttiefen, Copyright © DLR

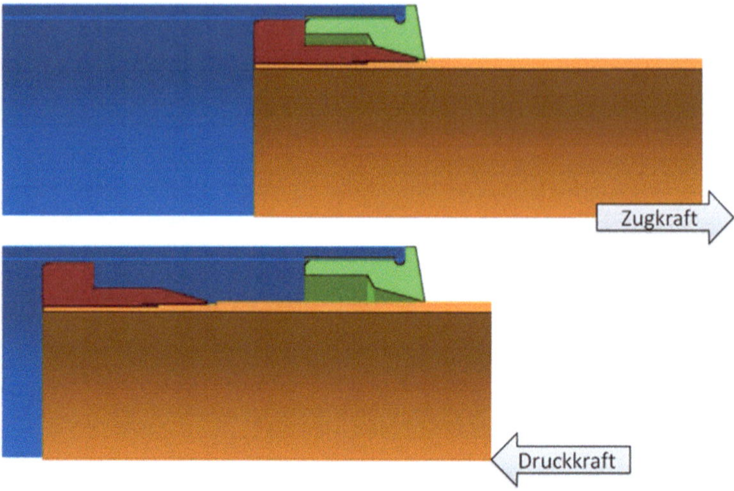

Abb. 5.37 Längsträgerkonzept in Schälrohrausführung mit speziellem Führungselement (braun), Copyright © DLR

Führungselement das Absorbersystem während des Crashvorgangs abstützt. Dadurch kann die strukturelle Integrität und somit die Stützwirkung des Längsträgers in Y- und Z-Richtung während des Crashvorgangs genutzt werden, um die Vorderwagenstruktur zu stabilisieren. Mithilfe des in Abb. 5.38 braun dargestellten, am vorderen Rohr befestigten, Führungselementes konnten diese beiden Funktionen gewährleistet werden (Abb. 5.37).

In heutigen Fahrzeugentwicklungen spielt die Simulation des Crashverhaltens eine große Rolle. Die detaillierte Simulation von Zerspanungsvorgängen erfordert sehr viel feinere Bauteilvernetzungen als dies bei heutigen Gesamtfahrzeugmodellen üblich ist. Um eine effiziente Detailentwicklung der Vorderwagenstruktur zu ermöglichen, wurde eine vereinfachte Simulationsmethode entwickelt, welche die Energieabsorption durch eine inelastische Feder abbildet und die geeignet ist, wesentliche Merkmale von Schälrohren abzubilden.

5.4.4 Konzeptentwicklung Vorderwagen

Das in Abschn. 5.4.3 beschriebene Längsträgerkonzept trägt mit seinen Eigenschaften wesentlich zur Erfüllung aller drei in Abschn. 5.4.1 angestrebten Attribute einer neuartigen Vorderwagenstruktur bei. Eine einfache Substitution eines konventionellen Längsträgers durch einen Schälrohrabsorber würde aber noch keine optimale Wirkung erzielen, da die Umgebungsstruktur nicht auf ein derartiges Bauteil ausgelegt ist. Aus diesem Grund wurde ein neuartiges Vorderwagenkonzept entwickelt, welches die Eigenschaften des in Abb. 5.38 beschriebenen Längsträgers optimal nutzt.

Die Konzeptidee basiert auf einer räumlichen Anordnung von Verbindungsstreben, welche die in diesem Konzept vorgesehenen drei Lastebenen so miteinander verbinden,

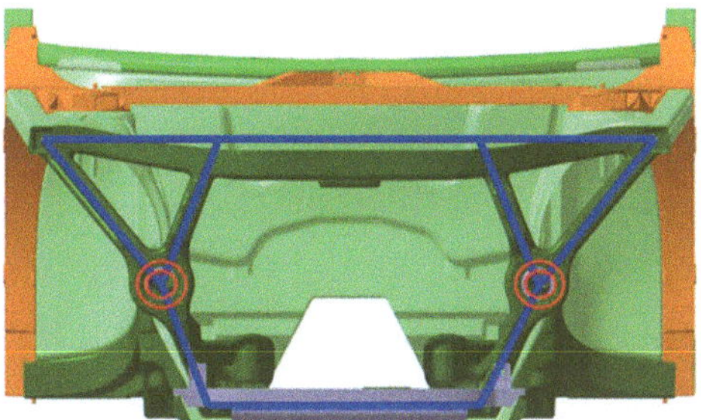

Abb. 5.38 Vorderwagenstruktur mit umgesetzten Strukturkonzept (blau) und Schälrohrabsorbern (rot), Copyright © DLR

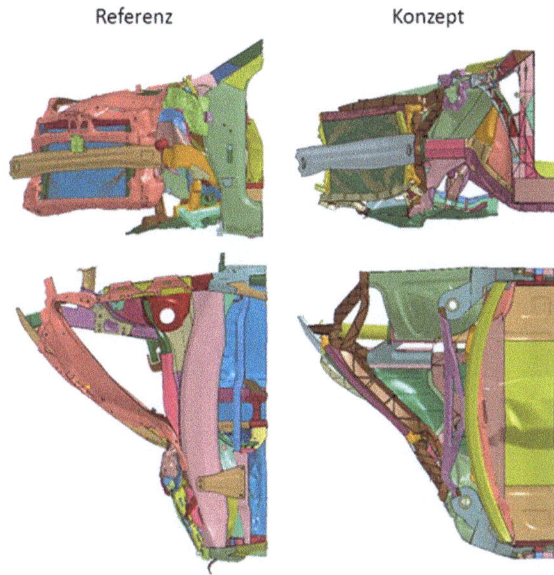

Abb. 5.39 Crashsimulation von Referenz und Konzept gegen 30° schräge Wand, Copyright © DLR

dass sich die Steifigkeiten einzelner Träger gegenseitig addieren. Abb. 5.39 zeigt die entwickelte Vorderwagenstruktur und den skizzierten Verlauf der Streben.

Des Weiteren wurde eine Funktionstrennung der Steifigkeitsfunktion in Y- und Z-Richtung von der Energieabsorptionseigenschaft in X-Richtung umgesetzt. Dies wurde dadurch erreicht, indem sich die seitlichen Streben während des Crashvorgangs – wie bei einem Scherenmechanismus – durch Verformung der Verbindungsbereiche verdrehen können ohne dabei abzureißen. In Verbindung mit dem zentralen Schälrohr kann dadurch die räumliche Steifigkeit des Vorderwagens während des gesamten Crashs erhalten werden. Dadurch kann die Abhängigkeit des Crashverhaltens von strukturellen Beiträgen der Antriebsaggregate verringert werden.

Die wichtigste Eigenschaft des neuen Vorderwagenkonzeptes ist die einfache Einstellbarkeit unterschiedlicher Crashkennungen ohne signifikante Eingriffe in die Fahrzeugstruktur. Durch Analysen unterschiedlicher Crashlastfälle wurden sinnvolle Werte für die

Einstellbandbreite der benötigten Längsträgerkräfte ermittelt und ein beispielhaftes Szenario für ein Fahrzeug mit einer Masse von 1350 kg abgeleitet. Die Kraftkennung der Crashbox wurde in diesem Szenario bei 40 kN konstant gehalten. Für den vorderen Längsträger wurden folgende Kraftstufen gewählt:

Min.:	45 kN
Mittel:	87,5 kN
Max.:	130 kN

Mit diesen Kraftwerten kann der Anteil der durch die Längsträger absorbierten kinetischen Energie des Fahrzeugs im Prüfszenario Euro-NCAP [8] zwischen 13,5 % und 29 % moduliert werden, obwohl bei diesem Crashtest durch die Barriereüberdeckung von nur 40 % nur ein Längsträgersystem wirkt. Bei Prüfszenarien, bei denen beide Längsträger in Eingriff sind, liegen die Werte entsprechend höher.

Die hier gewählten Kraftwerte liegen aufgrund der besseren Effizienz der Schälrohrabsorber bewusst deutlich unterhalb heute üblicher Längsträgerkräfte, erfüllen jedoch die gleichen Energieabsorptionsanforderungen wie konventionelle Stahllängsträger mit höherem Kraftniveau.

Durch Nutzung unterschiedlicher Leichtbaumaßnahmen konnte das Gewicht der entwickelten Vorderwagenstruktur gegenüber einer Stahlreferenzstruktur um ca. 20 % von 91 kg auf 73 kg gesenkt werden. Einen wesentlichen Beitrag für ein niedriges Vorderwagengewicht leistet das große Magnesiumgussteil, welches die Funktion der A-Säulen und der Federbeinstütze in einem Bauteil integriert [9].

5.4.5 Nachweis der Vorderwageneigenschaften

Die Detailentwicklung der Vorderwagenstruktur wurde wesentlich durch die Nutzung der Crashsimulation unterstützt. Die untersuchten Crashszenarien waren der gerade Aufprall gegen eine Wand mit voller und mit halber Fahrzeugüberdeckung und ein Anprall gegen eine 30° schräg gestellte Wand. Dabei wurde eine Referenzvorderwagenstruktur ähnlich des VW Golf V aus dem EU-Projekt SuperLIGHT-Car [10] verwendet. Um beide Strukturen ohne Störeinflüsse vergleichen zu können, wurden bei beiden Vorderwägen die Antriebs- und Fahrwerkskomponenten entfernt und starre Wände als Anprallgeometrien gewählt. Abb. 5.40 zeigt den Vergleich des Strukturverhaltens der Referenz und des entwickelten Vorderwagens (Kraftstufe Mittel) bei einem Anprall gegen die 30° schräge Wand mit einer Geschwindigkeit von 17,7 m/s (64 km/h). Dabei ist deutlich erkennbar, dass sich die räumliche Verbindung der Lastpfade vorteilhaft auf das Strukturverhalten, besonders bei schräg wirkenden Lasten, auswirkt und es daher zu einer deutlichen Verbesserung des Crashverhaltens kommt.

Um die Potenziale der Bauweise zu validieren, wurde ein Crashtest mit einer vereinfachten, aus Aluminiumprofilen gebauten, Vorderwagenstruktur auf der Schlittenanlage des Instituts für Fahrzeugkonzepte durchgeführt. Die Prüfgeschwindigkeit lag bei 12,5 m/s

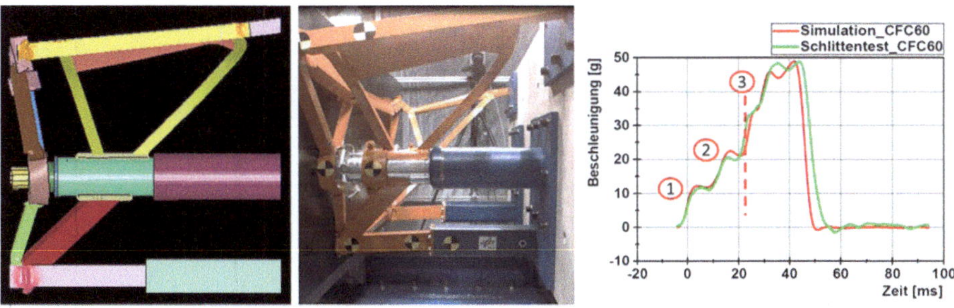

Abb. 5.40 Vergleich der Ergebnisse aus Crashsimulation und Crashversuch, Copyright © DLR

Abb. 5.41 Simulationsergebnisse zur Crashadaptivität mit Kraftstufen Min. (links), Mittel (Mitte) und Max. (rechts), Copyright © DLR

und die Prüfmasse bei 941 kg. Dabei wurde die Funktion der Zerspanungsabsorber und die angestrebte Entkopplung der Vorderwagensteifigkeit in Y- und Z- Richtung von der Energieabsorptionseigenschaft in X-Richtung nachgewiesen. Des Weiteren konnte mit diesem Versuch gezeigt werden, dass die entwickelte Methode zur einfachen Simulation des Verhaltens der Schälrohrabsorber in diesem Versuchsszenario eine hervorragende Übereinstimmung mit dem Versuch aufweist. Abb. 5.41 zeigt das Simulationsergebnis und den realen Crashtest zum Zeitpunkt 66 ms und die Beschleunigungsverläufe. Die erste, mit einer „1“ gekennzeichnete Beschleunigungsstufe stellt den Wirkbereich der vorderen Crashbox dar. In Stufe 2 wirkt die höhere Kraft der hinteren Längsträgerstufe, während ab der Grenze „3“ die restliche, in diesem Fall ungetriggerte Umgebungsstruktur, deformiert wird.

Mithilfe weiterführender Simulationen wurde dann der Nachweis erbracht, dass die entwickelte Vorderwagenstruktur das angestrebte Ziel einer einfach an unterschiedliche Antriebsderivate anpassbaren Crasheigenschaft erfüllt. Hierzu wurde die jeweils strukturell identische Vorderwagenstruktur mit den oben festgelegten Zerspanungskräften (Min., Mittel, Max.) im Längsträger versehen und das Strukturverhalten bewertet. Abb. 5.42 zeigt die Auswirkungen der drei unterschiedlichen Kraftniveaus der Zerspanungslängsträger in Form unterschiedlicher Deformationslängen. Daraus kann abgeleitet werden, dass mit dieser Struktur sowohl eine Anpassung an unterschiedliche

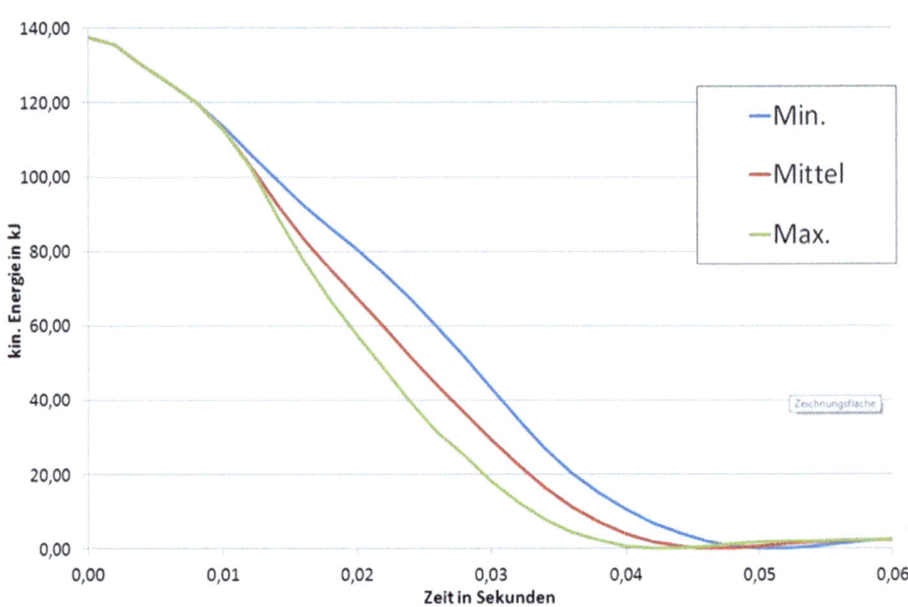

Abb. 5.42 Abbau der kinetischen Energie bei unterschiedlichen Kraftstufen, Copyright © DLR

strukturelle Unterstützungsbeiträge der vorderen Antriebskomponenten als auch an unterschiedliche Energieabsorptionsbedarfe durch geänderte Massenverteilung möglich ist. Die Variante „Min." benötigt dabei einen größeren strukturellen Beitrag der Antriebskomponenten und verträgt weniger Masse im Fahrzeugheck als die beiden anderen Varianten.

In Abb. 5.43 ist die Eigenschaft der Crashadaptivität nochmals in Form des Energieabbaus pro Zeit dargestellt. Deutlich erkennbar ist der Bereich bis zum Zeitpunkt von ca. 0,01s mit identischem Kraft-Weg-Verlauf, welcher aus der Annahme einer stets gleichen Crashbox-Kraftkennung (40 kN) resultiert. Danach ändern sich die Kraftverläufe, sodass der Energieabbau in unterschiedlicher Zeit erfolgt.

5.4.6 Weiterentwicklung zu einem regelbaren Crashabsorber

Gegenüber anderen Absorbertechnologien bietet das Schälrohrprinzip den Vorteil, dass Änderungen der Längskraft durch verhältnismäßig kleine Einstellbewegungen der Schneide im Zehntelmillimeterbereich erwirkt werden können. Weiterführende Arbeiten beschäftigen sich daher damit, mit einem regelbaren Crashabsorber die Kräfte im Längsträger des Vorderwagens nicht nur passiv, durch Austausch von Bauteilen, sondern aktiv zu beeinflussen. Durch Voreinstellung auf den zu erwartenden Crash und durch Regeleingriffe während des Crashs könnte die Sicherheit und Crasheffizienz zukünftiger Fahrzeuge nochmals signifikant gesteigert werden.

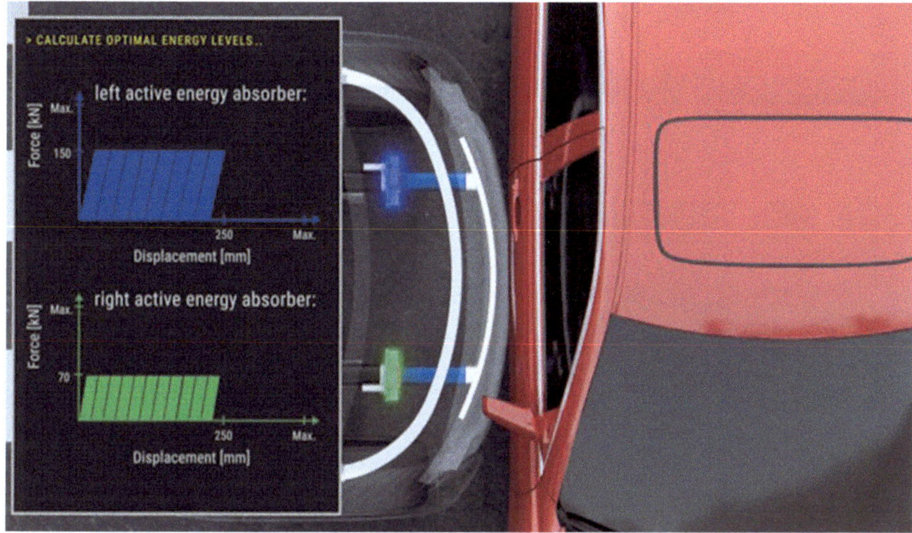

Abb. 5.43 Asymmetrische Kraftniveaus beim seitlichen Aufprall eines mit adaptierbaren Vorderwagen ausgestatteten Fahrzeugs (links im Bild) [12], Copyright © DLR

Die Vorteile eines solchen Systems wären, dass neben der beidseitigen Verringerung oder Erhöhung der Energieabsorptionskräfte auch asymmetrische Einstellungen möglich wären. Eine derartige Funktionalität kann genutzt werden, um höhere Lasten in strukturell stabilere Bauteile des Unfallgegners (siehe Abb. 5.44), z. B. im Bereich der B-Säule einzuleiten und in Bereichen geringerer Widerstandskraft, wie im Türbereich, die Kraft zu reduzieren, um dadurch die Insassen des gegnerischen Fahrzeugs mit zu schützen. Simulationen zeigen, dass sich in einem solchen Szenario die Kraft im Türbereich gegenüber einem Referenzfahrzeug mit konventionellen Längsträgern um 50 kN senken und die Intrusion um mehr als 60 mm reduzieren lässt [11].

In umfangreichen Grundlagenarbeiten wurde ein aktiver Absorber entwickelt, welcher innerhalb von 110 ms jede gewünschte Schneidenposition anfahren kann. Dies ermöglicht die Voreinstellung des Absorbers auf einen nicht zu vermeidenden Crash auch bei sehr später Sensierung eines Unfallgegners, z. B. bei einem Seitencrashszenario. Abb. 5.43 zeigt den Prototyp des aktiven Absorbers, welcher seine Leistungsfähigkeit und Funktion im Crashversuch nachweisen konnte.

5.4.7 Zusammenfassung und Ausblick

Die entwickelte Technologie der Schälrohrabsorber bietet vielfältige Möglichkeiten, um Crashsysteme zukünftig adaptiv zu gestalten. Diese reichen von passiven Systemen, bei welchen Module im gleichen Bauraum ersetzt werden, um unterschiedliche Laststufen zu realisieren, bis hin zu vollvariablen Absorbern, welche völlig neue Potenziale für eine noch weiter verbesserte Fahrzeugsicherheit bieten. In umfangreichen Tests wurden die

Abb. 5.44 Prototyp des aktiven Absorbers vor dem Crashtest auf der Crashschlittenanlage des DLR [11], Copyright © DLR

Funktionen nachgewiesen. Im Bereich der aktiven Absorber wurde ein erster Prototyp realisiert. Mit den gewonnenen Erkenntnissen können in weiteren Entwicklungsstufen optimierte Varianten mit niedrigerem Gewicht oder angepasster Regelgeschwindigkeit entstehen.

5.5 Status und Trends zu wichtigen Bauweisen

Horst E. Friedrich und Gerd Müller

5.5.1 Bauweisen und Werkstoffe im Automobil

Die ersten Bauformen der Automobile waren an der Pferdekutsche orientiert (Abb. 5.45). Als Tragwerk diente kurzerhand ein Rahmen aus Stahl, an dem Motor und Fahrwerk montiert waren. Karl Benz hatte 1885 den offenen Aufbau auf ein Chassis gesetzt. Neben Stahl und Gusseisen waren Kupfer, Holz und Leder die dominierenden Werkstoffe der Zeit.

Allgemeine Bauweisen sind in Kap. 2 beschrieben worden, die Leichtbauweisen und -strategien in Kap. 4. Mit Blick auf die Karosserie macht es Sinn, wichtige Bauformen und maßgebliche Trends zum Wagenaufbau genauer zu betrachten.

5.5.2 Rahmenbauweise/Gitterrohrrahmen

Eine klassische Bauweise ist der Leiterrahmen. Er besteht aus eindeutig definierten Längs- und Querträgern, welche namensgebend die Struktur einer Leiter bilden. Basierend auf

Abb. 5.45 Benz Motorwagen 1886, aus [79]

Abb. 5.46 X-verschweißter Leiterrahmen eines Bentley S2, BJ 1961 (baugleich mit Rolls Royce Cloud 2)

dem Fachwerkprinzip besteht eine klare technische Trennung der Funktionen von Tragen und Verkleiden. Die Chassisrahmenbauweise, wie sie 1908 mit dem Ford T-Modell auch die Fähigkeit zur Massenproduktion bewiesen hatte, verwendete Stahlprofile, die zunächst durch Nieten, später durch Schweißen verbunden waren.

Auch aus Designgründen vorteilhaft war die Möglichkeit, unterschiedliche Aufbauten auf die stabile Leiterstruktur zu platzieren, die alle hauptsächlichen Belastungen aufzunehmen hat. Insbesondere die höher gewordene Torsionssteifigkeit trug zu verbesserter Fahrdynamik und Fahrzeugkomfort bei. Noch vor dem 2. Weltkrieg konnte man auch Kreuzstreben zwischen den Längsträgern finden. Die Kunden renommierter Autohersteller hatten im vergangenen Jahrhundert die Möglichkeit, Fahrgestell und Antrieb ihres Autos von einem Karosserieschneider einkleiden zu lassen, teilweise berühmt gewordene Einzelanfertigungen sogenannter Coachbuilder sind so entstanden. Rolls Royce/Bentley nutzten dies noch bis in die 60er-Jahre vor der Jahrhundertwende (Abb. 5.46).

Gebräuchlich blieb die Rahmenbauweise auch für Fahrzeuge, die aufgrund ihres Einsatzbereiches, z. B. als Geländewagen (off road) große Federwege oder große Achsverschränkungen aufweisen. Hohe aufzunehmende Kräfte werden auf den hinsichtlich Torsion und Biegung steif ausgelegten Rahmen verteilt. Kennzeichnend für diese Bauweise sind neben der Lastaufnahmefähigkeit generell auch Robustheit und große Lebensdauer [66].

Solche Rahmenbauweisen sind heute vor allem bei Nutzfahrzeugen gebräuchlich, z. B. bei Lastkraftwagen und Omnibussen, wobei auch die geringeren Investitionskosten nützlich sind. Für den Pkw-Bereich ist diese Bauweise nicht optimal hinsichtlich von Gewicht und Bauraumbedarf (Package).

Modifizierte Rahmenbauweisen fanden sich noch bei amerikanischen Limousinen und auch dem Citroën CX [69]. Bei Letzterem war die schwingungstechnische Entkoppelung ein zusätzliches Komfortmotiv. Die aufbauenden Karosserien sind fast selbsttragend (Abb. 5.47).

Eine Sonderform der Rahmenbauweise auf dem Weg zur Schalenbauweise ist der Zentralrahmen, zu nennen ist dafür der legendäre Volkswagen Käfer mit Zentralrohrrahmen. Fahrzeuge in dieser Bauweise verwenden in der Mitte einen zentralen Rahmen aus Stahl, an ihm sind Motor und Fahrwerk befestigt, so z. B. seinerzeit auch bei der Renault Alpine A110 und A310 unter einer handlaminierten GFK-Karosserie.

Ein Gitterrohrrahmen als interessanter Vertreter der Rahmenbauweise nutzt den Querschnitt des Fahrzeugaufbaus vollständig und führt zu höheren Biege- und Torsionssteifigkeiten. Er ist aus möglichst geraden (Rohr-)Profilen aufgebaut und die in den Kraftflussrichtungen der Tragstruktur liegenden Rohre sind so ausgelegt, dass sie vor allem auf Zug/Druck und wenig Biegung belastet werden. Legendär geworden ist der Anfang der 1950er-Jahre von Rudolf Uhlenhaut bei Mercedes präsentierte Rennsportwagen 300 SL. Der verwindungssteife Gitterrohrrahmen war aus Stahlrohren geschweißt und nachgerichtet, der

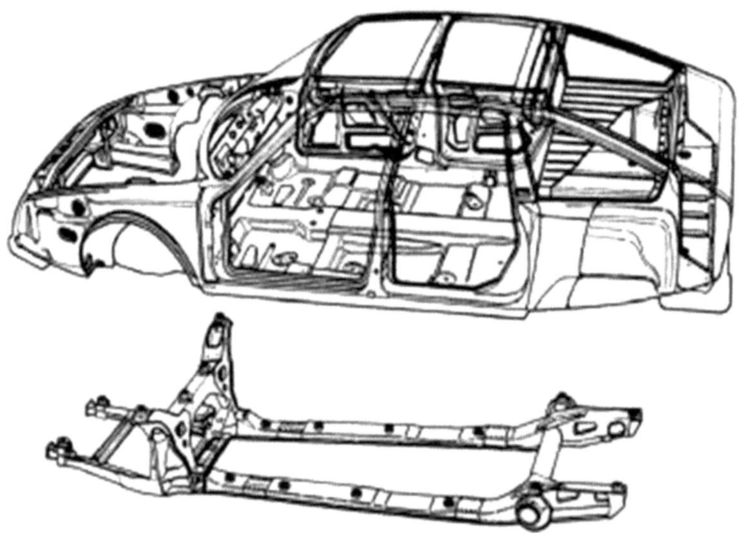

Abb. 5.47 Rahmenbauweise des Citroën CX. (Quelle: Citroen, aus [79])

Abb. 5.48 Mercedes SL 300 Gitterrohrrahmen (1952) hinter neuem Mercedes-AMG SL (2021), Copyright ©Mercedes-Benz AG

fertige Rahmen wog nur etwas mehr als 50 kg (Abb. 5.48). Er ist auch Begründung für die bekannt gewordenen Flügeltüren im ab 1954 als Serienfahrzeug gebauten Coupé W198.

Der Vorteil eines Gitterrohrrahmens besteht konzeptionell in der Trennung zwischen Außenhaut und Tragstruktur. Die Nachteile sind

- die Empfindlichkeit auf (lokale) Biegebelastungen,
- der hohe Packagebedarf (Bauraum),
- der hohe Fertigungsaufwand und die damit verbundenen Kosten,
- der Ausgleich von Bauteiltoleranzen,
- die geringe Fähigkeit zur Funktionsintegration.

An den Rahmen kann eine Beplankung aus Stahlblech oder Aluminium montiert werden. Möglich ist auch eine Außenhaut aus Kunststoff, z. B. ohne (GFK) bzw. mit (CFK) tragender Funktion.

Gitterrohrrahmen werden aktuell noch bei kleinen Serien und im Sportwagenbau eingesetzt.

Eine besondere Mischform ist auch die Bimodularchitektur. BMW i3 und i8 brachten im Zuge der Elektromobilität nach 2010 dieses Merkmal mit aus verschiedenen Werkstoffen bestehenden Großmodulen (Life-Modul mit CFK-Fahrgastzelle für den Schutz der Insassen auf Drive-Modul mit Al-Struktur in Vorder- und Hinterwagen zur Energiewandlung im Fahrzeugcrash, vgl. Abb. 1.3.8.2). Die Bauweise zeichnet sich durch sehr hohe Torsionssteifigkeit aus.

5.5.3 Spaceframe

Weisen Rahmenstrukturen eine dritte Dimension auf, kann dies folgerichtig auch zur Spaceframe-Bauweise führen. Basis des Spaceframe-Konzeptes war ursprünglich die Skelettbauweise, bei der auf einem soliden Gerippe zunächst nichttragende sekundäre Karosserieteile gefügt waren. Der demgegenüber selbsttragende AUDI-Spaceframe (ASF) ist in Aluminium ausgeführt und wurde 1994 mit dem A8 erstmals in einem Serienfahrzeug eingeführt und im Modell in der 2. Generation vollständig in Al umgesetzt (Abb. 5.49). Die Profilstruktur ist hier gekennzeichnet durch die Verwendung kostengünstiger Halbzeuge (Al-Strangpressprofile), die über Al-Gussknoten verbunden werden. Die Rahmenstruktur wird anschließend mit Al-Blechen beplankt, konstruktiv sind große Flächenteile (Seitenwand, Boden, Dach) mittragend integriert.

Die Al-Strangpressprofile besitzen bereits eine hohe Eigensteifigkeit, in einer Weiterentwicklung werden einige Profile mit der Innen-Hochdruck-Umformtechnik (IHU) hergestellt. Die Al-Gussknoten ermöglichen, die Spannungskonzentration und die Verbindungstechnik zu optimieren und erlauben eine beanspruchungsgerechte und funktionsintegrierte Gestaltung. Insgesamt wird so eine hohe Leichtbaugüte bei gleichzeitig reduzierten Fertigungskosten und geringerem Investitionsaufwand erreicht. Die Flexibilität für unterschiedliche Fahrzeugaufbauten ist allerdings eingeschränkt.

Al-Gussknoten erlauben vorteilhaft integrierte Lösungen. Ein Gussknoten, vergrößert dargestellt in Abb. 5.50, verbindet z. B. die A-Säule mit dem Schweller; auch ein Beispiel für Formleichtbau. Man erkennt die Versteifungsrippen und den hohen Grad an Funktions-

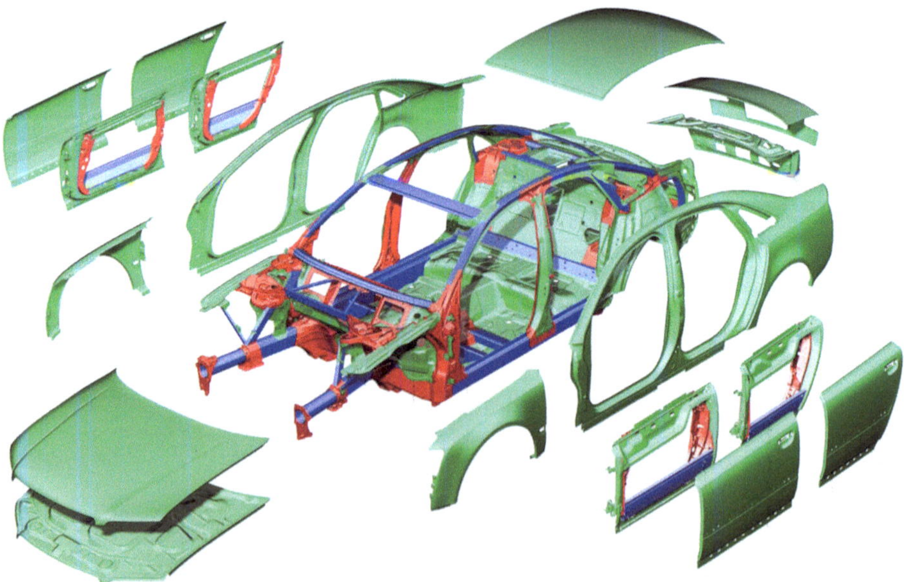

Abb. 5.49 Beispiel für ein Spaceframe-Konzept: AUDI A8 (2. Generation ASF, 2003), aus [79]

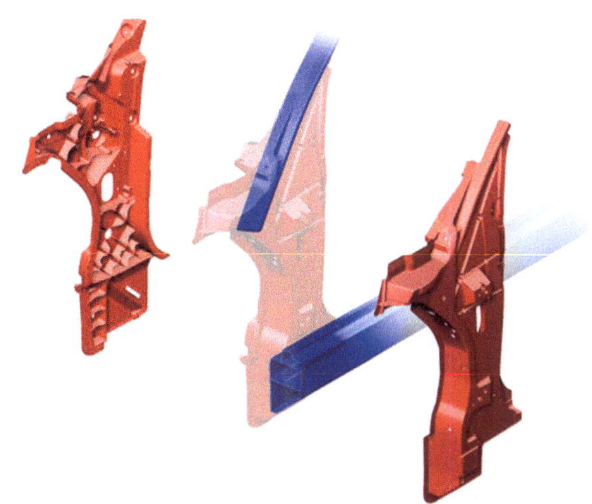

Abb. 5.50 Al-Gussknoten des AUDI A8 (A-Säule), Copyright © Audi AG

integration, die A-Säule und der Schweller sind hingegen einfach gestaltete Profile. Die eingesetzten Al-Werkstoffe lassen sich grundsätzlich in aushärtbare (Typ AlMgSi) und nichtaushärtbare (Typ AlMgMn) Legierungen unterscheiden, letztere finden im Blechbereich Verwendung.

Laut Heinrich Timm, langjähriger Leiter des Audi-Leichtbauzentrums und bereits bei der Einführung des ersten A8 aus Aluminium federführend beteiligt, sind bei einem derartigen Materialmix möglichst immer geometrische Kraftschlüsse gefragt. Deswegen werden bei dieser Spaceframe-Struktur geschlossene Strangpressprofile, wo das möglich ist, von Druckgussteilen als Knoten umschlossen [74]. Dies kann das Steifigkeitspotenzial der Bauteile funktionsgerecht optimal nutzen und einen idealen Kraft- und Steifigkeitsfluss über die Bauteile sichern.

Mit den Modellen der 4. und 5. Generation (D4 und D5) in 2010 bzw. 2017 ist der Audi A8 eine Mischbauweise geworden, die neben Mg und CFK und v. a. in der B-Säule Warmformstahl einsetzt.

Auch BMW hatte für den Z8 (E52) eine Spaceframe-Karosserie entwickelt, deren Rohbaustruktur fast vollständig aus Aluminium besteht (Abb. 5.51). Die Rahmengrundstruktur wurde ausschließlich aus 2D-gebogenen Al-Strangpressprofilen und -Blechen zu einer Fachwerksstruktur zusammengefügt, zum Einsatz gelangten dabei Stanznieten und MIG-Schweißnaht. Durch die vorne diagonal an die Motorträger geführten und hinten über einen massiven Querträger mit den Schwellern verbundenen Tunnelträger ist es möglich, statische Fahrwerkskräfte unter Anbindung der A- und B-Säulen zur Hälfte in die Schweller und Tunnelträger abzuleiten.

Für die Außenhaut wird die warm aushärtende AlMg0,4Si2-Legierung verwendet. Karosserieinnenteile werden aus AlMg3 oder AlMg4,5 tiefgezogen.

Ein ausgeprägter Schutz vor Korrosion ist ausschlaggebend für die Langzeitqualität der Karosserie. So sind als Grundlage für Lackaufbau und Langzeitkleberhaftung alle Strangpressprofile und Gussteile gebeizt und Ti-passiviert, die Blechteile im Coilcoating-Verfahren Ti/Zr-beschichtet. Vor Kontaktkorrosion schützen Verbindungs- und Einpress-

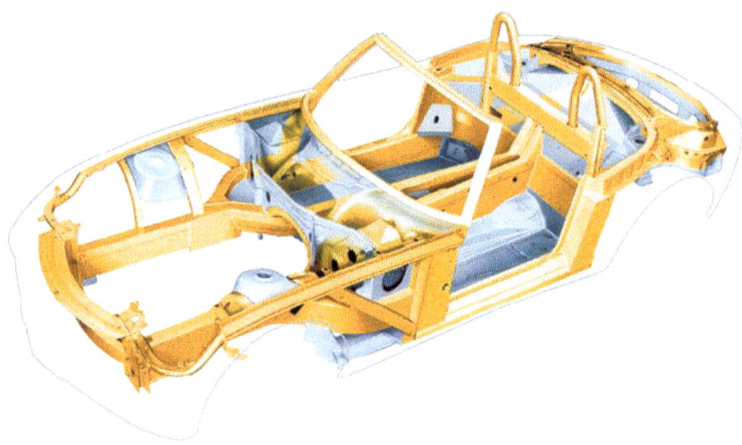

Abb. 5.51 Beispiel für ein Spaceframe-Konzept: BMW Z8 (2000), aus [79]

elemente aus Stahl mit Oberflächenschutz, je nach Anforderung Zink/Nickel, KTL-Grundierung oder eine Dacromet-Beschichtung.

Auch für den 2021er Mercedes-AMG SL wird vom Hersteller ein moderner Al-Spaceframe mit selbsttragender Struktur (vgl. Abb. 5.48) als Kennzeichen genannt [78]. Das Chassis ist wie beim 300 SL vor 70 Jahren auf höchste Steifigkeit ausgelegt, neben der Vollaluminiumstruktur kommen im modernen Werkstoffkonzept Stahl, Magnesium und Faserverbundwerkstoffe zur Wirkung.

5.5.4 Monocoque

Für diese Bauweise kann die Definition aus dem Rennsportbereich hergeleitet werden. Es handelt sich um eine selbsttragende, hochsteife und sichere Schale in ausgeprägter Form, in den 1930er-Jahren entstanden, damals als Stahlblechbauweise. Das Monocoque bildet ein steifes Compartment, das um notwendige Deformationszonen ergänzt wird. Die Schalenstruktur zeichnet sich durch ein Minimum an Unterbrechungen bzw. Störungen aus, sodass sich einwirkende Kräfte möglichst gleichförmig verteilen können. Faserverbundwerkstoffe werden dafür derzeit aufgrund der hohen Werkstoff- und Fertigungskosten in größerem Umfang nur für Nischenfahrzeuge eingesetzt.

Bei ausgewählten Konstruktionen fällt der hohe Integrationsgrad auf, etwa beim Mercedes McLaren SLR (2003) oder beim Bugatti Veyron (2005). Zum Beispiel besteht mit Ausnahme des Motorträgers die Fahrgastzelle des Mercedes McLaren SLR (BR199) komplett aus CFK [75]. Vor dem Motorträger findet sich die Crashzone, die aus CFK-Crashcones und einem davorliegenden Biegeträger und Lastverteiler besteht [65].

Für Volumenproduktionen ist diese Bauweise nicht kostenattraktiv, vorteilhaft sind jedoch für kleinere Serien die niedrigeren Investitionskosten. Das Gewicht von Roh-

Abb. 5.52 CFK-Karosserie des Mercedes McLaren SLR, aus [79]

karosserien, die meist mit Faserverbundwerkstoffen (CFK) oder Aluminium ausgeführt sind, kann dadurch um 40 % im Vergleich zu einer herkömmlichen Stahlkonstruktion reduziert werden, und dies bei doppelter Steifigkeit (Abb. 5.52).

5.5.5 Schalenbauweise

Die am weitesten verbreitete und heute in der Massenproduktion am häufigsten eingesetzte Bauweise ist die Schalenbauweise. Als eines der ersten Fahrzeuge in selbsttragender Schalenbauweise gilt der Citroen Traction Avant aus den Jahren nach 1934.

Die technischen Aufgaben Tragen und Verkleiden sind hier verknüpft. Man strebt eine möglichst stetige Kräfteverteilung in der Struktur an, die Bleche sollen vorwiegend Schubflüsse aufnehmen. Die Schalenbauweise ermöglicht letztlich die selbsttragende Karosserie, wobei aus logistischen Gründen vielfach Plattformumfänge definiert sind, um die Variantenvielfalt auch kostenmäßig zu beherrschen. Dabei werden umgeformte Halbschalen aus Stahlblechen durch Schweißen, Nieten oder Kleben zur selbsttragenden Struktur gefügt. Auch die Verwendung von Al-Blechen ist möglich (Jaguar XJ Baureihe X350). Die hohen Investitionskosten für Fertigung und Werkzeuge prädestinieren diese Bauweise für große Stückzahlen.

Ein typischer Vertreter für die selbsttragende Schalenbauweise in Großserie ist die Karosserie des VW Golf. Auch in dieser geradezu klassisch zu nennenden St-Schalenbauweise sind weitere Leichtbaumaßnahmen umsetzbar, wie das Beispiel beim Golf VII gegenüber der Vorgängerversion zeigt (Abb. 5.53a). Für die Karosserie und

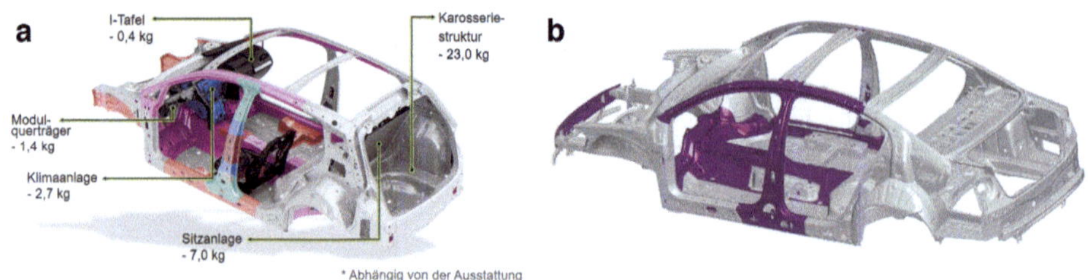

Abb. 5.53 (**a**) Leichtbau in Stahlschalenbauweise, Gewichtsreduzierung gegenüber Vorgängerversion bei Karosserie und Ausstattung am VW Golf VII und (**b**) Einsatz von Warmformstählen im Passat B6, Copyright © Volkswagen AG

jeweils in Abhängigkeit der Ausstattung konnte von Jürgen Hillmann, seinerzeit Leiter Entwicklung Aufbau der Volkswagen AG, die Gewichtsreduzierung mit 37 kg angegeben werden [71].

Ausführungsbeispiele finden sich im Abschn. 3.1 für die Bauweise mit Stahl. Die Entwicklung geeigneter Stahllegierungen ermöglichte es, auch komplexe Schalengeometrien zu formen. Profile werden ebenfalls aus Blechen gefertigt.

Bereits mit dem Passat B6 gelang der Einsatz von formgehärteten Bor-Mangan-Stählen (sog. Warmformstähle), die Streckgrenzen $R_{p0,2}$ von mehr als 1000 MPa aufweisen. Es profitieren die hochbelasteten Bauteile von B-Säule, Dachholm und Bodengruppe/Mitteltunnel in Großserie (Abb. 5.53b). Zu den Auswirkungen bei Leichtbau und Treibhausgasbilanz formhärtender Stähle siehe auch Kapitel 4.1.

Eine Schalenbauweise kann indes auch mit anderen Werkstoffen realisiert werden. Mit Al-Blechbauteilen lassen sich Leichtbaupotenziale von mindestens 30 % erzielen. Der Jaguar XJ ab 2003 verwendete z. B. in einer nietverklebten Karosserie aushärtbare Al-Legierungen, zur Erzielung besserer Festigkeit mit höherem Cu-Gehalt vom Typ AlMgSi (s. Abschn. 3.2).

Ein Einsatz von Mg-Blechen hat aus Gründen der hohen Anforderungen an die Bauteiloberflächen und ungenügend vorhandener Produktionskapazitäten bisher nicht stattgefunden (über Vorbereitungen zur Serienreifmachung s. Abschn. 3.3).

Eine moderne Rohbaustruktur in Schalenbauweise zeigt Mercedes für die S-Klasse. Mit einem hohen Al-Anteil von über 60 % belegt diese, vom Hersteller als Hybridbauweise bezeichnete Lösung [73], den Übergang zur Mischbauweise (Multimaterialdesign), vgl. Abschn. 2.5 und Abschn. 5.5.5. Zur Gewichtsreduzierung von 30 % trägt auch die komplette Außenhaut in Aluminium bei, die den Trend zur Mischbauweise unterstreicht. Innovativ ist beispielsweise die Dachrahmenstruktur mit hochfestem Al6-HSA-TZ (Abb. 5.54).

Auch diese Karosserie ist im Wesentlichen durch eine steife Fahrgastzelle geprägt, die den Überlebensraum im Crashgeschehen erhält, Fahrzeugvorbau und -heck weisen die notwendigen Deformationsbereiche auf.

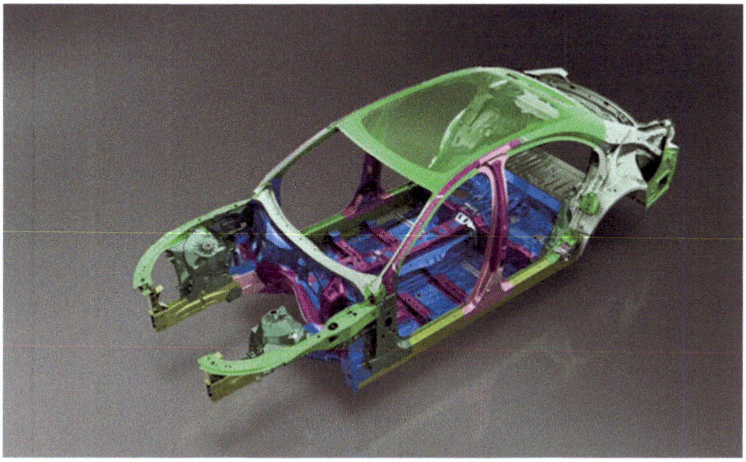

Abb. 5.54 Rohbaustruktur Mercedes S-Klasse, Copyright © Mercedes-Benz AG

5.5.6 Mischbauweise/Multimaterialdesign

Bei einer in Mischbauweise ausgeführten Karosserie werden mehrere Werkstoffe (Al, Mg, St, Kunststoff) und Fertigungsverfahren (Blechumformen, Druckgießen, Strangpressen etc.) eingesetzt. Dem Wortlaut entsprechend können bzw. müssen demgemäß auch die Konstruktionsprinzipien „gemischt" sein, z. B. Bereiche in Schalenbauweise und solche in Spaceframe-Bauweise. Verschiedene Werkstoffe werden entsprechend ihrer optimalen Eigenschaften in verschiedenen Konstruktionsprinzipien zusammengeführt. Ein Beispiel dafür sind Türen, die Türe des Mercedes CL (C215) bestand auf der Außenseite aus Aluminiumblech, während die Innenseite als Magnesiumdruckgussbauteil gefertigt wurde.

Der Weg von der Schalenbauweise zum Multimaterialdesign wird auch für batterieelektrische Fahrzeuge weiterentwickelt. Ein Beispiel dafür ist das 2021 vorgestellte Karosseriekonzept des BMW i4 (Abb. 5.55). Die flexibel skalierbare Plattform erlaubt sowohl Verbrenner- als auch E-Antriebe, für den Hochvoltspeicher (Gewicht ca. 550 kg) des letzteren ist die höher bauende Bodengruppe dimensioniert. Die Fahrgastzelle verwendet einen Materialmix mit Fokus auf Crashsicherheit und Fahrdynamik. Sie setzt neben einem hohen Anteil von Aluminiumlegierungen direkt und indirekt warm umgeformte Stähle sowie Mehrphasenstähle ein [77].

Mischbauweise bzw. Multimaterialdesign realisiert somit Hybride aus Bauweisen und Werkstoffen (vgl. Abschn. 2.5). Das Multimaterialdesign wird in der Karosserie z. B. auch in Form von Schaumwerkstoffen oder Hybridwerkstoffen aus Kunststoff und Metall angewendet.

Manche Rohbaukonstruktionen verwendeten Beplankungen aus glasfaserverstärktem Kunststoff, die an eine Stahlkarosserie geschraubt/genietet sind (vgl. Renault Espace II, seit 1991, [69]). Der Beitrag zur Gewichtsreduzierung ist eher unbedeutend, attraktiver sind Lebensdauer- und Korrosionsschutzaspekte.

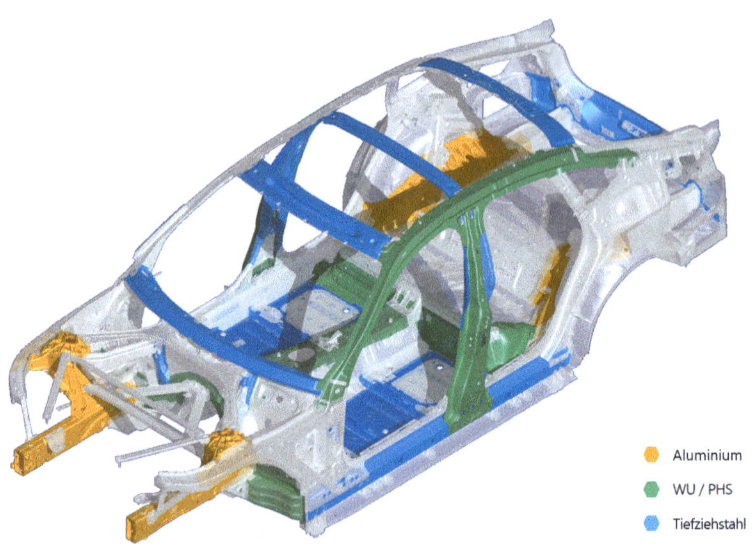

Abb. 5.55 Karosseriekonzept des BMW i4, Copyright © BMW AG

Die Herausforderung für die Umsetzung einer ausgeprägten Mischbauweise in der gesamten Karosserie besteht zum einen in der Lösung der Füge-, Recycling- und Korrosionsproblematik und zum andern in der Realisierung dieser Bauweise unter den Bedingungen der Großserienfertigung und den damit verbundenen Kostenzielen. Karosseriestrukturen sind immer dann erfolgreich, wenn die Werkstoffeigenschaften im Bauteil optimal ausgenutzt werden: Ein Baukasten an Fügetechnologien erlaubt dafür verschiedene Werkstoffe miteinander zu verbinden [76].

Ein Vertreter der Mischbauweise in modularer Ausprägung war der BMW 5er (Modell 2003). Unter der Zielsetzung möglichst ausgeglichener Achslastverteilung besteht der Vorderwagen zur Gewichtsreduzierung fast ausschließlich aus verschiedenen Aluminiumlegierungen (Blechhalbzeuge bzw. Gussteile) während für die restliche Karosserie verschiedene Stahlgüten zum Einsatz kamen. In Abb. 5.56 ist außerdem der gewichtsbezogene Anteil der jeweiligen Werkstoffe dargestellt.

Mit vergleichbarer Motivation verwendet Tesla beim BEV Model 3 Aluminium in der Hinterwagenkonstruktion.

Der Schwingungskomfort einer Limousine in Mischbauweise basiert im Wesentlichen auf der hochsteifen Karosserie, vorzugsweise durch ein Strebenkonzept im Hinterwagen funktional ergänzt. Die Karosserie des Audi A7 besteht in weiten Bereichen aus Aluminium und Hightech-Stählen (Abb. 5.57). Die Stahl-Aluminium-Mischbaukarosserie ist ca. 15 % leichter als eine vergleichbare Ganzstahlkarosserie, das gesamte Auto kommt in der Basisversion auf 1695 kg. Mehr als 20 % des Aufbaus sind aus Aluminium gefertigt. Bei den Federbeinaufnahmen im Vorderwagen und den Strukturknoten C/D-Säule handelt es sich um Aluminiumgussteile, bei der Domstrebe und den Querträgern hinter den Stoßfängern an Bug und Heck um Aluminiumprofile. Alle Anbauteile wie die vorderen Seitenwände, die Motorhaube, die Heckklappe und die Türen bestehen aus Aluminiumblech.

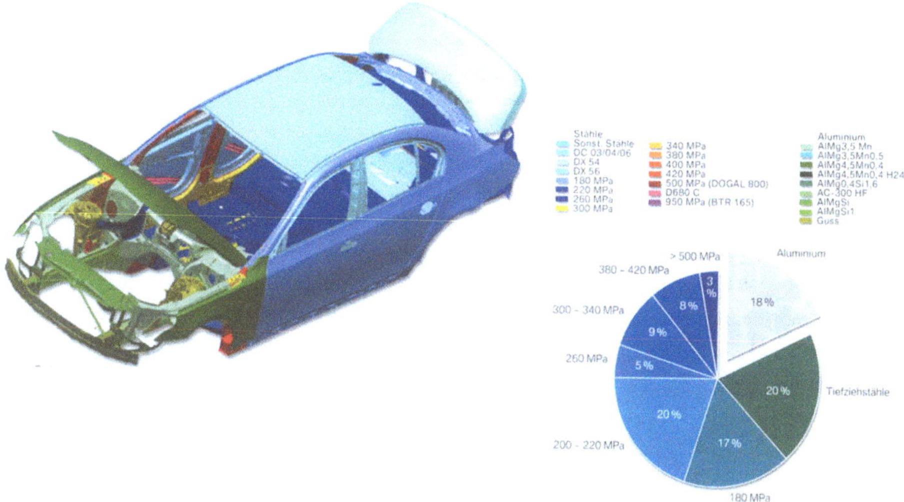

Abb. 5.56 Beispiel für eine Mischbauweise: BMW 5er (2003), aus [79]

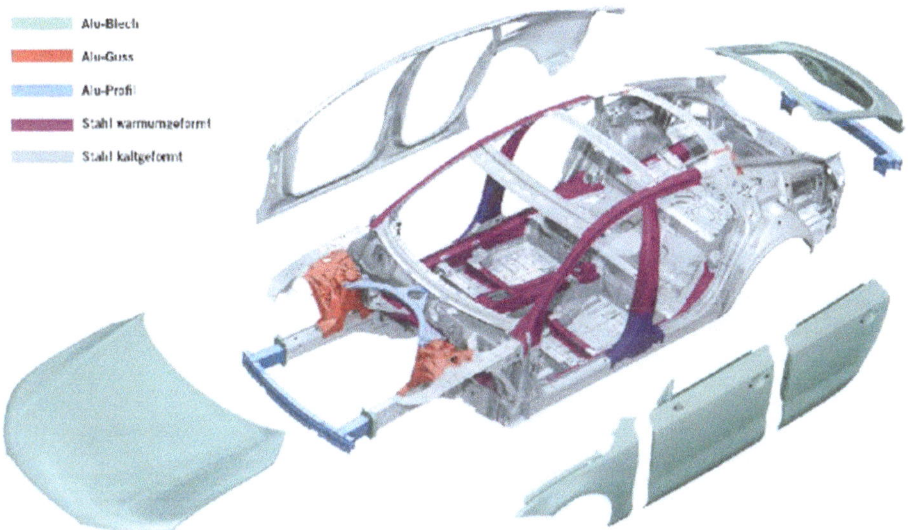

Abb. 5.57 Beispiel für Werkstoffeinsatz in der Mischbauweise des Audi A7 (2010), Copyright© Audi AG

Einen großen Anteil an der Karosserie haben Stähle unterschiedlicher Festigkeitsklassen. An ihrer Spitze stehen inzwischen die formgehärteten Stähle, die in dedizierten Zonen der Passagierzelle und an ihrem Übergang zum Vorderwagen im Einsatz sind [70]. In vielen Bereichen nutzt Audi auch Tailored Blanks. Mit ähnlicher Logik erfolgt der Werkstoffeinsatz beim A6 (Abb. 5.59).

Auch auf Bauteilebene, also elementar in einzelnen Komponenten kann Multimaterialdesign vorteilhaft umgesetzt werden. Ein Beispiel dafür ist der vordere Dachquerträger eines Audi A6 (Abb. 5.58). Eine Kunststoffverrippung sorgt für die Formstabilität der dünnwandigen Stahlblechprofile und ermöglichte dadurch eine hohe Kraftaufnahme. Gegenüber einem offenen, unverstärkten Profil ergibt sich ein wesentlich höherer Torsionswiderstand (Abb. 5.59).

Die 2015 eingeführte Version des BMW 7er (Abb. 5.60) ist ein weiteres Beispiel für eine Karosserie in Mischbauweise, bei der Carbon mit Aluminium und Stahl kombiniert wird. Wesentlicher Vorteil dieser Konstruktion ist eine deutliche Gewichtsreduktion (je nach Motorisierung und Karosserievariante bis zu 130 kg gegenüber dem Vorgänger (Tab. 5.3)) bei gleichzeitiger Erhöhung der Steifigkeit. Letztere wird überwiegend durch Verstärkungen aus Carbon in der A-, B- und C-Säule erzielt. Des Weiteren kann durch eine solche Bauweise eine verbesserte Fahrdynamik erzielt werden, da zum einen der Schwerpunkt nach unten verlagert wird und zum anderen eine Achslastverteilung von 50:50 möglich ist. Einen wesentlichen Beitrag zu einem verbesserten Fahrverhalten leisten auch die um 15 % reduzierten ungefederten Massen [67, 72]. Die nachfolgende Tabelle zeigt hierfür beispielhaft die vorgenommenen Maßnahmen zur Gewichtsreduktion gegenüber dem Vorgängermodell:

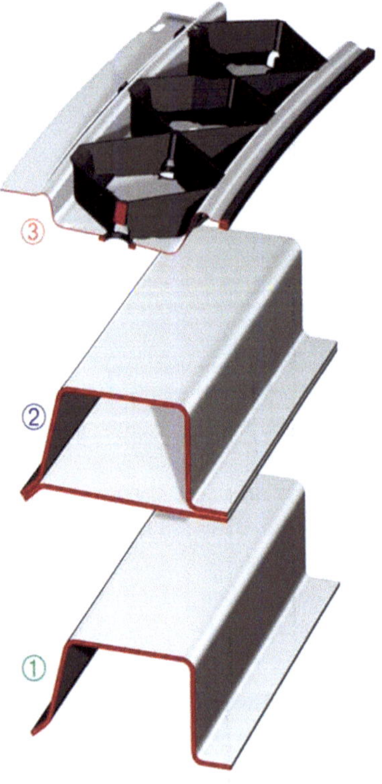

Abb. 5.58 Dachquerträger des Audi A6 im Multimaterialdesign, Copyright @ Audi AG

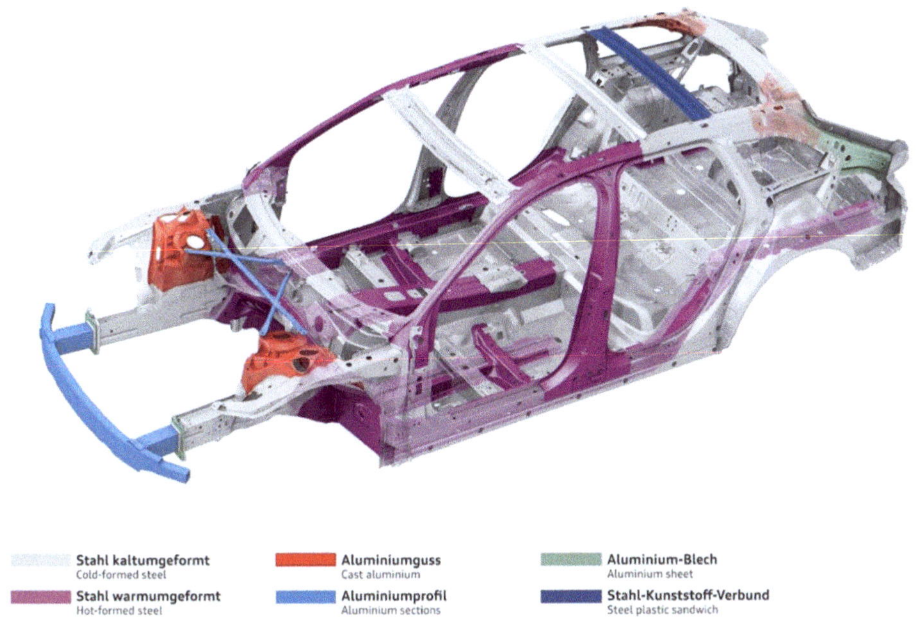

Abb. 5.59 Mischbauweise am Audi A6 (2018), Copyright© Audi AG

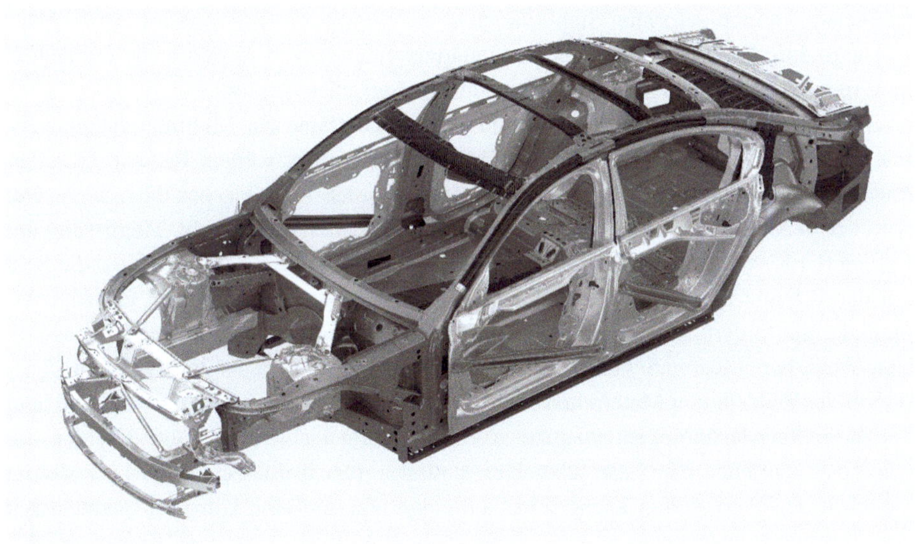

Abb. 5.60 BMW 7er (2015) in Mischbauweise, Copyright© BMW AG

Tab. 5.3 Gewichtsreduktion am Beispiel BMW 7er (2015), nach [72]

Vorgänger Zusatzgewichte, techn. bedingt Karosserie	2000 kg +70 kg −50 kg
(Carbon Core)	(−40 kg)
(Anbauteile)	(−10 kg)
Ungefederte Massen	−40 kg
Akustikkonzept	−10 kg
Weitere Konzeptthemen	−40 kg
Detailoptimierung	−35 kg
Lieferantenprozess	−25 kg
Reduzierung Gesamtgewicht	−130 kg
Resultierendes Gesamtgewicht	1870 kg

Mit der Bezeichnung EQS hat Mercedes-Benz 2021 eine batterieelektrisch angetriebene Fließhecklimousine eingeführt, deren Gewicht abhängig von der Antriebstopologie bei 2480–2585 kg liegt. Das ca. 5200 mm lange E-Fahrzeug weist mit $c_w = 0{,}20$ einen herausragenden Strömungsbeiwert auf. Die Karosserie ist ein Vertreter der modernen Mischbauweise mit Stahl, Aluminium und Carbon.

In der Darstellung der Sicherheitskarosserie (Abb. 5.61a, b) dominieren Al-Blech (i.d. Abb. grau), Al-Druckguss und -Strangpressprofil (blau), hochfester Stahl (rot) und ultrahochfester warmumgeformter Stahl (violett).

Die Stahlfraktion wird mit 80 % Sekundärmaterial angegeben, zahlreiche nachhaltige bzw. recycelte Materialien unterstreichen den ökologischen Ansatz.

Eine interessante Evolution des Aluminium- Spaceframe zur Multimaterialbauweise realisierte 2017 der Audi A8. Bereits in den 90er-Jahren des vorigen Jhs. hat die selbsttragende Karosserie aus Aluminiumgussteilen, -profilen und -blechen bestanden. Nun wird neben Aluminium (dominant mit 58 % Gewichtsanteil) auch Stahl, Magnesium und Carbon (CFK) verwendet. Stähle kommen für die Sicherheitszelle zum Einsatz, die Seite mit der B-Säule ist in ganzer Höhe aus ultrahochfestem Warmformstahl gefertigt. Wo Steifigkeitsanforderungen dominieren, wie an der Domstrebe, ist Magnesiumguss die erste Wahl, bei größeren Schubfeldern wird CFK realisiert (Abb. 5.62).

Um die Vielzahl von Materialien prozesssicher in der Serie zu beherrschen, sind auch die Verbindungstechnologien anzupassen. Bis zu 14 unterschiedliche Fügeverfahren sind eingesetzt, darunter das Laserschweißen und neu das Rollfalzen. Mehrfach werden zwischen den Werkstoffen Kleberschichten eingesetzt, um eine korrosionsvermeidende Isolierschicht zu erzeugen.

Die Weiterentwicklung der Mischbauweisen hat inzwischen zu einer sehr differenzierten Verwendung bewährter und neuartiger Werkstoffe geführt. Dabei und bezüglich der Wahl der Konstruktionsmethode ist stets auch den betriebswirtschaftlichen Ansätzen mit Blick auf die Seriengröße (Produktionsvolumen) Genüge zu tun. Dies ist anschaulich von Audi auch unter Berücksichtigung der Elektromobilität gezeigt worden (Abb. 5.63).

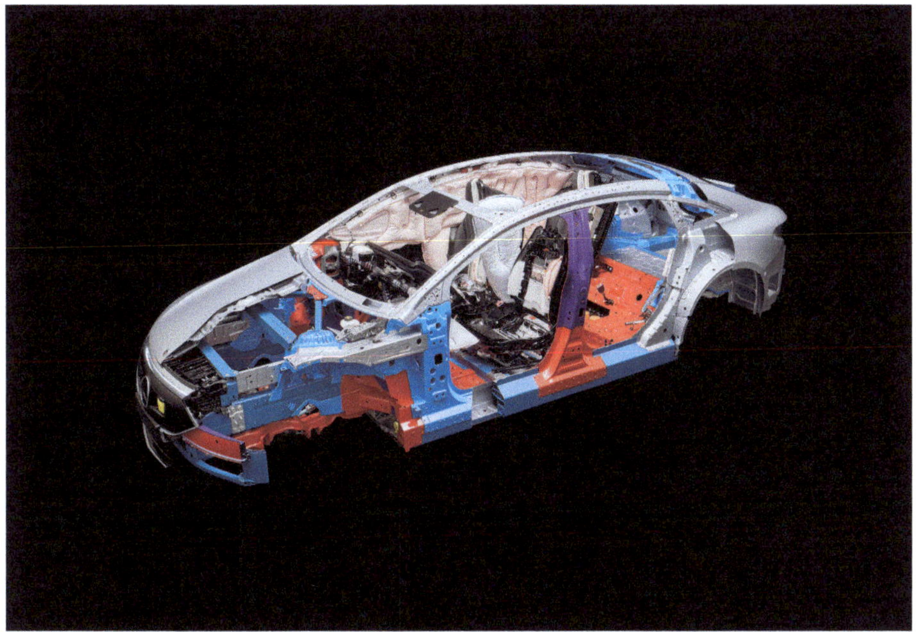

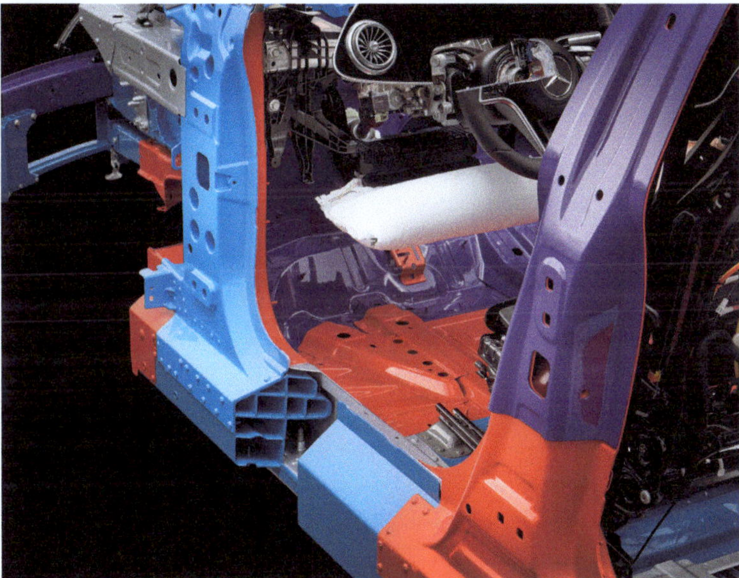

Abb. 5.61 (**a**) Sicherheitskarosserie des Mercedes EQS (V 297), Copyright © Mercedes-Benz AG. (**b**) Karosserieausschnitt zur Mischbauweise EQS (V 297) mit Schwellermehrkammerprofil in Al, Boden und B-Säule in hochfestem Stahl und ultrahochfestem Warmformstahl, Copyright © Mercedes-Benz AG

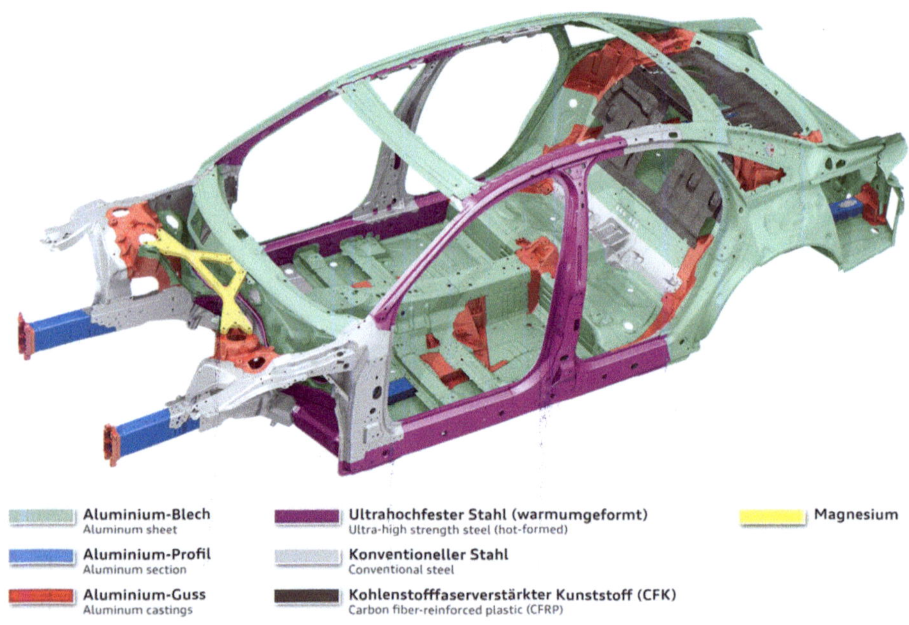

Abb. 5.62 Audi A8 (D5), 2017, Copyright © Audi AG

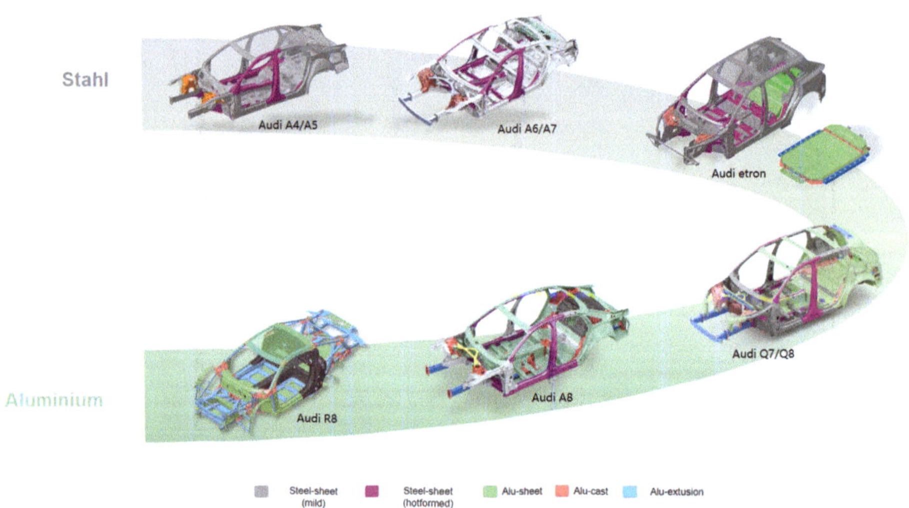

Abb. 5.63 Werkstoffplatzierung in Mischbauweisen verschiedener Fahrzeugkonzepte, Copyright © Audi AG

Karosseriekonzepte aus Faserverbundkunststoffen (CFK) sind beispielsweise unschlagbar in der Nische der Supersportwagen, für eine Großserie mit hohen Stückzahlen wird aufgrund des hohen Kostenfaktors der Werkstoff nur bedingt erfolgreich sein. Wird primär auf Festigkeitswerte ausgelegt, ist Stahl mit Zugfestigkeiten bis zu 2000 MPa kaum zu schlagen. Allerdings ist bei der Optimierung einer Karosserie immer auch die Steifigkeit maßgebend. Wie bei einem Flugzeug, das aus Aluminium besteht, dominieren die Anforderungen an Beulsteifigkeit und Biegefestigkeit [76]. Für Außenhaut- und Anbauteile empfiehlt sich auch im Fahrzeugbau vielfach die Al-Blechbauweise, für nichtflächige Bauteile mit hohem Integrationspotenzial der Leichtmetallguss.

5.6 Fügetechniken in Abhängigkeit von Werkstoffen und Bauweisen

Elmar Beeh

5.6.1 Einleitung

In allen technischen Disziplinen ist die Verfügbarkeit geeigneter Fügetechniken entscheidend für die grundsätzliche Realisierbarkeit eines Vorhabens, aber auch für die Sicherstellung der dauerhaft gleichbleibenden Eigenschaft des technischen Systems. Jeder Montageschritt erfordert eine Fügeoperation, sei es durch einen Schraubvorgang, das Falzen eines Bleches, eine Schweißverbindung, das Verkleben oder durch die Vielzahl weiterer mechanischer Fügeverfahren (siehe auch DIN 8593).

In der Fügetechnik unterscheidet man zwischen lösbaren, nicht lösbaren und bedingt lösbaren Verbindungen. Im Fahrzeugbau kommen beim Zusammenbau der tragenden Karosseriestruktur in der Regel nichtlösbare Verbindungen zum Einsatz. Die nach der Lackierung der Karosserie folgenden Montageschritte für das Interieur, das Fahrwerk und den Antrieb werden dagegen in der Regel durch lösbare Schraubverbindungen oder bedingt lösbare Nietverbindungen realisiert. Auch die für eventuell nötige Reparaturen einfach austauschbar gestalteten Crashstrukturen sind in der Regel lösbar an die Karosserie angebunden.

Grundsätzliche Mindestanforderung an eine im Fahrzeugbau eingesetzte Fügetechnik ist die dauerhafte Gewährleistung der mechanisch-strukturellen Festigkeit einer Verbindung [80]. Je nach Einsatzbereich muss diese Eigenschaft beispielsweise auch bei höheren Temperaturen oder unter dynamischen Lasten, wie z. B. bei einem Crash, gewährleistet sein. Weitere Anforderungen, wie eine möglichst kurze Taktzeit oder eine hohe Verfügbarkeit und Reproduzierbarkeit ergeben sich aus Produktionsrandbedingungen. Möglichst niedrige Investitionskosten, möglichst kleiner Platzbedarf für die Anlagen und möglichst geringe laufende Kosten sind weitere Kriterien für die Auswahl von im Wettbewerb stehenden Fügelösungen.

Die permanente Entwicklung neuer Fügetechniken für den Karosseriebau war und ist kein Selbstzweck. Der Automobilhersteller strebt nach einer möglichst kleinen Anzahl gut beherrschbarer Fügetechniken in seinen Montagelinien. Höhere Anforderungen an die Crashsicherheit und an die Karosseriesteifigkeit, verbunden mit dem Ziel, die dadurch mitverursachte Gewichtsspirale durch Leichtbau zu stoppen, führten zum Einsatz von einer Vielzahl unterschiedlicher Stahlgüten, hochintegrierten Al-Gussbauteilen und profilintensiven Bauweisen. Die Elektromobilität verstärkt diesen Trend durch große, häufig in Profilbauweise hergestellte Batteriemodule und durch die Anforderungen an das umgebende Batteriecompartment in der Bodenstruktur. Die Vielfalt an eingesetzten Werkstoffen, verbunden mit Guss- und Profilbauweisen führt zu einer großen Anzahl stark unterschiedlicher Fügeaufgaben, welche mit geeigneten Fügetechniken adressiert werden müssen.

Die folgenden Unterkapitel folgen der Logik, dass die heute verfügbaren Fügetechniken jeweils spezifische Herausforderungen adressieren, welche sich aus Bauweise, Werkstoffwahl und Produktionsstückzahlen ableiten. Dabei ist nicht angestrebt, einen vollständigen Überblick über alle gängigen Fügetechniken zu geben. Mithilfe ausgewählter Fügetechnikbeispiele sollen dem Entwicklungsingenieur die Zusammenhänge zwischen einer Bauweise, den eingesetzten Werkstoffen und den fügetechnischen Lösungsansätzen verdeutlicht werden. Bezüglich vertiefender Fachinformation zu einzelnen Technologien, wird auf spezielle Fachbücher [81, 82] oder auf die Anbieter verschiedener Fügetechniken verwiesen.

5.6.2 Fügetechniken für die Schalenbauweise (Blech an Blech)

Die in der weltweiten Automobilindustrie am intensivsten genutzte Bauweise ist die Stahlschalenbauweise (siehe Abb. 2.5 und 2.15). Am vorteilhaftesten lässt sich diese Bauweise für Großserienmodelle oder -plattformen einsetzen. Die Produktivität der Tiefziehprozesse ist sehr hoch, die Investitionen jedoch ebenfalls. In den vergangenen zwei Jahrzehnten haben verschiedene Hersteller auch Großserienfahrzeuge in Aluminiumschalenbauweise auf den Markt gebracht. Bekanntes Beispiel ist Ford mit dem F150 ab Baujahr 2014.

Im Herstellprozess entstehen Halbschalen, die üblicherweise durch mindestens eine weitere Schalenstruktur geschlossen werden müssen. Die erreichbaren Genauigkeiten im Tiefziehprozess sind durch Rückfederung begrenzt. Für das Verbinden der Halbschalen werden diese mit Flanschbereichen versehen.

5.6.2.1 Stahlschalenbauweise

Fügetechniken für die Stahlschalenbauweise müssen neben einer möglichst kurzen Taktzeit in der Lage sein, die toleranzbehafteten Fügeflansche möglichst spielfrei zusammenzupressen. Übliches Verfahren ist das Punktschweißen (siehe Abb. 5.64), bei welchem eine an einem Roboter geführte Schweißzange einen Punkt anfährt, die Flansche zusammenpresst und durch einen kurzzeitigen, aber sehr starken elektrischen Strom über die Schmelztemperatur erhitzt, sodass die Flanschhälften verschweißen.

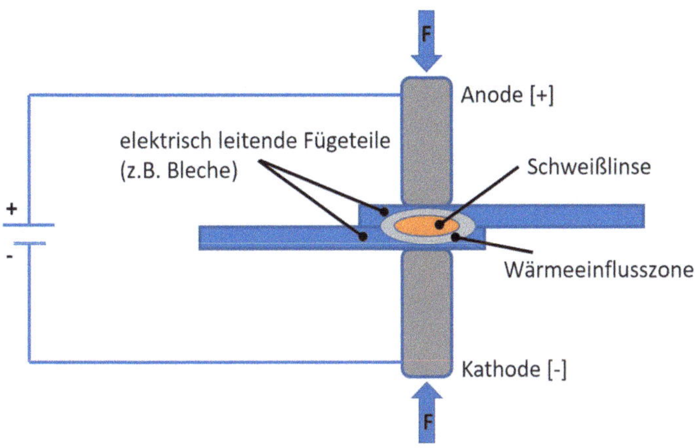

Abb. 5.64 Prinzipdarstellung des Punktschweißens nach [83], Copyright © DLR

Um das Punktschweißen einsetzen zu können, müssen die eingesetzten Karosseriebleche schweißbar und miteinander kompatibel sein. Wichtig ist, dass die in der Schweißlinse entstehende Mischverbindung der zu fügenden Stahlwerkstoffe (Stähle können sich in ihren Legierungsbestandteilen und Eigenschaften stark voneinander unterscheiden) ausreichend gute mechanische Festigkeit und Dauerschwingeigenschaften aufweist, um keine Schwachstelle in der Struktur darzustellen. Bei klassischen Flanschverbindungen benötigt man eine zweiseitige Zugänglichkeit, um die Schweißzange einsetzen zu können. Diese Anforderung erscheint banal, beeinflusst aber natürlich die mögliche Montagereihenfolge von Baugruppen und das Gesamtdesign der Fahrzeugstruktur. Sonderlösungen mit sehr großen oder weit auskragenden Schweißzangen (an dann auch größeren Robotern) sind prinzipiell möglich, sollten aber für eine möglichst wirtschaftliche Montagelösung vermieden werden. Auch die Taktzeit, also die erforderliche Zeit für das Setzen eines Fügepunktes, kann Einfluss auf Bauteilschnittstellen und Montagekonzept haben. Im Montageprozess verbleibt die jeweilige Baugruppe eine bestimmte Zeit an einer Montagestation. Um beispielsweise für Großserienfahrzeuge tausend Karosserien pro Tag zu produzieren, liegt diese Verweildauer pro Station bei ca. einer Minute. Die Taktzeit der Punktschweißung, sowie die Verfahrzeit des Roboters sind daher zu minimieren, um an der jeweiligen Montagestation möglichst viele Fügepunkte innerhalb der Verweildauer zu realisieren.

Beim Punktschweißen ist (wie bei allen Schweißverfahren) zu beachten, dass sich die eingesetzten Stahlwerkstoffe je nach Legierung durch den Temperatureinfluss des Schweißvorgangs entfestigen können. In der sogenannten Wärmeeinflusszone liegen auch im Umfeld des Schweißpunktes kurzzeitig Temperaturen im Material an, welche ein Anlassen, also eine festigkeitsmindernde Umwandlung des Gefüges, bewirken können. So sollte bei den sogenannten pressgehärteten, ultrahochfesten Bor-Mangan-Stählen (z. B. 22MnB5), wie sie heute standardmäßig in B-Säulen eingesetzt werden, in der Auslegung überprüft werden, ob die lokal verminderten Fügepunktfestigkeiten zu Änderungen der erforderlichen Bauteilperformance führt. Gegebenenfalls muss der Fügeflansch in einen weniger belasteten Bauteilbereich verlegt werden. Auch das weiter unten beschriebene Hybridfügen (siehe „Kleben in der Schalenbauweise") kann eingesetzt werden, um Eigenschaftsänderungen des Stahls zu kompensieren.

Neben dem Punktschweißen gibt es in der Stahlschalenbauweise weitere Verfahren oder Verfahrensvarianten, die hier nicht alle erwähnt werden können. Mit dem Schwerpunkt dieses Buches auf Bauweisenaspekte werden nachfolgend zwei Verfahren genannt, die aus Platz- oder Zugänglichkeitsanforderungen in der Karosserie als alternative Fügetechnologien zum Punktschweißen eingesetzt werden können:

- Laserschweißen: Das Schweißen mittels eines Laserstrahls ermöglicht linienhafte Verbindungen auch auf sehr schmalen Flanschen, was zur Gewichtseinsparung beitragen kann. Selbst Stoß-an-Stoß-Schweißungen sind möglich. Aufwendige Klemmvorrichtungen und erforderliche enge Toleranzen schränken jedoch die Nutzungsmöglichkeiten wieder ein.
- Metall-Inertgas- (MIG) oder Metall-Aktivgas-Schweißen (MAG) (oder verwandte Verfahren) werden bei nur einseitig zugänglichen Bereichen, für die Überbrückung größerer Spalte und zudem auch für Reparaturschweißungen verwendet.

5.6.2.2 Aluminiumschalenbauweise

Die Aluminiumschalenbauweise ähnelt der Stahlschalenbauweise, jedoch führt die Materialwahl zu veränderten Randbedingungen bezüglich der nutzbaren Fügetechniken. Außerdem kommt es in der Aluminiumschalenbauweise neben den Blechbereichen auch häufiger zum lokalen Einsatz von Aluminiumdruckguss- oder Profilstrukturen. Das für Stahl gut geeignete Punktschweißen lässt sich bei Aluminium nicht ohne Weiteres einsetzen. Gründe hierfür sind die höhere thermische und elektrische Leitfähigkeit des Aluminiums und die typische stabile Oxidschicht, welche die Herstellung eines qualitativ hochwertigen Schweißpunkts erschwert [84]. Das Punktschweißen von Aluminium ist für die Automobilindustrie dennoch interessant und daher Gegenstand unterschiedlicher Forschungs- und Entwicklungsaktivitäten.

Als zuverlässiges Fügeverfahren der Aluminiumschalenbauweise hat sich das Halbhohlstanznieten etabliert, welches im Abschnitt „Fügetechniken für die Integration von Gussbauteilen" näher beschrieben wird. Immer mehr an Bedeutung gewinnt auch das Rührreibschweißen, welches neben der Linienschweißung auch punktförmige Verbindungen unterschiedlicher Materialien ermöglicht.

5.6.2.3 Kleben in der Schalenbauweise

In den vergangenen 20 Jahren wurden die Potenziale des Klebens mehr und mehr verstanden und für den Karosseriebau genutzt. Im heutigen Karosseriebau tragen geklebte Verbindungen signifikant bei, um die Karosseriesteifigkeit, die Crashsicherheit und die Korrosionsbeständigkeit zu verbessern [85]. Man unterscheidet dabei zwischen strukturellem Verkleben, Stützkleben und Bördelfalzkleben.

Das Strukturkleben wird eingesetzt, um Flansche, im Gegensatz zu den häufig verwendeten punktförmigen Schweiß- oder Nietverfahren, flächig zu verbinden. Dies hat mechanische Vorteile. Zum einen werden Lasten gleichmäßiger in die Bauteile eingeleitet und dadurch potenziell schädigende Spannungsspitzen vermieden. Zum anderen werden die Flanschbereiche versteift, was zu einer höheren Karosseriesteifigkeit und besserem Komfort beiträgt. Nützliche Nebeneffekte liegen in der Flanschabdichtung und dem Korrosionsschutz durch galvanische Trennung der Bauteile. Häufig wird das Strukturkleben mit mechanischen oder thermischen Fügeverfahren kombiniert, um durch das sogenannte Hybridfügen die Vorteile der einzelnen Verfahren zu nutzen. Beim Strukturkleben geht man von engen Klebespalten aus, um die bei dünneren Klebschichtdicken besser werdenden mechanischen Eigenschaften der Strukturklebstoffe bestmöglich zu nutzen. Mindestklebschichtdicken werden häufig durch Zugabe von Glaskugeln mit definiertem Durchmesser oder durch konstruktive Maßnahmen sichergestellt. Herausforderungen liegen in der präzisen und reaktionsschnellen Dosiertechnologie, um auch in Ecken und dreidimensional geformten Verbindungsbereichen die dort nicht konstante Roboterkopfgeschwindigkeit auszugleichen und die richtige Menge Klebstoff an jeder Stelle des Flansches aufzubringen (siehe Abb. 5.65). Bei nicht wäscherbeständigen Klebstoffen besteht Gefahr, dass zu viel applizierter Klebstoff in den Bädern der KTL-Beschichtung ausgewaschen wird und diese verunreinigt.

Das Stützkleben ist eine elastische Dickschichtklebung, bei welcher flächige Bauteile einer Baugruppe durch eine dazwischen aufgebrachte Kleberaupe beweglich verbunden und auf Abstand gehalten werden. Dadurch werden Vibrationen, Schwingungen und Geräusche der Bauteile gedämpft oder unterbunden. Die Elastizität von Stützklebungen dient auch der Verbesserung von Crasheigenschaften, z. B. für den Fußgängerschutz. Häufiges Anwendungsgebiet sind Türen, Klappen oder das Fahrzeugdach, wo Sichtteile mit

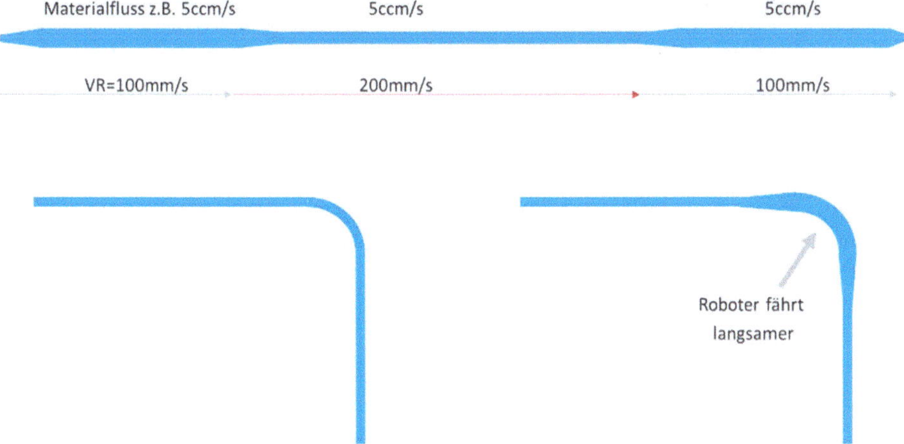

Abb. 5.65 Folgen von Änderungen der Robotergeschwindigkeit bei konstantem Materialfluss [85], Copyright © Atlas Copco IAS

darunterliegenden tragenden Strukturen verbunden werden, ohne dass es zu Abzeichnungen an der Außenhaut kommen darf.

Das Bördelfalzkleben ist ein wichtiges Verfahren, um die früher beim Falzen nur schlecht beherrschbaren Korrosions- und NVH-probleme (Noise, Vibration, Harshness) zu adressieren. Bei Türen und Klappen sind die äußeren Sichtflächen designrelevant und daher aus extrem gut formbaren, sehr weichen Stahl- oder auch Aluminiumlegierungen gefertigt. Die inneren Blechstrukturen der jeweiligen Bauteile, wie z. B. von Türen oder Klappen, müssen die mechanischen Lasten tragen. Klassische Flansche, wie in der verdeckt liegenden Karosseriestruktur üblich, sind hier aus optischen Gründen nicht gewünscht. Daher wird das weiche Blech um die stabilere Tragstruktur gebogen, was man als Bördeln oder Falzen bezeichnet. Nun ergeben sich im gefalzten Bereich enge Spalte, die sich schlecht beschichten und lackieren lassen, sodass es hier ideale Bedingungen für starke Korrosion gibt. Die Kombination des Falzens mit einer Klebung bietet hier eine sehr gute Lösung. Vor der Bördelung wird auf eine Bauteilseite eine durchgängige Klebstoffraupe aufgetragen, welche dann den Bördelflansch füllt, die Bauteile galvanisch trennt und zudem für eine steife, flächige Verbindung sorgt. Um ein komplettes Verdrängen des Klebstoffs zu vermeiden, werden diesem Glasperlen mit definiertem Durchmesser als Abstandshalter zugesetzt. Die Qualitätskriterien für das Bördelfalzkleben sind exemplarisch in Abb. 5.66 gezeigt. Wie auch beim Strukturkleben liegen die Herausforderungen bei der Klebstoffapplikation in der präzisen Dosiertechnologie. Neben den o. g. Risiken der Verschmutzung von Beschichtungsbädern kommt hier auch noch der optische Faktor zum Tragen, weil die Bördelflansche meist im Sichtbereich des Kunden liegen.

Das Kleben könnte eine ideale Fügetechnik für einen Großteil der im Fahrzeugbau auftretenden Verbindungsprobleme sein. Es bietet Designfreiheit, eignet sich für dünnste

A. 100%ige Verklebung
B. X%ige Verklebung zwischen Kontaktflächen von „Außen- und Innenteil"
C. Vollständig mit Klebstoff gefüllt
D. Sichtbarer Klebstoff entweicht nach innen

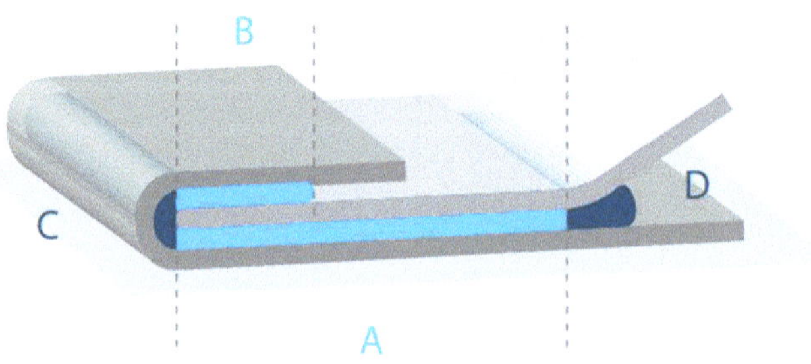

Abb. 5.66 Qualitätskriterien beim Bördelfalzkleben [86], Copyright © Atlas Copco IAS

Materialstärken, erlaubt Werkstoffkombinationen und bietet galvanische Trennung für den Korrosionsschutz. Es gibt jedoch auch Nachteile, welche einer ausschließlichen Nutzung des Klebens bislang entgegenstehen.

Nachteilig bei diesem Fügeverfahren ist die Aushärtezeit des Klebstoffs. Die im Karosseriebau nutzbaren Klebstoffe sind keine „Sekundenkleber", sondern chemisch (2-Komponentenklebstoffe) oder thermisch aktivierte (1-Komponentenklebstoffe) Polymere, welche ihre Festigkeit erst nach einer ausreichenden Reaktionszeit entwickeln. Im Karosseriebau erfolgt das Aushärten meist in der Wärme des KTL-Ofens, also nach der eigentlichen Tauchlackierung. Dabei treten Temperaturen von mindestens 160 °C bei einer Haltedauer von mindestens 15 min auf. Bis zu diesem Moment im Karosseriemontageprozess trägt der Klebstoff noch nicht, es müssen also andere Fügeelemente vorhanden sein, welche die Bauteile in ihrer Position fixieren. Ungünstig ist zudem, dass die Klebstoffe im heißen Zustand der Karosserie aushärten. Dabei ist die gesamte Karosserie durch thermische Ausdehnung um einige Millimeter gewachsen. Bei der anschließenden Abkühlung auf Raumtemperatur kann es durch das Schrumpfen zu Spannungen in Klebenähten kommen, die schlimmstenfalls sogar eine Schädigung der Klebung bewirken können. Durch gute Gestaltung der Klebebereiche, die richtige Klebstoffkomposition und -dicke und ggf. zusätzliche, in sinnvollen Abständen gesetzte Schweiß- oder Verbindungspunkte, können zuverlässige Klebeverbindungen hergestellt werden.

Bei Klebungen gilt es zudem, die zulässigen Belastungsarten zu beachten. Während Klebungen unter Zug- und Scherbeanspruchung sehr gute mechanische Eigenschaften aufweisen, sind Schälkräfte (vergleiche auch das abziehen eines Klebebandes) sehr kritisch. Diesem Schwachpunkt begegnet man im ersten Schritt durch ein geeignetes Design. Abb. 5.67 zeigt ungünstige und günstige Ausführungen von Klebeverbindungen.

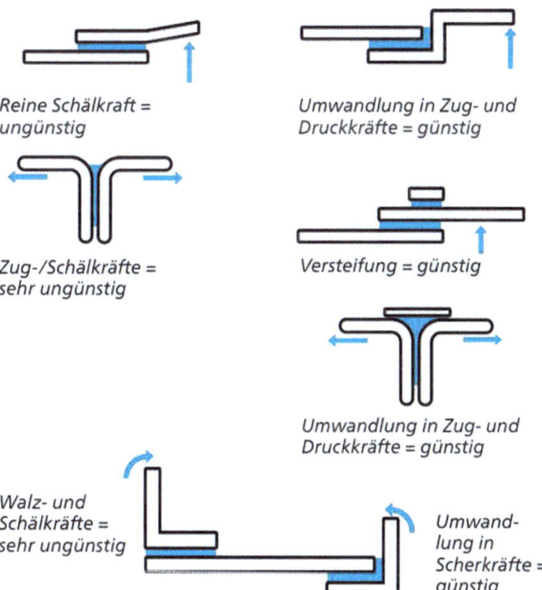

Abb. 5.67 Design von Klebeverbindungen gegen Schälkräfte [87], Copyright © Atlas Copco IAS

In der Karosserieanwendung treten an Bauteilen oftmals Kombinationen von Belastungen auf, sodass ein gutes Design wiederum durch zusätzliche Schweiß- oder Verbindungspunkte ergänzt werden muss. Dieses sogenannte Hybridfügen kombiniert die Vorteile von sparsam genutzten punktförmigen Verbindungen mit den Vorteilen des Klebens.

Will man das Kleben als Verbindungstechnologie einsetzen, dann stehen, abhängig von Anwendungsfall und Anforderungen, unterschiedlich angepasste Klebstoffe zur Verfügung. Die Chemie bietet dabei große Anpassungsmöglichkeiten, um Klebstoffe optimal für die jeweilige Anwendung zu optimieren. Gängige Anforderungen sind:

- Chemische Kompatibilität des Klebstoffs zum Werkstoff oder zur Beschichtung der zu klebenden Bauteile
- Strukturelle Eigenschaften des Klebstoffs nach der Aushärtung – Festigkeit, Schwingfestigkeit, Steifigkeit, Crashverhalten
- Alterungsbeständigkeit des Klebstoffsystems unter Umgebungsbedingungen
- Applizierbarkeit des Klebstoffs – Viskosität, Benetzung, Thixotropie, Haftung am Bauteil
- Aushärteprozess und -zeit

Abb. 5.68 gibt einen Überblick zu gängigen Klebstoffen mit unterschiedlichen Eigenschaftsprofilen.

Diese Klebstoffe können auf unterschiedliche Art automatisiert appliziert werden, um in automobilen Großserien einsetzbar zu sein. Abb. 5.69 zeigt verschiedene Auftragsarten, welche für die Vielzahl möglicher Anwendungen entwickelt wurden.

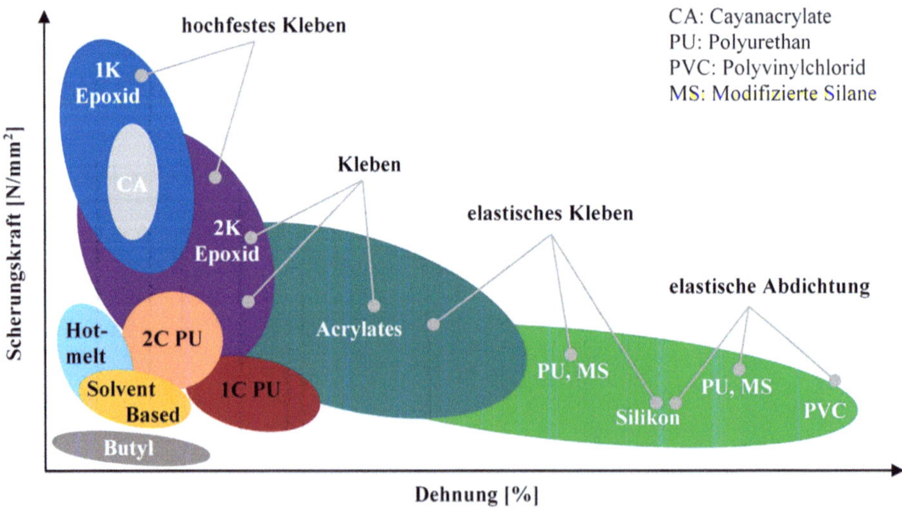

Abb. 5.68 Übersicht zu Dicht-, Dämm- und Klebstoffen [88], Copyright © Atlas Copco IAS

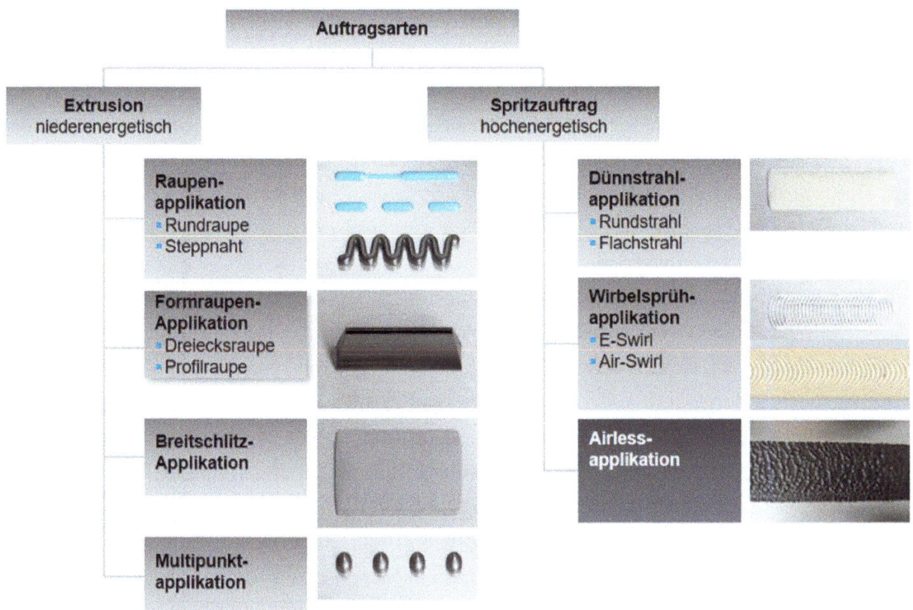

Abb. 5.69 Möglichkeiten zum automatisierten Kleb- und Dichtstoffauftrag [85], Copyright © Atlas Copco IAS

5.6.3 Fügetechniken für profilintensive Bauweisen

Profilintensive Bauweisen nutzen in der Regel Aluminiumstrangpressprofile (auch Magnesium eignet sich für diese Bauweise), um aus Längs-, Quer- und Diagonalstreben die Hauptlastpfade der Fahrzeugstruktur aufzubauen. Um Gewichtsvorteile gegenüber der Schalenbauweise zu erreichen, müssen zwei Potenziale des Strangpressens bestmöglich genutzt werden:

- Die Verwendung geschlossener Profilgeometrien – geschlossene Profile haben ein günstiges Verhältnis von Steifigkeit und Gewicht und kommen dabei teilweise ohne Flansche für die Anbindung aus.
- Die lastgerechte Anpassung der Wandstärken im Profilquerschnitt – stark belastete Bereiche können lokal verstärkt, schwächer belastete Bereiche gezielt optimiert werden.

Beide Aspekte führen zu bauweisenbedingten Anforderungen an die Fügetechnik. Hohlprofile bieten prinzipbedingt keine Möglichkeit für eine zweiseitige Zugänglichkeit. Daher scheiden Punktschweiß- oder die im nächsten Abschnitt beschriebenen Stanznietverfahren aus. Die erwähnte Möglichkeit der Wandstärkenanpassung erfolgt zwar nur im Profilquerschnitt und nicht entlang einer Fügelinie, dennoch kann es am gleichen Bauteil zu Fügestellen mit variierenden Wandstärken kommen.

In der frühen Phase der Nutzung erster profilbasierter Strukturen waren die Stückzahlen derartiger Fahrzeuge niedrig, sodass das Fügeproblem mit MIG-/MAG-Schweißverbindungen lösbar war. Beispiele hierfür sind Strukturen des Audi A8, welches in der sogenannten Aluminium-Spaceframe-Bauweise hergestellt wird. Mit zunehmender Mischbauweise und spätestens mit dem Durchbruch der Elektromobilität, wo insbesondere die Batteriemodule von Fahrzeugen häufig kastenförmig in Profilbauweise ausgestaltet sind, musste das Portfolio der Fügetechniken um großserientaugliche, gut automatisierbare Prozesse erweitert werden.

Als gut geeignete Fügetechnik hat sich hier das Fließlochschrauben (FLS oder FDF – Flow Drill Fastening) herauskristallisiert. Als Fügeelement wird eine fließlochformende Schraube eingesetzt, welche durch Kaltschlagen und Walzen sowie durch weitere Massivumformschritte hergestellt wird. Je nach Hersteller und Einsatzgebiet sind unterschiedliche Antriebsmerkmale, Spitzenvarianten, Schraubenlängen, Kalibrierabschnitte sowie Unterkopfringnuten verfügbar. Der Prozessablauf des fließlochformenden Schraubens ist in Abb. 5.70 beispielhaft an einer Zweilagenverbindung ohne Vorloch dargestellt. Der Fügeprozess kann in sechs Stufen unterteilt werden. Im ersten Schritt wird das Verbindungselement auf die zu fügenden Teile aufgesetzt, auf eine hohe Drehzahl beschleunigt und mit einer Axialkraft in Fügerichtung belastet. Durch die hierdurch ent-

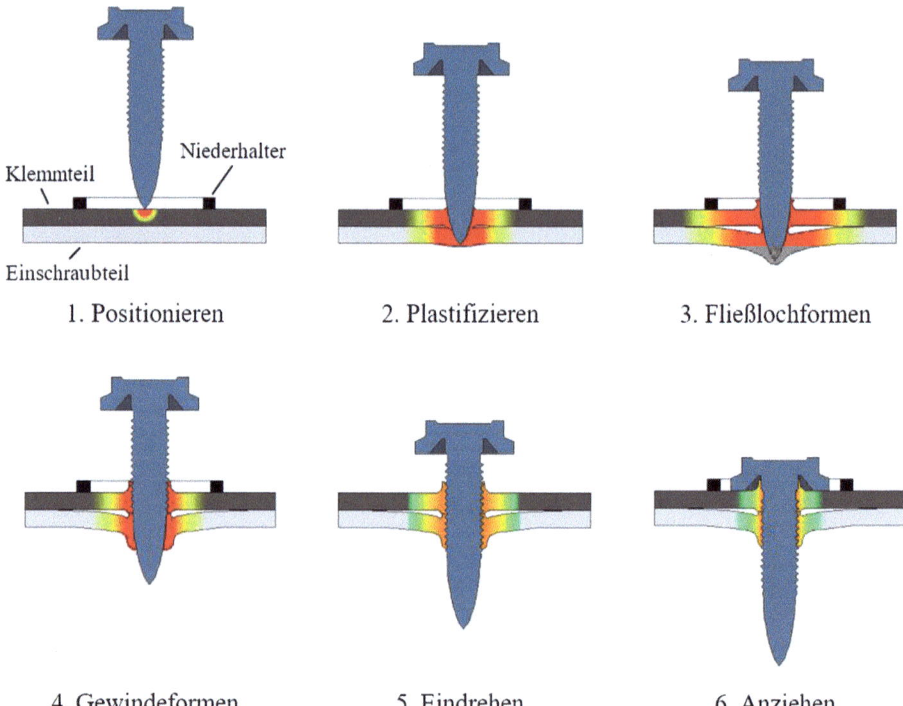

Abb. 5.70 Prozessablauf beim fließlochformenden Schrauben – Variante ohne Vorloch im Klemmteil, Copyright © DLR

stehende Reibungswärme beginnen die Fügeteilwerkstoffe zu plastifizieren und die Schraube dringt in die Werkstoffe ein. Beim Durchdringen der Fügeteilwerkstoffe entsteht durch die Geometrie der Schraubenspitze ein zylindrischer Durchzug. Durch weiteres Einschrauben wird mithilfe der Gewindeformzone im unteren Gewindeabschnitt der Schraube spanarm bis spanlos ein Gewinde geformt. Nach Ausbildung des Mutterngewindes in den Fügeteilen erfolgt bei reduzierter Drehzahl und Axialkraft das Einschrauben der Schraube bis zur Kopfauflage. Abschließend wird die Schraube auf ein definiertes Drehmoment angezogen. Hierbei entsteht eine kraft- und formschlüssige Verbindung, welche grundsätzlich auch wieder lösbar ist und bei welcher das Aufschrumpfen des erwärmten Materials als zusätzliche Schraubensicherung wirkt.

Im Karosseriebau stand die Möglichkeit der Lösbarkeit von Fügeverfahren bislang meist nicht im Vordergrund. Bei Verschraubungen des Batteriedeckels von Elektrofahrzeugen ist diese Eigenschaft jedoch relevant, sodass sich dort mit dem Fließlochschrauben Vorteile für die Reparatur ergeben. Weitere wichtige vorteilhafte Eigenschaften sind:

- Anwendbar bei einseitiger Zugänglichkeit
- Geeignet zum Fügen verschiedener Materialkombinationen, z. B. Stahlblech an Aluminiumstrangpressprofil
- Hohe Verbindungs- und Vibrationsfestigkeiten
- Anwendungen ohne Bauteilvorbereitung wie Vorbohren oder Stanzen möglich
- Gute Automatisier- und Reproduzierbarkeit
- Wiederholverschraubungen auch mit metrischen Schrauben möglich
- Demontage- und recyclingfreundlich

Das FLS-Verfahren kann sowohl ohne Vorloch (siehe Verfahrensschema Abb. 5.70) oder mit Vorloch im Klemmteil eingesetzt werden (Vor- und Nachteile siehe Tab. 5.4). Ohne Vorloch reduzieren sich Toleranzprobleme, jedoch wird ein Teil des plastifizierten Materials vom Klemmteil entgegen der Einschraubrichtung verdrängt. Um dennoch eine gute Kopfauflage zu ermöglichen, verfügen fließlochformende Schrauben eine Unterkopfauskehlung auf der Unterseite des Schraubenkopfs, welche ein gewisses Auffangvolumen für das aufsteigende Material bietet. Bei nicht optimal gewählten Prozessparametern oder zu hohen Klemmteildicken (ohne Vorloch) kann es zu stärkeren Materialaufwerfungen unter dem Schraubenkopf kommen, sodass dieser nicht mehr flächig aufliegt. Plastifiziertes Material wird verfahrensbedingt, sowohl vom Klemm- als auch Einschraubteil zwischen die Fügepartner verdrängt, wodurch sich ein Spalt in der Fügeebene ergeben kann (siehe Abb. 5.71). Dieser Effekt ist in gewissen Grenzen zulässig und tritt in der Regel bei dickeren Fügeteilen ohne Vorloch auf. In der Prozessführung kann die Spaltbildung durch höhere Niederhalterkräfte minimiert werden. Auch durch eine steifigkeitsoptimierte Konstruktion kann die Spaltbildung minimiert werden.

Je nach Belastungsart der Fügung kann es zwischen den Varianten mit und ohne Vorloch im Klemmteil zu Unterschieden in der mechanischen Festigkeit und dem Versagensverhalten kommen. Bei Verschraubungen mit Vorloch kann es unter Schubbeanspruchung

Tab. 5.4 Vor- und Nachteile von FLS-Verbindungen mit und ohne Vorloch [89], Copyright © WEBER Schraubautomaten GmbH

	Mit Vorloch	Ohne Vorloch
Vorteile	Geringe Formmomente	Entfall der Vorlochoperation
	Geringere Spaltbildung	Erleichterte Positionierung des Werkzeugs
	Besser geeignet für Hochvoltspeicher-Deckelverschraubungen	Konstruktiver Schutz vor Klebstoffaustritt gegeben
	Aufbringen einer Vorspannung möglich	Bessere Krafteinleitung
Nachteile	Vorlochoperation notwendig	Spaltbildung möglich
	Erhöhter Positionieraufwand des Werkzeugs	Höhere Formmomente
	Klebstoffaustritt an der Fügestelle	Bauteilanordnung wichtig
	Schlechte Krafteinleitung	Höhere Fügekräfte und somit Einfluss Roboterperipherie

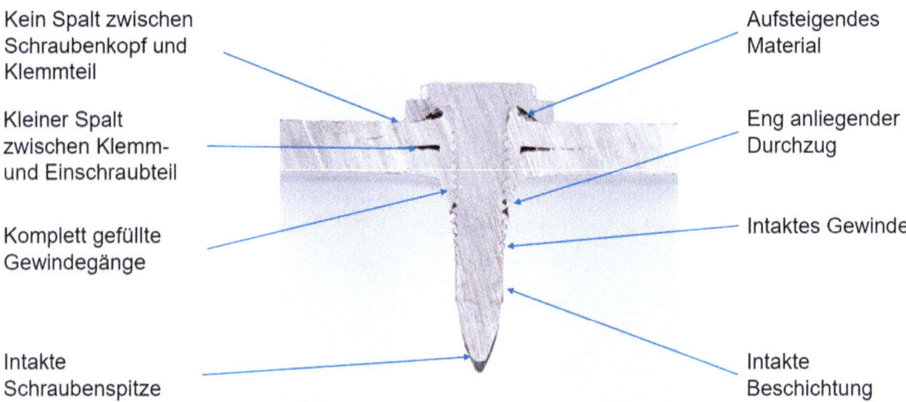

Abb. 5.71 Qualitätskriterien einer FLS-Verbindung [91], Copyright © WEBER Schraubautomaten GmbH

zu einer früheren Schrägstellung der Schraube kommen, was den Versagensmechanismus verändert [90]. Dies kann aber sogar vorteilhaft sein. In der genannten Veröffentlichung zeigen die Autoren, dass es bei einer geringfügig reduzierten Maximalkraft einen deutlich längeren Verformungsweg erfordert, um die Fügepartner zu trennen. Dies ist beispielsweise für crashbelastete Bauteile vorteilhaft. Für Strukturverschraubungen werden daher häufig Verschraubungen mit Vorloch gewählt, um zusätzlich auch die oben genannten Unsicherheiten durch Spaltbildung und schlechte Kopfauflage zu vermeiden. Strukturelle FLS-Verbindungen werden meist zusätzlich als Hybridfügungen in Kombination mit Klebungen angewandt.

Das FLS-Verfahren eignet sich zum Fügen vieler verschiedener Werkstoffe bzw. -kombinationen, wobei das Einschraubteil aus Metall (z. B. Aluminium, Stahl, Magnesium) sein sollte und eine werkstoffabhängige maximale Dicke nicht übersteigen darf. Die Anwendungsgrenzen sind maßgeblich von der Fügeteilfestigkeit und -dicke und dem Fügeelement selbst bestimmt und reichen bis hin zu Stählen mit hohen Festigkeiten. Die Wärmeeinflusszone und der mögliche Entfestigungseffekt sind dabei sehr klein. Das Klemmteil kann aus metallischen oder nichtmetallischen Werkstoffen (z. B. Kunststoff, Faserverbundwerkstoff, usw.) bestehen. Bei nichtmetallischen Werkstoffen sollte ein Vorloch im Klemmteil vorgesehen werden. Sowohl das Einschraub- als auch das Klemmteil können verschiedene Oberflächenzustände aufweisen. Verfahrensbedingt ist die Auslegung einer Verschraubung mit fließlochformenden Schrauben sehr stark abhängig von den Eigenschaften des zu verbindenden Materials und den gewählten Verschraubungsparametern.

Für eine gleichbleibende Qualität der Fügungen muss auch beim FLS-Verfahren sichergestellt sein, dass die Fügepartner während des Schraubprozesses zusammengepresst werden. Aufgrund der einseitigen Zugänglichkeit werden die Kräfte, anders als bei vielen anderen Fügeverfahren, nur einseitig aufgebracht und nicht durch einen C-Rahmen abgestützt. Die Flansch- oder Profilbereiche und deren Aufnahmevorrichtungen müssen daher eine ausreichende Steifigkeit aufweisen, um den im Verschraubungsprozess auftretenden Axialkräften standzuhalten (siehe Abb. 5.72). Dies ist auch wichtig, um ein möglichst senkrechtes Aufsetzen der Schraube im Fügebereich sicherzustellen. Verglichen mit anderen Fügeverfahren werden beim Fließlochschrauben für das Aufbringen der Prozesskräfte deutlich leistungsfähigere Roboter benötigt. Zur Ermittlung der Verschraubungsparameter sind Verschraubungsversuche an Originalbauteilen empfehlenswert, möglichst unter Serienbedingungen.

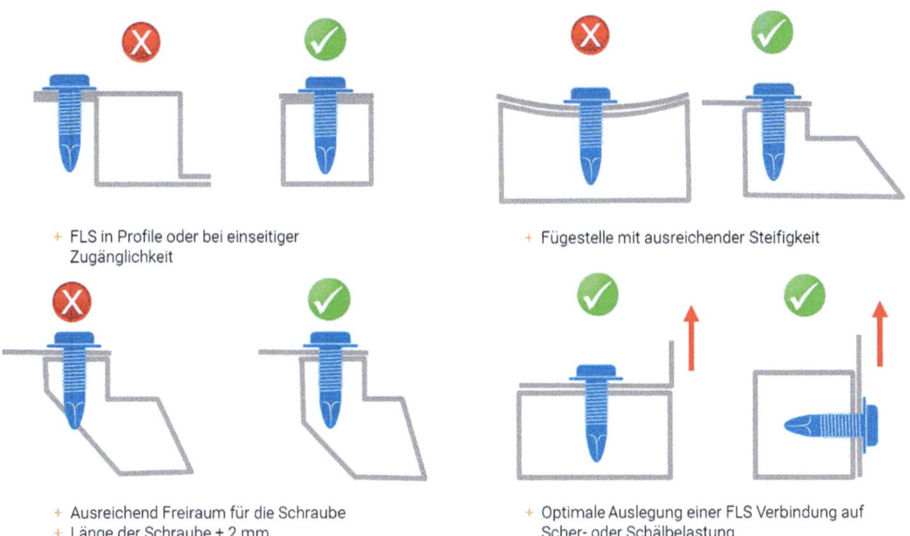

Abb. 5.72 Praktische Hinweise zur Auslegung von FLS-Fügestellen [92], Copyright © WEBER Schraubautomaten GmbH

Neben der vielen Vorteile des Verfahrens, die es grundsätzlich auch für die im nächsten Abschnitt beschriebene Einbindung von Gussteilen qualifizieren, gibt es natürlich auch Nachteile. Zu nennen sind die Fügehilfselemente, also die eigentlichen Schrauben, welche teurer sind als andere, einfachere und kleinere Fügehilfselemente. Bei intensiver Anwendung ist auch das Gewicht der Fügehilfselemente zu nennen, weil in Relation zur eigentlichen Fügeaufgabe ein vergleichsweise schweres und überlanges Fügeelement genutzt werden muss. Eine Entwicklungsrichtung ist daher die Verkleinerung der Schraubengrößen und Gewindedurchmesser.

Neben dem hier ausführlich beschriebenen Verfahren, gibt es weitere Fügeverfahren, welche eine nur einseitige Zugänglichkeit erfordern. Beispielhaft ist hier das RIVTAC®-Hochgeschwindigkeits-Bolzensetzen zu nennen, bei welchem nagelähnliche Fügehilfselemente Verwendung finden. Auch das oben schon erwähnte Rührreibschweißen kann bei einseitiger Zugänglichkeit eingesetzt werden, wenn das untenliegende Bauteil gewissen Mindestanforderungen bezüglich Steifigkeit und Wandstärken genügt.

5.6.4 Fügetechniken für die Integration von Gussbauteilen

Aluminiumgussteile, meist als Druckguss, aber auch als Kokillenguss werden in heutigen Fahrzeugstrukturen des Premium- und Mittelklassesegments eingesetzt, um effektiven Leichtbau durch den Einsatz eines Leichtmetalls, Funktionsintegration (Wegfall von Fügeflanschen), Gestaltoptimierung und lastgerechte Anpassung von Wandstärken zu ermöglichen. Ein Trend hierbei ist, immer größere Strukturbereiche, meist in nicht oder wenig crashbelasteten Knotenbereichen (z. B. Federbeindome, Stirnwandbereiche, Übergang von Bodenstruktur zu Heck) in wenigen Gussteilen zusammenzufassen. Dabei müssen diese komplexen Teile in eine heterogene Umgebungsstruktur aus Aluminiumblechen, häufiger aber Stahlblechen und teilweise auch aus Extrusionsprofilen eingebunden werden. Bedingt durch die Bauweise verfügen Gussteile Flansch- und Fügebereiche mit wechselnden Wandstärken. Teilweise befinden sich auf der Rückseite eines Fügebereiches auch Butzen oder Rippen, sodass nicht immer eine zweiseitige Zugänglichkeit gegeben ist.

Benötigt werden also Fügetechniken, welche in der Lage sind, Aluminiumguss mit Stahl- und Aluminiumblech zu fügen und dabei Anpassungsmöglichkeiten an wechselnde Wandstärken bieten. Im Falle einer nur einseitigen Zugänglichkeit kann auf das oben beschriebene Verfahren des Fließlochschraubens zurückgegriffen werden. Bei zweiseitiger Zugänglichkeit hat sich das sogenannte Halbhohlstanznieten bewährt. Beim Stanznieten mit Halbhohlstanzniet wird das Fügehilfselement in einem ununterbrochenen Fügevorgang durch das stempelseitige Fügeteil gestanzt und das matrizenseitige Fügeteil mithilfe der Niet- und Matrizengeometrie umgeformt. Zwischen dem Nietkopf und dem aufgespreizten Nietschaft wird ein spaltfreier Formschluss erzeugt. Das axiale und radiale Verpressen des Halbhohlstanzniet sorgt zusätzlich für einen Kraftschluss. Der Setzprozess ist in Abb. 5.73 schematisch dargestellt.

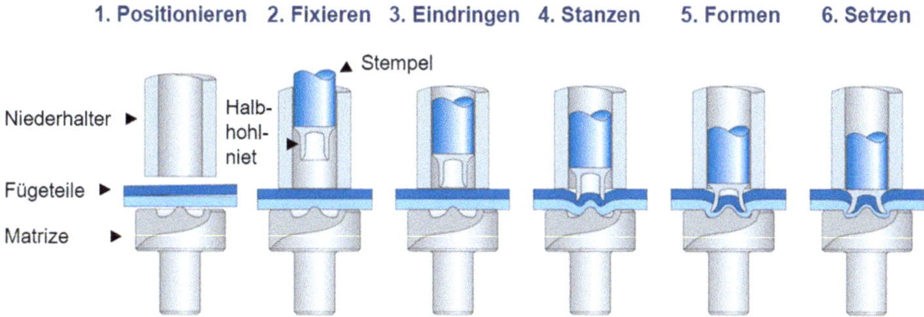

Abb. 5.73 Setzprozess beim Halbhohlstanznieten [93], Copyright © Wilhelm Böllhoff GmbH & Co. KG

Vorteilhafte Eigenschaften des Verfahrens sind, dass im Gegensatz zum Punktschweißen von Aluminium hoch- und dauerschwingfeste Fügeverbindungen möglich sind. Der Prozess erfordert kein Vorlochen und es können flüssigkeits- und gasdichte Verbindungen hergestellt werden [93]. Zudem erfolgt die Fügung ohne Wärmeeinfluss, sodass die Festigkeitseigenschaften der Materialien erhalten bleiben. Der gut automatisierbare Stanznietprozess ermöglicht die erforderlichen Mischverbindungen von Stahl- und Aluminium. Zudem können durch Anpassung von Matrize (Matrizenkontur, -tiefe und -durchmesser) und Stanzniet (Werkstoff, Härte, Oberfläche, Kopfform, Schaftlänge- und -durchmesser) unterschiedlichste Verbindungsvarianten auch mit mehreren Lagen realisiert werden. Abb. 5.74 zeigt Beispiele unterschiedlicher Blech-Werkstoff-Kombinationen und die dabei erreichbaren Festigkeiten.

Wichtigster Parameter für die späteren Verbindungseigenschaften ist der erzeugte Hinterschnitt, der ausreichend groß sein muss, um die Fügeteile form- und kraftschlüssig zu verbinden. Zudem ist es wichtig, eine Restbodendicke unter dem Niet zu haben. Um diesen Anforderungen gerecht zu werden, gelten für die Konstruktion der Verbindung die beiden Faustregeln „von dünn zu dick“ und „von hart zu weich“. Das bedeutet, dass für eine optimale Verbindung das dickere und weichere Material auf der Unterseite liegen sollte. Bei der Verbindung von Blechen mit einem Gussteil stellt üblicherweise das Gussteil die Unterseite der Fügung dar. Der matrizenseitige Fügepartner erfordert für die Umformung eine Mindestduktilität. Als oberer Fügepartner können mit Spezialnieten, wie dem RIVSET® HDX selbst Stahlbleche mit Festigkeiten von 1600 MPa gefügt werden [93].

In einer Karosserie mit integrierten Gussteilen kommt es, wie auch bei der Stahlschalenbauweise zu Änderungen der Blechlagenanzahl entlang von Flanschen. Zudem sind bei Verbindungen zwischen Blechen und Gussteilen (siehe Abb. 5.75) größere Bauteildickentoleranzen zu erwarten. Theoretisch könnte mit dem Halbhohlstanznietverfahren für jeden einzelnen Fügepunkt eine optimale Niet- und Matrizengeometrie entwickelt werden. In der Praxis werden jedoch zulässige Blech- und Bauteildickenbereiche definiert, sodass mit einer geringen Anzahl von Nietvarianten möglichst viele Fügepunkte rea-

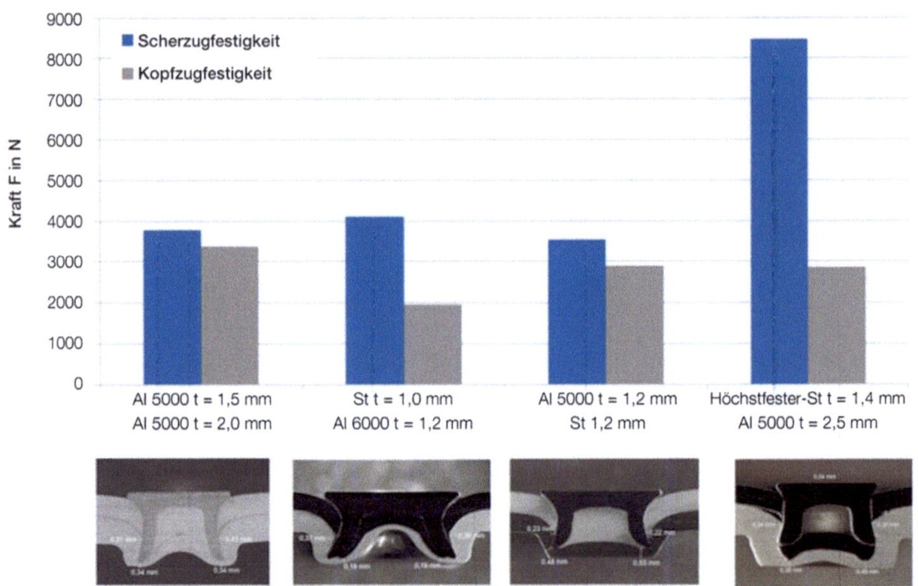

Abb. 5.74 Beispiele für Festigkeiten unterschiedlicher Fügepaarungen und Nietgeometrien [93], Copyright © Wilhelm Böllhoff GmbH & Co. KG

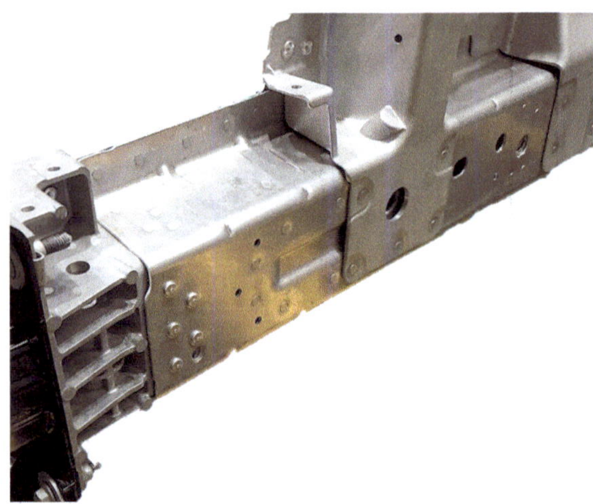

Abb. 5.75 Stanznietverbindungen von Blechschalen und Aluminiumgussteil [94], Copyright © DLR

lisiert werden können. Der einzelne Fügepunkt erreicht dabei meist nicht die optimalen Eigenschaften, die Funktion ist aber bei besserer Wirtschaftlichkeit dennoch gegeben.

Das Halbhohlstanznieten lässt sich gut mit den oben beschriebenen Klebeverfahren kombinieren. Zu berücksichtigen ist dabei, dass durch den Schmierungseffekt des nicht ausgehärteten Klebstoffs sich die Fügeparameter gegenüber der ungeklebten Variante verändern.

5.6.5 Zusammenfassung

Fügetechnische Lösungen sind klassische Enabler-Technologien. Sie ermöglichen neue Bauweisen und Materialkombinationen und sind daher wesentlicher Baustein, um im Fahrzeugbau technischen Fortschritt bei leichteren, höherfesten oder neuen Materialien umzusetzen. Die in diesem Kapitel beschriebenen Zusammenhänge zwischen Bauweisen und Beispielen von ausgewählten, aber jeweils sehr relevanten Fügetechniken, sollen Entwicklungsingenieuren Einblicke in Problemstellungen und mögliche Lösungsansätze geben, ohne dabei die Breite und Tiefe von Spezialliteratur zu beanspruchen. Die dankenswerterweise in den Einzelthemen mit Bildmaterial und Information unterstützenden Unternehmen (siehe Quellenverzeichnis) bieten zusammen mit anderen Vertretern der Fügetechnikbranche ein weit darüber hinausgehendes Angebot an spezifischen Fügetechniklösungen.

5.7 Forschungsthema: Ring-Struktur/Sandwichbauweise

Michael Kriescher

5.7.1 Umfeld und Motivation für ein neues Leichtfahrzeug

Am Institut für Fahrzeugkonzepte des Deutschen Zentrums für Luft- und Raumfahrt (DLR) wurde im Rahmen des Verbundforschungsprojektes Next Generation Car (NGC) das sehr leichte Fahrzeugkonzept Safe Light Regional Vehicle (SLRV) entwickelt. Die Struktur des Fahrzeugs soll trotz ihres geringen Gewichts in der Lage sein, wesentliche Crashlastfälle wie z. B. Frontal-, Seiten-, oder Pfahlaufprall zu bestehen. Vergleiche und Bewertungen verschiedener Bauweisen führten zur Entwicklung eines Strukturkonzeptes, das die konsequente Anwendung von Hybridwerkstoffen in einer Sandwichbauweise beinhaltet, sodass sich eine leichte Struktur ergibt, die aus vergleichsweise wenigen, einfach geformten Bauteilen besteht. Dies führt zu einem Karosseriegewicht von nur 90 kg, bei gleichzeitig sehr guten Crasheigenschaften. Das Verhalten dieser Karosserie bei verschiedenen Crashlastfällen wurde durch FE-Simulationen sowie durch statische und dynamische Versuche untersucht.

Auf Basis der Karosserie in Sandwichbauweise wurde ein Forschungsfahrzeug aufgebaut, um die Eigenschaften der Sandwichstruktur im Betrieb zu testen.

5.7.2 Projektziele

Die Realisierung batterieelektrischer Fahrzeuge mit mittlerer bis hoher Reichweite führt zu großen und schweren Fahrzeugen, vor allem aufgrund der geringen spezifischen Speicherkapazität aktueller Batteriesysteme. Das Forschungsprojekt Next Generation Car (NGC) adressierte unter anderem diese Problematik. Im Teilprojekt Safe Light Regional Vehicle wurde ein sehr leichtes, aerodynamisch günstiges Fahrzeug als Forschungsdemonstrator entwickelt, das geringe Fahrwiderstände und damit einen geringen Energiebedarf aufweist. Da, je nach Fahrzyklus, zwischen 40 bis 93 % des Energiebedarfs gewichtsabhängig sind (Abb. 5.76), ist ein geringes Fahrzeuggewicht hierbei ein wesentlicher Faktor.

Um trotz des geringen Gewichtes eine Reichweite von 400 km zu erzielen, wurde das Fahrzeug mit einem Brennstoffzellen-Batterie-Hybridantrieb ausgelegt. Die Höchstgeschwindigkeit beträgt 120 km/h.

Ein wesentliches Projektziel war es, trotz des sehr geringen Karosseriegewichtes von nur 90 kg eine Crashsicherheit zu erreichen, die weitgehend dem Stand der Technik entspricht. Das Crashverhalten wurde durch zwei ausgewählte Versuche untersucht (vgl. Abschn. 5.1.6). Dabei sollen die Kosten für die Herstellung der Karosserie durch die Verwendung weniger, relativ einfach geformter Bauteile aus konventionellen Werkstoffen gering gehalten werden.

5.7.3 Karosseriekonzept

Um die Projektziele zu erreichen, wurde eine sehr leichte Karosseriestruktur entwickelt, die nahezu vollständig aus Sandwichelementen besteht. Die Verwendung teurer Werkstoffe wie carbonfaserverstärkte Kunststoffe (CFK) wurde vermieden. Stattdessen wurden Sandwichstrukturen mit metallischen Decklagen für die wesentlichen Strukturbauteile verwendet. Für einen Großteil der Bauteile wurden Decklagen aus Aluminium EN-AW 6082 T6 und

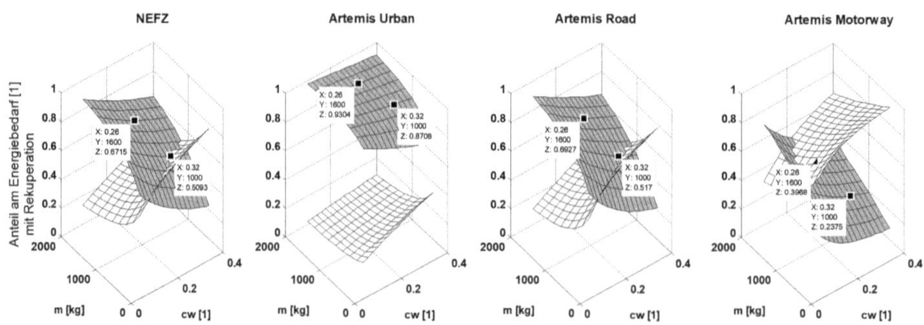

Abb. 5.76 Anteil der Fahrwiderstände am Energiebedarf von zwei verschiedenen Elektrofahrzeugen, bei unterschiedlichen Fahrzyklen; Summe von Roll- und Beschleunigungswiderstand (grau) und Luftwiderstand (weiß) aus [96], Copyright © DLR e.V.

Schaumkerne aus PET-Schaum mit einer Dichte von 60 kg/m^3 verwendet. Diese Kombination führt aufgrund der vergleichsweise geringen Dichte von Kern und Decklagen zu einer leichten Struktur, die dennoch gute Crasheigenschaften aufweist (vgl. [100]). Für Strukturen, die im Crashfall hohe Dehnungen aufweisen wurden dagegen Edelstahl 1.4301 2H als Decklagen und PU-Schaum mit einer Dichte von 350 kg/m^3 verwendet.

Für das Fügen der Bauteile wurde der Karosserieklebstoff Dow Betamate 2096 verwendet. Bei Vorversuchen an kastenförmigen Sandwichstrukturen zeigte dieser Klebstoff eine hohe Festigkeit, sowie eine ausreichende Dehnbarkeit um den Zusammenhalt der Strukturen auch bei hohen Deformationen zu gewährleisten (vgl. [100])

Sandwichbauteile wurden bislang selten im Automobilbau eingesetzt, da sie normalerweise nur für kastenförmige Strukturen mit geraden Wänden angewandt werden [95].

Das Konzept des SLRV besteht hingegen im Bereich der Bodenwanne aus dreidimensional geformte Sandwichbauteilen, die im oberen Teil mit einer mit Schaum gefüllte Ringstruktur abschließen, sodass eine metallische Monocoque-Struktur entsteht. Im Bereich von Vorder- und Hinterwagen werden dagegen kastenförmige Strukturen aus geraden, kostengünstigeren Platten verwendet (Abb. 5.77).

Die Karosserie ist so gestaltet, dass ihre Herstellung nur wenige Werkzeuge und damit vergleichsweise geringe Investitionskosten erfordert. Für eine Stückzahl von 50.000 pro Jahr wurden Herstellungskosten für die Karosserie von 600 € abgeschätzt [101].

5.7.4 Wirkungsweise des ringförmigen Trägers

Durch 3-Punkt-Biegeversuche an mit leichten Kernen gefüllten Metallhybridträgern konnte nachgewiesen werden, dass sich die gewichtsspezifische Energieabsorption gegen-

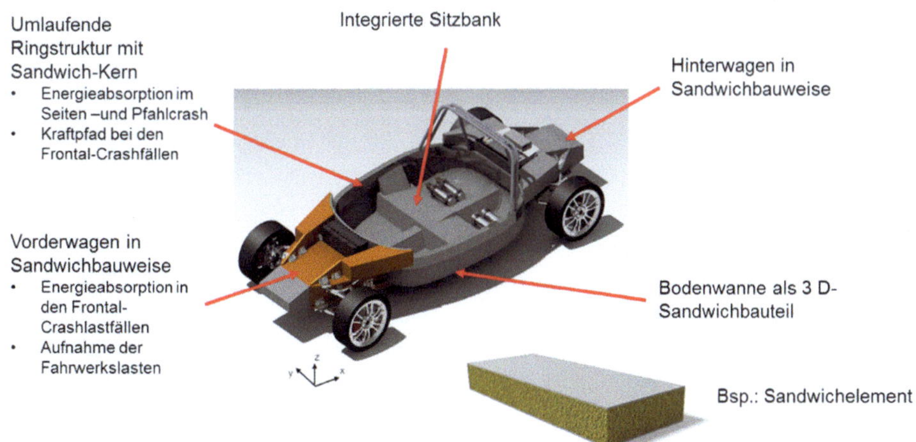

Abb. 5.77 Karosserie in Sandwichbauweise, rechts Sandwichplatte aus metallischen Deckschichten mit Kern aus Kunststoffschaum, Copyright © DLR e.V.

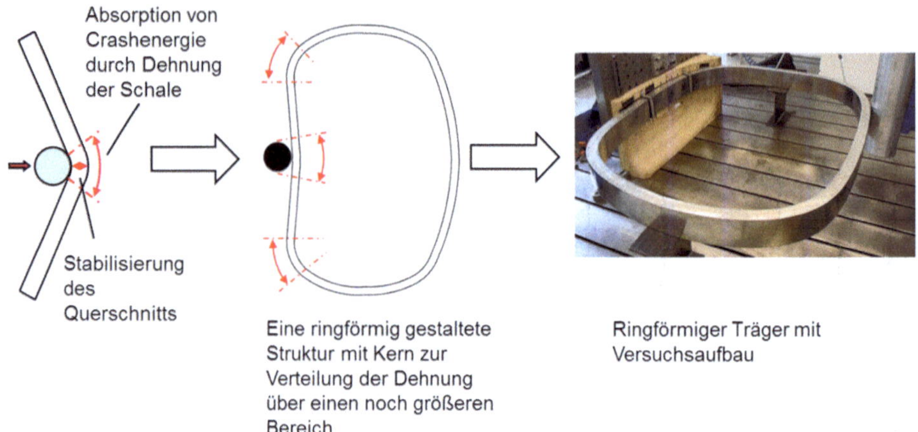

Abb. 5.78 Wirkungsweise des ringförmigen Trägers und Versuchsaufbau, Copyright © DLR e.V.

über einem Hohlprofil um den Faktor 3 steigern lässt [97]. Der leichte Kern verhindert das Beulen des Trägers während des Biegevorgangs und führt dazu, dass ein vergleichsweise großer Bereich des Trägers gleichmäßig deformiert wird (Abb. 5.78). Dieses Prinzip lässt sich auf die in Abschn. 5.1.3 beschriebene Ringstruktur des SLRV erweitern, die durch Ihre abgerundete Form zu einer noch größeren Verteilung der Dehnung führt. Dadurch wirkt diese Struktur sowohl als Lastpfad in allen wesentlichen Lastfällen als auch als Energieabsorber für seitliche Crashlastfälle wie den Pfahlcrash.

5.7.5 Ergebnisse der Crashsimulationen

Um wesentliche Crasheigenschaften der Karosserie zu validieren, wurden verschiedene Crashlastfälle mit dem FE-Programm LS-DYNA simuliert:

- US NCAP Frontalaufprall, 56 km/h
- Euro NCAP ODB-Aufprall (Offset Deformable Barrier Crash), 64 km/h
- Euro NCAP Pfahlaufprall, 29 km/h
- Euro NCAP Seitenaufprall, 950 kg, 50 km/h

Es wurde ein Berechnungsmodell der Karosserie des SLRV für LS-Dyna erstellt. Um die Crashsicherheit der Karosserie zu bewerten, wurden die auftretenden Intrusionen mit den Intrusionen an einer, in konventioneller Metallschalenbauweise aufgebauten, Referenzkarosserie verglichen, die den Stand der Technik repräsentiert und ein Gewicht von 260 kg aufweist.

Im Gegensatz zu einer Fahrgastzelle in Metallschalenbauweise kommt es bei der metallischen Sandwichstruktur des SLRV nicht zu einem Beulen oder Knicken der Struktur.

Dies ist auf die Stützwirkung der Sandwichkerne zurückzuführen, die ein frühes Beulen der metallischen Außenhaut verhindern. Verglichen mit der Referenzkarosserie nach dem Stand der Technik sind die Intrusionen der SLRV-Karosserie bei Seiten- und Pfahlaufprall geringer (Tab. 5.5). Lediglich beim Euro NCAP ODB-Aufprall treten etwas höhere Intrusionen auf.

Insbesondere beim Pfahlaufprall zeigt die Simulation eine vergleichsweise geringe Intrusion, mit einem gleichmäßigen Beschleunigungsverlauf (Abb. 5.79). Besonders bei diesem Lastfall kommt die Stützwirkung der Sandwichkerne zum Tragen. Im Falle der Ringstruktur verhindert eine Füllung mit PU-Schaum erfolgreich ein Kollabieren des Profils, sodass die in Abschn. 5.1.4 beschriebene Wirkungsweise wie erwartet eintritt.

5.7.6 Versuchsergebnisse

Eine Herausforderung bei der Crashsimulation von Sandwichstrukturen ist die Modellierung des Versagensverhaltens der Materialkombination, insbesondere im Hinblick auf die Kerne sowie die Fügestellen. Wie in Abschn. 5.1.3 beschrieben, besteht die Karosserie hauptsächlich aus Sandwichbauteilen mit Kernen aus Kunststoffschaum, die durch Verkleben gefügt werden. Versuche an Proben und Bauteilen sind daher für die Beurteilung des Crashverhaltens sowie für einen Abgleich von Simulation und Realität notwendig.

Tab. 5.5 Maximale Intrusion der SLRV-Karosserie im Vergleich zu einer Referenzkarosserie nach dem Stand der Technik

Lastfall	Max. Intrusion SLRV-Karosserie [mm]	Max. Intrusion Referenzkarosserie [mm]
Euro NCAP ODB-Aufprall	102	84
Euro NCAP Seitenaufprall	155	211
Euro NCAP Pfahlaufprall	206	381

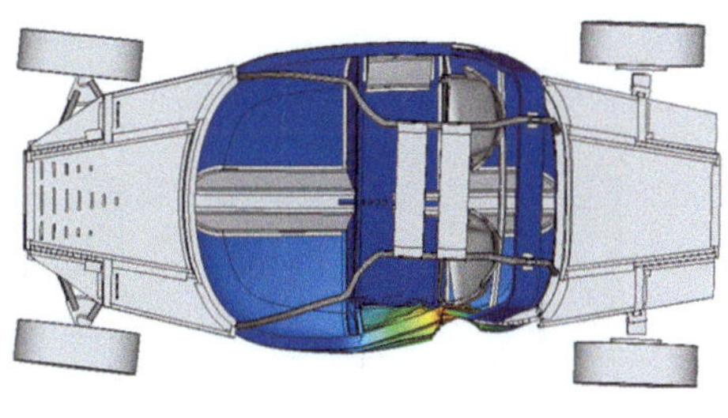

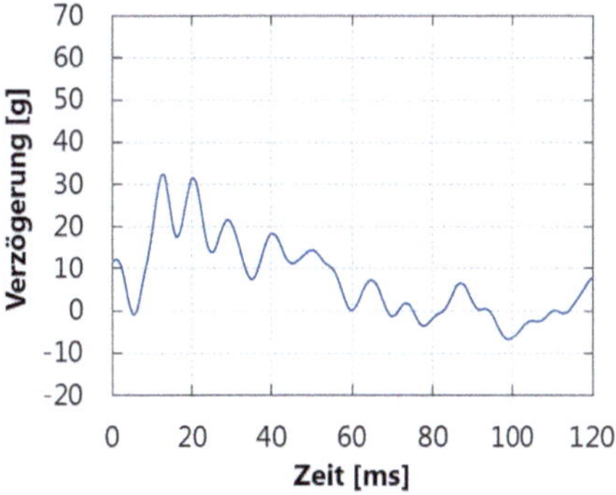

Abb. 5.79 Deformation der Karosserie und Verzögerungs-Zeit-Kurve, Euro NCAP Pfahlaufprall, Copyright © DLR e.V.

5.7.7 Quasistatische Versuche an Ringstrukturen

Auf dem Hydraulischen Prüffeld des Institutes für Fahrzeugkonzepte wurden quasistatische Eindrückversuche an Ringstrukturen durchgeführt. Für die Versuche wurde ein zylindrischer Prüfkörper mit einem Durchmesser von 254 mm eingesetzt. Die Position wurde so gewählt, dass sie dem Aufprallpunkt eines Euro-NCAP-Pfahlaufpralls entspricht. Als Gegenlager wurde eine der Ringkontur angepasste Holzform verwendet, um eine möglichst gleichmäßige Kraftabstützung zu gewährleisten.

Der Versuch ergibt eine gleichmäßige Kraft-Weg-Kurve mit einem Kraftniveau von ca. 18 kN (Abb. 5.80). Analysen der FE-Rechnungen haben ergeben, dass, bei einer mittleren Gesamtkraft von 60 kN, die während des Deformationsvorgangs entsteht, ca. 1/3 der Kraft von der Ringstruktur aufgenommen werden muss. Somit ist eine ausreichende Energieabsorption des Bauteils im Crashfall zu erwarten.

5.7.7.1 Crashversuche mit Karosserien

Um das Zusammenwirken sämtlicher Bauteile innerhalb der Karosserie zu untersuchen, wurden auf der Crashanlage des DLR Institutes für Fahrzeugkonzepte zwei Crashversuche mit jeweils einer kompletten Karosserie durchgeführt, ein Pfahlaufprall nach EURO-NCAP und ein Frontalaufprall nach US-NCAP.

Da die Lieferfähigkeit für einige der im Konzept spezifizierten Werkstoffe eingeschränkt war, musste beim Aufbau der Karosserien für die Crashversuche auf andere Werkstoffe zurückgegriffen werden (Tab. 5.6).

Dadurch erhöhte sich das Gewicht der der getesteten Karosserien auf 115 kg, im Vergleich zu 90 kg für die CAD-Konstruktion.

Das Institut für Fahrzeugkonzepte in Stuttgart verfügt über eine Schlittenanlage für dynamische Tests an größeren Bauteilen bzw. Baugruppen, die für die Durchführung der Versuche verwendet wurde. Die Anlage besteht aus zwei Crashschlitten die durch ein Schienensystem geführt werden, sodass sie nur in Längsrichtung beweglich sind (Abb. 5.81). Schlitten 1 kann mit einem Pressluftzylinder, bei 1300 kg Gesamtgewicht, auf maximal 64 km/h beschleunigt werden.

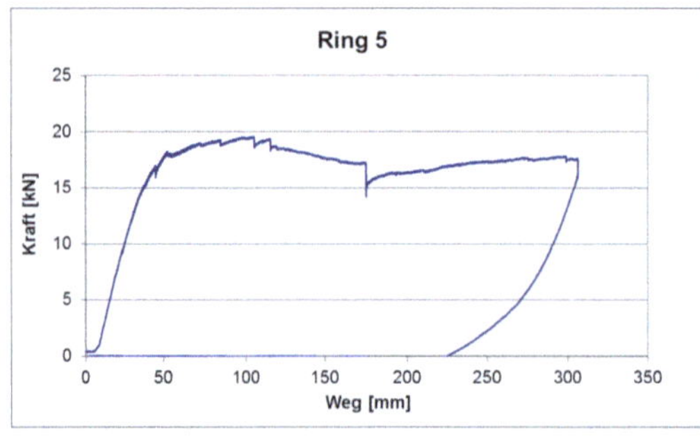

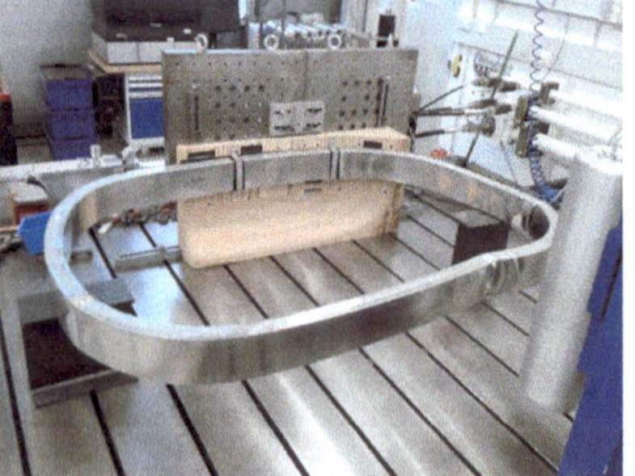

Abb. 5.80 Quasistatischer Eindrücktest an einem mit PU-Schaum gefüllten Ring, Copyright © DLR e.V.

Tab. 5.6 Gewichtserhöhung der Karosserie durch die Verwendung alternativer Werkstoffe

Baugruppe	SLRV Karosserie, Konstruktionsstand		SLRV Karosserie, Abweichungen bei der Herstellung der Prototypen	
	Material	[mm] bzw. [kg/m³]	Material	[mm] bzw. [kg/m³]
Bodenwanne	Aluminium 6082 T6	0,5 mm	Aluminium 6016 R	0,9 mm
Schaumkern in der Wanne	PET-Schaum	60 kg/m³	PET-Schaum, Epoxid-Schaum	60 kg/m³ + 170 kg/m³
Ringförmiger Träger	Aluminium 6082 T6	2 mm	Edelstahl 1.4301	1 mm
Schaumkern im ringförmigen Träger	PU-Schaum	200 kg/m³	PU-Schaum	350 kg/m³
Gewicht	90 kg		115 kg	

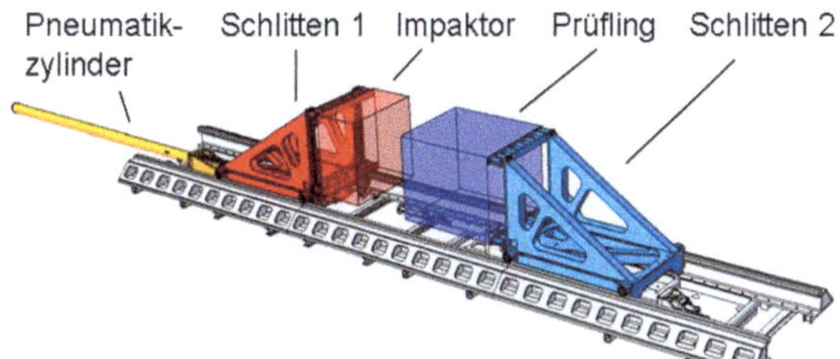

Abb. 5.81 Aufbau der Crashanlage des Institutes für Fahrzeugkonzepte, Copyright © DLR e.V.

Somit können Karosseriebaugruppen für leichte Fahrzeuge unter realistischen Bedingungen getestet werden. Die beim Crash entstehenden Reaktionskräfte werden aus der gemessenen Verzögerung und dem Gewicht von Schlitten 1 ermittelt. Die Crashvorgänge werden außerdem mit mehreren High-speed-Kameras gefilmt, die Bildrate liegt dabei bei 1000 Bildern pro Sekunde.

5.7.7.2 Versuchsaufbau Pfahlaufprall

Entsprechend der EURO-NCAP-Prüfvorschrift seit 2015 trifft das Fahrzeug schräg auf den Pfahl, sodass die Längsachse des Fahrzeugs einen Winkel von 75° zur Achse der Bewegungsrichtung bildet. Bei dieser Konfiguration ist mit einer deutlichen Drehung bzw. mit einem Abgleiten der Karosserie zu rechnen, was mit der vorhandenen Schlittenanlage nicht abgebildet werden kann, da die Schlitten fest auf den Schienen der Anlage geführt sind. Daher wurde für den hier beschriebenen Versuch die vor 2015 gültige Prüfvorschrift verwendet, bei der das Fahrzeug mit 29 km/h unter einem Winkel von 90° zu seiner Längsachse auf den Pfahl trifft (Abb. 5.82). Als Fahrzeuggewicht werden 530 kg angenommen. Dies entspricht einer Zuladung von 120 kg.

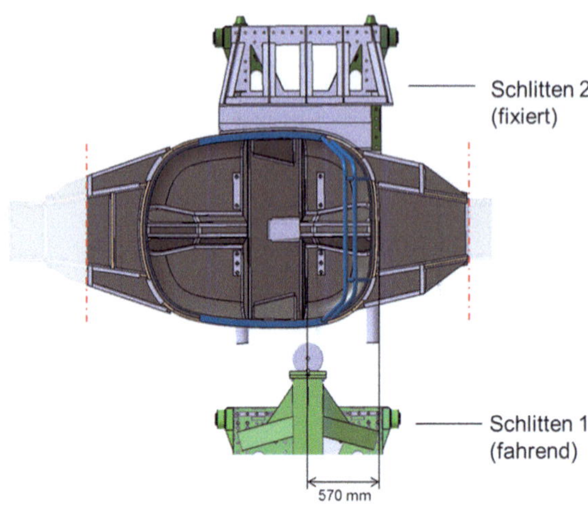

Abb. 5.82 Versuchsaufbau Pfahlcrash, Copyright © DLR e.V.

Tab. 5.7 Vergleich von Masse und Geschwindigkeit im Pfahlcrash, bei gleicher Aufprallenergie

	Masse [kg]	Geschwindigkeit [m/s]	Geschwindigkeit [km/h]	Energie [kJ]
SLRV	530	8,06	29,00	17,20
Werte im Versuch	748,40	6,8	24,48	17,30

5.7.7.3 Versuchsdurchführung Pfahlaufprall

Die kinetische Energie des SLRV beim Pfahlaufprall, bei 530 kg Fahrzeugmasse und 29 km/h Aufprallgeschwindigkeit, beträgt 17,2 kJ. Aufgrund des höheren Gewichtes des Impaktorschlittens der Crashanlage musste beim Crashversuch eine etwas geringere Geschwindigkeit von 24,4 km/h verwendet werden, um die gleiche Aufprallenergie zu erreichen (Tab. 5.7).

5.7.7.4 Versuchsergebnisse des Pfahlaufpralls und Vergleich mit der FE-Simulation

Die Karosserie zeigte während des Pfahlaufpralls ein gleichmäßiges Deformationsverhalten ohne großen Kraftabfall (Abb. 5.83 und 5.84). Zu Beginn der Deformation ergab sich ein gutes Verformungsbild. Es kam allerdings im weiteren Verlauf der Verformung zu einem Ablösen der Klebeverbindungen an der Verklebung von Bodenwanne und Ringstruktur, sowie an der Abstützung der Sitzbank an der Ringstruktur. Dieses Ablösen der Klebeverbindung konnte in Crashsimulationen des Pfahlversuchs (Abb. 5.85) nicht dargestellt werden und führte zu einer Intrusion, die mit 280 mm deutlich höher war, als die durch FE-Simulation berechnete Intrusion von 160 mm.

Es wurde daher ein neues Klebstoffmodell entwickelt, dass in seinem Versagensverhalten deutlich besser mit dem Versuch übereinstimmt (Abb. 5.86). Die Intrusion liegt mit dem neuen Klebstoffmodell bei 230 mm und damit wesentlich näher am Versuchsergebnis.

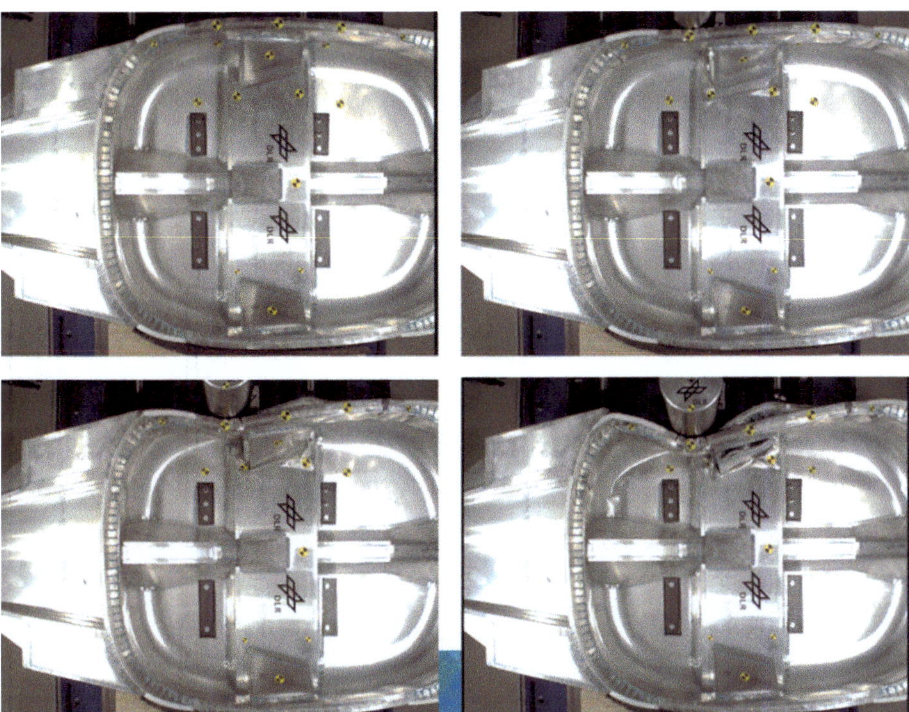

Abb. 5.83 Deformationsverhalten der Karosserie beim Pfahlcrash, 0–280 mm Intrusion; Ansicht von oben, Copyright © DLR e.V.

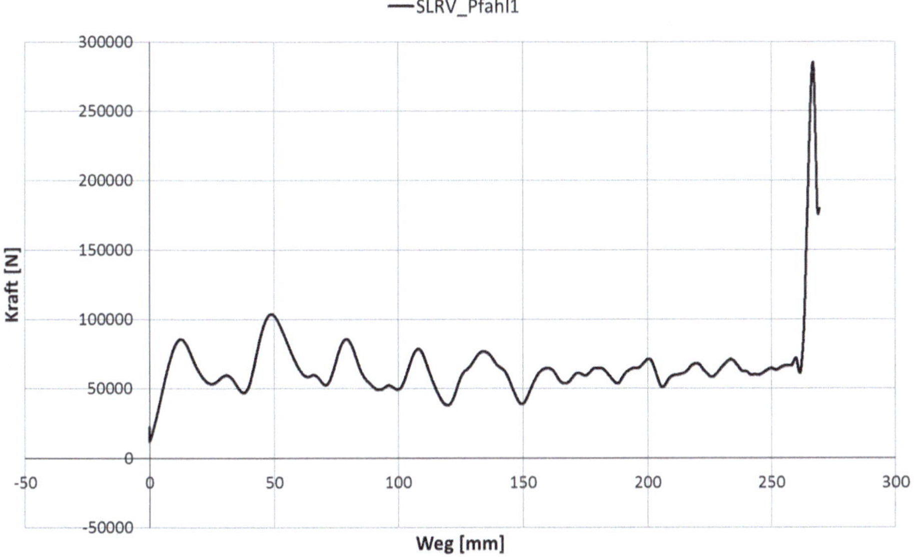

Abb. 5.84 Kraft-Weg-Kurve des Pfahlaufpralls, Intrusion 280 mm, Copyright © DLR e.V.

Abb. 5.85 Simulation des Pfahlaufpralls, Intrusion 160 mm, Copyright © DLR e.V.

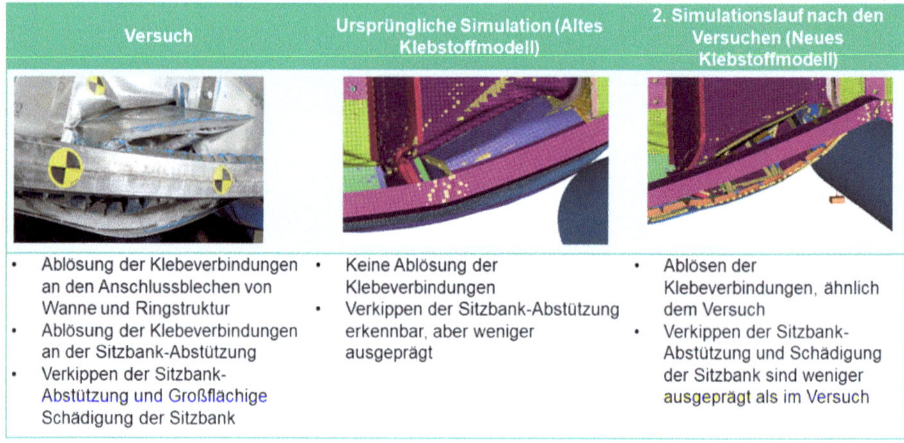

Versuch	Ursprüngliche Simulation (Altes Klebstoffmodell)	2. Simulationslauf nach den Versuchen (Neues Klebstoffmodell)
• Ablösung der Klebeverbindungen an den Anschlussblechen von Wanne und Ringstruktur • Ablösung der Klebeverbindungen an der Sitzbank-Abstützung • Verkippen der Sitzbank-Abstützung und Großflächige Schädigung der Sitzbank	• Keine Ablösung der Klebeverbindungen • Verkippen der Sitzbank-Abstützung erkennbar, aber weniger ausgeprägt	• Ablösen der Klebeverbindungen, ähnlich dem Versuch • Verkippen der Sitzbank-Abstützung und Schädigung der Sitzbank sind weniger ausgeprägt als im Versuch

Abb. 5.86 Versagensverhalten mit einem Verbesserten Klebstoffmodell im Vergleich mit dem ursprünglichen Modell und dem Versuch aus [99], Copyright © DLR e.V.

Mithilfe des optimierten Berechnungsmodells konnten anschließend Maßnahmen identifiziert werden, um das Deformationsverhalten entscheidend zu verbessern (Abb. 5.87). Dabei wurde im ersten Schritt die Sitzbankabstützung weggelassen, sodass keine scharfkantigen Teile mehr in den Innenraum ragen. Im zweiten Schritt wurde die Überlappungslänge der Verklebung zwischen Bodenwanne und Ring erhöht, um ein Ablösen der Verklebung zu verhindern. Außerdem wurde die Sitzbank verbreitert. Beides führt zu einer Reduzierung der Intrusion von 230 mm auf 205 mm und verhindert die Entstehung scharfkantiger Teile im Innenraum.

Variante	Maßnahmen	Deformationsbild	Ergebnis	Intrusion [mm]
1	Wie getestet, verbessertes Klebstoffmodell, verbessertes Schaummodell		Ablösung von Klebestellen an Sitzbank und Bodenwanne, Eindringen der Sitzbankabstützung in die Sitzbank, Auftreten von scharfkantigen Stellen an der Sitzbankabstützung	230
2	Weglassen der Sitzbankabstützung		Intrusion leicht verringert, teilweise Ablösung an der Fahrgastzelle keine scharfkantigen Stellen im Innenraum	220
3	Erhöhung der Überlappungslänge der Verklebung zwischen Sitzbank und Bodenwanne, Verbreiterung der Sitzbank nach hinten		Intrusion weiter verringert, keine Ablösung der Klebestellen	205

Abb. 5.87 Maßnahmen zur Verbesserung des Deformationsverhaltens der Fahrgastzelle, Copyright © DLR e.V.

Abb. 5.88 Versuchsaufbau Frontalaufprall, links Schlitten 2 (fixiert), rechts Schlitten 1 (fahrend), Copyright © DLR e.V.

5.7.7.5 Versuchsaufbau Frontalaufprall nach US NCAP

Beim Frontalaufprall nach US-NCAP trifft das Fahrzeug mit 56 km/h auf eine feststehende, nicht deformierbare Barriere [115]. Das Ziel dieses Versuches ist es, das Deformationsverhalten des Vorderwagens, in Zusammenhang mit dem Fahrwerk, sowie die strukturelle Integrität der Fahrgastzelle zu untersuchen.

Die Karosserie wird fest mit Schlitten 2 verbunden, der im Versuch fest stehen bleibt. Die Barriere, eine nicht deformierbare Platte, wird auf Schlitten 1 montiert (Abb. 5.88), der im Versuch beschleunigt wird, und mit der eingestellten Aufprallgeschwindigkeit auf die fest stehende Karosserie trifft. Die Verbindung der Karosserie mit dem Schlitten 2 erfolgt sowohl durch eine flächige Abstützung am Hinterwagen, als auch durch mit dem Fahrzeugboden verschraubte Platten.

5.7.7.6 Versuchsdurchführung Frontalaufprall

Aufgrund der kurzen Beschleunigungsstrecke des Impaktorschlittens sind hohe Beschleunigungen notwendig, um die gewünschte Crashenergie zu erreichen. Damit diese Beschleunigungen nicht zu einem realitätsfernen Lastfall und damit vorzeitigen Abreißen des Fahrwerks führen, wird in diesem Versuch die Barriere, und nicht das Fahrzeug, beschleunigt.

Wie beim Pfahlaufprall ist auch bei diesem Versuch die Masse des Schlittens größer als die Masse des SLRV, daher muss die Aufprallgeschwindigkeit von 56 km/h auf 44,85 km/h reduziert werden, um die gleiche Aufprallenergie zu erhalten.

Die tatsächlich gemessene Geschwindigkeit betrug 47,88 km/h, dadurch wurde die Karosserie mit einer um 14 % höheren Energie beaufschlagt als nach der Euro-NCAP-Norm gefordert ist Tab. 5.8.

5.7.7.7 Verhalten der Fahrzeugstruktur beim Frontalaufprall

Das Verhalten der Struktur beim Frontalaufprall kann grob in 4 Phasen unterteilt werden, die durch die entsprechenden Strukturabschnitte im Aufbau der Vorderwagenstruktur zustande kommen (Abb. 5.89).

Tab. 5.8 Vergleich von Masse und Geschwindigkeit im Frontalcrash, bei gleicher Aufprallenergie

	Masse [kg]	Geschwindigkeit [m/s]	Geschwindigkeit [km/h]	Energie [kJ]
SLRV	530	15,56	56,00	64,12
Werte im Versuch	826,40	13,30	47,88	73,09

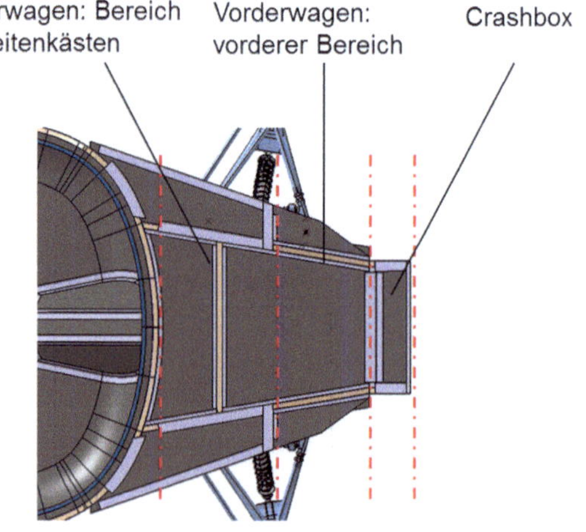

Abb. 5.89 Aufteilung des Vorderwagens in verschiedene Crashzonen, Copyright © DLR e.V.

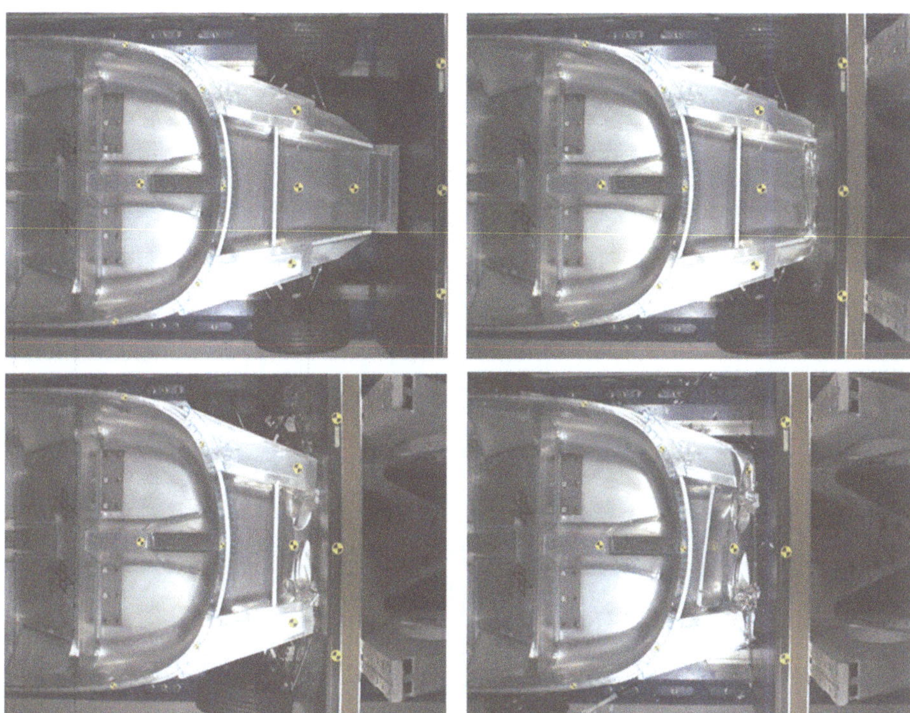

Abb. 5.90 Verhalten der Karosserie des SLRV beim Frontalcrash, Phase 1–4, Copyright © DLR e.V.

In der ersten Phase wird die Crashbox deformiert, während der Rest des Fahrzeugs unverformt bleibt. Dabei wird eine Energie von rund 4,5 kJ absorbiert (Abb. 5.90).

In der zweiten Phase wird der vordere Teil des Vorderwagens deformiert. Dabei werden auch Räder und Fahrwerk von der Barriere getroffen und lösen sich daraufhin ab.

Die Deformation erreicht zu Beginn der dritten Phase die Seitenkästen, die daraufhin ebenfalls deformiert werden. Man erkennt außerdem, dass Räder und Fahrwerk an der Fahrgastzelle vorbeigeleitet werden. Zum Ende der dritten Phase ist die maximale Deformation erreicht.

Phase 4 besteht im elastischen Zurückfedern der Struktur, wobei der Impaktorschlitten zurückgeschoben wird. Außerdem werden die Räder von den in die Rückhalteseile integrierten Energieabsorbern abgebremst.

Die Kraft-Weg-Kurve (Abb. 5.91) weist bei einer Intrusion von 250 mm einen deutlichen Kraftanstieg auf, der ab 350 mm wieder abfällt. Der Grund dafür ist das Auftreffen der Räder auf die Barriere (Abb. 5.92).

Zum Zeitpunkt des Auftreffens der Räder bei rund 250 mm (Phase 3) kommt es zu einer leichten Deformation am Tunnel. Ansonsten treten während des gesamten Crashversuchs keine plastischen Deformationen im Bereich der Fahrgastzelle auf. Sichtbar sind elastische Verformungen im Bereich des Rings, die aber zum Ende des Versuchs wieder vollständig zurückgehen.

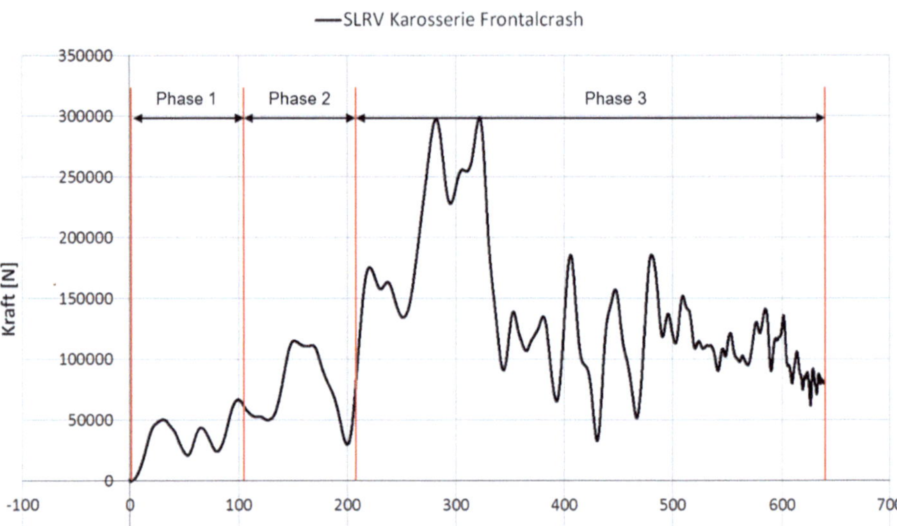

Abb. 5.91 Kraft-Weg-Kurve des Frontalaufpralls, Phase 1–3; Phase 4 besteht im elastischen Zurückfedern der Struktur, Copyright © DLR e.V.

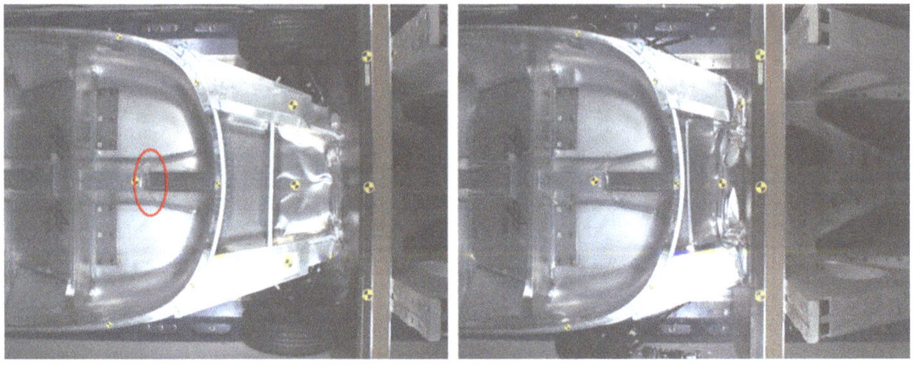

Abb. 5.92 Entstehung einer leichten Deformation im Bereich des Tunnels, Copyright © DLR e.V.

5.7.7.8 Zusammenfassung und Ausblick

Es konnte gezeigt werden, dass eine Metallhybridbauweise vorteilhaft eingesetzt werden kann, um eine hohe passive Sicherheit bei gleichzeitig geringem Gewicht zu erzielen. Herausforderungen entstehen durch den vergleichsweise komplexen Aufbau solcher Strukturen aus Decklagen, leichten Sandwichkernen und Klebestellen. Dies hat Auswirkungen auf die FE-Simulation solcher Strukturen und erfordert eine Kalibrierung der Versagensmodelle um ein realistisches Versagensverhalten zu erzielen.

Abb. 5.93 Forschungsfahrzeug SLRV während einer Versuchsfahrt, Copyright © DLR e.V.

Ein weiteres wichtiges Themenfeld ist das Verhalten solcher Strukturen im Fahrbetrieb. Um dies zu untersuchen wurde das SLRV Konzept, basierend auf der beschriebenen Karosserie in Sandwichbauweise, als fahrfähiges Forschungsfahrzeug mit Brennstoffzellenantriebsstrang aufgebaut (Abb. 5.93), mit dem Versuchsfahrten durchgeführt werden. Eines der Ziele dieser Versuchsfahrten ist es, die bei der Fahrt auftretenden Belastungen an kritischen Stellen der Struktur zu ermitteln [98].

Für den kommerziellen Einsatz der Metallhybridbauweise ist insbesondere eine schnelle und kostengünstige Herstellbarkeit der Bauteile wichtig. Dies ist ein aktuelles Forschungsthema am DLR Institut für Fahrzeugkonzepte. Ein Ansatzpunkt dafür ist beispielsweise das automatisierte Einbringen von Inserts in Sandwichbauteile, die beispielsweise als Anschraubpunkte für die Montage von Komponenten dienen können.

5.8 Herausforderungen bei der E-Mobilität

Gerhard Kopp

5.8.1 Ausgangssituation

In den letzten Jahren gab es bei den großen Fahrzeugherstellern die Tendenz, immer mehr Derivate auf einheitliche und von den Stückzahlen her große Plattformen zu setzten, um entsprechende Skaleneffeke zu erschließen. Hierbei wurden insbesondere kleinere Plattformen zugunsten der Plattformen mit hohen Stückzahlen nach und nach reduziert bzw. sind diese ausgelaufen, wie dies in Abb. 5.94 nach [102] dargestellt ist. (Datenbasis [103–105]) Die Komplexität durch die Variantenvielfalt, die damit für die einzelnen Ent-

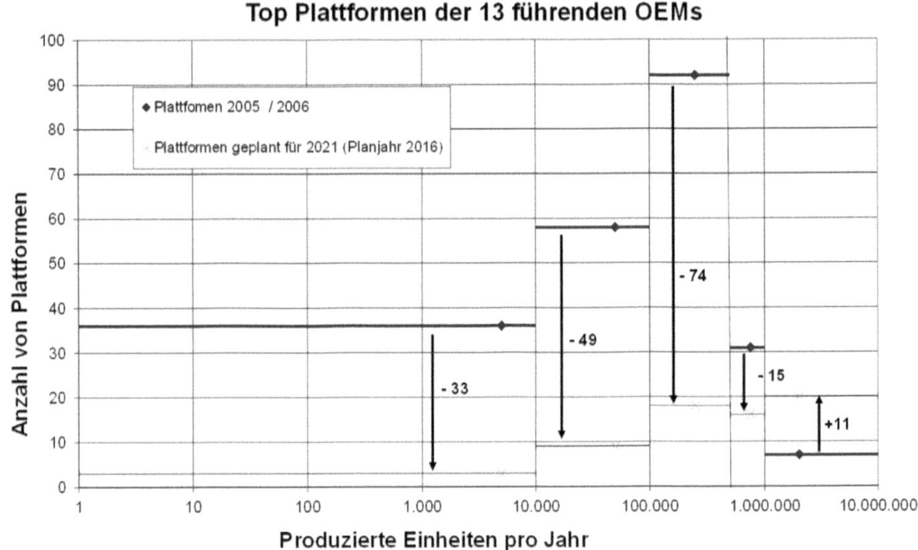

Abb. 5.94 Verringerung der Anzahl von Plattformen der aktuell 13 führenden internationalen OEMS in Abhängigkeit ihrer produzierten Einheiten, Copyright © DLR e.V.

wicklungen einherging, konnte noch mit spezifischen Modul-, Plattform- und Baukastenstrategien und den entsprechenden Werkstoff- und Fertigungsmöglichkeiten gehandhabt werden.

Die Herausforderungen im Bereich des Klimawandels und der notwendigen Ressourcenschonung, sowie der technologische Fortschritt hin zur elektrifizierten Mobilität, erfordern aktuell jedoch ein grundlegendes Umdenken in Bezug auf die Fahrzeugarchitektur und somit auch auf die entsprechende Plattformstrategie und Karosserieentwicklung.

Aufgrund der alternativen Antriebsstrangkomponenten und darunter insbesondere der neuartigen Energiespeicher muss der Karosseriebau auf die neuen Herausforderungen reagieren. Zum einen sind gesetzliche Anforderungen zu berücksichtigen, wie z. B. die ECE-R100 [106] für Elektrofahrzeuge, die für deren Zulassung wichtige Prüfungen an z. B. HV-Komponenten, -Leitungen oder Isolationen festlegt. Zum anderen ergeben sich geringere gravimetrische und volumetrische Energiespeicherdichten als bei konventionellen Fahrzeugen, wie in Abb. 5.95 aus [102] ersichtlich wird, sodass auch die gesamte Fahrzeugarchitektur hinsichtlich ihrer Tragfähigkeiten und Volumina sowie der Lage und sicheren Unterbringungen der Speicherkomponenten neu überdacht und konzipiert werden muss. Hierbei spielt neben der Sicherheit und strukturellen Integrität auch die Auswahl der Position und des verwendeten Materials, z. B. für die Batteriebox, eine entscheidende Rolle, da diese neben des Ressourceneinsatzes, der stückzahlabhängigen Kostenstruktur für Stahl, Leichtmetall oder Kunststofflösungen und der Packagebetrachtungen unter anderem auch die Schwerpunktlage und somit auch die Fahrdynamik signifikant beeinflusst.

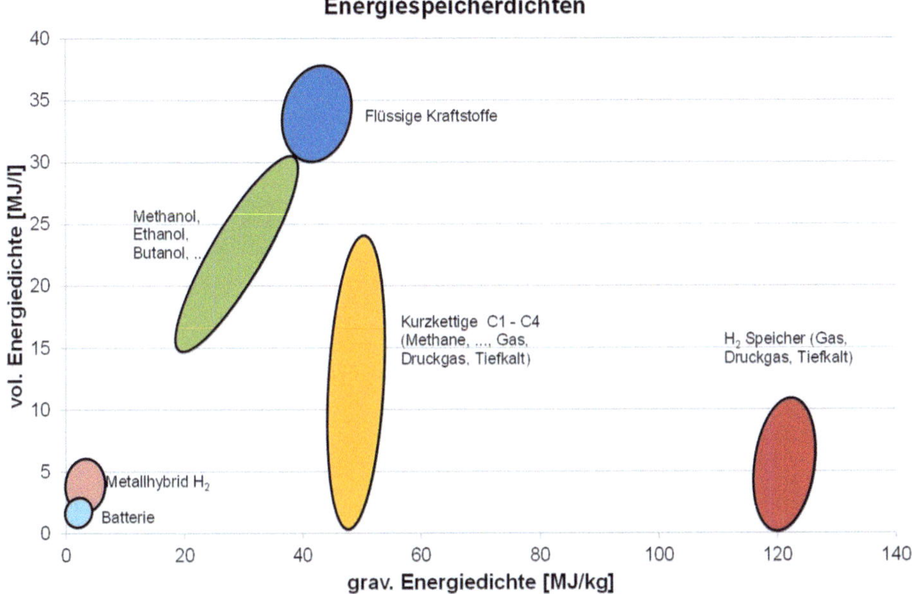

Abb. 5.95 Tendenzielle Überblicksdarstellung der gravimetrischen und volumetrischen Energiespeicherdichten verschiedener Speicherarten, Copyright © DLR e.V.

5.8.2 Gewichtsentwicklungen in Bezug auf die gravimetrische Energiedichte von Elektrofahrzeugen

Aufgrund der geringeren gravimetrischen Energiespeicherdichten und der damit einhergehenden schwereren Speichersysteme von Elektrofahrzeugen ergeben sich zum einen Herausforderungen, wenn beispielsweise ein elektrifiziertes oder Hybridfahrzeug auf eine bestehende Plattform aufgesetzt werden soll (Conversion Design), diese aber gegebenenfalls nicht für die zusätzlichen Massen konzipiert wurde. (vgl. auch [107])

Zum anderen liegen Plattformen, die nur für reine Elektrofahrzeuge konzipiert wurden (Purpose Design) insgesamt bei gleichen Vorgaben mit 8 % bis 14 % trotzdem noch über dem Gesamtgewicht von konventionellen Fahrzeugen, selbst bei eingeschränkter Reichweite (vgl. hierzu Abb. 5.96, basierend auf Literatur-, Fahrzeughersteller- und Verbrauchsportalangaben in Deutschland aus 2018), was bei der Auslegung der tragenden Fahrzeugstruktur, den angestrebten Schwerpunktlagen und den entsprechenden fahrdynamischen und sicherheitsrelevanten Auslegungen zu berücksichtigen ist.

Insbesondere im Bereich der Sicherheit sind für elektrifizierte Fahrzeuge spezifische Auslegungen notwendig, da eine beschädigte Batterie einen kritischen Fall im Unfallgeschehen darstellen würde und somit bei der Auslegung darauf zu achten ist, dass keine Deformation des Batteriepacks auftreten darf. (siehe auch [108, 109])

Beispielhaft sei hier der Forschungsdemonstrator Next Generation Car (NGC) Urban Modular Vehicle (UMV) des DLR in Abb. 5.97 aus [109] genannt, der als universal ein-

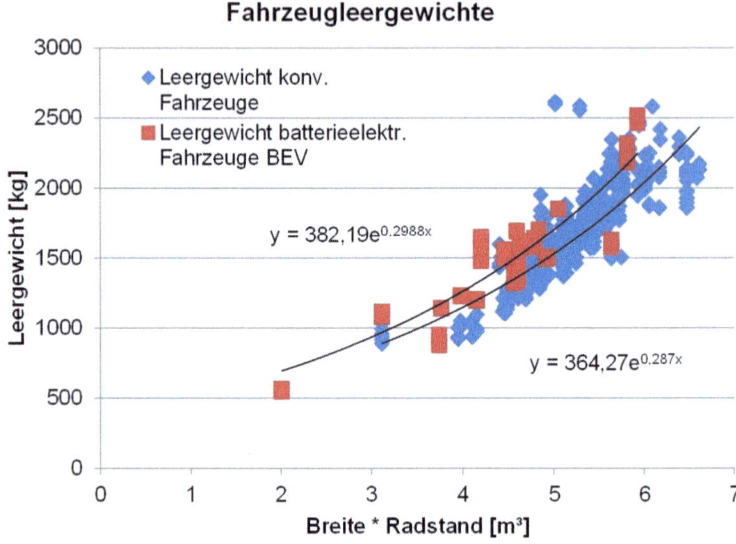

Abb. 5.96 Fahrzeugleergewichte von rein batterieelektrischen Fahrzeugen im Vergleich zu konventionellen Fahrzeugen bei gleichen Fahrzeuggrößen, Copyright © DLR e.V.

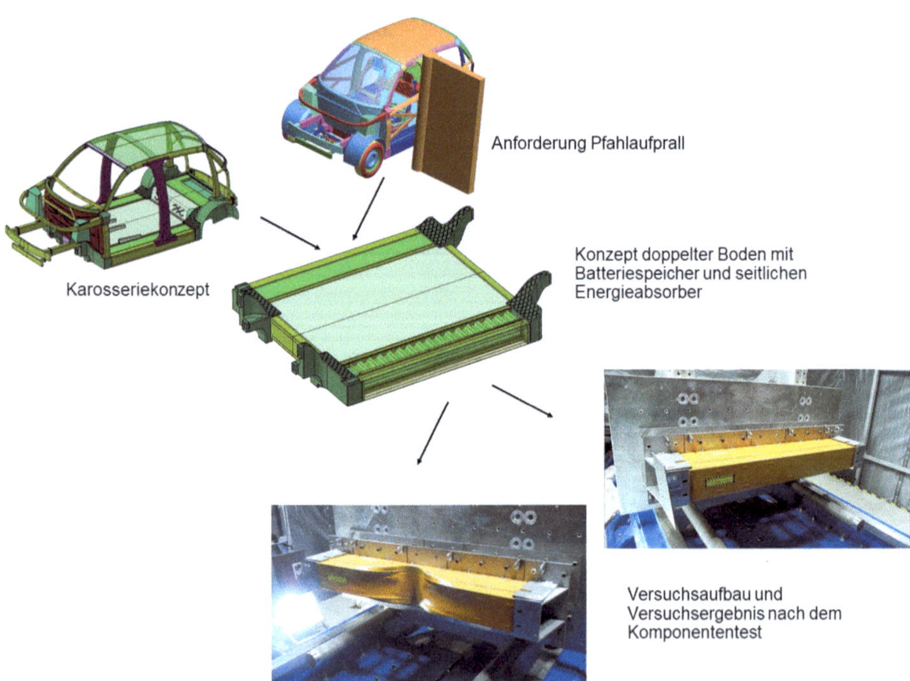

Abb. 5.97 Aluminiumintensive Karosseriestruktur des Forschungsdemonstrators Next Generation Car (NGC) Urban Modular Vehicle des DLR als rein batterieelektrisches Fahrzeug mit Sicherheitsstrukturen für die Unterbodenbatteriepacks, Copyright © DLR e.V.

setzbares, kompaktes, voll elektrisches Fahrzeug für den urbanen Bereich konzipiert wurde. Ziel war im Rahmen dieser Konzeption, die optimale Karosseriestruktur für ein rein elektrisches Fahrzeug mit spezifischen Vorgaben für die Sicherheit und die jeweiligen Stückzahlen zu konzipieren.

Mithilfe von Optimierungsstrategien wurden Lastpfade auf Gesamtfahrzeugebene analysiert und unter Zuhilfenahme eines systematischen Karosseriekonzeptionsbaukasten und einer Karosseriedatenbank die entsprechende Bauweise abgeleitet. Hierbei entstand eine aluminiumintensive, skalierbare Strukturbauweise, die sowohl Gussbauteile, als auch Profile und leichtbauoptimierten Schubflächen und Sandwichlösungen mit der integrierten Batteriebox kombiniert. (vgl. unter anderem [109])

5.8.3 Fahrzeugarchitektur, Plattformgedanken und Package

Aufgrund der geringeren volumetrischen Energiedichten und der neuen Anforderungen an die Unterbringung der Komponenten des Antriebsstrangs sind, wie vorausgehend kurz beschrieben, unterschiedliche Ansätze aktuell in der Umsetzung. Zum einen wird auf Grundlage aktueller Plattformen das Conversion Design umgesetzt, bei dem Fahrzeuge mit alternativen Antriebssystemen mit konventionellen Fahrzeugen auf einer Plattform kombiniert werden. Alternativ dazu werden im Rahmen des Purpose Designs Fahrzeugplattformen aufgesetzt, die spezifisch auf die entsprechenden neuen Anforderungen der alternativ angetriebenen Fahrzeuge abgestimmt werden. Beide Ansätze haben unterschiedliche Vor- und Nachteile, wobei aus Leichtbausicht ein auf die jeweiligen Bedürfnisse optimiertes Gesamtsystem, wie das Purpose Design, auch entsprechend geringere Massen mit sich bringt (vgl. auch [110]).

Entsprechend den sicherheitsrelevanten Anforderungen in Bezug auf die geringe Intrusion wurden und werden vor allem Batteriesysteme im Unterbodenbereich konzipiert und umgesetzt. Die ersten Varianten nutzten dabei den Bauraum des Tunnels oder die gesamten Strukturen von Tunnel und Bauräumen unter den Sitzen im Conversion Design für die Karosserie, wie z. B. beim Chevrolet-Volt von GM oder dem ersten eGolf von Volkswagen. Weiterentwicklungen wurden soweit optimiert, dass kompakte Strukturen wie beim Audi A3 eTron oder dem Tesla S entstanden und in die tragenden Strukturen der Karosserie integriert werden konnten. [111] Als Beispiel derartigen Konzeptionen ist der Audi eTron in Abb. 5.98 aus [112] dargestellt.

Bei der entsprechenden Auslegung und dem Package für die relevanten Fahrzeugarchitekturen muss hierbei noch berücksichtigt werden, inwieweit ein doppelter Boden, wie z. B. beim Volkswagen MEB (Modularer E-Antriebsbaukasten) (vgl. u. a. [113]) oder eine „unterbrochene Struktur mit Fußgarage" wie beim Porsche Taycan (vgl. u. a. [114]) aus Gesamtfahrzeugsicht umgesetzt werden kann bzw. muss. Die Varianten unterscheiden sich hierbei darin, dass es Lösungen mit kompakten, durchgängigem Batteriemodul (u. a. MEB) gibt und alternativ dazu eine unterteilte Unterbringung des Batteriesystems (u. a.

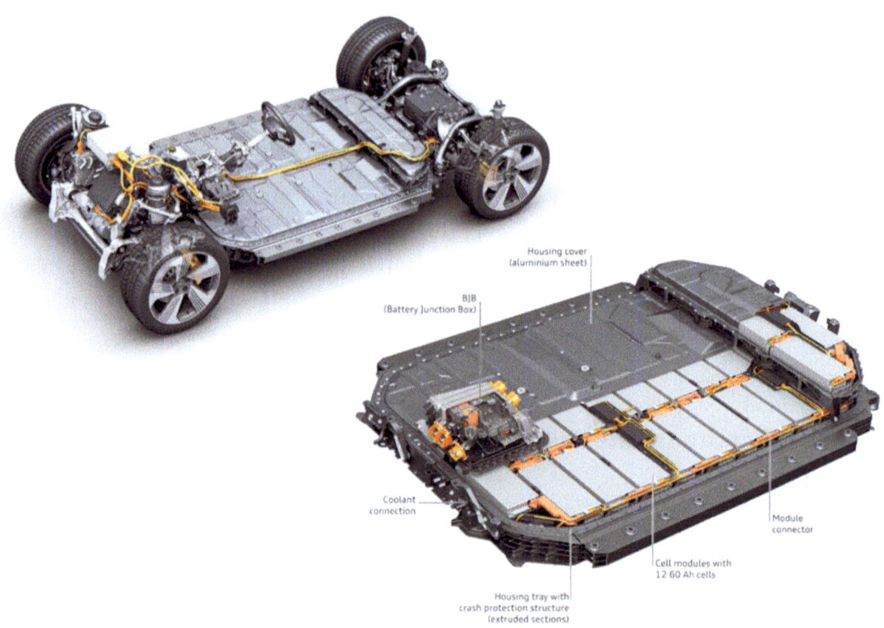

Abb. 5.98 Konzeption des Audi eTron und dessen Antriebsstrang mit Hochvoltbatteriesystem, Copyright © Audi AG

Porsche Taycan). Entscheidend für die eine oder andere Lösung ist hierbei die kritische z-Maßkette und die damit einhergehende Gesamtfahrzeughöhe, die natürlich bei einem doppelten Boden und gleicher Fahrgastergonomie höher liegen würde, als bei einem eher sportlichen Fahrzeug, das mit unterbrochenem System arbeitet, um die gewünschten Sitzpositionen der Fahrgäste zu realisieren. Die entsprechenden Unterschiede der Konzeptionen sind schematisch in Abb. 5.99 dargestellt.

In Bezug auf die Umsetzung und Dimensionierung des entsprechenden Batteriepacks und der umliegenden Strukturen als integraler Bestandteil der Karosserie sind unterschiedlichste Ansätze aktuell in Bearbeitung und Umsetzung. Hierbei muss sicherlich auch eine entsprechende Korrelation zwischen Werkstoff bzw. Fertigungsverfahren und produzierten Stückzahlen wie bei den konventionellen Karosserien berücksichtigt werden (vgl. dazu auch Abschn. 5.2). Entsprechend sind bei kleineren Stückzahlen eher Monocoque- und Leichtmetalllösungen relevant, wohingegen bei einer Entwicklung der Elektromobilität zu höheren Stückzahlen auch stahlintensive Lösungen zielführend sind.

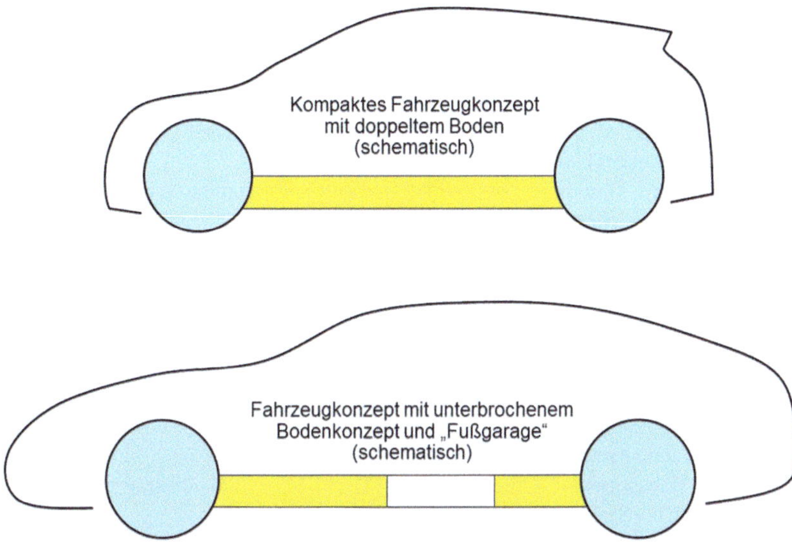

Abb. 5.99 Unterschiedliche Fahrzeugarchitekturen und Packageanordnungen für die elektrischen Energiespeicher abhängig vom Fahrzeugsegment, Copyright © DLR e.V.

Literatur

1. Schöneburg, R.: Passive Sicherheit und Crasheigenschaften, in: Leichtbau in der Fahrzeugtechnik, 2. Aufl., Springer Fachmedien, Wiesbaden (2017)
2. Der neue BMW 5er, ATZ/MTZ Sonderheft, August 2003
3. Barenyi, Bela: Kraftfahrzeug, insbesondere zur Beförderung von Personen. Oktober (1952). Schutzrecht DE 854 157
4. Braess, H.-H., Seiffert, U.: Vieweg Handbuch Kraftfahrzeugtechnik. 6. Aufl. Wiesbaden: Vieweg, (2013)
5. Bruhnke, U.: Karosserietechnik, Vorlesung a. d. Universität Stuttgart, IVK (2002)
6. Lange, V.: Modul Passive Sicherheit, Wirkmechanismen im High Speed Crash, Vorlesung a. d. Technischen Universität Dresden (2020)
7. https//eur-lex.europa.eu Einheitliche Bedingungen für die Genehmigung der Fahrzeuge hinsichtlich des Schutzes von Insassen, aufgerufen 19.11.2022
8. Euro NCAP Homepage: <http://de.euroncap.com/de/home.aspx>
9. https://cdn.euroncap.com/media/67260/euro-ncap-pole-protocol-oblique-impact-v712.pdf (Testprotokoll Euro NCAP Pfahlaufprall, Version 7.1.2, November 2021)
10. Friedrich, H.: Leichtbau in der Fahrzeugtechnik, 2. Aufl., Springer Fachmedien, Wiesbaden, 2017
11. Hillmann, J; de Boer, H; Lohmann, B: 13. Dresdner Leichtbausymposium. 18. – 19. Juni 2009
12. Hollowell, W.: Updated Review of Potential Test Procedures for FMVSS No. 208. Office of Vehicle Safety Research, (1999)
13. Institut für Kraftfahrwesen der RWTH Aachen
14. Mercedes Benz Homepage: http://benzcarnews.info/understanding-your-mercedes-e- class-insurance-3 main types/ aufgerufen Dezember 2012

15. Schlawitz, Torsten: Entwicklung und Bewertung struktureller Maßnahmen zur Verbesserung des Crash Verhaltens beim small overlap Test. Stuttgart, Universität Stuttgart, Diplomarbeit, (2014)
16. Schwarz, Thomas: Selbst- und Partnerschutz bei frontalen PKW-PKW Kollisionen (Kompatibilität). In: Verkehrstechnik u. Fahrzeugtechnik. Düsseldorf: VDI-Verl., (VDI-Fortschritt-Berichte Reihe 12). zugl. Diss. TU Braunschweig (2002)
17. DVR: Vision Zero, Grundlagen und Strategien; 16. Schriftenreihe Verkehrssicherheit; Hrsg: Deutscher Verkehrssicherheitsrat; Bonn, 2012
18. ThyssenKrupp Stahl AG (Hrsg.): Höherfester Stahl für den Automobil-Leichtbau. ThyssenKrupp Stahl AG, Firmenschrift 2005
19. Volkswagen AG, Firmenschrift (2007)
20. Zobel, R.: Barrierentest und Anforderungen an die Kompatibilität von Pkw. In: Innovativer Insassenschutz im Pkw. Düsseldorf: VDI-Verlag, Bericht 1354, (1997)
21. U.S. Dep. of Transportation Nat. Highway Traffic Safety Administration. Lab Test Proc. TP-216-05, Nov 16, 2006
22. SafetyWissen.com; carhs.training GmbH, Alzenau, zugegriffen 10.02.2021
23. U.S. Dep. of Transportation National Highway Traffic Safety Administration. Laboratory Test Procedure for FMVSS 214, April 15, 1992]
24. Insurance Institute for Highway Safety (IIHS)
25. Schäffer, Michael und Kopp, Gerhard und Friedrich, Horst E. (2017) Projekt Next Generation Car. Lightweight Design (1/2017), Seiten 16–20, Springer. ISSN 1865–4819
26. Kolke, R., Sander, V., Ambos, R.: Kompatibilität im Frontal- und Seitenaufprall, Audi Q7 gegen Fiat 500 in ATZ 111, 116-123/2009, Springer
27. Fang, Xianfan: Karosserieentwicklung und Leichtbau, Springer-Vieweg (2023)
28. Münster, M.: Vorgehensmodell zur Grundkonzeption eines Fahrzeugkonzepts und Entwicklung neuartiger kraftflussoptimierter Karosseriestrukturen für elektrifizierte Fahrzeuge; Dissertation, DLR-Forschungsbericht.DLR-FB-2020-08,DeutschesZentrumfürLuft-undRaumfahrte.V.,2020
29. Braess, Hans-Hermann; Seifert, Ulrich: Vieweg Handbuch Kraftfahrzeugtechnik. 7. Aufl. Wiesbaden: Vieweg, (2013)
30. Danzl, M., Mlekusch, B., Koglin, K. und Hagemann, F.M.: Innovative Structural Design, in: Encyclopedia of Automotive Engineering, John Wiley & Sons Ltd. 2014
31. Kopp, Gerhard et. al. (2017) Next Generation Car – Fahrzeugkonzepte, Fahrzeugarchitekturen und Strukturbauweisen für die zukünftige Straßenmobilität Next Generation Car – vehicle concepts, vehicle architectures and structural design for future road mobility. 7. Tagung für neue Fahrzeug- und Werkstoffkonzepte, 15.-16. Februar 2017, Stuttgart, Deutschland
32. Ellenrieder, G., Gänsicke, T., Sandiano, J., Goede, M., Herrmann, H.G. (2017). Die Leichtbaustrategien. In: Friedrich, H. (eds) Leichtbau in der Fahrzeugtechnik. ATZ/MTZ-Fachbuch. Springer Vieweg, Wiesbaden. https://doi.org/10.1007/978-3-658-12295-9_3; in: Friedrich, H. (Hrsg.): Leichtbau in der Fahrzeugtechnik, 2. Auflage, Springer Vieweg, 2017
33. ATZ/MTZ Sonderheft: Der neue Golf V. Oktober, Springer Vieweg, 2003
34. Friedrich, H. (Hrsg.): Leichtbau in der Fahrzeugtechnik, 2. Auflage, Springer Vieweg, 2017, https://doi.org/10.1007/978-3-658-12295-9
35. Eichlseder, W.; Schöneburg, R.: Anforderungen an den Leichtbau im Fahrzeug, Kap. 4, in: Friedrich H. E. (Hrsg.): Leichtbau in der Fahrzeugtechnik, 2. Auflage, Springer Vieweg, Wiesbaden, 2017
36. Kramer, F. (Hsg.): Integrale Sicherheit von Kraftfahrzeugen – Biomechanik – Simulation – Sicherheit im Entwicklungsprozess, 4. Auflage, Springer Vieweg Verlag, Wiesbaden, 2013
37. Münster, M.; Vorgehensmodell zur Grundkonzeption eines Fahrzeugkonzepts und Entwicklung neuartiger kraftflussoptimierter Karosseriestrukturen für elektrifizierte Fahrzeuge; Dissertation, DLR-Forschungsbericht.DLR-FB-2020-08,DeutschesZentrumfürLuft-undRaumfahrte.V.,2020

38. N.N.: Verkehr – Verkehrsunfälle, 2020, Fachserie 8 Reihe 7, Verkehrsunfaelle-jahr-2080700207004 https://www.destatis.de/DE/Themen/Gesellschaft-Umwelt/Verkehrsunfaelle/_inhalt.html, Internetabfrage am 12.11.2021
39. N.N.: Safety Wissen, Anforderungen (Lastfälle und Dokumente), https://www.safetywissen.com/requirement/; Internetabfrage am 12.11.2021
40. N.N.: carhs – empowering engineers, Home – Wissen – SafetyCompanion – Wissen Shop, SafetyWissen Poster Global AEB Tests 2021/2022, https://www.carhs.de/de/safetywissen-poster.html, Internetabfrage am 12.11.2021
41. Münster, M.; Kopp, Ge.; Schäffer, M.; Sturm, R.: Future car body concepts of autonomous people- and cargomovers, in: Strategies in Car Body Engineering 2020, Vincentz Network, Hannover, Future car body concepts of autonomous people- and cargomovers, 04.-05. März 2020, Bad Nauheim, Deutschland
42. Schäffer, M.: Effizienzsteigerung bei der Strukturoptimierung von Crashlastfällen mittels Modellreduzierung von Fahrzeugcrashmodellen, Dissertation, DLR-Forschungsbericht. DLR-FB-2021-08, Deutsches Zentrum für Luft- und Raumfahrt e.V., 2021
43. Beeh, E.; Kriescher, M.: Alternative Antriebe – geänderte Crashbedingungen – neue Anforderungen und Chancen für Vorderwagenstrukturen, Karosseriebautage Hamburg 2010, 11.-12. Mai 2010, 2010
44. Straßburger, P.: Baukastenbasiertes Vorgehensmodell für die Entwicklung von Prüfungen crashbelasteter Fahrzeugkomponenten im Schlittenversuch, Dissertation, DLR-Forschungsbericht. DLR-FB-2019-5, Deutsches Zentrum für Luft- und Raumfahrt e.V., 2019
45. Kopp, Gerhard et. al. (2017) Next Generation Car – Fahrzeugkonzepte, Fahrzeugarchitekturen und Strukturbauweisen für die zukünftige Straßenmobilität Next Generation Car – vehicle concepts, vehicle architectures and structural design for future road mobility. 7. Tagung für neue Fahrzeug- und Werkstoffkonzepte, 15.-16. Februar 2017, Stuttgart, Deutschland
46. Brückmann, S.: Strukturen zur Energieumwandlung in Polyurethanschaum-Aluminium-Sandwich Bauweise unter Berücksichtigung spezifischer Versagensmodi, Dissertation, DLR-Forschungsbericht. DLR-FB-2017-02, Deutsches Zentrum für Luft- und Raumfahrt e.V., 2017
47. Friedrich, H. E.; Schumann, S.: Research for an ‚new Age of Magnesium‘ in the Automotive Industry, in: Materials Processing Technology 117, 2001, S. 276 – 281
48. Wuest. A.: Ultrasim – Energy absorbing structures made of Ultramid, BASF, Creation Center, 2021
49. Kalkoffen, G.; Sturm, R.; Schäffer, M.: Pultrudierte CFK Chassis für Nutzfahrzeuge mit kosteneffektiver Crash-Box, Werkstoff + Auto 2021, 24.2.2021 – 25.02.2021
50. Sturm, R.; Janssen, M.: Gefüllte Metall-Hochleistungshybride zur Erhöhung der Sicherheit von Fahrzeugen, Werkstoffplattform HyMat – 1. Statusseminar, 22.02.2021
51. N.N.: DEKTRA Vision Zero – Mehr Verkehrssicherheit. Weniger Opfer, https://www.dekra-vision-zero.com/; Internetabfrage am 12.11.2021
52. Vohrer, S.; David. C.: Das Inerurban Vehicle – FVK-Karosserie und Crashkonzept, Hamburger Karosseriebautrage 2021
53. Kramer, F.: Integrale Sicherheit von Kraftfahrzeugen. Springer Fachmedien Wiesbaden, Wiesbaden, ed. 4., überarbeitete Auflage, 2013.
54. Peroni, L., Avalle, M., Belingardi, G.: Comparison of the energy absorption capability of crash boxes assembled by spot-weld and continuous joining techniques. International Journal of Impact Engineering 36, 2009.
55. Straube, R. Zarske, F. Brindöpke, R. Röttger, L.: Vorrichtung zur Stoßenergieaufnahme durch plastische Verformung für Kraftfahrzeuge, Offenlegungsschrift, DE 102008045515A1, Deutschland, 2008.

56. Suspa, http://www.suspa.com/fileadmin/3_bilder/Bilderpool/DOWNLOAD-files/Kataloge/Reversible_Impact_Absorber_screen.pdf, Suspa Automotive, 2009.
57. Jin, S. Y., Altenhof, w.: Comparison of the load/displacement and energy absorption performance of round and square AA6061-T6 extrusions under a cutting deformation mode. International Journal of Crashworthiness 12, 2007.
58. Krüger, J., Dölle, N.: FVK-Anwendungen bei Daimler – Lessons learned, CCeV Automotive Forum 2010, Neckarsulm, 2010.
59. Beeh, E.: Entwicklung einer neuartigen Vorderwagenstruktur für Fahrzeuge mit alternativen Antriebsvarianten. Universität Stuttgart, Dissertation, 2014.
60. www.euroncap.com, 2015
61. Friedrich, H. E., Beeh, E., Kriescher, M.: Kostenattraktiver Leichtbau in der Vorderwagenstruktur. Springer Fachmedien Wiesbaden GmbH, ATZproduktion, 22, 2008.
62. www.superlightcar.com, 2015
63. Rohrer, Marc und Friedrich, Horst und Sturm, Ralf und Lapoehn, Stephan (2019) Active energy absorber – Higher safety through intelligent vehicle structures. WerkstoffPlus Auto – 9. Fachtagung für neue Fahrzeug- und Werkstoffkonzepte, 20.-21. Feb. 2019, Stuttgart, Deutschland
64. Rohrer, Marc und Friedrich, Horst und Beeh, Elmar und Sturm, Ralf und Lapoehn, Stephan (2019) Aktive Energieabsorber – Verbesserte Sicherheit durch intelligente Fahrzeugstrukturen. VDI-Tagung – Fahrzeugsicherheit 2019, 27.–28. Nov. 2019, Berlin, Deutschland Chapter 5.4.0 to 5.4.5 Reprinted by permission from: Springer Nature, ATZ – Automobiltechnische Zeitschrift (10-2015), Vorderwagenstruktur mit einfach adaptierbaren Crasheigenschaften, Elmar Beeh et al, 29.09.2015, Page 78–85, ISSN 0001-2785
65. Schöneburg, R.: Passive Sicherheit und Crasheigenschaften, in: Friedrich, H.E. (Hrsg.): Leichtbau in der Fahrzeugtechnik, 2. Aufl., Springer Fachmedien, Wiesbaden (2017)
66. Fan, Xiangfan: Karosserieentwicklung und Leichtbau, Springer-Vieweg (2023)
67. Wolff, T.: CFK für hohe Stückzahlen. In: CCeV Automotive Forum (2015)
68. Braess, H.H., Seiffert, U.: Vieweg Handbuch Kraftfahrzeugtechnik, 6. Aufl., Vieweg, Wiesbaden (2013)
69. Bruhnke, U.: Karosserietechnik 2006, Vorlesung Universität Stuttgart WS 2006/07
70. Friedrich, H.E. (Hrsg.): Leichtbau in der Fahrzeugtechnik. 2. Auflage, Springer Fachmedien, Wiesbaden, 2016
71. Hillmann, J.: Anforderungen an den Werkstoff Stahl zur Umsetzung von Leichtbau in der Großserienfertigung von Volkswagen. VDI-Konferenz Stahl im PKW, 23. und 24. Oktober (2012)
72. Scheck, F.: BMW Group; Wie Leichtbau die Herausforderung in der Luxusklasse meistert, 6. ATZ-Fachtagung (2015)
73. Behr, T. et. al., Nachhaltiger Einsatz von Werkstoffen für die Karosserie, 11. Fachtagung WerkstoffPlusAuto, Stuttgart (2021)
74. Poll, D.: Neue A8-Karosse besteht erstmals aus vier Werkstoffen, Produktion, Verlag moderne Industrie, Landsberg, 19. Mai 2017
75. Bechthold, M.: Vision Plastic Car Body 2010, FVK-Rohbau für Hochleistungssportwagen – Mercedes Benz SLR McLaren, Bad Nauheim, 2004
76. Expertengespräch zu: Ambos, E. et al., Optimierungsstrategien der Karosserie, Giesserei Rundschau, Jhg. 69, 01/2022
77. Kaltenbach, A.: Karosserie und Exterieur 4er Gran Coupe´, Karosserietag Hamburg (2021)
78. Komplett neuer Rohbau für kommenden Mercedes-AMG SL: Roadster-Architektur mit einer Verbundaluminiumstruktur für höchste Steifigkeit, Mercedes-AMG Presseinformation, 19. Mai 2021
79. Friedrich, H.E. et.al.: Werkstoffe und Bauweisen ermöglichen neue Fahrzeugkonzepte, in: Schindler, V., Sievers, I. (Hrsg.), Forschung für das Auto von morgen, Springer-Verlag, Berlin Heidelberg (2008)

80. Furrer P. et al. (2017) Werkstoff- und Halbzeugtechnologien für Leichtbau-Anwendungen. In: Friedrich H. (eds) Leichtbau in der Fahrzeugtechnik. ATZ/MTZ-Fachbuch. Springer Vieweg, Wiesbaden. https://doi.org/10.1007/978-3-658-12295-9_7
81. Praxiswissen Schweißtechnik, Schuler, Twrdek (2019)
82. Fritz A.H. (2018) Fügen. In: Fritz A. (eds) Fertigungstechnik. Springer-Lehrbuch. Springer Vieweg, Berlin, Heidelberg. https://doi.org/10.1007/978-3-662-56535-3_5
83. Fahrenwaldt, H.; Schuler, V.; Twrdek, J.: Praxiswissen Schweißtechnik. Werkstoffe, Prozesse, Fertigung. Wiesbaden: Springer Fachmedien Wiesbaden, 2014 (5. Auflage)
84. Ostermann, F.: Anwendungstechnologie Aluminium. Berlin, Heidelberg: Springer Berlin/Heidelberg, 2015 (3. Auflage)
85. Schulungsunterlagen AtlasCopco IAS, 2021
86. Pocket Guide Falzkleben, Atlas Copco, 04/2018
87. Pocket Guide Einführung in die Klebtechnik, Atlas Copco IAS, 2019
88. Einführung in die SCA Technologie, Atlas Copco IAS, 2018
89. FLS-Technologie, Weber Schraubautomaten GmbH, 08/20
90. Costas, M., Morin, D., Sønstabø, J.K, Langseth, M., 2021. On the effect of pilot holes on the mechanical behaviour of flow-drill screw joints. Experimental tests and mesoscale numerical simulations. Journal of Materials Processing Technology, vol. 294, 117133. https://doi.org/10.1016/j.jmatprotec.2021.117133.
91. FLS-Technologie-Präsentation Allgemein, Weber Schraubautomaten GmbH, 08/20
92. Auslegung der Fügestelle, Störkontur und Roboter, Weber Schraubautomaten GmbH, 2017
93. Produktbroschüre RIVSET® – Stanzniettechnik für den modernen Mischbau, Böllhoff Gruppe, Rev. 04/2018
94. Karosserieteilstruktur – eigene Aufnahmen, 21.02.2018
95. Davies, H. C., Bryant, M., & et al. (2011). Design, development and manufacture of an aluminium honeycomb sandwich panel monocoque chassis for Formula Student competition. Journal of Automobile Engineering.
96. Friedrich, H. E., & Hülsebusch, D. (2010). Elektro-Fahrzeugkonzepte und Leichtbau: Notwendigkeit und Lösungsansätze zur Reduktion der Fahrzeugmasse bei Elektrofahrzeugen. ZfAW Zeitschrift für die gesamte Wertschöpfungskette Automobilwirtschaft 4/2010
97. Kriescher, M., & et al. (2010). Metal-hybrid structures for an improved crash behaviour of car body structures. Materialien im Karosseriebau.
98. Michael Kriescher, Georg Seidel, Sebastian Scheibe; Ermittlung der Belastungen auf die Struktur eines Forschungsfahrzeugs in Sandwichbauweise, Zeitschrift Internationales Verkehrswesen, November 2021
99. Ye, Lin: „Untersuchung und Optimierung des Crashverhaltens einer Karosseriestruktur", Masterarbeit am Institut für Fahrzeugkonzepte, November 2019
100. Brückmann, Simon: Strukturen zur Energieumwandlung in Polyurethanschaum-Aluminium-Sandwich Bauweise unter Berücksichtigung spezifischer Versagensmodi, Dissertation, Februar 2017
101. Areces, Lucia: „Entwicklung eines seriennahen Fertigungskonzeptes für eine Karosserie für ein Fahrzeug mit Brennstoffzellen-Elektroantrieb" Masterarbeit am Institut für Fahrzeugkonzepte, Juni 2013
102. Kopp, Ge.; Münster, M.; Kriescher, M.; Ruff, M.; Vohrer, S.; Kopp, Gu.: Next Generation Car – Fahrzeugkonzepte, Fahrzeugarchitekturen und Strukturbauweisen für die zukünftige Straßenmobilität, 7. Tagung für neue Fahrzeug- und Werkstoffkonzepte, Werkstoff plus Auto, 15.02.2017, Stuttgart
103. N.N.: Im Focus, Automobil Produktion, Sonderausgabe, September 2006
104. N.N.: Internationale OEM im Fokus, Sonderausgabe, Oktober 2010

105. N.N.: Global Automotive Business, Automobil, Produktion, Sonderausgabe, November 2016
106. N.N.: ECE R 100: Regelung Nr. 100 der Wirtschaftskommission der Vereinten Nationen für Europa (UNECE) – Einheitliche Bedingungen für die Genehmigung der Fahrzeuge hinsichtlich der besonderen Anforderungen an den Elektroantrieb [2015/505], 31.03.2015, Ergänzung 1 zur Änderungsserie 02 – Tag des Inkrafttretens: 10. Juni 2014, https://op.europa.eu/en/publication-detail/-/publication/fd8e6b47-d767-11e4-9de8-01aa75ed71a1/language-de, Internetabfrage am 22.08.2022
107. Scheck, F.: Nutzen des Leichtbaus bei Elektro- und Hybridfahrzeugen, Leichtbau-Gipfel 2017, 09.03.2017, Würzburg
108. N.N. (ADAC): Wie sicher sind Elektroautos bei Brand, Unfall oder Panne?, 28.02.2022, https://www.adac.de/rund-ums-fahrzeug/elektromobilitaet/info/sicherheit-elektroauto/, Internetabfrage am 22.08.2022
109. Münster, M.; Schäffer, M.; Sturm, R.; Friedrich, H.: Methodological development from vehicle concept to modular body structure for the DLR NGC-Urban Modular Vehicle, in: 16TH STUTTGART INTERNATIONAL SYMPOSIUM AUTOMOTIVE AND ENGINE TECHNOLOGY VOLUME 1, 1, Seiten 581–596. Springer Vieweg, Springer Fachmedien Wiesbaden GmbH 2016; Methodological development from vehicle concept to modular body structure for the DLR NGC-Urban Modular Vehicle, 15–16. März 2016, Stuttgart, Deutschland
110. Schek, F.: Hybrider Leichtbau und E-Mobilität in modernen Fahrzeugarchitekturen (BMW), Leichtbaukongress 2017, VDI Wissensforum GmbH, 13./.14.06.2017, Leipzig, 2017
111. Jordan, F.: PSA Multi Energy Architectures – Our way to a flexible vehicle production of multiple propulsion concepts Automobil Industrie, Tagung Werkstoff+Auto, 19./20.02.2020, Stuttgart
112. Doerr, J., Ardey, N., Mendl, G., Fröhlich, G., Straßer, R., Laudenbach, T. (2019). The new full electric drivetrain of the Audi e-tron, in: Liebl, J. (eds) Der Antrieb von morgen 2019. Proceedings. Springer Vieweg, Wiesbaden. https://doi.org/10.1007/978-3-658-26056-9_2
113. Schauerte, O.: Werkstoffliche Lösungen für die Transformation in der Automobilbranche, Volkswagen, Tagung Werkstoff+Auto, 19./20.02.2020, Stuttgart, 2020
114. Christlein, J.; Schmerbeck, M.: Der Taycan – Porsches – Einstieg in die Elektromobilität, Dr. Ing h.c. F. Porsche AG, Tagung Werkstoff+Auto, 19./20.02.2020, Stuttgart, 2020
115. N.N.: cahrs – Safety Companion 2020; https://www.carhs.de/downloads/sc/20pzbh368n56tGuDE/SafetyCompanion-2020-DE.pdf; Internetabfrage am 17.06.2024

Bauweisen des Fahrwerks 6

Andreas Höfer, Horst E. Friedrich und Gerhard Kopp

6.1 Anforderungen und Konzeption von Fahrwerkskomponenten

Andreas Höfer

6.1.1 Fahrwerkfunktionen und Freiheitsgrade

Bei der Konzeption von Fahrwerken und einhergehend dem Entwurf neuer Bauweisen wird stets dem Lastenheft des Fahrwerkes begegnet. Dieses ist in der Regel von dem Lastenheft des Gesamtfahrzeuges abgeleitet und um die fahrwerkspezifischen Anforderungen ergänzt [1].

Laut Definition aus [2] zählen zum Fahrwerk alle beweglichen Teile eines Pkws, die diesen mit der Fahrbahn verbinden. Es ist also die Summe derjenigen Systeme im Kfz, die zur Übertragung der Kräfte zwischen Fahrbahn und Reifen benötigt werden sowie der Abstützung der Karosserie dienen. Bei der Konzeption neuer Bauweisen muss somit im ersten Schritt mit der Erfüllung der mechanischen Grundfunktionen des Fahrwerkes begonnen

A. Höfer (✉)
Valeo eAutomotive Germany GmbH, Erlangen, Deutschland
E-Mail: andreas.hoefer@valeo.com

H. E. Friedrich
Bureaux.HEF, Tapfheim, Deutschland

G. Kopp
DLR Institut für Fahrzeugkonzepte, Stuttgart, Deutschland
E-Mail: gerhard.kopp@dlr.de

H. E. Friedrich, G. Muller (Hrsg.), *Werkstoffe und Bauweisen in der Fahrzeugtechnik*, ATZ/MTZ-Fachbuch, https://doi.org/10.1007/978-3-662-65269-5_6

werden. Diese grundlegenden Fahrwerksfunktionen, die bei der Konzeption zu erfüllen sind, sind nach [3] definiert als:

- Vertikale Nachgiebigkeit
- Sturzsteifigkeit
- Spursteifigkeit
- Bremskraftabstützung
- Längskraftabstützung
- Seitenkraftabstützung

Zur Erfüllung weiterer Aufgaben des Fahrwerkes an Vorder- und Hinterachse können die Funktionen durch Betrachtung der Freiheitsgrade an Radaufhängungen (vgl. Abb. 6.1) bestätigt sowie erweitert werden mit:

- Schwingungsdämpfung
- Lenkbarkeit (in der Regel an der Vorderachse)
- Tragen des Aufbaus

Abb. 6.1 stellt die Freiheitsgrade in der Fahrzeugdomäne Fahrwerk am Beispiel einer schematisch skizzierten Doppelquerlenker-Radaufhängung mit Schwenklager dar.

- Die Radaufhängungsteile fungieren stets zur Kraftaufnahme der Lasten in x- und y-Richtung. Des Weiteren dienen die Radaufhängungskomponenten inkl. deren Lenker und Gelenke zur Abstützung der Momente um die x- und z- Achse sowie einhergehend zur gezielten Einstellung der gewünschten Radhubkinematik (Spur, Sturz etc.). Diese ist im heutigen Pkw unerlässlich, um den hohen Ansprüchen an Dynamik, Komfort sowie Fahrsicherheit zu begegnen.

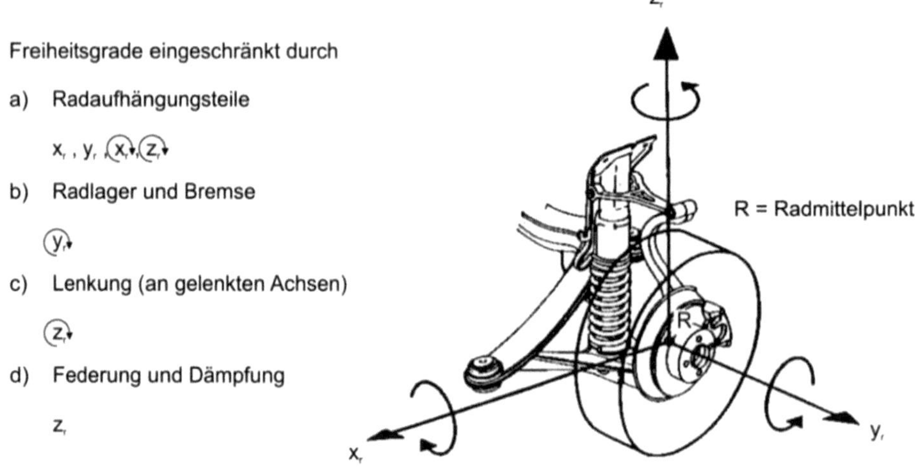

Abb. 6.1 Grundlegende Fahrwerksfunktionen nach [4]

- Die Radlager (zur Ermöglichung von Drehmomenten um die y- Achse), welche im Zentrum des Rades angebracht sind, dienen als Verbindungselemente zwischen rotierenden und stehenden Teilen des Fahrwerkes und werden hierbei im Fahrbetrieb stark dynamisch belastet.
- Die Bremseinheit dient der Aufnahme der Lasten durch die Bremsmomente (ebenfalls um die y-Achse).
- An gelenkten Achsen, in der Regel an der Vorderachse sowie bei Premiumfahrzeugen verstärkt auch an der Hinterachse umgesetzt, ist es nötig, die Freiheitgrade um die z-Achse über die Bauweise der Lenkeinheit gezielt zu definieren. Hierdurch wird unter anderem die Agilität sowie die Querdynamik des Pkws über das Fahrwerk bestimmt.
- Letztendlich ist in Abb. 6.1 noch die Vertikaldynamik durch die Einschränkung der Bewegung der Radaufhängung in Fahrzeughochachse (z-Achse) als Freiheitsgrad dargestellt. Diese wird hauptsächlich durch die Feder/-Dämpferkonzeption beeinflusst.

6.1.2 Fahrwerkskomponenten und -konzepte im Stand der Technik

Um die grundlegenden Fahrwerksfunktionen zu erfüllen, gezielt einzustellen und die Freiheitsgrade, wie in Abb. 6.2 dargestellt, einzuschränken, werden viele verschiedene Einzelteile benötigt. Dies macht das Fahrwerk zu einer äußerst komplexen Fahrzeugdomäne. Eine Übersicht auf Komponentenebene über den Aufbau sowie die Bestandteile moderner Fahrwerke, in Relation zum Gesamtfahrzeug, ist in Abb. 6.2 dargestellt.

In den letzten Jahrzehnten haben sich durch stetige Weiterentwicklung und Optimierung einige wenige Fahrwerkskonzepte etabliert, welche jedoch in unterschiedlichsten Ausführungen von Hersteller zu Hersteller sowie von Gesamtfahrzeug zu Gesamtfahrzeug variieren. Diese sind:

- McPherson/Federbein
- Doppelquerlenker
- Verbundlenkerachsen
- Starrachsen

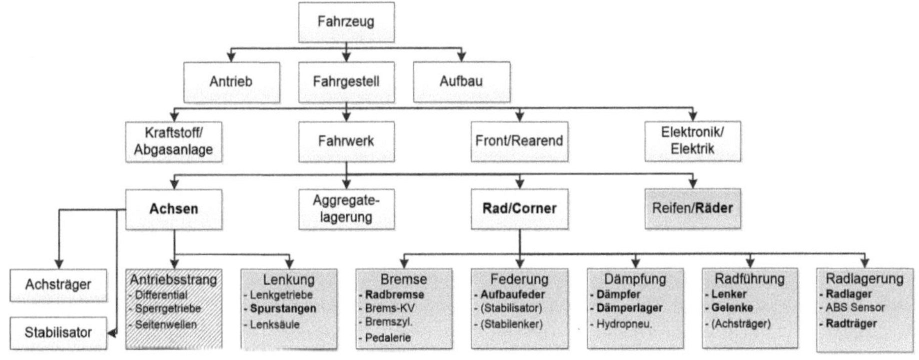

Abb. 6.2 Modulare Struktur des Fahrwerks nach [1], herausgehoben sind die Bauteile, die zur Erfüllung der Grundfunktionen des Fahrwerks nötig sind

- Mehrlenker
- Längs-/Schräglenker

Auch wenn die eingesetzten Fahrwerktypen sich in der Regel auf die beschriebenen Grundtypen reduzieren lassen, unterscheidet sich die Ausführung und Applikation im Fahrzeug grundlegend und erfüllt hierdurch verschiedenste Kundenansprüche an Komfort, Sicherheit, Fahrdynamik oder Agilität [1]. Überdies sind auch das Fahrzeugkonzept sowie die Fahrzeugklasse und die damit verbundenen Kosten von entscheidender Bedeutung für die Wahl des Fahrwerkskonzeptes an Vorder- und Hinterachse.

In Kleinwägen werden an der Vorderachse fast ausschließlich gelenkte Federbeine (McPherson) eingesetzt, während an der Hinterachse der Einsatz von Starr- und Halbstarrachsen überwiegt. Bei Fahrzeugen der Mittel- und Oberklasse kommen aufwendigere Achskonstruktion zum Einsatz, wie zum Beispiel Doppelquerlenker oder Mehrlenkeraufhängungen.

Eine quantifizierte Marktverteilungen der Achskonstruktionen nach [5] ist in Abb. 6.3 zu finden. Überdies sind die am häufigsten eingesetzten Fahrwerksgrundtypen Federbein, Doppelquerlenker, Verbundlenker (Halbstarrachse), Starrachse sowie Mehrlenkerkonzepte visualisiert.

Die Eigenschaften der beschriebenen Fahrwerkkonzepte im Vergleich für den Einsatz an Pkw-Hinterachsen zeigt Abb. 6.4 nach [11]. Weitere Fahrwerkkonzepte und deren Eigenschaften sind [11] zu entnehmen.

Fahrzeugsegmente	Vorderachstypen				Hinterachstypen					
	Federbein	Doppel-querlenker	Starr		Verbund-lenker u. Torsions-kurbel	Starr	Mehr-lenker	Längs-lenker u. Schräg-lenker	Doppel-quer-lenker	Federbein und restliche
Mini	5,6	–	–	5,6	2,8	0,8	0,5	1,2	–	0,3
Kleinwagen	17,7	–	–	17,7	11,9	1,1	0,3	4,2	–	0,1
Untere Mittelklasse	18,8	0,3	–	19,2	9,3	0,1	4,3	4,7	0,9	<0,1
Mittelklasse	9,9	4,3	–	14,2	4,5	<0,1	7,4	0,4	1,8	–
Obere Mittelklasse	5,7	3,2	–	8,8	0,9	0,5	5,7	0,3	0,6	0,8
Luxus und Sport	1,8	1,7	–	3,5	0,1	0,7	1,5	0,8	0,6	<0,1
Off-Road	3,6	6,5	1,3	11,4	0,1	6,3	2,8	0,1	2,1	–
MPV	6,4	0,8	–	7,2	2,2	2,5	1,5	0,7	0,1	0,1
Transporter	2,2	3	1,1	6,3	0,2	5,9	<0,1	0,1	0,1	–
Pick-Up	4,7	1,3	0,1	6,1	<0,1	5,7	0,2	0,1	–	–
	76,4	21,1	2,5	Summe	32	23,7	24,2	12,6	6,2	1,3

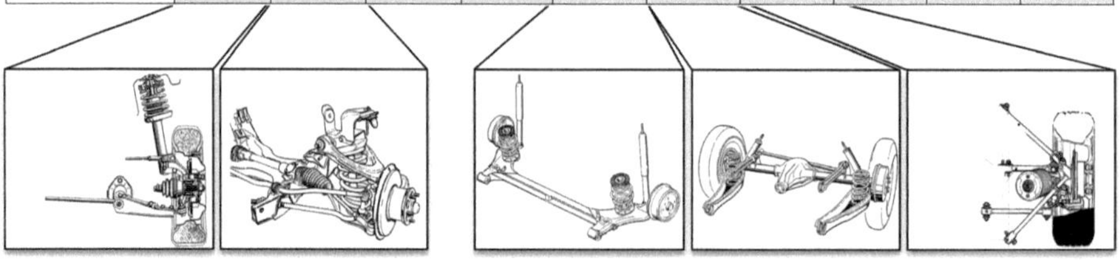

Abb. 6.3 Marktaufteilung der Achskonzepte nach Angaben von ZF Lemförder Fahrwerktechnik AG nach [5]; Unter 1 % Marktanteil weiß hinterlegt, über 1 % Marktanteil grau hinterlegt, Summen hellgrau hinterlegt; Unten dargestellt: Wichtigste Fahrwerkskonzepte von Pkws an Vorder- und Hinterachse McPherson-Federbein, Doppelquerlenker, Verbundlenker, Starrachse, Mehrlenker (von links nach rechts) mit Darstellungen nach [6–10]

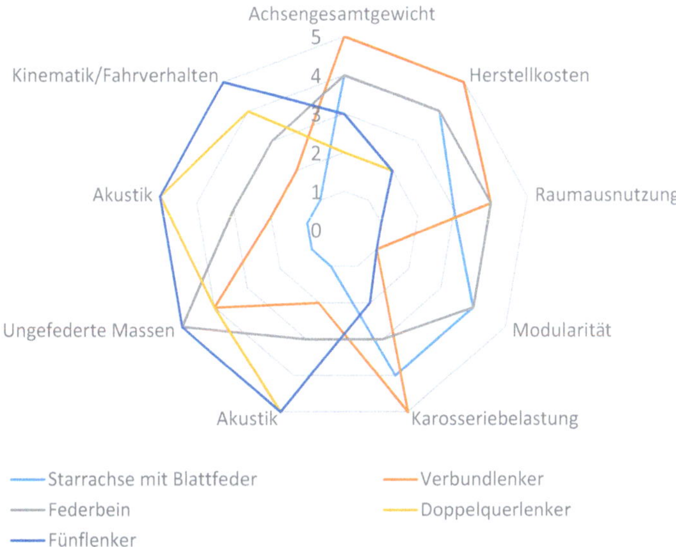

Abb. 6.4 Kiviat-Diagramm, welches konventionelle. Fahrwerke bzgl. Ihrer Eigenschaften Gewicht, Kosten, Kinematik etc. vergleicht; Daten aus [11]

6.2 Überblick über Bauweisen und Werkstoffe in Fahrwerkskomponenten

Andreas Höfer

Aufgrund der hohen Anforderungen bzgl. Systemsteifigkeit, Betriebsfestigkeit bei sehr hohen Beanspruchungen über den gesamten Nutzungszeitraum sowie bezüglich Korrosionsfestigkeit bei stärksten Umwelteinflüssen sind aktuell Stahllegierungen und Gusseisen die dominierenden Werkstoffe im Fahrwerk. In den letzten Jahren sind aber in Wissenschaft und Forschung sowie teilweise bereits in Kleinserieneinsatz, alternative Werkstoffe in Untersuchung oder bereits im Kleinserien- oder Prototypeneinsatz. Abb. 6.5 zeigt beispielhaft gängige Werkstofflegierungen im Stand der Technik (Basiswerkstoff) sowie mögliche Materialalternativen.

6.2.1 Bauweisen und Materialien an Rad, Reifen und Felge

Der Reifen, als Bindeglied zwischen Fahrzeug und Fahrbahn, verantwortet die Übertragung aller Kräfte und Momente bei unterschiedlichsten Fahrbahnbelägen sowie bei sämtlichen Witterungsbedingungen und Fahrzeuggeschwindigkeiten. Diese zentrale Funktionalität wird im Wesentlichen durch drei Werkstoffgruppen umgesetzt. Diese sind: Textilien, Drähte/Stahlkorde und Gummi. Die Drähte dienen hierbei der Aufnahme des Fülldrucks sowie der Radlasten. Das Gummi dient der Lufterhaltung sowie der finalen Kraftübertragung zwischen Fahrwerk und Fahrbahn. Eine Aufteilung der verschiedenen Reifenmaterialien sowie deren Gewichtsanteile beschreibt Abb. 6.6.

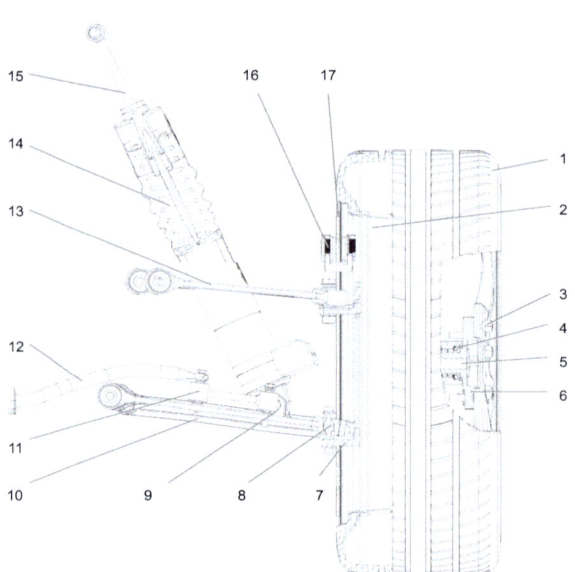

	Komponente	Werkstoff	
		Basis	Alternative
1	Reifen		SBR/BR-Blend
2	Rad/Felge	DP 600	AlMgSi, GK-AlSi7Mg
3	Radschraube	12.9	
4	Wälzlager	100 Cr 6	
5	Achsschenkel	42 CrMo4	41 Cr 4, 36 NiCr 6
6	Radnabe	C 35	27 MnSiVS 6 BY
7	Radträger	42 CrMo 4 V	C 38 BY, EN-GJS 500
8	Kugelgelenk	41 Cr 4	
9	Lagerbock	GK-AlSi7Mg	
10	Spurstange	C 35	AlMgSiCu
11	Lenkhebel	C 35	AlMgSiCu
12	Stabilisator	38MnSiV7	50CrV4, 60SiCrV7
13	Querlenker	Stahlrohr-konstruktion (hydrogeformt)	GK-AlSi7Mg (hohlgegossen)
14	Tragfeder	51 Cr V 4	
15	Stoßdämpfer	S 355 mit Zusatzfeder aus zelligem Polyurethan	
16	Bremssattel	GGG50...60	
17	Bremsscheibe	GG15...25	C/SiC
18	Achsträger (nicht dargestellt)	Blechkonstruktion DP 600	X 8 CrMnNiN 19-6-3, Al Guß, AlSi10Mg, Al Rohr, IHU

Abb. 6.5 Überblick über eingesetzte Werkstoffe an Fahrwerkskomponenten. Unterscheidung zwischen Basiswerkstoff und Alternativwerkstoff, nach W. Bergmann (2002), Quelle: DLR e.V.

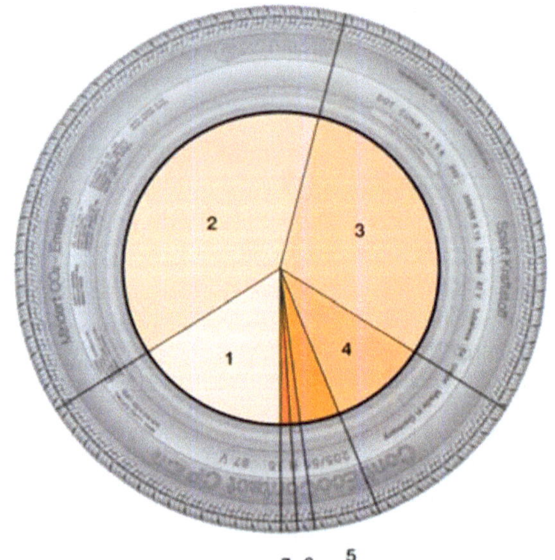

Abb. 6.6 Eingesetzte Werkstoffe im Reifen sowie deren Anteile nach [1]
1. Festigkeitsträger (Stahl, Rayon, Nylon): ca. 16 %
2. Kautschuk (Natur- und Synthesekautschuk): ca. 38 %
3. Füllstoffe (Ruß, Silica, Kreide): ca. 30 %
4. Weichmacher (Harze, Öle): ca. 10 %
5. Chemikalien zur Vulkanisation (Schwefel, Zinkoxid): ca. 4 %
6. Alterungsschutzmittel (gegen Ozoneinwirkung): ca. 1 %
7. Sonstiges: ca. 1 %

Bei den Rädern/Felgen von Pkws handelt es sich um höchstbelastete, sicherheitsrelevante Komponenten, weshalb die Werkstoffauswahl sowie die Bauweise besonders herausfordernd sind. Die Lasten am Rad werden vom Radaufstandspunkt über das Felgenbett durch den Felgenstern in den Radträger eingeleitet (vgl. Abb. 6.7). Des Weiteren werden sämtliche Antriebs- und Bremsmomente über die Felge übertragen, was eine mehrdimensionale Belastung eben dieser Komponente mit sich bringt.

Bei der Dimensionierung der Räder müssen für deren Strukturauslegung bis zu zwanzig verschiedene Standardlastfälle berücksichtigt werden (z. B. Kurvenfahrt, Längsstoß, seitlicher Stoß, Bremsen bei Kurvenfahrt, Bordsteinüberfahrt etc.). Eine Bordsteinüberfahrt kann hierbei z. B. durch einen überlagerten, mehrachsigen Lastfall eines vertikalen Stoßes mit 3 g Beschleunigungsimpuls sowie eines Längs-Stoßes mit 1 g abgebildet werden. Hieraus wird deutlich, dass die Räder ein Vielfaches der statischen Radlasten aufnehmen müssen. Für Stahlräder (vgl. Abb. 6.8a) ist dies seit Jahrzehnten erprobt und immer noch die gängigste Ausführung von Rädern. Auch Aluminiumgussräder (z. B. AlMgSi-Legierung) werden im Stand der Technik flächendeckend eingesetzt. Durch den Gießprozess können zwar designtechnisch ansprechende Bauweisen hergestellt werden (vgl. Abb. 6.8b), durch den aufwendigeren Prozess wird jedoch mehr Energie verbraucht. Dies ist kostentechnisch aufwendiger, ein Gewichtsvorteil gegenüber konventionellen Stahlrädern besteht in der Regel ebenfalls kaum. Neben gegossenen Aluminiumrädern kann die Felge auch geschmiedet werden. Hierbei können bei gleichem Materialaufwand höhere Festigkeiten des Werkstoffes erzielt werden, da sich das Material beim Verformen kaltverfestigt und das Gefüge im Fertigungsprozess nicht unterbrochen

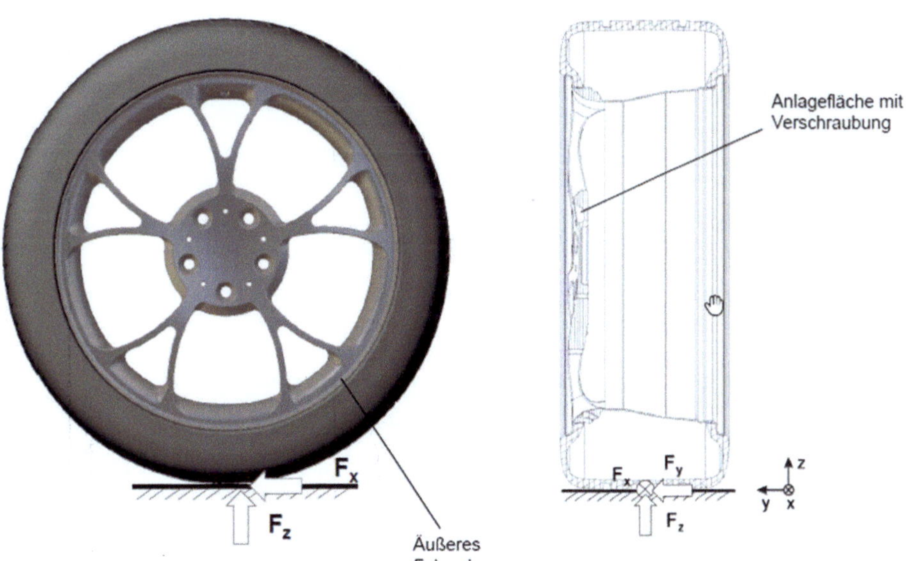

Abb. 6.7 Schematische Darstellung einer Felge sowie angreifende Lasten im Radaufstandspunkt, Copyright © DLR e.V.

wird. Letztendlich ist es im Stand der Technik heute ebenfalls möglich durch den Einsatz von Dualphasenstählen (vgl. Abb. 6.8c) und deren hohen Festigkeiten nach Umformung von bis zu 600 MPa offene, im Design ansprechende Felgen aus Stahl zu gestalten. Hierbei ist aufgrund der extrem guten Werkstoffeigenschaften der Dualphasenstähle (z. B. DP600) wenig Material nötig was einen Gewichtsvorteil gegenüber Aluminiumlegierungen bietet, jedoch bei erhöhten Kosten (Abb. 6.8).

In Kleinserie sowie in Prototypen werden auch Magnesiumlegierungen sowie Faserverbundwerkstoffe eingesetzt. Bei der in Abb. 6.9, a dargestellten Felge wird eine Magnesiumknetlegierung eingesetzt (MgAl8Zn). Die Rohlinge wurden im Schmiedeverfahren hergestellt, was die Dauerfestigkeit des Werkstoffes verbessert. Zu einer vergleichbaren Aluminium-Gussbauweise wurden 25 % Gewicht reduziert. Zum verbesserten Schutz vor Korrosion wurde das Rad zusätzlich anodisiert, KTL-beschichtet und vor Einsatz im Fahrzeug lackiert. [13]

Überdies sind verschiedene Faserverbundräder in Abb. 6.9 dargestellt. Je nach Anwendungsbeispiel besteht das Rad aus unterschiedlicher Faser-Harz Zusammensetzung. SMC-Räder (Sheet Moulding Compound) bestehen aus duroplastischen Reaktionsharzen, welche i. d. R. mit Glasfasern verarbeitet werden. [14]

Bei Ultramid® wird der eingesetzte Kunststoff auf Basis von Polyamid PA6, PA66 und verschiedenen Copolyamiden wie PA66/6 hergestellt. Die durch Spritzgießen hergestellte thermoplastische Kunststofffelge ist hierbei die aus langglasfaserverstärktem Polyamid [15] (Abb. 6.9).

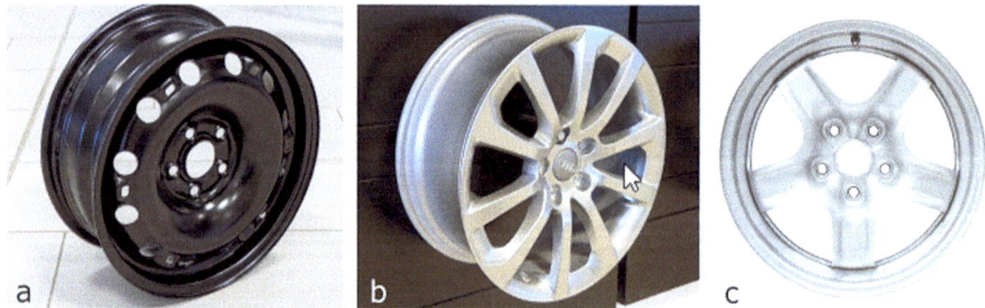

Abb. 6.8 Verschiedene Ausführungen von Pkw-Rädern. Konventioneller Stahleinsatz (7**a**); Aluminiumgussausführung (7**b**); Dualphasenstahl (7**c**) nach [12]

Abb. 6.9 Beispiele für Leichtbauräder von links nach rechts: Felge aus MgAl8Zn, zuerst eingesetzt im Porsche 911 nach [13]; Firestone SMC-Rad nach [14]; BTE SMC-Rad nach [14]; Felgenkonzept aus Ultramid® von BASF nach [15]

Tab. 6.1 Massen eines Pkw-Rades in verschiedenen Werkstoffausführungen [13]

Ausführung	Masse [%]	Pkw-Rad 8 × 18″ Radlast 700 kg
Stahlrad (Standard-/Strukturrad)	100	12.500–13.500 g
Aluminium gegossen	80–110	10.500 g*)–14.000 g
Aluminium geschmiedet	≈73	9500 g*)
Mg gegossen	≈73	9600 g*)
Mg geschmiedet	≈63	7900 g*)
Composite (mit duromerem Harz)	< 45 bis > 75	6000 g–10.000 g**)

*) Gewichtsoptimiert bzw. leichtes Styling
**) je nach gewähltem Sicherheitsfaktor

Je nach Fahrzeugkonzept sowie Kundenwunsch kann das Rad am Pkw gestaltet und gewählt werden. Da es sich bei den Radmassen sowohl um ungefederte als auch um rotierende Massen handelt, ist geringes Gewicht stets von Vorteil, jedoch muss dies im Verhältnis zu den Kosten stehen. Gewichte eines beispielhaften Pkw-Rades bei einer Radlast von 700 kg sowie in Abhängigkeit der diskutierten Werkstoffe zeigt Tab. 6.1.

6.2.2 Bauweisen und Materialien an Radträger und Radlager

Entsprechend der Anzahl an Achskonzepten und deren Ausführung unterscheiden sich die Bauweisen der Radträger. Diese haben im Fahrwerk zum einen die Aufgabe, als Montagepunkt der Radlager und Bremssättel zu fungieren, und zum anderen der Überbrückung des Bauraumes zwischen den Kinematikpunkten der Lenker zu dienen. Hierbei werden im Serieneinsatz Stahl- und Aluminiumlegierungen eingesetzt und je nach Fahrwerkskonzept reicht hierbei die Bandbreite von integralen Aluminiumgussbauweisen über Schmiedeteile bis hin zu Differenzialbauweisen, ausgeführt als Blechkonstruktionen.

So werden an angetriebenen Vorder- und Hinterachsen im Serieneinsatz in der Regel Schwenklager aus Sphäroguss eingesetzt (vgl. Abb. 6.10a), an nichtangetriebenen Vorder- und Hinterachsen Radträger aus Stahlblech (vgl. Abb. 6.10b, c). Bei gewichtsverbesserten Serienlösungen werden i. d. R. Aluminiumlegierungen (z. B. AlSi7Mg0,3) eingesetzt (vgl. Abb. 6.10d).

Neben den etablierten Fertigungsverfahren wie Druck- oder Schwerkraftkokillenguss kommen alternative Verfahren wie Squeeze Casting und Gegendruckkokillenguss (CPC)[1] verstärkt zum Einsatz. Vor allem das Fertigungsverfahren des Gegendruckkokillenguss zeichnet sich durch schmiedeähnliche Festigkeiten bei gleichzeitig hoher Dehnung aus [16]. In Forschung und Entwicklung, sowie teilweise im Kleinserieneinsatz, wurden in den letzten Jahren verstärkt alternative Aluminiumdruckgussverfahren untersucht und entwickelt, wie z. B. Thixo-, Rheo- und Niederdruck-Sandguss, da hierbei gutes Potenzial zu einer erheblichen Reduktion des Fahrwerksgewichtes gesehen wird.

[1] Counter Pressure Casting, sog. Gegendruck-Kokillenguss.

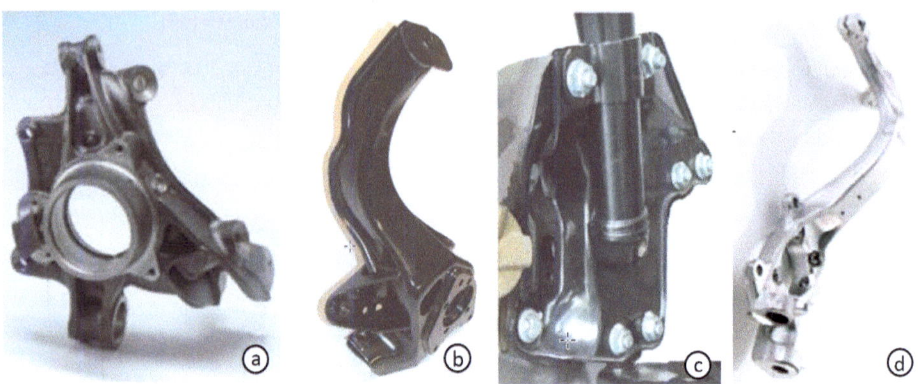

Abb. 6.10 Sphärogussradlager an angetriebener Hinterachse (**a**); Blechradlager an nichtangetriebener Hinterachse (**b**); Blechradlager an nichtangetriebener Vorderachse (**c**); Aluminiumgussradlager an angetriebener Vorderachse (**d**); nach [1]

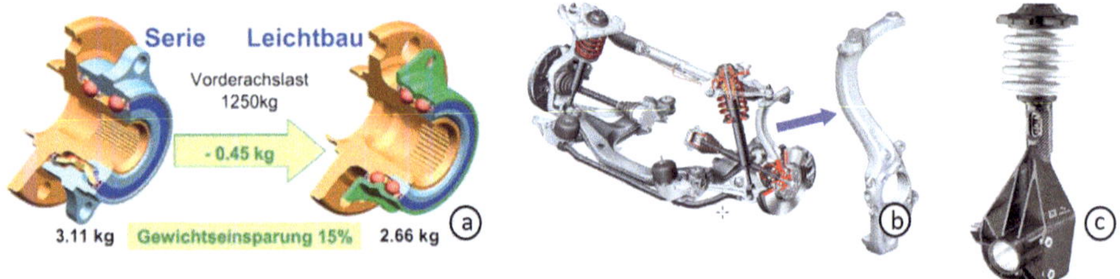

Abb. 6.11 Leichtbauradlagereinheit (**a**), nach [20]; Leichtbauschwenklager (**b**), nach [18]; Leichtbaufederbein-/Radträgereinheit (**c**), nach [19]

Aufgrund der hohen Anforderungen an Last-, Drehzahl- und Temperaturfestigkeit wird bei den Radlagern für die Wälzkörper sowie die Innen- und Außenlager 100Cr6 als durchhärtbarer Wälzlagerstahl eingesetzt.

Zur verbesserten Aufnahme der Radial- und Axialkräfte können in Flanschbereichen der Radlager auch andere unlegierte Wälzlagerstähle wie z. B. Cf54 oder C56 eingesetzt werden. Radlagerkäfige werden auch aus glasfaserverstärktem Polyamid hergestellt [1], Wälzkörper aus durchgehärtetem Chromstahl, Einsatzstahl oder Vergütungsstählen. Für die Zukunft werden Keramiken anvisiert [13]. Eine detaillierte Diskussion zu Lagerwerkstoffen und deren Auslegung ist in der gängigen Literatur zur Gestaltung von Wälzlagern zu finden [17].

Durch Werkstoffauswahl und intelligente Bauweisen werden im Fahrwerk auch an Radträgern und Radlagern stetig Maßnahmen gesucht, um Gewicht zu reduzieren.

Eine Leichtbauradlagereinheit (vgl. Abb. 6.11a) wird durch Ersetzen des massiven, geschmiedeten Außenrings durch eine gewichtsoptimierte Variante erzielt. Das Konzept sieht vor, dass der Außenring in den Radträger gepresst sowie über eine zusätzliche Bohrung im Flansch verschraubt wird. Hierdurch kann die Form des Außenrings optimiert und ca. 15 % Gewicht reduziert werden. Nach [1] wird durch den Presssitz der Kraftfluss im

Radträger ebenfalls günstiger, was den Sekundäreffekt hat, dass der Radträger ebenfalls formoptimiert werden kann und folglich eine Massenreduzierung an der Einheit Radträger-Radlager um ca. 10 % bzw. fast 0,7 kg erzielt wird.

Weitere Leichtbaulösungen sind in Abb. 6.11 dargestellt.

So zeigt das Aluminiumschwenklager (Abb. 6.11b), welches seit mehreren Jahren im Serieneinsatz ist, eine Reduzierung durch Bauteiloptimierungen mit neuen FE-Methoden sowie durch die Ausführung als Aluminiumschmiedebauteil, statt wie zuvor durch Sphäroguss [18]. Auch kostengünstigere Aluminiumgussbauteile finden für solche Schwenklager Verwendung.

Das integrierte Radträger-/Federbeinkonzept aus faserverbundverstärkten Kunststoff (Abb. 6.11c) verspricht eine Gewichtsreduktion um bis zu 40 % gegenüber konventioneller Bauweise. Die Metallinserts dienen hierbei der Anbindung der anliegenden Fahrwerkskomponenten. Jedoch haben faserverstärkte Kunststoffe im Fahrwerk noch keinen Serieneinsatz gefunden. Dies liegt zum einen an den mehrdimensionalen Lastfällen im Fahrwerk, durch die die Möglichkeit der gezielten Gestaltung von FVK-Bauteilen und deren anisotrope Kraftflussgerechte Auslegung nicht ausgenutzt werden kann. Zum anderen ist auch die Schadensdetektion an FVK-Werkstoffen im Fahrwerk eine besondere Herausforderung, da die Faserverbundwerkstoffe im Gegensatz zu metallischen Werkstoffen sich nicht zuerst vor einem Versagen plastisch verformen. Dies ist bei hochbelasteten, sicherheitsrelevanten Fahrwerkskomponenten wie Radträger oder Lenker unerlässlich. [19]

6.2.3 Bauweisen und Materialien an Lenkern und Achsträger

Das Führen des Rades durch die Lenker sowie das Tragen des Aufbaus durch Achse, Federbein oder Achsträger sind wichtige Aufgaben des Fahrwerkes.

Üblicherweise werden Stahl- und Aluminiumlegierungen sowie Gusseisen als Materialien für eben diese Komponenten eingesetzt, da solche den folgenden Anforderungen am besten begegnen: Großserientauglichkeit, geringe Herstellkosten, langfristige Verfügbarkeit sowie Preisstabilität. Überdies sind die Materialanforderungen zu erfüllen bezüglich hoher Streckgrenze, dynamischer Belastbarkeit, geringem Raumbedarf bei möglichst geringem Gewicht, hoher Dehnung (> 10 %), jedoch kein Bruch bei Überbelastung, sowie Beständigkeit gegen Steinschlag-, Salzwasser und Korrosion.

Die gängigsten Stahlwerkstoffe an Lenkern sowie deren Ausführung sind in Tab. 6.2 aufgeführt.

Tab. 6.2 Stahlwerkstoffe an Lenkern sowie deren Ausführung nach [1]

Stahlblechwerkstoffe für Blechbauweisen	Stahllegierungen bei Schmiedebauweisen	Stahlsorten bei Rohrprofilbauweisen	Gusswerkstoffe bei Gussbauweisen
- S355MC - S420MC - S500MC	- 30MnVS6+P - 38MnVS6+P - C35E	- St 52 - S355J2G3	- EN-GJS-400, - G17CrMo5-5

An Lenkern werden in der Regel Aluminiumlegierungen mit Si-Anteilen eingesetzt. Diese sind oft durch Mg und Mn ergänzt. Die festigkeitssteigernden Anteile durch Cu, Zn und Fe werden aufgrund von deren hoher Korrosionsgefahr nicht eingesetzt. Durch Auslagerung bei den Wärmebehandlungen (T6, T5, T4) werden Aluminiumlenker bezüglich ihren Dehnungs- und Festigkeitseigenschaften verbessert. [21]

Die gängigsten Aluminiumlegierungen an Lenkern sowie deren Ausführung sind in Tab. 6.3 aufgeführt.

Betrachtet man die Herstellverfahren so haben sich sechs verschiedene Verfahren etabliert (vgl. Tab. 6.4).

Auch bei den Bauweisen ist in Abhängigkeit des Gesamtfahrzeuges von integraler Bauweise bis hin zu differenzialer Bauweise alles zu finden. So ist beispielsweise bei geringen Radlasten und bei hohem Kostendruck der Einsatz von integralen Stahlblechlenkern aufgrund deren niedriger Material- und Herstellkosten zu bevorzugen, da weder geschweißt noch mechanisch nachgearbeitet werden muss (vgl. Abb. 6.12, links). Dies ist bei hohen Lasten sowie bei komplexen Designanforderungen jedoch nicht mehr zielführend. Er-

Tab. 6.3 Eingesetzte Aluminiumlegierungen an Lenkern sowie deren Ausführung nach [20]

Am häufigsten eingesetzte Aluminiumschmiedelegierung	Am häufigsten eingesetzte Aluminiumgusslegierungen	Am häufigsten eingesetzte Aluminiumdruckgusslegierungen	Am häufigsten eingesetzte Aluminiumlegierungen bei Rohrbauweise
- AlMgSi1 (6061)	- GD-AlSi12Mg - AlSi9Cu/Mg - AlSi7Mg	- AlSi10Mg (A239) - AlSi7Mg90,3 (A356), - Al-Si7Mg0,6 (A357)	- AlMgSi1 - AlMgSi0,5

Tab. 6.4 Qualitativer Vergleich der 6 wichtigsten Herstellverfahren für Fahrwerklenker nach [1]

	Gießen	Thixo-Rheo	Schmieden	Strangguss	Stanzbiegen	IHU
Designfreiheit	++	++	–	––	+	–
Maßhaltigkeit	+	++	–	++	+	+
Festigkeit	–	+	++	+	+	+
Zuverlässigkeit	–	+	++	++	+	+
Werkzeugkosten	+	++	–	+	++	+
Bauteilkosten	+	–	–	–	++	+
Nacharbeit	––	++	––	–	+	++

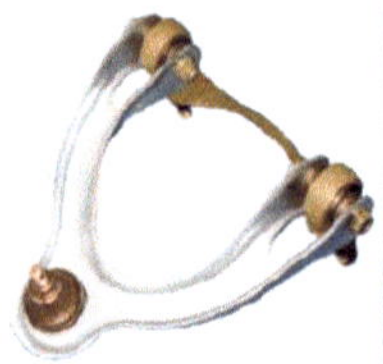
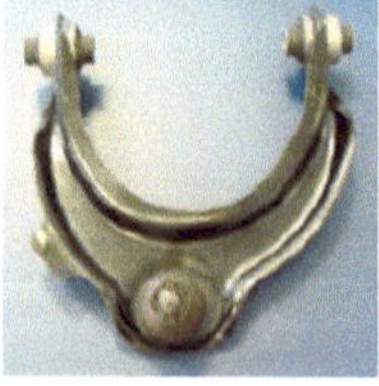
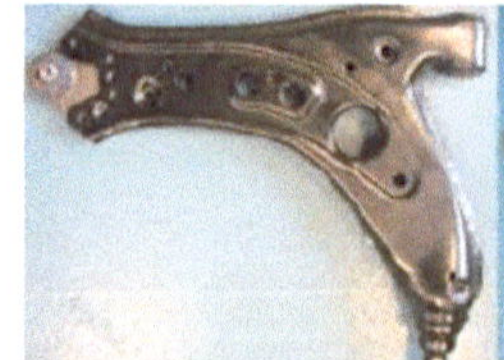
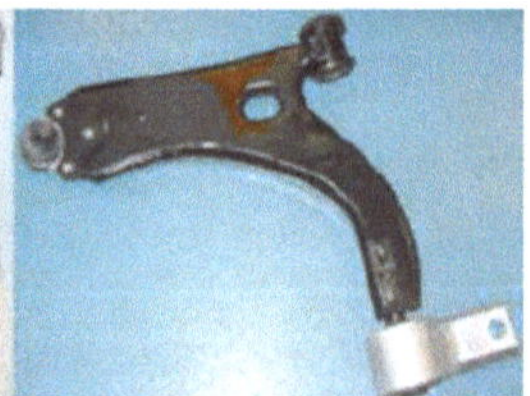

Abb. 6.12 Integrale Bauweise eines oberen Doppelquerlenkers (links); differenziale, mehrteilige Bauweise eines unteren Dreieckslenkers (rechts), nach [1]

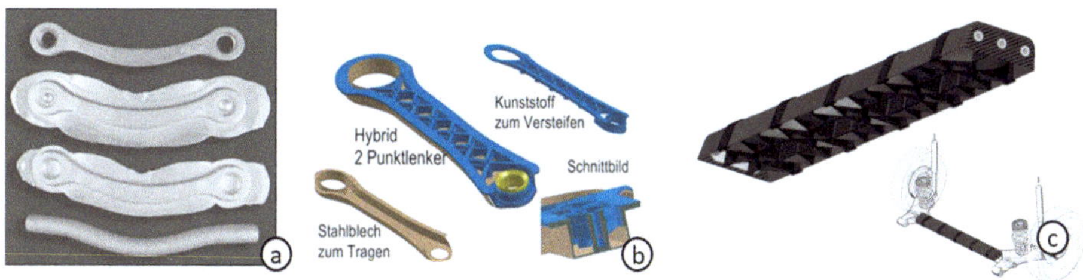

Abb. 6.13 Magnesiumquerlenkerkonzept (**a**) nach [23]; Hybridlenkerkonzept (**b**) nach [24]; Organoblechkonzept nach [26], Copyright © DLR e.V.

fordert die Fahrwerkskinematik oder der verfügbare Bauraum komplexere Lenkergeometrien, werden die Lenker beispielsweise als differenziale Bauweise mehrteilig als Schweißkonstruktionen ausgeführt (vgl. Abb. 6.12, rechts).

Neben den konventionellen, in Serie eingesetzten Lenkermaterialien Stahl und Aluminium können Magnesium und Faserverbundwerkstoffe Alternativen für die Zukunft werden. Aufgrund der geringen Dichte von Magnesium ist das Potenzial zur Gewichtsreduktion durch den Einsatz dieses Werkstoffes zwar sehr groß, wegen der geringen Bruchdehnungen, der hohen Kosten sowie des Kriechverhaltens bei hohen Temperaturen hat der Serieneinsatz aktuell jedoch noch nicht stattgefunden. Die in der Fahrzeugtechnik am häufigsten eingesetzte Mg-Legierung AZ91-HP hat durch die niedrige Dehnung keine ausreichende Fahrwerkstauglichkeit. AM50, AM60, AZ80 sowie AE42 oder AJ62 sind in ersten Konzepten/Prototypen zu finden (vgl. Querlenker in Abb. 6.13a [22]). Gute Gießbarkeit auch bei komplexen Geometrien bieten zusätzliches Potenzial und erste Applikationen von Mg-Legierung werden an wenig belasteten Bauteilen wie den oberen Querlenkern sowie an inneliegenden, wenig korrosionsgefährdeten Bauteilen zu finden sein [23].

Der Einsatz von Kunststoff in hybrider Stahl-/Kunststoffausführung ist in Abb. 6.13b dargestellt. Durch die hybride Bauweise übernimmt das Blechträgerbauteil die Funktion der Aufnahme der Zug-/Druckkräfte sowie die wichtige Eigenschaft zur plastischen Verformung bei Überlast ohne zu brechen, wie z. B. im Crash. Die Kunststoffumspritzung gibt dem Lenker die nötige Steifigkeit und fungiert zur Aufnahme der Anbindungsteile Gummilager und Kugelgelenk. [24]

Eine Konzeption aus [25] umfasst die Quertraverse einer Verbundlenkerachse. Die konventionelle Stahlausführung der Quertraverse wird durch ein Organoblechbauteil ersetzt (Abb. 6.13c). Je nach Ausführung der Versteifungsrippen wird die gewünschte Elastokinematik erzielt. Überdies fungiert das Bauteil als Stabilisator bei gegenseitigem Einfedern. Die Anbindung an die Längslenker erfolgt über drei Metallinserts.

Die Lenker werden bei Pkws an Achsträgern, auch Hilfsrahmen oder Fahrschemel bezeichnet, angebunden. Folgend soll deshalb der Werkstoffeinsatz an Achsträgern kurz angerissen werden.

Ein Vergleich von Bauweisen zum Einsatz der verschiedenen Materialien Stahl, Aluminium sowie Magnesium wird in [27] durchgeführt (Abb. 6.14). In der Studie wird gezeigt,

- Stahlblechkonstruktion in Differntialbauweise
- 46 Teile / 28 kg

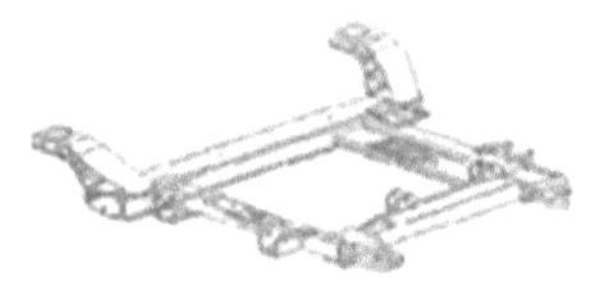

- Aluminiumschmiede-konstruktion, geschweißt
- 17 Teile / 18 kg

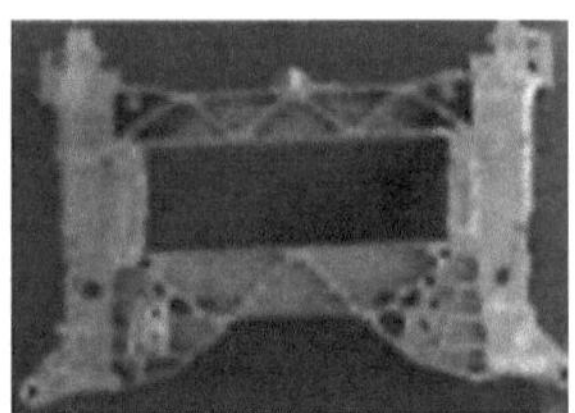

- Magnesiumguss-konstruktion
- 11 Teil / 10 kg

Abb. 6.14 Vergleich verschiedener Achsträgerbauweisen bezüglich Gewicht und Anzahl von zugrunde liegenden Einzelteilen nach [27]

Tab. 6.5 Konstruktionskatalog für verschiedene Achsträger und deren Ausführungen nach [11]

Bauweise Achsträger	Relativgewicht	Steifigkeit	Dauerfestigkeit	Energieaufnahme	Platzbedarf	Formflexibilität	Teilekosten	Werkzeugkosten	Serieneinsätze
Stahlblech, mehrteilig	100	Mittel	Gut	Gut	Mittel	Groß	100	100	100
Stahlrohr, gebogen	85	Groß	Gut	Gut	Mittel	Gering	80	70	90
Stahlrohr IHU	75	Groß	Sehr gut	Sehr gut	gering	Mittel	90	60	70
Alublech, mehrteilig	70	Mittel	Mittel	Gut	Groß	Groß	200	120	90
Alurohr, gebogen	65	Groß	Mittel	Mittel	Mittel	Gering	150	75	60
Spaceframe	70	Groß	Gut	Mittel	Sehr groß	sehr gering	180	50	50
Alurohr IHU	60	Groß	Mittel	Mittel	Mittel	Mittel	160	70	60
Stahlblech, einschalig	125	Gering	Sehr gut	Gering	Groß	Mittel	60	50	100
Alu-Sandguss	75	Gering	Gut	Gering	Gering	Sehr groß	250	40	60
Alu-Kolillenguss	65	Gering	Gut	Mittel	Gering	Sehr groß	200	50	70
Alu-Druckguss	55	gering	Gut	Mittel	Gering	Sehr groß	140	60	60

dass im ersten Schritt durch die Substitution des Werkstoffes von Stahl zu Aluminium sowie die Änderung der Bauweise von einer Blechkonstruktion zu einer Schmiedeschweikonstruktion das Gewicht fast halbiert werden kann, dies bei einer Reduktion der Bauteile um knapp über 200 %. Im zweiten Schritt wird durch die Substitution zu einer Magnesiumlegierung sowie die Entscheidung für eine Gusskonstruktion ein integrales Bauteil erzielt, welches eine Gewichtsreduktion von über 60 % ermöglicht.

Ein Vergleich verschiedener Achsträger sowie deren Bauweise und Einschätzung qualitativer Werkstoffeigenschaften nach [11] zeigt Tab. 6.5.

6.3 Leichtbau im Fahrwerk

Andreas Höfer, Horst E. Friedrich und Gerhard Kopp

Im Fahrwerksbereich sind gezielte Werkstoffauswahl und Leichtbauweisen doppelt wertvoll, da eine Reduktion der ungefederten Massen, neben dem Primäreffekt der Verbrauchsreduzierung, durch eine Reduktion der Gesamtmasse sekundär auch zu einem verbesserten Ansprechverhalten der Federung und somit zur Verbesserung des Fahrkomforts sowie zur Steigerung der Fahrdynamik führt [28].

Durch die Reduktion der rotierenden Masse verringern sich überdies der Beschleunigungswiderstand und dadurch auch der Gesamtfahrwiderstand.

Im Fahrwerksbereich liegen, bezogen auf das Gesamtfahrzeug, ca. 15–20 % der Gewichtseinsparungspotenziale (vgl. Abb. 6.15).

Ein gängiger Weg, um Gewichtsreduktionen zu erzielen, ist durch Anwendung der Leichtbaustrategien gegeben. Laut Definition in [30] beinhalten die Leichtbaustrategien den Stoffleichtbau, Formleichtbau, Bedingungsleichtbau, Konzeptleichtbau sowie den Fertigungsleichtbau. In Abb. 6.16 sind die fünf nach [31] definierten Leichtbaustrategien, die oft in Kombination angewendet werden, und deren untergeordneten Strategien zu sehen, des Weiteren eine Zuordnung der verschiedenen bereits eingeführten Beispiele der Fahrwerkstechnik.

Einen weiteren, breiten Überblick über Leichtbaulösungen im Fahrwerk sowie repräsentative Schutzrechte gibt [25]. Hieraus sind Tab. 6.6 und 6.7 entnommen.

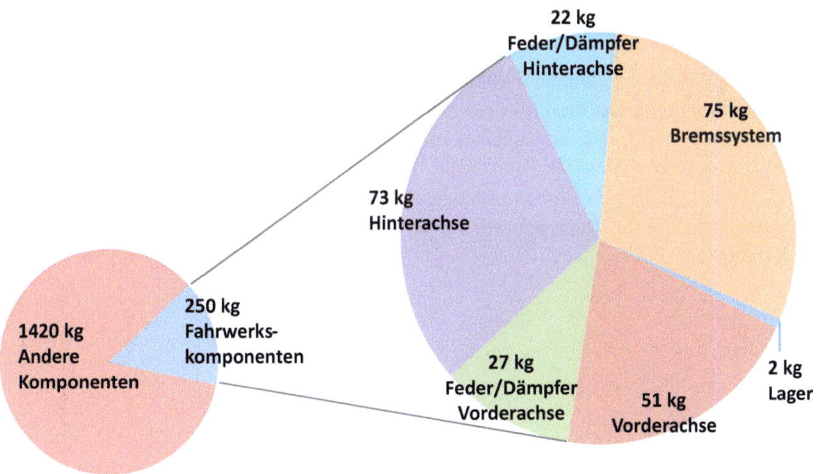

Abb. 6.15 Masseverteilung im Fahrwerk bei einem Beispielfahrzeug mit Leermasse m_0 = 1420 kg nach [29], Copyright © DLR e.V.

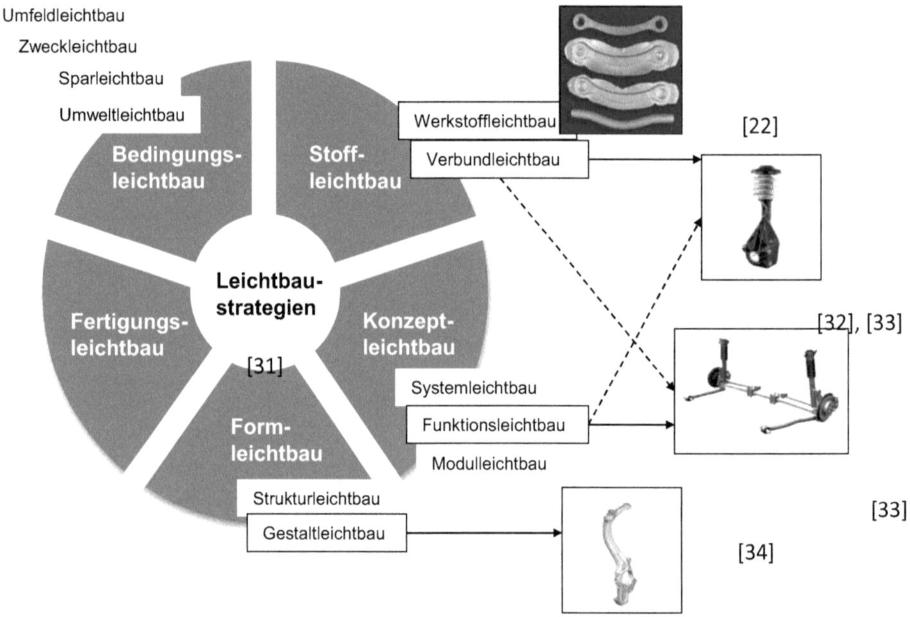

Abb. 6.16 Klassifizierung der Leichtbaustrategien nach [31] sowie Beispiele für deren Anwendung im Fahrwerk. Die Beispiele sind den entsprechenden Strategien zugeordnet die Inhalte [25] entnommen.
Anmerkungen:
- Querlenker als Beispiel für eine Materialsubstitution bei gleichzeitiger Anpassung der Geometrie (Werkstoffleichtbau), hergestellt aus der Magnesiumknetlegierung AZ80 [22]
- Federbein-Radträger-Modul aus GFK als Beispiel für Verbundleichtbau (Massereduktion um ca. 70 % gegenüber Stahl); Zusätzlich werden die Funktionen von Federbein und Radträger in ein Bauteil integriert (Konzeptleichtbau/Funktionsintegration) [32, 33]
- Radführende Querblattfeder aus GFK, die neben stabilisierenden und lasttragenden Aufgaben auch Lenkerfunktionen übernimmt, als Beispiel für Funktionsleichtbau (Gewichtsreduktion ca. 10 % gegenüber Referenzfahrwerk) [33]
-Al-Schwenklager als Beispiel für Formleichtbau, bei dem die Krafteinleitung und der Kraftfluss durch die Optimierung der Bauteilgeometrie verbessert werden und dadurch die Masse reduziert werden kann [34]

Tab. 6.6 Ausgewählte Leichtbaukonzepte an Rad, Felge, Feder-/Dämpferelementen und Stabilisatoren (Stand der Technik und Schutzrechte), Copyright © DLR e.V.

Bauteil	Beschreibung	Anmerkung [Quelle]	Hersteller/Fahrzeugeinsatz [Quelle]
Veröffentlichungen **Rad/Felge**	GFK/CFK verstärktes SMC-Rad	Ziel Serienbauteil	BTE (1999) [35]
	Glasfaser-SMC-Rad	–	Firestone [14]
	Ultramid® (langfaserverstärktes Polyamid)	Masse 6 kg; spritzgegossen [15]	smart forvision/BASF (2011) [15]
	CFK-Felge speziell für Elektrofahrzeuge	Gesamtgewicht ca. 3,5 kg [36]	Fraunhofer LBF [37]
	Reifen-/Felgeneinheit[a] aus PU-Kunststoff	Werkstoff zu 95 % recycelbar [38]	Hankook (2013) [38]
Schutzrechte	DE000010006389A1	Magnesiumfelge mit kaltformgepressten Speichen	16.08.2001 Volkswagen AG
	DE202012005675U1	Dreiteilige Hybridfelge	13.09.2012 Wagner, Mario
Veröffentlichungen **Feder- und Dämpferelemente**	Hinterachsschraubenfeder aus Titan	Massereduktion von ca. 40 % gegenüber Stahlfedern [30]	VW Lupo (2000) [39]
	Schraubenfedern aus GFK-Federn	Massereduktion von 40–70 % gegenüber Stahlfedern [40]	Audi R8 E-tron/Sogefi [40]
	FVK- Schraubenfeder	Zusatzfedern und Federteller können entfallen [41]	
	GFK-Querblattfeder an Vorderachse	Nicht radführend	smart (1999) [42]
	Querblattfeder aus GFK für Nfz	Radführend, serientauglich	MB Sprinter/Benteler [43]
	Stabilisatoren aus CFK	–	VW XL1 [44]
	Leichtbau-Dämpfer aus Aluminium	Massereduktion bis 25 %, Serienbauteil [45]	ZFF AG [45]
Schutzrechte	DE000010221589A1	Mehrbogenverbundstoffblattfederaufbau mit variabler Federkonstante	31.07.2003. Visteon Global Technologies Inc.
	DE102010053732A1	Drehstabfeder für ein Kraftfahrzeug	26.04.2012 Daimler AG

[a]Tweel soll starre Felge ersetzen. Durch die elastische Felgenkonstruktion sollen Stöße von Fahrbahnunebenheiten gemindert werden und somit zur Aufbaufederung beigetragen werden

Tab. 6.7 Ausgewählte Leichtbaukonzepte an Radführung, Radlager, Radträger und Bremse (Stand der Technik und Schutzrechte), Copyright © DLR e.V.

Bauteil	Beschreibung	Anmerkung	Hersteller/Fahrzeugeinsatz [Quelle]
Veröffentlichungen **Radführende Elemente und Achsträger**	Vierpunktlenker aus GFK	Massereduktion von ca. 25 % (11 kg) gegenüber Stahl [46]	ZFF AG/MAN AG [46]
	Aluminiumgussachsträger	Massereduktion von 35 % gegenüber Referenzstruktur aus Stahl [47]	Honsel/MB S-Klasse [47]
	Verbundlenkerachse aus hochfestem Stahl und IHU-hergestelltem Längslenkern	Massereduktion um 32 % gegenüber Stahl [48]	Lotus Engineering in ULSAS-Studie Kleinwagenanwendungen [48]
	Magnesiumachsträger	Gewichtreduktion um 65 % gegenüber Stahl [27]	
Schutzrechte	DE102007033763A1	Hybridlenker für ein Fahrzeug	ZF Friedrichshafen 22.01.2009
	DE102008015705A1	Lenker einer Radaufhängung eines Fahrzeuges	IFC Composite GmbH 28.01.2010
Veröffentlichungen **Radlager/Radträger/ Bremse**	Schwenklager aus Aluminiumguss	Massereduktion um 35 % gegenüber Eisengusslösungen [28]	KSM [28]
	Radlager aus Siliziumnitrid	Massereduktion von ca. 60 % gegenüber Stahl [49]	Formel 1 [49]
	Bremse aus karbonfaserverstärktem Siliziumcarbid (C/SiC)	50 % Massereduktion gegenüber Stahl für innenbelüftete Bremsscheibe [50] (355/229 × 35 mm)	SGL Carbon Group/Porsche 911 GT 2 [50]
	Integrierte Radträger mit Radnabenlagereinheit	34 % verringerte Masse aufgrund bauraumunabhängiger Gestaltung [48]	Lotus Unique [48]
	Schwenklager in neuartiger Sandwich-Blechbauweise		smart (1999) [42]
Schutzrechte	DE000020219859U1	Radlager mit Bremsscheibe	FAG Kugelfischer AG 30.04.2003
	DE102007053120A1	Schwenklager aus einem Faserverbundwerkstoff	14.05.2009 BMW AG,TU Dresden

6.3.1 Leichtbau im Fahrwerk – Einsatz alternativer Federwerkstoffe

Neben den mechanischen Anforderungen haben die meisten Bauteile im Fahrwerk noch andere physikalische, chemische oder sonstige Anforderungen zu erfüllen. Dazu zählen thermische Beständigkeit, Resistenz gegen einwirkende Medien, gute Bearbeitbarkeit sowie Montagefreundlichkeit und umwelttechnische Unbedenklichkeit.

Optimiert man Fahrwerksbauteile unter Leichtbauaspekten vorrangig auf Festigkeitsanforderungen, sind immer auch gegebene Steifigkeitsanforderungen bei der Auslegung zu berücksichtigen, denn bevor die Festigkeitsgrenzen erreicht wären, könnten vielmals Stabilitätsprobleme zum Bauteilversagen führen. Diese Herausforderung tritt allgemein bei dünnwandigen Bauteilen unter Biege-, Druck- oder Torsionsbelastung auf.

Eine besondere werkstoffliche Anforderung in der Fahrwerktechnik resultiert für Federn: Ihre Hauptaufgabe besteht in der elastischen Speicherung der durch Vertikalbewegungen des Aufbaus zur Fahrbahn freigesetzten kinetischen Energie durch Formänderungsarbeit.

In den folgenden Abschnitten wird auf Entwicklungsbeispiele mit neuen Werkstoffansätzen eingegangen. Vergleichend zum Referenzwerkstoff Stahl kommen CFK-Schraubenfedern, Ti-Spiralfedern, GFK-Blattfedern und radführende GFK-Querblattfedern zur Sprache.

Faserverbundkunststoffe (FVK) sind leistungsfähige Kandidaten für verschiedene Bauweisen. Als neuere technische Lösungen für den Leichtbau in der Fahrwerkstechnik werden z. B. radführende Querblattfedern aus GFK zur Aufbaufederung und Wankstabilisierung angesehen. Ein von ZF Friedrichshafen AG vorgestelltes Entwicklungsprojekt verwendet FVK zu einer Massereduzierung von ca. 15 % gegenüber einer konventionellen St-Bauweise [33]. Weitere Vorteile sind die geringere Anzahl von Bauteilen durch Funktionsintegration und die Nutzung des Bauraumes (Abb. 6.17, links).

Abb. 6.17 FVK-Lösungen für die Fahrwerktechnik, nach [30, 33] Quelle: DLR e.V.

Eine CFK-intensive Konzeption aus gleichem Hause ist ein neuartiges Federbein-Radträger-Modul. Die Multimaterialbauweise aus Faserverbundkunststoffen, Aluminium und hochfesten Stählen verspricht Masseeinsparungen bis ca. 40 % gegenüber gewöhnlichen Systemen aus Stahl (Abb. 6.17, rechts).

FVK wird auch in der Entwicklung von Fahrwerkstechniken für weitere Bauteile und auch den Nfz-Bereich angedacht. Am Beispiel eines Vierpunktlenkers, der für die Längs- und Querführung der Achse (hohe Seitensteifigkeit) und die Wankstabilisierung (definierte elastokinematische Wanksteifigkeit) verantwortlich ist, konnte dieses gezeigt werden (siehe ff. in Abschn. 6.3.2). Gegenüber einem St-Schmiedeteil wiegt demnach ein FVK-Teil in GFK nur noch 58 %, optimiert weniger als 50 % [51], eine Folge von Stoff-, Form- und Konzeptleichtbau.

6.3.1.1 Schraubenfedern aus FVK

Schraubenfedern sind mechanisch betrachtet aufgewickelte Drehstäbe, die durch eine translatorische Bewegung parallel zur Federachse primär auf Torsion beansprucht werden. Die Beanspruchung lässt sich durch einen ebenen Spannungszustand mit zwei gleichgroßen, entgegengerichteten Hauptnormalspannungen unter einem Winkel von 45° beschreiben. Die Vordimensionierung zur Festlegung des Drahtdurchmessers, des mittleren Windungsdurchmessers und der Anzahl der federnden Windungen erfolgt aufgrund der einfachen mechanischen Zusammenhänge auch für aktuell eingesetzte Serienfedern mit einfachsten analytischen Ansätzen.

Werkstoffauswahl

CFK-Rohre mit einer 45°-Faserverstärkung weisen bei Torsionsbeanspruchung im Vergleich zu Stahlstäben ein großes theoretisches Leichtbaupotenzial auf, wenn Energie elastisch im Bauteil zu speichern ist. Dies resultiert aus den in den Hauptnormalspannungsrichtungen angeordneten Fasern, die im Verbund zu sehr großen spezifischen faserparallelen Festigkeiten und damit einer großen spezifischen äußeren Schubfestigkeit bei einem relativ geringen absoluten Schubmodul führen.

Auch gegenüber Rohrquerschnitten aus alternativen Werkstoffen, sofern diese herstellbar und verfügbar sind, führt CFK zu den theoretisch leichtesten Schraubenfedern. Ein ähnlich geringer Masseaufwand lässt sich für den gleichen zu speichernden Energiebetrag nur mit unidirektional glasfaserverstärkten GFK-Blattfedern realisieren (Abb. 6.18).

Der erforderliche Masseaufwand für Federn lässt sich direkt aus der Energiebetrachtung ableiten. Die im Werkstoff gespeicherte elastische Energie (vereinfacht: Dreiecksfläche unter der Kraft-Weg-Kurve bei linearelastischem Verformungsverhalten $= \frac{1}{2} \cdot F \cdot s$) steht im Gleichgewicht zu der dem Federvolumen aufgezwungenen Formänderungsarbeit:

$$\frac{1}{2} \cdot F \cdot s = \int \sigma \varepsilon \mathrm{d}v + \int \tau \gamma \mathrm{d}v \tag{6.1}$$

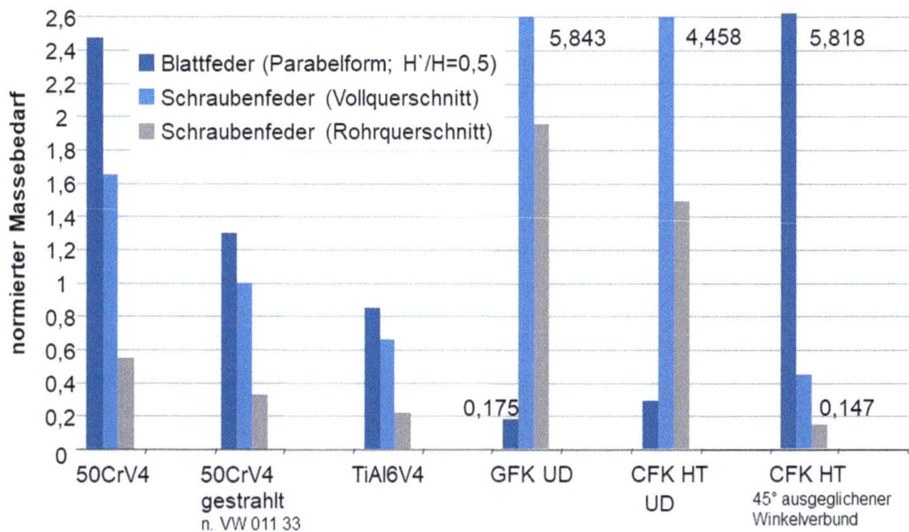

Abb. 6.18 Theoretischer Massebedarf für elastische Energiespeicherung von Fahrwerksfedern – Vergleich von Schraubenfedern und Blattfedern aus unterschiedlichen metallischen Werkstoffen mit FVK-Materialien aus GFK und CFK
dabei: UD = unidirektional, alle Fasern parallel abgelegt, HT = hochfest (High Tenacy), AWV = ausgeglichener Winkelverbund mit gleichem Faseranteil in zwei Schichten mit gleich großen, entgegengerichteten Faserrichtungswinkeln, nach [52]

$$= \int \frac{\sigma^2}{E} \mathrm{dv} + \int \frac{\tau^2}{G} \mathrm{dv} \quad \text{mit } \varepsilon = \frac{\sigma}{E} \text{ und } \gamma = \frac{\tau}{G} \tag{6.2}$$

E: Elastizitätsmodul
G: Schubmodul
ε: Dehnung
τ: Schubspannung
σ: Spannung
γ: Scherung

Einen guten Federwerkstoff zeichnen demnach geringe Moduln und vor allem große Festigkeiten aus. Vergleicht man für eine konkrete Anwendung verschiedene Werkstoffe und berücksichtigt, dass die aufzunehmende Formänderungsarbeit für alle infrage kommenden Alternativen gleich ist, so verhält sich der erforderliche Volumen- und Masseaufwand umgekehrt proportional zum elastischen Energiespeicherungsvermögen. Von einem Werkstoff, der viel Energie speichern kann, wird weniger benötigt als von einem Material mit geringerem elastischen Energiespeicherungsvermögen.

Für Biegefedern ist der Masseaufwand unter Vernachlässigung von Querkraft-Schubspannungen, d. h. nach der elementaren Biegetheorie für schlanke Biegeträger, direkt proportional zum Quotienten aus Elastizitätsmodul in Federlängsrichtung (x-Richtung) und dem Quadrat der Festigkeit in Federlängsrichtung:

$$m \sim \rho \cdot \frac{E_x}{\sigma_x^2} \tag{6.3}$$

Für ausschließlich oder vorwiegend torsionsbeanspruchte Federn wie Schraubenfedern, Drehstabfedern oder Stabilisatoren ergibt sich analog der erforderliche Masseaufwand aus

$$m \sim \rho \cdot \frac{G_x}{\tau_{xy}^2} \tag{6.4}$$

Da die Last und die Federrate fahrzeugseitig vorgegeben sind, kann Gewichtsreduzierung nur über eine Änderung der Materialdichte ρ, des Schubmoduls G und der Dauerfestigkeit unter Schubbeanspruchung τ erreicht werden. Vergleicht man die Eigenschaften metallischer Legierungen, finden sich alternativ zu St-Fahrzeugfedern die β-Titanlegierungen. Diese erreichen in Kombination mit einem niedrigen E-Modul hinreichend hohe Schubdauerfestigkeiten von mehr als 900 MPa [53].

Für industriell erhältliche Fasern lässt sich aus den obenstehenden Zusammenhängen ableiten, dass für Biegefedern (z. B. Blattfedern) oder Federlenker, sich generell das größte Leichtbaupotenzial mit unidirektional in Federlängsrichtung verstärktem UD-GFK realisieren lässt, während für die hier betrachteten Torsionsfedern (Hauptnormalspannungsrichtungen: +/− 45°) unter Leichtbauaspekten ein 45° ausgeglichener Winkelverbund (AWV) aus CFK prädestiniert ist. Ein Forschungsdemonstrator für eine Vorderachsschraubenfeder in CFK erbrachte z. B. für einen Volkswagen Lupo eine Gewichtsreduzierung von 63 % gegenüber der St-Serienreferenz [54].

Federgeometrie

Im Vergleich zu hochfesten Stahlfedern ist generell beim Einsatz alternativer Werkstoffe eine Erhöhung des Windungsdurchmessers und/oder der Drahtdicke erforderlich, um gleiche Bauteilfestigkeiten und Federsteifigkeiten zu realisieren. Grund hierfür sind die großen absoluten Festigkeiten und Moduln, die von konventionellen Konstruktionswerkstoffen nicht erreicht werden. Das größere erforderliche Werkstoffvolumen kann bei eng begrenztem Bauraum oder einer Direktsubstitution mit vorgegebenen Anbindungskomponenten allerdings den Einsatz alternativer Materialien ausschließen.

Für CFK-Schraubenfedern besteht tendenziell die Möglichkeit, den Drahtdurchmesser begrenzt zu erhöhen. Einerseits ergibt sich aufgrund des im Vergleich zu Stahl geringeren Schubmoduls eine geringere Anzahl an erforderlichen federnden Windungen und damit eine geringere Blocklänge. Im oberen Anschlag kann daher ein identischer (oder größerer) auslegungsrelevanter Sicherheitsabstand zwischen den einzelnen Windungen für die Bemessung des Drahtdurchmessers gewährleistet werden. Andererseits kann der mittlere Windungsdurchmesser für die meisten Anwendungen so angepasst werden, dass die erforderlichen Freigänge zu gegebenen Seriendämpfern oder den Radhäusern eingehalten werden kann. Eine funktionsfähige Lagerung, Führung und Krafteinleitung durch die Federteller aus der Serienreferenz ist für die Substitution somit gewährleistet.

6.3.1.2 Schraubenfedern aus Titanlegierungen

Ein Einsatzbereich für Titanlegierungen im Fahrwerksbereich sind die Schraubenfedern [54]. Erprobt wurde dies z. B. in einem VW Lupo FSI, bei dem eine Ti-Legierung (Timetal LCB) eingesetzt wurde, da sie werkstoffspezifisch gegenüber den herkömmlichen Materialien Vorteile bietet (Tab. 6.8).

In diesem Entwicklungsprojekt sollte eine möglichst kostengünstige Titanlegierung untersucht werden, die alle Festigkeitsanforderungen erfüllt und auf den vorhandenen Produktionsanlagen unter Serienbedingungen bearbeitet werden kann. Weiteres Ziel war, die Fertigungskosten im Rahmen einer Stahlfeder zu halten und explizit nicht die bei Rennsportausrüstern verfügbaren Titanfedern einzusetzen. Vielmehr galt es, einen üblichen Serienablauf mit dem Material Titan zu realisieren [55].

Aus diesen Anforderungen ergab sich für den Titanfederdraht ein entsprechendes Profil:

- Eine ausreichende Duktilität des Drahtes im Anlieferungszustand für ein Kaltwickeln der Federn muss vorliegen.
- Eine deutliche Festigkeitssteigerung durch eine Auslagerungswärmebehandlung muss erzielbar sein.
- Durch eine Kugelstrahlbehandlung muss eine ausreichend tiefe verfestigte Randschichtzone erreichbar sein.

Die erzeugten Druckeigenspannungen sind für eine weitere Erhöhung der Dauerfestigkeit verantwortlich.

Im Rennsport finden Titanfedern mit Legierungen vom Typ Beta-C (Ti-3Al-8 V-6Cr-4Mo-4Zr) Verwendung. Wie die meisten β-Legierungen haben sie einen nachteiligen hohen Preis, der sowohl aus den hohen Rohstoffkosten der eingesetzten Elemente als auch aus dem aufwendigen Erschmelzen der Legierung herrührt. Infolge des großen Anteils an Elementen sind die Legierungen sorgfältig in kleinen Ingotgrößen zu erschmelzen. In diesem Umfeld wurde von der Firma Timet die kostengünstigere Legierung Low-Cost Beta (LCB®) mit der

Tab. 6.8 Vergleich von Federwerkstoffen

Werkstoff	Federstahl 54SiCr	Timetal LCB	TiAl6V4
Dichte [g/cm^3]	7,85	4,5	4,42
E-Modul[Gpa]	206	110	105–120
G-Modul [GPa]	78,5	45,7	44–50
Zugfestigkeit R_m [MPa]	1900–2200	1300–1500	985–1205
Streckgrenze $R_{p\,0;2}$ [MPa]	>1750	>1200	885–1075
Bruchdehnung ε [%]	>6	<13	12–15
Brucheinschnürung Z [%]	>35	>42	>35

Zusammensetzung vom Typ Ti-4,5Fe-6,8Mo-1,5Al entwickelt. Dabei ist die β-Phase durch eine kostengünstige Fe-Mo-Vorlegierung stabilisiert worden, die ebenfalls für die Stahlindustrie eingesetzt wird. Bezüglich ihrer Festigkeit ist die neue Ti-Legierung den meisten anderen β-Legierungen überlegen, denn bei relativ kurzen Auslagerungszeiten sind Zugfestigkeiten um 1350 MPa bei ausreichenden Bruchdehnungen möglich [56].

Ein sehr feinkörniges Gefüge mit Korngrößen von 2–5 µm ist für die gute Duktilität bei Raumtemperatur dieser Legierung verantwortlich. In Abb. 6.19 ist das primäre, gestreckte Korngrenzen-α schwarz zu erkennen, die hellen Bereichen sind übersättigte β-Mischkristalle, welche infolge der Auslagerung mit Sekundär-α ausgehärtet sind [9], weitere werkstoffliche Angaben zu Titanlegierungen s. Abschn. 3.4.3.

Die Auslagerungszeiten waren aus betriebswirtschaftlichen Gründen möglichst kurz zu halten und die Schritte Auslagerungswärmebehandlung und Kugelstrahlen erfuhren dafür sorgfältig aufeinander abgestimmte Prozessparameter.

Als entscheidenden Vorteil erreicht der Werkstoff LCB im Vergleich mit den üblicherweise gebräuchlichen Federstählen Potenziale bis zu 50 % für die gewünschten Gewichtsreduzierungen. Am konkreten Beispiel der Feder für den Lupo FSI sind 40 % realisiert worden und das Gewicht der Ti-Feder betrug letztlich nur noch 650 g (Tab. 6.9). Als weiteren Vorteil erlaubt es eine mögliche geringere Windungszahl, das benötigte Bauraumvolumens um 10–15 % zu verkleinern.

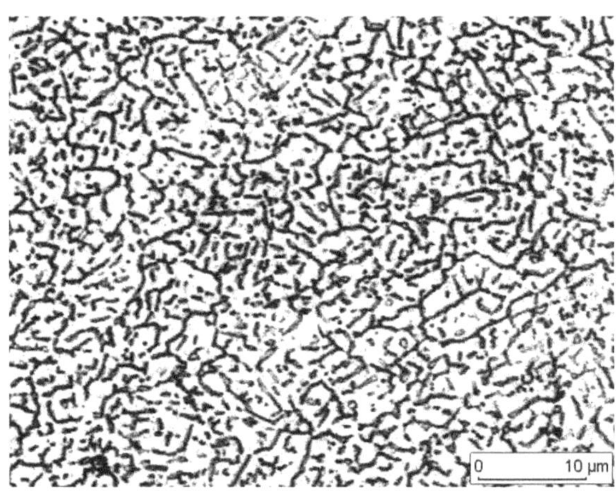

Abb. 6.19 Mikrostruktur eines LCB-Federdrahts vor dem Federwickeln, Copyright © Volkswagen AG

Tab. 6.9 Vergleich der Ti-LCB-Feder mit einer Stahlfeder [55]

	Titan LCB®-Feder	Stahlfeder
Federrate	15	15
Windungsanzahl	6,3	7,4
Drahtdurchmesser	10 mm	9,35 mm
Lebensdauer bei Prüfung ohne und mit Korrosionsbeaufschlagung	100 %	100 %
Federmasse	650 g	1100 g

6.3.1.3 Blattfeder aus GFK

Neben der Hauptaufgabe der elastischen Energiespeicherung wie sie an Schraubenfedern gestellt ist, können demgegenüber Blattfedern noch zusätzlich Radführungsaufgaben übernehmen. Sie übertragen dabei neben den am Radaufstandspunkt eingeleiteten Vertikalkräften je nach Achstypus zusätzlich Längs- und Seitenkräfte und die daraus resultierenden Momente. Da auf diese Weise zusätzliche Führungslenker eingespart werden können, ist es möglich, neben den Kosten auch das Gewicht einer Achse zu reduzieren. Aufgrund des großen Bauraumbedarfs und häufig bauartbedingter Komfortnachteile haben sich Längsblattfedern hauptsächlich im Nutzfahrzeugbereich durchsetzen können. Querblattfedern werden dagegen auch im Pkw-Bereich eingesetzt. Sie übernehmen in diesen Fahrzeugen jedoch neben der Federfunktion lediglich die Stabilisatorfunktion, d. h. die Begrenzung der Aufbauneigung bei einwirkenden Querbeschleunigungen wie etwa einer Kurvenfahrt.

Werkstoffauswahl

Blattfedern werden durch die auftretenden Betriebslasten primär durch Normalspannungen in Richtung ihrer Längserstreckung beansprucht. Unidirektional glasfaserverstärkte Kunststofffedern weisen durch ihre hohen faserparallelen Festigkeiten von über 1000 MPa und einem niedrigen Elastizitätsmodul von weniger als 40 GPa ein großes Leichtbaupotenzial auf.

Federstähle besitzen zwar Biegefestigkeiten, die z. T. über 2000 MPa betragen, nachteilig wirken sich aber der hohe Elastizitätsmodul von 210 GPa und die hohe Dichte von 7,85 g/cm^3 aus. Der hohe E-Modul ist auch der Grund, weshalb Stahlblattfedern bei einer vorgegebenen Federsteifigkeit dünner als GFK-Federn ausgeführt werden müssen (die Dicke H beeinflusst die Federsteifigkeit in dritter Potenz: $C \sim \frac{H^3}{E}$). Die auftretenden Biegespannungen verhalten sich dagegen umgekehrt proportional zur Dicke H und zur Breite B:

$$\sigma \sim \frac{F}{B \cdot H^2} \tag{6.5}$$

Dies führt im Vergleich zu GFK zu deutlich größeren erforderlichen Federbreiten. Besonders bei hohen Betriebslasten reicht der zur Verfügung stehende Bauraum oft nicht aus, um entsprechend breite Federn einbauen zu können. Daher teilt man die breite Feder in schmale Streifen und stapelt diese übereinander. Diese Bauweise ist besonders im Lkw-Bereich sehr verbreitet.

Zur Darstellung möglichst leichter Blattfedern empfiehlt sich GFK als Federwerkstoff. Auch der Einsatz von CFK würde hier zu schwereren Bauteilen führen. Als weiteres Argument für den Einsatz von GFK ist das gutmütige Fail-safe-Versagensverhalten anzuführen. Während Stahlfedern bei unzulässiger Überbeanspruchung oder in Folge einer äußeren Beschädigung spontan und spröde versagen würden, delaminieren GFK-Federn schichtweise. Ausgehend von ersten Faserbrüchen lösen sich bei fortschreitender Beanspruchung immer breiter werdende Faserbündel aus der Oberfläche, die Feder fächert quasi auf. Die Delaminationen laufen dann bis in niedriger beanspruchte Bereiche wie den Federenden, wo das Ablösen gestoppt wird. Eine solche Schädigung ist nicht nur gut detektierbar, sie führt auch nicht, wie es bei Stahlfedern bei Überlast der Fall wäre, zum völligen Verlust der Radführungsfunktionen.

6.3.1.4 Radführende Querblattfeder

Vollständig radführende Querblattfedern stellen aufgrund des im Allgemeinen geforderten duktilen Verformungsverhaltens bei Überbeanspruchung hohe Hürden für den Serieneinsatz von Pkw- Fahrwerkskomponenten. So entstanden die konzeptionelle Idee und der Entwicklungsprozess „Composite Axle". Ursprünglich kommt die Technologie der Blattfedern aus dem Nutzfahrzeugbereich. Grund hierfür ist eine hohe Robustheit, gute Performance bei großem Verhältnis von gefederten zu ungefederten Massen sowie geringe Kosten [1].

Grundsätzlich hat die Blattfeder auch für den Pkw-Bereich Bedeutung, denn zum einen ergeben sich durch den Quereinbau des Federelements neue Möglichkeiten zur Funktionsintegration. Zum anderen bietet der Einsatz von Faserverbundwerkstoffen an den flächigen Blattfedern ein hohes Potenzial zur Gewichtsreduktion. In Abb. 6.20 ist der Entwicklungsprozess des Fahrwerkskonzepts Composite Axle zu sehen, das im BMBF-Projekt „Aktives Leichtbaufahrwerk" [57] konzeptionell begonnen und von der ZF Friedrichshafen AG bis zum serientauglichen Einsatz an Hinterachsen weiterentwickelt wurde.

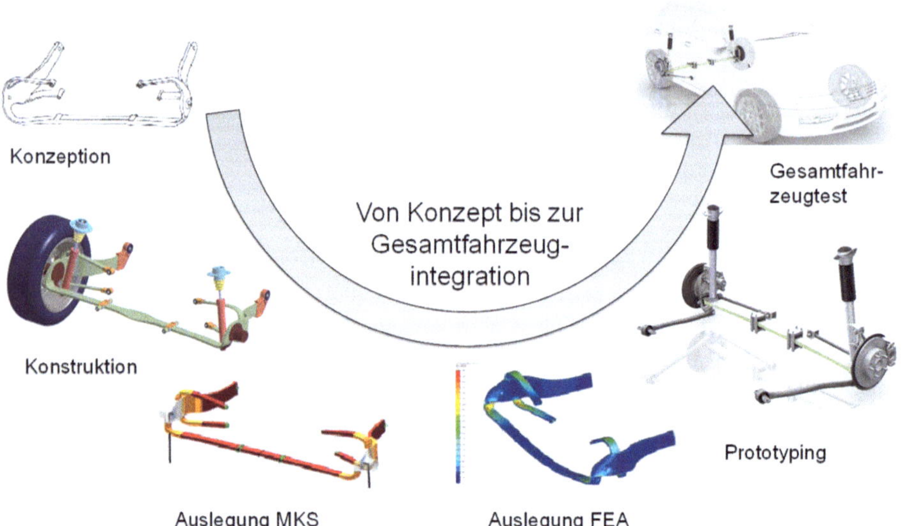

Abb. 6.20 Entwicklung des Faserverbundfahrwerks vom Konzept bis zum Prototyp, nach [57, 58]

Der Grundgedanke der Composite Axle ist es, die Komplexität und das Gewicht einer Mehrlenkerhinterachse konzeptionell zu reduzieren, deren Komfort jedoch zu wahren. Dies gelingt durch das eingesetzte Querblattfederelement. Das Bauteil übernimmt hierbei Teile der Radführung sowie die Funktionen Hub- und Wankfederung. Durch diese Funktionsintegration ist eine Reduktion der Masse um mehr als 15 % erzielbar.

Im genannten BMBF-Projekt wurde konzeptionell der Einsatz von Faserverbundwerkstoffen sowie adaptronischen Systemen in einem neuartigen aktiven Leichtbaufahrwerk mit dem Ziel einer Serienproduktion untersucht.

Unter industrieller Führung erfolgten u. a. Grundlagenversuche, einschlägige Designschritte und Ausarbeitungen zur Fertigungstechnologie, zur Adaptronik sowie zum Life Cycle Assessment (LCA). In Abb. 6.21 sind ein virtueller Prüfstandaufbau aus dem Projekt sowie dessen praktische Umsetzung zu sehen. Am Prüfstand wurden anhand eines generischen Bauteils aus GFK (C-Bügel) Untersuchungen zum Materialversagen durchgeführt. Ziel des Projektes war es, die Machbarkeit eines Leichtbaufahrwerks für die

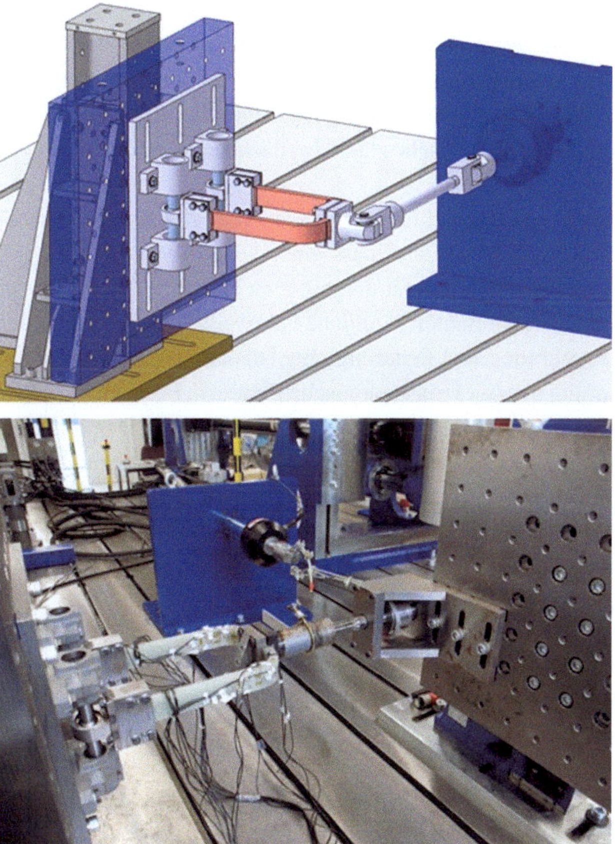

Abb. 6.21 Grundlagenversuche zum aktiven Leichtbaufahrwerk mit GFK – Composite Material, Copyright © DLR e.V.

automobile Mittelklasse zu untersuchen, bei dem funktionsintegrale Bauteile aus Faserverbundwerkstoffen zum Einsatz kommen.

Der innovative Charakter des BMBF-Projekts lag in der Bestrebung, eine Faserverbundstruktur mit nichtlinearen Verformungen auszulegen, welche die Elastokinematik heutiger Fahrwerke erfüllt. Im Vergleich zur konventionellen Fahrwerkauslegung stellt dies eine neuartige Auslegungsphilosophie dar.

Werkstoffauswahl und Fertigung
Als Blattfederwerkstoff wurde ein FVK gewählt: Glasfaserverstärkung mit einer Kombination von Epoxid- und Polyurethanharzen. Diese Werkstoffklasse besitzt die für einen solchen Einsatzzweck optimalen spezifischen Steifigkeiten und Festigkeiten. In Kombination mit der Bauteilgeometrie ermöglicht der FVK-Werkstoff die gewünschte Funktionsintegration der Radführung (Spur- und Sturzlenker), Stabilisierung und Radhubfederung [30]. Die Auswahl des glasfaserverstärkten Kunststoffes als Strukturmaterial ist dadurch begründet, dass durch den moderaten E-Modul der Glasfaser der gewünschte Federweg bereitgestellt werden kann. Des Weiteren ist GFK im Gegensatz zu anderen FKV-Werkstoffsystemen kostengünstig, was eine Serientauglichkeit des Konzeptes verspricht. Um moderate Stückzahlen zu erzielen, wird das RTM-Verfahren als Prozesstechnologie eingesetzt [33]. Neben den kurzen Fertigungszeiten ist es ein weiterer Vorteil des Verfahrens, dass alle Bauteilseiten sehr gute Oberflächenqualität bedingen (Class-A).

Bei Betrachtung des Entwicklungsprozesses vom Konzept bis zur Gesamtfahrzeugintegration nach Abb. 6.20 fällt auf, dass eine sichtbare Abweichung zwischen dem ursprünglichen Konzept und dem final umgesetzten Prototypen vorliegt. Die ursprüngliche Konzeptidee war, in einem Bauteil sämtliche Fahrwerksfunktionen zu integrieren. So sollten neben der Radführung und Federung ebenfalls aktive Funktionen wie z. B. eine variable Hubdämpfung über elektrorheologische Fluide, in Form eines Flächendämpfers, integriert werden [57]. Im finalen Konzept war neben einem Dämpferbein auch noch ein Längslenker nötig, um die Funktionen der Bremskraftabstützung und Längskraftaufnahme zu erfüllen. Des Weiteren wurden im Entwicklungsprozess, neben der neuen Bauweise, in der Berechnung und Simulation neue Auslegungsmethoden entwickelt. So konnten neue Erkenntnisse zur Auslegung elastischer Bauteile aus FVK gewonnen und anhand von Tests validiert werden [3].

6.3.2 Leichtbau im Fahrwerk – Funktionsintegration am Nutzfahrzeug Vierpunktlenker

6.3.2.1 Motivation zur Massereduktion bei Nutzfahrzeugen

Bei Nutzfahrzeugen zahlt der Kunde, im Gegensatz zum Personenverkehr, für die aufnehmbare Nutzlast. Somit haben Leichtbaumaßnahmen im Nutzfahrzeugsektor aufgrund der Nutzlastthematik eine erhebliche Bedeutung, da Massereduktionen im Fahrzeug zu der Möglichkeit größerer Massetransporte führen. Als Konsequenz reduzieren sich die Kosten pro transportiertes Kilogramm. Zusätzlich führen Leichtbaumaßnahmen, wie beim Pkw, aufgrund der Reduktion der Fahrwiderstände ebenfalls zu geringerem Kraftstoffverbrauch. Dies ist bei Volumentransporten entscheidend, wenn die maximale Nutzlast nicht ausgeschöpft wird, hingegen aber das Ladevolumen. Durch die hohe Laufleistung und lange Lebensdauer von Nutzfahrzeugen (Durchschnitt von 150.000 km/Jahr nach [51]), wirken sich selbst im Verhältnis gesehen kleine Gewichtsreduktionen stark auf den Kraftstoffverbrauch aus [51].

Ein Beispiel für eine umgesetzte Leichtbaumaßnahme im Nutzfahrzeugbereich ist ein kompakter Vierpunktlenker der aktuell serienmäßig eingesetzt wird [59].

6.3.2.2 Konzeption und Werkstoffauswahl

Die Massereduktion wird im ersten Schritt durch ein Integralbauteil erzielt, dass die Funktionen Längs- und Querführungen der Hinterachse vereint sowie gleichzeitig der Wankstabilisierung dient. Durch diese innovative Neukonzeption können die Dreieckslenker, der Stabilisator sowie weitere Anbindungskomponenten entfallen. Über die Bauteilgeometrie des Lenkers und durch eine Elastokinematik mit definierter Torsionssteifigkeit wird die Funktionsintegration realisiert. Als Voraussetzung hierfür muss ein Werkstoff eingesetzt werden, der dies ermöglicht. Des Weiteren ergeben sich an den Werkstoff die Anforderungen einer hohen Seitensteifigkeit zur Führung der Achse, hohe Belastungen des Bauteils durch seine Lage nahe der Sattelplatte in der oberen Lenkerebene (vgl. Abb. 6.22, ganz rechts) sowie Längsnachgiebigkeit für ein besseres Komfortverhalten. In der ersten Generation des Vierpunktlenkers wurde dies durch ein Stahlschmiedeteil realisiert (vgl. Abb. 6.22, erstes Bauteil von links). Dieses weist ein Gesamtgewicht von 64 kg auf. [51].

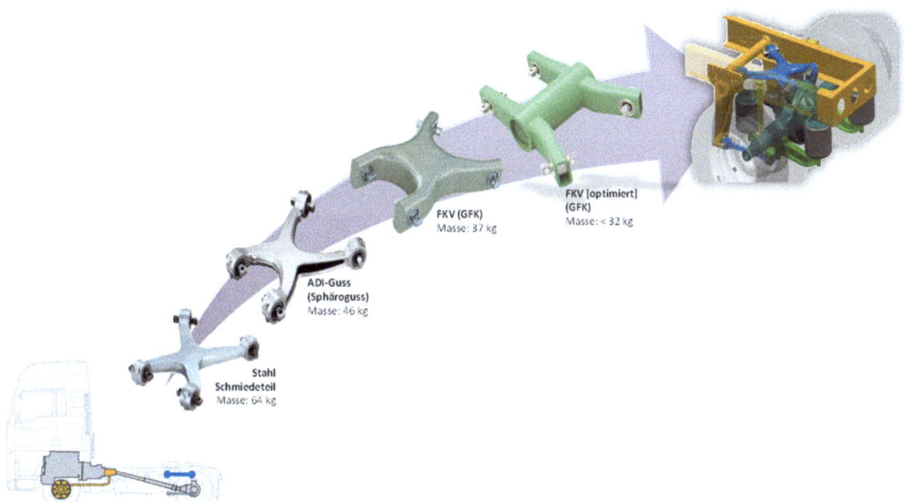

Abb. 6.22 Vierpunktlenker für Nutzfahrhinterachsen. Produktevolution vom integralen Stahlschmiedeteil bis zum FKV-optimierten Differenzialbauteil, Abbildung modifiziert nach [51]

In Abb. 6.22 ist die Evolution des Vierpunktlenkers zu sehen: Im nächsten Schritt werden die Werkstoffauswahl und Fertigung verbessert. So wird durch den Einsatz von Gusseisen (Sphäroguss ADI, Austempered Ductile Iron) das Gewicht im Gegensatz zum Schmiedebauteil um knapp 30 % reduziert. Das eingesetzte Gusseisen mit Kugelgrafit (vgl. Abb. 6.22, zweites Bauteil von links) zeichnet sich aus durch eine gute Kombination von Festigkeit und Dehnung sowie eine hohe Wechselfestigkeit und gutes Verschleißverhalten, was aufgrund der Belastungen im Fahrwerk unabdingliche Eigenschaften sind. [51]

Um weiteres Gewicht einzusparen, wird eine Substitution des ADI-Gusses durch einen Werkstoff mit geringerer Dichte vorgenommen. Hierbei wird ein glasfaserverstärkter Kunststoff (GFK) gewählt, da durch diesen die gewünschte Torsionssteifigkeit eingestellt und die Wankstabilisierung realisiert werden kann. Da das GFK einen geringeren E-Modul als der zuvor verwendete metallische Werkstoff aufweist, wird ein neues Strukturkonzept entworfen (vgl. Abb. 6.22, drittes Bauteil von links). Durch den geschlossenen Querschnitt kann die geringere materielle Steifigkeit des Werkstoffes ausgeglichen werden und die geforderte geometrische Steifigkeit erzielt werden. Aktuell wird der Faserverbundvierpunktlenker weiter bezüglich Gewicht und Kosten optimiert. Hierzu wird der geschlossene Querschnitt ersetzt durch eine fertigungsgerechte differenziale Bauweise, bestehend aus zwei Biegeträgern und einem rohrförmigen Torsionsträger. Diese drei Bauteile lassen sich zum einen kostengünstiger fertigen, zum anderen wird ein fasergerechtes Produktdesign erzielt, das geringe mehrachsige Beanspruchungen verursacht (vgl. Abb. 6.22, viertes Bauteil von links). [51]

Bei der Evolution des Vierpunktlenkers kann die Anwendung verschiedener Leichtbaustrategien gut veranschaulicht werden. Aufbauend auf der Funktionsintegration wird im zweiten Schritt durch die Anwendung des ADI-Gussverfahrens Fertigungsleichtbau betrieben. Anschließend findet der Werkstoffleichtbau durch den Einsatz von Faserverbundwerkstoffen Anwendung sowie abschließend die Optimierung der Bauteilgestaltung zur maximalen Gewichtseinsparung. Als Konsequenz reduziert sich das Gewicht des Vierpunktlenkers im Laufe der Produktevolution um über 50 %.

6.3.3 Leichtbau im Fahrwerk – Alternative Werkstoffe für Bremsscheiben

In der Domäne Fahrwerk stellt die Bremse und hier die Bremsscheibe hinsichtlich ihrer werkstofflichen Anforderungen ein sehr spezielles Anwendungsgebiet dar. Im Wesentlichen von diesen Bauteilen ist die beim Bremsen gewandelte Energie verlässlich aufzunehmen und an die Umgebung abzugeben.

6.3.3.1 Anforderungen an Trommel- und Scheibenbremsen

Um die Geschwindigkeit bewegter Körper zu reduzieren, hier: Fahrzeuge abzubremsen, haben sich als konstruktive Möglichkeiten im Automobil die Trommelbremsen und die Scheibenbremsen durchgesetzt. Dies geschah vorwiegend aufgrund der Leistungsfähigkeit und kompakten Bauweise solcher Bremsen. Der wesentliche Unterschied zwischen den beiden Bremstypen liegt in der Anpressrichtung der Bremsbeläge. Während bei Trommelbremsen meist gleichzeitig zwei sichelförmige Beläge radial nach außen gegen die Zylinderwandung des Topfes gepresst werden (durch doppelt wirkende Radbremszylinder, Simplex, oder durch jeweils zwei einfach wirkende Radbremszylinder, Duplex), wird die rotierende Scheibe (massiv, innen- oder außenbelüftet) der Scheibenbremsen durch zwei oder mehr axial verschiebbare Beläge verzögert.

Beim Bremsvorgang wird die kinetische Energie des Fahrzeugs durch Reibung zwischen den Bremsbelägen und den Bremsscheiben in Wärmeenergie gewandelt. Dabei können Temperaturen bis 900 °C erreicht, in Extremfällen auch überschritten werden. Als erste Forderung an die mechanischen Eigenschaften der Werkstoffe resultiert daraus, dass die Festigkeit der Bremsscheiben in solchen Temperaturbereichen gewährleistet sein muss.

Dies gelingt in den meisten Anwendungen mit Bremsscheiben aus grauem Gusseisen, Legierungselemente wie Molybdän oder Chrom können die Verschleißeigenschaften verbessern, Kohlenstoff (bis zur Sättigungsgrenze) die Wärmeaufnahmefähigkeit [60]. Grauguss ist gut gießbar sowie bearbeitbar und weist eine gute Dämpfung auf. Die hohe Dichte von 7,2 g/cm^3 führt allerdings zu hohen Bauteilgewichten. Dies ist kein geringer Nachteil, da die Bremsscheiben zu den translatorisch und rotatorisch beschleunigten, ungefederten Massen im Fahrzeug gerechnet werden.

Konsequenterweise finden alternative Werkstoffe zunehmende Beachtung. Eine Übersicht der gewichtsspezifischen Festigkeit verschiedener Bremsscheibenwerkstoffe über der Temperatur macht faserverstärkte Kunststoffe sowie Metall- und Keramikwerkstoffe explizit für Leichtbaubremsen sichtbar (Abb. 6.23), sodass Grauguss oder andere konventionelle Materialien hier nicht aufgenommen sind. Zu ergänzen sind bei Aluminium allerdings noch SiC-verstärkte Werkstoffe, wie sie für leichte oder kleine Fahrzeuge infrage kommen (nicht gezeigt in Abb. 6.23, ebenfalls nicht gezeigt: Grauguß oder andere konventionelle Werkstoffe).

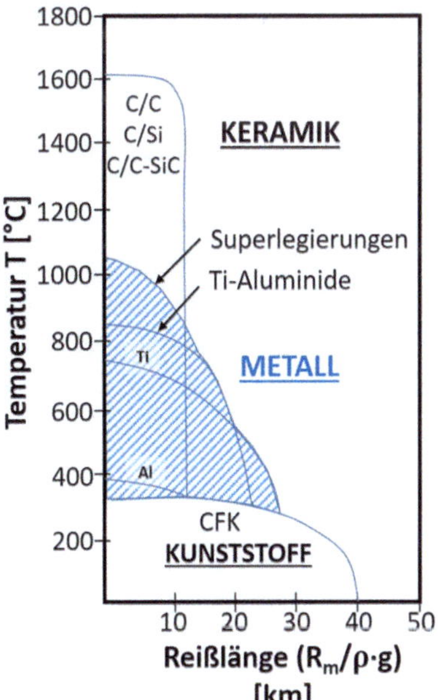

Abb. 6.23 Gewichtsspezifsche Festigkeit (Reißlänge) von verschiedenen Werkstoffen für Leichtbaubremsscheiben, nach [61]

Mit zunehmender Anforderung an die Leistungsfähigkeit aufgrund höherer Fahrzeuggewichte oder steigender Motorisierung haben sich Scheibenbremsen weitgehend durchgesetzt, auch da die Wärmeabfuhr bei Trommelbremsen infolge der geschlossenen Bauweise eher eingeschränkt ist. Nahezu alle heutigen Pkw verwenden Scheibenbremsen, an der Hinterachse bei leichteren Fahrzeugen noch vereinzelt Trommelbremsen. Ebenfalls für Nutzfahrzeuge werden gegenwärtig Scheibenbremsen verwendet.

Bauartbedingt unterscheidet man zwischen massiven Scheiben, innen- oder außenbelüfteten Scheiben und einteiligen oder gebauten mehrteiligen Scheiben. Im Hochleistungsbereich des Motorsports oder im Segment der hochmotorisierten Oberklasselimousinen ist man aufgrund der hohen Fahrzeuggewichte, der sportwagentypischen Fahrleistungen und dem Wunsch, kürzere Bremswege zu ermöglichen, inzwischen an die Grenzen der Leistungsfähigkeit herkömmlicher Bremsen gestoßen. Da der Gestaltungsfreiraum für größere Scheibendurchmesser vielfach nicht mehr gegeben ist, werden die angesprochenen werkstofflichen Alternativen zu den bisher eingesetzten Graugusslegierungen vermehrt zur Anwendung gebracht. Eine material- und verfahrenstechnisch interessante Alternative ist in diesem Zusammenhang der Einsatz keramischer Bremsscheiben. Derartige Bremsscheiben als ungefederte Massen im Fahrzeug sind als Keramikscheiben sowohl infolge ihres großen theoretischen Leichtbaupotenzials als auch für mögliche Komfortsteigerungen in solchen Fahrzeugklassen attraktiv.

6.3.3.2 Werkstoffauswahl

Eine Bremsscheibe muss sehr hohe Temperaturen ertragen können und bei diesen Temperaturen noch ausreichende mechanische Eigenschaften wie z. B. die Warmfestigkeit oder Heißrissbeständigkeit aufweisen. Zudem sollen sich die wichtigen tribologischen Eigenschaften wie der Reibkoeffizient oder das Verschleißverhalten möglichst temperaturunabhängig verhalten, d. h., der Reibkoeffizient soll bei allen Einsatztemperaturen konstant sein. Wichtige Kenngrößen zur Beurteilung des thermischen Haushaltes der Scheibe sind die Wärmeleitfähigkeit und die spezifische Wärmekapazität. Diese Größen geben Aufschluss darüber, wie gut Temperaturunterschiede vom Werkstoff ausgeglichen werden können und welcher Eintrag an Wärmeenergie aufgenommen werden kann. Der Wunsch nach einer möglichst großen Wärmekapazität ist der Tatsache geschuldet, die thermische Beanspruchung der sich in Nähe der Bremsscheibe befindlichen Bauteile erträglich zu halten.

Zu den Anforderungen an heutige Pkw-Bremsen ist zudem eine große thermische Schockstabilität zu erwähnen. Sie hat eine Deformation oder auch schlimmstenfalls ein Zerreißen der Bremse zu verhindern. Der thermische Schockparameter κ' als Kenngröße kann folgendermaßen definiert werden:

$$\kappa' = \lambda \cdot \frac{R_m \cdot (1-\nu)}{\alpha \cdot E} \tag{6.6}$$

λ: Wärmeleitfähigkeit
R_m: Festigkeit

ν: Querkontraktionszahl
α: thermische Ausdehnung, linear
E: Elastizitätsmodul

Die Anforderungen an die Werkstoffe sollen im Zusammenhang betrachtet werden: Eine hohe transversale thermische Leitfähigkeit ist notwendig, um die thermischen Spannungen möglichst gering zu halten. Da ein kurzer Bremsweg als obligatorisches Ziel gilt, hat der Reibkoeffizient möglichst hoch und gleichzeitig konstant zu sein. Außerdem sollte die Verschleißrate gering ausfallen, um die Lebensdauer attraktiv groß zu gewährleisten. Bei keramischen Reibsystemen ist zu berücksichtigen, dass eine belastungsinduzierte Dehnung kompatibel zur metallischen Unterstruktur bleibt, d. h., dass unterschiedliche Ausdehnungskoeffizienten kompensiert werden können. Außerdem müssen Pkw-Bremsen eine große Gestaltungsfreiheit erlauben, da das Packaging der Komponenten grundsätzlich wichtig für die Fahrzeugentwicklung ist.

Oftmals kommt es im Betrieb zu unzulässig hohen Temperaturen durch Wärmestrahlung im Radhaus. Dies ist Folge der durch den Bremsvorgang eingetragenen Wärmeenergie, die nur über Wärmeleitung und Konvektion an die Umgebung abgegeben werden kann. Gelingt es unzureichend in einer Bremsscheibe, Wärme zu speichern, fällt der Anteil der über Konvektion abgegebenen Wärme größer aus. Eine große Wärmekapazität des Materials hilft dabei, Temperaturpeaks zu reduzieren, die Wärme kann zeitlich versetzt zum Wärmeeintrag abgegeben werden.

Physikalische Größen sind für verschiedene Bremsscheibenwerkstoffe zu vergleichen: Abb. 6.24 zeigt Wärmeleitfähigkeit und Wärmekapazität für Metalle und faserverstärkte Werkstoffe, für die Wärmeleitfähigkeit letzterer parallel und senkrecht zur Faserausrichtung [62].

Hinsichtlich der Wärmekapazität ist gewichtsspezifisch die Überlegenheit der Keramikbremsen zu erkennen, hinsichtlich der volumenspezifischen Größe dominieren die konventionellen Graugussbremsscheiben. Daher haben sich in der Vergangenheit die Graugusslegierungen als ein für das gesamte Anforderungsspektrum gut geeigneter Bremsscheibenwerkstoff bewährt.

Die maximale Einsatztemperatur für Grauguss im Fahrzeug liegt bei ca. 700 °C [62]. Viele Fahrzeughersteller bemustern ihre Pkw mit Scheiben aus lamellarem Grauguss der Festigkeitsklassen GG15 oder GG25 [1]. Infolge ihrer hohen spezifischen Dichte resultieren hohe Bauteilmassen, es sind Bremsscheibengewichte von 12 kg oder mehr durchaus nicht selten. Um zu niedrigeren Massen zu kommen, bietet sich ein Wechsel zum klassischen Leichtbauwerkstoff Aluminium an, allerdings nur verstärkt mit SiC-Kurzfasern oder -Partikeln (Abb. 6.25).

Derartige Metal-Matrix-Compound(MMC)-Bremsscheiben stoßen jedoch infolge der geringen Schmelztemperatur der Aluminiummatrix an ihre Leistungsgrenze. Somit sind sie bisher nur selten und für leichte Fahrzeuge zum Einsatz gekommen. Ein Beispiel hierfür ist die Trommelbremse an der Hinterachse des 3-l-Lupo von Volkswagen, der sich für die Erreichbarkeit des ehrgeizigen Verbrauchszieles mit ca. 800 kg Leergewicht besonders

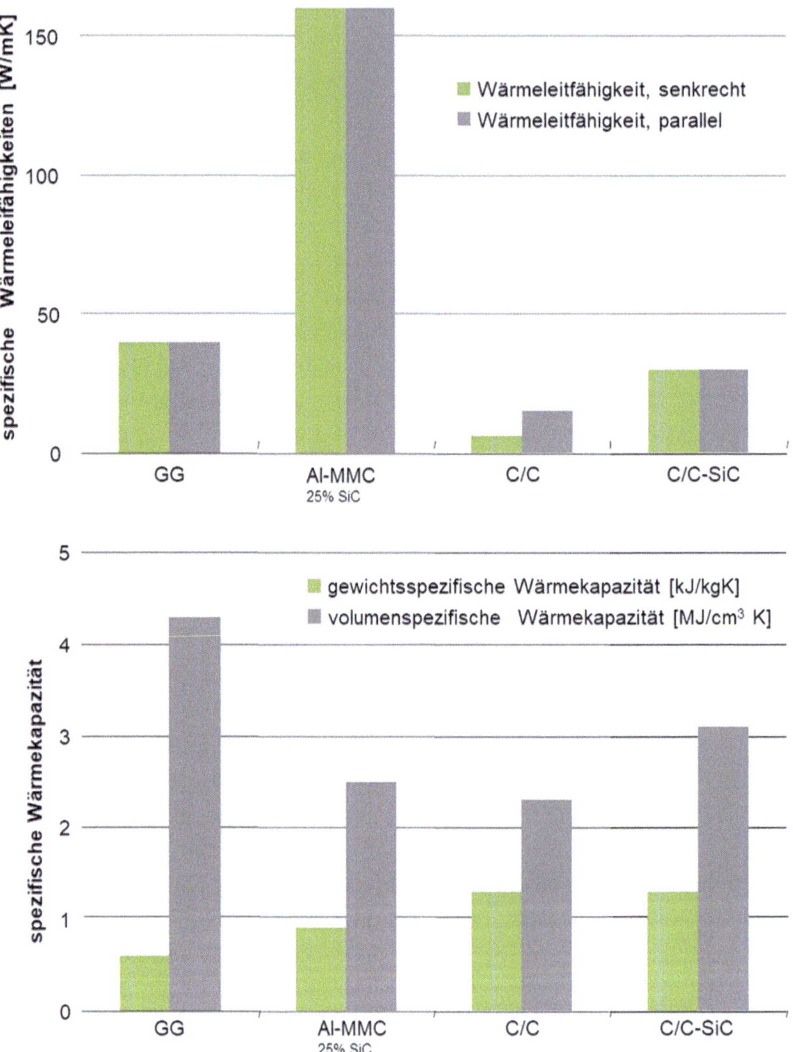

Abb. 6.24 Wärmeleitfähigkeit (oben) und spezifische Wärmekapazitäten (unten) verschiedener Bremsscheibenwerkstoffe, nach [62]

leicht präsentierte. Verschiedene Leichtbaumaßnahmen erbrachten dafür gegenüber des konventionellen Lupo ca. 120 kg Gewichtsersparnis, die Bremstrommel (mit Bremssattel) schlug dabei mit – 5,6 kg zu Buche.

Nun sind Bremsscheiben auch wichtige sicherheitsrelevante Bauteile, daher ist monolithische Keramik infolge der niedrigen Zugfestigkeiten und ihrer Gefahr für Sprödbruch bei stoßartiger Beanspruchung keine Alternative.

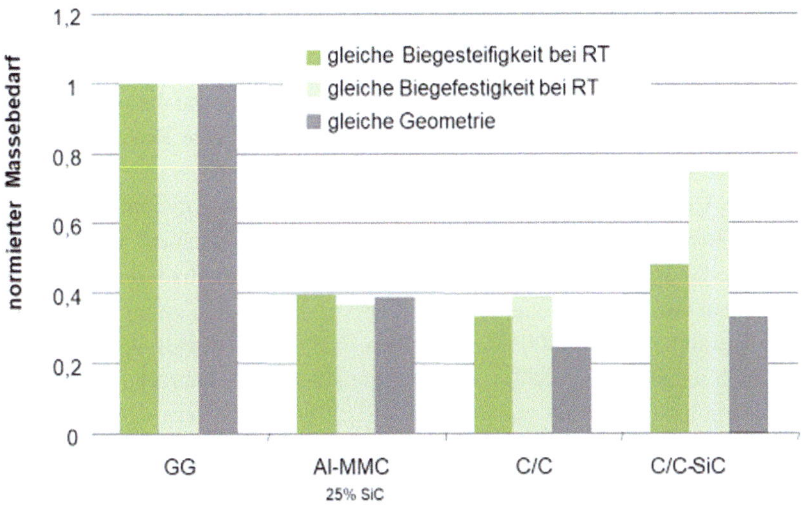

Abb. 6.25 Normierter Massebedarf verschiedener Bremsscheibenwerkstoffe, nach [62]

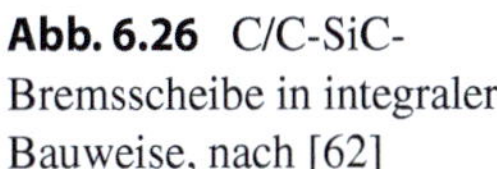

Abb. 6.26 C/C-SiC-Bremsscheibe in integraler Bauweise, nach [62]

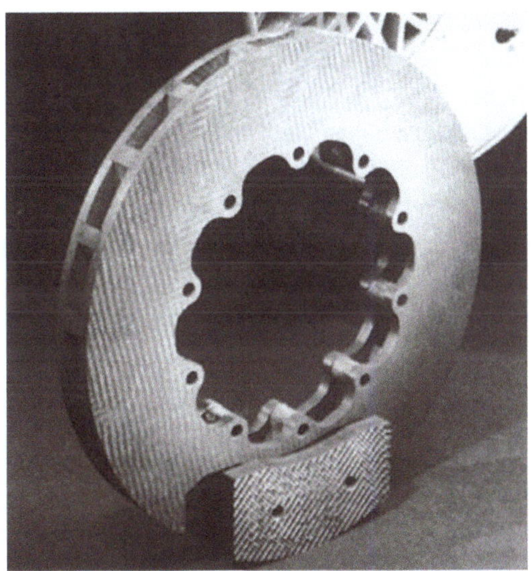

6.3.3.3 Bremsscheiben aus grafitiertem Kohlenstoff und Siliziumcarbid

Die Vorteile von C/C- oder CFC-Scheiben sind vor allem neben ihrer geringen Dichte, weniger als 2,5 g/cm^3, die Fähigkeit zur Aufnahme hoher massenspezifischer Energie sowie hohe thermische Schockstabilität. Derart leichte Bremsen wurden in den 1970er-Jahren im Überschallpassagierflugzeug Concorde erstmals eingesetzt und natürlich im Hochleistungsrennsport, in der Formel 1 seit den 1980er-Jahren (Abb. 6.26), vgl. [61, 63].

Dieser werkstofflich und verfahrenstechnisch interessante Ansatz beruht auf grafitiertem Kohlenstoff, der durch eine vorgeschaltete Pyrolyse aus C-faserverstärktem Kunststoff gewonnen wird. Bei reinen C/C-Bremsscheiben sind allerdings stark temperatur- und feuchtigkeitsabhängige Reibkoeffizienten und große Verschleißraten ein großes Manko. Um solchen Nachteilen für Serienfahrzeuge entgegenzuwirken, war die Weiterentwicklung von C/C-Scheiben zu C/C-SiC-Scheiben erfolgreich, bei der die Restporosität mit Silizium infiltriert wird [61].

Durch die Umwandlung von Kohlenstoff und Silizium zu Siliziumcarbid (SiC) entsteht eine harte Phase, die durch geringeren abrasiven Verschleiß und eine bessere Korrosionsbeständigkeit vorteilhaft ist. Ungeeignete nachteilige temperaturbedingte Schwankungen des Reibkoeffizienten sind dergestalt wesentlich geringer. Die maximale Einsatztemperatur wird mit 800 °C angegeben [62]. Ein wichtiger Vorteil ist, dass das Material auch schneller anspricht, sodass der Anhalteweg des Fahrzeugs um oftmals entscheidende ein bis zwei Meter verkürzt wird [64]. Der Nutzen derartiger Bremsscheiben liegt auch darin, dass sie während eines Fahrzeuglebens wegen Verschleiß nicht mehr gewechselt werden müssen, für solche Lebensdauerscheiben werden von Herstellern bis zu 300.000 km genannt.

C/C-SiC-Scheiben haben ihre Leistungsfähigkeiten bei mehreren Premiumherstellern bewiesen. Sie erschließen gegenüber den vergleichbaren Graugussscheiben ein hohes Leichtbaupotenzial von ca. 60 bis 70 %, für ein konkretes Fallbeispiel ergab sich eine Massereduzierung von etwa 11 kg für die Gussvariante auf ca. 4 kg der C/C-SiC-Scheibe [62].

Die sehr hohen Herstellkosten von mehreren tausend € je Scheibe und der ebenfalls große Qualitätssicherungsaufwand stehen einer größeren Verbreitung solcher Scheiben für Großserienfahrzeuge entgegen. Sie finden sich daher derzeit vorwiegend in Premiumfahrzeugen verschiedener Hersteller und Sportwagen (Abb. 6.27).

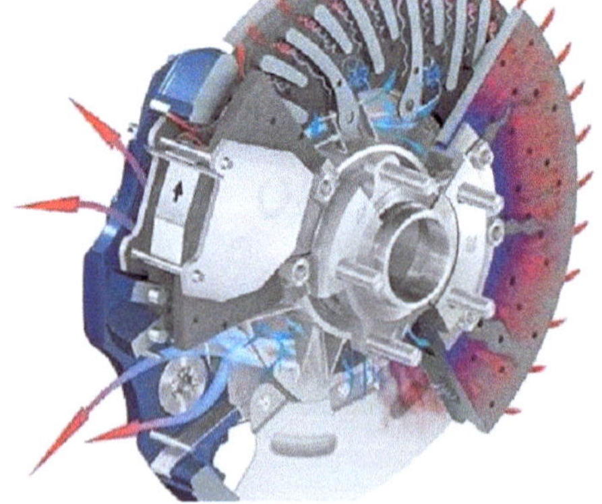

Abb. 6.27 Keramikbremsscheiben, aus [30]

6.3.3.4 Herstellprozess für C/C-SiC-Scheiben

Wegen der speziellen Zusammenhänge von Werkstoff, Bauweise und Fertigung soll der durchaus aufwendige Herstellungsprozess hier kurz beleuchtet werden (Abb. 6.28): Ausgangsprodukt für keramische C/C-SiC-Scheiben sind Grünkörper aus CFK, die beim Brennen zu Kohlenstoff karbonisieren. Man verwendet in der Regel hochfeste Kohlenstofffasern, die in der kohlenstoffhaltigen Matrix, wie z. B. Phenolharz eingebunden sind. Bewährt haben sich Kurzfasern in unterschiedlicher Länge für die außen liegenden Kontaktzonen zu den Bremsbelägen und ein Kernbereich, der mit Langfasern verstärkt ist.

Die verstärkten Scheiben werden vorzugsweise im Resin-Transfer-Molding (RTM)-Verfahren hergestellt, das Aushärten erfolgt im Autoklav oder mit der Heißpresstechnologie.

Danach werden die fertigen Bauteile einer Pyrolyse in Inertgasatmosphäre unterzogen, hier verbrennt die Matrix und die Umwandlung in Kohlenstoff erfolgt. In diesem Prozessschritt entstehen Poren, die zur Einstellung der Soll-Porosität erneut imprägniert und pyrolysiert werden können. Der Vorgang kann mehrmals durchlaufen werden, bis die Scheiben ausreichend verdichtet sind.

Im folgenden Prozessschritt erfolgt eine Behandlung bei hohen Temperaturen, die Grafitierung. Dieser Vorgang kann längere Zeit in Anspruch nehmen. Das Kohlenstoffgitter verändert sich in eine hexagonale Struktur, die sich durch verbesserte Wärmeleitfähigkeit auszeichnet. Nach der Grafitierung werden die Bauteile (Scheiben/Ringe) dann fertig bearbeitet.

Werden C/C-SiC-Bremsscheiben gewünscht, so sind die Bauteile bzw. Ringe nach einer Bearbeitung noch zu silizieren: Gasphaseninfiltration (CVI-Verfahren) und das Flüssigsilizierverfahren (LSI-Verfahren) stehen zur Verfügung. Es ergeben sich dann sehr hohe und über einen großen Geschwindigkeitsbereich sehr vorteilhaft gleichmäßige Reibwerte [61, 62].

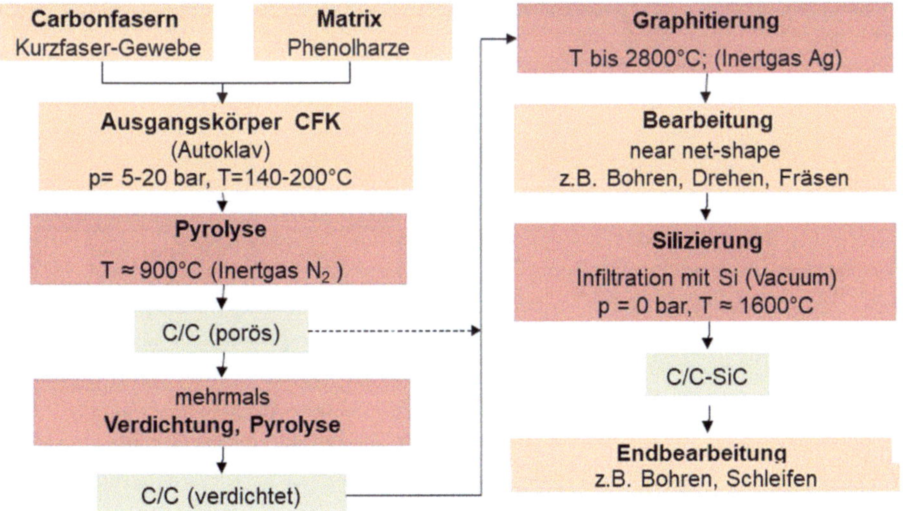

Abb. 6.28 Beispiel eines Herstellprozesses von C/C-SiC-Scheiben (Prinzip), nach [30]

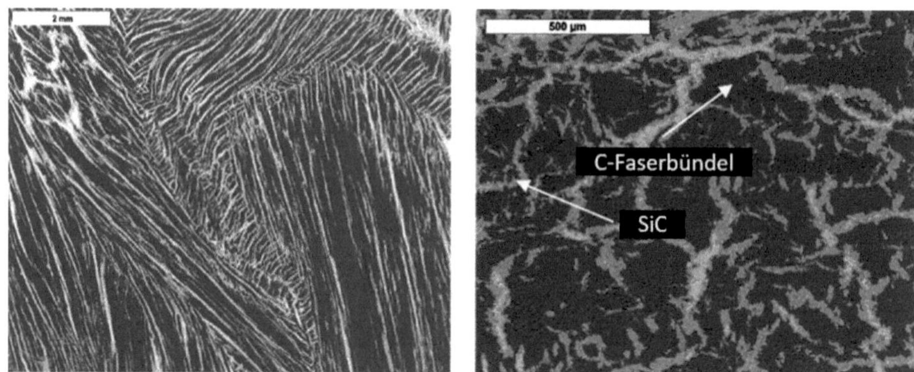

Abb. 6.29 Mikroskopische Aufnahmen von C/C-SiC-Verbundwerkstoff mit unterschiedlichen Zwischenphasen, nach [61]

Durch das Silizium werden die verbliebenen Hohlräume gefüllt und an den reaktiven Kontaktflächen zwischen dem Kohlenstoff und dem Silizium läuft die Carbidisierung zu SiC ab. Mikroskopische Aufnahmen eines so entstandenen C/C-SiC-Verbundwerkstoffs zeigen die unterschiedlichen Phasen-/Matrixbereiche in der Qualitätssicherung (Abb. 6.29). Nach [61] wird die Zusammensetzung mit ca. 25 % SiC und 73 % C sowie 2,4 % Si angegeben (jeweils Massenanteile).

6.4 Zur Evolution des Fahrwerkes hinsichtlich der Elektromobilität

Andreas Höfer

6.4.1 Elektromobilität und deren Chancen für Bauweisen im Fahrwerk

Elektrofahrzeuge (EV) unterscheiden sich gegenüber konventionellen, verbrennungsmotorisch getriebenen Fahrzeugen vor allem in einer Fahrzeugdomäne: dem Antriebsstrang, bestehend aus Ladeeinheit (On-BoardCharger), Energiespeicher/Batterie, Inverter, Elektromotor sowie Getriebe. Bei der Entwicklung der Antriebsarchitektur werden aktuell vorrangig Zentralmotoren eingesetzt. Diese haben keinen großen Einfluss auf die Bauweise des Fahrwerkes. Hierdurch verbleiben jedoch Freiheitsgrade und Innovationsmöglichkeiten ungenutzt, die sich durch die Elektrifizierung des Automobils ergeben, wie z. B. eine intelligente Integration der Antriebseinheiten in Fahrwerk oder Rad. Folgende Chancen und Freiheitsgrade ergeben sich für die Domäne Fahrwerk im Rahmen der Elektrifizierung:

- Komplett neue Fahrzeugarchitekturen durch neue Packagemöglichkeiten der Komponenten von EVs und einhergehend neue Bauräume für das Fahrwerk;

- Möglichkeit der völligen Neugestaltung von Kraftfahrzeugen durch ein dezentrales Antriebskonzept;
- Wegfall der verschleißbehafteten mechanischen Übertragungselemente Getriebe und Differenzial durch Direktantriebe[2].
- Einzelradantriebe, welche neue Möglichkeiten bezüglich der Fahrdynamikregelung und der damit verbundenen Steigerung von Fahrdynamik, Fahrsicherheit und Energieeffizienz durch die gezielte Verteilung des Antriebs- und Rekuperationsmomentes bieten.
- Modularisierbarkeit im Fahrwerk: mögliche Konzeptanwendung als gelenkte Achse oder als nichtgelenkte Achse (für Vorderachs- und Hinterachseinsatz); Einfache Adaptierbarkeit der Fahrwerkskomponenten bei verschiedenen Radlasten.
- Modularisierbarkeit in Fahrwerks-/Antriebseinheit: Anpassung der Antriebsleistung, der Drehzahl und des Drehmomentes an das jeweilige Fahrzeugkonzept;
- Reduktion der Masse im Fahrwerk als zentrale Stellschraube zur Erhöhung der Reichweite des BEV;
- Erhöhung der Effizienz in Antrieb (z. B. durch optimierte Wirkungsgrade) und im Fahrwerk (z. B. durch Reduktion des Rollwiederstandes, durch Aerodynamikmaßnahmen sowie durch Fahrstrategien/Fahrdynamikregelung) zur Erhöhung der Reichweite des BEV.

Entscheidet sich der Entwickler, mögliche Chancen durch die Integration des Antriebes in Rad oder Fahrwerk zu nutzen, so helfen die Konstruktionskataloge aus [25] für erste Konzeptentscheidungen (Abb. 6.30).

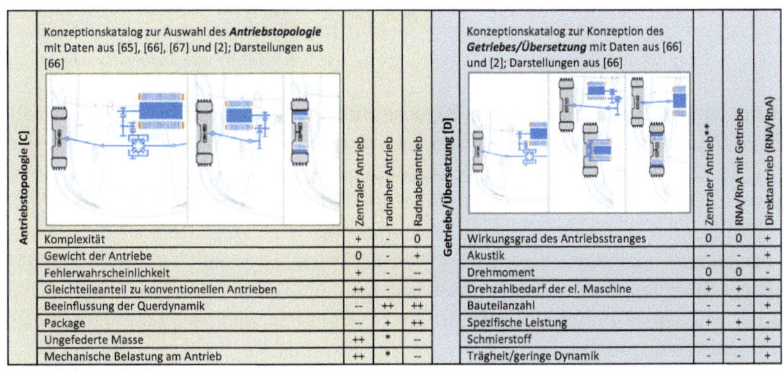

Antriebstopologie [C] – Konzeptionskatalog zur Auswahl des ***Antriebstopologie*** mit Daten aus [65], [66], [67] und [2]; Darstellungen aus [66]	Zentraler Antrieb	radnaher Antrieb	Radnabenantrieb
Komplexität	+	-	0
Gewicht der Antriebe	0	-	+
Fehlerwahrscheinlichkeit	+	-	--
Gleichteileanteil zu konventionellen Antrieben	++	-	--
Beeinflussung der Querdynamik	--	++	++
Package	--	+	++
Ungefederte Masse	++	*	--
Mechanische Belastung am Antrieb	++	*	--

Getriebe/Übersetzung [D] – Konzeptionskatalog zur Konzeption des ***Getriebes/Übersetzung*** mit Daten aus [66] und [2]; Darstellungen aus [66]	Zentraler Antrieb**	RNA/RnA mit Getriebe	Direktantrieb (RNA/RnA)
Wirkungsgrad des Antriebsstranges	0	0	+
Akustik	-	-	+
Drehmoment	0	0	-
Drehzahlbedarf der el. Maschine	+	+	-
Bauteilanzahl	-	-	+
Spezifische Leistung	+	+	-
Schmierstoff	-	-	+
Trägheit/geringe Dynamik	-	-	+

++ sehr gute Performance
\+ gute Performance
0 neutrale Performance
\- schlechte Performance
-- sehr schlechte Performance
* Abhängig von der Position des Antriebs in Bezug auf die Federung (++/+/0/-/--) möglich
** Zentraler Antrieb nur mit Übersetzung sinnvoll

RNA RadnabenantriebGleichstrommaschine
RnA Radnaher AntriebAsynchronmaschine/
In das Fahrwerk integrierbarer Antrieb

Abb. 6.30 Konzeptionskataloge zur konzeptionellen Gestaltung des elektrischen Antriebsstranges, ausgehend vom Gesamtfahrzeug

[2] Begrenzender Faktor bei Direktantrieben ist jedoch die Bereitstellung eines ausreichenden Drehmomentes.

6.4.2 Stand der Technik für Bauweisen im Fahrwerk von Elektrofahrzeugen

In den letzten Jahren haben Forschungseinrichtungen und Industrie vermehrt versucht den in Abschn. 6.4.1 beschrieben Chancen und Freiheitsgraden zu begegnen und hierbei gezielt neue Bauweisen und Konzepte für Elektrofahrzeuge entworfen. In Abb. 6.31, 1 ist zunächst eine konventionelle Fahrwerks-Antriebs-Konfiguration zu sehen, bei dem das Gesamtfahrzeug anhand des *Conversion Designs* umgerüstet wurde und der verbrennungsmotorische Antriebsstrang durch den elektrischen substituiert ist. Die Bauweise des Fahr-

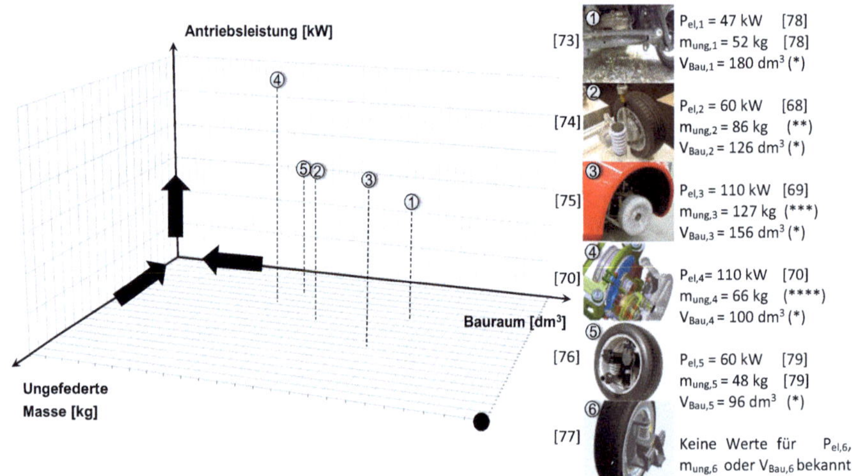

Abb. 6.31 Benchmarkvergleich der wichtigsten Eigenschaften der verschiedenen, in der Literatur bekannten Fahrwerk-/Antriebskonzepte für EV; Vergleich der Konzepte jeweils als Hinterachsausführung (d. h. bei Einzelradaufhängung werden beide Aufhängungen berücksichtigt) und ohne Reifen (Abbildungen aus [70, 73–77] und Werte aus [69, 70, 78, 79]). Anmerkungen zu Abb. 6.31: Das Drehmoment M [Nm] ist bei Direktantrieben von entscheidender Wichtigkeit. In der Literatur sind jedoch kaum Daten hierzu vorhanden, weshalb M in Abb. 6.32 nicht dargestellt ist. Des Weiteren ist in der Literatur kaum Information zu finden, ob die Lösungen mit Getrieben [70, 74] schaltbar sind.
(1) Hinterachse des Mitsubishi i-MieVs ausgeführt als De-Dion-Fahrwerk mit zentralem Hinterachsantrieb und Übersetzungsgetriebe
(2) eTB, in ZF-internen Tests (Stand 2015)
(3) Hinterachse des Forschungsfahrzeuges „Frecc0“
(4) Hinterachse des Fahrwerk-/Antriebsmoduls „FAIR“, bereits getestet an einem Mini Countryman
(5) Fahrwerks-/Antriebsmoduls (Corner-Modul) „Michelin Active Wheel“ bereits getestet im Konzeptfahrzeug Heuliez Will an Vorder- und Hinterachse
(6) „Siemens VDO eCorner“
(*) Werte für die beanspruchten Bauräume durch Konzeptkonstruktionen abgeschätzt, vergleiche hierzu [80]
(**) Werte des Gesamtmoduls aus ZF interner Quelle bekannt, abzüglich 43 % nach [68]
(***) Werte des Antriebs bekannt aus [69], hinzuaddiert die Masse eines konventionellen DQLs
(****) Masse mit „Werten eines vergleichbaren Serienfahrzeuges“ in [70] angegeben

werks bleibt hierdurch unverändert. Eine Bauweise, die auf der Umrüstung bekannter Fahrwerkskonzepte basiert, zeigt Abb. 6.31, 2. Das Konzept besteht aus einer Verbundlenkerachse, an deren Längslenker zwei radnahe Antriebseinheiten angebracht werden. Über ein Getriebe, ebenfalls an den Längslenkern angebracht, wird das Drehmoment auf das Rad übertragen[68].

Die Kombination aus konventionellem Doppelquerlenker in Aluminiumausführung mit innovativem Radnabenantrieb zeigt

Abb. 6.31, 3. Der Antrieb ist hierbei als Radnabenmotor, ohne Übersetzung als Direktantrieb an der Hinterachse ausgeführt. Dieser Konzeptentscheid führt zu einer kompakten Bauweise bei vergleichsweise hoher ungefederter Masse [69].

Ein radnahes, jedoch karosseriefestes dezentrales Antriebskonzept zeigt Abb. 6.31, 4. Die Drehmomentübertragung erfolgt über ein zweistufiges Getriebe, ohne Schaltungsmöglichkeit. Um eine größtmögliche Kompaktheit zu erzielen, erfolgt die Radführung über den Getriebemechanismus, die Feder-Dämpfer-Ausführung durch den Einsatz eines Rotationsdämpfers sowie einer CFK-Spiralfeder [70]. Zwei Beispiele für kompakte Bauweisen, bei denen sämtliche Radführungs- und Antriebskomponenten in das Rad integriert werden, sind in Abb. 6.31, 5 [71] sowie in Abb. 6.31, 6 [72] dargestellt.

In Abb. 6.31 sind die Eigenschaften der beschriebenen Lösungen aus dem Stand der Technik quantitativ gegenübergestellt. Folgende Eigenschaften sind hierbei beschrieben: Ungefederte Masse (x-Achse), Bauraumbedarf (y-Achse) und Antriebsleistung (z-Achse). Aufgrund der Datenlage müssen im Rahmen des Vergleichs für einige Werte Abschätzungen durchgeführt werden. Wie diese Abschätzungen durchgeführt wurden, ist unten stehend in der Beschriftung von Abb. 6.31 angegeben. Die Pfeile, die auf den Achsen angeordnet sind, zeigen an, in welche Richtungen eine Entwicklung der Konzepte zielführend ist. Diese sind 1.) in Richtung geringer ungefederter Masse, 2.) in Richtung geringen Bauraums bei 3.) gleichzeitig hoher Antriebsleistung.

6.4.3 Produktentwicklung von Fahrwerken von Elektrofahrzeugen unter dem Aspekt Leichtbau und Funktionsintegration

In [25] wird das Thema Leichtbau an Elektrofahrzeugen unter den Aspekten Fahrwerk, Aerodynamik und Batteriekosten im Gesamtfahrzeugkontext wie folgt bewertet:

Leichtbau ist bei Elektrofahrzeugen von herausragender Bedeutung, da neben einer Reduktion der verbrauchten Energie ebenfalls die Reichweite erhöht wird. Für eine definierte Reichweite sinkt bei gewichtsreduzierten Elektrofahrzeugen das Gewicht der Energiespeicher ab, da weniger Energieinhalt benötigt wird. Hierdurch kommt es zu sekundären Leichtbaueffekten, bei denen wiederum das Gewicht von weiteren Bauteilen sinkt. Beispiele hierfür sind die Masse des Motors (weniger Leistung ist nötig für die gleichen Beschleunigungswerte) oder des Fahrwerks (geringere Fahrzeugmasse bedeutet geringere Auslegungslasten). Aus der sekundären Gewichtsreduktion kann erneut der Energiespeicher reduziert werden, was eine Gewichtsabwärtsspirale induziert.

Zusätzlich sind bei batterieelektrischen Fahrzeugen, im Gegensatz zu konventionellen Fahrzeugen, Maßnahmen zur Gewichtsreduzierung aus wirtschaftlicher Sicht besonders lohnenswert, da Leichtbaumaßnahmen hier im Bereich zwischen 2 und 18 €/kg kostenneutral durchgeführt werden können[3] [81] (bei verbrennungsmotorischen Fahrzeugen 5 €/kg [30]; 3–7 €/kg nach [82]). „Der Einsatz von Technologien und Materialien, die im konventionellen Fahrzeugbau als zu kostenintensiv eingestuft werden, sind im Elektrofahrzeug durchaus sinnvoll“ [81]. Je nach Fahrzeugklasse sind Leichtbaumaßnahmen auch beim EV unterschiedlich sinnvoll. So rechnen sich diese nach [83] im A/B-Segment bei bis zu 3 €/kg, in der Oberklasse bis zu 14 €/kg sowie in der Luxusklasse bis zu 20 €/kg.

Überdies sind im Fahrwerksbereich von Elektrofahrzeugen Leichtbaumaßnahmen doppelt wertvoll, da eine Reduktion der ungefederten Massen, neben dem Primäreffekt der Verbrauchsreduzierung, durch eine Reduktion der Gesamtmasse sekundär auch zu einem verbesserten Ansprechverhalten der Federung und somit zur Verbesserung des Fahrkomforts sowie zur Steigerung der Fahrdynamik führt [28].

Eine Reduktion der Masse um 20 % führt bei einem urbanen EV zu einer Reduktion des Energiebedarfs um 17–19 % (Artemis-Urban-Zyklus) [84]. Die Möglichkeit zur Rekuperation am EV hingegen führt zu einer Verschiebung der Fahrwiderstandsanteile zugunsten des Luft- und Rollwiderstandes [84]. Erstgenannter kann jedoch laut [85] bei einer Änderung von 1 % bereits den größten Beitrag zur Reduktion des Gesamtwiderstandes und somit zur Senkung der Batteriekosten leisten (Artemis-Zyklus mit Rekuperation). Beispiele für einfach realisierbare Aerodynamikmaßnahmen im Fahrwerk, die ebenfalls zur Reduktion der Fahrwiderstände beitragen, sind z. B. die Reifenauswahl oder die Felgengestaltung [85].[4]

Vergleicht man die Simulationen aus [81] und [85] wird deutlich, das vor allem die „Systemkosten der Batterie darüber entscheiden, ob Aerodynamikmaßnahmen oder Gewichtsreduktionen bei EVs stärkeren Einfluss auf eine Reichweitenerhöhung haben.“

6.4.3.1 Theorie der Konzeptleichtbaumatrix: Produktentwicklungsmethodik von Fahrwerken für Elektrofahrzeugen unter dem Aspekt Leichtbau und Funktionsintegration

Zur systematischen Untersuchung von neuen Bauweisen durch die Verknüpfung von konventionellen Fahrwerkskomponenten, Antriebskomponenten, Bremskomponenten, Lenkkomponenten sowie Komponenten zur Kraft-/Drehmomentübertragung wird nachfolgend eine Methodik vorgestellt, die [25] als Konzeptleichtbaumatrix definiert. Hierzu sind in Abb. 6.32 die betrachteten Bauteile aufgelistet und fünf Baugruppen zugeordnet.

[3] Die Werte 2–18 €/kg ergeben sich aus der Annahme, dass die Batteriekosten zukünftig sinken werden. So rechnet [81] mit einem Preis zwischen 200 €/kWh und 1000 €/kWh.

[4] [85] zeigt, dass Aerodynamikmaßnahmen kosteneffizienter darstellbar sind als Massereduktionen bei Elektrofahrzeugen. Für die in [85] durchgeführten Simulationen werden 500 €/kg als Systemkosten für die Batterie zugrunde gelegt.

Antrieb	
Motorgehäuse	A1
Motorlagerung	B1
Antriebswelle	C1
Gleichlaufgelenk	D1
Antriebsfederung	E1
Antriebsdämpfung	F1
Kühlung (Antrieb)	G1
Stromversorgung (Antrieb)	H1

Drehmomentübertragung	
Getriebestufen	I1
Getriebegehäuse	J1
Getriebelagerung	K1
Getriebeausgangswelle	L1
Getriebekühlung	M1
Stromversorgung (Getriebe)	N1

Bremsanlage	
Bremsscheibe	O1
Bremssattel	P1
Bremstrommel	Q1
Leitungen f. Bremsflüssigkeit	R1
Kühlung (Bremsen)	S1
Stromversorgung (Bremsen)	T1
Bremsscheibe	O1

Lenkanlage	
Lenkgetriebegehäuse	U1
Lenkgetriebe/Spurstange	V1
Antriebe (Lenksystem)	W1
Kühlung (Lenksystem)	X1
Stromversorgung (Lenkung)	Y1

Fahrwerk	
Federung	Z1
Dämpfung	A2
Stabilisierung	B2
Kühlung (aktive F/D/S)	C2
Stromversorgung (aktive F/D/S)	D2
Lenker	E2
Gelenke	F2
Gummilager	G2
Achsträger	H2
Achse	I2
Radträger	J2
Radlager	K2
Felge	L2
Reifen	M2

Abb. 6.32 Überblick über die Baugruppen Antrieb, Bremsanlage, Drehmomentübertragung, Lenkanlage und Fahrwerk sowie Auflistung der einzelnen Bauteile und deren Nomenklaturen, Copyright © DLR e.V.

Im nächsten Schritt wird systematisch eine Kombination sämtlicher Bauteile untersucht. Hierdurch soll durch eine gezielte Zusammenführung der Komponenten die Entwicklung neuer Bauweisen erreicht werden. In Abb. 6.33 ist ein Auszug aus der erstellten Konzeptleichtbaumatrix zu sehen. Durch Anwendung der Matrix lassen sich aus n Bauteilen L neue funktionsintegrierte Lösungen entwickeln:

$$L = n^2 - n = 1482\left(\mathit{für}\, n = 39\right)$$

Die Konzeptleichtbaumatrix basiert auf den Eigenheiten einer *Design Structure Matrix*. Hierbei wird das Gestaltungsprinzip „Zeile beeinflusst Spalte" angewandt.

Durch Gewichtung der Felder (0; 1; 2) wird aufgezeigt, ob eine Komponente in eine andere integrierbar ist und zu welchem Grad. Aus den Summen der Felder der Zeilen sowie der Spalten der Matrix werden die beiden Kennzahlen „Integrationsfähigkeit" und „Integratorfähigkeit" definiert, welche quantifizieren, wie gut sich eine Komponente zur Funktionsintegration eignet bzw. diese ermöglicht.

So können während einer Produktneuentwicklung die Potenziale der einzelnen Komponenten analysiert und diese nachfolgend priorisiert werden.

6.4.3.2 Anwendung der Konzeptleichtbaumatrix: Produktentwicklungsmethodik von Fahrwerken für Elektrofahrzeugen unter dem Aspekt Leichtbau und Funktionsintegration

Wendet man die Konzeptleichtbaumatrix an, so entstehen neue Bauweisen, bei denen der Antrieb gezielt in das Fahrwerk integriert wird. Bei der geschaffenen Konzeptlösung „A1E2" wird beispielsweise ein Längslenker in der Konstruktion so angepasst, dass er gleichzeitig als Gehäuse eines elektrischen Antriebes fungiert (vgl. Abb. 6.34, links oben).

Hauptfunktionsträger → / Nebenfunktionsträger ↓			Antrieb						…	Fahrwerk					
			Motorgehäuse	Motorlagerung	Antriebswelle	Gleichlaufgelenk	Antriebsfederung	Antriebsdämpfung	…	Radlager	Felge	Reifen	Anzahl Wert 1	Anzahl Wert 2	Integrationsfähigkeit
			A1	B1	C1	D1	E1	F1	…	K2	L2	M2			
Antrieb	Motorgehäuse	A1	■	1	0	0	2	2	…	1	0	0	9	17	43
Antrieb	Motorlagerung	B1	0	■	0	0	0	0	…	2	0	0	3	1	5
Antrieb	Antriebswelle	C1	0	1	■	1	0	0	…	0	0	0	9	6	21
Antrieb	Gleichlaufgelenk	D1	0	1	1	■	0	1	…	1	0	0	9	0	9
Antrieb	Antriebsfederung	E1	0	1	0	0	■	2	…	0	0	1	14	6	26
Antrieb	Antriebsdämpfung	F1	0	0	0	0	2	■	…	1	0	1	9	8	25
…	…	…	…	…	…	…	…	…	…	…	…	…	…	…	…
Fahrwerk	Radlager	K2	0	0	1	0	0	0	…	■	0	0	4	1	6
Fahrwerk	Felge	L2	2	1	2	2	2	2	…	1	■	0	3	10	23
Fahrwerk	Reifen	M2	0	0	0	0	2	1	…	0	0	■	3	2	7
Anzahl Wert 1			0	12	2	1	3	5	…	9	0	5			
Anzahl Wert 2			3	0	1	2	13	8	…	2	0	0			
Integratoreigenschaft			6	12	4	5	29	21	…	13	0	5			

Wert	Bedeutung
0	Komponente kann nicht integriert werden
1	Komponente kann teilweise integriert werden
2	Komponente kann vollständig integriert werden

Abb. 6.33 Auszug aus der Methode Konzeptleichtbaumatrix, die eingerahmten Lösungen „L2A1“ und „B1K2“ werden nachfolgend detailliert ausgeführt, Copyright © DLR e.V.

In Abb. 6.34, rechts oben ist die geschaffene Konzeptlösung „L2A1“ durch Anwendung der Methodik zu sehen. Das Gehäuse des Antriebes wirkt als Hauptfunktionsträger und ist so gestaltet, dass die Bauweise gleichzeitig als Felge fungieren kann, die folglich der Nebenfunktionsträger ist. Vorteilig durch die integrale Bauweise ist ein Bauraumgewinn sowie eine Gewichtsreduzierung. Des Weiteren bietet die Lösung „L2A1“ durch die geschlossene Felge aerodynamische Vorteile.

Ein weiteres Konzept welches durch Anwendung der DSM-Methodik entstanden ist, ist die Lösung „J2A1“. Erneut wird das Motorgehäuse genutzt und diesmal so umgestaltet, dass es als Radträger fungiert (Abb. 6.34, links unten als Radträger einer Fünflenker-Hinterachse). In einem letzten Beispiel, „B1K2“ (Abb. 6.34, rechts unten) wird die Lagerung des Antriebes (Hauptfunktionsträger) zwischen Rotor und Stator so gestaltet, dass die Radlagerung (Nebenfunktionsträger) vollständig integriert wird. Folglich kann eine konventionelle Radlagerung komplett entfallen.

Abb. 6.34 Funktionsintegrierte Antriebs-/Fahrwerkskonzepte, welche methodisch durch Anwendung der Leichtbaumatrix entstehen. Links oben: Längslenker mit integriertem Antrieb; rechts oben: Antrieb mit Felgenfunktion; links unten: Motorgehäuse mit Radträgerfunktion; rechts unten: Integrierte Radlager/Motorlagereinheit, Copyright © DLR e.V.

Bei der vorgestellten Konzeptleichtbaumatrix handelt es sich um eine Methodik die für folgende Anwendungsbereiche sinnvoll ist:

- Zur Erarbeitung neuer Lösungen durch Schaffung integraler Bauweisen. Technische Systeme werden miteinander verknüpft und die Methodik ist hierdurch über die Fahrwerktechnik hinaus in allen fahrzeugtechnischen Bereichen anwendbar.
- Überdies kann die Matrix in die nächsten Ebenen erweitert werden: Das heißt, dass die neu entstandenen Lösungen erneut mit weiteren Komponenten kombiniert werden. Für die zweite Ebene[5] bedeutet dies $(n^2 - n)\ (n - 2)$ neue Lösungen. Dies zeigt jedoch auch die Grenze der Methodik auf, welche durch eine Vielzahl an Lösungen gegeben ist, da der Aufwand und die Komplexität für den Entwickler ab einer gewissen Komponentenanzahl nicht mehr beherrschbar sind. Des Weiteren obliegt es dem Ingenieur als Anwender der Methodik die Bewertung bezüglich Innovationsgrad und Nutzungsgrad einer neuen Bauweise/Lösung.

[5] Nachdem sämtliche Bauteile einmal miteinander kombiniert wurden und somit neue Lösungen entstanden sind, können diese neuen Lösungen erneut mit sämtlichen Bauteilen kombiniert werden, ausgenommen der beiden bereits beinhaltenden Bauteile.

6.5 Forschungsthema Fahrwerk DLR LEICHT

Andreas Höfer

Um den geänderten Einflussgrößen durch die Elektrifizierung zu begegnen, wurde in [86] durch ganzheitliche Betrachtung eine innovative Fahrwerks-/Antriebseinheit entwickelt, anhand der die Synergien zwischen *radindividuellem Antrieb*, *Leichtbau* und *Fahrstrategie* aufgezeigt und diese gezielt genutzt werden.

6.5.1 Konzeptentwurf, Leistungsmerkmale und Umsetzung

In Abb. 6.35 ist das Fahrwerks-/Antriebskonzept *LEICHT* zu sehen, welches durch systemische Betrachtung sowie durch Anwendung der Methodik aus 6.4.3 entworfen wurde.

Es wurde bei der Konzeption auf die konventionelle Radlagerung im Zentrum des Rads verzichtet und ein innovatives nichtzentrisches Lagerelement entworfen (1). Dieses verbindet die rotierenden und die stehenden Fahrwerksteile. Grund hierfür ist primär eine Verbesserung des Kraftflusses (Formleichtbau), da durch die Positionierung des neuen Radlagers nahe des Radaufstandspunkts die Kräfte dort aufgenommen werden, wo sie auch entstehen. Sekundär hat diese unkonventionelle Radlagerung den Vorteil, dass im Zentrum des Rads mehr Bauraum für die Platzierung weiterer Komponenten zur Verfügung steht. Die Radlagerung ist nicht als vollständig umlaufendes Lager umgesetzt, sondern befindet sich nur im oberen und unteren Bereich der Felge, um Masse einzusparen.

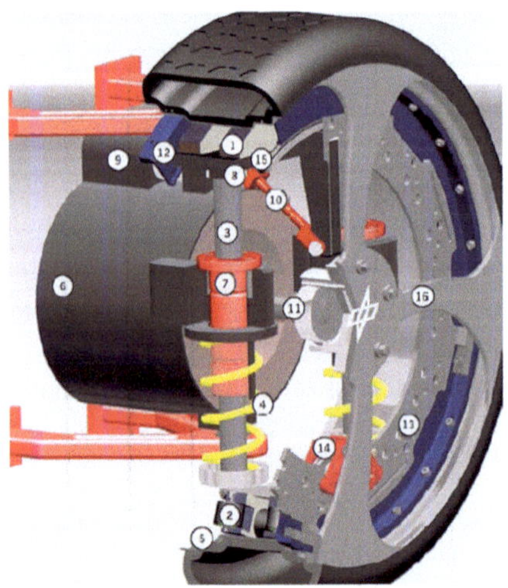

Abb. 6.35 Konzeptionelle Ausführung des Fahrwerkskonzeptes LEICHT (links), [86] sowie ein Prototyp für Tests an einem ¼-Fahrzeugprüfstand sowie auf dem Rollenprüfstand [25], Copyright © DLR e.V.

Jedes Lagerelement ist mit sechs Tonnenlagern (2) bestückt, die im Inneren der Felge abrollen. Der gewonnene Platz, der im Rad zur Verfügung steht, wird genutzt, um zwei Führungselemente (3) zu positionieren. Durch eine gebogene Gestaltung der Führungselemente kann die Radhubkinematik gezielt vorgegeben werden. Die vertikale Kraftaufnahme wird durch zwei ebenfalls radintegrierte Schraubenfedern realisiert (4). Je nach Federwerkstoff ist, bei einer Gesamtfederkonstante von 24 kN/m und der hier eingesetzten 19"-Felge (5), ein Gesamtfederweg von über 160 mm möglich. Auf den Schraubenfedern ist der elektrische Antrieb (6) mit einer Dauerleistung von 15 kW positioniert. Durch selbstdichtende Kugelbuchsen (7) wird der Antrieb entlang der beiden Führungselemente geführt.

Die Kräfte werden somit vom Radaufstandspunkt zum unteren Radlager über die Führungselemente und letztendlich über das Gehäuse (6) der elektrischen Maschine an den Fahrzeugaufbau weitergeleitet.

Die am oberen Radlagerelement angebrachten Schockdämpfer (8) aus Gummi dienen als oberer Anschlagpunkt der Federung. Ebenfalls am oberen Radlagerelement ist ein Einrohrdämpfer (9, teilweise verdeckt) angebunden. Dieser ist über eine Schubstrebe 10 in Push-Rod-Bauweise angebracht, was zu der kompakten Bauweise beiträgt. Das Drehmoment wird über eine Gleichlaufgelenkwelle (11) von der elektrischen Maschine auf das Rad übertragen. Die im Radaufstandspunkt induzierten Seitenkräfte und Rückstellmomente werden über zwei Seitenführungsschienen (12) an die beiden Radlager weitergegeben. An der inneren Seitenführungsschiene ist die Bremsscheibe einer Perimeterbremse (13) angebracht. Der Bremssattel (14) ist an der unteren Radlagerung angebracht und kann die Bremskräfte somit nahe dem Radaufstandspunkt erzeugen. Zwischen Radlager und Seitenführung ist eine Dichtung (15) montiert. Da die Kräfte, anders als bei konventionellen Fahrwerkkonzepten, nicht über den Felgenstern (16) durch das Zentrum des Rads geleitet werden, sondern vom Radaufstandspunkt über die Linearführung in die Struktur eingeleitet werden, hat der Felgenstern keine tragende Funktion mehr und kann erheblich leichter (z. B. mit Kunststoff) ausgeführt werden. Die Lenkung erfolgt durch die Anbindung von Drehgelenken an das Gehäuse des Motors. Demzufolge können die Parameter zur Einstellung der Lenkkinematik in einem breiten Bereich gewählt werden. In Tab. 6.10 sind die wichtigsten Leistungsmerkmale des Konzepts aufgeführt.

Tab. 6.10 Leistungsmerkmale des LEICHT-Konzeptes

Leistungsmerkmal	Wert
Leistung PSM P	15 kW (Dauerleistung)/42 kW (Peakleistung)
Ungefederte Masse m_1	25 kg
Federkonstante $c_{1,ges}$	2 × 12,24 kN/m
Reifendimension	155/70 R19
Gesamtfederweg Δx	160 mm
Dämpfungskonstante k_1	2,41 kNs/m
Lenkrollradius r_0	60 mm

6.5.2 Technische Bewertung und Nutzen in der Fahrstrategie

Aufgrund des neuen Konzepts können die Komponenten, die zur Erfüllung der Fahrwerksfunktionen Radführung, Federung und Radlagerung benötigt werden, auf 13 kg Gesamtmasse bemessen werden. Die ungefederte Masse beläuft sich auf ca. 25 kg bezogen auf das Viertelfahrzeug und wurde durch eine konsequente Anwendung verschiedener Leichtbaustrategien erzielt. So nehmen beispielsweise die Radführungselemente Kräfte in zwei und Momente in drei Dimensionen auf und tragen entscheidend zur Sturz- und Spurabstützung bei (Funktionsintegration). Der Einsatz von Titan als Federwerkstoff führt zu einer erheblichen Gewichtsreduktion (Werkstoffleichtbau) bei gleichzeitiger Vergrößerung des Federwegs auf dem begrenzten Bauraum.

Als Referenzfahrzeug zur Bewertung des LEICHT-Konzeptes wird ein urbanes Fahrzeug mit $m_0 = 1000$ kg aus [87] betrachtet (ausgeführt als radnabengetriebene Variante sowie als Variante mit zentralem Antrieb).

Abb. 6.36 zeigt einen quantitativen Vergleich anhand der Eigenschaften Masse, Bauraum und Lebensdauer.

Zur kompakten Bauweise tragen der Wegfall von Getriebe und Differenzial sowie die Teilintegration der Gelenkwelle in die elektrische Maschine bei. Durch die Positionierung der elektrischen Maschine auf der radintegrierten Aufbaufederung kann der Antrieb fast vollständig von Stoßbelastungen – ausgehend von der Fahrbahn – entkoppelt werden. Als Konsequenz zeichnet sich das LEICHT-Konzept durch eine hohe Betriebssicherheit und somit hohe Lebensdauer aus.

Das Konzept begegnet ebenfalls den Anforderungen der stetig ansteigenden Vielfalt der Fahrzeugkonzepte durch eine mögliche Modularisierbarkeit. Durch Positionierung der elektrischen Maschine etwas außerhalb der Felge ist eine Variation der Antriebsleistung durch Skalierung der elektrischen Maschine denkbar. Zudem wird die Fahrwerk-/Antriebseinheit neben dem in dargestellten Vorderachskonzept auch als nichtgelenkte Version

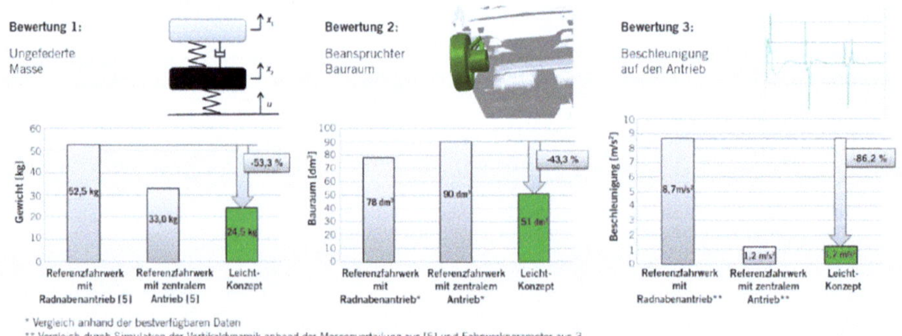

Abb. 6.36 Bewertung des LEICHT-Konzeptes bezüglich ungefederter Masse (links), Bauraum (Mitte) sowie Beschleunigung an Antrieb-/Aufbaustruktur (rechts) mit Referenzkonzept aus [78], Copyright © DLR e.V.

entwickelt. Durch diese Maßnahmen der Modularisierung von Antrieb und Lenkbarkeit wird somit ein fahrzeugkonzeptübergreifender Einsatz ermöglicht.

Zur Bewertung des Fahrverhaltens der Radaufhängung wurde das kritische Fahrmanöver Doppelter Spurwechsel bei Kurvenfahrt gewählt, da dies im Gegensatz zu typischen Open-Loop-Manövern eine realitätsnahe Fahrsituation darstellt. Das Fahrmanöver wurde bei verschiedenen Geschwindigkeiten und Beschleunigungen in der Mehrkörpersimulation dargestellt. Hierbei zeigte das Fahrzeug mit dem LEICHT-Konzept über einen weiten Bereich ein stabiles Fahrverhalten (vgl. [25]).

Folgend werden die Potenziale des antriebsintegrierten Fahrwerkes durch Anwendung der entwickelten Fahrdynamikregelung aus [86, 88] aufgezeigt werden.

Allgemein gilt nach [86]: *„Das Antriebskonzept eines allradgetriebenen Elektrofahrzeugs bietet großes Potenzial bei der Auslegung der Fahrdynamikregelung, birgt aber auch gewisse Risiken. So könnte z. B. durch zu starke Rekuperation in der Kurve vor allem an der Hinterachse das Seitenkraftpotenzial verringert werden, was zu kritischen Fahrzuständen führen kann* [89]. *Eine leistungsfähige Fahrdynamikregelung zur Verteilung der Antriebs- und Bremsmomente unter Berücksichtigung des Seitenkraftpotentials ist demnach sinnvoll. Durch die Verwendung der radindividuellen Antriebseinheiten des LEICHT-Konzeptes entstehen große Vorteile, da ohne aufwendige Komponenten (wie z. B. regelbare Sperrdifferentiale) die Antriebsmomente der einzelnen Räder unabhängig voneinander geregelt werden können und zur Erzeugung von Giermomenten (vgl.* Abb. 6.37*, links) um die Fahrzeughochachse genutzt werden können“.*

In Abb. 6.36 ist das Fahrverhalten beim Fahrmanöver des verzögerten doppelten Spurwechsels im v-f-Diagramm nach [90] dargestellt. Hierbei wird das LEICHT-Fahrwerk im Gesamtfahrzeug einmal ohne aktive Fahrdynamikregelung (Mitte) und einmal mit aktiver Fahrdynamikregelung (rechts) betrieben. Das Fahrmanöver wird bei einer konstanten Sollverzögerung von $a_x = 2{,}5\ m/s^2$ während des Spurwechselmanövers durchgeführt. Der Farbton in den Diagrammen der Abb. 6.36 repräsentiert das Stabilitätsmaß des Fahr-

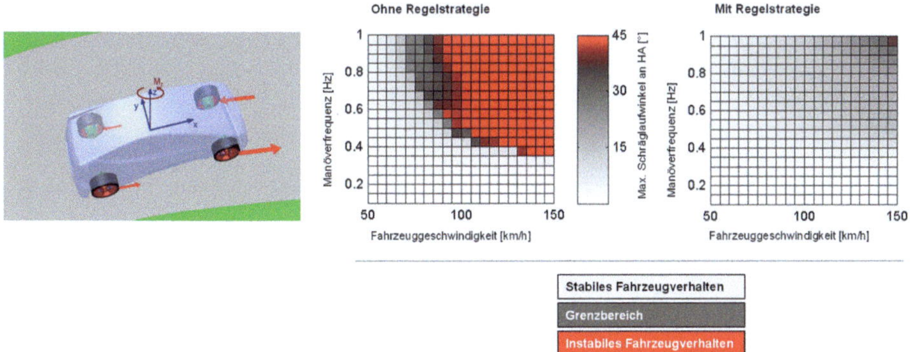

Abb. 6.37 Verzögerter Doppelter Spurwechsel (mit $a_x = 2{,}5\ m/s^2$, $a_y = 0$) ohne Eingriff der Fahrdynamikregelstrategie (links) und mit Eingriff der Fahrdynamikregelstrategie (rechts) nach [88, 91], Abbildung aus [86]

zeuges. Es ist zu sehen, dass sich der Grenzbereich durch Anwendung der Fahrstrategie weit verschiebt und bis zu hohen Geschwindigkeiten ein stabiles Fahrverhalten erreicht wird.

Die in diesem Kapitel dargestellten Ergebnisse sind im Rahmen öffentlich geförderter Projekte in Zusammenarbeit zwischen DLR e.V., Institut für Fahrzeugkonzepte, sowie dem Institut für Fahrzeugtechnik der Universität Stuttgart entstanden.

Literatur

1. B. Heißing und M. Ersoy, Fahrwerkhandbuch, 2. Auflage Hrsg., M. Ersoy, Hrsg., Wiesbaden: Vieweg+Teubner Verlag, 2008.
2. H. Wallentowitz, Strategien zur Elektrifizierung des Antriebsstrangs, 2. Auflage, Wiesbaden: Vieweg Teubner, 2010.
3. D. Wolf et al., *BMBF Projekt: Abschlussbericht Aktives Leichtbaufahrwerk,* Bundesministerium für Bildung und Forschung, 2011.
4. M. Lienkamp, „Vorlesungsbegleitende Unterlagen: Dynamik der Straßenfahrzeuge," Lehrstuhl für Fahrzeugtechnik, Technische Universität München, 2009.
5. R. Leiter, S. Mißbach und M. Walden, Fahrwerk, Lenkung, Reifen und Räder, Bonn: Vogel Buchverlag, 2008.
6. „http://www.corsafan.de/bilder/corsa/aufhaengung-va.gif," [Online]. [Zugriff am 12 07 2015].
7. „http://www.ford-ig-wriedel.de/technik/fw_vorn.htm," [Online]. [Zugriff am 12 07 2015].
8. „http://alt.astrasite.de/images/ha-aufhaengung.gif," [Online]. [Zugriff am 12 07 2015].
9. „http://www.oldtimer-markt.de/sites/default/files/Bilder/starrachse_0.jpg," [Online]. [Zugriff am 12 07 2015].
10. „http://www.autoevolution.com/news/how-multi-link-suspension-works-7804.html#agal_3," [Online]. [Zugriff am 12 07 2015].
11. M. Ersoy, Konstruktionskataloge für PKW Achsen, München: Haus der Technik, 2000.
12. „Materialmagazin," 17 01 2022. [Online]. Available: https://www.materialmagazin.com/index.php/composites/werkstoffe-fuer-autofelgen.
13. H.-H. Braess und U. Seiffert, Vieweg Handbuch Kraftfahrzeugtechnik, 5. Auflage Hrsg., U. Seiffert, Hrsg., Wiesbaden: Friedr. Vieweg & Sohn Verlag, 2007.
14. A. Büter und K. Jaschek, „Hochfeste Kunststoffstrukturen für CFK-Fahrzeugräder," *ATZ,* Nr. 110, p. 146, 02/2008.
15. M. Henningsen, „Matrixsysteme für den Leichtbau der Zukunft," *Lightweight Design,* p. 32, 4/2012.
16. M. Menge, D. Rath und T. Zeuner, „Neue Fahrwerksteile aus Aluminiumguss," *ATZ 107,* p. 195–197, 2005.
17. J. Brändlein, P. Eschmann, L. Hasbargen und K. Weigand, Die Wälzlagerpraxis, Mainz: Vereinigte Fachverlage, 1998.
18. „Der neue Audi A4," *ATZ/MTZ Sonderheft,* 11 2000.
19. S. 394, „Leichtbau im Fahrwerk," *ATZ; 06/2010,* p. 394, 1 06 2010.
20. B. Heißing, Fahrwerkhandbuch, Wiesbaden: Vieweg und Teubner, 2008.
21. D. Brungs und H. Fuchs, „Leichtmetalle im Automobilbau: Trends und zukünftige Anwendungen.," *Sonderausgabe ATZ/MTZ 1,* 1999.
22. J. Becker et. al., „Magnesium-Knetlegierungen für den Automobilbau," *ATZ,* Nr. 107, p. 922, 10/2005.

23. K. Decking, „Magnesiumdruckguss-Massereduktion durch Werkstoff- und Wandstärkenoptimierung," *Lightweight Design,* p. 24, 2/2011.
24. ZF Lemförder Fahrwerktechnik, „Werkfotos, Interne Präsentationen".
25. A. Höfer, Vorgehensmodell zur anforderungsgerechten Produktentwicklung von Fahrwerken für Elektrofahrzeuge, Köln: Deutsches Zentrum für Luft- und Raumfahrt e.V., 2017.
26. A. Höfer, M. Hampel und H. Friedrich, „Vorgehensmodell zur Konzeptentwicklung – Antriebsintegrierte Leichtbaufahrwerke für Elektrofahrzeuge," *Lightweight Design,* pp. 46–52, 19 12 2014.
27. K. Kerber, Verfahren zum Verbundguss der Leichtmetalle Aluminium und Magnesium durch den Druckguss, Bd. 01/2011, F. Bach, Hrsg., Dissertation Hannover: PZH Produktionstechnisches Zentrum GmbH, 2011.
28. M. Menge, „Neue Fahrwerksteile aus Aluminiumguss," *Automobiltechnische Zeitschrift (ATZ),* pp. 194–197, 03 2005.
29. Z. F. A. Harald Naunheimer, „Werkstoffe im Automobilbau," Stuttgart, 5.-6.11.2014.
30. H. E. Friedrich (Hrsg.), Leichtbau in der Fahrzeugtechnik, 2. Aufl., Springer Vieweg, 2017.
31. F. Henning und E. Moeller, Handbuch Leichtbau: Methoden, Werkstoffe, Fertigung, Carl Hanser Veröag München Wien, 2011.
32. G. Fuhrmann et al., „Leichtbau im Fahrwerk," *ATZ,* Nr. 112, p. 394, 06/2010.
33. H. Naunheimer, *Wie ermöglichen Werkstoffe neue technische Lösungen in Getriebe und Fahrwerk?,* Tagung: Werkstoffe im Automobilbau: Springer, 2015.
34. H. Friedrich, „Vorlesungsbegleitendes Skript Fahrzeugkonzepte I: Werkstoffe und Bauweisen;," Stuttgart, Institut für Fahrzeugkonzepte, DLR e.V., 2012–2013.
35. Motovision, Das Automagazin, „BTE Hybrid-Rad," [Online]. Available: http://www.youtube.com/watch?v=nBQusmusiu0. [Zugriff am 13. Oktober 2013].
36. A. Bütner, „Anforderungen an die Prüfung der Betriebsfestigkeit von Kunststofffrädern mit einem integrierten Radnabenmotor," Chassis.tech. München, 2013.
37. N. Schweizer et al., „Entwicklung eines CFK-Leichtbaurades mit integriertem Elektromotor," *ATZ,* Nr. 114, p. 424, 05/2012.
38. S. Bähnisch, „AutoBild.de," 1. Oktober 2013. [Online]. Available: http://www.autobild.de/artikel/hankook-i-flex-4396245.html. [Zugriff am 14. Oktober 2013].
39. M. Winterkorn et. al., „Der Lupo FSI® von Volkswagen – So sparsam ist sportlich," *ATZ,* Nr. 102, p. 722 ff., 2000.
40. K. Pudenz, „lightweight-design.de," 2012. [Online]. Available: http://www.lightweight-design.de/index.php;do=show/site=lwd/sid=j0gf5u272m9ht3r8u5cvgiacp5/alloc=135/id=15481. [Zugriff am 23. Mai 2013].
41. DANTO-Invention, 2013. [Online]. Available: http://danto-invention.de/projekte/danto-feder/. [Zugriff am 16. Oktober 2013].
42. G. Goppelt, „Der smart – Entwicklung und Technik," *ATZ,* Nr. 101, p. 415, 1999.
43. B. Hopf, Vorlesungsfolien Neue Werkstoffe und moderne Produktionsverfahren im Automobilbau, Stuttgart: Daimler AG, SS 2013.
44. Volkswagen AG „Der XL 1", 2013.
45. ZF Friedrichshafen AG 2, [Online]. Available: http://www.zf.com/corporate/de/products/product_range/cars/lightweightdesign_1/aluminmiumdaempfer_1/aluminiumdaempfer_1.html. [Zugriff am 23. Mai 2013].
46. P. Ottenbruch und T. Günnel, „Automobil Industrie," 4. September 2012. [Online]. Available: http://www.automobil-industrie.vogel.de/leichtbau-technologie/fahrwerk/articles/376825/index2.html. [Zugriff am 13. Mai 2013].
47. M. Wappelhorst et. al., „Einteilig gegossene Aluminium-Achsträger," *ATZ,* Nr. 107, p. 118, 2/2005.
48. L. Engineering, *UltraLight Steel Autot Suspension – Engineering Report,* Southfield, Michigan: The AUTOMOTIVE APPLICATIONS COMMITTEE, 2001.

49. J. Wemhöner und E. Bergrath, „Keramik in Getriebe- und Radlagern – Von der Formel 1 zum Serieneinsatz?," *ATZ,* Nr. 103, 11/2001.
50. SGL Group, „SGL Carbon Group – Carbon-Keramik-Bremsscheibe," *SGL Brakes GmbH – Standdardpäsentaton,* Nr. www.sglbrakes.de.
51. H. Naunheimer, M. Lohrmann und I. Müller, „Wie ermöglichen Werkstoffe neue technische Lösungen im Fahrwerk und Antrieb," in *ATZlive – Werkstoffe im Automobilbau*, Stuttgart, 2014.
52. Volkswagen AG, Wolfsburg, Firmenpublikation, 2002.
53. O. Schauerte, S. Eisenberg, M. Kramer und K. Faller, „Einsatzpotentiale für Titan im Serienfahrzeug," in *Technologien um das 3-Liter Auto*, Düsseldorf, VDI Berichte 1505, VDI Verlag GmbH, 1999.
54. H. Friedrich und T. Gänsicke, „Werkstoffe, Leichtbaustrategien und Bauweisentrends im Wettbewerb," in *Fahrzeugkonzepte für das 2. Jahrhundert Automobiltechnik*, Düsseldorf, VDI Berichte 163, VDI Verlag, 2001.
55. O. Schauerte, D. Metzner, R. Krafzig, K. Bennewitz und A. Kleemann, „Fahrzeugfedern Federleicht: Erster Serieneinsatz einer Achsschraubenfeder aus Titan," *ATZ- Automobiltechnische Zeitschrift 103,* pp. 654–660, 2001.
56. O. Schauerte, „Titan im Fahrzeugbau," in *Titan und Titanlegierungen*, Weinheim, Peters, Manfred; Leyens, Christoph;, 2002, pp. 477–495.
57. O. Deißer, S. Ehrenberger, A. Hölderlin und P. Straßburger, „BMBF-Projekt Aktives Leichtbaufahrwerk, Schlussbericht," Stuttgart, Deutsches Zentrum für Luft- und Raumfahrt e.V., 2012.
58. D. Wolf, „Glasfaserverbund-Werkstoffe für Fahrwerkskomponenten," *Automobiltechnische Zeitschrift (ATZ),* 11 2011.
59. E. Hoepke, „IAA Nutzfahrzeuge 2002 in Hannover: Eine Neuheiten-Nachlese," *ATZ,* pp. 1068–1075, 12 2002.
60. R. B. GmbH, Kraftfahrtechnisches Taschenbuch, Springer-Vieweg; 28. Auflage, 2014.
61. W. Krenkel und F. Reichert, „Keramische Reibsysteme im Automobilbau – Aktuelle Entwicklungen und zukünftige Potenziale," in *CCeV Automotive Forum*, Motorwelt Böblingen, 2015.
62. SGL, SGL Brakes GmbH: Carbon-Keramik Bremsscheibe – Firmenpräsentation, Meitingen, 2003.
63. B. S. C. B. GmbH, *PANOX-based Aircraft Brake System.*
64. G. Feth, „Die Keramik-Bremse auf dem Weg in die Großserie," *Frankfurter Allgemeine Zeitung Motor,* p. 236, 15 10 2005.
65. S. Gies, *Unkonventionelle Fahrzeugantriebe,* Aachen: Institut für Kraftfahrzeuge, RWTH Aachen University, 2008.
66. M. Lienkamp2, „Auslegung von Elektrofahrzeugen, Vorlesungsbegleitende Unterlagen, Vorlesungsmitschrift," Garching, 2014.
67. H.-H. Braess, Vieweg Handbuch Kraftfahrzeugtechnik, 5. Auflage, Wiesbaden: Friedrich Vieweg & Sohn Verlag, 2007.
68. I. A. S. P. Shih-Jen Yeh, „An Electrically Driven Chassis System Concept for Sub-Compact Vehicles with Integrated Close-to-Wheel Motors," *SAE-China and FISITA, Proceedings of the FISITA 2012 World,* pp. 979–982, 2012.
69. M. Gröninger, „Elektrischer Radnabenmotor," *Automobiltechnische Zeitschrift (ATZ) – elektronik,* p. 48ff, 01 2012.
70. A. Pruckner, E. Davy, D. Schlichte und S. Kaspar, „Elektrischer Einzelradantrieb – Optimierter Bauraum bei maximaler Fahrdynamik," *Automobiltechnische Zeitschrift*, pp. 46–51, 03 2014.
71. Michelin, „Michelin Active Wheel," in *2008 Paris Motor Show – Press Kit*, 2008.
72. J. Broge, „Siemens VDO drives towards the future," *SAE OHE,* pp. 6–7, 10 2006.
73. M. iMieV, „https://www.youtube.com/watch?v=XdxsTwTztqQ," Electriccarconversionblog.com. [Online]. [Zugriff am 23 09 2014].

74. „http://data.motor-talk.de,“ [Online]. Available: http://data.motor-talk.de/data/galleries/0/6/7474/41435399/a-twistbeam-2531897905944525332.jpg. [Zugriff am 23 09 2014].
75. „www.factorynet.at,“ [Online]. Available: http://www.factorynet.at/home/artikel/Thema_des_Monats/Radnabenmotor_kommt_wieder/aid/5372/p/2?analytics_from=archiv. [Zugriff am 23 09 2014].
76. „http://www.blogcdn.com,“ [Online]. Available: http://www.blogcdn.com/www.autobloggreen.com/media/2008/12/michelin-active-wheel_019.jpg. [Zugriff am 23 09 2014].
77. S. V. e. Projekt. [Online]. Available: https://www.youtube.com/watch?v=8tLQ2-yKT4Y. [Zugriff am 23 09 2014].
78. F. Pautzke, Radnabenantriebe: Studie zur Abschätzung der Verfügbarkeit, des Entwicklungsstandes und des Potentials von Radnabenantrieben in der Elektromobilität, Aachen: Shaker Verlag, 2010.
79. T. Imhof, „Michelin hat das Rad neu erfunden,“ 30 11 2008. [Online]. Available: http://www.welt.de/wams_print/article2805061/Michelin-hat-das-Rad-neu-erfunden.html. [Zugriff am 22 09 2014].
80. A. Höfer, H. Friedrich und M. Hampel, *The „LEICHT“ Concept: Lightweight Energy-efficient Chassis with Hub-motor Technology: From the Concept to the Prototype,* Detroit, US, 2014.
81. L. Eckstein, „Leichtbau bei Elektrofahrzeugen,“ *Automobiltechnische Zeitschrift (ATZ),* 11 2010.
82. B. Klein, Leichtbau-Konstruktion: Berechnungsgrundlagen und Gestaltung, Braunschweig/Wiesbaden: Vieweg, 2000.
83. McKinsey&Company, „www.mckinsey.de,“ [Online]. Available: http://www.mckinsey.de/co2-regulierung-sorgt-bis-2030-f%C3%BCr-dreistelliges-milliardenwachstum-im-leichtbau. [Zugriff am 11 24 2015].
84. H. Friedrich und D. Hülsebusch, „Elektrofahrzeuge und Leichtbau,“ *ZfAW,* pp. 46–52, 04 2010.
85. J. Wiedemann, A. Wiesebrock und H. Heidorn, „Kann man mit dem Luftwiderstandsbeiwert die Batteriekosten senken?,“ *Automobiltechnische Zeitschrift,* pp. 340–343, 04 2012.
86. A. Höfer, D. Zeitvogel, H. Friedrich und J. Wiedemann, „Ganzheitliche Betrachtung von Fahrwerk, Antrieb und Fahrdynamikregelung,“ *Automobiltechnische Zeitschrift (ATZ),* pp. 68–73, 04 2015.
87. F. Pautzke, „Radnabenantriebe: Studie zur Abschätzung der Verfügbarkeit, des Entwicklungsstandes und des Potentials von Radnabenantrieben in der Elektromobilität.,“ Aachen: Shaker Verlag, 2010.
88. A. Wiesebrock, Dissertation: Universelles Fahrbahnmodell für die Fahrdynamiksimulation, Stuttgart: Universität Stuttgart, 2015.
89. S. e. a. Kaspar, „Fahrdynamikoptimierung mittels Torque Vectoring bei einem bauraumoptimierten Elektrofahrzeug,“ *Automobiltechnische Zeitschrift,* pp. 72–78, 02 2014.
90. L. König, O. Wagner und L. Kaiser, „An innovative approach for stability assessment with respect to dynamic driving at the adhesion limit,“ *Tagungsband Stuttgarter Symposium,* pp. 181–198, 2012.
91. A. Höfer et al., „Abschlussbericht DLR@UniST,“ 2014.
92. S. Fuchs, „Modellierung des Gewichtseinflusses von Parametervariationen bei Elektrofahrzeugkonzepten,“ *6. Landshuter Leichtbau-Colloquium,* 28 02 2013.
93. T. Becks, „VDE E-Mobility: Elektrischer Antriebsstrang,“ 2013. [Online]. Available: http://www.vde.com/de/E-Mobility/Fahrzeugtechnik/ElektrischerAntriebsstrang/Seiten/default.aspx. [Zugriff am 11 12 2013].
94. M. Trzesniowski, Rennwagentechnik: Grundlagen, Konstruktion, Komponenten, Systeme, 2. Auflage Hrsg., Wiesbaden: Vieweg+Teubner Verlag, 2010.
95. „http://www.maschinenmarkt.vogel.de/themenkanaele/konstruktion/werkstoffe/articles/372184/,“ [Online].
96. M. Henne, „e-motion: Mit Leichtigkeit zum Ziel,“ *Innovationstagung IPEK,* 24 06 2008.

7 Bauweisen des Antriebsstranges

Bernd Grünenwald, Thomas Feldhege, Andreas Geyer, Matthias Türpe, Hans-Jürgen Schneider, Oliver Schauerte, Daniel Freidank, Frank Rinderknecht, Lars Heber, Martin Kober, Werner Kraft und Simone Ehrenberger

Abkürzungsverzeichnis

AC	Alternating Current
ASM	Asynchronmaschine
ASPICE	Automotive Software Performance Improvement and Capability Determination
AUTOSAR	Automotive Open System Architecture
CO_2	Kohlenstoffdioxid

B. Grünenwald (✉) · T. Feldhege · A. Geyer · M. Türpe
MAHLE, Stuttgart, Deutschland
E-Mail: bernd.gruenenwald@mahle.com; thomas.feldhege@mahle.com; andreas.geyer@mahle.com; matthias.tuerpe@mahle.com

H.-J. Schneider
ZF, Werneck, Deutschland
E-Mail: hj@schneider-stettbach.de

O. Schauerte
Volkswagen AG, Wolfsburg, Deutschland
E-Mail: Oliver.schauerte@volkswagen.de

D. Freidank
BASF Polyurethanes GmbH, Lemförde, Deutschland
E-Mail: daniel.freidank@basf.com

F. Rinderknecht · L. Heber · M. Kober · W. Kraft · S. Ehrenberger
DLR Institut für Fahrzeugkonzepte, Stuttgart, Deutschland
E-Mail: frank.rinderknecht@dlr.de; lars.heber@dlr.de; Martin.Kober@dlr.de; werner.kraft@dlr.de; Simone.ehrenberger@dlr.de

H. E. Friedrich, G. Muller (Hrsg.), *Werkstoffe und Bauweisen in der Fahrzeugtechnik*, ATZ/MTZ-Fachbuch, https://doi.org/10.1007/978-3-662-65269-5_7

DBC	Direct Bonded Copper
DC	Direct Current
Dy	Dyprosium
E-Antrieb	Elektroantrieb
E-Fahrzeug	Elektrofahrzeug
E-Maschine	Elektrische Maschine
E-Motor	Elektromotor
FOC	Field Oriented Control
FSM	Fremderregte Synchronmaschine
GaN	Galiumnitrid
IGBT	Insulated Gate Bipolar Transistors
IM	Induktionsmaschine
MCAL	Microcontroller Abstraction Layer
MISRA	Motor Industry Software Reliability Association
MOSFET	Metal Oxide Semiconductor Field Effect Transistor
OEM	Original Equipment Manufacturer, Original Equipment Manufacturer
PSM	Permanenterregte Synchronmaschine
RTE	Real Time Environment
SEE	Seltenerdelemente
SiC	Siliziumkarbid
SMC	Soft Magnetic Components
WLTP	Worldwide Harmonized Light Duty Vehicles Test Procedure

7.1 Anforderungen und Werkstoffspektrum

Bernd Grünenwald, Thomas Feldhege, Andreas Geyer and Matthias Türpe

7.1.1 Einleitung und Struktur

Ganzheitliche Ansätze sind eine Notwendigkeit, um mit den bestehenden komplexen Anforderungen umgehen und letztlich daraus abgeleitete Lösungen umsetzen zu können.

Ein methodischer Ansatz hat sich in der industriellen Praxis bewährt, dessen Ursprung in der Löt- und Schweißtechnik liegt. Das Grundprinzip einer derartigen Betrachtung beruht auf drei Grundgrößen, zwischen denen wiederum vielfältige Wechselwirkungen bestehen.

Ausgehend von der Lötbarkeit (DIN 8514:2006 [1]) bzw. Schweißbarkeit (DIN-Fachbericht ISO/TR 581:2007-04 [2]) und daraus erweitert auf die Fügbarkeit in Gänze [3] wird nachfolgend dargestellter Zusammenhang zwischen drei zentralen Grundgrößen definiert (Abb. 7.1).

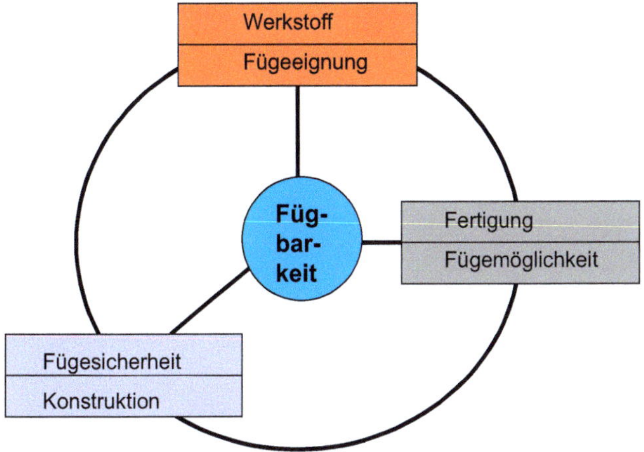

Abb. 7.1 Ganzheitlicher Ansatz der Fügbarkeit nach [3]

(Heuristisch) bekannt sind bspw. Zusammenhänge zwischen Fügeprozess und Werkstoffeigenschaften oder fügegerechte Konstruktion und Bauteileigenschaften. Eine Wechselwirkung zwischen Werkstoff und Fertigung ist z. B. der Verlust einer höheren Festigkeit eines Metalls, die durch Kaltverfestigung erzielt wurde, aufgrund eines Hartlötens oder Schweißens durch den damit verbundenen Wärmeeintrag (Wechselwirkung Werkstoff – Fertigung). Beim Kleben ist eine ausreichende Fügefläche erforderlich, entsprechend anders stellt sich die konstruktive Auslegung dar (Wechselwirkung Konstruktion – Fertigung). Beim Hartlöten von Aluminiumwerkstoffen ohne Flussmittel muss konstruktiv berücksichtigt werden, dass ein Lotfluss durch definierte Kontaktstellen initiiert wird (Wechselwirkung Werkstoff – Konstruktion). Für unterschiedliche Technologiefelder erfolgte inzwischen eine Modifizierung über den Ursprung hinaus, bspw. durch Sommer [4] für stoffschlüssige Fügeverbindungen über die bestehenden Normen hinaus.

Des Weiteren lassen sich aus unterschiedlichen Blickwinkeln bzw. Ausgangssituationen analoge weiterführende Darstellungen von Zusammenhängen bzw. Wechselwirkungen herleiten [5]. Damit kann das Modell auf fünf Grundgrößen erweitert werden:

- Werkstoff
- Konstruktion
- Fertigung
- Betriebsbedingungen
- nichttechnisches Umfeld

Letztere Grundgröße enthält u. a. Kosten, Verfügbarkeit, Umweltschutz, Arbeitssicherheit, Recycling usw., entsprechend muss sie zusätzlich eingeführt werden. Nicht nur, weil Technik darin eingebettet ist, sondern ebenso, weil sie in vielen Entwicklungen eine maßgebende und oft genug entscheidende Größe darstellt.

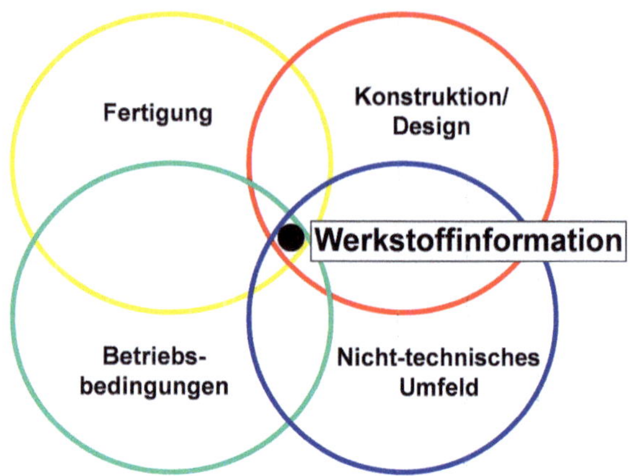

Abb. 7.2 Modifiziertes ganzheitliches Modell der Werkstoffinformation als Basis für eine ganzheitliche Produkt- und Technologieentwicklung

Somit ergibt sich ein erweitertes Modell einer ganzheitlichen Produktentwicklung gemäß Abb. 7.2, mit der Werkstoffinformation als abgeleitete Zielgröße für den Einsatz geeigneter Werkstoffe.

In den Darstellungen der nachfolgenden Kapitel wird darauf aufgebaut bzw. zurückgegriffen werden. Auch wenn die jeweiligen Konstruktionen bzw. die zugrunde liegenden Betriebsbedingungen in vielen Fällen völlig unterschiedlich sind, werden die Gründe für die eingesetzten Werkstoffe wie auch für die angewendeten Bauweisen auf diesem Weg schneller und deutlicher ersichtlich. Ebenso erschließt sich auf diesem Weg, wo dann wiederum Wechselwirkungen zwischen den nachfolgend behandelten Produktgruppen bestehen, auch und gerade in der aktuellen Situation dahingehend, welche Auswirkungen ein Traktionswechsel bspw. auf das Thermomanagement hat.

Zunächst sollen in den folgenden Abschnitten dieses Kapitels die Anforderungen an die jeweiligen Produktgruppen beschrieben werden. Die zugehörigen Komponenten werden dann in den weiteren Kapiteln ausführlicher behandelt werden.

7.1.2 Verbrennungsmotor

Der Verbrennungsmotor stellte über einen sehr langen Zeitraum die dominierende und klassische Antriebsquelle im Antriebsstrang dar. Auch wenn der Grundaufbau als Hubkolbenmotor derselbe geblieben ist, sind bei den Dimensionen und Ausführungsarten eine Vielzahl von Weiterentwicklungen zu erkennen [6].

Als zentrales Aggregat in einem Kraftfahrzeug wandelt der Verbrennungsmotor die chemische Energie des Kraftstoffs in kinetische Energie um. Der Grundaufbau setzt sich aus dem Kurbelgehäuse mit dem Kurbeltrieb und dem Zylinderkopf mit dem Ventiltrieb zusammen, die damit den Brenn- bzw. Hubraum formen. Die explosionsartige Verbrennung des komprimierten Luft-Kraftstoff-Gemischs und die damit verbundene Expansion des Brenngases wirken auf den Kolbenboden und den Kurbeltrieb. So kann eine

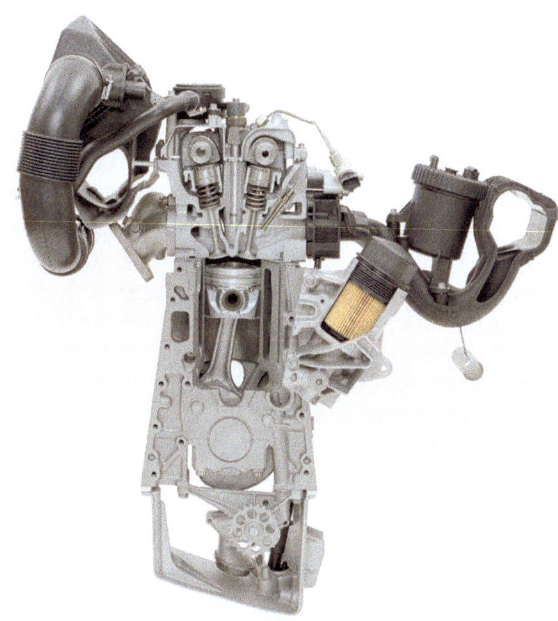

Abb. 7.3 Schnittmodell eines Verbrennungsmotors, Copyright © MAHLE GmbH [7]

lineare Bewegung in die für den Fahrzeugantrieb benötigte Rotation umgesetzt werden. Die Steuerung des Gaswechsels übernimmt der Ventiltrieb mit den von Nockenwellen betätigten Gaswechselventilen (Abb. 7.3).

Um einen Verbrennungsmotor gruppiert sich heute eine Reihe von Systemen, die den effizienten und emissionsarmen Betrieb eines leistungsstarken Motors über eine lange Dauer gewährleisten. Dazu zählen die Motorsteuerung mit Kraftstoffversorgung und Abgassystem oder das Thermomanagement und die Ölversorgung. Weitere zu betrachtende Aspekte sind Komfort über den Komplex Noise Vibration Harshness (NVH) und Sicherheit.

Aus all diesen Anforderungen ergeben sich für die Komponenten anspruchsvolle, verschieden komplexe, zusammengesetzte Beanspruchungen der Komponenten:

- Mechanisch (Brennraumdruck, Bewegung/Kinematik/Dynamik)
- Thermisch (bei Kontakt mit dem Abgas)
- Tribologisch (Reibung, Verschleiß, Schmierung)
- Chemisch (Verbrennungsprodukte)

7.1.3 Batterieelektrische Antriebe

Batterieelektrische Antriebe bieten gegenüber Verbrennungsmotoren wesentlich mehr Möglichkeiten für Architekturen im Fahrzeug. Von einem Antrieb an einer Achse über je einen Antrieb an der Vorder- und Hinterachse oder auch zwei Antriebe an einer Achse

(Torque Vectoring durch hochdynamische und exakte Drehmomentregelung) bis hin zu vier Radnabenmotoren, die neue Gestaltungsoptionen im Chassis bieten. Aufgrund dieser Menge an Antriebsvariationen eignen sich elektrische Antriebe für vielfältige Anwendungen, die über die klassischen Antriebsformen hinausgehen, wie zum Beispiel Hilfsantriebe für Anhänger oder autonome Transportsysteme (Abb. 7.4).

Um diese Märkte zu erschließen, müssen einige Anforderungen erfüllt werden. Eine primäre Herausforderung ist die Reichweite. Auch wenn rund 400 bis 500 km (WLTP) ab Mittelklasse-Pkw fast schon Standard sind, gibt es gerade auf dem Gebiet der Batterietechnologie noch viel Potenzial. Zum einen muss die Leistungsdichte (kWh/kg und kWh/cm^3) weiter gesteigert werden, um auch noch besser Nkw-Anwendungen bedienen zu können, und zum anderen müssen neue und alternative Materialien entwickelt werden, um die Abhängigkeit von manchen Förderländern, aber auch die damit verbundenen Auswirkungen auf Umwelt und Gesellschaft in diesen Ländern zu reduzieren. Und natürlich müssen die Batteriekosten weiter gesenkt werden, denn gerade im Nutzfahrzeugbereich und in der Logistik ist minimale TCO (Total Cost of Ownership) entscheidend. Hier gilt es, sich gegen den Dieselantrieb (langfristig u. U. mit synthetischem Kraftstoff betrieben) und zukünftig auch gegen Brennstoffzellensysteme zu behaupten.

Für eine hohe Reichweite werden zwingend hocheffiziente Antriebssysteme benötigt. Folglich müssen die elektrische Maschine und die für deren Steuerung und Regelung notwendige Leistungselektronik, sowohl als Einzelkomponente, aber vor allem auch als gemeinsames Subsystem, einen hohen Gesamtwirkungsgrad aufweisen. Bei der Leistungselektronik, die den bidirektionalen Energiefluss zwischen Batterie und E-Maschine regelt,

Abb. 7.4 ZF eVD2 © ZF Friedrichshafen AG [9]

bedeutet dies die konsequente Weiterentwicklung der Halbleiterbausteine. Wo vor wenigen Jahren noch Si-IGBTs Standard waren, sind dies heute SiCs, und diese Entwicklung wird weitergehen. Zur weiteren Leistungssteigerung werden immer schneller schaltendende Materialien entwickelt, die im eingeschalteten Zustand einen noch kleineren Durchgangswiderstand und im ausgeschalteten Zustand einen möglichst hohen Sperrwiderstand aufweisen.

Bei der elektrischen Maschine, dem Aktuator, der letztlich die elektrische Energie in mechanische Leistung und Drehmoment wandelt, zeichnen sich heute drei Maschinenkonzepte ab: Asynchronmaschine (ASM), permanterregte Synchronmaschine (PSM) und fremderregte Synchronmaschine (FSM). Hier gilt es, durch die Weiterentwicklung von verlustärmeren Elektroblechen, noch besseren Wicklungsverfahren, hochspannungsfesten und thermisch gut leitenden Isolationswerkstoffen und, wo sie eingesetzt werden, leistungsfähigeren Magnetmaterialien die letzten Wirkungsgradprozente zu holen.

Natürlich benötigt ein elektrischer Antrieb auch ein Getriebe, um die geforderten Fahrleistungen des Fahrzeugs bezüglich Anfahrzugkraft und Endgeschwindigkeit zu erfüllen. In der Regel handelt es sich dabei um eine Untersetzungsstufe und ein integriertes Achsdifferenzial. Bei dieser Integration kommt wieder der klassische Maschinenbau zum Zuge: Wissen um Untersetzungsgetriebe, Lagerungen, Fügeprozesse, Gehäuse, Schmierung, Kühlung und Integration ins Fahrzeug ist hier gefordert.

Als verbindendes Element von Batterie, Leistungselektronik, E-Maschine und Gesamtfahrzeug fällt der Software eine tragende Rolle zu. Alle beteiligten Funktionseinheiten müssen optimal zur Gesamtfunktionalität und damit zur Performance des gesamten Antriebs beitragen. Letztlich wird die Hardware zur Plattform und dem Nutzer werden während des Fahrzeuglebens via Software-Update regelmäßig neue Funktionen angeboten.

Für alle Komponenten gilt, dass ihr gesamtes Produktleben, d. h. von der Förderung der Rohmaterialien über die Produktion bis hin zum Recycling, dem Thema Nachhaltigkeit untergeordnet werden muss. Der Einsatz von seltenen, energieaufwendig zu fördernden, die Umwelt belastenden Materialien muss minimiert werden und die am Ende noch notwendige Menge muss zu 100 % wiederverwendet werden, d. h. im Kreislauf verbleiben. Aus einem Cradle-to-Grave-Denken wird ein Cradle-to-Cradle-Kreislauf (Cycle Economy) – aus Recycling wird Upcycling.

Die verschiedenen Fachdisziplinen werden deshalb künftig noch sehr viel enger zusammenarbeiten, um ein optimales Gesamtsystem und wettbewerbsfähige Submodule in immer kürzer werdenden Produktentwicklungszeiten in Serie zu bringen. Sequenzielle Entwicklungsmethoden werden durch parallele und agile Prozesse abgelöst.

Der batterieelektrische Antrieb ist für die Produktionskette, die gesamte Entwicklung und besonders für die Materialforscher eine große Herausforderung und bietet in den nächsten Jahren noch großes Innovationspotenzial.

7.1.4 Getriebe

Die Aufgabe von Getrieben in der Antriebstechnik ist die Wandlung von Kraft und Geschwindigkeit bzw. von Drehmoment und Drehzahl, und zwar gleichzeitig! Betrachtet man das Zugkraft- und Leistungsangebot eines Verbrennungsmotors, wird recht schnell die Sinnhaftigkeit eines mehrgängigen Getriebes zur Steigerung der Anfahrzugkraft einerseits, aber auch zur Gewährleistung der ausreichenden Endgeschwindigkeit andererseits klar [8]. Insbesondere die große Spreizung dieser Anforderungen kombiniert mit gleichzeitig zunehmenden Anforderungen hinsichtlich des Anfahr- und Schaltkomforts, der Bedienungssicherheit und der Verbesserung des Kraftstoffverbrauchs führten in der langen Evolution der Fahrzeuggetriebe zu einer Vielzahl unterschiedlichster Ausführungsformen. Hierbei haben sich insbesondere synchronisierte Handschaltgetriebe mit 6–7 Gängen, stufenlose Umschlingungsgetriebe sowie die heutigen zugkraftunterbrechungsfrei schaltenden Doppelkupplungs- und Wandler-Planetengetriebe mit bis zu 10 Gängen durchgesetzt. Letztere sind äußerst komplex aufgebaut und bestehen neben dem eigentlichen Schaltgetriebe mit Anfahrelement aus einer Steuerungselektronik, einer Vielzahl von Sensoren und einer komplexen Hydraulik zur Schmierung, Kühlung und zur Durchführung der Schaltungen (Abb. 7.5).

Auch beim Einsatz von Elektromotoren anstelle von Verbrennungskraftmaschinen sind Getriebe zur Wandlung von Drehzahl und Drehmoment sinnvoll. Grob vereinfacht ergeben sich bei der Auslegung das maximale Drehmoment aus dem Durchmesser des Motors und die übertragbare Dauerleistung aus dem elektrischen Innenwiderstand und der abführbaren Verlustwärme. Soll der Motor also bei vorgegebener Leistung nicht zu groß werden, bietet sich ein nachgeschaltetes Getriebe an, um das Sollmoment als Quotient aus Leistung und Drehzahl zu verringern.

Abb. 7.5 ZF 8HP-Automatgetriebe © ZF Friedrichshafen AG [9]

E-Antriebe werden in der Regel als sogenannter Zentralantrieb zwischen anzutreibenden Rädern platziert. Als Stand der Technik haben sich hierbei ein- oder mehrstufige Stirnrad- oder Planetengetriebe mit integriertem Kegelrad-Achsdifferenzial und einem einzigen Gang etabliert. Hierdurch lassen sich bereits die wesentlichen Anforderungen bezüglich Anfahrzugkraft und Endgeschwindigkeit erfüllen. Die Verwendung mehrgängiger Getriebe ist bei den meisten Anwendungen nicht notwendig. Muss aber beispielsweise die Energieeffizienz durch eine zielgenauere Auslegung des E-Maschinenkennfelds, die Anfahrzugkraft bei Nutzfahrzeugen oder die Endgeschwindigkeit bei sportlichen Anwendungen verbessert werden, so kann der Einsatz eines Mehrganggetriebes mit oder ohne Zugkraftunterbrechung sinnvoll sein.

Grundsätzlich sind bei der Entwicklung eines Getriebes für einen elektrischen Antrieb die gleichen Anforderungen zu berücksichtigen wie bei einem herkömmlichen Getriebe, allerdings verschieben sich diese zum Teil deutlich. Insbesondere der Auslegung der Verzahnungen hinsichtlich Lebensdauer und Geräusch muss ein besonderes Augenmerk gelten. Das Lebensdauerkollektiv eines elektrischen Antriebs unterscheidet sich zum Teil deutlich von einem konventionellen Antrieb, zurückzuführen auf die fehlenden Drehungleichförmigkeiten des Verbrennungsmotors, die Eingängigkeit, durch die sich Schädigungen nicht auf verschiedene Zahnräder aufteilen, und deutlich höhere Schubanteile durch die Nutzung der E-Maschine für die Energierückgewinnung in den Bremsphasen. Aber auch die fehlende Maskierung der Getriebegeräusche durch einen Verbrennungsmotor verschiebt die Aufmerksamkeit auf die nicht zu vermeidenden Verzahnungsgeräusche, welche durch zusätzliche Maßnahmen insbesondere in den hohen Frequenzbereichen zu reduzieren sind.

Auch das Maschinenelement Öl wird vor veränderte Anforderungen gestellt. Dient es in herkömmlichen Fahrzeuggetrieben insbesondere zum Schmieren von Verzahnungen, Lagern und Schaltelementen sowie als Hydraulikmedium für die Schalthydraulik, so kann in E-Antrieben insbesondere die Kühlfunktion für E-Maschine und Leistungselektronik hinzukommen.

Elektrische Antriebe sind in der Regel in Bereichen im Fahrzeug eingebaut, in denen nicht viel Platz zur Verfügung steht und eine äußere Anströmung mit Kühlluft nur schwer möglich ist. Kombiniert mit der hohen Leistungsdichte muss der Kühlung deshalb höchste Beachtung geschenkt werden. Neben einer Wasserkühlung setzt sich immer mehr entweder eine kombinierte Öl-Wasser- oder sogar eine reine Ölkühlung des gesamten Aggregats durch. Das verwendete Öl muss dann neben den klassischen Aufgaben auch eine sehr gute Verträglichkeit mit den eingesetzten Kupfer-, Verguss-, Kunststoff- und Magnetwerkstoffen aufweisen.

Eine Besonderheit in E-Antrieben sind die auftretenden elektrischen Spannungspotenziale zwischen drehenden Getriebeteilen und dem Gehäuse. Dadurch ergeben sich ohne Sondermaßnahmen Kriechströme in Lagern und Verzahnungen, die zu Mikropitting (Oberflächenermüdung, die sich durch Graufleckigkeit zeigt) und in der Folge zu Geräusch oder Bauteilversagen führen können.

Daher wird auch zukünftig Getriebe-Know-how weiterhin benötigt.

7.1.5 Brennstoffzellenantriebe

Für die Brennstoffzellenantriebe sind die entsprechenden Ausführungen in Abschn. 7.6 zu finden.

7.1.6 Thermomanagement

Das Thermomanagement ist ein wichtiger Baustein in der Technologie der Fahrzeugtechnik. Man differenziert in dem Bereich typischerweise zwischen dem Gebiet der Antriebstechnik und dem der Klimatechnik. Das trifft sowohl für klassische Antriebskonzepte mit Verbrennungsmotoren als auch für solche mit Batterieelektrischem Antrieb, Brennstoffzellenantrieb oder den sogenannten Hybriden Systemen zu, also einer Kombination verschiedener Antriebskonzepte.

Bei der Umwandlung von chemischer aber auch von elektrischer Energie in mechanische Energie zum Antrieb von Fahrzeugen entsteht als Abfallprodukt Wärme. Diese entsteht zum Beispiel durch Reibung der verschiedenen Bauteile im Antriebsstrang, durch Abwärme aus elektrischen Quellen und Verbrauchern sowie bei Verbrennungsmotoren durch die Verbrennung von Kraftstoffen im Motor. Um die Umwandlung der chemischen Energie des Kraftstoffs in kinetische Energie für den Antrieb so effizient wie möglich zu gestalten, muss der Verbrennungsprozess unter kontrollierten Bedingungen ablaufen sowie zur Einhaltung von Emissionsgrenzwerten und zum Schutz der Motorkomponenten in eng kontrollierten Temperaturbereichen gehalten werden. Die entstehende Abwärme aus der Verbrennung muss daher unter allen vorherrschenden Betriebs-, Last- und Umweltbedingungen zuverlässig an die Umgebung abgegeben werden. Die Abwärme durch Reibung von Komponenten im Antriebsstrang muss durch geeignete Materialpaarungen und Oberflächenbeschichtungen begrenzt und wie auch die Abwärme elektrischer Quellen und Verbraucher mittels angepasster Kühlungskonzepte sicher abgeführt werden.

In der Klimatechnik besteht die Aufgabe darin, den Fahrgastraum zu klimatisieren. Darunter versteht man die Regulierung von Temperatur, Feuchte und ggf. Geruch im Fahrgastraum. Hier stehen Komfortgründe im Vordergrund, also die Erfüllung der Erwartung der Menschen an ein angenehmes Klima.

Wärmetauscher sind sowohl in der Antriebstechnik als auch in der Klimatechnik die Kernkomponenten, über die der Wärmeübergang läuft. Die Anforderungen an die Wärmetauscher und damit auch die Werkstoffauswahl leiten sich ab aus den Aspekten

- Fertigungstechnologie
- Umweltanforderungen im Fahrzeug
- Konstruktion, Design
- Kosten, Nachhaltigkeit, CO_2-Footprint

Neben dem mechanischen Fügen und dem Schweißen ist bis heute das Löten die Standardtechnologie in der Fügetechnik von Wärmetauschern geblieben. Bis in die 1980er-Jahre wurden Wärmetauscher überwiegend aus Kupfer/Messing gebaut und mittels Weichlöten mit Bleiloten gefügt. Aus Gewichts- und Kostengründen hat sich später zunehmend der Werkstoff Aluminium durchgesetzt und in den 1990er-Jahren Kupfer/Messing fast vollständig verdrängt. Aluminium hat eine sehr gute Wärmeleitfähigkeit, bietet gut umformbare Legierungen, ist leichter und günstiger als Kupferlegierungen und global verfügbar. Die Legierungen kommen überwiegend aus der Gruppe 3XXX, wie z. B. EN-AW 3003 (AlMn1Cu) und daraus weiterentwickelten Güten. Aluminium wird mittels Hartlöten gefügt. Die Hartlote stammen aus der EN-AW 4XXX Gruppe mit 6–12 % Si, wie z. B. EN-AW 4343 (AlSi 7,5). AlSi-Legierungen haben eine eutektische Temperatur von 577 °C und eine Liquidustemperatur bis zu ca. 615 °C (abhängig vom Si-Gehalt). Daraus folgt ein Hartlötprozess mit einer Löttemperatur um die 600 °C in einem Bereich, in dem das Lot oberhalb der Solidustemperatur, die Fügepartner aber noch unterhalb ihrer Solidustemperatur sind. Bei der Einführung von Aluminium wurden zunächst noch wasserlösliche chloridische Flussmittel benutzt, um die relativ schlechte Benetzbarkeit des Aluminiums sicherzustellen. Diese Flussmittel erfordern einen guten und vollständigen Spülprozess, da sie stark korrosiv wirken. Die Erfindung eines nichtkorrosiven Flussmittels auf Basis von Kaliumfluoraluminat durch die Firma Alcan bereits in 1975 (Montreal, Canada Patentnr. US 3,971,501, Apr. 9, 1975) hat dem hartgelöteten Wärmetauscher aus Aluminium später zum vollständigen Durchbruch verholfen. Flussmittel dieses Typs werden nicht entfernt und verbleiben auf und in den Wärmetauschern. In thermisch oder korrosiv sehr hoch belasteten Wärmetauschern in Abgassystemen ist der Einsatz von Nichtrostenden Stählen aus Austeniten, wie z. B. 1.4301 oder 1.4404, oder korrosionsbeständigen Ferriten, wie im einfachsten Fall 1.4016, eher 1.4509 üblich. Diese werden häufig durch Schweißen oder aber durch Hochtemperaturlöten oberhalb 1000 °C in einem Vakuumofen oder in reduzierender Atmosphäre mit Kupfer- oder Nickelbasisloten gefügt. Letztere werden eingesetzt, wenn die Korrosionsanforderungen hoch sind.

In den Komponenten der Kühlung und auch der Klimatechnik sind polymere Werkstoffe für viele Komponenten im Einsatz. Typische Werkstoffe kommen aus der Familie der glasfaserverstärkten Polyamide oder Polypropylen, die auf die jeweiligen Belastungsprofile, wie z. B. hohe Temperaturbeständigkeit oder Beständigkeit gegen hydrolytische Anforderungen optimiert sind. Beispiele sind im Bereich der Kühlung Sammelkästen, Gehäuseabdeckungen, Modulrahmen, Zargen, Lüfter, um nur einige zu nennen. Die Bauteile von Klimaanlagen werden überwiegend aus polymeren Materialien konstruiert. So sind das gesamte Gehäuse einer Klimaanlage und viele Komponenten innerhalb einer Klimaanlage aus Kunststoffen ausgeführt. Auch hier ist der Einsatz von Thermoplasten, wie Polyamid oder Polypropylen mit Zusätzen von Talkum oder Glasfasern gebräuchlich. Neben diesen Strukturwerkstoffen sind auch Dichtungen aus Elastomeren im Einsatz. Diese sind beispielsweise aus Ethylen-Propylen-Dien, M-Klasse (EPDM) (Kühlmittelbeständigkeit), Silikon (Wärmebeständigkeit), Acrylnitril-Butadien-Kautschuk (NBR), Hydrierter Acrylnitril-Butadien-Kautschuk (HNBR) (Ölbeständigkeit) oder Fluorpolymer (Chemikalienbeständigkeit) ausgeführt.

7.2 Komponenten des Verbrennungsmotors

Bernd Grünenwald, Thomas Feldhege, Andreas Geyer and Matthias Türpe

An dieser Stelle erfolgt eine Konzentration auf den aktuellen Stand der Technik bzw. die aktuellen Trends, wie sie heute in modernen Personenkraftwagen mit aktuellen Otto- und Dieselmotoren typischerweise zum Einsatz kommen.

Der Aufbau eines Motors dieser Kategorien folgt im Kern immer einem ähnlichen Muster mit den jeweiligen Hauptkomponenten. Das Kurbelgehäuse mit den Zylindern enthält den Kurbeltrieb, der sich wiederum aus Kurbelwelle, Pleuelstange, Kolbenbolzen und Kolben mit Kolbenringen zusammensetzt. Der an das Kurbelgehäuse montierte Zylinderkopf enthält den Ventiltrieb mit der oder den Nockenwellen, den Nockenfolgern und den Ventilen mit Ventilsitzring und Ventilführung. Zusammen mit der Summe an Komponenten wird zwischen Kurbelgehäuse und Zylinderkopf der Brennraum gebildet (Abb. 7.6). Über diese Hauptkomponenten hinaus wird eine Vielzahl weiterer Komponenten, die hier nicht im Einzelnen erwähnt werden können, für einen modernen Motor benötigt.

In den folgenden Kapiteln werden dementsprechend immer die aktuell am häufigsten im Einsatz befindlichen Ausführungen und Materialien beschrieben. Neben der hier getroffenen Auswahl haben aber durchaus, aus den unterschiedlichsten Gründen, viele andere Ausführungen, vor allem in Verbindung mit Nischenlösungen, weiterhin ihre Daseinsberechtigung.

Einen Überblick über die, auch historisch betrachtet, in den vielen Jahrzehnten der Entwicklung und Herstellung von Verbrennungsmotoren erdachte, beinahe unüberschaubare Anzahl von Lösungen zeigen vor allem [10, 12, 18].

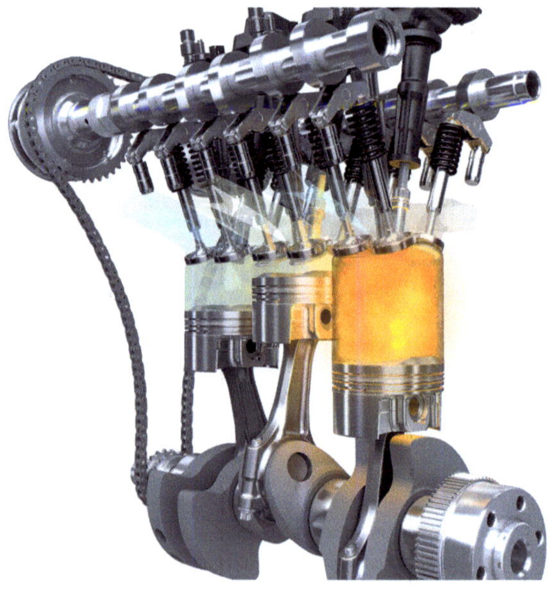

Abb. 7.6 Kurbeltrieb- und Ventiltriebkomponenten, Copyright © MAHLE GmbH [7]

Die Auswahl der hier im Detail vorgestellten Komponenten orientiert sich an zwei Teilsystemen des Motors mit jeweils sehr eng zusammenwirkenden Komponenten. Dies ist einmal das System aus Kurbeltrieb (ohne Kurbelwelle) und Zylinder, häufig auch Power Cell Unit oder PCU genannt. Als zweites System wird das Teilsystem Ventiltrieb, bestehend aus den Kernkomponenten des Ventiltriebs, behandelt.

7.2.1 Kurbeltrieb und Zylinder – Power Cell Unit/PCU

Der Brennraum als Herzstück des Verbrennungsmotors wird bei einem Hubkolbenmotor mit innerer Verbrennung aus den Komponenten Kolben, Zylinder und Zylinderkopf gebildet. Das Teilsystem Power Cell Unit oder PCU umfasst mit dem Kolben und seinen Anbauteilen sowie des Zylinders die untere Hälfte des Brennraums (Abb. 7.7).

Die direkte Interaktion der einzelnen Komponenten untereinander spielt in diesem Teilsystem für die Auslegung der Einzelkomponenten eine bestimmende Rolle. Die Festlegungen der verschiedenen Designmerkmale wie Geometrie und Toleranzen, die Verbindung aus Material und Wärmebehandlung, die Oberflächengüte und eventuell erforderliche Beschichtungen können nur nach einer intensiven Analyse des individuellen Belastungskollektivs und im Verbund mit den angrenzenden Komponenten getroffen werden.

Die einzelnen Abschnitte sind entsprechend folgender Struktur aufgebaut:

1. Funktion und Anforderungen
2. Ausführungen (und Auslegung)
3. Werkstoffe und Oberflächen
4. Herstellung und Fertigungsverfahren

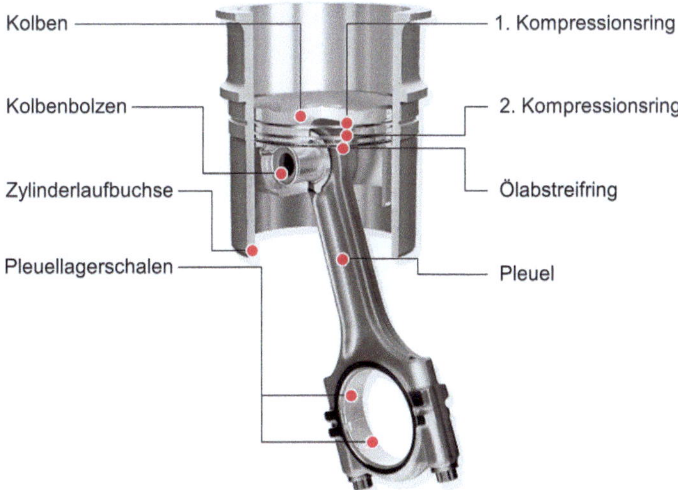

Abb. 7.7 Teilsystem Power Cell Unit eines Pkw-Otto-Motors, Copyright © MAHLE GmbH [7]

7.2.1.1 Kolben

Funktion und Anforderungen

Der Kolben eines Motors (Hubkolbenmotor mit innerer Verbrennung) muss, bedingt durch die Verbrennung und seiner oszillierenden Bewegung, einem äußerst komplexen thermischen und mechanischen, dabei ausgeprägt dynamischem, Anforderungsprofil standhalten, wobei erschwerend hinzukommend einzelne gegenläufige Anforderungen in der Auslegung optimal ausbalanciert werden müssen [11].

Die verschiedenen Bereiche übernehmen unterschiedliche Aufgaben und müssen dementsprechend auch sehr unterschiedliche Anforderungen erfüllen. Der Boden nimmt die Gaskraft der Verbrennung auf und bildet zusammen mit dem Zylinderkopf den Brennraum. Bei Otto-Anwendungen eher flach – von leicht erhaben bis leicht vertieft – ausgeführt, dagegen beim Diesel-Motor heute umgesetzt in Form einer ausgeprägt ausgebildeten Brennraummulde mit dem thermisch besonders hoch beanspruchten Muldenrand (Abb. 7.8).

Das Ringband oder auch Ringpartie mit den Ringnuten nimmt die für die betrachteten Motorenkategorien üblichen drei Kolbenringe, zwei Kompressionsringe und einen Ölabstreifring auf. Die zusätzliche Kühlung über einen optionalen Kühlkanal hilft bei besonderer thermischer Beanspruchung die Bauteiltemperaturen in einem für das Material noch verträglichem Rahmen zu halten. Der Schaft als Gleitpartner zur Zylinderlauffläche übernimmt die Führung des Kolbens und überträgt die Seitenkräfte an das Kurbelgehäuse. Die Nabenbohrung überträgt in Form einer Lagerung die axialen Kräfte an den Kolbenbolzen. Alle Kontaktzonen zu den angrenzenden Bauteilen stellen herausfordernde tribologische Systeme dar, die individuelle Lösungen benötigen.

Ausführungen

Besonders ausgeprägt ist, vor allem getrieben durch die kontinuierlich steigenden Anforderungen sowie auch immer wieder beeinflusst durch Fortschritte in der Materialentwicklung und bei den Herstellungsverfahren, speziell beim Kolben im Laufe der Zeit eine beinahe unüberschaubare Anzahl von Bauarten entstanden.

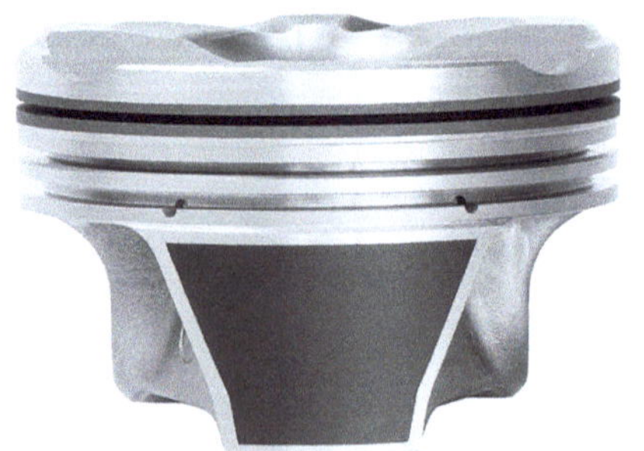

Abb. 7.8 Aufbau am Beispiel eines Otto- (links) und eines Diesel-Kolben (rechts), Copyright © MAHLE GmbH [7]

Je nach Blickrichtung können andere Kriterien zur Unterscheidung der Kolbenbauarten angewendet werden. Mit dem Hintergrund dieser Schrift wird hier das zur Anwendung kommende Material als erstes Kriterium herangezogen. Dementsprechend lassen sich die in den betrachteten Anwendungen zum Einsatz kommenden Kolben grundsätzlich in Aluminium- und Stahlkolben unterscheiden. Andere Materialien kommen hier nicht zum Einsatz.

Kolben aus Aluminiumlegierungen haben aufgrund der niedrigen Dichte, der hohen Wärmeleitfähigkeit und nicht zuletzt der kostengünstigen Herstellung eine lange Tradition. Neben der kontinuierlichen Weiterentwicklung immer spezifischerer mehrphasiger Aluminiumlegierungen stehen dem Entwickler heute zusätzlich mehrere konstruktive Maßnahmen zur Verfügung, um lokale Schwächen zu überwinden.

Eine Verbesserung des Verschleißverhaltens der ersten Ringnut kann so entweder über die Aufbringung einer Konversionsschicht (Hartanodisieren) oder aber mit dem Einguss eines sogenannten Gusseisenringträgers erreicht werden.

Werden mit steigender spezifischer Leistung die Kolbentemperaturen zu hoch bzw. kann die standardmäßige Anspritzkühlung der Kolbenunterseite nicht mehr ausreichend Kühlwirkung zur Verfügung stellen, kann ein mithilfe der Salzkerntechnologie eingegossener Kühlkanal Abhilfe schaffen. Dieser umlaufende und an zwei Stellen nach unten offene Kühlkanal wird über eine Spritzdüse mit Öl versorgt, das beim Durchströmen des Kanals Wärme aufnimmt und abführt.

Die Festigkeit der Nabenbohrung als eine der hochbelasteten Stellen des Kolbens lässt sich mit dem Einsetzen einer Messingbuchse (z. B. CuZn31Si1/CW708R) deutlich steigern. Auch aus tribologischer Sicht verspricht eine solche Nabenbuchse deutliche Vorteile.

Eine Polymerbeschichtung des Schaftes hat sich praktisch zum Standard entwickelt, da diese die Situation einer tribologisch eher ungünstigen Partnerschaft von Aluminium- und Eisenbasiswerkstoffen besonders in Verbindung mit einer im Betrieb immer wieder auftretenden Mangelschmierung entschärft.

Andere mögliche Maßnahmen zur Verbesserung der Werkstoffeigenschaften am sehr hoch beanspruchten Muldenrand eines Aluminiumdieselkolbens, wie Faserverstärkung durch das Eingießen und Infiltrieren eines Faser-Preform-Elements oder das Umschmelzen mit anschließender schneller und feiner Erstarrung des Gefüges, spielen hier keine Rolle.

Die inzwischen bei Dieselmotoren erreichten Brennraumdrücke bringen die Aluminiumlegierungen an ihre Grenzen. Dies hat dazu geführt, dass die in Nkw-Motoren schon lange etablierten Stahlkolben auch für Pkw-Anwendungen trotz deutlich höherer Herstellungskosten attraktiv wurden. Eine Umstellung von Aluminium auf Stahl bedingt aber aufgrund der geringeren Kompressionshöhe Anpassungen der Motorkonstruktion (Abb. 7.9 Dieselkolben aus Aluminium und Stahl im Vergleich). Allerdings kann aufgrund der schlechteren Wärmeleitfähigkeit der Stähle der Vorteil einer deutlich höheren Warmfestigkeit nur in Verbindung mit einer wirkungsvollen Kühlung wirklich genutzt werden. In einteiligen Konzepten wird dazu über zusätzliche Elemente eine Art Kühlkanal erzeugt, während bei zweiteiligen, geschweißten Lösungen ein sehr effizienter Kühlkanal zwischen Ober- und Unterteil entsteht. Gleichzeitig sind bei dem Einsatz von Stählen keine Probleme an der

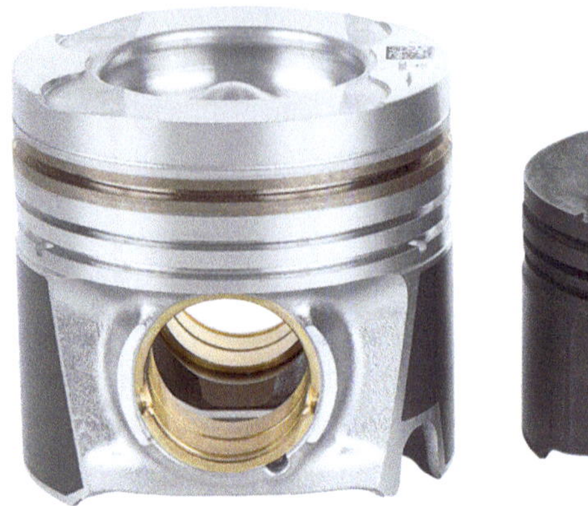
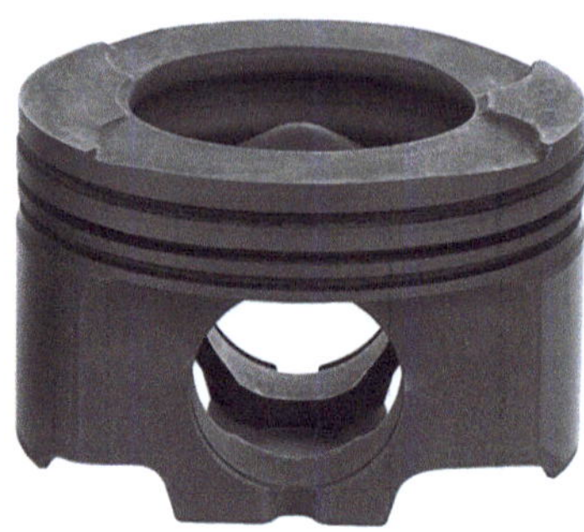

Abb. 7.9 Dieselkolben aus Aluminium und Stahl im Vergleich, Copyright © MAHLE GmbH [7]

Tab. 7.1 Physikalische und mechanische Eigenschaften von Aluminium und Stahl als Kolbenwerkstoffe nach [14]

	Aluminium	Stahl
Schmelzpunkt	500–530 °C	ca. 1300 °C
Wärmeleitfähigkeit	ca. 140–160 W/mK	ca. 44 W/mK
Dichte	ca. 2,74 g/ccm	ca. 7,8 g/ccm
E-Modul	ca. 70.000 N/qmm	ca. 210.000 N/qmm
Relative Festigkeit unter Betriebsbedingungen	100 %	z. B. 400–500 %

ersten Ringnut und in der Nabenbohrung zu erwarten. Eine Schaftbeschichtung kommt auch hier sinnvoller Weise zum Einsatz (Abb. 7.9).

Werkstoffe und Oberflächen

Die Funktion eines Kolbens mit den vielfältigen Teilaufgaben führt zu einem speziellen Anforderungsprofil an die Werkstoffe. Neben einer statischen und dynamischen Warmfestigkeit in Verbindung mit einer thermischen Stabilität des Gefüges und der Wärmeleitfähigkeit sowie den tribologischen Eigenschaften ist die möglichst kostengünstige Herstellung in den einzelnen Fertigungsschritten von besonderer Bedeutung.

Die beiden hier behandelten Materialgruppen Aluminium und Stahl haben dabei ihre individuellen und recht unterschiedlichen charakteristischen physikalischen und mechanischen Eigenschaften (Tab. 7.1). Andere Werkstoffe wie Gusseisen spielen in diesem Umfeld keine Rolle.

Aluminium bietet als Leichtmetall mit einer hohen Wärmeleitfähigkeit eine ideale Ausgangsbasis für einen Kolbenwerkstoff. Die Kolbenhersteller haben für die verschiedenen Anwendungen und die dazugehörigen Anforderungen über die Jahrzehnte eine Reihe von Aluminiumlegierungen entwickelt [11]. Am Beispiel von MAHLE hat sich hauptsächlich der Einsatz von aushärtbaren eutektischen und mit intermetallischen Phasen ausgestatteten Aluminium-Silizium-Legierungen durchgesetzt [14]. Für eine lange Zeit hatte sich als klassischer Werkstoff die Legierung MAHLE M124 (AlSi12CuMgNi) etabliert. Weiter zunehmende Anforderungen, getrieben auch durch moderne Dieselmotoren und Downsizing-Konzepte mit kontinuierlich steigendender spezifischer Leistung, beschleunigte die Weiterentwicklung der vorhandenen Werkstoffe. Mit der Erhöhung der Anteile von Cu und Ni konnten weitere Leistungssteigerungen bzgl. Warmfestigkeit und thermischer Stabilität erreicht werden. Der negativ zu Buche schlagende Effekt einer etwas höheren Dichte und generell höhere Anforderungen an die Gießtechnologie konnte in Kauf genommen werden. So entstanden bei MAHLE die beiden Legierungen M142 (AlSi12Cu3Ni2Mg) und M174+ (AlSi12Cu4Ni2Mg) [15].

In vielen Pkw-Dieselmotoren haben sich inzwischen die schon lange in Nkw-Motoren im Einsatz befindlichen Stahlkolben etabliert. Interessanterweise führen bei einer optimalen Auslegung die Materialeigenschaften der zur Anwendung kommenden Stähle trotz des Dichtenachteils zu ähnlichen oszillierenden Massen im Vergleich zu Aluminium. Die Möglichkeit kürzere Kolbenbolzen einzusetzen leistet dabei einen wesentlichen Beitrag. Die grundsätzlich höheren Herstellungskosten eines Stahlkolbens legen einen besonderen Fokus auf die Bearbeitbarkeit der ausgewählten Werkstoffe. Die Verwendung möglichst endkonturnaher Rohlinge und eine optimierte spanende Fertigung sind dabei von großer Bedeutung.

Der Vergütungsstahl 42CrMo4 (1.7225/4140) erweist sich als guter Kompromiss zwischen den vielen verschiedenen Anforderungen und hat sich als Quasistandard etabliert. Die Vergütung setzt sich aus einer martensitischen Härtung und eines Anlassens zusammen. Daneben findet auch der AFP-Stahl 38MnVS6 regelmäßig Anwendung. Die Bezeichnung ist eine Abkürzung von Ausscheidungshärtender ferritisch-perlitischer Stahl. Man kann hier auch von einem mikrolegierten Stahl sprechen, da geringe Mengen an Vanadium und Niob (etwas 0,1 Gewichtsprozent) zulegiert werden. Das spezifische Gefüge und die damit einhergehenden Eigenschaften werden hierbei durch eine kontrollierte Abkühlung aus der Schmiedehitze erreicht. Bei der Umwandlung des Austenits zu Perlit und Ferrit scheiden sich die Mikrolegierungselemente sehr fein verteilt aus und behindern die Versetzungsbeweglichkeit. Damit verbunden ist ein Anstieg der Festigkeit, aber insbesondere auch der Streckgrenze. Eine weitere Wärmebehandlung kann nur in Verbindung mit einem zusätzlichen Schweißprozess notwendig werden. Im Vergleich der beiden Stähle bietet der 42CrMo4 etwas mehr Festigkeitsreserven, der 38MnVS6 punktet hinsichtlich Bearbeitbarkeit und Schweißbarkeit beim Laserschweißen.

Die Ringträger aus austenitischen Gusseisenlegierungen mit lamellarer Grafitausbildung passen aufgrund ihrer Wärmeausdehnung gut zum umgebenden Aluminium. Ein Alfinieren als Vorbehandlung und Beschichtung der Oberfläche ist zur Verbesserung des Eingießverhaltens notwendig. Für die Nabenbuchsen zur Verstärkung der Nabe sind Kupferwerkstoffe wie z. B. die Messinglegierung CuZN31Si aufgrund einer geeigneten Wärmeausdehnung bei Aluminiumkolben oder Aluminiumbronze (z. B. CuAl10Ni5Fe4) aufgrund ihrer besonderen Festigkeit bei Stahlkolben in Verwendung.

Das galvanische Hartanodisieren der ersten Ringnut von Aluminiumkolben reduziert das Risiko von adhäsivem Verschleiß im Kontakt zum Kolbenring. Die Beschichtung des Kolbenschaftes mit einer Gleitschicht verbessert wesentlich die Notlaufeigenschaften im System Kolben-Zylinderlauffläche. Zum Quasistandard haben sich Gleitlacke etabliert. Diese Polymerbeschichtungen basieren auf einem Grundharz und sind häufig noch mit verschleißfesten Partikeln und Festschmierstoffen in den tribologischen Eigenschaften modifiziert.

Fertigungsverfahren

Bestimmend für die gewählten Herstellungsverfahren ist einmal die getroffene Werkstoffauswahl, daneben spielt natürlich die konstruktive Ausführung eine wesentliche Rolle.

Die Rohlinge der Aluminiumkolben werden typischerweise im Schwerkraftkokillenguss urgeformt. Dabei werden vor dem eigentlichen Abguss je nach Ausführung Eingussteile wie Ringträger oder Salzkerne in die wassergekühlte Stahlkokille eingesetzt. Den nächsten Schritten – dem Entfernen von Anschnitt und Steiger – kann sich eine Wärmebehandlung anschließen. In einer Abfolge von einigen spanenden Bearbeitungsschritten (Drehen, Fräsen, Bohren) entsteht dann der geometrisch fertige Kolben.

Die Stahlkolben basieren in der Regel auf geschmiedeten Rohlingen, die in einer mehrstufigen spanenden Bearbeitung fertiggestellt werden. Bei geschweißten Konzepten werden die beiden Rohlinge für das Reib- oder Laserschweißen vorbearbeitet und im geschweißten Zustand fertigbearbeitet. In Abhängigkeit von gewähltem Material und detailliertem Fertigungskonzept können eine oder mehrere Wärmebehandlungen notwendig werden.

Im letzten Schritt werden je nach Material und Bedarf die verschiedenen Beschichtungen wie ein galvanisches Hartanodisieren der ersten Ringnut oder die Schaftbeschichtung meist mittels Spritzen oder Siebdruck erzeugt. Bei Stahlkolben hat sich vor allem als Korrosionsschutz aber auch zur Unterstützung des Einlaufverhaltens eine Phosphatierung des kompletten Kolbens etabliert. Abschließend können im Rahmen einer Montage z. B. Nabenbuchsen, aber auch Kolbenringe oder -bolzen, je nach Lieferumfang montiert werden.

7.2.1.2 Kolbenringe

Funktion und Anforderungen

Die Kolbenringe sind metallische Dichtungen, die mehrere Aufgaben erfüllen. Die Kompressionsringe (auch erster und zweiter Kolbenring genannt), als mithilfe des Gasdrucks im Brennraum selbstverstärkende Dichtungen ausgeführt, dichten den Brennraum zum Kolben und zur Zylinderlauffläche ab. Es darf nur ein äußerst geringer Anteil des Verbrennungsgases in Form von Blow-by in das Kurbelgehäuse gelangen. Daneben regulieren die Kolbenringe, vor allem der Ölabstreifring, aber auch der zweite Kompressionsring, den Ölhaushalt auf der Zylinderlauffläche, der für Ölverbrauch, Reibung, Verschleiß und Emissionen eine große Bedeutung hat. Eine weitere wichtige Funktion, die Ableitung eines Großteils der in den Kolben eindringenden Wärme über den Zylinder in den Kühlmantel und das Kühlmittel, ist wesentlich für den Wärmehaushalt des Motors [16].

Besonders bei dem ersten Kompressionsring mit seinen beiden tribologisch anspruchsvollen Kontaktzonen zum Kolben und zur Zylinderlauffläche ist eine besondere Aufmerksamkeit erforderlich, um die genannten Anforderungen in Summe zu erfüllen und einzeln, oft mit gegenläufigen Zielsetzungen, gegeneinander gut auszubalancieren. In der Konsequenz werden hier sehr verschleißbeständige Materialien bzw. Oberflächen notwendig, die trotz Mangelschmierung unter hohen Belastungen über eine ausreichende tribologische Kompatibilität zu den Gegenläufern verfügen.

Ausführungen

Es ist offensichtlich, dass sich die unterschiedlichen Aufgaben der verschiedenen Kolbenringe nicht mit einer einzelnen Ausführung abdecken lassen. So sind im Laufe der Zeit eine Vielzahl von Bauarten entwickelt worden und es ist der Bedarf einer Klassifizierung entstanden, die im Rahmen der internationalen Norm ISO 6621 Teil 1 vorgenommen wurde [19]. In zusätzlichen Teilen dieser Norm sind weitere Aspekte behandelt und standardisiert worden [20–23]. Die konstruktive Ausgestaltung der verschiedenen Bauarten mit den zugehörigen Wirkungsweisen sind entscheidend für die bevorzugte Anwendung [16].

Für die unterschiedlichen Motorarten mit ihren spezifischen Anforderungen haben sich, abgestimmt auf die jeweiligen Betriebsverhältnisse, im Laufe der Zeit Kombinationen von geeigneten Kolbenringbauarten (auch Kolbenringpakete genannt) herauskristallisiert. So finden typischerweise in modernen Pkw-Motoren als erster Kompressionsring die Varianten des Rechteckrings Verwendung. Auch der zweite Kompressionsring basiert auf einem Rechteckring, verfügt aber meist über zusätzliche Designelemente wie Fasen oder Winkel zur Optimierung der Ölabstreiffunktion. Die Ölabstreifringe an der Position des dritten Kolbenrings sind häufig zwei- und dreiteilige Ausführungen mit einem Federelement zur Unterstützung der radialen Vorspannung [16]. Die Abbildung zeigt ein solch typisches Ringpaket (Abb. 7.10).

Werkstoffe und Oberflächen

Die grundsätzlich für Kolbenringe verwendeten Grundwerkstoffe sind legierte Gusseisen (Gusseisen mit Lamellengraphit GJL und Gusseisen mit Kugelgrahit GJS) sowie Kohlenstoff- bzw. Edelstähle. Anforderungsbedingt werden Kolbenringe für die hier betrachteten modernen Pkw-Motoren überwiegend aus verschiedenen Stahlqualitäten gefertigt [20]. Dies können Kohlenstoffstähle, Cr-Si-legierte Stähle und martensitische Edelstähle, immer in Verbindung mit einer Vergütung, sein [16].

Über die Zeit hat sich eine Reihe von Beschichtungen etabliert, um den kontinuierlich gestiegenen Anforderungen an die Verschleißbeständigkeit gerecht zu werden. Die meistgenutzten Beschichtungsverfahren sind [16]:

1. Galvanisches Verchromen: Hartchrom, Chrom-Keramik-Beschichtung
2. Nitrieren

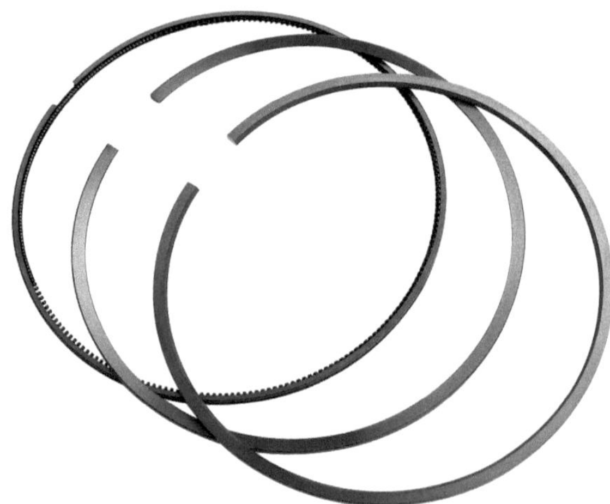

Abb. 7.10 Kolbenringpaket, Copyright © MAHLE GmbH [7]

3. Thermisches Spritzen: Plasma- oder Flammspritzen
4. Physical vapour deposition (PVD): Chromnitrid (CrN)
5. Plasma assisted chemical vapour deposition (PACVD): (Diamond-like carbon (DLC))

Herstellung

Die Rohlinge werden entweder im Einzelgussverfahren gegossen oder auf Basis von gezogenen und vorprofilierten Drähten gewickelt. Daran schließen sich eine mehrstufige spanende Bearbeitung, die Wärmebehandlung und Beschichtung an. Nur über hohe Anforderungen an Fertigungstoleranzen und Oberflächengüte kann eine zuverlässige Funktion sichergestellt werden.

7.2.1.3 Zylinderlaufbuchsen

Funktion und Anforderungen

Die Funktion des Zylinders als Bestandteil des Kurbelgehäuses mit der Zylinderlauffläche als Gegenläufer zu Kolben und Kolbenring kann auf verschiedensten Wegen dargestellt werden. Ausgehend von der Ausführung des Kurbelgehäuses dominieren heute bei den hier betrachteten Pkw-Motoren Aluminiumkurbelgehäuse, die als Zylinderlauffläche entweder über eine Eisenbasisbeschichtung oder eine Gusseisenzylinderlaufbuchse verfügen. Daneben sind aber auch Kurbelgehäuse aus Gusseisen im Einsatz [10, 16].

Die Zylinderlauffläche bildet zusammen mit dem Zylinderkopf und dem Kolben den Brennraum und muss damit mechanisch dem Gasdruck der Verbrennung und der Kolbenseitenkraft standhalten. Daneben trägt die Zylinderlauffläche wesentlich zur Erfüllung der Anforderungen an das System Motor wie Verschleiß, Reibung, Ölverbrauch oder Blow-by bei. Der Zylinder hat die zusätzliche Funktion Wärme direkt aus dem Brenngas und indirekt aus dem Kolben abzuführen.

In Verbindung mit den Kolbenringen und dem Kolbenschaft bildet die Zylinderlauffläche ein wichtiges tribologisches System. So benötigt die Zylinderlauffläche neben einer notwendigen Verschleißbeständigkeit auch die Fähigkeit eines Ölreservoirs zur Schmierung des Kontaktes zu den Kolbenringen. Hier spielen der Werkstoff selbst und die bei der Honung generierte Oberflächenstruktur eine entscheidende Rolle [16].

An dieser Stelle erfolgt eine Fokussierung auf die im Schleudergussverfahren gegossenen Zylinderlaufbuchsen, die in das Aluminiumkurbelgehäuse entweder eingegossen oder gefügt werden können. Als alternative Technologie haben sich eisenbasierte thermische Spritzbeschichtungen der Zylinderwand eines Aluminiumkurbelgehäuses etabliert. Andere, ältere existierende Technologien sind nur noch von untergeordneter Bedeutung [1, 16].

Ausführungen

Bei in das Kurbelgehäuse eingegossenen ZLB (Zylinderlaufbuchse) sind Maßnahmen zur Sicherstellung der Verbundfestigkeit und zur Wärmeabfuhr sinnvoll. Ein dafür hilfreicher zusätzlicher Formschluss bedarf einer geeigneten Struktur auf der Mantelfläche der ZLB. Eine gute Verklammerung der ZLB mit dem umgegossenen Material des Kurbelgehäuses kann z. B. über eine mechanisch bearbeitete Rillierung oder aber auch eine gezielt eingestellte raue Gussoberfläche erreicht werden. Hier wird dementsprechend von einer rillierten Buchse oder eine Raugussbuchse (Abb. 7.11) gesprochen.

Bei in das Kurbelgehäuse eingesetzten Zylinderlaufbuchsen ist in Abhängigkeit davon, ob sie in direktem Kontakt mit dem Kühlmittel im Motor stehen, zwischen „nassen" und „trockenen" Zylinderlaufbuchsen zu unterscheiden. Bei der „trockenen" Ausführung wiederum kann mit einer Presspassung oder einer Übergangspassung gearbeitet werden. Bei Aluminiumkurbelgehäusen wird zur Sicherstellung des erforderlichen guten Wärmeübergangs bei trockenen ZLB die Presspassung gewählt.

Diese unterschiedlichen Ausführungen spiegeln sich auch in unterschiedlichen minimal zulässigen Wandstärken wider, welche in unterschiedlichem Maße die Forderungen

Abb. 7.11 Raugussbuchse, vorbearbeitet für das Eingießen in das Kurbelgehäuse, Copyright © MAHLE GmbH [7]

nach Leichtbau und Bauraum erfüllen. Entscheidend sind dafür einmal herstellungstechnische und auch festigkeitsrelevante Randbedingungen.

Werkstoffe und Oberflächen

Aus der Vielzahl der möglichen Lösungen hat sich für die hier behandelten Motorklassen auch aus Kostengründen die Zylinderlaufbuchse aus lamellarem Gusseisen (GJL) etabliert. Je nach Anforderungen an Festigkeit, Verschleißbeständigkeit oder Steifigkeit kommen verschiedene Gusseisenqualitäten zum Einsatz [16]. Überwiegend kommt lamellarer Grauguss mit perlitischem Grundgefüge zu Einsatz. Zur Gewährleistung der notwendigen Verschleißbeständigkeit können Phosphor oder karbidbildende Elemente zulegiert werden. Phosphor bildet harten Steadit, der bei genügend hohen Phosphoranteilen als Netzwerk entsteht. Ein weiterer wichtiger Aspekt ist eine gute Bearbeitbarkeit, die aber mit der Forderung nach hoher Festigkeit oder Verschleißbeständigkeit oft im Widerspruch steht. So ist auch hier bei der Werkstoffauswahl ein Kompromiss zwischen den vielfältigen Randbedingungen und Anforderungen zu finden.

Fertigungsverfahren

Wie schon zu Beginn dieses Kapitels ausgeführt, erfolgt das Urformen der Gusseisen-Zylinderlaufbuchsen mittels Schleuderguss. Dabei wird die Schmelze in eine rotierende Kokille gegossen und erstarrt aufgrund der Zentrifugalkraft in Form eines rohrförmigen Rohlings. Dieser Rohling erfährt je nach Ausführung eine Folge von spanenden Vorbearbeitungsschritten, bevor er eingegossen oder eingepresst wird. Eingegossene oder eingepresste Zylinderlaufbuchsen werden erst im Kurbelgehäuse fertig bearbeitet. In dieser Fertigbearbeitung wird zuerst die Zylinderbohrung gefertigt bevor dann über meist mehrere Honschritte, die für das tribologische Verhalten wichtige Oberflächenstruktur (Honstruktur genannt) herstellen.

7.2.1.4 Kolbenbolzen

Funktion und Anforderungen

Der Kolbenbolzen überträgt als Verbindungselement zwischen Kolben und Pleuelstange die Gas- und Massenträgheitskräfte, die aus der Verbrennung und der oszillierenden Bewegung des Kolbens und dem Kolbenbolzen selbst resultieren. Zusätzlich muss er die geringe Drehbewegung zwischen Kolben und Pleuelstange ausgleichen. Damit steht die Auslegung im Konflikt zwischen der sicheren Erfüllung der Anforderungen an die Bauteildauerfestigkeit und den drängenden Leichtbauanforderungen. Daneben herrschen an den Kontaktstellen zu Kolben und Pleuelstange ungünstige tribologische Randbedingungen, die sich aus der Kombination hoher Flächenpressungen und tendenzieller Mangelschmierung ergeben. Auch die geringe Relativbewegung erschwert die Situation. Zusammengefasst muss also neben der reinen Festigkeit eine Vielzahl von Eigenschaften, wie vor allem Bauteilsteifigkeit, Verschleißbeständigkeit, Oberflächengüte, geometrische Toleranzen und Formgenauigkeit betrachtet werden.

Ausführungen

In den betrachteten Motorenklassen werden heute überwiegend rohrförmige Kolbenbolzen eingesetzt, da mit dieser einfachen Ausführung auch eine besonders wirtschaftliche Herstellung verbunden ist. Die Ölversorgung erfolgt über Spritzöl aus dem Kurbelgehäuse. Für andere Motorengruppen steht darüber hinaus eine Vielzahl unterschiedlichster Ausführungen zur Verfügung, die den jeweiligen oft sehr spezifischen Anforderungen individuell Rechnung tragen.

Bei Pkw-Ottomotoren mit moderater spezifischer Leistung wird die axiale Fixierung häufig über eine Schrumpf- oder Pressverbindung im oberen Pleuelauge realisiert. In höher beanspruchten Otto- und vor allem Dieselmotoren bietet eine sogenannte schwimmende Lagerung insgesamt Vorteile. Dies erfordert aber eine zusätzliche Sicherung gegen axiales Wandern. Solche Kolbenbolzensicherungen sind typischerweise Sicherungsringe aus Flach- und Runddraht in verschiedenen Ausführungen mit und ohne Verdrehsicherung auf Basis eines Federstahldrahtes [10, 11, 13].

Werkstoffe, Wärmebehandlung und Oberflächen

Die beschriebenen Anforderungen an das Bauteil resultieren in entsprechenden Anforderung an die einzusetzenden Werkstoffe, Wärmebehandlungen und Beschichtungen. So werden heute kaltumformbare hochwertige Einsatzstähle (z. B. 17Cr3 (1.7016) oder 16MnCr5 (1.7131) und Nitrierstähle (z. B. 31CrMoV9 (1.8519)) genutzt. Mit einer entsprechenden Wärmebehandlung entstehen die notwendigen Materialeigenschaften wie Zähigkeit im Kern sowie Randfestigkeit und Oberflächenhärte sowie zusätzliche Druckeigenspannungen mit positivem Einfluss auf die Bauteilfestigkeit. Aufgrund der besonderen Bedeutung erfolgt an dieser Stelle der Hinweis auf einen eingeschränkten Restaustenitgehalt bei der Verwendung von Einsatzstählen, da ansonsten bei Beanspruchung unter Temperatur ein „Wachsen" die notwendige Volumenstabilität des Bauteils gefährden kann.

In Abhängigkeit von Laufpartner und der Summe der Beanspruchungen haben sich eine Reihe von hydrierten oder wasserstofffreien DLC-Hartstoffschichten (z. B. a-C:H (PACVD) oder ta-C (PVD)) zur Verbesserung der tribologischen Eigenschaften etabliert. Die Hauptzielsetzung ist dabei, in Mangelschmierungszuständen die Notlaufeigenschaften so weit zu verbessern, dass kein Verschleiß durch Adhäsion auftreten kann.

Auslegung und Dimensionierung

In der geometrischen Auslegung sind verschiedene Randbedingungen zu beachten. Infolge der Betriebsbeanspruchung und den sich dabei ergebenden elastischen Verformungen von Kolbennabenbohrungen, Kolbenbolzen und kleinem Pleuelauge entsteht eine komplexe Situation aus Beanspruchungen und daraus resultierenden Verformungen, zusammengesetzt aus Biegung, Ovalisierung und Scherung. So wird klar, dass neben der reinen Bauteilfestigkeit für das System auch die Bauteilsteifigkeit und ein möglichst geringes Gewicht wichtige Rollen spielen.

Fertigungsverfahren
Kolbenbolzen werden heute auf Basis von Stangen-, Draht- oder Rohrmaterial gefertigt. Die Rohlinge entstehen dabei entweder über ein Kaltfließpressen von gezogenen, eventuell geschälten Stangen- und Drahtabschnitten und/oder durch spanende Prozesse. An diese Weichbearbeitung schließt sich die an das Material angepasste Wärmebehandlung (Vergütung) und eine Hartbearbeitung durch Schleifen und eventuell Finishen/Superfinish an. Eine optionale Hartstoffbeschichtung erfolgt als letzter Schritt und erfordert eine Feinbearbeitung wie z. B. Superfinish. Bei Nitrierstählen schließt sich an die Hartbearbeitung noch die Nitrierung an.

Normung
An dieser Stelle erfolgt noch der abschließende Hinweis auf eine Besonderheit beim Kolbenbolzen. Auf Basis einer DIN-Norm (73126) sind die wichtigsten Aspekte rund um den Kolbenbolzen heute in der internationalen Norm ISO 18669 [24, 25] geregelt.

7.2.2 Ventiltrieb

Der Ventiltrieb, zusammengesetzt aus den Hauptkomponenten Nockenwellen mit Nockenfolgern, Ventilen mit Ventilsitzringen und Ventilführungen, übernimmt über das Öffnen und Schließen der Ventile die Steuerung des Gaswechsels.

Die verschiedenen Ventiltriebbauarten lassen sich anhand der Anordnung von Nockenwellen und Ventilen einteilen [17]. Die für diesen Kontext relevanten Bauarten verfügen in aller Regel über sogenannte oben liegende Nockenwellen. Dabei ist in die zwei Formen der Anordnung mit je einer oder zwei Nockenwellen pro Zylinderbank, SOHC (single overhead camshaft) und DOHC (double overhead camshaft) zu unterscheiden. Weitere Anordnungen wie OHV (overhead valve) mit der Anordnung der Nockenwelle im Kurbelgehäuse sind aber durchaus aus den unterschiedlichsten Gründen noch anzutreffen [10, 17].

Die Abbildung zeigt einen typischen SOHC-Ventiltrieb mit Rollenschlepphebel als Nockenfolger und die neben den Hauptkomponenten zusätzlich notwendigen Komponenten wie z. B. ein hydraulisches Ventilspielausgleichselement, die Ventilfeder und die Federteller (Abb. 7.12).

7.2.2.1 Nockenwellen

Eine Nockenwelle setzt sich aus verschiedenen Elementen zusammen. Die zentrale eigentliche Welle, oder auch Schaft genannt, nimmt alle weiteren Elemente auf und verbindet diese. So dient an einem Ende das Antriebselement als Schnittstelle zum Antrieb der Nockenwelle und nimmt ein Ketten-, Riemen- oder Zahnrad auf, oft in Verbindung mit einer Einheit zur Phasenverstellung. Entlang der Welle folgen Nocken und Lagerstellen. Typischerweise befindet sich zwischen jedem Nockenpaar eine Lagerstelle zur Abstützung der Betätigungskräfte. Weitere Elemente können z. B. ein Pumpennocken zum Antrieb

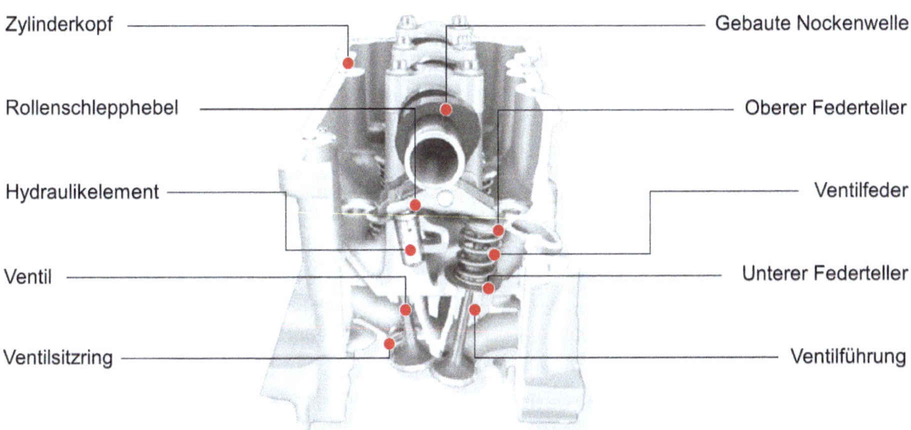

Abb. 7.12 Pkw-Zylinderkopf mit einem SOHC-Ventiltrieb, Copyright © MAHLE GmbH [7]

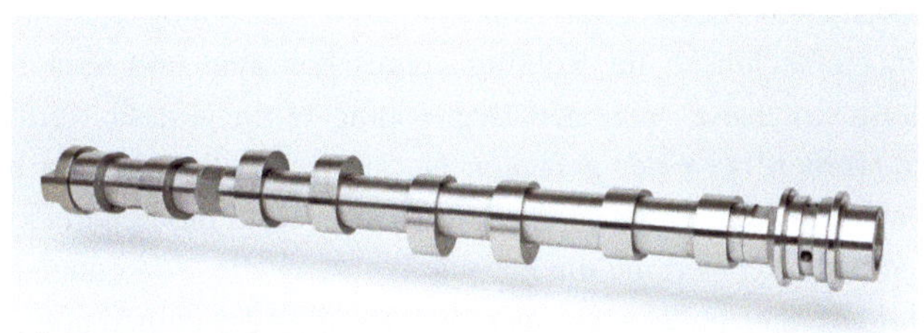

Abb. 7.13 Pkw-Nockenwelle in gebauter Ausführung, Copyright © MAHLE GmbH [7]

einer Kraftstoffpumpe oder am anderen Ende eine Abtriebselement zum Antrieb einer Vakuumpumpe sein. Auch Geberräder zur Positionserkennung für den Nockenwellensensor der Motorelektronik sind möglich (Abb. 7.13).

Funktion und Anforderungen

Angetrieben von der Kurbelwelle, meist über Zahnriemen oder Ketten, betätigt die Nockenwelle direkt über Tassenstößel oder indirekt über Hebel, heute sehr häufig Rollenschlepphebel, die Gaswechselventile, oft einfach Ventile genannt. Dabei muss die Welle oder besser der Schaft die erforderlichen Drehmomente zu den Nocken übertragen, die über einen Gleit- oder Rollkontakt die Betätigungskräfte an die Nockenfolger weitergeben. Über einen weiteren Nocken bzw. Pumpennocken, der oft als Mehrfachnocken mit mehreren Erhebungen ausgeführt ist, kann der Antrieb einer Kraftstoffpumpe vorgenommen werden.

In der Auslegung bei der Werkstoffauswahl müssen neben der mechanischen Beanspruchung durch den Antrieb in Form einer Umlaufbiegung vor allem die inzwischen meist hohe Hertz'sche Flächenpressungen an den Nockenlaufflächen berücksichtigt werden. Die Lagerstellen sind meist so ausgeführt, dass der Schaft direkt im Zylinderkopf läuft. Damit ist aus tribologischer Sicht eine ausreichende Ölversorgung der hydrodynamisch geschmierten Lagerstellen notwendig.

Ausführungen

Auch bei Nockenwellen sind im Laufe der Zeit eine Vielzahl von Ausführungen und dazugehörigen Herstellungsprozessen entstanden [17]. Da die vielen verschiedenen Motorenkonzepte und -anwendungen sehr unterschiedliche Rahmenbedingungen und Anforderungen haben, sind auch weiterhin mehrere, sehr unterschiedliche Ausführungen im Einsatz. In modernen Pkw-Motoren sind heute überwiegend einfach gegossene und inzwischen überwiegend gebaute Nockenwellen im Einsatz. In den meisten Anwendungen sind inzwischen gebaute Nockenwellen leistungsfähiger, leichter und kostengünstiger als die gegossenen Wettbewerber. Die Auswahl orientiert sich technisch vor allem an der Art des Kontaktes zwischen Nockenwelle und Nockenfolger sowie an der darin auftretenden Hertz'schen Flächenpressung.

Bei Gussnockenwellen besteht das Konzept daraus, dass möglichst alle notwendigen Elemente schon gießtechnisch im Rohling vorgesehen sind und über eine meist aufwendige und kostenintensive spanende Bearbeitung fertig gestellt werden können. Im Gegensatz dazu werden bei einer gebauten Nockenwelle alle weiteren benötigten Elemente auf ein zentrales Rohr gefügt. In den hier betrachteten modernen Pkw-Motoren dominiert aufgrund mehrerer Vorteile die gebaute Nockenwelle. So können abgestimmt auf die lokalen Anforderungen jeweils optimale Werkstoffe und eventuell notwendige Wärmebehandlungen ausgewählt werden und es muss nicht ein Werkstoff alle Anforderungen mehr oder weniger gut erfüllen.

Werkstoffe und Oberflächen

Als Werkstoffe für Gussnockenwellen kommen un- oder niedriglegierte Gusseisen entweder mit Lamellen- oder Kugelgrafit (GJL oder GJS) zum Einsatz. Abgestimmt auf die Kontaktsituation zum Nockenfolger (Gleitkontakt oder Rollkontakt/Höhe der Hertz'schen Flächenpressung) werden die Nocken entweder als Schalenhartguss durch das Einlegen von sogenannten Schreckeisen in die Sandgussform ausgeführt oder im Anschluss induktiv gehärtet. Der Schalenhartguss mit seinem überwiegend karbidischen Gefüge verfügt über einen tribologischen Vorteil im Gleitkontakt, während im Rollkontakt das martensitisch gehärtete Gefüge höhere Hertz'sche Flächenpressungen erträgt.

Die Möglichkeit, lokal anforderungsgerechte Materialien einzusetzen, führt zu einem breiten Werkstoffspektrum innerhalb einer Nockenwelle. So besteht das tragende Rohr, das gleichzeitig auch die Funktion der Lagerstellen erfüllt, heute häufig aus einem geschweißten und gezogenen Präzisionsstahlrohr, z. B. aus dem unlegierten Baustahl E355 (1.0580). Diese Rohrbauart ist in der Lage, die Anforderungen an Toleranzen und Festigkeit verhältnismäßig kostengünstig zu erfüllen. Bei erhöhten Anforderungen an Festigkeit oder Oberflächenhärte stehen weitere Stähle, wie z. B. 26MnB5 oder 34MnB5, zur Verfügung. Für die Nocken kommt aufgrund der an der Lauffläche herrschenden Flächenpressungen überwiegend der Wälzlagerstahl 100Cr6 (1.3505), geschmiedet und mit gehärteter Lauffläche, zum Einsatz. Für die weiteren An- und Abtriebselemente werden verschiedenste auf die individuellen Festigkeitsanforderungen abgestimmte Stähle ausgewählt. Neben den Kosten sind die weiteren Auswahlkriterien Festigkeit, Verfügbarkeit und Bearbeitbarkeit.

Fertigungsverfahren

Gegossene Nockenwellen werden üblicherweise im Sandguss (z. B. Grünsand-, Croning-Technologie) gefertigt. Sollen die Nockenlaufflächen in Schalenhartguss mit einem weißerstarrten Gefüge ausgeführt werden, werden zusätzliche Schreckeisen zur lokalen schnellen Erstarrung der Schmelze in die Sandform eingelegt. An das übliche Gussputzen schließt sich eine mehrstufige spanende Bearbeitung (Drehen, Schleifen) der unterschiedlichen Bereiche an. Eine eventuell notwendige induktive Härtung erfolgt sinnvollerweise nach einer ersten Vorbearbeitung. Die Nockenlaufflächen werden zur Erreichung der erforderlichen Oberflächengüten grundsätzlich mit speziellen Nockenform-Schleifmaschinen geschliffen.

Für gebaute Nockenwellen sind heute mehrere etablierte Füge- und darauf abgestimmte Fertigungskonzepte am Markt vertreten. So können die Nocken und weitere Elemente mittels Schrumpf- oder Presssitz sowie eine plastische Verformung des Rohrs gefügt werden. Daneben existiert auch eine sintertechnische Lösung. In Abhängigkeit von Design und Fügeverfahren werden die Einzelteile unterschiedlich weit vorgefertigt, bevor sie assembliert werden. Der gefügte Rohling kann abschließend fertigbearbeitet bearbeitet werden.

7.2.2.2 Ventile, Ventilsitzringe und Ventilführungen

Anforderungen an Ventile

Die Komponenten Ventile, Ventilführungen und Ventilsitzringe bilden zusammen das Subsystem Valve Set. Sie dichten als Baugruppe innerhalb des Ventiltriebs den Brennraum ab. Das durch die Steuerzeiten getaktete Öffnen und Schließen der Ventile ermöglicht den Austausch von Frisch- und Abgas. Weitere Komponenten dieser Baugruppe sind die Ventilschaftdichtung, die Ventilfeder sowie der obere und untere Ventilfederteller (Abb. 7.14). Während das Ventil und sein Widerlager Ventilsitzring die Dichtfunktion übernehmen, stützt die Ventilführung das Ventil in seiner Linearbewegung möglichst reibungs- und verschleißarm sowie betriebssicher und nimmt dabei auch Querkräfte auf. Ventilsitzring und -führung sind in den Zylinderkopf eingepresst [17] (Abb. 7.14).

Ventile, Ventilführungen und Ventilsitzringe sind im Betrieb komplexen mechanischen, thermischen und thermomechanischen (korrosiven, tribologischen) Belastungen ausgesetzt. Gleichzeitig gibt es im Motorbetrieb viele Wechselwirkungen der Komponenten untereinander, deren Verständnis bei der Auslegung hilft, um übermäßigen Verschleiß oder gar Schäden zu vermeiden.

Für die tribologischen Systeme Ventilsitz/Ventilsitzring und Ventilschaft/Ventilführung haben sich im Rahmen der Forderung nach immer verbrauchs- und emissionsärmeren Motoren die Rahmenbedingungen verändert und fordern immer robustere Lösungen. Wäh-

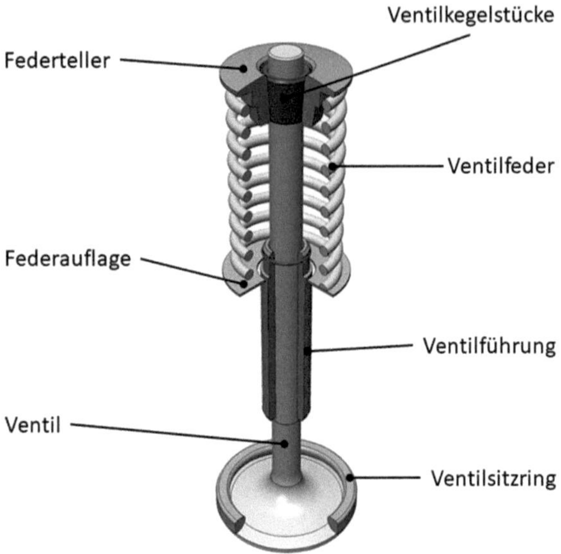

Abb. 7.14 Baugruppe Ventil u. a. mit Ventilführung, Ventilsitzring und weiteren Komponenten, Copyright © MAHLE GmbH [7]

rend der Lebensdauer eines Pkw-Motors öffnet und schließt ein Ventil mehrere 100 Mio. Mal, in Nfz-Motoren mehr als eine Milliarde Mal [10]. Ziel der Ingenieure ist eine stets zuverlässige Dichtfunktion. Das erfordert robuste und verschleißarme Systeme, die bei Materialauswahl, Oberflächengestaltung, Laufspielen und geometrischer Gestaltung ein Optimum aus Funktion, Zuverlässigkeit und Kosten darstellen.

Ausführungen von Ventilen

Ventile bestehen aus dem Ventilschaft, der die Gleitbewegung in der Ventilführung ermöglicht, und dem Ventilkopf, der gemeinsam mit dem Ventilsitzring den Brennraum abdichtet. Die Gestaltung von Ventilen ist stets ein Kompromiss zwischen strukturmechanisch optimalem Design und strömungsgünstiger Form (Abb. 7.15). Um den Anforderungen gerecht zu werden, können Ventile als Monometall- oder Bimetallventile hergestellt werden. Bei Bimetallventilen werden Kopfstück (aus einem austenitischen oder Nickelbasis-Werkstoff) und Schaftstück (aus einem martensitischen, also härtbaren Ventilstahl) per Reibschweißen verbunden. Auf der Einlassseite kommen meist Monometallventile zum Einsatz, da die Temperaturbeständigkeit des martensitischen Werkstoffs hier auch für den Kopfbereich ausreicht. Bimetallventile findet man hier nur, wenn eine korrosive Belastung zu erwarten ist. Auf der Auslassseite sind Bimetallventile die Regel, da hier das Kopfstück eine hohe Temperaturbeständigkeit aufweisen muss [17].

Hohlventile sind schon seit Längerem eine ernsthafte Option für Verbrennungsmotoren, da die damals verfügbaren Ventilwerkstoffe durch ihre begrenzte thermische Belastbarkeit noch höhere spezifische Leistungen sehr erschwerten. Nach frühen Versuchen mit Wasser und Quecksilber als wärmeabführendem Medium im Hohlraum setzten sich mit Natrium gefüllte Auslassventile durch. Sie sind derzeit vor allem in thermisch höher belasteten Mo-

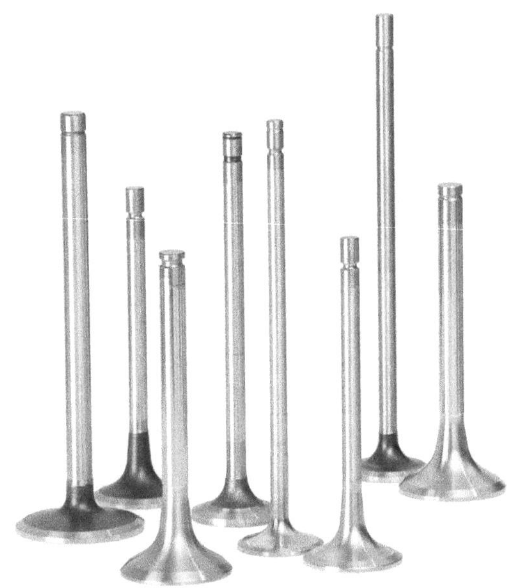

Abb. 7.15 Ausführungen von Ventilen, Copyright © MAHLE GmbH [7]

toren im Einsatz. Durch die Shakerwirkung des geschmolzenen Natriums (Schmelzpunkt 97,5 °C) wird Wärme aus dem Ventilkopf in Richtung des Schaftes abgeführt. Das Hohlraumvolumen wird dazu zu etwa 60 % mit Natrium gefüllt. Der Anteil der über die Ventilführung an den Zylinderkopf abgegebenen Wärme wird so deutlich größer. Mit den aufwendigen Hohlventilen ist eine Erweiterung des Einsatzspektrums von kostengünstigen Ventilwerkstoffen möglich. Die zusätzliche Wärmeabfuhr per Natrium senkt die Temperatur im thermisch höchstbeanspruchten Ventilbereich, der Hohlkehle, um bis zu 150 K und erhöht so die Bauteilsicherheit. Das Downsizing und die immer höheren spezifischen Leistungen der Motoren begünstigen Hohlventile. Dazu kommen Bestrebungen, in Ottomotoren das kühlende „Anfetten" des Gemischs – einen wirkungsvollen Bauteilschutz – aus Gründen der Verbrauchsreduzierung zu unterlassen. Wird dies realisiert, kann die Abgastemperatur auf mehr als 1000 °C ansteigen, was natürlich die Auslassventile thermisch stärker belastet [17].

Ventilwerkstoffe

Im Laufe der Entwicklung hat sich eine überschaubare Zahl von Ventilwerkstoffen etabliert. Einen umfangreichen Überblick gibt [17, Kap. 3, Nr. 7]. Als Werkstoff für Einlassventile hat sich X45CrSi9-3 (1.4718) auf breiter Front durchgesetzt. Dieses martensitische Material ist den Anforderungen der meisten Motoren gewachsen. Bei ihm kann beispielsweise der Ventilsitz gehärtet und damit verschleißfester gemacht werden. Der Ventilfuß des Einlassventils wird grundsätzlich gehärtet. Das Einsatzgebiet des Werkstoffs schränkt seine begrenzte Korrosionsbeständigkeit in bestimmten Anwendungen sowie hohe thermisch-mechanische Beanspruchungen ein.

Der ebenfalls martensitische Werkstoff X85CrMoV18-2 (1.4748) ist eine Alternative mit höherer Anlassbeständigkeit. Bei entsprechender Wärmebehandlung ist er auch gegen Korrosion sehr resistent. Dieser Werkstoff wird hier nicht im Detail besprochen; seine zunehmende Bedeutung besonders für Einlassventile sei an dieser Stelle aber ausdrücklich betont. Für Auslassventile wird aufgrund der deutlich höheren Temperaturen überwiegend der austenitische Werkstoff X50CrMnNiNbN21-9 (1.4882) eingesetzt. Ist seine Verschleißbeständigkeit bei scharfen Betriebsbedingungen an der Grenze, muss der Ventilsitzbereich gegebenenfalls mit einer Panzerung geschützt werden. Dabei wird mit einem PTA-Verfahren Eisen-, Kobalt- oder Nickelpulver aufgeschweißt. Austenitische Ventilwerkstoffe kommen abhängig vom Ventiltrieb überwiegend nur im Ventilkopfbereich zum Einsatz, da der Ventilfuß für eine ausreichende Verschleißbeständigkeit gehärtet werden muss. Solche Bimetallventile aus einem austenitischen Kopfstück und einem martensitischen Ventilfuß werden per Reibschweißen hergestellt. Das austenitische Stabteil wird dabei fallweise vor oder nach dem Reibschweißprozess zum Ventilkopf geschmiedet.

Beanspruchungen, die höher sind als die Leistungsfähigkeit der genannten Ventilstähle, verlangen kostenintensive Nickelbasis-Werkstoffe. Nimonic 80A oder Inconel 751 wurden bereits in der Einleitung genannt. Ihre thermische Beständigkeit und Korrosionsresistenz zählen zu den besten unter den Ventilwerkstoffen. In der Vergangenheit wurden die Mehrkosten von Nickelbasis-Werkstoffen bei Hochleistungsmotoren oder für eine extrem hohe Betriebssicherheit akzeptiert. Ihr Einsatz auf breiterer Front wäre angesichts der technischen Notwendigkeiten heutiger Downsizing-Motoren zwar ebenfalls wünschenswert, ist aber aus wirtschaftlichen Gründen kaum denkbar. Deshalb stehen heute auch Werkstoffe, wie z. B. NIREVA 3015 (NCF3015, UNS S66315) als attraktive Alternative zur Verfügung.

Eine Verbesserung der Verschleißbeständigkeit im Kontakt zur Ventilführung kann mit geeigneten Beschichtungen am Schaft erreicht werden. Eingesetzt werden heute vor allem das Hartverchromen, aber auch verschiedene Nitrierverfahren. Diese Verfahren stellen verschleißbeständige Schichten mit einer besonderen tribologischen Verträglichkeit mit den Ventilführungswerkstoffen zur Verfügung. Genügt der gewählte Grundwerkstoff am Ventilsitz nicht mehr den thermischen und chemischen Beanspruchungen, häufiger bei Auslassventilen, kann eine Panzerung mit Sonderlegierungen die Situation lösen. Als Ventilpanzerungsverfahren kommt heute in erster Linie das elektrische PTA-Verfahren (Plasma Transferred Arc) zur Anwendung, bei dem der als Pulver vorliegende Panzerwerkstoff in einem Plasmalichtbogen aufgeschmolzen und auf das Werkstück aufgetragen wird. Die Verwendung martensitischer Stähle auf der Einlassseite ermöglicht als eine Maßnahme zur Optimierung auch eine zusätzliche induktive Härtung.

Herstellung von Ventilen

Die beiden etablierten umformtechnischen Fertigungsrouten zur kostengünstigen Rohteilherstellung sind das Stauchen und das Warmfließpressen, jeweils mit anschließendem Schmieden des Ventilkopfes. Beim Stauchen wird Stangenmaterial verwendet, dessen Durchmesser dem späteren Fertigteildurchmesser unter Berücksichtigung des erforderlichen Aufmaßes entspricht. Mittels Elektrostauchen gegen eine Elektrode wird der einseitig erwärmte Stabzuschnitt durch Nachführung birnenförmig aufgestaucht. Diese Stauchbirne wird im Gesenk zum Ventilkopf geschmiedet. Beim Warmfließpressen ist ein Butzen das Ausgangsmaterial, dessen Durchmesser etwa $^{2}/_{3}$ des späteren Ventiltellerdurchmessers beträgt. Die Länge des Butzens ist durch das erforderliche Rohteilvolumen vorgegeben. In einem Vorwärtsfließpressen wird nach induktivem Erwärmen der Schaft aus dem Butzen geformt und im zweiten Schritt der Kopfbereich per Schmieden ausgeformt.

Weitere Fertigungsschritte in Abhängigkeit der Ausführungen schließen sich an. Bei einfachen Bimetallventilen wird das geschmiedete Kopfstück mit einem Stangenabschnitt als Schaft über ein Reibschweißen gefügt. Die Rohlinge natriumgekühlter Bimetallventile durchlaufen je nach Position der Verbindungsstelle die Schritte Tieflochbohren, Natriumbefüllung und Verschließen durch Reibschweißen beider Hälften. Die Panzerung des Sitzes oder optionale Schafbeschichtungen werden an geeigneten Stellen in der Prozessfolge eingebaut. Vor der mehrstufigen spanenden Fertigungsbearbeitung erfolgt meist eine werkstoffabhängige Wärmebehandlung und im Falle eines Mehrrilleneinstichs am Schaftende kommt noch eine induktive Härtung dieses Bereichs hinzu.

Ventilsitzringe (VSR)

Im Zusammenspiel mit dem Ventil, genauer gesagt dem Ventilsitz, übernehmen die VSR die Abdichtung des Brennraums zu den Ein- und Auslasskanälen im Zylinderkopf. Hohe Ventilschließgeschwindigkeiten, hohe Temperaturen und eine Relativbewegung zwischen den beiden Partnern unter Brennraumdruck sorgen für ein kritisches und sensibles tribologisches System. Daneben trägt auf der Auslassseite der VSR über eine Wärmeabfuhr in den Zylinderkopf wesentlich zum Temperaturhaushalt des Auslassventils bei [10, 17].

Um hier die einige hundert Millionen Zyklen im Quasitrockenbetrieb im Laufe eines Motorlebens mit möglichst geringem Verschleiß zu überstehen, sind auf die unterschiedlichen Ventilsitzvarianten abgestimmte Werkstoffe entwickelt worden. Der historisch ältere Ansatz von im Schleuderguss hergestellten Lösungen bietet zwar eine Palette bis zu sehr hochwertigen Materialien, bleibt aber inzwischen vor allem aufgrund der sehr hohen Bearbeitungskosten Anwendungen mit höchsten Anforderungen, wie sie teilweise bei Nkw-, Gas- oder Großmotoren auftreten, vorbehalten.

Die Dominanz von pulvermetallurgischen Lösungen im Bereich Pkw spiegelt die sehr attraktive Kombination von kostengünstigen, aber auch werkstofftechnisch anspruchsvollen Konzepten wider. Den pulvermetallurgischen Ansatz kann man als eine Art Baukasten verstehen, mit dem anforderungsgerecht zu der Basis eines einfachen Sinterstahls verschiedenste weitere Bestandteile zur Steigerung der Verschleißbeständigkeit (Hartphasen, intermetallische Phasen), Temperaturbeständigkeit oder zum Einbau eines Selbstschmiereffektes hinzu kombiniert werden können.

Die Herstellung beginnt bei der Mischung der notwendigen Komponenten zum verarbeitungsfertigen Pulver, daran schließt sich das Pressen und Sintern der Rohlinge an.

Eine spanende Bearbeitung per Drehen oder Schleifen erzeugt den einbaufertigen Ring. Nach der Montage in den Zylinderkopf erfolgt zusammen mit der Ventilführung die abschließende Bearbeitung der eigentlichen Sitzfläche.

Ventilführungen (VF)
Das tribologische System Ventilschaft-Ventilführung übernimmt die Führung der Ventile. Vor allem an den beiden Enden der Ventilführung liegen besondere Anforderungen an die Verschleißbeständigkeit vor, wobei die Kanalseite meist die kritischere Seite darstellt. Auch hier ist es notwendig, eine an die Ausführung des Ventilschaftes angepasste Lösung auszuwählen. So sind verchromte Ventilschäfte verhältnismäßig tolerant, während nitrierte Ventilschäfte erhöhte Anforderungen an die Verschleißbeständigkeit der Ventilführung stellen [10, 17].

Die Entwicklung der Ventilführungen zeigt eine ähnliche Historie im Vergleich zu den Ventilsitzringen. Herkommend von lamellaren Gusseisenwerkstoffen, die weiterhin im Nkw-Sektor zu finden sind, haben sich auf der Pkw-Seite heute aus Kostengründen einfache Sinterwerkstoffe und Cu-Zn-Legierungen etabliert. Die gesinterten, oft ölimprägnierten oder aus Stangen- bzw. Rohrmaterial (Cu-Zn) bearbeiteten einbaufertigen Ventilführungen werden nach der Montage in den Zylinderkopf zusammen mit dem Ventilsitzring in der Führung mithilfe eines Reibprozesses fertigbearbeitet.

7.3 Komponenten des Thermomanagements und der Klimatisierung

Bernd Grünenwald, Thomas Feldhege, Andreas Geyer and Matthias Türpe

7.3.1 Thermomanagement Antrieb

7.3.1.1 Kühlmittelkühlung
Bei Antriebssystemen mit Kühlmittelkühlung wird die Abwärme des Motors durch das Kühlmittel aufgenommen und mittels einer Kühlmittelpumpe zum Kühlmittelkühler transportiert. Dort findet dann der Wärmeaustausch zwischen Kühlmittel und Umgebungsluft statt. Die Steuerung des Kühlluftdurchsatzes erfolgt über einen vor- oder nachgeschalteten Lüfter. Als Kühlmittel werden Mischungen aus Wasser, Frostschutzmittel (z. B. Ethylenglykol) und diversen Korrosionsinhibitoren eingesetzt. Die Zugabe von ausreichend Frostschutzmittel (30–50 %) garantiert, dass das Kühlmittel bei Minustemperaturen nicht gefriert. Andererseits erhöht das Frostschutzmittel auch die Siedetemperatur des Kühlmittels und ermöglicht damit Kühlmitteltemperaturen bis zu 120 °C. Die dem Kühlmittel beigesetzten Inhibitoren verhindern, dass die durch-

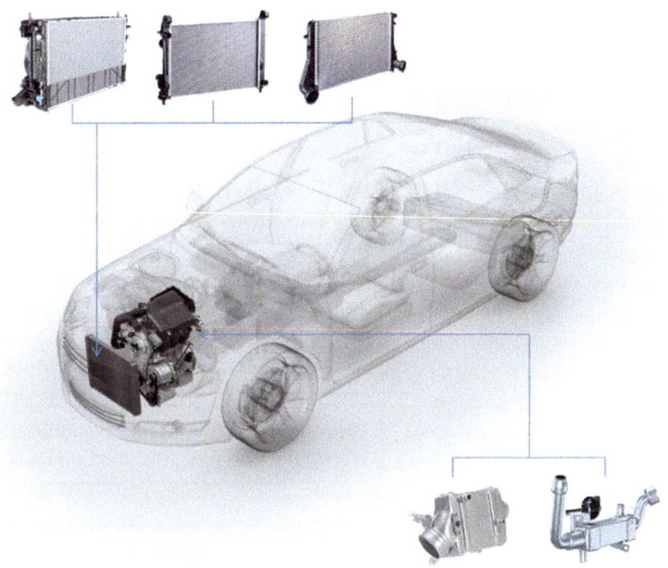

Abb. 7.16 Typische Wärmeübertrager eines Pkw mit Verbrennungsmotor, Copyright © MAHLE GmbH [26]

strömten Bauteile auf der Kühlmittelseite korrodieren. Dies wird auch durch entsprechende Schutzplattierungen auf der Innenseite der kühlmittelführenden Komponenten sichergestellt (Abb. 7.16).

Aufgrund der hohen Anforderungen an Kühlleistung, Betriebsfestigkeit und Korrosionsbeständigkeit kommen für die Kühlmittelkühlung heutzutage sowohl im Pkw als auch im Nkw-Bereich ausschließlich hartgelötete Aluminiumwärmeübertrager zum Einsatz. Diese bestehen aus aneinander gereihten Flachrohren (Kernlegierung: EN AW-3003 oder 3005) in Quer- oder Fallstromlage mit dazwischen liegenden Wellrippen (auf Basis EN AW-3003 mit Zn) (siehe Abb. 7.17). Beim Herstellprozess werden die Wellrippen mit den Flachrohren sowie die Flachrohre mit dem Kühlerboden in einem Ofen bei ca. 600 °C verlötet. Das notwendige AlSi-Hartlot (EN AW-4343, 4045 oder 4047) wird über entsprechende Plattierungen auf den Aluminiumbändern für Rohre und Böden zur Verfügung gestellt. Die beim Lötprozess entstehenden Lötverbindungen garantieren eine sichere Abdichtung zwischen Rohr und Boden sowie einen guten Wärmeübergang von den Rohren auf die Wellrippen. Für eine verbesserte Wärmeabfuhr werden die Wellrippen sehr dünn (0,05–0,15 mm) ausgeführt und mit filigranen Kiemenfeldern ausgestattet, was für eine zusätzliche Verwirbelung der vorbeiströmenden Kühlluft sorgt. Die spritzgegossenen Kühlmittelkästen bestehen aus glasfaserverstärktem Polyamid (PA66) bzw. bei niedrigeren Temperaturanforderungen auch aus verstärktem Polypropylen (PP). Sie sind mit dem Kühlerblock mittels Bördelverbindungen mit eingelegten Elastomerdichtungen verbunden und so gestaltet, dass das durchströmende Kühlmittel möglichst gleichmäßig auf alle Flachrohre verteilt wird.

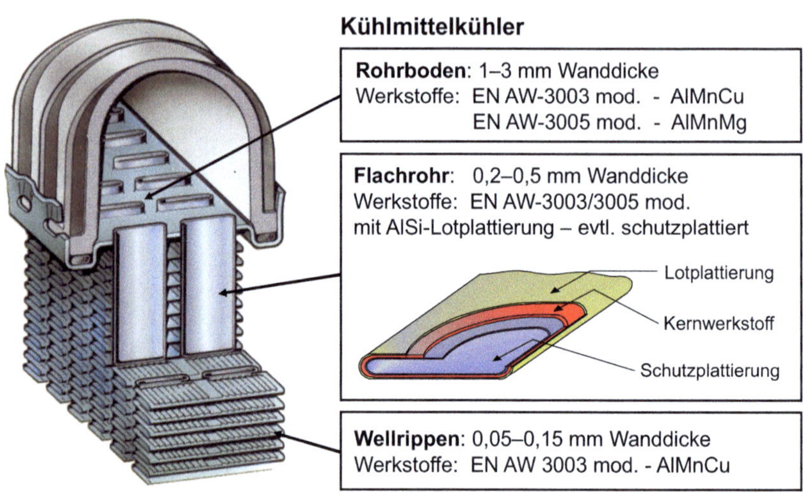

Abb. 7.17 Typischer Aufbau eines Kühlmittelkühlers, Copyright © MAHLE GmbH [26]

Thermische und mechanische Anforderungen: Kühlmittelkühler sind typischerweise für Temperaturen von – 40 bis 120 °C ausgelegt. Gängige Betriebstemperaturen sind 80 bis 110 °C, bei Innendrücken von 0,15 bis zu 0,25 MPa (1,5–2,5 bar). Die dünnwandigen Rohre werden im Fahrbetrieb deutlich schneller auf diese Temperaturen erwärmt als die dickwandigen Seitenteile und dehnen sich daher auch schneller aus. Die dabei entstehenden Längendifferenzen führen zu einer starken Verspannung und damit zu einer hohen Thermowechselbelastung der Rohre und müssen durch geeignete konstruktive Maßnahmen wie z. B. Schlitzung der massiven Seitenteile ausgeglichen werden.

Korrosive Anforderungen: Kühlmittelkühler unterliegen auch korrosiven Belastungen, sowohl von der Innenseite, d. h. der Kühlmittel-Seite, als auch von der Außenseite, d. h. der Kühlluft-Seite, und müssen daher von beiden Seiten werkstoffseitig mit entsprechenden Schutzmechanismen ausgestattet werden. Aufgrund der Einbausituation im Frontendbereich des Fahrzeugs gelangen Regenwasser, Bremsstaub, Kontaminationen von der Straße und im Winter auch gelöste chloridische Tausalze als Nebel oder Spritzwasser auf die Außenoberfläche des Kühlmittelkühlers. Im Fahrbetrieb und bei normalen Einbaubedingungen wird der Kühlmittelkühler durch zirkulierendes Kühlmittel schnell auf Betriebstemperatur erwärmt und trocknet daher rasch wieder ab. Die korrosive Belastung des Kühlmittelkühlers speziell bei Kurzstrecken und bei Stillstand des Fahrzeuges ist jedoch als hoch einzustufen und wird durch aktive Luftklappen (Kühlerjalousien), die den Luftstrom durch das Kühlmodul blockieren und damit die Abtrocknung reduzieren, deutlich erhöht.

Wie bereits erwähnt, verhindern die dem Kühlmittel beigesetzten Korrosionsinhibitoren, dass der Kühlmittelkühler auf der Kühlmittelseite korrodiert. Sind diese Inhibitoren jedoch verbraucht oder durch mangelnde Wartung des Kühlkreislaufs unterdosiert, werden die kühlmittelführenden Bauteile auch von der Innenseite korrosiv angegriffen.

Der Korrosionsschutz der Innen- und der Außenseite basiert auf elektrochemischen Schutzmechanismen, die als oberstes Ziel die Vermeidung von Perforationen der dünnwandigen Flachrohre haben. Eine Rohrleckage egal ob von der Innen- oder Außenseite würde zu einem Verlust von Kühlmittel und damit zu einer Überhitzung des Antriebstrangs führen. Ein guter Korrosionsschutz für die Außenseite wird bei Kühlmittelkühlern durch die Verwendung sogenannter Long-Life-Legierungen für die Flachrohre erreicht, die in ihrer ersten Generation zu Beginn der 1990er-Jahre von Alcan entwickelt wurden [27]. Das sind modifizierte EN-AW-3003- oder 3005-Legierungen mit erhöhtem Cu-Gehalt (typischerweise zwischen 0,4–0,8 %), reduziertem Si- und Fe-Gehalten (typischerweise < 0,2 %) und einem Mn-Gehalt zwischen 1–2 %. Diese Rohrbänder sind mit AlSi-Hartlotschichten (typischerweise aus EN AW-4343 oder 4045) plattiert und müssen so hergestellt werden, dass ein Großteil des Mn der EN-AW-3003/3005-Kernlegierung über den kompletten Herstellprozess des Bandes in Lösung gehalten wird. Rohrbänder werden daher normalerweise nicht homogenisiert und die Vorwärmung für das Warmwalzen sowie die erforderlichen Zwischenglühungen erfolgen bei niedrigen Temperaturen. Beim Herstellprozess des Kühlmittelkühlers werden die Komponenten (Wellrippen, Flachrohre und Böden) in einem Ofen bei ca. 600 °C miteinander verlötet. Dabei diffundiert das Si aus der Lotplattierung in das Kernmaterial ein und reagiert dabei mit dem gelösten Mn unter Bildung fein verteilter, unedler AlMnSi-Ausscheidungen. Eine dünne, an gelöstem Mn und Cu-verarmte Randzone entsteht, die im metallografischen Schliff bei entsprechender Ätzung als dunkler Saum („brown band“) zu erkennen ist und abhängig von den Lötbedingungen und damit der Si-Diffusionstiefe eine Dicke von 40 bis 100 µm aufweist. Diese unedle Oberflächenschicht wirkt bei korrosiver Belastung als flächige Opferanode gegenüber dem unbeeinflussten Kernmaterial. Der anodische Schutzeffekt kann durch Zugabe von Zn in die Lotplattierung noch erhöht werden, da auch das Zn beim Lötprozess in die Randzone eindiffundiert und deren elektrochemisches Potenzial weiter reduziert. Der sogenannte Eigenschutz der Kühlerrohre unter korrosiver Belastung wird damit sichergestellt. Zusätzlich wird das elektrochemische Potenzial der verwendeten Wellrippenlegierungen (EN AW-3003) durch den Zusatz von Zn (typischerweise 0,5–2,5 %) erniedrigt, sodass auch die verlöteten Wellrippen gegenüber den edleren Flachrohren als Opferanoden dienen.

Der Korrosionsschutz der Innenseite der kühlmittelführenden Komponenten, speziell der dünnen Flachrohre, wird durch unedle Schutzplattierungen auf Basis EN AW-1100 oder EN AW-3003 mit Zn-Zusatz (1–3 %) sichergestellt. Diese unedle Oberflächenschicht wirkt bei korrosiver Belastung als flächige Opferanode gegenüber dem unbeeinflussten Kernmaterial und sorgt dafür, dass ein etwaiger Korrosionsangriff flächig in der Randzone erfolgt und nicht punktuell das Kernmaterial durchdringt.

7.3.1.2 Ladeluftkühlung

Die Entwicklung der Verbrennungsmotoren zeigt eine stetige Erhöhung der spezifischen Leistung bei gleichzeitig reduziertem Kraftstoffverbrauch und stark wachsenden Anforderungen an die Abgasemissionen. Dies führte zu einem Übergang von reinen Saugmotoren zu aufgeladenen Motoren mit Turbolader und Ladeluftkühlung. Mithilfe der Ladeluftkühlung werden die Luftdichte und damit das Sauerstoffangebot der Verbrennungsluft erhöht. Grundsätzlich kann die komprimierte Ladeluft durch Außenluft (direkte Ladeluftkühlung, siehe Abb. 7.18) oder durch Kühlmittel (indirekte Ladeluftkühlung, siehe Abb. 7.19) gekühlt werden.

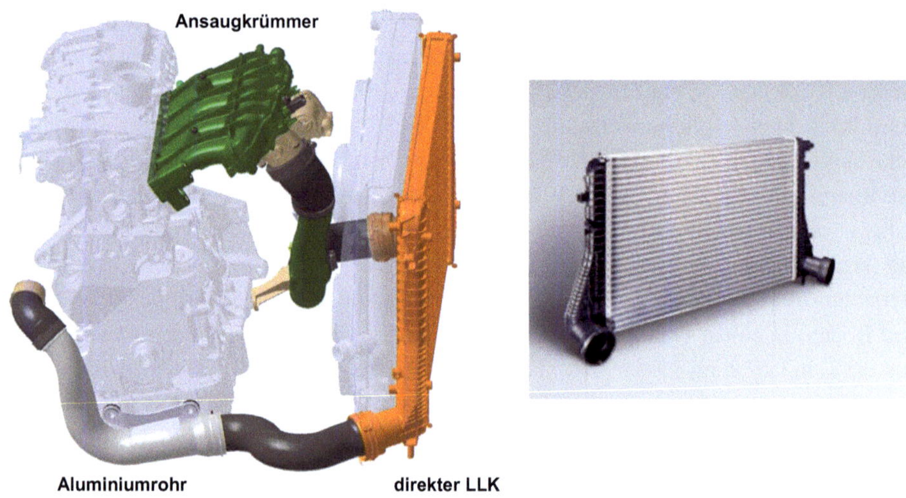

Abb. 7.18 Einbausituation aus [28] und Beispiel eines direkten, luftgekühlten Ladeluftkühlers, Copyright © MAHLE GmbH [26, 28]

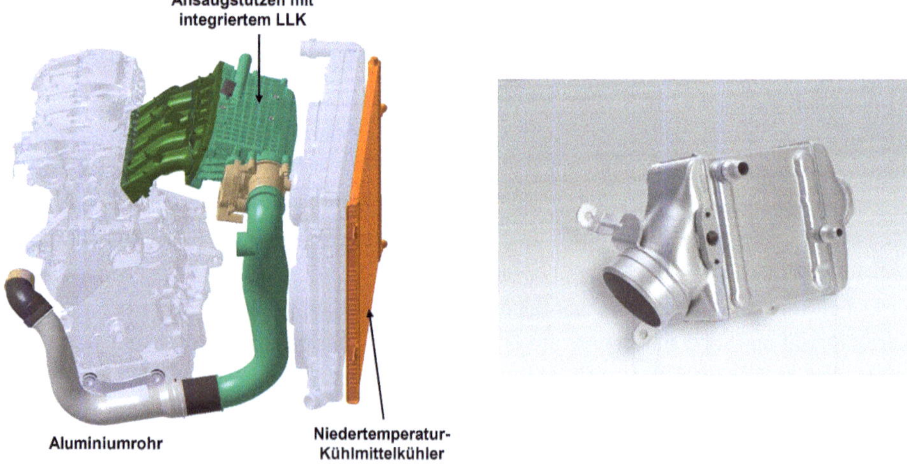

Abb. 7.19 Einbausituation aus [28] und Beispiel eines indirekten, kühlmittelgekühlten Ladeluftkühlers, Copyright © MAHLE GmbH [26, 28]

Luftgekühlte Ladeluftkühler (dLLK)

Luftgekühlte oder sogenannte direkte Ladeluftkühler (dLLK) sind im Kühlmodul im Frontend neben oder vor dem Kühlmittelkühler angeordnet; in Ausnahmefällen können sie auch an anderen Stellen, wie z. B. im vorderen Radkasten, platziert werden. Die für dLLK verwendeten Komponenten und Werkstoffe sind sehr ähnlich zu denen der Kühlmittelkühler. Die Rohre sind in der Regel deutlich breiter ausgeführt und aus Leistungs- und Festigkeitsgründen mit gewalzten oder gestanzten Innenwellrippen versehen. Als Werkstoffe kommen dieselben Legierungen für Rohre, Innen- und Außenwellrippen sowie Böden zum Einsatz wie bei den Kühlmittelkühlen. Alle Komponenten des LLK-Blockes werden analog zum Kühlmittelkühler in einem Ofen bei 600 °C hartverlötet. Für hohe Ladelufttemperaturen > 230 °C, wie z. B. im Nkw-Bereich, werden die Kästen aus Aluminiumguss (z. B. EN AC-43000 KF) gefertigt und auf den Kühlerblock aufgeschweißt. Luftkästen für Pkw-Anwendungen sind normalerweise aus temperaturbeständigem, glasfaserverstärktem Polyamid (PA66) spritzgegossen und mittels einer Bördelverbindung mit eingelegter Elastomerdichtung mit dem Kühlerblock verbunden. Temperaturseitig höher beanspruchte Luftkästen auf der Ladelufteintrittsseite werden aus hochtemperaturfestem PPA (Polyphthalamid) oder im Extremfall sogar aus PPS (Polyphenylensulfid) gefertigt, um die erforderlichen Festigkeiten bei höheren Temperaturen (200–230 °C) zu gewährleisten.

Kühlmittelgekühlte Ladeluftkühler (iLLK)

Da kühlmittelgekühlte oder sogenannte indirekteLadeluftkühler (iLLK) generell sehr hohe Leistungsdichten aufweisen, ist ihr Bauvolumen wesentlich geringer als bei luftgekühlten Ladeluftkühlern, was wiederum sehr kompakte Bauformen ermöglicht. iLLK können daher entweder in den Ansaugkrümmer integriert oder als kompakte Stand-alone-Wärmeübertrager überall im Motorraum eingebaut werden (siehe Abb. 7.19). Dadurch wird es möglich, die Luftführung der Ladeluftstrecke zu vereinfachen und das Ladeluftvolumen deutlich zu reduzieren. Weitere Vorteile der indirekten Ladeluftkühlung sind der geringere Platzbedarf im Frontend-Bereich sowie die Möglichkeit, kleinere Turbolader einzusetzen.

Die hohen Leistungsdichten kühlmittelgekühlter Ladeluftkühler erfordern jedoch niedrigere Kühlmitteltemperaturen, die sich mit dem Temperaturniveau des normalen Motorkühlkreislaufes (bei ca. 100 °C) nicht darstellen lassen. Daher wird für die indirekte Ladeluftkühlung generell ein zusätzlicher, sogenannter Niedertemperaturkühlmittelkühler benötigt, der entsprechend temperiertes Kühlmittel in einem separaten Kreislauf bereitstellt (siehe Abb. 7.19).

Trotz unterschiedlicher Bauformen sind die Komponenten und verwendeten Werkstoffe der iLLK denen der dLLK sehr ähnlich. Bei den integrierten iLLK kommen entweder verlötete Wellrippen-Scheibensysteme oder Wellrippen-Rohrsystem ähnlich zu den Kühlmittelkühlern zum Einsatz, d. h. die Scheiben oder Rohre sind kühlmitteldurchströmt und kühlen die in den Verbrennungsraum strömende, komprimierte Ladeluft mittels den verlöteten Wellrippen auf das gewünscht Temperaturniveau.

Unabhängig von der Bauform sind die Anforderungen an die LLK-Werkstoffe bzgl. Festigkeit, Ermüdungsverhalten unter Druck- und Temperaturwechsel sowie luftseitige Korrosionsbeständigkeit sehr ähnlich zu den Werkstoffen der Kühlmittelkühler. Den höheren Temperaturanforderungen auf der Ladelufteintrittseite wird durch spezielle, hochtemperaturfeste Kunststoffe Rechnung getragen.

7.3.1.3 Abgaskühlung

Die Abgasrückführung wird z. B. bei Dieselmotoren eingesetzt, um Stickoxid- und Partikelemission zu reduzieren. Für hohe Wirkungsgrade muss das rückgeführte Abgas dabei in einem Abgaskühler gekühlt werden. Das hierfür verwendete Kühlmittel stammt meist aus dem Motorkühlkreislauf und wird dem vom Motor ausströmenden Kühlmittelstrom entnommen. Eine besonders effiziente Variante davon ist die „zweistufige Abgaskühlung", d. h., das Abgas wird hierbei in einer ersten Stufe wie eben beschrieben gekühlt und danach in einer zweiten Kühlstufe, die gespeist wird von einem motorunabhängigen Niedertemperaturkreislauf, auf Temperaturen von 10 bis 20 K über Umgebungstemperatur weiter herunter gekühlt [29].

Bei der Auslegung von Abgaskühlern müssen neben der thermodynamischen Leistung vor allem Themen wie Dauerhaltbarkeit, Korrosionsbeständigkeit und Verschmutzungsneigung bedacht werden. Im Abgaskühler kann es bei bestimmten Betriebspunkten zur Unterschreitung des Taupunkts und damit zur Kondensation des heißen Abgases kommen. Das entstehende Kondensat ist ein Gemisch aus organischen Säuren und kann abhängig von der verwendeten Kraftstoffqualität pH-Werte zwischen 2 und 3 erreichen. Der Säureangriff durch das Abgaskondensat wird noch verstärkt durch kohlenstoff- und schwefelhaltige Rußbestandteile, die sich auf der Oberfläche anlagern. Aus diesem Grund sind die gasführenden Komponenten eines Abgaskühlers meist aus korrosionsbeständigen, austenitischen Edelstählen ausgeführt.

Bauformen von Abgaskühlern sind Rohrbündel- (siehe Abb. 7.20) oder Scheibenbauweisen. Die Rohre oder Scheiben führen das heiße Abgas und werden vom Kühlmittel umströmt. Bei ersterer Variante wird durch speziell geprägte Rohre (mit sogenannter Winglet-Struktur) oder mittels Turbulenzeinlagen im Rohr die wärmeaustauschende Oberfläche vergrößert und ein hohes Turbulenzniveau im Rohr erzielt. Bedingt durch den heißen Abgasstrom (bis zu 700 °C) und trotz Kühlung durch das Kühlmittel werden die Rohre im Betrieb jedoch deutlich heißer als das umschließende Gehäuse. Die dabei entstehenden Längendifferenzen führen zu einer starken Verspannung und damit zu einer hohen Thermowechselbelastung der Rohre und müssen durch geeignete konstruktive Maßnahmen ausgeglichen werden [29].

Abgaskühler sind in der Regel fest mit dem Motorblock verschraubt, d. h., auch hochfrequente Vibrationen spielen für die Dauerhaltbarkeit der Kühler eine große Rolle. Dies muss bei der Werkstoffauswahl und der konstruktiven Auslegung von Haltern und Kühlergehäuse bedacht werden. Für Halter und Gehäuse werden daher oftmals ferritische Edelstähle eingesetzt und die Festigkeit der Komponenten durch Kaltumformung und spezielle Strukturierung erhöht [29].

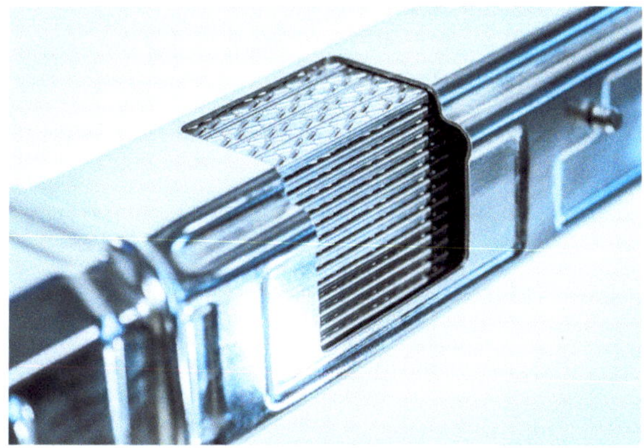

Abb. 7.20 Typischer Aufbau eines Abgaskühlers, Copyright © MAHLE GmbH [26]

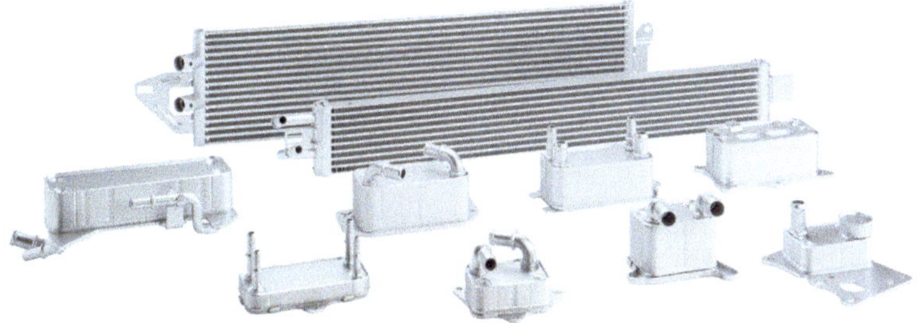

Abb. 7.21 Typische Bauformen für luft- und kühlmittelgekühlte Ölkühler, Copyright © MAHLE GmbH [26]

7.3.1.4 Ölkühlung

Bei modernen Verbrennungsmotoren kommen in der Regel sogenannte Motor- und Getriebeölkühler zum Einsatz (Abb. 7.21), um die Öltemperatur in Motor und Getriebe möglichst rasch auf ein effizientes Niveau zu bringen und dort sicher zu halten. Neben der Absicherung der Komponentenlebensdauer können damit auch die Einhaltung von Verbrauchwerten und Abgasemissionen durch verkürzte Aufheizzyklen sichergestellt werden. Je nach Einsatzprofil und Leistungsanforderung kommen luft- oder kühlmittelgekühlte Ölkühler zum Einsatz.

Kühlmittelgekühlte Ölkühler

Für diese Bauform werden heutzutage hauptsächlich Stapelscheibenölkühler entweder in Aluminium (Pkw) oder in Edelstahl (Nkw) verwendet. Diese sind aus gestanzten, aufeinander gestapelten Scheiben aufgebaut, die im Falle von Aluminium bei ca. 600 °C und im Falle von Edelstahl bei ca. 900–1100 °C im Ofen miteinander verlötet werden. Zur Erhöhung des Wärmeübergangs sind die Scheiben auf der Öl -und der kühlmitteführenden Seite entweder mit Turbulenzeinlagen verlötet oder mit einer entsprechenden Strukturierung versehen.

Für Pkw-Stapelscheibenölkühler aus Aluminium werden in der Regel hartlötbare Legierungen aus der Gruppe EN AW-3003, -3005 oder 6060 eingesetzt, wobei das Hartlot (EN-AW 4004, 4104) als Lotplattierung auf dem Grundmaterial zur Verfügung gestellt wird (vgl. Abschn. 7.3.1.1). Nkw-Stapelscheibenölkühler sind aus temperatur- und festigkeitsgründen aus austenitischen Edelstählen aufgebaut und werden mithilfe Cu- oder Ni-haltiger Lote in Pasten- oder Folienform verlötet.

Luftgekühlte Ölkühler
Für diese Bauform kommen häufig gelötete Rohr-Wellrippen-Systeme aus Aluminium zum Einsatz (Werkstoffspektrum siehe Kühlmittelkühler). Im Vergleich zu den Kühlmittelkühlern sind luftgekühlte Ölkühler jedoch deutlich kleiner und kompakter gebaut. Zur Erzielung hoher Leistungsdichten und aus Festigkeitsgründen werden Turbulenzeinlagen in die Rohre eingelötet.

7.3.1.5 Kühlmodul
Das Kühlmodul ist die Baueinheit, welche die in Abschn. 7.3.1 beschriebenen Komponenten zur Kühlung, wie z. B. Hoch- und Niedertemperatur-Kühlmittelkühler, luftgekühlter Ladeluftkühler, luftgekühlter Ölkühler, mit dem Kondensator der Klimatisierung (siehe Abschn. 7.3.2) zusammenführt (Abb. 7.16). Kühlmodule beinhalten zudem einen oder zwei Elektrolüfter, einen Modulrahmen zur Aufhängung der verschiedenen Wärmeübertrager und der Lüfter sowie eine Lüfterzarge für die Zu- und Abführung des Luftstroms [29]. Rahmen und Zarge werden meist in glasfaserverstärktem Polyamid (PA6) oder Polypropylen (PP GF30) ausgeführt und müssen die sichere Aufhängung und die kühlluftseitige Abdichtung im Fahrzeug gewährleisten.

7.3.2 Klimatisierung

Neben dem Thermomanagement des Antriebs (siehe Abschn. 7.3.1) ist die Klimatisierung des Fahrgastraums zu einer Grunderwartung der Endverbraucher an die Ausstattung von Fahrzeugen. Waren es in den 1960er- und 1970er-Jahren in Europa nur Fahrzeuge im Luxussegment, die mit einer Klimatisierung ausgestattet waren, hat sich dies bis heute auf Fahrzeuge aller Segmente, also selbst bis in den Kleinstwagenbereich ausgeweitet. So hatten gemäß einer ADAC-Statistik aus dem Jahr 2020 über 90 % der in Deutschland zugelassenen Neufahrzeuge eine Klimaanlage [30]. Bupp [31] hat die Komforterwartungen in Form einer Pyramide dargestellt, innerhalb derer die Klimatisierung ihren Platz einnimmt (siehe Abb. 7.22). Aber auch an einem anderen Ausstattungsmerkmal, der Sitzheizung, lässt sich der Wunsch nach einer angenehmen Temperatur im Fahrzeug festmachen. 62 % der in 2018 zugelassenen Fahrzeuge haben eine Sitzheizung [32]. Die Erwartung an ein angenehmes Klima besteht im Wesentlichen in einer wohlfühlenden Temperatur im Fahrgastraum. Bei kalten Außentemperaturen erwarten die Personen in der Fahrgastzelle eine möglichst schnelle Aufheizung und bei hohen Temperaturen eine mög-

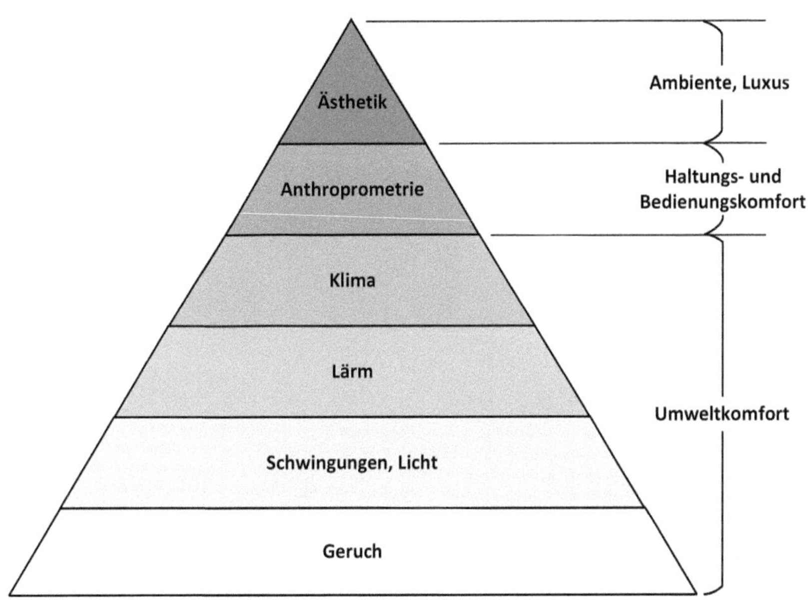

Abb. 7.22 Komfortpyramide nach [31]

lichst schnelle Abkühlung der Temperatur auf ein gefühlt angenehmes Niveau. Kühlung und Heizung werden bei der Klimaanlage über einen temperierten Luftstrom umgesetzt. Daraus resultieren weitere Aspekte des Wohlfühlens, wie z. B. der Luftzug, also die Strömungsgeschwindigkeit der Luft, der Feuchtegehalt der Luft oder ein möglichst angenehmer, neutraler Geruch. Zudem können auch Partikel in der Luft unser Wohlempfinden oder die Gesundheit beeinträchtigen. Beispielsweise können Pollen eine allergene Wirkung auslösen und Staub, insbesondere Feinstaub, hat eine erwiesene gesundheitsschädigende Wirkung.

7.3.2.1 Klimaanlage

Der Wärme- und Kältebedarf für den Fahrzeuginnenraum wird durch den Kältemittel- und den Kühlkreislauf bereitgestellt. Die einzelnen Komponenten sind durch Schlauchleitungen und/oder Aluminiumleitungen verbunden und bilden so ein geschlossenes System (siehe Abb. 7.23 und 7.24). Im System zirkulieren, angetrieben vom Klimakompressor, das Kältemittel und Kältemittelöl. Der Kreislauf wird in zwei Seiten aufgeteilt: Der Teil zwischen Klimakompressor und Expansionsventil wird Hochdruckseite genannt. Zwischen Expansionsventil und Klimakompressor befindet sich die Niederdruckseite.

Der Klimakompressor verdichtet das gasförmige Kältemittel verbunden mit einer starken Erhitzung und presst es unter Hochdruck durch den Kondensator. Hier wird dem Kältemittel Energie in Form von Wärme entzogen – es kondensiert und ändert seinen Zustand von gasförmig zu flüssig. Der Filter-Trockner, die nächste Station, scheidet Verunreinigungen und Lufteinschlüsse vom nun flüssigen Kältemittel ab und entzieht ihm

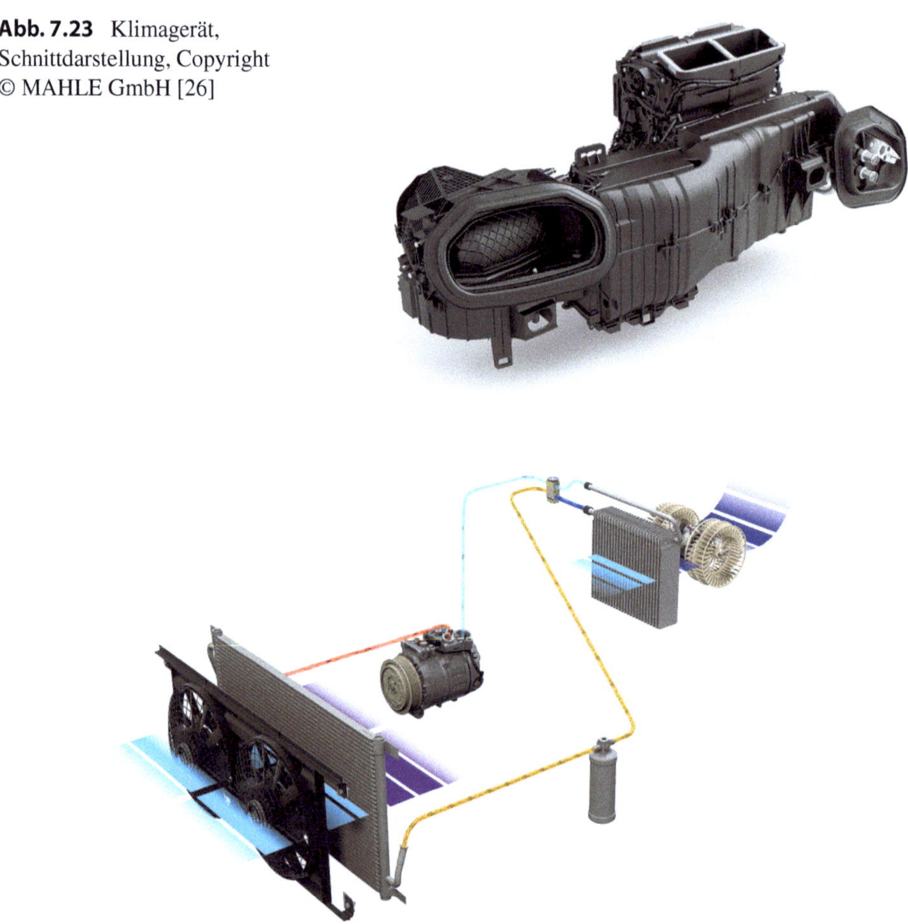

Abb. 7.23 Klimagerät, Schnittdarstellung, Copyright © MAHLE GmbH [26]

Abb. 7.24 Klimaanlage – Kältemittelkreislauf, Copyright © MAHLE GmbH [26]

Feuchtigkeit. Dadurch wird die Effektivität des Systems sichergestellt und die Komponenten vor Beschädigung durch Verunreinigungen geschützt. Weiter geht es vom Filtertrockner zum Expansionsventil. Dieses Ventil ist ähnlich zu sehen wie ein Stauwehr. Vor dem Wehr sorgt es für die Aufrechterhaltung des gleichmäßigen Drucks, wogegen sich nach dem Wehr, durch Volumenvergrößerung, dieser Druck entspannen kann. Da das Expansionsventil direkt vor dem Verdampfer sitzt, passiert die Entspannung des Kältemittels in den Verdampfer hinein. Beim Verdampfen, also bei der Änderung des Aggregatzustands von flüssig zu gasförmig, wird Verdunstungskälte frei. Diese abgegebene Kälte wird nun vom Ventilationssystem in den Fahrzeuginnenraum geblasen, wo sie für das Wohlbehagen der Passagiere verantwortlich ist. Auf der Niederdruckseite geht die Reise des nun wieder gasförmigen Kältemittels zurück zum Klimakompressor, wo der Kreislauf von vorne beginnt [33].

Im Folgenden werden die Wärmetauscher im Klimakreislauf aus dem Blickwinkel der an sie gestellten Anforderungen sowie daraus abgeleiteter werkstofflicher und konstruktiver Lösungen näher beschrieben.

7.3.2.2 Klimakondensator

Der Klimakondensator (siehe Abb. 7.25) ist typischerweise „in erster Reihe", also direkt hinter dem Kühlergrill, vorne im Fahrzeug verbaut. Dort wird er außen von der Luft direkt durch Fahrtwind und erforderlichenfalls – z. B. bei hohen Außentemperaturen, starker Sonneneinstrahlung, also hohem Leistungsbedarf, sowie geringer Fahrzeuggeschwindigkeit – unterstützt durch Lüfter angeströmt. Auf der Kältemittelseite strömt das Kältemittel mit hoher Temperatur und im gasförmigen Aggregatzustand zunächst auf der Einlassseite in den Klimakondensator ein. Durch die Abkühlung auf dem Strömungsweg durch das Bauteil kondensiert das Kältemittel im Bauteil und tritt auf der Auslassseite wieder aus. Kondensatoren dieser Bauform werden „direkte Kondensatoren" (d-COND) genannt.

Alternativ kann das Kältemittel auch in einem sogenannten indirekten Kondensator (i-COND) gekühlt und verflüssigt werden (siehe Abb. 7.26). Solche i-CONDs werden mit Kühlmittel gekühlt statt mit Luft. Sie sind kompakter gebaut, da sie eine höhere spezifische Kühlleistung haben. Ein systemischer Vorteil liegt darin, dass der Kühlbedarf über Thermostate auf der Kühlmittelseite geregelt werden kann.

Konstruktive Aspekte: Auf der Einlassseite, also dem Hochdruckbereich eines Klimakondensators, hat das gasförmige Kältemittel eine Temperatur von bis zu 140 °C, typisch sind 60–100 °C, und einen Druck von bis zu 2 MPa (20 bar). Der Innendruck kann aber auch 3 MPa (30 bar) erreichen. Der spezifizierte Berstdruck eines Kondensators beträgt aus Sicherheitsgründen mindestens 9 MPa (90 bar). Bei Fahrzeugversuchen in Phoenix (Arizona, USA) wurden typische Betriebsbedingungen in Abhängigkeit der Umgebungstemperatur ermittelt (siehe Tab. 7.2):

Die strukturellen Anforderungen an einen Klimakondensator aufgrund der hohen Kältemitteldrücke und die thermodynamischen Anforderungen werden im Fall der direkten Kondensatoren konstruktiv durch den Einsatz von innen eng verstrebten, dünnwandigen Rohren gelöst (siehe Abb. 7.27).

Abb. 7.25 Direkter Klimakondensator, Copyright © MAHLE GmbH [26]

Abb. 7.26 Indirekter Kondensator, Copyright © MAHLE GmbH [26]

Tab. 7.2 Klimakondensator – Kältemittel Druck-/Temperaturprofil (MAHLE Daten)

		Betrieb		
		AC-OFF	AC-ON	
Umgebungstemperatur [°C]	Häufigkeit [%] (USA, Phoenix, Arizona)	p min [bar]	p max [bar]	T max [°C]
≥ 40	3,8	11,6	24,07	138,4
≥ 30, < 40	27,3	8,84	19,02	121,1
≥ 20, < 30	31,1	6,63	13,49	102,8
≥ 10, < 20	31,6	4,87	7,28	56,6
≥ 0, < 10	6,2	3,89	7,28	56,6

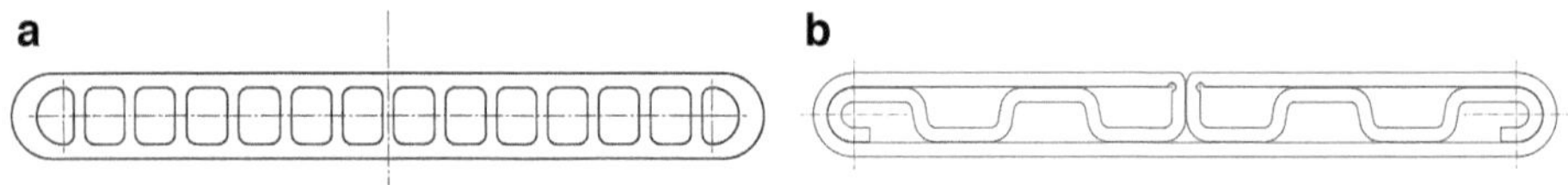

Abb. 7.27 (**a**) MPE-Querschnitt, Copyright © MAHLE GmbH [26]. (**b**) Falzrohr Querschnitt, Copyright © MAHLE GmbH [26]

Die Rohre werden entweder in einem Warmextrusionsprozess extrudiert oder aus Walzband in Rollformprozessen geformt. Die sich so ergebenden Kanäle (englisch: „ports") haben aus thermodynamischen Leistungsgründen eine kleine Querschnittsfläche in der Größenordnung von < 1 mm² bis zu wenigen mm². So hat dieses Konstruktionsmerkmal den Extrusionen ihren Namen verliehen: Multi Port Extrusion, MPE.

Werkstoffliche Aspekte stellen eine sehr große Herausforderung an Klimakondensatoren dar, vor allem mit Blick auf Korrosionsanforderungen. Worin liegt das hohe korrosive Lastprofil von direkten Kondensatoren begründet? Die Einbausituation im vordersten Bereich des Fahrzeugs begründet, dass Feuchte aus Regenwasser, Kontaminationen von der Straße und im Winter auch gelöste chloridische Tausalze (NaCl, Mg_2Cl usw.) als Nebel oder Spritzwasser mit dem Fahrtwind direkt auf die Oberflächen des Klimakondensators geströmt werden und auf diesen einen Elektrolytfilm bilden. Die Voraussetzungen für Elektrolytkorrosion sind damit gegeben. Im Unterschied zu den Wärmetauschern des Kühlmittelkreislaufs (siehe Abschn. 7.3.1) wird der Kältekreislauf nur in den warmen Jahreszeiten betrieben. Im Winter wird i. d. R. keine Kühlung des Fahrgastraumes benötigt und unterhalb von ca. 4 °C wird der Klimakompressor selbst bei vom Fahrer eingeschalteter Klimaanlage zwanghaft abgeschaltet, um eine Vereisung von Komponenten oder im Kältemittel (unvermeidbare Wasseranteile) zu vermeiden. Auch ist eine Strahlungserwärmung aus dem typischerweise benachbarten Kühlmittelkühler sehr gering im Winter. Somit erfährt der Kondensator in der kalten Jahreszeit seltener eine Erwärmung durch zirkulierendes Kältemittel und trocknet deswegen nicht oder nur sehr langsam von Befeuchtung aus der Umgebung ab. Bei Stillstand eines Fahrzeugs nach Betrieb fällt zudem die Anströmung mit Luft völlig weg, sodass auch dies keinen Beitrag für eine Abtrocknung liefert.

Die idealen Voraussetzungen für eine aggressive korrosive Last sind gegeben: Benetzung der Oberfläche mit einem korrosiven chloridisch-elektrolytischen Agenz, langen Einwirk-(Benetzungs-) Zeiten und elektrolythaltende Kapillareffekte in den Zwickeln zwischen Wellrippe und Rohr.

Ein besonderer Aspekt, der die korrosive Belastung der Bauteiloberfläche lokal weiter erhöht, sind die zeitlichen Übergangsphasen, in denen nur eine lokale Benetzung (im Gegensatz zu einer kompletten Befeuchtung aller Oberflächen) mit Elektrolyt vorliegt. Diese stellen sich ein, wenn durch geringe oder fehlende Anströmung mit Luft, insbesondere aber durch lediglich geringe oder kalte Kältemitteltemperaturen, eine nur partielle Abtrocknung eintritt und dann eine partielle Benetzung auf den Oberflächen verbleibt. Diese Phasen sind insofern kritisch, als da ein vorgesehener Korrosionsschutzmechanismus, nämlich der kathodische Korrosionsschutz durch Kopplung mit einem unedleren Material (hier Wellrippe und Rohr), nicht mehr wirkt.

Im Fall von indirekten Kondensatoren (siehe Abb. 7.26) sind die realen Belastungen durch Beladung mit Feuchte und Kontaminationen aus der Umwelt geringer. Dies ist in einer Positionierung weiter hinten im Motorraum begründet, in der i-CONDs korrosiv deutlich weniger exponiert sind, aber auch in ihrer Bauform, die weniger Oberfläche und weniger Kapillaren für Elektrolytsammlung bietet. Unabhängig davon sind die gängigen Test- und Validierungsanforderungen der Fahrzeughersteller häufig gleich zu denjenigen von d-CONDs. Es erfolgt in dieser Hinsicht keine Differenzierung.

7.3.2.3 Verdampfer

Am Verdampfer wird der von außen einströmenden warmen Luft auf dem Weg in den Fahrgastraum Wärme entzogen. Das Konstruktionsprinzip besteht aus Sammel- bzw. Verteilerkästen, die über parallel angeordnete Rohre verbunden sind. Zwischen den Rohren

Abb. 7.28 Verdampfer, Copyright © MAHLE GmbH [26]

sind wellrippen stoffschlüssig durch Löten angeordnet. Die Rohre werden entweder aus Mikroextrusionen („MPE", siehe auch Abschn. 7.3.2.2) oder aus Falzrohren gebildet (siehe Abb. 7.28).

Das im Kältemittelkreislauf im Klimakondensator verflüssigte und gekühlte Kältemittel wird über ein Expansionsventil zum Verdampfer geführt. Es erfährt so eine Abkühlung durch Entspannung von typischerweise bis zu 2,5 MPa (25 bar) auf ca. 0,5 MPa (5 bar) und geht, wie der Name sagt, durch Wärmezufuhr im Verdampfer in einen überwiegend gasförmigen Zustand über. Dabei wird dem Kältemittel die spezifische Verdampfungsenthalpie entzogen, was zu einer Abkühlung der Metalloberflächen führt. Somit kühlt das Kältemittel und mit ihm der Verdampfer auf eine Temperatur unterhalb der Außentemperatur ab und kühlt die vorbeiströmende Luft. Eine Folge ist dabei, dass der Taupunkt der (feuchten) Umgebungsluft unterschritten werden kann, sodass es zu einer Kondensation der Luftfeuchtigkeit auf den äußeren Oberflächen des Verdampfers kommt. Das ist für den Fahrgastraum ein durchaus positiver Nebeneffekt, da so eine schnelle und effektive Verdampfung von kondensierten Feuchtefilmen („Beschlägen") auf den Innenseiten vor allem der Frontscheiben eintritt.

Konstruktive Aspekte: Beispiele für anwendungsbezogene Anforderungen, die das Konstruktionsprinzip beeinflussen, sind eine hohe spezifische Kühlleistung, ein geringer luftseitiger Druckverlust, eine gleichmäßige Temperaturverteilung, ein geringes Kältemittelvolumen sowie eine geringe luftseitige Tauwassermenge. Weitere Anforderungen sind durch das Risiko von Schäden durch lokale Eisbildung von gefrierendem Tauwasser gegeben. Dieses kann durch die Volumenvergrößerung von Wasser und besonders das Anfrieren von immer mehr Wasser beim wiederholten Gefrieren ohne zwischenzeitliches Tauen die Strukturen eines Verdampfers schädigen. Geeignete Vermeidungsstrategien liegen in der Reduktion des zurückgehaltenen Tauwassers, einem gleichmäßigen Temperaturprofil ohne Kaltstellen, vor allem aber in einer geeigneten Regelcharakteristik des Kältemittelsystems, welches die Unterschreitung des Gefrierpunktes an allen Stellen des Verdampfers unterbindet.

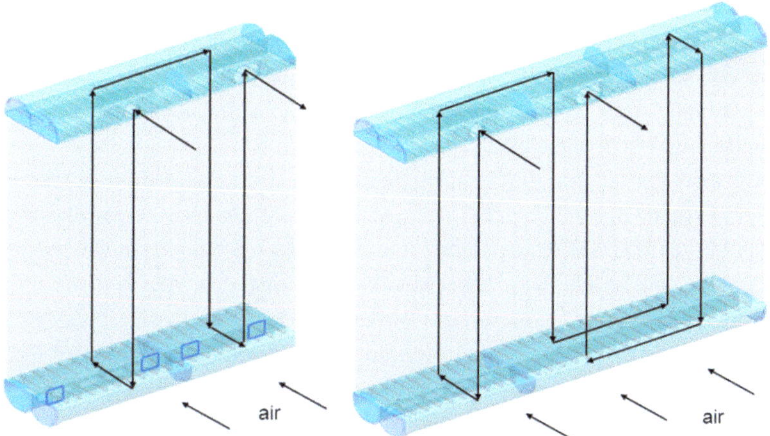

Abb. 7.29 (**a**) Verdampfer, 4-flutig, Copyright © MAHLE GmbH [26]. (**b**) Verdampfer, 6-flutig, Copyright © MAHLE GmbH [26]

Die Temperaturverteilung lässt sich durch die Gestaltung der Strömungswege, die Dimensionierung des Bauteils oder auch die Positionierung der Kältemittelanschlüsse beeinflussen.

Beispiele für konstruktive Ausführungsarten sind in Abb. 7.29 dargestellt:

Der Tauwasserablauf bzw. ein geringes Speichervermögen von Tauwasser lässt sich durch das Design der Wellrippen und die Berücksichtigung von möglichen Ablaufkanälen oder -bahnen steuern.

Werkstoffliche Aspekte: Die Betauung aus der Umgebungsluft des Verdampfers führt zusammen mit Kontaminationen aus der Luft und der Umgebung zu einer Elektrolytbildung auf den Oberflächen und damit zu korrosiven Bedingungen, die werkstofflich und auch konstruktiv gelöst werden müssen. Die grundsätzliche Werkstoffauswahl ist durch das technologische Anforderungsfeld Fügetechnik-Umformbarkeit-Korrosionsbeständigkeit-Festigkeit gegeben. So sind Legierungen, die Magnesium enthalten, nicht einsetzbar in Lötverfahren unter Schutzgasatmosphäre („CAB“, Controlled Atmosphere Brazing) und nicht korrosivem, fluoridischem Flussmittel. Magnesium bildet zusammen mit den nicht korrosiven Flussmitteln des Typs $K_xAl_yF_z$ eine hochschmelzende Phase, die dessen Wirkung deaktivieren. Die Werkstoffe von CAB-gelöteten Wärmetauschern stammen aus der Gruppe der 3xxx Knetlegierungen, also der Al-Mn-Legierungsgruppe. Basislegierung bei Einsatz von Walzbändern ist EN AW-3003 (AlMn1Cu), bei Mikroextrusionen EN AW-3102 (AlMn0,2). Solche Legierungen enthalten kein oder nur sehr wenig Magnesium, sind also im CAB-Verfahren gut lötbar. Die Wellrippen werden ebenfalls aus der Familie der EN AW-3003 (AlMn1Cu) ausgeführt, wobei auch Qualitäten der Familien EN AW-1XXX oder EN AW-7XXX zum Einsatz kommen können. Die dünnwandigen Falzrohre bestehen aus kaltgewalztem Band in einer Dicke von typischerweise 0,20–0,30 mm. Es wird in Rollformprozessen zu Rohren eingeformt.

Korrosionstechnologisch nutzt man vor allem elektrochemische Schutzmechanismen innerhalb und zwischen den Werkstoffen. Ziel ist es, ein Potenzialgefälle einzustellen, durch die der Korrosionsangriff in elektrochemisch unedlere Bereiche gelenkt wird, in denen er tolerabel ist, da er dort konstruktionsbedingt keine Schäden oder im schlimmsten Fall Ausfälle durch z. B. Leckagen verursacht.

Vorrangigstes Ziel ist also die Sicherstellung der Dichtheit auch unter aggressiv korrosiven Bedingungen. Besonders gefährdet sind die Rohre, da sie eine geringe Wanddicke haben. Ein Verlust von Kältemittel führt zu einem Ausfall der Klimaanlage. Genutzt wird der sogenannte galvanische Korrosionsschutz. Dazu wird das freie Korrosionspotenzial der in Kontakt stehenden eingesetzten Werkstoffe durch Legierungselemente in Verbindung mit der thermischen Prozesstechnologie so eingestellt, dass das Grundmaterial der MPE-Rohre relativ zu den anderen Werkstoffen am weitesten im kathodischen, also elektropositiveren, Bereich liegt. Die in Kontakt stehenden Elemente oder auch nur Schichten eines Werkstoffes wirken als Opferanoden. Es ist möglich durch Diffusionsprozesse oder durch den Einsatz von Verbundwerkstoffen nur Schichtbereiche anodisch (also elektrochemisch elektronegativer, „unedler") einzustellen. Zum Einstellen des Elektropotenzials der eingesetzten Aluminiumwerkstoffe werden typischerweise die Legierungselemente Zink, Kupfer und Mangan eingesetzt (siehe Abb. 7.30). Beispielhaft seien hier zwei konkrete Lösungen angeführt. Das Material für die Wellrippen bekommt einen Zulegierung von Zink mit z. B. 1,0–2,0 %. Dadurch erniedrigt sich das freie Korrosionspotenzial gegenüber einer zinkfreien EN-AW-3003-Legierung um 90 mV (gemessen gegen eine gesättigte Kalomelelektrode) oder mehr. Ebenso kann man die kälte-

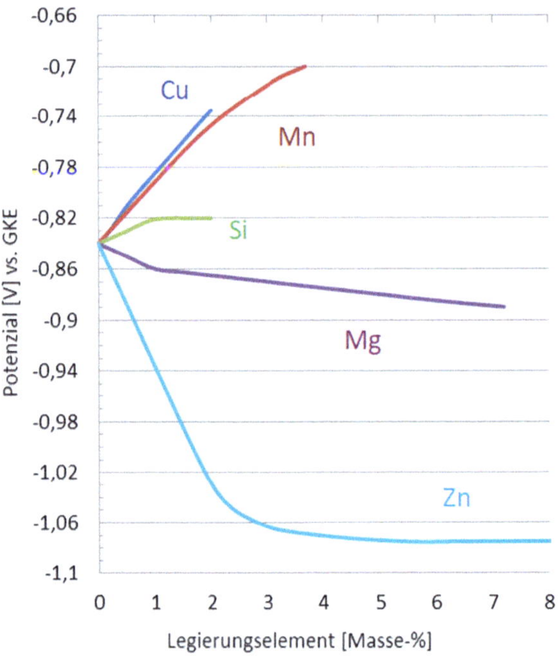

Abb. 7.30 Einfluss von Legierungselementen auf das Korrosionspotenzial nach [34]

mittelführenden, dünnwandigen MPE-Rohre mit Zink besprühen. Dazu wird ein dünner Zinkdraht mittels eines Lichtbogens verflüssigt und mit einer Sprüheinrichtung und hoher kinetischer Energie auf die Rohroberfläche appliziert. Beim späteren Fügeprozess im CAB-Verfahren diffundiert Zink von der Oberfläche eines so besprühten Rohres in das Aluminiumsubstrat ein und bildet dort eine zinkangereicherte Oberflächenschicht mit einer Schichtdicke in der Größenordnung von 100 µm (abhängig von der Zinkmenge und der Zeit und Temperatur beim Fügeprozess). Diese unedlere, zinkangereicherte Oberflächenschicht wirkt somit als flächige Opferanode gegenüber den nicht von Zink angereicherten Bereichen des Metalls.

Ein weiterer Aspekt mit Konsequenzen für die Werkstoffauswahl wird durch die Bildung von Tauwasser auf den Oberflächen eines Verdampfers verursacht. Auf betauten Oberflächen von Verdampfern finden Bakterien oder Pilze, die unvermeidbar mit der Umgebungsluft eingetragen werden, ideale Vermehrungsbedingungen vor. Lösungen dieser Problematik bieten organische oder anorganische Beschichtungen der luftseitigen Oberflächen mittels Passivierungen oder Lacken (oder Kombinationen aus beiden), die der Vermehrung von Pilzen und Bakterien durch Fungizide und antibakterielle Bestandteile entgegenwirken. Eine alternative Technologie, die sehr effektiv gegen Geruchsbildung wirkt, ist die sogenannte *BehrOxal®* Behandlung, die 2005 von der heutigen MAHLE Behr GmbH & Co KG, Stuttgart, entwickelt und patentiert wurde [35]. Bei dieser wird ohne den Einsatz von Lacken, Fungiziden oder antibakteriologischen Zusätzen auf der Aluminiumoberfläche durch eine Hochtemperaturbehandlung eine geeignete Oxidschicht gebildet, die sehr gut und vor allem dauerhaft gegen Geruchsbildung wirkt.

7.3.2.4 Heizkörper

Der Heizkörper (siehe Abb. 7.31) als weiteres Element der Klimaanlage ist Teil des Kühlmittelkreislaufs. Das warme Kühlmittel wird durch den Heizkörper geführt und heizt ihn auf. Über die dünnwandigen, kühlmittelführenden Rohre zwischen den Sammlern wird die Wärme in die luftseitigen Rippen geleitet. Die durch Fahrtwind und Lüfter anströmende

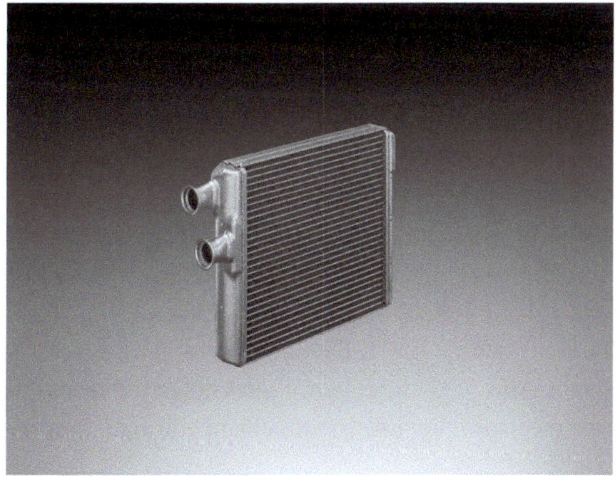

Abb. 7.31 Heizkörper, Copyright © MAHLE GmbH [26]

kühle Umgebungsluft nimmt die Wärmeenergie durch Wärmeleitung beim Kontakt mit den warmen Oberflächen der Wellrippen auf und temperiert den Fahrgastraum. Bei kalten Umgebungsbedingungen kann sich Tauwasser auf den inneren Oberflächen der Scheiben bilden und dort auch gefrieren. Eine schnelle Erwärmung, Enteisung und Trocknung der Scheiben ist ein wesentlicher Sicherheitsaspekt, bei dem der Heizkörper die Funktion der Lufttemperierung übernimmt.

Konstruktive Aspekte: Das Kühlmittel wird über Schläuche oder Leitungen in einen Sammelkasten zugeführt, verteilt, über dünnwandige Rohre geführt und in einem weiteren Sammelkasten gesammelt, aus dem es schließlich über eine Austrittsöffnung zurück in den Kühlkreislauf geführt wird. Die anwendungsbezogenen Anforderungen liegen in einem geringen kühlmittelseitigen Druckverlust und einer hohen spezifischen thermodynamischen Leistung. Die dünnwandigen Rohre zwischen den Sammelkästen können aus Mikroextrusionen („MPE") oder aus Schweiß- oder Falzrohren ausgeführt werden. Festigkeitsmäßig müssen sie den Kühlmitteldruck abfangen, der typischerweise bis zu 0,2 MPa (2 bar) abs. betragen kann. Aufgrund der Einbausituation des Heizkörpers im Klimamodul und direkt hinter dem Armaturenbrett bestehen besondere Anforderungen an die Dichtheit des Heizkörpers in allen Betriebsbedingungen. Bei einer Leckage oder einem Bersten könnte heißes Kühlmittel direkt in den Fahrgastraum gelangen. Vor allem die filigranen Falz- oder Schweißrohre müssen deswegen sicher und prozesstechnisch robust gefügt werden können.

Werkstoffliche Aspekte: Grundsätzlich werden die schon aus den beschriebenen Wärmetauschern bekannten Werkstoffe, Fügetechnologien und Korrosionsschutzmechanismen eingesetzt. Im Unterschied zu Klimakondensatoren oder Verdampfern ist das korrosive Belastungsprofil vergleichsweise gering. Betriebsbedingt wird der Heizkörper vor allem in der korrosiv kritischen feuchten und kalten Jahreszeit regelmäßig warm und trocknet ab. Ein korrosiver Elektrolytfilm bildet sich selten und wenn, dann nur kurzzeitig. Dies spiegelt sich auch so in den Validierungsanforderungen der Fahrzeughersteller wider, nach denen nur sehr einfache und kurze Korrosionstests vorgesehen sind.

7.3.3 Thermomanagement in E-Fahrzeugen

Die Erwartungshaltung an die Klimatisierung ist in E-Fahrzeugen grundsätzlich gleich zu derjenigen in Fahrzeugen mit Verbrennungsmotor. Allerdings fehlt als Wärmequelle die Abwärme des Verbrennungsmotors und die mechanische Energie zum Betrieb des Klimakompressors muss z. B. elektrisch erzeugt werden. Der Aufbau und das Funktionsprinzip von Klimaanlagen bleiben somit unverändert. Der Luft für den Fahrgastraum wird Wärme über einen Heizer zugeführt bzw. über einen Verdampfer entzogen, der Gas-Flüssig-Phasenwechsel des Kältemittels erfolgt in einem Klimakondensator. Ein Kompressor (siehe Abb. 7.32) führt dem Kältesystem die benötigte Verdichtungsarbeit zu. Das Fehlen von mechanischer Energie aus einem Verbrennungsmotor erfordert den elektromotorischen

Abb. 7.32 Elektrischer HV-Kompressor, Copyright © MAHLE GmbH [26]

Antrieb des Kompressors. Bei diesen Kompressoren ist der elektrische Antrieb integraler Bestandteil des Bauteils.

Heizer werden in E-Fahrzeugen entweder in einem Kühlmittelkreislauf betrieben, wie auch in Fahrzeugen mit Verbrennungsmotor, alternativ mit rein elektrischen Heizern, wie sie auch schon im Einsatz sind als Zuheizer vor allem in Dieselfahrzeugen. Bei diesen ist die Erwärmung über das Kühlmittel vergleichsweise langsam, und elektrische Zuheizer unterstützen eine schnelle Erwärmung der Luft.

E-Heizer, auch „PTC-Heizer" genannt (siehe Abb. 7.33), wandeln mittels PTC-Keramiken (PTC steht für Positive Temperature Coefficient) elektrische Energie in Wärme um, die durch Wärmeleitung in die luftseitigen Wellrippen geführt wird. Die Luft für den Fahrgastraum wird durch diese geführt und erwärmt sich. Bei kühlmittelbeheizten Heizern in E-Fahrzeugen wird die Wärme des Kühlmittels über einen klassischen widerstandserwärmten E-Heizer in den Kühlmittelkreislauf eingebracht.

Änderungen für das gesamte Thermomanagement im Zusammenwirken von Kühlung und Klimatisierung ergeben sich aus notwendigen Effizienzsteigerungen zur Reduktion des Stromverbrauchs. Das Ziel ist es, die Reichweite im Batteriebetrieb so groß wie möglich zu gestalten. So kann man die Wärme aus der Umwelt und aus parasitären Wärmequellen innerhalb des Thermomanagementsystems durch ein Wärmepumpensystem nutzen. Dazu sind zusätzliche Wärmetauscher erforderlich. So wird ein „äußerer Wärmetauscher" vorne im Frontend positioniert (siehe Abb. 7.34). Er ist konstruktiv wie ein Niedertemperaturkühler (NTK) aufgebaut. Zu beachten ist, dass die korrosiven Belastungen auf so einen äußeren Wärmetauscher erhöht sind gegenüber einem Niedertemperaturkühler, da dessen Temperaturniveau im Betrieb gering ist, damit kaum Abtrocknung nach Befeuchtung eintritt und die Kontamination mit Verunreinigungen aus der Umwelt (z. B. Salze) durch die Positionierung vorne im Frontend hoch ist. Ebenso kann

Abb. 7.33 PTC-Heizer, Copyright © MAHLE GmbH [26]

Abb. 7.34 Niedertemperaturkühler, Copyright © MAHLE GmbH [26]

so ein äußerer Wärmetauscher im Gegensatz zu einem klassischen NTK aufgrund seiner Betriebsbedingungen regelmäßig vereisen, was ein Risiko für strukturelle Schäden mit sich bringt.

Die Li-Ionen-Batterietechnologie als Energiespeicher von E-Fahrzeugen benötigt ein Thermomanagement in einem engen Temperaturbereich. Bei Temperaturen unter 20 °C sinken die Leistungsfähigkeit der Zellen und damit die Reichweite der Fahrzeuge spürbar ab. Bei hohen Temperaturen, wie sie bei hohen Leistungsentnahmen auftreten oder auch beim Schnellladen, nehmen Alterungseffekte zu und bei sehr hohen Temperaturen droht sogar die Gefahr der Zerstörung von Zellen. Die Ladefähigkeit von Batteriezellen ist bei hohen Zelltemperaturen ebenso vermindert. Die Beheizung bzw. auch die Kühlung der Batterien kann auf verschiedene Arten erfolgen. So können die Zellen direkt von einem temperierten Fluid, z. B. einem Thermoöl, umspült und temperiert werden. Diese Technologie nennt man Immersionskühlung. Ebenso ist eine Temperierung über Batteriekühlplatten möglich. Dabei setzt man flache Batteriekühler (siehe Abb. 7.35) ein, die prinzipiell aus zwei Platten bestehen, zwischen denen ein Kühlmittel geführt wird. Die Batteriezellen kontaktieren diese Platten und Wärme wird über sie zu- oder abgeleitet.

In Fällen, in denen der Kältemittelkreislauf mit in die Kühlung einbezogen werden muss, setzt man Chiller ein (siehe Abb. 7.36). Diese sind in Stapelscheibenbauweise aufgebaut, wie sie in ähnlicher Bauform schon für die Ölkühlung in Fahrzeugen mit Verbrennungsmotor eingeführt sind (siehe Abschn. 7.3.1.4 „Kühlmittelgekühlte Ölkühler“). In einem Chiller liegen jeweils kühlmittel- und kältemittelführende Lagen scheibenförmig nebeneinander, sodass die Wärme aus dem Kühlmittel in das verdampfende Kältemittel geleitet wird. Typische Anwendungen für Chiller sind in Fahrzeugen mit Schnelllade-

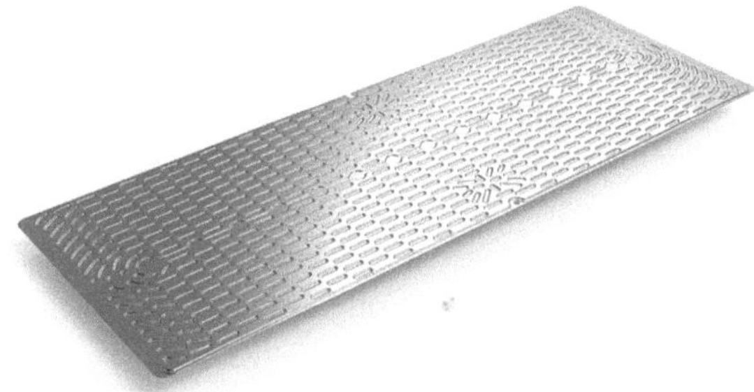

Abb. 7.35 Batteriekühler, Copyright © MAHLE GmbH [26]

Abb. 7.36 Chiller in Plattenbauweise, Copyright © MAHLE GmbH [26]

fähigkeit, bei der im Ladefall eine sehr große Wärmemenge abgeführt werden muss. In Anwendungen mit einem indirekten Wärmepumpensystem, bei denen über einen äußeren Wärmetauscher Umgebungswärme genutzt wird, läuft über den Chiller der Wärmeübergang vom Kühlmittel in den Kältemittelkreislauf. Generell erhöht der Trend zu Leistungs- und Effizienzsteigerungen, aber auch zu Hochvoltsystemen (> 800 V), die Anforderungen an das Thermomanagement, die Vielzahl an Wärmetauschern und die Systemkomplexität weiter.

7.4 Herausforderungen für den elektrischen Antriebsstrang

Hans-Jürgen Schneider

Der erste Nachweis einer durch elektromagnetische Kräfte erzeugten Drehbewegung erfolgte durch Peter Barlow mit dem nach ihm benannten Barlow'schen Rad 1822, also vor rund 200 Jahren und somit ca. 50 Jahre vor dem ersten Verbrennungsmotor. In den darauffolgenden Jahren bis zum Ende des 19. Jahrhunderts entstanden alle wesentlichen Basiskonzepte der heutigen Elektromotoren. Aufgrund des hohen Wirkungsgrades, bester Regelbarkeit und mit dem Aufkommen der Halbleitertechnik in den 1950er-Jahren und der damit verbundenen Möglichkeit, Gleichrichter, Wechselrichter und Frequenzrichter in einer Leistungselektronik zu integrieren, sind elektrische Antriebe heute faktisch omnipräsent und nicht mehr wegzudenken.

Bevor der Verbrennungsmotor seine – zwischenzeitliche – Dominanz erlangte, war der elektrische Antrieb auch schon im Kraftfahrzeug vertreten, nur konnte er sich damals noch nicht durchsetzen. Trotz dieser Historie ist es nicht trivial, elektrische Antriebe in heutige und neue Fahrzeuge zu integrieren, denn in den letzten einhundert Jahren sind der Antrieb und das Fahrzeug im wahrsten Sinn des Wortes zusammengewachsen. Es entstanden Baukästen, Plattformen und teilweise auch Standards, die zur kostenoptimalen Entwicklung und Produktion von ca. 100 Mio. Pkw im Jahr führten, und deren Neuentwicklung großen Aufwand erfordert, was hohe Entwicklungsressourcen und Investitionen zur Folge hat. Dies zeigt auch die Analogie, dass die ersten Fahrzeuge mit Verbrennungsmotoren eher motorisierten Kutschen, bei denen man einfach die Pferde wegließ, ähnelten als späteren Autos, und dass dies bei den ersten E-Fahrzeugen in den 1970er-Jahren fast genauso ablief. Auch hier wurde zuerst der Verbrennungsmotor durch einen E-Antrieb ersetzt und die Batterie wie ein Tank platziert. Erfolgreich waren diese Ansätze nicht, denn in beiden Fällen kamen neue Player mit neuen, innovativen und zielgerichteteren Konzepten und griffen die etablierten Hersteller in deren Märkten an. Am Ende wird deshalb ein integraler Ansatz von Fahrzeug und Antrieb erfolgreich sein. Die damit verbundenen Herausforderungen auf die Materialien und den elektrischen Antrieb als Ganzes werden in diesem Kapitel behandelt.

7.4.1 Schlüsselmodule des elektrischen Antriebs

7.4.1.1 Elektrische Maschine

Die elektrische Maschine ist ein Energiewandler. Hier wird elektrische Leistung (Strom * Spannung) in mechanische Leistung (Drehmoment und Drehzahl) und umgekehrt gewandelt. Dies geschieht in beide Richtungen: die Maschine wirkt als Generator beim Bremsen und lädt dabei die Batterie, während beim Beschleunigen der Batterie Energie entzogen wird und die Maschine motorisch arbeitet. Die letzten Jahre waren geprägt durch viele konkurrierende Fahrzeugtopologien, deshalb ist die Varianz der vorgeschlagenen Maschinen auch sehr groß, jeweils passend zur Applikation. Maschinen wurden in Räder integriert, arbeiten in Pkw- und Nkw-Getrieben, erzeugen Energie als Kurbelwellengeneratoren oder bewegen Fahrzeuge als vordere oder hintere elektrisch angetriebene Achse. Also sehr verschiedene Anwendungen mit unterschiedlichen Anforderungen an Bauraum und Performance. Neben dem rein geometrischen Bauraum beeinflussen Anforderungen hinsichtlich Effizienz, Dauerleistung, Kühlung und umgebende Bedingungen (Luft, Öl, Feuchtigkeit) maßgeblich die Auswahl und den Aufbau der E-Maschine, insbesondere die einzusetzenden Materialien. Beispielsweise sind Lichtmaschinen im Getriebeöl bei Motorrädern seit Jahren Standard, die Integration einer E-Maschine in moderne Hybridgetriebe war aber aufgrund der Ausbildung von leitfähigen Schichten, bei einer bestimmten Kombinatorik von Kunststoff, Öladditiven und freiem Kupfer, nicht ganz unproblematisch.

Motor- und Getriebeöl, aber auch Schmiermittel im Allgemeinen sind sehr schöne Beispiele, wie sich die Anforderungen ändern werden. Höhere Drehzahlen, neues Thermomanagement für Inverter und E-Maschine, Materialverträglichkeit und Leitfähigkeit werden wichtige Kriterien und Parameter bei der Entwicklung neuer Schmierstoffe. Gerade die Themen Kupferverträglichkeit, d. h. optimale Kupferkorrosionseigenschaften und elektrische Isolationseigenschaften zur Vermeidung von Spannungsentladungen und Schutz der Bauteile vor elektrischen Schädigungen, sind zentrale Forschungs- und Entwicklungsschwerpunkte. Hinzu kommt Verschleißschutz der mechanischen Bauteile über die gesamte Fahrzeuglebensdauer, denn Ölwechsel sind bei einem elektrischen Antrieb nicht vorgesehen. (M. van Heyden, persönliche Kommunikation, [41]). Abb. 7.37 zeigt einen Überblick dieser Einsatzgebiete.

In elektrischen Antriebssträngen werden fast ausschließlich rotierende elektrische Maschinen eingesetzt, das heißt, wir haben immer einen stehenden Stator in Kombination mit einem drehenden Rotor. Linearmotoren findet man in der Regel nicht. Die Richtung des magnetischen Flusses (durch den Luftspalt) bestimmt das Maschinenwirkprinzip, ob wir von Radial-, Axial- oder Transversalflussmaschinen sprechen. Alle drei Topologien finden sich in verschiedenen Anwendungen wieder. Diese werden in Abb. 7.38 dargestellt.

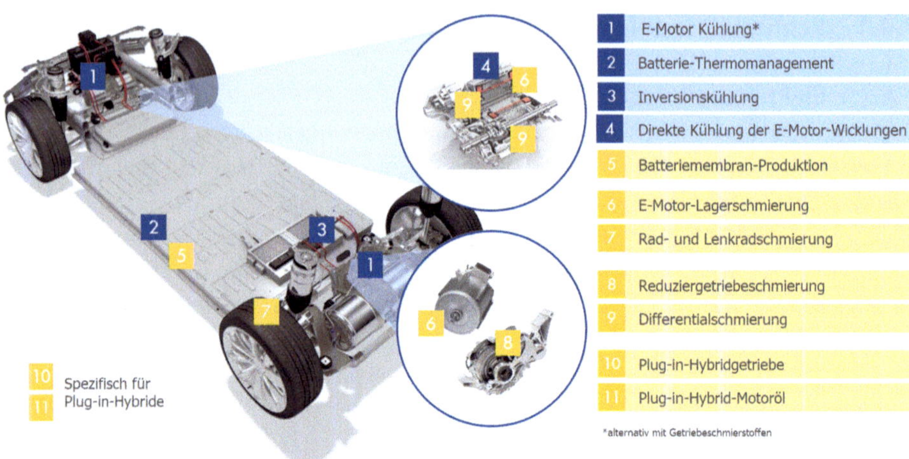

Abb. 7.37 Einsatzgebiete Schmierstoffe und Öle in Elektrofahrzeugen © Shell

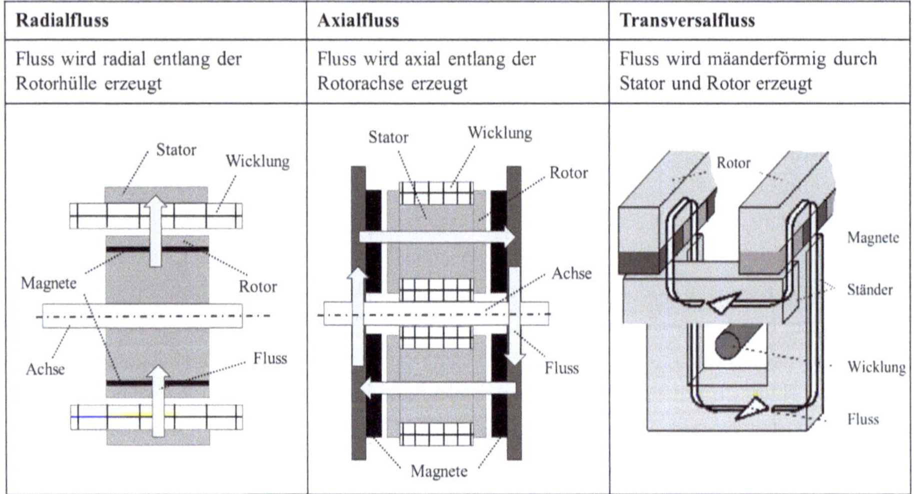

Radialfluss	Axialfluss	Transversalfluss
Fluss wird radial entlang der Rotorhülle erzeugt	Fluss wird axial entlang der Rotorachse erzeugt	Fluss wird mäanderförmig durch Stator und Rotor erzeugt

Abb. 7.38 Radialfluss, Axialfluss und Transversalfluss, nach Babiel [36]; © ZF Friedrichshafen AG

Aus Materialsicht haben alle drei Ansätze folgende Aspekte gemeinsam:

Es braucht gute elektrische Leiter aus Kupfer oder Aluminiumlegierungen.

Die elektrische Sicherheit erfordert Isolationsmaterialien, die für große Temperaturschwankungen, Betriebsspannung und Lebensdauer geeignet sind (Epoxidharze, Polyurethane, usw.).

Es werden magnetische Leiter (häufig Blechpakete) benötigt, die im elektromagnetischen Wechselfeld möglichst wenige Verluste erzeugen.

In den Rotoren sind die Anforderungen an die mechanische Festigkeit wegen der Fliehkraftbelastung hoch, deshalb kommen manchmal auch Kohlefaserbandagen zum Einsatz.
Die Bauteiltemperaturen erreichen zwischen 150 und 200 °C.

Da mit den Topologien allerdings sehr unterschiedliche Anforderungen hinsichtlich Fertigung und Geometrie einhergehen, sind materialseitig verschiedene Lösungen möglich und notwendig. Am Beispiel der magnetischen Leiter lässt sich das gut veranschaulichen. Die Elektromagnetik erfordert maximale magnetische Leitfähigkeit in Kombination mit minimalen Eisenverlusten bei elektromagnetischen Wechselfeldern, sogenannten Core Losses, die frequenzabhängig (u. a. DIN EN 10303) spezifiziert sind. Bei Radialflussmaschinen werden die Blechpakete in der Regel aus gestanztem Elektroband hergestellt. Die Schichtung in axialer Richtung unterbindet die Wirbelstrombahnen. Bei einer Transversalflussmaschine mit 3D-Flussführung bietet sich diese Technologie nicht an, weil man hier Material braucht, das ohne Schichtung Wirbelströme minimiert. Weichmagnetische Pulververbundwerkstoffe, sogenannte Soft Magnetic Components (SMC, z. B. Somaloy von Höganäs) sind hier ein Ansatz. In Abb. 7.39 werden die Blechverluste speziell bei der Frequenz 1000 Hz aufgezeigt.

Jede elektrische Maschine besteht aus einem stehenden Teil, Stator genannt, und einem drehenden Teil, dem Rotor. Mechanisch hat der Stator nur mit thermischen Einflüssen und Fahrzeuganregungen zu kämpfen. Häufig sind es resonante oder thermische Phänomene, die zur Schädigung im Laufe der Lebensdauer führen. Man muss also an der Strukturmechanik optimieren und weniger mit Materialeigenschaften arbeiten (M. van Heyden, persönliche Kommunikation, [41]).

Die eigentlichen Herausforderungen an die Festigkeit der Materialien ergeben sich durch die Anforderungen an die Rotoren. Da die Baugröße einer Maschine durch das benötigte Drehmoment bestimmt wird, versucht man möglichst hohe maximale Drehzahlen zu erzielen. Je höher das Drehzahlniveau, desto kleiner das erforderliche Drehmoment und damit die Masse der E-Maschine. Bei Pkw werden mit den üblichen Durchmessern von E-Maschinen zwischen 170 bis 280 mm (Außendurchmesser Stator) zwischen 12.000 und

Somaloy Werkstoff	Dichte	Widerstandsfähigkeit [µOhm m]	TRS Ambiente [Mpa]	B@ 10000 A/m [T]	μ_{max}	Kernverluste @ 1T [W/kg]				
						Querschnitt 5x5mm				15x15 mm
						100 Hz	400 Hz	1000 Hz	2000 Hz	1000 Hz
Große Partikel #40										
Somaloy 700HR 5P	7.50	700	60	1.57	600	6.6	30	92	241	106
Somaloy 1000 5P	7.52	90	65	1.59	720	6.6	31	103	-	217
Somaloy 700HR 1P	7.45	1000	35	1.53	440	10.0	43	125	307	136
Somaloy 700 1P	7.45	400	40	1.56	540	9.9	43	126	312	152
Somaloy 700HR 3P	7.52	600	120	1.57	770	10.4	45	130	319	147
Somaloy 700 3P	7.57	200	125	1.61	850	10.2	45	132	331	183
Somaloy 1000 3P	7.56	70	140	1.63	950	10.3	46	143	-	288

Abb. 7.39 Datenblatt SMC Somaloy © Höganäs AB

20.000 Umdrehungen pro Minute erreicht. Das entspricht Umfangsgeschwindigkeiten von 130 bis 150 m/s. Daraus resultiert eine spezifizierte Dehngrenze (Rp0.2) von 420 bis 480 MPa bei Temperaturen zw. 150 und 200 °C. Bei einer Radialflusstopologie, die aus gestanztem Elektroband aufgebaut ist, werden Stator und Rotor mithilfe eines Folgeschnittstanzwerkzeugs hergestellt. Das beim Stanzen des Stators abfallende Material wird direkt für die Herstellung der innen liegenden Rotorlamelle verwendet. Das bedeutet wenig Materialverlust, aber mit der Konsequenz einer sehr anspruchsvollen Materialspezifikation, da der Stator hinsichtlich Magnetisierbarkeit auf niedrige Ummagnetisierungsverluste optimiert ist. Der Rotor hingegen wird vor allem wegen der auftretenden hohen Zentrifugalkräfte auch auf mechanische Stabilität ausgelegt. Hochsilizierte (3,2 %) Elektrobleche in den Nenndicken von 0,2 bis 0,3 mm erfüllen heute diese Anforderungen (siehe Abb. 7.40).

Bei Axial- bzw. Transversalflusstopologien werden Rotor und Stator generell aus unterschiedlichen Materialien hergestellt. Beim Einsatz von SMC-Material mit deutlich geringerer Zugfestigkeit als Elektroblech sind Zusatzmaßnahmen, wie z. B. eine Bandage, notwendig. Der wichtigste Fertigungsschritt bei der Herstellung eines Stators ist das Einbringen der elektrischen Leiter, das sogenannte Wickeln, bei dem man verschiedene Wickelsysteme unterscheidet. Im Wesentlichen sind hier drei Wickelverfahren zu nennen.

Einzelzahn- oder konzentrierte Wicklung

Im einfachsten Fall werden einzelne Spulen um die Statorzähne einer Radialflussmaschine oder um die Polschuhe einer Axialflussmaschine gewickelt. Diese „Zahnspulen" werden dann so am Umfang angeordnet, dass sie zum Beispiel für einen dreiphasigen Motor 120° elektrische Phasenverschiebung haben, daher auch der Name Einzelzahnwicklung. Solche Statoren werden in der Regel aus vielen Einzelzähnen zusammengesetzt, weil man sie ein-

Elektroband gemäß DIN EN 10303 (NO 10 – NO 35)

Güte	Nenndicke	Ummagnetisierungsverlust max.			Mechanische Kennwerte		
		1,0 T/400 Hz	1,0 T/700 Hz	1,0 T/1.000 Hz	$R_{p0.2}$	R_m	A80
	[mm]	[W/kg]	[W/kg]	[W/kg]	[MPa]	[MPa]	[%]
NO 10[1)]	0,10	13	25	39	min. 330	min. 450	min. 12
NO 15[1)]	0,15	14	25	43	min. 330	min. 450	min. 12
NO 20-13	0,20	13	29	48	min. 420	min. 500	min. 10
NO 20-15	0,20	15	32	55	min. 330	min. 450	min. 13
NO 25-14	0,25	14	34	62	min. 420	min. 500	min. 12
NO 25-17	0,25	17	40	67	min. 330	min. 450	min. 13
NO 27-15	0,27	15	37	68	min. 420	min. 500	min. 12
NO 27-18	0,27	18	42	70	min. 330	min. 450	min. 13
NO 30-16	0,30	16	41	71	min. 420	min. 500	min. 12
NO 30-19	0,30	19	45	75	min. 330	min. 450	min. 13
NO 35-19	0,35	19	43	77	min. 420	min. 500	min. 12
NO 35-22	0,35	22	48	85	min. 330	min. 450	min. 13

Max. Lieferbreite: 1.000 mm. [1)] Hochfeste Variante auf Anfrage

Abb. 7.40 Datenblatt CDW NO27-14, nach Norm DIN EN 10303:2016-02; © Waelzholz

fach drehend bewickeln kann. Die Vorteile dieser Wicklungsart sind sehr kleine Wickelköpfe und relativ hohe Polzahlen. Damit sind sie prädestiniert bei allen Anwendungen mit großem Durchmesser und wenig axialem Bauraum.

Verteilte Wicklung

In diesem Fall sind die Spulen der einzelnen elektrischen Phasen überlappend angeordnet. Der Ausleger der Maschine hat verschiedene Optionen, Spulengruppen zu bilden, das heißt, eine Spule wird in der Regel räumlich auf mehrere Statornuten verteilt. Verteilte Wicklungen werden heute im Einzugsverfahren mit Leiterbündeln aus Runddraht oder als axial gesteckte Formstabwicklung hergestellt.

Stabspulen- oder Hairpinwicklung

Hier werden rechteckige Drahtstücke, die wie eine große Haarnadel aussehen, in das Blechpaket eingesetzt, nach dem Einsetzen gebogen und anschließend die Enden der Drahtklammern so miteinander verschweißt, dass das entsprechende Wickelschema entsteht. Diese Wicklungstechnologie hat sich mittlerweile als Standard bei elektrischen Antriebsmaschinen etabliert. Die unterschiedlichen Wickelverfahren können Abb. 7.41 entnommen werden.

Wichtig bei allen Verfahren ist, möglichst viel Kupfer in die Statornut einzubringen (hoher Kupferfüllgrad), einen guten Wärmeübergang zum Stator zu erreichen und gleichzeitig die Wicklung elektrisch zu isolieren. Dies geschieht meist durch Flächenisolation, die in Folien-, Papier- oder Laminatform ausgeführt werden. Zusätzlich wird durch eine abschließende Imprägnierung, d. h. Füllen aller noch verbleibender Lufteinschlüsse mittels eines Imprägnierharzes (meist auf Silikonbasis), der bestmögliche Wärmeübergang sichergestellt. Bei allen Wicklungsverfahren müssen am Ende die einzelnen Wicklungen bei dreiphasigen Maschinen auf die drei Phasenanschlüsse und bei sechsphasigen Maschinen auf sechs Phasenanschlüsse zusammengefasst werden. Bei Einzelzahn- und Hairpin-

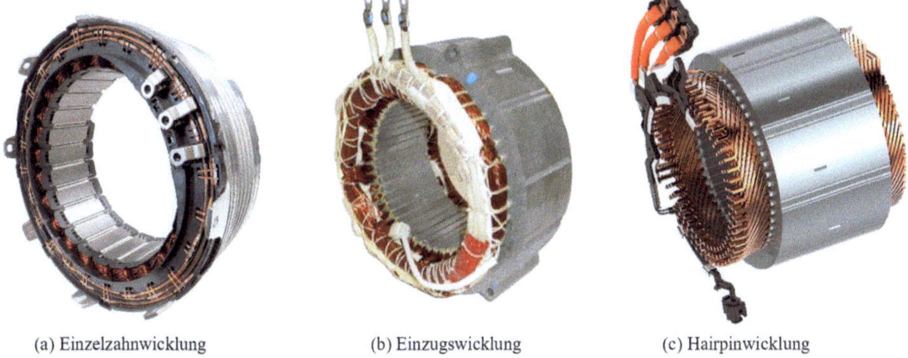

(a) Einzelzahnwicklung (b) Einzugswicklung (c) Hairpinwicklung

Abb. 7.41 Wickelverfahren © ZF Friedrichshafen AG. (**a**) Einzelzahnwicklung, (**b**) Einzugswicklung, (**c**) Hairpinwicklung

wicklungen geschieht dies durch sogenannte Schaltringe, bei denen an einer Seite des Stators die Wicklungen entsprechend den Wicklungsschemen verlötet bzw. verschweißt werden. Diese Verbindungen müssen anschließend mit einer Isolierung versehen werden, die über die gesamte Betriebsdauer Umwelteinflüssen (z. B. Getriebeöl, Temperatur) und verwendeter Betriebsspannung standhalten muss. Dabei werden heute meist silikon-, epoxid- oder polyurethanbasierte Vergussmassen eingesetzt. Die Anforderungen an die Isolationsmaterialien, im Wesentlichen bzgl. Temperatur, Spannung und Lebensdauer, werden durch die folgenden wichtigsten Normen definiert:

DIN EN 60085; VDE 0301-1:2008-08:2008-08: Elektrische Isolierung – Thermische Bewertung und Bezeichnung (IEC 60085:2007); Deutsche Fassung EN 60085:2008

DIN EN 60216; Elektroisolierstoffe – Eigenschaften hinsichtlich des thermischen Langzeitverhaltens – Teil 1–8 (IEC 60216); Deutsche Fassung EN 60216

DIN EN 60505; VDE 0302-1:2012-05:2012-05: Bewertung und Kennzeichnung von elektrischen Isoliersystemen (IEC 60505:2011); Deutsche Fassung EN 60505:2011

Neben der Unterscheidung in der Flussführung unterscheiden sich elektrische Maschinen zudem in der Art, wie das magnetische Rotorfeld erzeugt wird. Im Wesentlichen werden die folgenden drei Varianten eingesetzt.

Permanenterregte Synchronmaschine – PSM

Permanenterregte Synchronmaschinen zeichnen sich durch die höchste Leistungs- und Drehmomentdichte aus. Bei Radialflussmaschinen gibt es Entwürfe mit offenen Magneten im Luftspalt (geklebt bzw. bandagiert) oder im Eisen vergrabene Magneten. Rotoren mit vergrabenen Magneten erzeugen zusätzliches Drehmoment aus magnetischer Anisotropie (Reluktanzeffekt) und lösen elegant das Befestigungsproblem der Magnete. Es gibt auch Varianten mit außen liegendem Rotor, dort drückt die Fliehkraft die Magnete ins Blech. In der folgenden Abb. 7.42 werden verschiedene PSM-Rotorvarianten dargestellt.

Nachteil der PSM ist, dass für die eingesetzten Permanentmagnete die sogenannten Seltenenerdelemente (SEE) benötigt werden, um die geforderten magnetischen Eigenschaften (Energiedichte BH, Koerzitivfeldstärke H_C, Remanenz B_R) zu erreichen. Dies ist gerade bei hohen Arbeitstemperaturen erforderlich. Die für Antriebe am meisten be-

(a) Rotor mit Bandage

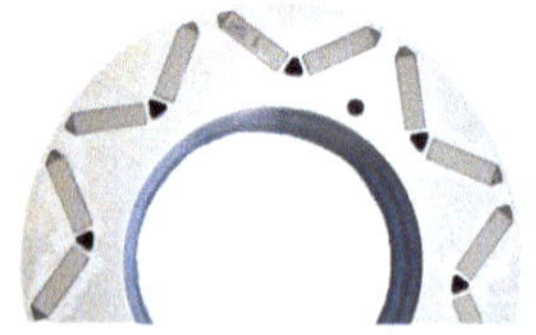

(b) Rotor mit vergrabenen Magneten

(c) Außenläuferrotor

Abb. 7.42 PSM-Rotorvarianten © ZF Friedrichshafen AG. (**a**) Rotor mit Bandage, (**b**) Rotor mit vergrabenen Magneten, (**c**) Außenläuferrotor

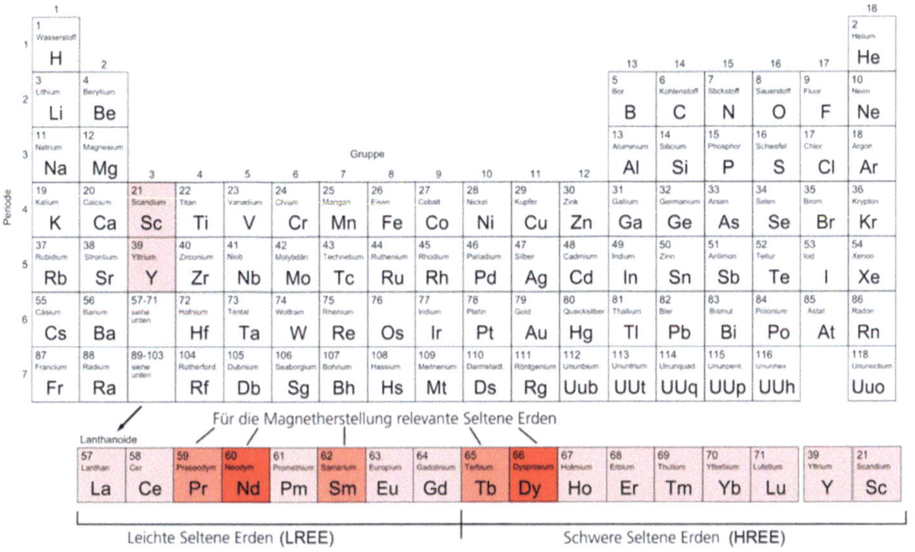

Abb. 7.43 Elemente der Seltenen Erden im Periodensystem, nach Glöser-Chaahoud et al. [37]

nötigten SEE sind Neodym (Nd), Praseodym (Pr), Dysprosium (Dy) und Terbium (Tb). Diese können der folgenden Abb. 7.43 entnommen werden.

Daher konzentriert sich die Entwicklung heute auf die Reduzierung oder gar Vermeidung der SEE und eine Substitution durch Alternativmaterialien. Folgende Ansätze sind vielversprechend:

„Net-Shape-Production: Mit diesem Metallpulverspritzgussverfahren können die Magnete direkt in ihrer finalen Form angefertigt werden. Eine Nachbearbeitung durch Abnehmen überschüssigen Materials entfällt und entsprechend viel Magnetwerkstoff kann eingespart werden. Dieses Verfahren bezieht sich auf die Reduzierung von Produktionsrückständen durch die direkte endformnahe Magnetfertigung.

Dysprosium-Layer-Technology: Durch gezielte Aufkonzentration des Dysprosiums an den Korngrenzen sind im Rest des Magnetmaterials geringe Konzentrationen ausreichend. Durch dieses Verfahren zum lokalen Einbringen von Dy in den Korngrenzenbereich lassen sich bis zu 20 % Dysprosium bei gleichbleibenden Magneteigenschaften einsparen.

Grain-Size-Tuning-Technology: Durch die Kornfeinung lässt sich zunächst die Koerzitivfeldstärke optimieren. Über spezielle Press- und Sinterverfahren können nanoskalige Materialgefüge mit reduziertem Dysprosiumgehalt (bis zu 50 %) bei konstanten Magneteigenschaften hergestellt werden (Glöser-Chaahoud et al. [37], S. 36). Die einfachste Reduzierung von Dysprosium im Magnetmaterial ist eine optimierte Auslegung und effizientere Kühlung der E-Maschine. Eine weitere Alternative ist, die Permanentmagnete durch Elektromagnete zu ersetzen.

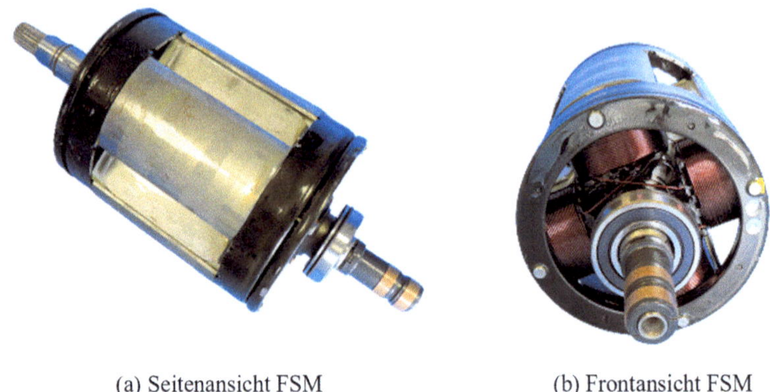

(a) Seitenansicht FSM (b) Frontansicht FSM

Abb. 7.44 FSM © ZF Friedrichshafen AG. (**a**) Seitenansicht FSM, (**b**) Frontansicht FSM

Fremderregte Synchronmaschine – FSM

Das Rotorblechpaket bekommt die Form eines Polschuhs und wird mit einer Wicklung versehen. Über Schleifringe wird diese Rotorerregerwicklung mit Strom versorgt. Um die geforderte Drehzahlfestigkeit zu erreichen, sind Sicherungsmaßnahmen notwendig, wie zum Beispiel Bleche, Bandage und Verguss. Aber es gibt auch die Möglichkeit, ganz auf Magnete oder Rotorerregerwicklung zu verzichten. Ein Beispiel für eine FSM kann Abb. 7.44 entnommen werden.

Asynchronmaschine – ASM

Dabei kommen sogenannte Kurzschlussläufer zum Einsatz. In diesem Dabei kommen sogenannte Kurzschlussläufer zum Einsatz. In diesem Fall wird das Blechpaket mit einer Kurzschlusswicklung (auch Kurzschlusskäfig genannt) versehen. Dies geschieht im Druckgussverfahren mit Aluminium- oder Kupferlegierungen. Als Alternative gibt es gebaute Varianten, bei denen die Leiter zunächst in die Nuten gesteckt und dann an den Enden mit Kurzschlussringen verbunden werden. Manchmal werden auch beide Varianten kombiniert. Im Betrieb dreht der Rotor asynchron zum Statordrehfeld, dadurch wird in der Kurzschlusswicklung Stromfluss induziert, der das Rotorfeld erzeugt. Elektrische Maschinen mit diesem Rotoraufbau werden deshalb als asynchrone Maschinen oder vor allem im englischsprachigen Raum als Induktionsmaschinen (IM) bezeichnet. Jedes Konzept hat aktuell seine Berechtigung, da je nach Anwendung bestimmte Eigenschaften benötigt werden. In Abb. 7.45 wird ein ASM-Aluminiumdruckgussrotor dargestellt.

7.4.1.2 Leistungselektronik/Inverter

Alle im vorherigen Kapitel gezeigten elektrischen Maschinen haben eines gemeinsam: Sie benötigen einen mehrphasigen, sinusförmigen Wechselstrom an den Phaseneingängen, damit sich die Maschine kontrolliert drehen kann. Da die Hochvoltbatterie in einem E-Fahrzeug ausschließlich Gleichspannung bereitstellt, benötigt ein elektrisches

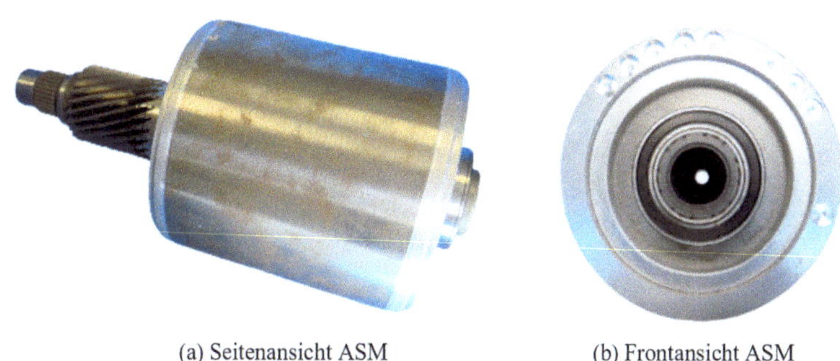

(a) Seitenansicht ASM (b) Frontansicht ASM

Abb. 7.45 ASM-Aluminiumdruckgussrotor © ZF Friedrichshafen AG. (**a**) Seitenansicht ASM, (**b**) Frontansicht ASM

Antriebssystem einen Wechselrichter (auch Inverter genannt; lat. invertere = umwenden, wandeln), der die Gleichspannung der Batterie in eine mehrphasige Wechselspannung umwandelt.

Dabei hat der Inverter verschiedene Aufgaben. Wird das Fahrzeug beschleunigt, kontrolliert der Inverter den Energiefluss der Batterie zum Motor und steuert damit die Drehzahl und das Drehmoment der elektrischen Maschine. Wird das Fahrzeug abgebremst, kehrt sich der Energiefluss um. Nun wird die kinetische Energie des Fahrzeugs über die generatorische Wirkung der Maschine in die Batterie zurückgespeist und wieder in chemischer Energie gespeichert. Dieser Vorgang heißt Rekuperation (lat. recuperatio = Wiedererlangung, Wiedererwerbung). Dabei fungiert der Inverter als Gleichrichter und wandelt dabei die Wechselspannung (AC = Alternating Current) des Motors in eine für die Batterie verträgliche Gleichspannung (DC = Direct Current) um. Dieser Vorgang wird in Abb. 7.46 verdeutlicht.

Da jedes Fahrzeug, vor allem im Stadtverkehr, viele Male abbremst und wieder beschleunigt wird, durchläuft ein Teil der in der Batterie gespeicherten Energie mehrfach den Inverter. Aus diesem Grund ist ein besonders hoher Wirkungsgrad im Wechselrichter nötig. Zusammengefasst muss demnach ein Inverter folgende Aufgaben erfüllen:

Bidirektionaler Energiefluss
Kontrolle des Energieflusses
DC/AC-Wechselrichter im motorischen Betrieb
AC/DC-Gleichrichterbetrieb im generatorischen Betrieb
Hohe Effizienz für beide Energieflussrichtungen

Wie ein Inverter prinzipiell aufgebaut ist und aus welchen Komponenten dieser besteht, zeigt Abb. 7.47. Über ein Hochvoltkabel, welches in elektrischen Fahrzeugen immer durch die Farbe Orange gekennzeichnet ist, wird die Energie der Batterie in den Inverter geführt. Batterieseitig befindet sich ein Hochvoltkondensator (auch Zwischenkreiskondensator genannt), der durch die anliegende Batteriespannung aufgeladen wird und vor allem für das

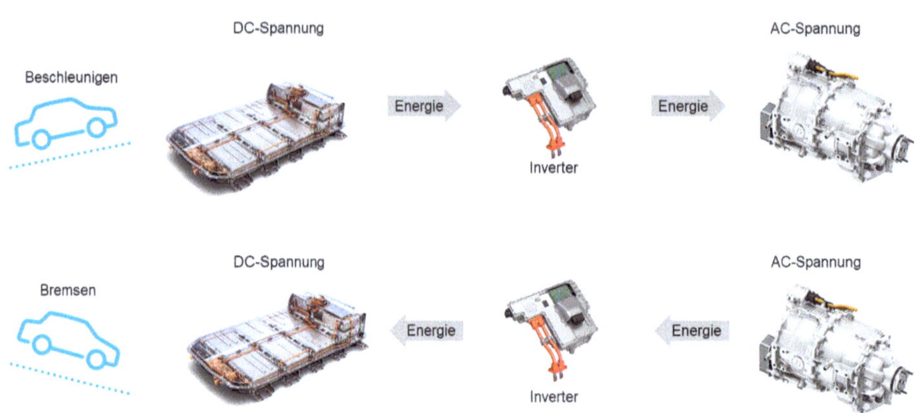

Abb. 7.46 Inverter als bidirektionale Kontrolleinheit des Energieflusses zwischen Batterie und elektrischer Maschine © ZF Friedrichshafen AG

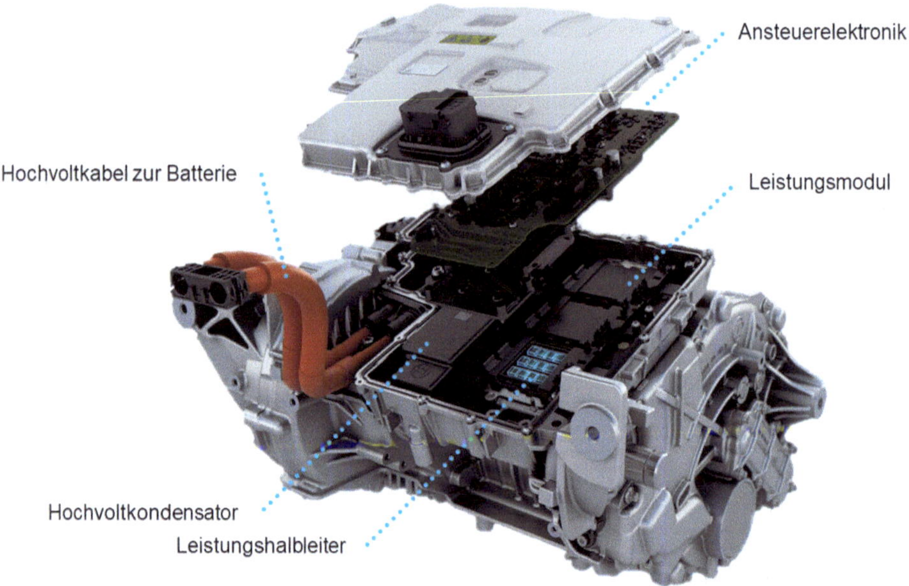

Abb. 7.47 Aufbau und Hauptkomponenten eines Hochleistungsinverters, Bild zeigt Inverter integriert in Gesamtantrieb © ZF Friedrichshafen AG

Schalten der Leistungstransistoren eine wichtige Rolle spielt. Die Leistungshalbleiter selbst sind in einem Modul verpackt, wodurch diese durch äußere Einflüsse wie vor allem Feuchtigkeit geschützt sind. Meist über den Halbleitermodulen angeordnet, befindet sich die Ansteuerelektronik der Leistungstransistoren (Treiberboard), welche die Ansteuerleistung und die passenden Signalpegel für das Ein- und Ausschalten der Leistungshalbleiter bereitstellt.

Eine grundlegende Aufgabe eines Inverters ist es, die DC-Spannung der Batterie in eine dreiphasige Wechselspannung umzuwandeln. Die dafür verwendeten Transistoren in der Leistungselektronik unterscheiden sich maßgeblich von den Transistoren, wie sie z. B. in einem Verstärker benutzt werden. Während in einem Verstärker der Transistor im sog. Linearbereich betrieben wird, bei dem ein schwaches Eingangssignal mit einem möglichst konstanten Verstärkungsfaktor wiedergegeben wird, können Leistungstransistoren nicht über längere Zeit linear betrieben werden. Diese Halbleiter sind für ein hartes und vor allem schnelles Schalten angelegt, und können somit vereinfacht mit einem mechanischen Schalter verglichen werden, der im ausgeschalteten Zustand mehrere hundert Volt Spannung und im leitenden Zustand mehrere hundert Ampere Strom führen kann. Für das Schalten der Spannung und des Stromes werden typischerweise Halbbrücken verwendet, welche aus zwei, in Serie geschalteten Halbleitertransistoren, bestehen. Abb. 7.48 zeigt auf der linken Seite eine schematische Darstellung einer Halbbrücke.

In diesem Beispiel ist der Zwischenkreiskondensator auf 800 V aufgeladen. Schaltet nun der obere Schalter ein und der untere Schalter aus, liegt an der Phase das Potenzial von 800 V an. Schaltet dagegen der obere Schalter aus und der untere Schalter ein, liegt an der Phase das Potenzial 0 V an. Durch ein wechselseitiges Schalten der Halbleitertransistoren einer Halbbrücke kann somit die Ausgangsspannung an der Phase zwischen 0 V und 800 V hin und her springen. Ein klassischer Antriebsinverter besteht aus drei Halbbrücken, die jeweils parallel zum Zwischenkreiskondensator angeordnet sind. Somit kann jede Halbbrücke unabhängig eine Phase des elektrischen Motors ansteuern.

Abb. 7.49 zeigt das schematische Schaltbild eines dreiphasigen 2-Level-Inverters. Diese Anordnung ist typisch für eine dreiphasige Maschine. Allerdings gibt es auch Maschinen, die eine höhere Phasenanzahl aufweisen (z. B. 6, 9, 12, oder 18). Entsprechend viele Halbbrücken müssen in der Leistungselektronik parallel geschaltet werden, damit jede Phase der Maschine mit einer Halbbrücke angesteuert werden kann. Die einzelnen Schalter einer Halbbrücke werden durch Hochvolttransistoren dargestellt, welche die Eigenschaft besitzen, hohe Sperrspannung (z. B. 1200 V) bei gleichzeitig guten Leitwerten darstellen zu können. Wie ein moderner Halbleitertransistor dies erreichen kann,

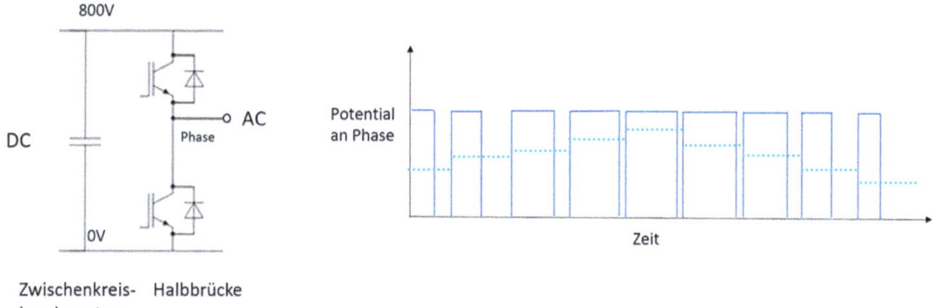

Abb. 7.48 Schematische Darstellung einer Halbbrücke (links) sowie ein Beispiel einer Pulsmusterfolge, die zu einem sinusförmigen Stromfluss führt © ZF Friedrichshafen AG

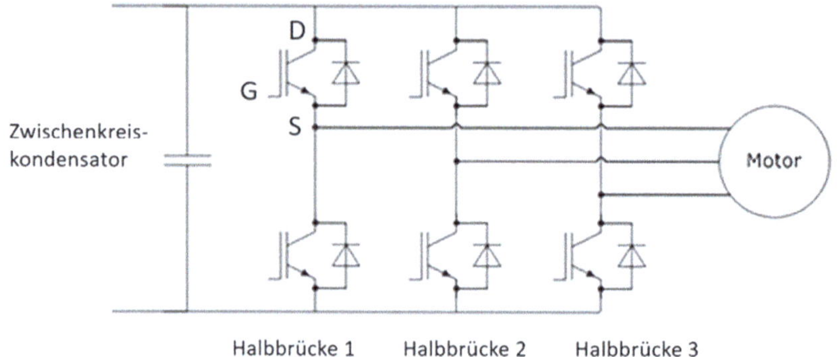

Abb. 7.49 Schaltbild eines dreiphasigen 2-Level-Inverters © ZF Friedrichshafen AG

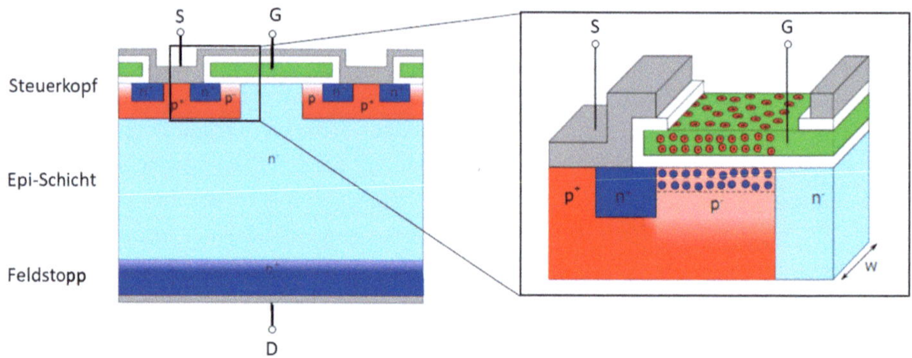

Abb. 7.50 Aufbau einer MOSFET-Schaltzelle © ZF Friedrichshafen AG

soll am Beispiel einer MOSFET-Schaltzelle (Metal Oxide Semiconductor Field Effect Transistor) erklärt werden, wie in Abb. 7.50 zu sehen ist.

Jede Schaltzelle kann grob in drei Bereiche eingeteilt werden:

Steuerkopf (ermöglicht aktive Steuerbarkeit zwischen Leiten und Sperren)
Epitaxialschicht (EPI-Schicht, ermöglicht Aufnahme der hohen Sperrspannung)
Feldstopp (Schützt die oberseitige Metallisierung vor elektrischen Feldstärken innerhalb des Bauteils)

Eine MOSFET-Schaltzelle ist ein Normally-off-Bauelement, was bedeutet, dass der Halbleiter ohne das Anlegen einer Steuerspannung von sich aus nicht leitfähig ist und Sperrspannung aufnehmen kann. Diese Eigenschaft ist vor allem in der Elektromobilität bzgl. Sicherheit besonders wichtig. Die Leitfähigkeit des Halbleiters kann erreicht werden, indem zwischen dem Steueranschluss (Gate) und dem oberen Halbleiterkontakt (Source) eine ausreichend hohe positive Spannung angelegt wird. Durch diese Spannung lagern sich Elektronen im sogenannten p-dotierten Bereich an, welche den Source-Kontakt mit

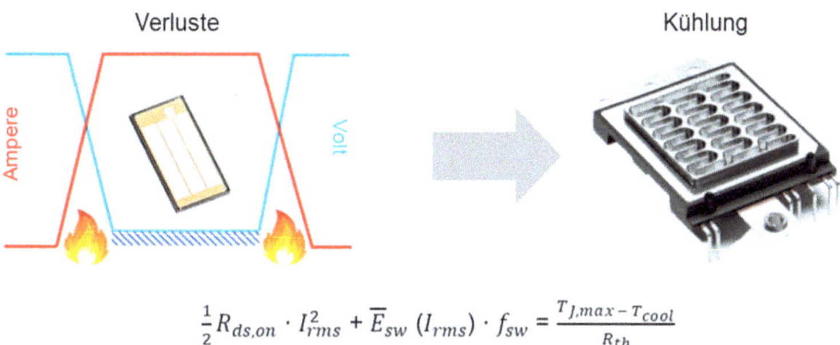

$$\frac{1}{2} R_{ds,on} \cdot I_{rms}^2 + \overline{E}_{sw}\,(I_{rms}) \cdot f_{sw} = \frac{T_{J,max} - T_{cool}}{R_{th}}$$

Abb. 7.51 Allgemeingültige Darstellung des Gleichgewichtes zwischen Verlustleistung und Kühlleistung eines Invertersystems © ZF Friedrichshafen AG

dem Drain-Kontakt leitend verbindet. Auf diese Weise kann der Halbleiter ein- und ausgeschaltet werden und den Stromfluss durch die elektrische Maschine, wie gezeigt, kontrollieren.

Da die Halbleiter während des Schaltens und Leitens Verluste erzeugen, werden diese im Betrieb heiß und müssen entsprechend gekühlt werden. In der Auslegung eines modernen Antriebsinverters ist das Gleichgewicht zwischen erzeugter Energie und durch Kühlung abgeführter Energie von größter Bedeutung, da dieses die max. erreichbare Peakleistung des Inverters bestimmt. Abb. 7.51 zeigt diesen wichtigen Zusammenhang anhand einer allgemeingültigen Gleichung ($R_{ds,on}$ = Halbeiterwiderstand, I_{rms} = gemittelter Ausgangsstrom, E_{sw} = Schaltverluste, f_{sw} = Schaltfrequenz, $T_{j,max}$ = max. Halbleitertemperatur, T_{cool} = Kühlmitteltemperatur, R_{th} = Thermischer Widerstand des Systems).

Die Peakleistung eines Inverters kann demnach erhöht werden, wenn entweder die Verluste in den Halbleitern reduziert werden oder die Kühlleistung des Inverters erhöht wird. Für beide Möglichkeiten spielt der Einsatz moderner Materialien eine signifikante Rolle.

Bei der Auswahl geeigneter Halbleitermaterialien gibt es zu Silizium zwar nicht sehr viele Alternativen, allerdings können diese die Leistungsfähigkeit und damit die Verluste eines Halbleiters entscheidend reduzieren. Abb. 7.52 zeigt die acht Hauptgruppen des Periodensystems und gekennzeichnet ist eine Auswahl an Elementen, die sich entweder als reine Halbeiter oder als Verbund als Halbleitermaterial eignen würden. Dabei gilt der Grundsatz, je weiter oben das Element in der Periode steht, desto kleiner ist sein Atomradius und desto besser ist es prinzipiell als Halbleiter geeignet. Dies liegt vereinfacht gesagt daran, dass die Elektronen bei einem kleineren Atom stärker an den Atomkern gebunden sind und höhere elektrische Feldstärken aushalten können. Übertragen auf die Anwendung in einem Antriebsinverter bedeutet dies, dass der Halbleiter bei gleicher Dicke eine höhere Sperrspannung aufnehmen kann. Offensichtlich ist nach dieser einfachen Regel reines Silizium nicht der bestmögliche Halbleiter, allerdings haben seine hohe Verfügbarkeit sowie die geringen Herstellungskosten des Reinkristalls aus der Schmelze die Nachteile soweit kompensiert, dass Silizium heute das meistverwendete Halbleitermaterial in der Leistungselektronik ist.

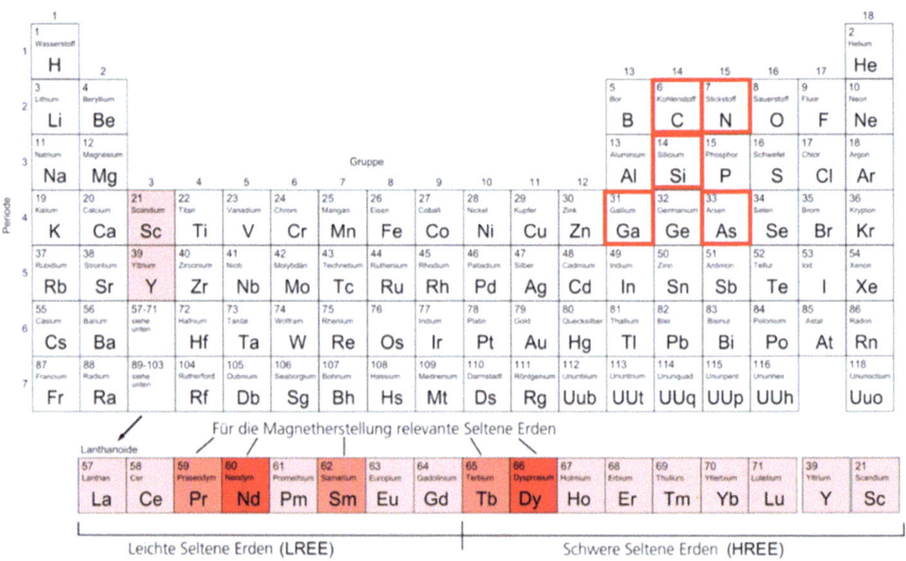

Abb. 7.52 Periodensystem mit markierten Elementen, die entweder rein oder als Verbund geeignete Halbleiterkristalle bilden, nach Glöser-Chaahoud et al. [37]

Das Element Germanium ist ebenfalls ein Halbleitermaterial, eignet sich allerdings aufgrund seiner geringen Bandlücke nicht als Grundmaterial für Leistungshalbleiter. Das offensichtlich beste Hableitermaterial sollte demnach Kohlenstoff sein, der in einer Diamantstruktur kristallisiert. Tatsächlich zeigen Simulationen, dass ein reiner Diamanthalbleiter die bestmöglichen Eigenschaften eines Leistungshalbleiters besitzt. Allerdings gehen Experten heute aufgrund der hohen Kosten in der Herstellung nicht von einer kommerziellen Nutzung vor dem Jahr 2040 aus. Ein sehr guter Kompromiss aus Kosten und Effizienz stellt der Verbundhalbleiter Siliziumkarbid (SiC) dar und ist in nahezu jeder Halbleitereigenschaft dem Material Silizium überlegen. Abb. 7.53 zeigt anhand eines Spinnendiagramms den direkten Vergleich zwischen Silizium (Si), Siliziumkarbid und Galliumnitrid (GaN) mit den wichtigsten Halbleitereigenschaften.

Der Vergleich zeigt, dass vor allem SiC einen deutlich höheren Schmelzpunkt sowie eine signifikant höhere thermische Leitfähigkeit aufweist. Dies sind beides Eigenschaften, die es erlauben, den Halbleiter bei höherer Temperatur zu betreiben und die anfallenden Verluste effizienter aus dem Halbleitermaterial abzuführen. Die höhere Bandlücke sowie die höhere maximale Feldstärke erlauben es, dass bei gleichen Dicken das Halbleitermaterial SiC entweder mehr Sperrspannung aufnehmen kann oder bei gleicher Sperrspannung der Halbleiter deutlich dünner ausgeführt werden kann. Dies verbessert wiederum die Leitfähigkeit und macht Antriebssysteme in höheren Spannungslagen (z. B. 800 V) effizienter und ermöglicht somit die Schnellladefähigkeit von elektrischen Fahrzeugen.

Die höhere Sättigungsdriftgeschwindigkeit der Elektronen in SiC, welche die maximale Geschwindigkeit des Elektronentransports im Halbeitermaterial beschreibt, führt zu

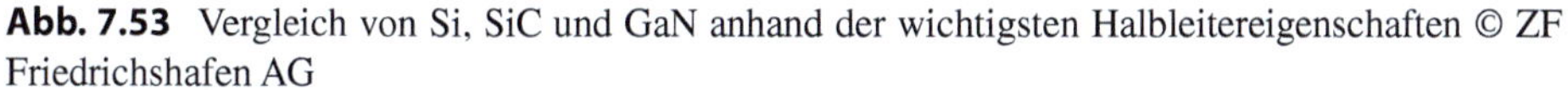

Abb. 7.53 Vergleich von Si, SiC und GaN anhand der wichtigsten Halbleitereigenschaften © ZF Friedrichshafen AG

einer deutlichen Reduktion der auftretenden Schaltverluste, weil die Ladungsträger effizienter aus dem Halbleitermaterial extrahiert werden können. Da die Schaltverluste eines Halbleiters maßgeblich die Verluste des Inverters im Teillastbereich definieren, kann die Schlussfolgerung gezogen werden, dass eine höhere Sättigungsdriftgeschwindigkeit im Halbleiterkristall direkt zu einer Erhöhung der Reichweite führt. Abb. 7.54 zeigt abschließend einen Vergleich eines SiC-Rohwafers mit einem Si-Rohwafers. Der SiC-Wafer kann aufgrund der höheren maximalen Feldstärke so dünn ausgeführt werden, dass dieser durchsichtig ist.

In der Mitte von Abb. 7.53 ist ein Vergleich des Schaltverhaltens eines modernen SiC-MOSFETS und einem auf Silizium basierenden IGBT (Insulated Gate Bipolar Transistors) zu sehen. Die graue Fläche unter den Kurven ist ein Maß für die Verluste des Schaltvorgangs und zeigt beeindruckend, welchen Vorteil der Einsatz des Halbleitermaterials SiC in schnell schaltenden Inverterapplikationen mit sich bringt. Interessant dürfte auch die weitere Entwicklung der Galliumnitridhalbleiter werden. Sie ähneln in vielen Eigenschaften der SiC-Technologie, aber es gibt auch signifikante Unterschiede. Beide Technologien eignen sich sehr gut für Applikationen mit hoher Schaltfrequenz. GaN schaltet sogar noch schneller als SiC, deshalb wird GaN häufig in Leistungsverstärkern bis zu 100 GHz, wie man sie im Mobilfunkbasisstationen oder in Radaranwendungen findet, eingesetzt. Aber auch in Schaltnetzteilen finden sich häufig GaN-Bauteile. Inwieweit sich die GaN-Technologie auch für Anwendungen für mehr als 150 kW und Spannungen von 800 bis 1000 V durchsetzt, wird die Zeit zeigen – daran gearbeitet wird schon.

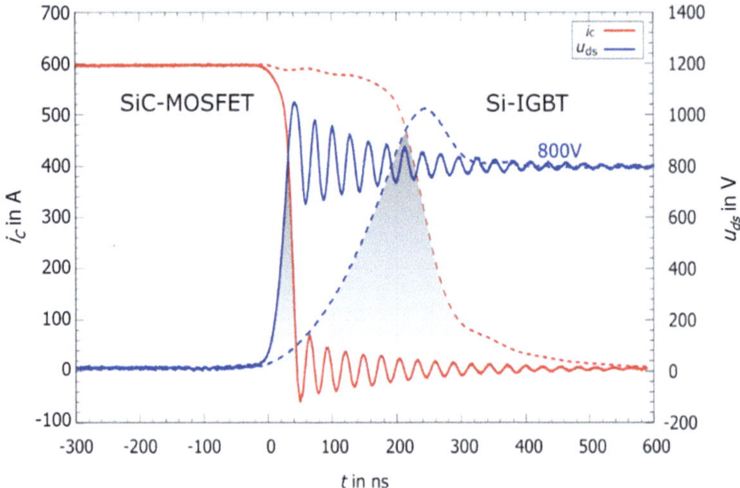

Abb. 7.54 Vergleich des Schaltverhaltens eines SiC-MOSFETS und eines Si-IGBTs © ZF Friedrichshafen AG

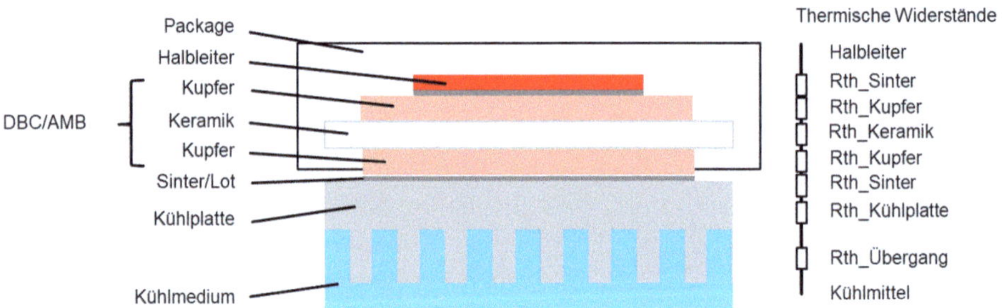

Abb. 7.55 Thermischer Stack eines Leistungshalbleiters innerhalb eines Moduls © ZF Friedrichshafen AG

Durch den Einsatz moderner Materialien in der Leistungselektronik können aber nicht nur die Verluste verringert werden, sondern auch Möglichkeiten realisiert werden, die noch anfallenden Wärmeverluste durch einen optimierten Kühlpfad abzuführen. Abb. 7.55 zeigt den thermischen Schichtaufbau eines modernen Halbleitermoduls. Dieser Aufbau hat im Wesentlichen drei Aufgaben:

Aufnahme der Halbleitertransistoren
Bereitstellung der elektrischen Isolation zwischen Hochvoltbereichen und dem Kühlwasser
Thermische Wärmeleitung zwischen Halbleiterchip und Kühlwasser bereitstellen

Dabei spielen der Einsatz und das Zusammenspiel von unterschiedlichsten Materialien eine bedeutende Rolle. So wird z. B. die elektrische Isolation durch eine Keramik dargestellt, welche heute aus Aluminiumoxid, Aluminiumnitrit oder Siliziumnitrit besteht. Diese Materialien zeichnen sich vor allem dadurch aus, dass sie trotz ihrer hohen elektrischen Isolationsfähigkeit eine effiziente Wärmeleitfähigkeit aufweisen. In der DBC (direct bonded copper) wird ca. 50 % des thermischen Widerstandes erzeugt. Die andere Hälfte stellt der Kühler aus Aluminium oder Kupfer sowie der Übergang in das Kühlmedium dar. Um den Wärmeübergang ins Wasser zu optimieren, werden verschiedene Strukturen genutzt, um zum einen die Oberfläche zu Erhöhen und zum anderen die Turbulenzen im Kühlwasser zu verstärken. Abb. 7.56a zeigt als Beispiel eine sogenannte Pin-Fin-Struktur auf der Unterseite eines Rahmenmoduls, welche in einen Kupferkühler gepresst wurde, und Abb. 7.56b zeigt einen Halbleiteraufbau auf einem 3D-gedruckten Hochleistungskühler.

Kupfer (395 W/mK) weist gegenüber Aluminium (200–236 W/mK, je nach Legierung) eine fast doppelt so hohe Wärmeleitfähigkeit auf, weswegen es ein weit verbreitetes Material in Hochleistungskühlern darstellt. Allerdings kann die Wärmeleitfähigkeit des Materials eine untergeordnete Rolle spielen, wenn vermeintlich „schlechtere" Materialien wie Edelstahl (15 W/mK) mit neuen Herstellungsprozessen kombiniert werden. So ist es möglich mit verschiedenen Metall-3D-Druck-Verfahren sehr dünne und stabile Kühler aus Edelstahl herzustellen, welche den Halbleiterchip sehr nahe an das Kühlmedium heranbringen und somit den Nachteil der schlechteren Wärmeleitfähigkeit des eingesetzten Materials kompensieren kann. Abb. 7.56b zeigt ein Beispiel eines 3D-gedruckten Edelstahlkühlers, auf dessen beiden Seiten jeweils zwei Halbleiterpackages montiert sind.

Ein Hochleistungsinverter weist neben den dargestellten Optimierungsmöglichkeiten noch weitere Bauteile auf, die durch den Einsatz neuartiger Materialien optimiert werden könnten. So benötigt der Hochleistungskondensator besonders dünne, beschichtete Folien, um viel Ladung auf möglichst kleinem Bauraum speichern zu können oder eingangsseitige DC-Filter Seltene Erden Elemente, aus denen magnetische Filter gefertigt werden können. Der Wechsel auf die Elektromobilität wäre somit ohne den Einsatz neuartiger Materialien nicht in diesem Umfang möglich [38].

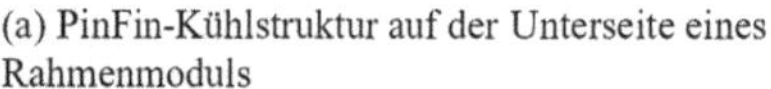

(a) PinFin-Kühlstruktur auf der Unterseite eines Rahmenmoduls

(b) Diskrete Halbleiterpackages auf einem 3D-gedruckten Hochleistungskühler

Abb. 7.56 Pin-Fin-Kühlstruktur und 3D-gedruckter Hochleistungskühler © ZF Friedrichshafen AG. (**a**) Pin-Fin-Kühlstruktur auf der Unterseite eines Rahmenmoduls, (**b**) Diskrete Halbleiterpackages auf einem 3D-gedruckten Hochleistungskühler

7.4.2 Technische Zielsetzungen und Randbedingungen

7.4.2.1 Leistung, Drehmoment, Lebensdauer, Akustik

Wenn man aktuelle technische Daten von batterieelektrischen Fahrzeugen betrachtet, finden sich als wesentliche Fahrzeugmerkmale die Systemleistung und die Batteriekapazität oder elektrische Reichweite nach dem weltweit harmonisierten Testverfahren WLTP (Worldwide Harmonized Light-Duty Vehicles Test Procedure). Bei der Systemleistung handelt es sich immer um die Spitzenleistung, also die Leistung, die notwendig ist, damit ein Fahrzeug maximal von 0 auf 100 km/h beschleunigt. Hinter der Leistungsangabe verbirgt sich jedoch mehr. Sehr wichtig bei allen batterieelektrischen Fahrzeugen ist die Rekuperationsleistung, denn damit kann nicht nur die mechanische Bremsanlage unterstützt werden, sondern in diesen Fahrzuständen auch die Batterie während des Fahrbetriebs geladen werden. Diese Rekuperationsleistung ist im Alltagsbetrieb wichtiger als die Beschleunigungswerte von E-Fahrzeugen, denn sie beeinflusst deutlich die reale Reichweite. Neben der Spitzenleistung spielt jedoch für die Auslegung eines elektrischen Antriebs die Dauerleistung eine wesentliche Rolle. Wird die Spitzenleistung meist nur für weniger als eine Minute verlangt, so muss der E-Antrieb diese Dauerleistung bzw. das Dauerdrehmoment permanent zur Verfügung stellen können. In Abb. 7.57 werden die Lastenheftanforderungen und Einflussparameter dargestellt.

Das erfordert eine gute Kühlung, um die Dauertemperatur und damit die Belastung der temperaturempfindlichen Bauteile möglichst niedrig zu halten. Besonders relevant ist die Temperatur für den Inverter, die Magnete (PSM) und für die Wicklung, d. h., sie bestimmt den Aufwand zur Kühlung des Inverters und die Kosten der Magnete. Bei der Wicklung

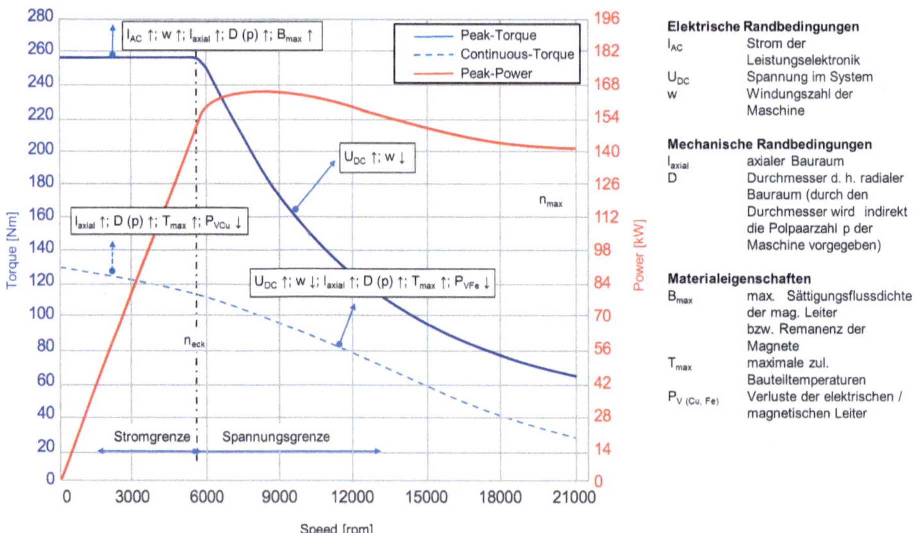

Abb. 7.57 Lastenheftanforderungen und Einflussparameter © ZF Friedrichshafen AG

beeinflusst die Temperatur die Alterung des Isolationsmaterials, somit den Isolationswiderstand der Wicklung und letztendlich die Lebensdauer des Antriebsaggregats. Der Zusammenhang zwischen Lebensdauer und Temperatur für Isolationswerkstoffe wird in Abb. 7.58 gezeigt. Abb. 7.59 stellt einen Teil einer thermisch überbeanspruchten Statorwicklung dar.

Mit steigender Temperatur werden Magnete mit immer höherem Anteil an Seltenerdelementen (SEE) benötigt, um die magnetischen Kennwerte auch bei hohen Temperaturen zu sichern und ein Entmagnetisieren zu verhindern. Abb. 7.60 verdeutlicht den

$$t_a = \alpha\, e^{-W/(kT)}$$

Legende
t_a: Zeit bis Ausfall
α: Formparameter (*)
W: Aktivierungsenergie (Elektronenvolt)
k: Boltzmannkonstante
T: absolute Temperatur (Kelvin)

(*) abhängig vom alternden Material zur Umrechnung auf Absolutzeiten (Normierungswert)

Abb. 7.58 Lebensdauer über Temperatur für Isolationswerkstoffe © ZF Friedrichshafen AG

Abb. 7.59 Teil einer thermisch überbeanspruchten Statorwicklung. Bei bekannter Aktivierungsenergie, Alterungstemperatur und Zeit bis Ausfall lässt sich die Lebensdauer für niedrigere Maximaltemperaturen ableiten, sofern der Schädigungsmechanismus gleichbleibt © ZF Friedrichshafen AG

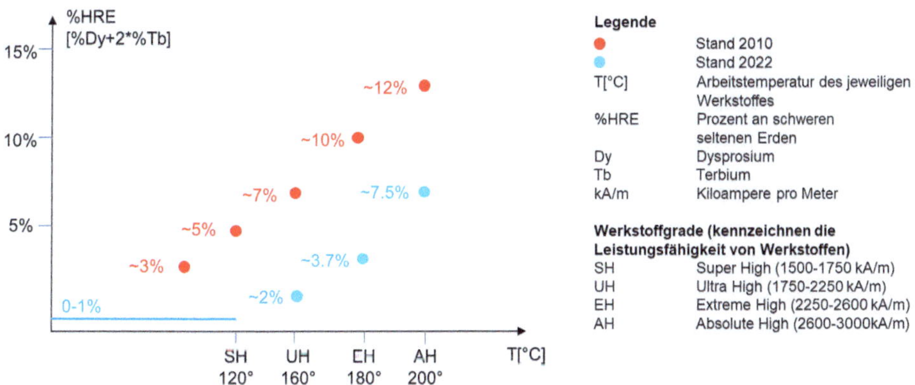

Abb. 7.60 Temperatureinfluss auf den Bedarf von Schweren Seltenen Erden © JL MAG

Temperatureinfluss auf den Bedarf von Schweren Seltenen Erden. Mit ansteigender Temperatur werden mehr Schwere Seltene Erden benötigt.

Da die Leistungselektronik ein integraler Bestandteil des E-Antriebs ist, führen höhere Temperaturen zu einer deutlichen Mehrbelastung der mechatronischen Komponenten, wie Trägerplatine, Lötverbindungen, aber vor allem für den Halbleiter selbst. Daher muss das gesamte System beim Kühlkonzept betrachtet werden – einzelne Optimierungen führen nicht zu einem hochperformanten System und unterstützen nicht die Forderung nach einem wartungsfreien und langlebigen System. Letztendlich beeinflusst eine höhere Temperatur den Wirkungsgrad der einzelnen Komponenten und somit des Gesamtsystems und umgekehrt, was direkt auf die notwendige Batteriekapazität und somit auf die Fahrzeugreichweite Auswirkung hat.

Die Batterien und deren Technologien sind nicht Gegenstand dieses Kapitels, aber sie werden bis auf Weiteres die teuersten Bestandteile eines E-Fahrzeugs bleiben. Folglich ist der Wirkungsgrad eines elektrischen Antriebs maßgeblich für die Reichweite eines E-Fahrzeuges verantwortlich. Dies bedeutet, dass gerade das Zusammenspiel von Wechselrichter und E-Maschine wichtig ist, denn beide Komponenten haben unterschiedliche Wirkungsgradkennfelder, die von vielen Parametern abhängen. So ist es möglich, einen Wirkungsgrad im WLTP Prüfzyklus von 95 % für den elektrischen Teil eines E-Antriebs zu erreichen. Dies führt auch immer mehr dazu, dass unterschiedliche E-Maschinenkonzepte, d. h. eine Primär- und eine Sekundärantriebsachse, in einem Fahrzeug verbaut werden. Der dabei entstehende, variabel zuschaltbare Allradantrieb ist nicht nur ein Nebenprodukt, das gerne genommen wird, aber vor allem bieten diese Konzepte den Vorteil, eine E-Maschine hinsichtlich Effizienz zu optimieren, und die zweite auf Fahrdynamik und Performance auszulegen.

Darüber hinaus gibt es auch mechanische Verluste, wie Schlepp-, Pansch- oder Verzahnungsverluste. Denn auch E-Antriebe benötigen in der Regel ein Getriebe, mindestens eine Untersetzung und ein Differenzial, um die Leistung und das Drehmoment des E-Motors an die Räder zu bringen. Aus diesem Grund wird auch immer wieder die Notwendigkeit und der Sinn eines Mehrganggetriebes diskutiert und bei auf Performance, d. h. gleichzeitig auf Beschleunigung, Höchstgeschwindigkeit und Reichweite, ausgelegten E-Fahrzeugen schon eingesetzt. Es ist allerdings davon auszugehen, dass sich in den Volumenanwendungen 1-Gang-Getriebe durchsetzen, denn für die zukünftig relevanten und abzudeckenden Geschwindigkeitsbereiche kosten Mehrgewicht und Schaltverluste mehr als die bessere Nutzung des Wirkungsgradfeldes.

Wenn wir über Leistung und Wirkungsgrad reden, dann muss auch das immer stärker in den Fokus rückende 800-V-Bordnetz betrachtet werden. Diese Technologie unterstützt primär das Ziel der Gleichstromschnellladefähigkeit. Denn hier gilt, dass durch eine Verdopplung der Spannung gemäß der Gleichung $P_{Verlust} = I^2 * R$ nur ein Viertel der Leitungsverluste entstehen, das heißt kleinere Kabelquerschnitte verwendet werden können und dadurch höhere Ladeleistungen möglich sind. Für den Wechselrichter und die E-Maschine hat dies aber auch negative Konsequenzen, denn vor allem müssen entsprechend hochspannungsfeste Halbleiter verbaut, zur Vermeidung von Spannungsdurchschlägen die

Luft- und Kriechstrecken vergrößert und auch andere Isolationsmaterialien verwendet werden. Bei 800 V treten in der Isolation schon deutliche Alterungseffekte durch sogenannte Mikrodurchschläge auf, die über die Zeit das Isolationsmaterial zerstören und am Ende zu Kurzschlüssen führen. Hinzu kommen dynamische Überspannungen bis zu 250 % der Nennspannung. In Abb. 7.61 werden die Anforderungen der Luft- und Kriechstrecken über Spannung dargestellt, Abb. 7.62 präsentiert die Alterung von Isolationswerkstoffen über Spannung und Abb. 7.63 zeigt ein Teil einer elektrisch überbeanspruchten Statorwicklung.

Die letzte – und häufig unterschätzte – Anforderung an den elektrischen Antrieb sind die akustischen Ziele und Ansprüche. Ein großer Vorteil der E-Fahrzeuge und deren An-

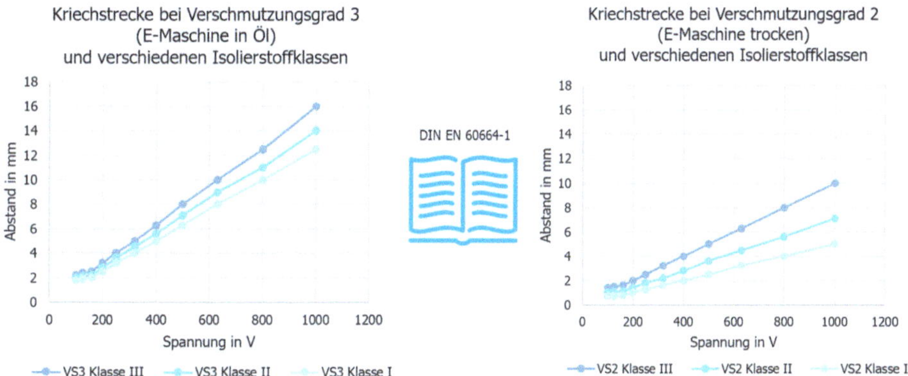

Abb. 7.61 Anforderungen Luft- und Kriechstrecken über Spannung, nach DIN EN 60664-1 (VDE 0110-1):2008-01); © ZF Friedrichshafen AG

Abb. 7.62 Alterung Isolationswerkstoffe über Spannung © ZF Friedrichshafen AG

$$t_a = E^{-n}$$

Legende

ta: Zeit bis Ausfall

E: Elektrische Feldstärke (Joule)

n: Lebensdauerexponent/ maßgeblich für Alterung

Abb. 7.63 Teil einer elektrisch überbeanspruchten Statorwicklung. Bei bekanntem Lebensdauerexponenten, elektrischer Feldstärke bzw. Spannung und Zeit bis Ausfall lässt sich die Lebensdauer für niedrige Feldstärken bzw. Spannungen ableiten, sofern der Schädigungsmechanismus gleichbleibt © ZF Friedrichshafen AG

trieb ist die niedrige Geräuschentwicklung. Dies führt aber dazu, dass akustische Auffälligkeiten, die früher durch die Lautstärke eines verbrennungsmotorischen Antriebsstrangs verdeckt waren, in den Fokus geraten. Jetzt deutlich wahrnehmbarere Reifenabroll- oder Windgeräusche sind nicht die Themen für den E-Antrieb. Dafür drängen Verzahnungsgeräusche, Lagergeräusche, Körperschallschwingungen aufgrund von Kräften in Längs- und radialer Richtung, die durch die magnetischen Wechselkräfte, Pendel- und Rastmomente im E-Motor entstehen, in den Vordergrund. Das Risiko einer akustischen Auffälligkeit steigt dabei mit höheren Motordrehzahlen. Allerdings sind die meisten dieser Geräuschquellen nicht materialabhängig, sondern konstruktionsbedingt. Seltener tritt auch das sogenannte Inverterpfeifen auf. Dies ist ein hochfrequentes Geräusch, das vom Wechselrichter verursacht wird, das aber ebenfalls durch die Konstruktion und richtige Auslegung der Ansteuerfrequenzen vermieden werden kann.

7.4.2.2 Bauraum, Gewicht, Einbau-/Anordnungen, Varianten

In den vergangenen über 100 Jahren wurde der verbrennungsmotorische Antriebsstrang inklusive aller Anbauteile, bis hin zum Tank und dessen Integration in das Fahrzeug, beständig optimiert und hat einen hohen Reifegrad erreicht. Heute hat jeder OEM seine Fahrzeug- und Antriebsstrangarchitektur definiert, und die Änderungen bei neuen Fahrzeugen sind frühzeitig bekannt und für alle Partner und Lieferanten vorhersehbar. Auch die OEM-spezifischen Unterschiede sind bestens bekannt und erlauben den Zulieferern die Entwicklung von Baukästen zur Variantenreduzierung. Anders gestaltet sich dies bei der Entwicklung der aktuellen und der demnächst auf den Markt kommenden E-Fahrzeuge. Die großen OEM haben ihre ersten Plattformdefinitionen festgelegt, aber die Unterschiede zwischen den einzelnen Herstellern sind Stand 2022 noch enorm. Auch ist aufgrund der Weiterentwicklung von Batterie- und Antriebstechnologie die Änderungswahrscheinlichkeit nicht nur hoch, sondern auch der Änderungsumfang gravierend. Wie weit die Architekturen der OEM auseinander gehen, zeigt der Vergleich von Volkswagen mit BMW. Während Volkswagen mit dem modularen E-Antriebsbaukasten bereits eine Plattform für reine E-Fahrzeuge in Serie hat, setzt BMW für den Übergang bis 2025 auf eine Clusterarchitektur, eine Plattform, die sowohl rein elektrische als auch hybridische Antriebssysteme unterstützt. Hinzu kommen unterschiedliche Anordnungen der E-Maschine und des Achsantriebs. In vielen Fällen sitzt die E-Maschine parallel zur Antriebswelle (Abb. 7.64a: Achsparalleler Antrieb), manche Bauräume erfordern aber eine konzentrische Antriebsanordnung, d. h., die Antriebswellen verlaufen konzentrisch durch die E-Maschine, wie eine Art Verlängerung der Rotorwelle (Abb. 7.64b: Koaxialer Antrieb). Daher werden die OEM-spezifischen, individuellen Plattformen und die damit einhergehenden Bauraumanforderungen noch viele Jahre eine Herausforderung für alle E-Antriebsentwickler sein. Nicht vergessen werden darf der Radnabenmotor, ein Konzept, das in industriellen Antrieben, wie zum Beispiel beim Gabelstapler, schon lange im Einsatz ist und natürlich nur als E-Antrieb sinnvoll ist (siehe Abb. 7.64c). Denn vor dem Hintergrund, dass fahrdynamische Anforderungen etwas in den Hintergrund geraten, dafür aber neue Mobilitätskonzepte wie Shuttle-Fahrzeuge, die sowohl für den

(a) Achsparallele Anordnung

(b) Koaxiale Anordnung

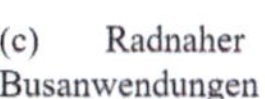

(c) Radnaher Antrieb für Busanwendungen

Abb. 7.64 Varianten der Antriebsanordnung © ZF Friedrichshafen AG. (**a**) Achsparallele Anordnung, (**b**) Koaxiale Anordnung, (**c**) Radnaher Antrieb für Busanwendungen

Personentransport als auch für den Warentransport eine Plattform sein können, aus dem Boden sprießen, ist der Radnabenmotor ein sehr geeigneter Antrieb. Er erlaubt durch seine Integration mit der Bremse ins Rad das optimale Nutzen des gesamten Fahrzeugbodens für die Batterie, Einzelradantrieb, Wendigkeit und den maximalen Freiheitsgrad zur Gestaltung der Fahrgastzelle bei Anwendungen, wo das Thema „ungefederte Massen" nur von geringer Bedeutung ist.

7.4.2.3 Nachhaltigkeit

Von vielen Seiten wird der sogenannte CO_2-Rucksack, also die sinnbildliche Darstellung der Menge an Kohlendioxid, die bei der Herstellung, dem Gebrauch und der Entsorgung eines Produktes in die Atmosphäre entweicht, als großer Nachteil der E-Mobilität genannt. Dies wird sehr konträr diskutiert, aber wichtig ist, dass bei allen Technologien zukünftig die Auswirkungen auf Umwelt und Klima viel stärker berücksichtigt werden müssen. Daher gewinnt das Thema Nachhaltigkeit generell an Bedeutung und ist mittlerweile auch ein Kriterium bei der Nominierung von Partnern und Lieferanten. In der Vergangenheit war dieser Aspekt durch die Altfahrzeugrichtlinie geregelt, nach der bis zum Jahr 2015 95 Gewichtsprozent, bezogen auf das Leergewicht aller Altfahrzeuge, wiederverwendet oder - verwertet werden müssen. Davon sind mindestens 85 Gewichtsprozent wieder zu verwenden oder stofflich zu verwerten, also zu recyceln. In der Praxis bedeutete dies häufig Schreddern und stoffliche Trennung. Dies war für die eingesetzten metallischen Rohstoffe ein guter Schritt, aber nicht für alle Materialien.

Zukünftig kann davon ausgegangen werden, dass das Recyclingdenken um die Kreislaufwirtschaft (Cycle Economy) erweitert wird. Bei dieser wird nicht nur auf die Basisbestandteile geschaut, sondern es werden ganze Komponenten wiederverwendet, ohne den energieaufwendigen Weg zurück zum Rohmaterial und über einen neuen Herstellungsprozess zu gehen. Dies gelingt heute schon in einigen Fällen, in denen eine Komponente durch Wiederaufarbeitung als Neuteil wieder in den Wertstoffzyklus zurückkehrt und sich dadurch die Gesamtlebensdauer eines Produkts verdoppelt oder vervielfacht. Und das ist der Weg, der bei den elektrischen Antrieben schon bei der Entwicklung – also im Lastenheft stehend – zu gehen ist.

Teure und mit hohem Energieeinsatz bei der Produktion verbundene Bauteile, wie z. B. Elektrobleche, oder Rohmaterialien, deren Förderung und Extraktion die Umwelt stark beeinflussen, wie z. B. die Magnete inkl. der SEE, werden so verbaut, dass sie wiederverwendet werden können und im Kreislauf verbleiben. Die für Antriebe am meisten benötigten SEE, wie Neodym (Nd), Praseodym (Pr), Dysprosium (Dy) und Terbium (Tb), kommen deutlich häufiger in der Erdkruste vor als zum Beispiel Blei, Molybdän oder Lithium und weit häufiger als Platin. Richtig ist, und daher der Name, dass SEE nicht in Reinform, sondern als Bestandteil von Mineralien vorkommen und die Lagerstätten mit relevanten Anteilen an SEE geografisch sehr konzentriert und daher selten sind. Konkret heißt das, dass der größte Teil der abbaurelevanten Vorkommen und Minen in China und der Rest außerhalb Europas liegen. Heute bekannte Lagerstätten und abbaubare Mengen von Seltenen Erden werden in Abb. 7.65 gezeigt. Hinzu kommt, dass die Förderung und Extraktion von SEE mit großem Energiebedarf und massiven Eingriffen in die Umwelt verbunden sind. Die weltweite Förderung von Seltenen Erden kann Abb. 7.66 entnommen werden. Gerade das Auftreten von SEE in Mischformen und hier häufig mit radioaktiven Nukliden, wie Uran oder Thorium, führte in der Vergangenheit in den Abbauregionen zu einer hohen Belastung von Umwelt und Bevölkerung. Dies muss auch bei der zukünftigen Produktion von SEE stärker berücksichtigt werden und wird sicher auch Auswirkungen auf den Materialpreis haben. Daher ist es nötig, den Einsatz von SEE im elektrischen Antrieb zu optimieren, das heißt zu minimieren und die Wiederverwendung im Produktdesign zu berücksichtigen. Abb. 7.67 zeigt zudem verschiedene Recyclingmethoden für Magnete.

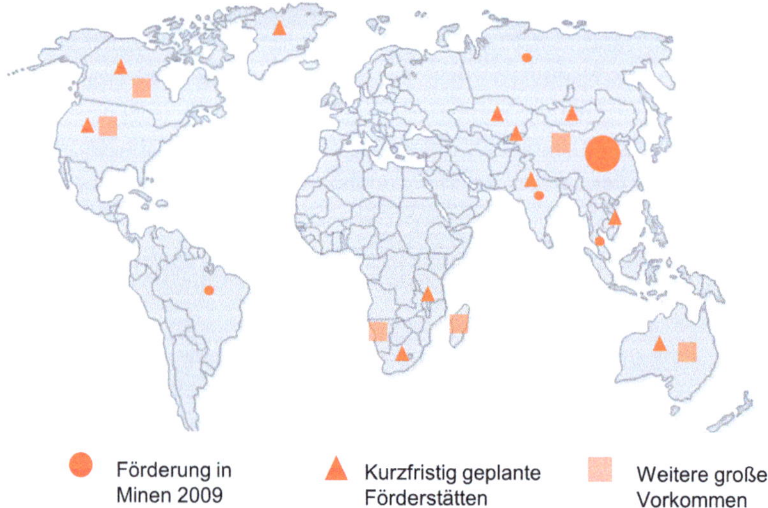

Abb. 7.65 Heute bekannte Lagerstätten und abbaubare Mengen von Seltenen Erden, nach Öko-Institut e.V. [39]

Weltweite Förderung von Seltenen Erden in 2009 (USGS 2010*)

Staat	Tonnen Seltene Erden Oxid (REO)	Anteil
China	120.000	97 %
Indien	2.700	2.1 %
Brasilien	650	0.5 %
Malaysia	380	0.3 %
Kirgistan	k.A.	
Summe	**124.000**	**100 %**

*Diese USGS-Daten beinhalten nicht die illegale chinesische Produktion von bis zu 20.000 t und die kleineren russischen Produktionsvolumen.

Abb. 7.66 Weltweite Förderung von Seltenen Erden in 2009 (USGS 2010, ohne die Daten zur illegalen chinesischen Produktion von bis zu 20.000 und die kleineren russischen Produktionsvolumen), nach Öko-Institut e.V. [39]

Recyclingmethode	Vorteile	Nachteile
direkte Wiederverwendung von Magneten	• sehr geringer Energiebedarf • keine Chemikalien notwendig • kein Abfall	• geeignet für leicht zugängliche Magnetkomponenten (größere Elektromotoren) • händische Montage notwendig • Stoffströme zu gering
Wiederaufbereitung von Legierungen zu Magneten durch Wasserstoffversprödung	• geringer Energiebedarf • kein Abfall • gut geeignet für Magnete aus Festplatten (ähnliche Zusammensetzung über langen Zeitraum)	• keine Variationen in den Abfallströmen möglich • nicht anwendbar bei oxidierten Magneten
hydrometallurgische Methoden (elementspezifische Rückgewinnung)	• etablierte Methode der Erzaufbereitung (gleicher Prozess) • für alle Magnetzusammensetzungen anwendbar • geeignet für oxidierte und nicht-oxidierte Legierungen	• hoher Aufwand • hoher Chemikalienbedarf • große Abwassermenge
pyrometallurgische Methoden (elementspezifische Rückgewinnung)	• anwendbar für alle Magnetzusammensetzungen • kein Abwasser • weniger Prozessschritte im Vergleich zur Hydrometallurgie • Direktschmelzverfahren für Erzeugung von Vorlegierungen • Erzeugung von Seltene-Erden-Metalle durch Flüssigmetallextraktion	• sehr hoher Energiebedarf • Direktschmelzverfahren und Flüssigmetallextraktion nicht anwendbar bei oxidierten Magneten • viel feste Abfälle bei Elektroschlacke-Umschmelzverfahren
Gasphasenextraktion (elementspezifische Rückgewinnung)	• anwendbar für alle Magnetzusammensetzungen • geeignet für oxidierte und nicht oxidierte Legierungen • kein Abwasser	• hoher Chlorgasverbrauch • hohe Korrosivität beim im Prozess entstehenden Aluminiumchlorid

Abb. 7.67 Recyclingmethoden Magnete, nach eigener Recherche in Anlehnung an Bundesanstalt für Geowissenschaften und Rohstoffe (2021), © ZF Friedrichshafen AG

Ideal wäre es, wenn Magnete wiederverwendet werden könnten. Dies ist allerdings bisher nur in elektrischen Großmaschinen wie zum Beispiel Windkraftanlagen üblich, da hier viel Magnetmaterial eingesetzt wird und sich deshalb eine Wiederverwertung lohnt. Wichtig bei allen Formen von Re- oder Upcycling ist, dass die einzelnen Bauteile auch alle Anforderungen für den erneuten Einsatz erfüllen, das heißt, mechanischer und temperaturabhängiger Verschleiß oder Alterung müssen berücksichtigt werden.

Bei den Batterien geht man bereits diesen Weg und definiert deren Einsatz in einem sogenannten Second Life, wie zum Beispiel als Stromspeicher für Fotovoltaikanlagen, bei denen eine reduzierte Batteriekapazität oder ein eingeschränkter Betriebstemperaturbereich akzeptiert werden. Allerdings stehen dann diese Batterien für Neufahrzeuge nicht mehr zur Verfügung, was bedeutet, dass dafür wieder Rohstoffe wie Nickel, Grafit, Kobalt, Lithium etc. in den Minen abgebaut und in aufwendigen chemischen Prozessen extrahiert werden müssen. Aus diesem Grund wird parallel das Batterierecycling vorangetrieben, bei dem die Rohmaterialien wiederverwendet werden.

Folglich muss die Konstruktion eines elektrischen Antriebsaggregats nicht nur optimal auf den Produktions- und Montageprozess (Design for Assembly), sondern auch auf den Rückbau und der Wiederaufarbeitung ausgerichtet sein (Design for Re-/Upcycling). Dies führt häufig zu Zielkonflikten mit den Produktkosten, zumindest auf den ersten Blick. Denn auch hier muss das gesamte Produktleben bewertet werden und dabei werden Kosten für eine nicht konsequente Berücksichtigung der zukünftig steigenden Anforderungen für Nachhaltigkeit eine größere Rolle spielen. Für den mechanischen Teil eines E-Antriebs gibt es dazu schon vielversprechende Ansätze, die weiterentwickelt und konsequent angewendet werden müssen. Abb. 7.68 zeigt den Vorgang der maximalen Wiederverwendung von Bauteilen durch industrielle Demontage. Die einzelnen Schritte sind Reuse (Wiederverwendung), Refurbish (Wiederherstellung), Remanufacture (Wiederaufarbeitung), Recover Part (Zurückgewinnung Teile) und Recover Material (Zurückgewinnung Material).

Schwieriger ist dies für Bauteile wie zum Beispiel die Wicklungsisolation und andere hochvoltbelastete Komponenten in der Leistungselektronik, da diese zu einem großen Teil einem Alterungsprozess unterliegen und eine Separierung aufwendiger ist. Trotzdem ist auch dafür ein Aufarbeitungsprozess wichtig, denn die vorhandenen Rohmaterialen sind wertvoll und lassen sich gut wieder in den Produktionsprozess einschleusen. Wichtig ist außerdem die Betrachtung der gesamten Produktionskette: Alle in der Kette beteiligten Partner müssen nachhaltig denken und arbeiten. Abb. 7.69 zeigt das Separieren und die Rückgewinnung von elektronischen Bauteilen mittels Stoßwellenfragmentierung.

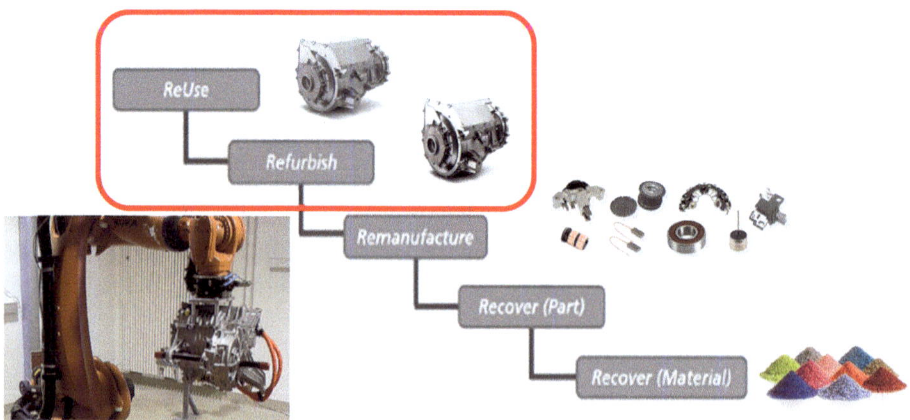

Abb. 7.68 Projekt Universität Clausthal-Zellerfeld (CUTEC) – Maximale Wiederverwendung von Bauteilen durch industrielle Demontage. Reuse und Refurbish statt Material-Recovering © ZF Friedrichshafen AG

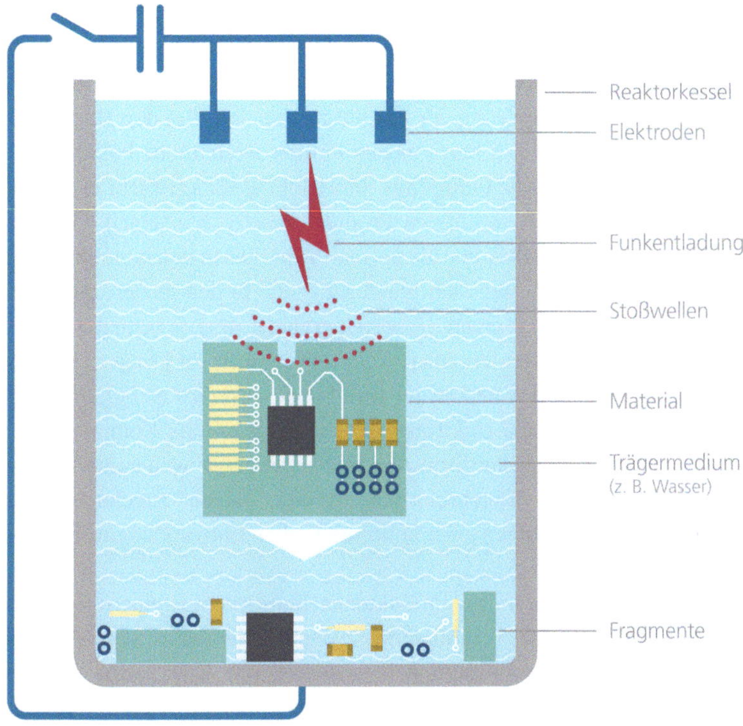

Abb. 7.69 Stoßwelleninduzierte selektive Fragmentierung von Leiterplatten zur effizienten Rückgewinnung von Funktionskomponenten und -materialien © Fraunhofer ISC

7.4.2.4 Kürzer werdende Produktlebenszyklen, Wettbewerb und Ausblick

Viele Studien beschäftigten sich mit den Auswirkungen der E-Mobilität auf die Beschäftigung, aber wesentliche Faktoren in Bezug auf die Frage, wer zukünftig auf diesem Markt erfolgreich agieren wird, werden die Kosten und die Entwicklungsgeschwindigkeit sein.

In der Vergangenheit waren die Player im Antriebssektor relativ klar positioniert. Auf der einen Seite die OEM, die je nach Fertigungstiefenansatz den Motor und das Getriebe selbst entwickelten und produzierten und auf der anderen Seite die etablierten Partner für Motor- und deren Einzelteile, die Getriebehersteller, die Elektroniklieferanten und für die anderen Komponenten für einen verbrennungsmotorischen Antriebsstrang. Mit dem Einzug der E-Mobilität hat sich dies stark verändert. Nicht nur, dass neue Spieler – auch aus anderen Branchen – versuchen, Marktanteile zu erobern, viele heute benötigten Komponenten entfallen zukünftig. Deshalb sind die OEM gezwungen, ihre Fertigungstiefe zu überdenken, und die heutigen Partner müssen sich mit neuen Produkten für die Zukunft wappnen. Gleichzeitig müssen die enormen Vorleistungen, die für eine Transformation letztlich der gesamten Mobilität notwendig sind, finanziert werden. All dies erhöht den Kostendruck, sowohl bei den Produkten selbst, aber auch bei den Produktentstehungskosten, wie zum Beispiel den Entwicklungskosten. Bei den Produktkosten sind dies vor allem das Materialpaket und die Herstellkosten. Bei den Materialkosten ist das Ziel, über eine Standardisierung und entsprechende Lieferantenauswahl schnellstmöglich Volumeneffekte und damit eine Reduzierung der Kosten zu erzielen. Bei den Herstellkosten sind die notwendigen Investitionen in Fertigungsmittel der wesentliche Faktor. Aufgrund der Varianz der Produkte müssen die Fertigungs- und Montageanlagen sehr flexibel konzipiert werden und den sich deutlich verkürzten Produktlebenszyklen folgen. Galten früher 48 Monate Produktentstehungszeiträume als normal, wird dies in den kommenden Jahren auf 24–30 Monate sinken. Wenn man sich gleichzeitig die in den letzten Jahren steigenden Kosten für Rückrufaktionen anschaut, lässt sich erahnen, was es bedeutet, ein neues Produkt in weniger als 30 Monaten zu entwickeln und in Serie zu bringen. Mit dem klassischen hardwareorientierten Ansatz Design-Build-Test wird dies nicht gelingen. Vielmehr muss die Hardware (damit sind elektronische und mechanische Komponenten gemeint) eine erprobte und ausgereifte Plattform sein, die evolutionär weiterentwickelt wird, das Gesamtaggregat und seine Eigenschaften werden jedoch zunehmend über seine Funktionalität definiert und folgen einer kontinuierlichen Entwicklung während des realen Betriebs.

Folglich kommt der Software im Produktentstehungsprozess eine immer größer werdende Bedeutung zu. Sie ist die Verknüpfende zwischen Hardware, Sensorik und Aktuatorik, um letztendlich die Gesamtfunktion darzustellen und dem Fahrer das gewünschte Fahrerlebnis zu bieten. Standardisierung spielt auch in der Software- und Funktionsentwicklung eine bedeutende Rolle, um die kommerziellen und technischen Herausforderungen und insbesondere der schnelleren Time-to-Market-Zielsetzung Rechnung zu tragen. Schon früh initiierten deutsche OEM wie Volkswagen, BMW und Daimler sowie Tier-1-Lieferanten, wie Bosch und Continental, Entwicklungspartnerschaften, um eine standardisierte, offene Softwarearchitektur zu entwickeln und einheitliche Softwaremodule für Basissoftware sowie die Kommunikation und Einbindung von Applikationsanteilen zu ermöglichen. Diese werden AUTOSTAR genannt (AUTomotive Open System ARchitecture). Eine typische Architektur, spezifisch auf die Architektur einer Leistungselektronik zugeschnitten, ist in Abb. 7.70 zu sehen.

Das Real Time Environment (RTE) trennt den Applikationslayer von der darunter liegenden Basissoftware, zu der Kommunikation, Betriebssystem, Speichermanagement und Hardware Abstraction Layer gehören. Hier findet sich die Funktionalität des Antriebs, wie die Drehmomentregelung der elektrischen Maschine, Begrenzungsfunktionen für Strom sowie Drehmoment und Sicherheitsfunktionen. Die RTE hat im Wesentlichen die Aufgabe, als Inter- bzw. Intrasteuergerätekommunikationsschicht zu dienen und somit eine standardisierte Einbindung von OEM-Softwaremodulen zu ermöglichen. Somit hat solch eine Architektur die Aufgabe, einen hohen Reuse von Funktionsmodulen zu gewährleisten und Softwaremodule gleich zu halten, auch wenn sich Hardware oder Microcontroller (µC) ändern. Die Hardwareabhängigkeit wird in der Basissoftware größtenteils abgefangen, sodass die Applikationsanteile identisch bleiben können bzw. bei Bedarf in ihrem Baukasten ausgetauscht werden können. Auf diese Weise würde man beispielsweise

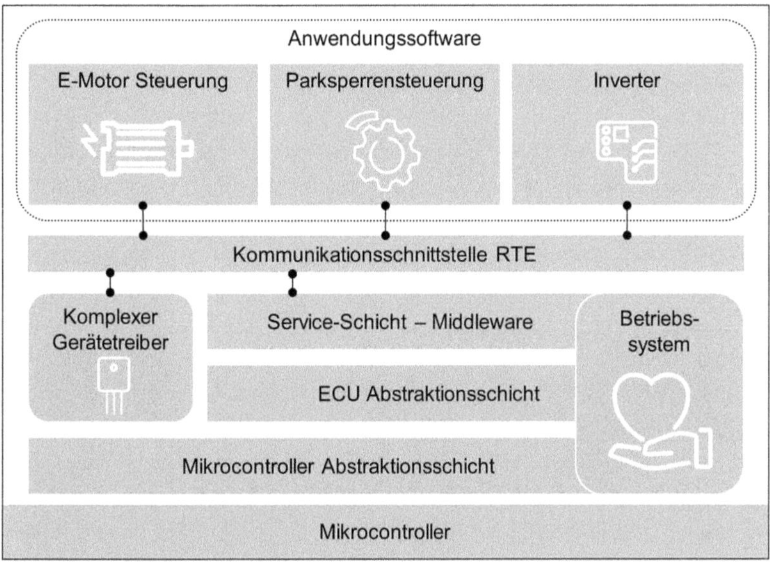

Abb. 7.70 Typische Softwarearchitektur nach AUTOSAR für die Anwendung in elektrischen Antriebsarchitekturen © ZF Friedrichshafen AG

lediglich den Block „Electrical Machine" tauschen, wenn sich ein Maschinentyp bei ansonsten identischer Hardware ändert. Umgekehrt würde dieser Block identisch bleiben, wenn sich Teile der Hardware ändern. In diesem Falle würden sich Modifikationen primär am Complex-Device-Treiber, Microcontroller Abstraction Layer (MCAL) und ggf. Errorhandling ergeben. Diese Systematik erlaubt ein schnelles, baukastenübergreifendes Ändern von SW-Ständen, analog eines „Legobaukastens".

Die Herausforderungen an eine Softwareentwicklung in der Automobilindustrie, speziell bei elektrischen Antrieben, sind vielfältig. Die immer kürzer werdenden Entwicklungszeiten vom Start einer Entwicklung bis hin zur Produktion stellen die Entwickler vor enorme Anstrengungen. Während man noch im letzten Jahrzehnt 48 Monate Zeit für den Produktentstehungszyklus hatte, sind es heute gut die Hälfte mit der drei- bis vierfachen Anzahl an Softwareauslieferzyklen. Digitalisierung, Sicherheitsupdates sowie die sich schnell ändernden Nachrichtenkataloge bedingen hier andere Entwicklungsmethodiken als noch vor zehn bis zwanzig Jahren. Während man in der Vergangenheit eher die herkömmlichen Prozesse im V-Modell verwendete, sprich klassische Wasserfallmethodiken mit System-, Software- und Hardwareprozessen, konzentriert man sich heute auf agile Arbeitsmethoden, fachbereichsübergreifend, um in kleinen Teams, sogenannte Release Trains, Funktionen über mehrere Disziplinen hinweg zu entwickeln. Das Produkt wird dabei in mehrere Funktionen aufgeteilt, wie beispielsweise die Funktion „Stelle Drehmoment". Dieser wird jeweils ein dediziertes Team zugeteilt, das diese Funktion spezifiziert, umsetzt und vom Anfang bis zum Ende verantwortet. Das Team bleibt für diese Funktion produktübergreifend bestehen und kann bei Folgeapplikationen auf den

Erfahrungen aufbauen [40]. In Abb. 7.71 wird der Vorgang des Agile Release Trains dargestellt. Die Continuous Delivery Pipeline, zu Deutsch „Kontinuierlicher Auslieferungsprozess“, beinhaltet die Continuous Exploration (Kontinuierliche Untersuchung), die Continuous Integration (Kontinuierliche Integration), das Continuous Deployment (Kontinuierlicher Einsatz) und den Release on Demand (Freigabe auf Anforderung).

Neben modernen Methoden aus dem Baukasten der agilen Entwicklung, entwickelt sich auch die Performance von Funktionalitäten zur Steigerung von Leistung, Drehmoment, Akustik und Wirkungsgrad rasant weiter. Die Weiterentwicklung von Microcontrollern von Jahr zu Jahr, gerade im Bereich der eingebetteten Systeme (Embedded Systems), erlaubt es, neue Regelverfahren für elektrische Maschinen, das sogenannte Field Oriented Control (FOC), zu nutzen. Damit ist es möglich, Algorithmen funktionsbasiert zu entwickeln und über eine voll automatisierte Codegenerierung mit den geforderten Qualitätsstandards nach ASPICE (Automotive Software Performance Improvement and Capability Determination) und MISRA (Motor Industry Software Reliability Association) auf den Chip zu bringen. Die eigentliche Codierung gerät in den Hintergrund, der Fokus ist die Funktion (Abb. 7.72). Analoges gilt für die Kalibration einer FOC, für die Kennfelddaten für d- und q-Ströme voll automatisiert ermittelt und optimiert werden. Zum Einsatz kommen hier Methoden der künstlichen Intelligenz – neuro-

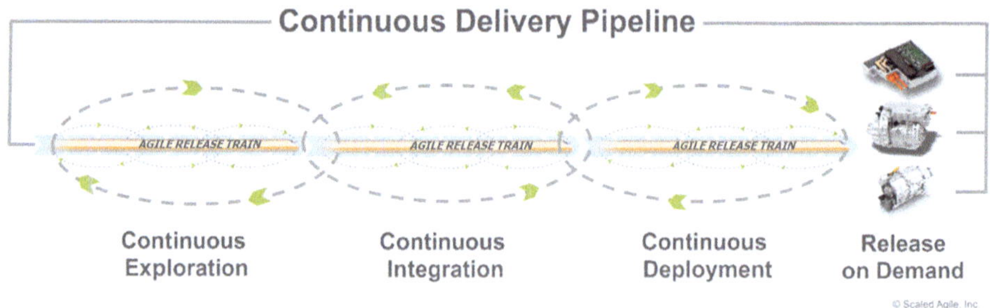

Abb. 7.71 Kontinuierliche Softwareauslieferung im Rahmen von Entwicklung, Integration und Auslieferung © Scaled Agile, Inc.; © ZF Friedrichshafen AG

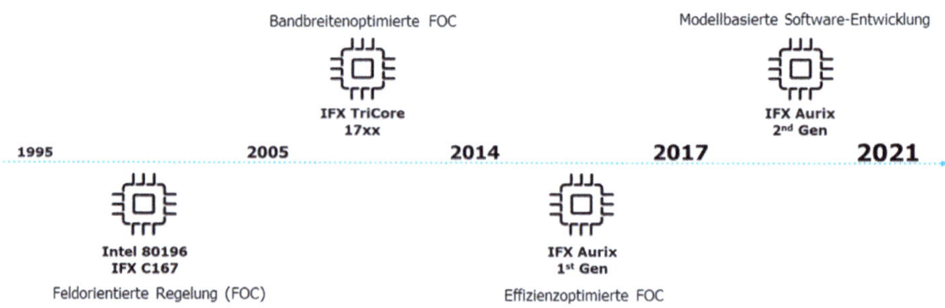

Abb. 7.72 Evolution der Feldorientierten Regelung (FOC) bei der Ansteuerung von elektrischen Maschinen © ZF Friedrichshafen AG

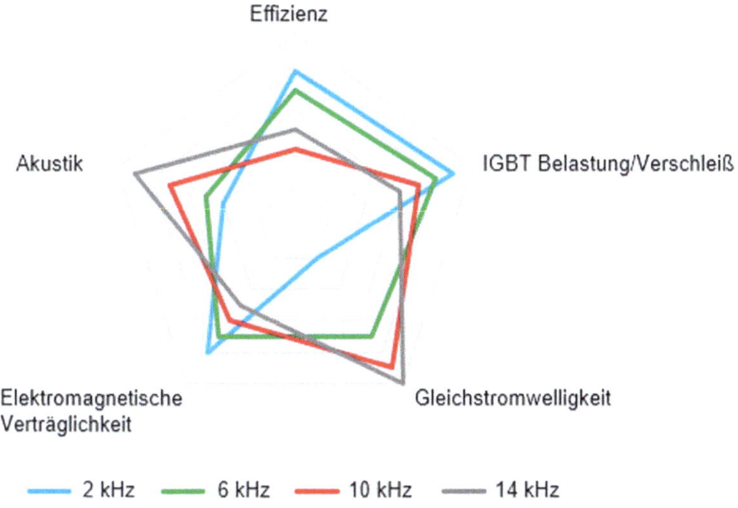

Abb. 7.73 Systemverhalten elektrischer Antrieb bei unterschiedlichen Taktfrequenzen © ZF Friedrichshafen AG

nale Netze –, die die Abhängigkeit des thermischen Verhaltens situativ nach Fahrverhalten optimal nachführen kann [40].

Somit ist es möglich, über innovative Algorithmen, Einfluss auf das Systemverhalten zu nehmen und sogar auf den Aufbau des Antriebs. Abb. 7.73 zeigt beispielsweise die Möglichkeiten auf, die sich bieten, wenn die Ansteuerfrequenz des elektrischen Motors, abhängig vom Betriebspunktpaar (Drehmoment, Leistung) variiert wird (Variable Schaltfrequenz). Darüber hinaus helfen moderne Verfahren, Gewicht einzusparen, wenn man es schafft, über hohe Schaltfrequenzen Verluste in der elektrischen Maschine zu minimieren, um die aktive Länge des Rotors und Stators kurz zu halten.

Hinzu kommt, dass alle Beteiligten, allen voran die OEM, analog zur Hardware ihre Kernkompetenzen neu definieren. All dies hat zur Folge, dass die Fähigkeit, Software im sicherheitsrelevanten, kostensensiblen automobilen Umfeld schnell, flexibel, aber auch funktionssicher, bereitstellen und ins Feld bringen zu können, eine Schlüsselkompetenz für alle zukünftigen Player sein wird.

Zusammengefasst kann gesagt werden, es wird nicht den einen elektrischen Antrieb geben. Sicher werden Permanentsynchronmaschinen und Siliziumkarbidendstufen aufgrund ihrer Wirkungsgradvorteile eine große Rolle spielen. Aber auch die anderen E-Maschinentypen werden weiter bestehen, neue Halbleitertechnologien hinzukommen und heute noch als unverzichtbar geltende Materialien werden entfallen oder durch neue ersetzt werden. Daher wird ein klassischer Baukasten, der zum Beispiel in Leistungsklassen gegliederte Komplettantriebe bietet, nur sehr schwer umzusetzen sein. Vielmehr wird es Technologiebaukästen geben, mit denen schnell und flexibel auf die verschiedenen Anforderungen der vielen Anwendungen – auch in den verschiedenen Märkten – reagiert werden kann und dadurch eine deutliche Verkürzung der Entwicklungszeiten und somit der Entwicklungskosten (ist gleich: effizientere und effektivere Nutzung der immer knappen Entwicklungskapazitäten) erreicht wird. Ein Alleinstellungsmerkmal kann dabei die Funktions- und Softwareentwicklung werden. Die Technologiebaukästen werden sich auch dadurch auszeichnen, dass über das gesamte Produktleben das Thema Nachhaltigkeit berücksichtigt sein wird. Die verbesserte Verwendung der verschiedenen Rohstoffe und Einzelteile, deren Beschaffung (Förderung, Produktion, Transport) und die Wiederverwendung von möglichst vielen Komponenten erlangen eine große Bedeutung. Kooperationen zwischen Lieferanten, OEM und sich ändernde Strategien zur Fertigungstiefe und Wertschöpfung bestimmen die Zukunft. Auf diesem Gebiet werden Materialforschung und -entwicklung eine große Rolle spielen. Sicher ist, wir befinden wir uns in dieser Dekade einer enorm volatilen und dynamischen Transformation einer gesamten Branche.

7.5 Anwendungsbeispiele zur E-Mobilität und ihren Komponenten

Oliver Schauerte and Daniel Freidank

Die Wende zur E-Mobilität hat fundamentale Auswirkungen auf die Fahrzeugstrukturen, Komponenten und Wertschöpfungsketten in der Automobilproduktion. In der öffentlichen Wahrnehmung wird hierbei stets zuerst an die Anforderungen an das Batteriesystem inklusive Batteriekasten oder auch die Brennstoffzelle gedacht, jedoch sind für den Betrieb eines E-Fahrzeuges etliche weitere Komponenten erforderlich, die im Hinblick auf eine Massenfertigung hinsichtlich Auslegung, verwendeter Materialien und Rohstoffverfügbarkeit berücksichtigt werden müssen. Die systemischen Herausforderungen für den elektrischen Antriebsstrang sind im Abschn. 7.4 beschrieben worden. Einige der dort behandelten Komponenten sollen nun in diesem Abschnitt genauer im Hinblick auf signifikante Werkstoffanforderungen vorgestellt werden.

7.5.1 Die E-Maschine

Grundsätzlich wird im Fahrzeugbau zwischen zwei Varianten der E-Maschine unterschieden: Dem permanenterregten Synchronmotor (PSM, Abb. 7.74) und dem fremderregten Synchronmotor (FSM), bei Hybridfahrzeugen kommt in seltenen Fällen noch der Asynchronmotor (ASM) zum Einsatz. Kennzeichen des PSM ist, dass das elektromagnetische Feld vom Rotor durch Hartmagnete „permanent“ erzeugt wird, während im Stator integrierte Kupferwicklungen elektrisch phasenverschoben mit Wechselstrom gespeist werden, sodass ein umlaufendes Magnetfeld entsteht, dem der Rotor folgt. Die Hartmagnete sind zudem in Pakete aus weichmagnetischem Material eingebettet, dem sog. Rotor- oder Elektroblech, die die magnetischen Kräfte des Wechselfeldes verstärken (Abb. 7.75). Permanenterregte Synchronmotoren setzen sich bisher am Markt durch, weil

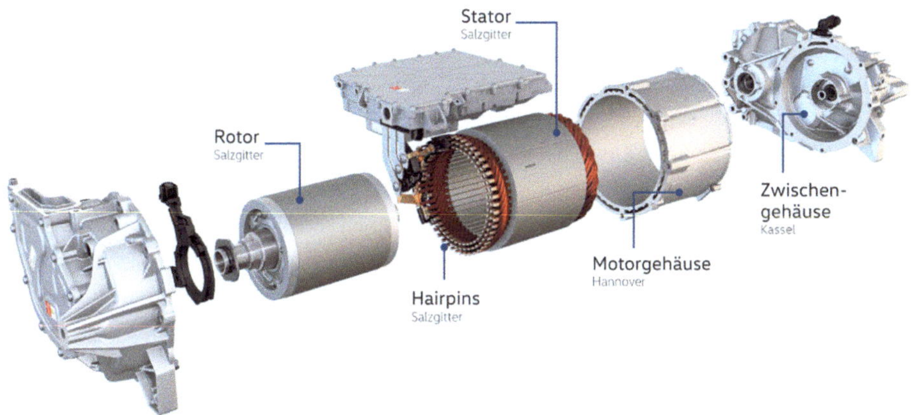

Abb. 7.74 Bild eines permanenterregten Synchronmotors (PSM) (Bild: Volkswagen)

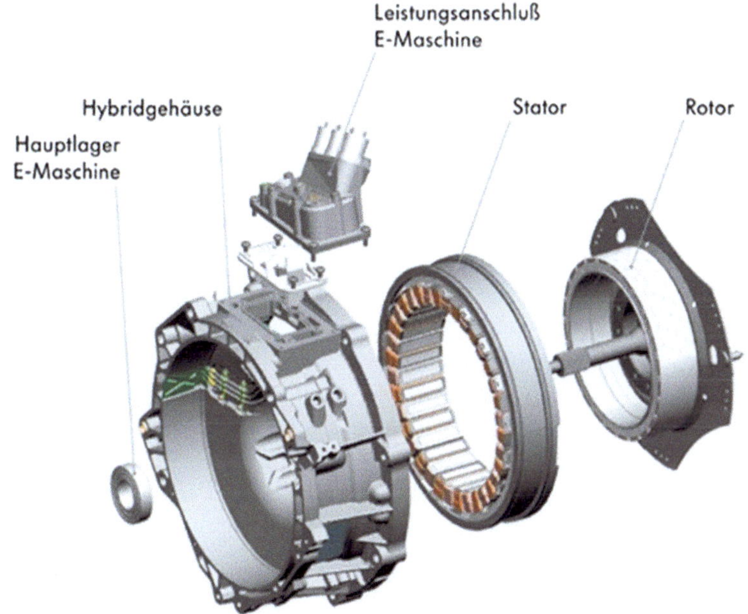

Abb. 7.75 Stator mit Permanentmagneten in einer PSM (Bild: Volkswagen)

sie sich durch eine hohe Effizienz und Leistungsdichte auszeichnen und zudem einen vergleichsweise geringen Bauraum benötigen. Bei den fremderregten E-Maschinen wiederum wird das Magnetfeld über ein weichmagnetisches Blechpaket erzeugt, die Hartmagnete entfallen. Die Bau- und Arbeitsweisen der verschiedenen E-Maschinen werden aber bereits im Abschn. 7.4. beschrieben, daher soll an dieser Stelle nur auf die werkstofftechnischen Aspekte der magnetischen Bauteile eingegangen werden, da diese von entscheidender Bedeutung für die Antriebsperformance sind.

7.5.1.1 Hartmagnete

Unter dem Begriff Magnetismus versteht man ganz allgemein die Eigenschaft zweier Körper, ohne ein äußeres Feld, Kräfte aufeinander auszuüben. Von einem Hartmagneten (auch Permanent- oder Dauermagnet) spricht man, wenn eine einmal aufgebrachte Magnetisierung im Magneten verbleibt, also „hart" ist. Das Maß der maximal möglichen Magnetisierung ist dabei das Produkt aus der magnetischen Flussdichte B (auch „Induktion" oder „Remanenz") und der magnetischen Feldstärke bzw. Koerzitivfeldstärke H. Dabei repräsentiert B die Flächendichte des magnetischen Flusses senkrecht zu einem Flächenelement und wird in der Einheit Tesla ($1T = 1\ V \cdot s/m^2$) angegeben. B bezeichnet also das Maß der Magnetisierung, die nach Abschalten eines äußeren Magnetfeldes im Werkstoff verbleibt („Remanenz"), wobei B_r den maximal erreichbaren Wert darstellt, der häufig auch als Polarisation J mit der maximal erreichbaren Sättigungspolarisation J_s bezeichnet wird. Dabei gilt B = J (beide in Tesla). H wiederum bezeichnet den Wert der Feldstärke, die notwendig ist, um die remanente Magnetisierung durch ein Gegenfeld zu beseitigen. Sie steht somit für die richtungsabhängige magnetische Spannung eines erzeugten Magnetfeldes und wird mit der Einheit A/m bezeichnet. In Hartmagneten sollen daher beide Werte so hoch wie möglich sein, wobei das Maß der Magnetisierung als „maximales Energieprodukt" $(BH)_{max}$ bezeichnet wird. Sie entspricht der Fläche innerhalb der Hysteresekurve des zweiten Quadranten, auch als Entmagnetisierungskurve bezeichnet (Abb. 7.76). Ihre Einheit ist kJ/m^3 oder auch MGOe (Mega-Gauß-Oersted, veraltet), wobei 1 MGOe = 7,958 kJ/m^3. Vertiefende Literatur zu magnetischen Werkstoffen sowie zu ihrem Einsatz finden sich beispielsweise in [42–44].

Die für hartmagnetisches Materialverhalten notwendigen ferromagnetischen Eigenschaften beruhen auf einer elementspezifischen Elektronenkonfiguration, die aufgrund

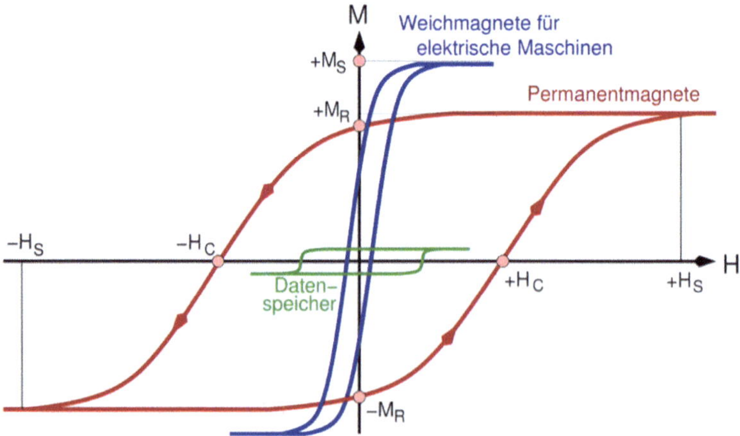

Abb. 7.76 Hysteresekurven von hart- und weichmagnetischen Materialien (qualitativ). Magnetisierung M = Remanenz B. (Bild: C. Röhr; aus: AGP-Begleitvorlesung „Magnetmaterialien" Univ. Freiburg)

nicht vollständig aufgefüllter Orbitale mit unvollständigen Elektronenpaaren ein Ungleichgewicht der Elektronenspins aufweisen, wodurch sich magnetische Momente ausbilden. Derartige Eigenschaften zeigen von Natur aus aber nur einige Übergangsmetalle und Seltenen Erden, nämlich Eisen (nur das kubisch-raumzentrierte α-Fe), Nickel, Kobalt und Gadolinium, jedoch können auch metallische oder oxidische Phasen bei entsprechender Atomkonfiguration ferromagnetische Eigenschaften ausbilden, auch wenn die beteiligten Elemente selbst gar nicht ferromagnetisch sind.

Aufgrund der erwähnten atomaren magnetischen Momente kommt es zur Ausbildung ganzer Bereiche im µm-Bereich mit gleicher magnetischer Ausrichtung, den magnetischen Domänen bzw. den sogenannten Weiss'schen Bezirken, die durch die als „Blochwände" bezeichneten Grenzflächen voneinander getrennt sind und in denen sich die Magnetisierungsrichtung um 180° dreht. Im unmagnetisierten Material sind die Weiss'schen Bezirke innerhalb des Werkstoffs in ihrer Ausrichtung isotrop verteilt, erst durch das Anlegen eines äußeren Magnetfeldes bildet sich eine magnetische Anisotropie aus. Hierbei wachsen die in Richtung des Magnetfeldes ausgerichteten Bezirke auf Kosten der quer hierzu orientierten und die in Feldrichtung ausgerichteten wachsen durch Blochwandbewegung auf Kosten der in Gegenrichtung ausgerichteten (Abb. 7.77). Berücksichtigt werden muss zudem, dass die Stabilität der Blochwände und somit das Maß des $(BH)_{max}$-Wertes temperaturabhängig ist. Mit steigender Temperatur sinkt der $(BH)_{max}$-Wert, bis der Werkstoff bei Erreichen der sogenannten Curie-Temperatur vollständig entmagnetisiert ist. Bei der Auslegung von E-Maschinen ist dabei zu berücksichtigen, dass wärmebedingte Verluste irreversibel sind. Jedoch können durch Wärmeeintrag entmagnetisierte Werkstoffe nach Abkühlung wieder neu bis auf das vorherige Niveau magnetisiert werden, sofern es nicht gleichzeitig zu Veränderungen der Mikrostruktur gekommen ist.

Grundlage des hartmagnetischen Effekts ist also die Behinderung von Bewegungen der Blochwände, was vor allem durch eine entsprechende Mikrostruktur erreicht wird. Hindernisse wie Phasengrenzflächen, Ausscheidungen, Einschlüsse oder Korngrenzen erschweren Blochwandbewegungen bzw. können Blochwände effektiv „pinnen" und so die Remanenz, also den Widerstand gegen eine Entmagnetisierung, erhöhen. Da Korngrenzen besonders effiziente Senken für Blochwände darstellen, ist man bestrebt, dass im magnetisierten Zustand die Korngrößen in etwa den Weiss'schen Bezirken entsprechen. Daher bieten sich insbesondere pulvermetallurgische Fertigungsrouten für die Herstellung von Hartmagneten an, da hier die bei der Pulverproduktion eingestellten Partikelgrößen bereits die ideale Korngröße im gesamten Magnetkörper sicherstellen.

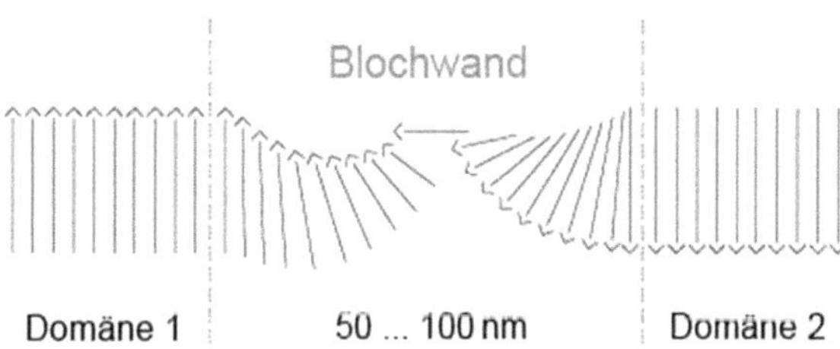

Abb. 7.77 Weiss'sche Bezirke („Domänen") und Blochwände

Es gibt eine Reihe hartmagnetischer Werkstoffe mit verschiedenen Eigenschaftsprofilen und $(BH)_{max}$-Werten, insbesondere oxidische Hartferrite sowie ferromagnetische Legierungen wie AlNiCo, SmCo, PtCo, NiFe („Permalloy"), NiFeCo („Mumetall", engl. Mu-metal) und der leistungsstärksten Gruppe, die NdFeB-Legierungen (Abb. 7.78). Bei der Auswahl des hartmagnetischen Werkstoffs spielen jedoch neben den Werten für Remanenz, Koerzitivfeldstärke und Curie-Temperatur auch die Kosten, die Preisstabilität sowie die Verfügbarkeit der eingesetzten Rohstoffe eine Rolle. Ungünstigerweise enthalten die technisch geeigneten Magnetwerkstoffen aber alle erhebliche Anteile an kritischen Materialien wie Kobalt, Nickel oder Seltenen Erden. Daher werden für E-Maschinen im Fahrzeugbau entweder die kostengünstigen Hartferrite verwendet oder es werden gleich die leistungsfähigen NdFeB-Magnete eingesetzt. Diese enthalten zwar die Seltene Erde Neodym, sind aber insgesamt hinsichtlich der Rohstoffsituation auch nicht kritischer einzuschätzen als die anderen hartmagnetischen Alternativen. Lediglich im Falle sehr hoher Betriebstemperaturen könnten SmCo-Magnete mit ihrer sehr hohen Curie-Temperatur eine Alternative sein.

Hartferrite haben zwar mit $(BH)_{max}$-Werten im Bereich 0,2–0,4 Tesla eine relativ geringe Remanenz, sind jedoch aufgrund ihrer recht hohen Koerzitivfeldstärke im Bereich von 150–300 kA/m sehr „hart" (Abb. 7.78) und bieten so aufgrund der kostengünstigen Grundstoffe das beste Preis-Leistungs-Verhältnis. Zudem haben sie mit ~ 4,8 g/cm^3 eine recht geringe Dichte und mit T_c ~ 450 °C eine ausreichend hohe Curie-Temperatur, sodass Hartferrite bei Arbeitstemperaturen bis etwa 250 °C problemlos eingesetzt werden kön-

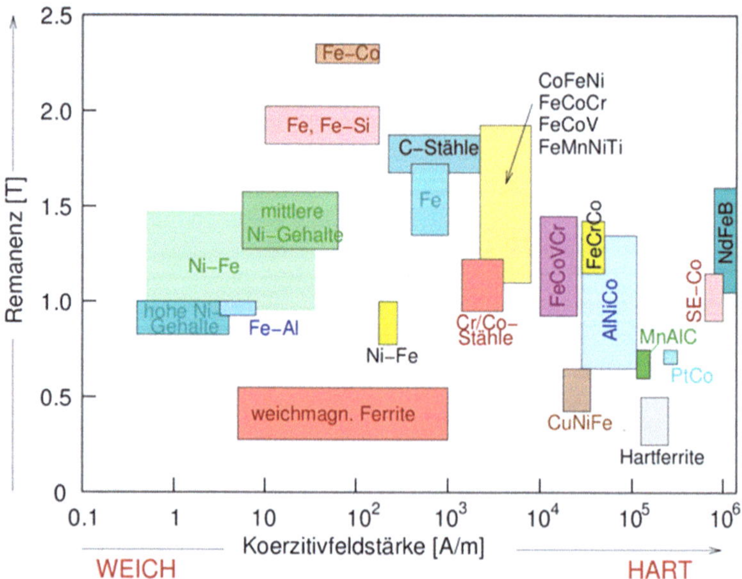

Abb. 7.78 Übersicht Magnetwerkstoffe (Bild: C. Röhr; aus: AGP-Begleitvorlesung „Magnetmaterialien" Univ. Freiburg)

nen. Nachteilig ist der insgesamt recht niedrige $(BH)_{max}$-Wert, sodass mit Hartferrit-Magneten ausgestattete E-Maschinen deutlich größer bauen und eine geringe Leistungsdichte aufweisen, weshalb sie vorzugsweise im Bereich kostengünstiger Kleinwagen oder Nutzfahrzeuge zum Einsatz kommen. Hauptanwendungsgebiete für Hartferrite sind jedoch Haftmagnete, Lautsprecher, Elektromotoren und allgemein Magnete in Konsumartikeln.

Als Grundstoffe für Hartferrite dienen meist Eisenoxide wie Hämatit (Fe_2O_3) bzw. Magnetit (Fe_3O_4), das mit Strontium- oder Bariumkarbonat versetzt wird. In einem anschließenden Kalzinierungsprozess werden dann die magnetischen Phasen $SrFe_{12}O_{19}$ oder $BaFe_{12}O_{19}$ erzeugt. Das Material wird dann sehr fein gemahlen, sodass Partikelgrößen von 1–2 µm erzeugt werden. Für Anwendungen im automobilen Bereich wird dieses Pulver üblicherweise nass geformt, getrocknet und anschließend gesintert, sodass die aus den Partikeln resultierenden Korngrößen den Weiss'schen Bezirken entsprechen. Ein Formpressen im Magnetfeld hilft dabei, die Partikel auszurichten und so eine magnetische Vorzugsrichtung bzw. Anisotropie zu erzeugen, die das maximale Energieprodukt im Betrieb optimiert.

Leistungsfähigere E-Maschinen enthalten NdFeB-Magnete. Diese erreichen Remanenzwerte bzw. Sättigungspolarisationen von 1,3–1,6 Tesla sowie Koerzitivfeldstärken von 1000 bis 3000 kA/m (Abb. 7.78). Ihre maximale Energiedichte $(BH)_{max}$ liegt damit bei 300 bis 500 kJ/m^3 was in der Praxis bedeutet, dass ein Magnet mehr als das Tausendfache seines eigenen Gewichts tragen kann. Typische chemische Zusammensetzungen von NdFeB-Magneten liegen (in Gew.-%) bei 60–70 % Fe, 23–32 % Nd und ca. 1 % B, weitere häufig eingesetzte Elemente sind Kobalt (bis zu 5 %), Aluminium sowie Dysprosium oder Praseodym (jeweils Nd substituierend). Co wird meist mit bis zu 5 % zulegiert, weil es sich auf Fe-Plätzen in der Hauptphase einlagert und hierdurch eine deutliche Erhöhung der Curie-Temperatur bewirkt. Geringe Mengen Al reichern sich bevorzugt im Bereich der Korngrenzen an und verbessern die magnetische Entkopplung der einzelnen Domänen. Dysprosium (üblicherweise 1–5 %) wiederum bildet zusätzlich $Dy_2Fe_{14}B$-Phasen, die die intrinsische Koerzitivfeldstärke und so den Entmagnetisierungswiderstand erhöhen, jedoch um den Preis einer reduzierten Sättigungspolarisation und somit eines reduzierten maximalen Energieproduktes. Zudem wirkt es kornfeinend und erhöht die Curie-Temperatur. Weitere Legierungselemente werden in Mengen von 1 % und weniger zugegeben, um das Zusammenspiel von Parametern wie $(BH)_{max}$, B_r, H_c, T_c sowie die Ausbildung der Phasenanteile zu optimieren, letztlich wird das gewählte Legierungssystem durch die beabsichtigte Anwendung bestimmt.

Der hartmagnetische Effekt basiert dabei auf der Phase $Nd_2Fe_{14}B$, die rund 85 % des Magnetvolumens ausmacht und die fälschlicherweise häufig als chemische Zusammensetzung der Legierung bezeichnet wird. Diese Phase wird durch die aus 68 Atomen bestehende Elementarzelle mit raumzentriertem Charakter gebildet, wobei der starke magnetische Effekt auf einer hohen magnetischen Anisotropie der Einheitszelle beruht, die wiederum aus der stark tetragonalen Verzerrung der Einheitszelle resultiert. Weitere Phasen sind die stets gemeinsam mit $Nd_2Fe_{14}B$ in geringen Mengen auftretende $Nd_{1.1}Fe_4B_4$-

Phase, die aber keinen nachteiligen Einfluss auf das Energieprodukt hat, sowie die stark mit Nd angereicherten Korngrenzen. An der Magnetoberfläche bilden sich zudem aufgrund des hohen Fe-Anteils der Legierung Korrosionsprodukte (Rost und u. U. Nd-Oxide), weshalb NdFeB-Magnete üblicherweise mit Polymerüberzügen oder galvanischen Beschichtungen (z. B. Ni-Sn oder Ni-Cu-Ni) geschützt werden, wenn sie nicht in einer inerten Umgebung wie z. B. in einer E-Maschine eingesetzt werden.

Die NdFeB-Legierung wird normalerweise in einem Vakuuminduktionsofen erschmolzen und anschließend entweder zu Barren abgegossen oder schmelzgesponnen. Das erhaltene Material wird anschließend zerkleinert und unter Schutzgas gemahlen, sodass ein gleichförmiges Pulver mit Korngrößen im μm-Bereich entsteht. Dieses wird dann in einer Form verpresst und gesintert, wobei auch hier das Verpressen in einem Magnetfeld erfolgen kann, um die Anisotropie im Magneten zu verbessern. Die endgültige Formgebung erfolgt aufgrund der Sprödigkeit des Materials meist durch einen Schleifprozess [45–47].

Für auf $Nd_2Fe_{14}B$ basierende Hartmagnete gibt es im Handel ein Klassifizierungssystem, das stets mit dem Buchstaben N (für Neodym) beginnt. Beispielsweise steht N40SH für einen NdFeB-Magneten mit einer maximalen Energiedichte $(BH)_{max}$ von 40 MGOe (= 318 kJ/m^3). Angehängte Buchstaben stehen für die maximalen Einsatztemperaturen, in diesem Fall 150 °C (M = 100 °C, H = 120 °C, SH = 150 °C, EH = 180 °C und UH = 200 °C). Ist kein Buchstabe angehängt, beträgt die Einsatztemperatur maximal 80 °C.

Da rund 90 % der weltweit verwendeten Seltenen Erden aus China kommen, werden zunehmend insbesondere für das Kleinwagensegment entweder E-Maschinen mit Hartferriten oder auch die komplexeren fremderregten Synchronmotoren in Betracht gezogen. Letztere, weil sie ohne den Einsatz von Permanentmagneten arbeiten. In den letzten Jahren sind jedoch erhebliche Lagerstätten außerhalb Chinas gefunden worden, wie z. B. in Australien und Skandinavien, sodass langfristig zu erwarten ist, dass die mit SE-Magneten versehenen E-Maschinen im Automobilbereich weiterhin dominierend bleiben werden.

7.5.1.2 Weichmagnete

Weichmagnete üben ebenso wie Hartmagnete eine magnetische Kraft aus und zeichnen sich dementsprechend durch eine hohe Magnetisierung aus, also eine möglichst hohe Sättigungspolarisation J_s bzw. remanente magnetische Flussdichte B_r. Diese wird zudem bei einem von außen wirkenden magnetischen Feld um die sogenannte Werkstoffpermeabilität μ verstärkt. Aber anders als bei Hartmagneten ist der Widerstand gegen eine Umkehr des magnetischen Feldes bei Weichmagneten so gering wie möglich, sie sind also magnetisch „weich". Daher muss auch ihre Koerzitivfeldstärke möglichst gering sein (< 1000 A/m), um einen Wechsel der Magnetisierungsrichtung möglichst verlustfrei zu ermöglichen (Abb. 7.76, blaue Kurve). Die Fläche innerhalb der Hysteresekurve entspricht dabei der Verlustleistung bzw. dem Hystereseverlust des Magnetmaterials. Sie soll so gering wie möglich sein, die Kurve selbst so steil wie möglich verlaufen.

Für die Charakterisierung von Weichmagneten ist zudem die magnetische Permeabilität wichtig. Diese beschreibt das Verhältnis der magnetischen Flussdichte B zur magnetischen Feldstärke H ($\mu = B/H$) und wird auch als magnetische Leitfähigkeit bezeichnet. Sie wird in der Einheit Henry pro Meter (H/m) bzw. in (V · s)/(A · m) angegeben und ist das Maß der magnetischen Verstärkung der Flussdichte. Mit μ_0 wiederum wird die magnetische Feldkonstante bezeichnet, die das Verhältnis von B zu H im Vakuum bezeichnet. Sie beträgt $1{,}2566 \cdot 10^{-6}$ (V · s)/(A · m). Sie wird benötigt, um die relative Permeabilitätszahl μ_r eines Werkstoffs zu bestimmen, wobei $\mu_r = \mu/\mu_0$. Ferromagnetische Materialien wie Fe, Co und Ni sind grundsätzlich zunächst weichmagnetisch (hartmagnetisch werden sie erst in Legierungsform mit entsprechendem Phasenaufbau oder Mikrostruktur, siehe vorherigen Abschnitt „Hartmagnete") und weisen Permeabilitätszahlen von $40 \leq \mu_r \leq 10^6$ auf. Zum Vergleich: Paramagnetische Metalle liegen bei knapp über 1. Grundsätzlich bedeutet eine hohe Permeabilitätszahl eine materialbedingt hohe Verstärkung der magnetischen Flussdichte, ihr Wert sollte daher so hoch wie möglich sein. Negativ auf μ_r wirken sich z. B. Gitterfehler, Phasengrenzen oder Einschlüsse aus, die die Bewegungen der Blochwände behindern [42, 48].

Hauptanwendungsgebiete für Weichmagnete sind neben E-Maschinen vor allem Transformatoren, Schutzschalter, Schirmungen, Relais und Spulen. Wichtigstes Einsatzfeld im Fahrzeugbau sind die E-Maschinen, wo sie als sogenanntes Elektroblech oder Elektroband in Form von Rotor- oder Statorpaketen zum Einsatz kommen (Abb. 7.74 und 7.79). Sie bilden den Magnetkern einer E-Maschine. Neben der geometrischen Form der Bleche bestimmen die Werkstoffeigenschaften die Effizienz einer E-Maschine. Für Elektrobleche bedeutet dies, dass die maximal mögliche magnetische Flussdichte von der Permeabilität des Werkstoffs bestimmt wird, der Widerstand gegen eine Ummagnetisierung (also die Koerzitivfeldstärke) hingegen durch den atomaren Aufbau sowie die Mikrostruktur. Erstere ist abhängig vom gewählten Legierungssystem, wobei nicht nur die erzielbare Permeabilität μ_r und Remanenz B_r, sondern auch Kostenfragen die Materialauswahl be-

Abb. 7.79 Statorpaket aus Elektroblechlamellen, hier eine 49 %Co-Fe-Legierung (Bild: Vakuumschmelze)

stimmen. Meist wird daher reines Fe oder aber Fe mit geringen Mengen Si (z. B. Fe-3.5Si) verwendet. Weitere geeignete ferromagnetische Elemente sind Ni und Co. Typische Elektroblechlegierungen sind Fe-Si-, Fe-Ni-, und die besonders leistungsfähigen Fe-Co-Legierungen (z. B. Fe-49Co), die ggf. mit geringen Mengen weiterer Legierungselemente ergänzt werden. Für E-Antriebe im Fahrzeugbau werden jedoch normalerweise nur Fe-Si-Legierungen verwendet.

Der erwähnte möglichst geringe Widerstand gegen eine Ummagnetisierung wiederum wird durch die Mikrostruktur bestimmt und kann durch den Fertigungsprozess erheblich beeinflusst werden. Während man bei Hartmagneten versucht, Blochwandbewegungen möglichst zu behindern und mit kleinen Korngrößen einheitlich ausgerichtete Domänen zu bilden, ist es beim Weichmagneten genau umgekehrt. Hier sollen sich die Blochwände bei jedem Wechsel der Magnetisierungsrichtung ungehindert durch das Material bewegen. Daher ist man bestrebt, große Bereiche gleicher kristallografischer Ausrichtung zu erzeugen, also möglichst große Körner, die üblicherweise 20–200 μm aufweisen. Zudem sollen die Phasen durch eine unverzerrte kubische Gitterstruktur gebildet werden (da die magnetisch leichte Richtung mit der höchsten Permeabilität stets entsprechend der Würfelkanten in den < 001 > – Richtungen verläuft, ist es unerheblich, ob das Atomgitter kfz oder krz ist). Ferner sollte das Gefüge möglichst wenige Ausscheidungen enthalten, die die Bewegung der Blochwände behindern, weshalb sehr niedrig legiertes Fe-Blech besonders geeignet ist. Die besten magnetischen Eigenschaften jedoch werden mit amorphen Weichmagneten auf Fe- oder Co-Basis erreicht, die durch einen Schmelzspinnprozess mit so hohen Abkühlraten produziert werden, dass das Material aus der Schmelze heraus kein Atomgitter bilden kann. Eine solche amorphe Struktur ist für ungehinderte Blochwandbewegungen der Idealzustand, Anwendung finden derartige Materialien heute im Wesentlichen aber lediglich in Transformatoren und Sensoren, ein Einsatz in E-Maschinen ist noch nicht absehbar und wird deshalb hier nicht weiter betrachtet.

Aus den genannten Zusammenhängen resultiert allerdings ein Zielkonflikt, denn tatsächlich sind weichmagnetische Bleche mit Zugfestigkeiten von 350–500 MPa auch mechanisch eher weich. Da sie aber im Rotor einer E-Maschine auch mechanisch beansprucht werden, ist es notwendig, die Festigkeit der Elektrobleche zu erhöhen. Aus diesem Grund werden dem Fe üblicherweise 2,5–3,5 % Si zulegiert, da dieses durch eine Mischkristallhärtung die Festigkeit erhöht, gleichzeitig die magnetischen Eigenschaften verbessert und zudem kostengünstig ist. Für optimale magnetische Eigenschaften empfehlen sich sogar bis zu 6,5 % Si, allerdings nimmt dann die Formbarkeit und Stanzbarkeit deutlich ab. Der Kohlenstoffgehalt hingegen muss so gering wie möglich sein, da auch interstitiell gelöste C-Atome Blochwandbewegungen behindern und so zu einer „magnetischen Alterung" führen. Daher werden C-Gehalte von unter 0,015 % angestrebt, üblich sind Werte von 0,002–0,005 %. Zudem wird bei Elektroblech häufig ein kleiner Anteil Aluminium zulegiert (< 1 %), da dieses die Löslichkeit von Si im Mischkristall verbessert und die Bildung unerwünschter FeSi-Strukturen unterdrückt. Das Zusammenspiel aus magnetischen und mechanischen Eigenschaften bestimmt auch die Blechdicke, denn bei den Stator- und Rotorpaketen müssen die Wirbelstromverluste so gering wie möglich sein. Diese werden durch die Blechdicke bestimmt, weshalb man keinen massiven Weichmagnetblock verwendet, sondern Pakete aus Elektroblechlamellen aufbaut, die so dünn wie möglich und gleichzeitig gegeneinander magnetisch isoliert sein müssen, um magnetische Wechselwirkungen zwischen den Lamellen zu vermeiden. Unter Berücksichtigung der mechanischen Eigenschaften und den Anforderungen an die Verarbeitbarkeit kommen für E-Maschinen im Fahrzeugbau Blechdicken von üblicherweise zwischen 0,65 und 1,0 mm zum Einsatz, seltener auch 0,35 oder sogar 0,2 mm.

Elektroblech gibt es als anisotrope, kornorientierte Güte (KO) und als isotrope, nichtkornorientierte Güte (NO). Kornorientiertes Blech wird verwendet, wenn die magnetischen Eigenschaften in einer definierten Richtung wirken sollen und es auf eine besonders hohe Polarisation ankommt, was eher in Transformatoren der Fall ist. Die Anisotropie wird dabei beim Walzen eingestellt, wobei das Maß der Anisotropie abhängig ist vom Umformgrad und der Temperatur der Rekristallisationsglühung. Müssen die magnetischen Eigenschaften aber wie bei rotierenden Maschinen in alle Richtungen gleich gut sein, wird nichtkornorientiertes Elektroblech verwendet, wie grundsätzlich auch in den im Fahrzeugbau verwendeten E-Maschinen [49].

Elektrobleche werden gemäß ihrer Eigenschaften gekennzeichnet, als Beispiel sei hier der M270 – 50A genannt. Dabei steht das M für Elektroblech. Die 270 steht für das 100-fache des höchstzulässigen Ummagnetisierungsverlustes bei einer gegebenen magnetischen Flussdichte von B =1,5 T und einer Frequenz von 50 Hz (also 270 = 2,7 W/kg), die 50 für das 100-fache der Nenndicke (also 50 = 0,5 mm). Das A schließlich ist der Kennbuchstabe für den Glühzustand, in diesem Fall nichtkornorientiert und schlussgeglüht (K = nichtkornorientiert, nicht schlussgeglüht, P = kornorientiert mit hoher Permeabilität bei dann gegebenen 1,7 T).

Die Stator- und Rotorbleche für E-Maschinen werden üblicherweise gestanzt, können aber auch lasergeschnitten oder drahterodiert werden. Meistens werden die Bleche schon vor dem Stanzen mit einer 1–4 µm dicken, organischen oder anorganischen Lackschicht für die spätere magnetische Isolation der einzelnen Lamellen versehen, da sie außerdem signifikant die Standzeiten der Stanzwerkzeuge erhöhen. Des Weiteren kann durch das Stanzen beschichteter Bleche das Paketieren gleich in den Fertigungsprozess integriert werden („Stanzpaketieren"). Bei erhöhten Anforderungen können auch nach dem Stanzen applizierte Kleber oder direkt auf dem Blech aufgebrachte Backlacke verwendet werden, die Schichtdicken von etwa 4–8 µm aufweisen und die aufgrund ihrer viskoelastischen Eigenschaften zudem dämpfend wirken und Vibrationen in der E-Maschine reduzieren [49].

7.5.2 Batteriekästen

Die Batterie mit dem aufnehmenden Batteriekasten (auch „Containment") bildet bei den modernen E-Fahrzeugen das Herzstück des Fahrzeugs. Meist befindet sich diese Baugruppe in Form eines Sandwichbodens zwischen den Achsen, was einen tiefen Schwerpunkt begünstigt. Die Aufgaben des Batteriekastens sind dabei vielfältig. Er bildet nicht nur einfach ein Gehäuse für das Hochvoltbatteriesystem, er ist auch integraler Bestandteil der schützenden Crashstruktur, dichtet die Batterien ab, beherbergt das Thermomanagement, ist für den Brandschutz elementar und aufgrund seiner Größe werden auch im Hinblick auf Leichtbau, Kosten und Produktionsvolumen entsprechende Anforderungen gestellt. Dominierend sind jedoch die Anforderungen an den Batterieschutz im Crashfall sowie an den Insassenschutz im Falle eines Batteriebrandes („thermal runaway"). Für den Brandschutz muss der Batteriekasten deshalb hermetisch dicht sein, um die heißen Gase so lange wie möglich eingeschlossen zu halten und so wertvolle Zeit für die Rettung der Insassen zu gewinnen.

Zum Batteriekasten zählen aber nicht nur die formgebenden Bleche, sondern auch die Leitungen für die Kühl- bzw. Heizmedien, die elektrischen Anschlüsse und flammschützende Füllmaterialien (sog. Gapfiller). Aus diesem Anforderungsspektrum resultiert eine Vielzahl von werkstofflichen Herausforderungen. Da der Batteriekasten zudem hinsichtlich des Materialbedarfs eine der größten Baugruppen in einem E-Fahrzeug ist, ist der Wettbewerb zwischen den Anbietern verschiedener werkstofflicher Lösungen entsprechend groß und es stehen vor allem Lösungen aus Stahl, Aluminium, CFK sowie Kombinationen aus diesen Materialien miteinander in Konkurrenz. Zwei Beispiele für Batteriekästen zeigt Abb. 7.80, die im Serienfahrzeugbau angewendeten technischen Lösungen sind jedoch derartig vielfältig, dass die Thematik in diesem Abschnitt nur angerissen werden kann.

Bestimmend für die Auslegung eines Batteriekastens sind zunächst die gesetzlichen Vorgaben, die in den Hauptmärkten Europa, Nordamerika und China kontinuierlich verschärft werden, vor allem hinsichtlich des Insassenschutzes im Brandfall. Neben diesen für die Fahrzeugentwicklung relativ neuen Anforderungen haben sich aber auch die Auslegungskriterien für den Rohbau verändert, da der Tunnel entfällt und so die Schweller in höherem Maße Crashlasten aufnehmen müssen und zwar sowohl in Längs- als auch in Querrichtung, da im Vergleich zu den Verbrennerfahrzeugen im Falle eines Seitencrashs die Intrusion maximal begrenzt werden muss, um die Batterien zu schützen. Zusätzlich wird die Materialauswahl bestimmt durch neue, E-Fahrzeug-spezifische Crashanforderungen wie den „Poller-Test" (aufsetzen des Fahrzeugs auf einem kugelförmigen Körper mit Impactor-∅ 50mm), bei dem das Eindringen eines Fremdkörpers in die Batterien verhindert werden muss. Aus diesen Anforderungen folgt das heute am weitesten verbreitete Konzept eines modularen Aufbaus des Batteriekastens, bestehend aus einem crashabsorbierenden Rahmen, einer möglichst undurchdringlichen Bodenplatte (auch als Unterfahrschutz bezeichnet), einem Deckel und weiteren innen liegenden Crashstrukturen.

Aufgrund des auch bei E-Fahrzeugen zunehmenden Leichtbaubedarfs bei gleichzeitigem Kostendruck konkurrieren vor allem Lösungen aus Aluminium und Stahl. Aufgrund der Herausforderungen, die sich aus Wärmeausdehnung und Fügetechnik ergeben, werden hierbei meistens Lösungen aus einem Werkstoff angestrebt. Z. Zt. werden in vielen Fahrzeugen noch Aluminiumlösungen präferiert. Aluminium ist auch aufgrund seiner guten Eignung für das Thermomanagement sowie aufgrund der Möglichkeit, in erheb-

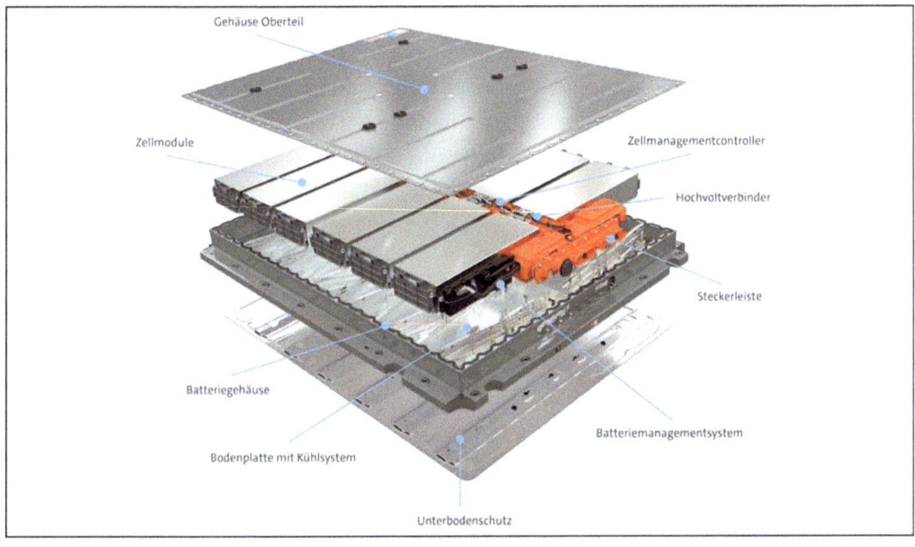

Abb. 7.80 Batteriekästen des Volkswagen MEB (Modularer Elektro-Baukasten, (**a**)) und des Porsche Taycan (**b**), beide Lösungen aus Aluminium (Bilder: VW und Porsche)

lichem Umfang kostengünstige Strangpressprofile einzusetzen, bei vielen Fahrzeugherstellern der Werkstoff der Wahl, insbesondere auch bei vielen chinesischen Anbietern. Es ist allerdings ein Trend zu beobachten, der zunehmend zu Stahllösungen führt. Insbesondere aus den sehr hohen Anforderungen an den Kastenboden sowie den zunehmend härteren Anforderungen an die Crashperformance des Gesamtsystems resultiert, dass

Aluminiumlösungen ihren Gewichtsvorteil immer weniger ausspielen können. Hinzu kommen Weiterentwicklungen in der Stahlentwicklung (z. B. AHSS = Advanced High Strength Steels), die für Aluminium aufgrund seiner geringeren Festigkeit, seinem geringen E-Modul, seinen relativ höheren Kosten und seinem niedrigen Schmelzpunkt von nur etwa 660 °C eine zunehmende Herausforderung bilden [50]. Zudem erfordern die genannten Eigenschaften, Aluminiumkomponenten mit deutlich größeren Wandstärken auszuführen. Für Aluminium wiederum sprechen seine thermischen Eigenschaften sowie die Möglichkeit, den Kasten in einem Bauteil z. B. inklusive der integrierten Kühlkanäle auszuführen.

Ausdrücklich sei aber festgehalten, dass Stand heute mit Batteriekästen aus Aluminium alle gesetzlichen Anforderungen in allen Märkten erfüllt werden können. Welche werkstoffliche Lösung letztlich gewählt wird, ist daher eine Einzelfallentscheidung des Herstellers, abhängig vom Fahrzeugkonzept, Einsatzmärkten, Budget, CO_2-Fußabdruck und vorhandenen Fertigungsanlagen, verbindliche Empfehlungen können an dieser Stelle nicht gegeben werden.

Bei der Verwendung von Stahl für die Bodenplatte selbst gibt es für die Auslegung verschiedene Möglichkeiten, die auch von der Bodenfreiheit bzw. dem zur Verfügung stehenden Bauraum in z-Richtung abhängen. Bei geringem Bauraum wird normalerweise hochfestes, einlagiges Stahlblech gewählt (z. B. UHSS), bei mehr Bauraum sind aber auch Sandwichstrukturen denkbar, bei denen die Außenbleche z. B. aus Dualphasen- oder Complexphasenstählen bestehen und als Zwischenlage Polymere oder hochfeste Wellbleche oder Honeycombs eingesetzt werden, sodass eine punktförmige Last besser auf das obere Außenblech abgeleitet wird und gleichzeitig mehr Verformungsenergie am Aufsetzpunkt abgebaut wird. Im Falle des Seitencrashs wiederum werden die Batterien durch aus höchstfesten Stählen bestehenden Mehrkammerprofilen geschützt, wobei durch Warmformprozesse auch lokal die jeweils idealen Kombinationen aus Festigkeit und Steifigkeit eingestellt werden können (Abb. 7.81). Insbesondere Stähle ermöglichen im Gegensatz zu Ausführungen im werkstofflichen Mischbau, die Bodengruppe vollständig als „Struktur-Batterieboden" auszuführen [51]. Beim Tesla Model Y z. B. wird dieser Boden komplett mit Vordersitzen, Luftkanälen, Kabeln und weiteren Teilen von unten eingefahren, wodurch eine Vielzahl von Teilen entfallen kann und ein Gewichtsvorteil gegenüber dem herkömmlichen modularen Aufbau des Batterieschutzes erzielt wird.

Die dritte Gruppe möglicher Werkstoffe für Batteriekästen sind die Faserverbundkunststoffe. Lösungen aus glasfaserverstärkten Kunststoffen (GFK) sind hier grundsätzlich möglich, aber sie bieten weder unter Leichtbau- noch unter Kostengesichtspunkten einen Vorteil. Mit kohlefaserverstärkten Kunststoffen (CFK) wiederum kann ein Leichtbaupotenzial realisiert werden und auch hinsichtlich der Feuerfestigkeit sind sie gut geeignet. Allerdings sind die Mehrkosten im Vergleich zu Stahl und Aluminium erheblich. Nachteilig sind Faserverbunde naturgemäß hinsichtlich ihres Widerstands gegen das Eindringen eines relativ spitzen Prüfkörpers, hier muss also mit entsprechenden Wandstärken gearbeitet werden. Gelöst werden kann dieses Problem aber durch eine geschickte Kombina-

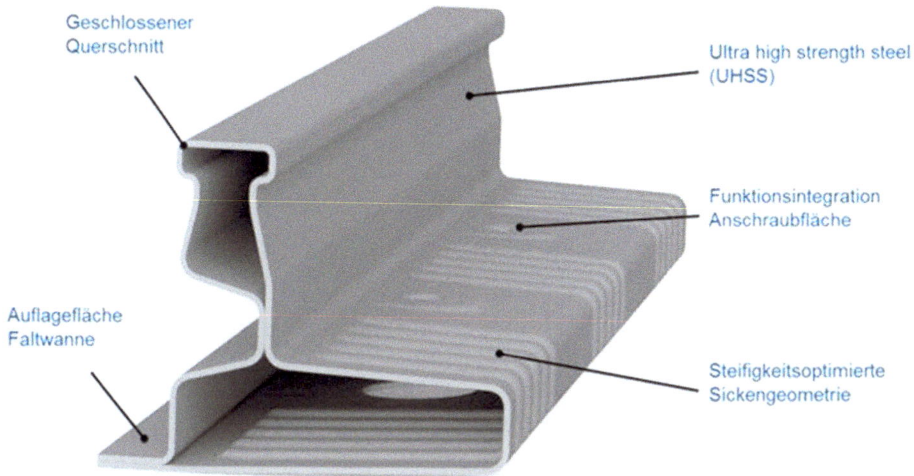

Abb. 7.81 Querschnitt durch ein geschlossenes Warmformprofil für einen Batteriekasten aus Stahl (Bild: BENTELER Gruppe)

Abb. 7.82 Batteriekasten aus CFK, gefertigt aus Gelege und Extrusionsprofilen (seitlich) (Bild: SGL Carbon SE)

tion aus Gelege, Gewebe und entsprechenden Vliesen die dann zusätzlich den Brandschutz optimiert. Die spezifische Steifigkeit der Bauteile kann zudem durch den Bau von Sandwichstrukturen mit Schaumkernen optimiert werden. Verglichen mit anderen CFK-Anwendungen ermöglicht ein Batteriekasten des Weiteren aufgrund seiner flächigen Struktur eine besonders kostengünstige Fertigung, da der Verschnitt gering ist und der Aufbau aus Gelegelagen in der Fläche mit Extrusionsprofilen an den Seiten kombiniert werden kann. Leichtbaulösungen mit CFK sind auch bereits entwickelt worden (Abb. 7.82), sowohl als kompletter Kasten als auch als separater Unterfahrschutz. Dennoch ist der Einsatz in der Serienfertigung bis heute letztlich an den hohen Kosten verbunden mit geringen Zykluszeiten gescheitert [52].

Für die Zukunft sind jedoch auch vermehrt Mischbaulösungen zu erwarten, da die immer spezifischeren gesetzlichen Anforderungen bei den großflächigen Batteriekästen zunehmend lokalisiert optimierte Eigenschaften erfordern werden. Daher sind sowohl lokalisierte Verstärkungen als auch Sandwichböden aus verschiedenen Werkstoffen im Hinblick auf Insassenschutz und Leichtbau Optionen für zukünftige Entwicklungen.

7.5.3 Orange Kunststoffe für Hochvoltanwendungen

Neue herausfordernde Anwendungen für thermoplastische Kunststoffe sind die Isolationsummantelung von hochvoltführenden Leitungen sowie die zugehörigen Steckverbinder, die aus Sicherheitsgründen in oranger Signalfarbe (RAL 2003) ausgeführt werden. Die Bauteile können sich beim schnellen Laden bzw. Entladen signifikant erwärmen, sodass eine Langzeitstabilität der Werkstoffeigenschaften in einem Temperaturbereich bis 120 °C und teilweise bis 140 °C gefordert wird.

Für die Steckverbinder (Abb. 7.83) sind neben einem hohen mechanischen Eigenschaftsniveau (das betrifft v. a. ein balanciertes Festigkeits-/Zähigkeitsverhältnis), hervorragende elektrische Isolationseigenschaften und je nach OEM-Anforderung auch eine hohe Flammwidrigkeit gefragt. Typischerweise kommen hier Teile aus Polyamid (meist PA66) oder Polybutylenterephthalat (PBT) zum Einsatz, die bzgl. Konstanz der Orangeeinfärbung über die Lebensdauer optimiert sind (vgl. auch Abschn. 3.8).

An Kabelummantelungen, die in Elektrofahrzeugen eingesetzt werden, gibt es höchste Anforderungen an UV-, Witterungs-, Ozon- und Mikrobenbeständigkeit. Um z. B. bei Ladekabeln die Sicherheit zu gewährleisten, müssen diese halogenfrei flammwidrig ausgerüstet und zugleich spiralisierbar und flexibel sein (Abb. 7.84). Ein derartiges Anforderungsprofil kann mit thermoplastischen Polyurethanen erreicht werden, was außerdem Rezyklierbarkeit ermöglicht.

Abb. 7.83 Hochvoltsteckverbinder aus PA66 oder PBT (Bild: BASF SE)

Abb. 7.84 Kabelummantelung aus thermoplastischen Polyurethan (TPU, Elastollan 785 A 10 HP) (Bild: BASF Polyurethanes GmbH)

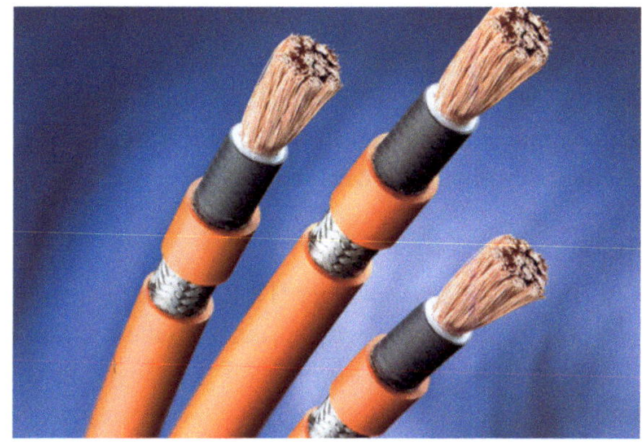

7.5.4 Anwendungen zur E-Mobilität am Beispiel Porsche Taycan

Einleitung

Neue Werkstoffe und Bauweisen sind ein wesentlicher Beitragsleister zur Steigerung der Effizienz elektrifizierter Fahrzeugkonzepte. Auf die aktuell größte technische Herausforderung der Automobilindustrie, die elektrische Reichweite von Batteriefahrzeugen zu steigern und somit den Kundennutzen zu erhöhen, kann durch den Einsatz neuer Materialien und Konzepte eine Antwort gegeben werden.

Allen voran ist die Anhebung des Spannungslevels auf 800 V zu nennen: Die durch den Einsatz neuer Werkstoffe und Bauweisen ermöglichte Verdopplung des Spannungslevels auf 800 V bietet eine Vielzahl von Vorteilen für das Gesamtfahrzeug (vgl. auch Abschn. 7.4). Neben einer Gewichtseinsparung werden höhere elektrische und thermische Wirkungsgrade erzielt und somit die Effizienz und Reichweite des Fahrzeugs gesteigert. Darüber hinaus resultieren aus den geringeren Leitungsquerschnitten geringere Biegeradien und somit größere Freiheitsgrade im Fahrzeug-Packaging [53].

Hierbei ist anzumerken, dass der Begriff „800 V" als Ausdruck einer im Vergleich zu bisherigen voll- und teilelektrifizierten Antriebsstrangkonzepten auf Basis der 400-V-Technologie verdoppelten Spannung verwendet wird. In Abhängigkeit des Ladezustands der Hochvoltbatterie sowie der Fahrsituation wird real ein Spannungsband von ca. 610 bis 835 V erreicht, wobei dieses Spannungsband im konkreten Anwendungsfall abhängig von der verwendeten Zellchemie, der Fahrzeug- bzw. HV-Batterie-Architektur und der Betriebsstrategie ist [53, 54].

Gewicht

Der einfache Wirkzusammenhang von elektrischer Leistung als Produkt von Spannung und Stromstärke macht deutlich, dass bei gleicher Leistung die Verdopplung der Spannung zu einer Halbierung der Stromstärke führt. Die direkte Korrelation von Stromstärke und Leitungsquerschnitt ermöglicht es auf diese Weise, dünnere Kabel und Stromschienen bei gleicher Leistung im Fahrzeug zu verbauen. Neben den eingangs erwähnten Vorteilen im Packaging des Fahrzeugs u. a. durch geringere Biegeradien wird durch dieses Konzept zudem eine Gewichtseinsparung ermöglicht. Im Anwendungsbeispiel des Porsche Taycan können durch die Erhöhung des Spannungslevels auf 800 V so ca. 4 kg Gewicht in der HV-Verkabelung eingespart werden [53]. Diese Gewichtsreduktion resultiert letztlich nicht nur in einem agileren Fahrzeug, sondern vor allem in einer gesteigerten elektrischen Reichweite. Es zeigt sich also, dass durch die neuartige Bauweise ein direkter positiver Effekt auf den Kundennutzen zu beobachten ist.

HV-Batterie

Die Anforderungen moderner HV-Batterien hinsichtlich nutzbarer Temperaturfenster stellen das Thermomanagement eines Batteriefahrzeugs vor neue Herausforderungen. Temperaturniveaus von maximal 55 °C, wie im Beispiel des Porsche Taycan, erfordern effiziente Wärmeübergänge, um auch bei warmen Außentemperaturen und damit verbundenen kleinen Temperaturdifferenzen zwischen der zu kühlenden Komponente und der Umgebung (ΔT) eine hohe Kühlleistung sicherzustellen [54]. Um diese Wärmeübergänge so effizient wie möglich zu gestalten, werden in Elektrofahrzeugen neben neuen Bauweisen auch neuartige Materialien eingesetzt. Hierzu zählen die sogenannten Gapfiller: diese Zwei-Komponenten-Materialien stellen sowohl eine hohe Wärmeleitfähigkeit und somit eine effiziente Kühlung als auch eine effektive elektrische Isolation sicher. Am Übergang der HV-Batterie zum Kühlsystem wird durch den Gapfiller die thermische Leitfähigkeit optimiert, ohne dabei auf die Sicherheit einer elektrischen Isolation zu verzichten. Durch den Einsatz dieses neuartigen Bauweisen-Werkstoff-Konzepts wird in der praktischen Anwendung des Porsche Taycan eine thermische Kühlung ermöglicht, die hohe Dauerlasten sowohl während des Fahrens als auch während des Ladens sicherstellt [54]. Letztlich wird hierdurch der Kundennutzen, beispielsweise in Form sportwagentypischer Performancewerte oder in Form von Schnellladebestzeiten, gesteigert [55].

Antrieb

Die in Abschn. 7.4 diskutierte Hairpin-Wicklung permanenterregter Synchronmaschinen bietet im realen Anwendungsfall des Porsche Taycan zwei wesentliche Vorteile: Zum einen wird durch die Erhöhung des Kupferfüllfaktors von 45 bis 50 % bei herkömmlichen Wicklungsverfahren auf knapp 70 % bei der Hairpin-Bauweise die volumetrische Leistungsdichte gesteigert [53]. Bei identischem Volumen und damit einem identischen Package können also Leistung und Drehmoment der E-Maschine gesteigert werden [55]. Zum anderen wird durch die rechteckige Bauweise der Hairpins die zur thermischen Kontaktierung zur Verfügung stehende Oberfläche vergrößert. Während bei herkömmlichen Einzugswicklungen durch die runde Form der Kupferdrähte keine vollflächige Oberfläche erreicht werden kann, ist dies durch das Aneinanderreihen der Hairpins erstmals möglich. Durch die vollflächige thermische Kontaktierung wird der Wärmeübergang zwischen Stator und Kühlsystem gesteigert und letztlich eine bedarfsgerechte und effizientere Kühlung ermöglicht. Durch den Einsatz dieser Bauweise sind gesteigerte Dauerleistungen und somit eine sportliche Fahrweise bis hin zum Rundstreckenbetrieb möglich [54, 56]. In Summe steigert die Hairpin-Bauweise also durch ihre neuartige Bauweise direkt den Kundennutzen.

An den drei am Beispiel des Porsche Taycan aufgezeigten Themen Gewicht, HV-Batterie und Antrieb wird deutlich, wie durch neue Werkstoffe und Bauweisen die großen technischen Herausforderungen der Automobilindustrie adressiert werden können. Durch eine Kombination neuartiger Konzepte wird eine Effizienzsteigerung von Elektrofahrzeugen und somit letztlich eine Steigerung des Kundennutzens ermöglicht [57].

Dank
Herausgeber und Autoren bedanken sich für die Bereitstellung der Informationen im vorausgehenden Abschnitt zum Porsche Taycan bei Dr.-Ing. Bernd Propfe, vormals Projektleiter bei Dr. Ing. h.c. F. Porsche AG, aktuell Professor an der Fachhochschule Südwestfalen, Soest.

7.6 Spezielle Bauweisen neuartiger Antriebsstrang – Komponenten in der Forschung

Frank Rinderknecht, Lars Heber, Martin Kober and Werner Kraft

Zum Zeitpunkt der Entstehung dieses Buches befindet sich der Verkehrssektor in seiner wohl größten Transformation, was die vorgestellten Kapitel an der einen oder anderen Stelle aufgezeigt haben. Diese Transformation wird nur gelingen, wenn die Fähigkeiten der schaffenden Menschen die stetige Steigerung der Komplexität der Systeme mit wertvollen Beiträgen zu diesem Prozess befeuern können.

Die erste Keimzelle in einem solchen Prozess ist stets eine Idee, die meist aus einer bisher nicht befriedigend gelösten Herausforderung entsteht. Die darauffolgenden Schritte in der Forschung und Entwicklung gehen über erste Berechnungen, Simulationen, Teildemonstratoren, ... bis hin zum endgültigen Produkt. Auf diesem Weg werden viele Ideen als unbrauchbar eingestuft und nur wenige schaffen es bis zum endgültigen Produkt in den Markt.

Dieses Kapitel zeigt anhand von zwei Beispielen aus der Forschungsarbeit am Institut für Fahrzeugkonzepte des DLR, welchen Beitrag aktuell in der Entwicklung befindliche Technologien zur Transformation im Verkehrssektor leisten können.

Dabei wurde auf Themen fokussiert, die in Ergänzung zu den Abschn. 7.3, 7.4, 7.5 und 7.6 stehen, bisher ungenutzte Verlustenergien nutzen oder Enablerpotenzial für den emissionsfreien batterieelektrischen Nachverkehr (Busse, Bahnen) haben. Bei den Einsatzbereichen der Technologieansätze wurde auf eine breite Streuung im Verkehrssektor geachtet.

Als Fokusanwendung für die vorgestellte Technologie zur Nutzung von Abwärme wird das schwere Nutzfahrzeug gewählt. Diese Auswahl liegt in der hohen Relevanz des Gütertransports heute und in Zukunft begründet. Im Verlauf des Kapitels wird auf Eigenschaften wie Effizienz, Kosten, Nutzen und den Stand der Technik eingegangen. Des Weiteren wird die Anpassungsfähigkeit der Technologie an aktuell bestehende Antriebsstränge (Diesel, Erdgas ...) und darüber hinaus an zukünftige Antriebsstränge mit Wasserstoff als Energieträger aufgezeigt.

Die im Anschluss dargestellte Technologie der Thermischen Hochleistungsspeicher (THS) wurde ausgewählt, da sie ein Beispiel für eine Enablertechnologie im Bereich des

ÖPNV sein kann. Sie hat das Potenzial, die Reichweitennachteile von batterieelektrischen Antriebssträngen, in kalten Jahreszeiten, zu egalisieren. Bei der Betrachtung wird darauf wertgelegt, dass diese Technologie von der ersten Idee bis zum heutigen Stand der Technik erfolgreich im kommerziellen Wettbewerb mit anderen technologischen Ansätzen steht.

Alle Ansätze haben das gemeinsame Potenzial, durch innovative Entwicklungsverfahren, kombiniert mit tiefer Materialkenntnis und neuen Bauweisen, herausragende Ergebnisse zu erzielen und somit einen relevanten Beitrag zur Transformation zu leisten.

7.6.1 Ganzheitliche Entwicklung von Antriebsstrangkomponenten am Beispiel von Thermoelektrischen Generatoren

7.6.1.1 Funktionsprinzip

Thermoelektrische Generatoren basieren auf dem Seebeck-Effekt [vgl. [69]] und wandeln aus einem Wärmestrom auf direkte Weise elektrische Energie. Hierzu wird ein Wärmestrom aus einer Wärmequelle in eine Wärmesenke geführt, wodurch an dem thermoelektrischen Material eine Temperaturdifferenz anliegt. Die Wandlung lässt sich über die Thermodiffusion beschreiben. Dabei werden die Elektronen als frei bewegliche Teilchen angesehen, deren Geschwindigkeit mit der Temperatur variiert. Durch den Temperaturgradienten an dem Festkörper haben die Ladungsträger an der heißen Seite eine höhere Bewegung. Somit ergibt sich ein resultierender Vektor von Elektronen zur kalten Seite, die sogenannte Thermodiffusion. In thermoelektrischen Modulen werden viele dieser Halbleitermaterialien elektrisch in Reihe und thermisch parallel geschaltet, um dadurch eine hohe Spannung und Effizienz zu erzielen (Abb. 7.85).

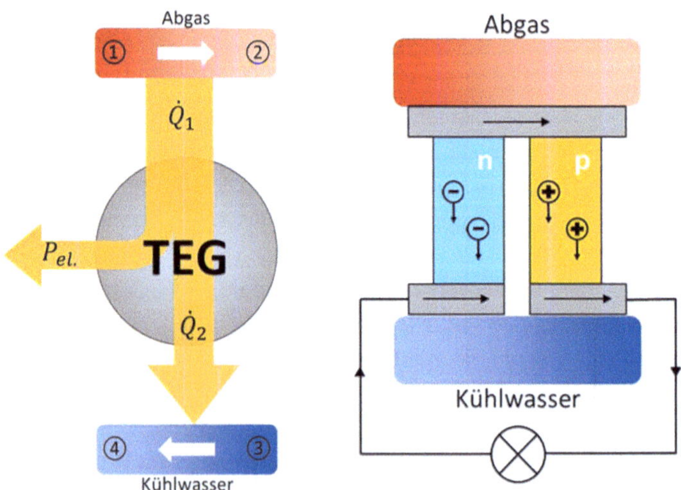

Abb. 7.85 Funktionsprinzip der Thermoelektrik, Copyright © DLR e.V.

7.6.1.2 Methodische Vorgehensweise

Zur ganzheitlichen Entwicklung von Antriebsstrangkomponenten ist methodisch eine Kombination aus Bauweisenentwicklung und Gesamtsystementwicklung notwendig. Durch ein Zusammenwirken beider Bereiche kann ein optimiertes Gesamtergebnis erzielt werden. Am Beispiel der Thermoelektrischen Generatoren (TEG) konnte mithilfe dieser methodischen Vorgehensweise aufgezeigt werden, dass die Technologie bei richtiger Auslegung ein gutes Kosten-Nutzen-Verhältnis aufweisen kann. Durch eine direkte Abbildung des Gesamtsystems in einer Simulationsumgebung gelingt es eine Mehrzieloptimierung durchzuführen und ein Ergebnis aus einem mehrdimensionalen Lösungsraum mithilfe von Gewichtungen auszuwählen (Abb. 7.86).

Die Methode sieht vor, dass die Bauweise mithilfe von Knowledge-based Engineering in Modellen abstrahiert und ins Gesamtsystem eingebunden wird. Bei der Optimierung von TEG hat sich bspw. gezeigt, dass den Wärmeübertragern eine hohe Bedeutung zukommt. Die Abwägung, wie komplex und teuer die Wärmeübertrager werden dürfen und wie die damit erzielten Steigerungen ausfallen werden, kann ausschließlich im Gesamtsystem erfolgen. Bei TEG konnte durch diese Gesamtsystemoptimierung in der Arbeit von [63] das Kosten-Nutzen-Verhältnis deutlich gesteigert werden.

Durch Wärmeübertrager, die eine höhere Wärmestromdichte aufweisen, konnte die flächenspezifische Leistungsdichte der TEG deutlich gesteigert werden. Im Umkehrschluss war weniger Fläche für die gleiche Leistung erforderlich. Durch dieses Vorgehen konnte die flächenspezifische Leistungsdichte in der simulativen Auslegung um Faktor 8 gesteigert werden, wie in Abb. 7.87 dargestellt. Als Ergebnis sind im Gesamtsystem am Beispiel des Pkw pro Fahrzeug nur noch 1,9 % des aktiven Thermoelektrischen Materials erforderlich. Im Vergleich zu bisherigen TEG-Auslegungen die pro Pkw 1,5 kg thermo-

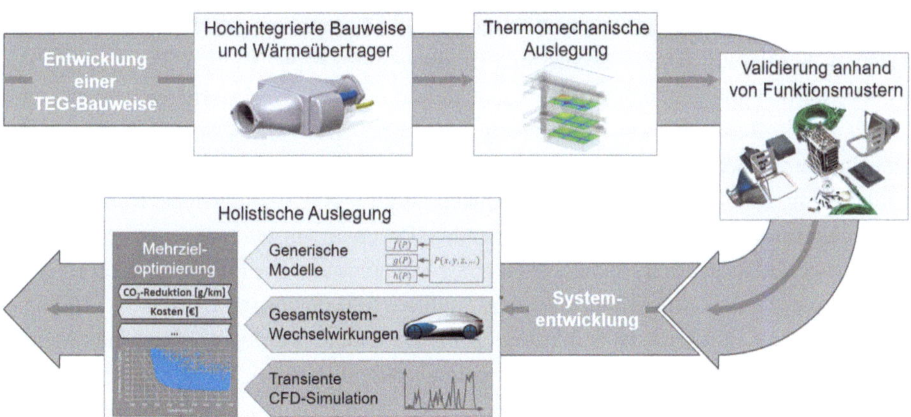

Abb. 7.86 Übergeordnete Vorgehensweise zur ganzheitlichen Gesamtsystementwicklung am Beispiel von TEG in Pkw-Anwendungen, nach [63], Copyright © DLR e.V.

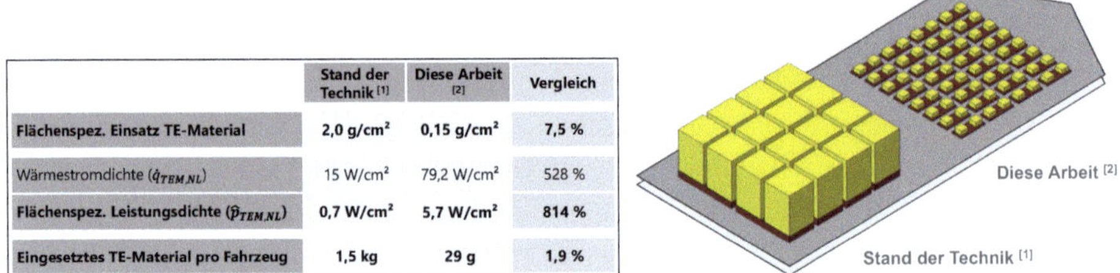

	Stand der Technik [1]	Diese Arbeit [2]	Vergleich
Flächenspez. Einsatz TE-Material	2,0 g/cm²	0,15 g/cm²	7,5 %
Wärmestromdichte ($\dot{q}_{TEM,NL}$)	15 W/cm²	79,2 W/cm²	528 %
Flächenspez. Leistungsdichte ($\hat{p}_{TEM,NL}$)	0,7 W/cm²	5,7 W/cm²	814 %
Eingesetztes TE-Material pro Fahrzeug	1,5 kg	29 g	1,9 %

Abb. 7.87 Beispielhafte Ergebnisse der generischen TEG-Entwicklung für den Pkw-Anwendungsbereich. (Quellen: 1 [62]; 2 [63], Copyright © DLR e.V.)

elektrisches Material einsetzten sind nun nur noch 29 g erforderlich. Dies wirkt sich sowohl auf die Systemkosten als auch auf die Rohstoffverfügbarkeit aus.

Durch diese beispielhaften Ergebnisse soll aufgezeigt werden, welche Auswirkung eine ganzheitliche Auslegung in Kombination mit der Bauweisenentwicklung haben kann. Die verwendete ganzheitliche Methode muss dabei spezifisch für die Anwendung und Bauweise entwickelt werden.

7.6.1.3 Bauweisen- und Komponentenentwicklung

Aus der Analyse des Gesamtsystems heraus ergibt sich ein Fokus auf die Bauweisenentwicklung. Hierbei sind ein Gesamtkonzept sowie die optimale Entwicklung der einzelnen Komponenten erforderlich. Für Thermoelektrische Generatoren ist das Gesamtkonzept einer TEG-Bauweise mit einer hohen Integrationsstufe in Abb. 7.88 dargestellt. Mithilfe der in Gelb dargestellten Thermoelektrischen Module wird der Wärmestrom, der sich zwischen Heißgas- und Kühlmittelwärmeübertrager ergibt, teilweise in elektrische Energie gewandelt. Die physikalische Grundlage dafür bildet der Seebeck-Effekt. Zum Einsatz kommen Halbleitermaterialien, wobei aktuell die Materialklassen Halb-Heusler (bspw. TiNiSn), Skutterudit (bspw. $CoSb_3$) und Chalkogenide (bspw. Bi_2Te_3) überwiegend verwendet werden und eine industrielle Verfügbarkeit für diese Werkstoffe auch gegeben ist.

Als konzeptbestimmende Komponente kommt bei TEG, wie schon beschrieben, den Heißgaswärmeübertragern eine wichtige Bedeutung zu. In einer umfassenden Komponentenentwicklung konnten am Beispiel der Anwendung im Nfz verschiedene Wärmeübertragerstrukturen entwickelt und untersucht werden. Darunter wurden zum einen verschiedene rippenbasierte Ansätze untersucht, wie in Abb. 7.89 dargestellt. Um die Grenzen der Herstellbarkeit zu erweitern, wurden mithilfe von Additive Manufacturing (AM) und Topologieoptimierung auch alternative Strukturen gestaltet. Zudem wurden poröse Materialien in Form von offenzelligen Metallschäumen betrachtet.

Es zeigt sich, dass alle Strukturen typische Vor- und Nachteile haben. Für eine Vorabbewertung wurden verschiedene Kenngrößen eingeführt und genutzt. Die letztendliche Bewertung kann jedoch nur innerhalb der Gesamtsystemauslegung erfolgen. Durch eine Vorauswahl anhand der Kenngrößen kann jedoch, abhängig von Anwendungsgebiet und Zielsetzung, der Aufwand für die Gesamtsystemoptimierung reduziert werden.

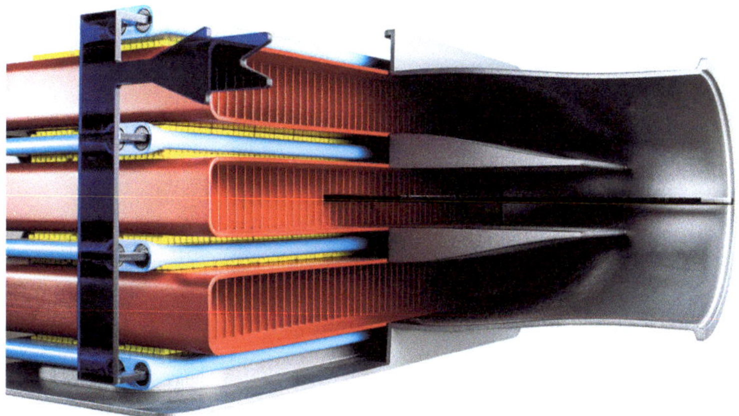

Abb. 7.88 Gesamtkonzept für die Bauweise eines Thermoelektrischen Generators für den Einsatz in einem gasbetriebenen Nfz, Copyright © DLR e.V.

Bezeichnung	$\rho_{HGWÜ}$ [kg/dm³]	$\Delta p_{HGWÜ}$ [mbar]	$\eta_{HGWÜ}$* [%]	Abbildung
gerade Rippen V. 1	2,7	7,4	43	
gerade Rippen V. 2	3	10	49	
gerade Rippen V. 3 (AM)	3,9	46	51	
gerade Rippen V. 4 (AM)	4	42	46	
versetzte Rippen V. 1 (AM)	4,7	12	56	
topologieopt. Rippen V. 1 (AM)	2,2	3	26	
Metallschaum V. 1	2	82	36	
Metallschaum V. 2	1,4	28	27	
Metallschaum V. 3	1,4	22	42	

* $\eta_{HGWÜ} = \dot{Q}/\dot{Q}_{max}$

Abb. 7.89 Komponentenentwicklung von Rippenstrukturen für Heißgaswärmeübertrager von TEG (Randbedingungen: $\vartheta_{AG,ein} = 580$ °C, $\dot{m}_{AG} = 0{,}01$ kg/s, $\vartheta_{KM,ein} = 50$ °C, $\dot{m}_{KM} = 0{,}25$ dm³/s), nach [61], Copyright © DLR e.V.

7.6.1.4 Gesamtsystemvalidierung am Anwendungsbeispiele Nfz

Ein ausgewähltes TEG-Konzept für die Anwendung im erdgasbetriebenen Nfz mit stöchiometrischem Verbrennungsmotor wurde als Funktionsmuster umgesetzt, wie in Abb. 7.90 dargestellt, um unter anderem die TEG-Entwicklungsumgebung zu validieren. Des Weiteren gelang, anhand von Oberflächentemperaturen der Wärmeübertrager, des Gegendrucks und der elektrischen Leistung des TEG die gute Übereinstimmung zwischen Simulation und Experiment deutlich zu machen. Die Abweichungen betrugen im Mittel über alle Betriebspunkte weniger als 6 %. Es konnte eine maximale Leistung von 2700 W und eine spezifische Leistung von bis zu 174 W/kg gravimetrisch bzw. bis zu 326 W/dm^3 volumetrisch nachgewiesen werden. Die Simulationsumgebung wurde anhand des Funktionsmusters erfolgreich validiert.

7.6.1.5 Fazit und Ausblick

Die ganzheitliche Auslegung und die vorgestellte methodische Vorgehensweise haben es ermöglicht, erstmals Thermoelektrische Generatoren dieser Bauweise hinsichtlich des Kosten-Nutzen-Verhältnisses zu optimieren. Die Bauweisen- und Gesamtsystementwicklung waren notwendig, um herausragende Ergebnisse im Vergleich zum Stand der Technik zu realisieren.

Für Pkw-Anwendungen konnte eine gesamtsystemische CO_2-Reduktion im Worldwide Harmonized Light Vehicles Test Cycle (WLTC) von mehr als 2 % für konventionelle und mehr als 3 % in Hybrid-Pkw simulativ nachgewiesen werden. Das besondere Potenzial

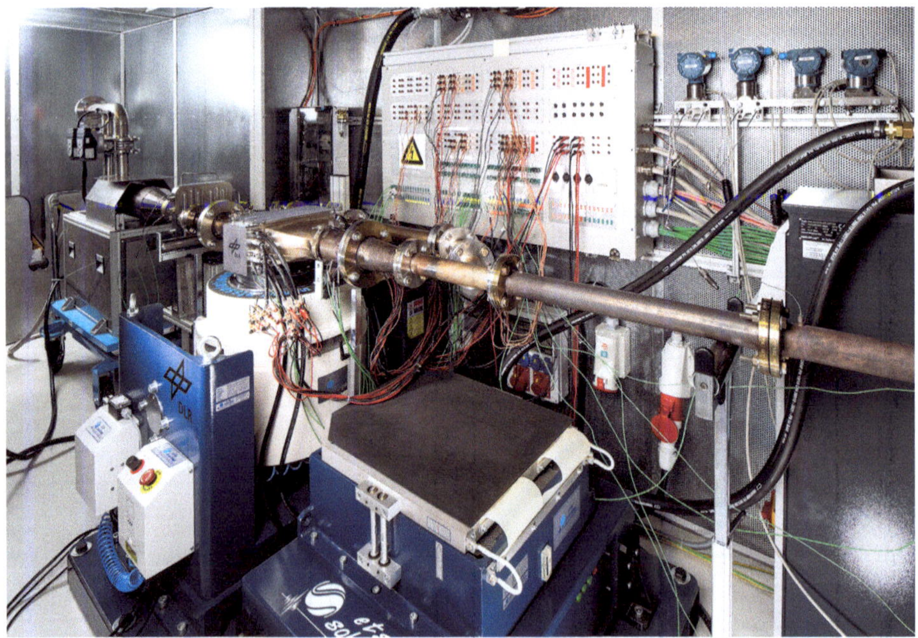

Abb. 7.90 Nfz-TEG auf dem gesamtsystemischen Heißgasprüfstand, Copyright © DLR e.V.

von TEG in Hybridfahrzeugen ist bemerkenswert. Darüber wurde erstmals das Kosten-Nutzen-Verhältnis von 95 €/g$CO_{2/km}$ unterschritten.

Im Nutzfahrzeugbereich (mit konventionellem Kraftstoff Diesel und alternativem Kraftstoff Erdgas) konnten TEG-Systeme wissenschaftlich nachgewiesen werden, die eine Amortisationszeit von weniger als 2 Jahren im Realbetrieb erlauben. Damit amortisiert sich der TEG in einer kürzeren Zeit als alternative Abwärmenutzungstechnologien, wie beispielsweise der Rankine-Zyklus und der Turbo-Compound, die nach dem aktuellen Stand der Technik jeweils eine Amortisationszeit von über 3 Jahren aufweisen. Eine Zusammenfassung der Ergebnisse beider Anwendungsszenarien im Vergleich zu Vorarbeiten ist Abb. 7.91 zu entnehmen.

Die Ergebnisse wurden möglich, weil zu Beginn des Entwicklungsprozesses Schwerpunkte auf die TEG-Bauweise mit einem hohen Integrationsgrad und auf die Komponenten gelegt wurde. Die Verbesserungen gegenüber dem Stand der Technik sind beispielhaft anhand der gravimetrischen Leistungsdichte der beiden betrachteten Anwendungsbereiche Pkw und Nfz in Abb. 7.92 ersichtlich.

Die Thermoelektrik hat ein großes noch nicht ausgeschöpftes Anwendungspotenzial, wie bspw. industrielle Abwärmenutzung, die Bahn- und Schiffsindustrie sowie der Energiesektor und kann mithilfe einer kosten- und nutzenoptimierten Systemauslegung zu Effizienzsteigerungen und Emissionsminderungen beitragen. Inwieweit die betrachteten Antriebsstränge in Zukunft relevant sein werden, bleibt abzuwarten. Verbrennungsmotoren mit und ohne Hybridisierung werden zunehmend an Bedeutung verlieren. Die vorgestellte Technologie der Thermoelektrik und die entwickelten Methoden, Bauweisen und Werkzeuge werden weiterhin eine Daseinsberechtigung besitzen, beispielsweise in Kombina-

	Effizienzsteigerung (Kraftstoffreduktion) [%]	Kosten/ Nutzen Verhältnis [€/g$CO_{2/km}$]	Amortisationszeit (TCO) [a]
konventionelle PKW	> 2*	81	-
Hybrid-PKW	> 3*	55**	-
Diesel-NFZ	1–3	85	< 2 Jahre
Erdgas-NFZ	2–4	32	<< 2 Jahre

* Im Worldwide harmonized Light vehicles Test Procedure (WLTP)
** Betrieb im Charge Sutaining Mode
Abkürzung: Total Cost of Ownership (TCO), dt. Gesamtbetreibskosten

Abb. 7.91 Erzielte Ergebnisse der ganzheitlichen TEG-Entwicklung und Mehrzieloptimierung für die Anwendungsbereiche Personenkraftwagen (Pkw) und Nutzfahrzeug (Nfz), nach [63] und [61], Copyright © DLR e.V.

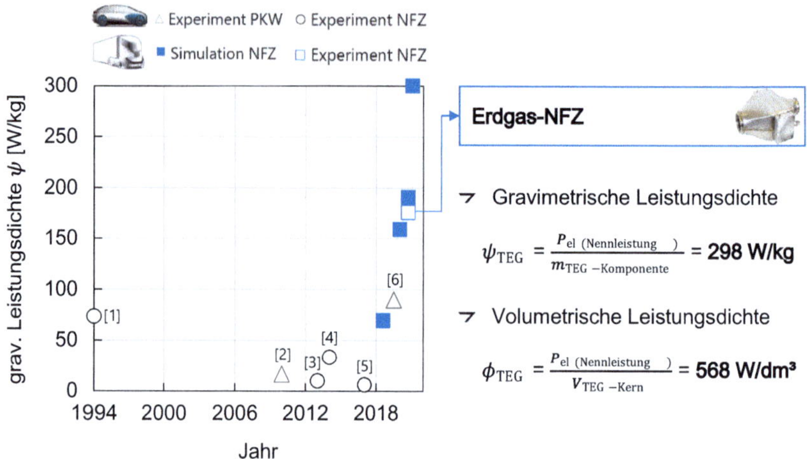

Abb. 7.92 Vergleich der Leistungsdichte von Thermoelektrischen Generatoren für Fahrzeuganwendungen. (Quellen: 1 [58]; 2 [60]; 3 [70]; 4 [71]; 5 [67]; 6 [64]), nach [61], Copyright © DLR e.V.)

tion mit dem Energieträger Wasserstoff. Hierbei haben sich in der jüngeren Vergangenheit insbesondere bei Nutzfahrzeugen alternative Antriebsstränge mit einem Wasserstoffverbrennungsmotor oder einer Brennstoffzelle als zukunftsweisend herauskristallisiert. Beide sind im Nfz von der EU als Zero-Emission-Technologie deklariert [vgl. VERORDNUNG (EU) [69] 2019/1242 DES EUROPÄISCHEN PARLAMENTS UND DES RATES]. Wasserstoff ist eine klimafreundliche Alternative und bietet bereits heute den Vorteil, dass in einer akzeptablen Betankungszeit eine ausreichende Energiemenge im Fahrzeug zur Verfügung steht, bei gleichzeitig einem geringen Gewicht und Volumen im Vergleich zur Batterietechnologie. Im Wasserstoffverbrennungsmotor herrschen hohe Abgastemperaturen, die hohe Wirkungsgrade für die thermoelektrische Abwärmenutzung ermöglichen. Die notwendige Vorwärmung des Wasserstoffs kann auch auf der kalten Seite des TEG erfolgen, in Form der sogenannten kryogenen Kühlung. Dies begünstigt hohe Wirkungsgrade für zukünftige thermoelektrische Generatoren.

7.6.2 Thermische Hochleistungsspeicher

7.6.2.1 Herausforderungen im Verkehrssystem

Die Umstellung von verbrennungsmotorisch angetriebenen Fahrzeugen auf elektrische Antriebe geht grundsätzlich mit dem positiven Effekt einer Effizienzsteigerung des Antriebsstranges einher. Der Wirkungsgrad bei der Wandlung von im flüssigen Kraftstoff gespeicherter chemischer Energie in mechanische Antriebsenergie liegt lediglich bei ca. 20 % [66]. Im batterieelektrischen Fahrzeug kann die in der Batterie gespeicherte elektrische Energie mit bis zu ca. 85 % [66] in Traktionsenergie gewandelt werden. Die auftretenden Verluste treten dabei in Form von Wärme auf.

Einhergehend mit dem vorteilhaften Effekt der Effizienzsteigerung ergibt sich jedoch die Herausforderung, ausreichend thermische Energie zur Beheizung der Fahrzeuge bereitzustellen. Konnte dies bei verbrennungsmotorisch angetriebenen Fahrzeugen noch mithilfe der entstehenden Abwärme bewerkstelligt werden, so ist dies in batterieelektrischen Fahrzeugen nicht mehr möglich. Der Einsatz alternativer Heizsysteme wird daher notwendig. Besonders gravierend ist dieser Effekt bei batterieelektrischen Bussen z. B. im ÖPNV. Der Anteil des Heizenergieverbrauches liegt hier beispielsweise bei einer Umgebungstemperatur von – 10 °C bei ca. 60 % [65].

Als Lösungen zur Beheizung der Fahrzeuge werden aktuell kraftstoffbasierte Heizgeräte, elektrische Widerstandsheizgeräte oder Wärmepumpen eingesetzt. Bei kraftstoffbasierten Heizgeräten wird i. d. R. Diesel verbrannt. Vorteil hierbei ist, dass keine elektrische Energie aus der Batterie zur Beheizung benötigt wird und damit die Reichweite des Fahrzeugs erhalten bleibt. Nachteilig ist hingegen der Verlust der lokalen Emissionsfreiheit. Beim Einsatz elektrischer Widerstandsheizgeräte bleibt letztere zwar erhalten, es wird jedoch elektrische Energie aus der Fahrzeugbatterie zu Heizwecken benötigt. In Anbetracht des hohen Heizleistungsbedarfs der Fahrzeuge ist ein signifikanter Reichweitenverlust die Folge. Elektrisch angetriebene Wärmepumpen verbrauchen ebenfalls elektrische Energie, jedoch deutlich weniger im Vergleich zu elektrischen Widerstandsheizgeräten. Grund hierfür ist, dass thermische Energie mit einem COP (Coefficient of Performance, zu dt. Leistungszahl) von größer als 1 bereitgestellt werden kann. Dabei ist der COP abhängig von der Temperatur der Wärmequelle, d. h. i. d. R. der Umgebungstemperatur. Sinkt die Umgebungstemperatur, sinkt der COP und auch die abgegebene Wärmeleistung der Wärmepumpe. Bei sehr niedrigen Umgebungstemperaturen (je nach Art der Wärmepumpe ca. zwischen – 5 °C und – 15 °C) wird hierdurch ein zusätzliches Heizgerät erforderlich, welches die Wärmepumpe unterstützt.

Allen elektrischen Heizlösungen ist gemein, dass wie bereits erwähnt elektrische Energie aus der Traktionsbatterie benötigt wird. Da es sich bei der Batterie um eine sehr teure und zudem sehr schwere Komponente im Fahrzeugsystem handelt, führt eine elektrische Beheizung, zusätzlich zum Reichweitenverlust, indirekt auch zu einer deutlichen Erhöhung der Anschaffungskosten und einem erhöhten Traktionsenergieverbrauch. Verkehrsbetreiber stellt dies vor sehr große betriebstechnische und ökonomische Herausforderungen.

7.6.2.2 Lösungsansatz mit der Technologie Thermische Hochleistungsspeicher

Eine Alternative zur Beheizung mit Kraftstoffheizern oder elektrischen Heizgeräten ist der Einsatz eines Thermischen Hochleistungsspeichers (THS). Grundidee dabei ist, diesen bedarfsgerecht während der Beladezeiträume (Gelegenheitsladen oder Übernachtladen) zu beladen und die gespeicherte thermische Energie zur Beheizung der Fahrzeugkabine zu nutzen. Der THS kann dabei sowohl als alleiniges Heizsystem oder als Ergänzung zur Wärmepumpe fungieren. Grundvoraussetzung für die Sinnhaftigkeit eines solchen Lösungsansatzes ist, dass der thermische Speicher gegenüber Batteriesystemen kostengünstiger sowie kleiner und/oder leichter ist. Batteriekapazität kann hierdurch entweder substituiert oder ergänzt werden. Das Fahrzeug kann damit entweder kostengünstiger und leichter oder aber die Reichweite im Winter mit geringerem Mehraufwand als durch Erhöhung der Batteriekapazität erhalten werden. Näheres zu den Potenzialen der Technologie findet sich in Abschn. 7.6.2.5.

7.6.2.3 Erläuterung des Prinzips und des Wirkmechanismus

Grundlegend und charakteristisch bei der thermischen Energiespeicherung ist die Art des Speichermaterials und der Energiespeicherung. Für die beschriebenen Anwendungen werden derzeit Metalllegierungen wie z. B. AlSi12 betrachtet, die zur sensiblen und latenten Wärmespeicherung genutzt werden. Metalllegierungen allgemein weisen im Vergleich zu anderen gängigen Speichermaterialien wie Salzen oder Paraffinen sehr hohe Wärmeleitfähigkeiten auf, wodurch die Be- und Entladefähigkeit begünstigt wird. Die im speziellen verwendete AlSi12-Legierung zeichnet sich außerdem durch die höchsten Energiedichten im Temperaturbereich bis ca. 600 °C gegenüber anderen potenziell infrage kommenden Metalllegierungen aus [vgl. [68]]. Aufgrund der Nutzung latenter Wärme wird auch von Phasenwechselmaterialien, im speziellen von sog. metallischen Phasenwechselmaterialien (mPCM), gesprochen.

Neben dem Material selbst besteht das Speichersystem (Abb. 7.93) weiterhin aus einer Einhausung, einem Wärmeeintragssystem, einem Wärmeaustragssystem und einer Wärmedämmung. Die Funktionen und möglichen Ausführungsvarianten der einzelnen Komponenten werden nachfolgend näher erläutert. Grundsätzlich soll das Speichersystem im Temperaturintervall zwischen ca. 100 °C und 650 °C betrieben werden. Die untere Temperaturgrenze ergibt sich dabei aus dem notwendigen Temperaturgefälle zum Innenraum, um Wärme übertragen zu können. Die obere Temperaturgrenze steht im Zusammenhang mit den maximalen Einsatztemperaturen der im Speichersystem verwendeten Komponenten, insbesondere der elektrischen Heizelemente.

Die Einhausung dient grundsätzlich zur Verkapselung des Speichermaterials. Im vorliegenden Speichersystem erfolgt dies auf makroskopische Art und Weise, d. h., die Einhausung schließt zusammenhängendes Speichermaterial mit mehreren Litern Volumen

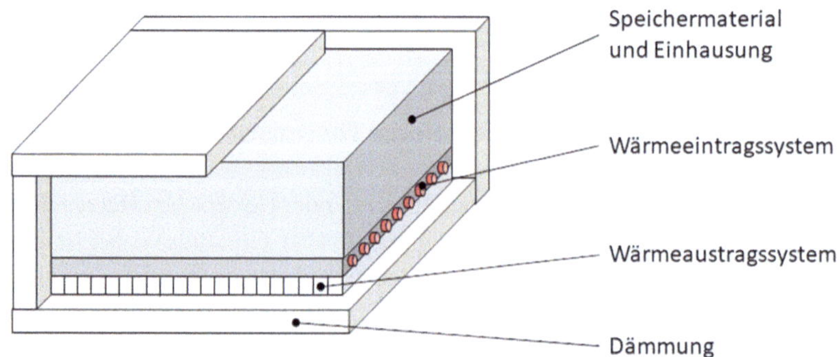

Abb. 7.93 Schematische Darstellung eines Thermischen Hochleistungsspeichers, Copyright © DLR e.V.

ein. Größte Herausforderung hierbei ist die Sicherstellung einer langzeitstabilen, degradationsarmen Verkapselung. Da die vorwiegend eingesetzten Speichermaterialien mit hohen Anteilen an Aluminium im flüssigen Zustand mit Edelstählen reagieren, wird auf Werkstoffe wie z. B. Grafit oder Aluminiumoxid (Al_2O_3) zur Realisierung einer Einhausung zurückgegriffen.

Das Wärmeeintragssystem (WES) dient zur Beladung des Speichersystems. Aufgrund der Nutzung elektrischer Energie zur Beladung kommen hierfür elektrische Widerstandsheizelemente zum Einsatz. Grundsätzlich können industriell verfügbare Hochleistungsheizpatronen zu diesen Zwecken genutzt werden. Von Relevanz für die Komponente ist dabei die thermische Anbindung zum Speichermaterial, welche möglichst gut sein sollte. Eventuellen Defekten an den Heizelementen aufgrund zu hoher Temperaturen kann hierdurch vorgebeugt werden. Zweiter wichtiger Aspekt ist die möglichst effiziente Einbringung der Heizelemente. In unseren aktuellen Forschungskonzepten werden hierfür Heizplatten mit Aufnahmebohrungen betrachtet. Eine Minimierung von Masse und Volumen des gesamten Heizsystems steht hierbei im Fokus.

Das Wärmeaustragssystem (WAS) dient zur Entladung des Speichersystems. Grundlegend wird hierbei zwischen Systemen unterschieden, die die gespeicherte Wärme an Luft oder an flüssiges Kühlmedium abgeben. Bei der Entladung an Luft ist aufgrund der hohen maximalen Temperaturen eine zusätzliche Vermischung mit kühlerer Luft notwendig, bevor diese in den Innenraum des Fahrzeugs einströmen kann. Als nachteilig ist bei dieser Art der Entladung die relativ begrenzte Leistungsfähigkeit aufgrund relativ geringer Wärmeübertragungskoeffizienten zu nennen. Zur Entladung an flüssiges Kühlmedium wurden bisher Systeme untersucht, die in einem Zwischenkreislauf Wasser als verdampfendes Medium nutzen. Als Verdampfer dient dabei ein Wärmeübertrager, der an das heiße Speichersystem angekoppelt ist. Als Kondensator fungiert ein Plattenwärmeübertrager, der auf der Heißseite mit dem dampfförmigen Arbeitsmedium durchströmt wird und auf der Kaltseite an das flüssige Kühlmedium des Fahrzeugsystems angekoppelt ist. Grundsätzlich kann bei einem derartigen System aufgrund der bei der Verdampfung auftretenden sehr hohen Wärmeübergangskoeffizienten eine kompaktere Bauweise sowie die Realisierung höherer Entladetiefen erwartet werden. Herausforderung hierbei ist jedoch die Umsetzung einer gleichmäßigen Entladeleistung über den vollständigen Temperaturbereich des Speichersystems hinweg.

Die Wärmedämmung dient zur Reduktion von Wärmeverlusten vom Speichersystem an die Umgebung sowie zur Reduktion der Oberflächentemperaturen. Hierbei kann auf industriell verfügbare Standardlösungen wie z. B. mikroporöse Dämmmaterialien oder alternativ auf Vakuumdämmung zurückgegriffen werden.

7.6.2.4 Aktueller Stand der Forschung

Aktuell befindet sich die Technologie des DLR auf einem Reifegrad (Technology Readiness Level) von 3 bis 4. Es gab bereits erste Versuchsaufbauten im Labor, die die grundlegende Funktionalität und das Potenzial zur Langzeitstabilität unter Beweis stellen konn-

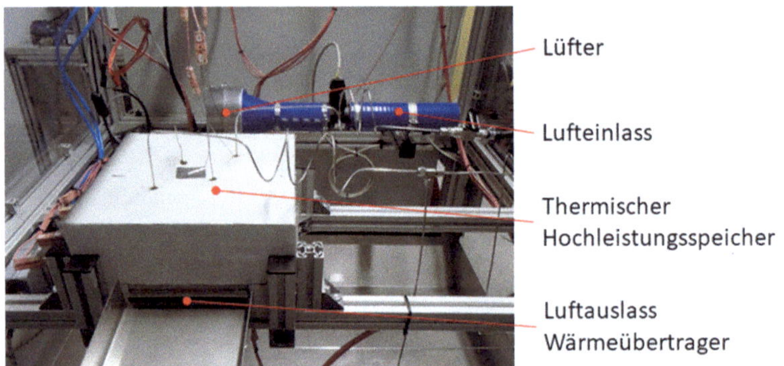

Abb. 7.94 Experimenteller Aufbau eines Thermischen Hochleistungsspeicher in Prüfstandsinfrastruktur, Copyright © DLR e.V.

ten. Noch nicht realisiert werden konnte ein Speichersystem, welches den Anforderungen an die potenziell abgeschätzte Energiedichte (vgl. Abschn. 7.6.2.5) gerecht werden kann. Mit dem Forschungsaufbau und der experimentellen Untersuchung derartiger Systeme ist bis Ende 2024 zu rechnen. Kann das Potenzial der Technologie bis zu diesem Zeitpunkt gezeigt werden, so ist von einem ersten Test in einem realen Fahrzeug bis Ende des Jahres 2026 auszugehen. Der Aufbau eines ersten Funktionsmusters eines Thermischen Hochleistungsspeichers ist in Abb. 7.94 dargestellt.

7.6.2.5 Potenziale des technologischen Ansatzes

Die Potenziale der Technologie Thermische Hochleistungsspeicher können aktuell aufgrund des relativ niedrigen Technologiereifegrades lediglich auf theoretische Art und Weise abgeschätzt werden. Am besten eignet sich hierfür ein Vergleich zu Batteriesystemen, wie sie aktuell in Batteriebussen eingesetzt werden. Von Bedeutung ist hierbei, dass sich keine allgemeingültige Aussage über die Eigenschaften des THS oder der Batterie treffen lässt. Es muss vielmehr unterschieden werden zwischen Speichersystemen, die für ein Betriebsszenario „Übernachtladen" oder für ein Betriebsszenario „Gelegenheitsladen" konzeptioniert sind. Erstere weisen v. a. hohe Energiedichten bei kleineren Leistungsdichten auf. Bei Letzteren ist dies umgekehrt, d. h. kleine Energiedichten bei großen Leistungsdichten. Eine Übersicht über entsprechende technologisch relevante Kennwerte gibt nachfolgende Tabelle (Abb. 7.95).

7.6.2.6 Übersicht über relevante techno-ökonomische Kenngrößen eines Thermischen Hochleistungsspeichers im Vergleich zu in Elektrobussen eingesetzten Batteriesystemen

Neben den beschriebenen technologischen Kennwerten wird aktuell davon ausgegangen, dass auch ökologische Vorteile bei der Nutzung von Thermischen Hochleistungsspeichern gegenüber Batterien bestehen. Allen voran ist hier die Recyclingfähigkeit des Speichermaterials zu nennen, welches nach Gebrauch in einem THS praktisch vollständig einer

Eigenschaft	Nachtladen		Gelegenheitsladen		Quelle für Batteriedaten
	THS	Batterie (NMC)	THS	Batterie (LTO)	
Kosten [€/kWh]	35–60	ca. 350	100–140	ca. 650	[Pacific Northwest National Laboratory, 2020 und Solartechadvisor, 2021]
Grav. Energiedichte [Wh/kg]	200–250	ca. 140	170–200	ca. 60	[Forsee Power, 2020 und Romeo Power, 2022]
Vol. Energiedichte [Wh/l]	350–440	ca. 190	280–350	ca. 60	[Forsee Power, 2020 und Romeo Power, 2022]

Abb. 7.95 Vergleich von Kosten, der gravimetrischen und volumetrischen Energiedichte zwischen Thermischen Hochleistungsspeichern und verschiedenen in Batteriebussen eingesetzten Batteriesystemen, Copyright © DLR e.V.

anderweitigen Nutzung zugeführt werden könnte. Auch wird davon ausgegangen, dass beim Einsatz von Speichermaterialien welches bereits aus recycelten Quellen stammt, der Energieaufwand und damit auch der ökologische Fußabdruck bei der Herstellung eines THS im Vergleich zur Batterie deutlich geringer ist.

Literatur

1. DIN 8514:2006-05 Lötbarkeit
2. DIN-Fachbericht ISO/TR 581:2007-04 Schweißbarkeit – Metallische Werkstoffe – Allgemeine Grundlagen
3. Füssel U, Karadschow I, Flemming V, Majohr M (2007) Kapazitätsflexibilisierung in der Großbauteilmontage. XVI Int. Technology Conference ADP, Ausgabe 4/99, XIV, Semkovo, Bulgaria, ISSN-13 10-3946
4. Sommer A (2021) Stoffschlüssige Fügeverbindung mit thermischer Leitfähigkeit und elektrischer Isolierung. Schriftenreihe des MAHLE Doktorandenprogrammes, Band 9, Shaker Verlag, Düren. Zugleich Dissertation, TU Dresden
5. Türpe M (2004) Wechselwirkung Löttechnik – Werkstoff, Bedeutung und Potenzial. Dresdner Fügetechnische Berichte, Hrsg. U. Füssel, w.e.b. Universitätsverlag, Dresden. Zugleich Habilitation, TU Dresden
6. Van Basshuysen, R./Schäfer, F. (Hrsg.), Handbuch Verbrennungsmotor, Springer Vieweg, ATZ/MTZ-Fachbuch, 2017
7. MAHLE GmbH Fotoarchiv
8. Naunheimer/Bertsche: Fahrzeuggetriebe
9. ZF Friedrichshafen AG
10. Van Basshuysen, R./Schäfer, F. (Hrsg.), Handbuch Verbrennungsmotor, Springer Vieweg, ATZ/MTZ-Fachbuch, 2017
11. Zima, S.: Motorkolben, Vieweg, ATZ/MTZ-Fachbuch, 2005
12. Betz, J.: Werkstoffe im Dieselmotor und ihre Auswahl, In: Tschöke, H., Mollenhauer, K., Maier, R. (Hrsg.), Handbuch Dieselmotoren, Springer Vieweg, 2018
13. Mohr, U., Issler, W.: Kolben, Kolbenringe und Kolbenbolzen für Dieselmotoren, In: Tschöke, H., Mollenhauer, K., Maier, R. (Hrsg.), Handbuch Dieselmotoren, Springer Vieweg, 2018

14. MAHLE Firmenschrift: Kolbenkunde
15. MAHLE GmbH (Hrsg.), Kolben und motorische Erprobung, Springer Vieweg, ATZ/MTZ-Fachbuch, 2015
16. MAHLE GmbH (Hrsg.), Zylinderkomponenten, Springer Vieweg, ATZ/MTZ-Fachbuch, 2015
17. MAHLE GmbH (Hrsg.), Ventiltrieb – Systeme und Komponenten, Springer Vieweg, ATZ/MTZ-Fachbuch, 2013
18. Tschöke, H., Mollenhauer, K., Maier, R. (Hrsg.), Handbuch Dieselmotoren, Springer Vieweg, 2018
19. ISO 6621-1:2018-02 Verbrennungsmotoren – Kolbenringe – Teil 1: Begriffe/Internal combustion engines – Piston rings – Part 1: Vocabulary
20. ISO 6621-2:2020-03 Verbrennungskraftmaschinen – Kolbenringe – Teil 2: Prüfung der Qualitätsmerkmale/Internal combustion engines – Piston rings – Part 2: Inspection measuring principles
21. ISO 6621-3:2021/Internal combustion engines – Piston rings – Part 3: Material specifications
22. ISO 6621-4:2015-03/Internal combustion engines – Piston rings – Part 4: General specifications
23. ISO 6621-5:2020-01 Verbrennungskraftmaschinen – Kolbenringe – Teil 5: Qualitätsanforderungen/Internal combustion engines – Piston rings – Part 5: Quality requirements
24. ISO 18669-1:2021-08 Internal combustion engines – Piston pins – Part 1: General specifications/Verbrennungskraftmaschinen – Kolbenbolzen. Teil 1: Allgemeine Spezifikationen
25. ISO 18669-2:2020-04 Internal combustion engines – Piston pins – Part 2: Inspection measuring principles/Verbrennungskraftmaschinen – Kolbenbolzen. Teil 2: Prüfung der Qualitätsmerkmale
26. MAHLE GmbH Fotoarchiv.
27. G.J. Marshall, R.K. Bolingbroke, A. Gray: "Microstructural Control in an Aluminum Core Alloy for Brazing Sheet Applications", Metallurgical Transactions A, Vol 24A, September 1993, S. 1935-1942
28. Hummel, Diem et.al. (2010). MTZ, 11/2010.
29. Dietsche, K.-H.; Reif, K. et.al. (2018): Kraftfahrtechnisches Taschenbuch. 29. Auflage, Verlag Springer Vieweg, 2018.
30. ADAC (17.11.2020). Klimaanlage richtig bedienen. https://www.adac.de/rund-ums-fahrzeug/ausstattung-technik-zubehoer/ausstattung/klimaanlage-tipps
31. Bubb, H.: Ergonomie in Mensch-Maschine-Systemen, Lehrgangsunterlagen »Komfort und Ergonomie im Kraftfahrzeug«. Haus der Technik, Essen (1995)
32. Statista (Januar 2019). Anteil der Autos, die mit einer Sitzheizung ausgestattet sind im Jahr 2018 in Deutschland. https://de.statista.com/statistik/daten/studie/255315/umfrage/anteil-der-pkw-mit-sitzheizung
33. MAHLE Aftermarket GmbH. MPulse, 2021. Fahrzeugklimatisierung, Kompaktes Wissen für die Werkstatt
34. C. Vargel. Corrosion of Aluminum. Second addition. ISBN: 9780080999258. Elsevier 2020
35. WO2006/040079 A2. Beschichtungsverfahren. Anmeldedatum: 05.10.2005.
36. Babiel G. (2020). Elektrische Antriebe in der Fahrzeugtechnik. Springer Vieweg. https://doi.org/10.1007/978-3-658-22176-8
37. Glöser-Chahoud, S., A. Kühn, and L. A. Tercero Espinoza. „Globale Verwendungsstrukturen der Magnetwerkstoffe Neodym und Dysprosium." *Eine szenariobasierte Analyse der Auswirkung der Diffusion der Elektromobilität auf den Bedarf an Seltenen Erden. Hg. v. Fraunhofer-Institut für System-und Innovationsforschung. Karlsruhe* (2016).
38. Hain, S. (2018). *Leistungsfähigkeit und Kurzschlussschutz von spätentsättigenden Micro-Pattern-Trench-IGBTs* (Dissertation). Dr. Hut-Verlag. https://www.dr.hut-verlag.de/9783843938617.html
39. Öko-Institut e.V. (2011) https://www.oeko.de/fileadmin/pdfs/oekodoc/1110/2011-001-de.pdf Zugegriffen: 25. Januar 2022

40. Schüßler, M. (2021). Softwareentwicklung E-Mobility – Online Event E-Mobility Live.
41. van Heyden, M. (2021). Persönliche Kommunikation.
42. L. Michalowsky, J. Schneider (Hrsg.); „Magnettechnik“, 3. akt. Auflage 2006, Vulkan-Verlag GmbH
43. J. J. Croat, J. Ormerod (Edts.); „Modern Permanent Magnets“, 2022, Elsevier Science
44. D. Jiles; “Introduction to Magnetism and Magnetic Materials”; 2015, CRC Press
45. D. Brown, B.-M. Ma, Z. Chen; „Developments in the processing and properties of NdFeB-type permanent magnets”, J. of Magnetism and Magnetic Mat., Vol 298, Iss. 3, 2002, pp 432-440
46. G. Bai, R. W. Gao, Y. Sun et. al.; “Study of high-coercivity sintered NdFeB magnets”, J. of Magnetism and Magnetic Mat., Vol 308, Iss. 1, 2007, pp 20-23
47. “Selten-Erd-Dauermagnete Vacodym Vacomax“, Vacuumschmelze, Unternehmensbroschüre PD002 2014
48. E. Kallenbach, R. Eick, P. Quendt et. al.; „Elektromagnete – Grundlagen, Berechnung, Entwurf und Anwendungen“, 4. Akt. und erw. Auflage 2012, Vieweg+Teubner Verlag
49. „Elektroband und -blech“, Stahl-Informations-Zentrum, Merkblatt 401, Ausgabe 2005
50. J. van Laak; „Droht Aluminium das Aus als Batterieträger?“, www.alu-news.de
51. C. Buse, S. Prawitz; „Die Anforderungen an künftige Batteriekästen“, www.automobil-industrie.vogel.de, 11.09.2018
52. C. Schludi, J. Joos; „Leichte und sichere Batteriegehäuse aus Faserverbundwerkstoff“, Z. lightweight.design, 6/2019, S. 44-47
53. Porsche AG, „The technology behind the new Porsche Taycan: Press Kit Technology Workshop,“ [Online]. Available: https://newsroom.porsche.com/dam/jcr:93483663-c12b-43ca-98f5-b1b8b845e321/PAG_Taycan_Technology_PM_EN.pdf.PDF. [Accessed 04 12 2021].
54. Porsche AG, „Die Batterie: Ausgeklügeltes Thermomanagement, 800 Volt Systemspannung,“ [Online]. Available: https://newsroom.porsche.com/de/produkte/taycan/batterie-18541.html. [Zugriff am 04 12 2021].
55. Porsche AG, „Taycan: Das Glossar,“ [Online]. Available: https://newsroom.porsche.com/de/produkte/taycan/glossar-18531.html. [Zugriff am 04 12 2021].
56. Porsche AG, „Neuer Porsche Taycan holt Rekord auf der Nürburgring-Nordschleife,“ [Online]. Available: https://newsroom.porsche.com/de/2019/produkte/porsche-taycan-rekord-nuerburgring-nordschleife-7-42-minuten-18439.html. [Zugriff am 04 12 2021].
57. Porsche AG, „Der Antrieb: Performance pur,“ [Online]. Available: https://newsroom.porsche.com/de/produkte/taycan/antrieb-18543.html. [Zugriff am 04 12 2021].
58. BASS, J. C., N. B. ELSNER UND F. A. LEAVITT, 1994. *Performance of the 1 kW thermoelectric generator for diesel engines*, in: Proceedings of the 13th ICT, Kansas City, Missouri, USA, S. 295–298.
59. EU, Verordnung 2019/1242 des europäischen Parlaments und des Rates vom 20. Juni 2019 zur Festlegung von CO2-Emissionsnormen für neue schwere Nutzfahrzeuge und zur Änderung der Verordnungen (EG) Nr. 595/2009 und (EU) 2018/956 des Europäischen Parlaments und des Rates sowie der Richtlinie 96/53/EG des Rates, Verfügbar unter: http://data.europa.eu/eli/reg/2019/1242/oj (Zugriff am: 28.06.2022).
60. HÄFELE, C., 2016. *Entwicklung fahrzeuggerechter Thermoelektrischer Generatoren zur Wandlung von Abgaswärme in Nutzenergie.* DLR-Forschungsbericht. DLR-FB-2016-08. Dissertation.
61. HEBER, L., 2022. *Thermoelectric Generators for Waste Heat Recovery in Heavy-Duty Vehicles.* Barcelona. ECT2022 – European Conference on Thermoelectrics.
62. *JÄNSCH, D., J. TOPALOVA-GURA UND M. AENGENHEISTER, 2015. TEG2020 – Entwicklung modularer leistungsstarker und flexibel einsetzbarer thermoelektrischer Generatoren zur thermischen Rekuperation in Verbrennungskraftmaschinen und -anlagen. Abschlussbericht IAV GmbH; Berichtszeitraum: 01.05.2011 bis 30.12.2014 [online]. Berlin und Hannover: Technische Informationsbibliothek (TIB). Verfügbar unter:* http://edok01.tib.uni-hannover.de/edoks/e01fb16/856426342.pdf

63. KOBER, M., 2020. *Thermoelektrische Generatoren zur Effizienzsteigerung von Kraftfahrzeugen – Methode zur ganzheitlichen Entwicklung und Bewertung.* DLR-Forschungsbericht. DLR-FB-2020-35. Dissertation.
64. KOBER, M. UND T. KNOBELSPIES, A. ROSSELLO ROBERT UND L. HEBER, 2020. *Thermoelectric Generators for Automotive Applications: Holistic Optimization and Validation by a Functional Prototype.* Journal of Electronic Materials. Springer. doi: https://doi.org/10.1007/s11664-020-07963-9. ISSN 0361-5235.
65. KRAFT, W. UND STAHL, V., VETTER, P., 2020. *Thermal storage using metallic phase change materials for bus heating – state of the art of electric buses and requirements for the storage system.* MDPI – Energies, S. 1-21.
66. MARX, P., 2015. *Wirkungsgrad-Vergleich zwischen Fahrzeugen mit Verbrennungsmotor und Fahrzeugen mit Elektromotor.* Der Elektro-Fachmann, S. 5–10, 62. Jahrgang, Nr. 1–2/15 2015.
67. RISSEH, A. E., H.-P. NEE, O. ERLANDSSON, K. BRINKFELDT, A. CONTET, F. FROBENIUS LNG, G. GAISER, A. SARAMAT, T. SKARE, S. NEE UND J. DELLRUD, 2017. *Design of a Thermoelectric Generator for Waste Heat Recovery Application on a Drivable Heavy Duty Vehicle*, SAE Commercial Vehicles, Jg. 10, Nr. 1, S. 26–44.
68. RAWSON, A. UND Kraft, W., GLÄSEL, T., KARGL, W., 2020. Selection of compatible metallic phase change materials and containers for thermal storage applications, Journal of Energy Storage, Ausgabe 32
69. ROWE, D. M., HG., 2021. *Thermoelectrics and its Energy Harvesting: [Volume 2]: Modules, systems, and applications in thermoelectrics.* Boca Raton, FL: CRC Press.
70. STEINER, B. UND M. FOLLMER, 2013. *Application of Thermoelectric Generators for Commercial Vehicles*, in: Konferenz – Automotive Thermoelectricity, Wiesbaden, Deutschland, 02.-04. Dez. 2013.
71. ZHANG, Y., M. CLEARY, X. WANG, N. KEMPF, L. SCHOENSEE, J. YANG, G. JOSHI UND L. MEDA, 2015. *High-Temperature and High-Power-Density Nanostructured Thermoelectric Generator for Automotive Waste Heat Recovery*, Energy Conversion and Management, Jg. 105, S. 946–950.

Paradigmenwechsel für die Werkstoffwahl 8

Simone Ehrenberger, Peter Saling, Manuel Otto, Jochen Engelmann, Benjamin Frieske und Sylvia Stieler

Seit einigen Jahrzehnten stehen die gewaltigen Herausforderungen, vor denen die Industriegesellschaften weltweit stehen, außer Streit. Rohstoffverbrauch, Umweltbelastungen und immer deutlicher die Folgen der Klimaveränderung haben ökologieorientierten Entscheidungen einen nie dagewesenen Rang zugewiesen.

All dies führte vor dem Primat von energieeffizienten und emissionsarmen Werkstoffprozessen zu einem Paradigmenwechsel in der strategischen Materialwahl, weg von ausschließlich funktions- und kostenoptimiertem Engineering, hin zu einem verantwortungsbewussten Umgang mit allen Ressourcen und Prozessen, zur Wiederverwendung und zur Kreislaufwirtschaft.

Aktuell befeuert werden solche Strategien durch die Transformation zur Elektromobilität sowie den Einsatz von neuen Werkstoffen z. B. in den Elektroden von Batterien oder Brennstoffzellen. Wir haben dem vor allem beim Antriebsstrang und künftigen Werkstoffsystemen für das Gesamtfahrzeug Rechnung getragen. Hier behandeln wir nachfolgend

S. Ehrenberger (✉) · B. Frieske
DLR-Institut für Fahrzeugkonzepte, Stuttgart, Deutschland
E-Mail: Simone.ehrenberger@dlr.de; benjamin.frieske@dlr.de

P. Saling · J. Engelmann
BASF, Ludwigshafen, Deutschland
E-Mail: peter.saling@basf.com; jochen.engelmann@basf.com

M. Otto
SSAB Europe, Düsseldorf, Deutschland
E-Mail: manuel.otto@ssab.com

S. Stieler
IMU Institut, Stuttgart, Deutschland
E-Mail: sstieler@imu-institut.de

H. E. Friedrich, G. Muller (Hrsg.), *Werkstoffe und Bauweisen in der Fahrzeugtechnik*, ATZ/MTZ-Fachbuch, https://doi.org/10.1007/978-3-662-65269-5_8

die Methoden der Ökobilanz, die Bewertung ausgewählter Werkstoffe und Herstellprozesse und schließlich auch die Resilienz betroffener Lieferketten.

8.1 Life Cycle Assessment als Entscheidungshilfe

Simone Ehrenberger und Peter Saling

8.1.1 Methodische Grundlagen einer Ökobilanz

Die Ökobilanz (engl. Life Cycle Assessment, LCA) ist eine Methode zur Abschätzung der mit einem Produkt verbundenen potenziellen Umweltwirkungen. Die generelle Vorgehensweise und die wichtigsten Eckpunkte sind in den Normen DIN EN ISO 14040 und 14044 [1, 2] festgelegt. Idealerweise wird dabei der gesamte Lebensweg eines Produktes von der Rohstoffgewinnung über Produktion, Anwendung bis zur Beseitigung, d. h. „von der Wiege bis zur Bahre“ (cradle to grave), betrachtet (Abb. 8.1). Nur auf diese Weise lassen sich bei vergleichenden Untersuchungen (z. B. Vergleiche von Produkten, aber auch von Produktionsprozessen oder Materialsubstitutionen) Verschiebungen von Emissionen von einer Lebensphase in eine andere beobachten. Je nach Ziel einer Untersuchung werden in der Praxis zuweilen nur Ausschnitte des Lebenswegs analysiert.

Die Ökobilanz eines Produkts nach dem internationalen Standard ISO 14040 muss die folgenden vier Bestandteile enthalten (Abb. 8.1):

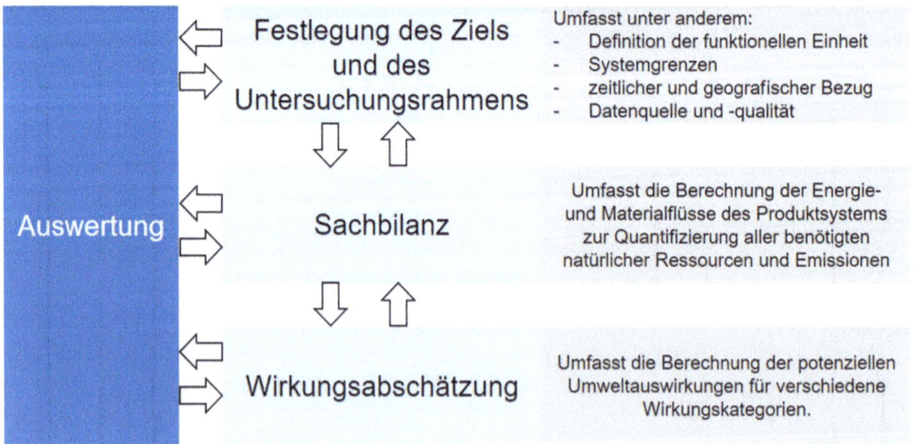

Abb. 8.1 Ablaufschema einer Ökobilanz, Copyright © DLR e.V. in Anlehnung an [1]

1. Zieldefinition und Untersuchungsrahmen

Das Ziel einer Ökobilanzstudie muss eindeutig die beabsichtigte Anwendung festlegen und die Gründe für die Durchführung der Studie aufführen sowie die Zielgruppe der Studie benennen. Diese Faktoren werden von der Art der Anwendung der Ökobilanz bestimmt. Solche Anwendungen können beispielsweise sein: eine Entscheidungshilfe für Verordnungen in der Politik (z. B. Bilanzierung von Fahrzeugbatterien), ein Produktvergleich (z. B. verschiedene Leichtbauwerkstoffe) oder auch interne betriebliche Bewertungen (z. B. der Vergleich verschiedener Unternehmenssparten). Darüber hinaus muss der Untersuchungsrahmen unter anderem mit folgenden Punkten eindeutig beschrieben werden [1, 2]:

- die funktionelle Einheit als Maß für den Nutzen eines Produkts; beispielsweise kann die funktionelle Einheit eines Fahrzeugs über eine Transportaufgabe während einer bestimmten Lebensdauer (in km) definiert werden
- das zu untersuchende Produktsystem, die geografischen, zeitlichen und technischen Systemgrenzen
- Angaben zu methodischem Vorgehen bezüglich Wirkungsabschätzung, Allokationsverfahren und Auswertungsmethoden
- Angaben zu Datenquellen und Datenqualität und ihrer Detailtiefe
- Angaben zur kritischen Prüfung der Studie („critical review") und zu Art und Aufbau der Dokumentation (z. B. als Bericht)

Die Dokumentation dieser Aspekte ist notwendig, um Informationen zu Anwendbarkeit und Einschränkungen einer LCA-Studie für potenzielle Nutzer zur Verfügung zu stellen. Bei vergleichenden Ökobilanzen muss insbesondere die Vergleichbarkeit der Produktsysteme und der funktionellen Einheiten beurteilt werden [1, 2]. Dies spielt auch bei der Bewertung von Fahrzeugkonzepten eine Rolle. Es ist z. B. wichtig beim Vergleich zwischen Hybrid- und konventionellem Fahrzeugen die technische Ausprägung beider Antriebe angemessen zu berücksichtigen. In der ISO-Norm wird ausdrücklich darauf hingewiesen, dass aufgrund des iterativen Charakters einer Ökobilanz der Untersuchungsrahmen während der Durchführung angepasst werden muss, falls es die gewonnen Erkenntnisse erfordern. Dies betrifft beispielsweise die Systemgrenzen oder die notwendigen Daten.

2. Sachbilanz

In der Sachbilanz werden alle Stoff- und Energieströme hinsichtlich Art und Menge erfasst, die von der Umwelt in das bilanzierte Produktsystem gelangen und diese wieder in die Umwelt verlassen. Dies schließt die Gewinnung von Primärenergieträgern, Rohstoffen und deren Weiterverarbeitung ein. Da für die Herstellung und die Verwertung wiederum Anlagen erforderlich sind, für deren Herstellung wiederum Anlagen gebaut wurden, ergibt sich u. U. eine sehr lange Kette, die betrachtet werden müsste. Daher wird eine System- oder Bilanzgrenze vereinbart, die festlegt, was inwieweit betrachtet wird. Ein wesentliches Problem bei der Bewertung von Systemen, die mehrere Produkte erzeugen, ist die Allokation von Stoffflüssen auf das Zielprodukt. Dies ist z. B. bei der Herstellung der Kraftstoffe Diesel und Benzin der Fall. Bei der Raffination entsteht eine Vielzahl weiterer wichtiger Produkte, auf die mittels eines Allokationsverfahrens die Emissionen des Prozesses verteilt werden müssen.

Die Sachbilanz kann im einfachsten Fall anhand einer Tabellenkalkulation erfolgen, die Massen- und Energiebilanz der einzelnen Prozesse eines Produktsystems enthält und in der Regel nur auf linearen Zusammenhängen beruht. Bei komplexen Produktsystemen unvermeidlich ist aber die Nutzung einer speziellen Ökobilanzierungssoftware. Davon gibt es sowohl kostenpflichtige Versionen als auch Open-Source-Programme. Da für die Berechnung der Sachbilanzen eines Produktsystems in der Regel aufgrund der Vielzahl der zu berücksichtigenden Prozesse die Erhebung von Primärdaten nicht praktikabel ist, stehen dem Anwender verschiedene Datenbanken (sowohl frei verfügbare als auch kostenpflichtige) zur Verfügung, die für verschiedene Industrieprozesse vorgefertigte Datensätze bereitstellen.

3. Wirkungsabschätzung

Bei dem Schritt der Wirkungsabschätzung wird basierend auf den Ergebnissen der Sachbilanz die potenzielle Umweltwirksamkeit abgeschätzt. Im Allgemeinen werden den einzelnen Substanzen der Sachbilanz spezifische Umweltwirkungen zugeordnet. Die Ausführlichkeit und die Auswahl der zu beurteilenden Wirkungen hängen vom Ziel und Untersuchungsrahmen der Studie ab [1, 2]. Nach der ISO-Norm gibt es in der Wirkungsabschätzung verbindliche und optionale Bestandteile. Die verbindlichen umfassen

- die Methodenfestlegung: Auswahl von Wirkungskategorien, Wirkungsindikatoren und Charakterisierungsmodellen
- die Klassifizierung: Zuordnung der Sachbilanzergebnisse zu den Wirkungskategorien
- die Charakterisierung: Berechnung der Werte für die einzelnen Wirkungsindikatoren

Es existieren zahlreiche Wirkungsabschätzungsmethoden, die eine Vielzahl an möglichen Emissionen, aber auch durch das Produktsystem aufgenommene Ressourcen, hinsichtlich ihrer möglichen Umweltwirkung charakterisieren. Die verschiedenen Stoffe werden auf eine Referenzsubstanz bezogen und so als Wirkungsindikator für eine bestimmte Art von Umweltwirkung ausgewiesen. Im Falle potenzieller Auswirkungen auf den Klimawandel werden beispielsweise alle Treibhausgase bezüglich ihrer Auswirkung in einem Zeitraum von 100 Jahren im Vergleich zur Referenzsubstanz Kohlendioxid umgerechnet. Auf diese Weise können die verschiedenen Treibhausgase addiert werden, wodurch sich dann ein Indikator für die Klimarelevanz der Emissionen eines Produktsystems, ausgedrückt als Kohlendioxidäquivalente (CO_{2eq}), ergibt. Prinzipiell unterschieden werden können input- und outputbasierte Kategorien [3]. Inputbezogen wären die Bewertung des

Energieverbrauchs (als kumulierter Energieaufwand), der Verbrauch biotischer und abiotischer Ressourcen, Landnutzung, Wasserverbrauch u. ä. Outputbezogen sind alle Kategorien, die die Wirkung von Emissionen bewerten, wie Klimawandel, Versauerungspotenzial, Ökotoxizität, Humantoxizität, Ozonabbau, Eutrophierungspotenzial etc.

Die resultierenden Wirkungsindikatorwerte werden nach Modellen berechnet, die mit naturwissenschaftlichen Regeln gebildet werden. Im Gegensatz dazu beinhalten die optionalen Bestandteile Methoden, die auf eher subjektiven oder gesellschaftlich normativen Einschätzungen beruhen. Die optionalen Schritte sind:

- Normierung: Wirkungsindikatorwerte werden in Bezug gesetzt zu Referenzwerten (z. B. nationalen Gesamtemissionen)
- Ordnung der Wirkungskategorien auf einer nominalen Skala oder nach Prioritäten
- Gewichtung: *„Umwandlung der Indikatorwerte verschiedener Wirkungskategorien unter Verwendung numerischer Faktoren, die auf Werthaltungen beruhen"* [2]

Durch die Anwendung der optionalen Schritte der Wirkungsabschätzung ist auch die Bildung eindimensionaler Indikatoren möglich, z. B. in Form von Ökopunkten o. ä.. Ein solches hochaggregiertes Bewertungsergebnis ermöglicht zwar eine einfachere Auswertung von Produkt- oder Prozessvergleichen, da es nicht – wie im Falle der Betrachtung verschiedener Wirkungskategorien – zu Zielkonflikten kommen kann. Jedoch gehen mit dieser vereinfachten Darstellung viele Informationen verloren und die Ergebnisse basieren durch die Gewichtung verschiedener Wirkungskategorien auf wertbasierten Einschätzungen. Daher ist in der ISO-Normung festgelegt, dass Ergebnisse, die vergleichende Aussagen beinhalten und für die Öffentlichkeit bestimmt sind, den Gewichtungsschritt nicht beinhalten sollen.

4. Auswertung

Bei der Auswertung werden die Ergebnisse der Sachbilanz und der Wirkungsabschätzung zusammengefasst und diskutiert, um Schlussfolgerungen und Empfehlungen zu geben. Ebenso können Verbesserungsvorschläge für die betrachteten Produktsysteme gegeben werden. Wichtig ist auch eine kritische Auseinandersetzung mit möglichen Unsicherheiten der Arbeit und daraus resultierender Einschränkungen hinsichtlich ihrer Aussagekraft.

Erster Schritt der Auswertung ist in der Regel die Identifizierung der für ein Produktsystem signifikanten Parameter. Die Beurteilung der Ergebnisse kann durch die Anwendung verschiedener Methoden unterstützt werden. Hierzu zählt beispielsweise die Beitragsanalyse (contribution analysis) zur Identifikation der signifikanten Parameter oder die Unsicherheitsanalyse, die u. a. mittels Monte-Carlo-Simulation durchgeführt werden kann. Zudem empfiehlt es sich, eine Sensitivitätsprüfung durchzuführen, um etwa die Auswirkung angewendeter Allokationsmethoden und ihrer möglichen Alternativen zu überprüfen. So kann durch die Änderung eines Parameters im Modell eines Produktsystems geprüft werden, ob diese Änderung signifikanten Einfluss auf das Endergebnis hätte.

Neben der seit Langem etablierten Methode der Ökobilanzierung existieren weitere Methoden der ökologischen Bewertung, die nur einzelne ökologische Aspekte betrachten. Hier sind beispielsweise „carbon footprinting" oder „water footprinting" zu nennen. Das Prinzip solcher Methoden entspricht im Wesentlichen der Vorgehensweise bei der Ökobilanzierung für einzelne Wirkungskategorien. Kernelement einer Ökobilanz nach ISO 14040 ist im Gegensatz zu Footprinting-Methoden die integrierte Betrachtung verschiedener potenzieller Auswirkungen, um die einseitige Konzentration auf Treibhausgasemissionen oder andere Kategorien zu vermeiden.

Eine steigende Relevanz für Unternehmensbilanzen erlebt seit einigen Jahren die Ermittlung von CO_2-Fußabdrücken (carbon footprint) bei dem die ISO-14067-Norm [4] oder sogenannte Product Environmental Footprints (PEF) angewendet werden. Hierzu gibt es verschiedene Richtlinien, unter anderem auch von Greenhouse Gas Protocol, einer Kooperationsplattform des World Resources Institute (WRI) und des World Business Council for Sustainable Development (WBCSD). Daraus entstammt auch die insbesondere für Unternehmensbilanzen angewendete Einteilung von Prozessen nach Scope 1, 2 und 3. Diese definieren sich wie folgt [5]:

- Scope 1: direkte Treibhausgasemissionen durch Prozesse und Anlagen innerhalb des untersuchten Unternehmens
- Scope 2: indirekte Emissionen durch externe Energiebereitstellung
- Scope 3: andere indirekte Emissionen

Je nach Untersuchungsziel und gewählter Systemgrenze können die Gesamtemissionen eines Produkts unterschiedlich hoch sein. Die Unterscheidung der verschiedenen „Scopes" bei der Bilanzierung aus Unternehmenssicht ist insofern sinnvoll, als dass hier auf verschiedene Einflusssphären der Unternehmen Rücksicht genommen wird. Emissionen aus den Unternehmensprozessen selbst können direkt durch das Unternehmen reduziert werden. Für die Energievorketten kann insofern Einfluss genommen werden, als dass zum Beispiel gezielt erneuerbare Energie bezogen werden. Bei den anderen Betriebsmitteln ist es auch möglich, auf CO_2-reduzierte Vorketten zu achten, jedoch sind die verfügbaren Daten und Informationen hierzu bisher je nach Material noch lückenhaft.

8.1.2 Weitere Methoden

Eine Bewertung von Produktionsprozessen im Sinne der Nachhaltigkeit sollte neben den ökologischen Aspekten auch ökonomische und soziale Gesichtspunkte umfassen. Während eine Bewertung aus ökonomischer Sicht Bestandteil betriebswirtschaftlicher Analysen ist und je nach Datenlage leicht erfassbar ist, können soziale Aspekte nicht ohne tieferes Verständnis der zur Verfügung stehenden Indikatoren bewertet werden. Im Folgenden soll ein kurzer Überblick über erweiterte Bewertungsmethoden erfolgen. Zur vertiefenden Lektüre wird hier auf die Fachliteratur verwiesen.

Ökoeffizienz: Einbeziehung von Kosten

Bei der Entscheidungsfindung für oder gegen den Einsatz verschiedener Werkstoffe im Fahrzeugbau spielen nicht nur ökologische Kriterien eine Rolle, sondern in großem Maße auch ökonomische Überlegungen. Zur Bewertung beider Faktoren kann die Methode der Ökobilanz um die Dimensionen Technik und Wirtschaft erweitert werden. Eine solche Bilanzierung stellt eine neue Methode dar, in der die vermeintlich unterschiedlichen Anforderungen von Ökonomie und Ökologie kombiniert werden. Im speziellen wird oft die Kombination von LCA und Lebenszykluskostenrechnung (Life-Cycle Costing, LCC) angewendet. Diese Kombination wird auch als Ökoeffizienzanalyse bezeichnet. Ein Produkt mit niedrigen Umweltbelastungen und niedrigen Kosten wäre demnach sehr ökoeffizient.

Social LCA bzw. Produktlinienanalyse: Einbeziehung von sozialen Aspekten

Neben Ökobilanzen, die ökologische Auswirkungen bewerten, werden zukünftig auch verstärkt Sozialbilanzen in den Mittelpunkt rücken. Die Produktlinienanalyse (PLA) ist eine umfassende Methode zur Beurteilung von Produkten und beinhaltet sämtliche Auswirkungen eines Produkts auf seinem gesamten Lebensweg in den Bereichen Umwelt, Technik, Wirtschaft und Gesellschaft. In der Literatur wird dies je nach Autor auch als Sozio-Ökoeffzienz-Analyse oder produktbezogene Sozialbilanz (Social LCA, SLCA) bezeichnet. Der Nutzenaspekt und die Auswahl von Alternativen sind von besonderer Bedeutung. Die SLCA bezieht sich auf die sozialen Auswirkungen von Prozessen eines Produktsystems, u. a. die Arbeitsbedingungen. In der Praxis stößt man v. a. auf zwei prinzipielle Probleme: die große Vielfalt der zu erhebenden Information, gekoppelt mit der Komplexität ihrer Bewertungen. Insbesondere die Festlegung des Bilanzraums und der betrachteten Zeit bedürfen eingehender Begründung, da sie von beträchtlicher Auswirkung auf das Ergebnis sind. Während die Notwendigkeit zur Erstellung von solchen Untersuchungen allgemein anerkannt wird, ist die Diskussion über akzeptable Durchführungsmethoden und Deutungskriterien noch nicht abgeschlossen.

Es hat sich bei den bisher erstellten Sozialbilanzen gezeigt, dass eine Reihe von Anforderungen und Vorgehensweisen bei den Sozialbilanzen anders gestaltet und durchgeführt werden müssen als bei den Ökobilanzen [6]. Die Bedeutung dieses Themas wird u. a. dadurch unterstrichen, dass kürzlich mit der Erstellung einer internationalen Norm zur sozialen Lebenswegbilanz analog zur Ökobilanz begonnen wurde. Die dann erarbeitete Norm ISO 14075 wird als eine gute Grundlage für die Erstellung von Sozialbilanzen fungieren.

SEEbalance® bezeichnet die von der BASF entwickelte Sozio-Ökoeffizienz-Analyse (Abb. 8.2). Sie kommt bei der Bewertung verschiedener Produkt- oder Prozessalternativen zum Einsatz und ermöglicht es, diese direkt miteinander zu vergleichen. Im Rahmen dieser Analyse werden die drei Dimensionen der Nachhaltigkeit – Ökologie, Ökonomie und Gesellschaft – abgebildet. SEEbalance® ist ein innovatives Instrument, das verschiedene

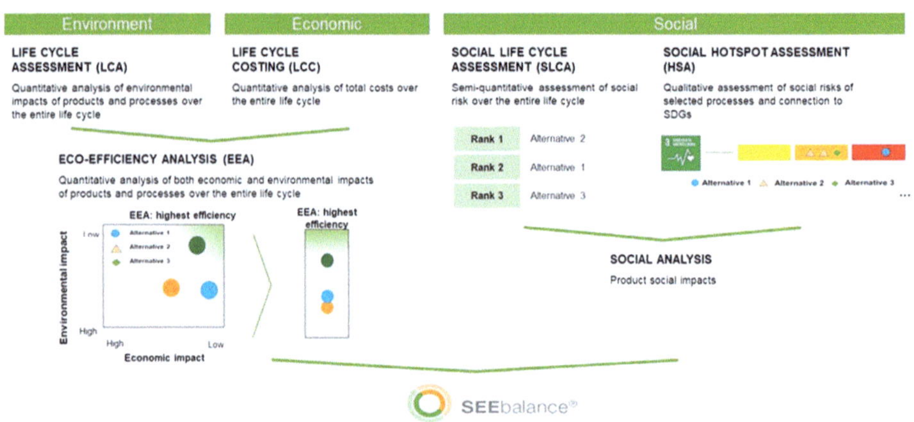

Abb. 8.2 Sozio-Ökoeffizienz-Analyse SEEbalance®, Copyright © BASF

Analysemethoden bündelt und es dadurch erlaubt, neben der Umweltbelastung und den Kosten auch die sozialen Auswirkungen von Produkten und Herstellverfahren zu bewerten. Die Bewertung der sozialen Dimension im Rahmen der sogenannten „Social Analysis" erfolgt in zwei separaten Modulen, die unterschiedliche Aspekte sozialer Einflussgrößen auf den gesamten Lebensweg von Produkten haben.

In den beiden separaten Modulen der „Social Analysis" werden die sozialen Bedingungen von Arbeitern, Konsumenten und von Kommunen analysiert und bewertet. Die Bewertung erfolgt dabei in Wirkungskategorien, die in einem qualitativen bzw. semiquantitativen Bewertungsansatz gegenübergestellt werden. Diese Ergebnisse werden zusätzlich zu ökologischen und ökonomischen Kenngrößen in einer Gesamtauswertung beurteilt und ermöglichen Aussagen zur Nachhaltigkeit von Produkten entlang des gesamten Lebensweges.

Kritikalität von Ressourcen

Die Verwendung von abiotischen Ressourcen kann ebenfalls nach sozioökonomischen Gesichtspunkten beurteilt werden. Über die im Vorangegangenen angesprochenen Kriterien hinaus spielen in diesem Fall Aspekte der Geopolitik und der Versorgungssicherheit eine große Rolle. Im Bereich der alternativen Antriebe ist dies beispielsweise relevant für bestimmte strategische Metalle, die in Batterien, Elektromotoren, Brennstoffzellen oder Elektronikbauteilen Verwendung finden.

Es werden von verschiedenen Autoren verschiedene Methoden vorgeschlagen, um diese Aspekte in eine Bewertungsmethode zusammen mit ökologischen, ökonomischen und sozialen Kriterien einzubeziehen. An dieser Stelle sei beispielhaft auf die Bewertung der Kritikalität von Metallen von [7] verwiesen, deren Ansätze im Folgenden beschrieben werden. In dieser Methode ist die Kritikalität in drei Indikatoren unterteilt: Versorgungsrisiko, Anfälligkeit für eingeschränkte Verfügbarkeit und Umweltauswirkungen. Darüber hinaus können verschiedene Perspektiven unterschieden werden: Unternehmen, Land oder globaler Fokus.

Der Indikator Umweltauswirkungen berechnet sich in der vorgestellten Methode nach [7] aus den Ergebnissen einer Wirkungsabschätzungsmethode der Ökobilanzierung namens

ReCiPe[1] [8]. Herangezogen wird die Wirkungskategorie Menschliche Gesundheit und Ökosystem und die von einem Kilogramm Metall verursachten Umweltauswirkungen. Aus den drei gleichgewichteten geopolitischen, sozialregulatorischen und geologisch-technischen Kriterien setzt sich der Indikator Versorgungsrisiko in dieser Methode zusammen. Der geologisch-technische Unterpunkt setzt sich wiederum aus den Indikatoren statische Reichweite und Begleitmetallanteil zusammen. Der Policy Potential Index [9] und der Human Development Index [10] bilden gemeinsam die sozialregulatorische Komponente des Versorgungrisikoindikators. Der geopolitische Indikator wird von den World Governance Indicators [11] und der globalen Versorgungskonzentration bestimmt. Der Indikator globale Versorgungskonzentration wird, ausgehend von statistischen Daten, zum weltweiten Produktionsanteil der Förderländer nach dem Herfindahl-Hirschman-Index bewertet. Der Indikator Anfälligkeit für eingeschränkte Verfügbarkeit ist ebenfalls mehrfach untergliedert. Neben der Substituierbarkeit und der Fähigkeit zu Innovationen bildet die Bedeutung des Metalls den dritten Unterpunkt. Die Bedeutung des Metalls für das Unternehmen wird durch den betroffenen Anteil des Unternehmensumsatzes, der Fähigkeit des Unternehmens einen Kostenanstieg des Metalls durchzuhalten und letztlich durch die Bedeutung des Metalls für die Unternehmensstrategie wiedergegeben. Weitere Indikatoren wie Substituierbarkeit, die Fähigkeit zu Innovationen des betrachteten Unternehmens oder die Anfälligkeit für eingeschränkte Verfügbarkeit hängen aufgrund ihrer mangelnden Quantifizierbarkeit sehr stark von der Einschätzung des Anwenders ab.

8.2 Ökologische Bewertung von Fahrzeugwerkstoffen

Simone EhrenbergerManuel Otto und Jochen Engelmann

8.2.1 Übersicht über heutige Treibhausgasemissionen verschiedener Werkstoffe

Die Gesamtbeurteilung eines Fahrzeuglebensweges im Sinne einer Cradle-to-Grave-Betrachtung bedeutet die Zusammenführung der Bilanzierungen der Kraftstoffbereitstellung mit den Lebensstationen des Fahrzeugs selbst, bestehend aus der Fahrzeugherstellung, der Fahrzeugentsorgung und den Emissionen während der gesamten Nutzung. In Abb. 8.3 sind die Lebensphasen eines Fahrzeugs mit ihren jeweiligen charakteristischen Prozessen, die ihrerseits Ressourcen und Energie benötigen und Emissionen verursachen, aufgeführt.

Im Lebensweg eines Fahrzeugs fallen in den verschiedenen Lebenswegabschnitten sehr unterschiedliche Emissionen in Luft, Wasser und Boden an. Je nach untersuchtem Schadstoff haben verschiedene Lebensabschnitte den größten Einfluss. Im Falle der

[1] Die Methode wurde von den Erfindern ReCiPe genannt, da sie ein „Rezept" für die Berechnung von Umweltindikatoren liefert. Das Akronym steht außerdem für die Anfangsbuchstaben der beteiligten Institute: RIVM (National Institute for Public Health and the Environment, Netherlands) und Radboud Universität, CML und PRé Consultants

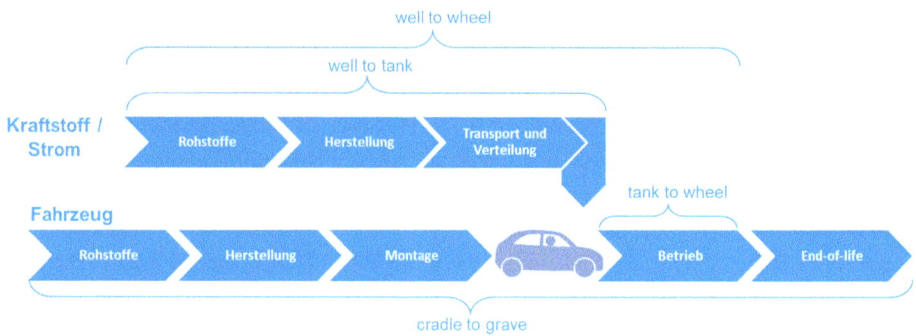

Abb. 8.3 Gliederung des Fahrzeuglebensweges, Copyright © DLR e.V.

CO_2-Emissionen ist bei Fahrzeugen mit Verbrennungsmotor stets die Nutzungsphase das ausschlaggebende Element. Die Herstellung von fossilen Kraftstoffen (Benzin oder Diesel) kann wiederum ausschlaggebend für die Emission verschiedener Schadstoffe, wie z. B. flüchtige organischen Verbindungen ohne Methan (engl. Non-Methane Volatile Organic Compounds, NMVOC), sein. Die Emissionen in Gewässer beispielsweise können zu einem großen Teil aus der Fahrzeuglackierung oder der Herstellung von Bauteilen stammen. Im Falle der elektrifizierten Fahrzeuge ergeben sich neben den Änderungen in der Kraftstoffvorkette auch neue Herausforderungen bezüglich der Umweltauswirkungen aus der Batterieherstellung und der Verwendung strategischer Metalle in Elektromotoren und Elektronikbauteilen. Neben der oftmals aufwändigen Gewinnung dieser Metalle ist ihre mögliche Rückgewinnung eine weitere offene Frage.

Neben dem Antriebsstrang spielen Karosserie, Fahrwerk und Interieur bei einer Fahrzeuggesamtbetrachtung eine große Rolle. Beträchtliche Unterschiede in den Umweltwirkungen sind zwischen verschiedenen Leichtbauwerkstoffen zu verzeichnen. Die Abb. 8.4 zeigt durchschnittliche Treibhausgasemissionen für verschiedene Leichtbauwerkstoffe und Stahl. Die Angaben beziehen sich jeweils auf 1 kg Werkstoff. Die Emissionen variieren je nach Herkunft, Produktionsweg und auch Werkstoffspezifizierung. Insgesamt lässt sich in der Tendenz ablesen, dass der konventionelle Werkstoff Stahl im Vergleich zu den gezeigten Leichtbauwerkstoffen mit geringerem Produktionsaufwand verbunden ist. Dabei ist auch berücksichtigt, dass die Herstellungsprozesse und vor allem deren Energieträgerbasis einen wesentlichen Einfluss auf die Treibhausgasbilanz haben. Dazu kommt, dass nicht unwesentliche Verbesserungspotenziale angegeben werden. So kann zum Beispiel für die Magnesiumherstellung eine auf regenerative Energie gestützte Elektrolyse oder ein silikothermischer Prozess mit biomassebasiertem Energieträger [12] deutliche Vorteile zeigen.

Da also bei manchen Werkstoffen höhere Emissionen in der Produktion der Bauteile im Vergleich zu anderen Werkstoffen anfallen, ist es wichtig, Einsparpotenziale an anderer Stelle im Lebensweg zu identifizieren. Beispielsweise können höhere Emissionen in der Produktion bei Leichtbauwerkstoffen im Vergleich zu Stahl während der Nutzungsphase wieder eingespart werden. Die Höhe dieser Einsparungen kann jedoch je nach Fahrzeug und Antriebstyp sehr unterschiedlich ausfallen. Ebenso kann es bedeutende Unterschiede

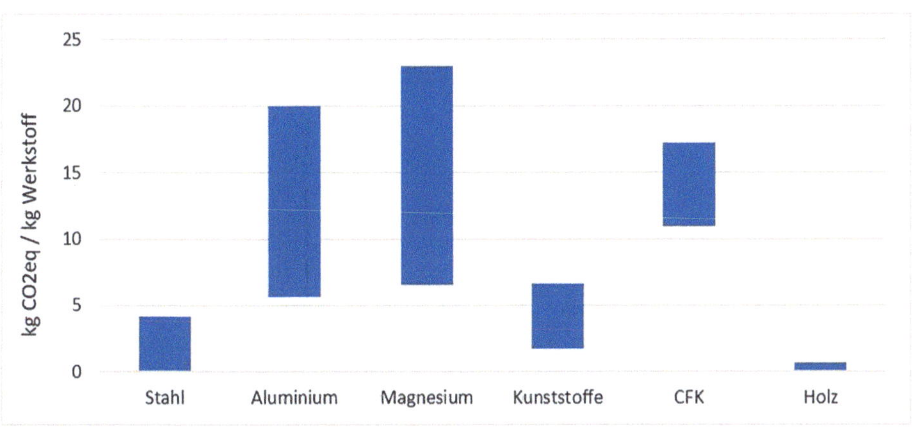

Abb. 8.4 Treibhausgasemissionen pro kg Primärwerkstoff. (Copyright © DLR e.V.; Datenquelle: eigene Berechnungen, [20])

in der Bewertung verschiedener Wirkungskategorien geben, d.h. dass unter Umständen Werkstoffe oder Fahrzeuge je nach Umweltindikator besser oder problematischer erscheinen.

8.2.2 Bewertung von Stahllegierungen

Der Werkstoff Stahl trägt aktuell einen Anteil von ca. 30 % der weltweiten CO_2-Emissionen [13]. Anbetracht der Annahme, dass Stahl einen wichtigen Beitrag bei der Umgestaltung der Energiewende einnehmen wird und aufgrund der Urbanisierung, der allgemeinen weltweiten Erhöhung des Lebensstandards und des gesteigerten Bedarfs an Infrastruktur, kann davon ausgegangen werden, dass sich der Weltstahlbedarf weiter steigert. Aktuell wird der Stahlbedarf für das Jahr 2050 auf ca. 2,8 Mrd. t Stahl geschätzt. Dieser Bedarf wird nach derzeitigen Schätzungen immer noch zu 50 % über eine Reduktionsroute, beispielsweise die Hochofenkonverterroute, bedient werden müssen. Eine alleinige Produktion über eine Elektrolichtbogenschrottroute oder alternative Herstellrouten wird nicht ausreichend sein.

Sollen die Pariser Klimaziele in 2050 erreicht werden, muss der derzeitige Ausstoß der Stahlindustrie von ca. 3 Mrd. t CO_2 auf ca. 400 bis 600 Mill. t CO_2 reduziert werden. Dies ist ebenfalls allein über eine schrottbasierte Herstellroute nicht zu erreichen. Vielmehr muss ein radikaler Transformationsprozess innerhalb der Stahlindustrie angestoßen werden, um die CO_2-Emission um mehr als 90 % zu reduzieren.

Aktuell gibt es vier Varianten der Stahlerzeugung (Abb. 8.5), wobei die bereits oben erwähnte Hochofenkonverterroute sowie die Elektrolichtbogenroute den Großteil der Stahlproduktion umfassen und die anderen beiden Varianten aktuell eher Nischenvarianten darstellen und z. B. die Direktreduktion aktuell nur dann wirtschaftlich sinnvoll ist, wenn sie oberhalb einer natürlichen Erdgaslagerstätte errichtet wird. Neben diesen vier etablierten Varianten wird aktuell eine weitere Route entwickelt, bei welcher Eisenerz über eine Direktreduktion mithilfe von Wasserstoff reduziert wird. Wenn hierbei grüner Wasserstoff,

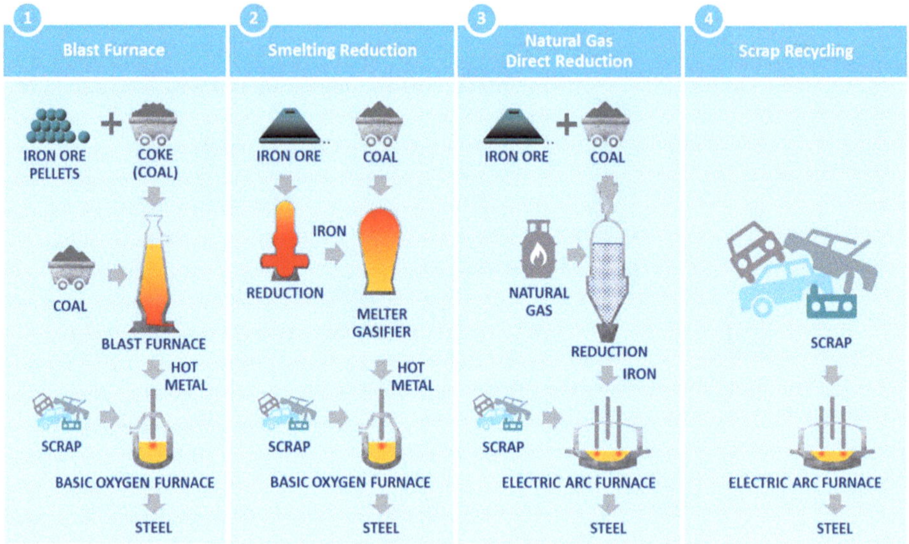

Abb. 8.5 Verfahrensrouten bei der Stahlherstellung, Copyright: © SSAB Europe

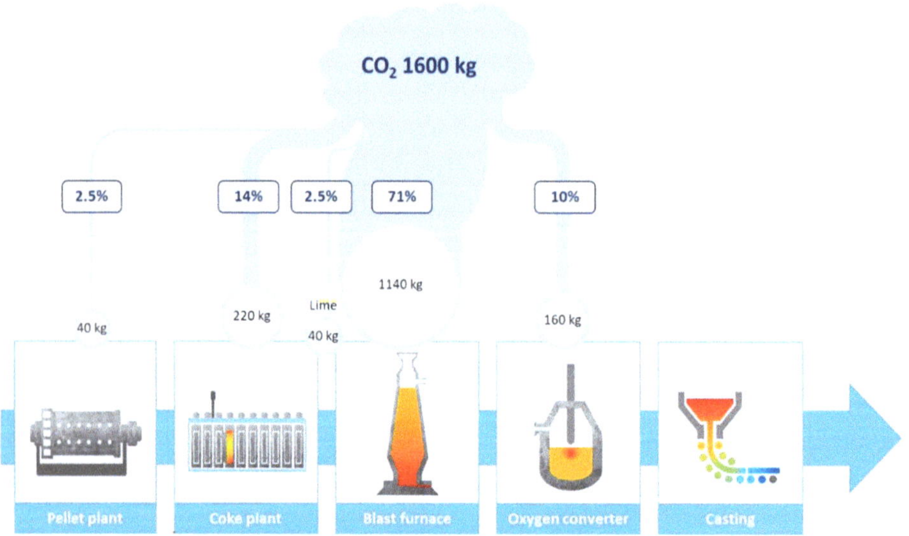

Abb. 8.6 CO_2-Emissionen für die Hochofenroute © SSAB Europe

erzeugt mit erneuerbaren Energien, eingesetzt wird, kann eine CO_2-freie Erzeugungsroute etabliert werden. Aktuell wird eine großtechnische Umsetzung dieses Verfahrens durch zwei Unternehmen für das Jahr 2026 angestrebt.

Eine Übersicht über den CO_2-Ausstoß der einzelnen Produktionsschritte für die Hochofenroute zeigt Abb. 8.6 und für den Direktreduktionsprozess mit grünem Wasserstoff zeigt Abb. 8.7.

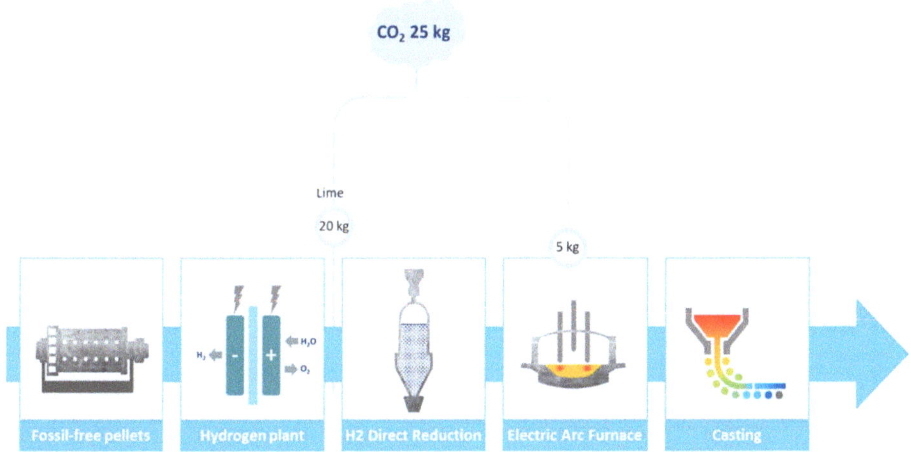

Abb. 8.7 CO_2-Emissionen für die Direktreduktionsroute mit grünem Wasserstoff © SSAB Europe

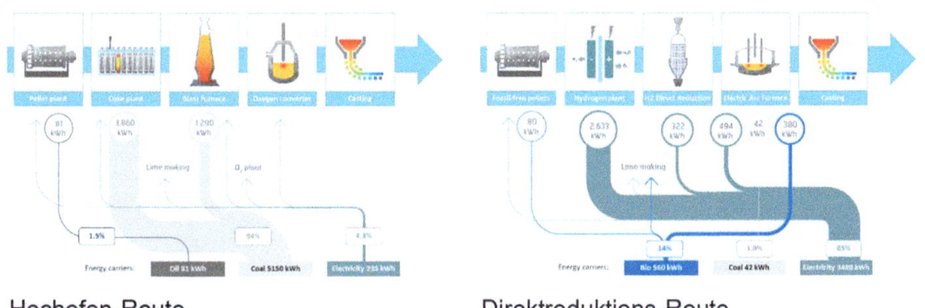

Abb. 8.8 Energiebedarfe im Vergleich © SSAB Europe

Entscheidend für die Umsetzung der Direktreduktion mit grünem Wasserstoff wird die Verfügbarkeit von erneuerbaren Energien sein. Auch wenn für die Direktreduktion weniger Primärenergie eingesetzt werden muss (Hochofenroute: ca. 5500 kWh pro t Rohstahl vs. Direktreduktion: ca. 4100 kWh pro t Rohstahl) ist der Bedarf an elektrischer Energie um den Faktor 15 erhöht. Einen Überblick über den Energiebedarf bei der Hochofenroute und bei der Direktreduktion für die einzelnen Prozessschritte zeigt Abb. 8.8.

Dieser Bedarf an erneuerbarer Energie wird sicherlich aktuell nicht weltweit an jedem Produktionsstandort gleichartig zur Verfügung stehen und einige Regionen, wie zum Beispiel Skandinavien, der Osten Kanadas und Teile Brasiliens, scheinen geeigneter zu sein für eine solche Transformation [14].

Werden nun die fünf verschiedenen Herstellrouten bezüglich ihres CO_2-Fußabdruckes bewertet, lohnt es sich hier zwischen den verschiedenen Berechnungsmethoden zu unterscheiden.

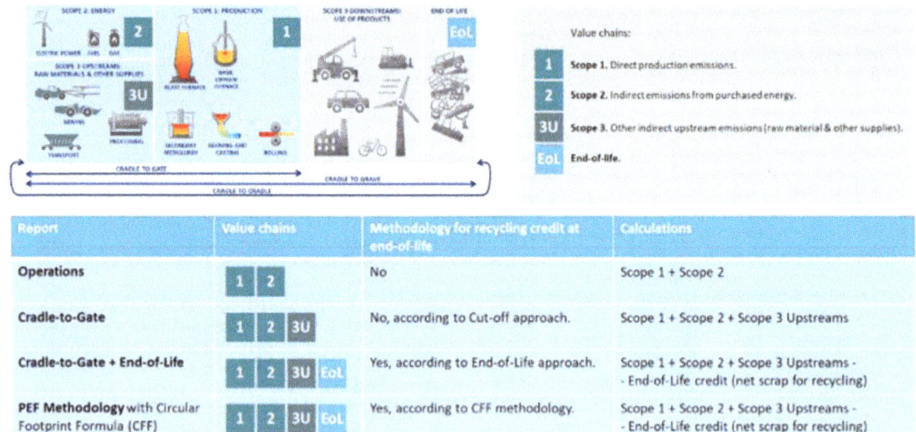

Report	Value chains	Methodology for recycling credit at end-of-life	Calculations
Operations	1 2	No	Scope 1 + Scope 2
Cradle-to-Gate	1 2 3U	No, according to Cut-off approach.	Scope 1 + Scope 2 + Scope 3 Upstreams
Cradle-to-Gate + End-of-Life	1 2 3U EoL	Yes, according to End-of-Life approach.	Scope 1 + Scope 2 + Scope 3 Upstreams - - End-of-Life credit (net scrap for recycling)
PEF Methodology with Circular Footprint Formula (CFF)	1 2 3U EoL	Yes, according to CFF methodology.	Scope 1 + Scope 2 + Scope 3 Upstreams - - End-of-Life credit (net scrap for recycling)

Abb. 8.9 Systemgrenzen für den CO_2-Fußabdruck von Stahl in Abhängigkeit verschiedener Berechnungsmethoden © SSAB Europe

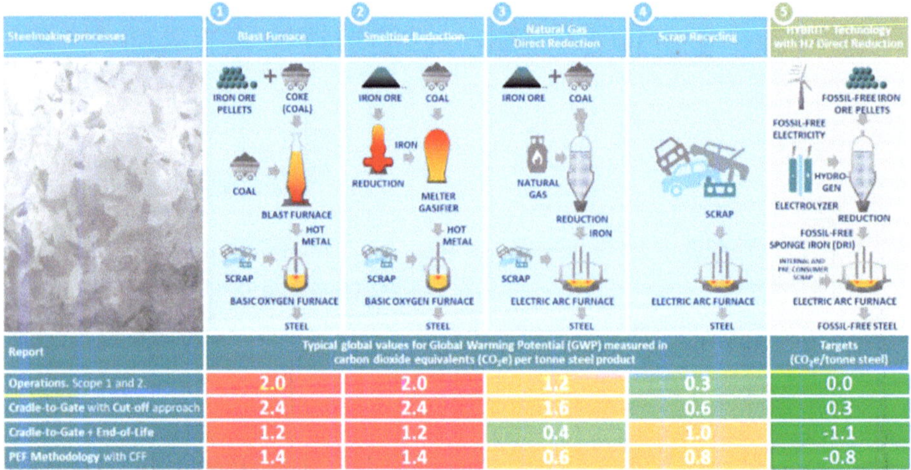

Report	Typical global values for Global Warming Potential (GWP) measured in carbon dioxide equivalents (CO_2e) per tonne steel product				Targets (CO_2e/tonne steel)
Operations. Scope 1 and 2.	2.0	2.0	1.2	0.3	0.0
Cradle-to-Gate with Cut-off approach	2.4	2.4	1.6	0.6	0.3
Cradle-to-Gate + End-of-Life	1.2	1.2	0.4	1.0	-1.1
PEF Methodology with CFF	1.4	1.4	0.6	0.8	-0.8

Abb. 8.10 CO_2-Fußabdruck für die unterschiedlichen Stahlherstellrouten © SSAB Europe

Abb. 8.9 zeigt den Überblick über die hier vorgestellten vier Berechnungsperspektiven: Betrieb eigener Anlagen (own operations), Cradle to gate (mit cut-off), Cradle to gate (mit End-of-Life), PEF-Methode (mit circular footprint formula) [15]. Abb. 8.10 verdeutlicht die dazugehörigen CO_2-Äquivalente pro t Rohstahl. Die Berechnung nach cradle to gate mit End-of-Life-Ansatz sowie die Berechnung nach PEF-Methode zeigen das hohe CO_2-Einsparpotenzial der Direktreduktion mit grünem Wasserstoff sehr eindrucksvoll.

8.2.3 Leichtmetalle: Aluminium- und Magnesiumlegierungen

Als Leichtbauwerkstoffe haben Aluminium und Magnesium im Fahrzeugbau an Bedeutung gewonnen. Im Vergleich zu Stahl ist die Herstellung von Primäraluminium und -magnesium mit höheren Treibhausgasemissionen verbunden. Je nach geografischer Herkunft, zugrunde liegender Energiequelle und angewendetem Herstellungsverfahren schwanken die Emissionen aus der Herstellung dieser Primärmetalle allerdings erheblich (Abb. 8.11).

Aluminium wird heute ausschließlich mittels Schmelzflusselektrolyse hergestellt. Hierzu wird überwiegend Bauxit als Rohstoff mit Natronlauge aufgeschlossen und weiter zu Aluminiumhydroxid ($Al(OH)_3$) und schließlich Aluminiumoxid (Al_2O_3) verarbeitet. Mithilfe von synthetischem Kryolith als Lösemittel wird daraus das Primäraluminium in den Elektrolysezellen gewonnen. Dieser Prozess ist mit einem durchschnittlichen Energiebedarf von 14 bis 15 MWh pro t Aluminium [16] sehr energieintensiv und die entstehenden Treibhausgasemissionen hängen in erster Linie von der Quelle der Stromgewinnung für den Elektrolysekernprozess und zu geringerem Maß von der Wärmegewinnung (v. a. für die Umwandlung von Bauxit in Aluminiumoxid) ab. Für die Treibhausgasemissionen ist bei Weitem der Elektrolyseschritt selbst mit seiner Energievorkette dominant, gefolgt von der Aluminiumhydroxidaufbereitung durch die dafür benötigte thermische Energie. Im globalen Durchschnitt gewichtet nach den Produktionsvolumina in den verschiedenen Herkunftsländern (v. a. China, Indien und Kanada) werden pro kg Aluminium ca. 18 kg CO_{2eq} emittiert. Primäraluminium, das in Europa hergestellt wird, ist hingegen nur mit ca. 7 kg CO_{2eq} verbunden. Etwa 57 % der weltweiten Produktion findet in China statt [17], wo 20 kg CO_{2eq} pro kg Aluminium an Emissionen entstehen.

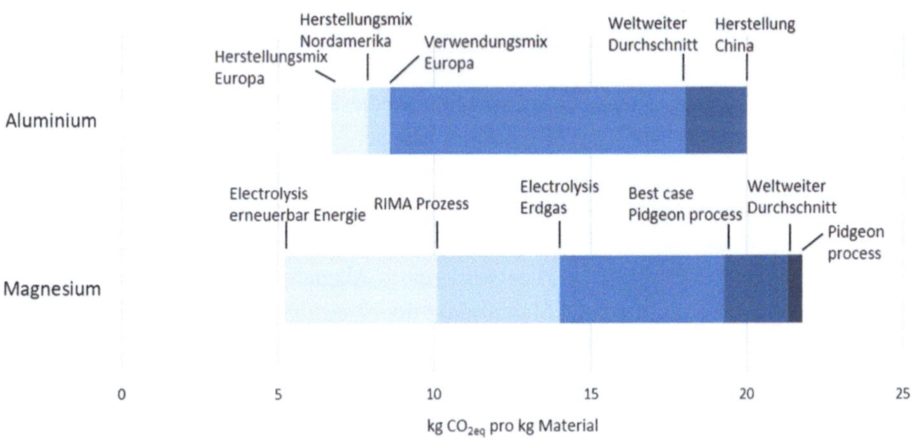

Abb. 8.11 Einfluss der Herkunft von Aluminium und der Herstellungsverfahren bei Magnesium auf die Treibhausgasemissionen, Copyright © DLR e.V.

Anders als bei Aluminium, gibt es bei der Produktion von Primärmagnesium verschiedene Pfade.

Der größte Teil des weltweit verfügbaren Magnesiums (ca. 85 %; [18]) wird durch thermische Reduktion nach dem Pidgeon-Verfahren in China hergestellt. Das Rohmaterial für das Pidgeon-Verfahren ist Dolomit ($MgCO_3$-$CaCO_3$). Hierzu wird zunächst bei der Kalzinierung der Dolomit in kontinuierlichen Drehrohröfen bei etwa 1000 °C bis 1200 °C behandelt, um Kohlendioxid (CO_2) zu entfernen. Anschließen wird das kalzinierte Material gemahlen und mit Reaktionsmitteln vermischt. Hauptbetriebsmittel sind Ferrosilizium (FeSi) als Reduktionsmittel und Calciumfluorid (CaF_2) als Katalysator. In der anschließenden chemischen Reaktion im Reduktionsofen wird dann reines Magnesium gewonnen. Insgesamt erzeugt dieses Verfahren etwa 22 kg CO_{2eq} pro kg Magnesium, wobei allein die Herstellung des FeSi bereits fast die Hälfte dieser Emissionen erzeugt. Daher ergibt sich ein beträchtliches Einsparpotenzial aus der Möglichkeit einer alternativen FeSi-Quelle, die einen höheren Anteil an erneuerbarem Strom nutzt.

Neben dem Pidgeon-Verfahren gibt es noch einige andere Anlagen, die Primärmagnesium liefern.

Eine Anlage in Brasilien nutzt beispielsweise ein silikothermisches Verfahren. Russ, Sandilands und Hasenberg [19] haben CO_{2eq}-Emissionen von 10,1 kg pro kg Magnesium berechnet. Darin enthalten ist eine Gutschrift für die CO_2-Aufnahme durch Eukalyptusbäume, die im Produktionsprozess als Biomasse verwendet werden.

Alternativ zu den thermischen Produktionswegen kann Primärmagnesium auch durch Elektrolyse hergestellt werden. In diesem Fall hängen die Emissionen wie beim Aluminium hauptsächlich von der für diesen Prozess verwendeten Energiequelle ab. Ein auf Erdgas basierendes elektrolytisches Verfahren in Israel hat beispielsweise ein Treibhauspotenzial von knapp 18 kg CO_{2eq} pro kg Mg [20]. Der Rohstoff für die Magnesiumproduktion ist in diesem Fall Carnallit (MgCl2-KCl • 6H2O). Da zwei Nebenprodukte anfallen (Chlor (Cl_2) und KCl-reiches Salz), können diese bei der Emissionsbilanz berücksichtigt werden und das auf 1 kg Magnesium bezogene Treibhauspotenzial beträgt letztendlich 14 kg CO_{2eq}.

Eine weitere Möglichkeit, Emissionen einzusparen, ist die Nutzung von Abfällen und Nebenprodukten aus anderen Prozessen in Verbundanlagen. Ein Beispiel hierfür ist eine Elektrolyseanlage in China [21]. Hier wird reines Magnesium aus Magnesiumchlorid ($MgCl_2$)-Sole hergestellt, die ein Abfallprodukt der benachbarten Kaliproduktion ist. Die Elektrizitätsversorgung der Magnesiumproduktionsanlage erfolgt durch Wasserkraft (63 %), Fotovoltaik in Freiflächenanlagen (18 %), durch ein Heizkraftwerk (12 %) und durch Windkraft (8 %). Die gesamten Treibhausgasemissionen der Elektrolyse unter diesen Bedingungen betragen 8,5 kg CO_{2eq} pro kg Magnesium. Bei der Elektrolyse von Magnesiumchlorid entsteht neben dem reinen Magnesium ebenfalls Chlor. Dieses Nebenprodukt wird als Ausgangsstoff für die nahe gelegene PVC-Anlage verwendet. Um die Weiterverwendung des Chlors anzurechnen, wurden die Emissionen berechnet, die durch den Verzicht auf Chlor aus einer konventionellen Produktion eingespart wurden. Die Herstellung von 2,5 kg Chlor führt normalerweise zu Treibhausgasemissionen von etwa 3,2 kg CO_{2eq}. Die Anrechnung dieser durch die Magnesiumelektrolyse eingesparten Emissionen führt somit zu Gesamtemissionen von 5,3 kg CO_{2eq} pro kg Magnesium.

8.2.4 Bewertung von Polymerwerkstoffen

Auch bei den Kunststoffen muss die ökologische Bewertung über den gesamten Lebenszyklus hinweg vorgenommen werden. Polymere Werkstoffe liefern aufgrund ihrer vergleichsweise niedrigen Dichte und der hohen Designfreiheit spritzgegossener Bauteile typischerweise leichte, bauraumoptimierte Teile, deren ökologischer Vorteil vor allem während der Nutzenphase zum Tragen kommt.

Dennoch nimmt auch bei den Polymeren die Betrachtung der CO_2-Äquivalente, die zur Herstellung verschiedener Werkstoffe benötigt werden, einen zunehmenden Raum ein. In Abb. 8.12 sind Branchenmittelwerte diverser Kunststoffe, die je nach Anforderungsprofil (vgl. Abschn. 3.5) in den verschiedensten Einsatzgebieten im Fahrzeug Verwendung finden, vergleichend dargestellt. Werkstoffe wie die Polyolefine PE oder PP zeichnen sich durch einen relativ niedrigen Wert aus, da bei ihrer Herstellung, beispielsweise im Vergleich zu den Polyamiden, nur wenige chemische Produktionsschritte nötig sind. Durch Optimierung der Wertschöpfungsketten und Einsatz CO_2-effizienterer Energiequellen ist jedoch davon auszugehen, dass sich die Beträge vor allem für die höher bewerteten Mate-

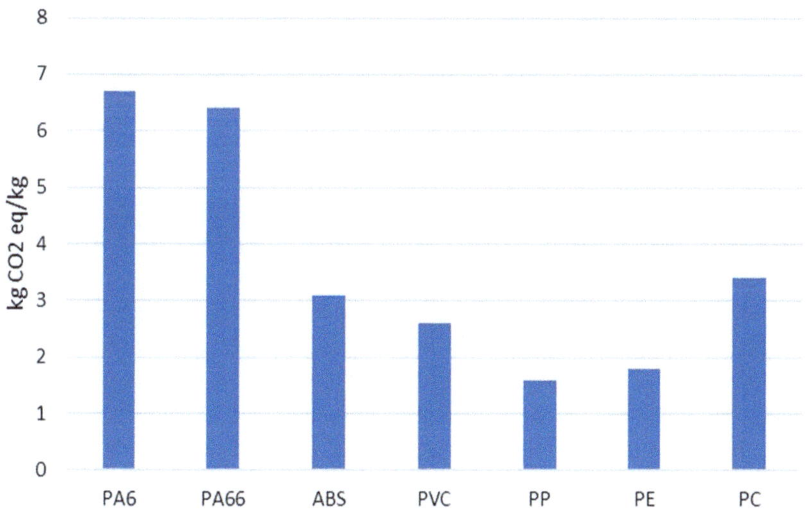

Abb. 8.12 CO_2-Äquivalente für die Herstellung verschiedener Kunststoffe im Vergleich. (Copyright: © BASF, Datenquelle: [22])

rialien in naher Zukunft noch deutlich senken lassen. Auch durch die Zunahme von Recyclinganteilen wird sich der CO_2-Fußabdruck verringern. Neben der werkstofflichen Wiederverwertung ist hier auch das chemische Recycling zu nennen, z. B. die Gewinnung von Pyrolyseöl aus Polyolefinen oder die Remonomerisierung von Polykondensaten wie PA.

8.2.5 Weitere Werkstoffe: Faserverbundkunststoffe und Holz

Faserverbundwerkstoffe können ebenso als Leichtbauwerkstoffe im Fahrzeugbau eingesetzt werden. Gegenüber glasfaserverstärkten Kunststoffen (GFK) haben kohlefaserverstärkte Kunststoffe (CFK) eine größere Bedeutung. CFK erfüllen aufgrund ihrer hohen spezifischen Festigkeit das grundlegende Kriterium für einen Leichtbauwerkstoff. Weitere Vorteile sind die freie Formgestaltung, die Möglichkeit der kostengünstigen Integration mehrerer Einzelkomponenten sowie die hohe Korrosions- und Alterungsbeständigkeit der Werkstoffe. Kohlenstofffasern können auf verschiedenen Faservorprodukten (Precursor), zumeist aber Polyacrylnitril, basieren. Ebenso können verschiedene Kunststoffe als Matrix dienen. Abhängig von beiden Ausgangsprodukten schwankt auch der CO_2-Fußabdruck bei der Herstellung. Wie bei anderen Werkstoffen auch ist eine Möglichkeit zur Reduktion der CO_2-Emissionen in der Produktion der Einsatz von erneuerbaren Energien. Darüber hinaus könnte in Zukunft eine Faserherstellung auf Basis von Lignin realisierbar sein, sodass wie bei den Kunststoffen die Verwendung von nachwachsenden Rohstoffen möglich ist.

Auf der Suche nach alternativen Werkstoffen ist auch Holz hinsichtlich seiner Eignung im Fahrzeugbau untersucht worden (siehe auch Kapitel 9.3). Günstige Herstellungskosten, geringes Gewicht, geringe Dichte und eine gute Verfügbarkeit stellen die Vorteile dieses Werkstoffs dar. Ein nachhaltiger Anbau und eine sinnvolle Nutzung von Holz kann als nachwachsender Rohstoff die Treibhausgasemissionen und die Nachfrage nach fossilen Rohstoffen senken [23]. Hinsichtlich einer Ausweitung der kommerziellen Holznutzung ist zwar das Potenzial der Wälder in Deutschland zur Biomassenanreicherung noch nicht erreicht [24]. Jedoch wird aufgrund von häufigen klimatischen Kalamitäten eine Maximierung der Holzvorräte eher kritisch gesehen, da das Holz unter außergewöhnlichen Bedingungen verloren geht und weitere außerplanmäßige Nutzungen mit hohen Kosten verbunden sind und sich nicht wirtschaftlich auswirken [25]. Der Einsatz von Holz wird insbesondere im Bausektor diskutiert, im Zusammenhang mit dem Ersatz verschiedener fossiler Stoffe (Zement, Stahl, Beton). Dieser Ersatz sollte als eine dauerhafte CO_2-Senke dienen und damit ähnlich wie der Kohlenstoffspeicher Wald funktionieren. Durch die Unsicherheiten des klimatischen Wandels, verlängerten Dürreperioden und damit verbundenen Anfälligkeit für Schädlinge werden sich bisher genutzte in der Regel Nadelbäume in der Zukunft nicht mehr eignen, um als Holzlieferant zu dienen. Als gut geeignet erweisen sich Buche und Eiche, die eine gute Klimatoleranz aufweisen, allerdings stoßen auch diese Arten in letzten Jahren an Ihre Grenzen. Alternative Baumarten aus dem mediterranen Gebieten werden daher für eine zukünftige Nutzung erforscht [26].

Die prinzipiell gleiche Annahme lässt sich auf den Einsatz von Holz in Automobilstrukturen treffen. Die Annahme, dass eine Substitutionswirkung ein erhebliches Klimaschutzpotenzial birgt, ist allerdings aufgrund einer unzureichenden Datenlage mit großen Unsicherheiten behaftet [27–29]. Eine Rolle spielt hierbei auch der zeitliche Einsatz der Nutzung des Holzproduktes im Automobilbau, der eher kurz ist im Vergleich mit anderen Produkten im Bausektor [29]. Wichtig für eine positive Bilanz von Holzbauteilen sind eine nachhaltige Bewirtschaftung der Wälder und die Wiederverwendung von Holz, zum Beispiel von Gebäuden, die abgerissen wurden [30] oder eben von Bauteilen aus dem Fahrzeugbau.

8.3 Werkstoffe und Bauweisen im End-of-Life-Konzept

Simone Ehrenberger, Jochen Engelmann und Manuel Otto

8.3.1 Rechtliche Rahmenbedingungen

Der rechtliche Rahmen im Umgang mit End-of-Life-Fahrzeugen und der Wiederverwertung von Bauteilen und Werkstoffen werden in Deutschland mittels verschiedener Gesetze und Richtlinien geregelt. Als übergeordnetes Gesetz legt das Kreislaufwirtschafts- und Abfallgesetz [31] eine Hierarchie im Umgang mit Abfallstoffen fest. Abfälle sind demnach prinzipiell zu vermeiden oder, falls dies nicht möglich ist, vorrangig stofflich zu verwerten oder energetisch zu nutzen. Letzteres bewirkt eine Substitution von primären Roh- bzw. Brennstoffen. Die Deponierung, also die Ablagerung des Abfalles ohne Änderung der Beschaffenheit, stellt die ungünstigste Alternative dar. Darüber hinaus wird der Hersteller im Rahmen der Produktverantwortung verpflichtet, ein Produkt, also auch Fahrzeuge, langlebig, mehrfach verwendbar und hinsichtlich einer schadlosen Verwertung zu entwerfen sowie bevorzugt sekundäre Rohstoffe einzusetzen.

Die Technische Anleitung Siedlungsabfall legt grundsätzliche Begriffe und zulässige Umgangsweisen mit verschiedenen Abfallarten fest. Eine Ablagerung von Abfall mit einem Glühverlust über 5 % ist nicht mehr erlaubt. Für die Schredderleichtfraktion aus der Altfahrzeugverwertung, die einen hohen Anteil an Kunststoff aufweist hat dies zur Folge, dass sie nicht oder erst nach einer thermischen Behandlung deponiert werden kann.

In der EU-Altfahrzeugrichtlinie [32] war seit 2006 eine stoffliche Verwertungsquote von 80 Gew.-% vorgeschrieben, 5 % waren zur energetischen Verwertung zulässig, die restlichen 15 % konnten deponiert werden. Ab 2015 wurde die Verwertungsquote auf 95 Gew.-% angehoben, davon dürfen maximal 10 % energetisch verwertet werden. Die Hersteller sind somit angehalten, Fahrzeuge so zu bauen, dass diese mit zumutbarem Aufwand zu zerlegen und verwerten sind. Die Demontagebetriebe andererseits müssen diese Schritte ordnungsgemäß durchführen und dies entsprechend nachweisen. Die Erfüllung dieser Verwertungsquoten zwingt Fahrzeughersteller und Verwerter dazu, die Rohstoffrückgewinnung und -verwertung zu berücksichtigen und weiterhin zu erhöhen. Vor allem die Verwertung der Schredderleichtfraktion, die etwa 25 % ausmacht, bietet hier Verbesserungspotenzial. Auch werden die Leichtmetalle in der Regel nicht weiter getrennt, wodurch hauptsächlich Aluminium wiederaufbereitet wird und Metalle, die in kleineren Mengen vorkommen (z. B. Magnesium), nicht wieder ihrem Materialkreislauf zugeführt werden. Weiterhin wird eine beträchtliche Zahl gebrauchter Pkw nicht in der EU verwertet, sondern in Länder außerhalb der EU exportiert. Dort ist eine den EU-Regeln entsprechende Verwertung und Rückgewinnung von Roh- und Werkstoffen nicht gewährleistet [33].

Die Vorgaben der EU-Richtlinie werden in Deutschland in der Altfahrzeugverordnung [34] umgesetzt. Hier ist zudem der Ablauf der Altfahrzeugbehandlung geregelt und die Verantwortung der Hersteller definiert. Demzufolge sind Hersteller verpflichtet, Bauteile zur Verwendung und Verwertung einheitlich zu kennzeichnen und demontagefreundlich zu gestalten sowie die Altfahrzeuge der eigenen Marke zurückzunehmen. Der Letzthalter wiederum muss das Fahrzeug einer anerkannten Rücknahme- oder Demontagestelle übergeben, wo die vorgeschriebenen Komponenten entfernt und die weitere Behandlung eingeleitet werden.

8.3.2 Aufbereitung von Altfahrzeugen

Die Verwertung eines Altautos erfolgt in mehreren Schritten. Das Fahrzeug wird zunächst in einem Altautoverwertungsbetrieb trockengelegt, das heißt, dass alle Betriebsflüssigkeiten abgesaugt werden. Bestimmte, leicht zu entnehmende Teile werden demontiert. Dies sind zum Beispiel Batterien, Reifen und der Katalysator. Sie werden als Gebrauchtteile wiederverwendet oder in speziellen Anlagen aufbereitet. Welche Bauteile zusätzlich zu den gesetzlich vorgeschriebenen Komponenten demontiert werden, wird durch den Verkaufswert, der sowohl vom Zustand des Ersatzteils als auch von der Nachfrage abhängt, bestimmt.

Die Antriebsstränge werden anschließend ebenso wie die restliche Karosserie geschreddert. Darauf folgen verschiedene Trennstufen, die dazu dienen, die unterschiedlichen Werkstoffe und Materialien zu sortieren. Eisenmetalle werden mithilfe eines Magnetabscheiders abgetrennt und machen den größten Gewichtsanteil aus. Für die übrigen Fraktionen können verschiedene Verfahren angewendet werden. Die Schredderleichtfraktion, die hauptsächlich Textilien, Schaum- und Kunststoffe enthält, kann mittels Windsichtung separiert werden. Diese Fraktion wird fast ausschließlich energetisch verwertet. Aufgrund der hohen gesetzlich vorgeschriebenen Verwertungsquoten sind in den letzten Jahren zudem verschiedene Konzepte zur Aufbereitung der Leichtfraktion entwickelt worden.

Die Abtrennung der Nicht-Eisen-(NE)-Metalle kann mittels Wirbelstromabscheider erfolgen, wobei leitende NE-Metalle von nichtleitenden Stoffen (Gummi, Holz, Kunststoffe, Harze, Glas) getrennt werden. Die NE-Metallfraktion besteht aus einer Mischung aus Aluminium, Magnesium und Schwermetallen (v. a. Kupfer). Da Fahrzeuge mehr Aluminium enthalten als andere NE-Metalle, besteht der Großteil dieser Fraktion auch aus Aluminium. Es kann von einem Anteil von 70 bis 80 % ausgegangen werden. Die NE-Fraktion kann beispielsweise in einer Sink-Schwimm-Anlage anhand der Dichteunterschiede aufgetrennt werden.

In Bezug auf die Verwertung von Leichtbauwerkstoffen aus Altfahrzeugen in Deutschland ist anzumerken, dass die Erreichung der Rückgewinnungsrate voraussetzt, dass die Altfahrzeuge tatsächlich bei einem Verwertungsbetrieb ankommen. In Deutschland sind im Jahr 2019 nur rund 0,5 Mio. der 3,1 Mio. endgültig abgemeldeten Pkws nach der Altfahrzeugrichtlinie bei einem Verwerter gelandet, was lediglich 15 % entspricht. 69 % der in Deutschland stillgelegten Pkw werden in EU- Staaten als Gebrauchtwagen exportiert, schätzungsweise 11 % in Staaten außerhalb der EU. Für 5 % der gelöschten Fahrzeuge ist der Verbleib unbekannt [35].

Für einen gewissen Teil der Zielländer für Exportwagen muss angenommen werden, dass dort niedrigere Standards als in Deutschland gelten oder keine fachgerechte Verwertung stattfindet. Dies bedeutet, dass zum einen im Fahrzeug enthaltene Schadstoffe in die Umwelt gelangen können. Zum anderen sind die verwertbaren Stoffe nicht mehr einer Kreislaufführung verfügbar. Dies kann nur bedingt durch die verlängerte Lebensdauer durch Weiterverwendung im Zielland ausgeglichen werden, zumal Verbrauch und Emissionen der dort gefahrenen Fahrzeuge höher sind als bei einem vergleichbaren Neuwagen [36].

8.3.3 Methodisches Vorgehen zur Bewertung von Recyclingströmen

Grundgedanke der ganzheitlichen Bilanzierung ist eine Betrachtung der Produkte von der Wiege bis zur Bahre. Dabei können auch Materialkreisläufe entstehen oder Werkstoffe am Ende eines Produktlebenszyklus in ein anderes Produktsystem übergehen. Für die Behandlung solcher Recyclingwege sind in ISO 14040 und in der Literatur (z. B. [15, 37]) mögliche Vorgehensweisen beschrieben.

Im Prinzip können zwei extreme Vorgehensweisen definiert werden. Im ersten Ansatz, dem sogenannten Cut-off-Ansatz, wird die Systemgrenze des ersten Produkts, das aus Primärmaterial hergestellt wurde, nach der Abfallbeseitigung gesetzt. Das bedeutet, dass die Herstellung des Sekundärmaterials inklusive der daraus entstehenden Umweltlasten dem Folgeprodukt angerechnet wird. Im anderen Fall wird das Recycling des Produkts bis einschließlich der Bereitstellung des Sekundärmaterials dem ersten Produkt zugeordnet. Der sogenannte Ansatz des vermiedenen Schadens (avoided burden approach, [37]) rechnet dem ersten Produkt dafür eine Gutschrift an, die einer Substitution von Primärmaterial in Produkt 2 entspricht. Es existieren unterschiedliche Ansichten darüber, ob die Gutschrift der Umweltentlastungen nur für Fälle, in denen ein Closed-Loop-Recycling angewendet werden kann, vergeben werden dürfen oder ob es generell für Fälle gilt, bei denen in einem Folgeproduktsystem Primärmaterial gleichwertig im Sinne der Materialeigenschaften ersetzt wird.

Über diese beiden Grenzfälle hinaus gibt es diverse Ansätze, wie die Umweltlasten des Recyclingprozesses auf verschiedene Produkte, die während eines Materiallebenszyklus durchlaufen werden, verteilt werden können [3]. Folglich existieren auch für die Aufteilung von Gutschriften für die Substitution von Primärmaterial unterschiedliche Varianten. Diese Ansätze richten sich, wie es auch bei den verschiedenen Allokationsregeln für Mehrproduktsysteme der Fall ist, nach wirtschaftlichen oder technischen Kriterien oder basieren auf Konventionen, auf die sich die Fachwelt der Ökobilanzierung geeinigt hat. Eine gängige Konvention ist die Aufteilung der Umweltlasten und Gutschriften zu gleichen Teilen auf beide Produktsysteme [3].

In der Praxis ist neben der transparenten Darstellung der gewählten Methodik für die Bewertung von Recyclingwegen eine Untersuchung des Einflusses der getroffenen Entscheidungen wesentlich. Dies kann zum Beispiel durch die Quantifizierung des Anteils der Gutschriften am Gesamtergebnis oder durch die Gegenüberstellung der Ergebnisse verschiedener methodischer Ansätze erfolgen. Allerdings erschweren die verschiedenen methodischen Ansätze einen Vergleich von verschiedenen Studien, da verschiedene Sichtweise über die Zuordnung von Umweltlasten und Gutschriften existieren.

8.3.4 Relevanz der Kreislaufwirtschaft für verschiedene Werkstoffe

Nicht nur der gesetzlichen Vorgaben wegen spielt das End-of-Life-Management von Altfahrzeugen eine immer größere Rolle. Leichtbauwerkstoffe sind in der Regel mit relativ hohem Herstellungsaufwand verbunden, während die Wiederaufbereitung des Primärmaterials einen wesentlich geringeren Energiebedarf erfordert. Im Falle der europäischen Aluminiumherstellung werden für die Primärproduktion pro kg Aluminium ca. 172 MJ Energie benötigt und ein GWP100 von etwa 9,7 kg verursacht. Im Gegensatz dazu betragen der Energiebedarf für rezykliertes Aluminium ca. 7,7 MJ pro kg und etwa 0,5 kg CO_{2eq}/kg [38]. Dies entspricht einer Einsparung von 95 % an Primärenergie.

Für die stoffliche Wiederverwertung des im Fahrzeugbau am weitesten verbreiteten Werkstoffs Stahl hat sich ein nahezu geschlossener Stoffkreislauf etabliert. Eisenmetalle werden standardmäßig bei der Altfahrzeugverwertung abgetrennt und Sekundärstahl lässt sich prinzipiell für gleiche oder gleichwertige Anwendungen wie das Primärmaterial verwenden. Dadurch beträgt die Recyclingquote für Stahlbauteile aus Fahrzeugen bis zu annähernd 100 %.

Eine ähnliche Situation lässt sich für Aluminium feststellen, wobei Sekundäraluminium nicht immer für gleichwertige Bauteile wiederverwendet werden kann. Es kann davon ausgegangen werden, dass etwa 90 % des Aluminiums aus Fahrzeugen zurückgewonnen werden kann [39]. Das Sekundärmaterial wird für verschiedenste Aluminiumprodukte verwendet.

Die Rückgewinnung von Aluminium und Magnesium aus Altfahrzeugen ist prinzipiell für beide Metalle gleichermaßen möglich. Handelt es sich um leicht demontierbare Anbauteile, so können diese am Anfang des Verwertungsprozesses entnommen und direkt für den entsprechenden Sekundärmarkt aufbereitet werden. Unter heutigen ökonomischen Bedingungen wird in erster Linie das Aluminium zurückgewonnen und als Sekundärlegierung auf den Markt gebracht. Technisch wäre es auch möglich, zum Beispiel in einer

Schwimm-Sink-Anlage oder mittels Röntgentrennung Magnesium und Aluminium zu trennen, jedoch fehlen die wirtschaftlichen Anreize für eine solche Investition [40].

Um einen echten Stoffkreislauf zu erzeugen, müssen eine Verwendungsmöglichkeit und ein Markt für Sekundärrohstoffe vorhanden sein. Dissipative Anwendungen, wie beispielsweise die Verwendung von Magnesium aus Post-Consumer-Schrott als Reduktionsmittel für die Stahlproduktion, stellen zwar auch einen Markt dar. Jedoch wird mit einer solchen Verwendung ein Rohstoff dem Stoffkreislauf der Technosphäre entzogen. Daher wird stoffliches Recycling, bei dem mehrere Produktkreisläufe durchlaufen werden, vom Gesetzgeber höher bewertet als eine energetische Verwertung.

Die Rückgewinnung und anschließende Wieder- oder Weiterverwendung eines Leichtbauteils hängt zum einen vom Bauteil selbst und zum anderen vom Werkstoff ab. Leicht demontierbare Teile oder solche, die keinen hohen Belastungen ausgesetzt sind, lassen sich leichter separieren und unter Umständen wieder für den gleichen Zweck einsetzten. Manche Werkstoffe lassen sich relativ leicht wieder rückgewinnen, wenn sie sortenrein abgetrennt werden. Dies ist für die meisten Metalle und Kunststoffe der Fall. Bei Verbundwerkstoffen ergeben sich sowohl technische als auch wirtschaftliche Hindernisse bei der Rückgewinnung der einzelnen Bestandteile.

Im Bereich der nichtmetallischen Werkstoffe stellen in den derzeitig verfügbaren Pkw Kunststoffe und Gummimaterialien die mengenmäßig bedeutendste Materialgruppe dar, beispielsweise entfallen beim Golf VII etwa 190 kg oder 15 % auf polymere Materialien [41]. Dabei sind ca. 130 kg größere Teile, die mit einem mehr oder weniger großen Aufwand am Lebensende eines Fahrzeugs ausgebaut werden können. Im Außenbereich sind das beispielsweise Stoßfänger, im Innenbereich Sitze und Abdeckungen und im Motorraum u. a. Motorabdeckungen, luftführende Rohre oder Elemente im Kühlkreislauf. Um hier ein wirtschaftliches Vorgehen zur ermöglichen, müssen zum einen Konstruktionsweisen hin zu einem effizienteren Ausbau modifiziert werden, zum anderen müssen aber auch Methoden für gemischte und kleinteilige Kunststoffströme und entsprechende Verwertungswege optimiert werden.

Die Deponierung der Schredderleichtfraktion (SLF), in der sich typischerweise Kunststoffe, Gummi, Schäume und Textilien wiederfinden, ist in einigen Ländern der EU wie Deutschland bereits heute untersagt und wird bis 2030 EU-weit verboten sein. Eine erste nahe liegende Alternative stellt die thermische Verwertung dieses recht heizwertreichen Stoffstroms dar, beispielsweise in Heizkraftwerken, Zementöfen oder als Reduktionsmittel in Hochöfen der Stahlindustrie. Die große Heterogenität der SLF stellt die nachgelagerten Prozessschritte jedoch vor Herausforderungen, sodass eine weitere Aufarbeitung sinnvoll ist.

Bei diesen Postschreddertechnologien (PST) ist beispielsweise der bereits vor einigen Jahren entwickelte Volkswagen-SiCon-Prozess zu nennen, der die SLF in drei weitere mengenmäßig etwa gleich große Teilströme separiert:

- Schreddersand mit im Wesentlichen anorganischen Bestandteilen wie Glas, Rost und Staub: Verwendung ggf. nach weiterer Aufreinigung als Schlackebildner in Buntmetallhütten oder als Verfüllstoff im Bau
- Schredderfasern: Textilien und Schaumpartikel als Ersatz von Kohlestaub zur Entwässerung von Klärschlamm
- Kunststoffpartikel nach Durchlaufen einer Dichtetrennung:
  - Chlorarme Fraktion zur effizienten Verwendung in Hochöfenprozessen
  - Kleinere, PVC-reiche Fraktion zur Rückführung in die PVC-Wertschöpfungskette

Ein Ziel der nächsten Jahre wird sein, die gemischte Kunststofffraktion mit vertretbarem Aufwand noch deutlich weiter aufzutrennen und somit in signifikanten Anteilen auch einer wertschöpfenden (werk)stofflichen Wiederverwendung zuzuführen. Hier werden zunehmend Kooperationen zwischen Automobil OEMs, der Abfallwirtschaft und Kunststoffherstellern etabliert, sodass hier in naher Zukunft mit einem signifikanten Innovationsschub zu rechnen ist.

Im Falle von kohlefaserverstärkten Kunststoffen (CFK) wurden in den vergangenen Jahren ebenso Fortschritte in der Wiedergewinnung der Kohlefasern gemacht. Grundsätzlich können beim Recycling von CFK verschiedene Ziele verfolgt werden. So kann eine Verwertung sowohl der C-Faser als auch der Matrix erfolgen. Dies kann entweder als Gemisch der Komponenten oder nach Auftrennen des Verbundes erfolgen. Jedoch wird derzeit davon abgesehen, die Kunststoffe, die als Matrix in CFK verwendet werden, zurückzugewinnen. Vor dem Hintergrund des hohen Qualitätsverlustes beim Kunststoffrecycling und der niedrigen Materialkosten im Vergleich zur Kohlenstofffaser ist ein Recycling der Matrix nicht wirtschaftlich. Verfahren zur Auftrennung des Faser-Matrix-Verbundes können in solvolytische und thermische Prozesse unterteilt werden. Derzeit wird als kommerzielles Verfahren lediglich die Pyrolyse als thermischer Prozess angewendet. Unter anderem wurde eine Pyrolyseanlage in Stade in Betrieb genommen, die in industriellem Maßstab die Kohlefasern aus CFK-Teilen gewinnen kann. Grundsätzlich entstehen bei der Pyrolyse neben den Faserrezyklaten auch Öle und Gase, die für eine anschließende Energiegewinnung genutzt werden können. Diese Prozesse spielen besonders im CFK-Bereich eine große Rolle, da bedingt durch die Fertigungstechniken und oft komplizierten Geometrien der Bauteile beträchtliche Verschnittmengen anfallen können. Durch weitere Verbesserungen der Produktionstechnik ist zwar eine Verringerung der Verschnittmengen erzielbar, gänzlich vermeiden lassen sich diese Abfälle jedoch nicht. Dennoch ist mit der Rückgewinnung der Kohlefasern nur der erste Schritt zum Recycling getan. Derzeit werden verschiedene Möglichkeiten für die Anwendung von Sekundärfasern erprobt, ein nennenswerter Markt ist hierfür jedoch noch nicht vorhanden. Aufgrund der verfügbaren Rückgewinnungsprozesse, bei denen Fasern aus CFK-Abfällen zumeist nur als filzartige Gewölle wiedergewonnen werden können und der geringeren Faserqualität aufgrund eingeschränkter mechanischer Eigenschaften, ist eine den Primärfasern gleichwertige Wiederverwendung bei Fahrzeugkomponenten nicht möglich. Mögliche Verwendungsfelder für rezyklierte Fasern sind zum Beispiel der Einsatz gemahlener Fasern in elektrisch leitfähigen Lacken, die Zugabe von Kurzfasern zu Formbauteilen zur Verbesserung der Schubfestigkeit oder textile Anwendungen für rückgewonnene Langfasern.

Prinzipiell ist für CFK-Bauteile auch eine Nutzung der im Material gespeicherten Energie möglich. Aufgrund des hohen Preises für Primärkohlefasern ist es jedoch wirtschaftlich vorteilhaft, die Fasern zurückzugewinnen. Für glasfaserverstärkte Kunststoffe (GFK) lohnt sich dieser Aufwand aufgrund des geringen Preises für Glasfasern nicht. Dennoch wird auch für GFK-Ansätze verstärkt eine stoffliche Verwertung angestrebt. Als Reaktion auf die größer werdenden Mengen GFK-Abfälle ausgedienter Windkraftanlagen werden verschiedene Ansätze verfolgt, das Material zu verwerten. Zum einen können die GFK-Abfälle gemahlen werden und als Füllstoff für verschiedene Anwendungen verwendet werden. Unter anderem wurden Versuche als Feinfraktion in Zement oder Beton durchgeführt [42]. Weiterhin werden GFK-Abfälle in Zementwerken als Brennstoff verwendet. Die entstandene Asche kann wiederum dem Zement zugesetzt werden, sodass das Material vollständig wiederverwertet wird. Die thermische Verwertung ist der heute überwiegend angewandte Weg der GFK-Entsorgung. Aus ökologischer Sicht ist der Verbrennungsprozess zwar mit Luftschadstoffemissionen verbunden, dafür werden mit modernen Müllverbrennungsanlagen Strom und Wärme erzeugt, die wieder genutzt werden können. Bei der thermischen Verwertung von glasfaserverstärkten Kunststoffen hängt der Heizwert vom Anteil des Polymers ab, da das Glas nicht brennbar ist.

Um Verbesserungen bei der Wiederverwertung von Leichtbauwerkstoffen zu erzielen, sind verschiedene Ansatzpunkte möglich. Für faserverstärkte Kunststoffe und Magnesium sind die technischen Möglichkeiten einer Rückgewinnung vorhanden, jedoch fehlen gewinnbringende Anwendungsfelder für die Sekundärwerkstoffe. Erst bei etablierten Märkten für die Sekundärrohstoffe entsteht ein wirtschaftlicher Anreiz zur standardmäßigen Rückgewinnung dieser Werkstoffe. Weiterhin ist zu erwarten, dass insgesamt bei wachsender Vielfalt der eingesetzten Werkstoffe und der zunehmenden Bedeutung des Multimaterialdesigns, das End-of-Life-Management aufwendiger wird.

Umso bedeutender wird es dann, die Rückgewinnung der Werkstoffe bereits im Fahrzeugdesign zu berücksichtigen. Unter dem Schlagwort „Design for Recycling“ gibt es in verschiedenen Firmen Richtlinien, wie die Wiederverwertbarkeit von Fahrzeugteilen bereits in der Planungsphase berücksichtigt werden kann. Hierbei gibt es verschiedene Kriterien, die bei der Konzeption von Fahrzeugen und Bauteilen berücksichtigt werden sollten. Zum einen ist die Auswahl des Werkstoffes bzw. einer geeigneten Kombination von Werkstoffen bedeutsam. Neben den Wiederverwendungsmöglichkeiten der eingesetzten Werkstoffe spielt hierbei die Möglichkeit, Werk- bzw. Rohstoffe voneinander zu trennen, eine wichtige Rolle. Darüber hinaus sollte im Design einer Komponente deren Ausbaubarkeit und einfache Demontage bedacht werden. Das schließt ein Fügekonzept ein, das eine einfache Trennbarkeit vom Fahrzeugteilen ermöglicht. Je früher Werkstoffe in der Fahrzeugaufbereitung getrennt werden können, desto effizienter wird der gesamte Prozess der Altfahrzeugverwertung.

8.4 Resilienz von Lieferketten und robuste Strategien für die automobile Transformation[2]

Benjamin Frieske und Sylvia Stieler

Der Wandel hin zu alternativen Antriebstechnologien führt zu einer grundlegenden Änderung der Wertschöpfungsnetzwerke und Lieferketten in der Automobilwirtschaft. Technologien wie der Elektroantrieb werden konventionelle Antriebe langfristig obsolet machen, neue Plattformkonzepte bündeln die z. T. gänzlich neuen Komponenten, Bauteile und Materialien. Da die hoch arbeitsteilige Wertschöpfung bei OEM und Zulieferern sowie allen anderen Stakeholdern ganze Netzwerke umfasst, können sich bisherige Prozesse maßgeblich ändern. Dieser Transformationsprozess führt zu vielschichtigen Herausforderungen für Unternehmen, Politik und Gesellschaft, gleichzeitig wird die Beherrschung der Wertschöpfungsketten zu einem Erfolgskriterium für die OEM.

8.4.1 Veränderung von Wertschöpfungsstrategien der Hersteller und Zulieferer

Drei große technologische Trends treiben den Wandel der Wertschöpfungsstrategien und -aktivitäten in der Automobilindustrie voran: Elektrifizierung, Digitalisierung und Automatisierung. Für Automobilhersteller und -zulieferer stellt dieser Wandel eine große Herausforderung dar: Geschäftsmodelle und Beziehungen, die über Jahre hinweg erfolgreich optimiert wurden, müssen angepasst oder sogar komplett neu entwickelt werden. Mit zunehmender Elektrifizierung und Automatisierung der Fahrzeuge verändern sich die für die Wertschöpfung relevanten Schlüsselkomponenten. Die nicht mehr benötigten, modifizierten und neuen Komponenten bei einem Übergang zu alternativen Antriebsstrangkonzepten sind in der folgenden Abb. 8.13 dargestellt.

Die hier aufgeführten Veränderungen der Komponenten bei zunehmender Elektrifizierung der Fahrzeuge führen eher zu einem Wertschöpfungsrückgang, neue Wertschöpfungspotenziale werden vor allem in den für das automatisierte und autonome Fahren erforderlichen zusätzlichen Modulen und Komponenten gesehen. Dazu gehören: Radar, LiDAR (Light Detection and Ranging), Kamerasysteme, Sensoren und neue Module zur Fahrzeugortung und Kommunikation. Sie werden in dieser Untersuchung jedoch nicht näher betrachtet, da der Fokus auf dem Übergang zur Elektromobilität liegt.

Neue Geschäftspotenziale bietet der Wandel hin zu neuen Antriebskomponenten und -technologien vor allem in der Wertschöpfung im Bereich des Batteriesystems, das rund 40 % an einem batterieelektrischen Pkw (BEV) ausmacht, ca. 57 % am Antriebsstrang.

[2] Die Inhalte des Kap. 8.4 stammen aus dem Projekt ReLike [54]. Die e-mobil BW GmbH hat dankenswerterweise der Verwendung der Inhalte für dieses Buch zugestimmt.

Antriebskonzepte / Komponenten	ICE	HEV	PHEV	REEV	BEV	FCEV
	Veränderungen der Systeme bis 2030					
Verbrennungsmotor	Modifiziert	Modifiziert	Modifiziert	Modifiziert	Entfällt	Entfällt
Starter & Lichtmaschine	Modifiziert	Modifiziert	Modifiziert	Modifiziert	Entfällt	Entfällt
Abgasanlage / Luftsystem	Modifiziert	Modifiziert	Modifiziert	Modifiziert	Entfällt	Modifiziert
Kraftstoffversorgung	Modifiziert	Modifiziert	Modifiziert	Modifiziert	Entfällt	Modifiziert
Getriebe	Modifiziert	Modifiziert	Modifiziert	Modifiziert/ Entfällt	Modifiziert/ Entfällt	Modifiziert/ Entfällt
Elektrische Antriebsmaschine	n.V.	Neu	Neu	Neu	Neu	Neu
Batterie-System für Antrieb	n.V.	Neu	Neu	Neu	Neu	Neu
Leistungselektronik	n.V.	Neu	Neu	Neu	Neu	Neu
Ladesystem intern	n.V.	n.V.	Neu	Neu	Neu	n.V.
Brennstoffzellen-System	n.V.	n.V.	n.V.	n.V.	n.V.	Neu

Abb. 8.13 Übersicht neuer, modifizierter und nicht mehr notwendiger Komponenten nach Antriebskonzept (ICE = Internal Combustion Engine; HEV = Hybrid Electric Vehicle; PHEV = Plug-in-Hybrid Electric Vehicle; REEV = Range-extended Electric Vehicle; BEV = Battery Electric Vehicle; FCEV = Fuel Cell Electric Vehicle) [55]

Rund zwei Drittel der Wertschöpfung eines Batteriesystems entfallen auf die Zellproduktion und ein Drittel auf die Packproduktion. Neben dem Batteriesystem haben im Antriebsstrang eines BEV die Leistungselektronik mit einem Anteil von ca. 20 %, der Elektromotor (18 %) und das Getriebe (2 %) die höchsten weiteren Anteile an der Wertschöpfung. Im Gegensatz dazu entfällt bei einem konventionellen Pkw der größte Anteil der Wertschöpfung auf den Verbrennungsmotor mit rund 39 %, gefolgt vom Getriebe (21 %) und dem Abgas- und Kraftstoffsystem (11 %).

Bei Untersuchung der Transformationsstrategien deutscher (und weiterer) Automobilhersteller ist ein klarer Trend hin zur zunehmenden Elektrifizierung des Pkw-Produktportfolios zu erkennen [54]. Gleichzeitig bündeln die OEM elektrifizierte Modelle in spezifischen Plattformkonzepten, um die Variantenvielfalt zu begrenzen. Der von allen Herstellern avisierte Ausbau des Produktangebots bei elektrifizierten und vollelektrischen Fahrzeugmodellen führt auch zu einer Fokussierung bei den dahinterliegenden Plattformkonzepten. Diese werden bei allen Herstellern entweder an steigende Elektrifizierungsgrade angepasst oder als dedizierte E-Plattform gänzlich neu entwickelt. Letztere erfordern eine vollständige Neuausrichtung der Plattformstrategie. Die Entwicklung von Schlüsseltechnologien und -komponenten der Elektrifizierung wird zudem mit Investitionen in hohen Milliardenumfängen gestützt, ebenso die Bereiche der Digitalisierung und Vernetzung der Fahrzeuge sowie des automatisierten und autonomen Fahrens. Dieser Trend wird bei fast allen Herstellern begleitet und unterstützt durch unternehmens- oder sogar konzernweite Ziele, die eigene Geschäftstätigkeit und die Produktion der Fahrzeuge in Zukunft klimaneutral gestalten zu wollen – dies schließt bei mehreren Herstellern die gesamte Wertschöpfungskette und damit auch die Zulieferer ein. Die Zulieferer sind so gezwungen, Komponenten und Bauteile ebenfalls klimaneutral zu produzieren und dies gegenüber dem Hersteller nachzuweisen. Auch ist zu erkennen, dass im Zuge des Technologiewandels Automobilhersteller vermehrt vertikal integrieren wollen, um damit die eigene Wertschöpfung am Fahrzeug – insbesondere bei Schlüsselkomponenten – erhöhen und durch Eigenentwicklungen direkte Wettbewerbsvorteile gegenüber der Konkurrenz etablieren zu können. Auch die Sicherung von Beschäftigungsumfängen in der Entwicklung der bestehenden Produktions- und Entwicklungsstandorte spielt dabei eine Rolle. Der Aufbau eigener Batteriewerke soll zudem strategische Abhängigkeiten von asiatischen Herstellern verringern und die Versorgung eigener Bedarfe bei steigender Nachfrage perspektivisch sichern.

Diese Entwicklungen führen insgesamt zu einer Veränderung innerhalb der Wertschöpfungsstrukturen des Produktionsnetzwerks von Herstellern und Zulieferern. Bei vertiefender Betrachtung fällt insbesondere auf, dass bei den untersuchten rein elektrischen Fahrzeugmodellen die jeweiligen Komponenten und Zulieferer zu großen Teilen aus dem asiatischen Raum stammen. Konventionell angetriebene Fahrzeuge wie der Golf 8 oder die S-Klasse erhalten im direkten Vergleich mit den neuen, vollelektrischen Modellen ID.3 und EQS hauptsächlich Komponenten aus der EU, dabei zu großen Teilen aus Deutschland [54].

8.4.1.1 Veränderung von Wertschöpfungsnetzwerken am Beispiel konventioneller und neuer Antriebsstränge

Die durch die Elektrifizierung hervorgerufenen Veränderungen bei Wertschöpfungsnetzwerken und -strukturen werden im Weiteren auf spezifischer Modellebene analysiert und Fahrzeuge mit Verbrennungsmotor (ICE) und reine Elektrofahrzeuge (BEV) miteinander verglichen. Dazu werden exemplarisch zwei Fahrzeugmodelle der Marke Volkswagen ausgewählt und deren Lieferantennetzwerke in einem ersten Schritt auf Komponentenebene in sogenannten GeoMaps visualisiert und verglichen.[3] In einem zweiten Schritt werden die identifizierten Lieferantennetzwerke hinsichtlich ihrer Struktur und Ausgestaltung untersucht. Dies umfasst die Anzahl der Zulieferer für den gesamten Antriebsstrang und einzelne Schlüsselkomponenten, regionale/geografische Verschiebungen in der Zuliefererstruktur im Vergleich von ICE- und BEV-Modellen und die daraus resultierenden Veränderungen des Wertschöpfungsumfangs in der Verteilung zwischen OEM und Zulieferern. Die Untersuchungen wurden für die Antriebsstränge als Ganzes und im Detail für die einzelnen Schlüsselkomponenten durchgeführt. Als herausragendes Ergebnis werden im Folgenden die modellspezifischen Wertschöpfungsnetzwerke des Verbrennungsmotors und des Batteriesystems der untersuchten Pkw verglichen, da diese den Großteil der Wertschöpfung im Antriebsstrang eines Pkw darstellen (Verbrennungsmotor: 39 % der Wertschöpfung bezogen auf den gesamten Antriebsstrang eines Pkw; Batteriesystem: 57 %).

Die folgenden beiden GeoMaps (Abb. 8.15 und 8.15) vergleichen die Wertschöpfungsnetzwerke des Verbrennungsmotors des VW Golf 8 und des Batteriesystems des ID.3. Der obere Teil jeder Karte zeigt das Gesamtnetzwerk auf globaler Ebene, die unteren Ab-

[3] Neben den hier dargestellten Modellen der Marke Volkswagen wurden im Projekt „ReLike" auch die Modelle EQS und S-Klasse der Mercedes-Benz AG untersucht.

schnitte zeigen Teile der Lieferantennetzwerke für Deutschland (links) und Asien (rechts). Je dicker die Pfeile sind, desto höher ist der Wertschöpfungsanteil dieser Komponenten/Teile am Antriebsstrang.

Anhand von Lieferantendatenbanken, Teardown- und Cutaway-Berichten, Artikeln aus Automobilzeitschriften und Informationen der Hersteller wurden insgesamt 80 Bauteile im Lieferantennetzwerk des Verbrennungsmotors für den VW Golf 8 identifiziert und zugeordnet. Diese reichen von Nocken- und Kurbelwellen über Zylinder, Kolben, Pleuel, Ventile, Gehäuse, Dichtungen, Sensoren und Steuergeräte. Eine Analyse des Netzwerks zeigt, dass es stark auf deutsche Produktionsstandorte und Zulieferer ausgerichtet ist: Insgesamt 48 der 80 Komponenten (60 %) stammen von Lieferanten und Produktionsstandorten in Deutschland, weitere 12 Komponenten aus anderen EU-Ländern (Frankreich, Niederlande, Dänemark, Schweiz; 15 %), 9 Teile (11 %) aus den USA und 7 aus Asien (China, Japan; 9 %). 4 Komponenten kommen aus anderen Regionen der Welt, insbesondere aus Indien (5 %) (Abb. 8.14).

Das Lieferantennetzwerk für das „Batteriesystem", das für den elektrifizierten Antriebsstrang des VW ID.3 dargestellt ist, hat eine völlig andere Struktur, wie die Abb. 8.15 zeigt. Hierfür wurden insgesamt 14 Bauteile und Komponenten identifiziert und zugeordnet. Diese reichen von der Batteriezelle und dem Gehäuse über die interne Batterie konnektierung bis hin zu Kühlleitungen und Sensoren. Generell ist die Anzahl der Bau-

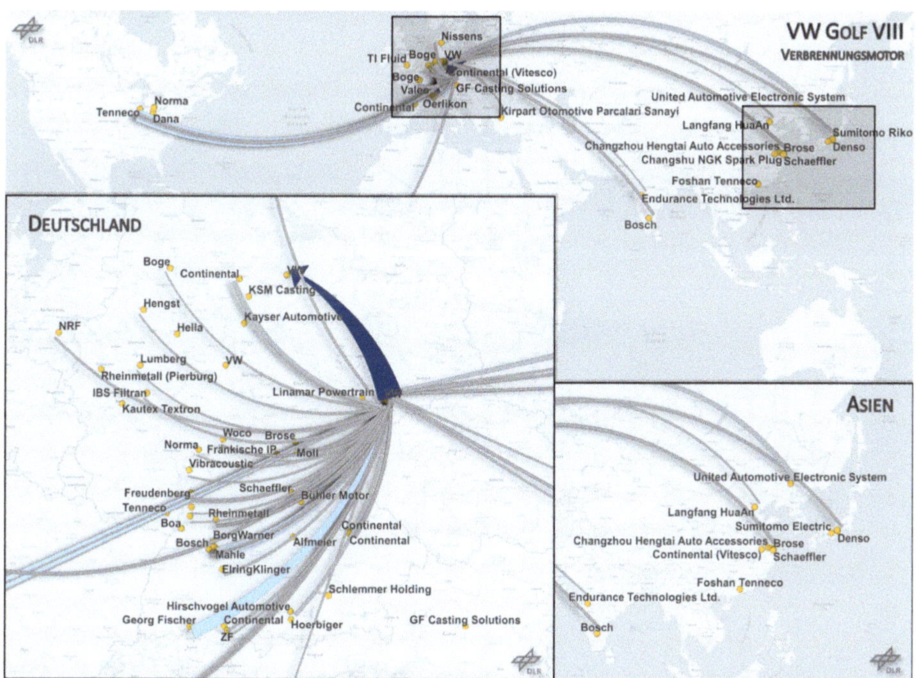

Abb. 8.14 Komponentennetzwerk/Wertschöpfungsströme „Verbrennungsmotor" am Beispiel des VW Golf VIII [55]

teile und Komponenten in einem elektrischen Antriebsstrang (ca. 200) geringer als in einem verbrennungsmotorischen Antriebsstrang (ca. 1200) [60].

Im Vergleich zum Verbrennungsmotor verschieben sich die Wertschöpfungsanteile der Zulieferer deutlich in Richtung asiatischer Zulieferer. Besonders hervorzuheben sind die Zelllieferanten CATL, LG, Samsung SDI und SKI aus chinesischen und südkoreanischen Produktionsstätten, die allein rund 35 % der Wertschöpfung am Antriebsstrang des ID.3 ausmachen. Insgesamt kommen 43 % aller Komponenten aus Asien, weitere 21 % aus dem europäischen Ausland (u. a. Frankreich, Spanien und den Niederlanden) und 36 % aus Deutschland. Der deutsche Anteil beinhaltet das Batteriegehäuse und die Montage der Batteriemodule und -packs in Braunschweig (Abb. 8.15).

Ein Vergleich der Wertschöpfungsnetzwerke für die jeweiligen gesamten Antriebsstränge der Fahrzeugmodelle zeigt einerseits deutliche geografische Verschiebungen und andererseits eine zunehmende vertikale Integration der Wertschöpfung weg von den Zulieferern und hin zum OEM Volkswagen (Tab. 8.1).

Rund 60 % der 155 Komponenten und Teile im gesamten Antriebsstrang des VW Golf 8 stammen aus Deutschland, unter Einbeziehung weiterer Produktionsstandorte in den direkten EU-Ländern sind es sogar 76 % (inkl. Deutschland). Dagegen kommen nur weitere 13 % der Komponenten aus Asien und rund 8 % aus den USA. Insgesamt werden rund 96 % der identifizierten Antriebsstrangkomponenten für den Golf 8 extern bezogen, davon

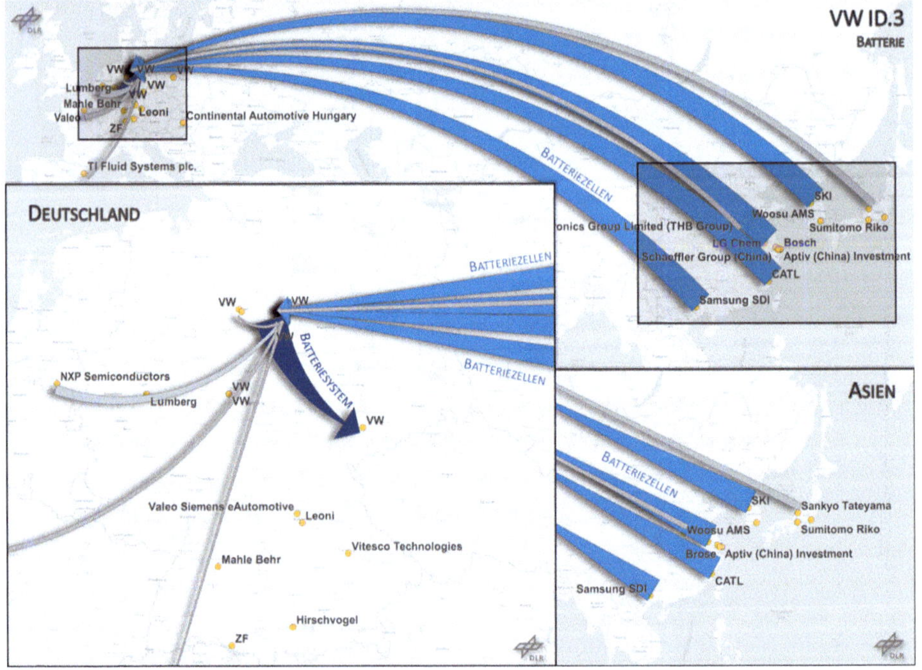

Abb. 8.15 Komponentennetzwerk/Wertschöpfungsströme „Batteriesystem“ am Beispiel des VW ID.3 [55]

Tab. 8.1 Wertschöpfungsstruktur und Lokalisierung im Komponentennetzwerk „Antriebsstrang gesamt" der Modelle VW Golf 8 und ID.3 im Vergleich [54]

Struktur Zulieferernetzwerk „Antriebsstrang" VW Golf 8 vs. ID.3						
Modell	Plattform	Anteil Komponenten aus DE	Anteil Komponenten aus EU (inkl. DE)	Anteil Komponenten aus Asien	Wertschöpfungsanteil am Antriebsstrang	
					OEM	Zulieferer
VW Golf 8	MQB	60 %	76 %	13 %	21 %	69 % (79 %)
VW ID.3	MEB	27 %	36 %	33 %	31 %	57 % (70 %)

rund 36 % aus dem Ausland. Bei der Produktion des Golf 8 lag der Wertschöpfungsanteil des OEM auf Basis der Komponenten bei knapp 21 % und der Wertschöpfungsanteil der Zulieferer bei rund 69 %. Allerdings ist zu erwähnen, dass rund 8 % der Wertschöpfung für Komponenten im Abgas- und Kraftstoffsystem und rund 2 % im Thermomanagement nicht zugeordnet werden konnten. Diese Komponenten beziehen sich auf Pumpen, SCR-Systeme und Kondensatoren. Sie lassen sich mit hoher Wahrscheinlichkeit dem Wertschöpfungsanteil der Zulieferer zuordnen, der damit von ca. 69 % auf 79 % ansteigen würde.

Zum Vergleich: Von den 55 Komponenten und Bauteilen im Gesamtantriebsstrang des untersuchten VW ID.3 stammen 27 % direkt aus Deutschland; werden die zusätzlichen Anteile aus anderen EU-Ländern hinzugerechnet, wird ein Anteil von 36 % (inkl. Deutschland) erreicht. Ca. 33 % der Komponenten und Bauteile des ID.3 stammen aus asiatischen Produktionsstandorten. Insgesamt werden 71 % der ID.3-Teile fremdbezogen, davon kommen knapp 44 % aus dem Ausland. Der Eigenfertigungsanteil des Herstellers liegt beim ID.3 bei rund 31 % und damit um 10 % höher als beim Golf 8. Ein Grund dafür ist die höhere Fertigungstiefe in der Komponentenfertigung, insbesondere die Eigenfertigung von Elektromotor und Getriebe bei Volkswagen. Der Zulieferanteil an der Wertschöpfung sinkt in dieser Auswertung gegenüber dem Golf 8 auf rund 57 %. Etwa 11 % der Wertschöpfung für Komponenten in der Leistungselektronik und 1 % im Thermomanagement konnten nicht zugeordnet werden. Bei diesen Bauteilen handelt es sich z. B. um Adapter, Stecker, Systemschutzkomponenten, Laderegler und Sensoren. Sie können mit hoher Wahrscheinlichkeit dem Wertschöpfungsanteil der Zulieferer zugerechnet werden, der damit von 57 % auf 69 % ansteigen würde.

8.4.1.2 Neue Zuliefererbeziehungen und strategische Abhängigkeiten bei kritischen Materialien des Batteriesystems

Die Lieferkette für Batterien ist hochkomplex und besteht aus einer Vielzahl von kritischen Rohstoffen, Materialien, Bauteilen und Komponenten. Viele werden von Unternehmen bezogen und hergestellt, die neu in der Automobilbranche agieren. Die Rohstoffe werden in unterschiedlichen Weltregionen gewonnen, z. B. in Afrika, Australien, China und Südamerika. Die Verarbeitung der Rohstoffe und Herstellung der Vorprodukte (z. B. Kathode, Anode) ist zu großen Teilen in Asien konzentriert. Um die Versorgung mit Rohstoffen und Batteriezellen für die Zukunft zu sichern, gehen immer mehr Automobilhersteller (z. B. BMW, Volkswagen, Ford, Toyota) neue Technologie- und Lieferpartnerschaften ein oder etablieren Joint Ventures mit Unternehmen aus dem Umfeld der Batterieindustrie. Zudem integrieren die OEM vermehrt Wertschöpfungsstufen der Produktionskette stärker vertikal in das eigene Unternehmen, darunter die Zellfertigung, aber auch den Abbau und die Verarbeitung von Schlüsselmaterialien. Damit kehrt sich der Trend der langjährigen Verlagerung von Wertschöpfungsanteilen auf Zulieferer zumindest in Teilen um.

Zunehmend setzen die Automobilhersteller auf diversifizierte Batteriestrategien, um die unterschiedlichen Anforderungen variierender Kundengruppen, Markt- und Fahrzeugsegmente in Bezug auf Preis, Qualität, Reichweite und Energiedichte bestmöglich erfüllen zu können. Der Fokus insbesondere von Premiumherstellern liegt in einer optimierten Ausgestaltung der Zellchemien und Kombination bzw. Einsatz der Materialien, um so durch überlegene Produkte Wettbewerbsvorteile gegenüber der Konkurrenz etablieren zu können. OEM etablieren so z. T. gleichzeitig Verträge mit mehreren Zelllieferanten, um von unterschiedlichen technologischen Entwicklungen profitieren zu können oder um diese mit eigener (Teil-)Entwicklung und -Produktion – und damit Kompetenzaufbau – verbinden zu können [54, 56].

Die deutschen Automobilhersteller Volkswagen, Audi, Porsche, BMW und Mercedes setzen so auf eine Diversifizierung der Zuliefererbasis, z. T. auch regional ausdifferenziert, um unterschiedliche Märkte (lokaler) bedienen zu können. Volkswagen hat beispielsweise für frühere Generationen elektrifizierter Modelle (z. B. e-Golf) ausschließlich Batterien von Samsung SDI bezogen, mittlerweile aber – auch vor dem Hintergrund gestiegener Absatzziele rein elektrischer Pkw – u. a. auch Lieferungen mit LG Chem, Samsung SDI und SKI für die Produktion in Europa, CATL für China und SKI für Nordamerika ab 2022 vereinbart. Zudem hat Volkswagen eine Vereinbarung mit dem schwedischen Unternehmen Northvolt geschlossen und sich mit 20 % am Unternehmen beteiligt. Audi verwendet hauptsächlich Zellen von LG Chem sowie Samsung SDI. Das Unternehmen integriert die Zellen und Module selbst in einem Montagewerk in Brüssel mit einer Gesamtkapazität i. H. v. 3 GWh in 2020. Auch weitere OEM, hierunter BMW, haben mehrere Vereinbarungen mit Batterielieferanten unterzeichnet, darunter z. B. CATL, Samsung SDI und Northvolt. Während BMW für die existierende Modellpalette Batteriezellen hauptsächlich von Samsung SDI und A123 Systems bezieht, werden die kommenden Modelle mit Zellen vom chinesischen Zulieferer CATL ausgestattet. Auch BMW ist eine Partnerschaft mit dem schwedischen Batteriehersteller Northvolt eingegangen, zudem auf Materialebene mit der schweizerischen Unternehmensgruppe Glencore. Mercedes lässt Batteriezellen zuliefern von dem südkoreanischen Hersteller LG Chem und SK Innovation sowie den chinesischen Zulieferern Farasis und CATL.

Die Veränderung von Schlüsselkomponenten in einem zukünftig stärker elektrifizierten und digitalisierten Fahrzeug wird auch den Material- und Ressourcenbedarf für die Produktion verändern, sodass sich für die deutsche und EU-Automobilindustrie neue Zulieferbeziehungen – und damit auch neue strategische Abhängigkeiten – ergeben werden. Besonders hohe strategische Abhängigkeiten bilden sich dort, wo wettbewerbsrelevante Schlüsselkomponenten betroffen sind und die Versorgung von wenigen – möglicherweise politisch instabileren – Weltregionen abhängig ist. Diese sogenannten kritischen Komponenten im Kontext des technologischen Wandels und ihre Versorgungssituation (einschließlich Rohstoffe) bestimmen das Management zukünftiger Lieferketten.

Eine strategische Abhängigkeit kann sich dabei auf verschiedene Stufen der Wertschöpfung beziehen: auf die Rohstoffgewinnung und -verfügbarkeit, auf Kapazitäten und Technologien zur (Weiter-)Verarbeitung dieses Rohstoffs hin zu einem Vorprodukt sowie auf die Herstellung des Endprodukts selbst. Ein Großteil der als kritisch einzustufenden Materialien und Rohstoffe bezieht sich auf die Schlüsselkomponenten Batteriesystem, E-Maschine und Leistungselektronik, u. a. sind dies: Lithium, Kobalt, Nickel, Kupfer, Grafit, Silizium, Chrom und Seltenerdmetalle wie Neodym, Dysprosium, Bor, Praesodym. Aber auch bei weiteren Materialien wie z. B. Magnesium sind hohe strategische Abhängigkeiten vorhanden. Eine Übersicht über heute und in Zukunft verstärkt kritische Materialien im Zuge der Elektrifizierung, deren Anwendung im Produkt und Abhängigkeit ist in Abb. 8.16 dargestellt.

Die besonders kritischen Komponenten und deren Versorgungssituation in neuen Wertschöpfungs- und Lieferketten werden im Folgenden im Detail für das Batteriesystem dargestellt. Die Rohmaterialien zur Herstellung eines Batteriesystems umfassen: Lithium (Kathode, Elektrolyt), Nickel (Verbundstoff), Kobalt (Kathode), Mangan (Kathode), Grafit (Anode), Kupfer (Folie, Drähte), Aluminium (Folie, Gehäuse), Eisen, Zinn, Phosphor und Fluor. Auch die Materialien Silizium (Anode), Titan (Anode) und Niobium (Anode) werden zukünftig stärker relevant, um die Leistungseigenschaften der Batterien (z. B. Energiedichte, Haltbarkeit) verbessern zu können.

Abb. 8.16 Ausgewählte kritische Materialien, deren Anwendung und Abhängigkeiten. (Quelle: [54], eigene Darstellung in Anlehnung an [49])

Bei Gegenüberstellung des prognostizierten Bedarfs und den verfügbaren Reserven ist generell bei den Rohstoffen Lithium, Kobalt und Nickel in Bezug auf die Gesamtmenge wenig Risiko einer physischen Verknappung zu erkennen – vorausgesetzt ist eine kontinuierliche Steigerung der jährlichen Abbaumengen (im Detail siehe auch [68]). Bis zum Jahr 2050 steht so der weltweit prognostizierte Bedarf für Lithium bei ca. 14 bis 20 Mio. t, von Kobalt bei ca. 6 bis 9 Mio. t. Dem gegenüber stehen derzeit wirtschaftlich abbaubare Reserven i. H. v. ca. 17 Mio. t und ca. 80 Mio. weiteren theoretisch abbaubaren Tonnen in Reserve bei Lithium sowie i. H. v. ca. 7 Mio. t und ca. 25 Mio. weiteren Tonnen in Reserve bei Kobalt [53]. Dennoch können kurzfristige Angebots- und Nachfrageschwankungen sowie volatile Preisentwicklungen zu zeitlich und/oder lokal begrenzten Versorgungsschwierigkeiten bei oben genannten und weiteren Batterierohstoffen führen [67].

Bei Betrachtung der einzelnen Wertschöpfungsstufen können beim Batteriesystem generell hohe strategische Abhängigkeiten der deutschen und europäischen Automobilindustrie von Fremdleistungen identifiziert werden, diese sind in Abb. 8.17 beispielhaft auf Rohstoffebene für Lithium, Kobalt und Grafit, auf Bauteilebene für Kathode, Anode und Elektrolyt sowie auf Komponentenebene für die Batteriezelle und das -modul aufbereitet. Dargestellt sind die jeweils wichtigsten Länder und Regionen und deren Anteil an den Produktions- bzw. Lieferkapazitäten für den europäischen Wirtschaftsraum im Jahr 2018 [48–50, 56, 57].

Abb. 8.17 Abhängigkeit von Produktions- und Lieferkapazitäten in unterschiedlichen Stufen der Wertschöpfungskette bei Batteriesystemen in Europa im Jahr 2018. (Quelle: [56], eigene Darstellung in Anlehnung an [50–52])

Insgesamt stammt nur ein Prozent aller kritischen Rohmaterialien des Batteriesystems (u. a. Lithium, Nickel, Kobalt, Mangan, Grafit) aus dem europäischen Umfeld, sodass derzeit eine sehr hohe strategische Abhängigkeit von einzelnen Ländern und/oder Weltregionen gegeben ist. Über alle relevanten Rohstoffe hinweg ist zu erkennen, dass insgesamt 86 % davon in den Regionen Asien (44 %), Afrika und Südamerika (jeweils 21 %) gefördert werden, China hat dabei mit 32 % den größten Anteil.

Bei Detailbetrachtung der Versorgungssituation für den Rohstoff Lithium kann ebenfalls eine hohe Abhängigkeit von nur wenigen Ländern identifiziert werden. Chile besitzt dabei mit ca. 52 % den größten Anteil der weltweit bekannten Lithiumvorräte, wobei Australien in 2019 mit ca. 40 % den größten Anteil der Produktion verantwortete, gefolgt von Chile mit ca. 35 % und China sowie Argentinien mit jeweils ca. 8 %. Die weltweit größten Zulieferer für den Rohstoff sind Albermarle Corp. (USA), Sociedad Quimica y Minera de Chile (Chile), Livent Corp. (USA), Tianqi Lithium Industries Inc. (China) und Ganfeng Lithium (China). Das letztgenannte Unternehmen hat direkte und langfristige Versorgungsverträge u. a. mit BMW, Volkswagen und mit LG abgeschlossen. Auch in Deutschland werden Möglichkeiten zum Abbau von Lithiumreserven erörtert, z. B. im Oberrheingraben.

Ähnlich ist die Situation ebenfalls beim Rohstoff Kobalt: 54 % der weltweiten Kobaltminenproduktion stammten aus nur einem Land, hier der Demokratischen Republik Kongo. Auf den weiteren Plätzen folgen China (8 %), Kanada (6 %), Neukaledonien (5 %) und Australien (4 %). Bei aus Raffination gewonnenem Kobalt ist wiederum eine hohe einseitige Abhängigkeit von China (46 %) zu erkennen, gefolgt von Finnland (13 %), Kanada und Belgien (beide 6 %). Führende Kobalt-zulieferer sind Glencore plc (Schweiz), China Molybdenum (China), Katanga Mining Ltd. (Tochter von Glencore, Schweiz), Umicore NV/SA (Belgien) und Eurasian Resources Group (Luxemburg). Einige Automobilhersteller haben direkt mit den Rohstoffförderern Lieferverträge abgeschlossen, z. B. BMW mit Glencore und Audi mit Umicore. Auch beim Rohstoff Grafit stammt ein überwiegender Teil aus nur einer Weltregion, hier liefert China 65 % des Rohstoffs in der EU, gefolgt von Indien mit 14 %.

Auch bei den verarbeiteten Materialien hin zu Bauteilen und Komponenten in zweiter (z. B. Kathodenmaterialien) und dritter (z. B. Kathode) Stufe der Wertschöpfungskette existieren hohe strategische Abhängigkeiten. Der EU-Anteil an der Produktion lag 2018 nur bei 8 % bzw. 9 %. Insbesondere abhängig ist die Automobilindustrie hierbei von den zur Herstellung von Anode (z. B. Grafit) und Kathode (z. B. NMC, Nickel-Mangan-Cobalt) notwendigen Materialien und Fertigungsschritten. 84 % dieser Materialien und der daraus resultierenden Bauteile werden ebenfalls in Asien produziert. China hat dabei einen Anteil von 52 % und ist der Hauptlieferant von Anodenmaterialien sowie NMC- und LCO-(Lithium-Kobalt-Oxid)-Kathodenmaterialien, Japan hat einen Anteil von 31 % und liefert hauptsächlich das Material NCA (Nickel-Cobalt-Aluminium), ebenfalls zur Verwendung in Kathoden.

Bei Detailbetrachtung der einzelnen Bauteile ist die größte Abhängigkeit bei Anoden zu erkennen, die EU hat hier so gut wie keinerlei Anteil an der Belieferung. China dominiert mit 71 % Anteil, gefolgt von Japan mit 26 %. Führende Unternehmen in der Herstellung von Anodenmaterialien sind Hitachi Chemicals (Japan), BTR Energy (China), Nippon Carbon (Japan), Ningbo Shanshan (China), Hunan Shinzoom Technology (China) und Jiangxi Zeto New Energy Tech (China). Deutsche Unternehmen mit Kompetenzen in der Herstellung von Anoden sind Custom Cells, Evonik sowie SGL Carbon.

Bei der Herstellung von Kathoden und Elektrolyten hingegen sind europäische Anteile an der Produktion zu erkennen, wenn auch in geringem Ausmaß. Insgesamt 12 % Anteil besitzt die EU an der Kathodenherstellung, 44 % kommen aus China, weitere je 19 % aus Japan und Südkorea. Deutsche Unternehmen tragen dabei mit einem Anteil von 2 % zu den europäischen bei, zu nennen sind hier u. a. BASF sowie die deutsche Tochter von Umicore. Die größten Hersteller von Kathodenmaterialien weltweit sind Umicore (Belgien), Nichia (Japan), Toda Kogyo (Japan), Beijing Easpring (China), Ningdo Jinhe (China), GEM (China), Shanshan Energy (China), Xiamen Tungsten (China) und Kingray New Materials Science & Tech (China). Kathodenmaterialien bestimmen generell die wesentlichen Leistungseigenschaften einer Batterie und sind dementsprechend relevant, u. a. wird über Ausgestaltung und Kombination dieser Materialien die Effizienz, Kosten, Lebensdauer und Zuverlässigkeit einer Batterie definiert. Sie stellen darüber hinaus mit ca. 70 % den mit Abstand größten Anteil an den Materialkosten eine Batteriezelle dar, ca. 30 % an den Gesamtkosten der Zelle [63].

Auch bei der Elektrolytherstellung sind ähnliche Abhängigkeiten zu identifizieren, die EU besitzt hier einen Anteil von 9 %, China hat 51 % und Japan ist für 23 % verantwortlich. Die führenden Unternehmen kommen ebenfalls aus diesen Ländern: CapChem Technology (China), Tinci Materials Tech (China), Guotai-Huarong (China), Panax-Etec (China), Ningbo Shanshan (China), Mitsui Chemicals (Japan), Ube (Japan) und Mitsubishi Chemicals (Japan). Deutsche Unternehmen mit Kompetenz im Bereich Elektrolyt sind z. B. Wacker Chemie (München) und E-Lyte (Münster).

In vierter Stufe der Wertschöpfungskette („Zellfertigung“) ist die europäische Automobilindustrie bei Batteriezellen derzeit fast vollständig von Zulieferern aus dem EU-Ausland abhängig. 79 % der weltweiten Produktionskapazitäten stammen aus Asien, weitere ca. 13 % aus den USA. Mit 66 % Anteil an der weltweiten Produktion von Li-Ionen-Batteriezellen nimmt China dabei den größten Anteil ein. Die EU selbst hat derzeit nur einen Anteil von 0,2 % zu verzeichnen. Deutsche Unternehmen mit Kompetenzen im Bereich der Zellherstellung sind u. a. Custom Cells, LIACON und Varta. International führende Unternehmen sind z. B. LG Energy Solution (Südkorea), Contemporary Amperex Technology Co. Limited (CATL) (China), BYD (China), Panasonic (Japan), SK Innovation (SKI) (Südkorea), Samsung SDI (Südkorea), Guoxuan High Tech Power (China), Dynavolt (China), Farasis (China), BAK Battery (China), Lishen (China), Envision AESC (China), EVE Energy (China), DLG (China), DFD (China), Phylion Battery (China), Microvast (China), Tianneng (China), SVOLT (China) und SAFT (Frankreich).

Das Versorgungsrisiko in den Lieferketten bei Batteriesystemen ist für die deutsche und europäische Automobilindustrie insbesondere bei Rohstoffen insgesamt hoch bis sehr hoch. Aber auch bei den weiterverarbeiteten Materialien, bei Bauteilen sowie bei Komponenten kann eine hohe und z. T. kritische Abhängigkeit mit einseitigen Lieferbeziehungen erkannt werden. Ein Ausbau der europäischen Produktionskapazitäten bei Batteriezellen über die nächsten Jahre soll die strategische Abhängigkeit zumindest auf dieser Wertschöpfungsstufe perspektivisch verringern, ebenfalls sollen eigene Abbaukapazitäten bei ausgewählten Rohstoffen – z. B. Lithium – ausgebaut und vermehrt Potenziale des Recyclings kritischer Materialien genutzt werden.

8.4.2 Auswirkungen auf Lieferketten und Lieferbeziehungen

Die heutige Lieferkette in der Automobilindustrie ist durch bis zu fünf interne und zehn externe Stufen definiert [65]. Die Automobilhersteller stehen als Integratoren an der Spitze eines hierarchischen Zuliefersystems, das durch eine Arbeitsteilung zwischen OEM und Zulieferern sowie durch ein hohes Maß an Modularität und Flexibilität bei der Auswahl und Nutzung von Zulieferern gekennzeichnet ist.

OEM und Tier-1-Zulieferer beeinflussen die Struktur ihrer jeweiligen Zulieferer, indem sie die Anzahl der direkten Zulieferer begrenzen. Diese mit dem Bild der „Lieferantenpyramide" beschriebene Struktur beruht darauf, dass an der Spitze Hersteller und wenige global agierende Zulieferer stehen, gefolgt von Entwicklungsdienstleistern, Auftragsfertigern, Just-in-Sequence- und Just-in-Time-Lieferanten sowie Logistikdienstleistern als Tier-2- bis Tier-n-Lieferanten, je nach Komplexität der Vorprodukte und dem Anteil an Produkt- und Prozessinnovationen. Die Position in der Lieferantenpyramide und die Abhängigkeit von einzelnen Kunden bzw. OEM bestimmt maßgeblich die Abhängigkeit des Unternehmens und damit den Umfang der eigenen Unternehmensstrategie; OEM nehmen hier mit ihrer Nachfragemacht zentrale Positionen ein [43, 44]. Die enge Interaktion zwischen OEM und Zulieferern hat sich in einer langen Phase des Branchenwachstums herausgebildet. Sie gilt als ein wichtiges Element der Premium- und Qualitätsstrategie deutscher OEM, konnte sich trotz hohen Kosten- und Preisdrucks langfristig behaupten und kann als „produktionswissensbasierter Innovationscluster" bezeichnet werden [55, 69].

Allerdings wandelt sich das Bild einer streng hierarchischen Lieferkette bzw. Lieferantenpyramide. Stattdessen entstehen – zumindest teilweise – Wertschöpfungsnetzwerke, in denen sich Unternehmen stärker auf ihre Kernkompetenzen konzentrieren und flexibler agieren können. Zulieferer können ihre Position in der Wertschöpfungskette durch strategischere Partnerschaften mit OEM und Tier-1-Lieferanten verbessern. Der Wandel zur Elektromobilität mit neuen Lieferbeziehungen und teilweise völlig neuen Zulieferern beschleunigt diese Veränderungen. Begrenzt wird diese Option jedoch zum einen durch die Tatsache, dass die Beherrschung der Komplexität entlang globaler Lieferketten auch in Zukunft eine große Herausforderung für OEM und Tier-1-Zulieferer darstellen wird. Zum anderen holen sich die OEM zumindest teilweise Produktionsanteile zurück, um den Verlust an Wertschöpfung bei Elektrofahrzeugen zu kompensieren.

Der VDA [71] beschreibt die künftige Zusammenarbeit zwischen OEM und Tier-1-Zulieferern als „Systempartnerschaft", die von der gemeinsamen Entwicklung von Gesamtsystemen bis hin zur gemeinsamen Arbeit verschiedener Unternehmen an einer gemeinsamen Montagelinie reicht. Dazu gehören auch Entwicklungspartnerschaften zwischen OEM und Maschinen- und Anlagenbauern. Der VDA sieht die Zukunft eher in „betrieblichen Allianzen" als in vom OEM kontrollierten Wertschöpfungsketten [47]. Neben neuen Formen der Zusammenarbeit sehen die Unternehmen in der Optimierung der Informationsflüsse durch digitale Technologien ein wichtiges neues Handlungsfeld. Der unternehmensübergreifende Datenaustausch wird zur Supply-Chain-Optimierung und -Steuerung vorangetrieben, um beispielsweise die Produktionsflexibilität und Produktindividualisierung durch den Einsatz von Blockchain-Technologien weiter zu erhöhen.

Mittel- bis langfristig werden sich die Lieferantenbeziehungen und Lieferketten aufgrund steigender Anforderungen an die Umweltverträglichkeit verändern. Mehr Nachhaltigkeit beim Verbrauch von Rohstoffen oder deren Ersatz durch recycelte Materialien und die Minimierung von Transportkosten werden als Perspektive für globale Lieferketten hin zu einem Übergang zu regionalen Kreislaufwirtschaften gesehen, getrieben vor allem durch die Einhaltung der CO_2-Neutralität [52]. Neben Kriterien wie Qualität, Termintreue und Preis wird die Auftragsvergabe an Zulieferer durch OEM zunehmend auch durch Kriterien wie Klima- und Umweltschutz oder die Einhaltung von Menschenrechten geprägt. Die Mercedes-Benz AG beispielsweise hat ihre Anforderungen an Lieferanten in ihrer Strategie „Ambition 2030" beschrieben. Neben der Elektrifizierung des Produktportfolios sollen auch die vorgelagerten Wertschöpfungsstufen von der Entwicklung und Rohstoffgewinnung über alle Produktionsstufen bis hin zu Nutzung und Recycling CO_2-neutral werden [46]. Dies soll bereits ab 2022 für mehr als 30 Pkw- und Transporterwerke weltweit umgesetzt werden und schließt die eigene Batterieproduktion ein. Darüber hinaus werden die Zulieferer zur CO_2-Neutralität verpflichtet und „Ambitionserklärungen" mit ihnen unterzeichnet. Drei Viertel der rund 2000 Zulieferer sollen die Vereinbarung bereits unterzeichnet haben [46].

Die Herausforderungen für die Zulieferindustrie liegen in der Internationalisierung der Branche, dem mittelfristigen Wegfall von Wertschöpfungsanteilen im Antriebsstrang und dem Kostendruck, der von den OEM auf sie übertragen wird. Hinzu kommt die Herausforderung der CO_2-Neutralität entlang der gesamten Wertschöpfungskette, die in den kommenden Jahren von den OEM gefordert wird. Die zunehmende Modell- und Variantenvielfalt brachte bisher Wettbewerbsvorteile für die Unternehmen der Zulieferindustrie, die auch bei steigenden oder schwankenden Stückzahlen eine hohe Fertigungsqualität und Termintreue gewährleisten konnten. Gleichzeitig hat die zunehmende Modularisierung von Bauteilen die Voraussetzung für ein kontinuierliches Outsourcing von Wertschöpfungsumfängen an die Zulieferindustrie geschaffen. Dies führte zu einer Verlagerung von den OEM zu den Zulieferern, wobei letztere derzeit etwa 70 bis 80 % der automobilen Wertschöpfung ausmachen. Eine geringe Fertigungstiefe der einzelnen Unternehmen ist bei hohen Stückzahlen und starkem Preisdruck in der Automobilindustrie von Vorteil, macht die Hersteller aber auch stark von den Zulieferern abhängig.

Derzeit gibt es die Tendenz, dass die OEM im Zuge der zunehmenden Elektrifizierung ihre eigene Wertschöpfung und Beschäftigung durch eine Reduzierung der Aufträge erhöhen oder zumindest erhalten wollen. So wird Mercedes-Benz in Zukunft das elektronische Antriebssystem (EATS) in Untertürkheim fertigen, nachdem ZF hier den Auftrag für die erste Modellgeneration hatte. Auch Volkswagen hat die eigene Wertschöpfung in Zwickau auf Kosten der Zulieferer erhöht. Chancen bestehen für Zulieferer vor allem dann, wenn sie in der Teileentwicklung tätig sind oder sich auf das Premiumsegment spezialisiert haben. Vor allem Zulieferer im kostensensitiven Volumensegment sind einem anhaltenden Kostendruck ausgesetzt.

Die fortschreitende Internationalisierung der OEM ist für mittelständische Zulieferer eine besondere Herausforderung, da die Hersteller auf regionales Sourcing, also den Einkauf von Materialien vor Ort, setzen. Die Zulieferer müssen daher kundenorientiert auch in anderen Regionen des Weltmarktes produzieren, um weiterhin bei Aufträgen berücksichtigt zu werden („follow your customer"). Andererseits ist die kostenorientierte Auslandsproduktion vor allem für diejenigen Anbieter eine Chance, die sich mit großen Stückzahlen (und nicht mit technologisch innovativen Produkten) auf dem Markt etabliert haben. Hier stehen niedrige Personalkosten im Vordergrund, gefolgt von niedrigeren Energie- und Rohstoffkosten.

Es bleibt abzuwarten, ob der Umstieg auf die Elektromobilität tatsächlich zu einer langfristigen Verschiebung der Wertschöpfungsanteile führen wird. Die obigen Analysen zu einzelnen Fahrzeugmodellen zeigen jedoch einen klaren Trend sowohl zu einer geografischen Verlagerung (insbesondere nach Asien) als auch zu einer höheren vertikalen Integration der Automobilhersteller. Weitere Untersuchungen sollen zeigen, ob diese Entwicklungen auch bei anderen Automobilherstellern und Fahrzeugmodellen zu beobachten sind und ob die damit verbundenen Wertschöpfungsnetzwerke damit vor einem grundlegenderen Strukturwandel stehen – mit möglicherweise erheblichen Auswirkungen auf die in Deutschland ansässigen Zulieferer, insbesondere die kleinen und mittleren Zulieferer.

8.4.3 Optionen für smarte und zukunftsfähige Lieferketten

Wettbewerbsfähige Wertschöpfungsketten in der Automobilindustrie zeichnen sich durch hohe Zuverlässigkeit, hohe Produkt- und Lieferqualität, geringe Durchlauf- und Lieferzeiten sowie möglichst niedrige Kosten aus [62, 64]. Die Ziele des Supply Chain Managements liegen in der optimalen Gestaltung und Kombination der oben genannten Faktoren, um Wettbewerbsvorteile zu erzielen und die Geschäftsaktivitäten vor dem Hintergrund von Kosten, Zeit und Qualität zu sichern und kontinuierlich zu optimieren. Das Management von Lieferketten ist für Unternehmen der Automobilindustrie ein zentraler Erfolgsfaktor, insbesondere vor dem Hintergrund der branchenspezifischen Herausforderungen [70]: u. a. eine hohe Anzahl kundenindividueller Produktvarianten, große Nachfrageschwankungen und – als zunehmend wichtige Anforderung – die Einhaltung der Klimaschutzziele. Darüber hinaus verpflichtet das deutsche Supply-Chain-Compliance-Gesetz

Unternehmen dazu, Menschenrechts- und Umweltstandards einzuhalten und dies auch von ihren Lieferanten in einem bestimmten Rahmen einzufordern.

Um die komplexen Lieferketten in der Automobilindustrie abzusichern, haben vor allem OEM und Tier-1-Zulieferer bereits Strategien entwickelt, mit denen sie ihre Zulieferer bei Schwierigkeiten unterstützen und so Lieferunterbrechungen oder gar Ausfällen vorbeugen können. Dabei liegt der Fokus bisher eher auf Maßnahmen bei wirtschaftlichen (finanziellen) Schwierigkeiten: die Hersteller kalkulieren Krisen bei den Zulieferern ein und haben ein entsprechendes Krisenmanagement etabliert [59]. Der Fokus liegt dabei auf der Sicherung der Teileversorgung bis zur Überwindung der Krise durch Restrukturierung des Lieferanten, ggf. Eigentümerwechsel oder Lieferantenwechsel. Die Situation 2020/2021 mit ihrem Zusammentreffen von Produktionsausfällen/-behinderungen, Transportunterbrechungen und Nachfragerückgängen erforderte von den Unternehmen einen viel umfassenderen Ansatz. Gleichzeitig hat die Pandemie deutlich gemacht, dass Unternehmen aus unterschiedlichen Gründen immer wieder in Krisen geraten können und diese bewältigen müssen, sodass ein umfassender Schutz vor zukünftigen Krisen nur bedingt und/oder mit hohem Aufwand realisierbar ist.

In Forschung und Literatur wird Resilienz von Unternehmen (oder anderen Systemen) auf einige wesentliche Aspekte reduziert [61, 66], die sowohl innerhalb als auch zwischen Unternehmen bestehen können: Redundanz, Flexibilität, Transparenz und Nähe.

Empfehlungen für ein konkretes operatives Vorgehen zur Erhöhung der Resilienz fassen die folgenden Handlungsansätze zusammen [45, 51, 58, 62, 64], wobei zwischen kurzfristigen Ansätzen für konkrete Krisensituationen und mittel- bis langfristigen Ansätzen zur Erhöhung der Resilienz bei zukünftigen Krisen sowie zwischen internen und externen Maßnahmen unterschieden wird. Die Bandbreite der Maßnahmen verdeutlicht, dass das Krisenmanagement in Unternehmen abteilungs- bzw. bereichsübergreifend gestaltet werden muss – im Falle der Supply Chain sind Beschaffung bzw. Sourcing und Transport/Logistik zentrale Handlungsfelder. Welche Maßnahmen geeignet sind – zum Beispiel der Aufbau von Lagerbeständen oder die Stärkung des Multiple Sourcing – hängt jedoch von der jeweiligen Situation des Unternehmens ab.

Als schnelle Reaktionen sind geeignet:

Systematische Beobachtung und Bewertung der Situation mit

- der Identifikation von aktuell und möglicherweise zukünftig kritischen Komponenten,
- der Ermittlung von Störungsursachen,
- die Ermittlung von Lagerbeständen im Unternehmen und ggf. bei Zulieferern,
- eine Prognose der Nachfrage und möglicher Nachfrageschwankungen, eine Bewertung der Risikokosten (Vertragsstrafen, Umsatzeinbußen) und eine Gegenüberstellung mit möglichen Ertragseinbußen (Umsatzeinbußen, Rückzug von Investoren etc.).

Enge Abstimmung/Absprache mit den Lieferanten zur Sicherung der Lieferkette durch

- der Einrichtung einer Task Force (z. B. bei Volkswagen und Porsche),
- die Bewertung von Transportrisiken und anderen Versorgungslücken,
- Vereinbarung realistischer Liefertermine und -mengen und Unterstützung durch den Kunden.

Diese kurzfristigen Ansätze sollten verstetigt werden, um künftige Krisen frühzeitig einschätzen und gegensteuern zu können. Außerhalb des Krisenmodus können diese Maßnahmen seltener durchgeführt und gegebenenfalls sogar auf einen „Standby-Modus" zurückgeschraubt werden. Sie können dann bei Bedarf wieder abgerufen werden. Ergänzt werden sie durch andere mittel- bis langfristige Ansätze.

Viele Maßnahmen zur Resilienzsteigerung der Lieferketten wirken sich jedoch eher in einer mittel- bis langfristigen Perspektive aus:

Bestandsaufnahme und regelmäßige Bewertung der Lieferanten in Bezug auf:

- Anzahl der Bezugsquellen,
- erforderliche Genehmigungen/Zertifizierungen, Vertragslaufzeiten, Bestandsverpflichtungen,
- Struktur des Beschaffungsmarktes.

Diversifizierte oder flexiblere Beschaffung:

- Prüfung von Dual-/Multiple-Sourcing-Optionen (insbesondere für kritische Komponenten),
- Einrichtung eines Lieferantenpools,
- regionale Verteilung der Lieferanten.

Schaffung von Redundanzen:

- Prüfung höherer Lagerbestände (und Lageroptionen) für kritische Komponenten,
- Aufbau von Kapazitätspuffern,
- regionale Streuung der Produktionskapazitäten,

- bessere Ansätze zur Überwachung von Lieferketten und zur Vorhersage von Unterbrechungen,
- Erhöhung der eigenen Lagerhaltung oder Schaffung von redundanten Kapazitäten in der Produktion.

Flexiblere interne Arbeitsorganisation:

- Arbeitszeitverlängerung oder -verkürzung bei Bedarf durch ein betriebliches „Flex-Konto",
- Qualifizierung für den flexibleren Einsatz von Mitarbeitern sowie die Vermeidung von „single points of knowledge",
- agile Arbeitsorganisation,
- Förderung des Umgangs mit Ambivalenzen und Zielkonflikten.

Minimierung von Transportrisiken:

- Reshoring von Beschaffungs-/Fertigungskapazitäten (Reshoring/Nearshoring),
- ggf. Reduzierung des Just-in-Time- und Just-in-Sequence-Anteils der Beschaffung.

Einsatz von digitalen Technologien:

- Standardisierung von IT-Schnittstellen zu Lieferanten, Nutzung der digitalen Beschaffung,
- Austausch eigener Daten mit vor- und nachgelagerten Wertschöpfungspartnern,
- Einsatz von Lokalisierungs-/Track-and-Trace-Technologien,
- systematischere Auswertung und Visualisierung von Unternehmensdaten wie z. B. eigene Bestände, Lieferverpflichtungen gegenüber Kunden, Transportrisiken, ggf. automatisierte und vorausschauende Überwachung von Lieferketten.

Formulierung einer eigenen Resilienzstrategie:

- Leitlinien für den Umgang mit Zielkonflikten und Ambivalenzen formulieren,
- Standards für den Umgang mit Störungen festlegen,
- in Abstimmung mit der eigenen Unternehmensstrategie (eher Kosten- oder Innovationsführerschaft),
- Formulierung von umsetzbaren Zielen („SMART"),
- Produktionskapazitäten priorisieren,
- eigene Strategie mit zentralen Lieferanten abstimmen,
- prüfen, ob der Absatzmarkt beeinflusst werden kann,
- Stellenwert des Supply Chain Managements in der Unternehmensorganisation erhöhen.

Für jede dieser Maßnahmen können Gestaltungsparameter für höhere Redundanz oder Flexibilität formuliert werden. Gleichzeitig wird erfasst, inwieweit eine höhere Resilienz die Kostenziele gefährdet. Mit dieser systematischen Übersicht lassen sich dann transparente und fundierte Entscheidungen über Maßnahmen im Störungsfall treffen. Zudem kann der Entscheidungsprozess nachvollzogen und damit bei zukünftigen Störungen verbessert werden. In dieser regelmäßigen Abwägung von Kosten- und Resilienzzielen stellen aber auch eine hohe Kosteneffizienz und die damit verbundene gute finanzielle Situation des Unternehmens (ausreichende Liquidität, Reserven oder Eigenkapital bzw. Erhalt von Investoren) eine Resilienzmaßnahme dar.

Literatur

1. ISO 14040, *Environmental management – Life cycle assessment – Principles and framework*, 2006/2018.
2. ISO 14044, *Environmental management – Life cycle assessment – Requirements and guidelines*, 2006/2018.
3. W. Klöpffer und B. Grahl, *Ökobilanz (LCA) – Ein Leitfaden für Ausbildung und Beruf.* Weinheim: Wiley-VHC Verlag, 2009.
4. *Greenhouse gases – Carbon footprint of products – Requirements and guidelines for quantification*, 14067, ISO 1467, 2018.
5. *Greenhouse Gas Protocol: a Corporate Accounting and Reporting Standard,* World Business Council for Sustainable Development und World Resources Institute, 2004.
6. M. Traverso, L. Petti und A. Zamagni, Hg. *Perspectives on Social LCA.* (Generation, Calculation and Interpretation of Social Impacts with the Social Analysis of SEEbalance®) (SpringerBriefs in Environmental Science). Cham: Springer, 2020.
7. T. E. Graedel, „Methodology of metal criticality determination – supporting information," 2012.

8. M. Goedkoop, R. Heijungs, M. Huijbregts, A. de Schryver, J. Struijs und R. van Zelm, „ReCiPe 2008, A life cycle impact assessment method which comprises harmonised category indicators at the midpoint and the endpoint level; Report 1: Characterisation; First edition (Version 1.08)," Ruimte en Milieu Ministerie van Volkshuisvesting, 2013.
9. Fraser Institute, „Global Mining Survey March/April 2013," Canada, 2013.
10. United Nations Development Programme, „Human Development Report," 2014. [Online]. Verfügbar unter: http://hdr.undp.org/en/content/human-development-index-hdi-table
11. World Bank, „Worldwide Governance Indicators (WGI)," 2014. [Online]. Verfügbar unter: http://info.worldbank.org/governance/wgi/index.aspx#home
12. F. C. V. Franca und R. Pereira Brito, „Rima's Process: Green Magnesium From a Fully Integrated Plant," in 2011, S. 117.
13. IEA, „Iron and Steel," Paris, 2022. Zugriff am: 15. Oktober 2022. [Online]. Verfügbar unter: https://www.iea.org/reports/iron-and-steel
14. Electricity Maps ApS, *Live CO2 Emissions of Electricity Consumption.* (2022). Zugriff am: 9. Juni 2022. [Online]. Verfügbar unter: https://www.electricitymaps.com/
15. T. Ekvall, A. Björklund, G. Sandin, K. Jelse, J. Lagergren und M. Rydberg, Hg. *Modeling recycling in life cycle assessment.* Gothenburg, Sweden, 2020. Zugriff am: 17. Oktober 2022. [Online]. Verfügbar unter: https://www.lifecyclecenter.se/wp-content/uploads/2020_05_Modeling-recyling-in-life-cycle-assessment-1.pdf
16. World Aluminium, „Life Cycle Inventory Data and Environmental Metric for the Primary Aluminium Industry," 2017. [Online]. Verfügbar unter: http://www.world-aluminium.org/media/filer_public/2017/06/28/lca_report_2015_final.pdf
17. USGS, „Aluminum: Mineral Commodity Summaries,," National Minerals Information Center, 2022. Zugriff am: 21. Mai 2022. [Online]. Verfügbar unter: https://pubs.usgs.gov/periodicals/mcs2022/mcs2022-aluminum.pdf
18. USGS, „Magnesium Metal," 2020. [Online]. Verfügbar unter: https://pubs.usgs.gov/periodicals/mcs2020/mcs2020-magnesium-metal.pdf
19. D. Russ, J. Sandilands und V. Hasenberg, „Dataset for Magnesium Production at Rima Industrial," PE International, Leinfelden-Echterdingen, 2012.
20. S. Ehrenberger und H. E. Friedrich, „The IMA study on life cycle assessment (LCA) of magnesium," in 2013.
21. Magontec, „Magontec Qinghai – The world's greenest magnesium alloy producer," 2017. [Online]. Verfügbar unter: http://magontec.com/wp-content/uploads/2018/02/Magontec-Brochure_FINAL_Web2_SinglePages.pdf
22. Plastics Europe, „Eco Profiles," 2021. Zugriff am: 20. Dezember 2022. [Online]. Verfügbar unter: https://legacy.plasticseurope.org/en/resources/eco-profiles
23. F. Suter, B. Steubing und S. Hellweg, „Life Cycle Impacts and Benefits of Wood along the Value Chain: The Case of Switzerland," *Journal of Industrial Ecology*, Jg. 21, Nr. 4, S. 874–886, 2017, doi: https://doi.org/10.1111/jiec.12486.
24. K.-H. Erb *et al.*, „Unexpectedly large impact of forest management and grazing on global vegetation biomass," *Nature*, Jg. 553, Nr. 7686, S. 73–76, 2018, doi: https://doi.org/10.1038/nature25138.
25. F. Schmitz, „Herausragendes aus der Kohlenstoffinventur 2017," *AFZ – Der Wald*, Jg. 14, S. 34–36, 2019. [Online]. Verfügbar unter: https://www.thuenen.de/media/institute/wo/Waldmonitoring/THG/Projekt/CI2017/AFZ_14_19_Kohlenstoff_Artikel_8_Schmitz.pdf
26. A. A. de Avila und A. Albrecht, *Alternative Baumarten im Klimawandel – Eine Stoffsammlung: Artensteckbriefe 2.0.* Zugriff am: 17. Oktober 2022. [Online]. Verfügbar unter: https://www.fva-bw.de/fileadmin/publikationen/sonstiges/2021_fva_artensteckbriefe.pdf

27. M. E. Harmon, „Have product substitution carbon benefits been overestimated? A sensitivity analysis of key assumptions,“ *Environmental Research Letters*, Jg. 14, Nr. 6, S. 65008, 2019, doi: https://doi.org/10.1088/1748-9326/ab1e95.
28. A. Ingerson, „Carbon storage potential of harvested wood: summary and policy implications,“ *Mitigation and Adaptation Strategies for Global Change*, Jg. 16, Nr. 3, S. 307–323, 2011, doi: https://doi.org/10.1007/s11027-010-9267-5.
29. P. Leskinen, G. Cardellini, S. González-García, E. Hurmekoski, R. Sathre und J. Seppälä, „Substitution effects of wood-based products in climate change mitigation,“ European Forest Institute (EFI), Rep. 7, 2018, doi: https://doi.org/10.36333/fs07. Zugriff am: 17.010.2022. [Online]. Verfügbar unter: https://efi.int/sites/default/files/files/publication-bank/2018/efi_fstp_7_2018.pdf
30. G. Churkina *et al.*, „Buildings as a global carbon sink,“ *Nature Sustainability*, Jg. 3, Nr. 4, S. 269–276, 2020, doi: https://doi.org/10.1038/s41893-019-0462-4.
31. Bundesministerium der Justiz, *Kreislaufwirtschaftsgesetz – Gesetz zur Förderung der Kreislaufwirtschaft und Sicherung der umweltverträglichen Bewirtschaftung von Abfällen: KrWG, 2021.* Zugriff am: 18. Oktober 2022. [Online]. Verfügbar unter: http://www.gesetze-im-internet.de/krwg/KrWG.pdf
32. EU, *Richtlinie 2000/53/EG des Europäischen Parlaments und des Rates vom 18. September 2000 über Altfahrzeuge*, Bd. 2000/53/EG. [Online]. Verfügbar unter: http://eur-lex.europa.eu/LexUriServ/LexUriServ.do?uri=OJ:L:2000:269:0034:0042:DE:PDF
33. UN Environment Programme (UNEP), "Used Vehicles and the Environment: A Global Overview of Used Light Duty Vehicles: Flow, Scale and Regulation," Nairobi, Kenia, 2020.
34. Bundesministerium der Justiz, *Verordnung über die Überlassung, Rücknahme und umweltverträgliche Entsorgung von Altfahrzeugen (AltfahrzeugV).* [Online]. Verfügbar unter: http://www.gesetze-im-internet.de/bundesrecht/altautov/gesamt.pdf
35. Umweltbundesamt (UBA), "Altfahrzeugverwertung und Fahrzeugverbleib," Dessau, 2021. Zugriff am: 16. Oktober 2022. [Online]. Verfügbar unter: https://www.umweltbundesamt.de/daten/ressourcen-abfall/verwertung-entsorgung-ausgewaehlter-abfallarten/altfahrzeugverwertung-fahrzeugverbleib#2019-knapp-eine-halbe-million-altfahrzeuge
36. U. Höpfner, J. Hanusch und U. Lambrecht, "Abwrackprämie und Umwelt – eine erste Bilanz," Heidelberg, 2009. [Online]. Verfügbar unter: http://www.bmu.de/files/pdfs/allgemein/application/pdf/ifeu_abwrackpraemie_bf.pdf
37. R. Frischknecht, "LCI modelling approaches applied on recycling of materials in view of environmental sustainability, risk perception and eco-efficiency," *The International Journal of Life Cycle Assessment*, Jg. 15, Nr. 7, S. 666–671, 2010, doi: https://doi.org/10.1007/s11367-010-0201-6.
38. European Aluminium Association, "Environmental Profile Report for the European Aluminium Industry – Reference year 2005," 2008.
39. GDA und Gesamtverband der deutschen Aluminiumindustrie, *Recyclingraten in Deutschland und in der EU.* Zugriff am: 6. Juli 2011. [Online]. Verfügbar unter: http://www.aluinfo.de/index.php/kreislaufwirtschaft-und-aluminium.html
40. S. Ehrenberger, H. Dieringa und H. E. Friedrich, "Life Cycle Assessment of Magnesium Components in Vehicle Construction," German Aerospace Centre, Institute of Vehicle Concepts, Stuttgart, Project Report, 2013.
41. S. Krinke, B. Boßdorf-Zimmer und D. Goldmann, Hg., *The Volkswagen-SiCon Process: Eco-efficient solution for future end-of-life vehicle treatment.* 359-364, 2006.
42. P. Asokan, M. Osmani und A. D. F. Price, "Assessing the recycling potential of glass fibre reinforced plastic waste in concrete and cement composites," *Journal of Cleaner Production*, Jg. 17, Nr. 9, S. 821–829, 2009. doi: https://doi.org/10.1016/j.jclepro.2008.12.004. [Online]. Verfügbar unter: ://WOS:000266177000005

43. Blöcker, A., Dörre, K., and Holzschuh, M. 2020. Auto- und Zulieferindustrie in der Transformation. Teil I. Transformation auf Hochtouren – Konversion noch auf Sparflamme. Teil II. „Wir reiten das Pferd, bis es tot ist!". Beschäftigtenperspektiven aus fünf Bundesländern.
44. Bratzel, S. 2015. *Automobilzulieferer in Bewegung. Strategische Herausforderungen für mittelständische Unternehmen in einem turbulenten Umfeld.* Forschung aus der Hans-Böckler-Stiftung Band 171. Nomos; Edition Sigma, Baden-Baden.
45. Butollo, F. 2020. Sozialökologischer Umbau der Weltwirtschaft oder Handelskrieg mit anderen Mitteln? *WSI* 73, 6, 411–417.
46. Daimler AG. 2021. *Ambition 2030: Unser Weg zur* CO_2*-Neutralität.* https://www.daimler.com/nachhaltigkeit/klima/ambition-2039-unser-weg-zur-co2-neutralitaet.html.
47. Damasky, J. and Langowsky, C. 2021. Roadmap für die Automobilität der Zukunft. Grundstein einer Innovationspartnerschaft.
48. European Commission. 2019. Bericht der Kommission an das Europäische Parlament, den Rat, den Europäischen Wirtschafts- und Sozialausschuss, den Ausschuss der Regionen und die Europäische Investitionsbank zur Umsetzung des strategischen Aktionsplans für Batterien: Aufbau einer strategischen Wertschöpfungskette für Batterien.
49. European Commission. 2020. *Critical raw materials for strategic technologies and sectors in the EU. A foresight study.* Publications Office of the European Union, Luxembourg.
50. European Commission. 2021. Communication from the Commission to the European Parliament, the Council, the European Economic and Social Committee and the Committee of the Regions. Strategic dependencies and capacities – Updating the 2020 New Industrial Strategy: Building a stronger Single Market for Europe's recovery.
51. EY. 2020. *Welche Lehren die Automobilindustrie aus der Corona-Krise ziehen kann. Weltweit hat die Produktion in den Autowerken eine Vollbremsung hingelegt. Die ersten zaghaften Wiederanläufe zeigen das Ausmaß der Misere – fragile Lieferketten sowie verstopfte Absatzkanäle.* https://www.ey.com/de_de/covid-19/welche-lehren-die-automobilindustrie-aus-der-corona-krise-ziehen-kann.
52. EY Deutschland. 2021. *Warum Glokalisierung ein neuer Megatrend geworden ist. Internationale Lieferketten geraten von vielen Seiten unter Druck – und behalten doch weiter ihre Berechtigung.* https://www.ey.com/de_de/industrial-products/glokalisierung-als-strategie.
53. Fluchs, S. 2021. Batterierecycling: Potenziale zur Reduzierung der Rohstoffabhängigkeit 35.
54. Frieske, B., Huber, A., Stieler, S., and Mendler, L. 2022. Zukunftsfähige Lieferketten und neue Wertschöpfungsstrukturen in der Automobilindustrie. *e-mobil BW GmbH.*
55. Frieske, B., van den Adel, B., Schwarz-Kocher, M., Stieler, S., Schnabel, A., and Tözün, R. 2019a. Strukturstudie BWe mobil 2019. Transformation durch Elektromobilität und Perspektiven der Digitalisierung. *e-mobil BW GmbH* (2019a).
56. Harrison, D. and Ludwig, C. 2021. Electric vehicle battery supply chain analysis 2021: How lithium-ion battery demand and production are reshaping the automotive industry.
57. Hettesheimer, T., Wietschel, M., Neef, C., Stijepic, D., Moll, C., Thielmann, A., Tercero Espinoza, L., and Joachimsthaler, C. Batteriestandort auf Klimakurs. Perspektiven einer klimaneutralen Batterieproduktion für Elektromobilität in Deutschland.
58. IKB Deutsche Industriebank AG. 2021. *Automobilzulieferer: Auswertung von Jahresabschlüssen. Kleinere Zulieferer leiden besonders.* https://www.ikb-blog.de/auswertung-von-jahresabschluessen-kleinere-zulieferer-leiden-besonders/.
59. Jaroschinsky, A. 2018. *Strategische Sanierung von Automobilzulieferern. Handlungsstrategien der Hersteller in der akuten Krise eines Zulieferers.* Research. Springer Gabler, Wiesbaden, Germany.
60. Kampker, A. 2014. *Elektromobilproduktion.* Springer Berlin Heidelberg, Berlin, Heidelberg.

61. Lettmann, P., Hüttemann, G., and Schmitt, R. 2019. Produktrouten in frei verketteten Montagesystemen. *Zeitschrift für wirtschaftlichen Fabrikbetrieb* 114, 9, 517–520.
62. Marek, S. and Berwing, K. 2019. Ein zukunftssicheres Supply-Chain-Management. *Zeitschrift für wirtschaftlichen Fabrikbetrieb* 114, 12, 846–850.
63. Nationale Plattform Zukunft der Mobilität. 2019. 1. Zwischenbericht zur Wertschöpfung. Arbeitsgruppe 4 – "Sicherung des Mobilitäts- und Produktionsstandortes, Batteriezellproduktion, Rohstoffe und Recycling, Bildung und Qualifizierung". Fokusgruppe Wertschöpfung.
64. Nickel, J. 2020. *Wechselwirkungen von Kosten- und Resilienzmanagement im Kontext produktorientierter Entscheidungen*. Dissertation, Verlag Dr. Kovač.
65. Proff, H., Ed. 2020. *Neue Dimensionen der Mobilität. Technische und Betriebswirtschaftliche Aspekte*. Springer Gabler. in Springer Fachmedien Wiesbaden GmbH, Wiesbaden.
66. Promberger, M. 2020. Resilienz: Was Organisationen und Regierungen aus der Corona-Krise lernen können. *WSI* 73, 6, 462–467.
67. Reuter, B. and Hendrich, A. 2020. Verfügbarkeit kritischer Rohstoffe für Elektrofahrzeuge. *ATZ Automobiltech Z* 122, 4, 54–57.
68. Reuter, B., Hendrich, A., Hengstler, J., Kupferschmid, S., and Schwenk, M. 2019b. Rohstoffe für innovative Fahrzeugtechnologien. Herausforderungen und Lösungsansätze (2019b).
69. Scheuplein, C. 2012. An die Wertschöpfungskette gelegt. Die finanzgetriebene Restrukturierung in der deutschen Automobilzulieferindustrie und ihr Scheitern. *PROKLA* 42, 166, 49–64.
70. Wagner, K., Pötters, P., and Leyendecker, B. 2020. Verbreitungsgrad von Supply-Chain-Management-Methoden. *Zeitschrift für wirtschaftlichen Fabrikbetrieb* 115, 5, 314–317.
71. VDA – Verband der Automobilindustrie: Zielbild Automobilproduktion. VDA 6000, Version 1.0. VDA, Berlin (2021).

9 Werkstoffsysteme mit Zukunft

Horst E. Friedrich, Oliver Schauerte, Gerhard Kopp, Josef Wünsch, Jochen Engelmann, Daniel Freidank, Axel Gottschalk, Patrick Keil, David Heyner, Elmar Beeh, Marco Münster und Volker Grienitz

Nach der Behandlung von Werkstoffen und Bauweisen für die großen Domänen des Fahrzeugbaus – Karosserie, Fahrwerk und Antriebsstrang – und vorangegangen dem Paradigmenwechsel in der Werkstoffwahl wollen wir im letzten Abschnitt dieses Buches verstärkt über Werkstoffsysteme der Zukunft bzw. solche durch die Transformation zur Elektromobilität sprechen.

Die „smart materials" sind schon vor gut 20 Jahren in Angriff genommen worden, um aktive, selbstregelnde Systeme zu realisieren. Vieles davon ist aus Kostengründen nicht in die Serie gelangt, bei den additiv gefertigten Komponenten wird sich zeigen, inwiefern

H. E. Friedrich (✉)
Bureaux.HEF, Tapfheim, Deutschland

O. Schauerte
Volkswagen AG, Wolfsburg, Deutschland
E-Mail: Oliver.schauerte@volkswagen.de

G. Kopp · D. Heyner · E. Beeh · M. Münster
DLR Institut für Fahrzeugkonzepte, Stuttgart, Deutschland
E-Mail: gerhard.kopp@dlr.de; david.heyner@dlr.de; Elmar.beeh@dlr.de; marco.muenster@dlr.de

J. Wünsch
BASF S.E., Ludwigshafen, Deutschland
E-Mail: josef.r.wuensch@basf.com

J. Engelmann · A. Gottschalk
BASF, Ludwigshafen, Deutschland
E-Mail: jochen.engelmann@basf.com; axel.gottschalk@basf.com

D. Freidank
BASF Polyurethanes GmbH, Lemförde, Deutschland
E-Mail: daniel.freidank@basf.com

H. E. Friedrich, G. Muller (Hrsg.), *Werkstoffe und Bauweisen in der Fahrzeugtechnik*, ATZ/MTZ-Fachbuch, https://doi.org/10.1007/978-3-662-65269-5_9

diese nicht nur für Reparatur- und Prototypeneinsätze, sondern auch in mittleren Seriengrößen kostenattraktiv werden. Bei neuartigen Verbundbauweisen mit Holz werden derzeit anlehnend an automatisierte Herstellverfahren der Möbelindustrie auch strukturelle Anwendungen im Fahrzeugbau erprobt.

Gewichtig im Kapitel werden die Werkstoffe in Zusammenhang mit der Transformation zur Elektromobilität behandelt, allen voran Materialien in der Brennstoffzelle und der Batterie. Hierbei spielen auch die neuen Ansätze einer computerunterstützten Werkstoffentwicklung ihre Potenziale aus. Den Abschluss bilden die Forschungsskizzen moderner, teilweise modularer Fahrzeugkonzepte für neue Mobilitätsausprägungen.

9.1 Potenziale der Smart Systems

Horst E. Friedrich and Oliver Schauerte

Seit einigen Jahren wird der Begriff der „smart materials" oder intelligenten Werkstoffe strapaziert, um fortschrittliche Lösungen zu beschreiben, bei denen systemimmanente Regelungen oder Reaktionen infolge verschiedener Einflüsse von außen ablaufen. Hier kann man sich fragen, ob denn Werkstoffe überhaupt intelligent sein können (oder nicht viel mehr jene Ingenieure, die die Werkstoffe funktionsgerecht zum Bauteileinsatz bringen).

Etwas liberal ausgelegt, können Werkstoffe vielleicht dann intelligent genannt werden, wenn sie in geeigneter Weise quasi selbstständig auf Veränderungen ihrer Umgebung reagieren. Dabei sei zunächst eine externe Regelung erlaubt, dieser Regler vollzieht dann den Wandel von der herkömmlichen passiven Struktur zur aktiven Struktur. Letztlich ist aber eine Integration von Sensorik und Aktuatorik in einem einzigen Verbund des Werkstoffs angestrebt, man kommt dann zu multifunktionalen, meist Faserverbundwerkstoffen. Ist der Regler selbst ein integrierter Teil des Werkstoffs, kann von einem aktiven und adaptiven System gesprochen werden.

Kriterien zur Kennzeichnung derartiger „smarter" oder intelligenter Werkstoffe wurden von Hornbogen genannt [1] als Fähigkeit:

- bei Einwirkung eines äußeren Reizes die Festigkeiten oder andere strukturelle oder funktionelle Eigenschaften zu verändern,
- verschiedene Bewegungen auszuführen oder Kräfte auszuüben bzw. zu kontrollieren,
- eine Rückkoppelung über die Änderung von Geometrie- oder Eigenschaften zu bekommen.

P. Keil
BASF, Münster, Deutschland
E-Mail: patrick.keil@basf.com

V. Grienitz
Informationsmanagement – Digitalisierung und Gesellschaft, Fakultät Wirtschaftswissenschaften | Wirtschaftsinformatik, Hochschule Wismar | University of Applied Sciences – Technology, Business and Design, Wismar, Deutschland
E-Mail: volker.grienitz@hs-wismar.de

9.1.1 Smarte Systeme auf dem Weg zur Strukturintegration

Die Anforderungen an Fahrzeugstrukturen hinsichtlich ihrer Funktionalitäten als auch hinsichtlich ihres Gewichts haben zu jener neuen Klasse von Struktursystemen geführt, die als adaptive, intelligente oder im angelsächsischen Sprachraum als smarte Struktursysteme bezeichnet werden. Abb. 9.1 veranschaulicht die technologische Entwicklung von konventionellen passiven Strukturen zu smarten, adaptiven Strukturen, die zusätzlich die in der Abbildung gezeigten Reaktionen ermöglichen.

Passive Fahrzeugstrukturen wurden bisher dahingehend optimiert, dass die Belastungen aus einem definierten und bekannten Lastkollektiv keine Strukturreaktionen, wie z. B. unerwünschte Spannungen oder Deformationen zur Folge hatten. Eine derartige Struktur war auch auf extreme und sehr selten auftretende Lastfälle auszulegen. Bei der Auslegung nicht berücksichtigte Lasten konnten zu Schäden oder im ungünstigsten Fall zur Zerstörung der Struktur führen.

Eine konsequente Weiterentwicklung ist daher das Hinzufügen von Aktuatoren (auch: Aktoren) und Sensoren zu einer Struktur. Hier werden die Stellsignale für die Aktuatoren von den Sensorsignalen kommend von einem Regler verarbeitet. Dergestalt wird die Strukturreaktion wie gewünscht beeinflussbar, jedoch erhört sich für die jetzt aktive Struktur durch die Aktuatoren und Sensoren auch ihr Gewicht.

Vorteilhaft ist infolge dessen der Einsatz adaptiver Struktursysteme. Diese sind dadurch gekennzeichnet, dass die Aktuatoren und Sensoren als strukturintegrierte Bauteile umgesetzt sind und durch die Integration übernehmen sie die lasttragende Funktion direkt im Kraftfluss [2, 80]. So können effektiv arbeitende Sensoren und Aktuatoren und ein reduziertes Bauteilgewicht erreicht werden.

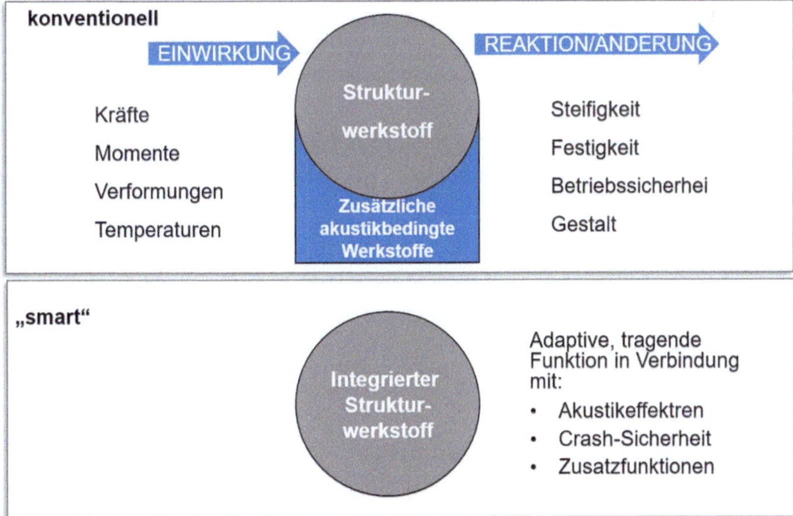

Abb. 9.1 Konventionelle (oben) und künftige Schwingungskompensation „smart“ mit zusätzlichen Funktionen (unten), Copyright© DLR

Für die Konstruktion eines Systems strukturintegrierter Sensoren und Aktuatoren empfehlen sich nach Breitbach [3] Materialien mit Wandlercharakteristik. Einwirkungen auf das System können sein:

- Elektrische Felder,
- Magnetfelder,
- Wärme,
- Licht.

Typische und angewendete Materialien sind dann:

- Piezowerkstoffe oder elektroviskose Flüssigkeiten,
- magnetostriktive Legierungen oder -viskose Flüssigkeiten,
- Gedächtnislegierungen,
- Polymergele oder fotomechanische Werkstoffe.

Die Wirkprinzipien sollen dann zu den gewünschten Veränderungen von Kraft, Deformation, Volumen oder Gestalt führen.

Über aktive Materialien und Systeme für Effekte und Funktionen im Automobil wurde in [4] berichtet. Adaptive Struktursysteme sind beispielhaft und entsprechend ihrer Auslegung somit geeignet:

- Schwingungen aktiv zu kompensieren,
- eine gewünschte Geometrie oder Gestalt einzuhalten oder zu bewirken,
- autonom Schäden über strukturintegrierte Sensoren zu diagnostizieren.

Üblicherweise wird als Eingangssignal die Schwingungserregung durch Luft- oder Körperschall analysiert. Das Sensorsignal wird dann von einem adaptiven Regler genutzt, um über ein Aktuatorsignal eine Schwingungsantwort durch einen variierten Schwingweg oder Schalldruck zu erreichen. Das Ausgangssignal der Regelung ist dann idealerweise als Antwort auf das eingehende Signal eine reduzierte oder unterdrückte Schwingung (Abb. 9.2).

Die Automobiltechnik greift bereits auf fortschrittliche Werkstoffeffekte wie Piezoelektrika, Ferromagnetika und Formgedächtnislegierungen zurück. Auch elektro- und magnetorheologische Flüssigkeiten oder allgemein die Elektrochemie finden in Produkten schon Verwendung. [5, 6].

9.1.2 Piezoelektrische Anwendungen

Mit einem piezoelektrischen Effekt beschreibt man die Erzeugung einer elektrischen Spannung infolge einer äußeren Krafteinwirkung auf bestimmte Werkstoffe. Solche

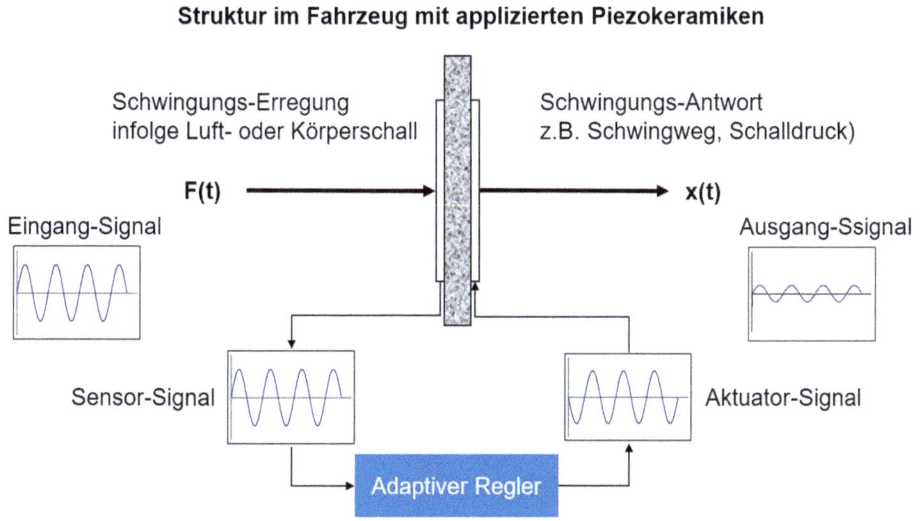

Abb. 9.2 Schema zur adaptiv geregelten Strukturbeeinflussung, Copyright© DLR

Eigenschaften haben Materialien wie Turmalin, Quarz oder Zinksulfid. Man unterscheidet dazu den inversen piezoelektrischen Effekt, bei dem nach Anlegen einer äußeren Spannung eine Geometrieänderung der Kristalle erfolgt. Dieser Effekt wird fahrzeugtechnisch für unterschiedlichste aktuatorische Maßnahmen genutzt.

Für den piezoelektrischen Effekt wird die sog. Perowskit-Struktur verantwortlich gemacht. Deren chemische Zusammensetzung besteht aus einem zweiwertigen Element A^{2+} (Blei, Barium), einem vierwertigen Element B^{4+} (Titan, Zinn, Zirkon) sowie Sauerstoff. Solche Verbindungen weisen eine kubische Struktur oberhalb der ferroelektrischen Curie-Temperatur auf. Sinkt die Temperatur darunter, so verändern sich die Elementarzellen geometrisch hin zu einer tetragonalen Ausrichtung. Die Abstände zwischen positiver und negativer Ladung verändern sich somit und ein elektrisches Dipolmoment entsteht.

Gebräuchliche Kandidaten sind Blei-Zirkonat-Titanat und Barium-Titanat. Ihre Herstellung erfolgt meist aus vermischten, gemahlenen Rohstoffen. Bei Barium-Titanat ist die Einsatzgrenze aufgrund der Curie-Temperatur von 120 °C zu beachten. Werden höhere Einsatztemperaturen gewünscht, ist Blei-Zirkonat-Titanat ($Pb\ (Zr_x,\ Ti_{1-x})\ O_3$) geeigneter. Variationen im Verhältnis von Zirkon zu Titan ermöglichen dabei, die physikalischen Eigenschaften nach technischer Anforderung zu verändern.

Piezokeramische Elemente finden sich vielfach als Folien und Stapel: Folien werden auf die Struktur appliziert und eignen sich daher vor allem für dünnwandige Strukturen, Stapel werden in Formschluss eingesetzt und empfehlen sich zur Übertragung größerer Kräfte. Die geringe zulässige Dehnung von $\varepsilon<0{,}001$ begrenzt grundsätzlich den Einsatz von Piezokeramiken. Vor allem piezoelektrische Fasern sind prädestiniert für die Integration in aktive Faserverbundwerkstoffe.

In Forschungsarbeiten bei Volkswagen [4] konnte an einem Pkw-Dach mit aktiv angesteuerten Piezoelementen das Schwingungsverhalten und damit der Akustikkomfort verbessert werden. Piezosensoren und -Aktoren wurden dafür in die schwingenden Hauptfelder des Daches eingebracht. Damit ließen sich große, schwingende Flächen vergleichsweise einfach beruhigen.

An den Gelenkwellen eines frontgetriebenen Leichtfahrzeuges wurde ebenfalls im Rahmen eines Forschungsprojektes eine Applikation aktiver Piezokeramiken vorgenommen, was zu einer Schwingungsreduktion der Antriebswellen führte. Ein Nachteil liegt jedoch bei den verwendeten Aktormodulen in der schlechten flächigen Applizierbarkeit auf kreisrunden Geometrien wie hier auf der Antriebswelle, denn die spröden keramischen Module lassen nur eine bedingte Biegung zu. Messbar war in beiden Anwendungsfällen eine Erhöhung des Schwingungskomforts infolge geringer Schwingungsamplituden (Abb. 9.3), aufgrund der Systemkosten empfehlen sich derartige Komfortlösungen vorrangig für Premiumfahrzeuge.

Anwendungsfälle von piezokeramischen Materialien sind die Schwingungskompensation von weiteren Strukturbauteilen. Beispiele dafür sind neben dem Dachblech die Karosserieversteifungen, Motorlager oder Rückspiegel. So ist es z. B. denkbar, zur Verbesserung der Innenraumakustik ebene Piezofolien an geeigneten Stellen schwingender Hautfelder zu applizieren, je nach Schwingungsform wird dabei der Einfluss auf die Schallabstrahlung verändert.

Injektoren für Einspritzsysteme stellen eine weitere Anwendung für die Piezotechnik dar. Da die Verzerrung des Kristallgitters in Piezoelementen sehr gering ist, müssen mehrere der dünnen Keramikschichten zu quaderförmigen Stapeln gesintert werden, um einen

Einsatz piezokeramischer Folien zur aktiven Schwingungskompensation an rotierenden Antriebswellen

- Schwingungsreduktion der Gelenkwelle
- Erhöhung des Schwingungskomforts
- Bauraumvorteile infolge geringerer Schwingungsamplituden

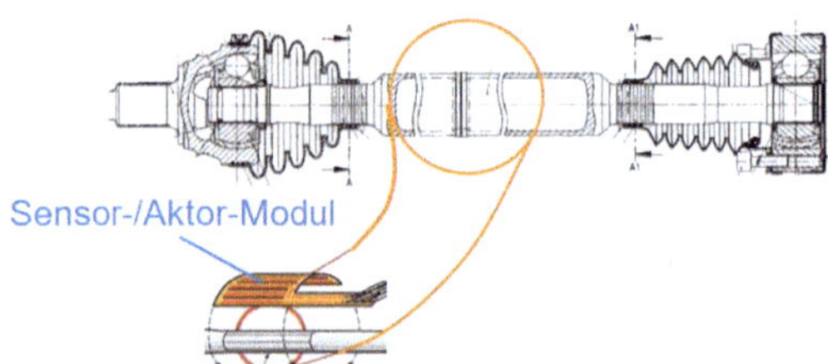

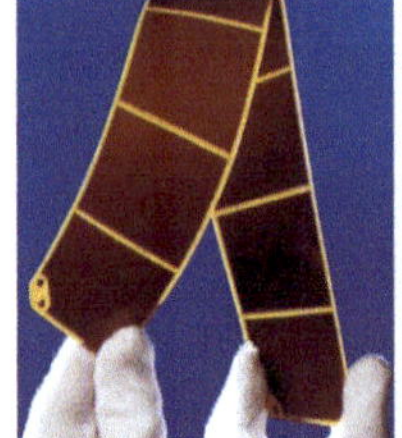

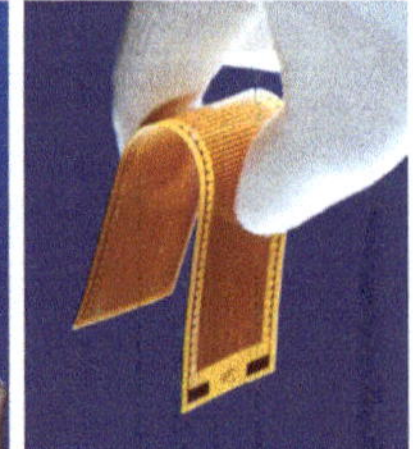

Hochflexible folienartige Funktionsmodule mit piezokeramischen Funktionswerkstoff

Abb. 9.3 Einsatz piezokeramischer Folien an rotierenden Wellen, Copyright@ Volkswagen AG, aus [7]

ausreichenden Hub zu erzeugen. Der Temperatureinsatzbereich bis + 140 °C macht eine Formulierung mit einer hoher Curie-Temperatur erforderlich, dafür gebräuchlich sind beispielsweise dotierte Blei-Zirkonat-Titanate.

Für die im Sinterprozess verwendeten Elektroden kommen Silber-Palladium-Legierungen zum Einsatz [8]. Verglichen mit Magnetventilen besitzt der Piezoaktor mehrere Vorteile für das Einspritzsystem:

- kompakte Bauweise durch das integrierte Piezoaktormodul,
- schnelle Schaltung durch elektronische Ansteuerung des Piezoaktors,
- genaue Dosierung der Einspritzmengen,
- Anzahl der Vor- und Nacheinspritzungen frei wählbar
- reibungsfreie Bewegung des Piezoaktors und reduziertes Verbrennungsgeräusch,
- keine bauartbedingten Toleranzen (Luftspalte etc.).

  Weitere Anwendungsbeispiele für Piezokeramik im Fahrzeug sind Rückfahrsensoren. Dabei sendet ein piezokeramischer Wandler kurze Ultraschallimpulse aus, die von Hindernissen reflektiert werden. Der gleiche Piezowandler kann diese Reflexionen wieder empfangen, dabei werden piezoelektrische Plättchen beim Senden zu Schwingungen und beim Empfang durch die Ultraschallwellen angeregt. Über die Laufzeit erfolgt die Entfernungsbestimmung zum Hindernis [9].

Ergänzend sollen hier noch die Formgedächtnislegierungen erwähnt sein: Aufgrund von Gefügeumwandlungen können solche Legierungen in Abhängigkeit von der Temperatur ihre Gestalt ändern. Vorteilhaft ist, dass bis zu 8 % Dehnung dabei rückgängig gemacht werden kann. Allerdings sind die erreichbaren Zyklen infolge der notwendigen thermischen Aktivierung gering und nur unterhalb von 2 Hz umsetzbar [5].

Wie bei den Piezokeramiken liegt ein deutliches Hystereseverhalten vor, da die Gefügeumwandlung von Martensit in Austenit bzw. umgekehrt über einen ausgeprägten Temperaturbereich abläuft. Für die Anwendung, z. B. für thermische Aktuatoren, ist die Legierungsgruppe Ni-Ti gebräuchlich, die eine hohe Zyklenfestigkeit und keine Verminderung des Memory-Effektes aufweist. Hinsichtlich ihrer Einsatzbereiche nicht ganz so leistungsfähige Legierungssysteme sind die Typen Cu-Zn-Al und Cu-Al-Ni.

9.1.3 Schaltbare Effekte mit aktiven Werkstoffen

Elektrochrome Lösungen finden sich im Automobil bei Rückspiegeln oder Verscheibungen. Im Gegensatz zum fotochromen Effekt, wie er bei Brillengläsern bekannt ist (bei größerer Lichtintensität erfolgt ein Nachdunkeln) müssen die Veränderungszeiten in der automobilen Anwendung jedoch kürzer sein. Des Weiteren möchte der Fahrer entscheiden können, wann „geschaltet" werden soll, vielfach wird ein Assistenzsystem dies situativ übernehmen.

Elektrochemische Redoxsysteme, welche in einem elektrischen Feld ihre optischen Eigenschaften verändern, sind die elektrochrom aktiven Materialien. Hier besteht die Motivation, solche Systeme zwischen zwei transparenten Scheiben anzubringen, um damit Transmission, Absorption oder Reflexion zu variieren bzw. zu steuern. Auch die Farbe verändernde Elemente sind attraktiv.

Mehrere Automobilhersteller verwenden solche Systeme als Blendschutz für Innen- und Außenspiegel.

Um ein strahlungsinduziertes Aufheizen im Pkw-Innenraum zu reduzieren, können in den Verscheibungen derartige elektrochrome Systeme zu einem wertvollen Komfortgewinn führen. Selbstabtönende Rückspiegel oder virtuelle Sonnenblenden sind Komfort- und Sicherheitsmerkmale, die heute in vielen Fahrzeugklassen Einzug gehalten haben. Sie reduzieren die Blendgefahr und bieten im abgestellten Fahrzeug einen individualisierbaren Sichtschutz. Wünschenswert ist die Weiterentwicklung für großflächige Verscheibungen in Richtung schaltbarer Farben, Oberflächenenergien oder Haptiken.

Aktive Fluide erlauben weitere interessante Anwendungen. Die elektrorheologischen bzw. magnetorheologischen Flüssigkeiten weisen unter dem Einfluss eines elektrischen bzw. magnetischen Feldes als Effekt eine Veränderung von Fließwiderstand bzw. dynamischer Viskosität auf. Diese Veränderung auf ein Vielfaches kann schnell innerhalb weniger Millisekunden erfolgen. Um solche Effekte für einen industriellen Einsatz nutzbar zu machen, mussten Eigenschaften wie Redispergierbarkeit, Absatzstabilität und Scherfestigkeit auf ein reproduzierbar hohes Maß verbessert werden.

Die unkomplizierte und kompakte Bauweise mit variablen Fluiden besitzt vorteilhaft keine verschleiß- oder reparaturanfälligen mechanischen Elemente. Dies prädestiniert sie z. B. für Kupplungen, bei denen stufenlos veränderbar das Drehmoment zu übertragen ist. Ein anderes Anwendungsfeld sind Stoß- oder Torsionsschwingungsdämpfer, die variable Kennlinien aufweisen sollen. Nach diesem Prinzip sind auch Motornebenaggregate variabel anzukoppeln. Für eine noch weitergehende schwingungstechnische Entkoppelung von Karosserie und Antrieb wären robuste Werkstoffe mit hoher Kraftentfaltung gewünscht.

Magnetostriktive Materialien kommen alternativ zu Piezoelementen vielfach schon in Serienfahrzeugen zum Einsatz. Für eine fortschrittliche und komfortable Dämpfung können magnetorheologische flüssigkeitsgefüllte Elemente verwendet werden, um eine kontinuierlich variable Dämpfungsregelung in Echtzeit zu erhalten. Hierbei wird über ein Magnetfeld das Kennfeld für die Dämpfung durch die Ansteuerung des Dämpferöls variiert. Es gelingt, die Dämpfer als Reaktion auf Impulse von der Fahrbahn unmittelbar weicher oder härter einzustellen. Solche magnetorheologischen Dämpfer funktionieren mit großer Reproduzierbarkeit und Empfindlichkeit und außerdem nur geringem Leistungsbedarf von wenigen Watt.

Konzeptbestimmende Vor- und Nachteile von aktiven Werkstoffen sind in Tab. 9.1 repräsentativ gegenübergestellt.

Tab. 9.1 Vor- und Nachteile verschiedener aktiver Werkstoffe

	Vorteile	Nachteile
Piezokeramik	Reproduzierbarkeit hoch	Max. Dehnung gering (2 mm/m)
	Sehr schnell	Sehr spröde
	Stellgenauigkeit hoch	
	Stellkräfte hoch	
Magnetostriktives	Reproduzierbarkeit hoch	Max. Dehnung gering
Material	Schnell	Spröde
	Stellgenauigkeit hoch	Ständig Magnetisierungsstrom notwendig
	Stellkräfte hoch	
	Einsatztemperatur relativ hoch	Magnetfelderzeugung in großem Volumen nötig
	Dehnungs-Erregungs-	
	Hysterese gering	
Formgedächtnis-	Arbeitsleistung groß	Langsam
legierungen	Arbeitsvolumen groß	Elektrische Ansteuerbarkeit schlecht
	Ausführung in kleinem	
	Temperaturintervall	

9.1.4 Perspektiven der Selbstheilung

Das Prinzip der „Selbstheilung" ist sowohl für Oberflächen als auch für Konstruktionswerkstoffe interessant. Bei der Rissausbreitung wird verhindert, dass eine aufgetretene Beschädigung an der Oberfläche sich ins Bauteilinnere fortpflanzen kann. Für die Integration selbstheilender Mechanismen gibt es folgende Ansätze [4]:

- Wirkstofffreisetzung an einer Schadenstelle: aus einer Art Depot wird entweder das gewünschte Material oder eine reaktive Komponente zur Schadenstelle transportiert
- Gezielte, temporäre Auflösung des Netzwerkes durch einen geeigneten Stimulus am Ort einer Beschädigung und Rekombination nach Neuordnung an der Schadenstelle

Mit polymeren Systemen und inkorporierten Partikeln sind solche Selbstheilungseffekte im Labormaßstab nachgewiesen. Um die Dimension solcher Schadensreparaturen auf ein serientaugliches Niveau zu heben oder gar den Ausheilungseffekt von polymeren Systemen auf hochwertige, lasttragende Strukturen (zum Beispiel für crashartige Beschädigungen) zu heben, sind noch große Anstrengungen für Schnelligkeit, Basisfestigkeit und Materialkompatibilität notwendig.

Ein langfristig orientiertes Forschungsthema ist, dass aktive Systeme mit sensorischen und aktorischen Fähigkeiten integrale Bestandteile der Fahrzeugstruktur werden und gewissermaßen „selbstentscheidend", also autonom, deren Verhalten beeinflussen. Wir unterstellen damit die Evolution von Aktiven Systemen zu Intelligenten Systemen (vgl. schematisch Abb. 9.4). Friedrich et al. berichten in [7], „dass die Ver-

Funktionale Werkstoffsysteme der Zukunft

Passive Systeme

Aktive Systeme

Intelligente Systeme

Symbiotische Systeme

Beispiele:
- Motorlager
- Tilger
- Abdeckungen
- Dämmstoffe

Systeme, mit Fähigkeiten über Sensor / Aktor-Module mit Hilfe von Reglern auf äußere Einflusse zu reagieren

Wie „Aktive Systeme", jedoch mit sensorischen/ aktorischen Fähigkeiten und Regelung als Bestandteil des Werkstoffs

Wie „Intelligente Systeme" jedoch in Verbindung mit z.B. Effekten der Selbstheilung bzw. Regeneration

Abb. 9.4 Evolution zu möglichen, künftigen Werkstoffsystemen, aus [7]

bindung von derartigen intelligenten Systemen mit Effekten der Selbstheilung bzw. -regeneration in Zukunft zu symbiotischen Systemen führen können. Denkbar wären z. B. Matrixeinlagerungen von Polymeren, die im Falle einer kleineren Schädigung, etwa durch einen Riss oder Kratzer, unmittelbar lokal aushärten und damit den Schaden „reparieren". Nach ähnlicher Logik könnten gradientengesteuerte Diffusionsstoffströme aus dem Materialinneren dann aktiviert werden, wenn als Maßnahme an der Oberfläche z. B. die Grenzflächenenergie verändert wurde und wiederhergestellt werden soll."

Die Evolution der aktiven Materialien kann von der Weiterentwicklung nanoskaliger Werkstoffe getrieben werden. „Aber auch klassische Materialeigenschaften wurden bereits durch Nanotechnologien optimiert. Beispiele für Beschichtungen im Fahrzeug sind antireflektierende und/oder beschlagfreie Oberflächen, kratzfeste Lacke und Verschleißschutzschichten. Eine andere Zielsetzung versucht, durch nanoskalige Partikel die Eigenschaften von Kunststoffen und Metallen zu verbessern. Dies betrifft die mechanischen Eigenschaften (Festigkeit, E-Modul, Bruchzähigkeit etc.) und die Verarbeitungseigenschaften (Fließfähigkeit, Zykluszeiten im Prozess usw.)".

Forschungs- und Entwicklungsarbeiten zielen auf eine „Synthese" der verschiedenen Werkstoffe und Bauweisen mit der Integration zusätzlicher technischer Effekte, um diese in die Konzeption von Fahrzeugkomponenten einzubringen. Es ist davon auszugehen, dass die Vielfalt an Werkstoffen weiterhin zunehmen wird und getrieben von Kosten- und Nachhaltigkeitszielen können „smarte" Werkstofftechniken als querschnittliche Fachdisziplin eine vitale Rolle spielen. Im Innovationstrialog von Bauweisen, Werkstoffen und Verfahren sollten sie mithelfen, die Mobilität der Zukunft umweltverträglich, finanzierbar und verzichtfrei zu gestalten.

9.2 Additive Manufacturing und 3D-Druck

Gerhard Kopp, Josef Wünsch, Jochen Engelmann, Daniel Freidank, Axel Gottschalk und Patrick Keil

Einleitung und Begriffsdefinition

Die Additive Fertigung (Additive Manufacturing, AM) ist inzwischen in spezifischen Prototypen und Serienprodukten angekommen, nachdem lange Prozesszeiten, Fertigungsmängel und mangelnde Materialalternativen ihren Einsatz früher auf den Bereich des Rapid Prototyping limitiert hatten. Durch neuere Entwicklungen steigen die Potenziale, dass sich diese Technologie auch gewinnbringend in weiteren, unterschiedlichen Bereichen und Anwendungsfeldern zumindest im kleineren Stückzahlsegment etabliert. Mittlerweile werden additive Werkzeuge (Rapid Tooling) und Fertigteile (Rapid Manufacturing) für Endanwendungen hergestellt. Der besondere Vorteil der additiven Fertigung im Vergleich zu formgebenden Verfahren (wie z. B. dem Spritzguss) liegt dabei darin, am Computer entworfene Bauteile ohne formgebende Werkzeuge direkt produzieren zu können.

Im Folgenden werden die für die Automobilindustrie relevanten additiven Fertigungsverfahren mit ihrem Materialspektrum beschrieben und an konkreten Praxisbeispielen näher erläutert. Hierbei werden insgesamt Verfahren als „Additive Fertigung" definiert, bei denen durch die sukzessive Zugabe von Werkstoffe Komponenten, Bauteile und Strukturen aufgebaut und gefertigt werden [10–12].

Einteilung der additiven Fertigungsverfahren

Von der US-amerikanischen Standardisierungsorganisation ASTM wurden die additiven Fertigungsverfahren entsprechend ihrer Charakteristika systematisch kategorisiert: Binder Jetting, Directed Energy Deposition, Material Extrusion, Material Jetting, Powder Bed Fusion, Sheet Bed Fusion, Sheet Lamination, Vat Photopolymerization [10].

Additive oder auch sogenannte generative Fertigungsverfahren basieren im Generellen darauf, dass durch eine stetige Zugabe von Material unterschiedliche Strukturen und Komponenten gefertigt werden. Hierbei kann eine Einteilung der Variantenvielfalt dieser Verfahren auch in Anlehnung an die verwendeten Materialien und deren Aggregatzuständen oder der entsprechenden Prozesskategorien erfolgen [10, 13–15].

Aufgrund ihrer besonderen Eigenschaften sind derartige Verfahren im Vergleich zu „konventionellen" Produktionsverfahren insbesondere flexibler und kommen meist mit weniger Investitionen und Rüstzeiten aus. Aufgrund dieser Vorteile werden diese Verfahren aktuell vor allem für kleinere Serienanwendungen bzw. insbesondere im Bereich des Rapid Prototyping, des Rapid Toolings, des Rapid Product Development und der fle-

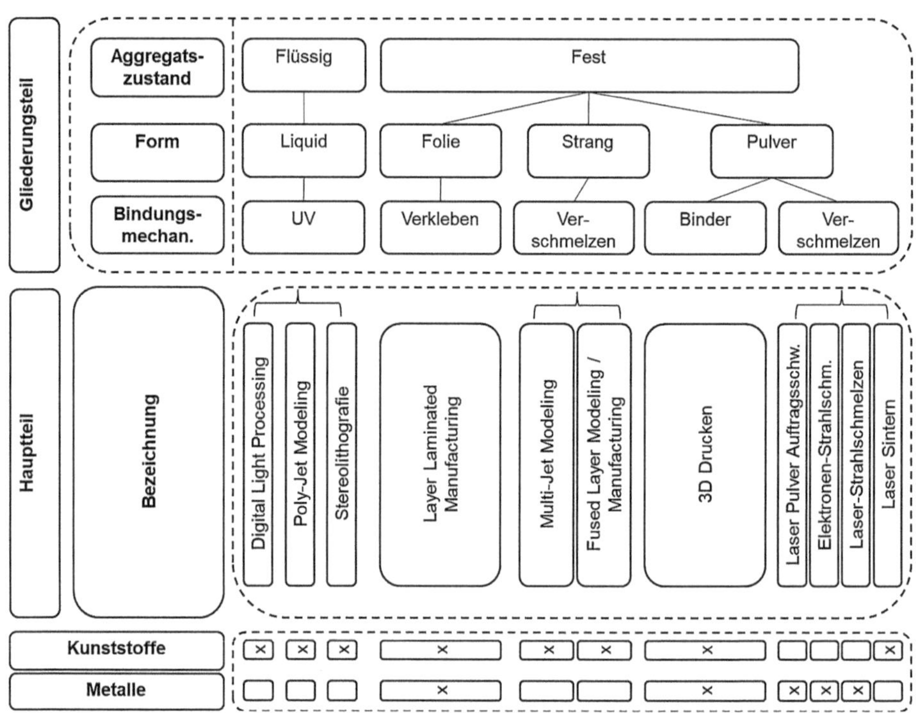

Abb. 9.5 Einteilung von „additiven Fertigungsverfahren", aus [16]

xiblen Produktion mit hoch komplexen Bauteilen für kleinere bis mittlere Stückzahlen (Rapid Manufacturing) eingesetzt, wie z. B. in Abb. 9.5 aus [16] und Abb. 9.11 aus [16] dargestellt [10, 11, 13, 15, 17–19].

Die eingesetzten Grundmaterialien reichen hierbei von Metallen über Kunststoffe bis hin zu mineralischen und biologischen Werkstoffen und Elektronikkomponenten. Entsprechende Entwicklungen erweitern hierbei stetig die unterschiedlichen Möglichkeiten und Materialvarianten, die immer in Kombination mit den entsprechenden Produktionstechnologien zu sehen sind [10, 13–15]. Nachfolgend wird insbesondere auf Verfahren im Bereich Kunststoffe, Metalle und hybride Kombinationen eingegangen.

Kunststoffbasierte Verfahren; inkl. verfügbare Materialien

Charles W. Hull hatte die Idee, durch wiederholtes Aufeinanderdrucken von dünnen Schichten dreidimensionale Teile herzustellen. Er realisierte sein bereits 1986 zum Patent angemeldetes Stereolithografieverfahren durch die schrittweise Aushärtung eines Kunststoffharzes mit einem Laserstrahl. Weitere Verfahren folgten [20, 21].

1988 patentierte Carl Deckard das Verfahren für Selektives Lasersintern, bei dem Metall- oder Kunststoffpulver mittels eines Lasers miteinander verschmolzen werden. 1989 schließlich folgte die Patentanmeldung von Scott Crump über „Fused Deposition Modelling“, welche die schichtweise Aufbringung extrudierbarer Kunststoffe beschreibt [20, 21].

Beim Fused Filament Fabrication (Schmelzeschichtverfahren), Fused Deposition Modelling (Strangablageverfahren) und verwandten Verfahren wird ein als Filament vorliegender thermoplastischer Kunststoff durch eine beheizte Düse aufgeschmolzen und extrudiert. Die Bauteile werden durch schichtweises Ablegen der Schmelze in dünnen Strängen aufgebaut. Um eine bessere Verbindung zwischen der Schmelze und bereits abgelegten Strängen zu erreichen, kann bei professionellen Druckern der Bauraum beheizt werden. Um überhängende Strukturen zu realisieren, sind Stützstrukturen erforderlich, die nach dem Bauprozess wieder entfernt werden, wie dies in Abb. 9.6 (Copyright © BASF 3D Printing Solutions) auch dargestellt ist. Die Technologie ist vergleichsweise einfach und kostengünstig (niedrige Einstiegskosten, preiswerte Drucker) sowie für eine Vielzahl von thermoplastischen Materialien (Kunststoffe, Metallfilamente) anwendbar, hat aber auch zwei gravierende Nachteile. Zum einen ist die Auflösung mit max. 100 µm limitiert, zum anderen weisen die Bauteile in der Regel eine deutliche Anisotropie der Eigenschaften auf. Da neues Material auf bereits erstarrte Kunststoffstränge abgelegt wird, wird nur in einer dünnen Randschicht eine Verbindung (Entanglement) der Polymerketten erzielt. Deshalb ist die Verbindung zwischen den einzelnen Strängen (Lagen) relativ schwach im Vergleich zu der Festigkeit entlang der Stränge. Aufgrund dieser Einschränkungen wird das Verfahren vorzugsweise zur Herstellung von Prototypen (Rapid Prototyping) oder Werkzeugen (Rapid Tooling) eingesetzt und weniger zur Fertigung industrieller Bauteile [22, 23].

Kommerzielle Filamente werden durch Schmelzextrusion thermoplastischer Polymere hergestellt, die gebräuchlichsten Durchmesser liegen bei 1,75 bzw. 2,85 mm. Die verbreitetsten Materialen sind PLA und ABS, aber auch PP, PET, PC, PA, PPSU, PEI finden zunehmend Verwendung. Während der Compoundierung können die Filamente mit mine-

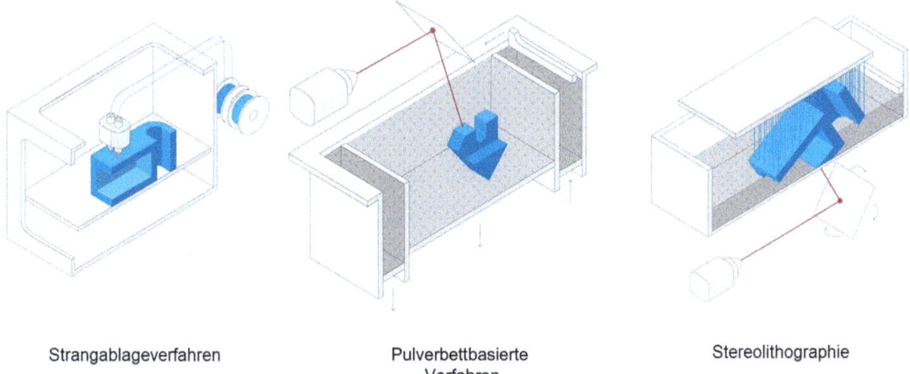

Abb. 9.6 Vergleich von unterschiedlicher, additiver Fertigungsverfahren – Prinzipskizzen, Copyright © BASF 3D Printing Solutions

ralischen Füllstoffen, Glas- oder Kohlefasern, Farbstoffen und weiteren Polymeradditiven modifiziert werden. Für Stützstrukturen werden bevorzugt Polymere wie PVA oder BVOH verwendet, die sich im Wasser- oder Laugenbad auflösen und somit nach dem Druck leicht zu entfernen sind [22, 23].

Bei den pulverbettbasierten Verfahren wie dem (selektiven) Lasersintern werden Bauteile aus thermoplastischem Kunststoff in einem Pulverbett Schicht für Schicht aufgebaut. (vgl. auch Abb. 9.6, (Copyright © BASF 3D Printing Solutions)) Das Verfahren folgt einem zyklischen Verlauf. Mittels Rakel oder Walze wird die erste Lage aufgetragen. Das Pulver wird durch einen Laser Punkt für Punkt aufgeschmolzen. Danach wird die Bauplattform um eine Schichtdicke abgesenkt und die nächste Pulverlage aufgetragen. Diese Schritte werden so lange wiederholt, bis die letzte Schicht des Bauteils fertiggestellt wurde. Danach wird das überschüssige Pulver entfernt. Während des gesamten Prozesses wird der Bauraum beheizt und auf einer Temperatur knapp unter dem Erweichungspunkt (Schmelzpunkt) des Materials gehalten. Dadurch kann der Energieeintrag durch den Laser verringert und die Bauzeit verkürzt werden. Insbesondere werden innere Spannungen reduziert, die beim Verfestigen der Schichten entstehen können. Die Schmelztemperatur des Materials darf dabei nicht überschritten werden, um ein Verbacken des Materials zu verhindern. Der Temperaturbereich zwischen Kristallisation und Schmelzpunkt wird als Sinterfenster bezeichnet. Ein breites Sinterfenster erweitert die Spielräume bei der Feinabstimmung der Prozessparameter und ist daher für die Prozessstabilität von Vorteil. In der Regel wird der Bauraum unter Stickstoff gesetzt, um bei den konstant hohen Temperaturen der Thermooxidation des Materials entgegenzuwirken. Dennoch limitiert die Alterung die Wiederverwendbarkeit des überschüssigen Kunststoffpulvers und es muss für weitere Baujobs mit frischem Pulver gemischt werden. Das notwendige Mischungsverhältnis hängt dabei vom Material und den Qualitätsanforderungen an das Bauteil ab. Neben den genannten thermischen Anforderungen spielen auch rheologische Aspekte eine wichtige Rolle beim Lasersintern. Damit das vom Laserstrahl aufgeschmolzene Polymer sich gut miteinander verbindet, sollte es eine möglichst niedrige Viskosität aufweisen. [22, 23].

Eine Weiterentwicklung stellt das sogenannte High-Speed Sintering (HSS) da, womit deutlich schnellere Bauzeiten als mit dem klassischen Lasersintern erzielt werden können. Dabei wird mittels eines Druckkopfes selektiv eine Tinte mit IR-Absorbern auf die Polymerpulverschicht aufgetragen (vgl. auch Abb. 9.6 (Copyright © BASF 3D Printing Solutions)). Die mit strahlungsabsorbierendem Material abgelagerte Fläche absorbiert dabei deutlich mehr Energie als Bereiche ohne, was ausreicht, um das Pulver zum Sintern zu bringen [10].

Die zahlreichen Randbedingungen limitieren die Materialauswahl für das Lasersintern. Als besonders gut geeignet haben sich Polyamide erwiesen. Eine dominierende Rolle kommt hierbei dem PA12 zu, außerdem werden PA11 sowie (modifiziertes) PA6 eingesetzt. Darüber hinaus finden Polyetherketon (PEEK), Polypropylen (PP) sowie verschiedene thermoplastische Polymere (TPU, TPA) Verwendung. Amorphe Kunststoffe wie Polystyrol spielen nur eine untergeordnete Rolle [22].

Parallel zu diesen Entwicklungen wird aktuell des Weiteren im Bereich des Screw Extrusion bzw. Pellet Printing geforscht, bei dem statt Filamente oder Pulver Kunststoffgranulat eingesetzt wird, das mithilfe eines Extruders aufgeschmolzen und verarbeitet wird. Durch diesen Ansatz ergeben sich signifikante Potenziale insbesondere im Bereich der Zykluszeiten, aber auch im Bereich des Materialeinsatzes, da es bei diesem Verfahren zu weniger Einschränkungen kommt und unterschiedlichste Varianten aus dem Bereich des Spritzgießens verwendet werden können [24].

Das Prinzip der Stereolithografie (SLA) beruht darauf, dass reaktive Formulierungen durch UV-Bestrahlung ausgehärtet werden. Die Bauteile zeichnen sich durch hohe Detailauflösung und eine sehr gute Oberflächenqualität aus. Hierzu wird das im Bauraum befindliche UV-härtbare Harz mit einem Laser lokal polymerisiert. Das Bauteil entsteht dabei an einer Harzlösung eintauchenden Druckplattform, an der die erste Schicht anhaftet. Ist diese abgeschlossen, wird die Druckplattform angehoben und die nächste Schicht wird polymerisiert (vgl. auch Abb. 9.6 (Copyright © BASF 3D Printing Solutions)). Die erzielbaren Auflösungen liegen im Bereich von 25 bis 100 µm. Nach Abschluss des Bauprozesses ist eine Nachbehandlung erforderlich. Das Bauteil muss mit geeigneten Lösungsmitteln (z. B. Isopropanol) von überschüssigem Harz gereinigt werden und Stützmaterial muss entfernt werden. Zudem ist in der Regel auch eine „Nachvernetzung" erforderlich, d. h., das Bauteil wird solange mit UV-Licht bestrahlt, bis es vollständig ausgehärtet ist.

Die DLP-Technologie („Digital Light Processing") arbeitet mit Projektoren, die im Gegensatz zur Stereolithografie eine flächige Belichtung ermöglichen, als Lichtquelle dienen z. B. UV-LED-Arrays. DLP ermöglicht hohe horizontale Auflösungen von 10 bis 50 µm und eignet sich insbesondere für kleinere Bauteile mit feinen Strukturen und hohen Ansprüchen an die Qualität die Oberfläche. Beim CLIP-Verfahren („Continuous Liquid Interface Production") wird die Polymerisation durch die Kombination von UV-Licht mit inhibierendem Sauerstoff geregelt, wodurch ein kontinuierlicher Prozess ermöglicht wird.

Wird reaktives Harz durch einen Druckkopf schichtweise aufgebracht und mit UV-Licht ausgehärtet, spricht man von Photopolymer Jetting (PPJ). Damit können sehr dünne Schichten (16 bis 30 µm) und feine Strukturen erzielt werden. Das Verfahren benötigt Stützstrukturen, die simultan durch einen zweiten Düsensatz gedruckt werden können. Ein großer Vorteil des Jetting ist, dass mehrere Materialien mit verschiedenen Eigenschaften verarbeitet werden können [10, 20, 22].

Metallische Verfahren; inkl. verfügbare Materialien

Additive Fertigungsverfahren, die auf metallische Grundwerkstoffe, wie z. B. Stahl, Aluminium oder Titan basieren, nutzen unterschiedlichste Formen des Baumaterials, der eingebrachten Energie und der Form der Verarbeitung. Aufgrund dessen sind derartige Verfahren auch sehr unterschiedlich in Bezug auf die Materialeigenschaften, Materialauftragsraten und der damit einhergehenden Zykluszeiten und Stückzahlpotenziale [10, 13, 25–27]. Einen groben Überblick dieser Verfahren ist in Abb. 9.7 aus [28] zusammengefasst.

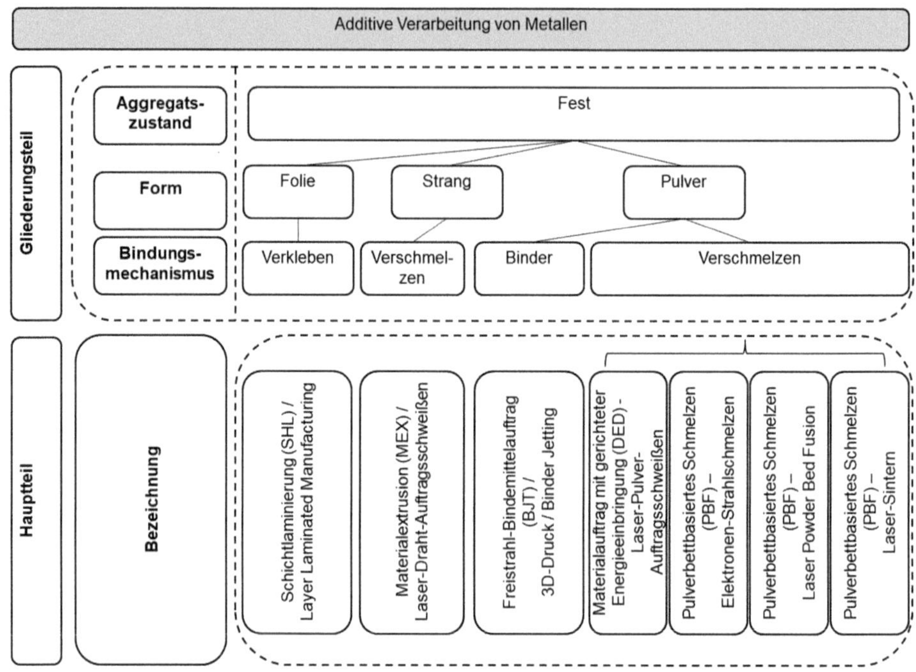

Abb. 9.7 „Additive Fertigungsverfahren" basierend auf metallischen Grundwerkstoffen, aus [28]

Von „pulverstrahlbasierten Verfahren", wie z. B. dem Materialauftragschweißen (Laser Metal Deposition -LMD), wird gesprochen, wenn als Ausgangsmaterial ein Metallpulver verwendet wird, das beispielsweise unter Zuhilfenahme einer Düse auf eine zu fertigende Stelle/Struktur aufgestrahlt wird. Zur Energieeintragung wird hierbei ein Laser oder eine andere Strahlenquelle verwendet, die auf diese „zu fertigende Stelle" fokussiert ist. Die alternative Verfahrensvariante basiert hingegen auf einem metallischen Pulver, das als Pulverbett verarbeitet wird. Eine Verfahrensvariante des „pulverbettbasierten Prozesses" ist hierbei z. B. das Laser-Metal-Fusion-Verfahren (LMF). Wird alternativ hierzu das verwendete Material in Drahtform bzw. Strang aufgebracht, wird diese Kombination als „drahtbasiertes Verfahren" bezeichnet und mit Laser oder Elektronenstrahl als Energiequelle kombiniert [10, 13, 25, 28, 29].

Hybride Verfahrensansätze

Um Nachteile von „klassischen Verfahren" und additiven Fertigungsverfahren zu kompensieren, gibt es aktuelle Ansätze, Bauteile und Strukturen in einem kombinierten Ansatz zu realisieren. Hierbei werden beispielsweise Strukturen, die in einer großen Stückzahl benötigt werden, mittels Halbzeuge oder Verfahren wie dem Gießen oder dem Tiefziehen realisiert und notwendige Funktionalisierungen und Adaptionen für spezielle Anwendungen durch additive „Zusatzstrukturen" umgesetzt [13, 27, 30, 31].

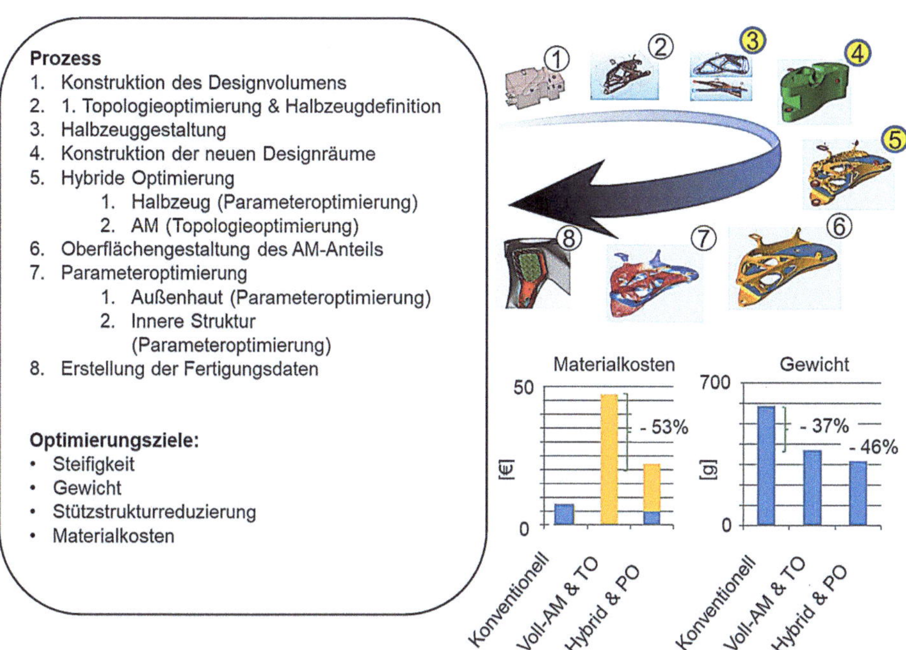

Abb. 9.8 Gesamtansatz und Potenziale von hybriden Ansätzen am Beispiel einer Halterung – methodischer Ansatz, aus [31]

Ein Beispiel derartiger, hybrider Ansätze im Bereich des metallischen 3D-Drucks ist in Abb. 9.8 aus [31] und Abb. 9.9 aus [31] dargestellt. Hierbei handelt es sich um eine Halterung im Vorderwagenbereich, der als konventionelle Variante mittels Stanzen, Biegen und Schweißen gefertigt wird. Alternativ zu diesem Verfahren wurden die Potenziale eines reinen, additiven Fertigungsverfahren und eines hybriden Ansatzes mit ebenen Halbzeugen und additiv gefertigten Strukturen verglichen. Durch den durchgeführten, systematischen und hybriden Konzeptansatz wurde ersichtlich, dass Vorteile im Bereich der Materialkosten aber auch des Gewichts erzielt werden können [31].

Besondere Herausforderungen bei der Konzeption, Konstruktion und Simulation additiv gefertigter Verfahren

Aufgrund der Rahmenbedingungen der „additiven Fertigung“ und des sukzessiven Materialaufbaus ergeben sich neben den geometrischen Freiheitsgraden und Potenzialen auch spezifischer Herausforderungen, die bei der Anwendung dieser Verfahren mitberücksichtigt werden müssen. (vgl. auch [32])

Um die Vorteile so weit wie möglich zu erschließen, ist insbesondere eine systematische und an die Prozesse angepasste Vorgehen notwendig, die auch die komplette, digitale Entwicklungskette mitberücksichtigt, wie diese in Abb. 9.10 aus [18] beispielhaft dargestellt ist.

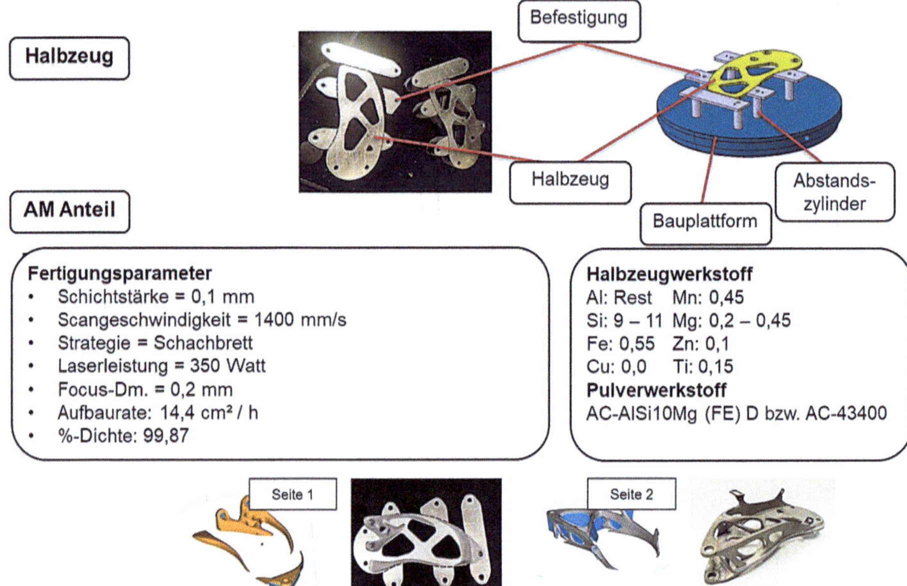

Abb. 9.9 Gesamtansatz und Potenziale von hybriden Ansätzen am Beispiel einer Halterung – Fertigungsansatz, aus [31]

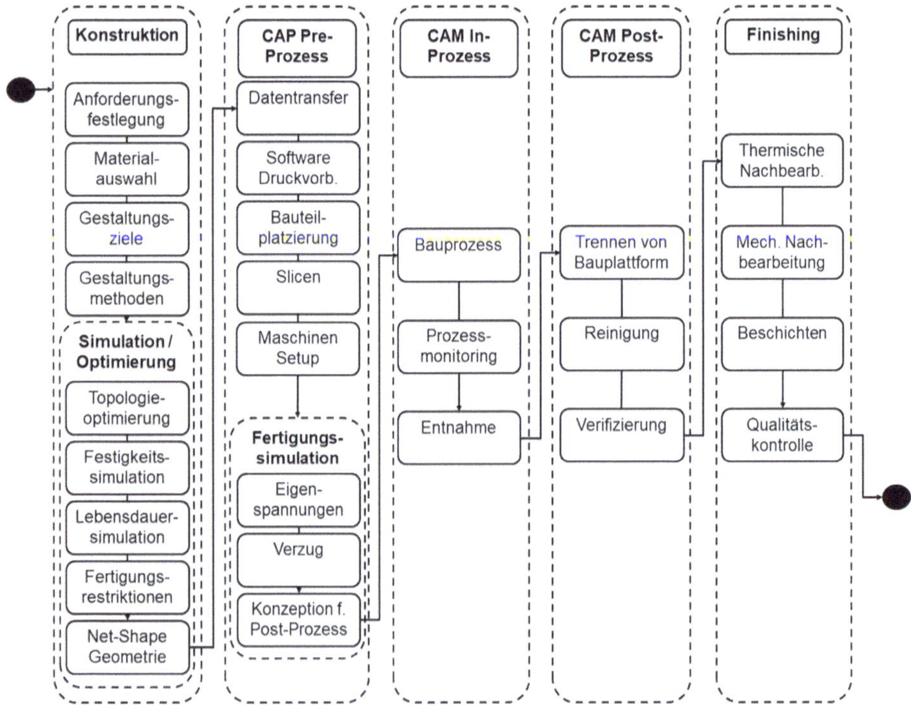

Abb. 9.10 Auf die additive Fertigung abgestimmt Prozess- und Auslegungskette, aus [18]

Ausgangsbasis sind hierbei die spezifischen Anforderungen an die finalen Bauteile und Strukturen. In einem ersten Schritt wird mit diesen Informationen die konstruktive Umsetzung und das Design analysiert und konkretisiert. Hierbei können sowohl spezifische Konstruktionsrichtlinien und Methoden zur Designabwägung herangezogen werden (siehe auch [18, 19, 22, 33]) als auch Verfahren aus dem Bereich Strukturoptimierung, wie Beispielsweise die Topologieoptimierung [31, 34].

Ein besonderes Augenmerk muss hierbei auch auf die verfahrensrelevanten Einflussgrößen, insbesondere bei der geometrischen Ausbildung und ggf. notwendiger Stützstrukturen, aber auch bei den fertigungsprozessabhängigen, anisotropen Materialeigenschaften des Endbauteils, gelegt werden.

Basierend auf diesen Erkenntnissen kann anschließend der Pre-, In- und Post-Prozess der eigentlichen additiven Fertigung erfolgen, mit den spezifischen Arbeitsschritten des ausgewählten Fertigungsverfahrens. Das optimierte CAD-Modell wird in ein für die additive Fertigung spezifisches Dateiformat hierfür übertragen. De-facto-Industriestandard ist das STL-Dateiformat, das die Oberfläche der Bauteile durch eine lückenlose Approximation mit Dreiecken beschreibt. Im nächsten Schritt wird die STL-Datei in ein für den 3D-Drucker interpretierbares Format umgewandelt. Bei diesem Computer Aided Manufacturing (CAM) wird das Bauteil in auf die Auflösung des Druckers angepasste Schichten zerlegt und die exakten Bewegungen des Druckkopfes oder Lasers errechnet sowie weitere Parameter je nach Verfahren festgelegt [21, 22].

Anwendungen im Verkehrssektor und zukünftige Entwicklungen

Aufgrund der vielfältigen Anwendungsmöglichkeiten und Potenziale der additiven Fertigung werden die entsprechenden Verfahren, wie in Abb. 9.11 aus [16] dargestellt, in unterschiedlichen Phasen des Produktentwicklungszyklus eingesetzt [19].

Eine der größten Herausforderungen liegt insbesondere beim Einsatz im Bereich der Fertigung von Serienbauteilen mit entsprechenden Stückzahlen. Hierbei werden neueste Entwicklungen in den unterschiedlichsten Fahrzeugdomänen und Anwendungsfeldern

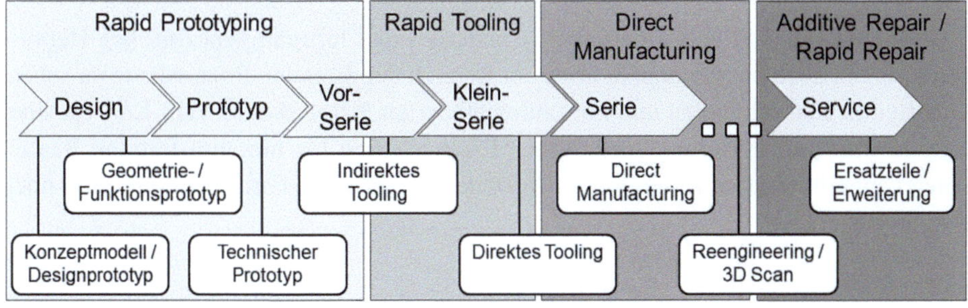

Abb. 9.11 Einsatzmöglichkeiten von additiven Fertigungsverfahren entlang des Produktentstehungsprozesses, aus [16]

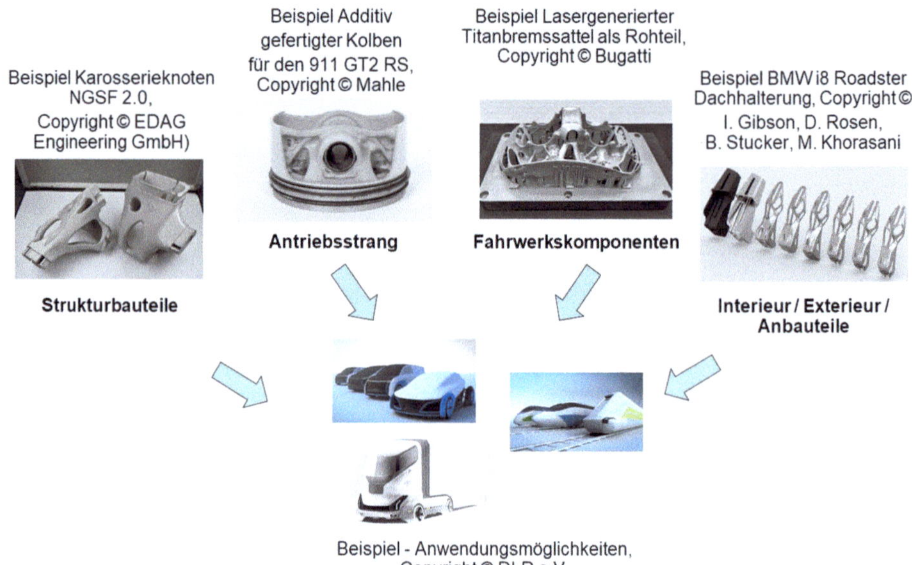

Abb. 9.12 Aktuelle Beispiele von Einsatz- und Anwendungsmöglichkeiten im Bereich Verkehr – Auszug, nach [35–39], Copyright © siehe Abbildung

vorangetrieben, wie dies in Abb. 9.12 nach [35–39] dargestellt ist (vgl. auch [40–42]). Das Anwendungsspektrum reicht von typischen Karosserieanwendungen über Antriebs- und Fahrwerkskomponenten bis hin zu Interieur- und Exterieurstrukturen. (vgl. auch [15, 25, 40, 43–46])

Bei diesen Entwicklungen spielen unterschiedlichste Fragestellungen eine spezifische Rolle, um die Einsatzmöglichkeiten zu erweitern und voranzubringen.

Zum einen werden Weiterentwicklungen nötig sein, um das einsetzbare Materialspektrum auszubauen, um somit weitere Anwendungsgebiete zu erschließen.

Parallel hierzu werden Verfahren relevanter werden, die die Möglichkeit bieten, auch bei größeren Stückzahlen wirtschaftlich eingesetzt werden zu können, wie z. B. Ansätze von hybriden Fertigungsmöglichkeiten oder das Screw-Extrusion-Verfahren (siehe auch [24, 31]).

Zum anderen sind neben diesen eher material- und fertigungsspezifischen Herausforderungen auch notwendige Schritte im Bereich der digitalen Prozesskette zu sehen. Die digitalen Abbildungen und hochautomatisierten Prozessketten vom Konzept über die material- und fertigungsspezifischen Eigenschaften bis hin zum fertigen Bauteil spielen eine besondere Rolle, um die Vorteile der additiven Fertigungsverfahren noch auszubauen.

9.3 Verbunde mit Holz

David Heyner und Elmar Beeh

9.3.1 Motivation: Holz ein Hochleistungswerkstoff aus der Natur für den Fahrzeugbau

Warum wachsen Bäume? Der Grund für das Streben der Bäume nach Höhe ist die Fototrophie. Nur mit ausreichend Sonnenlicht kann in den Blättern des Baumes die Fotosynthese stattfinden, die vereinfacht aus Kohlenstoffdioxid, Sonnenlicht und Wasser den Grundbaustein Glucose und das Nebenprodukt Sauerstoff entstehen lässt. Die Glucose wird wiederum benötigt, um die Zellen des Baumes zu versorgen und so deren Teilung zu ermöglichen. Um sich im Ökosystem Wald ausreichend Sonnenlicht zu sichern, müssen Bäume möglichst schnell große Höhen erreichen. Dafür hat die Natur sowohl das Wachstum als auch den Werkstoff Holz in Millionen von Jahren optimiert. So ist ein hochkomplexes funktionsintegriertes Hybridmaterial entstanden, das zum einen als Strukturwerkstoff dient, aber auch viele für das Überleben des Baumes erforderliche Funktionen, wie den Transport von Wasser und die Speicherung von Nährstoffen, übernimmt.

Der für die Fotosynthese erforderliche Kohlenstoff wird der Luft in Form von Kohlenstoffdioxid (CO_2) entnommen. Entsprechend kann der Werkstoff Holz als Kohlenstoffdioxidsenke betrachtet werden. Überschlägig kann abgeschätzt werden, dass 1 kg Holz ca. 1,8 kg CO_2 speichert. Wie in Abb. 9.13 zu erkennen ist, besitzt Holz ein sehr hohes Potenzial CO_2-Emissionen bei der Werkstoffherstellung einzusparen, wobei der Speichereffekt des Holzes, in dieser Bilanzierung nicht berücksichtigt wurde. Bei der ausschließlichen Bewertung des Laubschnittholzes fallen lediglich CO_2-Emissionen für das Fällen des Bau-

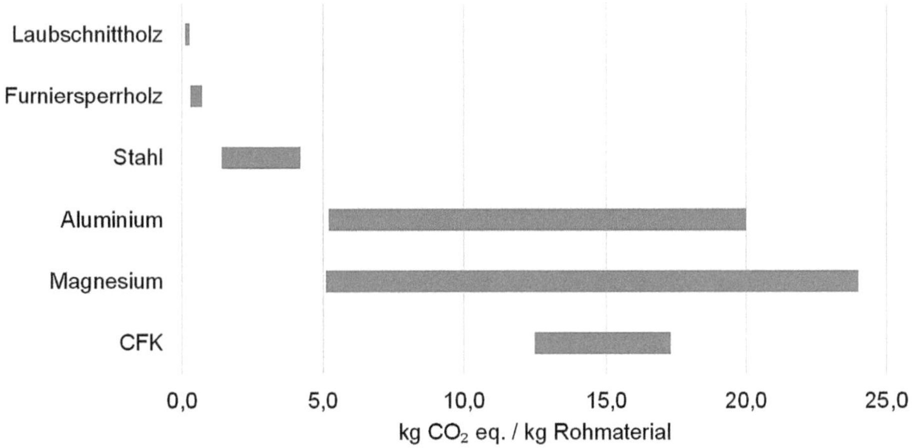

Abb. 9.13 Vergleich der CO_2-Äquivalenten unterschiedlicher Rohmaterialien [47, 48]

mes, den Transport, die Holzverarbeitung und die Trocknung an. Unter Berücksichtigung des Speichereffektes, könnte hier von einer negativen CO_2-Bilanz ausgegangen werden. Das setzt allerdings voraus, dass die Nutzungsdauer und der Recyclingprozess bekannt sind. Im ungünstigsten Fall wird das Holz nach der Nutzungsphase verbrannt, dann wird durch das reine Holz nicht mehr CO_2 emittiert als während des Wachstums gebunden wurde. Für das hier betrachtete Furniersperrholz wurde das verwendete Klebstoffsystem gemäß [47] mit bilanziert. Aufgrund des CO_2-intensiven Herstellungsprozesses von Klebstoffen führt dies zu einer Verschlechterung der Bilanz.

Neben der Reduktion der CO_2-Emissionen müssen auch andere Auswirkungen auf die Umwelt betrachtet werden, wie das Versauerungspotenzial, die Ökotoxizität und der Wasserbedarf. In vielen dieser Kategorien besitzt Holz gegenüber konventionellen Werkstoffen klare Vorteile. So entstehen beispielsweise bei der Holzernte keine toxischen oder umweltschädlichen Nebenprodukte. Allerdings gibt es hinsichtlich der Umweltauswirkungen auch Nachteile bei Einsatz von Holz – hierbei ist insbesondere die Landnutzung zu nennen. Zudem benötigt Holz ausreichend Wasser und Zeit um zu wachsen. Wirklich zukunftsfähig ist der Einsatz von Holz daher nur dann, wenn der Forst nachhaltig bewirtschaftet wird. Dieser Aspekt muss bei der Herkunft des Holzes und der Holzsorte berücksichtigt werden.

Zuverlässige Zahlen zum Zustand des Waldes in Deutschland können der Bundeswaldinventur entnommen werden [49]. Hierbei wird auch deutlich, welche Holzsorten in großen Quantitäten zur Verfügung stehen. In Tab. 9.2 sind die jährlichen Zuwachsraten des Vorrats auf Basis der letzten Bundeswaldinventur (Periode 2002–2012) aufgelistet.

Das in Tab. 9.2 angegebene Volumen kann nur überschlägig in eine Masse umgerechnet werden. Der Grund hierfür ist, dass Holz für technische Anwendungen immer getrocknet werden muss und es hierdurch zu einer richtungsabhängigen Volumenabnahme kommt. Des Weiteren kann nicht der gesamte Baum zur Herstellung technischer Werkstoffe genutzt werden. Für das Beispiel Buche wird stark vereinfacht von einer Volumenreduktion von 15 % nach der Trocknung ausgegangen. Damit reduziert sich das Volumen auf 15.549.000 m^3 bei einer relativen Holzfeuchte von ca. 12 % [50, 51]. Es ist sehr schwierig

Tab. 9.2 Zuwachsraten des Vorrats für heimische Holzsorten (aus [49])

Holzsorte	Zuwachs (Periode 2002–2012) in Deutschland (alle Bundesländer) in m^3/a
Eiche	9.353.000
Buche	18.293.000
Alle Laubbäume	41.526.000
Fichte	45.671.000
Douglasie	3.864.000
Kiefer	24.180.000
Alle Nadelbäume	80.076.000
Alle Baumarten	121.602.000

den für technische Anwendungen nutzbaren Anteil des Holzes zu quantifizieren. Anhaltspunkte für eine mögliche Abschätzung liefert beispielsweise [52]. Nachfolgend wird von einem Anteil von nur 10 % am Gesamtvolumen nach Trocknung ausgegangen, der für die Weiterverarbeitung und den Einsatz in Fahrzeugstrukturen geeignet ist. Bei einer gemittelten Dichte von 0,72 t/m^3 [53] für Buchenholz würde der jährliche Zuwachs des Vorrats dann bei ca. 1.120.000 t liegen. Natürlich kann der reine Zuwachs des Vorrats nicht direkt in Schnittholz umgerechnet werden, allerdings wird anhand dieser stark vereinfachten Betrachtung das große Potenzial von Holz deutlich. Es könnten theoretisch bei ca. 3,2 Mio. neu zugelassenen Fahrzeugen 2019 in Deutschland [54] allein mit dem Zuwachs des Vorrats an Buchenholz pro Fahrzeug ca. 350 kg Holz verbaut werden. Bei der Rechnung unberücksichtigt bleibt der zur Ernte vorgesehen Baumbestand und der Einsatz anderer Holzsorten.

9.3.2 Holz als Konstruktionswerkstoff im Automobilbau

Holz zählt mit zu den ältesten vom Menschen genutzten Konstruktionswerkstoffen und fand auch im frühen Automobilbau, der noch stark vom Kutschenbau geprägt war, Einsatz. Eine zu Beginn des 20. Jahrhunderts typische Bauweise war eine Holzunterkonstruktion, die mit Blech beplankt wurde. Eine gängige Holzart war beispielsweise Esche, die bis heute aufgrund der guten Kombination aus Festigkeit und Zähigkeit für viele technische Anwendungen genutzt wird (siehe Abb. 9.14) [55]. Parallel dazu entwickelte Ford in den

Abb. 9.14 1925 Schnittmodell des Audi 18/70 PS Typ M mit Holzrahmen. (Mit freundlicher Genehmigung der © Audi AG [2022]. All rights reserved)

USA die Fließbandfertigung. Ausgehend von modernen Fertigungsverfahren für die Verarbeitung von metallischen Werkstoffen wurde Holz als Werkstoff im modernen Fahrzeugbau schließlich vollständig verdrängt. Eine Ausnahme stellt beispielsweise der britische Sportwagenhersteller Morgan Motor Company dar, der in Kleinserienfahrzeugen bis heute eine Unterkonstruktion aus Eschenholz einsetzt.

Der Fokus der Automobilindustrie lag in den folgenden Jahrzehnten auf der Optimierung von Fertigungsprozessen und der zunehmenden Automatisierung mit dem Fokus auf metallische Werkstoffe. Innovationen im Bereich der Holzverarbeitung wurden in Hinblick auf den Einsatz in Fahrzeugstrukturen nicht mehr validiert, obwohl auch in diesem Bereich stetige Weiter- und Neuentwicklungen stattgefunden haben. Hierzu zählen beispielsweise automatisierte Verfahren zur Holzsortierung, neue Bearbeitungsverfahren und die Weiterentwicklung von Klebstoffen.

Im heutigen Stand der Technik ist der Einsatz von Holz vorrangig im Bereich von Bodenstrukturen beispielsweise für Transporter und nichttragenden Verkleidungsteilen etabliert. Hinzu kommen Anwendungen im Innenausbau von Camping- und Schienenfahrzeugen.

Aufgrund wachsender Bestrebungen, Emissionen im Produktionsprozess von Fahrzeugen zu reduzieren, wird versucht den Werkstoff Holz für weitere Anwendungen und insbesondere für die Großserienfertigung zu qualifizieren.

9.3.3 Aufbau von Holz

Die chemischen Hauptbestandteile von Holz sind Zellulose, Holzpolyosen und Lignin (siehe Tab. 9.3). Auffällig ist hierbei, dass sich die Anteile zwischen Nadel- und Laubholz nur geringfügig unterscheiden.

Die einzelnen Zellulosemoleküle bilden sogenannten Elementarfibrillen aus. Diese bestehen aus Zellulosemolekülen, die durch Wasserstoffbrückenbindungen mit einander verbunden sind und langgestreckte faserartige Strukturen ausbilden. Aus mehreren Elementarfibrillen wird eine Mikrofibrille (siehe Abb. 9.15) gebildet. Eingebettet werden die Fibrillen in eine Matrix aus Lignin. Die Einlagerung von Lignin in die Zellwände, die sog.

Tab. 9.3 Chemische Hauptbestandteile von Holz am Beispiel unterschiedlicher Laub- und Nadelhölzer in % der Massenanteile (Werte aus Tabelle 12 [53])

Holzart	Zellulose	Holzpolyosen	Lignin
Tanne	42,3	22,5	28,6
Kiefer	41,9	21,5	29,5
Esche	40,2	25	26,0
Buche	45,4	22,2	22,7
Birke	40,9	27,1	27,3
Pappel	48,4	18,2	21,6
Weide	42,9	21,9	24,7

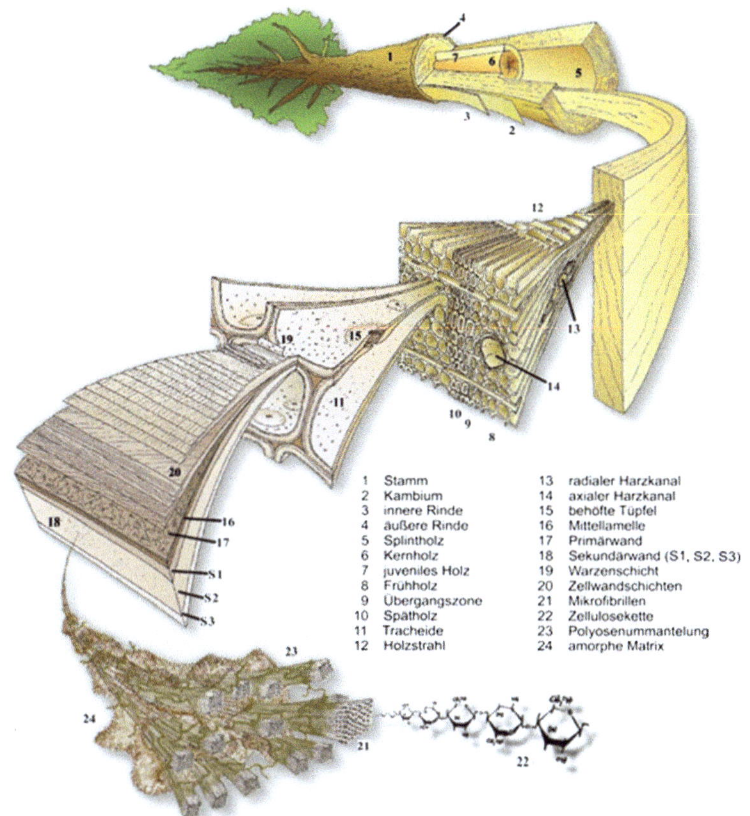

Abb. 9.15 Hierarchische Struktur des Holzes nach M. Harrington, [56] bearbeitet von S. Hering, in Niemz, Holzphysik © 2017 [51], mit freundlicher Genehmigung von Carl Hanser Verlag München [2022], All rights reserved

Lignifizierung bzw. Verholzung, stabilisiert die Fibrillen und gibt dem Holz die druckfesten Eigenschaften. Die Zellen der Laub- und Nadelbäume verfügen über mehrere Schichten in der Zellwand, in denen die Zellulosefibrillen unterschiedlich orientiert sind (siehe Abb. 9.15). Die dickste Schicht ist die sogenannte S2-Schicht. Hier liegen die Fibrillen in einem spitzen Winkel zur Stammachse und dominieren das mechanische Verhalten.

Auch wenn die chemischen Bestandteile von Laub- und Nadelhölzern sehr ähnlich sind, unterscheiden sie sich deutlich hinsichtlich ihres zellularen Aufbaus. Ein Hauptunterschied liegt in dem einfacheren Aufbau der Nadelbäume, der sich insbesondere darin äußert, dass weniger stark ausdifferenzierte Zellstrukturen vorliegen. Bei Nadelbäumen übernehmen die sogenannten Tracheiden sowohl die Festigungsfunktion als auch die Funktion der Wasserleitung und stellen den Großteil der Zellstrukturen dar. Die Struktur ist in Abb. 9.16 (links) dargestellt. In Abb. 9.16 (rechts) sind die spitz zulaufenden Tracheiden eines Nadelbaumes und die sog. Tüpfel im Längsschnitt zu sehen. Die punktförmigen

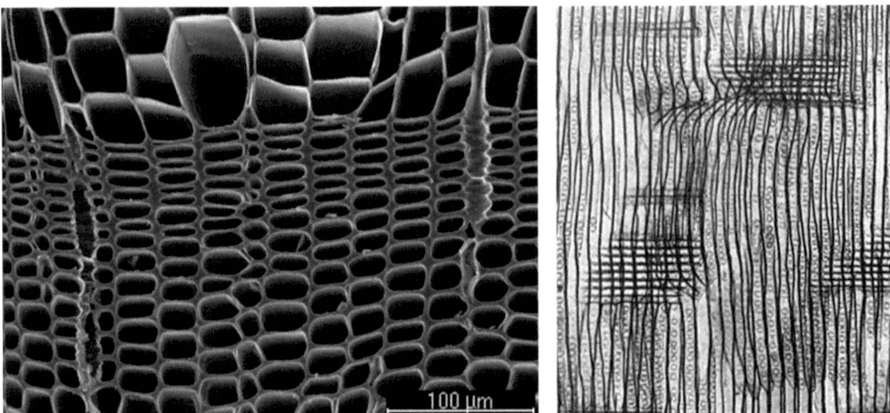

Abb. 9.16 Querschnitt Fichte (REM-Aufnahme) mit Früh- und Spätholz (Quelle: E. Bäucker, Dresden, Bild 1.13 aus [50] mit freundlicher Genehmigung von © 2012 Carl Hanser Verlag München [2022], All rights reserved), Radialschnitt Zirbelkiefer (REM-Aufnahme) Tracheiden mit Tüpfeln (rechts). (Aus [57], mit freundlicher Genehmigung von © Springer Basel AG 1982 [2022], All rights reserved)

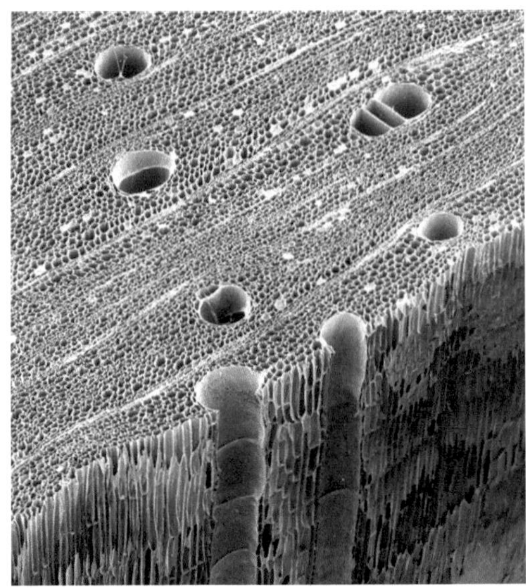

Abb. 9.17 Querschnitt Balsa-Holz (REM-Aufnahme). (Mit freundlicher Genehmigung von © 3A Composites [2022]. All rights reserved)

Tüpfel stellen eine Querverbindung zwischen den einzelnen Zellen her. Dadurch kann das Wasser von der Wurzel bis zur Krone des Baumes gelangen.

Laubbäume besitzen getrennte Zellstrukturen. Für die Wasserleitung sind die sogenannten Tracheen zuständig, wohingegen die Festigungsfunktion überwiegend von den Libriformfasern und Fasertracheiden übernommen wird. In Abb. 9.17 ist ein Schnitt quer zur Stammachse von Balsaholz dargestellt. Die großvolumigen Tracheen die für die Wasserleitung zuständig sind, sind gut zu erkennen. [50]

Holz wird während des Dickenwachstums von Bäumen durch Zellteilung im sogenannten Kambium gebildet. Das Kambium umschließt dabei das Holz und liegt in einer der Schichten unterhalb der Borke (siehe Abb. 9.15). So lässt sich auch der, von der Stammmitte aus gesehen, ringförmige Aufbau des Holzes erklären. Abhängig von Holzsorte und Herkunft sind die sogenannten Jahresringe ein besonders auffälliges Merkmal im Schnittbild. Diese resultieren aus den unterschiedlichen klimatischen Bedingungen in den Sommer- und Wintermonaten die das Holzwachstum beeinflussen. In den Herbst- und Wintermonaten, werden dichtere Holzbereiche gebildet, die eine festere Struktur und optisch dunklere Anmutung haben. Insbesondere bei Nadelhölzern besitzen die Tracheiden nur noch sehr geringe Lumen (siehe Abb. 9.16 links), wodurch nur geringe Mengen Wasser transportiert werden können [58]. Umso stärker ist der Einfluss der Jahrringe auf die Festigkeitseigenschaften des Holzes. Im Frühjahr und in den Sommermonaten bildet der Baum Zellen mit großen Lumen aus, die viel Wasser transportieren können. Die weniger dichte Struktur nimmt einen Großteil des Holzvolumens ein und erscheint optisch heller. Ein weiteres Merkmal ist das sogenannte Kern- und Splintholz. Das Kernholz besteht aus abgestorbenen Zellen und befindet sich im inneren Bereich des Stammes, es ist meist dunkler gefärbt und wird bei manchen Holzsorten durch die Bildung spezieller Stoffe geschützt. Weitere Beispiele für auf Makroebene sichtbare Merkmale sind Astlöcher und Holzstrahlen. Holzstrahlen dienen dazu, Wasser und andere Stoffe in radialer Richtung, also quer zur Stammachse zu transportieren (siehe Abb. 9.15).

Zusammenfassend kann Holz als technischer Werkstoff wie folgt beschrieben werden. Die Zellwände und insbesondere die S2-Schicht geben dem Holz seine mechanischen Eigenschaften. Aus technischer Sicht betrachtet ist der Aufbau der Zellwände mit einem klassischen faserverstärkten Kunststoff zu vergleichen, wobei die Hauptorientierung der einzelnen Fasern in Längsrichtung des Stammes liegt. Die sog. Fibrillen übernehmen dabei die Funktion der Fasern, wohingegen das Lignin als Matrix betrachtet werden kann. Die Zellen der Nadel- und Laubbäume bilden eine poröse Struktur aus. Aufgrund der hohen Porosität können die Werkstoffeigenschaften zum Teil auch mit denen von Schäumen vergleichen werden [59].

9.3.3.1 Mechanische Eigenschaften des Werkstoffs Holz

Dickenwachstum, Faser- und Zellstruktur führen dazu, dass Holz stark anisotrope Materialeigenschaften aufweist. Die Eigenschaften werden daher zwischen radialer, longitudinaler und tangentialer Richtung unterschieden (siehe Abb. 9.18).

Neben der Holzsorte selbst stehen die Eigenschaften in starker Wechselwirkung zu Umwelteinflüssen. Die klimatischen Bedingungen spielen hierbei eine zentrale Rolle, wie die Bildung von Jahresringen unterstreicht. Hinzu kommen durch das natürliche Wachstum bedingte Schwankungen im strukturellen Aufbau (Inhomogenitäten). All diese Faktoren führen zu Schwankungen in den Materialkennwerten. Die Holzkennwerte können daher immer nur bereichsweise oder gemittelt angegeben werden. Teilweise bestehen auch starke Schwankungen zwischen verschiedenen Quellen.

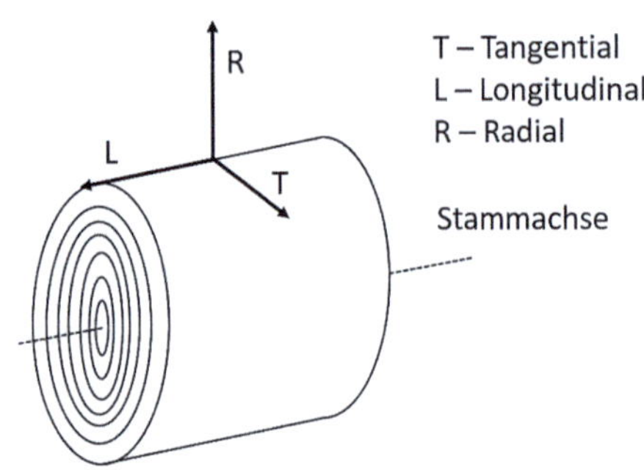

Abb. 9.18 Hauptachsen des Holzes und ihre Zuordnung

Tab. 9.4 Elastizitätsmoduln von Holz in den Hauptbelastungsebenen. (Dichte und Längsrichtung nach DIN 68364:2003-05 ergänzt durch Werte aus [51])

Holzart	Rohdichte [kg/m³]	Elastizitätsmodul [N/mm²]		
		Längs (L)	Radial (R)	Tangential (T)
Fichte	460	11.000	800	450
Rotbuche	710	14.000	2280	1160

Tab. 9.5 Festigkeiten ausgewählter Holzarten in den 3 Hauptachsen bei Normklima (Messung ETH Zürich, IfB). (Aus [51])

Holzart	Festigkeit [N/mm²]	Belastungsrichtung		
		Längs (L)	Radial (R)	Tangential (T)
Fichte	Zug	87,2	4,0	3,1
	Druck	40,2	4,1	4,2
Rotbuche	Zug	96,7	14,7	8,9
	Druck	45,0	11,0	6,0

Nachfolgend sind in Tab. 9.4 und Tab. 9.5 beispielhaft Elastizitätsmodul, Druckfestigkeit und Zugfestigkeit für Fichte und Buche in den unterschiedlichen Raumrichtungen dargestellt.

Wie aus den Werten hervorgeht, unterscheiden sich die Materialkennwerte abhängig von der betrachteten Raumrichtung stark. Die longitudinale Richtung weist die höchsten Werte auf. Des Weiteren liegt die Druckfestigkeit in Längsrichtung bei circa der Hälfte der Zugfestigkeit. Dieser Sachverhalt ist auf ein Ausknicken der Zellewände bei Druckbelastung zurückzuführen.

Eine weitere Besonderheit von Holz ist die starke Abhängigkeit der Materialeigenschaften von der Holzfeuchte. Wie in Abschn. 9.3.3 erläutert, ist es eine der Hauptaufgaben von Holz, den Wassertransport sicherzustellen. Die hohe Porosität führt dazu, dass der Werkstoff leicht Feuchte aufnimmt. Die Dichte des Holzes ist daher abhängig von der Feuchte. Es gibt verschiedene Möglichkeiten, die Dichte zu definieren. Üblich sind die Angabe der Darrdichte, die nach vollständiger Trocknung des Holzes vorliegt, also bei 0 % Holzfeuchte, oder die Rohdichte die sich bei Normklima (20 °C/65 % rel. Luftfeuchte) im Holz einstellt. Für europäische Holzsorten entspricht die prozentuale relative Holzfeuchte bei Normklima ca. 12 %. Für eine zunehmende Holzfeuchte nehmen die mechanischen Eigenschaften bis zur Sättigung des Holzes annähernd linear ab. [51] Ausführliche Untersuchungen für Ahorn wurden beispielsweise in [60] durchgeführt. Hier nimmt die Zugfestigkeit in Faserrichtung im Feuchtigkeitsbereich von ca. 8–18 % rel. Feuchte um 10 % und die Druckfestigkeit um ca. 40 % ab. Die Holzfeuchte oder die definierten klimatischen Bedingungen müssen daher immer mit den Materialkennwerten angegeben werden.

Die Feuchtigkeitsaufnahme im Holz führt auch zu einer Volumenzunahme, die als Quellen bezeichnet wird. Der Vorgang ist reversibel, was dazu führt, dass bei Abgabe von Feuchtigkeit eine Volumenabnahme erfolgt – das sogenannte Schwinden. Die Volumenänderung erfolgt abhängig von Faserorientierung und Wuchsrichtung asymmetrisch. In Tab. 9.6 sind die richtungsabhängigen maximalen Quellmaße für Buche und Fichte aufgelistet.

Wird Holz bei erhöhten Temperaturen betrachtet, gilt es zudem zu berücksichtigen, dass sich die mechanischen Eigenschaften tendenziell verschlechtern. So liegt beispielsweise die Biegefestigkeit von Buche bei – 20 °C bei ca. 140 MPa. Wird der Werkstoff auf 50 °C erwärmt, fällt die Biegefestigkeit auf unter 100 MPa ab. [51]

Für technische Anwendungen ist häufig die Kombination unterschiedlicher Werkstoffe erforderlich. Hierbei ist der thermische Ausdehnungskoeffizient eine wichtige Kenngröße, da Spannungen im Materialsystem entstehen, die zu Delaminationen führen können. Zur Einordnung wird in Tab. 9.7 der thermische Ausdehnungskoeffizient für Fichte, Sperrholz, Aluminium und Stahl angegeben. Wie aus der Tabelle hervorgeht, liegt auch hier eine starke Richtungsabhängigkeit vor. Für Sperrhölzer können die Eigenschaften geglättet werden. Generell ist die thermische Ausdehnung kleiner als bei Aluminium und Eisen. Bei

Tab. 9.6 Quellung und Schwindung von Holz nach DIN 52184. (Werte aus Tab. 1.12 [50])

Holzart	Maximales Quellmaß (%)		
	Längs	Radial	Tangential
Fichte	0,2–0,4	3,7	8,5
Buche	0,2–0,6	6,2	13,4

Tab. 9.7 Lineare Wärmeausdehnung von trockenem Holz im Bereich – 50 bis + 50 °C und von Holzwerkstoffen im Bereich von – 40 bis + 60 °C (aus [51]), Werte für Aluminium und Eisen aus [61]

	Längenausdehnungskoeffizient (x 10^{-6}) [K^{-1}]		
		Senkrecht zur Faserrichtung	
Holzart	In Faserrichtung bzw. Plattenebene	Radial	Tangential
Fichte	3,15–3,5	23,8–23,9	32,3–34,6
Sperrholz (Lärche)	4,2		
Aluminium	21,1		
Eisen	11,8		

einer Hybridisierung ist daher die Untersuchung des Hybridmaterials bei unterschiedlichen Temperaturniveaus erforderlich.

Aufgrund der schwankenden Materialkennwerte, der starken Anisotropie der Materialeigenschaften und des starken Einflusses der Holzfeuchte ist Holz ein hochkomplexes Materialsystem. Für die Auslegung und Simulation ist eine genaue Kenntnis der eingesetzten Holzsorte, der Verarbeitungsprozesse und der Umgebungsbedingungen erforderlich.

9.3.4 Holz im Vergleich zu anderen Werkstoffen

Obwohl die verschiedenen Nadel- und Laubholzsorten jeweils aus den gleichen Zelltypen aufgebaut sind, unterscheiden sie sich stark in ihren Eigenschaften. Zwei Extrembeispiele sind Balsaholz mit einer Rohdichte von 0,10–0,23 t/m^3 und Pockholz mit einer Rohdichte von 1,19–1,32 t/m^3 [62]. Der Hauptunterschied liegt in der Porosität der verschiedenen Hölzer.

Die mechanischen Eigenschaften stehen in einem direkten Zusammenhang zur Dichte. Bei Zugbelastung in Fasserrichtung besteht ein annähernd linearer Zusammenhang zwischen Dichte und Festigkeit sowie zwischen Dichte und E-Modul. Bei Zugbelastung quer zur Faser ergibt sich ein differenzierteres Bild. Ab Unterschreiten einer bestimmten Dichte kollabieren einzelne Zellwände durch Ausbeulen der Zellwand, statt auf Zug zu versagen. Damit ist die Abnahme von Festigkeit und Steifigkeit nicht linear zur Dichte, sondern nimmt für sehr geringe Dichten überproportional stark ab. [59]

Die absoluten Werte von Festigkeit und Steifigkeit sind im Vergleich zu üblichen technischen Werkstoffen wie Stahl oder Aluminium deutlich niedriger (siehe Tab. 9.8). Die vergleichsweise geringe Dichte bietet jedoch den Vorteil, dass bei Lastfällen, bei denen das Flächenträgheitsmoment in die Auslegung einfließt, die Materialstärke der Bauteile bei gleichem Gewicht deutlich erhöht werden kann. Dies setzt allerdings voraus, dass ausreichend Bauraum zur Verfügung steht. Durch den guten Versteifungseffekt und die niedrige thermische Leitfähigkeit können zudem Synergieeffekte genutzt werden und thermi-

Tab. 9.8 Vergleich unterschiedlicher technischer Werkstoffe mit Holz (Werte für Buche und Pappel aus [62], sonstige Werte orientiert am Stand der Technik)

Parameter	Dichte	E-Modul	Zugfestigkeit
Einheit	[g/cm^3]	[GPa]	[MPa]
Stahl	7,85	210,0	1650,0
GFK (‖; 60 % UD)	2,10	40,0	900,0
Aluminiumlegierung	2,70	70,0	510,0
Magnesiumlegierung	1,74	45,0	400,0
Buche (II; 100 % UD)	0,75	14,4	117,5
Pappel (II; 100 % UD)	0,46	8,9	72,5
CFK (II; 60 % UD)	1,55	117,0	1700,0

‖ = Materialeigenschaften in Faserrichtung, UD = Unidirektional

sche und akustische Dämmung kann eingespart werden. So lässt sich bei Einsatz von Holz zusätzlicher Bauraum generieren. Gemäß [62] liegt die Wärmeleitfähigkeit quer zur Faser bei einer Holzfeuchte von 12–15 % für Fichte bei 0,10–0,12 [W/mK] und für Buche bei 0,16 [W/mK]. Für Balsaholz können sogar Werte deutlich unterhalb von 0,10 [W/mK] erreicht werden. Damit sind die Werte vergleichbar zu Materialien wie Polystyrol mit 0,15 [W/mK]. [61]

Mithilfe der Auswahlmethode nach Ashby soll nachfolgend das Potenzial von Holz im Vergleich zu anderen Werkstoffen aufgezeigt werden. Hierfür werden zwei unterschiedliche Lastfälle betrachtet, zum einen der Lastfall *Zugstab* und zum anderen der Lastfall *Balkenbiegung*. Die für die Berechnungen herangezogenen Werkstoffkennwerte wurden am Stand der Technik orientiert und können Tab. 9.8 entnommen werden. Für die Holzwerkstoffe wurde davon ausgegangen, dass alle Holzfasern in Lastrichtung liegen, wohingegen bei den Faserverbundmaterialien ein unidirektionaler Anteil von 60 % angenommen wurde. Mit welchen Anteilen gerechnet werden kann, hängt stark von Anwendung, Halbzeug und Fertigungsprozess ab. Mit der Auswahlmethode nach Ashby werden sogenannte Werkstoffindizes berechnet, die für einen bestimmten Lastfall einen qualitativen Vergleich unterschiedlicher Materialien ermöglichen. Die nachfolgend durchgeführten Betrachtungen sollen nur das Potenzial von Holz auf Basis der mechanischen Kennwerte aufzeigen – eine vollständige Materialauswahl muss unter Berücksichtigung vieler Faktoren erfolgen, wie beispielsweise Fertigungsrestriktionen oder Korrosion. Zudem werden bei diesen vereinfachten Betrachtungen keine Hybridwerkstoffe und komplexen Bauteilgeometrien analysiert – es wird von einfachen quadratischen Querschnitten aus Vollmaterial ausgegangen. Genaue Informationen zu diesem Vorgehen können [63] entnommen werden.

In Abb. 9.19 sind die verschiedenen Werkstoffindizes für die beiden Lastfälle *Zugstab* und *Balkenbiegung* dargestellt. Betrachtet wurden zum einen die Werkstoffindizes für Steifigkeit und zum anderen die Werkstoffindizes für Festigkeit. Je größer der Wert ist, umso höher ist das Leichtbaupotenzial für den betrachteten Lastfall und die betrachtete Geometrie.

Beim Lastfall *Zugstab* ist die starke Dominanz von CFK auffällig. Interessant ist jedoch, dass die betrachteten Holzsorten (Buche und Pappel) durchaus konkurrenzfähig zu

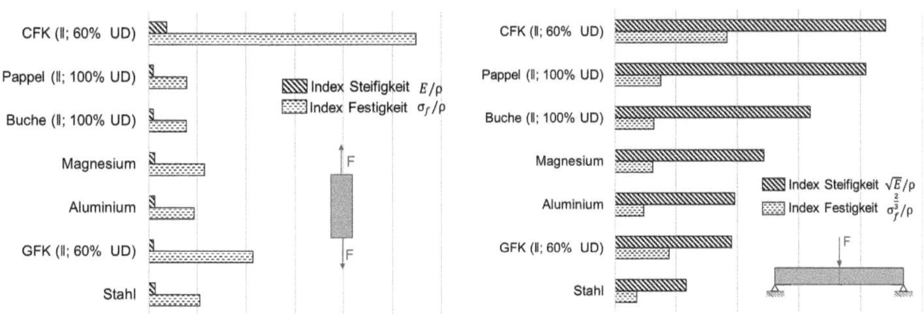

Abb. 9.19 Vergleich der Materialindizes für einen Zugstab (links) und einen Biegebalken (rechts)

klassischen Konstruktionswerkstoffen sind. Aufgrund des bereits angesprochenen linearen Zusammenhangs zwischen Materialeigenschaften und Dichte, sind die Indizes der beiden betrachteten Laubholzsorten sehr ähnlich. Ein möglicher Ansatz zur Erhöhung der absoluten Festigkeits- und Steifigkeitseigenschaften ist die Verdichtung. Durch die Verdichtung wird die Porosität im Holz reduziert und der Anteil an Zellulosefasern im Querschnitt erhöht. Buchenholzfurnier kann beispielsweise auf knapp die Hälfte der ursprünglichen Materialstärke verdichtet werden. Anwendung finden solche hohen Verdichtungsfaktoren u. a. in Kunstharzpressholz, das beispielsweise für beschusssichere Verkleidungsteile eingesetzt wird. Um die spezifischen mechanischen Eigenschaften des Holzes bei Zugbeanspruchung weiter zu erhöhen, kann zudem der Ligningehalt reduziert werden. In [64] wurde durch eine Delignifizierung und ein anschließendes Verdichten des entstehenden porösen Gerüstes aus Zellulose der Faservolumengehalt stark erhöht und so die spezifischen mechanischen Eigenschaften in Zugrichtung zusätzlich gesteigert.

Beim Lastfall *Balkenbiegung* wirkt sich aufgrund der geringeren Dichte der Hölzer der bei gleichem Gewicht größere Querschnitt positiv auf das Flächenträgheitsmoment und damit auf die Biegesteifigkeit aus. Insbesondere in Hinblick auf den Werkstoffindex für Steifigkeit sind Hölzer hier durchaus konkurrenzfähig zu Hochleistungswerkstoffen wie CFK, aber auch die Werte für den Werkstoffindex Festigkeit übertreffen zum Teil klassische Konstruktionswerkstoffe.

Zusammenfassend eignet sich Holz besonders gut für Belastungsarten, bei denen das Flächenträgheitsmoment in die Auslegung mit einfließt. Hierzu zählen beispielsweise Balkenbiegung, Plattenbiegung, Knicken und Beulen. Geeignet ist Holz im Fahrzeugbau daher für großflächige Strukturen wie das Dach, für überwiegend auf Druck beanspruchte Bauteile wie Längs und Querträger und mit Einschränkungen hinsichtlich des schlagdynamischen Verhaltens für auf Biegung beanspruchte Bauteile.

9.3.5 Holzwerkstoffe und Verarbeitungsprozesse

Holzwerkstoffe können in verschiedenen Aufschlüsselungen vorliegen. Ausgehend von nur geringfügig nachbearbeiteten Halbzeugen, wie Holzbalken, bis hin zu Werkstoffen, bei denen nur noch Holzfasern eingesetzt werden, wie Faserplatten, spannen Holzwerkstoffe ein breites Eigenschaftsspektrum auf. Eine mögliche Untergliederung besteht in Vollholzwerkstoffen, Furnierwerkstoffen, Spanwerkstoffen, Faserwerkstoffen und Verbundwerkstoffen [65]. Dabei kann vereinfacht gesagt werden, dass sich die mechanischen Eigenschaften mit steigender Aufschlüsselung verschlechtern. Vorteile einer hohen Aufschlüsselung sind hingegen insbesondere höhere geometrische Freiheitsgrade und homogenere Materialeigenschaften (siehe Abb. 9.20). Sowohl aus Sicht der mechanischen Eigenschaften als auch im Hinblick auf die Nachhaltigkeit sollte versucht werden, den Holzanteil im Werkstoff zu maximieren.

Eine große Herausforderung bei der Entwicklung von Holzwerkstoffen ist die Sicherstellung der Formstabilität der Bauteile. Aufgrund der richtungsabhängigen Material-

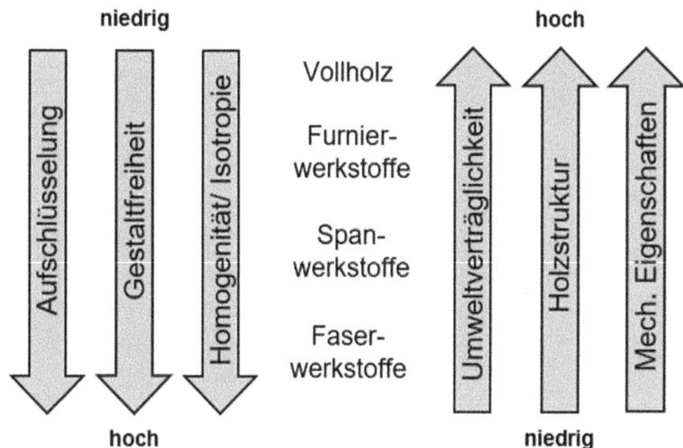

Abb. 9.20 Einfluss der Aufschlüsselung auf die Werkstoffeigenschaften

eigenschaften (z. B. Quellen und Schwinden) kann es insbesondere bei Werkstoffen mit niedriger Aufschlüsselung zu starkem Bauteilverzug kommen. Aus diesem Grund müssen bereits in einer frühen Phase die Eigenschaften von Holz in der Baueilgestaltung berücksichtigt werden. Dies kann beispielsweise für Furnierschichtholz durch einen geeigneten Lagenaufbau erfolgen. In der Praxis werden zur Mittelachse symmetrische Aufbauten gewählt, ein Beispiel hierfür ist das sogenannte Sperrholz bei dem sich 0°-Lagen und 90°-Lagen abwechseln. So kann verhindert werden, dass sich die Bauteile wölben oder in eine Richtung verziehen.

Eine weitere Herausforderung für Holzwerkstoffe stellen Feuchte und insbesondere Staunässe dar, die das Holz u. a. anfällig für Schimmel und Schädlingsbefall machen. Ein geeignetes Holzschutzkonzept ist daher erforderlich. Hierfür stehen verschiedene Ansätze zur Verfügung – der konstruktive Holzschutz, der physikalischer Holzschutz und der chemische Holzschutz. Eine möglichst gute Recycelbarkeit und geringe Beeinträchtigungen der Umwelt sollten bei der Wahl des Holzschutzkonzeptes berücksichtigt werden. Eine sehr einfache und effektive Lösung stellt der konstruktive Holzschutz dar, der sich durch die Einbauposition und eine entsprechende Gestaltung der Umgebungsstruktur erreichen lässt. Eine weitere Möglichkeit ist der physikalische Holzschutz, beispielsweise durch eine Hybridisierung bzw. eine Beschichtung. Aber auch im Bereich des chemischen Holzschutzes gibt es umweltverträgliche Verfahren. Hier ist beispielsweise das sogenannte Acetylieren zu nennen. Bei diesem Verfahren werden die Moleküle im Holz durch eine chemische Reaktion so verändert, dass sie keine Wassermoleküle mehr binden können, wodurch die Feuchtigkeitsaufnahme des Holzes stark reduziert wird. Die Reaktion erfolgt üblicherweise unter Einsatz eines Essigsäurederivats. [66]

Zusammenfassend kann festgehalten werden, dass Holzwerkstoffe sehr vielfältig und die Herausforderungen komplex sind. Beispielhaft sind in Abb. 9.21 zwei Lösungen für einen Ladeboden dargestellt, die das breite Spektrum an Möglichkeiten unterstreichen. Links ist ein klassischer Ladeboden aus Furnierschichtholz dargestellt. Die einzelnen Furnierlagen wurden wasserdicht verleimt und mit einer Kunstharz-Filmbeschichtung vor Umwelteinflüssen geschützt. Daneben ist eine Ladebodenlösung für Fahrzeuginnenräume aus Holzfasern zu sehen. Durch den Einsatz von Faserwerkstoffen kann eine komplexe

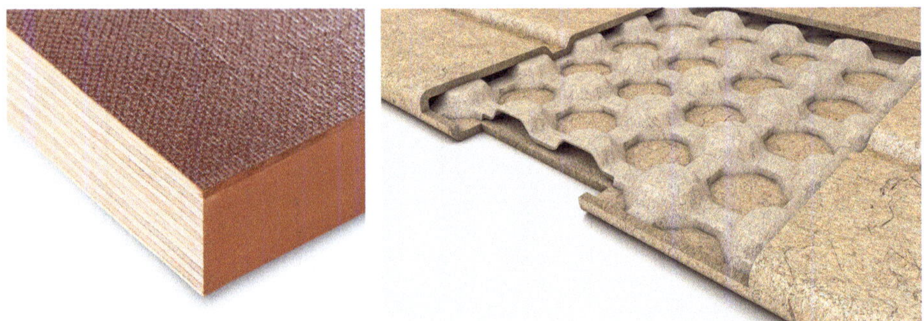

Abb. 9.21 Anwendungsbeispiel Fahrzeugboden konventionelle Bauweise aus Furnierschichtholz (links) (Mit freundlicher Genehmigung der © Delignit AG [2022], All rights reserved), innovativer Boden aus Holz- oder Naturfasern dunacore® (rechts). (Mit freundlicher Genehmigung der © Delignit AG [2022], All rights reserved)

Kerngeometrie hergestellt werden, die anschließend mit zwei Decklagen verklebt wird. Die Bodengruppe ist durch die spezielle Kernstruktur besonders leicht.

9.3.6 Strukturelle Lösungen für Fahrzeugbauweisen mit Holz und Holzverbunden

Nachfolgend soll anhand von ausgewählten Beispielen aufgezeigt werden, in welcher Form Holz in Fahrzeugstrukturen eingesetzt werden kann. Es gibt wie in der Einleitung bereits beschrieben, zunehmende Bestrebungen, dem Werkstoff wieder für ein breiteres Anwendungsspektrum und insbesondere für strukturelle oder semistrukturelle Bauteile zu qualifizieren. Die spezifischen mechanischen Eigenschaften von Holz sind, wie aus Abschn. 9.3.5 hervorgeht, denen typischer technischer Werkstoffe teilweise sogar überlegen, was neben dem Aspekt der Nachhaltigkeit zusätzlich für einen strukturellen Einsatz spricht.

Aufgrund der zum Teil ähnlichen Verarbeitungsprozesse kann Holz sehr gut mit Faserverstärkten Kunststoffen kombiniert werden. Es gibt beispielsweise erste Konzeptstudien in denen Hybridbauteile aus Holzfurnierlagen und CFK gefertigt wurden. Dabei können die einzelnen Furnierlagen gemeinsam mit CFK umgeformt werden. Durch Ansätze wie diese kann der CFK-Anteil reduziert werden. Als problematisch sind allerdings der im Allgemeinen hohe CO_2-Ausstoß bei der Kohlefaserherstellung und das Recycling zu bewerten.

Ein im Stand der Technik bereits etablierter Ansatz ist der Einsatz von Leichthölzern und insbesondere von Balsaholz als Sandwichkern. Das Holz stellt in dieser Anwendung eine Alternative zu klassischen Schaumwerkstoffen dar. Als Decklagenmaterial können alle gängigen technischen Werkstoffe eingesetzt werden. Auch in diesem Kontext ist der Einsatz von CFK bereits tiefergehend untersucht worden (siehe Abb. 9.22). Da bei klassi-

Abb. 9.22 Balsaholz mit CFK-Decklagen [67]

schen Sandwichmaterialien das Bauteilverhalten von den Decklagen dominiert wird, spielen die mechanischen Eigenschaften des Holzkerns eine eher untergeordnete Rolle. Wichtig für den Einsatz als Sandwichkern ist allerdings eine ausreichend hohe Druckfestigkeit. Daher wird Balsaholz häufig als sogenanntes Hirnholz eingesetzt. Die Holzfasern stehen dann in einem 90°-Winkel zur Oberfläche.

Bei den nachfolgend diskutierten Beispielen wird der Fokus auf eine Kombination von Buchenfurnierschichtholz mit den metallischen Werkstoffen Stahl und Aluminium gelegt. Furnierwerkstoffe stellen einen guten Kompromiss aus Verformbarkeit und Homogenität bei gleichzeitig hohem Holzanteil dar. Zudem sind die Prozesse zur Furnierherstellung und Sortierung hoch automatisiert und auf große Stückzahlen ausgelegt. Werden die einzelnen Furnierlagen während des Fertigungsprozesses umgeformt, spricht man von sog. Formholz. Aufgrund der in den vorangegangenen Absätzen beschriebenen Herausforderungen beim Einsatz von Holz, wie dem erforderlichen Schutz vor Umwelteinflüssen, sollte Holz in Kombination mit anderen Werkstoffen eingesetzt werden. In Hinblick auf die Nachhaltigkeit sind Metalle generell gut geeignet, sie können am Ende des Produktlebenszyklus einfach vom Holz getrennt und in bereits etablierten Routen recycelt werden. Des Weiteren gibt es für metallische Werkstoffe ein breites Spektrum an Fügeverfahren, die eine einfache Integration der Holzhybridwerkstoffe in eine metallische Reststruktur ermöglichen. Auch aus mechanischer Sicht ist eine Kombination mit metallischen Werkstoffen sinnvoll, da die hohen Festigkeiten, Steifigkeiten und die Duktilität von Metallen das Eigenschaftsspektrum von Holz sehr gut ergänzen. Wird der metallische Werkstoff als Deckschicht eingesetzt, lassen sich zudem Synergieeffekte nutzen, da direkt ein physikalischer bzw. konstruktiver Holzschutz vorliegt. Erfahrungen zur Dauerfestigkeit solcher Strukturen in automobilen Anwendungen liegen derzeit noch nicht vor. Allerdings gibt es umfangreiche Auslegungsrichtlinien aus dem Bausegment, die eine Auslegung von Bauteilen ermöglichen. Ein Beispiel hierfür sind Untersuchungen zur Dauerschwingbeständigkeit und zur Wahl geeigneter Abminderungsfaktoren. [68]

In [69] wurden u. a. tiefergehende Untersuchungen zur thermischen Ausdehnung, dem Brandschutz und der Tauglichkeit für die Kathodische Tauchlackierung der Metall-Holz-Hybride durchgeführt. Dabei konnten für die jeweils untersuchten Materialkonfigurationen alle Untersuchungen mit einem positiven Ergebnis abgeschlossen werden. Für automobiltypische Anwendungen können Beispielsweise nachfolgend aufgezeigte Lösungsansätze herangezogen werden. Durch die Qualifizierung von geeigneten Einzellösungen können diese zu komplexeren Strukturen kombiniert werden.

Aluminium ist für Außenbleche im Bereich des Fahrzeugbaus etabliert, jedoch müssen bei Einsatz von Aluminiumblechen verhältnismäßig dicke Materialstärken eingesetzt werden, um die gegenüber Stahlblech niedrigere Steifigkeit zu kompensieren. Zur Untersuchung des Versteifungseffektes wurden in [70] holzverstärkte bombierte Aluminium-Holz-Hybride im Pressverfahren hergestellt und mit einer Tonnengeometrie auf Druck geprüft (siehe Abb. 9.23).

Dazu wurden 0,6-mm-starke Aluminiumbleche auf der Innenseite mit jeweils 2,5-mm-starken Furnierschichtverbunden mit unterschiedlicher Orientierung verstärkt. Wie in Abb. 9.23 rechts dargestellt, wurden hierfür zwei 1,0-mm-dicke Buchenholzfurniere und ein 0,5-mm-dickes Buchenholzfurnier als Mittel- und Sperralge eingesetzt. Der gesamte Aufbau verhält sich gewichtsneutral gegenüber einem 1,5-mm-starken Aluminiumblech, das als Referenz herangezogen wurde.

Wenn die beiden äußeren Lagen für diesen Lastfall günstig, also quer zur Eindrückrichtung verlaufen, lässt sich durch die Verstärkung das maximale Kraftniveau gegenüber der Referenz knapp verdoppeln und die maximale Steifigkeit stark erhöhen. Werden die beiden äußeren Lagen um 90° gedreht liegen die Ergebnisse für Steifigkeit und Festigkeit knapp unterhalb der Referenz. Dies verdeutlicht das Potenzial von Holz-Metall-Hybriden, aber auch den stark anisotropen Charakter von Holz.

Durch das Verstärken der Bleche lassen sich neben den mechanischen Eigenschaften weitere Vorteile erzielen. Die thermische und akustische Dämmung des Materials wird erhöht und das „Handling" der dünnen Aluminiumbleche wird vereinfacht. Durch den Furnierschichtverbund kann das hybridisierte Blech leichter mit anderen Materialien verklebt werden. Die Bauteilsteifigkeit und Festigkeit wird bei richtigem Lagenaufbau erhöht und der Aluminiumanteil deutlich reduziert. Zudem schützt die außenliegende Aluminiumschicht das Holz vor Umgebungseinflüssen.[70]

Insbesondere im Crashlastfall treten in Fahrzeugstrukturen hohe Drucklasten auf. Um die übertragbaren Drucklasten zu untersuchen, wurden in [70] Hutprofile aus Holz mit

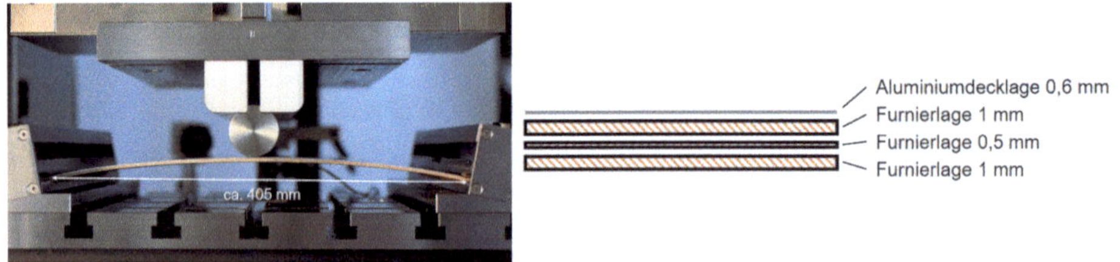

Abb. 9.23 Prüfaufbau für Holzverstärkte Aluminiumbleche (links) von David Käse [70], CC BY 4.0 (Maßstab wurde ergänzt), untersuchter Materialaufbau (rechts)

einer Materialstärke von 7,5 mm in unterschiedlichen Lagenaufbauten gefertigt und geprüft. Für eine bessere Einordnung der Ergebnisse wurde ein Aluminiumprofil mit ähnlichen Abmessungen und Gewicht aus AW 5754 geprüft (Abb. 9.24). Das Aluminiumprofil dient hierbei als Vergleichsbeispiel, um die Ergebnisse der Holzprofile einzuordnen.

In Tab. 9.9 sind die in [70] untersuchten Lagenaufbauten aufgelistet. Die Furniere wurden während des Herstellungsprozesses verdichtet. Bei Variante 1 wurde das Furnier beispielsweise von 9,0 mm auf 7,5 mm komprimiert. In Abb. 9.25 wurde das maximal er-

Abb. 9.24 Holzprofile für Drucklastfälle von David Käse [70], CC BY 4.0

Tab. 9.9 Materialkonfigurationen [70]

	Variante 1	Variante 2	Variante 3	Vergleichsbeispiel
Lagenzahl	9	8	4	-
Material	Buche	Buche	Buche	Aluminium
Lagenstärke	1,0	1,0	2,0	2,2
Orientierung	9 x 0°	8 x 0°	4 x 0°	–
Maximales Kraftniveau [kN]	104,8	86,5	85,2	43,8
Gewicht [g]	629	563	456	391

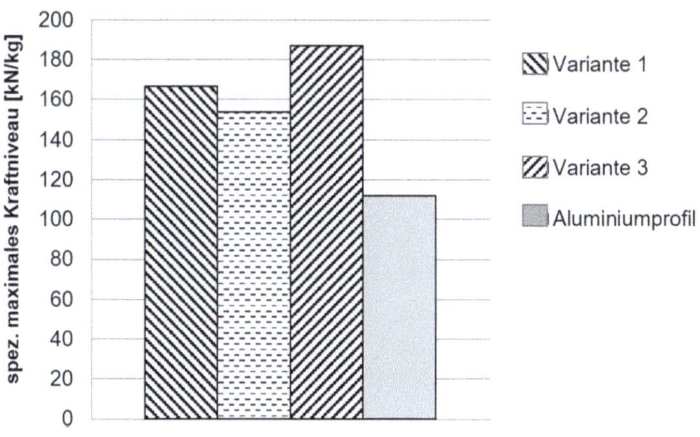

Abb. 9.25 Spezifische Ergebnisse der Druckprüfung

reichte Kraftniveau ins Verhältnis zum Bauteilgewicht gesetzt. Das auf Druck erreichte Kraftmaximum liegt für Variante 1 bei über 100 kN. Das dünne Aluminiumprofil beginnt bereits bei ca. 40 kN zu beulen und zu versagen.

Die Holzprofile können hohe Axiallasten übertragen und sind daher für die Aufnahme von Drucklasten sehr gut geeignet. Im hier betrachteten Fall wurden allerdings ausschließlich 0°-Lagen verwendet. Für eine Anwendung in der Praxis müssten wie bereits erläutert noch Sperrlagen eingesetzt werden. Durch die hohe Eigensteifigkeit des Holzverbundes und die Materialstärke können zudem Fügelemente leicht eingebracht werden, was Einsparungen hinsichtlich Kosten und Montageaufwand ermöglicht.[70]

In vielen Bereichen der Fahrzeugkarosserie ist eine hohe Energieabsorption zur Aufnahme von Crashlasten erforderlich. Aussagen zur Dehnratenabhängigkeit von Holz können nur schwer getroffen werden. Bisher liegen nur wenige Untersuchungen vor, die das Thema intensiver behandeln. Für Buche konnte gezeigt werden, dass sich die Materialeigenschaften geringfügig verbessern. Eine starke Dehnratenabhängigkeit wie sie bei metallischen Werkstoffen vorliegt konnte allerdings nicht beobachtet werden. [69]

In Abb. 9.26 ist eine Holz-Aluminium-Hybridplatte dargestellt. Hierbei wurden Decklagen aus mit dünnen Furnierschichten verstärkten Aluminiumblechen mit Birkenfurnierschichtholz und Weißtanne kombiniert. Zur Reduktion des Gewichtes wurden die Furnierschichtplatten mit Längsnuten überfräst. Die Weißtanne hat eine im Vergleich zu Birke deutlich niedrigere Dichte. Untersucht wurde insbesondere die Energieabsorption durch einen seitlich eindringenden Pfahl. Die Holzfasern des Weißtannekerns stehen dann senkrecht zur Intrusionsrichtung des Pfahls. Hierdurch entsteht ein Versagensmechanismus der stark dem Crushing von CFK-Strukturen ähnelt und eine sehr hohe Energieabsorption ermöglicht. In [71] wurde die Energieabsorption am Beispiel von Fichtenholz sehr ausführlich untersucht. Für die Auslegung solcher Strukturen in Fahrzeugen muss sichergestellt werden, dass ausreichend Kompressionsweg für das Holz zur Verfügung steht, da es sonst zu einer Blockbildung und einem starken Anstieg des Kraftniveaus kommt. Zum einen kann dies durch die Dichte des Holzes gesteuert werden, zum anderen kann durch eine mechanische Bearbeitung des Holzes ausreichend Deformationsweg generiert werden. In

Abb. 9.26 Holz-Aluminium-Hybridplatte

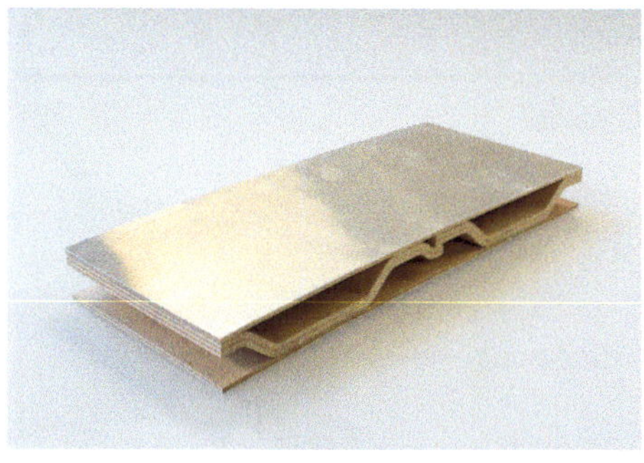

Abb. 9.27 Beispiel für eine Holz-Aluminium-Struktur von David Käse [70], CC BY 4.0, Holzprofil mit Stahldecklagen (rechts)

dem in Abb. 9.26 dargestellten generischen Bauteil wurden beispielsweise Bohrungen in den Weißtannekern eingebracht, um ein progressives Versagen über einen langen Deformationsweg bei konstantem Kraftniveau zu erzielen.

Mit den entwickelten und geprüften Einzelkomponenten können größere Strukturen beispielsweise für Dächer oder Seitenwände aufgebaut werden. Ein Beispiel hierfür zeigt Abb. 9.27 (links). In Abb. 9.27 (rechts) ist ein Profil mit metallischen Decklagen und Fügeflanschen dargestellt. Ausgehend von einfachen Geometrien können so immer komplexere Anwendungen erschlossen werden.

In mehreren Forschungsprojekten wurde bereits der Einsatz von Holz im Türaufprallträger untersucht; hierbei sind insbesondere die Projekte *For(s)tschritt [69]*, *HAMMER [72]* und *Wood C.A.R. [73]* zu nennen. Der Türaufprallträger soll im Fall eines Seitenaufpralls eine zu hohe Intrusion in den Fahrgastraum verhindern und so die Insassen schützen. Der Träger stützt sich dabei an der A- und B-Säule der restlichen Fahrzeugstruktur ab, sodass vereinfacht von einem 3-Punkt-Biegelastfall gesprochen werden kann. Prinzipiell ist Holz für diese Belastungsart sehr gut geeignet, allerdings ist die geringe Bruchdehnung vor dem Hintergrund der Crashbeanspruchung sehr kritisch zu bewerten. Für Buche liegt die Bruchdehnung in Faserrichtung bei nur ca. 0,8 % [74]. Ein schlagartiges Versagen des Trägers muss in jedem Fall vermieden werden. In [72] wurde diesem Problem durch eine gezielte Hybridisierung des Furnierschichtverbundes mit Aramidfasern begegnet [75]. In [73] wurde eine Viskosegewebeschicht eingesetzt, um einem schlagartigen und spröden Versagen vorzubeugen.

Nachfolgend soll am Beispiel einer funktionsintegrierten Türinnenstruktur aus [69] aufgezeigt werden, welche Chancen und Grenzen der Einsatz von Holz aufweist. Die zentrale Komponente der betrachteten Türinnenstruktur ist der Türaufprallträger. Das Bauteil aus Buchenholzfurnier wurde mit einem 1,2-mm-starken Stahlband auf der Zugseite hybridisiert (siehe Abb. 9.28, 9.29). Das Stahlband soll den Träger im Crashlastfall armieren und gezielt Energie durch plastische Verformung aufnehmen. So kann die niedrige Bruchdehnung des Holzes kompensiert werden. Zudem kann das Stahlband mit konventionellen Fügeverfahren an die Reststruktur angebunden werden (Nähere Informationen zu Entwicklungsprozess und Simulation können [69, 76–78] entnommen werden).

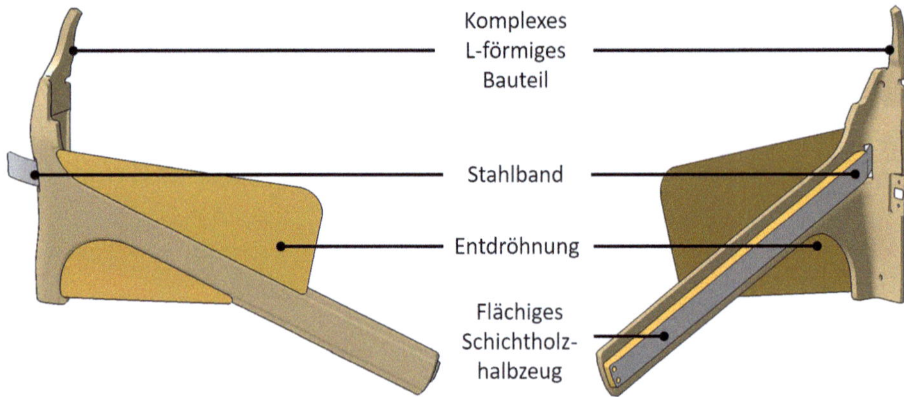

Abb. 9.28 Funktionsintegrierte Türinnenstruktur. (Grafik neu erstellt und angelehnt an [76])

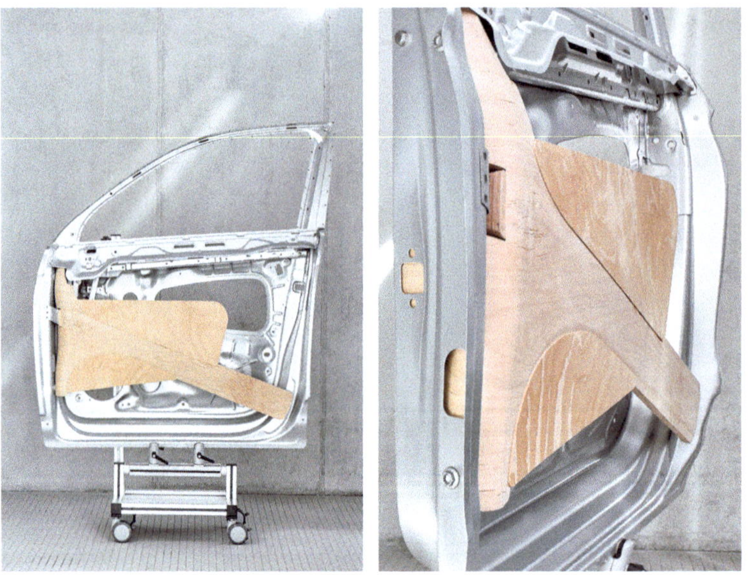

Abb. 9.29 Tür mit funktionsintegrierter Holz-Hybrid-Struktur ohne Innenblech

Das holzbasierte Bauteil integriert mehrere Funktionen, die Scharnierverstärkungen, die Entdröhnmatten, die Abstützung des Türaufprallträgers an der A- bzw. B-Säule sowie den Türaufprallträger selbst. Durch eine gezielte Verdichtung einzelner Bereiche wurde eine Anlagefläche für das Halbzeug geschaffen. Zudem konnte der komplex geformte Bereich der Türverstärkung dargestellt werden. In Summe ergibt sich so für die gesamte Baugruppe ein Furnierschichtholzanteil von ca. 90 Masse-% und ein Stahlanteil von ca. 10 Masse-%.

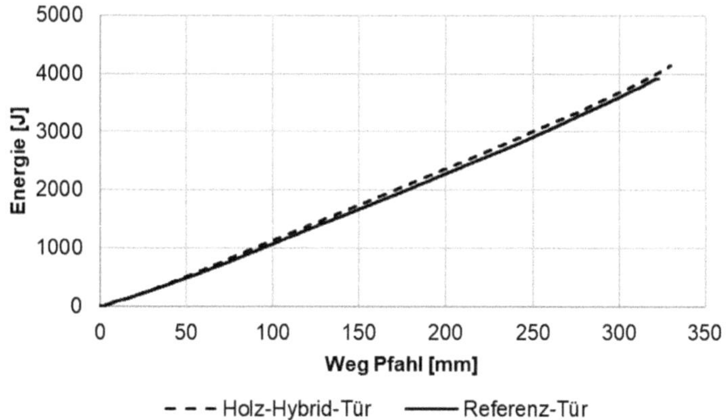

Abb. 9.30 Absorbierte Energie im Vergleich (rechts)

Um eine direkte Vergleichbarkeit zwischen der Tür in Holzhybridbauweise und der Originaltür zu erreichen, wurde eine vergleichende Prüfung im Pfahlcrash auf einer Schlittencrashanlage durchgeführt. In Abb. 9.30 sind die Ergebnisse der Prüfung zu sehen. Der Pfahl weist bei der Holzhybridtür nur eine geringfügig höhere Intrusion von ca. 2,7 % auf. Im Rahmen der Untersuchungen, konnte somit ein „proof of concept" für die holzbasierte Türinnenstruktur erbracht werden. [79]

9.3.7 Fazit und Ausblick

Sowohl die mechanischen Eigenschaften als auch die hohe Umweltverträglichkeit sprechen für einen Einsatz von Holz in Fahrzeugstrukturen. Allerdings bringt der Werkstoff aufgrund seiner Mikro- und Makrostruktur vielfältige Herausforderungen mit sich, denen durch intelligente technische Lösungen begegnet werden muss. Die große Vielfalt an Holzsorten und Holzwerkstoffen spannt hierbei ein breites Spektrum an Lösungsmöglichkeiten auf und steht in direkter Wechselwirkung zu möglichen Bauweisen. Durch die stetige Weiterentwicklung und ein immer tiefergehendes Verständnis des Werkstoffs Holz wird auch deutlich, dass die früher eingesetzten (Holz-)Bauweisen überholt sind und eine Neubewertung des Werkstoffs in Fahrzeugstrukturen erforderlich ist. Trotz vielfältiger offener Forschungsfragen konnte bereits gezeigt werden, dass selbst für hoch beanspruchte sicherheitsrelevante Bauteile wie den Türaufprallträger ein Einsatz von Holz nicht ausgeschlossen ist. Neben der Entwicklung und Qualifizierung von neuen Holzwerkstoffen müssen auch Produktionsprozesse entwickelt werden, die eine Fertigung im Großserienmaßstab ermöglichen. Wenn den bestehenden Herausforderungen durch intelligente technische Lösungen begegnet wird, steht mit Holz ein nachhaltiger, mindestens CO_2-neutraler Werkstoff zur Verfügung, der ein breites Spektrum an möglichen Anwendungen im Fahrzeug bietet.

9.4 Schlüsselfaktoren Batterie und Brennstoffzelle für die Elektromobilität

Oliver Schauerte

Die in Batterien und Brennstoffzellen eingesetzten Materialien sowie ihre Verarbeitung sind von entscheidender Bedeutung für die Performance von E-Fahrzeugen. Hierbei müssen allerdings andere Schwerpunkte gesetzt werden als bei der klassischen Materialentwicklung in der Automobilindustrie, in der man sich in der Vergangenheit vor allem auf die Neu- und Weiterentwicklung von Strukturwerkstoffen konzentriert hat, also auf Werkstoffe, die aufgrund ihrer mechanischen Eigenschaften (Zugfestigkeit, Streckgrenze, Bruchdehnung, Härte, Verschleißwiderstand etc.) für ihren jeweiligen Einsatz ausgewählt werden. Bei Batterien und Brennstoffzellen jedoch wird die Materialentwicklung vor allem durch die Weiterentwicklung von physikalischen Eigenschaften getrieben, wie z. B. elektrische Leitfähigkeit, Korrosionswiderstand, Temperaturstabilität, elektrisches Speichervermögen, strukturelle Beständigkeit etc. Daher spricht man in diesem Fall auch von Funktionswerkstoffen. Im Folgenden soll beschrieben werden, in welchen Baugruppen von Batterien und Brennstoffzellen welche Materialien mit welcher Zielsetzung zum Einsatz kommen und wie diese hinsichtlich ihrer Beanspruchungsprofile optimiert werden. Ein kompletter Überblick über alle Trends der Batteriematerialien würde dabei allerdings den Rahmen dieses Buches sprengen, zumal in vielen Aspekten nicht mehr klassische Werkstofffragen im Vordergrund stehen, sondern die Materialentwicklung sich eher im Feld der anorganischen Chemie abspielt. Ziel ist vielmehr, ein Verständnis für die wechselwirkenden Einflussfaktoren und die Schwerpunkte der Entwicklungstätigkeiten zu vermitteln.

9.4.1 Batterien

9.4.1.1 Anforderungen und Randbedingungen aus dem Fahrzeugkonzept

Während bei klassischen Verbrennerfahrzeugen der Motor als das Herz des Autos angesehen wird, wird diese Rolle bei batterieelektrischen Fahrzeugen eher der Batterie zugeschrieben. Das Nachtanken ist eine Angelegenheit weniger Minuten, das elektrische Nachladen hingegen eine vergleichsweise zeitraubende Angelegenheit, die gut geplant werden muss und deren Häufigkeit einen wesentlichen Einfluss auf die Kaufentscheidung des Kunden hat (anders als das Tankvolumen). Daher streben alle Autohersteller möglichst große Batteriekapazitäten an, um die Häufigkeit des Nachladens zu minimieren. Derzeit werden üblicherweise Kapazitäten von ca. 50–90 kWh angestrebt, die je nach Batteriechemie und Fahrzeugauslegung Reichweiten von etwa 450–700 km ermöglichen. Der Zielkonflikt ist dabei im Volumen und Gewicht der Batterien begründet. Sehr große Batterievolumina erfordern ein entsprechendes Package und verursachen so auch ein demgemäßes Gewicht, das in der Folge auch dementsprechend dimensionierte Batteriekästen, Schutzstrukturen und Fahrwerke erfordert, die Gewichtsspirale wird also wieder umgedreht. Diese Prämissen und Anforderungen wiederum führen zu einem nachteiligen Energieverbrauch (der beim Fahrzeuggewicht aufgrund der Möglichkeit der Rekuperation allerdings weniger bedeutend als bei Verbrennern ist), zu einem generell großen Fahrzeugvolumen (c_w x A)[1] und zu einem erhöhten Rollwiderstand. Daher ist für jedes Fahrzeugsegment abhängig von den Kundenerwartungen der ideale Kompromiss hinsichtlich Package, Masse und Reichweite: anzustreben. Aus den genannten Gründen sind daher neben der Gesamtbatteriekapazität sowohl die gewichts- wie auch die volumenbezogene Leistungsdichte von Bedeutung, wobei moderne Li-Ionenbatterien mit Nickel-Mangan-Kobalt-Kathoden Leistungsdichten um 350–650 Wh/Liter bzw. 200–280 Wh/kg aufweisen (auf die Zelle bezogen). Die Nennspannung dieser Batterien liegt typischerweise bei etwa 3,6 V, die Ladeschlussspannung bei 4,2 V.

Weitere Aspekte in der Batterieauslegung sind neben Gewicht bzw. Volumen und elektrischer Kapazität die Sicherheit, die Wirtschaftlichkeit und das Alterungsverhalten. Abb. 9.31 zeigt das „Anforderungshaus", das die Wechselwirkung zwischen den einzelnen Aspekten illustriert: Im Rahmen der gesetzlichen und zusätzlich ggf. selbst gewählten Anforderungen an Sicherheit und Lebensdauer der Batterien müssen die Kundenanforderungen an Batteriekapazität und Schnellladefähigkeit bestmöglich erfüllt werden und zusätzlich die Kostenseite und die Anforderungen an Nachhaltigkeit (Rohstoffverfügbarkeit und -gewinnung, Energieverbrauch in der Produktion, Rezyklierbarkeit etc.) berücksichtigt werden. Da sich diese Faktoren gegenseitig beeinflussen, ist ein grundlegendes Verständnis der physikalisch-chemischen Prozesse und Wechselwirkungen für die Auslegung eines effizienten batterieelektrischen Autos unerlässlich. Daher werden im Folgenden die einzelnen Bausteine am Beispiel der üblichen Lithium-Ionen-Batterien näher erläutert. Die grundsätzlichen Zusammenhänge sind aber auch auf andere Batterien im Fahrzeugbau übertragbar [80, 81].

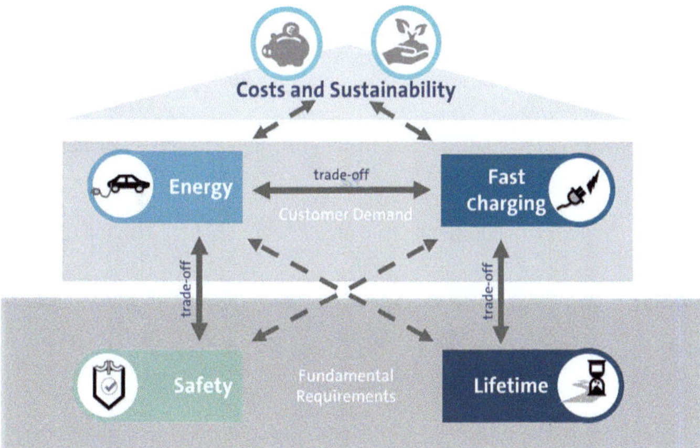

Abb. 9.31 „Anforderungshaus" Batterien (Bild: Volkswagen AG)

[1] Hier Strömungswiderstand: Luftwiderstandsbeiwert mal Anströmfläche des Fahrzeuges

9.4.1.2 Aufbau der Li-Ionenbatterien

Üblicherweise werden heute für batterieelektrische Fahrzeuge Li-Ionenbatterien mit Grafitanoden und Nickel-Mangan-Kobalt-Oxid-Kathoden eingesetzt, seltener auch Eisenphosphat-Kathoden. Sie sind technologisch am weitesten fortgeschritten, haben sich bereits seit Jahren im Consumer-Bereich etabliert und können auch für Automobilanwendungen in großer Stückzahl automatisiert gefertigt werden.

Die Funktionsweise ist dabei bei allen Li-Ionenbatterien mit $(Li_a)Ni_xMn_yCo_z$-O_2-Kathoden gleich: Ist die Batterie entladen, sind in der Grafitanode Lithiumatome eingelagert. Wird nun eine Spannung angelegt und ein Verbraucher angeschlossen, geben die Lithiumatome jeweils ein Elektron ab (das durch den Ableiter dem Verbraucher zugeführt wird) und wandern als Li^+-Ionen durch das Elektrolyt zur Kathode, wo sie sich auf Zwischengitterplätzen des Nickel-Mangan-Kobalt-Oxids einlagern (üblicherweise als „NMC", seltener als „NCM" bezeichnet). Dieser Prozess setzt sich so lange fort, bis die Grafitanode nahezu vollständig Li-frei ist und die Zwischengitterplätze des NMC-Materials der Kathode entsprechend nahezu vollständig mit Li-Ionen gefüllt sind. Beim Laden der Batterie liegt nun die umgekehrte Spannung an, die Li-Ionen der Kathode bekommen Elektronen zugeführt und wandern in der Folge zurück zur Anode, wo sie sich wieder im Grafit einlagern (Abb. 9.32).

Alternativ zum NMC können auch Kathoden aus Nickel-Kobalt-Aluminium-Oxid eingesetzt werden („NCA"), die ähnliche Energiedichten aufweisen. Tesla setzt aus Gründen der Rohstoffdiversifizierung sowohl auf NMC- und NCA-Batterien, ansonsten hat sich am Markt weitestgehend die NMC-Variante durchgesetzt, zumal auch bei NCA das Problem der Kobalt-Verfügbarkeit weiterbesteht.

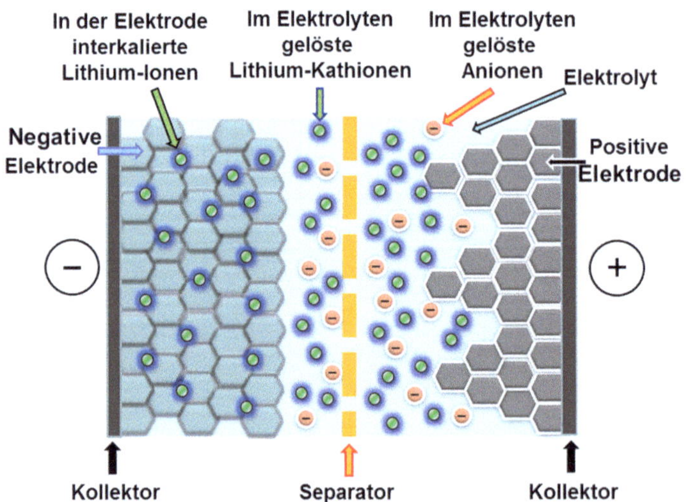

Abb. 9.32 Arbeitsprinzip Batterie (Bild: Lithium-Ionen-Kondensator-Schnittbild – Wikipedia, CCO 1.0)

Eine weitere Variante sind die erwähnten Lithium-Eisenphosphat-Batterien ($LiFePO_4$, auch LFP genannt), eingesetzt z. B. bei Tesla (insb. Model 3), BYD oder Hyundai. Bei diesen Batterien ist zwar auch Lithium der Ladungsträger, die Kathode besteht aber statt aus NMC aus besagtem LFP. Vorteile dieser Batterien sind, dass sie kein versorgungskritisches Kobalt benötigen und hinsichtlich des Rohstoffbedarfs insgesamt kostengünstiger sind. Sie haben eine bessere Lebensdauererwartung und sind besser vor einem thermischen Durchgehen geschützt, da die Batteriechemie temperaturunempfindlicher ist und das Risiko für eine unkontrollierte, sich selbst verstärkende Propagation eines Brandes deutlich niedriger ist, zumal die spezifische Energiedichte von LFP-Batterien im Vergleich zu NMC-Batterien erheblich kleiner ist (ca. 110 Wh/kg). Letzteres ist auch der größte, wenn nicht entscheidende Nachteil von LFP-Batterien. NMC-Batterien sind in jeder Hinsicht leistungsfähiger als LFP-Batterien, da die Li-Ionenmobilität deutlich höher ist. Dies resultiert aus dem atomistischen Aufbau des Kathodenoxids, das bei NMC den Li-Ionen eine 2-dimensionale Bewegung zwischen den einzelnen Oxidlagen erlaubt, während die Struktur des LFP das Einlagern der Li-Ionen nur 1-dimensional erlaubt. Nachteilig ist zudem die niedrigere Nennspannung des LFP von etwa 3,2 V (NMC: 3,6 V). Daher sind LFP-Batterien vor allem für kostengünstigere Kleinwagen mit reduzierten Reichweitenanforderungen interessant, z. B. für den hauptsächlich urbanen Verkehr [82].

Eine neuere Entwicklung sind sogenannte Na-Ionen-Batterien, die vom chinesischen Batteriehersteller CATL vorgestellt wurden. Ihr Speicherpotenzial dürfte sich auf dem Niveau von LFP-Batterien bewegen. Als besondere Vorteile werden eine hohe Lebensdauer, eine hohe Sicherheit, sehr gute Tieftemperatureigenschaften sowie eine sehr gute Schnelladefähigkeit genannt. Als Anodenmaterial kommt verdichteter Kohlenstoff zum Einsatz, als Kathodenmaterial wird Berliner Blau verwendet (Ferri-Kaliumcyanid $Fe_4[Fe(CN)_6]_3$, auch Preußisch Blau, Iron Blue und weitere Bezeichnungen), sodass alle benötigten Rohstoffe kostengünstig und sehr gut verfügbar sind [83]. Stand heute befinden sich diese Batterien noch im Entwicklungsstadium und eine erste Einführung im Volumenmarkt ist wohl frühestens Mitte des Jahrzehnts zu erwarten.

Die Herausforderungen an die unterschiedlichen Elemente der automobilen Batterien werden im Folgenden am Beispiel der mit Abstand am weitesten verbreiteten NMC-Batterien beschrieben, die grundsätzlichen Wirkzusammenhänge sind aber mit denen von NCA- und LFP-Batterien vergleichbar. Dabei ist es wichtig zu berücksichtigen, dass viele Details zu Chemie und Prozess Betriebsgeheimnisse der Batteriehersteller bzw. der batterieproduzierenden Automobilhersteller sind.

9.4.1.3 Die Kathode

Die Kathode ist für die Leistungsfähigkeit einer Li-Ionenbatterie von entscheidender Bedeutung. Insbesondere hat sie durch ihr spezifisches Speichervermögen für Li-Ionen einen erheblichen Einfluss auf die Kapazität einer Batterie, beeinflusst durch ihre Diffusivität entscheidend das Schnellladeverhalten und auch die für die Alterung und Sicherheit einer Batterie maßgeblichen Mechanismen sind in der Kathode verortet.

Abb. 9.33 Elementarzelle von NMC-Oxid (Bild: Volkswagen AG)

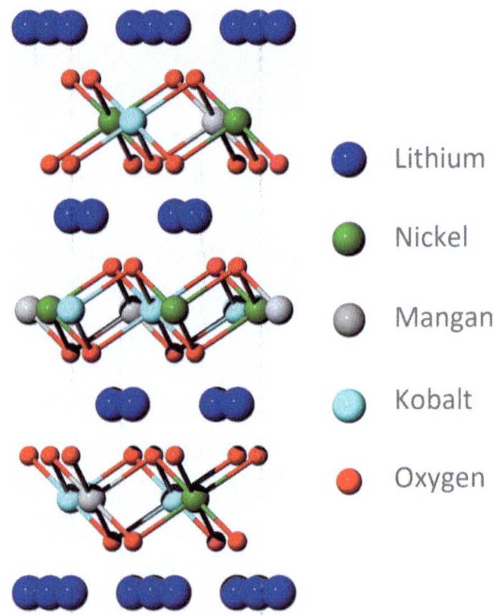

Wie beschrieben, besteht die Kathode bei den aktuellen Fahrzeuggenerationen im Wesentlichen aus einem Nickel-Mangan-Kobalt-Oxid, kurz NMC, dessen Gitterstruktur Abb. 9.33 zeigt. Dieses wird auf einen Stromableiter aufgebracht, der üblicherweise aus einer 10–20 µm dicken Aluminiumfolie besteht. Die Verwendung von Kupferfolie wäre ebenfalls möglich, aus Kostengründen wird aber Aluminium bevorzugt. Die Elementarzelle des NMC ist schichtförmig aufgebaut und ermöglicht so den Li-Ionen, sich innerhalb des Gitters einzulagern. Diese Technologie ist weltweit dominierend und wird es aufgrund der in den letzten Jahren erzielten Fortschritte wohl im laufenden und kommenden Jahrzehnt auch bleiben. NMC-Kathoden eignen sich hier auch zur Veranschaulichung der grundsätzlich Mechanismen und Herausforderungen, da alternative Batteriekonzepte oft mit den gleichen Herausforderungen konfrontiert sind.

Die Entwicklung der Li-Ionenbatterien begann ursprünglich mit Kathoden aus Kobaltschichtoxid. Dieses hat auch die beste Speicherkapazität für Li-Ionen, allerdings lassen sich diese im Ladeprozess nur zu etwa 50 % wieder aus dem Oxidgitter lösen, die effektive Speicherkapazität ist entsprechend gering. Wird nun das Oxidgitter durch die Substitution von Kobaltatomen durch Mangan und insbesondere Nickel verzerrt (und somit destabilisiert), können die Li-Atome beweglicher werden und fast vollständig zur Anode zurückkehren. Hieraus resultiert die Sicherheitsproblematik der Li-Ionenmaterialien: Insbesondere verzerrt ein zunehmender Nickelgehalt das Oxidgitter, das hierdurch bei hohen Temperaturen instabiler wird, bis schließlich der Punkt des Durchbrennens oder thermischen Durchgehens („Thermal Runaway“) erreicht wird. Dieser Zielkonflikt hat die Batterieentwicklung der letzten Jahre dominiert, es konnte aber durch eine Vielzahl von konstruktiven und chemischen Verbesserungen die Sicherheit der Batterien und Fahrzeuge auch bei Nickelgehalten von 60–85 % und erheblich reduzierten Kobaltgehalten (z. T. bis auf 5 %) signifikant verbessert werden.

Da die Anteile der einzelnen Elemente des NMC hinsichtlich Kapazität, Kosten und Sicherheit entscheidend sind, hat sich auch eine entsprechende Nomenklatur gebildet: So wurde in den ersten in Großserie gefertigten batterieelektrischen Fahrzeugen mit Li-Ionenbatterien sogenanntes NMC 333 (seltener: NCM 333) eingesetzt, d. h., die Kathode besteht (abgesehen von dem Sauerstoffanteil) zu jeweils 33,3 % aus Nickel, Mangan und Kobalt mit Kapazitäten um die 200 Wh/kg. Aktuell dominieren am Markt Modelle mit sog. NMC 622, also 60 % Ni, 20 % Mn und 20 % Co, die bei 240–280 Wh/kg liegen. Die kommenden Generationen werden 811-Kathoden mit Kapazitäten von langfristig bis 350 Wh/kg verwenden, heute schon eingesetzt werden aber auch eine Reihen von „Zwischenstufen" (z. B. NMC „532" oder „721", wobei bei diesen Bezeichnungen stets anzugeben ist, ob von „NMC" oder „NCM" die Rede ist).

Der Nickelgehalt ist aber nicht allein entscheidend für das Speichervermögen eine NMC-Kathode. Vielmehr kommt es auch auf die Mikrostruktur und die Verarbeitung des Kathodenmaterials an, die unmittelbar miteinander zusammenhängen. Das NMC-Oxid wird nämlich für die Kathodenproduktion als feines Pulver geliefert, das aus kugelförmigen Partikeln mit Durchmessern von typischerweise 10–60 µm besteht, wobei es sich bei den kleinen Partikeln um monolithische Single-Crystal, bzw. Primärpartikel handelt (Abb. 9.34a). Das Pulver wird unter Zugabe von einem Lösungsmittel (z. B. Low Methoxylated Pectin, LMP), einem Polymerbinder (normalerweise Polyvenylidenfluorid, PVDF) und einem Leitadditiv (amorpher Kohlenstoff, Leitruß) zu einem sog. „Slurry" vermischt, pastös auf den Ableiter aufgebracht, getrocknet und anschließend kalandriert. Sowohl der Partikelform und -größe als auch dem Kalandrierprozess kommt hierbei eine erhebliche Bedeutung zu, da beide Faktoren die Diffusionsfähigkeit der Li-Ionen im NMC wesentlich beeinflussen. Ein Problem des Entladungsprozesses (also des Einlagerns der Li-Ionen) liegt nämlich darin begründet, dass die eindringenden Li-Ionen den erstbesten geeigneten Zwischengitterplatz im NMC-Oxid-Gitter belegen. So kommt es zu einem „Stau" in den oberflächennahen Bereichen und nachfolgende Li-Ionen können nicht mehr ohne Weiteres in die tieferen Ebenen des Atomgitters vordringen, sodass in der Folge das

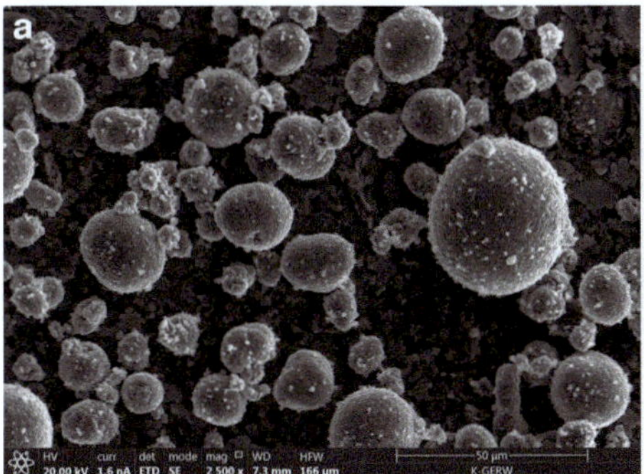

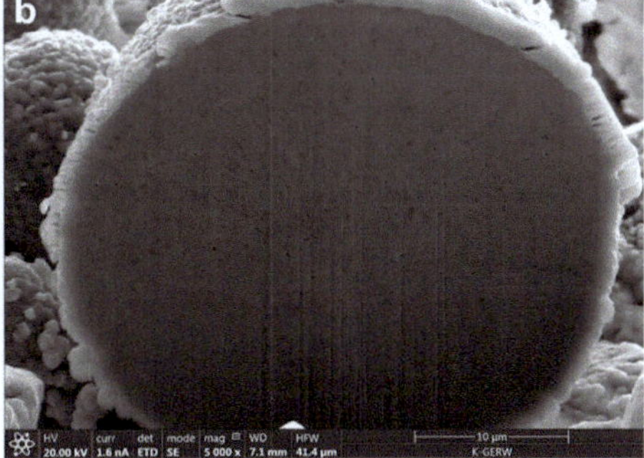

Abb. 9.34 (**a**) REM-Aufnahme NMC-Partikel (Bild: Volkswagen AG). (**b**) REM-Aufnahme Sekundärpartikel (FIB-Schnitt) (Bild: Volkswagen AG)

Speichervolumen des zur Verfügung stehenden NMCs nicht vollständig genutzt werden kann. Daher sind hinsichtlich der Form und der Mikrostruktur der Partikel, sowie hinsichtlich des Verarbeitungsprozesses Maßnahmen notwendig, die es den Li-Ionen erlauben, möglichst widerstandslos in tiefere Ebenen des Kathodenmaterials vorzudringen um dieses möglichst gleichmäßig zu beladen.

Die größeren NMC-Pulverpartikel sind sogenannte Sekundärpartikel, die wiederum aus 1–3 µm großen Primärpartikeln mit eigener Mikrostruktur bestehen (Abb. 9.34b). Die Partikelgrößen sind dabei bewusst so gewählt, dass es durch die unterschiedlichen Partikeldurchmesser zu einer optimalen Befüllung kommt und sich nur wenige, möglichst kleine Freiräume zwischen den Partikeln bilden.

Auch die Alterung einer Batterie wird wesentlich durch die Eigenschaften des Kathodenmaterials bestimmt und so sieht sich die Kathode einer Reihe von chemischen Angriffen und Alterungseffekten ausgesetzt (Abb. 9.35), die sich im Wesentlichen gliedern in atomare Umgruppierungen im Oxidgitter, in Oberflächenveränderungen bedingt durch den chemischen Angriff des Elektrolyts, in spannungsbedingte Oberflächenveränderungen und in Effekte aufgrund von mechanischer Ermüdung.

Atomare Platzwechsel führen zu Fehlern im Aufbau der Elementarzellen, was in der Folge die Diffusionsmöglichkeiten der Li-Ionen einschränkt und somit zu einer Reduzierung des Speichervermögens führt. Auslöser hierfür ist der Umstand, dass die Be- und Entladung des Kathodenmaterials mit Li-Ionen zu einer Volumenänderung von etwa 5–7 % zwischen den Zuständen Entladen und voll geladen führt, die Batterie „atmet" also. Diese Volumenänderungen führen auch zur genannten *mechanischen Ermüdung* und in der Folge zu Mikrorissen, die die Diffusion der Li-Ionen erschweren. Lokale Spannungsspitzen innerhalb der Mikrostruktur begünstigen zudem weitere atomare Platzwechsel.

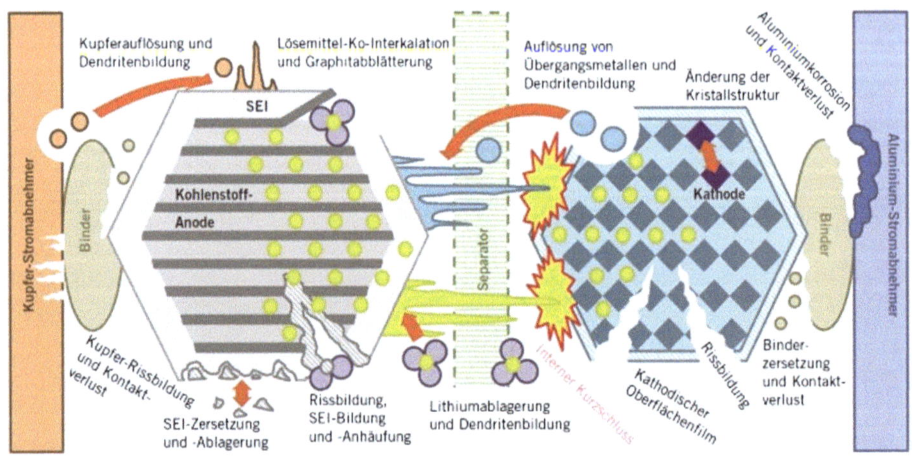

Abb. 9.35 Schädigungsmechanismen an Anode und Kathode. (Bild: Open source CC BY Lizenz 4.0 aus [84])

Zudem bilden sich, begünstigt durch die anliegende elektrische Spannung, chemische Ablagerungen auf der Oberfläche der NMC-Partikel, die den Diffusionsprozess behindern (*Oberflächenveränderungen*). Diese werden als Cathode Electrolyte Interface (CEI) bezeichnet. Ebenso kommt es aber zum Lösen von Sauerstoff aus oberflächennahen Bereichen, was zu weiteren Gitterdefekten führt, sowie, ebenfalls im Oberflächenbereich, zu Phasenumwandlungen und somit zur Ablagerung von Lithium. Um diese Effekte zu minimieren, wird in der Batterieforschung ein besonderes Gewicht auf die Optimierung und Weiterentwicklung der Elektrolyte gelegt.

9.4.1.4 Die Anode

Die Anode von Li-Ionennatterien besteht normalerweise im Wesentlichen aus reinem Grafit, das aufgrund seines schichtförmigen Gitteraufbaus optimal für die Aufnahme von Li-Atomen ist. Wie bei der Kathode wird auch hier zunächst ein Slurry gebildet, bei dem das Grafit mit einem Binder (Polyacrylsäure, PAA) und einem Lösungsmittel (Styrol-Butadien-Kautschuk, SBR) sowie Leitruß versetzt wird und pastös auf dem Ableiter aus Kupfer aufgetragen wird. Anschließend folgt auch hier ein Trocknen und Kalandrieren. Die Kupferfolie weist dabei üblicherweise eine Dicke von 6–12 µm auf. Das kostengünstigere Aluminium kann hier nicht eingesetzt werden, da unter elektrischer Spannung das an der Anode atomar vorliegende Lithium mit der Aluminiumfolie reagieren und eine Aluminium-Lithium-Legierung bilden würde. Aufgrund seiner sehr guten elektrischen Leitfähigkeit und sehr guten Verfügbarkeit, seinen geringen Kosten und seiner guten chemischen Beständigkeit ist Grafit der ideale Anodenwerkstoff. Entwicklungsarbeiten fokussieren sich daher vor allem darauf, entweder durch das Hinzufügen weiterer Elemente wie z. B. Silizium das Speichervermögen zu erhöhen, oder aber es direkt durch metallisches Lithium zu ersetzen, wie man es z. B. bei den Festkörperbatterien beabsichtigt (s. u.).

Im Austausch mit dem Elektrolyten unterliegt auch die Anode Alterungs- und Zersetzungsmechanismen. Zu nennen sind hier vor allem die Bildung der Solid Electrolyte Interphase (SEI) sowie die Dendritenbildung (Abb. 9.35). Bei der SEI handelt es sich um ein Abbauprodukt des Grafits, das mit Additiven des Elektrolyts eine Passivschicht an der Anodenoberfläche ausbildet. Diese ist zunächst sogar wichtig, da sie die Anodenoberfläche vor einem weiteren Angriff durch den Elektrolyten schützt und so unerwünschte Nebenreaktionen unterdrückt. Die SEI wird im Betrieb gebildet wobei man versucht, Art, Dicke und Dichte der Schicht durch das Elektrodendesign und die Steuerung des ersten Ladezyklus so zu beeinflussen, dass der schützende Charakter erhalten bleibt, ein weiteres Wachstum der SEI im Betrieb aber vermieden wird, da dieses dann einen negativen Einfluss auf das Ladeverhalten hätte. Maßnahmen sind hier die Grafitschichtendicke und -porosität, die Ladestrategie (z. B. Vermeiden von Schnellladen bei niedrigen Temperaturen) sowie eine geeignete Additivierung des Elektrolyts. Die Ausprägung der SEI erfolgt dann wie erwähnt im speziell gesteuerten ersten Lade-/Entladezyklus, der vom Zellhersteller durchgeführt wird. Diesen Schritt nennt man Formierung [85].

Bei der Dendritenbildung wiederum kommt es beim Laden, also wenn sich das im Elektrolyt gelöste metallische Lithium zurück zur Anode begibt, zu feinsten Ablagerungen von Li-Metall auf der Anodenoberfläche. Weiteres Lithium lagert sich wegen der nun geringeren Keimbildungsenergie vorzugsweise an genau diesen Stellen ab, sodass es zu einem Dendritenwachstum kommt. Hierdurch nimmt das für die Ladezyklen verfügbare Lithium ab, wodurch die Effizienz der Batterien ebenfalls abnimmt. Schließlich wachsen die dendritischen Strukturen bis zum Separator und durch diesen hindurch, bis es zu einem Kurzschluss kommt und die Batteriezelle versagt. Vermieden werden kann das Dendritenwachstum vor allem durch die sogenannte Betriebsstrategie, also das Lademanagement, bei dem ein Laden bei tiefen Temperaturen vermieden wird sowie durch das Thermomanagement für die Batterie im Betrieb [86].

9.4.1.5 Der Separator

Damit beim Be- und Entladen der Batterie der Elektronenfluss außerhalb der Batterie stattfindet, müssen Kathode und Anode durch einen Separator voneinander isoliert werden. An dieses Bauteil werden besondere Herausforderungen gestellt, da der Separator zwar isolierend wirkt, zugleich aber für das Lithium und den Elektrolyten durchgängig sein muss. Des Weiteren muss der Separator thermisch und chemisch beständig gegenüber dem Elektrolyten sein und wegen des Einsatzes im Automobil wird zudem eine gewisse Unempfindlichkeit gegenüber Erschütterungen gefordert, weshalb z. B. rein keramische Separatoren aufgrund ihrer Sprödigkeit nicht eingesetzt werden können. Zusätzlich hat der Separator eine Sicherheitsfunktion, da er durch das Trennen der Kathode von der Anode einen Kurzschluss verhindert und durch seine Durchgängigkeit für Li-Ionen der Innenwiderstand der Batteriezelle wesentlich bestimmt wird.

Üblicherweise besteht ein Separator aus einer ein- oder mehrlagigen porösen Membran aus Polyethylen (PE), Polypropylen (PP) oder einer Kombination aus beiden, lediglich in Coinzellen kommen auch Glasfaservliese zum Einsatz. Die Herstellung solcher Separatoren aus PE oder PP kann nass oder trocken erfolgen. Im Nassprozess (PE) werden die Grundstoffe im Extruder mit Additiven zur Verbesserung der chemischen Stabilität sowie z. B. mit Mineralöl versetzt. Anschließend wird das extrudierte Material gewalzt und verstreckt. Nach einer thermischen Behandlung kombiniert mit einem chemischen Extraktions- und Trocknungsprozess löst sich das Mineralöl aus dem Separator, sodass sich eine mikroporöse Struktur bildet. Beim Trockenprozess hingegen wird die durch einen Extrusionsprozess erzeugte Folie in einem Walzprozess mechanisch strukturiert und anschließend ebenfalls gereckt, wodurch die gewünschte Porosität eingestellt wird. Zur Verbesserung der chemischen Beständigkeit werden bei Stapelzellen (prismatisch oder in Pouchform) Separatoren aus PE und/oder PP zusätzlich keramisch beschichtet, z. B. mit Aluminiumoxid (Al_2O_3) Aluminium-Oxid-Hydroxid (ALOOH) oder auch mit Siliziumoxid (SiO_2). Für gewickelte Zellen ist diese keramische Zusatzbeschichtung nicht möglich [87].

Neben der chemischen Beständigkeit ist eine weitere Herausforderung für den Separator die thermische Beständigkeit. Insbesondere die rein thermoplastischen Separatoren haben nur eine Temperaturbeständigkeit bis zu 120 °C. Bei Betriebstemperaturen um die 60 °C ist das normalerweise unkritisch, bei lokaler Erhitzung durch Schadensereignisse

(z. B. Durchbrennen einer Nachbarbatterie) kann diese aber schnell überschritten werden und ebenfalls ein Durchbrennen der Zelle verursachen (der sog. „thermal runaway"), während für das Batteriemodul selbst die kritische Temperatur noch bei Weitem nicht erreicht ist. Rein keramische Separatoren wiederum haben zwar eine ausgezeichnete Temperaturstabilität, sind aber aufgrund ihrer bereits erwähnten Sprödigkeit im Fahrzeugbau nur sehr beschränkt einsetzbar.

9.4.1.6 Der Elektrolyt

Die Elektrolyte wirken als elektrischer Isolator (auch Flüssigkeiten können nichtleitend sein) und ermöglichen den Li-Ionenfluss zwischen den Elektroden, wodurch sie den Stromkreis schließen. Dazu muss der Elektrolyt im direkten Kontakt mit den Oberflächen der Kathoden- und Anodenmaterialien stehen und es muss in der Lage sein, den Separator zu durchdringen. Die Anforderungen an den Elektrolyt sind vielfältig: Er muss im gesamten Spannungs- und Temperaturbereich elektrochemisch stabil sein, eine hohe Löslichkeit für (Lithium-)Salze aufweisen, eine hohe Ionentransportfähigkeit und eine niedrige Viskosität aufweisen. Ferner sind ein niedriger Schmelzpunkt und ein hoher Siedepunkt, ein hoher Flammpunkt und ein niedriger Dampfdruck anzustreben. Schließlich soll der Elektrolyt nicht toxisch und zudem kostengünstig sein.

Bei den im Fahrzeugbau eingesetzten NMC-Batterien kommen üblicherweise Flüssigelektrolyte zum Einsatz, da diese die beste Leitfähigkeit und das beste Benetzungsverhalten aufweisen und in der Produktion am einfachsten einzubringen sind, grundsätzlich gibt es aber auch Gele und Polymere.

Die chemische und thermische Beständigkeit limitiert auch die Spannung einer Batteriezelle, weshalb Batteriehersteller daran forschen, die maximale Spannung von NMC-Batterien von derzeit 4,4 V weiter zu erhöhen, z. B. durch den Einsatz von Additiven oder gleich durch den Ersatz der Flüssigelektrolyte durch Festkörperelektrolyte, was aber mit erheblichen Herausforderungen hinsichtlich der Grenzflächen verbunden ist (s. u., Abschn. Festkörperbatterien). Im Gegenzug werden erhebliche Vorteile hinsichtlich Schnellladefähigkeit und Sicherheit erwartet.

Da Lithium mit Wasser heftig reagiert, müssen die eingesetzten Elektrolyte wasserfrei sein. Auch muss bei der chemischen Alterung von Li-Ionenbatterien darauf geachtet werden, dass sich kein Wasser ausscheidet. Normalerweise besteht das Elektrolyt aus einem in mehreren organischen Lösungsmitteln gelösten, lithiumhaltigen Leitsalz, das für die Ionenleitfähigkeit des Elektrolyts verantwortlich ist. Allerdings gibt es aufgrund des breiten Anforderungsprofils an Elektrolyte auch eine Vielzahl von Elektrolytformulierungen. Verbreitete Leitsalze sind z. B. Lithiumhexafluorophosphat ($LiPF_6$), Lithiumtrifluormethansulfonat ($LiCF_3SO_3$) und Lithiumperchlorat ($LiClO_4$), insbesondere letzteres zeichnet sich durch eine hohe elektrochemische Stabilität und hohe Leitfähigkeit aus.

Die Lösungsmittel müssen wie gesagt nichtwässrig sein und wegen des breiten Anforderungsprofils werden normalerweise stets mehrere Lösungsmittel miteinander kombiniert. Besonders häufig wird als Hauptkomponente Ethylencarbonat (EC) oder auch Polypropylencarbonat (PC) in Kombination mit Dimethylcarbonat (DMC) oder Diethylcarbonat (DEC) oder anderen Formulierungen eingesetzt. Hinzu kommen mögliche Additive.

Additive werden dem Elektrolyt in geringen Mengen zugegeben, um gezielt bestimmte Eigenschaften zu optimieren wie z. B. die Leitfähigkeit, den Überladeschutz, die SEI-Bildung, den Flammschutz, die Verbesserung des Benetzungsverhaltens an den Elektroden oder den Korrosionsschutz. Am verbreitetsten ist die Additivierung mit Vinylencarbonat (VC), das zur Abscheidung einer schützenden Passivierungsschicht auf der Grafitanode (SEI) führt. Andere eingesetzte Additive sind Carbonate wie z. B. Vinylethylencarbonat (VEC) oder Fluorethylencarbonat (FEC) oder Sulfite wie Ethylensulfit (ES) oder Propylensulfit [85].

9.4.2 Bauweisen

Grundsätzlich unterscheidet man drei Bauformen von Li-Ionenbatterien für E-Fahrzeuge: Rundzellen, prismatische Zellen und Pouchzellen (von engl. „pouch", dt. Beutel, Tasche), die in Konsumartikeln weitverbreiteten Coinzellen gibt es im Fahrzeugbau nicht (Abb. 9.36). Alle drei Formen kommen im Serienfahrzeugbau zum Einsatz und mit jeder Zellform sind Vor- und Nachteile verbunden.

Da einmal getroffene Entscheidungen hinsichtlich der Zellform auch im Hinblick auf die Rückwärtskompatibilität oder die Plattformstrategie nur noch schwer zu ändern sind, ist die Abwägung hinsichtlich der Bauform entsprechend komplex. Hinzu kommen Fragen zur Zuliefererstruktur, zur automatisierbaren Fertigung, zum Verbau, zur Integrierbarkeit in bestehende Produktionsverbünde, Kernmärkte usw. Allgemeinverbindliche Empfehlungen zur Wahl des Zellsystems kann es daher nicht geben. Es ist aber der grundsätzliche Trend zu beobachten, dass die Mehrheit der Hersteller auf Pouchzellen bzw. prismatische Zellen setzt (Abb. 9.37), wobei für die Zukunft der vermehrte Wechsel von Pouch- zu prismatischen Zellen zu beobachten ist (z. B. Volkswagen ID-Serie Pouch, zukünftige Einheitszelle prismatisch) [88].

Neben dem Package, dem Crashverhalten, den Fahreigenschaften und dem Komfort sind natürlich die Leistungsdichte (kWh pro Batterievolumen) und das Leistungsgewicht (kWh pro kg Batterie) für die Auslegung eines E-Fahrzeuges entscheidend. Bei Vergleichen ist hierbei stets unbedingt anzugeben, ob Werte wie kWh/kg oder kWh/l sich auf die Zell- oder Modulebene beziehen. Somit sind nicht nur die Werte einer einzelnen Zelle, sondern vielmehr die eines Moduls und schließlich der gesamten Batterie zu berücksichtigen, was auch das Batteriemanagement, die Batteriekühlung und die Sicherheitssysteme beinhaltet. Ferner ist bei Batterievergleichen zu berücksichtigen, in welchem Maße die Kapazität einer Batterie ausgenutzt wird. Dies wird über den sogenannten SOC-Wert (**S**tate **O**f **C**harge) beschrieben, der in Prozent der theoretisch maximal möglichen Kapazität eines Batteriesystems angegeben wird

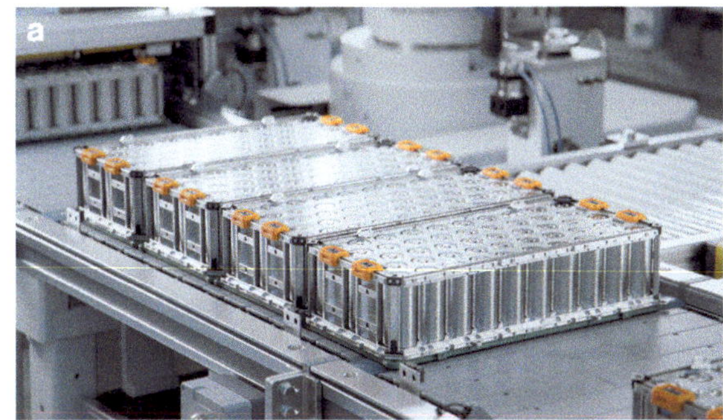

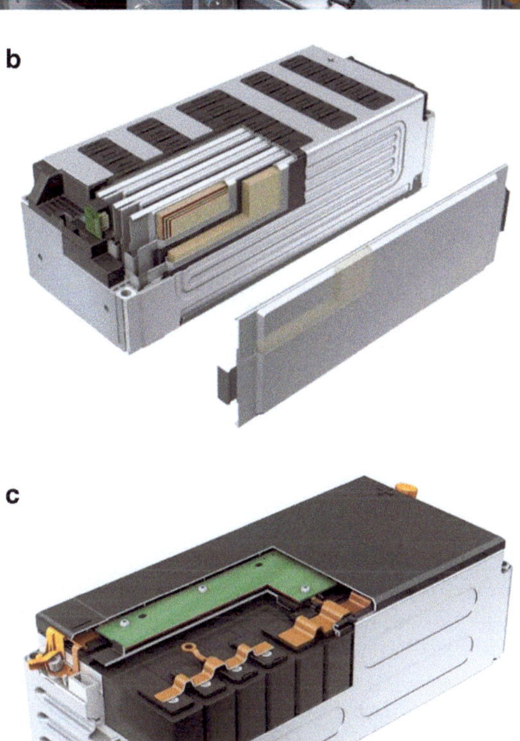

Abb. 9.36 (**a**) Batteriemodul mit Rundzellen, Prinzipbild (AdobeStock, Bild-Nr. 626997765), (**b**) Batteriemodul mit Pouchzellen (Bild: Audi), (**c**) Batteriemodul mit prismatischen Zellen (Bild: Audi)

(manchmal auch als Energieinhalt brutto/netto). Ein SOC-Wert von 95 % einer 80 kWh-Batterie bedeutet also ein maximales Laden auf 76 kWh.

Wie eingangs erwähnt gibt es eine Vielzahl von Gründen für das eine oder andere Zellkonzept und auch die Rahmenbedingungen sind bei jedem Fahrzeughersteller anders. Daher soll im Folgenden nur allgemein auf die Vor- und Nachteile der einzelnen Zelltypen im Automobilbau eingegangen werden.

Abb. 9.37 Fahrzeugkonzept mit Pouchzellmodulen (Bild: VW).

9.4.2.1 Rundzellen (Zylindrische Zellen)

Die ersten modernen Pkw mit E-Antrieb und Li-Ionenbatterien wurden von Tesla mit seinem ersten kommerziell vermarkteten Modell, dem Tesla Roadster, eingeführt. Die Idee war, durch die Verwendung von handelsüblichen Laptopbatterien (Tesla Roadster: 6831 Stück) über eine kostengünstige und gut verfügbare Alternative zu den damals noch kaum verfügbaren automobilspezifischen Li-Ionenakkumulatoren zu verfügen. Und auch wenn mittlerweile spezifische Rundzellen eingesetzt werden, ist Tesla dem Prinzip, zur elektrischen Speicherung eine große Anzahl relativ kleiner Rundzellen miteinander zu verschalten, treu geblieben. Diesem Ansatz folgen allerdings nur sehr wenige Hersteller (wie z. B. in einigen zukünftigen Modellen BMW), die meisten Automobilhersteller planen auch langfristig mit Pouch- bzw. prismatischen Zellen.

Die Rundzelle hat jedoch auch Vorteile, wobei Kosten- und Sicherheitsaspekte im Vordergrund stehen. So lassen sich Rundzellen durch einen Wickelprozess sehr wirtschaftlich und mit hoher Geschwindigkeit fertigen, zudem ist die Energiedichte trotz kleinen Volumens groß. Übliche Rundzellen sind z. B. bei Tesla die 2170 und 4680, wobei generell der Trend zu Rundzellen mit größerem Durchmesser geht.

Neben der guten Verfügbarkeit und der relativ kostengünstigen Fertigung liegt ein weiter Grund für den Einsatz von Rundzellen im Sicherheitskonzept. Rundzellen setzen verglichen mit prismatischen Zellen aufgrund ihrer geringeren Größe im Falle des thermischen Durchgehens eine geringere Energie frei, zudem ermöglichen die aus den Rundzellen aufgebauten Batteriepakete eine bessere Luftzirkulation und somit Kühlung als die kompakten prismatischen Batterien. Durch die Parallelverschaltung einer größeren Anzahl von Zellen können schwache Zellen im Verbund ausgeglichen werden und bieten so

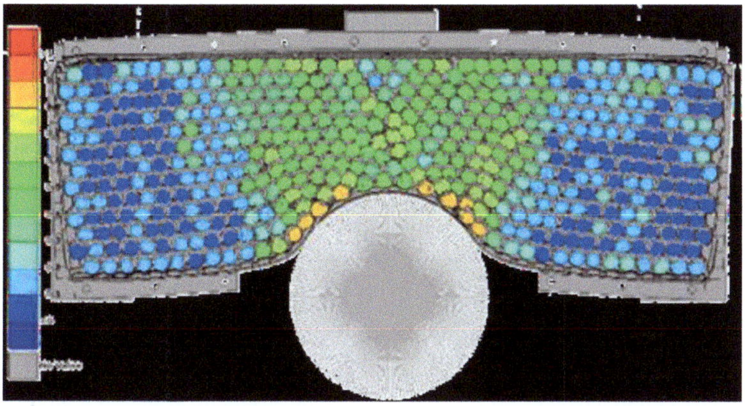

Abb. 9.38 Simulation Pfahlcrash mit Batteriemodul Rundzellen (Bild: Volkswagen AG)

eine höhere Ausfallsicherheit. Zudem sind Batterien mit kritischem Verhalten, aber auch deren Nachbarzellen, einzeln abschaltbar, was die Wahrscheinlichkeit für ein thermisches Durchgehen des gesamten Batteriepaketes weiter reduziert. Auch im Crashfall zeigen die Rundzellenbatteriepakete ein günstiges Verhalten, da die einzelnen Rundzellen aneinander und in einem gewissen Maße an dem eindringenden Objekt abgleiten können, und zwar sowohl bei einem Seitencrash als auch beim Durchdringen der Batteriekastenunterseite (Abb. 9.38). Aber trotz des vermehrten Einsatzes im Automobilbereich wird auch heute der größte Teil der Rundzellen im Konsumentenbereich eingesetzt (Laptops, Mobiltelefone, Taschenlampen etc.).

Zur Nomenklatur: Rundzellen werden üblicherweise mit einer fünfstelligen Zahlenkombination bezeichnet wie z. B. 26.650. Dabei bezeichnen die ersten beiden Ziffern den Durchmesser der Rundzelle in mm, die dritte und vierte Ziffer ihre Länge in mm. Die angehängte 0 zeigt an, dass es sich um eine Rundzelle handelt (wird manchmal auch weggelassen). Die beispielsweise in E-Fahrrädern und E-Fahrzeugen verbreitete 21.700 hat dementsprechend einen Durchmesser von 21 mm und eine Länge von 70 mm. Eine solche Zelle hat ein Gewicht von 70 g und eine Kapazität von 4000 mAh. Aus der zylindrischen Form resultiert auch ein Nachteil der Rundzellentechnologie, denn trotz der hohen Leistungsdichte der Zelle ist das Volumen des Gesamtbatteriepakets größer als das eines prismatisch gebauten Moduls mit vergleichbarer Kapazität.

Grundsätzlich ist jedoch festzuhalten, dass unabhängig von der Zellform alle Automobilhersteller die immer härteren Sicherheitsanforderungen (Crashvorschriften wie UN GTR 20, chinesischer GB 38031-2020, NCAP usw.), insbesondere im Crash oder im Falle eines Kurzschluss aufgrund der Penetration durch einen Fremdkörper, erfüllen. Die treibende Fragestellung ist also stets die Abwägung zwischen den konstruktiven und wirtschaftlichen Erfordernissen und insbesondere auch die Frage, für wie viele Fahrzeuggenerationen das erstellte Konzept genutzt werden soll.

9.4.2.2 Prismatische Zellen und Pouchzellen

Mit Beginn der Umstellung auf die E-Mobilität mussten alle Automobilhersteller die grundsätzliche Entscheidung treffen, ob sie ihre Plattformen, aber auch ihre Logistikketten und ggf. ihre Batteriefabriken, auf Basis von Rundzellen oder Pouch- bzw. prismatischen Zellen auslegen. Praktisch alle großen Hersteller haben sich hierbei aus einer Reihe von Gründen zugunsten der Pouch- bzw. prismatischen Zellen entschieden. Haupttreiber war sicherlich der Umstand, dass man mit diesen bei kleinerem Bauraum höhere Speicherkapazitäten realisieren kann. Insbesondere, wenn eine Plattform verschiedenen Aufbauformen (Limousine, SUV, Kombi etc.) zur Verfügung stehen soll, ist der verfügbare Bauraum bei einer Zielreichweite von deutlich über 400 km schnell aufgebraucht. Hinzu kamen Überlegungen, dass bei einer Weiterentwicklung der Batterietechnologie prismatische Zellen einfacher und bauraumneutral gegen leistungsfähigere Zellen oder Module ausgewechselt werden können. Auch ist der Umfang der Verkabelung sowie des Batteriemanagementsystems weniger umfangreich als bei der Verschaltung hunderter Rundzellen. Schließlich sprechen auch die besser automatisierbare Fertigung der Batteriemodule sowie die automatisierte Montage an der Linie für prismatische Zellen.

Nachteil der prismatischen Zellen ist der größere konstruktive Aufwand für die Fahrzeugsicherheit, da die einzelnen Batteriemodule zu Blöcken zusammengefasst werden, die nur wenig Raum für Deformationen lassen. Da ein Abbau der Crashenergie über ein Komprimieren der Modulblöcke nicht infrage kommt und ein Abgleiten am eindringenden Crashkörper wie bei den Rundzellen nicht möglich ist, wird angestrebt, die Modulblöcke lasttragend in die Fahrzeugstruktur zu integrieren, um Crashlasten sowohl über die Module als auch den Batteriekasten abzuleiten. Als Nebeneffekt kann so nicht nur eine crashoptimierte, sondern auch eine gewichts- und kostenoptimierte Fahrzeugstruktur ausgelegt werden. Aber auch wenn die Batteriemodule lasttragend eingebunden werden, liegt ein besonderer Schwerpunkt der Sicherheitsarchitektur auf dem Schutz des Batteriekastens, der aufgrund der Unnachgiebigkeit der Zellpakete gegen Verformungen geschützt werden muss, und zwar sowohl beim Front- und Heckcrash als auch beim Seitencrash. Erschwerend kommt hinzu, dass der Energieinhalt bei prismatischen Zellmodule sehr hoch ist. Daher muss neben der Crashauslegung auch berücksichtigt werden, wie Zellmodule und der gesamte Batteriekasten im Falle des thermischen Durchgehens infolge eines Kurzschlusses dazu beitragen können, konstruktiv, aber auch mithilfe der ausgewählten Werkstoffe, die Propagation des Brandes aufzuhalten bzw. zu verzögern.

Für die Zukunft werden noch leistungsfähigere Batterien erwartet, insbesondere die Festkörperbatterien („Solid-State-Batterie"), für die eine Vielzahl von Ansätzen verfolgt wird und deren Serienreife in diesem Jahrzehnt erwartet wird. Von dieser Technologie erhofft man sich eine deutlich höhere Leistungsdichte in Verbindung mit verbesserten Eigenschaften hinsichtlich Schnellladen und Alterung (s. u.). Bezüglich einer automatisierten Fertigung solcher Batterien werden aber vor allem Batteriekonzepten mit keramischen Bestandteilen erwartet, für die wiederum ein Wickelprozess nicht infrage kommt, sodass auch diese Batteriezellen gestapelt werden müssen, was für viele Automobilhersteller ein weiterer Grund ist, zukünftige Fahrzeuggenerationen mit prismatischen Zellmodulen zu planen.

Neben den hier erwähnten Vor- und Nachteilen auf Zellebene muss natürlich hinsichtlich der Bauweise eines E-Fahrzeugs stets auch das gesamte System betrachtet werden. Hierzu zählen neben vielen anderen Aspekten die konstruktiven Anforderungen wie der Verbau der Batteriemodule (längs oder quer), die Frage, ob die Batteriemodule lastfrei, lastreduziert oder lasttragend sind, in welcher Weise sie in die Crashstruktur des Fahrzeugs integriert werden, welche Anforderungen an die Übernahmefähigkeit in andere Plattformen gestellt werden und inwieweit eine Rückwärtskompatibilität neuer Batteriesysteme gegeben ist. Letzteres resultiert z. B. aus dem Umstand, dass auch bereits in Produktion befindliche Fahrzeuge ggf. mit neuen Batterien ausgestattet werden müssen, z. B. im Rahmen eines Facelifts oder später vor Kunde im Rahmen eines Batterietauschs.

9.4.2.3 Solid-State-Batterien (Festkörperbatterien)

Im Wettrennen um die besten Batterien für die E-Mobilität gelten Festkörperbatterien (Solid-State Batteries, SSB) als „heiliger Gral“. Von solchen Festkörperbatterien werden höhere Speicherkapazitäten, höhere Ladeströme, bessere Lebensdauern und eine deutlich verbesserte Sicherheit hinsichtlich möglicher Brandereignisse erwartet. Aufgrund ihrer erheblichen Vorteile werden Festkörperbatterien derzeit von einer Vielzahl von Startups entwickelt, häufig in enger Kooperation mit Batterie- oder Automobilherstellern (z. B. ProLogium, QuantumScape, SolidPower, Ganfeng Lithium Group etc.).

Ursächlich für die erwarteten Verbesserungen ist der Verzicht auf ein Flüssigelektrolyt sowie die Verwendung einer rein metallischen Anode, im Falle der Li-Ionenbatterien also eine Anode aus metallischem Lithium. Diese wird beim Entladen der Batterie nahezu vollständig abgebaut und beim Laden wieder aufgebaut (Abb. 9.39). Der Separator ist im Gegensatz zur herkömmlichen Batterie fest und nicht porös, das Kathodenmaterial hin-

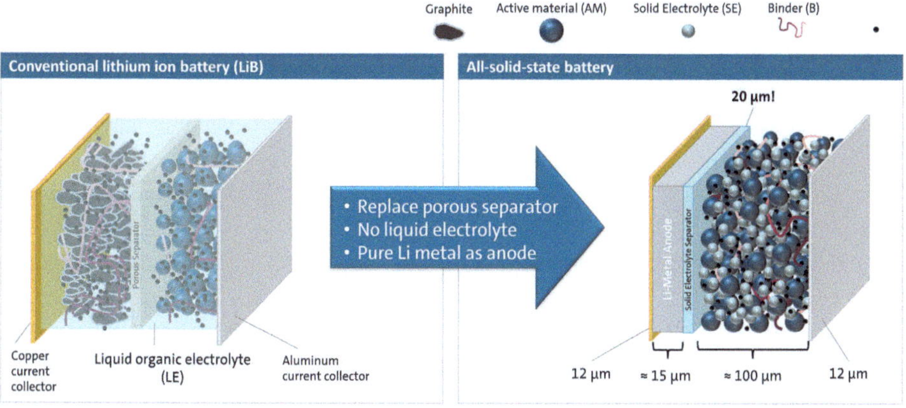

Abb. 9.39 Vergleich klassische Li-Ionenbatterie zu Festkörperbatterie

gegen kann das Gleiche sein. Der Festelektrolyt kann oxidisch, sulfidisch oder polymerbasiert sein, wobei sich eine Vielzahl chemischer Verbindungen für alle drei Varianten in Entwicklung befindet. Aus dem Festelektrolyt resultiert auch die hohe Sicherheit der Festkörperbatterien, denn es kann kein Flüssigelektrolyt auslaufen, in Brand geraten oder einen Brand treiben. Ein thermisches Durchgehen aufgrund eines Kurzschlusses, z. B. durch Dendriten oder einen eindringenden Fremdkörper, ist ebenfalls nahezu ausgeschlossen [88, 89].

Aufgrund der aus metallischem Lithium bestehenden Anode haben Festkörperbatterien eine sehr hohe Energiedichte und können, abhängig vom Speichervermögen der eingesetzten Kathode für Lithiumionen, diese in großer Menge und vor allem auch in hoher Geschwindigkeit zur Verfügung stellen. Sowohl die Energiedichte als auch das schnelle Laden resultieren dabei aus dem Umstand, dass die Lithiumatome nicht in einer Grafitanode interstitiell gelöst bzw. eingelagert werden müssen, sondern sofort für die Diffusion durch den Separator bereit stehen (Abb. 9.39) [90, 91].

Da typische Alterungseffekte wie SEI/CEI-Bildung, chemische Zersetzung von Anode und Kathode sowie die Bildung von Dendriten und schädlichen Nebenprodukten unter elektrischer Spannung auf den Flüssigelektrolyten zurückzuführen sind, sind nachgewiesenermaßen bei Festkörperbatterien die Alterungseffekte drastisch reduziert.

Schließlich zählt zu den Vorteilen der Festkörperbatterien auch der Umstand, dass aufgrund des Fehlens von Elektrolyt und Grafitanode im Vergleich zu herkömmlichen Batterien sowohl das Gewicht als auch das Volumen reduziert werden.

Den zu erwartenden Vorteilen steht eine Reihe von Herausforderungen gegenüber, die die Entwicklung dieser Batterien so langwierig und kostenintensiv macht. So ergibt sich aus der direkten Kontaktierung des Anodenmaterials mit dem Separator aufgrund der Oberflächenrauhigkeiten nur ein punktueller Kontakt für die Diffusion. Diese Problematik ist von so hoher Relevanz, dass eine Vielzahl von Lösungsansätzen auf dem Einsatz einer dünne Schicht von niedrigviskosen Elektrolyten wie z. B. Gelen basiert, sodass man genau genommen eher von „Near Solid-State" sprechen müsste, auch wenn die grundsätzlich sehr guten Eigenschaften hierdurch nicht wesentlich gemindert werden.

Eine weitere Problematik resultiert aus der sehr ausgeprägten Volumenänderung der Batteriezellen bedingt durch den Auf- und Abbau der Anode beim Laden bzw. Entladen. Diese Volumenänderung kann 10–20 % betragen und bedingt aufwendige Verspannsysteme, die die jeweiligen Batteriepakete unter konstanter Vorspannung halten und die sich negativ auf die volumetrische Energiedichte des Gesamtsystems auswirken können. Auch wirkt sich diese Vorspannung wiederum negativ auf die maximale Kapazität der Batterie aus.

Auch hinsichtlich der automatisierten Massenfertigung stehen derzeit noch alle potenziellen Hersteller vor erheblichen Herausforderungen, die z. B. aus den Anforderungen an die chemische Reinheit der verwendeten Elemente, die hochpräzise Fertigung und das Handling der einzelnen Komponenten wie z. B. der empfindlichen keramischen Separatoren resultieren.

9.4.3 Strategische Ansätze und Entwicklungsrichtungen

Die Entwicklung von batterieelektrischen Automobilen befindet sich derzeit in einer hochdynamischen und durch starken Wettbewerb bestimmten Phase, sowohl hinsichtlich der Modellstrategien als auch hinsichtlich der Zuliefererstruktur. Während einige Autohersteller weiterhin die Batterien als Zukaufteile betrachten, deren technologischer Fortschritt auf dem Wettbewerb der Batteriehersteller basiert, verfolgen andere die Strategie der Eigenfertigung von Batterien und Batteriemodulen in „Giga-Fabriken", um die Wertschöpfung und das Know-how dieser Baugruppe im Unternehmen zu halten. Die Li-Ionentechnologie dürfte mindestens in diesem und voraussichtlich auch im kommenden Jahrzehnt den Markt dominieren, und inwieweit alternative Batteriekonzepte sich im Massenmarkt durchsetzen werden ist derzeit nicht abzusehen. Es kann aber davon ausgegangen werden, dass sich der Markt zweiteilt. Zum einen werden sich in den unteren Preissegmenten auch preiswertere Batterien mit günstigeren Rohstoffen durchsetzen, auch wenn dies auf Kosten der Reichweite geht, zum anderen werden sich im Premiumbereich Hochleistungsbatterien etablieren, die den Kunden einen maximalen Komfort hinsichtlich Reichweite und Ladekomfort ermöglichen. In welchem Rahmen sich welche Batterien und auch welche Zellkonzepte am Markt durchsetzen, ist unmöglich vorherzusagen, da die Innovationsgeschwindigkeit in allen Bereichen extrem hoch ist. Was heute sicher gesagt werden kann ist, dass Werkstoffe und Bauweisen in der E-Mobilität eine der großen Herausforderungen der Zukunft sind.

Dank
Der Autor möchte sich insbesondere bei Dr. Tanja Graf und Dr. Thomas Schladt von der Volkswagen AG für die kompetente und geduldige Unterstützung bei allen Fachfragen zu diesem Thema herzlich bedanken.

9.4.4 Brennstoffzellen

9.4.4.1 Aufbau und Funktion von Brennstoffzellen im Fahrzeugbau

Brennstoffzellen sind galvanische Zellen, bei denen im Allgemeinen ein kontinuierlich zugeführtes Medium oxidiert wird, wodurch elektrische Energie erzeugt wird. Man bezeichnet sie daher im Gegensatz zu Batterien nicht als Energiespeicher, sondern als Energiewandler. Die wichtigsten Einsatzfelder für Brennstoffzellen sind heutzutage stationär betriebene Systeme, vor allem zur netzunabhängigen Energieversorgung z. B. in Krankenhäusern oder abgelegenen kleineren Kommunen (sog. „Miniblockheizkraftwerke"). Mobile Brennstoffzellen finden sich z. B. in Gabelstaplern bzw. Flurförderfahrzeugen, in Raumfahrzeugen (bereits seit den Apollo-Missionen) sowie in den deutschen U-Booten der Klassen 212 und 214, die so außenluftunabhängig und nahezu geräuschlos betrieben werden können. Im straßengebundenen Serienfahrzeugbau hat sich die Brennstoffzelle trotz des guten Wirkungsgrades bis heute auch gegenüber batterieelektrischen

Fahrzeugen nicht durchsetzen können und aus einer Reihe von Gründen wie eine fehlende Wasserstoffinfrastruktur sowie vergleichsweise hohe Kosten und Rohstoffbedarfe ist auch für die nähere Zukunft kein Durchbruch zu erwarten. Die wahrscheinlichsten Einsatzszenarien sind für den gewerblichen Betrieb (z. B. Transporter) zu erwarten.

Grundsätzlich kommen für einen Brennstoffzellenprozess viele Treibstoffe infrage, in denen Wasserstoff vorhanden oder chemisch gebunden ist: reiner Wasserstoff, Methanol, Butan oder Erdgas. Für den Fahrzeugbau werden aber bis heute nahezu ausschließlich mit reinem Wasserstoff betriebene sogenannte Proton Exchange Membrane Fuel Cells verwendet. Bei diesen beruht die Energieerzeugung auf folgenden chemischen Prozessen:

Anode: $2H_2 \rightarrow 4H^+ + 4e^-$
Kathode: $O_2 + 4H^+ + 4e^- \rightarrow 2H_2O$

Damit ergibt sich als Gesamtreaktion $2H_2 + O_2 \rightarrow 2H_2O$, wobei die Reaktionen an den Elektroden durch einen Katalysator (z. B. Platin) ermöglicht werden müssen (Abb. 9.40). Der elektrische Stromfluss resultiert nun aus dem Umstand, dass an der Anode die zugeführten Wasserstoffmoleküle in H^+-Kationen (also Protonen) zerfallen und die frei werdenden Elektronen abfließen und dem elektrischen Verbraucher in Form von Gleichstrom zur Verfügung gestellt werden. Die dann dem System „fehlenden" Elektronen werden an der Kathode unter Bildung von Wasser wieder zurückgeführt. Da also der die Elektronen bereitstellende Wasserstoff H_2, im Gegensatz zum Lithium in der Li-Ionenbatterie, verbraucht und kontinuierlich neu zugeführt werden muss, spricht man bei Brennstoffzellen auch von einem „offenen System", im Gegensatz zum „geschlossenen System" der Batterie. Im Rahmen dieses Buches soll jedoch lediglich auf die werkstofflichen Heraus-

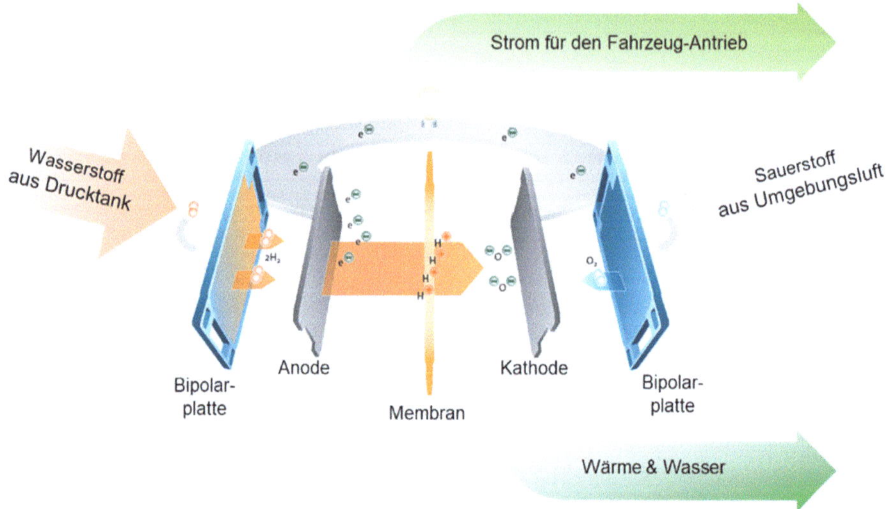

Abb. 9.40 Der Prozess einer Wasserstoffbrennstoffzelle

forderungen und eingesetzten Materialien eingegangen werden, eine vertiefte Darstellung der thermodynamischen und elektrochemischen Zusammenhänge sowie des Thermomanagements und der Prozesssteuerung ist nicht Bestandteil dieses Kapitels, umfangreiche weiterführende Literatur findet sich aber z. B. in [92–94].

Die im Fahrzeugbau eingesetzten Systeme bestehen aus dem sog. Brennstoffzellenstapel (auch Brennstoffzellenstack genannt) sowie den weiteren wichtigen Baugruppen Kompressor mit Befeuchtungseinheit, Kühlungssystem mit Pumpe, Steuergeräte sowie Hochdruck-Wasserstofftank mit den Leitungssystemen (siehe auch Abschn. 7.6). Der Brennstoffzellenstapel selbst setzt sich, um geeignet hohe Spannungen zu generieren, aus vielen in Reihe geschalteten einzelnen Brennstoffzellen zusammen, die wiederum aus den wesentlichen Komponenten Anode, Kathode, der zentralen Membran und den umfassenden Platten mit Gaskanälen aufgebaut sind (Abb. 9.40). Werden nun mehrere Zellen zu einem Stapel zusammengeführt, werden die jeweiligen Abschlussplatten (oder „Unipolarplatten“) der einzelnen Zellen elektrisch leitend mit den Abschlussplatten der benachbarten Zellen verbunden. Die auf solche Weise miteinander verbunden Abschlussplatten zweier Zellen bilden dann die sogenannten Bipolarplatten, zwischen denen das Kühlmedium geführt wird. Die Grenze zwischen zwei Zellen verläuft folglich in der Mitte einer Bipolarplatte. Die Enden des Brennstoffzellenstapels werden dann von wieder Unipolarplatten gebildet (Abb. 9.41). Im Betrieb wird nun auf der einen Seite der Bipolarplatte, der Elektrodenseite, Wasserstoff zugeführt, der an der Anode zu H^+-Kationen und freien Elektronen zerfällt.

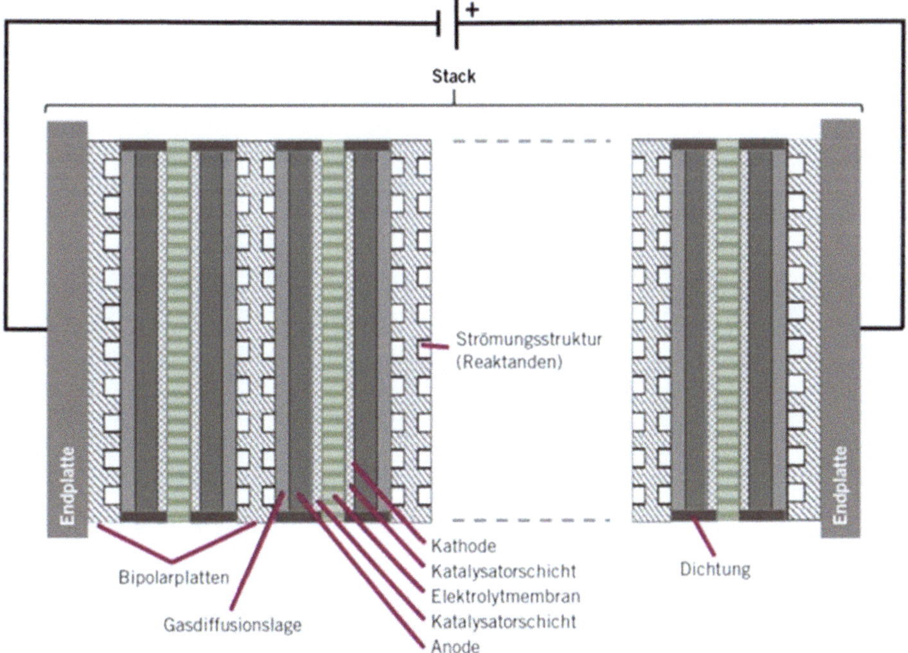

Abb. 9.41 Aufbau eines Brennstoffzellenstacks

Letztere werden dann durch die elektrisch verbundenen Platten zur anderen Seite der Bipolarplatte und somit zur Nachbarzelle geführt, wo sie dann für die kathodische Reaktion zur Verfügung stehen. Die H^+-Kationen (= Protonen) jedoch diffundieren durch die als Festkörperelektrolyt dienende, trennende Membran zur Kathode, wo sie in Kontakt mit dieser im nunmehr geschlossenen elektrischen Kreislauf die Elektronen unter Bildung von reinem H_2O wieder aufnehmen, wobei der Sauerstoff in Form von komprimierter Umgebungsluft über die kathodenseitige Bipolarplatte zur Verfügung gestellt wird. Um die hohen atomaren Bindungskräfte der H_2-Moleküle an der Anode bzw. die der O_2-Moleküle an der Kathode zu schwächen, muss an den Elektroden ein Katalysator zur Verfügung stehen, üblicherweise Edelmetalle wie Platin, Palladium oder Ruthenium.

Mehrere der hier beschriebenen Zellen bilden nun zusammen mit der Verspanneinheit und den Endplatten den besagten Brennstoffzellenstapel, wobei die für den Fahrzeugbetrieb erzeugte elektrische Energie nur über die Endplatten ab- und wieder zugeführt wird (Abb. 9.41). Aufgabe der Verspanneinheit ist es, durch die Spannkräfte die Kontaktierung der Platten mit den Elektroden und Membranen sicherzustellen und Relativbewegungen zwischen den einzelnen Zellen zu verhindern. Des Weiteren muss sie das System abdichten, da die Gase unter Druck (1–3 bar) eingebracht werden, sodass auch mechanische Kräfte auf die einzelnen Bestandteile wirken. Im Stapel selbst wird die erzeugte elektrische Energie immer nur zur benachbarten Zelle weitergeführt, wodurch der Kreislauf geschlossen wird. Die Anzahl der einzelnen Zellen im Stapel ist auch für die erforderliche mechanische Spannung im Gesamtsystem verantwortlich und letztlich auch für die maximal erzeugbare Energie. Im Pkw-Bereich erfolgt die Energieerzeugung normalerweise nur über einen Brennstoffzellenstapel (Abb. 9.42), bei Lkw oder im stationären Bereich kann das Brennstoffzellensystem aber auch mehrere Stapel enthalten.

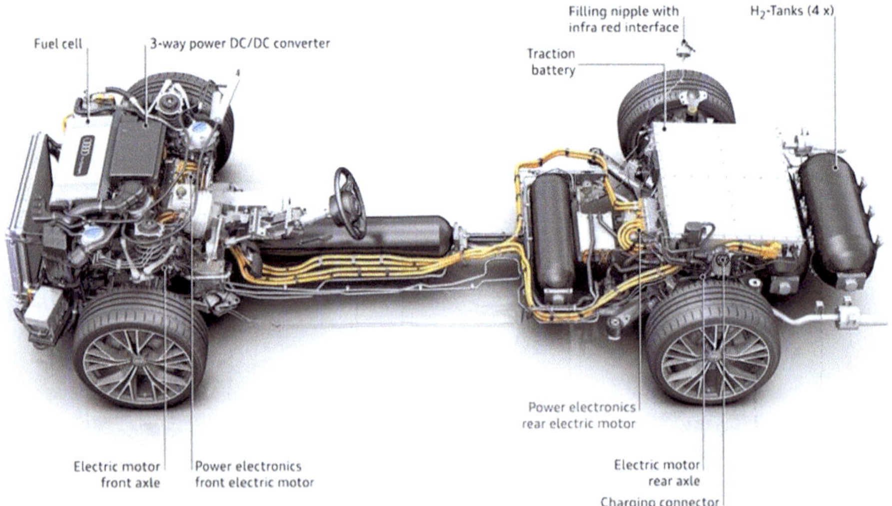

Abb. 9.42 Das gesamte Brennstoffzellensystem im Auto (Bild: Audi)

Da der Prozess selbst thermisch nicht aktiviert werden muss und bei moderaten Temperaturen von üblicherweise 80–100 °C abläuft und weil die im Zentrum des Prozesses stehenden H^+-Kationen lediglich Protonen sind, werden wie bereits erwähnt die in der Fahrzeugtechnik üblicherweise eingesetzten Zellen als Niedertemperatur-Protonenaustauschmembran-Brennstoffzellen bezeichnet (Proton Exchange Membrane Fuel Cell, kurz PEMFC).

Als Sonderfall der für den Fahrzeugbetrieb infrage kommenden Brennstoffzellen sei an dieser Stelle noch die sogenannte Festoxidbrennstoffzelle (Solid Oxide Fuel Cell, kurz SOFC) erwähnt. Im Gegensatz zur PEMFC wird sie bei sehr hohen Temperaturen von um die 800–900 °C betrieben. Bei der SOFC stellt ein Brennstoff die H_2-Moleküle zur Verfügung, die an der Anode durch ihren Zerfall zu H^+-Kationen die benötigten Elektronen bereitstellen. An der Kathode wiederum werden aus Umgebungsluft O_2^--Ionen erzeugt, die aber anders als bei der PEMFC durch den Festoxidelektrolyten (üblicherweise yttriumstabilisiertes Zirkondioxid) zur Anode diffundieren, wo sie mit den H^+-Kationen H_2O bilden können. Hauptvorteil der SOFC ist der vergleichsweise sehr gute Gesamtwirkungsgrad. Aufgrund der hohen Temperaturen können zudem diverse Brennstoffe wie Methan, Butan oder sogar Diesel verwendet werden (wodurch auch die aufwendige Technik der Wasserstoffspeicherung bei sehr hohen Drücken entfällt) und des Weiteren ist die Reaktivität entsprechend hoch, sodass auf den Einsatz der sehr teuren Edelmetall-Katalysatorschichten verzichtet werden kann. Aufgrund des nahezu drucklosen Betriebs können zudem bei einer SOFC auch andere Bauformen wie z. B. röhrenförmige Zellen in Betracht gezogen werden. Allerdings sind die dauerhaft hohen Betriebstemperaturen eine ganz erhebliche technische Herausforderung, weshalb derzeit für Pkw keine Anwendungen zu erwarten sind. Im Bereich LKW und Schienenfahrzeuge sind jedoch im Rahmen der Weiterentwicklung durchaus Potenziale für diesen Brennstoffzellentyp vorhanden, ggf. auch als Stromaggregat. Im Weiteren soll deshalb nur noch auf die in ihrer Entwicklung für fahrzeugspezifische Anwendungen deutlich fortgeschrittenere PEMFC eingegangen werden.

9.4.4.2 Die Bipolarplatte

Im Brennstoffzellenstapel eines Kraftfahrzeuges hat die Bipolarplatte mehrere Aufgaben zu erfüllen. Zunächst stellt sie die elektrische und physikalische Anbindung der Anode der einen Zelle mit der Kathode der nächsten Zelle sicher, die Bipolarplatte muss also sowohl eine Anoden- als auch eine Kathodenseite aufweisen (daher der Name Bi-Polarplatte). Damit der Treibstoff, also das Reaktionsgas H_2, effizient genutzt wird, muss es von der Bipolarplatte zudem in die Reaktionszone geleitet werden, wofür die Bipolarplatten beidseitig mit Strömungsprofilen versehen sind (auch „Flussfeld", „Flow Field", Abb. 9.43). Und schließlich haben die Bipolarplatten noch die Aufgabe, den entstehenden Wasserdampf aber auch Energie abzuführen. Daher werden im Brennstoffzellenstapel stets zwei Bipolarplatten punktuell elektrisch leitend miteinander verbunden, sodass die Zwischenräume von einem Kühlmedium durchspült werden können, die Elektronen aber dennoch von der Kathodenseite der einen Platte zur Anodenseite der anderen Platte geleitet werden

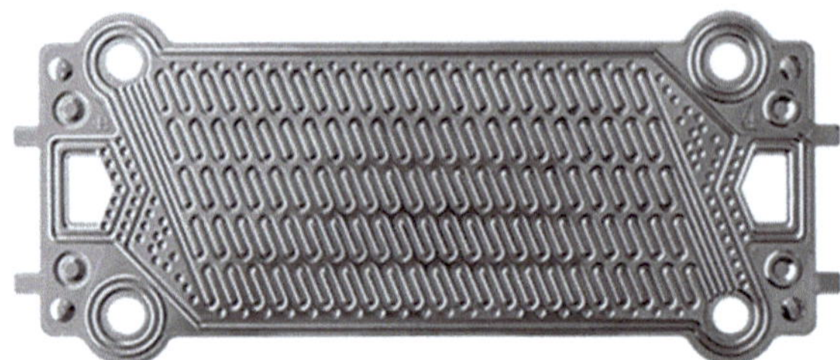

Abb. 9.43 Edelstahlbipolarplatte mit Flussfeld. (Aus dem Förderprojekt RoBiPo. Design und Auslegung: Forschungszentrum Jülich GmbH, Fertigungstechnologie: Fa. Gräbener Maschinentechnik GmbH & Co. KG)

(Abb. 9.42). Um all diese Aufgaben zu erfüllen, werden an die für Bipolarplatten verwendeten Werkstoffe umfangreiche Anforderungen gestellt. Neben der Gasdichtigkeit ist eine chemische Stabilität gegen feuchte, oxidierende und reduzierende Medien gefordert und das gewählte Material muss eine gute elektrische Leitfähigkeit sowie geringe Übergangswiderstände aufweisen.

Da Wasserstoffionen sehr sauer sind (die Wasserstoffionen selbst haben einen pH-Wert von Null), sind die Anforderungen an die Korrosionseigenschaften von Bipolarplatten entsprechend hoch. Infrage kommende Werkstoffe sind insbesondere Edelstahl, Titan und Grafit bzw. Polymer-Grafit-Compounds, wobei für Kraftfahrzeugbrennstoffzellen mittlerweile aus Kostengründen überwiegend Edelstahl verwendet wird. Bei der Materialauswahl spielen neben den genannten physikalischen aber auch mechanische Eigenschaften eine Rolle, da Bipolarplatten möglichst dünn ausgelegt werden, um Material und Bauraum zu sparen und möglichst wenig Volumen für die Wärmespeicherung zur Verfügung zu stellen. Dennoch müssen sie im Umformprozess eine hinreichende Tief- und Streckziehfähigkeit aufweisen.

Austenitischer Edelstahl ist vergleichsweise kostengünstig, hat mit 15 W/m · K eine hinreichend gute thermische Leitfähigkeit (elektrische Leitfähigkeit ~ $1{,}4 \cdot 10^6$ A/V · m) und aufgrund seiner kubisch-flächenzentrierten Gitterstruktur eine ausgezeichnete Kaltumformbarkeit, sodass sich die Kanäle zur Gasführung sehr gut einprägen lassen. Eingesetzt werden typischerweise mit Molybdän legierte Edelstähle wie der 1.4404 (X 2 CrNiMo 17 12 2, auch als 316L bekannt) und der 1.4435 (X 2 CrNiMo 18 14 3), da Molybdän die Korrosionsbeständigkeit austenitischer Edelstähle gegen Säurebeanspruchung deutlich verbessert und zudem die Festigkeit erhöht. Grundsätzlich eingesetzt werden kann aber auch der sehr gut verfügbare 1.4301 (X5 CrNi 18 10), wobei meist Blechdicken um die 0,08–0,1 mm verwendet werden und die Tiefe der eingeprägten Kanäle um die 0,8 mm liegt. Andere austenitische Edelstähle mit guten Tief- und Streckzieheigenschaften sind ebenfalls einsetzbar, aus Gründen der Verfügbarkeit und hinreichenden Eigenschaften haben sich aber insbesondere die beiden Erstgenannten im Bereich der Stahlbipolarplatten weitgehend durchgesetzt.

Alternativ zu Edelstahl kann für metallische Bipolarplatten auch *Titan* verwendet werden, das sich vor allem durch seine herausragende Korrosionsbeständigkeit auszeichnet, sodass mit Titan deutlich höhere Lebensdauern als mit Edelstahl erreicht werden können (siehe auch Abschn. 3.4). Für den Einsatz im Fahrzeugbau ist dies jedoch nicht von entscheidender Bedeutung, da die Lebensdauer von Bipolarplatten aus Edelstahl in diesem Fall für gewöhnlich ausreichend ist. Allerdings weist (Rein-)Titan im Vergleich zu Edelstahl auch mit 22 W/m · K und 2,5 · 10^6 A/V · m eine bessere thermische bzw. elektrische Leitfähigkeit bei vergleichbarer Festigkeit auf. Für den Einsatz in Brennstoffzellen empfehlen sich die gut verfügbaren und vergleichsweise kostengünstigen Reintitansorten Grade 1 oder Grade 2, wobei die Strömungsprofile in gleicher Weise wie bei Edelstahl durch einen Kaltumformprozess eingeprägt werden. Die Blechstärken liegen ebenfalls bei 0,1 mm, die Tiefe der Strömungsprofile bei 0,8 mm. Aufgrund seiner geringeren Dichte (4,5 g/cm^3) im Vergleich zu Edelstahl (7,9 g/cm^3) bietet es zudem ein signifikantes Gewichtspotenzial. Trotz der genannten Vorteile haben sich Bipolarplatten aus Titan bis heute nicht im Fahrzeugbau durchsetzen können (Ausnahme: Toyota Mirai), was überwiegend auf die Kostensituation zurückzuführen ist, da die Beschaffungspreise für Titanblech ca. um den Faktor 8 bis 10 höher liegen (wobei zu berücksichtigen ist, dass aufgrund der geringeren Dichte rund 40 % weniger Material als bei Edelstahl benötigt wird).

Bipolarplatten aus *Grafit* bestehen aus hoch konzentriertem Grafit oder Grafit-Polymer-Compounds, wobei als Polymer z. B. epoxidgebundene Duromere eingesetzt werden. Hoch konzentriertes Grafit wird z. B. mit Leitruß additiviert. Die Fließfelder werden entweder gefräst oder formgepresst, wobei Pressprozesse insbesondere hinsichtlich der Designfreiheit vorteilhaft sind. Grafitische Bipolarplatten sind sehr korrosionsbeständig und zeichnen sich durch eine sehr gute thermische (~ 26 W/m · K) und elektrische Leitfähigkeit aus (~ 3,4 · 10^6 A/V · m). Eine weitere besondere Eigenschaft grafitischer Bipolarplatten ist die im Vergleich zu metallischen Bipolarplatten sehr geringe Dichte von etwa 1,9 g/cm^3 (Compounds) bzw. ca. 2,2 g/cm^3 (reines Grafit), wegen ihrer Sprödigkeit und geringeren Festigkeit können sie aber nicht so dünn eingesetzt werden, da sie empfindlicher auf Erschütterungen und mechanische Beanspruchungen reagieren. Die erzielbaren Mindestwandstärken sind sehr stark designabhängig und liegen bei 0,2–0,6 mm (im Vergleich zu unter 0,1 mm bei metallischen Bipolarplatten), der Bauraumbedarf ist also deutlich größer. Ein Einsatz im Fahrzeugbau ist grundsätzlich möglich und auch verschiedentlich im Versuchsbetrieb umgesetzt worden, aufgrund ihres Eigenschaftsprofils werden grafitische Bipolarplatten aber vor allem in Bereichen eingesetzt, in denen Bauraumbedarf und Gewicht sekundär, mechanische Beanspruchungen gering und Lebensdauerforderungen sehr hoch sind, also z. B. in stationären oder maritimen Anwendungen oder im Bereich Heavy Duty [95].

9.4.4.3 Die Membran-Elektroden-Einheit (MEA)

Zwischen den Bipolarplatten befinden sich die Elektroden mit der dazwischenliegenden Membran, die den Elektrolyt bildet. Sie besteht aus einem Polymer und ist isolierend gegenüber den Elektronen und gleichzeitig leitend für die H^+-Kationen. Sie bildet zusammen mit den Elektroden die bereits erwähnte MEA. Auf beiden Seiten der MEA befinden sich zudem dünne, aufgepresste Gasdiffusionslagen (auch „Gas Diffusion Layer", GDL). Während die Strömungsprofile der Bipolarplatten das Reaktionsgas gleichmäßig an die Elektrodenoberflächen heranführen, stellen die GDLs eine Feinverteilung der Gase an den Elektroden sicher und ermöglichen gleichzeitig den Abtransport von Wasserdampf zu den Kanälen der Bipolarplatten. Des Weiteren hilft die GDL, die entstehende Wärme abzuführen und zudem unterstützt sie anodenseitig die Ableitung der freien Elektronen. Der GDL kommt insofern auch eine besondere Bedeutung zu, als dass die gleichmäßige Zufuhr und Abfuhr der Gase unmittelbar die Leistungsfähigkeit des Brennstoffzellenstapels beeinflusst. Die GDLs sind meist von papierartiger Beschaffenheit und bestehen bei einer PEMFC üblicherweise aus einem porösen, hinreichend gasdurchlässigen Grafitfasergewebe mit Porendurchmessern von etwa 0,1–0,3 mm sowie aus Ruß und ggf. einer Teflonbeschichtung. Aufgrund ihrer papierartigen Beschaffenheit werden sie auch als „Carbon Paper" bezeichnet. Alternativ kommen auch imprägnierte und wasserabweisend beschichtete Kohlenstofffasergewirke zum Einsatz, die neben einer guten Leitfähigkeit den Vorteil der lokalen Verpressbarkeit haben. Dies hilft, Toleranzen auszugleichen und die angrenzenden Bauteile zu schonen [96].

Die Anode

Aufgabe der Anode ist es, den chemischen Zerfall des Brennstoffs, also im Falle der PEMFC der Wasserstoffmoleküle, zu H^+-Kationen herbeizuführen, wodurch die frei werdenden Elektronen abgeführt werden, während aufgrund der anliegenden Spannung die Kationen durch Anode und Membran zur Kathode diffundieren. Neben der Bildung des Pluspols muss die Anode daher einen katalytischen Effekt ermöglichen, der zur Schwächung der sehr starken Elektronenpaarbindung des H_2 führt. Die Anode (und auch die Kathode) besteht normalerweise aus reinem Grafit, da dieses aufgrund seiner schichtförmigen Gitterstruktur den Wasserstoffionen eine weitgehend widerstandsfreie Diffusion ermöglicht, und ist fest mit der Membran verbunden. Der Katalysator besteht aus Platin oder Palladium, ggf. legiert mit Ruthenium (im Fahrzeugbau wird normalerweise reines Platin eingesetzt) und wird auf der Oberfläche aufgetragen oder in diese eingearbeitet. Aufgrund der sehr hohen Rohstoffpreise ist es dabei eines der wesentlichen Ziele in der Brennstoffzellenentwicklung für Fahrzeuganwendungen, den Anteil an Katalysatormaterial sowohl bei der Anode als auch bei der Kathode so gering wie möglich zu halten. Selbst bei den neuesten Entwicklungen bedeuten Edelmetallbedarfe von unter 0,5 g/cm^2 immer noch reine Materialkosten von ca. 1500 bis 2500 €/Fzg. Die katalytischen Schichten sind damit der größte Kostenfaktor eines Brennstoffzellensystems und hinsichtlich einer möglichen Großserienfertigung von Brennstoffzellenfahrzeugen aus wirtschaftlicher Sicht die wesentliche Herausforderung, da stets der Einfluss einer durch Skaleneffekte stark ansteigenden Nachfrage nach Platin und Ruthenium auf die Kostenkalkulation berücksichtigt werden muss. Daher fokussiert sich ein erheblicher Anteil der Forschungsarbeiten auf die Reduzierung des Edelmetallbedarfs und ein möglichst effizientes Aufbringen des Katalysatormaterials. Auf die Forschungsansätze wird im Abschnitt „Kathode“ (s. u.) eingegangen.

Die Kathode

Die Kathode der Brennstoffzelle dient dazu, reinen Sauerstoff umzusetzen, der mit den H^+-Kationen zu Wasser reagiert, das dann über das Fließfeld der Bipolarplatte aus dem Fahrzeug abgeleitet wird. Um diese Reaktion zu ermöglichen, muss die Kathode ebenso wie die Anode eine Katalysatorbeschichtung aufweisen, deren Aufgabe es ist, die Bindungskräfte der O_2-Moleküle soweit zu schwächen, dass diese sich mit den H^+-Ionen zu H_2O-Molekülen verbinden können. Als Katalysatormaterial wird in PEMFC-Elektroden üblicherweise reines Platin eingesetzt, chemisch geeignet sind aber auch Palladium oder Ruthenium oder Kombinationen aus diesen Metallen. Dabei ist der Edelmetallbedarf an der Kathode etwa viermal höher als an der Anode. Strategisch ist es sinnvoll, Kathode (und Anode) für mehrere Katalysatormaterialien auszulegen, um im Falle größerer Produktionsvolumina flexibler auf volatile Preisentwicklungen am Edelmetallmarkt reagieren zu können. Derzeit werden katalytische Schichten vor allem möglichst dünn durch chemische Verfahren oder Gasphasenabscheidung aufgebracht, wobei es insbesondere darauf ankommt, mögliche Agglomerationen von Pt-Atomen zu vermeiden. Schließlich tragen nur die im direkten Austausch mit den O_2-Molekülen stehenden Atome zum katalytischen Effekt der Bindungsschwächung bei, während darunterliegendes Material inaktiv und somit „überschüssig“ ist.

Prozessoptimierungen haben in den vergangenen Jahren dazu geführt, dass die Katalysatorbelegung heutzutage nur mehr bei etwa 0,5 g/cm^2 und weniger liegt. Dennoch gibt es vielfältige Forschungsaktivitäten, den Edelmetallbedarf weiter zu reduzieren. Primär geht es dabei darum, das Edelmetall so zu applizieren, dass die katalytisch aktive Austauschfläche im Verhältnis zum Gesamtmaterialbedarf möglichst groß wird, wofür vor allem an zwei Ansätzen geforscht wird: Vergrößerung der Oberfläche z. B. durch die Bildung von Edelmetall-Aerogelen oder die effizientere Materialaufbringung und -ausnutzung, z. B. durch ALD-Prozesse (Atomic Layer Deposition). Aerogele werden aus einem dreidimensionalen Netzwerk aus Nanodrähten mit hochporöser Oberfläche gebildet, die ganz ohne Trägermaterial (Substrat) auf den Elektrodenoberflächen appliziert werden können. So wird auch das Problem umgangen, die Katalysatorschicht möglichst flächig und materialsparend an die Kathodenoberfläche anzubinden und Materialagglomerationen zu vermeiden. Die Nanodrähte bestehen beispielsweise aus eine Pt-Pd-Legierung und durch die extrem vergrößerte Oberfläche des Aerogels konnte im Labormaßstab eine erhebliche Steigerung der katalytischen Aktivität nachgewiesen werden [97].

Deutlich umfangreicher sind jedoch die Forschungsaktivitäten zur Verbesserung der Oberflächenaktivität sowohl durch die Legierungsentwicklung (auf der Basis von Platin, Ruthenium und Palladium) als auch hinsichtlich der Abscheidungsverfahren und der Substrate. So konnte mithilfe der Quantensimulation ein Ansatz entwickelt werden, bei dem durch das gleichzeitige Abscheiden von TiO_2 und Pt mittels ALD-Verfahrens und anschließender Wärmebehandlung Pt_3Ti-Nanopartikel geformt werden, die eine deutlich höhere katalytische Aktivität zeigen als Pt/C-Partikel und die sogar dreimal höher ist als polykristallines Pt unter vergleichbaren Bedingungen, verbunden mit erheblich reduzierten Alterungseffekten. Hieraus resultieren erhebliche Kostenvorteile, da ein Teil der Pt-Atome durch Titan ersetzt werden kann [98]. Auf Basis der Erkenntnis, dass unedle Metalle mit Platin kombiniert und beispielsweise mit Elementen wie Ti oder Ni gemeinsam abgeschieden werden können, kann auch die Rolle des Substrats in die Betrachtungen mit einbezogen werden, da es einen wesentlichen Beitrag zum homogenen Aufbringen des Platins leisten kann, z. B. indem durch einen vorgeschalteten ALD-Prozess TiO_2 abgeschieden wird, das im nächsten Schritt energetisch eine homogene und flächige Abscheidung von Platinatomen ermöglicht und Materialanhäufungen unterdrückt [99].

Abb. 9.44 zeigt anhand von TEM-Aufnahmen zur Verteilung derartiger Pt-Nanopartikel bei geringstem Materialeinsatz. Alternativ kann die Idee, Platin gemeinsam mit weiteren Elementen wie Ti oder Ni abzuscheiden, auch zu anderen Lösungsansätzen führen. So ist es gelungen, die Metalle so abzuscheiden, dass Agglomerationen zwar zugelassen werden, diese in ihrem Innern jedoch aus dem preiswerten Material bestehen und Pt sich nur an der Oberfläche befindet (Abb. 9.45) [100].

Zusammenfassend kann festgestellt werden, dass die Entwicklung von Verfahren zur deutlichen Reduzierung des notwendigen Anteils an Edelmetallen in den katalytischen Schichten von Kathode und Anode der Schlüssel für die wirtschaftliche Fertigung von Brennstoffzellenfahrzeugen in Großserie ist. Hierfür müssen die genannten

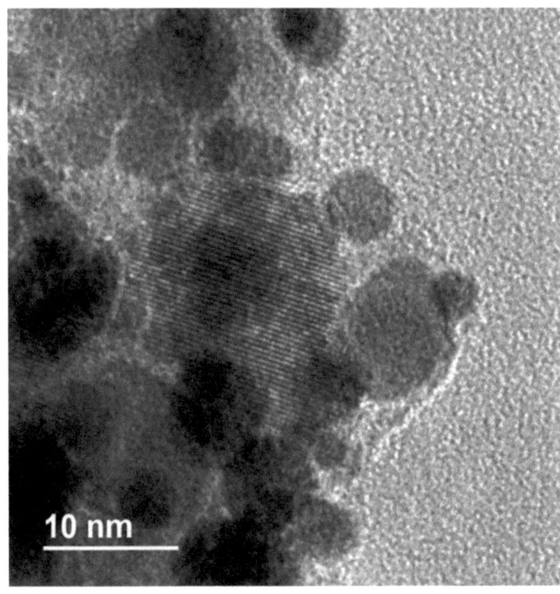

Abb. 9.44 TEM-Aufnahme von mit Atomic Layer Deposition abgeschiedenen Pt/TiO_2-Partikeln. Substrat: Grafit

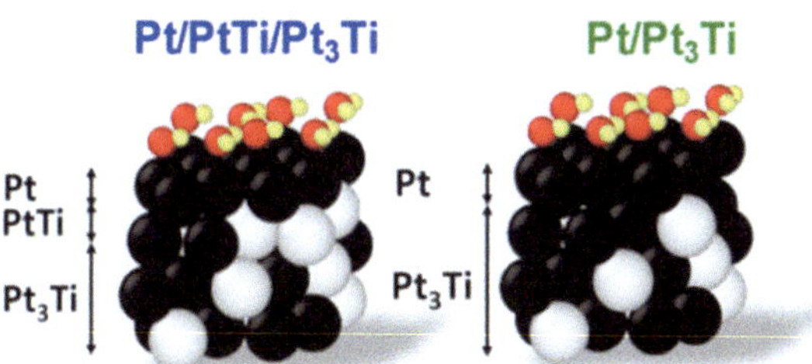

Abb. 9.45 Modellbilder von mit Titan kombinierten Platinnanopartikeln. Reduzierung des Platinbedarfs durch die ALD-Abscheidung von Pt_3Ti (rechts) oder Pt_3Ti + PtTi, sodass nur noch eine Atomlage reines Platin benötigt. H_2O-Moleküle in rot/gelb

Lösungsansätze aber nicht nur weiterentwickelt werden, auch die Industrialisierung der Fertigungstechnologien und Beschichtungsverfahren ist eine entscheidende Voraussetzung für die wirtschaftliche Wettbewerbsfähigkeit gegenüber batterieelektrischen Fahrzeugen.

Die Membran

Im Gegensatz zur Li-Ionenbatterie ist bei der PEMFC der Elektrolyt nicht flüssig, sondern besteht aus einem Feststoffpolymer in Form einer Membran, die fest mit den aus porösem Grafit bestehenden und mit Edelmetallkatalysatoren beschichteten Elektroden verbunden ist und mit denen sie die oben beschriebene MEA bildet. Die eigentliche Membran besteht dabei lediglich aus einer 0,01 bis 0,1 mm dünnen Polymerlage, deren Aufgabe es ist, die Anode von der Kathode so zu trennen, dass sie zwar isolierend gegenüber den Elektronen wirkt, aber die Diffusion der H^+-Kationen erlaubt. Durch diesen Effekt werden die an der Anode erzeugten Elektronen gezwungen, über den Ableiter zum elektrischen Verbraucher zu fließen. Um diesen Effekt sicher und dauerhaft zu erzielen, werden an die Membran hohe Anforderungen hinsichtlich der chemischen Beständigkeit, der Protonenleitfähigkeit bei gleichzeitiger Isolatorfunktion, der Fähigkeit zur definierten Feuchtigkeitsspeicherung sowie der mechanischen Festigkeit gestellt.

Besonders weitverbreitet im automobilen Bereich sind Membranen aus einem perfluorierten Copolymer (oft auch kurz als perfluorierte Sulfonsäure bzw. Perfluorosulfonic Acid, PFSA, bezeichnet). Das bekannteste und mit großem Abstand am weitesten verbreitete Membranmaterial auf PFSA-Basis ist unter den Handelsnamen Nafion® bekannt (DuPont, seit 2015 Chemours), das aufgrund stark saurer Sulfongruppen ionische Eigenschaften aufweist. Das Copolymer ist aus Tetrafluorethylen („Teflon") aufgebaut, das der Membran die chemische, mechanische und thermische Stabilität verleiht und das Seitenketten aus Sulfonsäuregruppen aufweist. Dieses Material bildet bei der in der Brennstoffzelle systembedingt stattfindenden und für die Funktionsfähigkeit der Membran notwendigen Befeuchtung saure Eigenschaften, was bedeutet, es kann Protonen abgeben und aufnehmen. Die Diffusion der Protonen erfolgt daher nicht klassisch, indem diese sich frei durch Molekülstrukturen oder Atomgitter bewegen, sondern durch ein „wandern" über die Sulfongruppen. Anionen und Elektronen ist dies hingegen nicht möglich, das Membranmaterial ist also elektrisch isolierend [101]. Nachteil PFSA-basierter Membranmaterialien ist ihre mit steigenden Temperaturen abnehmende chemische Stabilität. Da das Maß des Protonentransports der bestimmende Faktor für die Leistungsfähigkeit einer Brennstoffzelle ist, wird weiter an der Optimierung von PFSA-basierten sowie alternativen Membranmaterialien gearbeitet. Hierzu zählen beispielsweise die (ebenfalls auf PFSA aufbauenden) Aquivion® von Solvay oder Fumapem® von Fumatech.

Wie bereits erwähnt ist die Transportfähigkeit der Membran für Protonen der für die Leistung einer Brennstoffzelle bestimmende Faktor, wobei mit zunehmendem Wassergehalt die Protonenleitfähigkeit zunimmt. Für die Befeuchtung der Membran wird Wasserdampf aus dem Prozess verwendet, wobei ein genau abgestimmtes Wassermanagement notwendig ist, um die Membran stets am optimalen Betriebspunkt zu betreiben. Ein wesentliches Betriebsproblem von PEM-Brennstoffzellen resultiert daher aus dem Umstand, dass die chemischen Prozesse exotherm sind, das gesamte System sich also mit zunehmender Leistungsabgabe erwärmt. Die Transportfähigkeit der Membran für Protonen nimmt aber mit zunehmender Temperatur ab, sodass PEMFCs nur bis etwa 100 °C betrieben werden können. Aus diesem Umstand resultiert ein wesentlicher Nachteil von Brennstoffzellenfahrzeugen, denn um die Erwärmung zu minimieren, haben diese einen erheblichen Kühlbedarf und es lassen sich im Pkw kaum Leistungen oberhalb von ca. 130 kW realisieren. Für die Auslegung von Brennstoffzellenfahrzeugen und insbesondere von Pkws bedeutet dies, dass bei Design und Package maximale Kühlflächen bzw. eine gute Durchströmung mit Kühlluft angestrebt werden sollten, wie es auch charakteristisch ist für spezifisch für den Brennstoffzellenbetrieb ausgelegte Fahrzeuge wie den Toyota Mirai (Leistung BZ 128 kW, Abb. 9.46) oder den Hyundai Nexo (120 kW).

Abb. 9.46 Toyota Mirai, man beachte die charakteristischen großen Kühllufteinlässe (Bild: Toyota)

9.4.4.4 Ausblick

Seit Beginn der Zweitausenderjahre haben viele Autohersteller immer wieder die mögliche Marktakzeptanz von Brennstoffzellenfahrzeugen anhand von Studien, Versuchsflotten oder Kleinserien getestet und auch erheblich in die Weiterentwicklung insbesondere der PEM-Brennstoffzellentechnologie investiert. Die meisten Modelle wurden aber nach wenigen hundert bis tausend Fahrzeugen wieder eingestellt, wie z. B. der Mercedes-Benz F-Cell, Opel HydroGen4 (auch als GM-Version), der Honda Clarity FC oder der Renault Kangoo Z.E. H2. Im Handel sind heute nur noch der Toyota Mirai und der Hyundai Nexo. Alle anderen Hersteller haben in den vergangenen Jahren ihre Aktivitäten zu Brennstoffzellenantrieben weitgehend eingestellt, auch wenn immer wieder neue Projekte angekündigt werden.

Für den mangelnden Erfolg der Brennstoffzelle im Fahrzeugbau gibt es eine Reihe von Gründen. Zunächst hat die Wasserstoffinfrastruktur sich bei Weitem nicht so entwickelt, wie es Anfang des Jahrtausends erwartet wurde. Hoffnung besteht hier allerdings aufgrund der weltweiten Wasserstoffinitiativen, die mit „grünem Wasserstoff" Energie in einer Vielzahl von Anwendungen zur Verfügung stellen wollen. Ein weiteres Problem liegt im Wirkungsgrad der Brennstoffzelle begründet. Dieser selbst ist zwar gut, der Gesamtwirkungsgrad (und somit auch der CO_2-Fußabdruck) im Fahrzeugsystem ist jedoch dem der modernen Batterien unterlegen, was vor allem auf die energieaufwendige Wasserstofferzeugung, die für den Drucktank verwendeten Kohlefasern und die notwendige Bereitstellung von Edelmetallen zurückzuführen ist. Aus diesen Faktoren resultieren auch die hohen Kosten, die einer Großserienfertigung von Brennstoffzellenfahrzeugen entgegenstehen und die sich durch Skaleneffekte nur bedingt reduzieren lassen. Von besonderer Kritikalität sind hier der Pt-Bedarf und seine Verfügbarkeit bei signifikanten Stückzahlen. Zwar entfällt für jedes Fahrzeug mit PEMFC eines mit Verbrennungsmotor und Katalysator, dies kompensiert den Pt-Bedarf aber nur zum Teil. Es gibt viele Abschätzungen zur Entwicklung des Pt-Bedarfs abhängig von verschiedenen Absatzszenarien und eine Prognose ist entsprechend schwierig. Zudem muss berücksichtigt werden, inwieweit langfristig rezykliertes Pt die Marktsituation entspannen könnte. Insgesamt kann daher heute nur festgestellt werden, dass die Edelmetallverfügbarkeit einer Serienfertigung von BZ-Fahrzeugen grundsätzlich nicht im Wege steht, Absatzszenarien wie bei batterieelektrischen Fahrzeugen aber ausgeschlossen sind [102, 103]. Auch die Verwendung von Brennstoffzellen in mit Batterien kombinierten Hybridantrieben ist in nennenswerten Stückzahlen nicht zu erwarten. Wahrscheinlicher ist, dass die (PEM-)Brennstoffzellentechnologie zwar weiterentwickelt und zur Serienreife gelangen wird, der Einsatz sich aber auf sehr spezifische Anwendungsfälle wie Lieferfahrzeuge, Busse, lokal eingesetzte LKW oder Schienenfahrzeuge konzentrieren wird. Sollten sich Randbedingungen wie Edelmetallbedarf, grüne Wasserstofferzeugung und Skaleneffekte positiv entwickeln, wird die Brennstoffzelle auch eine gute Chance haben, sich als Alternative im Rahmen der E-Mobilität zu etablieren.

Dank
Ich danke Herrn Dr. Florian Moll von der Volkswagen AG für seinen Rat und seine fachliche Unterstützung.

9.5 Neue computerunterstütze Ansätze in der Werkstoffentwicklung

Oliver Schauerte

Die Geschichte der Werkstoffentwicklung lässt sich pauschal in drei Phasen unterteilen. Phase 1 begann bereits in der Frühzeit mit der Entwicklung der ersten Legierungen (z. B. Bronze) und reicht bis etwa in die fünfziger Jahre des letzten Jahrhunderts. Erfolgreiche Werkstoffentwicklungen wurden vor allem durch Zufall oder auf Basis empirischer Arbeiten und Optimierungen durch Versuchsreihen erzielt. Die dabei entdeckten Effekte wurden genutzt und weiterentwickelt, ohne dass man eine genauere Kenntnis der zugrunde liegenden Mechanismen hatte. Beispiele sind neben der Mischkristallhärtung bei der Bronze die Versetzungshärtung (Kaltverfestigung wie zum Beispiel beim Dengeln der Sense zur Verbesserung der Schnitthaltigkeit), die Wärmebehandlung von Stählen, der magnetische Effekt, das Teflon oder die Entdeckung der bei Raumtemperatur aushärtenden Aluminiumlegierungen durch die wohl von einem Laboranten bei Alfred Wilm in Neubabelsberg bei Berlin wochenendbedingte Unterbrechung der Prüfung einer Reihe von Zugproben.

Die Phase 2 der Werkstoffentwicklung wurde durch den Zweiten Weltkrieg und die anschließende Zeit des Wettrüstens ausgelöst. Strahltriebwerke erforderten leistungsfähige Hochtemperatur- und kriechbeständige Legierungen, Leichtbauanforderungen führten zur industrialisierten Herstellung von Titan, Funktionswerkstoffe für elektrotechnische Anwendungen mussten entwickelt werden und Kunststoffe wurden eine kostengünstige Alternative für viele Anwendungen. Mit der Entwicklung der Raster- und der Transmissionselektronenmikroskopie sowie schon früher der Röntgendiffraktometrie standen nun zudem Analysemöglichkeiten zur Verfügung, die präzise Erkenntnisse über den Aufbau der Werkstoffe ermöglichten. Jetzt konnten z. B. Phasenbeziehungen oder Gitterparameter verstanden und Zustandsdiagramme erzeugt werden und auf dieser Basis Werkstoffe für spezifische Anwendungen gezielt entwickelt bzw. optimiert werden. Beispiele sind hochwarmfeste Nickelsuper- und Titanlegierungen für den Turbinenbau, optimierte Aluminiumlegierungen für Kolben und Zylinderblöcke, Formgedächtnislegierungen oder Edelstähle für eine Vielzahl spezieller Anwendungen. Der Bedarf an maßgeschneiderten Werkstoffen im Maschinenbau und in der Elektrotechnik nahm rasant zu und Materialwissenschaft und Werkstofftechnik wurde eine eigene Ingenieursdisziplin.

Die Phase 3 begann etwa mit Beginn der Zweitausenderjahre, als es durch rechnerbasierte Simulationsmethoden und immer leistungsfähigere Computer möglich wurde, Werkstoffverhalten zu simulieren, die Entwicklungsprozesse zu beschleunigen und gleichzeitig empirische Ansätze mit immer größeren Datenmengen zu verfolgen. In den vergangenen Jahren hat sich somit der Wechsel von einer *erfahrungsbasierten* Werkstoffentwicklung zu einer *datenbasierten* Werkstoffentwicklung vollzogen. Dieser Prozess hat sich in den letzten Jahren fortgesetzt, sodass Supercomputer mittlerweile Datenmengen verarbeiten können, die es ermöglichen, atomare Wechselwirkungen auf Basis quantenphysikalischer Zusammenhänge zu simulieren und so nicht nur physikalische und mechanische Verhaltensweisen abzubilden, sondern auch neue Werkstoffe am Computer „maßzuschneidern". Auf Basis dieser atomistischen Simulationsverfahren ist es möglich, die Eigenschaften eines Materials bzw. einer Verbindung sehr präzise vorherzusagen, und zwar sowohl für den Neuzustand als auch hinsichtlich der Materialbeanspruchung und -veränderung im Betrieb. So können z. B. strategisch bestimmte Materialien am Computer generiert werden, bevor sie überhaupt jemals hergestellt worden sind. Auf dieser Basis wurden in den letzten Jahren etliche Unternehmen gegründet, die rechnergestützt neue Werkstoffe designen, patentieren und diese dann vermarkten, ohne sie zuvor in mühevoller Laborarbeit weiterzuentwickeln. Auch viele Institute und Forschungseinrichtungen widmen sich bereits seit Jahren diesem Thema, zumal sich durch die Weiterentwicklung der Rechnerleistungen Möglichkeiten eröffnen, sich vollkommen neuen Werkstoffgruppen zuzuwenden (z. B. Materialentwicklungen für Brennstoffzellenkatalysatoren, High-Entropy Alloys oder neue Elektrodenmaterialien für Batterien). Einen zusätzlichen Schub bekommt die rechnergestützte Materialentwicklung auf Basis der Quantensimulation durch die Wende zur E-Mobilität, da durch diese ein erheblicher zusätzlicher Bedarf an neuentwickelten Funktionswerkstoffen entstanden ist (z. B. Kathodenmaterialien, Separatoren, Halbleiter, Katalysatoren, funktionale Schichten usw.) und die neuen Methoden insbesondere die physikalischen Eigenschaften präzise vorhersagen können.

In diesem Zusammenhang sei auch auf den Begriff der *Künstlichen Intelligenz* (KI) in der Materialforschung eingegangen. Hierbei stellt sich allerdings sogleich das Problem, dass dieser Begriff nicht eindeutig definiert ist. Unterstellt man aber, dass mit KI die Fähigkeit eines technischen Systems beschrieben wird, ähnlich wie ein Mensch selbstständig Probleme zu identifizieren und Lösungsvorschläge zu erarbeiten, dann ergeben sich erhebliche Probleme hinsichtlich der Abgrenzung zu Methoden, die auf der automatisierten Auswertung von Datenbanken oder auf rein iterativen Prozessen der Eigenschaftsoptimierung basieren. Auch Programme zur atomistischen Berechnung von Materialeigenschaften beruhen trotz höchster Komplexität nicht zwangsläufig auf Prozessen, die man im klassischen Sinne als „intelligent" bezeichnen könnte. Bei der Anwendung von KI gibt es bei der Materialwissenschaft zusätzlich das Problem, dass diese auf rechnerisch oder experimentell erzeugten Daten basieren muss (abgesehen von selbstoptimierenden Prozessen in der Produktionstechnik). Aufgrund der stark interdisziplinär ausgerichteten Materialwissenschaft müssen so aber Daten aus der Physik, der Chemie und den Ingenieurwissenschaften zusammengeführt werden, die aus unterschiedlichsten Quellen kommen, auf verschiedensten Wegen ermittelt und auf verschiedenste Weisen verarbeitet wurden, was die Anwendung übergreifender KI-Methoden erheblich erschwert. Zudem gibt es gravierende Unterschiede hinsichtlich der Zielstellungen der Datennutzung zwischen den einzelnen Forschungsgruppen. Aus den genannten Gründen und der unscharfen Definition des Begriffs KI hinsichtlich seiner Verwendung in der Materialwissenschaft wird in diesem Übersichtskapitel dieser Begriff nicht weiter genutzt, auch wenn natürlich viele Forschungsgruppen für ihre spezifischen Aktivitäten den Einsatz von KI sinnvoll definieren und dann auch sinnvoll einsetzen. Allgemeinverbindlich sind diese Vorgehensweisen jedoch nicht.

9.5.1 Computerunterstützte Materialentwicklung

Es gibt unzählige Methoden, Prozesse der Materialentwicklung zu klassifizieren. Bei grundsätzlicher Betrachtung folgt die computergestützte Materialentwicklung aber drei Ansätzen, die sequenziell aber auch parallel verfolgt werden können [104]:

- Material-Exploration („Materials Exploration") → ersetzt massenhaftes Durchtesten möglicher Materialkandidaten durch korrekte Aussagen zur Materialkategorie
- Material-Bewertung („Materials Evaluation") → ersetzt Experimente zur Verifizierung von Materialhypothesen durch konzeptionell korrekte Ergebnisse
- Material-Entwicklung („Materials Engineering") → ersetzt quantitatives Experimentieren durch Materialmodellierung für numerisch korrekte Ergebnisse

  Vollständige computergestützte Simulationsverfahren ermöglichen, ohne die Herstellung von Versuchsmaterial und ohne Laborexperimente, Aussagen zur Verifizierung der Strategien der Materialauswahl, der Materialauswahl selbst und schließlich der (korrekten) Vorhersage der Materialeigenschaften (Abb. 9.47). Je präziser man sich den genannten Zielen nähern will, umso umfangreicher sind allerdings die Simulationsprozesse und umso höher die Ansprüche an Hard- und Software.

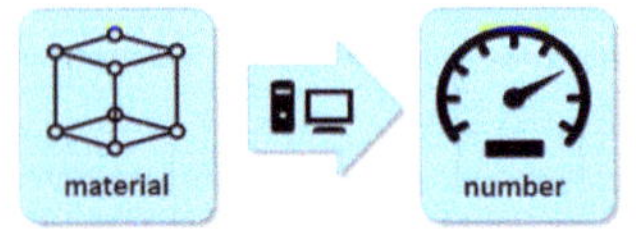

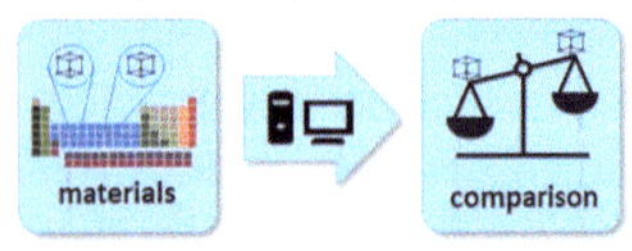

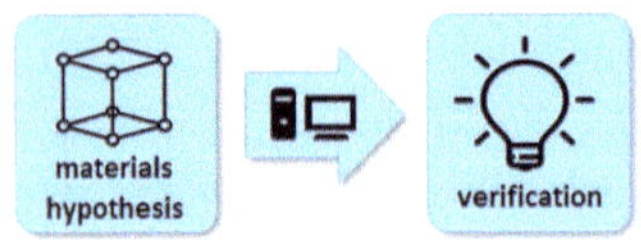

Abb. 9.47 Ansätze für die rechnerbasierte Materialentwicklung [104]

Um die genannten Grundprozesse anzuwenden, stehen abhängig von den Rechnerressourcen und der geplanten Materialentwicklung eine Vielzahl von Tools zur Verfügung. Hinsichtlich der Präzision und Verwertbarkeit der ermittelten Ergebnisse ist es dabei von wesentlicher Bedeutung, welche Materialien für welche Anwendung (weiter-)entwickelt werden sollen. Während Simulationen zur Vorhersage von physikalischen Eigenschaften wie E-Modul, elektrische und thermische Leitfähigkeit, Wärmekapazität, Wärmeausdehnung, Magnetismus, Umwandlungstemperaturen aber auch Löslichkeit in anderen oder für andere Elemente sehr präzise bestimmt werden können, sind mechanische Eigenschaften deutlich schwieriger vorherzusagen, da es bis heute kein verlässliches Programm gibt, das lastabhängig die Art und Menge von gebildeten Versetzungen sowie die zugehörigen Gleitprozesse simulieren kann. Zusätzlich steigen die Anforderungen an Rechnerleistungen abhängig von der Zahl der Legierungselemente exorbitant, was insbesondere die Berechnung von Mehrphasensystemen erschwert (beispielsweise ist die Ermittlung der Eigenschaften eines Kathodenwerkstoffes mit einheitlicher Oxidgitterstruktur deutlich weniger rechnerintensiv als die Darstellung einer ausscheidungsgehärteten Aluminiumlegierung oder gar eines Complexphasenstahls).

9.5.1.1 Datenbankbasierte Materialentwicklung

Im Fahrzeugbau werden für strukturelle Anwendungen nahezu ausschließlich Stähle, Aluminiumlegierungen sowie thermoplastische und duroplastische (ggf. faserverstärkte) Kunststoffe eingesetzt, selten noch Magnesium. Da wie erwähnt die computergestützte Materialentwicklung für mechanisch beanspruchte Bauteile besonders aufwendig ist, werden hier bevorzugt Simulationsverfahren eingesetzt, die auf einer Kombination aus empirischen Erfahrungswerten und Materialsimulationen basieren. Mit am herausforderndsten ist die computergestützte Entwicklung neuer Stähle, da hier besonders viele Legierungselemente infrage kommen und sich zudem durch die α/γ-Umwandlung abhängig von der Temperaturführung verschiedenste Gefügezustände bilden können, was aufgrund der sehr hohen Anzahl der wirksamen Parameter eine reine Simulation fast unmöglich macht. Dennoch gibt es Firmen, die sich auf die daten- und simulationsgestützte Entwicklung neuer Stähle spezialisiert haben [105, 106].

Um die Effizienz dieser Entwicklungsprozesse zu steigern, wird weltweit versucht, digitale Datenräume zu schaffen und verfügbar zu machen. Hierzu zählen in Deutschland z. B. die Initiative MaterialDigital oder der Verein Nationale Forschungsdateninfrastruktur (NFDI) e.V., der allerdings das Ziel hat, die Forschungsdaten aller Forschungsprojekte fachübergreifend zu erfassen und diese multidisziplinär nutzbar zu machen. Hierdurch wird, wenn auch als Nebeneffekt, ein wertvoller Beitrag für die Digitalisierung der Werkstoffwissenschaft geleistet [107].

Bei derartigen Initiativen ist es wichtig, dass die gesamte digitale Infrastruktur betrachtet wird, denn ein Tool zur Materialsimulation alleine liefert keine Lösung. Vielmehr kommt es bei derartigen Initiativen auch auf die Schaffung einer digitalen Infrastruktur, die Vernetzung der Datenbanken und Informationssysteme (die „Ontologie"), die Kompatibilität und insbesondere die Qualitätssicherheit an, denn wenn verschiedene Partner an verschiedenen Orten mit verschiedenem Equipment Materialdaten ermitteln, muss die Vergleichbarkeit der in die Systeme eingespeisten Daten absolut sichergestellt sein [108].

9.5.1.2 Kombinierte Materialentwicklung

Ein Beispiel für Materialgruppen, die durch derartige Verfahren erst in den Fokus der Materialforschung gerückt sind, ist z. B. die Gruppe der High-Entropy-Alloys (HEAs) oder auch High-Entropy-Oxides, letztere z. B. für die Entwicklung neuer Beschichtungssysteme. Unter HEAs versteht man Legierungen mit maximaler atomarer Unordnung. Während die klassische Legierungsentwicklung auf einem Grundelement basiert (z. B. Legierungen auf Basis von Aluminium wie AlMg1, AlMg3, AlMgSi usw.), werden bei HEAs Legierungselemente in beliebigen Mengen miteinander kombiniert. Mit dieser Art Legierungen hat man sich in der Vergangenheit nur wenig beschäftigt, da die Zahl möglicher Elementkombinationen nahezu unendlich ist und die Chancen, etwas Verwertbares zu entwickeln (oder besser gesagt zu „entdecken") dementsprechend klein sind. Hinzu kommt, dass aus vielen Elementen aufgebaute Legierungen Mehrphasensysteme bilden, die häufig nur geringe Bruchdehnungen aufweisen. Rechnerbasiert ist es heute aber möglich, sogenannte High-Throughput- Methoden anzuwenden, bei denen zunächst vielversprechende Legierungsbereiche herausgearbeitet werden („Materials Exploration"). Das einfachste Beispiel ist hier eine Auswahl von Elementen mit möglichst ähnlichen Gitterparametern, sodass die angestrebte Legierung beispielsweise vollständig kubisch-flächenzentriert aufgebaut ist. Im nächsten Schritt werden die ausgewählten Elemente hinsichtlich der gewünschten Eigenschaften bewertet („Materials Evaluation"), um so in kürzester Zeit eine Vielzahl von Materialkombinationen zu screenen. Im letzten Schritt wird dann versucht, die vielversprechendsten Kandidaten auf Basis verfügbarer Datensätze und Materialkarten hinsichtlich ihrer Eigenschaften zu modellieren („Materials Engineering"), was bei HEAs heute die größte Herausforderung ist. Abb. 9.48 veranschaulicht diesen High-Throughput-Prozess.#

Beispiele für derartige Legierungen sind z. B. die äquiatomare Legierung CoCrMnNiFe und ihre modifizierte Variante $Co_{35}Cr_{25}Mn_{15}Ni_{15}Fe_{10}$, die sich vor allem durch eine gute Duktilität in Verbindung mit einer mit bis hinab zu – 200 °C zunehmenden Zugfestigkeit und Streckgrenze auszeichnen [109, 110]. Ein weiteres Beispiel ist die von der University of Sheffield in Kooperation mit der Volkswagen AG mit dem Ziel einer möglichst hohen spezifischen Steifigkeit entwickelte Legierung $AlTiVCrSi_{7.2}$, die sich dementsprechend durch eine relativ geringe Dichte von 4,97 g/cm^3, eine gute Festigkeit und insbesondere einen hohen E-Modul von etwa 200 GPa im homogenisierten Zustand auszeichnet, was trotz der Bildung intermetallischer Phasen ein extrem hoher Wert ist [111]. Diese beiden mit Rechnerunterstützung entwickelten Legierungssysteme zeigen die Potenziale, die die neuen Möglichkeiten der Materialentwicklung eröffnen, auch wenn diese Verfahren noch recht neu sind und mit einer Einführung derartiger Legierungen im Fahrzeugbau in den kommenden Jahren nicht zu rechnen ist.

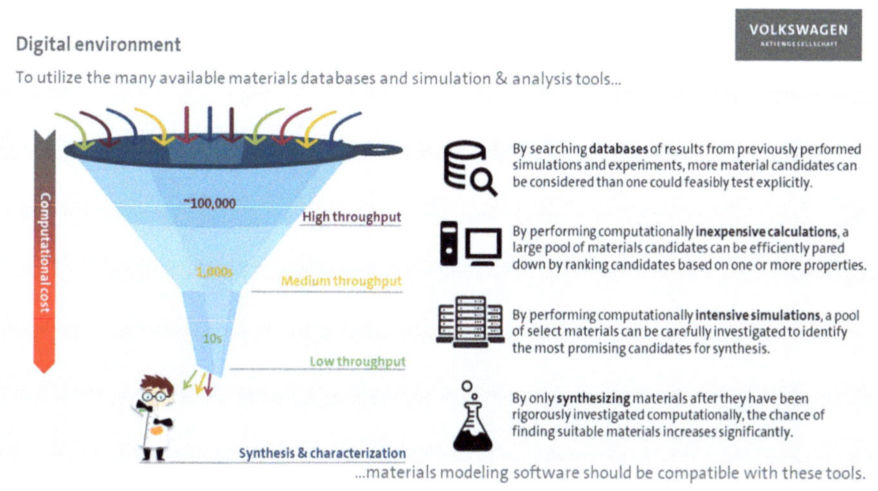

Abb. 9.48 Der High-Throughput-Prozess von der Datenbasis bis zum Versuchsmaterial [104]

Ein Sonderfall in der Ermittlung derartiger neuer Werkstoffe ist in der Forschungspraxis eine Methode, die z. B. an der Ruhr-Universität Bochum angewandt wird, wo nach neuen, aus vielen Elementen aufgebauten hochkomplexen Legierungen gesucht wird. Dabei wird die datenbankbasierte Materialauswahl mit einer hardwarebasierten Hochdurchsatzcharakterisierung kombiniert, über die wiederum Materialbibliotheken erzeugt werden, die softwarebasiert hinsichtlich geeigneter Kandidaten weiter ausgewertet werden [112]. Da bei Mehrstoffsystemen mit fünf oder mehr Elementen die Anzahl möglicher chemischer Zusammensetzungen nahezu unbegrenzt ist, wird zunächst versucht, mithilfe einer geeigneten Materialinformatik vielversprechende Zusammensetzungsbereiche festzulegen und auf dieser Basis mit der sog. Hochdurchsatzcharakterisierung geeignete Legierungen zu identifizieren. Dies gelingt z. B., durch die Schaffung von Materialbibliotheken unter Anwendung der genannten Hochdurchsatz-Charakterisierungsmethoden, die mithilfe von Magnetronsputterprozessen multidimensionale Datensätze in Form von Zusammensetzungs-Processing-Struktur-Eigenschafts-Karten erschaffen. Dieser Prozess, bei dem Elemente aus bis zu fünf Quellen (= fünf Elementen) aufgesputtert werden, führt auf der Trägerplatine zur Bildung lokal unterschiedlicher atomarer Durchmischung und so zu hunderten unterschiedlicher chemischer Zusammensetzungen, die dann z. B. durch einen anschließenden Glühprozess Phasen bilden, die im Hochdurchsatzverfahren analysiert und hinsichtlich ihrer Eignung für eine weitere Untersuchung beurteilt werden. Die gesamte Vorgehensweise bestehend aus softwaregestützter Datenbankauswertung und Hochdurchsatzcharakterisierung von real erzeugten chemischen Zusammensetzungen wird dabei auch als „kombinatorische Materialforschung" bezeichnet [112].

Neben den bei Forschungseinrichtungen allokierten Digitalinitiativen gibt es aber auch Unternehmen, die digitale Materialentwicklung für strukturelle Anwendungen auf Basis der Kombination verschiedener Simulationstools und Datenbanken betreiben. Beispielsweise arbeitet MatPLUS® mit der Kombination der Programme EDA und JMatPro (Fa. Sente Software Ltd., UK). Hierbei ermöglicht JMatPro explorative Datenanalysen, die neben physikalischen Eigenschaften wie Phasengleichgewichte, Erstarrungsprozesse und ZTU-Diagramme auch temperaturabhängige Werkstoffeigenschaften berechnet (und zudem weitere Simulationsprogramme wie CalPhaD mit einbezieht). EDA wiederum integriert diese Ergebnisse unter Nutzung eines programmeigenen Daten- und Wissensmanagements zur Erstellung eines vollständigen Materialmodells inklusive der Herstell- und Verarbeitungsprozesse von der Legierungsverschmelzung bis zum Halbzeug [113].

Für die Volkswagen AG wurde mit dieser Methodik ein neuer, borhaltiger Presshärtestahl entwickelt, der statt mit Mangan (wie z. B. im 22 MnB 5) mit dem kostengünstigeren Silizium legiert ist und der über einen im Prozess einstellbaren Anteil von Restaustenit verfügt. Entwicklungsziel war hierbei neben reduzierten Kosten ein durch das Presshärten weit einstellbares Eigenschaftsspektrum mit verbesserten Werten hinsichtlich Festigkeit und Duktilität, um die gleiche Stahlsorte möglichst vielseitig einsetzen zu können (z. B. kann aus dem gleichen Blechmaterial auf der gleichen Anlage nur mit veränderter Prozessführung sowohl ein Schweller mit sehr hoher Festigkeit und geringer Duktilität als auch eine Crashstruktur im Vorderwagen mit höherer Duktilität bei verminderter Festigkeit gefertigt werden). Die SiBoRA-Stähle 36 SiB 6 und 40 SiB 8 (SiBoRA = Silizium + Bor + Restaustenit) wurden hinsichtlich ihrer mechanischen Eigenschaften und ihres Verhaltens im Presshärteprozess am Computer mithilfe der genannten Programme und der Integration der Datenbank StahlDat SX der europäischen Stahlregistratur modelliert und erst anschließend erfolgreich produziert. Auf diese Weise wird die Möglichkeit eröffnet, mit rechnergestützter Materialsimulation selbst komplexe Werkstoffe wie Stahl kostengünstig zu entwickeln. Hierdurch kann z. B. ein Beitrag geleistet werden, die Vielfalt der im Karosseriebau eingesetzten Stähle zu reduzieren, was Kostenpotenziale eröffnet, aber auch eine Chance für umfassendere zirkuläre Recyclingprozesse ist [114, 115].

In diesem Zusammenhang ist schließlich noch die Mikrostruktursimulation zu nennen, und zwar sowohl für strukturelle Anwendungen als auch für Funktionswerkstoffe. Die Mikrostruktur, also der Phasenaufbau eines Werkstoffs, ist einer der entscheidenden Faktoren für sein mechanisches und oft auch physikalisches Verhalten. Kenntnisse hinsichtlich der sich im Herstellungsprozess bildenden Mikrostruktur sowie ihres Einflusses auf das Materialverhalten sind daher von erheblicher Bedeutung. Lässt sich dieser Zusammenhang simulieren, eröffnet sich die Möglichkeit, am Computer eine für die jeweilige Anwendung optimale Mikrostruktur schnell und kostengünstig zu ermitteln. Während für Gießprozesse hier schon umfangreiche Systeme zu Verfügung stehen (z. B. MICRESS®), ist in anderen Bereichen eine rein simulative Abbildung der Mikrostruktur nicht ohne Weiteres mit der notwendigen Genauigkeit möglich. Ein guter Lösungsansatz ist in diesen Fällen die experimentelle Ermittlung einer Mikrostruktur und ihre Übertragung in ein geeignetes Tool. So kann beispielsweise die Mikrostruktur des Nickel-Mangan-Kobalt-Materials der Kathode einer Li-Ionenbatterie im Rasterelektronenmikroskop mithilfe der Focus-Ion-Beam-Technologie (FIB) ermittelt werden, indem eine Materialprobe scheiben-

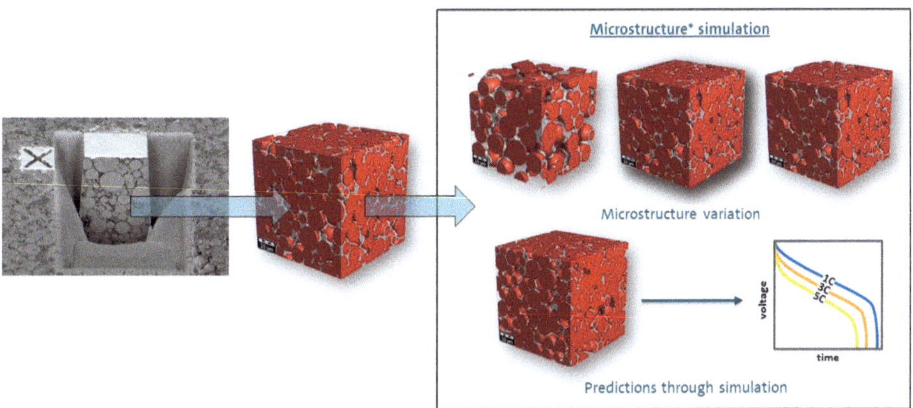

Abb. 9.49 Mikrostrukturanalyse einer NMC-Kathode im Rasterelektronenmikroskop (REM) mithilfe eines scheibenweisen Abtrages durch Focus Ion Beam (FIB), Erzeugung eines digitalen Materialmodells (hier: GeoDict®) und Optimierung im Simulationstool (Kantenlänge 20 µm) [116]

weise abgetragen wird, wobei die einzelnen Scheiben nur eine Dicke von weniger als 0,1 µm betragen. Hieraus wird ein würfelförmiges Materialmodell mit der exakten Mikrostruktur erzeugt, das dann in einem Simulationstool wie GeoDict® optimiert wird, um z. B. eine optimale Diffusivität für Li-Ionen zu ermöglichen (Abb. 9.49) [116].

9.5.1.3 Vollständig rechnerbasierte Materialentwicklung

Einen Schritt weiter als die beschriebenen erfahrungs- und datenbankgestützten Simulationsmethoden für Strukturwerkstoffe gehen die rein computerbasierten Methoden der Materialentwicklung. Da insbesondere Funktionswerkstoffe, wie sie in Batterien, E-Maschinen und Energiemanagementsystemen zum Einsatz kommen, heute einen wesentlichen Einfluss auf die Wettbewerbsfähigkeit in der E-Mobilität haben, sind Methoden, die kürzere Entwicklungszyklen ermöglichen, von zunehmender Bedeutung. Fernziel ist hierbei die vollständig rechnergestützte, skalenübergreifende Simulation vom Atom bis zum Bauteil, wofür allerdings verschiedene Simulationsmethoden ineinandergreifen müssen (Abb. 9.50).

Auch wenn dies heutzutage noch nicht möglich ist, so werden doch neue Ansätze verfolgt, um die Ergebnisse einer atomistischen Simulation auf eine Mikrostruktursimulation zu übertragen. Man spricht daher auch von der Simulation „ab initio“.

Materialentwicklung durch Quantensimulation

Die heute vielversprechendste Methode zur computergestützten Materialentwicklung basiert auf der atomistischen Simulation unter Berücksichtigung von Quanteneffekten, im Allgemeinen oft der Einfachheit halber, aber physikalisch nicht ganz korrekt, als Quantensimulation bezeichnet. Diese erlaubt, die Eigenschaften beliebiger Materialien anhand ihrer atomistischen Struktur am Computer ab initio zu berechnen, bzw. auf Basis definierter Anforderungen (z. B. maximale elektrische Leitfähigkeit in Verbindung mit einem bestimmten

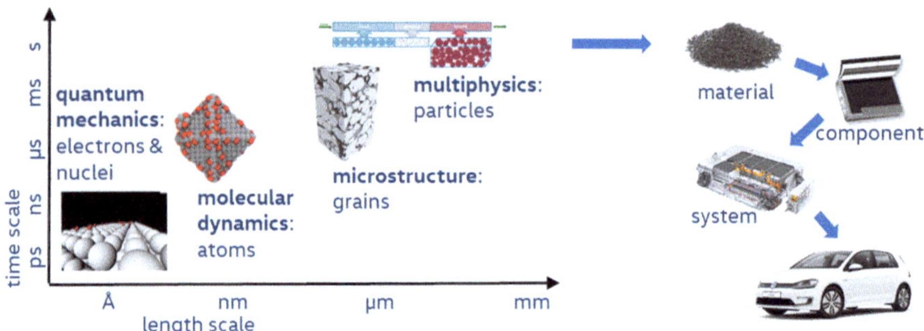

Abb. 9.50 Multiskalenansatz der Simulationsmethoden (Bild: Volkswagen AG)

Niveau an Festigkeit und Korrosionsbeständigkeit unter Vermeidung bestimmter chemischer Elemente) geeignete Materialien schnell und einfach zu identifizieren und auszuwählen. Zur Begriffsklärung sei angemerkt, dass die Bezeichnung „Quantensimulation" nichts mit den viel diskutierten „Quantenrechnern" zu tun hat, auch wenn letztere für solche Rechenoperationen besonders gut geeignet wären. Die hier besprochenen Quantensimulationen werden normalerweise auf mit herkömmlichen Algorithmen arbeitenden Großrechnern durchgeführt, wobei die benötigten Rechenkapazitäten sehr hoch sind. Deshalb hat sich diese Art der Materialsimulation trotz der seit Langem bekannten physikalischen Grundlagen erst mit zunehmenden Rechnerleistungen in den letzten Jahren etablieren können.

Es gibt eine Reihe von Tools für die Durchführung der Quantensimulation, die alle im Wesentlichen auf der Schrödinger-Gleichung basieren, die bereits 1925 von dem österreichischen Physiker Erwin Schrödinger (1887–1961) formuliert wurde. Wesentliches Merkmal von Schrödingers Überlegungen ist die Abkehr vom Bohr'schen Atommodell, in dem die Elektronen den Atomkern in klassischen stationären Bahnen umkreisen, sie den Protonen des Atomkerns energetisch zugeordnet sind und in dem die Bewegung der Elektronen durch die Newton'schen Bewegungsgleichungen beschrieben werden. Auf dieser Basis lässt sich entweder die Position oder die Geschwindigkeit eines Elektrons berechnen, niemals aber beides gleichzeitig. Schrödinger entwickelte daher die mathematische Theorie der Wellenmechanik, nach der der Zustand eines Elektrons durch die Wellenfunktion Ψ beschrieben wird, die wiederum aus einer zeitabhängigen Komponente (t) und einer ortsabhängigen Kugelkoordinate (Vektor $\mathbf{r}$) besteht und die den quantenmechanischen Grundzustand beschreibt. Auf dieser Basis kann nun die Aufenthaltswahrscheinlichkeit des Elektrons berechnet werden, was für die Eigenschaftsbestimmung eines Materials ausreichend ist, da man bei den betrachteten Materialien von einem stabilen Zustand ausgeht und die exakte Position des Elektrons somit unerheblich ist. Daher kann in der Quantensimulation die sogenannte zeitunabhängige Variante der Schrödinger-Gleichung verwendet werden (und „t" ist somit im Gegensatz zur zeitabhängigen Variante nicht enthalten):

$$\hat{H}\Psi(\mathbf{r}) = E\Psi(\mathbf{r})$$

Hierbei steht die Wellenfunktion Ψ (jeweils in Abhängigkeit vom Vektor **r**) auf der rechten Seite in Beziehung mit dem Energieniveau E der Elektronen. Die linke Seite der Gleichung beschreibt den Zusammenhang von Ψ mit dem die Energieniveaus der Elektronen beschreibenden Hamilton-Operator $\hat{H}$ (in der Gleichung stehen keine Produkte, es handelt sich um eine Eigenwertgleichung!). Bei der konkreten Anwendung der zeitunabhängigen Schrödinger-Gleichung sind E und $\hat{H}$ nun bekannte Größen, Ziel ist die Bestimmung der Wellenfunktion Ψ. Ist diese bestimmt, bildet ihr Quadratbetrag die Aufenthaltswahrscheinlichkeit des Elektrons ab. In der Praxis ist jedoch auch diese Gleichung aufgrund der Wechselwirkungen zwischen den Elektronen (welche Bestandteile des Hamilton-Operators sind) für komplexere Systeme mit mehreren Elektronen nicht analytisch lösbar. Lösungen können daher nur durch aufwendige numerische Methoden und iterative Annäherungen gefunden werden, bei größeren Atomen ist es heute gar nicht möglich.

Für dieses Problem wurde über die Jahre eine Vielzahl von Näherungsverfahren entwickelt, die jedoch alle an das Problem stoßen, dass bereits bei wenigen involvierten Elektronen die maximalen Kapazitäten verfügbarer Rechner erreicht werden. Daher hat sich als Methode der Wahl die mit einigen Vereinfachungen arbeitende Dichtefunktionaltheorie (DFT) etabliert. Diese basiert auf der Erkenntnis, dass die ortsabhängige Elektronendichte im Grundzustand bestimmbar ist und alle weiteren Eigenschaften hieraus resultieren, also „Funktionale" der Dichte sind und so die extrem aufwendige Lösung von Ψ vermieden werden kann. Das bedeutet, man arbeitet ausschließlich mit der Elektronendichte und nicht mehr mit den Wellenfunktionen. Basierend auf diesen Annahmen können die Elektron-Elektron-Wechselwirkungen und die Elektron-Kern-Wechselwirkungen näherungsweise beschrieben werden. Um mit der DFT zu arbeiten, gibt es verschiedene, oft auch spezifische Softwarelösungen, besonders verbreitet ist MedeA® (*M*aterials *E*xploration and *De*sign *A*nalysis), die insbesondere in den Dimensionen der Quantenmechanik und der statistischen Thermodynamik in Verbindung mit Datenbanken arbeitet und auf deren Basis auch verschiedene Softwaremodule (sog. „Engines") wie VASP, GIBBS, LAMMPS und viele mehr betrieben werden [117].

Die Anwendung der Dichtefunktionaltheorie (DFT) in der Materialentwicklung ermöglicht dementsprechend bei ausreichenden Rechnerleistungen präzise Aussagen zu Werten wie elektrische und thermische Leitfähigkeit, Wärmekapazität, Wärmeausdehnung, thermodynamischer Stabilität, E-Modul, magnetische Eigenschaften, Diffusionsfähigkeit usw. und erlaubt so präzise Aussagen z. B. zur thermischen Stabilität von Kathodenmaterialien oder zur chemischen Aktivität und Stabilität von katalytischen Beschichtungen von Brennstoffzellen [118, 119]. Ein Beispiel für die Anwendung der Quantensimulation findet sich für die Optimierung von Katalysatorschichten in Brennstoffzellen.

Ein anderes Beispiel sind Berechnungen zum Effekt des Dotierens von Batteriekathoden aus schichtförmig aufgebauten Li_2MnO_3-Oxiden mit vom Ladungszustand abhängigem variablem Li-Gehalt. Schichtförmig aufgebaute Li-Oxid-Kathoden zählen zu den Alternativen zu Li-Ionenbatterien mit Ni-Mn-Co-Kathoden und haben ein Potenzial für sehr hohe Speicherkapazitäten von über 250 mAh/g, befinden sich aber aufgrund einer Vielzahl von Problemen noch im Forschungsstadium. Neben Kapazitätsverlusten beim ersten Ladungszyklus und Zersetzungseffekten beim Entladen kommt es zu unerwünschten Reaktionen mit dem Elektrolyt und zu weiteren Kapazitätsverlusten aufgrund von Platzwechseln von Mn-Atomen im Oxidgitter. Diese Vielzahl von Herausforderungen kann durch die Verwendung von atomistischen Simulationsmethoden deutlich effizienter bearbeitet werden. In diesem Fall wurde durch die Verwendung von MedeA® in Verbindung mit dem Vienna Ab Initio Simulation Package (VASP) zunächst der Delithiierungsprozess simuliert und anschließend berechnet, welchen quantitativen Einfluss die Dotierung der Oxidgitter mit Al oder Ti auf das Redoxpotenzial, die Gitterstruktur und die partielle anionische Oxidation haben. So konnte rein rechnerbasiert nachgewiesen werden, dass die Dotierung einen starken Einfluss auf die chemische Stabilität des LiMn-Oxid-Gitters während der Delithiierung (= Ladeprozess) hat, dass das Redoxpotenzial reduziert wird und dass zudem die ebenfalls beim Ladeprozess unerwünschte anionische Oxidation aufgrund der Stabilisierung des Gitters erheblich reduziert wird. Derartige Ergebnisse demonstrieren sehr gut das Potenzial der DFT-Methoden und die resultierenden Möglichkeiten der schnellen und gezielten Materialauswahl sowie der Verkürzung von Entwicklungsprozessen [120].

9.5.2 Ausblick

Wie in diesem Kapitel beschrieben, hat sich seit Beginn des Jahrtausends die Werkstoffforschung von einer erfahrungsbasierten zu einer datenbasierten Vorgehensweise weiterentwickelt, was im Wesentlichen auf die zunehmende Leistungsfähigkeit moderner Computer und Softwaresysteme zurückzuführen ist. Insbesondere die rechnerische Ermittlung physikalischer Eigenschaften kann bereits heute mit hoher Präzision erfolgen und ermöglicht so, neue Materialien in drastisch verkürzten Zeiträumen zu identifizieren und weiterzuentwickeln. Allerdings gehören die atomistischen Simulationen unter Einbeziehung von Quanteneffekten zu den rechenintensivsten Prozessen überhaupt. Daher werden immer leistungsfähigere Rechner auch immer neue Möglichkeiten in der Materialentwicklung eröffnen und sollte es zu einem Durchbruch bei den Quantencomputern kommen, würden sich die Potenziale noch einmal dramatisch steigern. Da im Fahrzeugbau die Wettbewerbsfähigkeit aufgrund des Wandels zur E-Mobilität erheblich von den Eigenschaften der eingesetzten Funktionswerkstoffe abhängt, ist hier ein entsprechendes Engagement der involvierten Industrien zu erwarten.

Da allein durch die Quantensimulation mechanische Eigenschaften weiterhin nicht präzise vorhergesagt werden können, werden bei den Strukturwerkstoffen auch weiterhin kombinatorische Ansätze verfolgt wie z. B. die Kombination aus Materialsimulationen, Erfahrungswerten und Datenbanken. Aber auch diese Methoden werden die Entwicklungszyklen weiter reduzieren. Nicht zu erwarten ist jedoch auch für die kommenden Jahre eine Vernetzung der Simulationsmethoden in Form eines Multiskalenansatzes vom Elektron zum Fahrzeug.

Dank
Ich danke Dr. Jonathan E. Mueller und Dr. Vedran Glavas von der Volkswagen AG für die geduldige Beratung und fachliche Unterstützung bei der Erarbeitung dieses Kapitels.

9.6 Moderne Fahrzeug- und Bauweisenkonzepte für die Transformation des Automobils

Marco Münster, Gerhard Kopp, Horst E. Friedrich und Volker Grienitz

9.6.1 Ausgangssituation

Die zukünftige Mobilität wird durch unterschiedlichste Einflüsse und Trends geprägt werden [121, 122]. Neben den Anforderungen der Kunden und Gesellschaft, werden unterschiedlichste Rahmenbedingungen wie zum Beispiel der Klimawandel und die notwendige CO_2-Neutralität, die Urbanisierungen und die Ressourcenschonung treibende Faktoren sein, die sich auch in der Umsetzung von modernen Fahrzeug- und Bauweisenkonzepten widerspiegeln werden, wie dies Auszugsweise in Abb. 9.51 nach [123] dargestellt ist.

Trotz all dieser Entwicklungen stehen wir noch am Anfang „neuer Nutzungs- und Fahrzeugkonzeptentwicklungen" für die zukünftige Mobilität. Insbesondere die Entwicklung von hoch effizienten, nutzungs- oder einsatzoptimierten Fahrzeugen scheint aktuell sich

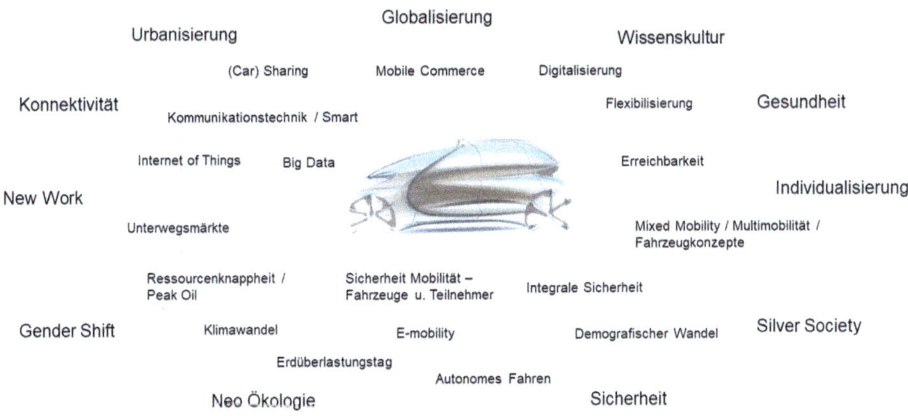

Abb. 9.51 Zukünftige Einflüsse und Trends im Bereich der Mobilität der Zukunft, nach [123]

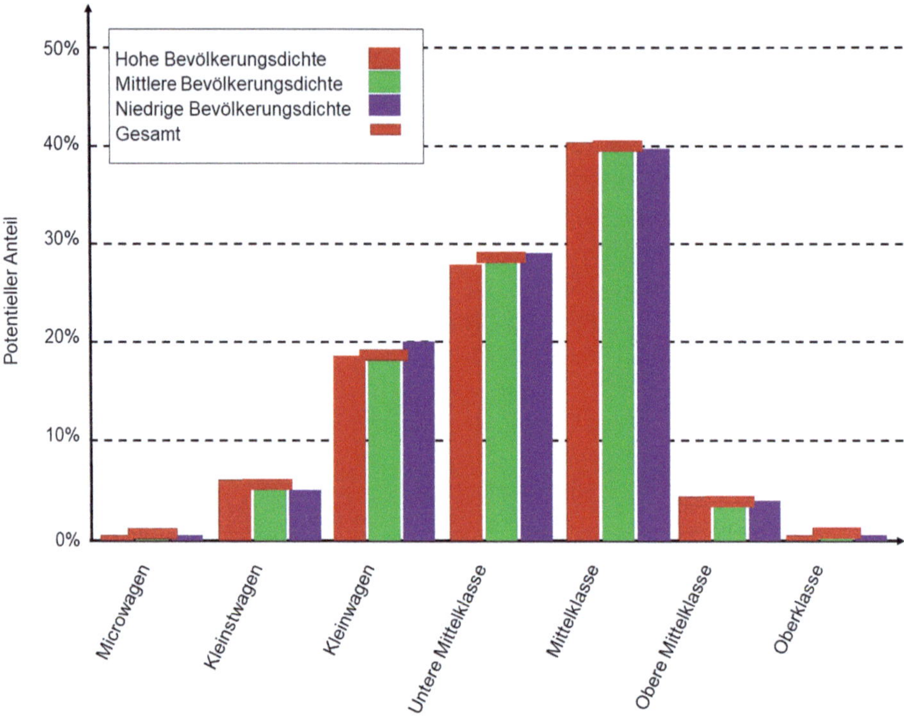

Abb. 9.52 Anteil der Fahrzeugkategorien in den Neuzulassungen der M1 Fahrzeugklasse – Deutschland 2016, aus [125], Copyright © DLR e.V.

erst in den Anfängen zu befinden (vgl. unter anderem auch [124]), schaut man sich unter anderem die Zulassungsdaten von Fahrzeugen in Deutschland in Abhängigkeit der Urbanisierung an, wie diese in Abb. 9.52 aus [125] dargestellt sind. Hierbei zeigt sich zum Beispiel, dass trotz des aktuell zur Verfügung stehenden Angebots von kleinen, urbanen Fahrzeugkonzepten, es kein „klassisches Stadtfahrzeug" gibt, das sich in Gebieten mit hoher Bevölkerungsdichte bisher klar durchgesetzt hat.

Um sich in Zukunft am Markt etablieren zu können, müssen neue Mobilitäts- und Pkw-Konzepte somit versuchen, die individuellen Mobilitätsbedürfnisse und die unterschiedlichen Einflussparameter bestmöglich abzubilden und die unterschiedlichen Ziele soweit irgend möglich zu berücksichtigen. Der auch weiterhin abzusehende, wachsende Mobilitätsbedarf steht hierbei in einem spezifischen Interessenkonflikt mit den negativen Effekten des Verkehrs, wie z. B. des größer werdende Flächenbedarfs, der Emissionen oder des Rohstoffverbrauchs. Die spezifischen Herausforderungen der Zukunft werden dabei aktuell von unterschiedlichen Stakeholdern angegangen. Hierbei spielen neben den Fahrzeugherstellern und den Gesetzgebern auch die Kommunen, Städte und Verkehrsbetriebe bzw. Mobilitätsanbieter vermehrt eine wesentliche Rolle bei der Gestaltung der (straßengebundenen) Mobilität der Zukunft. Sharing-Konzepte bis hin zu „Mobility-as-a-Service – MaaS“ oder „Logistic-as-a-Service – LaaS“ stehen unter anderem im Blickpunkt zukünftiger Entwicklungen [124, 126, 127]. Werden insbesondere Studien zu geteilten, hoch automatisierten Fahrzeugen betrachtet, wird die zukünftige, große Unsicherheit mit ersichtlich (vgl. unter anderem [128–130]). Dennoch ist mit einem signifikanten Marktanteil zu rechnen, in Abhängigkeit von gesetzgeberischen Maßnahmen, wobei Deutschland z. B. bei der Schaffung der gesetzlichen Rahmenbedingungen eine führende Rolle einnimmt. [131]

Die heutigen Fahrzeughersteller reagieren auf die sich weiterentwickelnden Rahmenbedingungen zudem mit neuen Technologien, wie der Elektrifizierung des Antriebsstranges, der Entwicklung von hoch automatisierten Fahrzeugen, der intensiven Nutzung von Informations- und Kommunikationstechnologien oder dem Ansatz der Circular Economy [123, 125].

Aktuelle Entwicklungsstände und ausgewählte Beispiele derartiger People-Mover-Konzepte und deren Bauweisen werden im Folgenden dargestellt und beschrieben.

9.6.2 Aktuelle Konzeptentwicklungen und Fahrzeugansätze im Bereich der People Mover

Beispiele aus der Vergangenheit zeigen, dass sich selten disruptive Produkte bereits in den Anfangsphasen neuer Industriezweige und Entwicklungen ergeben. So sahen die ersten Fahrzeuge auch wie motorisierte Pferdekutschen aus. Gleiches kann bereits heute bei den ersten Studien oder Pilotprojekten von „People-Mover-Konzepten“ erkannt werden. Die Nähe zu herkömmlichen Pkw bzw. Bussen ist unverkennbar.

Basierend auf dem zukünftigen Transportbedarf wird insbesondere die Anzahl der zu transportierenden Personen einen wesentlichen Gestaltungsrahmen darstellen, wie dies in Abb. 9.53 dargestellt ist. Weiterhin werden die voraussichtlich avisierten Geschäftsmodelle, aber auch die Reichweite, systementscheidend sein. Aufgrund dessen wird im Nachfolgenden eine Unterteilung in die zu befördernde Personenanzahl zur detaillierten Beschreibung verwendet (vgl. auch [122]).

Pods

Für die individuelle Mobilität von ein bis zwei Personen könnten sich sogenannte Pods in verschiedenen Ausbauformen unter anderem im urbanen Bereich als eine Lösungsmöglichkeit für weitere Mobilitätsanforderungen etablieren. Hierbei handelt es sich um autonom fahrende Kabinen, die Platz für ein bis zwei Personen bieten, wie diese z. B. als Lösung von Hyundai aufgezeigt wurden. (vgl. [132])

Die Nutzung wird in der Regel von individuellen Bedürfnissen wie Privatsphäre, Abfahrtzeit und Ankunftsort geprägt. Darüber hinaus gehen nahezu alle Konzepte bisher von einem Schwarmverhalten aus. Das bedeutet, dass der individuelle Pod den Weg zum Kunden anstrebt aber nach der Aufnahme sehr schnell in einen größeren Verbund auf-

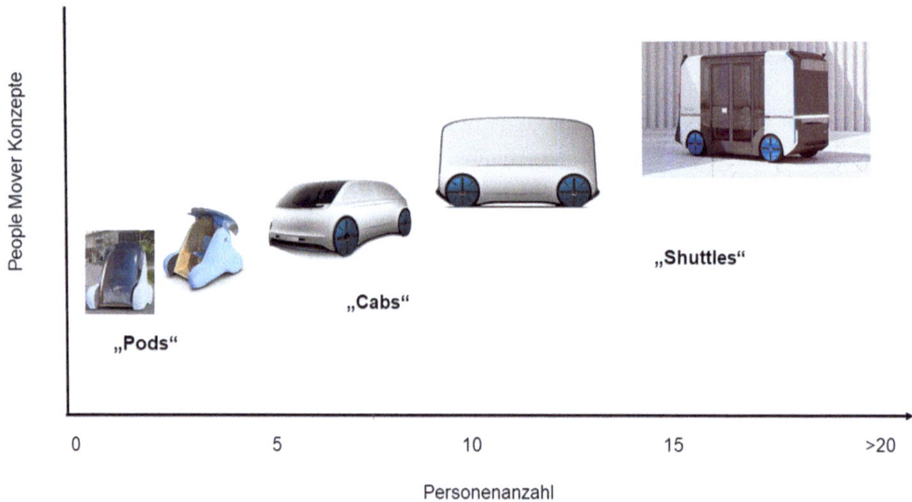

Abb. 9.53 Unterteilung von People-Mover-Konzepten nach der Anzahl der transportierten Personen, Copyright © DLR e.V.

schließt. Entweder sind die Pods dann mechanisch oder, viel häufiger anzufinden, elektronisch miteinander gekoppelt. Der Verbund spart Energie und ermöglicht eine besser organisierbarere Routenführung.

Cabs
In der nächst größeren Fahrzeugkonfiguration gibt es eine Vielzahl von Varianten. Häufig wird für diesen Bereich auch der Name „Cab“ verwendet. Die Größe richtet sich eher nach einer kleineren Gruppe von Individuen, die in der Regel einem gemeinsamen sozialen Zweck folgen. Es kann eine Familie sein, ein Team, welches zusammenarbeitet oder Personen, die einfach nur das gleiche Ziel haben. Die Anzahl der Personen kann zwischen zwei und bis zu acht Personen betragen. Die Produktkonzepte variieren hierbei in der Größe und sind in der Struktur vergleichbar den heutigen Kraftfahrzeugen bis hin zu Vans, wie das Beispiel die Cab-Konzeption von 2getthere zeigt. (vgl. [133])

Shuttles
Die diametrale Ausprägung der Pods könnten busähnliche Fahrzeuge sein, auch Shuttle genannt, die dem öffentlichen Nahverkehr vergleichbar sind. Die Anzahl der zu transportierenden Personen wird mindestens sechs Personen betragen und vorgeplanten Routen folgen und nur mittelbar auf individuelle Zielwünsche, z. B. durch Bedarfsbündelungen, eingehen können. Ein entsprechendes Konzept dieser Art ist in Abb. 9.54 aus [134] dargestellt.

Der Aufbau dieser Fahrzeuge ähnelt sehr stark den Bussen mit Rahmenbauweisen, wie das auch am Beispiel des Konzepts von EasyMile zu sehen ist. (vgl. [135]).

Abb. 9.54 Holon I Hamburger Hochbahn I Autonomes Mobilitätssystem, aus [134], Copyright © Holon

Die Personen werden entweder stehen oder über mehrere Reihen im Fahrzeug sitzen können. Die Geschäftsmodelle könnten von unternehmenseigenen Flotten bis hin zu öffentlichen Nahverkehrsstrukturen gestreut sein. Aktuelle Pilotprojekte verbinden häufig öffentliche Infrastruktur wie Bahnstrecken mit Innenstädten ab. Die Routenführung wird für jedes Fahrzeug unabhängig von den anderen geplant und durchgeführt. Die Bildung von kombinierten Gruppen ist in der Regel nicht vorgesehen.

9.6.3 Beispiel Cab: Konzeptbeschreibung des plattformintegrierbaren Cabs „Next Generation Car (NGC) – Urban Modular Vehicle (NGC UMV)"

Basierend auf Diversifizierung von Fahrzeugkonzepten und deren Komponenten in der Vergangenheit sind aktuelle Überlegungen notwendig, wie zukünftige Plattformen und Plattformstrategien angegangen werden können. Ein Beispiel, wie derartige Lösungen in Zukunft aussehen und zusätzlich Mover Konzepte integrieren werden könnten, ist in Abb. 9.55 aus [136] und Abb. 9.56 aus [136] zu sehen.

Das am DLR Institut für Fahrzeugkonzepte entwickelte und hier dargestellte Fahrzeugkonzept „Urban Modular Vehicle – UMV" basiert auf den Überlegungen, eine einheitliche Plattform mit integrierten, alternativen Antrieben und unterschiedlichen Aufbauten für unterschiedliche Nutzungsszenarien zu entwickeln. (vgl. auch [126, 127, 137])

Eine Besonderheit bei der Entwicklung stellt dabei dar, dass sowohl Personen- als auch Gütertransportansätze für den urbanen Bereich berücksichtigt wurden. Des Weiteren wurde analysiert, welche Möglichkeiten und Optionen es gibt, auf eine einheitliche Plattform unterschiedliche Aufbauten mit unterschiedlichen Automatisierungsgraden von teilautomatisiert bis Vollautomatisierung („Cab Größe eines People Mover") zu integrieren.

Variabel, urbane Anwendungsfälle

- Einsatzgebiet: Urban / Suburban
- Konzept für unterschiedliche Anwendungsfälle
  - Private Nutzung bis Sharing
  - Personen und Güter
  - Variables Interieur, Ergonomischer Einstieg, …

Nutzer	Sitze [-]	Länge [m]	Elektr. Reich-weite [km]	Stau-raum [l]	UMV-Derivate
	2+2	3,7	400	210	
	4	4,1	460	550	
	2+2	3,7	300	280	
	2+x	3,7	400	2700-3800	
	x	3,7	200	3800	

Abb. 9.55 Plattformkonzepte und -ideen für urbane Fahrzeuge der Zukunft und ihre unterschiedlichen Derivate am Beispiel des Next Generation Car (NGC) Urban Modular Vehicle (UMV) , aus [136], Copyright © DLR e.V.

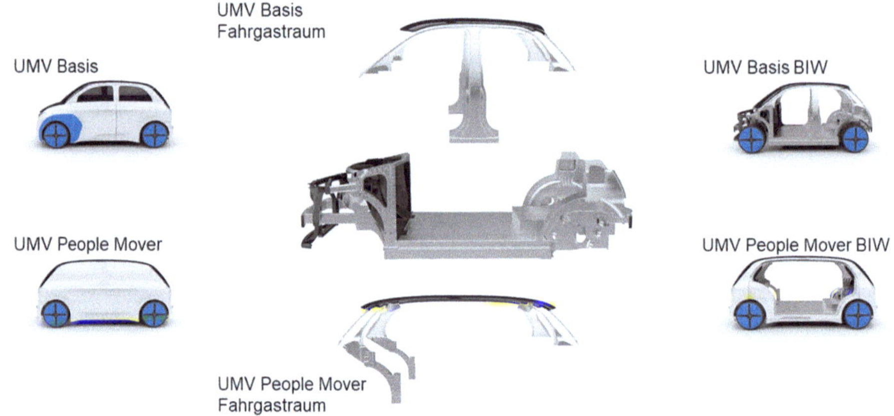

Abb. 9.56 Bauweisen und Karosseriekonzeption für variable Aufbauformen des NGC Urban Modular Vehicle, aus [136], Copyright © DLR e.V.

Die entsprechende Entwicklung basiert hierbei auf einem „Skateboard-Ansatz“, der ermöglicht, im Rahmen eines hoch funktionalen, doppelten Bodens alle notwendigen Komponenten des Antriebsstrangs und des Fahrwerks zu integrieren. Ausgehend von diesen Hauptkomponenten können unterschiedlichen Aufbauten und Karosseriederivate mit entsprechenden Systemschnittstellen aufgesetzt und realisiert werden. Bei den Karosserievarianten kommen hierbei aufgrund der entsprechenden Stückzahl- und Leichtbauüberlegungen primär Leichtmetalle wie Aluminium zum Einsatz, die in Kombination von tragenden Rahmen- und Knotenstrukturen mit Schubfeldern aus Schalen- oder Sandwichbauweisen kombiniert werden. Somit kann ein Optimum aus Konzeptleichtbauansätzen, stückzahlabhängen Produktionskosten und Plattform- und Derivatvariationen gefunden werden.

9.6.4 Beispiel Shuttle: Konzeptbeschreibung der „Benteler Electric Drive Solution (BEDS)"

Im Bereich der Shuttle-Entwicklungen könnte ein völlig neues Segment in der Automobilindustrie zwischen Fahrzeugen für den öffentlichen Nahverkehr und Pkw entstehen. Diese Konzepte sind aktuell für bis zu 20 Personen ausgelegt. Die häufig verwendete Elektroplattform bietet einen flachen Fahrzeugboden, der unabhängig vom Radstand das Stehen und Gehen der Fahrgäste ermöglichen soll und auch in der Benteler-Plattform hinterlegt ist, wie dies in Abb. 9.57 aus [138] dargestellt wird. Die Motorisierung richtet sich häufig nach den Gegebenheiten. Aus Modularisierungsaspekten können Vorder- und Hinterachse identisch aufgebaut werden und ggf. beide lenken. Das hat den Vorteil, dass keine Fahrtrichtung zwingend vorgegeben wird aber auch die Einsatzmöglichkeiten aufgrund der kleinen Wendekreise flexibler sind. Die skalierbaren und modularen Architekturen der sogenannten Skateboard-Bauweisen bzw. eines Rolling Chassis (Integration der wesentlichen Antriebskomponenten, der Batterie sowie grundsätzlichen Strukturmerkmalen, wie bspw. Crashfunktionen) ermöglichen auch hier in der Größe flexible Bauweisen.

Die Firma Benteler hat für diesen Anwendungsfall unter anderem das Benteler Electric Drive System (BEDS) vorgestellt (vgl. auch [138–141]). Dieses Plattformkonzept, wie in Abb. 9.58 aus [142] dargestellt, erlaubt die Integration zahlreicher Anwendungen und Geschäftsmodelle. Über eine Skalierung der Struktur können von Personenfahrzeuge, People Mover bis zu Transportlogistiklösungen realisiert werden. Die notwendigen Kom-

Abb. 9.57 Benteler-Plattform-Lösung für E-Fahrzeuge, aus [138], Copyright © Benteler

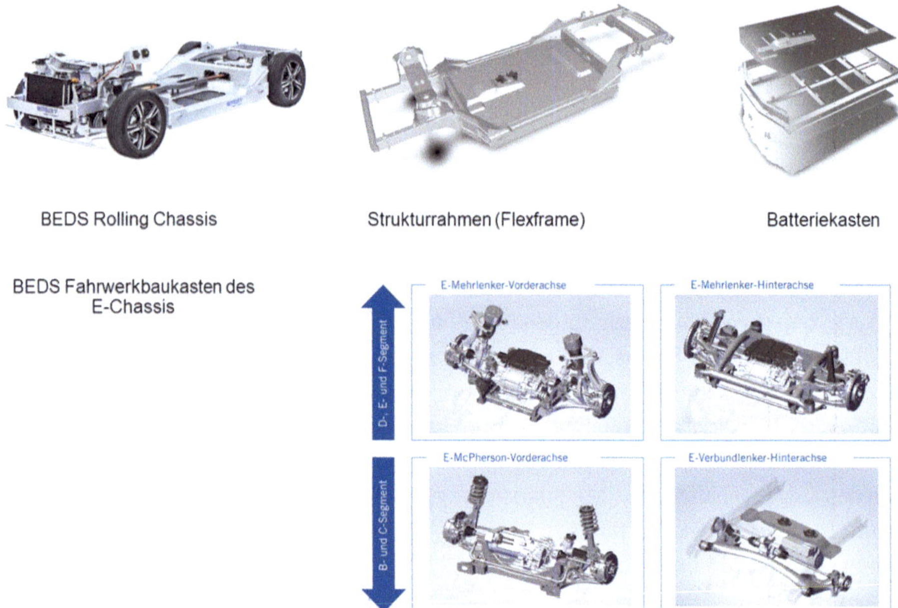

Abb. 9.58 Benteler Electric Drive Solution (BEDS) für Rolling Chassis und People-Mover-Anwendungen, aus [142], Copyright © Benteler

ponenten lassen sich auf das Chassis, den Energieträger, Crashmanagementstrukturen und die Integration mit dem Aufbau reduzieren.

Für das Chassis ergeben sich verschiedene Ausprägungen hinsichtlich der Funktionsintegration. Häufig haben tradierte Unternehmen weiterentwickelte Kraftfahrzeugachssysteme mit Elektromotoren verbaut. Die sogenannten E-Achsen sind häufig Mehrlenkerachssysteme, um entsprechenden Fahrkomfort anzubieten. Dazu werden die Achskinematiken mit einem zentral angeordneten Elektromotor aufgebaut. Gerade neue Player im Markt konzentrieren sich auf hochintegrierte Systeme, sog. Corner-Module. Diese mechatronischen Systeme erlauben zahlreiche Zusatzfunktionen, wie das seitwärtige Fahren oder Drehen auf der Stelle, die mit dem herkömmlichen Achssystem schwer möglich sind.

Für die konzeptionellen Lösungen des Energie- bzw. Batteriesystems können unterschiedliche Ebenen betrachtet werden: Zelle, Modul und System. Durch neue Entwicklungen, wie beispielsweise das Cell to Pack, machen die strukturelle Funktion einer sogenannte Batteriewanne überflüssig. Die vormals üblichen inneren Fachwerkstrukturen, die für den Fall eines Crashs von essenzieller Bedeutung waren, könnten somit möglicherweise wegfallen.

Grundsätzlich sind die Skateboard-Architekturen mit den entsprechenden Komponenten aus Chassis, Antriebsstrang und Energiespeichersystem so ausgelegt, dass sie wesentlichen Crashfällen standhalten – sowohl im Front- als auch im Seitencrash –, um auch im Mischverkehr einsetzbar zu sein. Die Fahrgastzelle orientiert sich hingegen eher am Design und dem Geschäftsmodell. Jedoch muss auch berücksichtigt werden, dass in der Elektromobilität durch den Wegfall der Verbrennungsmotoren neue Herausforderungen gerade in Bezug auf Frontalcrash entstanden sind. Dies führte dazu, dass die Krafteinleitung in die Fahrzeugstrukturen anders gestaltet wird.

9.6.5 Beispiel modulares Shuttle: Konzeptbeschreibung des „modular on the road U-Shift"

Als zusätzliche Erweiterung zu aktuellen People-Mover-Konzeptionen sind auch skalierbare Konzepte denkbar, die sich „on the road" an die individuellen Mobilitätsbedürfnisse anpassen könnten. [136, 143, 144]

Eines dieser Konzepte ist das fahrerlose und elektrisch angetriebene Fahrzeugkonzept U-Shift des DLR Instituts für Fahrzeugkonzepte. Es ermöglicht durch die Trennung von Antriebseinheit (Driveboard) und Transportkapsel eine neue Art der Flexibilität und Effizienz für die Mobilität von morgen und die proaktive Anpassung an den Mobilitätsbedarf, wie in Abb. 9.59 aus [143] dargestellt. Das Driveboard dient sowohl dem Transport von Personen als auch Gütern, in Kombination mit verschiedenen Kapseltypen. Dabei funktioniert der Kapselwechsel ohne Bedienpersonal und ist nicht an Wechselstationen gebunden.

Mit speziellen, an die Anforderungen angepassten Kapseln werden unterschiedlichste Geschäftsmodelle und Anwendungsfälle ermöglicht. Kosten- und Ressourceneffizienz sind zentrale Entwicklungsziele hierbei, sodass teure Systeme wie komplexe Technologie für das fahrerlose Fahren oder dem alternativen Antriebsstrang vorwiegend im Driveboard untergebracht werden. In einem ersten Schritt wurde ein rollfähiger Prototyp gebaut, wie er in Abb. 9.60 aus [143] dargestellt ist.

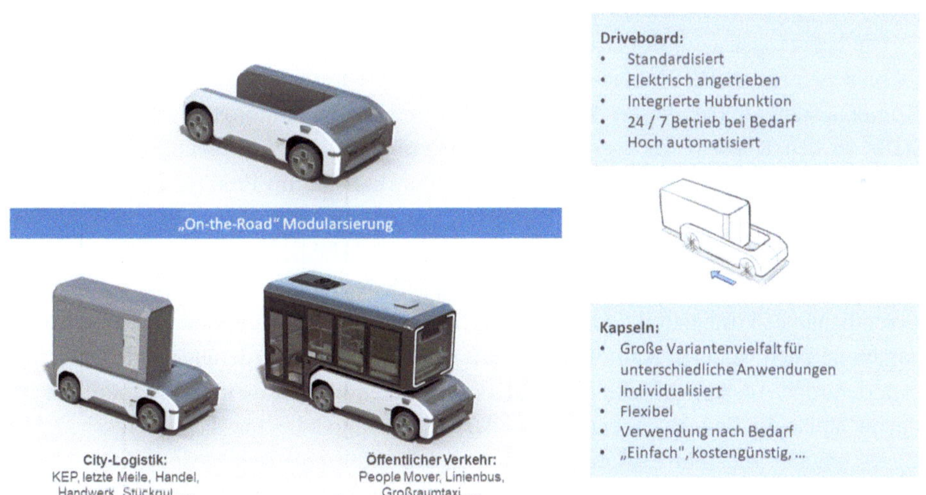

Abb. 9.59 Fahrzeugkonzept U-Shift: „modulare on the road", aus [143], Copyright © DLR e.V.

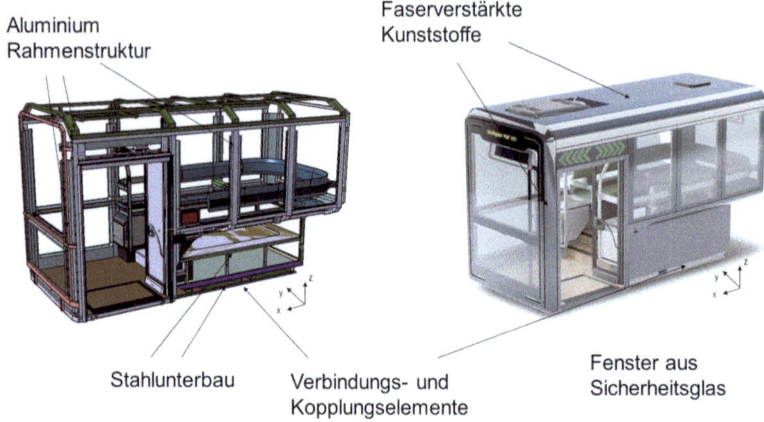

Abb. 9.60 Bauweisenkonzept einer Personenkapsel des U-Shift-Demonstrators, aus [143], Copyright © DLR e.V.

Die hier dargestellt Personenkapsel weißt Außenabmessungen mit Überhang und Driveboard von 5680 mm x 2260 mm x 3140 mm (LxBxH) auf. Sie verfügt über zwei Innenschwenktüren an der rechten hinteren Seite über die das Fahrzeug zugänglich ist. Des Weiteren ist noch eine elektrische Rampe im Boden des Einstiegbereichs in Bezug auf die notwendige Barrierefreiheit verbaut.

Die Personenkapsel verfügt über eine Stahlbodenkonstruktion. Zwei Stahlträger dienen als Schnittstelle mittels Aufnahmeschiene zum Driveboard. Um die hohen Biegemomente des Überhangs aufzunehmen, ist der Schweißrahmen bis zum Heck weitergeführt.

Auf Höhe der Sitze ist ein Aluminium Rahmen mit Seitenteilen angesetzt, um die entsprechenden Leichtbauaspekte zu berücksichtigen. Versteifungselemente in den Knoten geben die nötige Verwindungssteifigkeit.

Die Fahrzeugstruktur des Driveboard (siehe Abb. 9.61 aus [143]) ist als Stahlschweißrahmen ausgeführt. Die Hauptaufgaben der Driveboard-Karosserie sind die Aufnahme der Komponenten wie Fahrwerke, Antrieb, Batterie und die Integration der Aufnahmeschnittstelle zu den Kapseln. Eine große Herausforderung ist die Verwindungssteifigkeit der beiden Schenkelelemente. Passive Sicherheitselemente sind im Prototyp noch nicht ausgelegt, sollten aber im Rahmen der weiteren Entwicklung noch analysiert und konzipiert werden, wie dies schon oben beschrieben für Mischverkehrsbetriebe notwendig sein wird.

Die dargestellte Bauweise stellt einen optimierten Kompromiss aus notwendiger Leichtbaugüte, kostenattraktiven Fertigungsverfahren für die zugrunde gelegten Stückzahlen und den weiteren Anforderungen aus den Mobilitätsanforderungen dar. Inwieweit sich derartige Ansätze in Zukunft am Markt etablieren werden ist jedoch sicherlich auch davon abhängig, inwieweit entsprechende Geschäftsmodelle für die spezifischen Use Cases tragbar sind. Zur Erprobung entsprechender Konzepte und Ideen wurden hierfür unterschiedliche Prototypen des U-Shift Konzeptes aufgebaut (vgl. [144]).

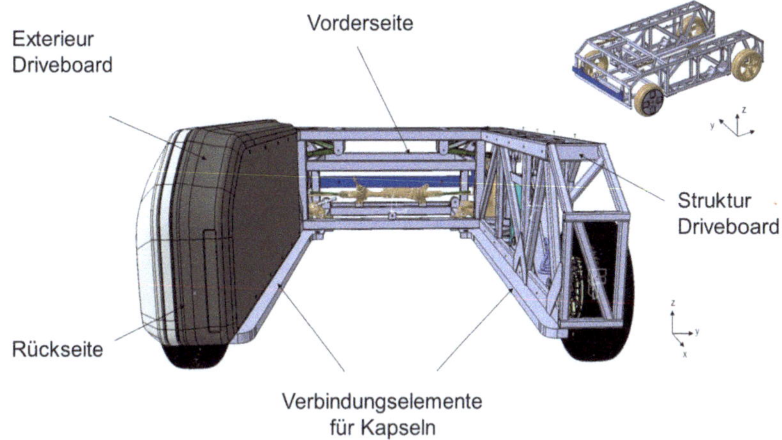

Abb. 9.61 Bauweisenkonzept eines Driveboards des U-Shift-Demonstrators, aus [143], Copyright © DLR e.V.

9.6.6 Zusammenfassung

Aufgrund der zukünftigen Herausforderungen im Bereich der Mobilität werden neue technologische und konzeptionelle Lösungsansätze benötigt. Hierbei sind insbesondere höchst effiziente Ansätze zur Reduzierung negativer Effekte der Mobilität notwendig, um auch fernerhin den Mobilitätsbedarf zukunftsfähig abzusichern.

Für die entsprechende notwendige Transformation sind in diesem Kapitel einige Konzepte und Beispiele aus dem Bereich der elektrifizierten People Mover dargestellt worden, die auch einen wesentlichen Beitrag für die Herausforderungen der Zukunft neben zusätzlichen Innovationen insbesondere im Bereich der Fahrzeugkomponenten und -technologien leisten können.

Die Marktentwicklung und -einführung für derartige Mover-Konzepte ist aktuell noch schwer abschätzbar. Zum einen liegt dies daran, wann hochautomatisiertes Fahren umgesetzt wird und zum anderen liegt es an der Neuartigkeit der Geschäftsmodelle als Integration zwischen individueller und öffentlicher Mobilität. Festzuhalten gilt auf jeden Fall, dass der Absatz bei Fahrzeugen im Besitz von Personen und die Bauweisenkonzepte der Fahrzeuge sich verändern werden.

Literatur

1. Hornbogen, E., Mertmann, M.; „Intelligente“ Werkstoffe, Verbunde und Systeme, Metall – Intern. Z. f. Technik und Wirtschaft, Band 50, Heft 12 (1996)
2. Hanselka, H., Monner, H.P., Krajenski, V., Hochintegrierte Materialsysteme für adaptive Leichtbaustrukturen, Adaptronic Congress Berlin (1996)

3. Breitbach, E., Funktionswerkstoffe in adaptiven Strukturen, „Smart Materials“, Adaptronic Congress Berlin (1996)
4. Kindermann, L. et al., Aktive Materialien und Systeme für neue Effekte und Funktionen im Automobil, Adaptronic Congress Wolfsburg (2003)
5. Lammering, R., Bein, T., Einsatzmöglichkeiten multifunktionaler Materialien im Automobilbau, In: Neue Werkstoffe im Automobilbau, VDI-Verlag, Düsseldorf (1995), VDI-Bericht 1235
6. Friedrich, H., Gänsicke, T., Werkstoffe, Leichtbauweisen und Bauweisentrends im Wettbewerb, VDI/VW-Gemeinschaftstagung: Fahrzeugkonzepte für das 2. Jahrhundert Automobiltechnik, 21.–23. Nov. 2001, Wolfsburg (2001)
7. Friedrich, H. et al., Werkstoffe und Bauwesen ermöglichen neue Fahrzeugkonzepte, in Schindler, V. und Sievers, I. (Hrsg.), Forschung für das Auto von morgen, Springer, Berlin (2008)
8. Egger, K., Warga, J., Klügl, W., Neues Common-Rail-Einspritzsystem mit Piezo-Aktorik für Pkw-Dieselmotoren, MTZ 63 (2002), Nr. 9, S. 696–704
9. Informationszentrum Technische Keramik (IZTK), Verband der Keramischen Industrie e.V., Selb (2008)
10. Berger, U.; Hartmann, A.; Schmid, D.: 3D-Druck – additive Fertigungsverfahren: Rapid Prototyping, Rapid Tooling, Rapid Manufacturing, Haan-Gruiten: Verlag Europa-Lehrmittel-Nourney, Vollmer GmbH & Co. KG, 2019
11. Feldmann, C.; Schulz, C.; Fernströning, S.: Digitale Geschäftsmodell-Innovationen mit 3D-Druck: erfolgreich entwickeln und umsetzen, Wiesbaden: Springer Gabler, 2019
12. N.N.: Additive Fertigung – Grundlagen – Terminologie (ISO/ASTM 52900:2015); Deutsche Fassung EN ISO/ASTM 52900:2017; DIN EN ISO/ASTM 52900; Juni 2017
13. Adamek, J.; Piwek, V.: Additive Fertigung – 3D-Druck: Stand der Technik, Anwendungsempfehlungen und aktuelle Entwicklungen, Berlin: LIT, 2019
14. Feldmann, C.; Punpe, A.: 3D-Druck – Verfahrensauswahl und Wirtschaftlichkeit: Entscheidungsunterstützung für Unternehmen/von C, Wiesbaden: Srpinger Gabler, 2016
15. Gebhardt, A.; Kessler, J.; Thurn, L: 3D-Drucken: Grundlagen und Anwendungen des Additive Manufacturing (AM), München: Hanser, 2. erweiterte Auflage, 2016
16. Lachmayer, R., Lippert, R.B. (2016). Chancen und Herausforderungen für die Produktentwicklung. In: Lachmayer, R., Lippert, R., Fahlbusch, T. (eds) 3D-Druck beleuchtet. Springer Vieweg, Berlin, Heidelberg. https://doi.org/10.1007/978-3-662-49056-3_2
17. Winkelmann, A.; Flath, C.; Thiesse, F (Hrsg.): Sharing Economy in der Industrie: Unternehmensübergreifende Auslastung von Produktionskapazitäten am Beispiel der additiven Fertigung, Wiesbaden: Springer Gabler, 2021
18. Lachmayer, R., Lippert, R.B. (2020). Grundlagen. In: Entwicklungsmethodik für die Additive Fertigung. Springer Vieweg, Berlin, Heidelberg. https://doi.org/10.1007/978-3-662-59789-7_2
19. Lachmayer, R.; Rettschlag, K.; Kuerle, S. (Hrsg.): Konstruktion für die Additive Fertigung 2020, Springer Vieweg, 2021, ISBN 978-3-662-63030-3 (ebooks)
20. Ligon, S.C.; Liska, R.; Stampfl, J.; Gurr, M; Mülhaupt, R.: Polymers for 3D Printing and Customized Additive Manufacturing, Chemical Reviews, ACS Publications, 2017
21. Raddatz, L.; Austerjost, J.; Beutel, S.: 3D-Druck: Chancen, Möglichkeiten, Risiken, Weinheim, Wiley-VCH Verlag GmbH & Co. KGaA, 2018
22. Gebhardt, A.; Kessler, J.; Schwarz, A.: Produktgestaltung für die additive Fertigung, München: Hanser, 2019
23. Klahn, C.; Meboldt, M. (Hrsg.): Entwicklung und Konstruktion für die Additive Fertigung, Würzburg, Vogel Communications Group, 2021
24. Stier, T.; Heinz, C.; Lammert, N.; Unger, N.: Additive manufacturing based on screw extrusion: machines, material and applications in the automotive industry, VDI-Kongress PIAE 2020 (Online), 28.-29. Juli 2020, Mannheim, Deutschland

25. Richard, H. A.; Schramm, B.; Zipsner, T. (Hrsg.): Additive Fertigung von Bauteilen und Strukturen: Neue Erkenntnisse und Praxisbeispiele, Wiesbaden: Springer Vieweg, 2019
26. Caba, S.: Aluminiumlegierung für die additive Fertigung im Automobilbau, in: ATZ – Automobiltechnische Zeitschrift, Volume 122, Seiten 58–61, 2020
27. N.N.: 3D-Metalldruck ergänzt klassische Verfahren, erfordert aber neue Konstruktionsmethoden – Additive Fertigung in der Automobilindustrie, https://www.ingenieur.de/fachmedien/vdi-z/additive-fertigung/additive-fertigung-in-der-automobilindustrie/, Internetabfrage am 14.09.2021
28. Lachmayer, R. (Hrsg.) et al.: Entwicklungsmethodik für die Additive Fertigung. Konstruktionskatalog der additiven Fertigungsverfahren, Springer Vieweg, Berlin, Heidelberg. https://doi.org/10.1007/978-3-662-59789-7_2
29. N.N.: Additive Fertigung, https://www.trumpf.com/de_DE/loesungen/anwendungen/additive-fertigung/, Internetabfrage am 08.10.2021
30. Kynast, M.; Eichmann, M.; Witt. G. (Hrsg.): RapidTech + FabCon 3.D: International Hub for Additive Manufacturing: Exhibition + Conference + Networking: proceedings of the 16th Rapid.Tech Conference Erfurt, Germany, 25–27 June 2019, München: Hanser, 2019
31. Chamoun, M.; Kopp, Gu.; Friedrich, H.; Schuster, M.; Müllerschön, O.: Methode zur Entwicklung von variablen Strukturkonzepten durch Kombination additiver und konventioneller Fertigungsverfahren, WerkstoffPlus Auto Tagung, 2018, Stuttgart, Deutschland
32. Babel, N.; Patzelt, P.: Quo vadis additive Fertigung?, in: ATZ – Automobiltechnische Zeitschrift, Volume 119, Seiten 78–81, 2017
33. N.N.: Additive Fertigung – Konstruktion – Anforderungen, Richtlinien und Empfehlungen (ISO/ASTM 52910:2018); Deutsche Fassung EN ISO/ASTM 52910:2019; DIN EN ISO/ASTM 52910; Februar 2020
34. Lange, F.: Prozessgerechte Topologieoptimierung für die Additive Fertigung, Berlin, Heidelberg: Springer Vieweg, 2021
35. Hillebrecht, M., Gaytan, M. (2019). Industrialisierung der Additiven Fertigung – NextGen Spaceframe 2.0: Bionik, Additive Manufacturing und Aluminium für den flexiblen High-End-Leichtbau. In: Piskun, A. (eds) Karosseriebautage Hamburg 2018. Proceedings. Springer Vieweg, Wiesbaden. https://doi.org/10.1007/978-3-658-22038-9_9
36. Porsche – Mahle – Add. Fertigung Motr. Abele, D., Ickinger, F., Schall, V. et al. Additive Fertigung von hochbelasteten Antriebsbauteilen. MTZ Motortech Z 82, 14–21 (2021). https://doi.org/10.1007/s35146-020-0609-x
37. Götzke, F., Hoppe, H. Lasergenerierte Titan-Funktionsbauteile für Supersportwagen. ATZ Automobiltech Z 123, 36–41 (2021). https://doi.org/10.1007/s35148-021-0749-4
38. Gibson, I., Rosen, D., Stucker, B., Khorasani, M. (2021). Direct Digital Manufacturing. In: Additive Manufacturing Technologies. Springer, Cham. https://doi.org/10.1007/978-3-030-56127-7_18
39. Bilderzusammenstellung Anwendungsbeispiele, DLR e.V., Institut für Fahrzeugkonzepte, 2023
40. Piskun, A. (Hrsg.): Karosseriebautage Hamburg 2018: 16. ATZ-Fachtagung, Wiesbaden: Springer Vieweg, 2019
41. Feldmann, C.; Gorj, A.: 3D-Druck und Lean Production : Schlanke Produktionssysteme mit additiver Fertigung, Wiesbaden: Springer Gabler, 2017
42. Lachmayer, R.; Lippert, R. B.; Fahlbusch, T. (Hrsg.): 3D-Druck beleuchtet: Additive Manufacturing auf dem Weg in die Anwendung, Berlin, Heidelberg: Springer Vieweg, 2016
43. Michelle, J.: Welche Anwendung findet der 3D-Druck in der Automobilindustrie, https://www.3dnatives.com/de/anwendung-3d-druck-in-der-automobilindustrie-081020201/#!, Internetabfrage am 14.09.2021

44. N.N.: 3D-Druck für die Automobilindustrie, https://de.3dsystems.com/automotive, Internetabfrage am 14.09.2021a
45. Gregurić, L; Guggenberger, S.: Anwendungsbeispiele 3D-Druck in der Automobilindustrie – Die neuesten Projekte, https://www.mission-additive.de/3d-druck-in-der-automobilindustrie%2D%2Ddie-neuesten-projekte-a-826570/ und https://www.industry-of-things.de/3d-druck-in-der-automobilindustrie-die-neuesten-projekte-a-1068175/, Internetabfrage am 14.09.2021
46. N.N.: Use Cases & Whitepapers – We Support our Customers' Innovation in Industrial AM, https://forward-am.com/use-cases-and-whitepapers/; Internetabfrage am 15.11.2021
47. S. Rüter und S. Diederichs, „Ökobilanz-Basisdaten für Bauprodukte aus Holz: Abschlussbericht; Laufzeit des Vorhabens: 01.08.2009–31.10.2011", 2012.
48. S. Ehrenberger, „Carbon Footprint of Magnesium Production and its Use in Transport Applications", 2020.
49. F. Schmitz et al., „Ergebnisse der Bundeswaldinventur 2012", Dez. 2016.
50. A. Wagenführ und F. Scholz, Hg., Taschenbuch der Holztechnik, 3. Aufl. München: Fachbuchverlag Leipzig im Carl-Hanser-Verl., S.14 ff., 2012.
51. P. Niemz und W. U. Sonderegger, Holzphysik: Eigenschaften, Prüfung und Kennwerte, München: Carl Hanser Verlag München, S. 104, 175, 187, 301, 380 ,421, 2021.
52. H. H. Bosshard, Holzkunde 3: Aspekte der Holzbearbeitung und Holzverwertung, 2. Aufl. Basel: Birkhäuser, 1984.
53. U. Lohmann, Holz Handbuch, 7. Aufl. Hamburg: Nikol Verlag, S.26, 46, 2016.
54. Kraftfahrt-Bundesamt, Pressemitteilung Nr. 01/2022: Fahrzeugzulassungen im Dezember 2021 – Jahresbilanz, 2022.
55. S. Schlott, „Vom Kutschenbau zur Hochleistungskarosserie", ATZ Automobiltech Z, Jg. 120, Nr. 1, S. 6–7, 2018.
56. Harrington, J. Hierarchical modelling of softwood hygro-elastic properties. Christchurch: Dissertation, Universität Christchurch, New Zealand, (2002).
57. H. H. Bosshard, Holzkunde 1: Mikroskopie und Makroskopie des Holzes, 2. Aufl. Basel: Birkhäuser, S.31,1982.
58. H. H. Bosshard, Holzkunde 2, 2. Aufl. Basel: Birkhäuser, S.44 ff., 1984.
59. M. F. Ashby und D. R. H. Jones, Engineering materials 2: An Introduction to Microstructures, Processing and Design, 3. Aufl. Amsterdam: Butterworth-Heinemann, S.306–316, 2006.
60. Sonderegger, W., Martienssen, A., Nitsche, C., Ozyhar, T., Kaliske, M. & Niemz, P. Investigations on the physical and mechanical behaviour of sycamore maple (Acer pseudoplatanus L.). European Journal of Wood and Wood Products, 71 (1), S. 91 – 99, (2013).
61. N. Hannoschöck, Wärmeleitung und -transport: Grundlagen der Wärme- und Stoffübertragung. Berlin: Springer Vieweg, S.425 ff. 2018.
62. J. Sell, Hg., Eigenschaften und Kenngrössen von Holzarten, 4. Aufl. Dietikon: Baufachverl., 1997.
63. M. F. Ashby, Hg., Materials selection in mechanical design: das Original mit Übersetzungshilfen, 3. Aufl. Heidelberg: Spektrum Akad. Verl., 2007.
64. J. Song et al., „Processing bulk natural wood into a high-performance structural material", Nature, Jg. 554, Nr. 7691, S. 224–228, 2018.
65. M. Dunky und P. Niemz, Holzwerkstoffe und Leime: Technologie und Einflussfaktoren; Berlin, Heidelberg: Springer, S. 6–7, 2002.
66. M. Eckhard und K. Bounin, Holztechnik Fachkunde, 25. Aufl. Haan-Gruiten: Verlag Europa-Lehrmittel Nourney Vollmer GmbH & Co. KG, S.69–75,2019.
67. S. Vohrer und C. David, „Das Interurban Vehicle: FVK-Karosserie und Crashkonzept". Hamburg, 1. Okt. 2021.

68. S. Aicher und C. Zachary, Hg., Ermüdungsverhalten von Holz und geklebten Holzbauteilen, 2015.
69. T. Große et al., „Verbundprojekt: Strukturbaugruppen auf Basis nachhaltiger holzbasierter Materialsysteme zur Reduzierung von Masse und Umweltauswirkungen im Straßen- und Schienenfahrzeugbau“ – Akronym: For(s)tschritt: Schlussbericht zum Vorhaben For(s)tschritt: Laufzeit: 01.03.2017-31.08.2020, 2020.
70. D. B. Käse et al., „Potential for Use of Veneer-Based Multi-Material Systems in Vehicle Structures“, KEM, Jg. 809, S. 633–638, 2019, doi: https://doi.org/10.4028/www.scientific.net/KEM.809.633.
71. G. Eisenacher, „Charakteristik und Modellierung von Fichtenholz unter dynamischer Druckbelastung“, Bundesanstalt für Materialforschung und -prüfung (BAM), Berlin.
72. D. Kohl und S. Böhm, „Verbundprojekt: Holzformteile als Multi-Materialsysteme für den Einsatz im Fahrzeug-Rohbau, Akronym: HAMMER: Teilprojekt: Integration von holzbasierten Multimaterialsystemen in Fahrzeugstrukturen durch geeignete Fügetechnologien und in Rohbaufertigungen durch geeignete Prozessketten: Schlussbericht zum Vorhaben, Laufzeit: 01.04.2012 bis 30.04.2016“, Universität Kassel, Fachgebiet Trennende und Fügende Fertigungsverfahren, Kassel, 2016.
73. G. Baumann, A. Stadlmann, C. Kurzböck und F. Feist, „Crashsichere Holzverbundwerkstoffe in Leichtbaukarosserien der Zukunft“, ATZ Automobiltech Z, Jg. 121, Nr. 11, S. 54–59, 2019.
74. Beate Buchelt und Alexander Pfriem, „Influence of wood specimen thickness on its mechanical properties by tensile testing: solid wood versus veneer“, Jg. 65, Nr. 2, S. 249–252, 2011.
75. D. Kohl, P. Link und S. Böhm, „Wood as a Technical Material for Structural Vehicle Components“, Procedia CIRP, Jg. 40, S. 557–561, 2016.
76. T. Große, F. Fischer, D. Kohl, D. B. Heyner, G. Piazza, *„Holz in crashrelevanten PKW-Strukturen am Beispiel eines funktionsintegrierten Türaufprallträgers“*, Tagungsband des 19. Holztechnologischen Kolloquiums Dresden, Technische Universität Dresden, Seiten 95–108. (2021)
77. D. B. Heyner et al., „Innovative concepts for the usage of veneer-based hybrid materials in vehicle structures“, Proceedings of the Institution of Mechanical Engineers, Part L: Journal of Materials: Design and Applications, Jg. 235, Nr. 6, S. 1302–1311, 2021.
78. G. Piazza, D. B. Heyner, E. Beeh und H. E. Friedrich, „Methodology to Simulate Veneer-Based Structural Components for Static and Crash Load Cases“ in Advanced Structured Materials, Materials Design and Applications III, L. F. M. Da Silva, Hg., Cham: Springer International Publishing, 2021, S. 77–90.
79. D. Heyner, G. Piazza, E. Beeh. Seidel, C. Rieger, T. Große, D. Kohl, F. Fischer, „Crashtest einer Fahrzeugtür mit holzbasiertem funktionsintegriertem Türaufprallträger unter realitätsnahen Randbedingungen“, Fahrzeugsicherheit 2022, VDI-Wissensforum GmbH, VDI-Berichte, Band 2387, S. 19–34, (2022).
80. R. Korthauer (Hrsg.); „Handbuch für Li-Ionenbatterien“, Springer-Verlag 2013
81. W.Liu, T. Placke, K. Chau; “Overview of batteries and battery management for electric vehicles”, Energy Reports, Vol. 8 (2022), S. 4058–4084
82. J. Li, Z.-F. Ma; “Past and Present of LiFePO4: From Fundamental Research to Industrial Applications”, CHEM Vol 5, 2019, S. 3–6
83. E. Goikolea, V. Palomares, I. Ruiz de Larramendi et al.; “Na-Ion Batteries – Approaching Old and New Challenges”, J. Adv. Eng. Mat., Vol. 10, Iss. 44, 2020, 2002055
84. C. R. Birkl, M. R. Roberts, E. McTurk, P. G. Bruce,D. A. Howey; “Degradation diagnostics for lithium ion cells”, J. of Power Sources, Nr. 341 (2017), S. 373–386
85. F. German; “Untersuchungen zur SEI-Bildung und Optimierung der Formation an Lithium-Ionen Voll- und Halbzellen”, Dissertationsschrift, KIT, Inst. f. Ang. Mat., 2015

86. K. Dong, Y. Xu, J. Tan, M. Osenberg et al.; "Supporting information for Unravelling the Mechanism of Lithium Nucleation and Growth and the Interaction with the Solid Electrolyte Interface", ACS Energy Letters, 2021, 6, 5, S. 1719–1728
87. H. H. Heimes, A. Kampker, S. Michaelis et al.; „Komponentenherstellung einer Lithium-Ionen-Batterie" Eigendruck des PEM der RWTH Aachen und des VDMA, 2019, ISBN 978-3-947920-06-8
88. K. Hetzell, X. Chen, C. Cobb, N. Dasgubta et al.; „Challenges in Lithium Metal Anodes for Solid State Batteries", ACS Energy Lett., 5, 3, S. 922–934
89. M. Finsterbusch, D. Mutter, K. Birke; „Festkörperbatterien für Elektroautos: Serienproduktion bis 2025?", Expertenforum Keramische Zeitschrift Vol. 2, 2020
90. www.quantumscape.com; „Next-Generation Solid-State Batteries", 2020
91. A. Luntz, J. Voss, K. Reuter; „Interfacial Challanges in Solid-State Li Ion Batteries", J. Phys. Chem. Lett. 6, 22, 2015, S. 4599–4604
92. R. O'Hayre, W. Colella, S.-W. Cha, F. B. Prinz; „Fuel Cell Fundamentals", Wiley, 3rd. Ed. 2016
93. P. Kurzweil; „Brennstoffzellentechnik", Springer-Vieweg, 3. Aufl. 2016
94. L. Fan, Z. Tu, S. H. Chan; "Recent Development of hydrogen and fuel cell technologies: A review"; Energy Reports, 7 (2021), S. 8421–8446
95. www.schunk-carbontechnology.com; „Graphitische Bipolarplatten für Brennstoffzellen und Redox-Flow-Batterien", Unternehmensbroschüre
96. A. El-Kharouf, T. J. Mason, D. J. Brett, B. G. Pollet; "Ex-situ characterization of gas diffusion layers for proton exchange membrane fuel cells", J. Power Sources, Vol. 218 (2012), S. 393–404
97. W. Liu, P. Rodriguez, L. Borchardt et al; "Bimetall-Aerogele: hoch effiziente Elektrokatalysatoren für die Sauerstoffreduktion", Z. Angewandte Chemie, Vol. 125, Iss. 37 (2013), S. 33–37
98. D. Higgins, T. Schladt, T. Graf, F. Prinz et al; „Controllable Synthesis of Low-Platinum Oxygen Reduction Catalysis By Modified Atomic Layer Deposition Process", ECS Meeting Abstracts Vol 01, I04 (2018), 1720
99. S. Xu, Z. Wang, J. Mueller, G. Huebner, F. Prinz et al.; „Direct Integration of Strained Pt-Catalysts into Proton-Exchange-Membrane Fuel Cells with Atomic Layer Deposition", J. Advanced Materials Vol 33, Iss. 30 (2021), 2007885
100. S. Xu, T. Graf, T. Schladt, F. Prinz et al.; „Extending the limits of Pt/C catalysts with passivation-gas-incorporated atomic layer deposition", J. Nature Catalysis, Vol 1 (2018), S. 624–630
101. D. E. Moilanen, D. B. Spry, M. D. Fayer; „Water Dynamics and Proton Transfer in Nafion Cell Membranes", Langmuir, Vol 24, 8 (2008), S. 3690–3698
102. World Platinum Investment Council – WPIC®; "Fuel cell electric vehicles platinum demand" in www.cmegroup.com, 2022
103. J. Wehrhahn; „Kosten von Brennstoffzellensystemen auf Massenbasis in Abhängigkeit von der Absatzmenge", Dissertationsschrift, Schriften Forschungszentrum Jülich, Vol 35 (2009)
104. J. E. Mueller; „Advancing automotive innovation with materials modeling", Conf. EMMC Int. Workshop 2021
105. www.questek.com
106. C. Schaak; „Von der Labor-Prüfdatenspeicherung zum unternehmensweiten Werkstoff-Wissensmanagement", Tagung DGM Werkstoffprüfung 2022, Dresden
107. „For a FAIR data future: Die Nationale Forschungsdateninfrastruktur (NFDI)", www.nfdi.de
108. B. Bayerlein, T. Hanke, T. Muth et al.; „A Perspective on Digital Knowledge Representation in Materials Science and Engineering", J. Advanced Eng. Mat., Vol 24, Issue 6, 2101176
109. D. Wei, X. Li et al.; „Novel Co-rich high performance TWIP and TRIP high entropy alloys", Scripta Materialia, Vol 165, 2019, S. 39–43

110. J. Kim, K. Lin, J. Won et al.; „Mechanical Properties and deformation twinning of as-cast CoCrFeMnNi high-entropy alloy at low and high temperature“, J. Mat. Sc. & Eng., A712 (2018), S. 108–113
111. P. Stavroulakis, C.L. Freeman, D. Patel, C. Utton, R. Goodall; “Successful prediction of the elastic properties of multiphase high entropy alloys in the AlTiVCr-Si system through a novel computational approach”, J. Materialia, 21 (2022), 101365
112. A. Ludwig; “Discovery of new materials using combinatorial synthesis and high-throughput characterization of thin-film materials libraries combined with computational methods”, npj Comp. Mat., 5, Article No. 70 (2019)
113. www.matplus.eu
114. B. Koch, P. Becker, U. Diekmann, A. Hatscher et al.; „Development and characterization of new low alloyed ultra-high strength steel for structural body components“; Proc. 6th Int. Conf. on Steels in Cars and Trucks, Milano 2022
115. A. Hatscher, C. Ostwald; “Design and processing of next generation press-hardening steels for car body applications”; Proc. 6th Int. Conf. on Steels in Cars and Trucks, Milano 2022
116. V. Glavas, M. Senn, J. Wegener et al.: „Battery materials screening: simulation & AI based approach”;
117. www.materialsdesign.com
118. J. Mueller, D. Fantauzzi, T. Jacob; „Multiscale Modeling of Electrochemical Systems” in “Electrocatalysis”, Wiley VCH Verlag 2013, S. 1–74
119. D. Higgins, T, Schladt, T. Graf, T. Jaramillo, F. Prinz et al.; “Controllable Synthesis of Low-Platinum Oxygen Reduction Catalysts By Modified Atomic Layer Deposition Process”, ECS Meeting Abstracts MA2018-01 1720 DOI 10.1149
120. J. Wrogemann, T. Graf, J. Mueller, T. Schladt; “Theoretical investigation of selective cation doping as a novel design strategy for high-capacity lithium-rich cathode materials”, J. Comp. Mat. Sc., 204 (2022), 111177
121. N.N.: Megatrend Dokumentation, Zukunftsinstitut, 2015
122. Kopp, Ge.: Impulsvortrag – Leichtbau im Transformationsprozess. 5. Technologietag Hybrider Leichtbau, 25.-26.06.2018, Stuttgart, Deutschland.
123. Kopp, Ge.; et al.: Next Generation Car – Fahrzeugkonzepte, Fahrzeugarchitekturen und Strukturbauweisen für die zukünftige Straßenmobilität, Tagung Werkstoff+Auto, 2017
124. Kopp, Ge.; Gebhardt, L.; Klötzke, M.; Heinrichs, M.; Heinrichs, D.: Anforderungen an urbane Fahrzeugkonzepte, in: Internationales Verkehrswesen, 3/2018, Seiten 68-72. Deutscher Verkehrs Verlag Media Group, Hamburg. ISSN 0020-9511
125. Kopp, Gerhard und Klötzke, Matthias und Gebhardt, Laura und Friedrich, Horst (2018) A mixed-methods approach to derive vehicle concepts for urban mobility. In: https://zenodo.org. Transport Research Arena TRRA 2018 – A digital era for transport, solutions for society, economy and environment, 16.-19. April 2018, Wien, Österreich. doi: 10.5281/zenodo.1485795
126. Münster, M.; Kopp, Ge.; Schäffer, M.; Sturm, R.: Future car body concepts of autonomous people- and cargomovers, in: Strategies in Car Body Engineering 2020, Vincentz Network, Hannover, Future car body concepts of autonomous people- and cargomovers, 04.–05. März 2020, Bad Nauheim, Deutschland
127. Münster, M.; Vorgehensmodell zur Grundkonzeption eines Fahrzeugkonzepts und Entwicklung neuartiger kraftflussoptimierter Karosseriestrukturen für elektrifizierte Fahrzeuge; Dissertation, DLR-Forschungsbericht. DLR-FB-2020-08, Deutsches Zentrum für Luft- und Raumfahrt e.V., 2020
128. N.N.: Deloitte University Press: The future of mobility: What’s next? – Tomorrow’s mobility ecosystem and how to succeed in it, 2016; https://www2.deloitte.com/content/dam/insights/us/articles/3367_Future-of-mobility-whats-next/DUP_Future-of-mobility-whats-next.pdf; Internetabfrage am 08.11.2022

129. N.N.: McKinsey & Company: Automotive revolution – perspective towards 2030 – How the convergence of disruptive technology-driven trends could transform the auto industry, 2016; https://www.mckinsey.com/~/media/mckinsey/industries/automotive%20and%20assembly/our%20insights/disruptive%20trends%20that%20will%20transform%20the%20auto%20industry/auto%202030%20report%20jan%202016.pdf; Internetabfrage am 08.11.2022
130. Kuhnert, F.; Stürmer, C.: PricewaterhouseCoopers: Five trends transforming the Automotive Industry, 2018, https://www.pwc.nl/nl/assets/documents/pwc-five-trends-transforming-the-automotive-industry.pdf; Internetabfrage am 08.11.2022
131. N.N.: 1005. Sitzung des Bundesrates, 28.05.2021, TOPs in chronologischer Reihenfolge, Stand: 14.06.2021, https://www.bundesrat.de/SharedDocs/TO/1005/tagesordnung-1005.html;jsessionid=07BD6498D5D37F2DE13CB61C8EA46B1B.2_cid339, Internetabfrage am 22.03.2022
132. N.N.: Hyundai News Room, Images; https://www.hyundai.news/eu/articles/press-releases/hyundai-unveils-innovative-plug-and-drive-robotic-module-to-enable-unlimited-mobility-of-things-at-CES-2022/images.html; Internetabfrage am 22.03.2022
133. N.N.: 2getthere – Homepage, https://www.emove360.com/wp-content/uploads/2020/10/Bild-2-scaled.jpg, Internetabfrage am 22.03.2022
134. Unternehmen + Produkte. ATZ Automobiltech Z 125, 32–35 (2023), https://doi.org/10.1007/s35148-022-1558-0
135. N.N.: Easymile – Homepage, Images; https://easymile.com/sites/default/files/2021-09/20200730tk-bsm_autonomer_bus-003.jpg; Internetabfrage am 22.03.2022
136. Münster, M.; Kopp, Ge.; Schäffer, M.; Sturm, R.; Deißer, O.; Kopp, Gu.; Friedrich, H.: Future Urban Vehicle Architectures and Body in White Structures – Challenges and Potentials. FutureCarBody 2018, 13.-14.06.2018, Bad Nauheim, Deutschland
137. Münster, M.; Kopp, Ge.; Friedrich, H.; Siefkes, T.: Autonomes Fahrzeugkonzept für den urbanen Verkehr der Zukunft, ATZ Automobiltechnische Zeitschrift, 122 (122), Seiten 26-31, 2020 Springer. doi: 10.1007/s35148-020-0216-7. ISBN 0001-2785. ISSN 0001-2785.
138. Produkte. ATZ Automobiltech Z 121, 32–35 (2019). https://doi.org/10.1007/s35148-019-0086-z
139. N.N.: The Benteler Electric Drive System; https://www.benteler.com/fileadmin/user_upload/automotive/BEDS_2.0/Booklet_BEDS_2019_en_final.pdf; Internetabfrage am 22.03.2022
140. Kollmaier, M.; Hansen, J.: E-Mobility Solutions, Benteler – Your Syste Supplier in E-Mobility, https://www.benteler-automotive.com/fileadmin/user_upload/automotive/BEDS_2.0/E-Mobility/E-Mobility-BENTELER-Newsletter-Collection-2020.pdf; Internetabfrage am 06.12.2021
141. Weber, H.; et al.: E-Mobilität in der Personenbeförderung: neue BENTELER-Plattform für Minibus-Segment, https://www.benteler.com/de/presse-medien/pressemeldungen/detail/E-Mobilit%C3%A4t-in-der-Personenbef%C3%B6rderung:-neue-BENTELER-Plattform-f%C3%BCr-Minibus-Segment/; Internetabfrage am 08.11.2022
142. Kollmeier, M., Kwast, T., Sedlmayr, M. et al. Modulare Karosserieplattform für die Elektromobilität. ATZ Automobiltech Z 121, 16–23 (2019). https://doi.org/10.1007/s35148-019-0033-z
143. Münster, M.; Siefkes, T.; Brost, M.; Hahn, R.; Kopp, Ge.; Schmid, S.: U-Shift vehicle concept: modular on the road, in: 21st Internationale Stuttgarter Symposium Automobil- und Motorentechnik, 7. Springer. Internationale Stuttgarter Symposium Automobil- und Motorentechnik, 30.-31. März 2021, Stuttgart. doi: https://doi.org/10.1007/978-3-658-33466-6. ISBN 978-3-658-33466-6. ISSN 2198-7432
144. Münster, M., Osebek, M., Siefkes, T. et al. Modulares Fahrzeugkonzept für die Mobilität von morgen. ATZ Automobiltech Z 124, 16–21 (2022). https://doi.org/10.1007/s35148-022-0906-4

Stichwortverzeichnis

H. E. Friedrich, G. Muller (Hrsg.), *Werkstoffe und Bauweisen in der Fahrzeugtechnik*, ATZ/MTZ-Fachbuch, https://doi.org/10.1007/978-3-662-65269-5

L

W

Z

MIX
Papier aus verantwortungsvollen Quellen
Paper from responsible sources
FSC® C105338

If you have any concerns about our products, you can contact us on
ProductSafety@springernature.com

In case Publisher is established outside the EU, the EU authorized representative is:
Springer Nature Customer Service Center GmbH
Europaplatz 3, 69115 Heidelberg, Germany

Printed by Libri Plureos GmbH
in Hamburg, Germany